胜分布图
2.25、西樵山
2.26、丹霞山
2.27、桂平西山
2.28、花山
2.29、贡嘎山
2.30、金佛山
2.31、蜀南竹海
3.01、盘山
3.02、嶂石岩
3.03、北武当山
3.04、五老峰
3.05、凤凰山
3.06、本溪水洞
3.07、莫干山
3.08、雪窦山
3.09、双龙
3.10、仙都
3.11、齐云山
3.12、桃源洞－鳞隐石林
3.13、金湖
3.14、鹫峰溪
3.15、海坛
3.16、冠豸山
3.17、王屋山－云台山
3.18、隆中
3.19、九宫山
3.20、韶山
3.21、三亚热带海滨
3.22、西岭雪山
3.23、四面山
3.24、四姑娘山
3.25、荔波樟江
3.26、赤水
3.27、马岭河峡谷
3.28、腾冲地热火山
3.29、瑞丽江－大盈江
3.30、九乡
3.31、建水
3.32、宝鸡天台山
3.33、崆峒山
3.34、鸣沙山－月牙泉
3.35、青海湖
4.01、石花洞
4.02、芙蓉江
4.03、西柏坡－天桂山
4.04、崆山白云洞
4.05、扎兰屯
4.06、青山沟
4.07、医巫闾山
4.08、仙景台
4.09、防川
4.10、江郎山
4.11、仙居
4.12、浣江－五泄
4.13、采石矶
4.14、巢湖
4.15、花山谜窟－浙江
4.16、鼓山
4.17、玉华洞
4.18、仙女湖
4.19、三百山
4.20、博山
4.21、青州
4.22、石人山
4.23、陆水
4.24、岳麓山
4.25、黄山
4.26、白云山
4.27、惠州西湖
4.28、石海洞乡
4.29、邛海－螺髻山
4.30、黄帝陵
4.31、库木塔格沙漠
4.32、博斯腾湖
5.01、天坑地缝
5.02、三山
5.03、方岩
5.04、百丈祭－飞云湖
5.05、太极洞
5.06、十八重溪
5.07、青云山
5.08、梅岭滕王阁
5.09、龟峰
5.10、林滤山
5.11、猛洞河
5.12、桃花源
5.13、罗浮山
5.14、湖光岩
5.15、白龙湖
5.16、诺水河－光雾山
5.17、天台山
5.18、龙门山
5.19、都匀斗篷山－剑江
5.20、九洞天
5.21、九龙洞
5.22、黎平侗乡
5.23、普者黑
5.24、阿庐古洞
5.25、合阳洽川
5.26、塞里木湖
1.01、八达岭－十三陵
1.02、承德避暑山庄
1.03、秦皇岛北戴河
1.04、五台山
1.05、恒山
1.06、鞍山千山
1.16、九华山
1.17、天柱山
1.18、武夷山
1.19、庐山
1.20、井冈山
1.21、泰山
1.22、青岛崂山
1.23、鸡公山
1.24、洛阳龙门石窟
1.25、嵩山
1.26、武汉东湖
1.27、武当山
1.28、衡山
1.29、肇庆星湖
1.30、桂林漓江
1.31、峨眉山
1.32、长江三峡
1.33、黄龙寺－九寨
1.34、重庆缙云山
1.35、青城山－都江
1.36、剑门蜀道
1.37、黄果树
1.38、路南石林
1.39、大理
1.40、西双版纳
1.41、华山
1.42、临潼骊山
1.43、麦积山
1.44、天山天池
2.01、野三坡
2.02、苍岩山
2.03、黄河壶口瀑布
2.04、鸭绿江
2.05、金石滩
2.06、兴城海滨
2.07、大连海滨－旅
2.08、松花湖风景名
2.09、"八大部"－净
2.10、云台山
2.11、蜀岗瘦西湖
2.12、天台山
2.13、嵊泗列岛
2.14、楠溪江
2.15、琅琊山
2.16、清源山
2.17、鼓浪屿－万石
2.18、太姥山
2.19、三清山
2.20、龙虎山
2.21、胶东半岛海滨
2.22、大洪山
2.23、武陵源
2.24、岳阳楼洞庭湖
漠河天景
五大连池
扎兰屯
扎龙鹤乡
哈尔滨
太阳岛
镜泊湖
松花湖
满天星
长春
"八大部"－净月潭
仙景台
防川
长白山
八道江
医巫闾山
沈阳
五女山
本溪水洞
青山沟
鞍山千山
鸭绿江
凤凰山
兴城海滨
避暑山庄外八庙
八达岭－十三陵
北京
盘山
秦皇岛北戴河
天津
金石滩
大连海滨－旅顺口
平壤
汉城
恒山(2,016)
五台山(3,058)
野三坡
石家庄
西柏坡－天桂山
嶂石岩
崆山白云洞
北武当山
晋祠－天龙山
太原
胶东半岛海滨
济南
博山
青州
青岛崂山
泰山(1545)
林滤山
黄河壶口瀑布
百泉
峄山
云台山
王屋山－云台山
洛阳龙门石窟
郑州
嵩山(1494)
华山(2,154)
西安
临潼骊山
黄帝陵
合阳洽川
石人山
云龙
乌兰巴托
呼和浩特
西夏王陵
泾河源
崆峒山
麦积山
宝鸡天台山
楼观台－太白山
光雾山－诺水河
白龙湖
剑门蜀道
武当山
隆中
桐柏山
鸡公山
大洪山
天坑地缝
长江三峡
武汉东湖
陆水
九宫山
庐山
天柱山(1,490)
九华山
黄山
合肥
巢湖
琅琊山
南京钟山
蜀岗瘦西湖
三山
采石矶
太湖
上海
太极洞
莫干山
杭州西湖
浣江－五泄
嵊泗列岛
普陀山
雪窦山
天台山
双龙
仙都
方岩
仙居
雁荡山
楠溪江
百丈祭－飞云湖
太姥山
武夷山
三清山
龙虎山
江郎山
龟峰
梅岭－滕王阁
南昌
仙女湖
武陵源
猛洞河
桃花源
岳阳楼洞庭湖
长沙
岳麓山
韶山
衡山(1290)
炎帝陵
井冈山
金湖
玉华洞
鸳鸯溪
十八重溪
鼓山
海坛
桃源洞－鳞隐石林
冠豸山
清源山
青云山
鼓浪屿－万石山
三百山
丹霞山
资江－八角寨
黎平侗乡
桂林漓江
荔波樟江
大化红水河－七百弄
南宁
桂平西山
肇庆星湖
白云山
罗浮山
惠州西湖
西樵山
广州
澳门
香港
花山
湖光岩
海口
海南岛
台湾岛
阳明山
基隆
太鲁阁
日月潭
阿里山－玉山
南湾垦丁
三亚
西沙礁滩
西沙群岛
中沙群岛
河内
大足
重庆缙云山
四面山
金佛山
芙蓉江
遵义娄山关
百里杜鹃
织金洞
红枫湖
都匀斗篷山－剑江
舞阳河
梵净山太平河
九龙洞
苗岭

“十五”国家重点图书

风景园林设计资料集

——风景规划

中国勘察设计协会园林设计分会　编著

中国建筑工业出版社

本书是《风景园林设计资料集》中的风景规划卷，分上篇和下篇两大部分，上篇主要由风景导论、风景区规划指南、风景文化录、中国风景区概览、中国名景、风景之最、历史名景图咏、风景建筑、风景地学知识等9章组成；下篇精选了33个风景区的典型规划实例。书后还有大量的附图和附表。本书引用了近年来风景园林设计行业的优秀成果，资料翔实，图文并茂，是风景园林设计、城市规划、城市设计、环境设计和建筑设计工作者的重要参考资料，也可供相关大中专院校师生使用。

《风景园林设计资料集》总编委会

《风景规划》编委会

前　言

中国园林有悠久的历史，在漫长的岁月中积累了极其辉煌的艺术成就，其影响早就远及国外，与欧洲古典园林、阿拉伯式园林并称世界三大园林体系。我国植物资源非常丰富，不少发达国家优良的园林植物其原始种中很多源自我国，因而有“园林之母”之赞誉。20 世纪 50 年代以后，在继承优秀园林传统的同时，吸收国外园林建设经验，逐步建立了我国风景园林设计体系。尽管我们有丰厚的文化艺术底蕴，但建设现代化的新园林仍然缺少经验。在当前的形势下，面临着社会生活多方面的需求，这既是风景园林设计者工作的动力，也是一种挑战。要提高风景园林的整体水平，创造优秀的风景园林成果，首先要有优秀的风景园林规划设计方案。为了满足风景园林规划设计人员的需要，提高规划设计工作的质量和效率，我们编撰了这部《风景园林设计资料集》。

本书编写工作开始于 1999 年 5 月。当时由建设部有关部门和中国勘察设计协会园林设计分会出面组织国内大多数知名的风景园林设计部门共同开会商定编写《风景园林设计资料集》，中国建筑工业出版社对会议也给予了大力支持。在以后的编写过程中又陆续有教学和科研部门参加。

本书的内容既有我国传统的优秀风景园林实例，又有半个世纪以来各地或各部门在实践中积累的宝贵经验和优秀成果，同时也选编了一部分有参考价值的国外资料。本书按风景园林行业内不同的分工或工作程序编成分册陆续出版。各分册有：风景园林绿地系统规划、风景规划、园林绿地总体设计、园林植物种植设计、风景园林建筑设计和风景园林工程设计等六部。该书的出版希望能对风景园林师在工作上有所帮助，并对城市设计和环境设计工作者及有关大中专院校师生都有参考价值。

在本书的编写过程中得到了建设部有关领导、中国城市规划设计研究院风景园林所，以及各地的园林主管部门、园林设计部门和有关大学、科研部门的支持，中国建筑工业出版社从始至终都给予了热情的帮助。对此表示衷心的感谢。

如此大型园林资料集的编撰在国内尚属首次，又由于参加编撰的人员较多，驻地分散，编撰过程较长，因而疏漏不当之处在所难免，敬请读者予以批评指正。

《风景园林设计资料集》编委会

编者说明

风景规划包含风景区规划和其他空间的风景要素规划，当前的重点内容是风景区规划，即覆盖全风景区范围的规划。中国风景区源于古代的名山大川和邑郊游憩地，历经数千年的文化选择与发展，没有追求某种单一的极端化概念，而是以海纳江河的弹性结构与睿智，独树天地人和风景美的文明旗帜与文化特征，蕴含着极为丰富的自然与文化遗产，也面临着可持续发展的诸多时空新题。正因为如此，在风景规划的选景、定位、构景、优化等四个环节中，均应强调传承、创新与创优并举。因而，风景规划就需要综合运用自然科学的基础作用、社会科学的方式方法、工程技术的措施手段；也需要关注科技发展的创新与动力、人文精神的导向与制衡；还需要借鉴、吸取相关规划与研究的有益成果。所以，风景规划需要调研和参阅的资料不仅广博，而且还有时空特点。本书力图适应这种客观需要，但因时间与条件制约，尚难如愿，有待业内同仁共同将其推进到新的水平。

本书以国家标准《风景名胜区规划规范》（GB 50298—1999）为纲，汇集了风景文化录、中国景源与风景区概览、中国名景与历史名景图咏、风景之最、风景建筑、风景地学、国家重点保护植物与动物、相关法规选、世界遗产概览、日本国立公园概要、中国风景规划实例33个。在规划实例中，按时间序列倒排，21世纪14项，20世纪19项。其中，区域规划2项，规划大纲与可行性分析3项，总体规划17项，详细规划5项，游线规划2项，景城规划、保护区规划、组合规划各1项。

本书由中国勘察设计协会园林设计分会牵头，中国城市规划研究院风景园林所主编。主要参编单位有：中国风景名胜区协会、中国建筑科学研究院、中国地质科学院、四川省城乡规划院、江西省城乡规划院、贵州省城乡规划院、北京林业大学园林学院、清华大学建筑学院、华中理工大学等9个单位中有实践经验和理论修养的同志。本书上篇中的照片除注名者外，均为钟石泉先生拍照。中国建筑工业出版社对本书的编写给予了大力支持。对以上单位、有关部门和个人表示衷心感谢！

编者

2004年8月

目　录

下篇　风景区规划实例

21 世纪规划实例

20 世纪规划实例

中华人民共和国自然地图选

名录概要选

相关法律、法规

上　篇

第一章 风 景 导 论

一、基本概念

（一）术语

1. 风景名胜区：也称风景区。指风景资源集中、环境优美、具有一定规模和游览条件，可供人们游览欣赏、休憩娱乐或进行科学文化活动的地域。

2. 国家级风景区：经国务院审定公布的国家重点风景名胜区。国外的国家公园与此相当。有些国家级风景区已列入世界自然与文化遗产名录。

3. 省级风景区：经省级人民政府审定公布的各类风景区。

4. 县级风景区：由县级人民政府审定公布的各类风景区。

5. 准级风景区：其他尚未定级的各类风景区或独立景点。

6. 风景：风光景色和景致的统称。是在一定的条件之中，由山水、生物、人工物以及某些自然现象和人文现象所形成的足以引起人们审美与欣赏的景象。

7. 名胜：著名的风景地。有古迹或优美风景的著名地方。

8. 景象：现象；状况；景物的表象。

9. 景观：指可以引起视觉感受的某种景象，或一定区域内具有视觉特征的景象。

10. 景源：也称风景资源、景观资源、风景名胜资源、风景旅游资源。是指能引起审美与欣赏活动，可以作为风景游览对象和风景开发利用的事物与因素的总称。是构成风景环境的基本要素，是风景区产生环境效益、社会效益、经济效益的物质基础。

11. 景物：可供欣赏的景致和事物。指具有独立欣赏价值的风景素材的个体，是风景区构景的基本单元。

12. 景点：由若干相互关联的景物所构成，具有相对独立性和完整性，并具有一定审美特征的基本境域单位。

13. 景群：由若干相关景点所构成的景点群落或群体。

14. 景区：在风景区规划中，根据景源类型、景观特征或游赏需求而划分的一定用地范围，包含有较多的景物和景点或若干景群，形成相对独立的风景分区特征。

15. 风景线：也称景线。由一连串相关景点所构成的线性风景形态或系列。

16. 游览线：也称游线。为游人安排的游览欣赏风景的路线。

17. 功能区：在风景区规划中，根据主要功能发展需求而划分的一定用地范围，形成相对独立的功能分区特征。

18. 游人容量：在保持景观稳定性，保障游人游赏质量和舒适安全，以及合理利用资源的限度内，单位时间、一定规划单元内所能容纳的游人数量。是限制某时某地游人过量集聚的警戒值。

19. 居民容量：在保持生态平衡与环境优美、依靠当地资源与维护风景区正常运转的前提下，一定地域范围内允许分布的常住居民数量。是限制某个地区过量发展生产或聚居人口的特殊警戒值。

20. 保护区：为保护各种自然因素、生态因素、景观因素、历史遗迹及其他特种因素的地区。如各级自然保护区，各种史迹保护区或特种保护区等。

21. 水湿景观：为保护水域、沼泽、滩涂或水源而划定的保护地及其景观。如各种水域景观、沼泽滩涂景观、水源保护带景观等。

22. 田园风光：为保护农地、林地和草地而划定的田园保护地风光。如各种农地风光、草地风光、林地风光等。

23. 郊野公园：位于郊野向公众开放的公园，多以自然景观为主。如各种森林公园、田园公园、植物园、动物园、陵墓纪念园等。

24. 专类游园：相对于综合性公园而言的各类主题演艺、游戏娱乐、康体健身型园林。如各种主题园、游乐园、体育运动园等。

25. 游憩场区：指适合各种野外游憩和体智技能活动，并且准许兴建适度的游憩设施和利用有限的资源从事一些活动的地区。如各种冰雪、水上、沙草场活动等天然游憩区，露天浴场，高尔夫球场等。

26. 休假园区：指适合各种休养疗养、避暑避寒、休闲度假、卫生保健等活动，并准许兴建适度的休憩设施和有限的资源利用行为的地区。如各种休养园区、度假园区、保健园区等。

27. 野生物：指在一定地区自然演进生长，未经任何人工饲养、培育的动物与植物，成为自然风景的构成因素。

（二）风景的特征与构成

1. 风景构成要素表

表 1-1-1

构景三要素	构景 24 因子				构景作用与特性
景物	山	水	植物	动物	客观素材 物质性景源
	光	空气	建筑	其他	
景感	视觉	听觉	嗅觉	味觉	主体反应 精神性景源
	触觉	联想	心理	其他	
条件	个人	时间	地点	文化	缘因关系 媒介性景源
	科技	经济	社会	其他	

2. 风景构成的“三圆三环”图式

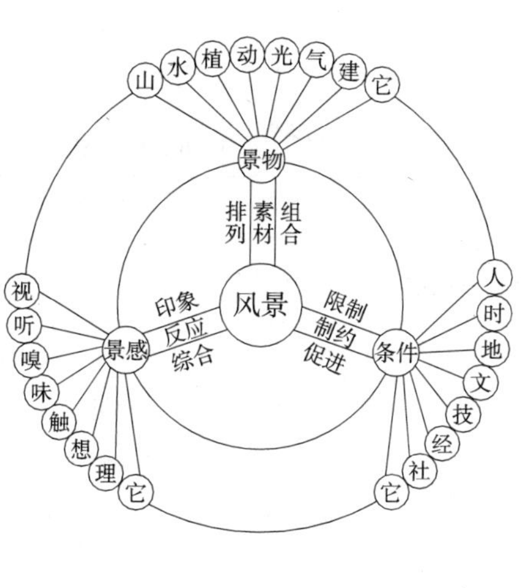

（三）景源的特征与类型

1. 景源具有整体性与地区性并存的特征。即各类景源要素均有不同程度的相互联系，以形成有机整体，动其一或用其一均会影响其整体；同时，景源的空间分布很不平衡，并有其鲜明的个性特点，贫富之别或特色差异均难以相互替代。因而景源的保育和利用有着相当的复杂性。

2. 景源还具有数量有限性与潜力无限性的双重特征。即景源的规模和容量均有一定限度，而景源的内涵和潜能却随着人类社会的进步而不断发展。因而，既需要严格而有效的保育，又要节约并合理的利用，还要看到科学管理中有着发挥其潜能的希望前景。

3. 中国景源的优势是总量大、类型齐全、价值高、独特景源多。例如，中国有地球第三极与世界最高峰，有世界第一的雅鲁藏布大峡谷及其大转湾，有大量的世界自然与文化遗产。

4. 中国景源的劣势是人均景源面积少，景源的分布与利用不均衡，景源面临的冲击与压力多。例如，中国风景区的平均人口密度比中国国土平均人口密度高出约一倍，比美国国土平均人口密度高出约十倍，由此引发的人财物流压力可想而知。

5. 中国景源的存在背景是“生态环境总体在恶化、局部在改善、治理能力赶不上破坏速度、生态赤字在扩大”。例如，森林、草地、湿地的面积减少，质量下降；土壤侵蚀和荒漠化面积增加，生物多样性减退；自然灾害频率加大，而且危害程度增加。

正由于上述原因，中国景源的保护培育、合理利用、科学管理的任务十分繁重。

中国景源可以概括为 3 大类，12 中类，98 小类，802 子类。详见分类细表。

（四）中国景源分类细表

表 1－1－2

大类	中类	小类	子类
一、自然景源	1 天景	1）日月星光	(1) 旭日夕阳 (2) 月色星光 (3) 日月光影 (4) 日月光柱 (5) 晕（风）圈 (6) 幻日 (7) 光弧 (8) 曙暮光楔 (9) 雪照云光 (10) 水照云光 (11) 白夜 (12) 极光
		2）虹霞蜃景	(1) 虹霓 (2) 宝光 (3) 露水佛光 (4) 干燥佛光 (5) 日华 (6) 月华 (7) 朝霞 (8) 晚霞 (9) 海市蜃楼 (10) 沙漠蜃景 (11) 冰湖蜃景 (12) 复杂蜃景
		3）风雨晴阴	(1) 风色 (2) 雨情 (3) 海（湖）陆风 (4) 山谷（坡）风 (5) 干热风 (6) 峡谷风 (7) 冰川风 (8) 龙卷风 (9) 晴天景 (10) 阴天景
		4）气候景象	(1) 四季分明 (2) 四季常青 (3) 干旱草原 (4) 干旱荒漠 (5) 垂直带景观 (6) 高寒干景观 (7) 寒潮 (8) 梅雨 (9) 台风 (10) 避寒避暑
		5）自然声象	(1) 风声 (2) 雨声 (3) 水声 (4) 雷声 (5) 涛声 (6) 鸟语 (7) 蝉噪 (8) 蛙叫 (9) 鹿鸣 (10) 兽吼
		6）云雾景观	(1) 云海 (2) 瀑布云 (3) 玉带云 (4) 形象云 (5) 彩云 (6) 低云 (7) 中云 (8) 高云 (9) 响云 (10) 雾海 (11) 平流雾 (12) 山岚 (13) 彩雾 (14) 香雾
		7）冰雪霜露	(1) 冰雹 (2) 冰冻 (3) 冰流 (4) 冰凌 (5) 树挂雾凇 (6) 降雪 (7) 积雪 (8) 冰雕雪塑 (9) 霜景 (10) 露景
		8）其他天景	(1) 晨景 (2) 午景 (3) 暮景 (4) 夜景 (5) 海滋 (6) 海火海光　（合计 84 子类）
	2 地景	1）大尺度山地	(1) 高山 (2) 中山 (3) 低山 (4) 丘陵 (5) 孤丘 (6) 台地 (7) 盆地 (8) 平原
		2）山景	(1) 峰 (2) 顶 (3) 岭 (4) 脊 (5) 岗 (6) 峦 (7) 台 (8) 崮 (9) 坡 (10) 崖 (11) 石梁 (12) 天生桥
		3）奇峰	(1) 孤峰 (2) 连峰 (3) 群峰 (4) 峰丛 (5) 峰林 (6) 形象峰 (7) 岩柱 (8) 岩碑 (9) 岩嶂 (10) 岩岭 (11) 岩墩 (12) 岩蛋
		4）峡谷	(1) 涧 (2) 峡 (3) 沟 (4) 谷 (5) 川 (6) 门 (7) 口 (8) 关 (9) 壁 (10) 岩 (11) 谷盆 (12) 地缝 (13) 溶斗天坑 (14) 洞窟山坞 (15) 石窟 (16) 一线天
		5）洞府	(1) 边洞 (2) 腹洞 (3) 穿洞 (4) 平洞 (5) 竖洞 (6) 斜洞 (7) 层洞 (8) 迷洞 (9) 群洞 (10) 高洞 (11) 低洞 (12) 天洞 (13) 壁洞 (14) 水洞 (15) 旱洞 (16) 水帘洞 (17) 乳石洞 (18) 响石洞 (19) 晶石洞 (20) 岩溶洞 (21) 熔岩洞 (22) 人工洞
		6）石林石景	(1) 石纹 (2) 石芽 (3) 石海 (4) 石林 (5) 形象石 (6) 风动石 (7) 钟乳石 (8) 吸水石 (9) 湖石 (10) 砾石 (11) 响石 (12) 浮石 (13) 火成岩 (14) 沉积岩 (15) 变质岩
		7）沙景沙漠	(1) 沙山 (2) 沙丘 (3) 沙坡 (4) 沙地 (5) 沙滩 (6) 沙堤坝 (7) 沙湖 (8) 响沙 (9) 沙暴 (10) 沙石滩
		8）火山熔岩	(1) 火山口 (2) 火山高地 (3) 火山孤峰 (4) 火山连峰 (5) 火山群峰 (6) 熔岩台地 (7) 熔岩流 (8) 熔岩原 (9) 熔岩洞窟 (10) 熔岩隧道
		9）蚀余景观	(1) 海蚀景观 (2) 溶蚀景观 (3) 风蚀景观 (4) 丹霞景观 (5) 方山景观 (6) 土林景观 (7) 黄土景观 (8) 雅丹景观
		10）洲岛屿礁	(1) 孤岛 (2) 连岛 (3) 列岛 (4) 群岛 (5) 半岛 (6) 岬角 (7) 沙洲 (8) 三角洲 (9) 基岩岛礁 (10) 冲积岛礁 (11) 火山岛礁 (12) 珊瑚岛礁（岩礁、环礁、堡礁、台礁）
		11）海岸景观	(1) 枝状海岸 (2) 齿状海岸 (3) 躯干海岸 (4) 泥岸 (5) 沙岸 (6) 岩岸 (7) 珊瑚礁岸 (8) 红树林岸
		12）海底地形	(1) 大陆架 (2) 大陆坡 (3) 大陆基 (4) 孤岛海沟 (5) 深海盆地 (6) 火山海峰 (7) 海底高原 (8) 海岭海脊（洋中脊）
		13）地质珍迹	(1) 典型地质构造 (2) 标准地层剖面 (3) 生物化石点 (4) 灾变遗迹（地震、沉降、塌陷、地震缝、泥石流、滑坡）
		14）其他地景	(1) 文化名山 (2) 成因名山 (3) 名洞 (4) 名石　（合计 149 子类）

续表

大类	中类	小类	子类
一、自然景源	3 水景	1）泉井	（1）悬挂泉（2）溢流泉（3）涌喷泉（4）间歇泉（5）溶洞泉（6）海底泉（7）矿泉（8）温泉（冷、温、热、汤、沸、汽）（9）水热爆炸（10）奇异泉井（喊、笑、羞、血、药、火、冰、甘苦、乳）
		2）溪涧	（1）泉溪（2）涧溪（3）沟溪（4）河溪（5）瀑布溪（6）灰华溪
		3）江河	（1）河口（2）河网（3）平川（4）江峡河谷（5）江河之源（6）暗河（7）悬河（8）内陆河（9）山区河（10）平原河（11）顺直河（12）弯曲河（13）分汊河（14）游荡河（15）人工河（16）奇异河（香、甜、酸）
		4）湖泊	（1）狭长湖（2）圆卵湖（3）枝状湖（4）弯曲湖（5）串湖（6）群湖（7）卫星湖（8）群岛湖（9）平原湖（10）山区湖（11）高原湖（12）天池（13）地下湖（14）奇异湖（双层、沸、火、死、浮、甜、变色）（15）盐湖（16）构造湖（17）火山口湖（18）堰塞湖（19）冰川湖（20）岩溶湖（21）风成湖（22）海成湖（23）河成湖（24）人工湖
		5）潭池	（1）泉溪潭（2）江河潭（3）瀑布潭（4）岩溶潭（5）彩池（6）海子
		6）瀑布跌水	（1）悬落瀑（2）滑落瀑（3）旋落瀑（4）一叠瀑（5）二叠瀑（6）多叠瀑（7）单瀑（8）双瀑（9）群瀑（10）水帘状瀑（11）带形瀑（12）弧形瀑（13）复杂型瀑（14）江河瀑（15）涧溪瀑（16）温泉瀑（17）地下瀑（18）间歇瀑（19）冰雪瀑
		7）沼泽滩涂	（1）泥炭沼泽（2）潜育沼泽（3）苔草草甸沼泽（4）冻土沼泽（5）丛生嵩草沼泽（6）芦苇沼泽（7）红树林沼泽（8）河湖漫滩（9）海滩（10）海涂
		8）海湾海域	（1）海湾（2）海峡（3）海水（4）海冰（5）波浪（6）潮汐（7）海流洋流（8）涡流（9）海啸（10）海洋生物
		9）冰雪冰川	（1）冰山冰峰（2）大陆性冰川（3）海洋性冰川（4）冰塔林（5）冰柱（6）冰胡同（7）冰洞（8）冰裂隙（9）冰湖（10）冰河（11）雪山（12）雪原
		10）其他水景	（1）热海热田（2）奇异海景（3）名泉（4）名湖（5）名瀑（6）坎儿井　（合计119子类）
	4 生景	1）森林	（1）针叶林（2）针阔叶混交林（3）夏绿阔叶林（4）常绿阔叶林（5）热带季雨林（6）热带雨林（7）灌木丛林（8）人工林（风景、防护、经济）
		2）草地草原	（1）森林草原（2）典型草原（3）荒漠草原（4）典型草甸（5）高寒草甸（6）沼泽化草甸（7）盐生草甸（8）人工草地
		3）古树名木	（1）百年古树（2）数百年古树（3）超千年古树（4）国花国树（5）市花市树（6）跨区系边缘树林（7）特殊人文花木（8）奇异花木
		4）珍稀生物	（1）特有种植物（2）特有种动物（3）古遗植物（4）古遗动物（5）濒危植物（6）濒危动物（7）分级保护植物（8）分级保护动物（9）观赏植物（10）观赏动物
		5）植物生态类群	（1）旱生植物（2）中生植物（3）湿生植物（4）水生植物（5）喜钙植物（6）嫌钙植物（7）虫媒植物（8）风媒植物（9）狭温植物（10）广温植物（11）长日照植物（12）短日照植物（13）指示植物
		6）动物群栖息地	（1）苔原动物群（2）针叶林动物群（3）落叶林动物群（4）热带森林动物群（5）稀树草原动物群（6）荒漠草原动物群（7）内陆水域动物群（8）海洋动物群（9）野生动物栖息地（10）各种动物放养地
		7）物候季相景观	（1）春花新绿（2）夏荫风采（3）秋色果香（4）冬枝神韵（5）鸟类迁徙（6）鱼类回游（7）哺乳动物周期性迁移（8）动物的垂直方向迁移
		8）其他生物景观	（1）典型植物群落（翠云廊、杜鹃坡、竹海……）（2）典型动物种群（鸟岛、蛇岛、猴岛、鸣禽谷、蝴蝶泉……）　（合计67子类）
二、人文景源	5 园景	1）历史名园	（1）皇家园林（2）私家园林（3）寺庙园林（4）公共园林（5）文人山水园（6）苑囿（7）宅园圃园（8）游憩园（9）别墅园（10）名胜园
		2）现代公园	（1）综合公园（2）特种公园（3）社区公园（4）儿童公园（5）文化公园（6）体育公园（7）交通公园（8）名胜公园（9）海洋公园（10）森林公园（11）地质公园（12）天然公园（13）水上公园（14）雕塑公园
		3）植物园	（1）综合植物园（2）专类植物园（水生、岩石、高山、热带、药用）（3）特种植物园（4）野生植物园（5）植物公园（6）树木园
		4）动物园	（1）综合动物园（2）专类动物园（3）特种动物园（4）野生动物园（5）野生动物圈养保护中心（6）专类昆虫园
		5）庭宅花园	（1）庭园（2）宅园（3）花园（4）专类花园（春、夏、秋、冬、芳香、宿根、球根、松柏、蔷薇……）（5）屋顶花园（6）室内花园（7）台地园（8）沉床园（9）墙园（10）窗园（11）悬园（12）廊柱园（13）假山园（14）水景园（15）铺地园（16）野趣园（17）盆景园（18）小游园
		6）专类主题游园	（1）游乐场园（2）微缩景园（3）文化艺术景园（4）异域风光园（5）民俗游园（6）科技科幻游园（7）博览园区（8）生活体验园区
		7）陵坛墓园	（1）烈士陵园（2）著名墓园（3）帝王陵园（4）纪念陵园（5）祭祀坛园
		8）其他园景	（1）观光果园（2）劳作农园　（合计69子类）

续表

大类	中类	小类	子类
二、人文景源	6 建筑	1）风景建筑	（1）亭（2）台（3）廊（4）榭（5）舫（6）门（7）厅（8）堂（9）楼阁（10）塔（11）坊表（12）碑碣（13）景桥（14）小品（15）景壁（16）景柱
		2）民居宗祠	（1）庭院住宅（2）窑洞住宅（3）干阑住宅（4）碉房（5）毡帐（6）阿以旺（7）舟居（8）独户住宅（9）多户住宅（10）别墅（11）祠堂（12）会馆（13）钟鼓楼（14）山寨
		3）文娱建筑	（1）文化宫（2）图书阁馆（3）博物苑馆（4）展览馆（5）天文馆（6）影剧院（7）音乐厅（8）杂技场（9）体育建筑（10）游泳馆（11）学府书院（12）戏楼
		4）商业建筑	（1）旅馆（2）酒楼（3）银行邮电（4）商店（5）商场（6）交易会（7）购物中心（8）商业步行街
		5）宫殿衙署	（1）宫殿（2）离宫（3）衙署（4）王城（5）宫堡（6）殿堂（7）官寨
		6）宗教建筑	（1）坛（2）庙（3）佛寺（4）道观（5）庵堂（6）教堂（7）清真寺（8）佛塔（9）庙阙（10）塔林
		7）纪念建筑	（1）故居（2）会址（3）祠庙（4）纪念堂馆（5）纪念碑柱（6）纪念门墙（7）牌坊牌楼（8）阙
		8）工交建筑	（1）铁路站（2）汽车站（3）水运码头（4）航空港（5）邮电（6）广播电视（7）会堂（8）办公（9）政府（10）消防
		9）工程构筑物	（1）水利工程（2）水电工程（3）军事工程（4）海岸工程
		10）其他建筑	（1）名楼（2）名桥（3）名栈道（4）名隧道 （合计93子类）
	7 史迹	1）遗址遗迹	（1）古猿人旧石器遗址（2）新石器聚落遗址（3）夏商周都邑遗址（4）秦汉后城市遗址（5）古代手工业遗址（6）古交通遗址
		2）摩崖题刻	（1）岩画（2）摩崖石刻题刻（3）碑刻（4）碑林（5）石经幢（6）墓志
		3）石窟	（1）塔庙窟（2）佛殿窟（3）讲堂窟（4）禅窟（5）僧房窟（6）摩崖造像（7）北方石窟（8）南方石窟（9）新疆石窟（10）西藏石窟
		4）雕塑	（1）骨牙竹木雕（2）陶瓷塑（3）泥塑（4）石雕（5）砖雕（6）画像砖石（7）玉雕（8）金属铸像（9）圆雕（10）浮雕（11）透雕（12）线刻
		5）纪念地	（1）近代反帝遗址（2）革命遗址（3）近代名人墓（4）纪念地
		6）科技工程	（1）长城（2）要塞（3）炮台（4）城堡（5）水城（6）古城（7）塘堰渠坡（8）运河（9）道桥（10）纤道栈道（11）星象台（12）古盐井
		7）古墓葬	（1）史前墓葬（2）商周墓葬（3）秦汉以后帝陵（4）秦汉以后其他墓葬（5）历史名人墓（6）民族始祖墓
		8）其他史迹	（1）古战场 （合计57子类）
	8 风物	1）节假庆典	（1）国庆节（2）劳动节（3）双休日（4）除夕春节（5）元宵节（6）清明节（7）端午节（8）中秋节（9）重阳节（10）民族岁时节
		2）民族民俗	（1）仪式（2）祭礼（3）婚仪（4）祈禳（5）驱祟（6）纪念（7）游艺（8）衣食习俗（9）居住习俗（10）劳作习俗
		3）宗教礼仪	（1）朝觐活动（2）禁忌（3）信仰（4）礼仪（5）习俗（6）服饰（7）器物（8）标识
		4）神话传说	（1）古典神话及地方遗迹（2）少数民族神话及遗迹（3）古谣谚（4）人物传说（5）史事传说（6）风物传说
		5）民间文艺	（1）民间文学（2）民间美术（3）民间戏剧（4）民间音乐（5）民间歌舞（6）风物传说
		6）地方人物	（1）英模人物（2）民族人物（3）地方名贤（4）特色人物
		7）地方物产	（1）名特产品（2）新优产品（3）经销产品（4）集市圩场
		8）其他风物	（1）庙会（2）赛事（3）特色文化活动（4）特殊行业活动 （合计52子类）
三、综合景源	9 游憩景地	1）野游地区	（1）野餐露营地（2）攀登基地（3）骑驭场地（4）垂钓区（5）划船区（6）游泳场区
		2）水上运动区	（1）水上竞技场（2）潜水活动区（3）水上游乐园区（4）水上高尔夫球场
		3）冰雪运动区	（1）冰灯雪雕园地（2）冰雪游戏场区（3）冰雪运动基地（4）冰雪练习场
		4）沙草游戏地	（1）滑沙场（2）滑草场（3）沙地球艺场（4）草地球艺场
		5）高尔夫球场	（1）标准场（2）练习场（3）微型场
		6）其他游憩景地	（1）游人中心 （合计22子类）

续表

大类	中类	小类	子类
三、综合景源	10 娱乐景地	1）文教园区	（1）文化馆园（2）特色文化中心（3）图书楼阁馆（4）展览博览园区（5）特色校园（6）培训中心（7）训练基地（8）社会教育基地
		2）科技园区	（1）观测站场（2）试验园地（3）科技园区（4）科普园区（5）天文台馆（6）通信转播站
		3）游乐园区	（1）游乐园地（2）主题园区（3）青少年之家（4）歌舞广场（5）活动中心（6）群众文娱基地
		4）演艺园区	（1）影剧场地（2）音乐厅堂（3）杂技场区（4）表演场馆（5）水上舞台
		5）康体园区	（1）综合体育中心（2）专项体育园地（3）射击游戏场地（4）健身康乐园地
		6）其他娱乐景地	（合计 29 子类）
	11 保健景地	1）度假景地	（1）郊外度假地（2）别墅度假地（3）家庭度假地（4）集团度假地（5）避寒地（6）避暑地
		2）休养景地	（1）短期休养地（2）中期休养地（3）长期休养地（4）特种休养地
		3）疗养景地	（1）综合慢性疗养地（2）专科病疗养地（3）特种疗养地（4）传染病疗养地
		4）福利景地	（1）幼教机构地（2）福利院（3）敬老院
		5）医疗景地	（1）综合医疗地（2）专科医疗地（3）特色中医院（4）急救中心
		6）其他保健景地	（合计 21 子类）
	12 城乡景观	1）田园风光	（1）水乡田园（2）旱地田园（3）热作田园（4）山陵梯田（5）牧场风光（6）盐田风光
		2）耕海牧渔	（1）滩涂养殖场（2）浅海养殖场（3）浅海牧渔区（4）海上捕捞
		3）特色村寨	（1）山村（2）水乡（3）渔村（4）侨乡（5）学村（6）画村（7）花乡（8）村寨
		4）古镇名城	（1）山城（2）水城（3）花城（4）文化城（5）卫城（6）关城（7）堡城（8）石头城（9）边境城镇（10）口岸风光（11）商城（12）港城
		5）特色街区	（1）天街（2）香市（3）花市（4）菜市（5）商港（6）渔港（7）文化街（8）仿古街（9）夜市（10）民俗街区
		6）其他城乡景观	（合计 40 子类）
3	12	98	802

（五）景源的保护与利用

1. 景源保护的必要性

第一，景源在物质与精神两方面的重要性要求我们必须重视保护；

第二，人均资源短缺的趋势在加快，许多景源因其不可再生性与脆弱性更加需要保护；

第三，市场经济行为的负面影响正在威胁着资源与环境，景源首当其冲，尤其需要有效保护。

2. 景源保护的有效举措：

（1）普查景源，建立体系，明确保护对象与目标。

（2）健全体制，统一管理，协调各方步调。

（3）加强法治，弘扬德治，完善动态保护措施。

3. 景源利用的合理途径：

（1）充分发挥景源的综合潜力，正确选择发展方向与目标。

（2）因时因地制宜，正确处理开发与保护、开发与节约的关系。

（3）发挥规划的龙头作用，搞好配套设计、施工和管理。

（六）自然资源的特性

自然资源是在一定时空和条件下，能满足人类生产与生活需求的自然物资和自然能量。其自然属性见下表：

表 1-1-3

1. 整体性	各自然资源要素有不同程度的相互联系，形成有机整体，用其一而动整体
2. 有限性	自然资源的规模和容量有一定限度，应合理利用
3. 多用性	大部分自然资源有多种用途，应综合优化利用
4. 区域性	自然资源空间分布很不平衡，贫富之别增添其利用的复杂性

续表

5. 差异性	自然资源的发生与变化有三类：一是可再生的资源，如太阳能、风、海潮、径流等，应充分利用；二是可更新的资源，如植物、动物等生命机体，应保存种源、永续利用；三是不可再生的资源，如各种矿物、燃料、自然遗产等，应节约利用

（七）自然资源的影响

（1）将影响生产力中的劳动对象和劳动资料（主要是工具），是区域发展中不可缺少的条件。

（2）影响劳动生产率和产品质量。

（3）影响社会生活。自然要素和社会要素间相互渗透。

（4）生产力的发展阶段左右着人与自然间的相互关系，即：生活资料的自然富源阶段，劳动资料的自然富源阶段，生活环境的自然富源阶段。

（5）自然资源最终不能决定社会经济

的发展。既要充分评价地理环境的具体影响，又要反对地理环境决定论。

(八) 自然地带性影响

(1) 纬度地带性的影响

纬度地带性的实质是南北差异，有气候、动植物、人种、民俗和经济文化特征等差异。例如：纬度相差1°，平均距离约为111km，气温相差1℃。

(2) 经度地带性的影响

经度地带性的成因主要是海陆分布不平衡，海陆物理性差异是大规模的物质和能量交换的前提。大陆景观依距离海洋的远近作经度变化，由森林带→草原带→荒漠带逐渐过渡。也是解释文化地理现象的重要线索。

(3) 垂直地带性的影响

其主要成因是高差引起温度、日照、降水、气压等要素的差别。气温随高度上升而下降，平均每上升160m温度下降1℃。山体只要有500m的高差，就会出现明显的垂直带现象。海拔1000m左右的山区是长寿者集中区。

(九) 自然资源的评价

(1) 绝对量。各种资源的存量指标。

(2) 相对量。平均每平方公里拥有的相对量，也称资源密度。

(3) 对比量。资源与社会需求量的对比指标，例如，人均占有量。

(4) 时空分布及其组合状况。每个地区的自然条件总有长处和不足、优势与劣势。

(十) 与气候相联系的世界主要生物群域类型模式

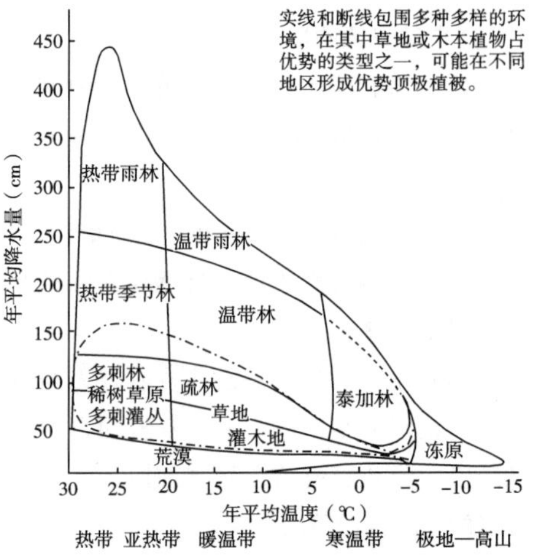

(十一) 水的全球循环

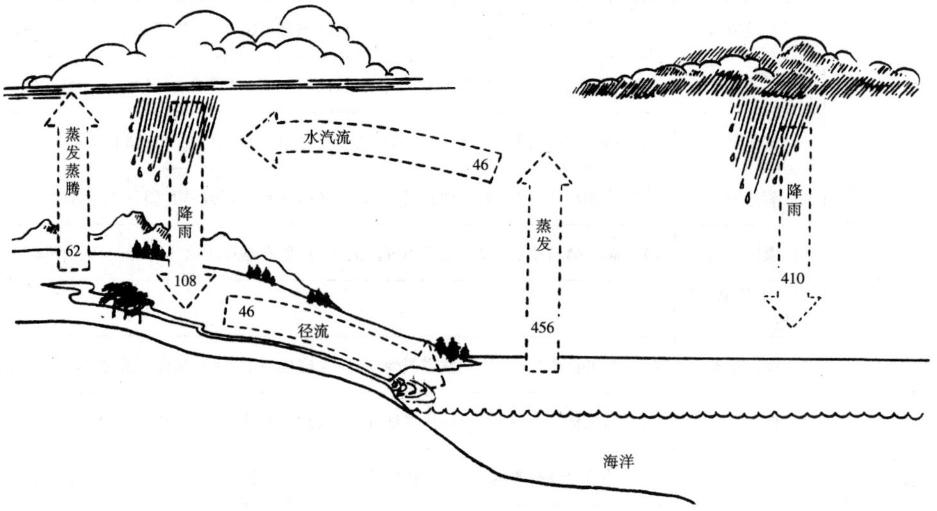

(十二) 地球上各种生态系统的净初级生产力*

生态系统类型	面积（10^6km^2）	净初级生产量（$g/m^2/a$）		全球净初级生产量（10^9t）	生物量（kg/m^2）		全球生物量（10^9t）
		正常范围	平均		正常范围	平均	
热带雨林	17.0	1000～3500	2200	37.4	6～80	45	765
热带季雨林	7.5	1000～2500	1600	12.0	6～60	35	260
温带常绿林	5.0	600～2500	1300	6.5	6～200	35	175
温带落叶林	7.0	600～2500	1200	8.4	6～60	30	210
北方针叶林	12.0	400～2000	800	9.6	6～40	20	240
灌丛和林地	8.5	250～1200	700	6.0	2～20	6	50
热带稀树草原	15.0	200～2000	900	13.5	0.2～15	4	60
温带草原	9.0	200～1500	600	5.4	0.2～5	1.6	14
冻原和高山	8.0	10～400	140	1.1	0.1～3	0.6	5
荒漠和半荒漠灌丛	18.0	10～250	90	1.6	0.1～4	0.7	13
岩石、沙地和冰地	24.0	0～10	3	0.07	0～0.2	0.02	0.5
农耕地	14.0	100～3500	650	9.1	0.4～12	1	14
沼泽	2.0	800～3500	2000	4.0	3～50	15	30
湖泊和河流	2.0	100～1500	250	0.5	0～0.1	0.02	0.05
大陆总计	149		773	115		12.3	1837
大洋	332.0	2～400	125	41.5	0～0.005	0.003	1.0
上升流区域	0.4	400～1000	500	0.2	0.005～0.1	0.02	0.008
大陆架	26.6	200～600	360	9.6	0.001～0.04	0.01	0.27
海藻床和珊瑚礁	0.6	500～4000	2500	1.6	0.04～4	2	1.2
河口	1.4	200～3500	1500	2.1	0.01～6	1	1.4
海洋总计	361		152	55.0		0.01	3.9
全球总计	510		333	170		3.6	1841

* 表中重量均为干物质重量。

二、中国景源图片

（一）天景

101. 日出黄海（引自《崂山》）[①]

104. 太平宫旭日（引自《崂山》）

102. 红日映出石老人（引自《崂山》）

105. 海霞椰影（风景协会）

108. 清影海韵（风景协会）

106. 夕阳海滩（风景协会）

109. 天涯红日（风景协会）

103. 黄海云雾日影（引自《崂山》）

107. 五台山云日

110. 云石海光（风景协会）

① 图序号由两部分组成，第一部分由阿拉伯数字1～12组成，分别代表天景、地景、水景、生景、园景、建筑、史迹、风物、游憩景地、娱乐景地、保健景地、城乡景观十二类；第二部分代表序号，如“101”中“1”表示天景，“01”表示第一张图片。

111.天涯晴辉（风景协会）

112.海光云影（风景协会）

113.天涯光象（风景协会）

114.海浴光影（风景协会）

115.楠溪江傍晚

116.夕阳照灵隐

117.太阳岛冬日

118.太阳岛冬月

119.天台石梁云月

120.天台石梁秋月

121.秋月半轮（引自《峨嵋》）

122.北极光（引自《环球》）

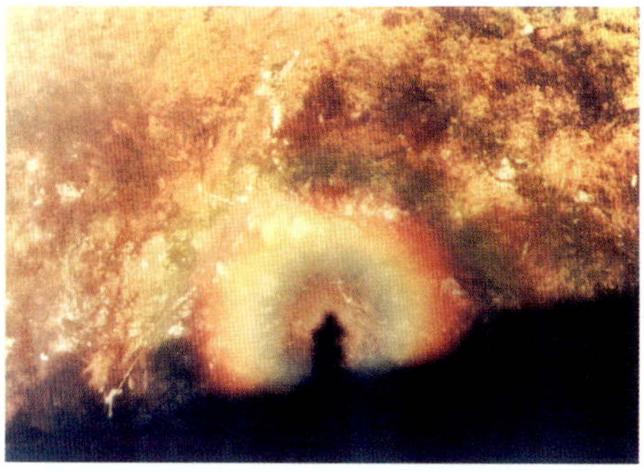

123.高山佛光（风景协会）

124.三清山佛光（引自王晓峰著《三清山》）

125.漓江彩霞云天（引自《人民画报》）

126.飞瀑彩虹（风景协会）

127.湖山雾影（风景协会）

128.云雾山中（风景协会）

129.雾凇橙红（风景协会）

130.红光映金顶（风景协会）

131.八达岭灯光（风景协会）

132.八达岭小雪（风景协会）

133.春雨报国寺

134.华山黄埔峪秋色

135.轻雪印地文

136.瀑布云（风景协会）

137.雾笼黄洋界（风景协会）

138.云峰层叠（风景协会）

139.云雾玉屏峰（引自《人民画报》）

140.晨露花草地

141.冬日雾凇

142.海滨波光

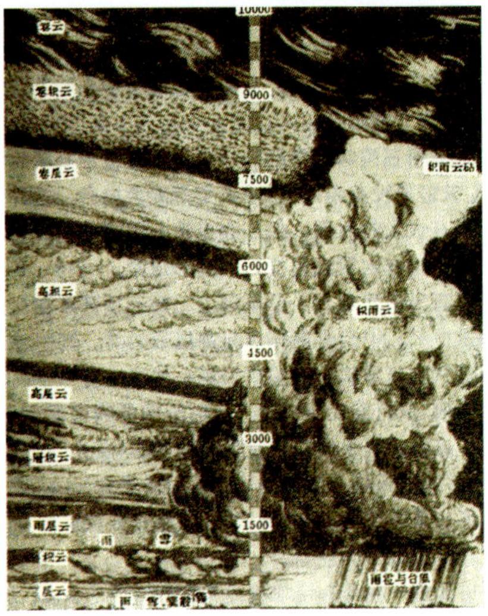
143.各种云的标准形状（引自周淑贞著《云谱》）

144.流光溢彩（引自《石人山》）

145.卷积云.高云

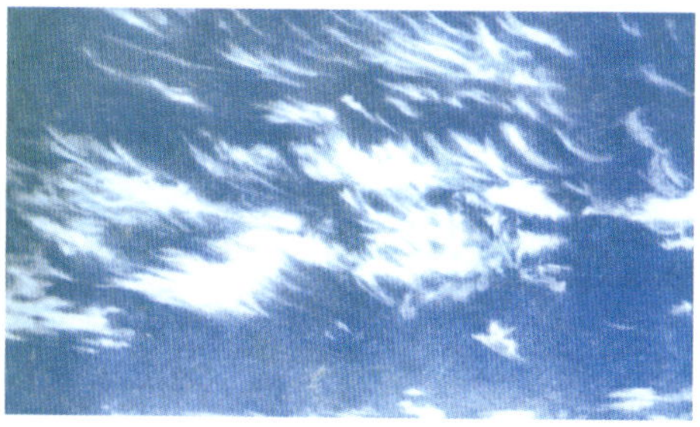
146.钓卷云.高云（引自李叔庭作品）

147.高积云.中云（引自李叔庭作品）

148.浓积云.低云（引自李叔庭作品）

149.空中云涌

150.云游江上

151.落日云景

152.华山仙掌崖四季景象（引自华山黄继贤作品集）

152.华山仙掌崖四季景象（引自华山黄继贤作品集）（续）

153.雅砻河雍布拉康傍晚光象之一

157.三江并流蜀都海秋色（曹礼昆）

158.三江并流哈巴雪山晚霞（曹礼昆）

154.雍布拉康傍晚光象之二

159.雷峰夕照

155.雍布拉康傍晚光象之三

156.三江并流哈巴雪山主峰云景（曹礼昆）

160.西湖落日

（二）地景

201.西北雪峰连绵（贾建中）

205.吐鲁番盆地火焰山（851m）

207.华山北峰（1615m）

202.西北环形山口流水流沙

206.华山主峰2160m、整体花岗岩体
（引自《人民画报》）

208.嵩山山岩纵横

203.西北沙漠中水库和居民点

204.秦岭山脉镀银雪

209.近观少室山

210.冬日山谷岩壁（济南）

211.泰山岩（风景协会）

212.石山人和合峰

213.远眺庐山五老峰

214.远眺三清山群峰

215.神女峰（引自《三清山》）

216.龙岩美人峰

217.天台赤城山

218.天台明岩内景

219.天台山岩洞石

220.眺望峨嵋金顶（风景协会）

221.奉节天坑峭壁

222.奉节天坑峭壁口

226.海坛球状风化石（唐进群）

227.井冈山群峰拥翠（风景协会）

223.海坛天神（整体花岗岩长330m）（唐进群）

228.峰顶连岭（风景协会）

224.海坛海岸峭壁（唐进群）

225.海坛海蚀竖井(直径50m、高43m)(唐进群)

229.丹霞岩柱（风景协会）

230.丹霞岩洞（风景协会）

231.武夷山水

234.峰林平原（引自《人民画报》）

235.峰丛平原（引自《人民画报》）

232.武夷山九曲溪的岩嶂

236.珠穆朗玛峰（8848.13m）

237.雅鲁藏布江两岸峰岭之一

238.雅鲁藏布江两岸峰岭之二

233.峰林田园（引自《桂林》）

239.桂林塔山与群峰（引自《桂林》）

240.高原湿地雪山

241.雪山草地牦牛（引自《李信作品》）

242.七色斑斓的峰峦崖坡与田舍

243.空中望西南山谷

244.空中望西南峰岭

245.芦笛岩灰华坝水平水景

246.九乡岩洞灰华坝阶梯水景

247.石人山凤凰台（引自《石人山》）

248.石人山大将军峰（引自《石人山》）

249.丽江黎明龟帽山（风景协会）

250.丹霞巨岩

251.丹霞景观（形象峰似蒙古包）（王继旭）

252.丹霞景观（形象石似自然佛）（王继旭）

253.丹霞景观（引自《云南森林》）

254.丹霞景观（千龟山）（王继旭）

255.丽江老君山（石棺峰）（王继旭）

256.高山峰丛（金丝厂主峰雄姿）（王继旭）

257.崂山巨峰景区自然碑

258.三江平原的黑土草原

259.南海大环礁的珊瑚岛群（引自《中国海岛》）

260.台湾小野柳蜡烛石群（海蚀景）（引自《中国海岛》）

261.三江并流白茫雪山皇冠峰（曹礼昆）

262.三江并流卡瓦格博峰（曹礼昆）

263.三江并流澜沧江大拐弯（曹礼昆）

264.三江并流怒江第一湾（曹礼昆）

（三）水景

301.大连海湾岬角

306.千岛湖一角

302.珠海海滨

307.千岛湖上漂松花一角

310.浓云斜阳碧塔海（云南）

303.港岛海湾（风景协会）

311.雅砻河水体（西藏）

304.港岛山间水体（风景协会）

308.红枫湖一角（风景协会）

312.雅砻河水湿景观之一（西藏）

305.天涯海景（风景协会）

309.仙女湖（风景协会）

313.雅砻河水湿景观之二（西藏）

314.四面山望乡台瀑布

319.天台山小铜壶瀑布

320.天台山铜壶瀑布

315.四面山悬落瀑布与崖内小道

316.四面山滑落瀑布

321(1).石人山白龙潭旋落瀑布（枯水状）

317.天台山石梁飞瀑

318.石梁飞瀑近影

321(2).白龙潭旋落瀑布（丰水状）

322(1).三百山东江源瀑布

324.溪水滑跌

328(1).庐山三叠泉（风景协会）

325.华山滑落瀑布

322(2).三百山东江源瀑布

328(2).长白山小景（引自《人民画报》）

326.壶口瀑布

323.山岩跌水

327.河水跌进溶洞

329(1).吊水楼瀑布一角（风景协会）

329(2).青云山青龙瀑、九天瀑、长生瀑（风景协会）

330.峰林平原河溪（引自《桂林》）

329(3).轿子山冰瀑（引自《云南森林》）

331.漓江峰林河谷（引自《桂林》）

332. 岩溶河溪（风景协会）

333. 九曲溪的幽奥景

334. 金湖水上一线天

335. 金湖跌水

336. 双溪激荡牛心石（峨嵋双桥清音）

337. 海浪击石（风景协会）

338. 天台山高山杜鹃水池

339. 黄龙高山植被与灰华瀑布

340. 山溪跳石小屋

341.黄龙彩池与栈道

342.黄龙彩池与雪山

343.黄龙洗象池瀑布与栈道

344.高原雪景

345.泰山黑龙潭

346.三江并流贡山县怒江（曹礼昆）

347.三江并流哈巴冰积湖（曹礼昆）

（四）生景

401.黄山迎客松（风景协会）

402.天柱山松（风景协会）

403.松云图（风景协会）

404.松石图（风景协会）

405.华山松丛

406.玉龙雪山云杉坪（贾建中）

407.嵩阳书院大将军柏（树龄 4500 年）

408.嵩阳书院二将军柏（汉武帝封）

409.中岳庙汉柏

410.离堆古银杏

411.二王庙古树山门

412.楼观台古银杏

413.少林寺古银杏

414.少林寺古藤缘柏

415.嵩岳寺古槐

416.榕湖古榕

417.西双版纳－爱伲寨雨林（贾建中）

418.西湖古藤冬景

419.西湖常绿植物水石景

420.东林寺古樟

421.山林草地

422.溪畔白桦秋林

423.高山树干与松萝

424.高山林中步游

429.毛竹山林（寒山湖）

432.天台山茂林古寺

425.雪山、植被与灰华坝

433.九遮溪白茅分布数里

430.天台山毛竹

426.高山林下厚苔

434.华顶云锦杜鹃林缘

427.天然与人工植物小景

428.峨嵋山古树名木

431.天台山竹溪山道

435.漓江渔村竹影

436.路旁竹丛小景

437.五台山台顶草地

438.四面山中华双扇蕨

439.螺髻山高山杜鹃丛林

440.石人山华榛干皮

441.白鹿洞书院红花檵木

442.白鹿洞书院白花檵木

443.溪畔沙丘幼松

444.幼榕根与岩石

445.木棉花

446.三亚榕根盘绕

447.散尾葵丛

448.散尾葵根部

449.天鹅、鸳鸯与人群

450.水上王莲

451.花港花草地

452.雅砻河草地羊群

453.西藏牦牛草地

454.西藏牧牛人院落

455.西藏高山草甸与远村

456.西藏草甸溪河

457.西藏草甸与远山旋风

458.海边野生仙人掌

459.崂山桃梨花艳

460.黄帝陵古柏

461.独树成林榕树王（引自《云南森林》）

465.野外熊猫（引自《成都风景》）

462.南滚河亚洲象（引自《云南森林》）

466.海鸥低飞

467.两家六口（黄山孕猴谷）

463.海南坡鹿（引自欧松德作品）

470.三江并流说拉垭口杜鹃（曹礼昆）

468.三江并流高山杜鹃（曹礼昆）

464.海南坡鹿（引自《中国海岛》）

471.三江绿绒蒿（曹礼昆）

469.三江并流千湖山杜鹃（曹礼昆）

（五）园景

501.白鹿洞书院内庭院之一

502.白鹿洞书院内庭院之二

503.玉泉外院冬景之一

504.玉泉外院冬景之二

505.杭州民居天井小院

506.万石山茶室前

507.万石山温室

508.国清寺大殿前院

509.隋梅院三景之一

510.隋梅院三景之二

511.隋梅院三景之三

512.桂林林下木质小路

513.桂林岩柱、玻璃顶小亭

514.桂林石渣石块小径

515.桂林枕木卵石小径

516.桂林生土覆盖式厕所与小卖亭

517.桂林生土覆盖式厕所

518.奉节白帝庙门口

519.奉节白帝庙院内

520.罗布林卡（宝贝园林）大门

521.罗布林卡内院墙

522.达旦米久颇章——十四世达赖的夏宫

523.罗布林卡威镇三界阁

524.罗布林卡西龙王宫

525.番禺动物园水禽湖

526.番禺动物园

527.番禺动物园狮虎山

528.番禺动物园白虎

529.番禺动物园

530.北京植物园

531.昆明世博园之一

532.世博园之二

533.世博园之三

534.世博园之四

535.世博园之五——广东园

536.世博园之六——以色列节水设施

537.世博园之七

538.中山陵入口

539.湖畔茶园

（六）建筑

601. 黄鹤楼

605. 中岳庙天中阁入口

606. 嵩岳寺塔冬景（公元520年砖塔）

602. 黄鹤楼上俯瞰

607. 嵩阳书院入口

608. 白鹿洞书院正学之门

603. 南昌滕王阁正面

609. 凤凰城沈从文故居

604. 滕王阁侧面

610. 淄博蒲松龄纪念馆院门

611.金湖尚书第院门

612.金湖岩洞建筑

613.建筑入口石雕

614.编钟门饰

615.金属群雕

616.塔院入口石径

617.赤城山济公院山门

618.国清寺入口影壁

619.国清寺影壁内甬道

620.国清寺弥勒殿（前殿）门前

621.九遮溪单跨石板拱桥

622.四面山石梁桥

623.都江堰吊桥

624.都江堰吊桥

625.都江堰古代水利工程构件

626.二王庙大殿前庭

627.城隍庙内入口

628.五台山显通寺铜殿

629.石钟山宝相寺

630(1).石钟山远眺石钟寺上中下院

630(2).中观石钟寺上中下院

631(1).石钟寺中院鸟瞰下院

631(2).石钟寺内小景

632.三水祠堂牌坊

633.三水祠堂水池雕塑

634.三水祠堂入口内景

635.三水祠堂向外看

636.碑碣小品

637.武夷山标示小品

638.西藏布达拉宫正面

639.西藏布达拉宫步级

640.西藏布达拉宫入口及牌示

641.西藏寺庙建筑饰物

642.冬日秦皇岛海神庙

643.云门山望寿阁

644.崂山道观秋日

645.崂山道观门外

646.石人山崖壁栈道

647.岩洞式公共厕所入口

648.岩洞式公共厕所内景

（七）史迹

701. 郦山秦始皇兵马俑

702. 吐鲁番交河故城遗迹（汉、唐）

703. 吐鲁番高昌故城遗迹（汉、唐）

704. 坎儿井露天段

705(1). 楼观台老子祠入口外景

705(2). 楼观台老子祠入口大门

705(3). 楼观台老子祠入口内景

706. 嵩山太室阙（东汉）

707. 周公测星台（公元723年）

708. 元代观星台（公元1276年）

709. 嵩山大唐碑（公元744年）

710.嵩阳寺（北魏）造像碑

716.少林寺塔林局部

711.少林寺殿前石刻

717.塔林中的石塔之一

718.少林寺五百罗汉壁画（局部）

712.神库铁人之一（公元1064年）

713.神库铁人之二

714.神库铁人之三

715.神库铁人之四

719(1).东林寺出土石雕正面

719(2).东林寺出土石雕背面

720.清源山老君石雕像（宋代，高5.63m）

721.云冈石窟（始于公元460年，北魏）

722.灵隐摩崖石刻（宋）

723.灵隐摩崖石刻

724.镇海石海塘（明代），现被绿地护卫

725.八达岭（明）

726.灵谷寺门口

727.灵谷景区无梁殿（明洪武年间）

728.灵谷景区无梁殿门口

729.灵谷塔冬景（1929年，高66m）

730.灵谷景区谭墓外入口

731.灵谷景区石雕

732.遵义会址

733.古田会址

734.岱庙汉柏

735.三清山三清宫(风景协会)

736.北京明十三陵长陵（风景协会）

737.天台山隋塔（宋修）

738.大足宝顶山石窟（1179～1249年）

739.宝顶山石窟近观

740.宝顶山石窟俯视

（八）风物

801.漓江红帆（引自《桂林》）

804.巢湖金波帆影（风景协会）

802.千岛湖帆影（风景协会）

805.太湖春色帆影（风景协会）

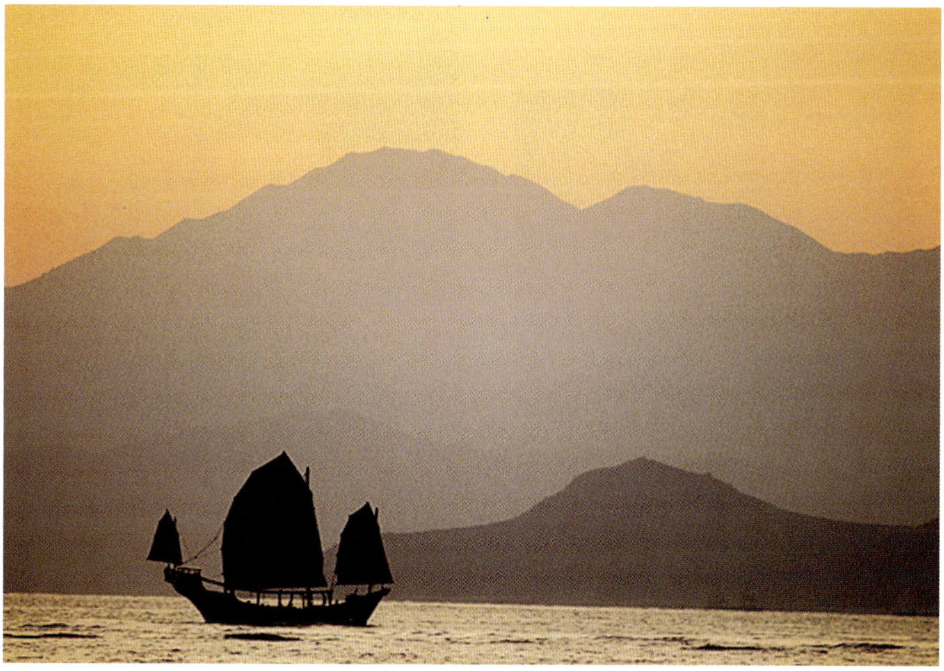

803.香港帆影（风景协会）

806.太湖风浪帆影（引自《人民画报》）

807.赛马（风景协会）

808.楼群中的马场（风景协会）

812.泰山节假日游人拥满山道（风景协会）

813.崂山绛雪（山茶花）

809.港湾夜景（风景协会）

810.西藏草原集会

814.湖上养殖景（风景协会）

811.龙虎山仙岩崖墓悬棺表演

815.狩猎归途（引自《人民画报》）

816.宠狗与主人

817.三江并流德钦飞来寺（曹礼昆）

818.三江并流红波寺法会（曹礼昆）

819.天游峰脊游人成行（引自《武夷山》）

820.九曲溪竹筏绿影（引自《武夷山》）

821.大日溪竹筏漂流（引自《桐庐》）

822.乐山大佛栈道灯景（引自《乐山》）

823.气球吊篮观瀑布

824.严子陵钓台

（九）游憩景地

901.峨嵋山游人中心入口

902.天池游人中心

903.海滨高尔夫球场

904.海滩与高尔夫球场

905.高尔夫球场景（风景协会）

906.桂林高尔夫球场外入口

907.水上标艇（风景协会）

908.海上赛帆（引自《青岛》）

909.玉龙雪山栈道（贾建中）

910.石人山滑道（引自《石人山》）

911.南戴河滑沙场（引自《秦皇岛》）

912.九曲溪竹排码头

913.海滨垂钓

914.荷叶汀步自有趣

915.游览山路的兴奋点（一）

916.游览山路的兴奋点（二）

(十) 娱乐景地

1001.昆明世博园

1002.天涯民俗村之一

1003.天涯民俗村之二

1004.天涯民俗村之三

1005.天涯民俗村之四

1006.深圳青青世界之一

1007.深圳青青世界之二

1008.深圳青青世界之三

1009. 刘公岛小戏台

1010. 中山陵园音乐台

1011. 东湖楚文化区鸟瞰（引自童汉芳作品）

1012. 东湖楚城门

1013. 东湖楚市入口

1014. 东湖楚文化街鸟瞰

1015. 楚市演出场

（十一）保健景地

1101.北戴河海滨避暑区（引自《秦皇岛》）

1105.天池度假村蒙古包

1102.青岛海滨浴场饱和状（引自《青岛》）

1103.天池度假村一角之一

1106.嵊泗海滨浴场（贾建中）

1104.天池度假村一角之二

1107.三亚海滨浴场之一（风景协会）

1108.三亚海滨浴场之二（风景协会）

1111.三亚海滨浴场之五（风景协会）

1109.三亚海滨浴场之三（风景协会）

1112.港岛海滩浴场（风景协会）

1113.薛家岛海滨浴场

1110.三亚海滨浴场之四（风景协会）

1114.琅琊台海滨浴场

（十二）城乡景观

1201.三亚海湾山水城

1207.西藏天、地、村、溪景象

1202.丽江古城雪景（风景协会）

1208.布达拉宫广场

1209.凤凰古城门外

1203 三江并流石头城（贾建中）

1205.三江并流山村之二（贾建中）

1210.凤凰城沿江景象之一

1204.三江并流山村之一（贾建中）

1206.大理古城外景

1211.凤凰城沿江景象之二

1212.萧山大地

1213.梯田

1214.龙岩方形土楼院落

1215.龙岩方形土楼院落

1216.永定客家土楼群

1217.千岛湖山村民居（引自《千岛湖》）

1218.楠溪江苍坡村（风景协会）

1219.开平雕楼

1220.丽江古城鸟瞰（风景协会）

1221.丽江古城四方街（风景协会）

1222.丽江石鼓镇（王继旭）

1223.丽江石鼓索桥（王继旭）

1224.丽江黎明寨（王继旭）

1225.三江并流德钦民居与屋顶晒场（曹礼昆）

1226.三江并流德钦西当村（曹礼昆）

第二章　风景区规划指南

一、风景区概论

（一）风景区发展历程表

表 2－1－1

时代	阶段	发展动因与阶段特征及其实例
五帝以前（公元前 21 世纪以前的氏族社会）	风景区的萌芽时期。农耕与聚落形成	①自然崇拜孕育着天地神灵与宗教、名山大川与领地、山水风光与审美等意识的萌芽；②图腾崇拜中的龙凤旗帜，正是早期审美意识和艺术创造的萌芽；③河姆渡文化遗存中的五叶纹陶片和植物遗存，印证着早期的审美活动；④封禅祭祀、五岳四渎、名山大川、巢父许由栖隐地，均是早期风景区的萌芽形式
夏商周（公元前 20 世纪至公元前 256 年的奴隶社会末期）	风景区的发端时期。农业与都邑形成	①大禹治水是首次国土和大地山川景物规划及其综合治理；②甲骨文“囿”字和诗经记述的灵囿，均是在山水生物丰美地段，挖沼筑台，以形成观天通神、游憩娱乐、生产生活并与民同享的境域；③“诗经卷阿”描述着风景游憩和寓教于游的史实；④石鼓文首次记载了早期古秦汧水畤囿风景区的开发过程及其敬天习武、狩猎圈养、为所游优的功能活动；⑤公元前 17 世纪出现的爱护野生动物、保护自然资源、有节制狩猎、保护自然生态与仁德治国等同的思想，是风景区发展的传承动因，也是当代永续利用和可持续发展等概念的源头；⑥春秋战国的城市建设推动了邑郊风景区的发展，离宫别馆与台榭苑囿建设促进了古云梦泽和太湖风景区的形成与发展；⑦战国中叶为开发巴蜀而开凿栈道，形成千里栈道风景名胜走廊；⑧李冰率众兴修水利形成了都江堰风景区；⑨《周礼》规定的“大司马”掌管和保护全国自然资源，“囿人”掌囿游禁兽等制度，对风景区发展起着保障作用；⑩先秦的科技发展，引导人们更加深入地观察自然、省悟人生，成为风景区发展的科技基础；⑪诸子百家的争鸣创新，既奠定了儒道互补而又协调的古代审美基础，也蕴含着后世风景区发展的动因、思想和哲学基础
秦汉（公元前221年～公元 220 年的封建社会早期）	风景区的形成时期。土地私有、农工商外贸并举、城市形成	①频繁的封禅祭祀及其设施建设，促使以五岳为首的中国名山景胜体系形成并发展；②佛教道教开始进入名山，加之盛传的神仙思想和神仙境界的影响，人们特别关注山海洲岛景象并寻求园苑仙境；③秦始皇为统一岭南军需运粮，特开凿湘漓运河——灵渠，促进了桂林山水的发展；④秦汉宫苑建设，形成了长安西北的甘泉山景区和具有大型风景区特征的上林苑；⑤汉代华信修筑钱塘，使杭州西湖与钱塘江分开，并进入新的发展阶段；⑥秦汉帝王巡游、学者远游、民间郊游等游优之风大盛，刺激着对山水美的体察和山水审美观的领悟；⑦秦汉的山水文化和隐逸岩栖现象，反映着山水审美观的发展并走向成熟。 　　秦汉，因祭祀和宗教活动而形成的风景区有五台山、普陀山、武当山、三清山、龙虎山、崆峒山、恒山、天柱山、黄帝陵等；因游憩发展而形成的风景区有秦皇岛、云台山、胶东半岛、岳麓山、白云山、巢湖等；因建设活动而形成的风景区有桂林漓江、长江三峡、都江堰、剑门、大理、蜀岗、瘦西湖、滇池、花山、云龙山、古上林苑、古曲江池等
魏晋南北朝（公元220 年～公元 581 年的封建社会早、中过渡期）	风景区快速发展时期。庄园经济相对发展和意识形态争鸣转折期	①佛道盛行，使山水景胜和宗教圣地快速发展，寺观建设促进杭州西湖、九华山、缙云山、苍岩山、丹霞山、雪窦山、罗浮山、邛崃山、天台山等发展，开凿山岩石窟使莫高窟、麦积山、云冈、龙门等发展；②山水游览、山水科技、山水文化艺术因素促使游览欣赏审美功能明显发展，促进雁荡山、天台山、楠溪江、富春江、新安江、桃花源、武夷山、钟山等景区发展；③庄园建设和社会活动促进了武汉东湖、云南丽江、湖南洞庭、隆中、晋祠、黄果树等区发展；④庐山成为佛儒道共尊和文人名士聚集的景区
隋唐宋（公元 581～公元 1279 年的封建社会上升与全盛期）	风景区的全面发展期。隋统一、唐强盛、宋成熟，城市体系形成	①风景区数量、类型及分布范围大增；②风景区内容充实完善，成为保护利用自然、游览寄情山水、欣赏创造美景的胜地；③发展动因多样并强劲持久。其中：因佛道鼎盛而新发展的风景区有千山、盘山、鼎湖山、雅砻河、百泉、清源山、鼓浪屿等地；因游览游历和山水文化发展而新形成的风景区有黄山、方岩、琅琊山、齐云山、太姥山、五老峰、双龙洞、石花洞、仙都、鼓山、江郎山、玉华洞、太极洞、青州、惠州西湖等；因开发建设和生态因素而形成的新风景区有镜泊湖、凤凰山、潕阳河、青海湖等；因陵墓而形成的新风景区有西夏王陵、唐 18 帝陵群
元明清（公元 1279～公元 1911 年的封建社会后期）	风景区的深化发展期。多元化的民族文化特征，城市体系成熟	①全国性风景区已超过百个，各地方性风景区和省府县景胜也都形成，各级各类志书也成体系，山水文化和游览欣赏成为风景区发展的主导因素；②风景区的规划设计、建设施工、经营管理形成体系并有成功实例，例如武当山；③因游览游历和开发建设而形成的新风景区有避暑山庄外八庙、鸡公山、兴城海滨、蜀南竹海、金佛山、嶂石岩、北武当山、金湖、石林、天池等 16 个之多；④因文化和纪念因素而形成的新风景区有西樵山、旅大海滨、十三陵、大洪山等 7 个；⑤进入近代，“百年屈辱史”使风景区落入衰败状态，出现了若干个避暑胜地，如北戴河、青岛海滨、庐山牯岭、鸡公山等
20 世纪 50 年代以后的共和国时代	风景区的复苏振兴期。城市化快速发展	①从劳动保护出发，在山海湖滨和温泉景地发展了休养疗养设施，如太湖、西湖、北戴河、太阳岛、旅大海滨等地；②为外事接待需求，发展了风景游览城市如苏、杭、桂、穗等城市；③建立了三级风景区体系，其总面积占国土面积的 1%，发布了《风景名胜区管理暂行条例》和国标技术标准《风景名胜区规划规范》；④经国务院新公布的风景区有鸭绿江、武陵源、织绵洞、三江并流等 27 个；⑤列入世界自然文化遗产名录的风景区有泰山、黄山、黄龙九寨沟等 24 个

（二）中国风景区发展的十类动因

中国风景区历经数千年的文化选择和发展，没有追求某种单一的极端化观念，而是以海纳江河的中华文化弹性结构和动态调控，机智地融汇、吸取、同化、整合多种文明成果，在矛盾演化与协调统一之中充实完善自身，独树“天地人和风景美”的文明旗帜和文化特征。其直接发展动因可以归纳为十类：

1. 自然崇拜、封禅祭祀和纪念先人先事先物；

2. 修禊游憩、民俗野游和游览游历观览江山；

3. 隐逸岩栖、寄情山水和儒道互补的自然审美观；

4. 保育自然与仁德治国等同，有节制地利用自然，动态保护自然，使百物平衡其利，万物各得其所；

5. 寺观建设、石窟造像、佛道名山和宗教活动；

6. 问奇于山水、探求考察和科教文活动；

7. 避暑寒、休疗养、卫生保健和劳保休假制度；

8. 相关的社会活动，例如：庙会、节庆、聚会、遴选各级景胜；

9. 相关的建设活动，例如：治山理水、宫观苑囿、园圃和城镇建设，运河栈道、路桥和军需工程；

10. 相关的经济活动，例如：苑囿、寺观和庄园经济，上林苑、武当山和五台山经济现象，当代的旅游经济现象。

（三）风景区的组成——三要素24因子　　表2-1-2

1. 游赏对象	天景	地景	水景	生景	园景	建筑	史迹	风物
2. 游览设施	旅行	游览	饮食	住宿	购物	娱乐	保健	其他
3. 运营管理	人员	财务	物资	机构建制	法规制度	目标任务	科技手段	其他

（四）风景区的功能（五类）

表2-1-3

1. 生态类功能	风景区有保护自然资源、改善生态与环境、防害减灾、造福社会的生态防护功能
2. 游憩类功能	风景区有培育山水景胜、提供游憩胜地、陶冶身心、促进人与自然协调发展的游憩健身功能

续表

3. 景观类功能	风景区有树立国家和地区形象、美化大地景观、创造健康优美的生存空间的景观形象功能
4. 科教类功能	风景区有展现历代文明成果、纪念先人先事先物、增强德智育人的寓教于游功能
5. 经济类功能	风景区有一、二、三产业的潜能，有带动旅游经济、调节城乡结构、促进地区全面发展的经济催化功能

（五）风景区的分类

1. 按等级特征分类：

（1）国家重点风景区，由省、自治区、直辖市人民政府提出风景资源调查评价报告，报国务院审定公布。

（2）省级风景区，由省、自治区、直辖市人民政府审定公布，并报建设部备案。

（3）市、县级风景区，由市、县人民政府审定公布，并报省级主管部门备案。

在此基础上，近年又延伸出并实际存在的有两类。一类是列入《世界遗产名录》的风景区，这是经过联合国教科文组织世界遗产委员会审议公布，习称世界级风景区；另一类是暂未列入三级风景区名单的准级风景区，这些风景区已由各级政府审定的国土规划、区域规划、城镇规划、风景旅游体系规划所划定，但因某种原因尚未正式确定其级别。

2. 按用地规模分类

（1）小型风景区，其用地范围在 $20km^2$ 以下；

（2）中型风景区，其用地范围在 $21\sim100km^2$；

（3）大型风景区，其用地范围在 $101\sim500km^2$；

（4）特大型风景区，其用地范围在 $500km^2$ 以上。此类风景区多具有风景区域的特征。

3. 按景观特征分类：

（1）山岳型风景区，以高、中、低山和各种山景为主体景观特点的风景区。如五岳和各种名山风景区。

（2）峡谷型风景区，以各种峡谷风光为主体景观特点的风景区。如长江三峡、马岭河峡谷等风景区。

（3）岩洞型风景区，以各种岩溶洞穴或熔岩洞景为主体景观特点的风景区。如龙宫、织金洞、本溪水洞等风景区。

（4）江河型风景区，以各种江河溪瀑等动态水体水景为主体景观特点的风景区。如楠溪江、黄果树、黄河壶口瀑布等风景区。

（5）湖泊型风景区，以各种湖泊水库等水体水景为主体景观特点的风景区。如杭州西湖、武汉东湖、红枫湖、青海湖等风景区。

（6）海滨型风景区，以各种海滨海岛等海景为主体景观特点的风景区。如兴城海滨、嵊泗列岛、福建海潭、三亚海滨等风景区。

（7）森林型风景区，以各种森林及其生物景观为主体特点的风景区。如西双版纳、蜀南竹海、百里杜鹃等风景区。

（8）草原型风景区，以各种草原草地风光及其生物景观为主体特点的风景区。如太阳岛、扎兰屯等风景区。

（9）史迹型风景区，以历代园景、建筑和史迹景观为主体特点的风景区。如避暑山庄外八庙、八达岭、十三陵、中山陵等风景区。

（10）综合型风景区，以各种自然和人文景源融合成综合性景观为其特点的风景区。如桂林漓江、太湖、大理、两江一湖、三江并流等风景区。

4. 按结构特征分类：

（1）单一型风景区，其内容与功能比较简单，主要是由风景游览欣赏对象组成一个单一的风景游赏系统。例如以景源和生态保护为主，以及很多小型风景区均属单一型风景区。

（2）复合型风景区，其内容与功能均较丰富，它不仅有风景游赏对象，还有相应的旅行游览接待服务设施组成的旅游设施系统，因而其结构特征是由风景游赏和旅游设施两个职能系统复合组成。例如很多中小型风景区就属复合型结构。

（3）综合型风景区，其内容与功能均

较复杂，它不仅有游赏对象、旅游设施，还有相当规模的居民生产与社会管理内容组成的居民社会系统，因而其结构特征是由风景游赏、旅游设施、居民社会等三个职能系统综合组成。例如很多大中型风景区就属综合型结构。

5. 按布局形式分类：

（1）集中型（块状）风景区

（2）线型（带状）风景区

（3）组团型（集团）风景区

（4）放射型（枝状）风景区

（5）链珠型（串状）风景区

（6）星座型（散点）风景区

6. 按功能设施特征分类：

（1）观光型风景区，有限度地配备必要的旅行、游览、饮食、购物等为观览欣赏服务的设施。如瘦西湖、清源山等大多数城市与城郊风景区。

（2）游憩型风景区，配备有较多的康体、浴场、高尔夫球场等游憩娱乐设施。可以有一定的住宿床位。如松花湖、三亚海滨。

（3）休假型风景区，配备有较多的休疗养、避暑寒、保健、度假等设施。有相应规模的住宿床位。如北戴河、鸡公山。

（4）民俗型风景区，保存有相当的乡土民居、遗迹遗风、劳作、节庆庙会、宗教礼仪等社会民风民俗特点与设施。如泸沽湖。

（5）生态型风景区，配备有必要的保护监测、观察试验等科教设施，严格限制行、游、食、宿、购、娱、健等设施。如黄龙、九寨沟、西岭雪山。

（6）综合型风景区，各项功能设施较多，可以定性、定量、定地段地有机综合配置。如大多数风景区均有此类特征。

7. 按管理目标分类：

（1）自然保育型风景区，以保护培育自然遗产和生态资源为主要目标。强调自然的原生性和良性循环，以物为主。例如各种自然、生态、水系、物种或资源保护地。

（2）人文管护型风景区，以管理维护文化遗产和人文胜迹为主要目标。突出人文的原真性和社会安康，以人为主。例如各种宗教圣地、史迹胜景、民俗民族保护地或原住居民地。

（3）旅游经济型风景区，以开发经营旅游设施和资源型经济为主要目标。引导其生财有道和释放资源潜能，以财为主。例如各种休闲度假、游娱开发和农林工副生产园地。

（4）综合管理型风景区，以综合管理风景游赏、游览设施、居民社会等三者协调发展为主要目标。提供社会公益与天人和谐的文明区，兼顾人财物。例如大多数综合型风景区。

二、规划总论

（一）风景区规划的主要任务

1. 综合分析评价现况和发展条件；

2. 明确风景区的范围、性质、发展方向、目标、途径与举措；

3. 组织赏景条件，调动景感潜能，展现景物形象；

4. 对风景区的结构与布局、人口容量及生态原则等方面作出统筹部署；

5. 对风景游赏主体系统、旅游设施配套系统、居民社会经营管理系统以及相关专项规划和主要发展建设项目进行综合安排；

6. 提出实施步骤和配套措施。

（二）风景区规划的主要目的

1. 发挥风景区整体大于局部之和的优势；

2. 强化风景区的功能与作用；

3. 突出其独特的景观形象、游憩魅力和生态环境；

4. 实现风景优美、设施方便、社会文明；

5. 促使风景区适度、稳定、协调、有序和可持续发展。

（三）风景区规划的本质

调查评价、提炼概括天地美景及其风景特色，探讨其保育、利用、经营管理的定位，把合理的社会需求与文明、科学而又艺术地融入自然之中，把规划对象优化成人与自然和谐的风景游憩境域。

（四）风景区规划的特点

1. 突出地区特征；

2. 传承历代文明；

3. 调控动态发展；

4. 重在综合协调；

5. 贵在整体优化。

（五）风景区规划的类型及其内容

1. 按规划内容分类

（1）战略性规划：重在发展条件分析论证，发展方向与目标的确定，发展重点与策略的研究。

（2）物质性规划：重在景源和土地利用及其空间布局，重视各物质要素的功能、结构、指标与空间形态，强调发展项目的规模与布局。

（3）综合性规划：兼有战略性和物质性规划的特点，内容比较系统与全面。

2. 按发展特点分类

（1）高速发展规划：以生产力为主导，强调效率与速度。多用在重点开发地区与地段。

（2）协调发展规划：以公平为主导，强调时间、空间、数量、结构、用地、秩序的协调。如风景与城镇协调发展规划。

（3）稳定发展规划：以稳定和均衡为主导，强调多样性与复杂性及多元化发展。例如游人结构与客源市场、生物多样性等规划。

（4）持续发展规划：以可持续为主导，强调数量发展度、质量协调度、时间持续度的综合调控，强调控制人口、节约资源、保护环境、物质循环、维持稳定、科学决策。

3. 按风景区属性分类

① 山岳型风景区规划；②峡谷型风景区规划；③岩洞型风景区规划；④江河型风景区规划；⑤湖泊型风景区规划；⑥海滨型风景区规划；⑦森林型风景区规划；⑧草原型风景区规划；⑨史迹型风景区规划；⑩综合型风景区规划；⑪观光型风景区规划；⑫游憩型风景区规划；⑬休假型风景区规划；⑭民俗型风景区规划；⑮生态型风景区规划；⑯其他型风景区规划。

4. 按规划阶段分类

20 世纪 80 年代以来，应用最多的规划类型是按规划阶段划分的，从宏观到微观可以分为 8 种规划类型。其中，风景区规划纲要、风景区总体规划、风景区详细规划三类规划被明文列入2001年4月20日发布的《国家重点风景名胜区规划编制审批管理办法》。其他规划类型虽未列入上述《审批管理办法》，但在社会实践中也常遇到，这里一并列出如下：

（1）风景发展战略规划

对风景区或风景体系发展具有重大的、决定全局意义的发展规划，其核心是解决一定时空的基本发展目标、途径与举措，其焦点和难点在于战略构思与抉择。主要内容包括：

1）发展战略的依据。包括内部条件和外部环境。

2）发展战略目标。包括方向定性，目标定位（定性兼定量）及其目标体系。

3）发展战略重点。包括实现目标的决定性战略任务及其阶段性任务。

4）发展战略方针。包括总策略和总原则（发展方式与能力来源）。

5）发展战略措施。包括发展步骤、途径及手段。

例如，创建文明风景区、申报世界自然与文化遗产、构建某种体系和实行某种目标等均属于发展战略规划。

（2）风景体系规划

是一定行政单元或自然单元的风景体系构建及其发展规划。包括该体系的保护培育、开发利用、经营管理、发展战略及其与相关行业和相关体系协调发展的统筹部署。主要内容有：

1）风景旅游资源的综合调查、分析、评价；

2）社会需求和发展动因的综合调查、分析、论证；

3）体系的构成、分区、结构、布局、保护培育；

4）体系的发展方向、目标、特色定位与开发利用；

5）体系的游人容量、旅游潜力、发展规模、生态原则；

6）体系的典型景观、游览欣赏、旅游设施、基础工程、重点发展项目等系统规划；

7）体系与产业的经营管理，及其与相关行业相关体系的协调发展；

8）规划实施措施与分期发展规划。

例如，全国、省域、市域、流域、气候带等风景体系规划。

（3）风景区域规划

风景区域是可以用于风景保育、开发利用、经营管理的地区统一体或地域构成形态，其内部有着高度相关性与结构特点的区域整体，具有大范围、富景观、高容量、多功能、非连片的风景特点，并经常穿插有较多的社会、经济及其他因素，也是风景区的一种类型。例如桂林、太湖、两江一湖、胶东海滨等。其规划的主要内容有：

1）景源综合评价、规划依据与内外条件分析；

2）确定范围、性质、发展目标；

3）确定分区、结构、布局、游人容量与人口规模；

4）确定严格保护区、建设控制区和保护利用规划；

5）制定风景游览活动、公用服务设施、土地利用与相关系统的协调规划；

6）提出经营管理和规划实施措施。

（4）风景区规划纲要（审批）

"在编制国家重点风景区总体规划前应当先编制规划纲要"。其他较重要或较复杂的风景区总体规划，也宜参考这种作法。规划纲要的主要内容有：

1）景源综合评价与规划条件分析；

2）规划焦点与难点论证；

3）确定总体规划的方向与目标；

4）确定总体规划的基本框架和主要内容；

5）其他需要论证的重要或特殊问题。

（5）风景区总体规划（审批）

统筹部署风景区发展中的整体关系和综合安排，研究确定风景区的性质、范围、总体布局和设施配置，划定严格保护地区和控制建设地区，提出保护利用原则和规划实施措施。应当包括下列内容：

1）分析风景区的基本特征，提出景源评价报告；

2）确定规划依据、指导思想、规划原则、风景区性质与发展目标，划定风景区范围及其外围保护地带；

3）确定风景区的分区、结构、布局等基本构架，分析生态调控要点，提出游人容量、人口规模及其分区控制；

4）制定风景区的保护、保存或培育规划；

5）制定风景游览欣赏和典型景观规划；

6）制定旅游服务设施和基础工程规划；

7）制定居民社会管理和经济发展引导规划；

8）制定土地利用协调规划；

9）提出分期发展规划和实施规划的配套措施。

当然，不同用地规模和人口密度的风景区，其总体规划的侧重点应有所不同。

（6）风景区分区规划

在总体规划的基础上，对风景区内的自然与行政单元控制、风景结构单元组织、功能分区及其他分区的土地利用界线、配套设施等内容作进一步的安排，为详细规划和规划管理提供依据。

分区规划应当包括下列主要内容：

1）确定各功能区、景区、保护区等各种分区的性质、范围、具体界线及其相互关系；

2）规定各用地范围的保育措施和开发强度控制标准；

3）确定各景区、景群、景点等各级风景结构单元的数量、分布和用地；

4）确定道路交通、邮电通信、给水排水、供电能源等基础工程的分布和用地；

5）确定旅行游览、食宿接待服务等设施的分布和用地；

6）确定居民人口、社会管理、经济发展等项管理设施的分布和用地；

7）确定主要发展项目的规模、等级和用地；

8）对近期建设项目提出用地布局、开发序列和控制要求。

（7）风景区详细规划（审批）

在总体规划或分区规划的基础上，对风景区重点发展地段的土地使用性质、保护和控制要求、景观和环境要求、开发利用强度、基础工程和设施建设等作出管制规定。

详细规划可分为控制性详细规划和修建性详细规划。

1）控制性详细规划应当包括下列主要内容：

①确定规划用地的范围、性质、界线及周围关系；

②分析规划用地的现状特点和发展矛盾，确定规划原则和布局；

③确定规划用地的细化分区或地块划分、地块性质与面积及其发展要求；

④规定各地块的控制点坐标与标高、风景要素与环境要求、建筑高度与容积率、建筑功能与色彩及风格、绿地率、植被覆盖率、乔灌草比例、主要树种等控制指标；

⑤确定规划区的道路交通与设施布局，道路红线和断面，出入口与停车泊位；

⑥确定各项工程管线的走向、管径及其设施用地的控制指标；

⑦制定相应的土地使用与建设管理规定。

2）修建性详细规划应包括下列主要内容：

①分析规划区的建设条件及技术经济论证，提出可持续发展的相应措施；

②确定山水与地形、植物与动物、景观与景点、建筑与各工程要素的具体项目配置及其总平面布置；

③以组织健康优美的风景环境为重点，制定竖向、道路、绿地、工程管线等相关专业的规划或初步设计；

④列出主经济技术指标，并估算工程量、拆迁量、总造价及投资效益分析。

3）详细规划成果包括规划文件和规划图纸。

详细规划图纸包括：规划地区综合现状图，规划总平面图，相关专项规划图，反映规划意图的直观图。图纸比例为1/500～1/2000。

（8）景点规划

在风景区总体规划或详细规划的基础上，对景点的风景要素、游赏方式、相关配套设施等进行具体安排。

景点规划应包括下列主要内容：

1）分析现状条件和规划要求，正确处理景点与景区、景点与功能区或风景区之间的关系；

2）确定景点的构成要素、范围、性质、意境特征、出入口、结构与布局；

3）确定山水骨架控制、地形与水体处理、景物与景观组织、游路与游线布局、游人容量及其时空分布、植物与人工设施配备等项目的具体安排和总体设计；

4）确定配套的水、电、气、热等专业工程规划或单项工程初步设计；

5）提出必要的经济技术指标、估算工程量与造价及效益分析。

景点规划成果包括规划文件和规划图纸。

景点规划图纸包括：景点综合现状图，规划总平面图，相关设施和相关专业规划图，反映规划意图的分析图、剖面图、方案图及其他直观图。图纸比例为1/200～1/1000。

5. 关于组合规划

在某些快速发展的时段、地区或建设单元，因时间、人力或财力投入等条件限制，难以按常规步骤作一系列的规划，为此需要一种相对快捷简便而又能满足实际需要、可以操作的急用性规划。例如，这个规划可能有简要的战略规划构思或概念规划创意，有概要的总体规划安排，有合理的用地或分区规划，有发展或建设项目的详细规划。当然，它不要求达到上述某一种规划的细度和深度要求，也回避同其中任一种规划原则相矛盾。这种简要、快捷和实用性强的规划，常笼统或模糊地称为某某建设单元规划。其实质是一种组合式规划。

（六）风景区规划十大原理（若干重要思想指导着风景区规划及研究）

人们如何认识风景区

1. 自然景源的稀缺性

即大自然提供的景源，少于人们所需求的。自然景源的种类、数量和容量均有限度，而人们欲求的种类、数量和质量又是无限发展的，随着人口增多，其人均占有量将愈加稀缺，因而必须严格保护、合理利用、永续利用。

2. 风景区景象的多样性

即景物种类及其排列组合的多样性，景感反应及其求异心理的丰富性，构景条件及其时空变换的复杂性，是形成风景区景象多样性的基础，因而要把握构景的共性规律和特殊意趣，创造出景象各异、意境多样的风光美景。

3. 风景区境域的有机性

大自然是人类生存的家园和智慧的源泉，风景区是人眼优选、人心优化、人为区划、人工保育和经营管理中的自然。即把社会的合理需求科学地融入自然之中，转化成天人合一的有机风景环境。

人们如何组织风景区

4. 把握基本国情，突出风景区的个性特征

差异产生特点，而工业化的弊端是趋同，在经济、科技和物质生产全球一体化同社会、文化和精神需求地区多样化的矛盾加剧之中，把握国家、地区或当地的基本特征与差异，是突出风景区个性特征的重要原理和途径。

5. 掌握需求与景观特征，优化风景区的功能作用

功能是影响风景区发展的重要因素，功能安排既要顺应社会需求，又要适宜于景观特征，而社会需求在无限发展，景观特征需稳定发展，因而，依据时空和发展条件，优化适合本风景区的功能组合，是发挥风景区作用的重要规律。

6. 科学预测未来，优选发展方向和目标定位

方向和目标是未来社会需求与风景区状况的综合体现，在风景区形成和发展的每个阶段和每个时期，都需要机智地选择其发展导向和目标定位，既包含风景区自我健全目标与其社会作用目标的优选，也包含长远目标与阶段目标、整体目标与局部目标、效益目标与均衡目标、社会目标与行业目标等矛盾的协调关系。

7. 发挥创优精神，统筹安排规划内容

规划内容常反映着科技和艺术相结合的创优精神及能力，在统筹安排游赏主体、配套设施、运营管理等内容中，在构思结构与布局、组织游线与游程等环节中，均应专注风景区的魅力和发展活力的创意。

风景区如何运营

8. 权衡综合效益，调控游人容量

容纳游人的数量是风景区实现社会、环境、经济三方面效益的量化指标，当代的全球性生态压力、节假日游人洪流、以

及无休止的经济欲求，均成为影响风景区生存与发展的重要因素，因而，调控游人容量也成为风景区规划与经营管理中十分敏感的论题及重要手段。

9. 发掘内外潜能，改善经营管理

风景区的用地上，拥有自然与文化遗产，以及多种社会与经济资源，因时因地因景制宜地发掘其内外潜力，在展现风景魅力的同时，增强风景区的自生、竞争、共生诸类活力，是风景区经营管理的重要课题。

10. 整合各种规划，实行可持续发展方略

面对层出不穷的挑战与机遇，风景区既要传承文明特色，又要谋求新的发展，这就需要以科技和艺术相结合的创优精神，正确处理游人规模高速发展、生态景观稳定发展、人工与自然协调发展、风景区整体可持续发展诸多关系，实现风景区的良性运营。

（七）风景规划步骤

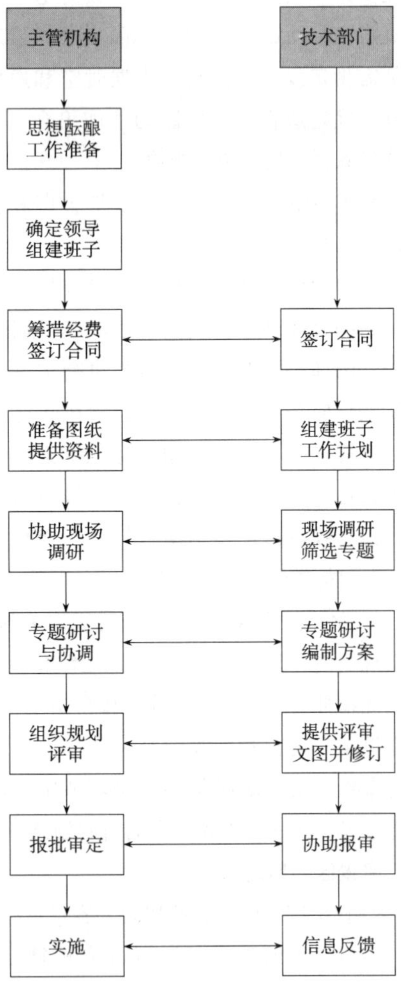

（八）风景规划阶段

1. 发展战略规划 一定时空的风景发展目标、内容、途径与举措	2. 风景体系规划 一定行政或自然单元的风景体系构建与发展
3. 风景区域规划 一定风景区域的构建、经营管理与发展	4. 风景区规划纲要 确定其总体规划目标、框架与主要内容
5. 风景区总体规划 统筹其保育、利用、经营管理与发展的综合部署	6. 风景区分区规划 确定其主要用地的区划安排
7. 风景区详细规划 详定其各项用地或发展项目的管制规定	8. 景点规划 确定景点要素的具体安排
9. 组合规划 在上述8项中择要、快捷、应急性规划	

（九）风景区总体规划程序及其循环

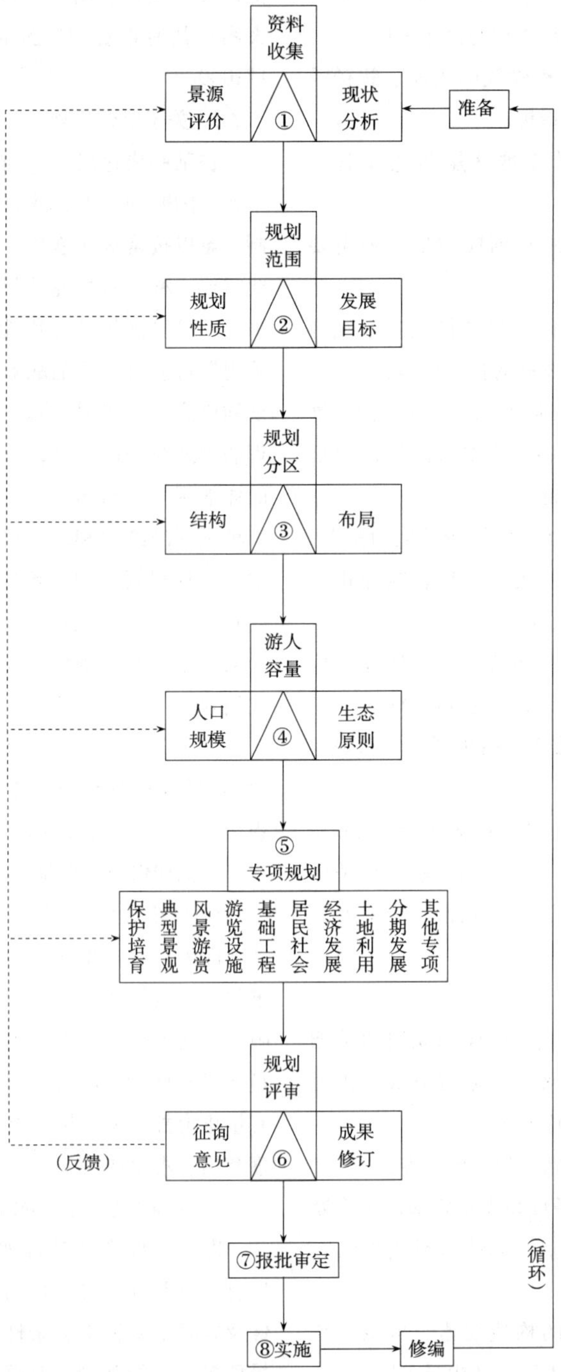

三、规划导则

1. 影响风景区规划的四项国情

（1）中国风景区历经数千年发展，山水优美、文物丰盛，独具中华文化特色；

（2）人口增长速度很快，人均资源渐趋紧缺；

（3）经济高速增长，需求扩展，人与自然协调发展的难度加大；

（4）社会文化及生活方式不断发展，海内外交流频繁，科技日益进步，有关文化继承与创新的研究日益深入。

2. 风景区规划的五项原则

（1）风景区规划必须符合我国国情，因地制宜地突出本风景区特性；

（2）应当依据资源特征、环境条件、历史情况、现状特点，以及国民经济和社会发展趋势，统筹兼顾，综合安排；

（3）应严格保护自然与文化遗产，保护原有景观特征和地方特色，维护生物多样性和生态良性循环，防止污染和其他公害，充实科教文和审美特征，加强地被和植物景观培育；

（4）应充分发挥景源的综合潜力，展现风景游览欣赏主体，配置必要的服务设施与措施，改善风景区运营管理机能，创造风景优美、设施方便、社会文明、生态环境良好、景观形象和游赏魅力独特，人与自然协调发展的风景游憩境域；

（5）应合理权衡风景环境、社会、经济三方面的综合效益，权衡风景区自身健全发展与社会需求之间关系，防止人工化、城市化、商业化倾向，促使风景区有度、有序、有节律地持续发展。

3. 风景区规划与相关规划相互协调的6个方面

风景区规划应与国土规划、区域规划、城市总体规划、土地利用总体规划及其他相关规划相互协调的6个方面：

（1）在定性方面主要是资源利用的多重性所引发的课题；

（2）在定量方面主要是用地规模、人口规模、开发利用强度所带来的矛盾；

（3）在定质方面主要是相关设施等级标准在配置上的众多因素；

（4）在经营管理上主要是与责、权、利相关的土地管理权限或管理体制等难题；

（5）在政策与法规上主要是接点部位的交错、重叠、缺位等诸多问题；

（6）上述协调因素，在不同的规划工作中有不同的重点和表现形式，而常见和有效的因素是在用地分区中相互协调。

四、基础资料与现状分析

（一）基础资料调查

基础资料收集范围包括：文字资料、图纸资料和声像资料等。

应在多学科综合考察或深入调查研究的基础上，取得完整、正确的现状和历史基础资料，并做到统计口径一致或具有可比性。

基础资料调查类别，应符合表2－4－1的规定：

（二）现状分析

风景区规划必须进行现状分析，其基本内容应包括：①自然和历史人文特点；②各种资源的类型、特征、分布及其多重性分析；③资源开发利用的方向、潜力、条件与利弊；④土地利用结构、布局和矛盾的分析；⑤风景区的生态、环境、社会与区域因素等5个方面。

现状分析结果，必须明确提出风景区发展的：①优势与动力；②矛盾与制约因素；③规划对策与规划重点等三方面内容。

在社会需求或客源市场分析时，也可以仅分析优势、劣势、机遇、挑战，时称SWOT分析。

基础资料调查类别表　　表2－4－1

大类	中类	小类
一、测量资料	1. 地形图	小型风景区图纸比例为1/2000～1/10000； 中型风景区图纸比例为1/10000～1/25000； 大型风景区图纸比例为1/25000～1/50000； 特大风景区图纸比例为1/50000～1/200000
	2. 专业图	航片、卫片、遥感影像图、地下岩洞与河流测图、地下工程与管网等专业测图
二、自然与资源条件	1. 气象资料	温度、湿度、降水、蒸发、风向、风速、日照、冰冻等
	2. 水文资料	江河湖海的水位、流量、流速、流向、水量、水温、洪水淹没线；江河区的流域情况、流域规划、河道整治规划、防洪设施；海滨区的潮汐、海流、浪涛；山区的山洪、泥石流、水土流失等
	3. 地质资料	地质、地貌、土层、建设地段承载力；地震或重要地质灾害的评估；地下水存在形式、储量、水质、开采及补给条件
	4. 自然资源	景源、生物资源、水土资源、农林牧副渔资源、能源、矿产资源等的分布、数量、开发利用价值等资料；自然保护对象及地段
三、人文与经济条件	1. 历史与文化	历史沿革及变迁，文物，胜迹，风物，历史与文化保护对象及地段
	2. 人口资料	历来常住人口的数量、年龄构成、劳动构成、教育状况、自然增长和机械增长；服务职工和暂住人口及其结构变化；游人及结构变化；居民、职工、游人分布状况
	3. 行政区划	行政建制及区划，各类居民点及分布，城镇辖区、村界、乡界及其他相关地界
	4. 经济社会	有关经济社会发展状况、计划及其发展战略；风景区的国民生产总值、财政、产业产值状况；国土规划、区域规划、相关专业考察报告及其规划；需求与市场
	5. 企事业单位	主要农林牧副渔和教科文卫军与工矿企事业单位的现状及发展资料；风景区管理现状
四、设施与基础工程条件	1. 交通运输	风景区及其可依托的城镇的对外交通运输和内部交通运输的现状、规划及发展资料
	2. 旅游设施	风景区及其可以依托的城镇的旅行、游览、饮食、住宿、购物、娱乐、保健等设施的现状及发展资料
	3. 基础工程	水电气热、环保、环卫、防灾等基础工程的现状及发展资料
五、土地与其他资料	1. 土地利用	规划区内各类用地分布状况，历史上土地利用重大变更资料，土地资源分析评价资料
	2. 建筑工程	各类主要建筑物、工程物、园景、场馆场地等项目的分布状况、用地面积、建筑面积、体量、质量、特点等资料
	3. 环境资料	环境监测成果，三废排放的数量和危害情况；垃圾、灾变和其他影响环境的有害因素的分布及危害情况；地方病及其他有害公民健康的环境资料

五、景源评价

（一）景源评价内容

风景区规划，必须进行景源评价，其基本内容应包括：①景源调查；②景源筛选与分类；③景源评分与分级；④评价结论等四部分。

（二）景源评价原则

1. 风景资源评价必须在真实资料的基础上，把现场踏察与资料分析相结合，实事求是地进行；

2. 风景资源评价应采取定性概括与定量分析相结合的方法，综合评价景源的特征；

3. 根据风景资源的类别及其组合特点，应选择适当的评价单元和评价指标，对独特或濒危景源，宜作单独评价。

（三）景源分类原则

景源分类的具体原则是：①性状分类原则，强调区分景源的性质和状态；②指标控制原则，特征指标一致的景源，可以归为同一类型；③包容性原则，即类型之间有较明显的排它性，少数情况有从属关系；④约定俗成原则，社会和学术界或相关学科已成习俗的类型，虽不尽然合理而又不失原则尚可以意会的则保留其类型。

（四）景源分类简表

风景资源调查内容的分类，应符合表2－5－1的规定。

景源分类简表　　表2－5－1

大类	中类	小类
一、自然景源	1. 天景	（1）日月星光　（2）虹霞蜃景　（3）风雨阴晴　（4）气候景象　（5）自然声象　（6）云雾景观　（7）冰雪霜露　（8）其他天景
	2. 地景	（1）大尺度山地　（2）山景　（3）奇峰　（4）峡谷　（5）洞府　（6）石林石景　（7）沙景沙漠　（8）火山熔岩　（9）蚀余景观　（10）洲岛屿礁　（11）海岸景观　（12）海底地形　（13）地质珍迹　（14）其他地景
	3. 水景	（1）泉井　（2）溪涧　（3）江河　（4）湖泊　（5）潭池　（6）瀑布跌水　（7）沼泽滩涂　（8）海湾海域　（9）冰雪冰川　（10）其他水景
	4. 生景	（1）森林　（2）草地草原　（3）古树名木　（4）珍稀生物　（5）植物生态类群　（6）动物群栖息地　（7）物候季相景观　（8）其他生物景观
二、人文景源	5. 园景	（1）历史名园　（2）现代公园　（3）植物园　（4）动物园　（5）庭宅花园　（6）专类游园　（7）陵园墓园　（8）其他园景
	6. 建筑	（1）风景建筑　（2）民居宗祠　（3）文娱建筑　（4）商业服务建筑　（5）宫殿衙署　（6）宗教建筑　（7）纪念建筑　（8）工交建筑　（9）工程构筑物　（10）其他建筑
	7. 胜迹	（1）遗址遗迹　（2）摩崖题刻　（3）石窟　（4）雕塑　（5）纪念地　（6）科技工程　（7）游娱文体场地　（8）其他胜迹
	8. 风物	（1）节假庆典　（2）民族民俗　（3）宗教礼仪　（4）神话传说　（5）民间文艺　（6）地方人物　（7）地方物产　（8）其他风物

（五）景源的层次

作为评价对象，景源系统的构成是多层次的，每层次含有不同的景物成分和构景规律，不同层次不同类别的景源之间，难以简单地相互类比。关于景源的层次，至少可以分成三层，各层举例如右图所示。

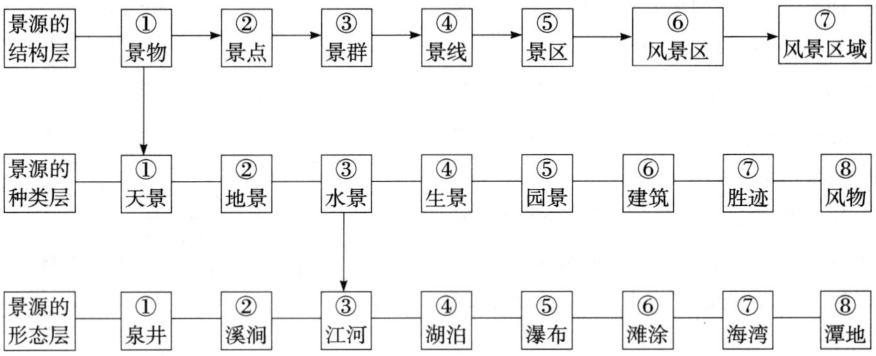

（六）评价单元

1. 以景源现状分布图为基础，根据规划范围大小和景源规模、内容、结构及其游赏方式等特征，划分若干层次的评价单元，并作出等级评价；

2. 在规划大纲、总体规划、分区规划阶段，经常在景源结构层中选择评价对象和评价单元；

3. 在各种详细规划或景点规划阶段，经常在景源种类层和形态层中选择评价对象和评价单元；

4. 在省域、市域的风景区体系规划中，应对风景区、景区或景点作出等级评价；

5. 在风景区的总体、分区、详细规划中，应对景点或景物作出等级评价。

例如："桂林山水甲天下，桂林山水在漓江，漓江山水在兴坪"就包含着不同规划阶段，对桂林风景区域、漓江风景区、兴坪景区等三层景源单元评价结果的一种概括性说法。

再如："泰山天下雄"、"黄山天下奇"、"华山天下险"、"峨嵋天下秀"、"青城天下幽"、"嵩山天下奥"等是对相同景源单元的景观特征的概括。

又如："天下第一山"、"天下第一泉"等就是对某种景源种类的等级概括。这些都是程度不等的反映着对不同层次景源评价的概括性说法。

（七）景源评价指标选择

景源评价应对所选评价指标进行权重分析，评价指标的选择应符合表2－5－2的规定，并应符合下列规定：

1. 对风景区或部分较大景区进行评价时，宜选用综合评价层指标；

2. 对景点或景群进行评价时，宜选用项目评价层指标；

3. 对景物进行评价时，宜在因子评价层指标中选择。

（八）景源评价指标层次表（表2－5－2）

景源评价指标层次表　　表2-5-2

综合评价层	赋值	项目评价层	权重	因子评价层			权重
1. 景源价值	70～80	欣赏价值		①景感度	②奇特度	③完整度	
		科学价值		①科技值	②科普值	③科教值	
		历史价值		①年代值	②知名度	③人文值	
		保健价值		①生理值	②心理值	③应用值	
		游憩价值		①功利性	②舒适度	③承受力	
2. 环境水平	20～10	生态特征		①种类值	②结构值	③功能值	
		环境质量		①要素值	②等级值	③灾变率	
		设施状况		①水电能源	②工程管网	③环保设施	
		监护管理		①监测机能	②法规配套	③机构设置	
3. 利用条件	5	交通通讯		①便捷性	②可靠性	③效能	
		食宿接待		①能力	②标准	③规模	
		客源市场		①分布	②结构	③消费	
		运营管理		①职能体系	②经济结构	③居民社会	
4. 规模范围	5	面积					
		体量					
		空间					
		容量					

（九）景源分级标准

1. 景源评价分级必须分为特级、一级、二级、三级、四级等五级；

2. 应根据景源评价单元的特征，及其不同层次的评价指标分值和吸引力范围，评出景源等级；

3. 特级景源应具有珍贵、独特和世界遗产价值与意义，有世界奇迹般的吸引力；

4. 一级景源应具有名贵、罕见、国家重点保护价值和国家代表性作用，在国内外著名和有国际吸引力；

5. 二级景源应具有重要、特殊、省级重点保护价值和地方代表性作用，在省内外闻名和有省际吸引力；

6. 三级景源应具有一定价值和游线辅助作用，有市县级保护价值和相关地区的吸引力；

7. 四级景源应具有一般价值和构景作用，有本风景区或当地的吸引力。

六、范围、性质与发展目标

（一）规划范围四原则

确定风景区规划范围及其外围保护地带，应依据以下原则：

1. 景源特征及其生态环境的完整性；

2. 历史文化与社会的连续性；

3. 地域单元的相对独立性；

4. 保护、利用、管理的必要性与可行性。

（二）风景区范围划界三项规定

划定风景区范围的界限必须符合下列规定：

1. 必须有明确的地形标志物为依托，既能在地形图上标出，又能在现场立桩标界；

2. 地形图上的标界范围，应是风景区面积的计量依据；

3. 规划阶段的所有面积计量，均应以同精度的地形图的投影面积为准。

（三）风景区性质三段式内容

风景区的性质必须明确表述：①风景特征；②主要功能；③风景区级别等三方面内容，定性用词应突出重点、准确精炼。

（四）确定风景区发展目标的四原则

1. 贯彻严格保护、统一管理、合理开发、永续利用的基本原则；

2. 充分考虑历史、当代、未来三个阶段的关系，科学预测风景区发展的各种需求；

3. 因地制宜地处理人与自然的和谐关系；

4. 使资源保护和综合利用、功能安排和项目配置、人口规模和建设标准等各项主要目标，同国家与地区的社会经济技术发展水平、趋势及步调相适应。

（五）风景区发展的双目标

风景区发展的自身性基本目标可以归纳有三：一是融汇审美与生态，文化与科技价值于一体的风景地域；二是具备与其功能相适应的游览设施和时代活力的社会单元；三是独具风景区特征并能支持其自我生存或发展的经济实体。风景、社会、经济三者协调发展，并能满足人们精神文化需要和适应社会持续进步的要求。

风景区发展的社会性基本目标也可以归纳有三：一是保护培育国土，树立国家和地区形象的典型作用；二是展示自然和人文遗产，提供风景游憩胜地，促进人与自然共生共荣和协调发展的启迪作用；三是促进旅游发展，振兴地方经济的催化作用。上述形象典型、精神启迪、经济催化等三者协同作用，使人们从这里获得其他领域所无法企及的活力。

七、分区、结构与布局

（一）规划分区原则

风景区应依据规划对象的属性、特征及其存在环境进行合理区划，并应遵循以下原则：

1. 同一区内的规划对象的特性及其存在环境应基本一致；

2. 同一区内的规划原则、措施及其成效特点应基本一致；

3. 规划分区应尽量保持原有的自然、人文、现状等单元界限的完整性；

4. 还应解决各个分区间的分隔、过渡与联络关系。

（二）规划分区规定

根据不同需要而划分的规划分区应符合下列规定：

1. 当需调节控制功能特征时，应进行功能分区；

2. 当需组织景观和游赏特征时，应进行景区划分；

3. 当需确定保护培育特征时，应进行保护区划分；

4. 在大型或复杂的风景区中，可以几种方法协调并用；

5. 为解决某项矛盾，一些新的分区方

法也会逐步增多，例如：游人容量调控分区、规划项目控制分区、用地权属分区、政策措施分区、管理目标分区等。

（三）规划结构形成的三阶段

规划结构方案的形成可以概括为三个阶段：

1. 首先要界定规划内容组成及其相互关系，提出若干结构模式；

2. 然后利用相关信息资料对其分析比较，预测并选择规划结构；

3. 进而以发展趋势与结构变化，对其反复检验和调整，并确定规划结构方案。

（四）规划结构的原则

1. 风景区规划应依据规划目标和规划对象的性能、作用及其构成规律，组织整体规划结构或模型；

2. 规划内容和项目配置应符合当地的环境承载能力、经济发展状况和社会道德规范，并能促进风景区的自我生存和有序发展；

3. 有效调节控制点、线、面等结构要素的配置关系；

4. 解决各枢纽或生长点、走廊或通道、片区或网格之间的本质联系和约束条件。

（五）规划结构体系

风景区的规划结构，因规划目的和规划对象的不同，产生不同意义的结构体系，诸如游人、空间、景观、用地、经济、职能等结构体系。其中，规划内容配置所形成的职能结构，因其涉及风景区的自我生存条件、发展动力、运营机制等大事，成为有关风景区规划综合集成的主要结构框架体系，所以应给予充分重视。

（六）职能结构的类型

风景区的职能结构有三种基本类型：

1. 单一型结构：由风景游赏一个职能系统组成；

2. 复合型结构：由风景游赏和旅游设施两个职能系统复合组成；

3. 综合型结构：由风景游赏、旅游设施、居民社会等三个职能系统综合组成。

（七）职能结构的网络

风景区三个职能系统的节点、轴线、片区等网点的有机结合，就可以构成风景区的整体结构网络。

风景区的职能结构网络如图 2－7－1 所示。

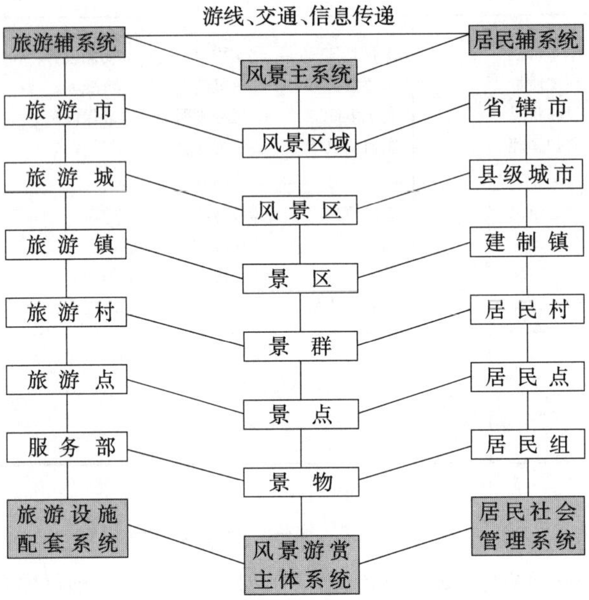

图 2－7－1 风景区结构网络

（八）职能结构的规定与原则

凡含有一个乡或镇以上的风景区，或其人口密度超过 100 人/km^2 时，应进行风景区的职能结构分析与规划，并应遵循下列原则：

1. 兼顾外来游人、服务职工和当地居民三者的需求与利益；

2. 风景游览欣赏职能应有独特的吸引力和承受力；

3. 旅游接待服务职能应有相应的效能和发展动力；

4. 居民社会管理职能应有可靠的约束力和时代活力；

5. 各职能结构应自成系统并有机组成风景区的综合职能结构网络。

（九）规划布局原则

风景区应依据规划对象的地域分布、空间关系和内在联系进行综合部署，形成合理、完善而又有自身特点的整体布局，并应遵循下列原则：

1. 正确处理局部、整体、外围三层次的关系；

2. 解决规划对象的特征、作用、空间关系的有机结合问题；

3. 调控布局形态对风景区有序发展的影响，为各组成要素、各组成部分能共同发挥作用创造满意条件；

4. 构思新颖，体现地方和自身特色。

（十）规划布局形式

宜采用的布局形式有：①集中型（块状）、②线型（带状）、③组团状（集团）、④链珠型（串状）、⑤放射型（枝状）、⑥星座型（散点）、⑦鱼骨状、⑧网络式等形态。

八、容量、人口与生态

（一）游人容量规划目的

风景区规划必须进行游人容量分析、预测和规划。

容量布局是为一定的主题意境服务的。它既可以使容人量相对集中或相对分散以创造某种气氛，也可以使容时量相对缩短或相对延长以达到一定目的。但是，容量布局的基本目的还是为了使游人合理、适当地分布在风景区内，使游人各得其所，使风景物尽其用。

（二）游人容量规划规定

风景区游人容量应随规划期限的不同而有变化。对一定规划范围的游人容量，必须综合分析并满足该地区的①生态允许标准；②游览心理标准；③功能技术标准等因素而确定。并应符合下列规定：

1. 生态允许标准应符合表2－8－1的规定：

游憩用地生态容量

表2－8－1

用地类型	允许容人量和用地指标	
	（人/hm^2）	（m^2/人）
（1）针叶林地	2～3	5000～3300
（2）阔叶林地	4～8	2500～1250
（3）森林公园	＜15～20	＞660～500
（4）疏林草地	20～25	500～400
（5）草地公园	＜70	＞140
（6）城镇公园	30～200	330～50
（7）专用浴场	＜500	＞20
（8）浴场水域	500～1000	20～10
（9）浴场沙滩	1000～2000	10～5

2. 游人容量应由一次性游人容量、日游人容量、年游人容量三个层次表示。

（1）一次性游人容量（亦称瞬时容量），单位以“人/次”表示；

（2）日游人容量，单位以“人次/日”表示；

（3）年游人容量，单位以“人次/年”表示。

3. 游人容量的计算方法宜分别采用：线路法、卡口法、面积法、综合平衡法，并将计算结果填入表2－8－2；

4. 游人容量计算宜采用下列指标：

（1）线路法：以每个游人所占平均道路面积计，5～10 m^2/人。

（2）面积法：以每个游人所占平均游览面积计。其中：

主景景点：50～100 m^2/人（景点面积）；

一般景点：100～400 m^2/人（景点面积）；

浴场海域：10～20 m^2/人（海拔0～－2m以内水面）；

浴场沙滩：5～10 m^2/人（海拔0～＋2m以内沙滩）。

（3）卡口法：实测卡口处单位时间内通过的合理游人量。单位以“人次/单位时间”表示。

5. 游人容量计算结果应与当地的淡水供水、用地、相关设施及环境质量等条件进行校核与综合平衡，以确定合理的游人容量。

游人容量计算一览表 表2－8－2

（1）游览用地名称	（2）计算面积（m^2）	（3）计算指标（m^2/人）	（4）一次容量（人/次）	（5）日周转率（次）	（6）日游人容量（人次/日）	（7）备注

（三）总人口容量测算

风景区总人口容量测算必须包括外来游人、服务职工、当地居民等三类人口容量，并应符合下列规定：

1. 当规划地区的居住人口密度超过50人/km^2时，宜测定用地的居民容量；

2. 当规划地区的居住人口密度超过100人/km^2时，必须测定用地的居民容量；

3. 居民容量应依据最重要的要素容量分析来确定，其常规要素应是：淡水、用地、相关设施等。

（四）人口规模预测原则

风景区人口规模的预测应符合下列原则：

1. 人口发展规模应包括外来游人、服务职工、当地居民三类人口；

2. 一定用地范围内的人口发展规模不应大于其总人口容量；

3. 职工人口应包括直接服务人口和维护管理人口；

4. 居民人口应包括当地常住居民人口。

（五）人口分布原则

风景区内部的人口分布应符合下列原则：

1. 根据游赏需求、生境条件、设施配置等因素对各类人口进行相应的分区分期控制；

2. 应有合理的疏密聚散变化，使人各任其能、各乐其业、各得其所；

3. 防止因人口过多或不适当集聚而不利于生态与环境；

4. 防止因人口过少或不适当分散而不利于管理与效益。

（六）风景区的生态原则

风景区的生态原则应符合下列规定：

1. 制止对自然环境的人为消极作用，控制和降低人为负荷，提出动态的限制性规定或控制性指标；

2. 保持和维护原有生物种群、结构及其功能特征，保护典型而有示范性的自然综合体；

3. 提高自然环境的复苏能力，提高氧、水、生物量的再生能力与速度，提高其生态系统或自然环境对人为负荷的稳定性或承载力。

（七）风景区的生态分区

风景区的生态分区应符合下列原则：

1. 应将规划用地的生态状况按四个等级分别加以标明；

2. 生态分区的一般标准应符合表2－8－3的规定；

3. 按其他生态因素划分的专项生态危机区应包括热污染、噪声污染、电磁污染、放射性污染、卫生防疫条件、自然气候因素、振动影响、视觉干扰等内容；

4. 生态分区应对土地使用方式、功能分区、保护分区和各项规划设计措施的配套起重要作用。

（八）风景区的环境质量标准规定

风景区规划应控制和降低各项污染程度，其环境质量标准应符合下列规定：

1. 大气环境质量标准应符合GB3095中规定的一级标准；

2. 地面水环境质量一般应按GB3838中规定的第一级标准执行，游泳用水应执行GB9667中规定的标准，海水浴场水质标准不应低于GB3097中规定的二类海水水质标准，生活饮用水标准应符合GB5749中的规定；

生态分区及其利用与保护措施表　　表2－8－3

生态分区	环境要素状况			利用与保护措施
	大气	水域	土壤植被	
危机区	×	×	×	应完全限制发展，并不再发生人为压力，实施综合的自然保育措施
	－或＋	×	×	
	×	－或＋	×	
	×	×	－或＋	
不利区	×	－或＋	－或＋	应限制发展，对不利状态的环境要素要减轻其人为压力，实施针对性的自然保护措施
	－或＋	×	－或＋	
	－或＋	－或＋	×	
稳定区	－	－	－	要稳定对环境要素造成的人为压力，实施对其适用的自然保护措施
	－	－	＋	
	－	＋	－	
有利区	＋	＋	＋	需规定人为压力的限度，根据需要而确定自然保护措施
	－	＋	＋	
	＋	－	＋	
	＋	＋	－	

注：×不利；－稳定；＋有利。

3. 风景区室外允许噪声级应低于BG3096中规定的“特别住宅区”的环境噪声标准值；

4. 放射防护标准应符合GBJ8中规定的有关标准。

九、保护培育规划

（一）保护培育规划的基本内容

风景保护培育规划基本内容应包括：①查清保育资源，②明确保育的具体对象，③划定保育范围，④确定保育原则和措施等。

（二）保护培育规划的分类分级及其要点（见表2－8－4）

保育规划要点表　　表2－8－4

保护类型	保护要点	保护分区	保护对象	保护措施
分类保护	据保护对象的种类及属性特征，按土地利用方式来划分。同类保护区的保护原则和措施应相同	生态保护区	有科研价值或其他保存价值的生物种群及其环境	应禁止游人进入，不得搞任何人工设施，严禁机动交通及其设施进入
		自然景观保护区	需要严格限制开发行为的特殊自然景观或景源	宜控制游人进入，不得安排与其无关的人工设施，严禁机动交通及其设施进入
		史迹保护区	各级文物和有价值的历代史迹遗址及其环境	宜控制游人进入，严禁增设与其无关的人工设施，严禁机动交通和不利于保护的因素进入
		风景恢复区	需要重点恢复、培育、抚育、涵养、保持的对象与地区	应分别限制游人和居民活动，可以采取必要的技术措施与设施，严禁对其不利的活动
		风景游览区	景物、景点、景群、景区等各级风景结构单元和风景游赏对象的集中地	宜安排各种游览欣赏项目，应分级调控游人规模、旅游设施及机动交通的配置
		发展控制区	对上述五类保护区以外的用地与水面以及其他各项用地	准许原有的土地利用方式与形态，可以安排相应的旅游设施及基地，应分别控制其规模和内容
分级保护	据保护对象的价值和级别特征，结合土地利用方式而划分出相应级别。同级的保护原则和措施应相同	特级保护区	自然保护的核心区及其他不应进入游人的地区	应以自然地形、地物为分界线，其外围有较好的缓冲条件，区内不得搞任何建筑设施
		一级保护区	在一级景点和景物周围，应划出一定空间和范围作为一级保护区	可配备必要的步行游览路，机动交通不得进入，严禁建设与风景无关的设施。严格控制游人容量
		二级保护区	在景区范围内及其以外的非一级景点和景物的周围应划为二级保护区	可以安排少量旅宿设施，应限制机动交通进入。限制与风景无关的建设，控制游人容量
		三级保护区	在风景区范围，对以上各级保护区以外的地区均应划为三级保护区	应有序控制各项建设与设施，并应与风景环境相协调，控制人口规模
综合保护	把分类保护和分级保护在点线面体上结合起来并用	①先分类后分级的分区保护； ②先分级后分类的分区保护； ③分层级的点线保护与分类级的分区保护相互配合		在点、线、面、体和时间上分别控制a、游人活动和人口规模，b、配套设施及其级配，c、开发利用方式及其强度。即动态调控与保护措施

十、典型景观规划

（一）典型景观规划的基本内容

风景区应依据其主体特征景观或有特殊价值的景观进行典型景观规划。其基本内容应包括：①典型景观的特征与作用分析；②规划原则与目标；③规划内容、项目、设施与组织；④典型景观与风景区整体的关系等。

（二）典型景观规划的基本原则

典型景观规划：①必须保护景观本体及其环境，保持典型景观的永续利用；②应充分挖掘与合理利用典型景观的特征及价值，突出特点，组织适宜的游赏项目与活动；③应妥善处理典型景观与其他景观的关系。

（三）竖向地形规划

竖向地形规划应符合以下规定：

1. 维护原有地貌特征和地景环境，保护地质珍迹、岩石与基岩、土层与地被、水体与水系，严禁炸山采石取土、乱挖滥填盲目整平、剥离及覆盖表土，防止水土流失、土壤退化、污染环境；

2. 合理利用地形要素和地景素材，应随形就势、因高就低地组织地景特色，不得大范围地改变地形或平整土地，应把未利用的废弃地、洪泛地纳入治山理水范围加以规划利用；

3. 对重点建设地段，必须实行在保护中开发、在开发中保护的原则，不得套用“几通一平”的开发模式，应统筹安排诸如地形利用、工程补救、水系修复、表土恢复、地被更新、景观创意等各项技术措施；

4. 有效保护与展示大地标志物、主峰最高点、地形与测绘控制点，对海拔高度高差、坡度坡向、海河湖岸、水网密度、地表排水与地下水系、洪水潮汐淹没与浸蚀、水土流失与崩塌、滑坡与泥石流灾变等地形因素，均应有明确的分区分级控制；

5. 竖向地形规划应为其他景观规划、基础工程、水体水系流域整治及其他专项规划创造有利条件，并相互协调。

（四）植物景观规划

植物景观规划应符合以下规定：

1. 维护原生种群和区系，保护古树名木和现有大树，培育地带性树种和特有植物群落，人工种植应似天然植被；

2. 因境制宜地恢复、提高植被覆盖率，以适地适树的原则扩大林地，发挥植物的多种功能优势，改善风景区的生态和环境；

3. 利用和创造多种类型的植物景观或景点，重视植物的科教科普意义，组织专题游览环境和活动；

4. 对各类植物景观的植被覆盖率、林木郁闭度、植物结构、季相变化、主要树种、地被与攀缘植物、特有植物群落、特殊意义植物等，应有明确的分区分级的控制性指标及要求；

5. 植物景观分布应同其他内容的规划分区相互协调；在旅游设施和居民社会用地范围内，应保持一定比例的高绿地率或高覆盖率控制区。

（五）建筑景观规划

建筑景观规划应符合以下规定：

1. 应维护一切有价值的原有建筑及其环境，严格保护文物类建筑，保护有特点的民居、村寨和乡土建筑及其风貌；

2. 风景区的各类新建筑，应服从风景环境的整体需求，不得与大自然争高低，在人工与自然协调融合的基础上，创造建筑景观和景点；

3. 建筑布局与相地立基，均应因地制宜，充分顺应和利用原有地形，尽量减少对原有地物与环境的损伤或改造；

4. 对风景区内各类建筑的性质与功能、内容与规模、标准与档次、位置与高度、体量与体形、色彩与风格等，均应有明确的分区分级控制措施；

5. 在景点规划或景区详细规划中，对主要建筑宜提出：（1）总平面布置；（2）剖面标高；（3）立面标高总框架；（4）同自然环境和原有建筑的关系等四项控制措施。

（六）雕塑景观规划

雕塑景观规划应符合以下要求：

1. 应维护一切有价值的原有雕塑及其环境，严格保护各级文物类雕塑和地方特有雕塑；

2. 有效调控新雕塑的建设规划，其功能作用应与风景区协调融合，并成为其中的有机组成要素；

3. 雕塑题材应服从风景环境的整体需求，其中，重要主题雕塑应与风景意境或情趣相适应，标志、徽记、装饰、美化类雕塑应与风景画境相协调；

4. 雕塑的布局和选址，应因地制宜、顺应地形、适应环境，并满足游览功能和观赏条件的需求，雕塑创作与其环境设计应同步进行；

5. 对各类雕塑的形式、风格、材料、体量、色彩、艺术质量等，均应有明确的控制性要求。考虑风景名胜能千古留存的特性，露天雕塑应能适应大自然外力的作用；

6. 当雕塑要成为整个风景的主题或主景雕塑时，应作专门的题材和环境的可行性调研分析或论证。

（七）溶洞景观规划

溶洞景观规划应符合以下规定：

1. 必须维护岩溶地貌、洞穴体系及其形成条件，保护溶洞的各种景物及其形成因素，保护珍稀、独特的景物及其存在环境；

2. 在溶洞功能选择与游人容量控制、游赏对象确定与景象意趣展示、景点组织与景区划分、游赏方式与游线组织、导游与赏景点组织等方面，均应遵循自然与科学规律及其成景原理，兼顾洞景的欣赏、科学、历史、保健等价值，有度有序地利用与发挥洞景潜力，组织适合本溶洞特征的景观特色；

3. 应统筹安排洞内与洞外景观，培育洞顶植被，禁止对溶洞自然景物滥施人工；

4. 溶洞的石景与土石方工程、水景与给排水工程、交通与道桥工程、电源与电缆工程、防洪与安全设备工程等，均应服从风景整体需求，并同步规划设计；

5. 对溶洞的灯光与灯具配置、导游与电器控制、以及光象、音响、卫生等因素，均应有明确的分区分级控制要求及配套措施。

十一、风景游赏规划

（一）风景游赏规划的基本内容

风景游览欣赏规划的基本内容应包括①景观特征分析与景象展示构思；②游赏

项目组织；③风景单元组织；④游线组织与游程安排；⑤游人容量调控；⑥风景游赏系统结构分析等。

（二）景观特征分析

景观特征分析和景象展示构思，应遵循多样化和突出自然美的原则，并作好：

1. 景物素材的种类、数量、审美属性、及其组会特点的分析与区划；

2. 景观种类、结构、特征、及其画境的分析与处理；

3. 景感类型、欣赏方式、意趣显现的调度、调节与控制；

4. 景象空间展现构思及其意境表达；

5. 赏景点选择及其视点、视角、视距、视线、视域和景深层次的优化组织。

（三）游赏项目组织

游赏项目组织应因景而产生，随景而变化，应包括项目筛选，游赏方式、时间和空间安排，场地和游人活动组织等内容，并遵循以下原则：

1. 应与景观特色协调，与规划目标一致；

2. 权衡风景资源与环境的承受力，保持风景资源永续利用；

3. 符合当地用地条件、经济状况及设施水平；

4. 尊重当地文化习俗、生活方式和道德规范。

（四）游赏项目类别表（见表2－11－1）

（五）风景单元组织

风景单元组织应把游览欣赏对象组织成景物、景点、景群、园苑、景线、景区等不同类型的结构单元，并应遵循以下原则：

1. 依据景源内容与规模、景观特征分区、构景与游赏需求等因素进行组织；

2. 使游赏对象在一定的结构单元和结构整体中发挥良好作用；

3. 应为各景物间和结构单元间相互因借创造有利条件。

（六）景点组织

景点组织应包括：①景点的构成内容、特征、范围、容量；②景点的主、次、配景和游赏序列组织；③景点的设施配备；④景点规划一览表等四部分。

（七）景区组织

景区组织应包括：①景区的构成内容、特征、范围、容量；②景区的结构布局、主景、景观多样化组织；③景区的游赏活动和游线组织；④景区的设施和交通组织要点等四部分。

（八）游线组织

游线组织应依据景观特征、游赏方式、游人结构、游人体力与游人兴趣规律等因素，精心组织主要游线和多种专项游线，并应包括下列内容：

1. 游线的级别、类型、长度、容量和序列结构；

2. 不同游线的特点差异和多种游线间的关系；

3. 游线与游路及交通的关系。

（九）游线若干特点

1. 游线是景象空间展示、时间速度进程、景感类型转换的艺术综合；

2. 游线具有时序发展的连续性效应，有起景→高潮→结景的基本段落结构；

3. 突出景象高潮和主题景段感染力的手段有：

（1）空间上的层层进深、穿插贯通；

（2）景象上的主次景设置、借景配景；

（3）时间速度上的景点疏密、节奏展现；

（4）景感上的明暗色彩、比拟联想；

（5）手法上的掩藏显露、呼应衬托等等。

4. 常见的专项专题游线有：

1. 山水风光	2. 游娱健身
3. 休闲度假	4. 避暑避寒
5. 探险求胜	6. 科学考察
7. 寻幽访古	8. 寻根回归
9. 宗教礼仪	10. 民俗节庆
11. 调研采风	12. 社交聚会
13. 劳作体验	14. 购物商贸

（十）游程安排

游程安排应由游赏内容、游览时间、游览距离限定。游程的确定宜符合下列规定：

1. 一日游：不需住宿，当日往返；

2. 二日游：住宿一夜；

3. 多日游：住宿二夜以上。

十二、游览设施规划

（一）游览设施规划的基本内容

旅行游览接待服务设施规划应包括①游人与游务设施现状分析；②客源分析预测与游人发展规模的选择；③游务设施配备与直接服务人口估算；④旅游基地组织与相关基础工程；⑤游务设施系统及其环境分析等五部分。

（二）游人现状分析

游人现状分析，应包括游人的规模、

游赏项目类别表 **表2－11－1**

游赏类别	游赏项目
1. 野外游憩	①消闲散步 ②郊游野游 ③垂钓 ④登山攀岩 ⑤骑驭
2. 审美欣赏	①揽胜 ②摄影 ③写生 ④寻幽 ⑤访古 ⑥寄情 ⑦鉴赏 ⑧品评 ⑨写作 ⑩创作
3. 科技教育	①考察 ②探胜探险 ③观测研究 ④科普 ⑤教育 ⑥采集 ⑦寻根回归 ⑧文博展览 ⑨纪念 ⑩宣传
4. 娱乐体育	①游戏娱乐 ②健身 ③演艺 ④体育 ⑤水上水下运动 ⑥冰雪活动 ⑦沙草场活动 ⑧其他体智技能运动
5. 休养保健	①避暑避寒 ②野营露营 ③休养 ④疗养 ⑤温泉浴 ⑥海水浴 ⑦泥沙浴 ⑧日光浴 ⑨空气浴 ⑩森林浴
6. 其他	①民俗节庆 ②社交会展 ③宗教礼仪 ④购物商贸 ⑤劳作体验

结构、递增率、时间和空间分布及其消费状况。

其中，年递增率积累的年代愈久、数据愈多，其综合参考价值也愈高；时间分布主要反映淡旺季和游览高峰变化；空间分布主要反映风景区内部的吸引力调控；消费状况对设施标准调控和经济效益评估有意义。

（三）游务设施现状分析

游务设施现状分析，主要是掌握风景区内设施类别、规模、等级等状况，应表明供需状况、设施与景观及其环境的相互关系。

（四）客源分析与游人发展规模选择

客源分析与游人发展规模选择时应符合以下规定：

1. 分析客源地的游人数量与结构、时空分布、出游规律、消费状况等；

2. 分析客源市场发展方向和发展目标；确定主要、重要、潜在等三种客源地；

3. 预测本地区游人、国内游人、海外游人递增率和旅游收入；

4. 游人发展规模、结构的选择与确定，应符合表2－12－1的内容要求；

5. 合理的年、日游人发展规模不得大于相应的游人容量。

游人统计与预测表　　表2－12－1

项目	年度	海外游人		国内游人		本地游人		三项合计		年游人规模（万人/年）	年游人容量（万人/年）	备　注
		数量	增率	数量	增率	数量	增率	数量	增率			
统计												
……												
预测												
……												

（五）游务设施配备

游务设施配备应包括旅行、游览、饮食、住宿、购物、娱乐、保健和其他等八类相关设施。应依据风景区、景区、景点的性质与功能，游人规模与结构，以及用地、淡水、环境等条件，配备相应种类、级别、规模的设施项目。其中：

1. 旅宿床位

旅宿床位应是游务设施的调控指标，必须严格限定其规模和标准，应做到定性、定量、定位、定用地范围，并按下式计算。

床位数＝（平均停留天数×年住宿人数）/（年旅游天数×床位利用率）

2. 直接服务人口

直接服务人员估算应以旅宿床位或饮食服务两类旅游设施为主，其中，床位直接服务人员估算可按下式计算：

直接服务人员 ＝ 床位数×直接服务人员与床位数比例

（式中，直接服务人口与床位数比例：1:2～1:10）

（六）设施单元组织与布局

游务设施布局应采用相对集中与适当分散相结合的原则，应方便游人，利于发挥设施效益，便于经营管理与减少干扰。应依据设施内容、规模、等级、用地条件和景观结构等，分别组成服务部、旅游点、旅游村、旅游镇、旅游城、旅游市等六级旅游服务基地，并提出相应的基础工程原则和要求。

（七）旅游基地选择

旅游基地选择应符合以下原则：

1. 应有一定的用地规模，既应接近游览对象又应有可靠的隔离，应符合风景保护的规定；

2. 严禁将住宿、饮食、购物、娱乐、保健、机动交通等设施布置在有碍景观和影响环境质量的地段；

3. 应具备相应的水、电、能源、环保、抗灾等基础工程条件，靠近交通便捷的地段，依托现有游务设施及城镇设施；

4. 避开有自然灾害和不利于建设的地段；

5. 设施基地与游览对象的可靠隔离，常以山水地形为主要手段，也可用人工物隔离，或两者兼而用之，并充分估计各自的发展余地同有效隔离的关系；

6. 当基础工程条件在陡峻的山地或海岛上难以满足常规需求时，不宜勉强配置旅游基地，宜因地因时制宜，应用其他代偿方法弥补（例如：邻近、临时、流动设施等）。

（八）设施与基地的分级配置原则

1. 依风景区的性质、布局和条件的不同，各项游务设施既可配置在各级旅游基地中，也可以配置在所依托的各级居民点中，其总量和级配关系应符合风景区规划的需求，应符合表2－12－2的规定；

2. 设施本身有合理的级配结构，便于自我有序发展；

3. 这种级配结构，能适应社会组合的多种需求，同依托城镇的级别相协调；

4. 各类设施的级配控制，应同该设施的专业性质及其分级原则相协调。

（九）设施与基地的分级配置表（表2－12－2）

游览设施与旅游基地分级配置表 表2-12-2

设施类型	设施项目	服务部	旅游点	旅游村	旅游镇	旅游城	备注
一、旅行	1. 非机动交通	▲	▲	▲	▲	▲	步道、马道、自行车道、存车、修理
	2. 邮电通讯	△	△	▲	▲	▲	话亭、邮亭、邮电所、邮电局
	3. 机动车船	×	△	△	▲	▲	车站、车场、码头、油站、道班
	4. 火车站	×	×	×	△	△	对外交通，位于风景区外缘
	5. 机场	×	×	×	×	△	对外交通，位于风景区外缘
二、游览	1. 导游小品	▲	▲	▲	▲	▲	标示、标志、公告牌、解说图片
	2. 休憩庇护	△	▲	▲	▲	▲	座椅桌、风雨亭、避难屋、集散点
	3. 环境卫生	△	▲	▲	▲	▲	废弃物箱、公厕、盥洗处、垃圾站
	4. 宣讲咨询	×	△	△	▲	▲	宣讲设施、模型、影视、游人中心
	5. 公安设施	×	△	△	▲	▲	派出所、公安局、消防站、巡警
三、饮食	1. 饮食点	▲	▲	▲	▲	▲	冷热饮料、乳品、面包、糕点、糖果
	2. 饮食店	△	▲	▲	▲	▲	包括快餐、小吃、野餐烧烤点
	3. 一般餐厅	×	△	△	▲	▲	饭馆、饭铺、食堂
	4. 中级餐厅	×	×	△	△	▲	有停车车位
	5. 高级餐厅	×	×	△	△	▲	有停车车位
四、住宿	1. 简易旅宿点	×	▲	▲	▲	▲	包括野营点、公用卫生间
	2. 一般旅馆	×	△	▲	▲	▲	六级旅馆、团体旅舍
	3. 中级旅馆	×	×	▲	▲	▲	四、五级旅馆
	4. 高级旅馆	×	×	△	△	▲	二、三级旅馆
	5. 豪华旅馆	×	×	△	△	△	一级旅馆
五、购物	1. 小卖部、商亭	▲	▲	▲	▲	▲	
	2. 商摊集市墟场	×	△	△	▲	▲	集散有时、场地稳定
	3. 商店	×	×	△	▲	▲	包括商业买卖街、步行街
	4. 银行、金融	×	×	△	△	▲	储蓄所、银行
	5. 大型综合商场	×	×	×	△	▲	
六、娱乐	1. 文博展览	×	△	△	▲	▲	文化、图书、博物、科技、展览等馆
	2. 艺术表演	×	△	△	▲	▲	影剧院、音乐厅、杂技场、表演场
	3. 游戏娱乐	×	×	△	△	▲	游乐场、歌舞厅、俱乐部、活动中心
	4. 体育运动	×	×	△	△	▲	室内外各类体育运动健身竞赛场地
	5. 其他游娱文体	×	×	×	△	△	其他游娱文体台站团体训练基地
七、保健	1. 门诊所	△	△	▲	▲	▲	无床位、卫生站
	2. 医院	×	×	△	▲	▲	有床位
	3. 救护站	×	×	△	△	▲	无床位
	4. 休养度假	×	×	△	△	▲	有床位
	5. 疗养	×	×	△	△	▲	有床位
八、其他	1. 审美欣赏	▲	▲	▲	▲	▲	景观、寄情、鉴赏、小品类设施
	2. 科技教育	△	△	▲	▲	▲	观测、试验、科教、纪念设施
	3. 社会民俗	×	△	△	△	▲	民俗、节庆、乡土设施
	4. 宗教礼仪	×	×	△	△	△	宗教设施、坛庙堂祠、社交礼制设施
	5. 宜配新项目	×	×	△	△	△	演化中的德智体技能和功能设施

限定说明：禁止设置×；可以设置△；应该设置▲。

十三、基础工程规划

（一）基础工程规划内容

风景区的基础工程专项规划内容：

1. 规划项目选择要适合风景区的实际需求；

2. 各项规划的内容和深度及技术标准应与风景区规划的阶段要求相适应；

3. 各项规划之间应在风景区的具体环境和条件中协调起来；

4. 当代风景区基础工程规划，应包括：①交通道路；②邮电通讯；③给水排水；④供电能源等内容。根据实际需要，还可进行防洪、防火、抗灾、环保、环卫等工程规划。

（二）基础工程规划原则

风景区基础工程规划规定：

1. 符合风景区保护、利用、管理的要求；

2. 同风景区的特征、功能、级别和分区相适应，不得损坏景源、景观和风景环境；

3. 要确定合理的配套发展目标和布局，并进行综合协调；

4. 对需要安排的各项工程设施的选址和布局提出控制性建设要求；

5. 对于大型工程或干扰性较大的工程项目及其规划，应进行专项景观论证、生态与环境敏感性分析，并提交环境影响评价报告。

大型或干扰性较大的工程项目举例：铁路、公路、桥梁、索道等交通运输工程，水库、水坝、水渠、水电、河闸等水利水电水运工程。

（三）风景区交通规划

风景区交通规划，应分为对外交通和对内交通两方面内容。应进行各类交通流量和设施的调查、分析、预测，提出各类交通存在的问题及其解决措施等内容。

1. 对外交通应要求快速便捷，布置于风景区以外或边缘地区；

2. 内部交通应具有方便可靠和适合风景区特点，并形成合理的网络系统；

3. 对内部交通的水、陆、空等机动交

通的种类选择、交通流量、线路走向、场站码头及其配套设施，均应提出明确而有效的控制要求和措施。

（四）风景区道路规划

1. 在路网规划、道路等级和线路选择三个主要环节中，既要满足使用任务和性质的要求，又要合理利用地形，并要同当地风景环境融为一体。

2. 对景观敏感地段，应用直观透视演示法进行检验，提出相应的景观控制要求；

3. 不得因追求某种道路等级标准而损伤景源与地貌，不得损坏景物和景观；

4. 应避免深挖高填，因道路通过而形成的竖向创伤面的高度或竖向砌筑面的高度，均不得大于道路宽度。并应对创伤面提出恢复性补救措施。

（五）风景区邮电通讯规划

风景区邮电通讯规划原则：

1. 满足风景区的性质和规模及其规划布局的多种需求；

2. 满足迅速、准确、安全、方便等邮电服务要求；

3. 依据风景区规划布局和服务半径、服务人口、业务收入等基本因素，分别配置邮电服务网点和信息传递系统；

4. 提供风景区内外通讯设施的容量、线路及布局；

5. 各级风景区均配备能与国内联系的通讯设施；

6. 国家级风景区还应配备能与海外联系的现代化通讯设施；

7. 在景点范围内，不得安排架空电线穿过，宜采用隐蔽工程。

（六）风景区给水排水规划

1. 需要正确处理生活游憩用水（饮用水质）、工交（生产）用水、农林（灌溉）用水之间的关系；

2. 在水资源分析和给水排水条件分析的基础上，实施用地评价分区，划分出良好、较好和不良等三级地段；

3. 给水排水规划，应包括现状分析，给、排水量预测，水源地选择与配套设施，给、排水系统组织，污染源预测及污水处理措施，工程投资框算；

4. 在景点和景区范围内，不得布置暴露于地表的大体量给水和污水处理设施；

5. 在旅游村镇和居民村镇宜采用集中给水、排水系统，主要给水设施和污水处理设施可安排在居民村镇及其附近。

（七）风景区供电能源规划

1. 风景区的供电和能源规划，在人口密度较高和经济社会因素发达的地区，应以供电规划为主，并纳入所在地域的电网规划。在人口密度较低和经济社会因素不发达并远离电力网的地区，可考虑其他能源渠道，例如：风能、地热、沼气、水能、太阳能、潮汐能等；

2. 风景区供电规划，应提供供电及能源现状分析、负荷预测、供电电源点和电网规划三项基本内容；

3. 在景点和景区内不得安排高压电缆和架空电线穿过；

4. 在景点和景区内不得布置大型供电设施；

5. 主要供电设施宜布置于居民村镇及其附近。

（八）供水供电及床位用地标准（表）

风景区内供水、供电及床位用地标准，应在表 2－13－1 中选用，可根据当地气候、生活习惯、设施类型级别及其他足以影响定额的因素来确定。并以下限标准为主。

十四、居民社会调控与经济发展引导规划

（一）居民社会调控规划要点

1. 凡含有居民点的风景区，应编制居民点调控规划；凡含有一个乡或镇以上的风景区，必须编制居民社会系统规划。

2. 居民社会调控规划内容应包括：①现状、特征与趋势分析；②人口发展规模与分布；③经营管理与社会组织；④居民点性质、职能、动因特征和分布；⑤用地方向与规划布局；⑥产业和劳动力发展规划等。

3. 居民社会调控规划应遵循下列基本原则：

（1）严格控制人口规模，建立适合风景区特点的社会运转机制；

（2）建立合理的居民点或居民点系统；

（3）引导淘汰型产业的劳动力合理转向。

4. 居民社会调控规划应科学预测和严格限定各种常住人口规模及其分布的控制性指标；应根据风景区需要划定无居民区、居民衰减区和居民控制区。

5. 居民点系统规划，应与城市规划和村镇规划相互协调，对已有的城镇和村点提出调整要求，对拟建的旅游村、镇和管理基地提出控制性规划纲要。对居民点与风景的关系提出协调发展规划。

6. 在规划中，对农村居民点的具体调节控制方法，是按其人口变动趋势，分别划分搬迁型、缩小型、控制型、聚居型等

供水供电及床位用地标准表　　表 2－13－1

类别	供水（升/床·日）	供电（瓦/床）	用地（平方米/床）	备注
简易宿点	50～200	50～200	5 以下	公用卫生间
一般旅馆	100～200	100～400	5～10	六级旅馆
中级旅馆	200～400	200～800	10～20	四五级旅馆
高级旅馆	400～500	400～2000	20～40	二三级旅馆
豪华旅馆	500 以上	2000 以上	30 以上	一级旅馆
居民	60～150	100～500		
散客	10～30 升/人·日			

四种基本类型，并分别控制各个类型的规模、布局和建设管理措施。

7. 在居民社会用地规划中，严禁在景点和景区内安排工业项目、城镇建设和其他企事业单位用地，不得在风景区内安排有污染的工副业和有碍风景的农业生产用地，不得破坏林木而安排建设项目。

（二）经济发展引导规划要点

1. 风景区的经济发展，是一种与风景区有着内在联系并且不损害风景的有机经济。通常包括：①管理机构和管理职工对各种资源的维护、利用、管理等活动；②当地居民的生活和生产活动；③外来游人的旅游活动等。

2. 经济发展引导规划，应以国民经济和社会发展规划、风景与旅游发展战略为基本依据，形成独具风景区特征的经济运行条件。

3. 经济发展引导规划有三项基本内容，一是经济现状调查与分析；二是经济发展的引导方向，经济结构及其调整，空间布局及其控制；三是促进经济合理发展的措施等内容。

4. 风景区经济发展目前存在四方面主要矛盾，一是地域差异大，二是保护与开发的矛盾多，三是政策引导与法规措施的缺口大，四是“榨取式经济”或“掠夺式经济”对其干扰较大。

5. 风景区经济引导方向，应以经济结构和空间布局的合理化结合为原则，提出适合风景区经济发展的模式及保障经济可持续发展的步骤和措施。

6. 风景区的经济结构合理化，要以景源保护为前提，合理利用经济资源，确定主导产业与产业组合，追求规模与效益的统一，充分发挥旅游经济的催化作用，形成独具特征的风景区经济结构。

7. 经济结构的合理化应包括以下内容：

（1）明确各主要产业的发展内容、资源配置、优化组合及其轻重缓急变化；

（2）明确旅游经济、生态农业和工副业的合理发展途径；

（3）明确经济发展应有利于风景区的保护、建设和管理。

8. 风景区经济的空间布局合理化，要以景源永续利用和风景品位提高为前提，把生产要素分区优化组合，合理促进和有效控制各区经济的有序发展，追求经济与环境的统一，充分争取生产用地景观化，形成经济能持续发展、“生产图画”与自然风景协调融合的经济布局。

9. 空间布局合理化应包括以下内容：

（1）应明确风景区内部经济、风景区周边经济、风景区所在地经济等三者的空间关系和内在联系；应有节律地调控区内经济、发展边缘经济、带动地区经济；

（2）明确风景区内部经济的分区分级控制和引导方向；

（3）明确综合农业生产分区、农业生产基地、工副业布局及其与风景保护区、风景游览地、旅游基地的关系。

十五、土地利用协调规划

（一）土地利用协调规划要点

1. 风景区的用地已非一般的土地，其地表上下，时常负载有自然与文化遗产、连带着宝贵的景源，因此，必须综合协调、有效控制各种土地利用方式。风景区土地利用规划更加重视其协调作用，应突出体现风景区土地的特有价值。

2. 土地利用协调规划应包括：①土地资源分析评估；②土地利用现状分析及其平衡表；③土地利用规划及其平衡表等内容。

3. 土地资源分析评估，应包括对土地资源的特点、数量、质量与潜力进行综合评估或专项评估。

4. 在土地资源评估中，专项评估是以某一种专项的用途或利益为出发点，例如分等评估、价值评估、因素评估等；综合评估可在专项评估的基础上进行，它是以所有可能的用途或利益为出发点，在一系列自然和人文因素方面，对用地进行可比的规划评估。一般按其可利用程度分为有利；不利；比较有利等三种地区、地段或地块，并在地形图上表示。

5. 土地利用现状分析，应表明土地利用现状特征，风景用地与生产生活用地之间关系，土地资源演变、保护、利用和管理存在的问题。可以用表格、图纸或文字表示。

6. 土地利用规划，是在土地资源评估、土地利用现状分析、土地利用策略研究的基础上，根据规划的目标与任务，对各种用地进行需求预测和反复平衡，拟定各种用地指标，编制规划方案和编绘规划图纸。规划图纸的主要内容为土地利用规划分区。

7. 土地利用分区也称用地区划，既是规划的基本方法，也是规划的主要成果。它是控制和调整各类用地，协调各种用地矛盾，管制开发强度和开发利用行为，实施宏观控制管理的基本依据和手段。

8. 风景区的土地利用规划重在协调，其粗细、简繁和侧重点不尽相同。要依据规划阶段、规划任务、基础条件的不同，作出具有实际指导意义的规划成果。土地利用规划，应在土地利用需求预测与协调平衡的基础上，表明土地利用规划分区及其用地范围。

9. 土地利用规划应遵循下列基本原则：

（1）突出风景区土地利用的重点与特点，扩大风景用地；

（2）保护风景游赏地、林地、水源地和优良耕地；

（3）因地制宜地合理调整土地利用，发展符合风景区特征的土地利用方式与结构。

10. 风景区土地利用平衡应符合表2－15－1的规定，并表明规划前后土地利用方式和结构变化。

风景区用地平衡表 表2－15－1

序号	用地代号	用地名称	面积（km^2）		占总用地（%）		人均（m^2/人）		备注
			现状	规划	现状	规划	现状	规划	
00	合计	风景区规划用地			100	100			
01	甲	风景游赏用地							
02	乙	旅游设施用地							
03	丙	居民社会用地							
04	丁	交通与工程用地							

续表

序号	用地代号	用地名称	面积（km^2）		占总用地（%）		人均（m^2/人）		备注
			现状	规划	现状	规划	现状	规划	
05	戊	林地							
06	己	园地							
07	庚	耕地							
08	辛	草地							
09	壬	水域							
10	癸	滞留用地							
备注		______年，现状总人口______万人。其中：（1）游人______（2）职工______（3）居民______							
		______年，规划总人口______万人。其中：（1）游人______（2）职工______（3）居民______							

（二）风景区用地分类与规定

1. 风景区用地分类，首先以风景区用地特征和作用及规划管理需求为基本原则，同时还要考虑全国土地利用现状分类和相关专业用地分类等常用方法，使其分类原则和分类方法协调，以便调查成果和相关资料可以互用与共享。

2. 风景区用地分类的代号，大类采用中文表示，中类和小类各用一位阿拉伯数字表示。本代号可用于风景区规划图纸和文件。

3. 风景区各类用地的增减变化，应依据风景区的性质和当地条件，因地制宜与实事求是地处理。当然，通常应尽可能地扩展甲类用地，配置相应的乙类用地，控制丙类、丁类、庚类用地，缩减癸类用地。这样可以更加充分地利用风景区的土地潜力，表达风景区用地特征，增强风景区的主导效益。

4. 风景区的用地分类应按土地使用的主导性质进行划分，应符合表 2－15－2 的规定。

在具体使用表 2－15－1 和表 2－15－2 时，可依据工作性质、内容、深度的不同要求，采用其分类的全部或部分类别，但不得增设新的类别。

（三）风景区用地分类细表

风景区用地分类细表 表 2－15－2

类别代号			用地名称	范围	规划限定
大类	中类	小类			
甲			**风景游赏用地**	**游览欣赏对象集中区的用地。向游人开放**	▲
	甲 1		风景点建设用地	各级风景结构单元（如景物、景点、景群、园院景区等）的用地	▲
		甲 11	景物本体用地	风景单元内的景物本体用地	
		甲 12	道路交通用地	风景单元内的道路、广场、交通及铺装场地	
		甲 13	游览设施用地	风景单元内的导游、休憩、环卫、安全设施用地	
		甲 14	绿地	风景单元内的各种植物占地	
		甲 15	管理及其他用地	风景单元内除上述四项以外的用地	
	甲 2		风景保护用地	独立于景点以外的自然景观、史迹、生态等保护区用地	▲
		甲 21	保护对象占地	保护区内的保护对象本体占地	
		甲 22	道路交通用地	保护区内的道路、广场、交通及铺装场地	
		甲 23	游览设施用地	保护区内的导游、休憩、环卫、安全设施用地	
		甲 24	绿地	保护区内的各种植物占地	
		甲 25	管理及其他用地	保护区内除上述四项以外的用地	
	甲 3		风景恢复用地	独立于景点以外的需要重点恢复、培育、涵养和保持的对象用地	▲
		甲 31	恢复对象占地	恢复区内的恢复对象本体占地	
		甲 32	道路交通用地	恢复区内的道路、广场、交通及铺装场地	
		甲 33	游览设施用地	恢复区内的导游、休憩、环卫、安全设施用地	
		甲 34	绿地	恢复区内的各种植物占地	
		甲 35	管理及其他用地	恢复区内除上述四项以外的用地	
	甲 4		野外游憩用地	独立于景点之外，与大自然风景融为一体的大型露天游憩场所	▲
		甲 41	游憩场所占地	山水、冰雪、沙草游憩场区，浴场、高尔夫球场等	
		甲 42	道路交通用地	游憩区内的道路、广场、交通及铺装场地	
		甲 43	游览设施用地	游憩区内的导游、休憩、环卫、安全设施用地	
		甲 44	绿地	游憩区内的各种植物占地	
		甲 45	管理及其他用地	游憩区内除上述四项以外的用地	

续表

类别代号			用地名称	范　围	规划限定
大类	中类	小类			
甲	甲5		其他观光用地	独立于上述四类用地之外的风景游赏用地。如独立的宗教用地、风景林地等	△
		甲51 甲52 甲53 甲54 甲55	对象本身占地 道路交通用地 游览设施用地 绿地 管理及其他用地		
乙			**旅游设施用地**	**直接为游人服务而又独立于景点之外的旅行游览接待服务设施用地**	▲
	乙1		旅游点建设用地	独立设置的各级旅游基地（如站、点、村、镇、城等）的用地	▲
		乙11 乙12 乙13 乙14 乙15	食宿服务用地 道路交通用地 游购娱健用地 绿地 工副业及其他用地	旅游点内的食宿服务用地 旅游点内的道路、广场、交通及铺装场地 旅游点内的游览、购物、娱乐、保健设施用地 旅游点内的植被用地 旅游点内工副企业及除上述四项以外的用地	
	乙2		游娱文体用地	独立于旅游点外的游戏娱乐、文化体育、艺术表演设施用地	▲
		乙21 乙22 乙23 乙24 乙25	文博展览用地 艺术表演用地 游戏娱乐用地 体育运动用地 其他游娱文体用地	文化宫、图书馆、博物馆、科技馆、展览馆 影剧院、音乐厅、杂技场、表演场 游乐场、歌舞厅、俱乐部、各种活动中心 室内外各类体育运动健身竞技场地 其他游娱文体台站、团体、训练基地	
	乙3		休养保健用地	独立设置的避暑避寒、休养、疗养、医疗、卫生、保健、康复等用地	▲
		乙31 乙32 乙33 乙34 乙35	避暑寒用地 休疗养用地 救护用地 医疗用地 其他保健用地	避暑避寒设施用地 休养所、疗养所及其设施用地 卫生防疫、急救中心、检验中心 综合或专科医疗机构 未能归入上述四类的用地	
	乙4		购物商贸用地	独立设置的商贸、金融、市场、食宿服务等设施用地	△
		乙41 乙42 乙43 乙44 乙45	商贸服务用地 金融保险用地 集贸市场用地 独立宿食用地 其他用地	独立综合商场、修理服务、贸易商社及咨询机构 独立银行、信用社、保险机构 独立集市墟场 独立旅馆、招待所、饭馆、餐厅 未能归入上述四类的用地	
	乙5		其他旅游设施用地	上述四类之外，独立设置的旅游设施用地	▲
		乙51 乙52 乙53 乙54 乙55	功能设施用地 道路交通用地 公共设施用地 绿地 其他用地	旅游设施本体占地	
丙			**居民社会用地**	**间接为游人服务而又独立设置的居民社会、生产管理等用地**	△
	丙1		居民点建设用地	独立设置的各级居民点（如组、点、村、镇、城等）的用地	△
		丙11 丙12 丙13 丙14 丙15	住宅用地 道路交通用地 公共设施用地 绿地 工副业及其他用地		
	丙2		管理机构用地	独立设置的风景区管理机构、政府机构用地	▲
		丙21 丙22 丙23 丙24 丙25	行政办公用地 道路交通用地 公共设施用地 绿地 住宅及其他用地		

续表

类别代号			用地名称	范　围	规划限定
大类	中类	小类			
丙	丙3		科技教育用地	独立地段的科技教育用地。如观察测试科研、勘测设计、广播电视等机构用地	△
		丙31 丙32 丙33 丙34 丙35	功能建筑用地 道路交通用地 公共设施用地 绿地 住宅及其他用地		
	丙4		工副业生产用地	为风景区服务而独立设置的各种工副业及附属设施用地	△
		丙41 丙42 丙43 丙44 丙45	一类工业用地 二类工业用地 三类工业用地 仓储用地 其他工副业用地	基本无干扰和无污染的工业用地 有一定干扰和污染的工业用地 有严重干扰和污染的工业用地 普通及危险品仓库、堆场及附属设施用地 除上述以外的工副业如盐石矿畜禽渔等用地	△ ○ × × ○
	丙5		其他居民社会用地	如殡葬设施等	○
		丙51 丙52 丙53 丙54 丙55	功能建筑用地 道路交通用地 公共设施用地 绿地 住宅及其他用地		
丁			**交通与工程用地**	**风景区自身需求的对外、内部交通通讯与独立的基础工程用地**	▲
	丁1		对外交通通讯用地	风景区入口或旅游主基地同外部沟通的交通用地，位于风景区外缘	△
		丁11 丁12 丁13 丁14 丁15	铁路用地 公路用地 港口码头用地 机场站场用地 其他交通通讯用地	铁路站场和线路用地 各种公路线路和站场用地 河湖海港的陆域用地 机场及附属用地 索道缆车、维修、加油站、通讯设施用地	
	丁2		内部交通通讯用地	独立于风景点、旅游点、居民点之外的风景区内各区、点之间的联系交通	▲
		丁21 丁22 丁23 丁24 丁25	车行道路交通用地 公交站场车库用地 游览步道用地 水运交通用地 其他交通通讯用地	各种机动交通道路用地 公交站场、停车场、车库及附属设施 非机动交通及停车场库用地 水运游览、码头及附属设施 如交通通讯中心、维修、加油站	
	丁3		供应工程用地	独立设置的水、电、气、热等工程及其附属设属的用地	△
		丁31 丁32 丁33 丁34 丁35	供水用地 供电用地 供燃气用地 供热用地 其他供应设施用地	独立的水厂及其附属设施用地 变电站所、高压塔基用地，不包括电厂 储气站、调压站、罐装站、地面输气管廊 大型锅炉房、调压调温站和地面输热管廊	
	丁4		环境工程用地	独立设置的环保、环卫、水保、污物处理设施用地	△
		丁41 丁42 丁43 丁44 丁45	环保工程用地 雨水污水处理用地 粪便垃圾处理用地 水土保持工程用地 其他环境工程用地	 如坡面、沟道工程	
	丁5		其他工程用地	如水利、防灾、工程施工、养护管理设施等用地	△
		丁51 丁52 丁53 丁54 丁55	防洪水利工程用地 消防抗灾工程用地 工程施工用地 养护管理工程用地 其他工程用地		

续表

类别代号			用地名称	范围	规划限定
大类	中类	小类			
戊			**林地**	**未列入景点的生长乔木、竹类、灌木、沿海红树林等林木的土地，风景林不包括在内**	△
	戊1		成林地	有林地，郁闭度大于30%的林地	△
	戊2		灌木林	覆盖度大于40%的灌木林地	△
	戊3		竹林	生长竹类的林地	△
	戊4		苗圃	固定的育苗地	△
	戊5		其他林地	如迹地、未成林造林地、郁闭度小于30%的林地	○
己			**园地**	**未列入景点的种植以采集果、叶、根茎为主的集约经营的多年生作物**	△
	己1		果园	种植果树的园地	△
	己2		桑园	种植桑树的园地	△
	己3		茶园	种植茶园的园地	○
	己4		橡胶园	种植橡胶树的园地	△
	己5		其他园地	如花圃、热作园地及其他多年生作物园地	○
庚			**耕地**	**未列入景点的种植农作物的土地**	○
	庚1		菜地	种植蔬菜为主的耕地	○
	庚2		旱地	无灌溉设施、靠降水生长作物的耕地	○
	庚3		水田	种植水生作物的耕地	○
	庚4		水浇地	指水田菜地以外、一般年景能正常灌溉的耕地	○
	庚5		其他耕地	如季节性、一次性使用的耕地、望天田等	○
辛			**草地**	**未列入景点的生长各种草本植物为主的土地**	△
	辛1		天然牧草地	用于放牧或割草的草地、花草地	○
	辛2		改良牧草地	采用灌排水、施肥、松耙、补植进行改良的草地	○
	辛3		人工牧草地	人工种植牧草的草地	○
	辛4		人工草坪	人工种植铺装的观赏、游憩、运动草地草坪	△
	辛5		其他草地		△
壬			**水域**	**未列入各景点或单位的水域**	△
	壬1		江、河		△
	壬2		湖泊、水库	包括坑塘	△
	壬3		海域	海湾	△
	壬4		滩涂	包括沼泽、水中苇地	△
	壬5		其他水域用地	冰川及永久积雪地、沟渠水工建筑地	△
癸			**滞留用地**	**非风景区需求、但滞留在风景区内的各项用地**	○
	癸1		特殊用地	军事、保安、外事、特定禁地及其他特殊用地	○
	癸2		滞留企事业单位用地		×
	癸3		滞留交通与工程用地		×
	癸4		未利用地	因各种原因尚未使用的土地	○
	癸5		其他滞留用地		○

规划限定说明：应该设置▲；可以设置△；可保留不宜新置○；禁止设置×。

十六、分期发展与实施措施

（一）分期发展规划

1. 风景区分期规划一般分三期，即近期、远期和远景；有时也可以分为四期，即近期、中期、远期和远景。每个分期的年限，一般应同国民经济和社会发展计划相适应，便于相互协调和兼容。

2. 在安排每一期的发展目标与重点项目时，应兼顾风景游赏、旅游设施、居民社会等三系统的协调发展，体现风景区自身发展规律与特点。

3. 当代风景区发展的重要现实之一是游人发展规模超前膨胀，而投资规模和步伐难以均衡或严重滞后，这就需要在分期发展目标和实施的具体年限之间留有相应的弹性。

4. 分期发展规划内容框架表（表2－16－1）。

表2－16－1

分期	近期	远期	远景
年限	5年以内	5～20年	大于20年
发展目标	可操作目标	阶段满意目标	理想战略目标
调控重点	结构与机制	阶段框架水平	良性循环标准
主要内容	细分三系统	初具系统规模	系统均衡和谐
建设项目	详列项目规模	粗列项目	充实完善
投资估算	三系统估算	框算	可以不列

（二）效益分析内容框架表（表2－16－2）

表2－16－2

自身效益	直接服务收入	为游人提供行、游、食、住、购、娱、健、及其他等八类服务的收入
	区内生产收入	风景区内的农、林、牧、副、渔、及其他等六类生产性经济收入
带动效益	外围经济效益	①就业率、生产率和生活水平的提高，②土地和资源的增值，③节支增收、降低社会成本
	广域社会效益	①提高生活质量，②提升精神文明，③保育自然文化遗产，④增强景观形象和地方特色
	深层生态效益	①保育生物多样性，②增强地被和生态水平，③加强环境监护治理、提高抗逆水平

（三）规划实施配套措施

1. 规划实施配套措施，①应体现风景区规划是多层次的系列规划的特征，②应体现出规划是风景保护、建设、管理、发展的“龙头”与关键，③应符合国家相关法规与方针政策，④应符合社会经济发展趋势和当地的具体情况。

2. 其基本内容应包括：

（1）规划实施的现状条件分析；

（2）规划实施的具体步骤或方法建议；

（3）需要具备的后续规划或配套规划；

（4）对管理体制、法规、权限保障的需求；

（5）对管理机构内部建设的要求；

（6）对经营、生产、投资调整的需求；

（7）对人才、招工就业、人口与劳动力调整的需求。

3. 规划实施配套措施，应充分重视对①常住人口、②各项用地、③建设项目的有效控制，应重视生产、经营或经济发展的有序引导。

十七、规划成果与深度

（一）规划成果与深度规定简表（表2－17－1）

表2－17－1

规划成果	规划文本	以法规条文方式，直接叙述规划主要内容的规定性要求，以便相应的人民政府审查批准后，作为法规权威，严肃实施和执行。当然，规划文本是规划成果的精练提要，其基本内容和分寸与其他三部分规划文件应该一致
	规划说明	规划说明书，应分析现状，论证规划意图和目标，说明规划内容，进一步阐述或解释规划文本的条文背景
	基础资料	基础资料汇编，应按表2－4－1的“基础资料调查类别表”所规定的分类方法汇编
	规划图纸	规划图纸应清晰准确，图文相符，图例一致，并应在图纸的明显处标明图名、图例、风玫瑰、规划期限、规划日期、规划单位及其资质图签编号等内容。总体规划的主要图纸应符合表2－17－2的规定。依据实际需求，还可以增绘其他图纸

（二）风景区总体规划图纸规定（表2－17－2）

风景区总体规划图纸规定表　　表2－17－2

图纸资料名称	比例尺				制图选择			图纸特征	有些图纸可与下列编号的图纸合并
	面积20以下（km^2）	面积20～100（km^2）	面积100～500（km^2）	面积500以上（km^2）	综合型	复合型	单一型		
1. 现状（包括综合现状图）	1：5000	1：10000	1：25000	1：50000	▲	▲	▲	标准地形图上制图	
2. 景源评价与现状分析	1：5000	1：10000	1：25000	1：50000	▲	△	△	标准地形图上制图	1
3. 规划设计总图	1：5000	1：10000	1：25000	1：50000	▲	▲	▲	标准地形图上制图	
4. 地理位置或区域分析	1：25000	1：50000	1：100000	1：200000	▲	△	△	可以简化制图	
5. 风景游赏规划	1：5000	1：10000	1：25000	1：50000	▲	▲	▲	标准地形图上制图	
6. 旅游设施配套规划	1：5000	1：10000	1：25000	1：50000	▲	▲	△	标准地形图上制图	3
7. 居民社会调控规划	1：5000	1：10000	1：25000	1：50000	▲	△	△	标准地形图上制图	3
8. 风景保护培育规划	1：10000	1：25000	1：50000	1：100000	▲	△	△	可以简化制图	3或5
9. 道路交通规划	1：10000	1：25000	1：50000	1：100000	▲	△	△	可以简化制图	3或6
10. 基础工程规划	1：10000	1：25000	1：50000	1：100000	▲	△	△	可以简化制图	3或6
11. 土地利用协调规划	1：10000	1：25000	1：50000	1：100000	▲	▲	▲	标准地形图上制图	3或7
12. 近期发展规划	1：10000	1：25000	1：50000	1：100000	▲	△	△	标准地形图上制图	3

说明：▲应单独出图；△可作图纸。

第三章　风景文化录

一、名句

（一）哲理

1. 巍巍乎，惟天为大。

天：自然规律，天理。

○《论语·泰伯》

2. 知者乐水、仁者乐山；知者动、仁者静；知者乐、仁者寿。

○《论语·雍也》

3. 学而不思则惘，思而不学则殆。

殆：疑惑。

○《论语·为政》

4. 多闻，择其善者而从之，多见而识之。

○《论语·述而》

5. 道生一，一生二，二生三，三生万物。万物负阴而抱阳，冲气以为和。

○《老子》四十二

6. 王法地，地法天，天法道，道法自然。

○《老子》二十五

7. 圣人以辅万物之自然，而不敢为。

辅：辅佐、遵循。

○《老子》六十四

8. 无为而无不为。

不妄为，反而会无所不能为。

○《老子》四十八

9. 知人者智，自知者明；胜人者力，自胜者强。

○《老子》三十三

10. 天地固有常矣，日月固有明矣，星辰固有列矣，禽兽固有群矣，树木固有立矣。

○《庄子·天道》

11. 四时相代，相生相杀。

○《庄子·则阳》

12. 法天贵真，不拘于俗。

○《庄子·渔父》

13. 前事不忘，后事之师。

○《战国策·赵策》

14. 知彼知己，百战不殆。

殆：危险。

○《孙子兵法·地形篇》

15. 天不变，道亦不变。

道：指法则、规律。

○《汉书·董仲舒传》："道之大原出于天，~。"

16. 形而上者谓之道，形而下者谓之器。

形而上：指无形的或未成形质的东西。形而下：指已成形质的东西。

○《周易·系辞上》

17. 见不尽者，天下之事，读不尽者，天下之书；参不尽者，天下之理。

参：参悟。

○明·冯梦龙《警世通言·王安石三难苏学士》

18. 观理自难观势易，弹丸累到十枚时。

势：事物的外部形式。累：堆叠。意谓观理之难，正如叠丸叠到十枚那样，异常困难。

○清·龚自珍《己亥杂诗》

19. 往者不可谏，来者犹可追。

谏：劝阻，挽回。来者：未来的。追：赶上。

○《论语·微子》

20. 善言古者，必有节于今。

节：检验。

○《荀子·性恶》

21. 人事有代谢，往来成古今。

○唐·孟浩然《与诸子登岘山》

22.《阳春》之曲，和者必寡；盛名之下，其实难副。

《阳春》：古代楚国歌曲名，是较高级的音乐。盛名：很高的名声。副：符合。

○《后汉书·黄琼传》

23. 有名而无实，则其名不行；有实而无名，则其实不长。

行：流传。

○宋·苏轼《策别十二》："~。实者所以信其名，而名者所以求其实也。"

24. 无征不信。

征：证验，证明。

○《礼记·中庸》

25. 修学好古，实事求是。

修学：努力学习。

○《汉书·河间献王传》

26. 举大体而不论小事，务实效而不为虚名。

大体：大的方面。务：求。

○宋·苏轼《贺杨龙图启》

27. 经目之事，犹恐未真；背后之言，岂能全信。

经目：亲眼看到。

○《水浒传》第二十六回

28. 皮之不存，毛将安傅。

安：哪里。傅：通"附"，附着。

○《左传·僖公十四年》载虢射语

29. 欲筑室者先治其基。

治：筑好。基：地基。

○宋·苏辙《新论中》："~。基完以平而后加石木焉，故其为室也坚。"

30. 以管窥天，以蠡测海。

窥：看。蠡 lí：瓢。

○《汉书·东方朔传》

31. 日不知夜，月不知昼，日月为明而弗能兼也……

兼：兼包昼夜。

○《淮南子·缪称训》："~，唯天地能函之。"

32. 曲思于细者必忘其大，锐精于近者必略于远。

曲思：片面思考。锐精：专心一意。略：忽视。

○北齐·刘昼《刘子·观量》

33. 物之不齐，物之情也。

不齐：不一致，不相同。情：常情。

○《孟子·滕文公上》

34. 甘瓜苦带，天下物无全美。

带：应作“蒂”，瓜果与枝茎相连的部分。

○《埤雅》引《墨子》佚文

35. 川泽纳污，山薮藏疾，瑾瑜匿瑕。

薮 sǒu：湖泽。疾：毒害。瑾瑜：美玉。匿 nì：藏。瑕 xiá：玉的疵病。

○《左传·宣公十五年》

36. 成功之道，赢缩为宝。

赢 yíng 缩：亦作“盈缩”，进退伸缩。意谓宜行则行，宜止则止。

○《管子·势》

37. 两高不可重，两大不可容，两贵不可双，两势不可同。

○清·魏源《默觚·学篇十一》：“～。重、容、双、同，必争其功，何耶？有对之中，必一主一辅，则对而不失为独。”

38. 天下有二：非察是，是察非。

二：指事物具有两个方面。察：分辨。意谓天下的事理总有两个方面，可从“非”中分辨出“是”来，从“是”中分辨出“非”来。

○《荀子·解蔽》引古传

39. 水则载舟，水则覆舟。

则：能。

○《荀子·王制》，“传曰：君者，舟也；庶人者，水也。～。”

40. 不清不见尘，不高不见危，不广不见削，不盈不见亏。

见：被。尘：指污染。危：危险。削：减。盈：满。亏：缺，亏损。

○汉·王充《论衡·自纪篇》

41. 小中见大，大中见小，一为千万，千万为一。

○宋·苏辙《洞山文长老语录叙》：“大而天地山河，细而秋毫微尘，此心无所不在，无所不见，是以～。皆心法尔。”

42. 不是东风压了西风，就是西风压了东风。

意谓二者之间此起彼伏，没有调和的余地。

○《红楼梦》第八十二回：“但凡家庭之事，～。”

43. 有无相生，难易相成，长短相形，高下相倾，音声相和，前后相随，恒也。

相生：相互转生。形：对照。倾：依附。汉帛书甲、乙本均作“盈”，包含。音、声：古时称单一的声响为“声”，众声和合为“音”。和：应和。

○《老子》二章

44. 大器晚成，大音希声，大象无形，道隐无名。

大器：大才。希：少；一说没有。大象：事物的本原。隐：隐微；汉帛书乙本作“褎”，大，盛。道隐无名，意谓“道”大之极，不可名状。

○《老子》四十一章

45. 大勇若怯，大智若愚。

若：好像。

○宋·苏轼《贺欧阳少师致仕启》

46. 贵以贱为本，高以下为基。

○《老子》三十九章

47. 天下同归而殊涂，一致而百虑。

殊：不同。涂：通“途”，道路。一致：同一目的。百虑：各种不同的思考。

○《周易·系辞下》

48. 清浊，小大，短长，疾徐，哀乐，刚柔，迟速，高下，出入，周疏，以相济也。

疾：快。徐：慢。周：密。

○《左传·昭公二十年》

49. 要甜先苦，要逸先劳。须屈得下，才跳得高。

屈：弯曲身体。

○明·吕坤《续小儿语》

50. 日中则移，月满则亏，物盛则衰……

中：到天的正中。移：指日偏移而西。亏：亏缺。

○《战国策·秦策三》：“～，天之常数也。”

51. 天地盈虚，与时消息。

消息：消减和增长，谓生灭、盛衰。

○《周易·丰》

52. 天下理无常是，事无常非。先日所用，今或弃之，今之所弃，后或用之。

常是：永远正确。常非：一直错误。先日：从前。

○《列子。说符》

53. 年年岁岁花相似，岁岁年年人不同。

○唐·刘希夷《代悲白头翁》

54. 蓄极则泄，闷极则达，热极则风，壅极则通。

○明·刘基《司马季主论卜》

55. 月满则亏，水满则溢。

亏：缺。溢：泛出来。

○《红楼梦》第十三回

56. 三十年河东，三十年河西。

意谓世道变移，盛衰易位。

○《儒林外史》第四十六回

57. 行者必先近而后远。

○《墨子·经说下》

58. 以近论远，以小知大。

以：由。

○《淮南子·氾论训》

59. 不知来，视诸往。

来：未来。诸：之于。往：过去。

○汉·董仲舒《春秋繁露·精华》引古语

60. 见一叶落而知岁之将暮，睹瓶中之冰而知天下之寒。

暮：将尽。睹：见。

○《淮南子·说山训》

61. 三思而后行。

○《论语·公冶长》：“季文子～。子闻之，曰：‘再，斯可矣。’”

62. 山居者知山，林居者知林，耕者知原，渔者知泽。

原：平原。泽：水泽。

○宋·苏辙《超然台赋叙》：“今夫～。安于其所而已，其乐不相及也。”

63. 树欲静而风不停。

○《孔子家语·致思》

64. 花不常好，月不常圆。世间万物有盛衰，人生安得常少年。

○明·于谦《昔有〈莫恼翁〉曲，予因效之，所为〈翁莫恼〉，聊以调笑云耳》

65. 禽鸟知山林之乐，而不知人之乐。

○宋·欧阳修《醉翁亭记》

66. 它山之石，可以攻玉。

它山：别的山。

攻玉：琢磨玉器。

○《诗经·小雅·鹤鸣》

67. 日之能烛远，势高也；使日在井中，则不能烛十步矣。

烛：照耀。使：假如。

○战国鲁·尸佼《尸子卷上·明堂》

68. 近河之地湿，近山之土燥，以类相及也。

○汉·陆贾《新语·无为》

69. 水性虽能流，不导则不通。

导：开导，引导。

○《意林》引《成败志》

70. 当局者迷，旁观者醒。

○明·吕坤《续小儿语》："自家有过，人说要听，～。"

71. 覆水不可收，行云难重寻。

覆水：泼在地上的水。

○唐·李白《代别情人》

72. 天涯何处无芳草。

○宋·苏轼《蝶恋花》："枝上柳绵吹又少，～。"

73. 近寺人家不重僧，远来和尚好看经。

看：现多作"念"。

○元·张国宾《合汗衫》第三折

74. 顺天者逸，逆天者劳。

天：指自然之势。逸：不费心力。劳：费力而无功。

○《三国演义》第三十七回

75. 牡丹花儿虽好，还要绿叶儿扶持。

○《金瓶梅词话》第七十六回

76. 远水不救近火。

○《韩非子·说林上》："失火而取水于海，海水虽多，火必不灭矣，～也。"

77. 竭泽而渔，岂不获得，而明年无鱼。

竭 jié 泽而渔：戽干池水捉鱼，比喻全部搜括，不留余地。

○《吕氏春秋·孝行览·义赏》

78. 千里之行，始于足下。

○《老子》六十四章

79. 海不辞水，故能成其大；山不辞土石，故能成其高；明主不厌人，故能成其众；士不厌学，故能成其圣。

辞、厌：均是"拒绝"的意思。

○《管子·形势解》

80. 太山不让土壤，故能成其大；河海不择细流，故能就其深。

太山：即泰山。让：拒绝。择：挑剔，此处引申为拒绝不受。

○秦·李斯《谏逐客书》

81. 千里之差，兴自毫端。

兴：起。毫端：极细微的开头。

○《后汉书·南匈奴传论》

（二）天、地、人

1. 天行有常，不为尧存，不为桀亡。

天行：大自然的一切变化。常：常规，一定的规律。为：因为，由于。

○《荀子·天论》："～。应之以治则吉，应之以乱则凶。"

2. 天能生物，不能辨物也；地能载人，不能治人也。

○《管子·礼论》

3. 水火有气而无生，草木有生而无知，禽兽有知而无义；人有气有生有知亦且有义，故最为天下贵也。

○《荀子·王制》

4. 明天人之分。天有其时，地有其财，人有其治。

○《荀子·天论》

5. 制天命而用之。应时而使之。

○《荀子·天论》

6. 上得天时，下得地利，中得人和。

○《荀子·富国》

7. 人与天调，然后天地之美生。

○《管子·五行》

8. 与天壤争。

与天地斗，引申为与天地并行不止。

○《管子·轻重乙第八十一》

9. 上度之天祥，下度之地宜，中度之人顺，此所谓三度。故曰：天时不祥，则有水旱；地道不宜，则有饥馑；人道不顺，则有祸乱。

○《管子·五辅》

10. 天下万物生于有，有生于无。

○《老子》四十章

11. 天地与我并生，而万物与我为一。

○《庄子·齐物论》

12. 天生万物，惟人为贵。

○《列子·天瑞》

13. 历象日月星辰，敬授人时。

○《尚书·尧典》

14. 天地之道，恒久而不已也。

不已：不停止。

○《周易·恒》

15. 天高地迥，觉宇宙之无穷。

迥 jiǒng：远。

○唐·王勃《秋日登洪府滕王阁饯别序》

16. 天高而明，地厚而平……

意谓天高而显其明远，地厚而显其平旷。

○唐·韩愈《祭董相公文》："呜呼！～，五气叙行，万汇顺成。"

17. 求天下奇闻壮观，以知天地之广大。

求：寻访。壮观：壮丽的景象。

○宋·苏辙《上枢密韩太尉书》

18. 天之所生，地之所产，足以养人。

○宋·苏辙《转对状》

19. 惟天地，万物父母；惟人，万物之灵。

○《尚书·泰誓上》

20. 君子使物，不为物使。

使：差遣，使用。为：被。

○《管子·内业》

21. 顺天者存，逆天者亡。

○《孟子·离娄上》

22. 天地有大美而不言，四时有明法而不议，万物有成理而不说。

明法：分明的规律。议：说。成理：指事物自然形成的特殊形式。

○《庄子·知北游》

23. 人强胜天。

○《逸周书·文传》

24. 人胜天，则善者行。

人胜天：人力胜过天力。

○唐·柳宗元《答刘禹锡天论书》

25. 天之能，人固不能也；人之能，天亦有所不能也。故余曰：天与人交相胜耳。

○唐·刘禹锡《天论》

26. 天之所能者，生万物也；人之所能者，治万物也。

○唐·刘禹锡《天论》

27. 方以类聚，物以群分。

事情与人物，均是类聚群分的。

○《易·系辞上传》

28. 天若有情天亦老。

○唐·李贺《金铜仙人辞汉歌》：“衰兰送客咸阳道，~。”

29. 人心之灵，莫不有知；而天下之物，莫不有理。唯于理有未穷，故其知有不尽也。

理：道理。穷：尽。

○宋·朱熹《四书集注·大学章句》

30. 人无所不至，惟天下不容伪。

伪：人力改变自然。意谓人运用智慧，没有做不到的事，但天道却不是人力所能改变。

○宋·苏轼《潮州韩文公庙碑》

31. 上合天心，下合地理，中合人和。

○《水浒传》引首

32. “立天之道，曰阴与阳；立地道，曰柔与刚；立人之道，曰人与义；兼三才而两之，故“易”六爻而成卦。

○《易·说卦》

（三）审美与艺术

1. 不观高崖，何以知颠坠之患？不临深渊，何以知没溺之患？不观巨海，何以知风波之患？

○《孔子家语·卷五》

2. 蝉噪林愈静，鸟鸣山更幽。

○南朝梁·王籍《入若耶溪诗》

3. 山重水复疑无路，柳暗花明又一村。

○宋·陆游《游山西村》

4. 桂林山水甲天下。

○宋·王正功《桂林山水甲天下》

5. 野旷沙岸净，天高秋月明。

○南朝宋·谢灵运《初去郡》

6. 青山高而望远，白云深而路遥。

○唐·王勃《送白七序》

7. 星垂平野阔，月涌大江流。

○唐·杜甫《旅夜书怀》

8. 旷野看人小，长空共鸟齐。

○唐·岑参《登玉垒山思故园见寄》

9. 目送归鸿，手挥五弦，俯仰自得，游心太玄。

○三国魏·嵇康《赠兄秀才入军十八章》

10. 会心处不必在远，翳然山水，便有濠濮间想，觉鸟兽虫鱼，自来亲人。

○南北朝·梁简文帝《世说新语》

11. 真山水之川谷，远望之，以取其势，近看之以取其质。

○北宋·郭熙《林泉高致》

12. 百川沸腾，山冢崒崩。

冢 zhǒng：山顶。崒 zú：高峻而危险。

○《诗经·小雅·十月之交》

13. 积土成山，风雨兴焉；积水成渊，蛟龙生焉。

○《荀子·劝学》

14. 非必丝与竹，山水有清音。

丝竹：弦乐器和箫笛之类，泛指音乐。

○晋·左思《招隐二首》

15. 涧底百重花，山根一片雨。

这两句写登上山顶所见。

○北周·庾信《游山》

16. 树接前山暗，溪承瀑水凉。

○唐·沈佺期《乐城白鹤寺》

17. 天寒远山净，日暮长河急。

○唐·王维《齐州送祖三》

18. 湖上一回首，青山卷白云。

○唐·王维《欹湖》：“吹箫凌极浦，日暮送夫君。~”

19. 水国舟中市，山桥树杪行。

市：买卖货物。树杪 miǎo：树梢。

○唐·王维《晓行巴峡》

20. 青山行不尽，绿水去何长。

○唐·崔颢《舟行入剡》

21. 云山海上出，人物镜中来。

○唐·李白《赠王判官，时余归隐居庐山屏风叠》

22. 山随平野尽，江入大荒流。

○唐·李白《渡荆门送别》

23. 西岳峥嵘何壮哉！黄河如丝天际来。

西岳：华山。

○唐·李白《西岳云台歌送丹丘子》

24. 峨嵋山月半轮秋，影入平羌江水流。

平羌江：即青衣江，源出四川芦山县，流至乐山县入岷江。

○唐·李白《峨嵋山月歌》

25. 喷壁洒素雪，空蒙生昼寒。

喷壁：瀑布之水喷洒在峭壁上。

○唐·李白《送王屋山人魏万还王屋》

26. 野竹分青霭，飞帘挂碧峰。

青霭：山中青色的云气。飞帘：瀑布。

○唐·李白《访戴天山道士不遇》

27. 远峰带雨色，落日摇川光。

○唐·岑参《林卧》

28. 奔涛振石壁，峰势如动摇。

○唐·岑参《青山峡口泊舟怀狄侍御》

29. 崖口悬瀑流，半空白皑皑，喷壁四时雨，傍村终日雷。

喷壁：瀑布之水喷于山壁。

○唐·岑参《终南云际精舍寻法澄上人不遇归高冠东潭石淙望秦岭微雨作贻友人》

30. 青山看不厌，流水趣何长。

○唐·钱起《陪考功王员外城东池亭宴》

31. 远山芳草外，流水落花中。
○唐·司空曙《题鲜于秋林园》

32. 水是眼波横，山是眉峰聚，欲问行人去那边，眉眼盈盈处。
眼波：目光流盼，如水波流动，此处以眼波喻水。眉峰：诗人往往把美人的眉毛比作山峰。眉眼盈盈处：指山水秀丽之处。
○宋·王观《卜算子》

33. 山鸣谷应，风起水涌。
○宋·苏轼《后赤壁赋》

34. 山高自有客行路，水深自有渡船人。
○《西游记》第七十四回

35. 青山不老，绿水长存。
○《三国演义》第六十回

36. 日出江花红胜火，春来江水绿如蓝，能不忆江南。
蓝：像蓝靛的颜色。
○唐·白居易《忆江南》

37. 堤上游人逐画船，拍堤春水四垂天，绿杨楼外出秋千。
楼外：一作梢外。
○宋·欧阳修《浣溪沙》

38. 春风又绿江南岸……
○宋·王安石《泊船瓜州》："～，明月何时照我还。"

39. 江南二月多芳草，春在蒙蒙细雨中。
○宋·释仲殊《绝句》

40. 红杏香中箫鼓，绿杨影里秋千。
○宋·俞国宝《风入松》

41. 上有天堂，下有苏杭。
○元·奥敦周卿《双调蟾宫曲》

42. 百分桃花千分柳，冶红妖翠画江南。
冶红：艳红。妖翠：艳绿。
○清·张问陶《阳湖道中》

43. 清泠之状与目谋，瀯瀯之声与耳谋，悠然而虚者与神谋，渊然而静者与心谋。
清泠 líng：清凉。谋：接触。瀯 yíng 瀯：水流声。悠然：悠远的样子。虚：空阔。神：精神。渊然：深沉的样子。心：心灵。
○唐·柳宗元《钴鉧潭西小丘记》："枕席而卧，则～。"

44. 究天人之际，通古今之变，成一家之言。
究：研究，探索。天人：指天道和人道或自然和人为。
○汉·司马迁《报任少卿书》

45. 读书破万卷，下笔如有神。
○唐·杜甫《奉赠韦左丞丈二十二韵》

46. 登山则情满于山，观海则意溢于海。
○南朝梁·刘勰《文心雕龙·神思》

47. 清水出芙蓉，天然去雕饰。
○唐·李白《经乱离后，天恩流夜郎，忆旧游书怀赠江夏韦太守良宰》

48. 笔落惊风雨，诗成泣鬼神。
○唐·杜甫《寄李十二白二十韵》

49. 嬉笑怒骂，皆成文章。
○宋·黄庭坚《东坡先生真赞》："东坡之酒，赤壁之笛，～。"

50. 凡物皆有可观，苟有可观，皆有可乐，非必怪奇伟丽者也。
○宋·苏轼《超然台记》

51. 春花秋月冬冰雪，不听陈言只听天。
听：顺从。陈言：古书中用过的陈词滥调。天：指自然。
○宋·杨万里《读张文潜诗》

52. 外师造化，中得心源。
师：效法。
造化：自然界。
○唐·张彦远《历代名画记》郑十载唐张璪语

53. 物诱气随，外适内和，体宁心恬。
○唐·白居易《庐山草堂记》

54. 吾师心，心师目，目师华山。
师：效法。
○明·王履《华山图序》

55. 搜尽奇峰打草稿。
○清·石涛《画语录·山川章》

56. 其曲弥高，其和弥寡。
弥：愈，更加。寡：少。
○战国楚·宋玉《对楚王问》

57. 美色不同面，皆佳于目；悲音不共声，皆快于耳。
佳于目：眼睛看起来很舒服。悲：动听。快于耳：听起来很动人。
○汉·王充《论衡·自纪篇》

58. 天下皆知美之为美，斯恶矣；皆知善之为善，斯不善矣。
斯：这就。恶：丑。斯恶矣：这就不美了。
○《老子》二章

59. 朴素而天下莫能与之争美。
美：自然生成之美。
○《庄子·天道》

60. 知美之恶，知恶之美，然后能知美恶矣。
恶：丑。意谓从美与丑的比较中明白美与丑的不同。
○《吕氏春秋·有始览·去尤》

61. 若要俏，添重孝。
俏：美丽俊俏。孝：戴孝。意指穿着白色孝服，看上去便清雅俏丽。
○明·冯梦龙《警世通言·况太守断死孩儿》

62. 愿作桂林人，不愿作神仙。
○现代·陈毅《游桂林》

63. 云中的神啊，雾中的仙，神姿仙态桂林的山！情一样深呵，梦一样美，如情似梦漓江的水！
○现代·贺敬之《桂林山水歌》

（四）科技

1. 万物皆得其宜，六畜皆得其长，群生皆得其命。
○《荀子·王制》

2. 川渊深而鱼鳖归之，山林茂而禽兽归之。
○《荀子·致士》

3. 天不变其常，地不易其则，春秋冬夏不更其节，古今一也。
○《管子·形势》

4. 万物之于人也，无私近也，无私远也。巧者有余，而拙者不足。
○《管子·形势》

5. 天财之所出，以时禁发焉。

○《管子·立政》

6. 山林虽广，草木虽美，禁发必有时。
○《管子·八观》

7. 草土之道，各有谷造。
○《管子·地员篇》

8. 一年之计，莫如树谷；十年之计，莫如树木；终身之计，莫如树人。
○《管子·权修》

9. 山林虽近，草木虽美，宫室必有度，禁发必有时。
○《管子·八观》

10. 春耕、夏耘、秋收、冬藏，四者不失时，故五谷不绝，而百姓有余食也。
○《荀子·王制》

11. 流水不腐，户枢不蠹，动也，形气亦然，形不动则精不流，精不流则气郁。
○《吕氏春秋·尽数》

12. 今行者见大树，必解衣悬冠倚剑而寝其下。大树非人之亲情知交也，而安之若此者，信也。陵上巨木，人以为期，易知故也。
○《吕氏春秋·壹行》

13. 云腾致雨，露结为霜。
○南朝梁·周兴嗣《千字文》

14. 橘生淮南则为橘，生于淮北则为枳，叶徒相似，其实味不同，所以然则何？水土异也。
淮：淮河。枳 zhǐ：也叫"枸橘"，似橘而味酸苦。徒：徒然，白白地。实：果实。
○《晏子春秋·内篇杂下十》

15. 茂林之下无丰草，大块之间无美苗。
大块：大地，此指未开垦的荒地。
○汉·桓宽《盐铁论·轻重》

16. 引水多随势，栽松不趁行。年华玩风景，麦事看农桑。
○唐·白居易

17. 山水相得，优于全山全水。
○明·袁宏道

18. 天下之山，得水而悦；天下之水，得山而止。
○明·归有光

19. 五岭皆炎热，宜人独桂林。
五岭：指岭南地区。
○宋·张孝祥《水调歌头·桂林集句》

20. 寒风又变为春柳，条条看即烟蒙蒙。
条条：冬柳无叶，条条垂挂。即：很快地。烟蒙蒙：柳叶初生，望之如有淡烟笼罩。
○唐·李贺《野歌》

21. 稍知花改岸，始验鸟随舟。
花改岸：岸边花草变换，指船向前行，江岸已换。鸟随舟：鸟儿随舟飞动。
○唐·杜甫《陪王使君晦日泛江就黄家亭子二首》

22. 暑极不生暑而生寒，寒极不生寒而生暑。
极：达到极点。
○清·魏源《默觚·学篇七》

23. 水流湿，火就燥；云从龙，风从虎。
流湿：先流于湿处。就燥：先烧着干燥之物。云从龙：龙起云生。风从虎：虎啸生风。这两句比喻同类事物相感应。
○《周易·乾》

24. 水出于山而走于海，水非恶山而欲海也，高下使之然也。
走：归。恶 wù：恨恶。欲：要，需要。之：它，指水。然：这样。
○《吕氏春秋·季秋纪·审已》

25. 兰生幽谷，不为莫服而不芳；舟在江海，不为莫乘而不浮。
莫服：无人佩带。芳：香。莫乘：无人乘坐。
○《淮南子·说山训》

26. 非其地而树之，不生也。
树：种植。
○汉·刘向《说苑·杂言》

27. 林无静树，川无停流。
川：江河。
○《世说新语·文学》

28. 千羊不能扞群虎，万雀不能抵一鹰。
扞 hàn：抵御。

○晋·葛洪《抱朴子·广譬》

29. 水性自云静，石中本无声。如何两相激，雷转空山惊。
如何：为何。两相激：水与石互相激撞。
○唐·韦应物《听嘉陵江水声寄深上人》

30. 草木本无意，荣枯自有时。
○唐·孟浩然《江上寄山阴崔少府国辅》

31. 鸟爱碧山远，鱼游江海深。
○唐·李白《留别王司马嵩》

32. 日移花色异，风散水文长。
○南朝梁·萧绎《晚景游后园》

33. 风不可系，影不可捕。
系：缚住。
○《太平广记》卷十七《裴谌》："夫～。古人倦夜长，尚秉烛游，况少年白昼而掷之乎？"

34. 万世不移者，山也。
○宋·苏轼《送杭州进士诗叙》："～；时飞时止者，鸿雁也。"

35. 工欲善其事，必先利其器。
工：工匠。善：做好。利：使锋利。
○《论语·卫灵公》载孔子语

36. 鸟则择木，木岂能择鸟。
○《左传·哀公十一年》载孔子语

37. 松柏之下，其草不殖。
殖：繁殖。
○《左传·襄公二十九年》载子羽语

38. 高山峻原，不生草木。松柏之地，其土不肥。
峻原：陡峭的高原。
○《国语·晋语九》引古语

39. 山锐则不高，水狭则不深。
锐：锋利，此指山形尖细。
○汉·刘向《新序·节士》

40. 合抱之木，生于毫末。
合抱：两臂围拢，形容树的粗大。毫末：极细微。
○《老子》六十四章

41. 十围之木，始生如蘖。
围：指两臂合抱的长度。蘖 niè：嫩芽。

○《汉书·枚乘传》

42. 九层之台，起于累土。

累土：一堆土。

○《老子》六十四章

（五）天景

1. 雄鸡一声天下白。

○唐·李贺《致酒行》

2. 日上花梢，莺穿柳带。

○宋·柳永《定风波》

3. 太阳初出光赫赫，千山万水如火发。一轮顷刻上天衢，逐退群星与残月。

○宋·赵匡胤《咏初日》

4. 日中林影直，风静鸟声圆。

○宋·丁宝臣《和永叔新晴独游东山》

5. 一片水光飞入户，千竿竹影乱登墙。

水光飞入户：阳光照在水面上又反射到室内。竹影乱登墙：风吹竹林，竹影摇曳，如争先恐后地往墙上爬。

○唐·韩翃《张山人草堂会王方士》

6. 峥嵘赤云西，日脚下平地。

峥嵘：满天赤色的云似重崖叠峦，峥嵘奇伟。日脚：太阳透过云缝射下的光柱，似日之脚。

○唐·杜甫《羌村三首》

7. 高城眺落日，极浦映苍山。

极浦：远处的水滨。

○唐·王维《登河北城楼作》

8. 欲归还小立，为爱夕阳红。

小立：暂立片刻。

○宋·陆游《东村》

9. 日入群动息，归鸟趋林鸣。

群动：各种物类的活动。

○晋·陶渊明《饮酒二十首》

10. 东西生日月，昼夜如转珠。

○唐·元稹《苦雨》

11. 海上生明月，天涯共此时。

○唐·张九龄《望月怀远》

12. 月出惊山鸟，时鸣春涧中。

两句描写寂静的夜晚，月亮升起，惊醒睡在树上的山鸟，鸟鸣声在山涧中回荡。

○唐·王维《鸟鸣涧》

13. 明月照高楼，流光正徘徊。

流光：指月光。清光似水，给人以流动的感觉。徘徊：指月光似乎在荡漾。

○三国魏·曹植《怨歌行》

14. 明月隐高树，长河没晓天。

晓天：微明的天空。

○唐·陈子昂《春夜别友人》

15. 人攀明月不可得，月行却与人相随。

○唐·李白《把酒问月》

16. 今人不见古时月，今月曾照古时人。

○唐·李白《把酒问月》

17. 月色更添春色好，芦风似胜竹风幽。

○唐·贾至《别裴九弟》

18. 松排山面千重翠，月点波心一颗珠。

千重翠：形容松树层层，翠色重叠。一颗珠：月映水中，似一颗明珠在水。

○唐·白居易《春题湖上》

19. 寒江近户漫流声，竹影临窗乱月明。

○唐·戎昱《旅次寄湖南张浪中》

20. 月光如水水如天。

○唐·赵嘏《江楼感旧》

21. 梨花院落溶溶月，柳絮池塘淡淡风。

溶溶：形容月色柔和温润。

○宋·晏殊《寓意》

22. 云破月来花弄影。

○宋·张先《天仙子·送春》："沙上并禽池上暝，～。"

23. 明月净松林，千峰同一色。

○宋·欧阳修《自菩提步月归广化寺》："春岩瀑泉响，夜久山已寂。～。"

24. 人有悲欢离合，月有阴晴圆缺，此事古难全。

○宋·苏轼《水调歌头》

25. 梦觉隔窗残月尽，五更春鸟满山啼。

梦觉：睡醒。残月：残缺的月亮。

○宋·张耒《福昌官舍》

26. 天接云涛连晓雾，星河欲转千帆舞。

云涛：如波涛般的云雾。星河：银河。转：破晓时银河向西移动。两句写破晓前的景色。

○宋·李清照《渔家傲》

27. 磊落星月高，苍茫云雾浮。

磊落：错落众多。

○唐·杜甫《发秦州》

28. 飘风不终朝，骤雨不终日。

飘风：狂风。终朝 zhāo：一早晨。终日：一整天。

○《老子》二十三章

29. 天降时雨，山川出云。

时雨：及时的雨。

○《礼记·孔子闲居》

30. 白日曜青春，时雨静飞尘。

两句意谓：阳光照耀着如春的大地，雨水冲去了飞尘，天空如洗。

○三国魏·曹植《侍太子坐》

31. 腾云似涌烟，密雨如散丝。

○晋·张协《杂诗十首》

32. 山中何所有，岭上多白云。

○南朝梁·陶弘景《诏问山中何所有，赋诗以答》

33. 断雾时通日，残云尚作雷。

通：透出。写雨后景象：阳光从云雾中时而透出，残余的雨云后面传来隐隐的雷声。

○隋·杨广《悲秋》

34. 纵使晴明无雨色，入云深处亦沾衣。

纵使：即使。入云深处：进入高山深处。

○唐·张旭《山行留客》

35. 好雨知时节，当春乃发生。随风潜入夜。润物细无声。

○唐·杜甫《春夜喜雨》

36. 山风吹空林，飒飒如有人。

飒 sà 飒：风声。

○唐·岑参《暮秋山行》

37. 高树临清池，风惊夜来雨。

○唐·柳宗元《雨后晓行独至愚溪北池》

38. 惊风乱飐芙蓉水，密雨斜侵薜荔墙。

飐 zhǎn：吹动。芙蓉：荷花。薜 bì 荔：一种常绿的蔓生植物，常缘壁而生。

○唐·柳宗元《登柳州城楼寄漳汀封连四州》

39. 断云发山色，轻风漾水光。

○唐·刘禹锡《和乐天洛城春齐梁体八韵》

40. 微雨池塘见，好风襟袖知。

○唐·杜牧《秋思》

41. 虹收青嶂雨，鸟没夕阳天。

青嶂：深绿的山峦。没 mò：消失。

○唐·李商隐《河清与赵氏昆仲宴集得拟杜工部》

42. 斜影风前合，圆纹水上开。

○唐·李峤《雨》

43. 暮景萧萧雨霁，云淡天高风细。

霁 jì：雨止。

○宋·柳永《佳人醉》

44. 云散月明谁点缀，天容海色本澄清。

意谓云散月明之夜，天空没有一丝纤云点缀，海天一色，一片澄明。

○宋·苏轼《六月二十日夜渡海》

45. 黑云翻墨未遮山，白雨跳珠乱入船。

翻墨：乌云翻滚如墨。未遮山：夏日的阵雨云，尚未来得及把山遮住。跳珠：形容雨点如跳动的珍珠。

○宋·苏轼《六月二十七日望湖楼醉书五绝》

46. 风雨晦明之间，俯仰百变。

晦明：阴暗和光明。俯仰：瞬息。

○宋·苏轼《放鹤亭记》

47. 阴风搜林山鬼啸，千丈寒藤绕崩石。

两句意谓寒风刮过山林发出山鬼呼啸似的凄厉响声；高崖上长藤缠绕着崩裂欲坠的巨石。

○宋·黄庭坚《上大蒙笼》

48. 风如拔山努，雨如决河倾。

○宋·陆游《大风雨中作》

49. 云翻一天墨，浪蹴半空花。

蹴 cù：踏，此处形容浪花高掀。

○宋·陆游《冒雨登拟岘台观江潮》

50. 忽闻疏雨打新荷，有梦都惊破。

○元·盍西村《越调小桃红·临川八景·莲塘雨声》

51. 雷声千嶂落，雨色万峰来。

嶂 zhàng：陡峭如屏障的高峰。写大雷雨的气势：雷声轰鸣，如千座高峰倒塌，暴雨倾注，烟云滚滚，似万座山峰迎面扑来。

○明·李攀龙《广阳山道中》

52. 小楼忽洒夜窗声，卧听潇萧还淅淅，湿了清明。

夜窗声：夜晚，窗被雨打而发声。

○清·郑燮《浪淘沙暮春》

53. 天地革而四时成。

革：变化。

○《周易·革》

54. 以鸟鸣春，以雷鸣夏，以虫鸣秋，以风鸣冬。

○唐·韩愈《送孟东野序》

55. 春山淡冶而如笑，夏山苍翠而欲滴，秋山明净而如妆，冬山惨淡而如睡。

淡冶：恬淡冶静。苍翠：深绿色。欲滴：形容绿得像要滴下来的样子。

○宋·郭熙《山川训》

56. 四时有不谢之花，八节有长青之草。

四时：春、夏、秋、冬四季。八节：古以立春、立夏、立秋、立冬、春分、夏至、秋分、冬至为八节。

○清·李汝珍《镜花缘》第一回

57. 天不言而四时行，地不语而百物生。

○唐·李白《上安州裴长史书》

58. 谁挥鞭策驱四运，万物兴歇皆自然。

四运：春夏秋冬四季。

○唐·李白《日出入行》

59. 清明时节雨纷纷，路上行人欲断魂。借问酒家何处有，牧童遥指杏花村。

○唐·杜牧《清明》

60. 满眼游丝兼落絮，红杏开时，一霎清明雨。

○南唐·冯延巳《蝶恋花》

61. 清明后，风梳万缕亭前柳。

○宋·周邦彦《渔家傲·般涉》

62. 湖上小桃三百树，一齐弹泪过清明。

弹泪：清明前后多雨，桃花瓣上颗颗雨滴似泪珠满挂。

○清·郭馔《积雨》

63. 今岁今宵尽，明年明日催。寒随一夜去，春逐五更来。

○唐·史青《应诏赋得除夜》

64. 春日迟迟，卉木萋萋，仓庚喈喈，采蘩祁祁。

迟迟：缓慢。萋萋：草茂盛的样子。仓庚：莺。喈 jiē 喈：鸟鸣声众而和。蘩 fán：白蒿。祁 qí 祁：众多。

○《诗经·小雅·出车》

65. 时在中春，阳和方起。

阳和：春天的暖气。

○《史记·秦始皇本纪》

66. 阳春布德泽，万物生光辉。

○汉·乐府古辞《长歌行》

67. 春晚绿野秀，岩高白云屯。

屯：驻，聚集。

○南朝宋·谢灵运《入彭蠡湖口》

68. 云霞出海曙，梅柳渡江春。淑气催黄鸟，晴光转绿蘋。

海曙：海上日出。梅柳渡江春：梅柳渡过江来，江南全是一片春色了。淑气：春天的和暖气息。转绿蘋：使水中蘋草转绿。

○唐·杜审言《和晋陵陆丞早春游望》

69. 林花扫更落，径草踏还生。

○唐·孟浩然《春中喜王九相寻》

70. 寒雪梅中尽，春风柳上归。

○唐·李白《宫中行乐词八首》

71. 东风随春归，发我枝上花。

○唐·李白《落日忆山中》

72. 东风洒雨露，会入天地春。

○唐·李白《送都昂谪巴中》

73. 江汉春风起，冰霜昨夜除。

○唐·杜甫《远怀舍弟颖观等》

74. 朝来新火起新烟，湖色春光净客船。

朝 zhāo：早晨。

○唐·杜甫《清明二首》

75. 落花满春光，疏柳映新塘。

○唐·储光羲《答王十三维》

76. 雪消门外千山绿，花发江边二月晴。

○宋·欧阳修《春日西湖寄谢法曹歌》

77. 暖日晴风初破冻，柳眼梅腮，已觉春心动。

柳眼：柳叶。梅腮：指梅花。

○宋·李清照《蝶恋花》

78. 一春常是雨和风，风雨晴时春已空。

○宋·陆游《豆叶黄》

79. 万紫千红总是春。

○宋·朱熹《春日》："等闲识得东风面，～。"

80. 春到人间草木知。

○宋·张栻《立春偶成》："律回岁晚冰霜少，～。"

81. 春到人间万物鲜。

○明·冯梦龙《警世通言·王娇鸾百年长恨》

82. 绿树阴浓夏日长，楼台倒影入池塘。水晶帘动微风起，满架蔷薇一院香。

水晶帘：形容映入水中的楼台倒影像水晶的帘子一样晶莹明澈。

○唐·高骈《山亭夏日》

83. 风老莺雏，雨肥梅子，午阴嘉树清圆。

嘉树：树的美称。意谓雏莺在和风中长大了，充足的雨水催肥了梅子，正午，树下形成了清凉的圆形树阴。

○宋·周邦彦《满庭芳·夏景》

84. 纷纷红紫已成尘，布谷声中夏令新。

红紫：泛指各色花朵。

○宋·陆游《初夏绝句》："～。夹路桑麻行不尽，始知身是太平人。"

85. 秋风起兮白云飞，草木黄落兮雁南归。

○汉·刘彻《秋风辞》

86. 桂林风景异，秋似洛阳春。

○唐·宋之问《始安秋日》

87. 荆溪白石出，天寒红叶稀。

○唐·王维《阙题二首》

88. 人烟寒橘柚，秋色老梧桐。

人烟：人家炊烟。寒橘柚：秋日寒烟使橘柚也带有寒意。

○唐·李白《秋登宣城谢朓北楼》

89. 山明水净夜来霜，数树深红出浅黄。

○唐·刘禹锡《秋词二首》

90. 秋宵月色胜春宵，万里霜天静寂寥。

○唐·戎昱《戏题秋月》

91. 碧云天，黄叶地，秋色连波，波上寒烟翠。

○宋·范仲淹《苏幕遮》

92. 一年好景君须记，最是橙黄橘绿时。

○宋·苏轼《赠刘景文》

93. 秋气堪悲未必然，轻寒正是可人天。绿池落尽红蕖却，荷叶犹开最小钱。

可人：合人意。红蕖 qú：荷花。却：开尽。最小钱：新出荷叶才像小铜钱那么大。

○宋·杨万里《秋凉晚步》

94. 寒风摧树木，严霜结庭兰。

○汉·乐府古辞《古诗为焦仲卿妻作》

95. 隔牖风惊竹，开门雪满山。

牖 yǒu：窗户。风惊竹：风中带雪，打在竹上，发出沙沙的响声。

○唐·王维《冬晚对雪忆胡居士家》

96. 水声冰下咽，沙路雪中平。

○唐·刘长卿《酬张夏雪夜赴州访别途中苦寒作》

97. 燕山雪花大如席，纷纷吹落轩辕台。

轩辕台：相传为黄帝擒蚩尤之处。

○唐·李白《北风行》

98. 才见岭头云似盖，已惊岩下雪如尘。千峰笋石千株玉，万树松萝万朵云。

○唐·元稹《南秦雪》

99. 旋扑珠帘过粉墙，轻于柳絮重于霜。

两句写雪花纷飞的景象。

○唐·李商隐《对雪二首》

（六）地景

1. 登泰山而小天下。

小天下：觉得天下很小。

○《孟子·尽心上》："孔子登东山而小鲁，～。"

2. 五月天山雪，无花只有寒。

天山雪：天山降雪。

○唐·李白《塞下曲六首》

3. 庐山东南五老峰，青天削出金芙蓉。

金芙蓉：如金色的芙蓉花一般秀丽。

○唐·李白《望庐山五老峰》

4. 南山与秋色，气势两相高。

南山：指终南山。两相高：终南山与秋色争高。

○唐·杜牧《长安秋望》

5. 高峰夜留景，深谷昼未明。

景：日光，这里指落日的余辉。上句谓夜幕已经笼罩大地，但高山上仍有落日的余辉。下句谓阳光已洒满大地，但深谷中仍然是幽暗的。两句极写终南山峰高谷深。

○唐·孟郊《游终南山》

6. 疏峰时吐月，密树不开天。

疏峰：山峰稀疏处。密树：林木茂密。不开天：天空完全被遮蔽。

○南朝梁·吴均《登寿阳八公山》

7. 木落知寒近，山长见日迟。

木落：叶落。山长：山高。

○唐·孙逖《淮阴夜宿二首》

8. 山中一夜雨，树杪百重泉。

树杪 miǎo：树梢。

○唐·王维《送梓州李使君》

9. 古木无人径，深山何处钟。

古木：参天的古树。

○唐·王维《过香积寺》

10. 大壑随阶转，群山入户登。

壑 hè：山谷。两句写人居高山之上，要沿着山阶绕过深深的山谷，爬过高高的群山才能进门。

○唐·王维《韦给事山居》

11. 山路元无雨，空翠湿人衣。

元：原。空翠：空明苍翠的山色。

○唐·王维《阙题二首》："荆溪白石出，天寒红叶稀。～"

12. 峰峰带落日，步步入青霭。

霭：云气。

○唐·刘长卿《陪元侍御游支硎山寺》

13. 户外一峰秀，阶前众壑深。

壑 hè：沟。

○唐·孟浩然《题义公禅房》

14. 蜀道之难难于上青天。

○唐·李白《蜀道难》："噫吁嚱，危乎高哉！～！"

15. 连峰去天不盈尺，枯松倒挂倚绝壁。

去天：离开天空。盈：满。

○唐·李白《蜀道难》

16. 山从人面起，云傍马头生。
○唐·李白《送友人入蜀》

17. 四面生白云，中峰倚红日。
○唐·李白《望黄鹤楼》

18. 万壑树声满，千崖秋气高。
○唐·杜甫《奉酬十一舅惜别之作》

19. 径危抱寒石，指落层冰间。
径危：道路高峻。指落：手指断落。
○唐·杜甫《前出塞九首》

20. 路危行木杪，身远宿云端。
危：高。木杪 miǎo：树梢。
○唐·杜甫《移居公安山馆》

21. 玉露凋伤枫树林，巫山巫峡气萧森。
萧森：萧条衰落。
○唐·杜甫《秋兴八首》

22. 夜宿月近人，朝行云满车。
意谓人在高山上，晚上觉得离月亮很近，早晨起程，穿行在云雾之中。
○唐·岑参《酬成少尹骆谷行见呈》

23. 深林迷昏旦，栈道凌空虚。
迷昏旦：分不出白天和黑夜。栈道：古代在高楼间或峭岩陡壁间架设的空中行道。空虚：天空。
○唐·岑参《酬成少尹骆谷行见呈》

24. 火云满山凝未开，飞鸟千里不敢来。
○唐·岑参《火山云歌送别》

25. 峰攒望天小，亭午见日初。
峰攒 cuán：群峰环聚。亭午：正午。
○唐·岑参《酬成少尹骆谷行见呈》

26. 竹怜新雨后，山爱夕阳时。
○唐·钱起《谷口书斋寄杨补阙》

27. 夕阳天外云归尽，乱见青山无数峰。
○唐·杨凝《秋原野望》

28. 举头红日近，回首白云低。
两句形容山极高。
○宋·寇准《华山》

29. 不畏浮云遮望眼，只缘身在最高层。
缘：因为。
○宋·王安石《登飞来峰》

30. 登山俯平野，万壑皆白云，身在白云上，不知云绕身。
○宋·杨万里《中元日晓登碧落堂望南北山二首》

31. 山无重数周遭碧，花不知名分外娇。
周遭碧：四周一片碧绿。
○宋·辛弃疾《鹧鸪天·代人赋》

32. 却有一峰忽然长，方知不动是真山。
长 zhǎng：云峰变得高大起来。两句写山峰云海变幻景致。
○宋·杨万里《晓行望云山》

33. 最爱东山晴后雪，软红光里涌银山。
软红光：雪后放晴，阳光初照，红光淡淡。银山：白雪覆盖的山头。
○宋·杨万里《雪后晚晴》

34. 春山叶润秋山瘦，雨山黯黯晴山秀。
○宋·杨万里《题黄才叔看山亭》

35. 云来山更佳，云去山如画，山因云晦明，云共山高下。
晦明：阴暗和明朗。
○元·张养浩《双调雁儿落兼得胜令》

36. 绿树偏宜屋角遮，青山正补墙头缺。
○元·马致远《双调夜行船·秋思》

37. 大漠孤烟直，长河落日圆。
○唐·王维《使至塞上》

38. 北风卷地白草折，胡天八月即飞雪。
白草：一种有韧性的草，经霜则易折。胡天：塞外的天空。
○唐·岑参《白雪歌送武判官归京》

39. 忽如一夜春风来，千树万树梨花开。
梨花：梨花色白如雪，此处以花形容雪。这两句写塞外雪景如画。
○唐·岑参《白雪歌送武判官归京》

40. 一川碎石大如斗，随风满地石乱走。
○唐·岑参《走马川行奉送封大夫出师西征》

41. 赤焰烧虏云，炎氛蒸塞空。
虏云：西北方天空的云。炎氛：炎热的蒸汽。塞空：边地上空。
○唐·岑参《经火山》

42. 蒸沙烁石然虏云，沸浪炎波煎汉月。
烁 shuò：熔化。然：燃烧。虏云：西北地区上空的云。这两句极力描绘沙漠地区的炎热：沙石熔化，西天的云像在燃烧；热浪滚滚，初升的新月也像被热浪煎煮。
○唐·岑参《热海行送崔侍御还京》

43. 虏地山川壮，单于鼓角雄。关寒塞榆落，月白胡天风。
虏地：边塞之地。单 chán 于：匈奴首领的称号，此借指边地少数民族。塞 sài 榆：塞外的榆树。胡天：北方的天空。
○唐·李益《送柳判官赴振武》

44. 大漠沙如雪，燕山月似钩。
○唐·李贺《马诗二十三首》

45. 塞鸿先秋去，边草入夏生。
塞鸿：即鸿雁。雁于天暖时出塞，天寒时入塞，故称塞鸿。先秋：早于秋天。意谓鸿雁不到秋天就飞走了，边地的草入夏以后才发芽。
○唐·段成式《酉阳杂俎》引唐朱景玄句

46. 塞下秋来风景异，衡阳雁去无留意。
塞下：塞外，泛指北边地区。衡阳雁去：衡阳（在今湖南）有回雁峰，相传雁至此峰便不再南飞。此句说雁儿向衡阳飞去，毫不留恋北方。
○宋·范仲淹《渔家傲》

47. 爱朔云边雪，一声寒角；平沙细草，几点飞鸿。
朔云：边塞之云。寒角：寒风中的号角声。飞鸿：大雁。
○元·许有壬《沁园春》

（七）水景

1. 春江水暖鸭先知。
○宋·苏轼《惠崇春江晚景》

2. 菰叶蘋花飞白鸟，一张红锦夕阳斜。
菰：菰菜，水生植物。白鸟：指鸥鸟。
○宋·黄庭坚《和李才甫先辈快阁五首》

3. 野旷天低树，江清月近人。
○唐·孟浩然《宿建德江》

4. 垂钓绿湾春，春深杏花乱。潭清疑水浅，荷动知鱼散。
○唐·储光羲《钓鱼湾》

5. 白露横江，水光接天。
○宋·苏轼《前赤壁赋》

6. 烟销日出不见人，欸乃一声山水绿。回看天际下中流，岩上无心云相逐。
○唐·柳宗元《渔翁》

7. 清风徐来，水波不兴。

○宋・苏轼《前赤壁赋》

8. 山高月小，水落石出。

○宋・苏轼《后赤壁赋》

9. 登高壮观天地间，大江茫茫去不还。

大江：指长江。

○唐・李白《庐山谣寄卢侍御虚舟》

10. 君不见黄河之水天上来，奔流到海不复回。

○唐・李白《将进酒》

11. 黄河西来决昆仑，咆哮万里触龙门。

决：冲开。

○唐・李白《公无渡河》

12. 浙江八月何如此，涛似连山喷雪来。

浙江八月：浙江即钱塘江，每年八月潮水凶猛。何如此：比起此处来如何？

○唐・李白《横江词六首》

13. 淡扫明湖开玉镜，丹青画出是君山。

玉镜：洞庭湖面洁净得像明镜一样。君山：在岳阳西面洞庭湖内。

○唐・李白《陪族叔刑部侍郎晔及中书贾舍人至游洞庭》

14. 明湖映天光，彻底见秋色。

彻底：水色清澈透底。

○唐・李白《秋登巴陵望洞庭》

15. 洞庭秋月生湖心，层波万顷如镕金。

○唐・刘禹锡《洞庭秋月行》

16. 江汉朝宗于海。

江汉：长江和汉水。朝 cháo 宗：诸侯朝见天子，此处借指百川入海。意谓长江和汉水汇合一起流入海里，犹如诸侯朝见天子。

○《尚书・禹贡》

17. 源清流洁，本盛木荣。

源：水源。流：水之下流。本：树根。木：树枝。

○汉・班固《高祖沛泗水亭碑铭》

18. 山海争水，水必归海。非海求之，其势顺也。

○北齐・刘昼《刘子・思顺》

19. 日落江湖白，潮来天地青。

两句写日落之后水面白茫茫的一片；潮水涌来，天水相连，一片青碧色。

○唐・王维《送邢桂州》

20. 乱流争迅湍，喷薄如雷风。

湍 tuān：水势急。喷薄：气势壮盛，喷涌而出的样子。

○唐・岑参《冬夜守仙游寺南凉堂呈谦道人》

21. 池色净天碧，水凉雨凄凄。

○唐・岑参《虢州郡斋南池幽兴因与阎二侍御道别》

22. 凿破苍苔地，偷他一片天。白云生镜里，明月落阶前。

○唐・杜牧《盆池》

23. 千里嘉陵江水色，含烟带月碧于蓝。

○唐・李商隐《望喜驿别嘉陵江水二绝》

24. 风乍起，吹皱一池春水。

○南唐・冯延巳《谒金门》

25. 天壤之间，水居其多。

壤：地。

○宋・苏轼《何公桥诗》

26. 海上涛头一线来，楼前指顾雪成堆。

指顾：指点顾盼之间，形容其快。两句写海潮来势凶猛：涛头初来时像一条白线，转眼在脚下变成雪堆一样了。

○宋・苏轼《望海楼晚景》

27. 上下天光，一碧万顷。

碧：水天一片绿色。万顷：广阔无边。

○宋・范仲淹《岳阳楼记》："春和景明，波澜不惊，～。"

28. 溪边照影行，天在清溪底。天上有行云，人在行云里。

○宋・辛弃疾《生查子・独游雨岩》

29. 小溪清水平如镜，一叶飞来细浪生。

○宋・徐玑《行秋》

30. 清泉自爱江湖去，流出红墙便不还。

○清・查慎行《玉泉山》

31. 无边天作岸，有力浪攻山。

无边：水一望无边。

○清・赵翼《渡太湖登马迹山》

32. 地到尽时天不断，人能来处鸟难过。

两句极言海之广大无边。

○清・沈受宏《渡海》

33. 乾坤浮一气，今古浸双丸。

乾坤句：大海似把天地一切融为一气。双丸句：太阳、月亮映于大海之中，似双丸浸在水内。

○清・张照《观海》

（八）生景

1. 如竹苞矣，如松茂矣。

苞 bāo：茂盛。

○《诗经・小雅・斯干》

2. 连林人不觉，独树众乃奇。

连林：树多而连接成林。独树：指青松独立。

○晋・陶渊明《饮酒二十首》

3. 松柏本孤直，难为桃李颜。

○唐・李白《古风》

4. 流而不返者，水也；不以时迁者，松柏也。

意谓水性流动，松柏坚定。

○宋・苏轼《送杭州进士诗叙》

5. 岁老根弥壮，阳骄叶更阴。

岁老：年代久长。弥：更加。阳骄：太阳暴晒。阴：枝叶繁茂。

○宋・王安石《孤桐》

6. 桑之未落，其叶沃若。

沃若：润泽的样子。

○《诗经・卫风・氓》

7. 白云抱幽石，绿筱媚清涟。

绿筱 xiǎo：嫩绿的小竹。媚：妍美动人。清涟：水清澈而有波纹。意谓白云环绕着远处隐僻的山石，绿竹在清澈的水边妩媚动人。

○南朝宋・谢灵运《过始宁墅》

8. 何可一日无此君。

此君：指竹。

○《世说新语・任诞》："王子猷尝暂寄人空宅住，便令种竹，或问暂住何烦尔？王啸咏良久，直指竹曰：'～！'"

9. 绿竹入幽径，青萝拂行衣。

○唐・李白《下终南山过斛斯山人宿置酒》

10. 一树春风千万枝，嫩于金色软于丝。

○唐・白居易《杨柳枝词》

11. 花燃山色里，柳卧水声中。

燃：形容极红。

○宋・范成大《清明日狸渡道中》

12. 橘逾淮而北为枳。

淮：淮河。逾：越过。枳 zhǐ：亦称“枸橘”，果实肉少而味酸。

○《周礼·冬官考工记》

13. 青苔石上净，细草松下软。

○唐·王维《戏赠张五弟諲三首》

14. 苔痕上阶绿，草色入帘青。

○唐·刘禹锡《陋室铭》

15. 离离原上草，一岁一枯荣。野火烧不尽，春风吹又生。

离离：茂盛的样子。

○唐·白居易《赋得古原草送别》

16. 丰草绿缛而争茂，佳木葱茏而可悦。

绿缛：繁密的绿色。葱茏：繁荣。

○宋·欧阳修《秋声赋》

17. 衰草凄凄一径通，丹枫索索满林红。

索索：风吹树叶声。

○金·董解元《西厢记》卷六

18. 桃之夭夭，灼灼其华。

夭 yāo 夭：茂盛貌。灼 zhuó 灼：鲜明的样子。

○《诗经·周南·桃夭》

19. 雨中草色绿堪染，水上桃花红欲然。

然：燃。

○唐·王维《辋川别业》

20. 颠狂柳絮随风舞，轻薄桃花逐水流。

○唐·杜甫《绝句漫兴九首》

21. 草色青青柳色黄，桃花历乱李花香。

○唐·贾至《春思二首》

22. 桃花乱落如红雨。

○唐·李贺《将进酒》：“况是青春日将暮，～。”

23. 夹岸桃花蘸水开。

蘸 zhàn 水开：桃花拂着水面带水开放。

○宋·徐俯《春游湖》

24. 流光容易把人抛，红了樱桃，绿了芭蕉。

三句写春光流逝：樱桃渐红，芭蕉转绿，形象地体现季节的推移。

○宋·蒋捷《一剪梅·舟过吴江》

25. 乱点碎红山杏发，平铺新绿水蘋生。

○唐·白居易《南湖早春》

26. 绿杨烟外晓寒轻，红杏枝头春意闹。

○宋·宋祁《玉楼春》

27. 岸苇新花白，山梨晚叶丹。

岸苇：岸边芦苇。丹：红。

○唐·郑愔《贬降至汝州广城驿》

28. 柳色黄金嫩，梨花白雪香。

○唐·李白《宫中行乐词八首》

29. 芳蹊密影成花洞，柳结浓烟花带重。

蹊：小径。花带重：花盛开而使枝条下坠。这两句写径两边鲜花盛开，交结遮掩，看上去像花洞，柳条交结沉甸甸地垂下来，一派阳春景象。

○唐·李贺《春怀引》

30. 唯有牡丹真国色，花开时节动京城。

○唐·刘禹锡《赏牡丹》

31. 天下真花独牡丹。

○宋·欧阳修《洛阳牡丹记》

32. 荷香销晚夏，菊气入新秋。

○唐·骆宾王《晚泊》

33. 荷风送香气，竹露滴清响。

○唐·孟浩然《夏日南亭怀辛大》

34. 五月榴花照眼明，枝间时见子初成。

榴花：石榴花。子：指石榴。

○唐·韩愈《榴花》

35. 不是花中偏爱菊，此花开尽更无花。

○唐·元稹《菊花》

36. 宁可枝头抱香死，何曾吹落北风中。

○宋·郑思肖《寒菊》

37. 故作小红桃杏色，尚余孤瘦雪霜姿。

孤瘦：指梅枝干枯，梅花稀疏。雪霜姿：指梅花不畏严寒傲霜斗雪的姿态。意谓迟开的红梅虽故作桃杏之色，却仍保持着孤高清瘦，傲霜斗雪的姿态。

○宋·苏轼《红梅》

38. 到处皆诗境，随时有物华。应酬都不暇，一岭是梅花。

诗境：富有诗意的地方。物华：美丽的景物。应酬：指眼睛看不过来。

○宋·张道洽《岭梅》

39. 一春花信二十四，纵有此香无此格。

花信：开花的消息，犹花期。二十四：春为繁花开放季节，故以二十四形容花多。格：格调，指梅花的高尚风格。

○宋·陆游《芳华楼赏梅》

40. 驿外断桥边，寂寞开无主，已是黄昏独自愁，更著风和雨。

驿外：客店外面。无主：无人问。

○宋·陆游《卜算子·咏梅》

41. 疏影横斜水清浅，暗香浮动月黄昏。

疏影：指稀疏的梅花影子。暗香：清幽的香气，此指梅香。

○宋·林逋《山园小梅》

42. 山花照坞复烧溪，树树枝枝尽可迷。

烧溪：红花映照在水中，使溪水显出一片火红。

○唐·钱起《山花》

43. 花须柳眼各无赖，紫蝶黄蜂俱有情。

无赖：无心。

○唐·李商隐《二月二日》

44. 浅深红白宜相间，先后仍须次第栽。我欲四时携酒去，莫教一日不花开。

次第：依次。四时：四季。

○宋·欧阳修《谢判官幽谷种花》

45. 落红不是无情物，化作春泥更护花。

落红：落花。

○清·龚自珍《己亥杂诗》

46. 凤皇于飞，翙翙其羽，亦傅于天。

于：在。翙 huì 翙：鸟飞扇翅的声音。傅：至。

○《诗经·大雅·卷阿》

47. 鹤鸣于九皋，声闻于天。

九皋：很深的水泽。

○《诗经·小雅·鹤鸣》

48. 独鹤归何晚，昏鸦已满林。

○唐·杜甫《野望》

49. 花褪残红青杏小，燕子来时，绿水人家绕。

花褪：花谢。

○宋·苏轼《蝶恋花》

50. 晓鸦无数盘旋处，绿树枝头一线红。

一线红：一抹红艳的朝霞。

○明·唐寅《晓起图》：“独立茅门懒拄筇，鬓丝凉拂豆花风。～”。

51. 竹香新雨后，莺语落花中。
○唐·张籍《晚春过崔驸马东园》

52. 两个黄鹂鸣翠柳，一行白鹭上青天。
黄鹂：黄莺。
○唐·杜甫《绝句四首》："～。窗含西岭千秋雪，门泊东吴万里船。"

53. 争渡，争渡，惊起一滩鸥鹭。
○宋·李清照《如梦令》："兴尽晚归舟，误入藕花深处。～。"

54. 无端陌上狂风起，惊起鸳鸯出浪花。
○唐·刘禹锡《浪淘沙九首》

55. 万壑树参天，千山响杜鹃。
壑 hè：山中坑谷，这里指山岭。
○唐·王维《送梓州李使君》

56. 遍青山啼红了杜鹃，荼蘼外烟丝醉软。
啼红了杜鹃：杜鹃鸟春天啼叫，红色的杜鹃花也同时开放。荼蘼 tú mí：花名，暮春时开放。烟丝：又叫晴丝，是虫类所吐的丝，春末夏初在空中飘荡。
○明·汤显祖《牡丹亭·惊梦》

57. 鸢飞戾天，鱼跃于渊。
鸢 yuān：老鹰。戾 lì：到达。
○《诗经·大雅·旱麓》

58. 人行明镜中，鸟度屏风里。
明镜：喻溪水。屏风：喻重叠的山峰。
○唐·李白《清溪行》

59. 鸟去鸟来山色里，人歌人哭水声中。
人歌人哭：人们的欢乐和悲哀。两句说人们世世代代都在这山光水色的秀美环境中居住。
○唐·杜牧《题宣州开元寺水阁，阁下宛溪，夹溪居人》

60. 鱼戏新荷动，鸟散余花落。
余花：春尽时的残花。
○南朝齐·谢朓《游东田》

61. 人疑天上坐，鱼似镜中悬。
两句写河水清澈透明。
○唐·沈佺期《钓竿篇》："朝日敛红烟，垂竿向绿川。～。"

62. 细雨鱼儿出，微风燕子斜。
○唐·杜甫《水槛遣心二首》

63. 穿花蛱蝶深深见，点水蜻蜓款款飞。
款款：徐缓的样子。
○唐·杜甫《曲江二首》

64. 小荷才露尖尖角，早有蜻蜓立上头。
○宋·杨万里《小池》

65. 暗飞萤自照，水宿鸟相呼。
暗：暗夜。两句写暗夜景象：黑暗中萤火虫飞来飞去，水中宿鸟鸣声相和。
○唐·杜甫《倦夜》

66. 天苍苍，野茫茫，风吹草低见牛羊。
○北齐民歌《敕勒歌》

67. 风驰电逝，蹑影追飞。
蹑 niè：追随。影：日影。飞：飞禽。两句写马奔极快，似追赶太阳、飞鸟。
○三国魏·嵇康《赠秀才入军十九首》

68. 软草平莎过雨新，轻沙走马路无尘。
○宋·苏轼《浣溪沙》

69. 犬吠寒烟里，鸦鸣夕照中。
○唐·刘长卿《赠西邻卢少府》

70. 犬吠水声中，桃花带雨浓。
水声：泉水声。
○唐·李白《访戴天山道士不遇》

71. 巴东三峡巫峡长，猿鸣三声泪沾裳。
巴东：郡名，在今四川省东部。三峡：长江上游的瞿塘峡、巫峡、西陵峡，两岸高山连绵，水势湍急。猿鸣句：山中林间常有高猿长啸，声音凄厉，空谷传响，哀转久绝，令人泪下。
○北魏·郦道元《水经注·江水》引渔歌

72. 风急天高猿啸哀，渚清沙白鸟飞回。
渚 zhǔ：水中小洲。
○唐·杜甫《登高》

（九）人文景

1. 池塘生春草，园柳变鸣禽。
○东晋·谢灵运《登池上楼》

2. 余霞散成绮，澄江静如练。
喧鸟覆春洲，杂英满芳甸。
绮：彩色的绸缎。练：白绢。杂英：各色各样的花。芳甸：散发着芳香气息的原野。
○南朝齐代·谢朓《晚登三山还望京邑》

3. 鱼戏新荷动，鸟散余花落。
新荷：幼嫩的荷叶。
○南朝齐代·谢朓《游东田》

4. 蝉噪林逾静，鸟鸣山更幽。
○南朝·王籍《入若耶溪》

5. 楼观沧海日，门对浙江潮。
○唐·宋之问《灵隐寺》

6. 八月湖水平，涵虚混太清。
气蒸云梦泽，波撼岳阳城。
涵：包容。虚：虚室。混：混合。太清：天空。云梦：指古代楚地的沼泽区。
○唐·孟浩然《望洞庭湖赠张丞相》

7. 人事有代谢，往来成古今。
江山留胜迹，我辈复登临。
○唐·孟浩然《与诸子登岘山》

8. 竹径通幽处，禅房花木深。
山光悦鸟性，潭影空人心。
禅房：指僧室。
○唐·常建《题破山寺后禅院》

9. 秋风吹渭水，落叶满长安。
○唐·贾岛《忆江上吴处士》

10. 山雨欲来风满楼。
○唐·许浑《咸阳城东楼》

11. 碧莲峰里住人家。
○唐·沈彬《阳朔碧莲峰》

12. 鸡声茅店月，人迹板桥霜。
槲叶满山路，枳花明驿墙。
○宋·温庭筠《商山早行》

13. 翳翳陂路静，交交园屋深。
翳翳：浓荫遮蔽的样子。陂路：池边小路。交交：小小。
○宋·王安石《半山春晚即事》

14. 春色满园关不住，一枝红杏出墙来。
○宋·叶绍翁《游园不值》

15. 碧涧流红叶，青林点白云。
○宋·林逋《宿洞霄宫》

16. 如跂斯翼，如矢斯棘，如鸟斯革，如翚斯飞。
跂 qǐ：通"企"，踮起脚尖。斯：犹"之"，的。如跂斯翼：如人竦立之状。矢：箭。棘：棱角整齐。革：借为翅膀。翚 huī：一种有彩羽的山鸡。此四句比喻新屋的各种形状。

○《诗经·小雅·斯干》

17. 西风残照，汉家陵阙。
○唐·李白《忆秦娥》

18. 蝉声集古寺，鸟影度寒塘。
○唐·杜甫《和裴迪登新津寺寄王侍郎》

19. 下窥指高鸟，俯听闻惊风。
两句极写慈恩寺塔之高：高飞的鸟和空中的风全在脚下。
○唐·岑参《与高适薛据登慈恩寺浮图》

20. 人间四月芳菲尽，山寺桃花始盛开。长恨春归无觅处，不知转入此中来。
诗写庐山顶上的大林寺内，气候景色要比平地晚两个月。
○唐·白居易《大林寺桃花》

21. 野庙向江春寂寂，古碑无字草芊芊。
芊芊：草木茂盛。
○唐·李群玉《黄陵庙》

22. 高台多悲风，朝日照北林。
朝 zhāo：早晨。
○三国魏·曹植《杂诗六首》

23. 万户楼台临渭水，五陵花柳满秦川。
五陵：指长安附近，汉朝五代帝王陵墓都建在这里。秦川：指渭水两岸的原野。
○唐·崔颢《渭城少年行》

24. 烽火城西百尺楼，黄昏独坐海风秋。
百尺楼：指烽火台。海风秋：从青海湖上吹来的风带着秋天的寒意。
○唐·王昌龄《从军行七首》

25. 每因楼上西南望，始觉人间道路长。
○唐·白居易《登西楼忆行简》

26. 花明柳暗绕天愁，上尽重城更上楼。
○唐·李商隐《夕阳楼》

27. 迢递高城百尺楼，绿杨枝外尽汀洲。
迢 tiáo 递：高峻貌。两句说登上高楼极目远望，隔着绿杨枝叶是一片水泽。
○唐·李商隐《安定城楼》

28. 我欲乘风归去，又恐琼楼玉宇，高处不胜寒。
琼楼玉宇：月中的宫殿。不胜：忍受不了。
○宋·苏轼《水调歌头》：“～。起舞弄清影，何似在人间。”

29. 雾失楼台，月迷津渡，桃源望断无寻处。
雾失楼台：楼台被浓雾遮住。月迷津渡：津渡即渡口，渡口在朦胧的月色中不甚清楚。桃源：陶渊明描写的与世隔绝的理想境界。
○宋·秦观《踏莎行·郴州旅舍》

30. 天下伤心处，劳劳送客亭。
劳劳亭：古人送行处。
○唐·李白《劳劳亭》

31. 庭院深深深几许，杨柳堆烟，帘幕无重数。
○宋·欧阳修《蝶恋花》

32. 遥夜沉沉如水，风紧驿亭深闭。
遥夜：长夜。驿亭：驿站，古代供官员外出时住宿的地方。
○宋·秦观《如梦令》

33. 谁谓河广？一苇杭之。
谓：说。河：黄河。一苇：一叶扁舟。杭：通“航”，渡河。
○《诗经·卫风·河广》

34. 舟如空里泛，人似镜中行。
空：天空。
○南朝陈·释惠标《咏水》

35. 惯是湖边住，舟轻不畏风。
○唐·储光羲《江南曲四首》

36. 巴水急如箭，巴船去若飞。
○唐·李白《巴女词》：“～。十月三千里，郎行几岁归?”

37. 人游月边去，舟在空中行。
在湖中泛舟，月光天色倒影水中，舟如行月边天上。
○唐·李白《送王屋山人魏万还王屋》

38. 两岸青山相对出，孤帆一片日边来。
○唐·李白《望天门山》

39. 山店云迎客，江村犬吠船。
山店：山村客店。
○唐·岑参《汉川山行呈成少尹》

40. 沧江东流疾，帆去如鸟翅。
○唐·岑参《万里桥》

41. 春水碧于天，画船听雨眠。
画船：饰有彩绘的游船。
○五代前蜀·韦庄《菩萨蛮》

42. 行云却在行舟下，空水澄鲜，俯仰留连，疑是湖中别有天。
○宋·欧阳修《采桑子》

43. 青山缭绕疑无路，忽见千帆隐映来。
缭绕：曲折盘旋。隐映：忽隐忽现。
○宋·王安石《江上》

44. 清渚白沙茫不辨，只应灯火是渔船。
渚 zhǔ：水中的小洲。
○宋·秦观《金山晚眺》

45. 荒桥断浦，柳荫撑出扁舟小。
荒桥：荒僻冷落的小桥。断浦：断绝不通的水滨。扁 piān 舟：小舟。
○宋·张炎《南浦·春水》

46. 车如流水马如龙，花月正春风。
○南唐·李煜《望江南》：“还似旧时游上苑，～。”

47. 周道如砥，其直如矢。
周道：大路。砥 zhǐ：磨刀石，比喻平坦。矢：箭。
○《诗经·小雅·大东》

48. 两水夹明镜，双桥落彩虹。
两水：指绕宣城而流的宛溪、句溪两水。双桥：指宛溪上的凤凰，济川两桥。
○唐·李白《秋登宣城谢朓北楼》

49. 春城三百七十桥，夹岸朱楼隔柳条。
○唐·刘禹锡《乐天寄忆旧游因作报白君以答》

50. 二十四桥明月夜，玉人何处教吹箫。
二十四桥：扬州名胜，共二十四座桥；一说是吴家砖桥。玉人：美人。教吹箫：让美人吹箫。
○唐·杜牧《寄扬州韩绰判官》

51. 二十四桥千步柳，春风十里上珠帘。
珠帘：装饰珍珠的帘幕。
○宋·韩琦《维扬好》

52. 杨柳又如丝，驿桥春雨时。
○唐·温庭筠《菩萨蛮》

53. 过桥人似鉴中行。
鉴：镜子。
○宋·张先《题西溪无相院》

54. 三径就荒，松菊犹存。
两句意谓院中小路已经荒芜，却喜松菊还在。
○晋·陶渊明《归去来兮辞》

55. 牧人驱犊返，猎马带禽归。

犊 dú：小牛。

○唐·王绩《野望》

56. 野老念牧童，倚杖候荆扉。

荆扉：柴门。

○唐·王维《渭川田家》

57. 牧童望村去，猎犬随人还。

○唐·王维《淇上田园即事》

58. 渡头余落日，墟里上孤烟。

墟里：村庄。孤烟：炊烟。

○唐·王维《辋川闲居赠裴秀才迪》

59. 鸡犬散墟落，桑榆荫远田。

○唐·王维《千塔主人》

60. 绿树村边合，青山郭外斜。

村边合：环绕在村外。郭外斜：横卧在郊外。

○唐·孟浩然《过故人庄》

61. 清江一曲抱村流，长夏江村事事幽。

幽：幽静。

○唐·杜甫《江村》

62. 桑叶隐村户，芦花映钓船。

○唐·岑参《寻巩县南李处士另业》

63. 板桥人渡泉声，茅檐日午鸡鸣。

○唐·顾况《过山农家》

64. 渔翁夜傍西岩宿，晓汲清湘燃楚竹。

汲清湘：在清澈的湘江中汲水。燃楚竹：烧竹煮饭。

○唐·柳宗元《渔翁》

65. 山上层层桃李花，云间烟火是人家。

○唐·刘禹锡《竹枝词九首》

66. 何处深春好，春深稚子家。争骑一竿竹，偷折四邻花。

○唐·刘禹锡《同乐天和微之深春二十首》

67. 村园门巷多相似，处处春风枳壳花。

○唐·雍陶《城西访友人别墅》："洋水桥西小路斜，日高犹未到君家。～。"

68. 村径绕山松叶暗，柴门临水稻花香。

○唐·许浑《晚自朝台津至韦隐居郊园》

69. 稚子就花拈蛱蝶，人家依树系秋千。

就：迫近。蛱蝶：蝴蝶。

○宋·王禹偁《寒食》

70. 杏花红处青山缺，山畔行人山下歇。

○宋·欧阳修《玉楼春》

71. 两岸荔枝红，万家烟雨中。

○宋·李师中《菩萨蛮》

72. 水曲山隈四五家，夕阳烟火隔芦花。

山隈 wēi：山转弯的地方。

○宋·徐积《渔父乐》

73. 谁家煮茧一村香，隔篱娇语络丝娘。

络丝：缫丝。娘：年轻女子。

○宋·苏轼《浣溪沙》

74. 谁家残雪，何处孤烟，向一溪桥，一茅店，一渔船。

○宋·汪莘《行香子》

75. 昼出耘田夜绩麻，村庄儿女各当家。童孙未解供耕织，也傍桑阴学种瓜。

耘田：除去田间杂草。绩麻：把麻纺成线。当家：担当农家事务。供：从事。傍 bàng：靠近。

○宋·范成大《四时田园杂兴》

76. 牧童归去横牛背，短笛无腔信口吹。

横：横卧。腔：调。

○宋·雷震《村晚》："草满池塘水满陂，山衔落日浸寒漪。～。"

77. 担子挑春虽小，白白红红都好，卖过巷东家、巷西家。

○宋·蒋捷《昭君怨·卖花人》

78. 湖边无处看山色，但爱千家带雨耕。

湖边：高邮湖边。

○清·魏源《高邮州署秋日偶题》

79. 满眼儿孙满檐日，饭香时节午鸡啼。

○清·汪泽《田家乐》

80. 郡邑浮前浦，波澜动远空。

两句描写在船上看到郡邑好像在江中浮动，天水相接，远处的天空似乎也在浮荡。

○唐·王维《汉江临泛》

81. 关城树色催寒近，御苑砧声向晚多。

关城：指潼关。御苑：宫禁里的庭苑，这里指长安。砧 zhēn 声：捣衣声，此指离情别绪。

○唐·李颀《送魏万之京》

82. 气蒸云梦泽，波撼岳阳城。

云梦泽：今湖北东南、湖南北部低洼之地，古称云梦泽。岳阳城：在洞庭湖东岸。意谓洞庭湖水气蒸腾，笼罩着云梦泽；岳阳城似乎在湖水波涛冲击下浮动。

○唐·孟浩然《临洞庭湖赠张丞相》

83. 九天开出一成都，万户千门入画图。

成都：成都在长安之南，故称南京。

○唐·李白《上皇西巡南京歌十首》

84. 白帝城中云出门，白帝城下雨翻盆。

白帝城：在今四川省奉节县东白帝山上，下临长江。

○唐·杜甫《白帝》

85. 半壕春水一城花，烟雨暗千家。

○宋·苏轼《望江南》

86. 洛阳三月花如锦，多少功夫织得成。

○宋·刘克庄《莺梭》

87. 城市尚余三伏热，秋光先到野人家。

野人：乡野农民。

○宋·陆游《秋怀》

88. 城中未省有春光，城外榆槐已半黄。

省 xǐng：知道。

○宋·唐庚《春日郊外》

89. 山光悦鸟性，潭影空人心。

○唐·常建《题破山寺后禅院》

90. 小院回廊春寂寂，浴凫飞鹭晚悠悠。

○唐·杜甫《涪城县香积寺官阁》

91. 石泉远逾响，山鸟时一喧。

○唐·柳宗元《中夜起望西园值月上》

92. 小院无人雨长苔，满庭修竹间疏槐。

○唐·杜牧《即事》

93. 鸟宿池边树，僧敲月下门。

○唐·贾岛《题李凝幽居》

94. 掬水月在手，弄花香满衣。

○唐·于良史《春山夜月》

95. 红叶醉秋色，碧溪弹夜弦。

○唐·湘驿女子《题玉泉溪》

96. 枯藤老树昏鸦，小桥流水人家，古渡西风瘦马。夕阳西下，断肠人在天涯。

○元·马致远《天净沙·秋思》

97. 换却花篱补石阑，改园更比改诗难，果能字字吟来稳，小有亭台亦难看。

○清·汪春田

98. 叶低知露密，崖断识云重。

○南朝齐·谢朓《移病还园示亲属》

二、名段

（一） 山水之象，气势相生。故尖曰峰，平曰顶，圆曰峦，相连曰岭，有穴曰岫，峻壁曰崖，崖间崖下曰岩，路通山中曰谷，不通曰峪，峪中有水曰溪，山夹水曰涧。其上峰峦虽异，其下岗岭相连，掩映林泉，依稀远近。

○五代梁·荆浩《笔法记》

（二） 远则取其势，近则取其质。

○五代梁·荆浩《山水诀》

（三） 早景则千山欲晓，雾霭微微，朦胧残月，气色昏迷。

晚景则山衔红日，帆卷江渚，路行人急，半掩柴扉。

春景则雾锁烟笼，长烟引素，水如蓝染，山色渐青。

夏景则古木蔽天，绿水无波，穿云瀑布，近水幽亭。

秋景则天如水色，簇簇幽林，雁鸿秋水，芦岛沙汀。

冬景则借地为雪，樵者负薪，渔舟倚岸，水浅沙平。

○唐·王维《山水论》

（四） 之所以爱夫山水者，其旨安在？丘园养素，所常处也；泉石啸傲，所常乐也；渔樵隐逸，所常适也；猿鹤飞鸣，所常观也。尘嚣缰锁，此人情所常厌也。烟霞仙圣，此人情所常愿而不得见也。

谓山水有可行者，有可望者，有可游者，有可居者。

真山水之川谷，远望之以取其势，近看之以取其质。真山水之云气，四时不同：春融怡，夏蓊郁，秋疏薄，冬黯淡。

真山水之烟岚，四时不同，春山淡冶而如笑，夏山苍翠而如滴，秋山明净如妆，冬山惨淡而如睡。

真山水之风雨，远望可得，而近者玩习不能究错纵起止之势。真山水之阴晴，远望可尽，而近者拘狭不能得明晦隐见之迹。

春山烟云连绵，人欣欣；夏山嘉木繁阴，人坦坦；秋山明净摇落，人肃肃；冬山昏霾翳塞，人寂寂。

山大物也，其形欲耸拔，欲偃蹇，欲轩豁，欲箕踞，欲盘礴，欲浑厚，欲雄豪，欲精神，欲严重，欲顾盼，欲朝揖，欲上有盖，欲下有乘，欲前有据，欲后有倚，欲下瞰而若临观，欲下游而若指麾，此山之大体也。

水活物也，其形欲深静，欲柔滑，欲汪洋，欲回环，欲肥腻，欲喷薄，欲激射，欲多泉，欲远流，欲瀑布插天，欲溅扑入地，欲渔钓怡怡，欲草木欣欣，欲挟烟云而秀媚，欲照溪谷而光辉，此水之活体也。

山以水为血脉，以草木为毛发，以烟云为神彩，故山得水而活，得草木而华，得烟云而秀媚。水以山为面，以亭榭为眉目，以渔钓为精神，故水得山而媚，得亭榭而明快，得渔钓而旷落，此山水之布置也。

山有三远：自山下而仰山巅，谓之高远；自山前而窥山后，谓之深远；自近山而望远山，谓之平远。

○宋·郭熙《林泉高致》

（五） 夫山有体势，画山水在得体势。山之体，石为骨，林木为衣，草为毛发，水为血脉，云烟神彩岚霭为气象，寺观村落桥梁为装饰也。

○清·唐岱《绘事发微》

（六） 夫美不自美，因人而彰。兰亭也，不遭右军，则清湍修竹，芜没于空山矣。

王羲之尝与同志宴集于会稽山阴之兰亭，自为序，有云："此地有崇山峻岭，茂林修竹，又有清流激湍，映带左右，引以为流觞曲水。"（——人与自然美）

○唐·柳宗元《邕州柳中丞作马退山茅记》。

（七） 将为穹谷嵁岩渊池于郊邑之中，则必辇山石，沟涧壑，凌绝险阻，疲极人力，乃可以有为也。然而求天作地生之状，咸无得焉。逸其人，因其地，全其天，昔之所难，今于是乎在。

将，为起句。嵁，kān山深。

○唐·柳宗元《永州韦使君新堂记》（——因地制宜）

（八） 邑之有观者，或者以为非政，是大不然。夫气烦则虑乱，视壅则志滞。君子必有游息之物，高明之具，使之清宁平夷，恒若有余，然后理达而事成。

○唐·柳宗元《零陵三亭记》（——社会作用）

（九） 游之适，大率有二：旷如也，奥如也，如斯而已。其地之凌阻峭，出幽郁，寥廓悠长，则于旷宜；抵丘垤，伏灌莽，迩遽回合，则于奥宜。

因其旷，虽增以崇台延阁，回环日星，临瞰风雨，不可病其敞也；因其奥，虽增以茂树丛石，穹若洞谷，蓊若林麓，不可病其邃也。

斯：此。垤：蚁封也。《诗》：集于灌木。灌木丛生。莽：宿草也。蓊：wěng 茂盛。

○唐·柳宗元《永州龙兴寺东丘记》(——风景分类)

(十) 古人之观于天地、山川、草木、鱼虫、鸟兽，往往有得，以其求思之深，而无不在也。夫夷以近，则游者众；险以远，则至者少。而世之奇伟瑰怪非常之观，常在于险远而人之所罕至焉，故非有志者不能至也。有志矣，不随以止也，然力不足者，亦不能至也。

○宋·王安石《游褒禅山记》

(十一) 凡人之情，其目悦，其体不适，势不能久留；天台之瀑，离寺百步；雁宕瀑旁无寺；他若匡庐，若罗浮，若青田之石门，瀑未尝不奇，而游者皆暴日中，踞危崖，不得从容以观；如倾盖交，虽欢易别。

惟粤东峡山，高不过里许，而磴级纡曲，古松张覆，骄阳不炙。过石桥，有三奇树，鼎足立，忽至半空凝结为一。凡树皆根合而枝分，独此根分而枝合，奇已！

登山大半，飞瀑雷震，从空而下。瀑旁有室，即飞泉亭也。纵横丈余，八窗明净，闭窗瀑闻，开窗瀑至。

人可坐，可卧，可箕踞，可偃仰，可放笔砚，可瀹茗置饮；以人之逸，待水之劳，取九天银河置几席间作玩。当时建此亭者，其仙乎！

天台：山名，在浙江省天台县北。匡庐：山名，一名庐山，在江西省九江县南。罗浮：山名，在广东省博罗县西北。石门：山名，在浙江省青田县西。倾盖，车子停下来，两辆车子的车盖紧挨着，稍稍有些倾斜，形容朋友路上相逢，亲切交谈的样子。峡山：一名观亭山，在广东省清远县东。奇已：这就是奇异了。箕踞：一种坐的姿势，坐时两腿伸直岔开，形似簸箕。偃仰：舒服的躺着休息。瀹茗置饮：煮茶设饮。九天银河，指瀑布水。其仙乎：大概是个仙人吧！

○清·袁枚《峡江寺飞泉亭记》

(十二) 自三峡七百里中，两岸连山，略无阙处。重岩叠嶂，隐天蔽日。自非亭午夜分，不见曦月。

至于夏水襄陵，沿溯阻绝。或王命急宣，有时朝发白帝，暮到江陵，其间千二百里，虽乘奔驭风，不以疾也。

春冬之时，则素湍绿潭，回清倒影。绝巘多生怪柏，悬泉瀑布，飞漱其间。清荣峻茂，良多趣味。

每至晴初霜旦，林寒涧肃，常有高猿长啸，属引凄异，空谷传响，哀转久绝。故渔者歌曰："巴东三峡巫峡长，猿鸣三声泪沾裳！"

略无：毫无。阙，同"缺"。隐天蔽日：把天和太阳都遮蔽了。自非：苟非，如果不是。曦月：日光和月光。襄：上。沿溯阻绝：上下的船只均为大水阻隔而不能通行。乘奔驭风：乘着快马，驾着急风。不以：不为，不算。素湍：白色的急流。绿潭：碧绿的深潭。回清：回旋着的清波。绝巘：极高极陡的山顶。漱：荡洗，冲激。清荣峻茂：水清，木荣，山高，草茂。良：真，实在。林寒涧肃：森林和山涧里现出清寒和寂静的景象。属引：相连不断。凄异：特别凄凉。哀转：悲哀婉转。巴：古郡名，辖今重庆市东部。

○北魏·郦道元《三峡》

(十三) 晋太原中，武陵人捕鱼为业。缘溪行，忘路之远近。忽逢桃花林，夹岸数百步，中无杂树，芳草鲜美，落英缤纷，渔人甚异之。复前行，欲穷其林。林尽水源，便得一山。山有小口，彷佛若有光，便舍船从口入。初极狭，才通人；复行数十步，豁然开朗。土地平旷，屋舍俨然。有良田、美池、桑、竹之属，阡陌交通，鸡犬相闻。其中往来种作，男女衣著，悉如外人；黄发垂髫，并怡然自乐。见渔人，乃大惊，问所从来；具答之。便要还家，设酒、杀鸡、作食。村中闻有此人，咸来问讯。自云：先世避秦时乱，率妻子邑人来此绝境，不复出焉；遂与外人间隔。问今是何世？乃不知有汉，无论魏、晋。此人一一为具言所闻，皆叹惋。余人各复延至其家，皆出酒食。停数日，辞去。此中人语云：不足为外人道也。

太原：应作太元，晋孝武帝年号。武陵：郡名，汉置，即今湖南常德县。落英：落花。豁然：开通也。俨然：高整貌。阡陌：田间小路也。黄发垂髫：黄发，老人之称，因其髫白转黄，故名；垂髫，年幼者之称，以其垂髫为饰也。要：约也。绝境：与人世隔绝之境也。具言：犹尽言也。叹惋：骇恨也。

○东晋·陶渊明《桃花源记》

(十四) 山川之美，古来共谈。高峰入云，清流见底。两岸石壁，五色交辉。青林翠竹，四时俱备。晓雾将歇，猿鸟乱鸣，夕日欲颓，沉鳞竞跃。实是欲界之仙都。自康乐以来，未复有能与其奇者。

谢中书：名微(《南史》作徽)，字元度，南朝梁陈郡阳夏(今河南省太康县)人。歇：消失。颓：坠，落。沉鳞，沉在水底的鱼。实是欲界之仙都：实在是人世间的仙境。康乐：指南朝宋代大诗人谢灵运。他袭封"康乐公"，因称谢康乐。未复有能与其奇者：再没有赞赏它的奇妙的人了。

○南朝·陶弘景《答谢中书书》

(十五) 永和九年，岁在癸丑。暮春之初，会于会稽山阴之兰亭，修禊事也。群贤毕至，少长咸集。此地有崇山峻岭，茂林修竹；又有清流激湍，映带左右，引以为流觞曲水。列坐其次。虽无丝竹管弦之盛，一觞一咏，亦足以畅叙幽情。是日也，天朗气清，惠风和畅，仰观宇宙之大，俯察品类之盛，所以游目骋怀，足以极视听之娱，信可乐也！

永和：晋穆帝年号。永和九年：公元354年。暮春之初：谓三月上旬之巳日。会稽：郡名，秦置，今江苏东部浙江西部皆其地。山阴：县名，秦置。兰亭：今浙江绍兴县西南二十七里有兰渚，渚有亭，即名兰亭，为王羲之与谢安孙绰等四十一人修禊之地也。修禊：三月上巳邻水洗濯以祓除不祥。激湍：急流。流觞曲水：古人修禊曲水，与会者散列两旁，投觞于水之上游，听其随波而下，止于某处，则其人取而饮之，谓之流觞。宇宙：四方上下谓之宇，往来古今谓之宙，犹言天下古今。品类：品物。游目骋怀：目光转动，开畅胸怀也。

○东晋·王羲之《兰亭集序》

(十六) 山不在高，有仙则名。水不在深，有龙则灵。斯是陋室，惟吾德馨。苔痕上阶绿，草色入廉青。谈笑有鸿儒，往来无白丁。可以调素琴，阅金经。无丝竹之乱耳，无案牍之劳形。南阳诸葛庐，西蜀子云亭。孔子云：何陋之有？

陋室：室名，其故址在今安徽和县。德馨：德之香气远闻。鸿儒：博学之士。白丁：平民。素琴：琴之朴素者。金经：佛学之经。丝竹：音乐之总称。案牍：官中文书也。劳形：谓形神劳顿。南阳诸葛庐：即三顾草庐处。子云：扬雄字，西蜀有元亭，即子云所居。

○唐·刘禹锡《陋室铭》

(十七) 时维九月，序属三秋。潦水尽而寒潭清，烟光凝而暮山紫。俨骖騑于上路，访风景于崇阿。临帝子之长洲，得仙人之旧馆。层峦耸翠，上出重霄；飞阁流丹，下临无地。鹤汀凫渚，穷岛屿之萦回；桂殿兰宫，列冈峦之体势。

披绣闼，俯雕甍。山原旷其盈视，川泽纡其骇瞩。闾阎扑地，钟鸣鼎食之家；舸舰迷津，青雀黄龙之舳。虹销雨霁，彩彻云衢。落霞与孤鹜齐飞，秋水共长天一色。渔舟唱晚，响穷彭蠡之滨，雁阵惊寒，声断衡阳之浦。

潦：路上无源之水。俨骖騑于上路：俨，犹望也；骖騑，驾车之马在两旁者；上路，即道路之上。崇阿：高峻。临帝子之长洲：帝子，谓滕王；长洲，建阁于长洲之上。仙人之旧馆：即滕王阁。上出重霄：高出于重重霄汉之上。飞阁流丹：阁之影倒映于水其丹色如在水中流。下临无地：此阁临于江上，如腾空不着地。鹤汀凫渚：汀，水际平地，有鹤聚；渚，小洲，凫宿其中。桂殿兰宫：江神祠宇，以桂为殿；以兰为宫。披绣闼：披，开也；小门曰闼。雕甍：屋栋皆雕刻。盈视：极吾之目。纡其骇瞩：纡，张目；骇瞩，足以骇人之目。闾阎扑地：闾阎，里中门；扑地，排列于地。钟鸣鼎食：古富贵者，列鼎而食，食时击钟。舸舰迷津：言船多，迷塞津口。青雀黄龙：彩画于船轴上之形。彩彻云衢：云霞光彩，透彻云端。彭蠡：鄱阳湖，多捕鱼人。衡阳：衡山之南，有回雁峰，雁不过此。

○唐·王 勃《滕王阁序》

（十八） 予观夫巴陵胜状，在洞庭一湖。衔远山，吞长江，浩浩汤汤，横无际涯；朝晖夕阴，气象万千。此则岳阳楼之大观也。前人之述备矣。然则北通巫峡，南极潇湘，迁客骚人，多会于此；览物之情，得无异乎？

若夫霪雨霏霏，连月不开，阴风怒号，浊浪排空；日星隐耀，山岳潜形；商旅不行，樯倾楫摧；薄暮冥冥，虎啸猿啼。登斯楼也，则有去国怀乡，忧谗畏讥，满目萧然，感极而悲者矣。

至若春和景明，波澜不惊，上下天光，一碧万顷；沙鸥翔集，锦鳞游泳；岸芷汀兰，郁郁青青。而或长烟一空，皓月千里，浮光跃金，静影沉璧；渔歌互答，此乐何极！登斯楼也，则有心旷神怡，宠辱皆忘，把酒临风，其喜洋洋者矣。

嗟夫！予尝求古仁人之心，或异二者之为。何哉？不以物喜，不以己悲。居庙堂之高，则忧其民；处江湖之远，则忧其君。是进亦忧，退亦忧。然则何时而乐耶？其必曰："先天下之忧而忧，后天下之乐而乐"欤！噫！微斯人，吾谁与归！

时六年九月十五日。

浩浩汤汤：水势浩大的样子。朝晖夕阴：泛指一天中气候的变化无常。大观：壮阔的景象。前人之述：指上面所说的"唐贤、今人诗赋"。备：详细。迁客，降职调往边远地区的官吏。骚人，即诗人。霪雨：久雨。霏霏：细雨飘落。开：放晴。排空：冲击天空，形容水势汹涌。隐耀：隐没了光辉。潜形：掩藏了形体。樯倾楫摧：桅杆倾倒，船桨摧折。去国：离开国都。忧谗畏讥：担心受谗言伤害，惧怕别人讥讽自己。惊：这里有起、动的意思。翔集：或飞或停。锦鳞：鱼的代称。浮光跃金：浮动的波光闪耀着金色。静影沉璧：静静的月影如白玉沉在水底。求：探求。古仁人：古代品德高尚的人。或异二者之为：或许有不同于上述两种表现的。不以物喜，不以己悲：思想感情不因为环境的好坏和个人的得失而有所改变。庙堂：指朝廷。处江湖之远：指贬谪在远处或在野不做官。进：进用。退：退隐，降职。微斯人，吾谁与归：没有这种人（指古仁人），我与谁一道呢？

○宋·范仲淹《岳阳楼记》

（十九） 环滁皆山也。其西南诸峰，林壑尤美。望之蔚然而深秀者，琅琊也。山行六七里，渐闻水声潺潺，而泻出于两峰之间者，酿泉也。峰回路转，有亭翼然，临于泉上者，醉翁亭也。作亭者谁？山之僧智仙也。名之者谁？太守自谓也。太守与客来饮于此，饮少辄醉，而年又最高，故自号曰醉翁也。醉翁之意不在酒，在乎山水之间也。山水之乐，得之心而寓之酒也。

若夫日出而林霏开，云归而岩穴暝，晦明变化者，山间之朝暮也。野芳发而幽香，佳木秀而繁阴，风霜高洁，水落而石出者，山间之四时也。朝而往，暮而归，四时之景不同，而乐亦无穷也。

滁：州名，安徽滁县。蔚然：草木盛貌。琅琊：山名，在滁州西南十里。酿泉：泉名。翼然：覆也。醉翁亭：在滁州西南七里。智仙：一作智迁，僧之名。太守：官名，文忠公自称也。林霏：林中之气也。暝：晦也。

○宋·欧阳修《醉翁亭记》

（二十） 定之方中，作于楚宫。揆之以日，作于楚室。树之榛栗，椅桐梓漆，爰伐琴瑟。

升彼虚矣，以望楚矣。望楚与堂，景山与京。降观于桑，卜云其吉，终然允臧。

定：星名，叫营室。此星认为在夏历十月可以营造宫室。楚宫：楚丘的宫。揆：度量太阳来定方向。楚室：整齐的房室。榛、栗、椅、桐、梓、漆：皆树名。虚：指漕邑为墟，即荒废了。楚与堂：楚丘与堂邑。景山与京：大山与高丘。臧：善、好。

○诗经·定之方中（赞卫文公重兴国家）

（二十一） 考槃在涧，硕人之宽。独寐寤言，永矢弗谖。

考槃在阿，硕人之薖。独寐寤歌，永矢弗过。

考槃在陆，硕人之轴。独寐寤宿，永矢弗告。

考：扣，成。槃：瓦盆，盘桓。宽：广，放松。谖：忘记。阿：山坳。薖：通窝，山坳小屋。轴：游玩不肯离开，宽舒。

○诗经·考槃（赞贤人退而穷处的乐趣）

（二十二） 溱与洧，方涣涣兮。士与女，方秉蕑兮。女曰："观乎？"士曰："既且，且往观乎？"洧之外，洵訏且乐。维士与女，伊其相谑，赠之以勺药。

涣涣：水盛貌。秉：拿着。蕑：兰草，与兰花有别。訏：大。勺药：香草名，蘼芜类，一名耳离，非今之芍药花。

○诗经·溱洧（三月上巳之日，郑国溱洧两河，男女在岸边欢乐聚会的节日气氛）

（二十三） 七月流火，八月萑苇。……四月秀葽，五月鸣蜩。八月其获，十月陨萚。一之日于貉，取彼狐狸，为公子裘。二之日其同，载缵武功。……五月斯螽动股，六月莎鸡振羽。七月在野，八月在宇，九月在户，十月蟋蟀入我床下。……六月食郁及薁，七月亨葵及菽。八月剥枣，十月获稻。……二之日凿冰冲冲，三之日纳于凌阴。四之日其蚤，献羔祭韭。九月肃霜，十月涤场。

七月流火：一年从七月开始，火星自西而下，谓之流火。萑苇：即芦苇。秀葽：不开花而结实的远志。蜩：蝉。同：会合。缵：继续。武功：即打猎。斯螽：一种鸣虫，以股鸣。莎鸡：纺织娘，一种虫。郁：郁李。薁：蘡薁，落叶藤本植物。茎的纤维可以做绳索。葵：一种蔬菜名。剥：打。凌阴：室冰。蚤：同早。肃霜：下霜。涤场：涤除场上的杂物。

○诗经·七月（叙述农人全年的劳动）

（二十四） 吉日维戊，既伯既祷。田车既好，四牡孔阜。升彼大阜，从其群丑。

吉日庚午，既差我马。兽之所同，麀鹿麌麌。漆沮之从，天子之所。

瞻彼中原，其祁孔有。儦儦俟俟，或群或友。悉率左右，以燕天子。

既张我弓，既挟我矢。发彼小豝，殪此大兕。以御宾客，且以酌醴。

戊:指初五日,为刚日。既伯既祷:伯,马祖神。祷:向神祷告。从:追逐。群丑:成群野兽。庚午:指初七日。差:选择。麀鹿:母鹿。麌麌:麀群聚貌。漆沮:漆水沮水流域。中原:原中。祁:指大兽。儦儦:奔跑状。俟俟:行走貌。群:兽三为群。友:兽二为友。豝:野猪。殪:射死。兕:野牛。醴:甜酒。

○诗经·吉日（赞宣王借打猎结合诸侯）

（二十五） 秩秩斯干，幽幽南山。如竹苞矣，如松茂矣。兄及弟矣，式相好矣，无相犹矣。

似续妣祖，筑室百堵，西南其户。爰居爰处，爰笑爰语。

约之阁阁，椓之橐橐。风雨攸除，鸟鼠攸去，君子攸芋。

如跂斯翼，如矢斯棘，如鸟斯革，如翚斯飞，君子攸跻。

殖殖其庭，有觉其楹。哙哙其正，哕哕其冥，君子攸宁。

秩秩：有秩序。干：溪涧。南山：终南山，在西安市南。苞：丛生繁密。犹：通尤，过失。似续：通嗣续，继承。约：束。阁阁：犹历历，一块块板上下连接。椓：夯打。橐橐：用杵击土声。攸：语助。芋：通宇，居。跂：企，颠起脚后跟站着。翼：如鸟张翼。棘：急。革：变。翚：野鸡毛羽五彩称翚。跻：登，升上。殖殖：平正。觉：高大。楹：通楹，柱子。哙哙：宽明貌。正：昼也。哕哕：光明貌。冥：夜。

○诗经·斯干（说周宣王重造宫室祷告屋神）

（二十六） 周原膴膴，堇荼如饴。爰始爰谋，爰契我龟，曰止曰时，筑室于兹。

乃慰乃止，乃左乃右，乃疆乃理，乃宣乃亩。自西徂东，周爰执事。

乃召司空，乃召司徒，俾立室家。其绳

则直，缩版以载，作庙翼翼。

捄之陾陾，度之薨薨，筑之登登，削屡冯冯。百堵皆兴，鼛鼓弗胜。

乃立皋门，皋门有伉。乃立应门，应门将将。乃立冢土，戎丑攸行。

肆不殄厥愠，亦不陨厥问。柞棫拔矣，行道兑矣。混夷駾矣，维其喙矣！

膴膴：肥美。堇：堇葵。荼：苦菜。饴：用淀粉制成的糖。始：始谋。契龟：古人卜吉凶，用火烧龟壳求裂纹。止：定居。时：到时候了。慰：慰劳。左右：分左分右。疆理：分疆界和治理。宣亩：宣告和治田亩。自西徂东：从西往东，指分阡陌道路。司空：管土地的官。司徒：管徒役的官。缩版：用绳捆木板，两面夹起来，中实土为墙。载：上下衔。捄：用器盛土。陾陾：众多。度：填土。薨薨：众多的声音。登登：指用力声。削屡：削去墙上隆高的泥土。冯冯：削土声。堵：墙，五版为堵。兴：起。鼛：大鼓。皋门：王的城门。伉：高貌。应门：王宫的正门。将将：严正。冢土：大社神坛。戎丑：戎狄丑类。肆：遂。殄：断绝。愠：怨愤。陨：废弃。问：聘问。兑：通行。混夷：西戎名。駾：逃窜。喙：困。

○诗经·绵（追述周德之兴，始自迁岐，修筑房屋宫城，民归附才成王业）

（二十七） 经始灵台，经之营之，庶民攻之，不日成之。经始勿亟，庶民子来。

王在灵囿，麀鹿攸伏；麀鹿濯濯，白鸟翯翯。王在灵沼，于牣鱼跃。

虡业维枞，贲鼓维镛。于论鼓钟，于乐辟雍。

于论鼓钟，于乐辟雍。鼍鼓逢逢。矇瞍奏公。

灵台：台名，在西安市西北。下章灵囿、灵沼同。经营：谋划营造。攻：动手兴建。亟：同急。麀：雌鹿。濯濯：肥美光滑。翯翯：羽毛白润。牣：满。虡业维枞：挂钟磬的直柱横梁上的木板，上刻着牙形。虡：直柱。业：木板。枞：牙形。贲鼓：大鼓。镛：大钟。论：通抡，敲击。辟雍：古代大学，大射行礼处，在水环绕处。鼍鼓：鳄鱼皮的鼓。矇瞍：瞎子，古以瞎子作音乐师。公：通功。

○诗经·灵台（文王立灵台，观天察气，与民同乐，惠及鸟兽虫鱼）

（二十八） 有卷者阿，飘风自南。岂弟君子，来游来歌，以矢其音。

伴奂尔游矣，优游尔休矣。岂弟君子，俾尔弥尔性，似先公酋矣。

卷：弯曲。阿：山坳。矢：陈述。伴奂：优游闲暇。俾：使。弥：终。性：寿命。似：通嗣。酋：久。

○诗经·卷阿（召康公跟随成王游玩时所做的告诫诗）

三、名篇

（一）　观沧海

东临碣石，以观沧海。
水何澹澹，山岛竦峙。
树木丛生，百草丰茂。
秋风萧瑟，洪波涌起。
日月之行，若出其中。
星汉灿烂，若出其里。
幸甚至哉，歌以咏志。

碣石：山名。竦：同“耸”。峙：挺立。星汉：银河。

○三国·曹操《观沧海》

（二）　归园田居

少无适俗韵，性本爱丘山。
误落尘网中，一去三十年。
羁鸟恋旧林，池鱼思故渊。
开荒南野际，守拙归园田。
方宅十余亩，草屋八九间。
榆柳荫后檐，桃李罗堂前。
暧暧远人村，依依墟里烟。
狗吠深巷中，鸡鸣桑树颠。
户庭无尘杂，虚室有余闲。
久在樊笼里，复得返自然。

韵：气韵，指性格。丘山：山野田园。尘网：指官场生活。拙：指质朴的本性。罗：排列。暧暧：看不清楚的样子。墟里：村落。虚室：清净的居室。樊笼：关鸟兽的笼子。

○东晋·陶渊明《归园田居》

（三）　饮酒

结庐在人境，而无车马喧。
问君何能尔，心远地自偏。
采菊东篱下，悠然见南山。
山气日夕佳，飞鸟相与还。
此中有真意，欲辨已忘言。

结庐：指作者的住所。心远：心已远离世俗社会。山气：山色。辨：辨别，辨析。

○东晋·陶渊明《饮酒》

（四）　登石门最高顶

晨策寻绝壁，夕息在山栖。
疏峰抗高馆，对岭临回溪。
长林罗户庭，积石拥基阶。
连岩觉路塞，密竹使径迷。
来人忘新术，去子惑故蹊。
活活夕流驶，噭噭夜猿啼。
沉冥岂别理，守道自不携。
心契九秋干，目玩三春荑。
居常以待终，处顺故安排。
惜无同怀客，共登青云梯。

策：拿起手杖。疏：远。抗：对峙。回：曲折。长林：高大的林木。基：墙脚。术：小路。去子：指下山的人。故蹊：指上山经过的旧路。噭（jiāo）噭：猿的叫声。沉冥：沉浸在默想之中，不携：专一。契：吻合。九秋干：指在深秋风霜下劲拔挺直的松柏。荑（tí）：草木初生的嫩芽。居常以待终：指把生死富贵看得很平淡自然，因而没有烦恼。青云：这里指山林隐居的地方。

○东晋·谢灵运《登石门最高顶》

（五）　登庐山

悬装乱水区，薄旅次山楹。
千岩盛阻积，万壑势回萦。
巃嵸高昔貌，纷纯袭前名。
洞涧窥地脉，耸树隐天经。
松磴上迷密，云窦下纵横。
阴冰实夏结，炎树信冬荣。
嘈囋晨鹍思，叫啸夜猿清。
深崖伏化迹，穹岫闷长灵。
乘此乐山性，重以《远游》情。
方跻羽人途，永与烟雾并。

悬装：携带行装。乱：横渡。薄旅：漂泊在外。次：途中止宿。楹：亭馆。盛：多。回萦（yíng）：曲折旋绕。巃嵸：高峻的样子。纷纯：盛美的样子。袭：沿，承。经：这里指方向。松磴：松林中的石级。迷密：因排列密集而分不清。云窦：云中的空隙。阴冰实夏结，炎树信冬荣：形容山间气候异常。嘈囋 zè：声音嘈杂。鹍：鹍鸟。思：悲。清：指声音凄清。穹岫：很深的山穴。长灵：指神仙。重：再增添之意。远游：《楚辞》有《远游》篇，主要写作者（屈原）遭受谗毁，不容于世，因此放情山水神游仙境的经历。跻：登。羽人：仙人。

○南朝·鲍照《登庐山》

（六）　春江花月夜

春江潮水连海平，海上明月共潮生。
滟滟随波千万里，何处春江无月明。
江流宛转绕芳甸，月照花林皆似霰。
空里流霜不觉飞，汀上白沙看不见。
江天一色无纤尘，皎皎空中孤月轮。
江畔何人初见月？江月何年初照人？
人生代代无穷已，江月年年望相似。
不知江月待何人，但见长江送流水。
白云一片去悠悠，青枫浦上不胜愁。
谁家今夜扁舟子？何处相思明月楼？
可怜楼上月徘徊，应照离人妆镜台。
玉户帘中卷不去，捣衣砧上拂还来。
此时相望不相闻，愿逐月华流照君。
鸿雁长飞光不度，鱼龙潜跃水成文。
昨夜闲潭梦落花，可怜春半不还家。
江水流春去欲尽，江潭落月复西斜。
斜月沉沉藏海雾，碣石潇湘无限路。

不知乘月几人归，落月摇情满江树。

共：一起。升：升起。滟滟：水面上波光动荡闪烁的样子。芳甸：气息芬芳的草野。霰：雪珠。汀：水中小洲。青风浦：地名，这里泛指遥远的水边。扁舟子：指飘荡于江湖扁舟上的游子。捣衣砧：捶打衣服的石板。君：游子。光不度：飞不出月光。文：波纹。闲潭：幽静的水潭。流春：流去的春光。碣石：地名。潇湘：二水名。

○唐・张若虚《春江花月夜》

(七)　登鹳雀楼

白日依山尽，
黄河入海流。
欲穷千里目，
更上一层楼。

鹳雀楼：在山西永济县黄河边。

○唐・王之涣《登鹳雀楼》

(八)　山居秋暝

空山新雨后，天气晚来秋。
明月松间照，清泉石上流。
竹喧归浣女，莲动下渔舟。
随意春芳歇，王孙自可留。

山居：指作者在终南山下的辋川别墅。暝：指夜晚。下：解缆下水。随意：任凭。歇：指春花凋谢。王孙：指像作者一样的隐士。

○唐・王维《山居秋暝》

(九)　鹿柴

空山不见人，但闻人语响。
返景入深林，复照青苔上。

鹿柴：即离栅。返景：指夕阳回照。

○唐・王维《鹿柴》

(十)　竹里馆

独坐幽篁里，弹琴复长啸。
深林人不知，明月来相照。

竹里馆：作者辋川别墅的胜境之一。幽篁：幽深的竹林。

○唐・王维《竹里馆》

(十一)　早发白帝城

朝辞白帝彩云间，千里江陵一日还。
两岸猿声啼不住，轻舟已过万重山。

发：起程。辞：离开。

○唐・李白《早发白帝城》

(十二)　黄鹤楼送孟浩然之广陵

故人西辞黄鹤楼，烟花三月下扬州。
孤帆远影碧空尽，惟见长江天际流。

○唐・李白《黄鹤楼送孟浩然之广陵》

(十三)　独坐敬亭山

众鸟高飞尽，孤云独去闲。
相看两不厌，只有敬亭山。

○唐・李白《独坐敬亭山》

(十四)　望庐山瀑布

日照香炉生紫烟，遥看瀑布挂前川。
飞流直下三千尺，疑是银河落九天。

香炉：山峰名，在庐山北部。紫烟：因阳光照射而成紫色。

○唐・李白《望庐山瀑布》

(十五)　黄鹤楼

昔人已乘黄鹤去，此地空余黄鹤楼。
黄鹤一去不复还，白云千载空悠悠。
晴川历历汉阳树，芳草萋萋鹦鹉洲。
日暮乡关何处是，烟波江上使人愁。

萋萋：草色茂盛的样子。乡关：家乡。

○唐・崔颢《黄鹤楼》

(十六)　秋云岭

山色无定姿，如烟复如黛。
孤峰夕阳后，翠岭秋天外。
云起遥蔽亏，江回频向背。
不知今远近，到处犹相对。

翠岭秋天外：秋云岭在秋天更显得青翠。蔽：全部遮蔽。亏：部分遮蔽。江回频向背：因江流千回百转，所以船行时忽而与秋云岭相向，忽而与它相背。不知今远近：江流回转太多，弄不清距离秋云岭的远近。

○唐・刘长卿《秋云岭》

(十七)　望岳

岱宗夫如何？齐鲁青未了。
造化锺神秀，阴阳割昏晓。
荡胸生曾云，决眦入归鸟。
会当凌绝顶，一览众山小。

岳：指泰山。岱宗：因泰山为五岳之首，故称“岱宗”。齐鲁：古国名。山东境内。锺：凝聚，化育。阴阳：山北为阴，山南为阳。昏晓：早晚。曾：同“层”，层叠。决眦入归鸟：张大眼睛极目望去，可以把飞鸟归巢的情景尽收眼底。会当：一定要。凌：登上。

○唐・杜甫《望岳》

(十八)　绝句

两个黄鹂鸣翠柳，一行白鹭上青天 。
窗含西岭千秋雪，门泊东吴万里船。

○唐・杜甫《绝句》

(十九)　登高

风急天高猿啸哀，渚清沙白鸟飞回。
无边落木萧萧下，不尽长江滚滚来。
万里悲秋常作客，百年多病独登台。
艰难苦恨繁霜鬓，潦倒新停浊酒杯。

渚：水中小洲。落木：树木的落叶。百年：犹言“一生”。登台：本指登望乡台，此处借指登高望乡的心情。新停浊酒杯：戒酒之意。

○唐・杜甫《登高》

(二十)　枫桥夜泊

月落乌啼霜满天，江枫渔火对愁眠。
姑苏城外寒山寺，夜半钟声到客船。

枫桥：桥名。渔火：渔船上的灯火。

○唐・张继《枫桥夜泊》

(二十一)　滁州西涧

独怜幽草涧边生，上有黄鹂深树鸣。
春潮带雨晚来急，野渡无人船自横。

西涧：在滁县城西。独怜：只爱。野渡：荒野里的渡口。

○唐・韦应物《滁州西涧》

(二十二)　春山夜月

春山多胜事，赏玩夜忘归。
掬水月在手，弄花香满衣。
兴来无远近，欲去惜芳菲。
南望钟鸣处，楼台深翠微。

掬：捧取。翠微：青翠的山气。

○唐・于良使《春山夜月》

(二十三)　送桂州严大夫

苍苍森八桂，兹地在湘南。
江作青罗带，山如碧玉簪。
户多输翠羽，家自种黄柑。
远胜登仙去，飞鸾不假骖。

桂州：今桂林市。八桂：广西别称。兹地：此地，指桂林。湘南：湘江之南。江：指漓江。输：致，献。翠羽：翠鸟的羽毛，是名贵的装饰品。远胜登仙去，飞鸾不假骖：到风景优美的桂州去，远胜登仙，也用不着再去乘骑飞鸾了。

○唐・韩愈《送桂州严大夫》

(二十四)　钱塘湖春行

孤山寺北贾亭西，水面初平云脚低。
几处早莺争暖树，谁家新燕啄春泥。
乱花渐欲迷人眼，浅草才能没马蹄。
最爱东湖行不足，绿扬荫里白沙堤。

钱塘湖：指西湖。孤山：指在西湖西北部的山。贾亭：即贾公亭，唐代刺使贾全所建。渐欲：将要。白沙堤：今日之白堤。

○唐・白居易《钱塘湖春行》

(二十五)　江雪

千山鸟飞绝，万径人踪灭。
孤舟蓑笠翁，独钓寒江雪。

蓑笠翁：披着蓑衣戴着斗笠的老翁。

○唐·柳宗元《江雪》

（二十六） 南山田中行

秋野明，秋风白，塘水漻漻虫啧啧。
云根苔藓山上石，冷红泣露娇啼色。
荒畦九月稻叉牙，蛰萤低飞陇径斜。
石脉水流泉滴沙，鬼灯如漆点松花。

南山：终南山。秋风白：形容风吹着月光下的田野。漻漻：清澈的样子。冷红：指秋夜带着寒意的红花。叉牙：指从岩上渗流下来的山泉。鬼灯：指磷火。

○唐·李贺《南山田中行》

（二十七） 江南春

千里莺啼绿映红，水村山郭酒旗风。
南朝四百八十寺，多少楼台烟雨中。

南朝：指东晋亡后的宋、齐、梁、陈四个朝代。楼台：这里指寺院的建筑。

○唐·杜牧《江南春》

（二十八） 山行

远上寒山石径斜，白云生处有人家。
停车坐爱枫林晚，霜叶红于二月花。

坐：因为。

○唐·杜牧《山行》

（二十九） 乐游原

向晚意不适，驱车登古原。
夕阳无限好，只是近黄昏。

乐游原：在长安城南。向晚：傍晚。古原：指乐游原。

○唐·李商隐《乐游原》

（三十） 苑中

上苑离宫处处迷，相风高与露盘齐。
金阶铸出狻猊立，玉柱雕成翡翠啼。
外使调鹰初得按，中官过马不教嘶。
笙歌锦绣云霄里，独许词臣醉似泥。

苑：此处指皇家花园。上苑：帝王的园林。离宫：天子的行宫。相风：相风鸟，古代的候风仪。露盘：承露盘，汉武帝以铜人承露盘承接露水，以为饮之可以长生。狻猊：即狮子。外史：即五方外按使，其调弄鹰隼，供皇帝玩乐。中官：宦官。过马：皇帝乘马时使宦官牵马以进，称为“过马”。云霄里：形容歌舞楼台极高。词臣：文学侍从之臣。

○唐·韩偓《苑中》

（三十一） 泊船瓜洲

京口瓜洲一水间，锺山只隔数重山。
春风又绿江南岸，明月何时照我还？

瓜洲：今扬州市南之长江北岸。京口：今镇江市。锺山：紫金山，今南京市东北。

○宋·王安石《泊船瓜洲》

（三十二） 题西林壁

横看成岭侧成峰，远近高低各不同。
不识庐山真面目，只缘身在此山中。

西林：庐山寺名。

○宋·苏轼《题西林壁》

（三十三） 饮湖上初晴后雨

水光潋滟晴方好，山色空濛雨亦奇。
欲把西湖比西子，淡妆浓抹总相宜。

饮湖上：在湖上饮酒。潋滟：水波满溢摇荡的样子。空濛：云雾迷茫的样子。西子：指西施。

○宋·苏轼《饮湖上初晴后雨》

（三十四） 有美堂暴雨

游人脚底一声雷，满座顽云拨不开。
天外黑风吹海立，浙东飞雨过江来。
十分潋滟金樽凸，千仗敲铿羯鼓催。
唤起谪仙泉洒面，倒倾鲛室泻琼瑰。

有美堂：在今杭州市南之吴山最高处。顽云：形容云极浓厚，聚结不散。黑风：形容风势强大。十分潋滟金樽凸：形容狂涛巨浪在海中汹涌，就像酒装得过满，从杯中凸出外流一样。仗：指鼓槌。敲铿：敲打。羯鼓：鼓的一种。催：急促。谪仙：这里指李白。泉洒面：对当时巨大雨点的形象化的写法，后面的“倒鲛室”，“泻琼瑰”与之同意。

○宋·苏轼《有美堂暴雨》

（三十五） 秋山

乌臼平生老染工，错将铁皂作猩红。
小枫一夜偷天酒，却倩孤松掩醉容。

乌臼：树名。老染工：指乌臼。铁皂：褐色的颜料。天酒：仙酒。倩：借。

○宋·杨万里《秋山》

（三十六） 南海杂诗

石壁猩猩语，惊心百粤东。
四时山叶绿，五夜海霞红。
日月摇溟渤，星河浸祝融。
鹧鸪飞不断，只在荔枝丛。

百粤：指今福建、广东、广西及越南等地。五夜：即五更。溟：大海。祝融：传说中的火神，借指海霞的红色。鹧鸪：鸟名。

○清·史申义《南海杂诗》

第四章　中国风景区概览

一、风景区概览表

中国风景区汇总表①　　表 4－1－1

编号 省份 市县	风景区名称 面积（km^2） 级别（时间）	风景特征			简史　备注
		景观类型	典型景胜 （天、地、水、生、园、建、史、风等景源）	设施类型	
1.01 北京 延庆	八达岭—十三陵 其中十三陵 40 国家级（1982）	史迹型	古代军事防御工程，依山而建，盘旋于崇山峻岭之中，分布着望京楼、点将台、居庸关、天台、沟之崖等名胜古迹。十三陵反映着一部明宫史，山环水抱，每陵各居一山，分布有石牌坊、大红门、神道、碑亭、各帝王宝城宝顶陵寝	观光型	万里长城始建于秦汉，八达岭重建于明（1368 年），是现存最好的一段。明十三陵始建于 1409 年，止于 1644 年
1.02 河北 承德	避暑山庄外八庙 29.9 国家级（1982）	史迹型	坐落在峰峦起伏的山谷盆地中。由宫殿和苑景两部分组成。充分利用自然地形，集古代南北 园林艺术之精华。外八庙融合了汉、蒙、藏等民族的建筑形式，环列于山庄的东部和北部	观光型	山庄建于 1703—1792 年，外八庙建于 1713—1780 年，外八庙各庙中轴线都指向山庄，反映着蒙、藏、维等民族与中央政权的关系
1.03 河北 秦皇岛	秦皇岛北戴河 国家级（1982）	海滨型	海滩漫长曲折，沙软潮平，林木苍翠，有鸽子窝、金山嘴、老虎石、观音寺、观海亭、莲花石等景点，有万里长城的“天下第一关”——山海关，以及孟姜女庙、孟姜女坟、老龙头等名胜古迹	休假型	始于秦魏，1381 年建山海关，1898 年辟建避暑区
1.04 山西 五台	五台山 200 国家级（1982）	山岳型	以台怀镇为中心，周围屹立着东、西、南、北、中五个山峰称五台，最高峰北台海拔 3058m，是古老的花岗岩、片麻岩构成断块上升的山地。为我国四大佛教名山之首。著名的“清凉胜境”	综合型	东汉永平年间（58—75 年）始建“大孚灵鹫寺”即今“显通寺”。台外南禅寺和佛光寺建于唐代，是我国现存最早的木结构建筑。现存历代寺庙及遗迹近百处，是我国惟一兼有汉传和藏传佛教的圣地
1.05 山西 浑源	恒山 147.5 国家级（1982）	山岳型	主峰海拔 2016m，为石灰岩质断层山，山势雄伟，奇峰壁立，自古被封为北岳。有天峰岭、翠屏峰、金龙峡、姑嫂崖、飞石窟、千佛岭、悬空寺等胜景	观光型	古为道教圣地，西汉初始建寺观，悬空寺始建于北魏晚期，到明清仅主峰就有大小祠庙宫观 60 余处
1.06 辽宁 鞍山	鞍山千山 72 国家级（1982）	山岳型	为花岗岩体剥蚀低山丘陵，群山层峦起伏，山峻崖峭，最高峰仙人台海拔 708m。山上林木繁茂，有植物八百多种，珍贵的黑鹤等鸟兽近百种	综合型	隋唐已是佛道圣地，明代已有“五大禅林”，清代已有七寺、十二观、九宫、十庵，成辽东佛道名山
1.07 黑龙江 宁安	镜泊湖 1214 国家级（1982）	湖泊型	由玄武岩流壅塞牡丹江河床而成，是我国最大的山地堰塞湖。湖泊四面环山，水平如镜，有吊水楼瀑布、白石砬子、大孤山、小孤山、珍珠门等景区。还有 10 座火山口及许多熔岩洞	休假型	唐称“忽汗海”，明清称“毕尔腾湖”，20 世纪 50—60 年代始有休养设施
1.08 黑龙江 德都	五大连池 1060 国家级（1982）	其他型	十四座火山锥平地而起，五个连通的熔岩堰塞湖蜿蜒其间，称为“火山地质博物馆”。熔岩形成的丰富地貌与山、水、林融合构成特殊的景观，有温泊云雾、三池冰裂、石浪闻声、桦林沸泉等景点	休假型	1719 年和 1729 年因火山喷发熔岩堵塞白河而形成五个火山堰塞湖。最大的老黑山海拔 500 多米。20 世纪 50—60 年代始建疗养机构
1.09 江苏	太湖 3091 国家级（1982）	湖泊型	八百里太湖，有 48 岛屿、72 峰和丰富的自然文化遗产，如春秋时期阖闾城、越城遗址、隋代大运河、唐代宝带桥、宋代紫金庵、元代天池石屋、明代扬湾一条街及大量名寺名刹、古典园林等	综合型	古称震泽，商末建“勾吴”，渐成“吴中胜地”，包孕吴越。春秋时即在湖岸建宫苑群并形成最早而又著名的风景区之一。中国第三大淡水湖
1.10 江苏 南京	南京钟山 国家级（1982）	综合型	以钟山（紫金山）和玄武湖为中心。主峰海拔 448m，三峰相连形如巨龙，山、水、城浑然一体，地处北温带和亚热带之交，为南北植物引种过渡地带，植物品种丰富，林木繁茂。有明孝陵、中山陵、灵谷寺等景区	综合型	汉称钟山。南朝宋文帝时（424—454 年）修筑湖中三岛，修南北岸的上林苑、乐游苑、华林苑。513 年建开善精舍和志公塔。钟山玄武湖即成风景胜地
1.11 浙江 杭州	杭州西湖 国家级（1982）	湖泊型	南宋即出现“西湖十景”，历代妆点，使江湖、山林、洞壑、溪泉、春华秋实、夏荷冬雪自然之胜与古刹丛林及造园家的雕凿融为一体，正如苏东坡诗句“水光潋滟晴方好，山色空蒙雨亦奇……”	综合型	326 年（东晋）建灵隐寺，晋葛洪结庐葛岭修炼，隋筑杭州城，因湖在城西名西湖。819 年（唐）建虎跑寺。唐宋修白堤苏堤。西湖名扬天下

① 本表统计时间截止于 2003 年 12 月。

续表

编号 省份 市县	风景区名称 面积（km²） 级别（时间）	风景特征 景观类型	典型景胜 （天、地、水、生、园、建、史、风等景源）	设施类型	简史 备注
1.12 浙江 杭州	两江一湖 1123（+1418） 国家级（1982）	江河型	下起富阳，上至淳安。两岸山色清翠，江水清碧，上有千岛湖，沿江有鹳山、桐君山、瑶琳洞、赋溪、姥山、龙山等景区，还有严子陵钓台、方腊湖、灵栖洞等名山	综合型	含富春江、新安江、千岛湖。东汉高士严子陵垂钓处自晋以后即传于世，宋范仲淹特修建严子陵祠。1958年修新安江水库形成闻名于世的“千岛湖”
1.13 浙江 乐清	雁荡山 150 国家级（1982）	山岳型	因构成山体的流纹岩断裂发育，经风化作用形成奇特地貌景观。奇峰怪石，古洞石室，层峦叠嶂，飞瀑流泉，蔚为壮观。主峰百岗尖海拔1150m。灵峰、灵岩、大龙湫为全山风景中心	观光型	谢灵运作永嘉太守时（422年）游筋竹涧，唐初在山上建寺院，宋时有18古刹、16亭、10院之盛
1.14 浙江 普陀	普陀山 13.2 国家级（1982）	海滨型	四面环海，群岛罗列，碧海蓝天，风景奇特，素有“海天佛国”之称。岛上有千步沙、百步沙海滩以及潮音洞、梵音洞、南天门、西天门等景点二十多处	综合型	春秋越王勾践命名“角东”，汉梅福来此炼丹，唐以前称梅岑山，唐得“普陀洛迦”之名，宋赐“圆通宝殿”匾额，鼎盛在清末，有3大寺、88庵、128茅篷、僧尼万余人
1.15 安徽 太平四县	黄山 154 国家级（1982）	山岳型	为峰林状花岗岩高山，山体雄伟奇特，万姿千态，主峰莲花峰海拔1840m，奇松、怪石、云海、温泉称“四绝”。主要景区有北海、西海、天都峰、玉屏楼、云谷寺等	综合型	秦代称“黟山”，唐天宝六年（747年）改称黄山，宋以黄山景物入画，明末清初诞生黄山画派，明徐霞客称“黄山归来不看岳”
1.16 安徽 青阳	九华山 120 国家级（1982）	山岳型	是花岗岩体构成的山岳，山势雄伟高拔，主峰十王峰海拔1341m，是我国四大佛教名山之一，以化城寺为中心的古建筑群，称“佛国仙城”，苍松、翠竹、岩洞、怪石、飞瀑等也别有情趣	综合型	汉窦伯玉、晋葛洪、唐赵知微等建造道观宫舍。东晋佛教进山，唐朝器重、明清鼎盛佛寺三百多。明王阳明、唐李白使本山有道学诗仙之光
1.17 安徽 潜山	天柱山 82.5 国家级（1982）	山岳型	花岗岩体构成的山岳，主峰海拔为1490m，壮丽峻秀，多瀑布、清泉，林木茂密，海拔千米以上多黄山松，千姿百态，现存三祖寺等寺庙和历代文人留下的摩崖石刻二百多处	观光型	最早见于《史记》，古称霍山、潜山，汉武帝曾封其为南岳（106年），隋改衡山为南岳。唐宋时，佛道两教兴盛
1.18 福建 崇安	武夷山 70 国家级（1982）	山岳型	以“丹霞地貌”为特征，以盘流山中的九曲溪为中心，沿溪森列三十六峰，碧水丹山，奇险秀丽。大王峰、玉女峰、天游峰、接笋峰、小桃源、水帘洞、流香洞、一线天各有其胜	综合型	新石器时代古越人在绝壁上留下了“架壑船”、“虹桥板”等古物（公元前3800—公元前3400年以前）。有古汉城遗址。唐（994年）建会仙观，宋扩建1095年改名为冲佑观。宋朱熹创办紫阳书院，呈鼎盛时期
1.19 江西 九江	庐山 302 国家级（1982）	山岳型	以平地拔起的地垒式断块山为主体的山岳，主峰大汉阳峰海拔1474m，五老峰东的三叠泉落差120m。有仙人洞、三宝树、龙首岩、含鄱口、晋代东林寺、宋代的观音桥和白鹿洞书院等景观	综合型	公元前126年司马迁写“余南登庐山，观禹疏九州。”三国东吴时（244年），建金轮峰上舍利铁塔。东晋山麓寺观大增，唐宋鼎盛，明（1411年）公布禁山界址。1927年牯岭最盛。1954年南北公路上山
1.20 江西 井冈山	井冈山 213.5 国家级（1982）	山岳型	属南岭北支罗霄山脉中段，为中国革命第一个农村根据地。以石灰岩、砂页岩为主，亦有花岗岩出露，山高谷深，林木茂密，山泉飞瀑，溪流澄碧，还有大型溶洞和许多珍稀动、植物	综合型	1927年建中国工农红军的根据地
1.21 山东 泰安	泰山 252 国家级（1982）	山岳型	是古老的片麻岩构成的断块山地，主峰海拔1545m，为五岳之首，有岱庙、普照寺、碧霞祠、经石峪刻石、灵岩寺、玉皇顶、日观峰、月观峰、石坞松涛、鹰愁涧、龙潭瀑布等景点以及许多古树名木	综合型	“自无怀氏封泰山，禅云云，”秦皇、汉武、唐宗、宋祖直至明清，历代帝王封禅祭祀，使泰山地位尊崇无比，成为五岳之宗，同时留下丰富的文物古迹和游览设施，成为名山圣地
1.22 山东 青岛	青岛崂山 446 国家级（1982）	海滨型	我国近海道教名山，海山毗连，雄奇秀美。主峰崂顶海拔1133m，山上奇峰异石，清泉回流，可观海上云气岚光、壮丽日出等。有道家宫观、名人诗文刻石和海滨浴场等名胜古迹	综合型	越王勾践初建琅琊台，秦皇汉武登崂祀神，《齐记》云“泰山虽云高，不如东海崂。”西汉（前140年）筑三官庙，唐（904年）建三皇殿、老君堂，宋建三清、三官、三皇等殿，元道教鼎盛道众千人，明建海印寺，扩太清宫
1.23 河南 信阳	鸡公山 国家级（1982）	山岳型	花岗岩低山丘陵风景，是避暑游览地。报晓峰海拔784m，地处我国南北植物过渡带，植物繁茂，有1200多种。有云海、日出、飞瀑、流泉，有报晓峰、灵华山、青龙潭、将军石等，还有大量山庄别墅和山村民居	休假型	位于江淮分水岭，有“楚豫通衢”之称。北魏有文字记载，明清留有诗文，有关、寨、驿、寺等遗址。1903年，始建避暑山庄和别墅，有各类建筑300多幢和村街民居

续表

编号 省份 市县	风景区名称 面积（km^2） 级别（时间）	风景特征			简史　备注
		景观类型	典型景胜 （天、地、水、生、园、建、史、风等景源）	设施类型	
1.24 河南 洛阳	洛阳龙门 1527 国家级（1982）	史迹型	熊耳山之分支，到龙门突然断裂，伊水中流，形成一座天然石阙，伊水西岸山势陡峭，现有窟龛2100多个，佛像十万余尊，碑刻题记3600多块，佛塔40多座，是我国三大石窟艺术宝库之一	观光型	秦汉军事要地，488年北魏始凿窟像，至北宋长达400多年营造形成自然人文荟萃圣地。东山有香山寺创建于516年
1.25 河南 登封	嵩山 151.4 国家级（1982）	山岳型	由太室山（海拔1494m）和少室山（海拔1512m）等组成，雄峙中原，有少林寺、中岳庙、嵩阳书院、“将军柏”、嵩岳寺塔、汉代的太室、少室、启母三阙和古天文观测台等	综合型	夏商称“嵩高”，西周称“岳山”，东周定为“中岳”。秦（前221—前207年）始建太室祠，魏改为中岳庙。汉建三阙，魏（484年）建嵩阳寺后改嵩阳书院，495年创建少林寺。元建观星台
1.26 湖北 武汉	武汉东湖 88.2 国家级（1982）	湖泊型	东湖水面辽阔，港汊曲折，分为听涛、磨山、落雁、白马、吹笛、珞洪等景区。沿湖山峦起伏，以磨山最为秀丽，有楚王、屈原、刘备、关羽、李白、岳飞等历史名人的遗迹多处	观光型	1951年正式辟为风景区。元代始建洪山宝塔。相传春秋战国时楚王曾“落驾”于珞珈山，屈原被楚王流放到鄂渚。三国“刘备郊天台，在磨儿山”
1.27 湖北 丹江口	武当山 312 国家级（1982）	山岳型	有72峰、36岩、24涧、11洞、3潭、9泉等景。主峰天柱峰海拔1612m。为道教圣地之一，从古郧州城至天柱峰一线70km，分布着数十组元、明、清各代古建筑群，犹如我国古建筑成就展览	综合型	周、汉、晋、唐、宋、元、明均为著名道家修炼地。唐建五龙祠。明（1413年）用十年三十万工役，有规划地修建武当山，成为山岳风景区典范，建筑大都嵌在峰、峦、坡、坨、崖、涧之间
1.28 湖南 衡山	衡山 85 国家级（1982）	山岳型	主要由花岗岩构成，主峰祝融峰海拔1290m。现存南岳庙、祝圣寺、福严寺、南台寺等寺庙多处。历代帝王和文人墨客来此巡狩、祭祀、聚会、讲学，留有许多古迹和大批诗词、题咏、摩崖石刻	综合型	有神农、舜、禹传说与古迹。西汉直到南北朝是道家天下，287年建衡岳观及其后的众多道观。503年建方广寺，568年建藏经殿。唐宋明清留下了大量人文胜迹
1.29 广东 肇庆	肇庆星湖 261（23） 国家级（1982）	湖泊型	为石灰岩峰林型山水风景。七星岩湖面广阔，七座苍翠的山岩，排列如同北斗。鼎湖山群峰竞秀，古木参天，以丛林古刹、飞瀑流泉著称。有数千亩自然林，属南亚热带绿季雨林型	观光型	晋代星湖山水见诸记载，748年唐以“石室岩”选入名山，明代星湖更兴旺。鼎湖山多佛寺，唐开山建白云寺，明（1636年）建莲花庵，后改为庆云寺
1.30 广西 壮族	桂林漓江 2064 国家级（1982）	综合型	典型的岩溶峰林地貌，萦绕回环于数以千计的石山之中，簪山、带水、幽洞、奇石为“四绝”，烟雨、光影、植物、动物、田园、村舍、名园、古迹为“八胜”，各具特色的景区和数百个景点极富诗画情趣，素有“桂林山水甲天下”之美称	综合型	秦（前214年）开灵渠沟通湘漓，汉（前111年）置始安郡，423年颜延之咏诵独秀峰，隋（590年）昙迁题字“栖霞洞”，唐建桂林城，宋建嘉熙桥（花桥），桂林山水始盛于唐宋
1.31 四川 乐山	峨嵋山 115 国家级（1982）	山岳型	为平畴突起的断块山，主峰海拔3099m。登金顶可观云海、日出、“佛光”、“圣灯”四大奇观，从山麓到山顶分别属三个不同的气候带，乐山大佛在岷江、青衣江、大渡河三江交汇处，开凿于唐，高71m，与山、水、寺、塔共同组成胜景	综合型	峨嵋名始于西周，春秋时陆通夫妇结庐峨嵋，东汉初（25—75年）道学家史通平来峨嵋山创五行诀，汉末张道陵来山并著峨嵋山灵异记，4世纪道佛并存，9世纪建六大寺庙，称四大佛山，明清佛教一统
1.32 重庆 湖北	长江三峡 国家级（1982）	峡谷型	以长江峡谷水道为主，两岸群山笔立，崔嵬摩天，幽邃峻峭，以瞿塘雄、巫峡秀、西陵险和观三峡云雨驰名。沿江的古迹有丰都名山、忠县石宝寨、云阳张飞庙、奉节白帝城以及大量题刻	观光型	三峡之名始见于晋代，左思的《蜀都赋》有“经三峡之峥嵘”句。秦（前277年）置鱼腹县（奉节前名），汉建白帝庙与白帝城，及平都县（丰都），清建石宝寨。唐宋以后文化遗产丰富
1.33 四川 松潘、 南坪	黄龙寺—九寨沟 600+720 国家级（1982）	森林型	以高原（海拔3000m左右）碳酸盐堰塞湖泊、瀑布和植物景观为主，黄龙寺面对白雪皑皑之玉翠山。沟内彩池密布，遍地奇花异草。有成百个阶梯彩色湖泊，无数飞瀑流泉奔腾倾泻，串连其间，景色秀丽奇绝	生态型	九寨沟原名中羊峒，亦称翠海，因有九个藏族村寨而称今名。黄龙寺建于明代，分前、中、后三寺
1.34 重庆	重庆缙云山 国家级	山岳型	缙云山、北温泉的山岳江河、温泉峡谷、丛林古刹、溪流瀑布、奇葩异卉展示了巴山蜀水幽、险、雄的特色。山中植物有1700余种，合川钓鱼城是南宋抗元的古战场	生态型	423年南朝建缙云寺，1683年清重修。1242年南宋在合川构筑钓鱼城。尚存古城墙和几座城门以及护国寺、忠义祠等古迹

续表

编号 省份 市县	风景区名称 面积（km^2） 级别（时间）	风景特征 景观类型	典型景胜 （天、地、水、生、园、建、史、风等景源）	设施类型	简史　备注
1.35 四川 都江堰	青城山—都江堰 国家级（1982）	史迹型	青城山背靠岷山雪岭，面向川西平原，诸峰环绕，状若城郭，主峰大面山海拔1300m，以幽古闻名。都江堰既消除水患，还使川西平原成为“天府之国”。有都江堰、二王庙、伏龙观、斗犀台、安澜索桥、玉垒关等景点	观光型	传东汉张道陵在天师洞讲道，隋创建延庆观，唐改称常道观。晋开创上清宫。唐始建建福宫又称丈人观。前249年蜀郡守李冰率众修筑都江堰水利工程
1.36 四川 绵阳	剑门蜀道 国家级（1982）	史迹型	蜀道是从陕西汉中、宁强入川至广元、剑阁、梓潼的古栈道，绵亘数百里。有古栈道、三国古战场遗迹、武则天庙皇泽寺、唐宋石刻千佛岩、剑门关、古驿道翠云廊、七曲山大庙、李白故居等景观	观光型	古金牛道，始于春秋时期，秦灭蜀后又扩建，有三国遗迹、唐宋石刻、明植古柏以及历代胜景
1.37 贵州 镇宁 关岭	黄果树 115（425） 国家级（1982）	江河型	以黄果树大瀑布为中心，瀑布位于犀牛滩，落差74m，宽81m，瀑下为水深17m的犀牛潭，瀑布周围景色瑰丽，有许多激流险滩和瀑布群。还有石林、溶洞和布衣族、苗族村寨以及红岩碑、关索庙、天龙庙等古迹	综合型	有三国古迹和遗址，明徐霞客（1638年）来此有记载
1.38 云南 路南	路南石林 36.9 国家级（1982）	其他型	岩溶地貌的一种特有形态，怪石林立，变化无穷。形象生动奇异，流传下来许多传神的命名和神话故事。附近还有芝云洞、奇风洞、长湖、月湖、飞龙瀑等景点。当地彝族人民的歌舞、风情，增添色彩	观光型	明代已成为风景胜地，并见于记载
1.39 云南 大理	大理 1043（1022） 国家级（1982）	综合型	以苍山洱海为中心，包括剑川县石宝山和宾川县鸡足山。苍山挺拔壮丽，主峰海拔4112m。洱海为高山淡水湖，湖面海拔1966m，分布着古南诏德化碑、大理三塔和蝴蝶泉，白族民居、民俗和许多民间故事、神话传说	民俗型	汉武帝（前109年）设叶榆县。唐封南诏政权，建蛇骨塔和崇圣寺三塔（836年），建鸡足山顶塔和石宝山石窟。元设大理路，明改大理府筑大理古城。唐宋佛寺盛，明清人文遗迹多
1.40 云南 西双 版纳	西双版纳 国家级（1982）	森林型	原始森林和热带雨林风光，动植物资源繁多。勐遮有景真八角亭、勐邦水库、曼冷寺、茶王树。澜沧江一线有橄榄坝、小白塔、仙人洞、大宗河瀑布、虎跳石。以傣族为主的多民族聚居区，有独特的民俗、民居建筑和园林村落	民俗型	12世纪末13世纪初泼水节始在傣族中流传，1204年建飞龙白塔（16.29m），1701年建景真八角亭（15.42m）
1.41 陕西 华阴	华山 148.4 国家级（1982）	山岳型	花岗岩构成，平地拔起，直插云霄。最高峰落雁峰，海拔2154m。有青柯坪、千尺幢、控耳崖、苍龙岭、长空栈等景点。华山松高大参天，有西岳庙、玉泉院、仙姑观等名胜	综合型	《舜典》《史记》载“黄帝之常所游。”东周称“西岳”。汉武帝建集灵宫，东汉（165年）西岳华山庙碑载汉代祭山修庙等事。唐至宋为道教盛期。历代人文遗迹丰富
1.42 陕西 临潼	临潼骊山 316（54） 国家级（1982）	史迹型	骊山林木苍郁，最高峰海拔914m。周、秦、汉、隋、唐等王朝均在骊山建离宫，有华清池、秦始皇陵和兵马俑坑，兵马俑博物馆、鸿门宴遗址等	综合型	西周修“骊宫”，秦皇建“骊山汤”，前247—前210年修秦始皇陵。前207年有鸿门宴遗迹，唐（644年）修“汤泉宫”，后更为华清宫，进入鼎盛期
1.43 甘肃 天水	麦积山 215 国家级（1982）	史迹型	以石窟造像为主，峰峦丹崖、生物多样，分为麦积山、仙人崖、石门三个景区。石窟即开凿于悬崖峭壁上，现存石窟佛龛一百九十四个，泥塑、石雕七千二百余件，壁画一千余平方米，北朝“崖阁”八座	观光型	有秦汉墓群百余座，出土有木板上刻的地图和秦简。384—417年始开凿石窟，万佛堂开于北魏晚期，宋元重修。散花楼上七佛阁建于北周。隋（602年）修山顶舍利塔（9.4m）
1.44 新疆 阜康	天山天池 158 国家级（1982）	湖泊型	以高山湖泊为中心，天山博格达峰海拔5445m，终年积雪，冰川延绵。天池在三工河的上游，湖面海拔为1900多米。湖畔森林茂密，可分为冰川积雪带，高山亚高山带、山地针叶林带和低山带四个自然景象带	综合型	唐宋以前称“海子”，唐宋以后有瑶池、冰池、龙湫、龙潭、神池诸称，清（1783年）始称天池并传开
2.01 河北 涞水	野三坡 460 国家级（1988）	山岳型	地质年代地层出露比较齐全，分为金京坨、阳明山、佛经洞、金华山、野三坡、拒马河等景区，层次多变的群峰和深邃难测的百里峡谷最突出。有野三坡龙门峡摩崖石刻、大龙门城堡、蔡树庵长城等文物古迹	观光型	因地势差异大，分上、中、下三坡而得名，其大龙门城堡建于明代（1410年），为长城关口

续表

编号 省份 市县	风景区名称 面积（km^2） 级别（时间）	风景特征 景观类型	典型景胜 （天、地、水、生、园、建、史、风等景源）	设施类型	简史　备注
2.02 河北 井陉	苍岩山 180 国家级（1988）	山岳型	苍岩山福庆寺自然风光与人文景观浑然一体，有碧涧灵潭、桥殿飞虹、虚阁藏幽、说法危台，虎影仙迹、白鹤泉、观日峰、孤石古柏，有开佛洞石窟寺，柿庄宋、金时代墓群壁画，杨庄古长城等	观光型	有北魏至清代的千佛洞石窟寺。有始建于隋而宋（1014 年）更名的福庆寺。金（1162—1189 年）建“桥楼殿”
2.03 山西 陕西	黄河壶口 100 国家级（1988）	江河型	五百余米宽的黄河洪流收成一束，从二十余米高的断层石崖飞泻直下，倾入三十余米宽的石槽之中，听之如万马奔腾，视之如巨龙鼓浪，形成“雷首雨穴”“百丈龙槽”“彩桥通天”等奇观	观光型	有伏羲、大禹、鲁班等传说和遗址，《水经注》载孟门，挂甲山有隋、宋、金的摩崖石刻，龙王辿始于隋唐盛于明清，是南北通航和秦晋通衢的水旱要地
2.04 辽宁 丹东	鸭绿江 400 国家级（1988）	江河型	浑江口至江海分界处的大东港之间，江段全长 210km，包括水丰湖、太平湾、虎山、大桥、东港等五个景区。区内江水蜿蜒，翠岛棋布，群山叠翠，鹤鸟翱翔，还有丰富的人文景观	观光型	有 1.8 万年前丹东人洞穴遗址，汉代西安平县遗址，明万里长城东端起点遗址
2.05 辽宁 大连	金石滩 110 国家级（1988）	海滨型	由山、海、滩、礁组成。北方罕见的震旦系、寒武系地质景观，浓缩了古生代距今约 5—7 亿年的地质历史，区内有多种奇特海蚀造型地貌，蚀崖、溶沟、石牙、溶洞等	观光型	
2.06 辽宁 兴城	兴城海滨 42 国家级（1988）	海滨型	“兴城有五宝，城、泉、山、海、岛”，集明古城、温泉、首山、海滨浴场、菊花四岛于一地	综合型	1428 年明建卫治名宁远，现存兴城古城仅为内城。温泉在辽金时已有盛名。明建汤泉寺。首山三峰并立，有古烽火台。菊花岛一大三小形影相伸
2.07 辽宁	大连海滨—旅顺口 150 国家级（1988）	海滨型	大连海滨海岸长达 30 余公里，岛屿、礁石婷立，白云山庄莲花状地质构造地貌和由岩溶礁石构成的黑石礁如同“海上石林”。旅顺口是海上门户，地形雄险，有众多古迹，口外礁岛棋布，口内峰峦叠翠	游憩型	大连古称青州。旅顺为明代称谓，晋称马石津，唐称都里海口，元称狮子江，清为军港有万忠墓
2.08 吉林	松花湖 700 国家级（1988）	湖泊型	骆驼峰、北天门、五虎山、卧龙潭、石龙壁等景区，湖光山色，适合开展水上、冰上、山上多种游览、休憩活动，冬季沿江十里长堤上的冰地树桂景观，为国内罕见，有 48 种鱼类，140 种野生动物和 160 种野生经济植物	游憩型	1937 年为修丰满水电站拦江筑坝形成的人工湖
2.09 吉林 长春	“八大部” —净月潭 151 国家级（1988）	综合型	伪皇宫，宫殿分内外两庭，外庭主要有勤民楼、怀远楼、嘉乐殿；内庭主要有缉熙楼、同德殿，还有御花园、书画库、跑马场等附属建筑。净月潭为潭北山色、潭南林海、月潭水光、潭东村舍四个景区	观光型	1934—1945 年伪满时期
2.10 江苏 连云港	云台山 180 国家级（1988）	山岳型	包括花果山、孔望山、宿城、海滨四大景区，山岳地层经长期的海水侵蚀冲刷和频繁的地质变化，形成千奇百态的海浪石、海蚀洞及壮丽的石海胜景。玉女峰为江苏最高峰；云台山为《西游记》花果山的原形，孔望山有丰富的古代文化遗迹	观光型	锦屏山的将军崖有原始社会遗迹岩画。孔望山因孔子三次登临而得名，有东汉摩崖造像，明建孔望亭。云台山古称郁州山，明称现名，隋唐佛道筑塔建寺，明始建三元宫
2.11 江苏 扬州	蜀岗瘦西湖 6.35 国家级（1988）	湖泊型	由古城遗址、蜀岗名胜、瘦西湖自然风光和古典园林群等组成，有周、汉、唐、宋古城遗址，蜀岗有大明寺、平山堂、谷林堂、鉴真纪念堂。瘦西湖有曲折多变的山水园林景观	观光型	春秋战国筑邗城，汉筑广陵城，后继有唐城、周小城、宋宝佑城遗址。还有唐大明寺，宋平山堂，元始建白塔法海寺，明始建虹桥，清建五亭桥
2.22 浙江 天台	天台山 105 国家级（1988）	山岳型	属仙霞岭支脉，主峰华顶 1110m，时称山水神秀，佛道宗源，主要景点有石梁飞瀑、国清寺、赤城山、华顶、百丈峡、桐柏水库、九遮、寒山湖、始半溪等	综合型	晋在赤城建中岩寺，南北朝时建赤城塔。隋（609 年）始建国清寺，是佛教天台宗发源地，隋塔保留至今。此后时有兴衰，历代遗迹丰富
2.23 浙江 舟山	嵊泗列岛 国家级（1988）	海滨型	舟山群岛北部，数以百计岛屿构成，景观较集中的有泗礁、黄龙、枸杞、嵊山、花鸟等岛。其中泗礁岛上的基湖沙滩是理想的海浴场所。嵊泗夏季凉爽，海产品丰富，适于避暑度假	游憩型	有明清以来的摩崖石刻多处

续表

编号	风景区名称	风景特征			简史　备注
省份	面积（km^2）	景观类型	典型景胜 （天、地、水、生、园、建、史、风等景源）	设施类型	
市县	级别（时间）				
2.24 浙江 永嘉	楠溪江 145～625 国家级（1988）	江河型	分小楠溪至大若岩、古庙溪至太平岩、花坦溪至水岩、孤山溪至狮子岩、鹤成溪至石桅岩、张溪至四海山六个景区。有“百丈瀑”、“含羞瀑”、“莲花瀑”、“梯瀑”等50多处瀑布。大若岩山麓江滨村寨风貌独特，保存有宋代以来亭台楼阁、庙观祠殿牌楼等古建筑	观光型	春秋战国已见史载，汉属会稽郡，后有梅福王玄贞在大若岩传道，晋设永嘉郡，此后士族迁居建村，渐成相对独立的经济文化村落特色，唐宋明清人文史迹丰富
2.25 安徽 滁州	琅琊山 115 国家级（1988）	山岳型	包括琅琊山、城西湖、姑山湖、三古等四大景区，以茂林、幽洞、碧湖、流泉为主要景观特色。区内动植物种类繁多，乔木树种有327种。琅琊山人文景观丰富	观光型	唐大历年间（766—780年）开始开发建琅琊寺，宋欧阳修建醉翁亭和丰乐两亭，并写下名篇《醉翁亭记》，至明则蔚为大观，清（1881年）重修恢复旧观
2.26 福建 泉州	清源山 50 国家级（1988）	山岳型	分清源山、九日山、灵山圣墓和西北洋四景区，是闽中戴云山余脉，峰峦起伏，象形岩石遍布。山上水景丰富，人文景观数量多且集中，宋代老君造像是国内尚存的最大的道教石雕造像	观光型	西晋已有山麓的道教宫观，宋有北斗殿、真武阁、老君岩石刻造像，元有千手岩和弥陀岩石刻造像
2.27 福建 厦门	鼓浪屿—万石山 230 国家级（1988）	综合型	称“海上花园”。鼓浪屿大海周转，被大陆、半岛、列岛所环抱，岛上岗峦起伏，露天岩石多呈球块状，日光岩、英雄山等巨石堆垒，万石山景区，巨大孤石万千散布，奇岩怪石构成独特地质景观。有热带、亚热带观赏树木四千余种	综合型	始溯唐朝，初建莲花庵，庵旁有明人题刻“鼓浪洞天”，为厦门八景之一。明后遗迹较多，如郑成功“水操台”及众多题刻。近代快速发展
2.28 福建 福鼎	太姥山 60 国家级（1988）	山岳型	峰峦交错，裸露的花岗岩形成峡谷、峭壁、深渊等景观，有传说的造型景石360余处。珍珠泉、七龙泉、九曲泉、兰溪、九鲁溪及溪口、龙庭、赤鲤三大瀑布等，泉、溪、瀑布颇富特色	观光型	人称“海上仙都”，尧时名太母山，汉武帝时东方朔题为“天下第一山”，并改名为太姥山
2.29 江西 玉山 德兴	三清山 220 国家级（1988）	山岳型	包括西华台、三清宫、玉京峰、三洞口、梯云岭、玉灵观、石鼓岭七个景区，以奇峰异石、泉瀑溶洞、云海佛光、名贵动植物、第四纪冰川遗迹等。其中“巨蟒出山”、“女神峰”和“观音听琵琶”为三大奇景。植被垂直分布明显	观光型	东晋葛洪结庐炼丹始，唐为三清山道观创建阶段，明大规模重建。在三清宫周围，九天应元府、风雷塔、龙虎殿等按八卦排列，其布局、造型、规模均为道教名山所少见
2.30 江西 鹰潭	龙虎山 200 国家级（1988）	综合型	属武夷山余脉，具有典型丹霞地貌特征。奇峰竞出。有龙虎山、排衙石、张家山、尘湖山、五湖等160多处景点。贯通景区的芦溪水，可泛舟赏景，亦可徒步游赏。人文景观丰富	综合型	东汉顺帝时张道陵炼丹，前后六十三代张天师在此居住，正一道的发源地。商周时代古越人悬棺墓葬，西晋怀帝（307—312年）时建天师府与上清宫。元赵孟頫游曰：“飞泉如玉帘，直下数百尺。”
2.31 山东	胶东半岛海滨 国家级（1988）	海滨型	包括陆上烟台蓬莱和威海成山头两大片区及海上长山岛、黑山岛、庙岛、刘公岛等岛屿，海湾岬角曲折多姿，地形起伏，林木繁茂，海蚀地貌。蓬莱以“海市蜃楼”驰名，长岛有“海上仙岛”之称，成山头是我国东部“天涯海角”	观光型	秦徐福寻仙，《史记·秦始皇本纪》记载“言海中有三神山，名曰蓬莱、方丈、瀛洲，仙人居之。”汉武帝时筑城始得名，宋嘉祐年间朱处约建蓬莱阁，明清先后增建扩建。蓬莱水城始建于宋，名刀鱼寨，明1376年，改建水城，称备倭城
2.32 湖北	大洪山 国家级（1988）	山岳型	主峰海拔1000多米，有成片楠木等数十种名贵树木和漫山的兰蕙、杜鹃等数百种奇花异草。古树参天、峰峦叠翠。有上百个溶洞，“鄂中瑶池”、白龙池和柳门口四叠飞瀑等景点	观光型	区内有“屈家岭”新石器文化遗址、战国早期（公元前433年）“曾侯乙墓编钟”、明嘉靖帝之父墓陵等大量文物古迹
2.33 湖南	武陵源 360 国家级（1988）	山岳型	地层以红砂岩、石英砂岩为主，经长期地质变化、水溪切割、风化剥蚀，形成罕见的砂岩峰林峡谷地貌。山奇水秀，湖、潭、溪、瀑比比皆是，野生动植物资源丰富	综合型	位于湘西大庸（今张家界）、慈利、桑植三县交接地。朝天观始建于汉唐，重修于清。龙凤庵始建于明清。明代胡桂芳赞武陵百丈峡：“峡高百丈洞云深，要识桃源此处寻”，20世纪80年代初重被赞誉
2.34 湖南 岳阳	岳阳楼洞庭湖 1300 国家级（1988）	湖泊型	包括岳阳楼古城区、君山、南湖、团湖、芭蕉湖、汨罗江、铁山水库、福寿山、黄盖湖等。岳阳楼为我国江南三大名楼之一，君山为洞庭湖中最大的岛屿，有36亭、48庙、舜帝的“二妃墓”、汉武帝的“射蛟台”、屈子祠、黄盖湖三国古战场等景点	综合型	洞庭湖原为古云梦泽的一部分，后由于泥沙沉积，大部分变为陆地。岳阳楼又名“三昌古楼“，鲁肃始修，扩建、定名和声名远播始于盛唐张说。宋滕宗谅重修，范仲淹作《岳阳楼记》，几经兴废，清（1880年）再建，现为1983—1984年重修

续表

编号 省份 市县	风景区名称 面积（km^2） 级别（时间）	风景特征			简史　备注
		景观类型	典型景胜 （天、地、水、生、园、建、史、风等景源）	设施类型	
2.35 广东 南海	西樵山 14 国家级（1988）	山岳型	山体外陡内平，状若莲衣复合，大秤峰居群峰之首，九龙岩、冬菇石、燕石等峰岩形态万千。岩石节理发育，裂隙纵横，富有潜水，形成水景，有232口泉眼，28处瀑布	综合型	七八千万年前由海底火山喷发岩浆、岩块、火山灰后形成的死火山
2.36 广东 仁化 曲江	丹霞山 180 国家级（1988）	山岳型	包括丹霞山、韶石山、大石山等三个景区，红色砂砾岩层形成丹霞地貌，奇峰林立。多中亚热带常绿阔叶树林，红岩绿树，有别传寺、金鸡岭、九龙十八滩等景观	综合型	两千多万年前，湖泊由地壳上升形成，残唐五代法云隐居，原名长老寨，明李永茂开山改称“丹霞山”
2.37 广西 桂平	桂平西山 2000 国家级（1988）	山岳型	以西山为中心，包括金田村、金田营盘、浔州古城、白石洞天、大腾峡等。以“石奇、树秀、泉甘、茶香”著名。峰峦嵯，数十乃至百余立方米的巨石叠，绿荫遍地，古树参天	观光型	自南梁王朝设桂平郡治于西山起，渐成为浏览胜地。清建龙华寺
2.38 广西 宁明 龙州	花山 2800 国家级（1988）	山岳型	以古代兰州的大量山崖壁画为主要特色，集中在花山和棉江。花山高约250m，形似鹰嘴，峭壁临江，钟乳凝结，峰峦耸秀、碧水萦回、风光秀丽，有酒壶山、白鹤山、神仙板、宝剑山、紫霞洞、响水瀑等景点	观光型	最早记载于明代张穆《异闻录》，“广西太平府有高崖数里，现兵马持刀杖，或有无首者。”清末《宁明州志》也有记载
2.39 四川 甘孜	贡嘎山 10000 国家级（1988）	山岳型	海拔7500多米，主峰周围6000m以上的高峰45座，现代冰川159条。有我国最高最大的冰瀑布及冰川弧、冰川断层、冰川消融等景观。以高山湖泊、原始森林、草原、瀑布、温泉为景观特色	生态型	有南无寺、安觉寺、居里寺、贡嘎寺等文物古迹
2.40 重庆 南川	金佛山 260 国家级（1988）	山岳型	海拔2251m，巴蜀四大名山胜景之一，以原始奇特的自然山峦、林壑为特色。植物群落随地势高差呈垂直带分布，方竹、实心竹遍布。岗岭崖壁、沟涧洞石兼有，瀑、溪、泉众多。有“三泉映辉”、潮水泉和一碗水泉等	综合型	古称九递山，即“九层、九折、九峰”之意。有金佛寺、古佛洞、老龙洞、龙崖城等古迹，内有银杉自然保护区
2.41 四川 长宁 江安	蜀南竹海 120 国家级（1988）	森林型	以竹林景观为主要特色，兼有文物古迹，峰峦28座，山山皆竹，以楠竹为主，种类有30余种。有数十条飞瀑，洞穴二十余处，仙寓洞长500m，天宝洞长1500m，高20m	生态型	又名“万岭箐”，北宋黄庭坚书。明万历年间建功立业龙吟寺，清康熙时重建。清（1860—1862年）建天宝寨。1862年太平军胜于古梅岭（今红旗岭）。1935年，余洪泽牺牲于碗厂坡
2.42 贵州 织金	织金洞 450 国家级（1988）	岩洞型	分为织金古城、织金洞、裸结河峡谷、洪家渡等四大景区。三面环山，一水贯城，城内有清泉71处，庵、堂、庙、寺50余处。属高位旱溶洞，称“岩溶博物馆”。民族风情浓郁	观光型	原名打鸡洞
2.43 贵州	㵲阳河 400 国家级（1988）	江河型	分西峡、龙王峡、诸葛峡及高碑湖。峡内奇峰碧水、岩溶钟乳，景点40多处。有青龙洞、中元洞、和平村、中共镇远地下党支部旧址等景观	观光型	又名㵲水、㵲溪，是古武陵五溪之一。清（1819年）林则徐作《镇远道中》。有青龙洞明清古建筑群，明李道人化募捐修建青龙洞，清咸丰、同治年间建万寿宫等殿阁
2.44 贵州 清镇 平坝	红枫湖 57 国家级（1988）	湖泊型	湖中岛屿100多个，以岩溶地貌和湖光山色为特色，分为北湖、中湖和后湖。北湖碧波万顷，中湖水狭山奇，南湖山重水复，后湖群峰环水。将军洞长达600多米，有三个洞中湖	综合型	清嘉庆年间，陈大鹏起义。清同治年间，提督赵德光在芦荻哨被起义军击毙
2.45 贵州 安顺	龙宫 24 国家级（1988）	岩洞型	以溶洞、洞穴瀑布和旱溶洞独特的岩溶地貌为特色，并有田园山寨、山野峰峦、嶙峋石林及民族风情作衬托。地下暗河全长15km，穿越大小二十多座山，串连九十余个洞穴	综合型	1977年建水电站形成龙谭（天池），水深43m，面积百余平米。潭水穿越拱型溶洞（高50m，宽25m）喷泄而成洞内瀑布
2.46 云南	三江并流 400 国家级（1988）	江河型	分金沙江、澜沧江和怒江、独龙江三个片区。高山雪峰横亘，梅里雪山连绵数百里，云南第一高峰，太子雪山海拔6740m。有欧亚板块和印度板块碰撞的地质现象和林海雪原景观	生态型	有三江并流、雪山冰川、峡谷急流、高山草甸、高山湖泊、高山丹霞峰丛和岩溶台地等类奇观。有80万人口和14个少数民族

续表

编号 省份 市县	风景区名称 面积（km^2） 级别（时间）	风景特征			简史　备注
		景观类型	典型景胜 （天、地、水、生、园、建、史、风等景源）	设施类型	
2.47 云南 昆明	昆明滇池 300 国家级（1988）	湖泊型	陷落湖，水面海拔达1880多米，西山被誉“睡美人”，滇文化发祥地。有元代华亭、太华西佛寺建筑群、三清阁建筑群、大观楼、海埂、西园、曹溪寺、城西北管称呈贡龙潭山等	综合型	古称滇南泽，公元前279年楚国派庄硚入滇称滇王。汉武帝（前109年）设益州郡。宋始有别墅，元（1320年）重建华亭寺，后又建佛严寺、笻竹寺、三清阁。清开凿龙门（1781—1853年）
2.48 云南	丽江玉龙雪山 770 国家级（1988）	山岳型	四个景区组成，有终年积雪的雪峰13座，南端主峰扇子陡，海拔5500多米，虎跳峡高差约3900m，为世界最深峡谷。长江第一湾以山峦、奇岩、溶洞为特色。丽江古城民居独具风格	生态型	元李京、明徐霞客等写诗盛赞
2.49 西藏	雅砻河 国家级（1988）	综合型	藏民族的发祥地之一。由雪山冰川、田园牧场、河滩谷地、古老文化遗址和民风民俗构成。植物种类丰富，植被随海拔变化呈垂直带分布。人文景物有雍布拉康、桑鸢寺、昌珠寺和藏王墓群等	观光型	公元前2世纪建雍布拉康，是西藏最早的王宫，后改为黄教寺院。公元8世纪中叶始建桑耶寺
2.50 宁夏 银川	西夏王陵 国家级（1988）	史迹型	由滚钟口、西夏王陵、拜寺口和三关古长城四个景区组成，山上有“离宫”、“避暑宫”等皇家宫殿和皇家寺院。绝壁千仞，松林如海，极目东望，一派“塞上江南”景色	观光型	始建于1038年。现存帝陵9座，陪葬墓70余座，分布在南北10km，东西5km范围内，距西夏国都兴庆府约40km
3.01 天津 蓟县	盘山 106 国家级（1994）	山岳型	以五峰、八石、三盘之胜著称。主峰挂月峰864m，峰顶有唐代定光佛舍利塔，峰西麓为云罩寺，北为自来峰，南为紫盖峰，东为九华峰，西有舞剑台。三盘胜景，上盘松胜，中盘石胜，下盘水胜	观光型	原名徐无山，又名无终山和四正山，东汉末田畴率宗族隐居，207年改“田盘山”，后简称盘山。自曹魏时，唐、宋、元、明、清时大兴土木。唐建天成寺。李靖庵清康熙改万松寺。清乾隆年间极盛，扩建重修，并建静寄山庄
3.02 河北 赞皇	嶂石岩 120 国家级（1994）	山岳型	主峰黄庵垴，海拔1744m。丹霞地貌。丹崖赤壁、奇峰碧岭、清泉飞瀑、幽谷鸟鸣、古刹碑刻、凌柱成林为主要景观。自然生态保存良好，植被覆盖率达80%以上	观光型	唐代始建石佛寺，明1514年重修更名槐泉寺。明正德年间乔宇撰《游淮泉寺之记》。元代建圆通寺，俗称“乳泉寺”。明万历年间胡来朝作《嶂石岩封疆记》
3.03 山西 方山	北武当山 88 国家级（1994）	综合型	四临河沟低谷，中部群峰突出，最高峰海拔2254m，有香炉峰、天柱峰、松都峰、千叠峰等，有季节性瀑布3处，暖泉1处，泉源11处。植被覆盖率达95%，品种近百种，百余种野生动物	综合型	又名真武山，古称龙王山，唐以前已是道教圣地，山顶有玄天大殿，明两次大修（1586、1599年）登山石阶，改称现名，清数次修葺，1849年刻“武当山”
3.04 山西 永济	五老峰 300 国家级（1994）	山岳型	以五老峰、古蒲州中心，包括王官峪、云仙阁、龙头山、黄河滩岸等六个景区，海拔1993.8m，丹霞地貌，奇峰险峻，双瀑飞流，岩洞幽深。黄河滩岸有约6700hm^2林海	观光型	史称东华山，古蒲州是尧舜建都圣地，龙头山有旧石器时代的古人类遗址
3.05 辽宁 丹东	凤凰山 121 国家级（1994）	山岳型	最高峰海拔836.4m，与朝鲜妙香山隔江对应，集雄、险、幽、奇、秀于一身，誉“自然盆景”。景点集中，游览线独具特色，秀里蕴幽，险夷结合。有箭眼峰、朝阳洞、三官庙等	观光型	有战国时燕长城，东晋时前燕王慕蓉皝迁都后称龙山，建皇宫及龙翔寺，后为辽兴中府的治所，建三塔。龙城又叫“古尔板苏巴尔汗城”，即“三塔城”
3.06 辽宁 本溪	本溪水洞 42.2 国家级（1994）	岩洞型	由水洞、温泉寺、汤沟、关门山、铁刹山、庙后山等景区组成，沿太子河呈带状分布，以本溪水洞为主体，融山、水、洞、泉、湖、古人类文化遗址于一体。石灰岩充水溶洞，现开发地下暗河长三千米，洞顶和岩壁钟乳石发育较好。温泉有较高的医疗价值	观光型	大约形成于数百万年前。1983年考古发现新石器时代、青铜时期、春秋战国至秦汉时期、高句丽时期、金元时期、明清时代的遗迹
3.07 浙江 德清	莫干山 43 国家级（1994）	山岳型	主峰塔山海拔720.2m。以竹、泉、云和清、绿、凉、静著称，誉“清凉世界”，避暑胜地之一。植被覆盖率达92%，有莫干湖、碧坞龙潭、天泉山、石门卡等景点	休假型	春秋时，计然居此，计岘山（计筹山）因此得名。汉时吴王濞在此铸炼。晋时寺院众多，郭文隐居。宋时毛滂、程九万、苏东坡，明时王阳明都曾来游
3.08 浙江 奉化	雪窦山 32.6+52.4 国家级（1994）	山岳型	包括溪口镇、雪窦山、亭下湖三部分。最高峰奶部山海拔917m，有千丈岩、三隐潭瀑布、妙高台徐凫岩峭壁、相量岗林海等景观。溪口镇扼景区门户、亭下湖适宜旅游和休养	观光型	东晋建瀑布院，唐扩建为大型寺院，宋代佛寺隆盛，成为东南佛教名山，清顺治年间重建，为“天下禅宗十刹之一”

续表

编号 省份 市县	风景区名称 面积（km^2） 级别（时间）	风景特征			简史　备注
		景观类型	典型景胜 （天、地、水、生、园、建、史、风等景源）	设施类型	
3.09 浙江 金华	双龙 13.2 国家级（1994）	岩洞型	包括溶洞、鹿田、大盘三部分。北山主峰高1250m。景观有双龙、冰壶、朝真三洞。双龙洞有内外洞，冰壶洞自上而下，朝真洞内峭壁巨峡，鹿田水库岸线曲折。双龙洞为道教第三十六洞天	观光型	北山又名常山、长山，道教第三十六洞天。距今约一亿三千多万年的中生代白垩纪的山脉运动留下石灰岩水溶后形成
3.10 浙江 缙云	仙都 45 国家级（1994）	山岳型	九曲练溪，十里画廊，有鼎湖峰倪翁洞、小赤壁、姑妇岩、铁城、仙人剖瓜、马鞍等七个游览区。鼎湖峰高170.8m，历史悠久，文物古迹众多，有独峰书院	观光型	原名缙云山，749年唐玄宗赐名“仙都”。唐李阳冰书“倪翁洞”。宋建“铁城书院”现已毁。独峰书院又名仙都草堂，朱熹曾讲学。谢灵运、白居易、沈括、王十朋、袁枚、汤显祖曾登临
3.11 安徽 休宁 黟县	齐云山 110 国家级（1994）	山岳型	古称白岳，以山奇、水秀、石怪、洞幽著称。分月华街、云岩湖、楼上楼三个景区。气候温和，资源丰富，有木本植物560种及多种珍稀动物	观光型	唐（809年）创建石门寺，宋（1226年）立佑圣真武祠，明嘉靖皇帝敕建宫殿，钦赐山额，成释道繁盛之地
3.12 福建 永安	桃源洞—鳞隐石林 36.2 国家级（1994）	岩洞型	包括桃源洞、鳞隐石林两大景区，桃源洞属丹霞地貌，主要峰岩48座，100多处景点，植被覆盖率达98%。誉“世外桃源”。鳞隐石林属喀斯特地貌，奇峰如林，奇洞遍布。各种形态钟乳石300多个	观光型	桃源洞口有明代万历年间题刻。明徐霞客在游记中称誉该洞
3.13 福建 泰宁	金湖 136.8 国家级（1994）	湖泊型	福建省最大的人工湖泊。自然山水景物和人文景物连成一片，沿湖丹霞地貌，有72峰、36岩，保留部分原始植被，植物种类达102科、331种。有许多珍奇野生动物	综合型	1980年在金溪芦庵滩建大坝形成64km长的人工湖。有明天启年间兵部尚书李春烨墓和宅第
3.14 福建 屏南	鸳鸯溪 78.8 国家级（1994）	江河型	包括白水洋、宜洋、太堡楼、仙峰尖和鸳鸯湖等景区，自然风景资源丰富，景观奇特。有面积达三平方公里的岩石河床、高达百米的瀑布、跌水、山崖等奇观，具观赏和科研价值	观光型	
3.15 福建 平潭	海坛 35.5 国家级（1994）	海滨型	包括石牌洋、海坛天神、东海仙境、南寨石景、坛南湾沙滩、凤凰山沙堤沙坡六大景区，海蚀造型地貌，塑造成层次错落的地质地貌奇观，竖似天柱，横若卧佛。现代滨海度假旅游的理想场所	综合型	唐代始称“海坛岛”。石牌洋是耸立礁盘上的两座花岗岩蚀柱，高33m和19m。海坛天神体长330m，宽150m，胸高36m
3.16 福建 连城	冠豸山 123 国家级（1994）	山岳型	与武夷山被称为“北夷南冠”，丹霞地貌特征，窄谷幽深、岩墙屏风，状如莲花，形似冠豸。景物集中，有寿星峦、水门墙、照天烛等景点。以山奇、水秀、谷幽、洞迷为特色	生态型	
3.17 河南 济源 修武	王屋山—云台山 110 国家级（1994）	山岳型	道观庙宇星罗棋布。有奇峰秀岭35处，奇洞名泉26处，碧潭飞瀑8处，秀坪幽谷15处，洞天福地景观5处。分为真庆宫、万状况寺、温盘峪、子房湖、老潭沟、小寨沟、三秀峰、茱萸峰、秀谷、百家岩十个景区	综合型	大禹封过的9座名山之一。有轩辕皇帝祭天坛。西晋“竹林七贤”屡来游览。唐宋大量建置宫观，道教鼎盛，为道教9大名山之一，明清道观屡有重建与新建。“愚公移山”寓言故事的发生地，今仍有“愚公村”
3.18 湖北 襄樊	隆中 209 国家级（1994）	史迹型	由古隆中、水镜庄、承恩寺、七里山、鹤子川五个景区组成。自然环境优美，群山叠翠，溪泉常流。有纪念性建筑和景点62处，其中有多处三国时期遗址	观光型	诸葛亮逝世70年后出现纪念性建筑，晋、隋、唐、宋、元、明、清、民国历有修建。北宋有供奉塑像的建筑物。明（1540年）立碑“草庐”。明末清初建“汉诸葛武侯祠”。清（1750年）建“三顾堂”。清建躬耕亭，后毁。1984年恢复
3.19 湖北 通山	九宫山 国家级（1994）	山岳型	主峰老崖尖海拔1657m，为鄂西最高峰。峰峦叠嶂，秀谷纵横，溶洞遍山，溪流瀑布随处可见。天然溶洞27个，溪谷170多条，有原始次生林，森林覆盖率达95%，飞瀑流泉50处，有九五庙、真牧堂、石城门、闯王陵等古迹	观光型	晋建九座宫殿而得名，宋（1187年）名道张道清又建九宫观，而为道教圣地，元明几经修葺，有宋、明、清摩崖题刻
3.20 湖南 湘潭	韶山 115.3 国家级（1994）	史迹型	有韶山农民夜校——毛氏宗祠和考察农民运动旧址等。有韶峰耸翠、仙女茅庵、石屋清风、陨石成门、胭脂古井、银河渡槽等景物和许多珍贵的古树木	综合型	是南岳72峰之一。1893年12月26日毛泽东生于此地，1925年创办农民夜校，1967年修韶山铁路

续表

编号 省份 市县	风景区名称 面积（km^2） 级别（时间）	风景特征 景观类型	典型景胜 （天、地、水、生、园、建、史、风等景源）	设施类型	简史　备注
3.21 海南 三亚	三亚热带海滨 212 国家级（1994）	海滨型	包括海棠湾、牙龙湾、榆林湾、落笔洞、天涯海角、大小洞天等景区。典型热带海滨风光。浴场分布广，花岗岩体海蚀地貌，怪石嶙峋、景观奇特，有"天涯""海角"等摩崖石刻	游憩型	汉代"置儋耳、珠崖二郡。"唐代鉴真和尚曾漂流至崖州湾登陆。纺织家黄道婆在水南村居40年。古代贬谪朝臣带来了中原文化，现在崖城尚存古城门、孔庙、迎月王塔和大量石刻
3.22 四川 成都	西岭雪山 482.8 国家级（1994）	山岳型	海拔5364m的苗基岭，大雪山最具高山气候景观特色。植被覆盖率达85%，原始森林约26800hm^2，植物3000多种，动物300余种。日照金山、阴阳界奇观，有观尾瀑、五彩瀑	生态型	唐代杜甫寓居成都草堂时，见蓝天下西岭雪山留下诗句"窗含西岭千秋雪"
3.23 重庆	四面山 213.4 国家级（1994）	山岳型	以山、水、瀑为主景，气候温和，雨量充沛，丹霞地貌奇特，瀑布成群，亚热带常绿阔叶林190.6km^2，植被覆盖率达89.3%，拥有植物1500多种、动物300种，并有新石器晚期岩画等人文景观	综合型	千年以前建朝阳观，明嘉靖后重修。明建飞龙庙，三建三焚，现为民国初年建。清末名"四面山"。1927年地面陷塌变为高山湖泊形成龙潭
3.24 四川 小金	四姑娘山 450 国家级（1994）	山岳型	由四姑娘山、双桥沟、长坪沟、海子沟等景区组成，主峰海拔6250m，有山峰、原始森林、草甸、溪流、冰川瀑布，高山湖泊。有金丝猴、扭角羚、白唇鹿等珍禽异兽。民情风俗古朴	生态型	我国首批对外开放进行登山运动的九座山峰之一。居住着藏、羌、回、汉各族居民，藏族嘉戎文化源远流长
3.25 贵州 荔波	荔波樟江 426 国家级（1994）		包括小七孔—鸳鸯湖，大七孔—地峨宫、水春河—峡谷和独山草种场—神仙洞等四个景区。区内峰峦叠嶂，喀斯特地貌形成的山、水、林、湖、洞、瀑、石、峡谷融为一体，少数民族风情，独山草场风光，自然景观和人文景观丰富	生态型	有清代7孔石桥而得名小七孔
3.26 贵州 赤水	赤水 300 国家级（1994）	江河型	海拔高差15000m。丹霞地貌景观，构成山林水体景观。有红军四渡赤水、酒乡文化为主体的人文景观。被誉为"千瀑之市、楠竹之乡、桫椤王国"。有万年石伞、转石奇观等景观	生态型	有宋墓、元代石刻、明代（1610年）始建的古城墙、清代的石刻和会水寺及石碑坊
3.27 贵州 兴义	马岭河峡谷 74.6 国家级（1994）	峡谷型	具奇、幽、险、秀、壮的特点。有瀑布上百条，石灰岩悬崖壁画十万平方米。东西峰林，属喀斯特地貌。人文景观丰富，民族风情浓郁，有猫儿洞古人类遗址、万屯汉墓群以及马别布依寨、那叠红苗山寨的民族风情博物馆等	生态型	
3.28 云南 腾冲	腾冲地热火山 129.9 国家级（1994）	其他型	分布着热泉、汽泉、矿泉80余处及90多座火山锥，热海、热田景观奇特，火山群规模大，浮石、火山蛋、火山熔洞典型，被誉为"天然的地质博物馆"。种类繁多的动植物，大树杜鹃和云南山茶花闻名	综合型	我国保存最完好的新生代死火山群之一。其中打鹰山海拔2614m。和顺乡有我国较大的农村图书馆（1924年），艾思奇、寸树声的故乡
3.29 云南	瑞丽江—大盈江 659 国家级（1994）	江河型	缅寺、古塔众多，珍稀濒危动植物较多，有国家一级保护动物等43种，有濒危植物14种，保持着原始生态群落，有大叶榕树王和最早引种的三叶橡胶。傣寨田园风光，称为"天然农村公园"	民俗型	古称勐卯，意为雾城。公元前2世纪，川、滇、缅、印交通线已初成，唐代边市已成，元置麓川路，明商贾不断，清为内外商贾要道。1938年滇缅公路开通
3.30 云南 宜良	九乡 175 国家级（1994）	岩洞型	由叠虹桥、三脚洞、大沙坝、阿路龙、明月湖、万家花园、阳宗海等七个片区组成。以地下岩溶景观和高原湖泊为主体，融山水风光、民族风情为一体。溶洞多达上百座，誉为"溶洞博物馆"	综合型	
3.31 云南 建水	建水 170.5 国家级（1994）	综合型	包括古城、燕子洞地下岩溶和焕文山红河民族风情等景区。人文景观丰富，自然景观奇特，历史文化悠久，景观类型多样，被誉为"滇南邹鲁"、"文南名邦"。有元、明、清各代古建筑，汉、哈、彝各族民居	观光型	元泰定二年（1325年）建文庙，经明清扩建占地114亩，有8坊、2庑、2堂、2阁，中为正殿，有大量雕刻文物。燕子洞开发于清代乾隆年间

续表

编号 省份 市县	风景区名称 面积（km^2） 级别（时间）	风景特征			简史　备注
		景观类型	典型景胜 （天、地、水、生、园、建、史、风等景源）	设施类型	
3.32 陕西 宝鸡	宝鸡天台山 124 国家级（1994）	山岳型	由五个景区及五个独立景点组成。人文景观悠古，自然景观幽奥、翠秀为特色。海拔1998m，高差1300多米，山峦叠嶂，有乔、灌木980余种，植被覆盖率90%，为秦岭地质地貌，基岩为花岗岩和花岗片麻岩	观光型	有关神农氏（炎帝）的传说和遗迹甚多，秦、汉、隋、唐有铁庙、铁钟、宫观，宋、元、明、清为道教名山之一，有老子和孙膑的遗迹和遗址
3.33 甘肃 平凉	崆峒山 国家级（1994）	山岳型	山势雄伟，自然风景秀丽，古迹胜景众多。有马鬃山、香山胜景、五台风光、玄鹤洞、弹筝峡、月石峡、胭脂川等自然景点。有隍城建筑群、上天梯、五台寺观、鸡头山、齐家文化等人文景观	观光型	《山海经》、《史记》、《汉书》均有记载。秦皇汉武曾登山。唐代道佛始盛，唐宋建观、寺，凿登山道"上天梯"387级。明重建新建大量道观，成道教名山，清末仍有观、寺40余所
3.34 甘肃 敦煌	鸣沙山—月牙泉 200 国家级（1994）	其他型	沿鸣沙山呈带状分布，有莫高窟、雷音寺、民俗博物馆、白马塔、白云观、阳关、渥洼池等众多名胜古迹，自然景观丰富，戈壁大漠特色鲜明。属山泉地貌，沙漠奇观	观光型	亦名神沙山、沙角山，由米粒状黄色沙堆积而成
3.35 青藏 高原	青海湖 2635 国家级（1994）	湖泊型	以高原湖泊为主体，兼有草原、雪山、沙漠等景观。湖中有海心山、孤插山（三快石）、鸟岛、海西皮、沙岛五个岛屿，湖滨地貌复杂，四周山脉环绕，植物品种繁多，有候鸟及野生动物	生态型	原是古海洋，二百万年前由于造山运动形成湖泊，古称"西海"，又称"鲜水"或"鲜海"。汉代称"仙海"。北魏始称"青海"，战国时期的"秦马"，隋唐时代的骢马
4.01 北京	石花洞 66 国家级（2002）	岩洞型	分上下7层，上部5层洞穴长5000多米，暗河2万米，化学沉积物丰厚。有石幔竖琴、石钟乳、石盾、石旗、石花和月奶石莲花等。有万佛堂、娘娘塔、铁瓦寺、龙神庙文物等及唐代铸龙和石刻	观光型	有唐代石刻和遗迹。原名潜真洞，又名石佛洞，明代（1446年）命名潜真洞并摩岩刻石
4.02 重庆 武隆	芙蓉江 122.5 国家级（2002）	江河型	有芙蓉洞、芙蓉江漂流、江口长孙无忌墓、李进士故里、温泉、盘古河的苗寨风情、水帘洞、擎天石笋、跳鱼滩、一线天、百丈瀑布、红军渡等景观。洞穴沉积类型齐全，独特，芙蓉洞全长1846.8m，宽高多在30~50m	观光型	江口古镇有新石器时代、春秋时期和汉代遗迹遗物，历经隋、唐、宋、明建制变更，清改名江口镇，镇附近有唐初宰相长孙无忌墓，有清道光"李进士故里"巨型摩岩石刻
4.03 河北 平山	西柏坡—天桂山 300 国家级（2002）	史迹型	包括西柏坡革命纪念地、天桂山、驼梁山、中山国故都四个景区和温泉度假疗养中心。以红色石英砂岩形成的断崖绝壁、石峰、栈台、回音嶂谷，以及石灰岩溶洞、峰林为特征。瀑布山泉众多，植被良好	观光型	天桂山，古称"三门寨"，因山中多石灰岩奇峰异洞，自然风光具桂林山水神韵，故改现名。明末建行宫，后改"青龙观"，享有"太行武当"之誉
4.04 河北 临城	崆山白云洞 250 国家级（2002）	岩洞型	集洞、山、水、原始次生林及文物景观于一体，白云洞瑰丽奇特，有"石帷幔"、"空心吸管"、"阴阳柱"及"卷曲石"、"洞穴太湖石"。古石笋基群全国仅有。天台山是嶂石岩地貌	观光型	有唐代邢瓷窑、宋代古塔、明代角亭等
4.05 内蒙古 扎兰屯	扎兰屯 475 国家级（2002）	草原型	由秀水、断桥、柴河、大、小孤山等景区组成。秀水、断桥集山、水、林、岩于一体，柴河以山险、石怪、水秀、树茂、兽奇、鸟异而著称。大、小孤山绿草如茵、水网密布。植被覆盖率70.4%，有50多种兽类、200余种鸟类和50多种鱼类	生态型	有辽金世代文化遗存
4.06 辽宁 宽甸	青山沟 127.4 国家级（2002）	山岳型	由飞瀑涧和雅河口、外湖、内湖、树木园、虎塘沟、大冰沟、凌霄峰八个景区组成。集瀑、潭、跌、瀑间浅滩、峡湖、峭壁、四季林相变化于一体，有三伏天结冰、三九天消融的地温异常带。有神松、流花岛及30余处瀑布群	综合型	有抗联和杨靖宇遗迹
4.07 辽宁 北镇	医巫闾山 64 国家级（2002）	山岳型	寺院亭阁、碑刻石刻、陵墓、古城、古塔、石坊等古建筑，与山体、峰峦、峭石、林海、果园等自然景观浑然一体。有龙岗、大阁、玉泉寺、玉泉湖、吐云寺、千家寨、灵山寺、大芦花、龙宝峪、青岩寺、北镇庙、古城等风景区	综合型	《周礼·职方氏》载五岳五镇，闾山即五大镇山之一。辽代已有开发，有佛道活动。历代帝王均加闾山为山神。金代始建"北镇庙"于东麓，元、明、清历代重修

续表

编号 省份 市县	风景区名称 面积（km^2） 级别（时间）	风景特征 景观类型	典型景胜 （天、地、水、生、园、建、史、风等景源）	设施类型	简史　备注
4.08 吉林	仙景台 120 国家级（2002）	山岳型	长白山东北坡，有原始森林，玄武岩地貌，奇峰、奇松、奇岩、奇花众多。有口岸、哨卡、界碑，异国风情独特。有革命烈士纪念碑、烈士陵园、古渤海国国王大钦茂游览遗址、七星岩遗址	观光型	有唐代古渤海国遗迹
4.09 吉林 珲春	防川 135 国家级（2002）	江河型	有山地、丘陵、山谷和凹陷盆地、水面等地貌。河流交错。属中温带海洋性季风气候。植物98科，1098种，森林面积93km^2，森林覆盖率67%。有野生动物70余种。有望海阁、土字碑、圈河古墓群	民俗型	中俄朝三国交界处，望海阁有“一眼望三国，犬吠闻三疆”之誉
4.10 浙江 江山	江郎山 67 国家级（2002）	山岳型	有江郎山、仙霞岭、峡里湖、老虎山四个景区，150余个景点。以丹霞奇观、雄关古道为特色。山爿巨石高350m，丹霞第一奇峰。峰间弄峡295m，高350m，宽仅三四米。古道上现存关门四道	观光型	有唐末黄巢起义遗址，宋以后人文遗迹，明徐霞客三次游历
4.11 浙江 仙居	仙居 187 国家级（2002）	山岳型	5个景区，139个景点，主峰海拔1200m，方山群构成宏观地貌，为中生代流纹岩和熔结凝灰岩构成两级地貌面。方如城，顶如台，崖壁垂高100～200m，其上有洞穴。溪、潭、瀑众多。中亚热带阔叶林	观光型	有下汤文化遗址（距今6000—7000年）、宋瓷窑址及明清寺庙
4.12 浙江 诸暨	浣江—五泄 108 国家级（2002）		有五泄、西施故里、汤江岩、浣江、越山六个景区、150余处景点。五泄由五级飞瀑组成。浣江贯穿南北，一派田园风光。有西龙潭、毛龙潭、五泄禅寺、苎萝山、蠡山、浣纱石、狮子岩等景观	观光型	有公元前5—6世纪春秋战国遗迹。有佛教曹洞宗的发祥地——五泄禅寺
4.13 安徽 马鞍山	采石矶 128.5 国家级（2002）	江河型	含横江、青山、横山、濮塘四个景区。以李白文化为重心，兼具江南山水于一体。中生代红色火山岩、碎屑岩组成丘陵地貌。长江纵贯全区，植被良好。有采石矶、天门山、青山、横山、太白楼、三元洞、广济寺、地藏王庙、朱然墓、李白墓、霸王祠等	观光型	原名牛渚矶，又因产五彩石，三国东吴时改今名，与南京燕子矶、岳阳城陵矶统称“长江三矶”。有李白、沈括、文天祥等人留下大量文化遗迹
4.14 安徽 巢湖	巢湖 1072.5 国家级（2002）	湖泊型	我国五大淡水湖之一，为一断陷湖。湖心有古生代火山岩组成的姥山、鞋山。湖滨太湖山为古生代石灰岩组成。有波光帆影、半汤温泉、姥山仙岛、银山猿人和神墩文化遗址	综合型	有西汉古墓群，范增墓，吴、楚、三国文化遗存，始建于唐代的中庙等
4.15 安徽 黄山	花山谜窟—浙江 80.6 国家级（2002）	史迹型	有元、明、清二十余处摩崖题刻，以程朱理学、新安画派、新安医学、徽派建筑为代表的新安文化为主。剥蚀—堆积丘陵地貌。亚热带湿润季风气候。土壤种类较多，生物种类多样	观光型	花山石窟群的分布、造型、工艺、用途及年代均留下不解之谜
4.16 福建 福州	鼓山 48 国家级（2002）	山岳型	主峰海拔969m，分鼓山、鼓岭、鳝溪、磨溪、风池白云洞五大景区。地处亚热带，植被茂盛四季常青。有涌泉寺，摩崖题刻等古迹。峰、峡、岩、洞260多处，溪流、山泉50余处，名木古树1600多株	观光型	别称石鼓，朱熹誉之“闽山第一”。五代始建涌泉寺，原名“华岩寺”，后梁（908年）扩建，匾乃清康熙所书。1929年日常盘大定博士率僧拜访，视其为“中国第一法窟”
4.17 福建 将乐	玉华洞 3 国家级（2002）	岩洞型	由玉华洞、银华洞、金华洞组成，侵蚀、溶蚀形态、多层次洞穴通道发育、新老沉积物相重叠和碳酸钙沉积包裹砂砾石构成的洞穴沉积景观。全长十华里，166景。擎天柱、瑶池玉女、石瀑等堪称奇观	观光型	有大量第四纪哺乳动物化石和古人类遗址。早在一千多年前的汉代即已闻名。明徐霞客称“此洞眩巧，遍步幽奥”
4.18 江西 新余	仙女湖 198 国家级（2002）	湖泊型	其中水面50km^2。100余个岛屿，植被良好，森林覆盖率达80%。春夏有成千上万白鹭栖息。有洪阳洞、孝通庙、万年桥、现水下千年古城及一大批人文古迹星罗棋布	观光型	洪阳洞是新石器时代古人类生息溶洞，孝通庙建于唐代，万年桥建于清代

续表

编号 省份 市县	风景区名称 面积（km^2） 级别（时间）	风景特征 景观类型	典型景胜 （天、地、水、生、园、建、史、风等景源）	设施类型	简史　备注
4.19 江西 安远	三百山 200 国家级（2002）	山岳型	集古火山构造、奇山幽壑、溪湖瀑潭、密林古树、怪石险滩、温泉于一体。有仰天湖和火山口湖、福鳌塘瀑布、望天瀑及众多泉滩。中亚热带常绿阔叶林，森林覆盖率98%	生态型	是香港饮用水的东江源头。有晋（4世纪）宋（12世纪）南迁的客家民居近百座，宋代无为塔，明代水叫坑塔、清代永镇廊桥等名胜古迹
4.20 山东 淄博	博山 73 国家级（2002）	史迹型	7个景区、200余处景点，山、水、泉、林、洞交相辉映。有“齐长城”、“齐鲁会盟”遗址、长勺古战场、颜文姜祠、碧霞元君宫、因园、范公祠等。故居、别墅、纪念馆众多。陶瓷、琉璃之乡	观光型	有公元前9—前3世纪的齐国遗迹，始建于北周的颜文姜祠。也有16世纪和近现代人文史迹
4.21 山东 青州	青州 41 国家级（2002）	史迹型	由云门山、驼山、玲珑山、仰天山组成。山阳摩崖间有石窟5座，造像272尊。驼山造像638尊，有文殊寺、望月亭、文昌阁、唐赛尔寨的点将台、石磨、围墙等遗址	观光型	古九州之一。驼山主峰东南崖壁上，有北周末年（6世纪）至唐长安三年（703年）的石窟。有北宋的文殊寺
4.22 河南 平顶山	石人山 268 国家级（2002）	山岳型	花岗岩主峰蛤蟆石海拔2153.1m，高度为国内花岗岩景区之冠。石峰林立、瀑长涧深。植被覆盖率达95%。有原始森林20多平方公里，植物4000余种，陆栖动物125种。有昭平湖，60℃的温泉群，60～200m高瀑布17处	观光型	有楚长城遗址（公元前5—前3世纪），墨子故里，刘姓发源地。附近有唐代诗人元结墓，宋代名将牛皋故里等
4.23 湖北 蒲圻	陆水 218 国家级（2002）	湖泊型	以人工湖泊、翠岛为主体、以三国古文化为背景。有500多个岛屿，名贵中药材200多种，有荆泉河、狮子洞、穿山洞、神龙洞、拜风台、“赤壁”摩刻、庞统庙、望江亭	观光型	其中水域57km^2
4.24 湖南 长沙	岳麓山 38 国家级（2002）	山岳型	有六朝松、千年银杏、元樟等古树名木12科20种348株。以枫香红叶闻名。有麓山寺、岳麓书院、云麓宫、爱晚亭、禹王碑、飞来石、自来钟、自来石、麓山寺“三绝碑”、黄兴墓、蔡锷墓等	综合型	晋武帝泰始四年（269年）建麓山寺，北宋开宝九年（976年）扩创岳麓书院
4.25 湖南 邵阳	崀山 75.28 国家级（2002）	山岳型	含紫霞峒、骆驼峰、八角寨、扶夷江、牛角寨5个景区。丹霞峰林地貌，有天生桥、将军石、一线天、辣椒石、鲸鱼闹海、骆驼峰，有瑶、侗、苗等少数民族居住	观光型	有舜帝南巡狩猎遗址、白面寨和周家山新石器时代遗址、八角寨和牛鼻寨古战争遗址以及历代名人宗祠、墓葬
4.26 广州	白云山 20.97 国家级（2002）	山岳型	热带、亚热带交会处，有山峰30多个，自然景观奇特。山林茂密，树种近千种，不乏珍稀古树名木，有多种动物栖息。历史悠久，人文景观丰富	综合型	主峰摩星岭海拔382m。相传秦隐士郑安期在此修道成仙，后人乃在蒲涧建鹤舒台、蒲涧寺、郑仙祠，葛洪、苏东坡留有史迹
4.27 广东 惠州	惠州西湖 19.6 国家级（2002）	湖泊型	其中水面6.97km^2。湖泊类景区。历史悠久，人文景观丰富，以苏东坡为代表的历代400多位文人墨客在此留下大量诗词碑刻。古建、古园林众多。孙中山、廖仲恺、周恩来曾领导东征战役	综合型	始建于五代，宋代已有“五湖六桥八景之说”，宋苏东坡筑东新、西新二桥，后改“苏堤”，建朝云墓、六如亭。唐末建泗州塔，明（1618年）重建
4.28 四川 兴文	石海洞乡 121 国家级（2002）	岩洞型	以岩溶地貌为主要特点，兼有人文景观。区内漏斗、石林、石芽、溶洞极为发育，小岩湾漏斗规模世界第一。是古南方丝绸之路，古僰人的生息地、红军川滇黔的游击纵队活动地，苗族聚居地	综合型	
4.29 四川 西昌	邛海—螺髻山 1336.5 国家级（2002）	山岳型	以螺髻山、邛海、泸山为主体，包括布什瓦黑岩画、大曹沟温泉瀑布和土林等景区和景点。螺髻山海拔4358m，有72奇峰，36天池。邛海系高原湖泊，海拔1510m。湖面31km^2，泸山主峰2317m。	生态型	螺髻寺建于南诏（唐）朝。泸山10余古刹“创建于汉唐，培修于明清，中历宋元。”布什瓦黑岩画既有唐风又有彝族特色
4.30 陕西 黄陵	黄帝陵 24 国家级（2002）	史迹型	由黄帝陵、子午岭、黄土风貌组成。中华人文始祖轩辕黄帝陵墓是国家文物保护单位和古墓葬第一号。有汉武仙台、轩辕庙、黄帝手植柏、汉武挂甲柏、秦直道、石空寺、紫娥寺及阎庄水库等景观	观光型	又称轩辕庙，唐置于桥山西麓，宋（972年）移于今址。《史记·五帝本纪》：“黄帝崩，葬桥山。”公元前422年，秦灵公“作吴阳上畤，专祭黄帝。”汉建祈仙台，称“汉武仙台”。明、清兴盛

续表

编号 省份 市县	风景区名称 面积（km^2） 级别（时间）	风景特征：景观类型	风景特征：典型景胜（天、地、水、生、园、建、史、风等景源）	风景特征：设施类型	简史 备注
4.31 新疆 鄯善	库木塔格沙漠 1880 国家级（2002）	其他型	吐鲁番断陷盆地中心的一个断块隆起，风沙堆积地貌，多种沙漠景观。沙丘轮廓清晰、层次分明、丘脊线平滑流畅，沙生植物点缀。沙漠日出、日落十分壮观。民族风情浓郁	观光型	
4.32 新疆	博斯腾湖 3550 国家级（2002）	湖泊型	由湖泊、沙漠、荒原、古丝路遗迹和野生动植物景观组成。湖东与塔克拉玛干沙漠相连，红柳葱郁，湖西是沼泽低地，河汊纵横、苇塘棋布。湖北是洪积平原，有千佛洞、烽火台、古城等古迹	生态型	我国最大的内陆淡水湖泊，面积1715km^2，也是我国内陆惟一的构造断陷大型淡水湖
它.01 河北 涞源	凉城 320	山岳型	主体景区白石山为白色大理石山体，海拔2096m，峰林绝壁高差大，夏季云海日出频现，山谷飞瀑流泉，山腰有保存完好的长城。自然景观主要为“白石峰林”、“拒马源头”、“空中草原”，人文景观主要为阁院寺、兴文塔	观光型	太行山、恒山、燕山三山交汇处盆地，拒马河源头泉群溪流密布。阁院寺始建于东汉，唐代重建，辽代大修，现仍有辽代建筑特点
它.02 山西 太原	晋祠—天龙山 189	史迹型	有晋祠、龙山、天龙山、太山、蒙山、古晋阳城遗址、晋阳湖、晋祠公园等八个景区。有晋祠三绝、园林古建群、天龙山道佛石窟艺术、蒙山大佛、龙山红叶、柳子沟瀑布群		晋祠位于晋水发源处，始建于北魏前。北宋（1023—1032年）建圣母殿、鱼沼飞梁等。周柏隋槐、难老泉、宋塑为晋祠三绝。天龙山石窟开自东魏至唐四朝代有15窟。蒙山大佛高60多米，开化寺建于北齐（551年），601年建大佛阁
它.03 吉林 汪清	满天星 273	湖泊型	自然景观有漫天星、天星峡、天星崖、龟龙岛、富岩洞、犀角峰、牡丹峰	观光型	历史遗迹有渤海国时期的满台古城遗址、满族女真人居住区遗址、百草沟原始文化遗址、仲坪墓葬遗址、古代炼铁厂遗址。现代有原吉林省书记董长荣同志牺牲的纪念地、金日成同志的抗日会议遗址等革命先烈纪念地
它.04 吉林 白山	八道江	江河型	独具长白山区峰峦翠谷特色。龙山湖水域辽阔，异国风情；长白山迷宫溶洞众多，钟乳石秀；夏日冰洞堪称奇观；青山湖、镜月湖、老道洞各具特色。人文景观丰富多彩，源远流长	观光型	
它.05 黑龙江	太阳岛 88	草原型	江漫滩、沙岗、江湾、湖沼为地貌特征；湿地草原植被、疏林草地为植物景观特征；冰雪风光；自然风光、消夏避暑、休闲度假、运动娱乐为旅游内容；广阔的草原、灌木林带及河流纵横为主要资源	综合型	由满语“太要恩”音译过来。曾以早期的水师营地而振其名声，以20世纪20年代的郊野游憩地而享誉欧亚美，以现代革命史迹载入史册，以令人陶醉的歌曲和冰雪艺术而名扬天下
它.06 江苏 徐州	云龙 90	山岳型	由淮海战役烈士纪念塔、云龙湖等6个景区组成。有汉画像石艺术馆、金山塔、十里杏花村、果树盆艺园。有亚洲最大的淡水鱼水族馆	观光型	有北魏时期的大石佛、北宋放鹤亭、东坡石床、拉犁山汉墓、西楚霸王戏马台、土山汉墓、楚王陵、鱼山汉墓、汉兵马俑及楚汉时期九里山古战场遗迹等
它.07 浙江 永康	方岩 76	山岳型	有方岩山、五峰、灵岩、石鼓寮、灵山湖、刘英烈士陵园、五指岩、状元湖等8个景区。山险、石怪、瀑奇、水秀，丹霞地貌。有宋代胡公殿、五峰书院、学易斋、丽泽祠、三贤堂、抗战时期省政府办公遗址，周恩来手植梧桐等	观光型	方岩山顶平旷，有广慈寺建于唐大中四年（850年），原名大悲寺，北宋治平二年（1065年）更为今名。五峰书院建于宋代，朱熹、陈亮曾在此讲学
它.08 浙江 浦江	仙华山 55	山岳型	有仙华、宝掌幽谷、左溪、郑义门—玄鹿4个景区、120个景点。峰林密集，在1km^2内高于600m的石峰21座	观光型	宝掌幽谷为隋唐中印度高僧宝掌禅师行尽支那四百州后栖禅挂锡地。左溪山是玄朗大师的修观灵山；郑义门为“中国古代家族文化”的典范，自宋迄明，三朝旌表，明太祖赐封“江南第一家”
它.09 浙江 安吉	天荒坪 65	森林型	由竹海、灵峰、天荒坪等3个景区、100余处景点组成。以大系峡谷为主体，两岸高山对峙，翠岩环耸。有五女泉、瀑布谷、仙人天桥、溶洞群、仙首岩、新四军苏浙军区司令部、千年古刹灵峰寺、龙庆庵等景观	观光型	建有亚洲最大的抽水蓄能电站的上水库

续表

编号 省份 市县	风景区名称 面积（km^2） 级别（时间）	风景特征 景观类型	典型景胜 （天、地、水、生、园、建、史、风等景源）	设施类型	简史 备注
它.10 福建 闽侯	十八重溪 52.2	江河型	火山熔岩地貌，在长期地壳运动和风化、剥蚀作用下，形成丰富的峰岩、峡谷、溪涧。在10余公里的溪流中有众多的瀑布景观。生态环境良好，动、植物资源丰富。有野生猕猴及娃娃鱼等保护动物	观光型	
它.11 山东 邹城	峄山	山岳型	方圆10余公里，海拔555m，奇峰怪石，陡峭峻拔。具极高的地质和美学价值。罕见的花岗岩巨型石蛋群，洞穴、石柱林、花岗岩滚石形成的天然群雕神奇灵秀	观光型	《禹贡》有“峄阳孤桐”，《诗经》有“保有凫峄”，都述及此山，春秋战国时已是九大历史名山之一，孔子曾在峄山讲学，秦始皇于公元前219年东巡齐鲁，留下“秦峄山碑”，后来的道教和佛教均留有人文遗迹
它.12 河南 辉县	百泉 187.9	山岳型	辖百泉、石门、白龙洞、白云寺、十字岭5大景区。太行山系，三面环山，局部属喀斯特地貌，与南部平原构成山岳—平川地貌。河、泉众多。植被覆盖90%，150科近1000种	观光型	又称百门泉、珍珠泉。开濯于殷商，白云寺院始建于唐代。北宋时建海金亭，苏轼作《苏门山涌金亭》。金时建喷玉亭，明重修并定此名，清（1840年）再次重修。明（1470年）建邵雍祠。明1564年改建灵源亭
它.13 河南 林州	林滤山 100	山岳型	共13个景区。奇峰林立、山势嵯峨、崖石密布、飞瀑流泉、古刹幽静。有名峰400多座，大型幽谷700多条，天然深洞5处，长城遗址1处，古塔9座，石刻造像300多尊	观光型	
它.14 河南 灵宝	亚武山—函谷关 151.2	山岳型	由亚武山、函谷关、黄帝陵、娘娘山四个景区组成。亚武山以雄、奇、险、秀、野著称。函谷关是道家之源的圣地。黄帝陵是轩辕黄帝采铜铸鼎、骑龙升天的地方。娘娘山海拔1556.2m，景点35处	观光型	
它.15 河南 桐柏	桐柏山淮源 108	山岳型	分淮源、桃花洞、水帘洞、太白顶四大景区。峰数百座，山泉溪流瀑布58条。植被覆盖率95%，有千亩原始森林，是我国古四渎之一的淮河发源地，尊为“华夏风水河”	观光型	夏商以来历代帝王将相祭祀地，李白、苏轼曾留诗文，明朱元璋书有巨碑，清康熙书“灵渎安澜”，雍正书“惠济河漕”
它.16 湖南 桃源	桃花源 157.55	山岳型	沅水下游，包括桃花山、桃源山、秦人村、灵镜湖四景区。有内八景：烂船洲、桃花溪、遇仙桥、秦人洞、炼丹台、沦鼎池、空心杉、摩顶松等。还有桃源县城溯沅水至水心岩的外八景	综合型	原名乌头村，汉即以风景区著称，晋始建桃川宫。北周易名“桃花源”。至唐辟桃花源游览区。及宋，从沅江畔到桃花山形成建筑群。元明毁于火，清重修靖节祠，沿山配置亭阁
它.17 湖南	洞河 255	江河型	以山川、溶洞、飞瀑和民族风情为特色。地质年代古老，地层单元多样，地貌景观多变，水系发育，有6大景区，40多个景点。有“武陵胜景”、“不二桥”、“自生桥”、“落水坑”、“王村古镇”等景点	观光型	有新石器时代遗迹，属“大溪文化”、“龙山文化”。有商周人类活动遗址、古汉墓群、土司王古墓群，酉水崖墓葬等
它.18 湖南 株州	炎帝陵 54	史迹型	由炎帝陵和炎陵县组成，含两大景区，有重要景点27处。炎帝神农氏的陵寝，具有独特的山川形态和古老的文化内涵	民俗型	自南宋嘉定四年置县，历经770多年兴衰变迁，留下了丰富的文物古迹和动人的神话传说
它.19 广东 惠州 博罗	罗浮山 260	山岳型	誉“岭南第一山”，“百粤群山之祖”，道教的“天下第七洞天、第三十一泉源福地”。典型的花岗岩山体地貌特征和南亚热带植物群落，有大小山峰400多座，主峰飞云顶海拔1296m，有飞瀑名泉900多处，植物3000多种	民俗型	汉代即为五岳之外第一名山。405年，东晋建“葛洪祠”，唐扩建为“葛仙祠”。宋（1087年）赐名“冲虚观”。现为清嘉庆年间修葺。唐怀迪建“中阁”，宋初改名为“宝积寺”。苏东坡撰《书卓锡泉》
它.20 广西 资源	资江—八角寨 840	山岳型	以发育典型的丹霞地貌为基础，以曲折多姿、滩潭交替、碧水丹霞的资江景区，丹峰壁立、山势险峻、幽野秀雅的八角寨景区和一瀑九折、气势磅礴、绚丽多彩的宝鼎瀑布景区为主体	观光型	加上外围的花果山温泉、老山界原始森林公园、银竹老山动植物自然保护区和苗寨、瑶寨等景点
它.21 广西 大化	大化红水河 —七百弄 1300（500）	江河型	辖4大景区100多个景点。山奇、水秀、湖旷、洞秘、峡险、洼幽、坝雄和瑶壮民族风情独特。有电站开坝形成的人工瀑布、美人出浴、金龟护城、九狮斗一龙、仙女洞、乔圩洞、双福地下迷宫、龙泉山庄、七百弄民族村、温泉等	观光型	

续表

编号 省份 市县	风景区名称 面积（km^2） 级别（时间）	风景特征 景观类型	典型景胜 （天、地、水、生、园、建、史、风等景源）	设施类型	简史　备注
它.22 四川 通江	诸水河 170	江河型	包括诸水河风景和红军革命遗址、文物。有百余个大小溶洞，石奇、石美、山青、水秀。主要景点有美女梳头、莲花潭、天然画屏、金童山、阎王扁、狮子洞、楼洞房、高峰洞、吊沸洞等	观光型	大巴山南麓，海拔511～1722m。诺水河风景全长30km。通江古为米仓古道门户，又是川陕边境的军事重地
它.23 四川 彭州 什邡	龙门山 309.3	山岳型	由九峰山、莹华山两部分组成，最高峰太子城海拔4812m，高山峡谷流水地貌。区内有大熊猫、小熊猫、金丝猴、红腹角鸡等，仅脊椎动物147种，鸟类190种。原始森林风貌，呈明显的垂直带谱分布	观光型	龙门山古代已成为川西著名游览圣地，明代是川西佛教名山，有佛光、神灯、高山杜鹃林
它.24 四川 黑水	卡龙 400	山岳型	由卡龙沟、四十里彩林、热水沟、打古雪山、“奥太基、奥太美、奥太娜”雪山和亚克夏山等部分组成。以高寒喀斯特地貌景观、原始森林、雪山冰川和红军长征史迹为特征。奇峰耸峙、怪石林立、雪山纵横、森林密布、瀑布飞泻、彩池争艳，温泉蒸腾	生态型	是红军长征经过的地区，芦花会议在此召开
它.25 四川 广元	白龙湖 350	湖泊型	宝珠寺水电站建成后形成的湖泊。以阴平岛为中心分为湖心、湖东、湖南、湖西、湖北5个景区，10大景观，和初步规划的52个景点。有珍稀动植物50余种	观光型	水面75km^2。秦汉时期就著名于世的“马鸣阁道”、景谷道、阴平道交会于此，“白水关”就在景区内
它.26 四川 雅安	蒙山—碧峰峡 238.6	山岳型	以山水、峡谷、名胜古迹为主要景观，茶文化为主要特色。蒙山海拔1400m，五峰峙立。碧峰峡主景区海拔700～1250m，峰峦叠嶂，林木茂盛，峡幽谷深	观光型	有汉建安十四年（209年）造高颐墓阙及石刻，有古寺和红军遗迹
它.27 四川 南江	光雾山 250	森林型	主要景点360余处，焦家河、燕子岩、韩溪河、普陀山、万字格等。原始森林保存完好，植被覆盖率91.3%，植物300多种，野生药材1700余种，野生动物26目、61科、195种	生态型	米仓古道遗迹尚存
它.28 四川 邛崃	天台山 147	山岳型	属于“九十里长河八百川，九千颗怪石两千峰”的丹霞地貌。地貌奇特，植被良好，气候温和，冬无严寒，夏无酷暑，雨量充沛。山、水、石、林、洞、气象景观、人文古迹，构成独具一格的自然风光	观光型	佛教名山，始建于南北朝，盛于南宋，毁于明末兵火。古刹遗迹尚存
它.29 四川 泸州 合江	佛宝 380	森林型	山雄、水秀、石奇、林茂。世界上同纬度罕见的常绿阔叶林区。丹霞地貌，由林海、竹海、峰峦、飞瀑、古寨、原始风情等组成142个景点。有天堂坝、玉阑山、自怀等景区	生态型	
它.30 贵州 黎平	黎平侗乡 450	江河型	由八舟河自然风景区、县城名胜古迹区、肇兴、地坪民族风情区等3大景区及7个景点组成。森林覆盖率49%。天生桥宽118m，跨度103.1m，拱高36.2m，桥厚40m	民俗型	有“黎平会议”会址、两湖会议、南宗山等古迹和革命历史纪念地与侗族鼓楼、花桥、民族建筑、民族风情结合
它.31 贵州 遵义 桐梓	遵义娄山关 269	史迹型	由乌江、播雅天池、禹门、遵义历史文化名胜、金鼎山、海龙囤、娄山关、小西湖、夜郎等9个片区组成，有8个独立景点。由峡谷、湖泊、溶洞、森林、气象景观、生物化石组成的自然资源	观光型	有“遵义会议”会址和众多历史遗迹
它.32 贵州 铜仁	九龙洞 245	岩洞型	由九龙洞、漾头电站库区、锦江、大江、小江口等五个景区组成。九龙洞为大型喀斯特溶洞。有冷热风洞各1个。岩溶洞穴、古树名木、库区湖泊、峡谷风光、山水田园、森林构成自然景观	观光型	有古文化遗址、摩崖石刻、东山寺、明清民居、贺龙革命旧址等

续表

编号 省份 市县	风景区名称 面积（km^2） 级别（时间）	风景特征 景观类型	典型景胜 （天、地、水、生、园、建、史、风等景源）	设施类型	简史　备注
它.33 贵州 铜仁	梵净山太平河 160	山岳型	有太平河漂流、鱼良溪、龙阳仙人桥洞群、黄部山景区及白水洞、王家山、肖溪刁峡谷、双江等景点。有太平河的山、水、古树林木。鱼良溪的屏、崖、障、壁。仙人桥洞群的岩溶断层、褶皱、裂隙发育	生态型	
它.34 贵州 毕节	百里杜鹃 106.66	森林型	分大方、黔西两大片区，有普底、百纳、大水、嘎木、金坡、仁和、红林等7个景区。有奢香夫人墓和奢香博物馆、观音洞、武庙、千岁衔碑、阁雅古驿道、九层衙门遗址，红军长征烈士纪念碑等	生态型	分布范围长50km，宽1.2～5.3km
它.35 贵州 纳雍 大方	六冲河（九洞天） 150	江河型	由总溪河峡谷风光、九洞河伏流洞穴风光组成，集伏流水蚀溶洞、旱溶洞、箱型峡谷、峰林、瀑布、涌泉于一体	观光型	总溪河峡谷宽20～50m，长20km。六冲河有水溶洞的天窗洞口、天生桥、赤壁等景观
它.36 云南 孟连	大黑山 174.5	森林型	由“三片二线”，131个景点组成。即腊福大黑山、娜允、富岩大黑山景区，景信—芒信、勐马—勐阿游览线。腊福大黑山有原始、稳定的生物多样性系统	生态型	有佛塔和保存完好的十八土司衙门之一的宣抚司署。居住着傣族、拉祜族、佤族、哈尼族、景颇族、傈僳族等世居民族
它.37 云南 楚雄	楚雄紫溪山—禄丰恐龙山 449.1	山岳型	9个景区，有禄丰恐龙群化石、石灰坝腊玛古猿遗址、苍岭恐龙足印化石。万家坝铜鼓是已知世界上最古老的铜鼓。有紫溪茶花，有臼溪空洞瀑布、奇石、峭壁、溪流等山水景观和珍稀动植物景观	生态型	
它.38 云南 楚雄	武定狮子山 166	山岳型	由狮子山、新村湖、香水箐、凤氏土司遗迹等片区组成。狮子山山势雄伟，植物品种丰富，林木茂盛。有正续禅寺、惠帝祠阁、南诏石画、指空佛塔、彝文碑刻，塔林及众多碑文石刻和匾额楹联	生态型	元（1311年）建正续寺。彝族十八月历对研究中国历法有重要意义
它.39 云南 沧源	沧源佤山 147.34	森林型	由5个片区、1条游览线组成，即勐来、南滚河、勐董、拉勐河、班列景区和勐省—芒卡坝游览线。有原始森林、热带雨林、亚洲象、董棕、沧源崖画、广允缅寺、佤族历史文化和民居	生态型	有三千多年前新石器时代的崖画11处
它.40 云南 景东	景东漫湾—哀牢山 190.5	山岳型	由“六片一线”、102个景点组成。即哀牢山杜鹃湖、漫湾、锦屏、无量山黄草岭、仙人寨、大朝山片区，安定—漫湾—大朝山游览线组成。漫湾、大朝山两座大型电站形成“百里长湖”。彝族风情浓郁	生态型	哀劳山、无量山的原始生态系统良好。景东历史悠久，有景东文庙
它.41 云南 泸西	阿庐 186	岩洞型	有阿庐古洞、阿拉湖、歹鲁瀑布、白勺地下瀑布、吾者温泉五个片区组成，共50个景点。以地下岩溶和江、湖、瀑、泉自然景观为主体与古老的民族文化、独特的民族风情融于一体	综合型	
它.42 云南 丘北	普者黑 121	湖泊型	由4个片区、3个点的109个景点组成。即普者黑、猴爬岩、革雷、六郎洞片区和歹马瀑布、摆落湖、东门湖3个点。岩溶峰林地貌、峡谷、云海。壮、苗、彝等各民族有着丰富的民族风情	民俗型	
它.43 云南 罗平	多依河—鲁布革 144.7	江河型	由九龙河、鲁布革峡湖、多依河和三江口4个片区组成。九龙河、多依河片区分布着亚热带河谷钙华瀑布群。岩溶地貌分布广泛、发育典型；有布依族等民族风情和众多的文物古迹	观光型	

续表

编号 省份 市县	风景区名称 面积（km²） 级别（时间）	风景特征 景观类型	典型景胜 （天、地、水、生、园、建、史、风等景源）	设施类型	简史 备注
它.44 陕西 合阳	合阳洽川 110	峡谷型	西部有福山、明山、金凤山、莲花山、秦驿相绕，中间河谷地带平坦，湿地约占景区总面积的一半，沙洲星罗棋布，芦苇、莎蓬、杂草丛生，有三十多种珍稀鸟类。有温泉多处	生态型	古为“有莘氏国”，有帝喾陵、伊尹耕莘处、四圣母庙、子夏石室、木罂古渡等。现存汉碑《合阳令曹全碑》即出土于此
它.45 陕西 周至、 太白	楼观台—太白山 1230	山岳型	分楼观台、太白山、仙游寺骡峪3大景区。峰峦叠嶂、悬崖峭壁、峡谷激流、泉瀑幽潭、云海佛光、名贵动植物、第四季冰川遗迹、高山湖泊等景观	观光型	有老子墓、大秦寺塔、说经台、炼丹炉、吕公洞、化女泉、上善池及历代碑碣石刻多通。有仙游寺、隋代砖塔（全国文保）、骡峪古栈道（汉代）。有海拔4000m的太白积雪、汤峪温泉
它.46 宁夏 泾源	泾河源 44.90	山岳型	由荷花苑、老龙潭、凉殿峡、鬼门关、沙南峡5个景区和秋千架、延龄寺石窟、堡子山公园、六盘山自然资源馆、城关清真寺5个独立景点组成。分中山峡谷、泉系瀑布、生物、气候天象、历史文化、回族风情等6类景源	观光型	位于六盘山麓，因毛泽东诗词而名扬中外
它.47 宁夏 银川	沙湖 45.1	其他型	集湖泊、沙漠、芦苇、候鸟为一体，有荷花园、芦苇迷津、湖中观鸟、西部大漠等景区。湖泊、沙漠是核心，芦苇荡为湖面的三分之一。鱼类、鸟类众多，有大鲵和天鹅	观光型	当代新辟景区，有流动沙丘12.7km²，湖面8.2km²
它.48 新疆 博尔塔拉	赛里木湖 1300	湖泊型	资源丰富、景观优美，大面积的森林、草场、花草、药材，兼有野生动物、候鸟、鱼类资源，群山环抱，山水相映。有新疆最大的夏牧场。有古代乌孙土墩墓群、岩画、石刻	生态型	赛里木湖又称三台海子，面积454km²。在中更新世以前是外泄的淡水湖，晚更新世以来成封闭的咸水湖。丘处机、林则徐曾来过
它.49 江西 南昌	梅岭—滕王阁 150	江河型	梅岭属于大型推覆构造山体，江南最大的飞来峰。滕王阁是“江南三大名楼”之一、“西江第一楼”。有“梅岭积翠”、“西山暮雨”、“滕阁秋风”、“洪崖丹井”、玉隆万寿宫及滕王阁等	观光型	滕王阁始建于唐代（653年），宋（1108年）重建，元明多次重建，清修建13次之多。现楼为20世纪80年代重建，净高54.5m，仿木结构
它.50 安徽 枞阳	浮山 48.7	山岳型	有金谷寺、滴水洞、双瞻阁、华严寺遗址、夕照楼、海岛雪浪、会圣崖及火山塞。有36岩、72洞、28怪石、34奇峰、385块摩崖石刻。是千年佛教圣地，文化古迹和人文景观闻名	观光型	
它.51 安徽 广德	太极洞 20.16	岩洞型	风景集中，太极洞分上洞、中洞、下洞、水洞和天洞，洞中套洞，洞中有山，洞中行舟，洞洞相通，迂回跌宕，不知其穷。钟乳石千姿百态	综合型	自汉唐以来，在石壁和洞内留有墨宝华章。也是南宋岳飞抗金的古战场
它.52 浙江 文成	百丈祭—飞云湖 500	山岳型	由百丈祭、峡谷景廊、刘基故里、天顶湖、铜岭山峡等18个景区组成。以瀑雄、水秀、石奇、谷幽、洞怪、潭多、峰绝、林茂及人文景观独特著称	观光型	百丈祭称“天下第一瀑”，高差207m。区内以明代开国元勋刘伯温的史迹为最，有诚意伯庙、刘基故居、诚意伯墓等
它.53 西藏	纳木错湖 1940	湖泊型	纳木错湖面海拔4718m，是世界上海拔最高的大湖，是我国仅次于青海湖（4427km²）的第二大湖。是冰川退缩留下的遗迹，境内有山体、断陷洼地、湖滨平原、环湖砂砾堤、低山丘陵、残存的湖沼池塘等。分布有特有的动植物、溶洞、寺庙、古迹	生态型	是藏民族长久以来的朝拜圣地
它.54 西藏	雅鲁藏布大峡谷 9168	峡谷型	世界上最大最深的峡谷，全长142km，海拔由1100m上升到南迦巴瓦峰7782m，河槽深深嵌入基岩，河床宽度仅为百米左右，有四个高达30～40m的大瀑布群。为南北生物相互迁徙的“天然走廊”和云集场所	生态型	

续表

编号 省份 市县	风景区名称 面积（km^2） 级别（时间）	风景特征			简史　备注
		景观类型	典型景胜 （天、地、水、生、园、建、史、风等景源）	设施类型	
它.55 西藏 林芝	巴结巨柏 约120亩	森林型	在海拔3000～3200m之间，生长着几百株国家重点保护、西藏地区特有珍稀树木巨柏，其中有一株高达50m，粗围18m，年龄长达2500年以上，是我国天然生柏科家族之最	生态型	
它.56 跨 云南 四川	泸沽湖 389 国家级（1988）	湖泊型	为天然形成的高原湖泊，湖面58km^2，高程2690m。湖泊四周群山环抱。主峰3755m，雄踞湖畔，被当地人奉为神山。当地摩梭人保持着走婚习俗和母系氏族家庭。木棵子房屋和猪槽船反映着当地原始的面貌	民俗型	属断陷构造湖。摩梭人源于右羌人，定居于此已1500余年，该处为主要聚居地
它.57 西藏	珠穆朗 玛峰 33800	山岳型	海拔8848.13m，为世界第一高峰。基底海拔1433m，有5座海拔8000m以上的山峰，38座海拔7000m以上的山峰。有亚热带到北极的独特自然景观、植被类型、古冰川遗址、现代冰川、珍稀野生动植物和藏族宗教文化遗产	生态型	1.8亿年前是汪洋大海。11世纪高僧米拉日巴曾在山洞中修行过九年。有7世纪修建吉隆邦兴村“强真格给寺、8世纪古墓群、定日聚落遗址、古岩画、石刻、通界碑、清代木匾、寺庙以及海拔近5000m的绒布寺等”
它.58 台湾 台北	阳明山 114.56	山岳型	阳明山海拔443m，有花季胜景。大屯山海拔1090m，有20多个火山，山顶火山口直径360m，深60m。主峰七星山海拔1120m，因7个圆形小峰而得名。有众多的硫磺气孔、地热、温泉、瀑布等	观光型	其火山历经三次喷发，250万年前形成大屯山，70万年前形成七星山等，30万年前形成烘炉山等。阳明山原名草山，为纪念明代王阳明，1954年改为现名。先明早期开采硫磺，后种茶、橘，耕田，继开温泉
它.59 台湾 新竹等 三县	雪霸 768.5	山岳型	以雪山、大霸尖山为中心，主峰海拔3886m，有51座3000m以上高峰，高山林立、地质复杂，有峡谷峭壁、冬雪秋云、天景多采多姿、雪山翠池海拔3530m，保存有原始植被和丰富的野生动物	生态型	千年来，一直有泰雅族活动遗迹
它.60 台湾 花莲等 三县	太鲁阁 920	峡谷型	横跨三县的山岳、峡谷、断崖、岩嶂、瀑布、溪流、温泉等景观。鲁阁幽峡是台湾八景之一。沿清水断崖、长春祠、燕子口、隧道、天梯、天祥、文山温泉、新白杨、碧绿、合欢山等线，可见垂直植物景观变化	观光型	太鲁阁口有史前遗迹。1956年开中横公路，1960年通车
它.61 台湾 南投	日月潭 水面9 湖周35km	湖泊型	万山丛中，突现日月潭，海拔700m，潭中有珠子屿，它把潭一分为二，北半如圆日，南半似弦月。“双潭秋月”为台八景之首	观光型	由玉山和阿里山涧的断裂盆地积水而成。潭北有文武庙，潭南有玄光寺，沿石阶再上1300多级可到玄奘寺，1964年建成
它.62 台湾 南投等 四县	阿里山—玉山 1054.9	山岳型	玉山主峰3997m，号称东亚第一高峰。有八通关草原、金门洞断崖、云龙瀑布、高山湖泊、深邃溪谷、云雪天景等。87%的地区是针叶阔叶天然林，从山麓到山顶呈现出热带、温带、寒带等植被景观	生态型	“玉山积雪”，清代已是台湾八景之一。1875年开辟“八通关古道”
它.63 台湾 恒春半 岛南端	南湾垦丁 326.3（陆地177）	海滨型	三面临海，有热带植物园、南湾珊瑚礁海岸、海底世界、海水浴场、佳乐水、海岸瀑布（300m）、船帆石等	游憩型	有史前遗迹，700年历史的石板屋，1882年建鹅銮鼻灯塔
它.64 吉林长 白等三 县	长白山 1926	山岳型	火山地貌，主峰白头山海拔2744m，植被垂直带谱明显，有色彩斑斓的高山冻原、高山湖泊乘槎河、长白瀑布（高68m）、长白山温泉群（70～80℃）等	生态型	周朝以前就开始有文献记载。300多年来又发生了三次火山喷发。1677年开始有国内外专家考察，1961年列入自然保护区
它.65 新疆 布乐津县	喀纳斯湖 2500	湖泊型	中国最深的冰蚀冰碛高山河谷型湖泊，有清澈透亮的湖水、苍翠的森林、高耸的雪峰、神秘的湖怪传说	生态型	湖长24km，宽2km，湖面48km^2，平均水深100m，最大水深188m
它.66 重庆 大足	大足石窟	史迹型	有石窟造像40余处，有圣寿寺、圆觉洞。北山（龙岗山）摩崖造像群，连绵近1km，龛窟密如峰房，分布于山之四隰。宝顶山摩崖造像集中在大佛湾，在500m长的石崖上，按道场造像总体构思布局，似连环画长卷	观光型	大足石刻创于唐，盛于两宋，是全国宋代造像最集中区，有5万多尊。北山造像始于唐（892年）止于南宋绍兴年间。宝顶山造像为南宋1179—1249年

二、风景区图片

（一）中国风景名胜分布图

注：本图统计时间截止于2004年12月。

胜分布图
国家重点风景名胜区(177处) 已列入世界遗产名录者(24处)
1.01、八达岭—十三陵
1.02、承德避暑山庄外八庙
1.03、秦皇岛北戴河
1.04、五台山
1.05、恒山
1.06、鞍山千山
1.07、镜泊湖
1.08、五大连池
1.09、太湖
1.10、南京钟山
1.11、杭州西湖
1.12、两江一湖
1.13、雁荡山
1.14、普陀山
1.15、黄山
1.16、九华山
1.17、天柱山
1.18、武夷山
1.19、庐山
1.20、井冈山
1.21、泰山
1.22、青岛崂山
1.23、鸡公山
1.24、洛阳龙门石窟
1.25、嵩山
1.26、武汉东湖
1.27、武当山
1.28、衡山
1.29、肇庆星湖
1.30、桂林漓江
1.31、峨眉山
1.32、长江三峡
1.33、黄龙寺—九寨沟
1.34、重庆缙云山
1.35、青城山—都江堰
1.36、剑门蜀道
1.37、黄果树
1.38、路南石林
1.39、大理
1.40、西双版纳
1.41、华山
1.42、临潼骊山
1.43、麦积山
1.44、天山天池
2.01、野三坡
2.02、苍岩山
2.03、黄河壶口瀑布
2.04、鸭绿江
2.05、金石滩
2.06、兴城海滨
2.07、大连海滨—旅顺口
2.08、松花湖风景名胜区
2.09、"八大部"—净月潭
2.10、云台山
2.11、蜀岗瘦西湖
2.12、天台山
2.13、嵊泗列岛
2.14、楠溪江
2.15、琅琊山
2.16、清源山
2.17、鼓浪屿—万石山
2.18、太姥山
2.19、三清山
2.20、龙虎山
2.21、胶东半岛海滨
2.22、大洪山
2.23、武陵源
2.24、岳阳楼洞庭湖
2.25、西樵山
2.26、丹霞山
2.27、桂平西山
2.28、花山
2.29、贡嘎山
2.30、金佛山
2.31、蜀南竹海
2.32、织金洞
2.33、潕阳河
2.34、红枫湖
2.35、龙宫
2.36、三江并流
2.37、昆明滇池
2.38、丽江玉龙雪山
2.39、雅砻河
2.40、西夏王陵
3.01、盘山
3.02、嶂石岩
3.03、北武当山
3.04、五老峰
3.05、凤凰山
3.06、本溪水洞
3.07、莫干山
3.08、雪窦山
3.09、双龙
3.10、仙都
3.11、齐云山
3.12、桃源洞—鳞隐石林
3.13、金湖
3.14、鸳鸯溪
3.15、海坛
3.16、冠豸山
3.17、王屋山—云台山
3.18、隆中
3.19、九宫山
3.20、韶山
3.21、三亚热带海滨
3.22、西岭雪山
3.23、四面山
3.24、四姑娘山
3.25、荔波樟江
3.26、赤水
3.27、马岭河峡谷
3.28、腾冲地热火山
3.29、瑞丽江—大盈江
3.30、九乡
3.31、建水
3.32、宝鸡天台山
3.33、崆峒山
3.34、鸣沙山—月牙泉
3.35、青海湖
4.01、石花洞
4.02、芙蓉江
4.03、西柏坡—天桂山
4.04、崆山白云洞
4.05、扎兰屯
4.06、青山沟
4.07、医巫闾山
4.08、仙景台
4.09、防川
4.10、江郎山
4.11、仙居
4.12、浣江—五泄
4.13、采石矶
4.14、巢湖
4.15、花山谜窟—渐江
4.16、鼓山
4.17、玉华洞
4.18、仙女湖
4.19、三百山
4.20、博山
4.21、青州
4.22、石人山
4.23、陆水
4.24、岳麓山
4.25、莨山
4.26、白云山
4.27、惠州西湖
4.28、石海洞乡
4.29、邛海—螺髻山
4.30、黄帝陵
4.31、库木塔格沙漠
4.32、博斯腾湖
5.01、天坑地缝
5.02、三山
5.03、方岩
5.04、百丈祭—飞云湖
5.05、太极洞
5.06、十八重溪
5.07、青云山
5.08、梅岭滕王阁
5.09、龟峰
5.10、林滤山
5.11、猛洞河
5.12、桃花源
5.13、罗浮山
5.14、湖光岩
5.15、白龙湖
5.16、诺水河—光雾山
5.17、天台山
5.18、龙门山
5.19、都匀斗篷山—剑江
5.20、九洞天
5.21、九龙洞
5.22、黎平侗乡
5.23、普者黑
5.24、阿庐古洞
5.25、合阳洽川
5.26、塞里木湖
南海诸岛

（二）风景区照片（图片序号由两部分组成：前三数字为表4-1-1中的风景区编号，后二数字为该风景区的图片号，如1.04为五台山编号，01为五台山1号图片）

1.0401.五台山塔院寺外景（风景协会）

1.1001.玄武湖鸟瞰（引自南京）

1.1201.两江一湖大慈岩山门

1.1202.两江一湖大慈岩

1.0402.五台山塔院寺外入口

1.0404.五台山显通寺铜塔（高8m）

1.1501.天景幻化飞来石之一（引自《黄山》）

1.0403.五台山塔院寺白塔（高54.37m）

1.0405.五台山菩萨顶俯瞰三泉寺

1.1502.天景幻化飞来石之二（引自《黄山》）

1.1701.天柱山（风景协会）

1.1905.庐山白鹿洞

1.1801.武夷山玉女峰

1.1902.庐山中观五老峰

1.1906.庐山东林寺院内（2004年春）

1.1903.白鹿洞书院大门

1.1907.东林寺古樟

1.1901.庐山含鄱口（风景协会）

1.1904.白鹿洞书院院门之一

1.1908.东林寺殿前古柳

1.1909.庐山龙首崖

1.2501.中岳庙华盖峰全景(前景房内为太室阙)(引自《嵩山》)

1.2102.索道下站抢景中天门

1.2101.泰山御碑群集的大观峰（风景协会）

1.3001.桂林漓江三山（象山、穿山、塔山）

1.2502.嵩山元代观星台

1.3005.漓江小景

1.3008.漓江彩霞静影（引自《桂林》1980年代）

1.3002.桂林塔山（引自《桂林》）

1.3006.漓江浪石静影（引自《桂林》）

1.3009.漓江黄布静影（引自《桂林》1980年代）

1.3003.漓江画山（引自《桂林》）

1.3004.漓江兴坪山景

1.3007.漓江黄布镜影（引自《桂林》1970年代）

1.3010.漓江黄布虚影（1996年秋）

1.3011.难以平静的黄布乱影（2003年）

1.3101.峨嵋山金顶云海（风景协会）

1.3102.峨嵋山洗象池（万年寺）景点（风景协会）

1.3103.乐山山体卧佛

1.3104.乐山大佛高71m（引自乐山）

1.3105.峨嵋标志小景

1.3301.九寨沟秋景（风景协会）

1.3501.都江堰城隍庙外入口

1.3502.都江堰城隍庙内入口

1.3503.都江堰二王庙江岸门口

1.3504.都江堰二王庙江边围廊

1.3505.二王庙小景

1.3506.二王庙小景

1.3507.都江堰导游牌

1.3508.都江堰离堆小景

1.3509.离堆小景

1.3901.大理苍山与三塔

1.4101.西岳庙入口

1.4102.西岳庙棂星门外院景

1.4103.西岳庙棂星门近景

1.4104.西岳庙棂星门内院景

1.4105.西岳庙主体殿群

1.4106.西岳庙主轴南望

1.4107.西岳庙角楼内外

1.4108.西岳庙修复中的内外院空间

1.4109.华山玉泉院正门

1.4110.华山玉泉院山荪亭

1.4111.华山玉泉院希夷洞天

1.4112.华山玉泉院石舫

1.4113.华山玉泉院后门

1.4114.华山峪毛女洞

1.4115.华山峪小上方景点

1.4116.华山峪青柯坪东道院

1.4117.华山苍龙岭入口岩洞石门楼

1.4118.华山苍龙岭

1.4401.天池高山水体植被

1.4402.天池高山溪流植被

2.0301.黄河壶口瀑布（风景协会）

2.2201.天台山石梁飞瀑远眺

2.2204.天台山塔院石墙甬道

2.2205.天台山明岩入口

2.2206.天台山明岩外景

2.2207.天台山明岩天井

2.2202.天台山山石潭溪

2.2203.天台山山石潭溪

2.3101.刘公岛小景

2.2301.嵊泗列岛海湾（贾建中）

2.3002.龙虎山

2.4604.三江并流山村（贾建中）

2.3001.龙虎山

2.4701.昆明滇池大观楼

2.3102.刘公岛北洋海军将士碑

2.4602.三江并流丹峰山（贾建中）

2.4702.昆明滇池大观楼上眺望

2.4601.三江并流雪峰

2.4603.三江并流迎客屏（贾建中）

2.4801.丽江黑龙潭远眺玉龙雪山（风景协会）

2.4802.玉龙雪山　主峰5500多米（贾建中）

2.4803.玉龙雪山云衫坪（贾建中）

2.4804.玉龙雪山虎跳峡江水

2.4901.雅砻河双塔

2.4903.雅砻河河谷

3.1301.金湖丹霞山水

3.1302.金湖水上一线天

2.4805.玉龙雪山虎跳峡浪涛

2.4902.雅砻河山水

3.1501.海坛双帆石花岗岩蚀柱高33m

3.1502.海坛天神花岗岩蚀柱长330m（南立面）

5.0801 龟峰的双龟迎宾

它.0004.大同云冈石窟

3.2101.天涯海角（风景协会）

它.0001.北京银狐洞外景

它.0005.大同云冈石窟（始于460年，北魏）

3.2102.天涯海角新入口（风景协会）

它.0002.北京银狐洞入口

它.5601.泸沽湖独木舟

4.2201.石人山山门外景

它.0003.郑州黄河浏览区（风景协会）

它.6601.大足宝顶山石窟中观

4.2701.惠州西湖（风景协会）

它.6602.大足宝顶山石窟与建筑

第五章　中国名景

一、名瀑

中国名瀑一览表　　　　**表5-1-1**

序号	名称	省份	位置	落差（m）	宽度（m）	流量（m^3/s）	备注
1	吊水楼瀑布	黑龙江	宁安县镜泊湖	20～25	42		双瀑跌入一潭呈圆弧状
2	长白瀑布	吉林	长白山天池北	68			
3	洞天瀑		长白山				
4	白河瀑布		长白山				
5	岳桦瀑布		长白山东麓				
6	梯河瀑布		长白山				
7	卡普飞瀑	新疆					
8	娘子关瀑布	山西	平定县东北	32			
9	壶山瀑布						
10	壶口瀑布	陕西	宜川县东部黄河河床	15～20	30～50		
11	香山瀑布		耀县				
12	龙泉瀑布	甘肃	兰州市五泉山				
13	龙潭瀑布	山东	泰安泰山黑龙潭				
14	龙潭瀑		青岛崂山	30	10		
15	潮音瀑		青岛崂山	10～15			
16	百丈崖瀑布		临朐县沂山百丈崖				
17	卢崖瀑布	河南	登封县嵩山	100			
18	水帘洞飞瀑		桐柏县城西				
19	龙潭瀑布		信阳市浉河上游				
20	船山飞瀑	江苏	宿迁县宿城镇				
21	秦坡飞瀑		常熟市虞山				
22	百丈瀑	安徽	黄山				
23	九龙瀑		黄山				
24	人字瀑		黄山				
25	九影瀑布		金寨县天堂寨				
	天柱山瀑布群		潜山县天柱山				
26	雪崖瀑		潜山县天柱山				
27	大龙潭瀑布		潜山县天柱山				
28	龙井瀑		潜山县天柱山				
29	黑虎泉瀑布		潜山县天柱山				
30	披雪瀑		桐城县西北	50	10		
31	龙池飞瀑		青阳九华山				
32	九华山碧桃瀑布		青阳九华山	200			
33	水帘洞瀑布	湖北	神农架主峰东北	100	10		
34	蕲春笔架山飞瀑		蕲春县城西北	270	5		
35	蚌壳瀑布		湖北				
	九寨沟瀑布群	四川	松潘县九寨沟				
36	诺日朗瀑布		松潘县九寨沟	30～40	140		
37	树正瀑布		松潘县九寨沟	25	72		
38	珍珠滩瀑布		松潘县九寨沟	45	310		

续表

序号	名称	省份	位置	落差（m）	宽度（m）	流量（m^3/s）	备注
39	温泉瀑布	四川	西昌市螺髻山				
40	翠崖飞瀑		洪雅县瓦屋山				
41	竹海飞瀑		长宁、江安两县境内				
42	滴乳崖飞瀑		泸州市效忠山				
43	黑石山瀑布		江津				
	银厂沟瀑布群		彭县				
44	百丈瀑布		彭县				
45	落虹瀑布		彭县	90	10		
46	冷风崖瀑布		彭县	30			
47	三叠飞瀑		彭县				
48	珍珠帘瀑		彭县				
49	狮子滩瀑布		长寿县				
50	双龙飞瀑		重庆市南温泉				
51	白龙过江		巫山大宁河小三峡				
52	翠巅峰飞瀑		峨嵋山				
53	加查瀑布	西藏	加查县雅鲁藏布江				
54	大叠水瀑布	云南	路南彝族自治县	120	20		
55	响水塘瀑布		广南县				
56	叠水瀑布		腾冲县	30			
57	哀牢山诸瀑		哀牢山恐龙河				
58	玉龙瀑布		宾川县鸡足山				
59	苍山十八溪瀑		大理古城点苍山				
60	大姚瀑布		大姚县	45	11		
61	罗平瀑布		罗平县				
	黄果树瀑布群	贵州					
62	黄果树瀑布		镇宁布依苗族自治县	66～74	81	16	
63	陡坡塘瀑布		镇宁布依苗族自治县	20.8	105	16	
64	螺蛳滩瀑布		镇宁布依苗族自治县	29	120	10	
65	银练坠潭瀑布		镇宁布依苗族自治县	8	60	4	
66	天生桥瀑布		镇宁布依苗族自治县	5.4	30	2	
67	关脚瀑布		镇宁布依苗族自治县	141	50	25	
68	蜘蛛洞瀑布		镇宁布依苗族自治县	35	3	2.5	
69	绿湄潭瀑布		镇宁布依苗族自治县	50	10	3	
70	龙门飞瀑		安顺龙宫洞	33	25		
71	关岭大瀑布		关岭布依族苗族自治县	410	5～63	3	三级瀑
72	塔山瀑布		关岭布依族苗族自治县				

续表

序号	名称	省份	位置	落差（m）	宽度（m）	流量（m^3/s）	备注
73	落叶瀑布		关岭布依族苗族自治县				
74	花江瀑布		关岭布依族苗族自治县妈妈岩				
75	十丈洞瀑布	贵州	赤水县赤水河支流风溪河	76	80		
76	桃花滩瀑布		贵阳市花溪				
77	穿洞河瀑布		瓮安县城北				
78	标水岩瀑布		江口县蔡家河				
79	水帘瀑布		衡山水帘洞	50多			
80	白龙潭瀑布		衡山				
81	相山瀑布		郴县				
82	络然潭瀑布	湖南	衡阳市				
83	大龙洞瀑布		吉首市				
84	莲花瀑布		湘西吉首德夯				
	庐山瀑布群		庐山				
85	庐山三叠泉瀑布		庐山	300			
86	开先瀑布		庐山				
87	石门瀑布		庐山				
88	黄龙潭瀑布		庐山				
89	乌龙潭瀑布		庐山				
90	王家坡双瀑		庐山				
91	玉帘泉瀑布		庐山	40			
	井冈山龙潭瀑群		井冈山				
92	碧玉潭瀑布	江西	井冈山	67	6~8		
93	二锁龙瀑		井冈山				
94	三珍珠瀑		井冈山				
95	四飞凤瀑		井冈山				
96	白龙潭瀑布		井冈山	80			
97	金沙冰玉潭瀑布		玉山县三清山				
98	横圹水乐坑瀑布		玉山县三清山				
99	八磜龙潭大瀑布		玉山县三清山				
100	双瀑泉飞瀑		南城县麻姑山				
	雁荡山瀑布群		雁荡山				
101	大龙湫瀑布		雁荡山	190			
102	小龙湫瀑布		雁荡山				
103	三折瀑		雁荡山				
104	散水岩瀑布		雁荡山				
105	西石梁大瀑		雁荡山	160			
106	梅雨瀑		雁荡山				
107	罗带瀑		雁荡山				
108	飞湫瀑		雁荡山				
109	含羞瀑	浙江	雁荡山				
110	石梁飞瀑		天台县天台山				
111	水珠帘瀑布		天台县天台山				
112	铜壶滴漏		天台县天台山				
113	三隐潭瀑布		奉化县雪窦山				
114	千丈岩瀑布		奉化县雪窦山	186			
	楠溪江瀑布群		永嘉县				
115	百丈瀑		永嘉县	124			
116	石门瀑		永嘉县				
117	藤溪诸瀑		永嘉县				
118	连缸瀑		永嘉县				
119	三折瀑		永嘉县	110			
120	横虹瀑		永嘉县	50			

续表

序号	名称	省份	位置	落差（m）	宽度（m）	流量（m^3/s）	备注
121	打锣瀑		永嘉县	15			
122	杯盏瀑		永嘉县	50			
123	二龙抢珠		永嘉县	30			
124	北坑三瀑龙坑		永嘉县				
125	莲花瀑		永嘉县	50			
126	三曲瀑		永嘉县	50			
127	七漈瀑		永嘉县	70			
128	双瀑流川		永嘉县				
129	北坑瀑		永嘉县				
	中雁荡山瀑布群		乐清县				
130	石门瀑		乐清县				
131	水帘洞瀑布		乐清县				
132	连珠瀑		乐清县				
133	梅雨瀑		乐清县				
134	百丈飞瀑		文成县				
135	十八涡瀑布		磐安县				
136	百丈龙湫瀑布		庆元县				
	南雁荡山瀑布群		平阳县				
137	大龙湫瀑布		平阳县				
138	白云瀑等八瀑		平阳县				
	仙岩三瀑	浙江	瑞安县				
139	龙须瀑		瑞安县				
140	雷响瀑		瑞安县				
141	梅雨瀑		瑞安县				
	方岩诸瀑		永康县				
142	龙湫瀑		永康县				
143	仙岩瀑等		永康县				
	南明山诸瀑		丽水市				
144	沥雪瀑布		丽水市	18			
145	龙潭北瀑		丽水市				
146	一线瀑		温岭县				
147	白龙潭飞瀑		杭州市				
148	石门洞瀑布		青田县				
149	剑池飞瀑		德清县莫干山				
150	冰壶暗瀑		金华市冰壶洞	20			
151	白水跳瀑布		武义县	30			
152	五泄飞瀑		诸暨县				
153	桃花瀑布		建德县				
154	葫芦瀑布		建德县	100			
155	高梅瀑布		建德县				
156	龙门瀑布		桐庐县				
157	大龙门瀑布		桐庐县	60	10		
158	九鲤湖飞瀑		仙游县九鲤湖				
159	九龙飞瀑		仙游县大蜚山	10	4		
160	宁德九龙漈瀑布群	福建	周宁县鲤鱼溪	53	80		
161	水帘洞飞瀑		武夷山天心岩	100			
162	合欢瀑布		南投县	520			
163	乌来瀑布		台北县	82	10		
164	大华瀑布		台北县				
165	蛟龙瀑布	台湾	嘉义县	1000			四级瀑
166	桃源瀑布		嘉义县	200			
167	蓬莱瀑布		云林县				
168	乙女瀑布		南投县				
169	云龙瀑布		南投县				

续表

序号	名称	省份	位置	落差（m）	宽度（m）	流量（m^3/s）	备注
170	金盈瀑布	台湾	宜兰县				
171	雌雄瀑布	台湾	南投县				
172	崎溜瀑布	台湾	高雄县				
173	白水泉瀑布	台湾	高雄县				
174	阿乌瀑布	台湾	屏东县				
175	佳洛水瀑布	台湾	屏东县	30			
176	泓龙瀑	台湾	台北市	100			
177	溪内瀑布	台湾	桃园县				
178	加拿瀑布	台湾	台东县				
	西樵山瀑布群	广东	南海县西樵山				
179	大云瀑	广东	南海县西樵山	20~40			三级瀑
180	云岩飞瀑	广东	南海县西樵山				
181	玉岩珠坑	广东	南海县西樵山				
182	云路铁泉	广东	南海县西樵山				
183	龙涎瀑	广东	南海县西樵山				
184	云外瀑	广东	南海县西樵山				
185	左垂虹瀑	广东	南海县西樵山				
186	右垂虹瀑	广东	南海县西樵山	33			
	从化三瀑	广东	从化县				
187	百丈瀑	广东	从化县				
188	香粉瀑	广东	从化县				
189	飞虹瀑	广东	从化县				
190	南礤飞瀑	广东	丰顺县				
191	石笔潭飞瀑	广东	台山县				
	鼎湖山诸瀑	广东	肇庆市鼎湖山	130	10		
192	飞水潭瀑布	广东	肇庆市鼎湖山				
193	跃龙潭瀑布	广东	肇庆市鼎湖山				
194	飞泉湖瀑布	广东	肇庆市鼎湖山				

续表

序号	名称	省份	位置	落差（m）	宽度（m）	流量（m^3/s）	备注
195	德天瀑布群	广西壮族自治区	大新县	50		5.23	
196	冷水瀑布	广西壮族自治区	隆林各族自治县	100			
197	东山瀑布	广西壮族自治区	陆川县				
198	漓江瀑布	广西壮族自治区	桂林市漓江				
199	三叠岭瀑布	广西壮族自治区	靖西县	30	20		
	花坪瀑布群	广西壮族自治区	花坪自然保护区				
200	小滩双瀑	广西壮族自治区	花坪自然保护区	10			
201	红滩瀑布	广西壮族自治区	花坪自然保护区	30			
202	平水江瀑布	广西壮族自治区	花坪自然保护区	40			
203	瑶人冲瀑布	广西壮族自治区	花坪自然保护区				
204	白水滩瀑布	广西壮族自治区	花坪自然保护区	200			
205	长明湾瀑布	广西壮族自治区	花坪自然保护区				
206	云台山瀑布	河南	焦作云台山	约300	出口6		
207	白龙潭瀑布	河南	石人山风景区	35			
208	沙刀沟瀑布	湖南	武陵区	120			
209	青山沟瀑布群	辽宁		20~40			
210	娘子关瀑布	山西		32			
211	徐凫岩瀑布	浙江	奉化	240			
212	石梁飞瀑	浙江	奉化	30			
213	望乡台瀑布	重庆市	四面山	152	40		
214	水口寺瀑布	重庆市	四面山	94			
215	金佛山水帘洞	重庆	金佛山				

二、名泉

中国名泉一览表

表5-2-1

序号	泉名	位置	出露条件	水温（℃）	流量（m^3/d）	特殊化学成分含量（mg/L） 水化学类型 矿化度（g/L）	开发利用情况	备注
1	小汤山温泉	北京市昌平区	从第四系松散层中涌出，含水层岩性为隐伏其下的晚元古界白云岩	东泉42 西泉50	1779.8	$HCO_3 \cdot Cl - Na \cdot Ca$ 0.30~0.47	用于浴疗。历史悠久，《大元一统志》即有记载，清代建行宫，1953-1956年泉区建了多座疗养院，现在统建成一个温泉疗养院	流量为东、西两泉之和。1974年后泉水流量渐减，80年代初断流，现泉池水位降至地面以下1m
2	玉泉	北京玉泉山	断层泉、喷射型				燕京八景之一。“玉泉垂虹”。“玉泉趵突”	
3	热河泉	河北省承德市	从第四系松散层中涌出，含水层岩性为太古界之片麻岩、安山岩等。泉的形成与断裂有关	9~11		$HCO_3 - Ca$	避暑山庄内湖水之源头	
4	汤泉	河北省遵化县	从太古界变质岩和燕山期花岗岩体接触带南侧的两条断层的交汇处涌出	62	>50	H_2SiO_3 70 $SO_4 - Na$ 0.76	用于浴疗。历史悠久。《水经注》中即有记载；唐代建福泉寺；清代为皇室沐浴场所。现在泉区建有汤泉工人疗养院	

续表

序号	泉名	位置	出露条件	水温（℃）	流量（m^3/d）	特殊化学成分含量（mg/L） 水化学类型 矿化度（g/L）	开发利用情况	备注
5	赤城温泉	河北省赤城县	泉区位于桑干背斜的边缘，两条大断裂的交汇处。泉水从燕山期花岗岩裂隙中涌出	68	700	H_2SiO_3 86 SO_4-Na	用于医疗。据载，汉朝即开始利用。现建有温泉疗养院，目前泉水的利用尚不充分	流量仅为主泉的一部分
6	晋祠泉	山西省太原市晋祠镇	泉区位于晋交断裂带上。泉水从奥陶系石灰岩溶隙中涌出	17.5	16.7万	$SO_4 \cdot HCO_3-Ca \cdot Mg$ 0.58～0.78	为晋水源头，《山海经》中就有记载。是工农业生产的重要水源，也是晋祠名胜区的重要组成部分	流量为1954－1958年的平均值。1983年平均流量降至0.57m^3/s，鱼沼泉、善利泉枯竭。据研究，平均流量需＞1.4m^3/s，三泉才可常年有水流
7	娘子关泉	山西省平定县	沿绵河及其上游桃河、温河河床出露。泉水均从奥陶系石灰岩溶隙中涌出	17～18	108.0万	$HCO_3-Ca \cdot Mg$或 $HCO_3 \cdot SO_4-Ca \cdot Mg$ 0.4～0.7	为工农业生产的重要水源，拥有一座泉水发电站	流量为1959－1977年泉群的平均值。水帘洞泉自然泉口近年被遮盖，修筑渠道引水
8	广胜寺泉（霍泉）	山西省洪洞县	受霍山山前断裂影响，泉水从基岩与第四系地层接触带附近涌出。含水层岩性为寒武、奥陶系石灰岩	14.5	35.4万	$HCO_3 \cdot SO_4-Ca \cdot Mg$ 0.56	历史悠久，《水经注》中即有记载。泉水是工农业生产的重要水源，也是广胜寺旅游胜地重要组成部分	流量为1951－1983年的平均值
9	阿尔山矿泉	内蒙古自治区兴安盟科右前旗	从第四系松散层中涌出。含水层岩性为白垩系流纹岩等，泉水的形成与出露和断层有关		＞500	$H_2SiO_3$48 · Rn903 HCO_3-Na 0.52	用于医疗。建有温泉疗养院	泉群中各泉水温不同，最低者为1.5℃，最高者为48.5℃。流量为泉群总量
10	克旗温泉	内蒙古自治区昭乌达盟克什克腾旗	热水赋存于燕山期似斑状花岗岩的构造裂隙中，经第四系砂砾石层及黄土层溢出地表	38～41	80	$H_2SiO_3^-$ 92 HCO_3-Na 0.4	用于浴疗。有400多年的利用史，现建有热水民族疗养院，除采用泉水外，还凿井取用地下热水	
11	五大连池矿泉	黑龙江省五大连池市	存在于深部花岗闪长岩和片岩裂隙中的矿水，沿断裂上涌，补给白垩系砂岩含水层形成次生矿水，再沿断裂继续上涌，穿过第四系松散层出露地表	2～3.5	27	Fe^{2+}40，$H_2CO_3^{-3}$72 $CO_2$1400 $HCO_3-Ca \cdot Mg$或 HCO_3-Na 1.3	主要用于医疗。泉水可饮可浴，有近百年的利用史。泉区建有多座疗养院。生产的矿泉饮料，为国内优质矿泉饮料之一	流量为北、南两泉之和。CO_2含量为北、南泉含量的平均值
12	长白温泉	吉林省安图县	从第四系碱性火山岩的裂隙中涌出。温泉的形成与断裂和近期火山活动密切相关	60～70	43～86	HCO_3-Na 1.29	用于洗浴。建有温泉浴池，是长白山旅游胜地组成部分之一	流量各泉有异，一般为43.2－86.4m^3/d
13	兴城温泉	辽宁省兴城市	沿断裂从太古界的混合花岗岩裂隙中涌出，通过第四系松散层出露地表	60～70		$H_2SiO_3^-$ 119 $Cl-Na \cdot Ca$ 3.7～4.7	用于浴疗。据传发现于唐初，明代建有温泉寺，现在泉区附近建有多座疗养院。除用泉水外，还凿井十余眼，开采地下热水	
14	汤岗子温泉	辽宁省鞍山市	从燕山期花岗岩裂隙中涌出，通过第四系松散层于地形低洼处溢出地表	72	1000	$H_2SiO_3^-$ 128 · Rn170， SO_4-Na 0.46	主要用于浴疗。据载唐贞观十八年（644年）即被发现，现拥有一座综合性理疗医院	
15	本溪汤池	辽宁省本溪市	汤池村位于一条地热带中心，涌泉型	75			利用地下热水供暖，用于浴疗	

续表

序号	泉名	位置	出露条件	水温（℃）	流量（m^3/d）	特殊化学成分含量（mg/L）水化学类型 矿化度（g/L）	开发利用情况	备注
16	金州龙眼泉	辽宁省大连市金州	从隐伏岩溶管道的交汇处、震旦系石灰岩溶洞中涌出		约3万		1928年和1970年先后在泉眼处建筑井筒，以获取泉水，但终因不能解决海水侵入问题，而未被利用	
17	趵突泉	山东省济南市	沿灰岩与闪长岩接触带灰岩一侧的寒武、奥陶系石灰岩裂隙溶洞中涌出	18	7.8万	$HCO_3-Ca\cdot Mg$ 0.2～0.3	在《春秋》中就有记载，为泺水之源。“泉城”72名泉之冠，水质极佳，是重要的水源，也是著名的旅游地	流量为泉群之多年平均值。1975年后泉池开始出现干枯现象
18	黑虎泉	山东省济南市	沿灰岩与闪长岩接触带灰岩一侧的寒武、奥陶系石灰岩裂隙溶洞中涌出	18	11.2万	$HCO_3-Ca\cdot Mg$ 0.2～0.3	“泉城”72名泉之一，是市区重要水源之一，也是著名的旅游地	流量为黑虎泉群多年平均值
19	五龙潭泉	山东省济南市	从寒武、奥陶系灰岩裂隙溶洞中涌出，通过较薄的闪长岩分布地段，于第四系松散层中溢出地表	18	4.0万	$HCO_3-Ca\cdot Mg$ 0.2～0.3	“泉城”72名泉之一	
20	珍珠泉	山东省济南市	从寒武、奥陶系灰岩裂隙溶洞中涌出，通过较薄的闪长岩分布地段，于第四系松散层中溢出地表	18	1.5万	$HCO_3-Ca\cdot Mg$ 0.2～0.3	“泉城”72名泉之一	流量为泉群多年平均值
21	崂山矿泉	山东省青岛市	从燕山期花岗岩裂隙中涌出			$Cl\cdot HCO_3\cdot SO_4-Ca\cdot Na$ 0.05	是饮料工业的优质水源，用它作饮料已有近百年历史。崂山矿泉饮料享誉国际市场	
22	中泠泉	江苏省镇江市	从三叠系石灰岩层中涌出，于长江漫滩砂层中出露地表			HCO_3-Ca 0.25	是优质饮用水源。唐代品茶专家刘伯刍将它评为第一，故有“天下第一泉”之称	
23	惠山泉	江苏省无锡市	从泥盆系砂岩裂隙中涌出		9	$HCO_3\cdot Cl-Ca$ 0.03	是优质饮用水源，煮茶的珍品，历史悠久，以“天下第二泉”著称于世	
24	黄山温泉	安徽省黄山风景区	从被断层切割的花岗岩体与围岩接触面附近涌出	42	145.3	$H_2SiO_3^-49\cdot Rn74$ $HCO_3-Na\cdot Ca$ 0.11	用于洗浴。唐代即有记载，现建有温泉疗养院，设有温泉游泳池等	
25	虎跑泉	浙江省杭州市	从断层陡崖下的泥盆系石英砂岩裂隙中涌出		43.2～86.4	$\cdot Rn96$ $HCO_3\cdot Cl-Na\cdot Ca\cdot Mg$ 0.02	是优质饮用水源，有“天下第三泉”之称。“龙井茶叶，虎跑水”被誉为西湖双绝	
26	龙井泉	浙江省杭州市	从南高峰向斜翘起端，于九溪沟和龙弘洞之间的石灰岩溶隙中涌出		43.2～86.4	HCO_3-Ca 0.26	为优质饮用水源。据传三国时即著称于世	
27	玉　泉	浙江省杭州市	从山前冲洪积扇尾部的第四系松散层中溢出地表		500		具观赏和供水价值，发现于南齐（距今1400多年），为西湖历史最悠久的名泉	
28	招隐泉	江西省庐山风景区	从基岩裂隙中涌出				优质饮用水源，被唐代茶学家陆羽品评为“天下第六泉”	
29	庐山温泉（星子温泉）	庐山风景区					史书记载还有灵汤、灵阳泉、灵秀泉等名。浴疗，建有疗养院	位于星子县黄龙山下

续表

序号	泉名	位置	出露条件	水温（℃）	流量（m^3/d）	特殊化学成分含量（mg/L）水化学类型 矿化度（g/L）	开发利用情况	备　注
30	北投温泉	台湾省台北市	出露于昔日火山汇集之大屯山下，金山断裂附近，温泉的形成与火山活动密切相关	>100		硫酸盐型	有近200年的开发利用史，青磺、白磺泉主要用于医疗。泉区为闻名遐迩的疗养胜地	温度系指青磺泉的
31	关子岭温泉	台湾省台南县	温泉出露与断裂有关。泉水系油田内封存的温热咸水。在高压作用下，沿断裂、裂隙涌出地表，区内地层以泥岩为主	75		碳酸泉	宜沐浴，有疗疾之功效，泉区是中外闻名的旅游胜地	
32	百　泉	河南省辉县	从花山断裂北盘的奥陶系石灰岩溶隙中涌出	19.5 ~ 20	25.9 万 ~ 43.2 万	$HCO_3-Ca\cdot Mg$ 0.26	是工农业生产的重要水源，也是著名的风景旅游胜地。3000多年前已开凿利用，建有完整的泉水灌溉系统	1979年4月开始逐渐干枯，1981年8月又复流。现正采取控制泉区附近深井抽水量的措施，来保护泉水
33	珍珠泉	河南省安阳县	从奥陶系灰岩、白云质灰岩溶隙中涌出	17	16.3 万	$HCO_3-Ca\cdot Mg$ 0.25	是工农业生产的重要水源。后魏时即开始引泉水鼓炉，北魏时开挖渠道，引泉水灌溉，现在为4万亩农田及十几座工厂供水	
34	石人山三汤泉	河南石人山风景区	石人山东麓	40 ~ 60			有上汤、中汤、下汤三温泉，建有疗养院	石人山为国家级风景区
35	卓刀泉	湖北省武汉市	从一小断层上的泥盆系石英砂砾岩裂隙中涌出，通过第四系松散层溢出地表				饮用泉。传说为汉寿亭侯关公卓刀于此而出泉，故历史上视它为“神泉”。现泉区列为国家文物保护区	
36	咸宁温泉	湖北省咸宁市	从潜山背斜断裂带上的淦河河床和岸边的奥陶系灰岩裂隙中涌出	40 ~ 50		$H_2SiO_3^-$44 ˙Rn159，SO_4-Ca 2.25	主要用于浴疗。其利用始于明代，泉水主要供附近疗养院、宾馆使用。泉区内还开凿热水井十几眼	1 - 4 号泉实测流量为6998.4立方米/日
37	白沙泉	湖南省长沙市	从第四系卵砾石层孔隙中涌出	16 ~ 20	86.4	$HCO_3-Ca\cdot Na$	是优质的饮用水源。据传春秋时期已开始利用。它以洁净透明，甘冽不竭而驰名，并用它酿制出名酒——“白沙液”	
38	大龙洞泉	湖南省花垣县	从寒武系白云岩、灰岩溶洞中涌出		8.6 万 ~ 941.8 万	HCO_3-Ca 0.04 ~ 0.54	主要用于发电，其次是灌溉。泉水电站的装机容量为4×1250kW	
39	从化温泉	广东省从化县	从广（州）从（化）断裂和另一纬向断裂的交汇处，流溪河河床砂砾石孔隙中及岸边花岗岩裂隙中涌出	30 ~ 60	1444.7	$H_2SiO_3^-$ 39 ~ 110 ˙Rn63 ~ 710 HCO_3-K+Na 0.24 ~ 0.39	能饮、能浴，有“岭南第一泉”之誉。泉区为闻名遐迩的疗养胜地，疗养区除引用泉水外，还凿井数眼开采地下热水	流量为泉群9个泉点实测流量之和
40	中山温泉	广东省中山市三乡区	与樟木头断裂有关，从燕山期花岗岩裂隙中涌出，通过第四系松散层溢出地表	85	864	$H_2SiO_3^-$ 117 $Cl-Na$ 5.8	宜沐浴。泉区为新兴的疗养胜地，建有中山温泉宾馆，并拥有露天温泉游泳池和室内温泉浴室等。区内凿有数眼地热井	
41	三元里矿泉	广东省广州市	从石炭、二叠系灰岩裂隙中涌出，于广（州）花（县）盆地南端的第四系松散层中溢出地表	32.2	5000	˙Rn98 $Cl-Na\cdot Ca$ 1.13	主要用于沐浴。有矿泉游泳场，还建有“矿泉宾馆”等	流量为推算值
42	兴隆温泉	海南万宁市	万宁市西南	80			泉水经过三级蓄水池，水温逐级降至40℃	建有疗养、游泳池
43	保亭温泉群	海南三亚市	保亭七指岭风景区，有泉眼40多个汇成溪、湖、河。	95	4200		建有浴疗和温泉度假村	
44	凤凰温泉	海南三亚市	三亚市近郊	50			浴疗，饮用。建有温泉度假村	

续表

序号	泉名	位置	出露条件	水温（℃）	流量（m^3/d）	特殊化学成分含量（mg/L）水化学类型 矿化度（g/L）	开发利用情况	备注
45	乳泉	广西壮族自治区桂平县	从花岗岩裂隙中涌出	21～22			为优质饮用水源。用泉水酿制的“乳泉酒”被誉为“广西茅台”。泉水时有奇特的“喷乳”现象	“喷乳”时，泉水中携带大量氡气
46	鹅泉	广西壮族自治区靖西县	从石灰岩溶隙中涌出		约10万	$HCO_3-Ca\cdot Mg$	为灌溉水源。是鹅泉河之源头	
47	华清池	陕西省临潼县	从骊山北麓近东西向断裂与北东向断裂交汇处、山地与平原接触处涌出	41.7～44.1	2700	$H_2SiO_3^-$ 62 · Rn1295 $SO_4\cdot Cl-Na$ 0.86	用于医疗。西周时即开始利用，秦、唐、清各代在泉区都有修建。现在按唐代华清宫的名称扩建了不少名胜点，使泉区成为以温泉为中心的、享誉中外的旅游胜地之一	
48	月牙泉	甘肃省敦煌市	从第四系松散层中涌出				是旅游资源，也是灌溉水源。汉书即有记载。它与鸣沙山构成一组“沙漠奇观”	
49	酒泉	甘肃省酒泉市	从山前冲洪积扇尾部第四系松散层孔隙中溢出		500	重碳酸盐型 0.20	是优质饮用水源。汉代时已有利用，酒泉之名与汉将霍去病的一段传说有关。有“西汉胜迹”之称，并成为名胜地	
50	五泉	甘肃省兰州市	从第四系黄土层下的砂砾卵石层和砂质泥岩的接触处溢出				五泉水质各不相同，其中甘露泉、蒙泉宜饮用；惠泉可供灌溉，相传五泉的来历与汉将霍去病有关，遂成为名胜之地	
51	贵德矿泉	青海省贵德县	从沟壁中生界花岗闪长岩的裂隙中涌出	92		重碳酸盐型	用于医疗。其利用始于明代。现建有一座河西浴疗院	含有氡
52	水磨沟温泉	新疆维吾尔自治区乌鲁木齐市	从断裂破碎带中涌出	28～36	>200	H_2S 6.76 硫化氢泉	据载1768年已被利用，1965年因地震影响泉水断流，1980年重新开挖出来，并兴建温泉疗养院，现在，温泉区已建成了一座拥有国际先进医疗设施的综合性疗养院	
53	北温泉	重庆市	泉水因嘉陵江深切背斜而出露。含水层岩性为三叠系石灰岩，出露处为三叠系砂页岩	35～37.5	5000	SO_4-Ca 2.5	主要用于沐浴。泉区原有温泉寺，1927年辟为公园，区内建有大、小温泉游泳池。现为著名疗养胜地之一	泉水中含铁、二氧化碳以及微量的氟、锂、硼、锶、钒、氡等
54	南川三泉	重庆市金佛山风景区	冷、温、热三泉均从龙岩河底相距甚远的三处石隙中出露，泉涌各不相混。	冷30、温40、热60	各泉均达数十方		建三泉园，有浴室浴疗	
55	玉妃泉	四川省绵竹县	从沿断裂走向发育的地下暗河中涌出。出露处地层为侏罗系灰质砾岩	13	1154	Sr 0.53 HCO_3-Ca 0.16	是酿制名酒“剑南春”的水源之一	
56	翡翠泉	四川省松潘县	从第四系钙华层中涌出。含水层岩性为石炭、二叠、三叠系的碳酸盐岩	9.6	38.9	Sr0.49，$CO_2$960 HCO_3-Ca 1.2	为黄龙风景区景点之一，现正在作为饮料矿泉水开发	

续表

序号	泉名	位置	出露条件	水温（℃）	流量（m^3/d）	特殊化学成分含量（mg/L）水化学类型矿化度（g/L）	开发利用情况	备注
57	药王泉	四川省泸定县	泉区位处龙门山、鲜水河与川滇三大构造带的交汇处。泉水从燕山期混合花岗岩裂隙中涌出	30.1～30.8	857～931	Li0.96－1.3，Sr0.57，$H_2SiO_3^-$113，$CO_2$573 $HCO_3-Na\cdot Ca$ 1.3～1.4	历史悠久，有医疗价值，曾被视为“天药神水”。现已作为饮料矿泉水开发	流量为泉群之总和，水质以主泉为代表
58	三潮泉	贵州省修文县	从群峰起伏的溶蚀低山脚下的三叠系石灰岩溶洞中涌出				明代即作为著名古迹载入地方志中，它以一日三潮而闻名遐迩	近年来泉水间歇规律及水量都有变化，但仍为名副其实的间歇泉
59	安宁温泉	云南省安宁县	从温泉镇大断裂西侧的二叠系石灰岩溶隙中涌出	43	1700	$HCO_3-Ca\cdot Mg$ 0.44	主要用于医疗。能饮、能浴。东汉时即已发现，曾誉为“天下第一汤”。现泉区有多座疗养院，为著名的疗养胜地之一	
60	腾冲温泉群	云南省腾冲地热风景区	从花岗岩、花岗质含砾粗砂岩与砾岩等的裂隙中涌出。其形成与岩浆活动及断裂作用有关	50～105		HCO_3-Na 1.0～3.0	用于浴疗、提炼硫磺、明矾等。其地热能资源正在计划开发中	泉水中Li^+、F^-含量较高。硫磺塘和黄瓜菁泉又分别以含H_2S（9.39毫克/升）和氡气（480贝可/升）高为主要特征
61	蝴蝶泉	云南省大理市	水从基岩裂隙中涌出				明代《徐霞客游记》中即有记载。它伴随泉边的蝴蝶盛会而闻名遐迩	
62	搭各加间歇喷泉	西藏自治区昂仁县	从一泉华台地上喷出。泉区位处几条断裂的交汇处	约88			是目前世界上海拔最高的间歇喷泉	

三、名洞

中国名洞一览表　　　　**表5－3－1**

序号	岩洞名	所属省县	主要特征
1	七星岩洞系	广西桂林市	构造复杂，长2720多米，面积2.8万m^2
2	芦笛岩	广西桂林市	极享盛名，有“大自然艺术之宫”之誉，长240m，面积1.5万m^2，游线500m，石钟乳极为发育
3	芦笛大岩	广西桂林市	长975m，面积1.4万m^2
4	太平岩	广西桂林市	长1352m，面积2.1万m^2
5	穿山岩	广西桂林市	长446m，面积0.3万m^2
6	白龙洞	广西桂林市	长863m，面积0.37万m^2
7	冠岩	广西桂林市	现代地下河
8	岩门底洞系	广西桂林市	长1821m，面积2.0万m^2
9	甑皮岩	广西桂林市	长19m，面积200m^2，新石器时期遗址洞
10	隐山六洞	广西桂林市	多洞组成群洞，洞中有水

续表

序号	岩洞名	所属省县	主要特征
11	还珠洞	广西桂林市	玲珑通透，中多旁洞，有一巨大垂岩名试剑石
12	龙隐岩	广西桂林市	边洞，多石刻，称为“桂海碑林”
13	沙子溪水岩	广西桂林市	水洞，长大于1000m，面积大于0.5万m^2
14	乳洞岩	广西桂林市	洞长381m，分三层，下层有地下河
15	莲花岩	广西桂林市	全长482m，面积0.48万m^2，洞内有深潭，有石莲
16	罗田大岩	广西桂林市	石柱发育、洞体宏大，长1250m，面积5.7万m^2
17	伊岭岩	广西南宁市	规模巨大，钟乳发育
18	都乐岩	广西柳州市	三洞组成洞群，洞顶平坦，钟乳发育
19	岩川	广西钟山	3600多米
20	孔明洞	广西昭平	6个大厅组成
21	织金洞	贵州织金县	十几公里长，钟乳石、卷曲石发育、类型多样，气势雄伟
22	地下公园	贵州	长587m，又名白龙洞

续表

序号	岩洞名	所属省县	主要特征
23	龙宫	贵州安顺市	年游客近百万，以奇、幽、险著名，由龙门瀑布、天池、龙宫三部分组成
24	北龙宫	贵州安顺市	与“龙宫”相对，洞长8000多米，地下河4000多米，是水旱结合的迷宫型洞穴群
25	阳明洞	贵州贵阳市	明代王阳明讲学的地方，洞长12m，宽9m
26	碧云洞	贵州盘县	长6000多米，有地下河
27	犀牛洞	贵州镇宁县	467m长
28	夜郎洞	贵州镇宁县	十个洞穴组成，有200多米水路
29	神仙洞	贵州独山县	总长5000m，分五层，高差225m，由2个主洞10个支洞组成
30	九龙洞	贵州铜仁市	宽阔恢宏，宽70~100m，高30-70m，由两层组成，有七个大厅，石柱石笋众多
31	青龙洞	贵州镇远县	由青龙洞、中元洞、紫阳洞组成。有古建筑群和人文史迹
32	王霸洞	贵州清镇	500多米长，有地下河
33	奇风洞	云南路南	下有暗河，受虹吸作用，间歇性喷出，洞内有风
34	芝云洞	云南路南	石笋、钟乳众多
35	燕子洞	云南建水县	洞为双层，上为干洞，下为水洞，有燕百万居之，是奇特的生态景观
36	阿庐古洞	云南泸西县	俗称“九峰十八洞”。已开放3个旱洞1个水洞
37	白龙洞	云南弥勒县	全长2500m，上、下两层，40多个洞厅
38	九乡洞群	云南宜良县	主要由卧龙洞、白象洞、神女宫、荫翠峡等景组成
39	天泉洞	四川兴文县	洞由上、中、下、底四层组成，开放的游线3000多米，主厅有天窗透光，且悬挂有飞泉
40	神风洞	四川兴文县	约2800m长
41	神龙洞	四川兴文县	有高20m左右的石笋，水母状石钟乳、石帷幕发育
42	中峰洞	四川通江	长9km，洞内有5条大路16条支路，7个大厅
43	老君洞	四川峨嵋山	支洞众多，有“九支洞、九小洞、九阴洞”之称
44	黄龙后寺洞	四川松潘	内有钟乳石佛像
45	芙蓉洞	四川武隆县	洞口海拔480m，洞长1847m，洞宽69m，洞高8~25m，底面积3.7万m^2，呈S形廊道式洞体
46	波月洞	湖南冷水江市	与邻近各洞组成2500m长的洞穴系统。波月洞最高为20m，最宽处70多米，面积1.6万m^2
47	黄龙洞	湖南武陵源	8个大厅96廊，洞内高差较大，有地下河，可船游
48	火岩洞群	湖南龙山	18个洞厅，景观壮美
49	堂乐洞	湖南吉首市	反清义军曾在洞内制作兵器。洞体复杂，有上、中、下三层，全长约2.5km，有地下河
50	舞皇洞	湖南东安	4宫18殿
51	紫霞洞	湖南宁远县	本洞分内外两部分，传说久远。据传舜帝曾游此洞，洞口在雨过阳光下如置紫色霞光中
52	胜仙洞	湖南涟源	内有观间洞，景观多处
53	腾龙洞	湖北利川市	我国目前发现的最长的石灰岩溶洞，总长为39km，其中旱洞22km，水洞17km，洞穴系统总长70km以上
54	燕子洞	湖北神农架	全长1500m，内有燕子居住
55	朱家河大洞	湖北五峰县	长3400m，最高处114m，最宽108m
56	黄金洞	湖北咸丰县	构造复杂的洞穴系统，主洞5个，支洞26个，总长2万多米
57	三游洞	湖北宜昌县	洞身仅30m左右，高约6m，背靠长江，唐以来的人文胜迹为特长
58	张公洞	江苏宜兴市	发现于春秋时代。洞中有洞，大小共有72个洞
59	善卷洞	江苏宜兴市	总面积约5000 m^2，三层四洞，下洞和水洞有地下河
60	灵谷洞	江苏宜兴市	总长1200m，面积8100m^2，以洞中有山、洞身幽邃称奇
61	水帘洞	江苏连云港市	有泉水滴落如丝
62	林屋洞	江苏太湖	以基岩溶蚀景观为特色，发现于春秋，后湮埋，20世纪80年代清理开放
63	瑶琳洞	浙江桐庐县	著名的“瑶琳仙境”，由11个洞穴组成，有3km长的地下河
64	灵栖洞	浙江建德县	有清风、霭云、灵栖三大洞群，十二个洞穴，可船游
65	朝真洞	浙江金华市	曲折幽深，犹如迷宫
66	冰壶洞	浙江金华市	有19m高的地下瀑布
67	双龙洞	浙江金华市	由外洞、内洞、耳洞组成，卧舟入洞乃其特色
68	灵山洞	浙江杭州市	24个洞穴构成，主洞灵山洞，面积6000多平方米
69	涌雪洞	浙江兰溪市	多个洞穴组成，主洞涌雪洞1026m长，有1000多米的地下长河
70	玉乳洞	浙江杭州市	位处飞来峰下，洞分两层
71	玉华洞	福建乐县	其石光滑如玉
72	滴水洞	福建明溪	洞分四层，有悬石、天泉、玉莲花

续表

序号	岩洞名	所属省县	主要特征
73	龙宫洞	江西彭泽县	由高32m的龙门、龙宫洞、玉壶洞、仙真岩组成，可以船游、步游、洞内洞外游
74	孽龙洞	江西萍乡市	主洞4000m长，最大厅高30m，有4个洞天飞瀑
75	仙人洞	江西庐山	周围有蟾蜍石、劲松、乱云飞渡等奇景
76	狮子洞	江西九江市	长1000m，有地下河
77	石室大岩	广东肇庆市	钟乳发育，多洞组成
78	双源洞	广东肇庆市	长320m，其典型的地下河
79	七星岩	广东肇庆市	七座石峰，布列如北斗七星，石山下有8个岩洞，组成七星岩洞
80	通天岩	广东英德县	长528m
81	宝晶洞	广东英德县	1984年始被发现并开放，洞有4层，其下洞为主洞，长1000多米，游览面积0.8万m^2
82	凌霄岩	广东云浮县、阳春县	洞体极高处达60多米，极宽处120多米，地下河约200m，由阳春境潜入，云浮境流出
83	蟠龙洞	广东云浮县	洞长528m，洞底高出平原20m，游览洞分上、下两层
84	三洞天	广东阳春县	长1300多米
85	龙泉洞	安徽宣城	7个大厅组成
86	五霞洞	安徽南陵	5个洞相通
87	神仙洞	安徽太平	长500多米，洞内宽敞
88	齐山洞群	安徽贵池	大小32洞
89	仙灯洞	安徽黄山	位于云谷寺中
90	太极洞	安徽广德县	古称“广德埋藏”，明代冯梦龙誉为“天下四绝”之一，总长5400m，面积14.1万m^2，洞中有洞，可行舟
91	蓬莱洞	安徽石台县	3000多米长，四层，面积约2万m^2
92	万象洞	甘肃武都	长3500m
93	本溪水洞	辽宁本溪市	由三个洞穴构成，长3000余米，面积3.6万m^2，主洞终年有水，可行船
94	锦西水洞	辽宁锦西	
95	鸭园溶洞	吉林通化市	长360m，4个大厅组成
96	官马溶洞	吉林盘石	长200m，有6个厅，洞内多蝙蝠
97	鹿蹄洞	吉林长白山	其口极小，其洞极大
98	穿岩洞	内蒙古喇嘛山	长50多米，高30~40m，有框景之效
99	仙女宫	黑龙江五大连池	长220m，棘状熔岩钟乳发育
100	地下森林洞	黑龙江牡丹江市	有三个熔洞
101	石花洞	北京房山	我国华北少见的巨大洞穴系统，有六层洞穴，内有明代塑佛像
102	云水洞	北京房山	长680m，有6个大厅组成
103	三英洞	北京房山	主洞长1200m，支洞长400m，共有五层
104	银狐洞	北京房山	由旱洞、水洞组成，游线千米以上
105	白云洞	河北临城县	总面积4000m^2，共有四个洞厅
106	雪花洞	河南郑州	全长约5000m，六个大厅，其沉积物以雪花状的石花最为奇特
107	樵岭洞	山东淄博市	约1400m长，最宽处有70m，五个大厅

续表

序号	岩洞名	所属省县	主要特征
108	沂源洞	山东沂源县	三大溶洞群，四十多个洞穴
109	落笔洞	海南三亚	洞口高约10m，宽8m，洞深18m，有两根粗大石乳下垂，人文史迹较多
110	千龙洞	海南三亚	洞口高约15m，宽30m，众多钟乳下垂，林泉密布，有地下河
111	龙硿洞	福建龙岩市	可游部分长约1000m，有10个分洞
112	韭山洞	安徽滁州市	长约900m，高约20m，宽约30m
113	青龙洞	辽宁桓仁县	高出雅河水面80m，长5000m，最大洞厅约6000m^2

四、名岛

中国名岛一览表　　表5-4-1

序号	名称	面积（km^2）	最高海拔	备　注
1	蛇岛	1	215	辽东半岛西
2	菊花岛	40		辽宁省兴城县城东南
3	庙岛列岛			山东省渤海海峡，有30多个岛屿
4	芝罘岛	10	294	山东省烟台市北、陆连岛
5	刘公岛	5	113	山东省威海港湾中央
6	海驴岛	1312m^2		山东省荣成市成山头西北
7	秦山岛	0.2		江苏省海州湾，赣榆县东
8	东西连岛	5.6		江苏省连云港东
9	车牛山岛	0.058		江苏省海州湾东，又称黄海鸟岛
10	崇明岛	1000		中国第三大岛，位于长江口
11	嵊泗列岛			杭州湾东部，距上海30多海里
12	舟山岛			中国第四大岛，舟山市所在地
13	普陀山岛	125	300	浙江省舟山群岛中一个小岛
14	朱家尖岛	72		浙江省是普陀山岛的姐妹岛
15	大鹿岛	2		浙江省玉环县东南海面上
16	南麂列岛	12		浙江省温州市东南50海里，由31个岛组成
17	马祖列岛	27		福建省闽江口外
18	平潭岛	300		其中国家级风景区面积50km^2
19	厦门岛			厦门市所在地
20	鼓浪屿	1.84		厦门岛西南，日光岩90多米高
21	东山岛		427	闽南与广东交界处
22	台湾岛	35788	3997	中国第一大岛，主峰玉山
23	澎湖列岛	126		台湾省台湾海峡南部，有64个岛
24	琉球屿	6.8~7.4	80	台湾省高雄南
25	兰屿	40	54.8	台湾省台东县东南49海里
26	绿岛	15	281	台湾省台东县东18海里
27	香港岛	76.5	552	珠江口外
28	大屿山	141.6	934	珠江口外大濠岛
29	涠洲岛	26.6	75	北海市南56公里
30	斜阳岛	1.8	140	北距涠洲岛9海里
31	海南岛	32200		雷州半岛南
32	南海诸岛			南海200多处岛屿组成

第六章　风景之最

一、天景之最

（一）最早的物候历

中国是一个文明古国，对于物候及物候历，古书早有记载。《素问·六节藏象论》中就有："五日谓之候，三候谓之气，六气谓之时，四时谓之岁。"在黄河流域，更有一年分二十四气，共七十二候的物候历。每候以一个物候现象相应，叫"候应"，表示一年中物候和气候的一般变化情况。一般分两类：一类是生物物候，其中有动物的，如鸿雁来、寒蝉鸣、蚯蚓出等，也有植物的，如桃始华、萍始生、禾乃登等；另一类是非生物物候，如水始冰、雷乃发声、土润溽暑等。内容非常广泛，其中也有观察错误的情况，如鹰化为鸠、雀入大水为蛤等。七十二候应的起源很早，《逸周书》中所记载的已完全定型。而《逸周书》所记，乃周、秦之事。所以，中国的物候历，大约产生在公元前500年左右，是世界上最早的物候历。（表6-1-1）由于气候的年际变化和地区差别很大，这种物候历只适用于中国黄河流域，但气候和物候平行观测对比的编年史却同样是中外物候学的主要内容。

根据《农桑通诀》，七十二候应表　　表6-1-1

春季	节气	立春	雨水	惊蛰	春分	清明	谷雨
	候应	东风解冻 蛰虫始振 鱼陟负冰	獭祭鱼 候雁北 草木萌动	桃始华 仓庚鸣 鹰化为鸠	玄鸟至 雷乃发声 始电	桐始华 田鼠化鴽 虹始见	萍始生 鸣鸠拂羽 戴胜降于桑
夏季	节气	立夏	小满	芒种	夏至	小暑	大暑
	候应	蝼蝈鸣 蚯蚓出 王瓜生	苦菜秀 靡草死 麦秋至	螳螂生 鵙始鸣 反舌无声	鹿角解 蜩始鸣 半夏生	温风至 蟋蟀居壁 鹰始挚	腐草为萤 土润溽暑 大雨时行
秋季	节气	立秋	处暑	白露	秋分	寒露	霜降
	候应	凉风至 白露降 寒蝉鸣	鹰乃祭鸟 天地始肃 禾乃登	鸿雁来 玄鸟归 群鸟养羞	雷始收声 蛰虫坏户 水始涸	鸿雁来宾 雀入大水为蛤 菊有黄华	豺乃祭兽 草木黄落 蛰虫咸俯
冬季	节气	立冬	小雪	大雪	冬至	小寒	大寒
	候应	水始冰 地始冻 雉入大水为蜃	虹藏不见 天气上升 闭塞成冬	鹖鴠不鸣 虎始交 荔挺出	蚯蚓结 麋角解 水泉动	雁北乡 鹊始巢 雉鸲	鸡乳 征鸟厉疾 水泽腹坚

（二）最大的暴雨强度记录

降雨可根据一定时间内地面所积成的水层深度分成小雨、中雨、大雨和暴雨。一般把24小时内降雨超过50mm称为暴雨。中国受台风影响，是世界上多暴雨国家。1975年8月7日，河南省方城县的郭林日降雨量达1054.7mm，其中有1小时雨量达189.5mm，平均每分钟约为3.16mm，为大陆部分最大的暴雨强度记录。全国暴雨日雨量强度最大地方在台湾省。例如，阿里山最大暴雨日雨量达1104mm；百新为1248mm；新寮为1672mm（1967年10月17日）。1970年11月，西印度群岛瓜德罗普岛的巴罗，1分钟的降雨量高达38mm，为迄今记录到的世界最大的暴雨强度。

世界一些国家的大型气象塔表

表6-1-2

国名	建塔年代	塔址	高度（m）	层数
美国	1960	内华达	475	8
美国		诺曼	444	7
中国	1979	北京	325	15
前苏联	1959	奥布宁斯克	312	13
美国	1978	布尔特	300	8
荷兰	1972	卡勃	213	11
日本	1976	筑波	213	7

（三）台风最多的地区

全世界的海洋，除南大洋外，都有强烈热带气旋发生。所经之处，破坏力极大，造成灾害性天气。发生在北太平洋西部的强烈热带气旋被称为台风。该地区每年发生的热带气旋大约占世界总数的三分之一以上，年际变化很大，平均每年有20次，是世界上发生台风最多的地区。在中国登陆的台风，大约占生成台风总数的四分之一。

（四）最早的风向计

中国西汉时期（公元前202年—公元8年），在长安宫的灵台（观象台）上，已设有遇风乃动的相风铜乌，以测定风向和风速（《三辅黄图》卷5引汉·郭缘生：《述征记》）。这可以说是世界最早的风向计。东汉科学家张衡（公元78年—139年）在此基础上制成了候风仪，其基本构造还是一只随风转动的铜乌，比欧洲的"风信鸡"早一千多年。

（五）最早的风力等级表

1806年英国海军元帅蒲福（Francis Beaufort，1774—1857），为了大体测定各种风力，拟订了风力等级表，此即为世界最早的风力等级表，被称为蒲福风级表。该表将风力分为十二级，最高级，即12级，标为飓风（Hurricane），即每小时风速在120km以上。十二级风力多半是以各种自然现象为准而测定的。1946年，经国际协议，在蒲福风级表基础上又把风力等级从12级扩大为17级，但扩大的这几级统用飓风一名。其实，中国远在唐代，已知把风力加以区分为八个等级：动枝、鸣条、摇枝、坠叶、折小枝、折大枝、折木飞沙石、连根拔大树。比蒲福风级的产生早1100多年，可以说是世界上出现最早的风力等级。

蒲福风级表　　表 6－1－3

风力等级	英名	汉译名		相当风速				陆地地面征象	海上近岸渔船征象
		旧译名	通用名	m/s		km/h	海里/h		
				范围	中数				
0	Calm	无风		0.0～0.2	0.1	<1	<1	静，烟直上	静
1	Light air	软风	一级风	0.3～1.5	0.9	1～5	1～3	烟能表示风向	寻常渔船略觉摇动
2	Light breeze	轻风	二级风	1.6～3.3	2.5	6～11	4～6	人面感觉有风，树叶有微响	渔船张帆时，每小时可随风移行 2～3km
3	Gentle breeze	微风	三级风	3.4～5.4	4.4	12～19	7～10	树叶及微枝摇动不息，旌旗展开	渔船渐觉簸动，每小时可随风移行 5～6km
4	Moderate breeze	和风	四级风	5.5～7.9	6.7	20～28	11～16	能吹起地面灰尘及纸张，树的小枝摇动	渔船满帆时，可使船身倾向一方
5	Fresh breeze	清劲风	五级风	8.0～10.7	9.4	29～38	17～21	有叶的小树摇摆，内陆水面有小波	渔船缩帆（即收去帆之一部）
6	Strong breeze	强风	六级风	10.8～13.8	12.3	39～49	22～27	大树枝摇动，电线呼呼有声，举伞困难	渔船加倍缩帆，捕鱼需注意风险
7	Near gale	疾风	七级风	13.9～17.1	15.5	50～61	28～33	全树摇动，大树枝弯下，迎风步行感觉不便	渔船停息港中，在海者下锚
8	Gale	大风	八级风	17.2～20.7	10.0	62～74	34～40	可折毁树枝，人向前行感觉阻力甚大	近港的渔船皆停留不出
9	Strong gale	烈风	九级风	20.8～24.4	22.6	75～88	41～47	烟囱及平房屋顶受到损坏，小屋遭受破坏	海船航行困难
10	Storm	狂风	十级风	24.5～28.4	26.5	89～100	48～55	陆上少见，见时可使树木拔起，或将建筑物吹毁	汽船航行颇危险
11	Violent storm	暴风	十一级风	28.5～32.6	30.6	103～117	56～63	陆上很少，有则必至重大损毁	汽船遇之极危险
12	Hurricane	飓风	十二级风	32.7～36.9	34.8	118～133	64～71	陆上极少，其摧毁力极大	海浪滔天

（六）最大的流星雨

沿同一轨道绕太阳运动的一大群流星体，称流星群。已发现的流星群有五百多个，其中著名的有狮子星座流星群、仙女星座流星群、英仙座流星群和天宝座流星群等。中国春秋鲁庄公七年（公元前687年），就有关于天琴座流星群的最早记录。当地球在绕太阳运行的路程中，和流星群相遇，流星成群出现，如下雨一样，称流星雨。1833年11月12日晚上的几小时内，天空出现约20万个流星，似漫天大雪，明如白昼，是为世界上最大最壮观的流星雨。

二、地景之最

（一）地球表面空气最稀薄的地方

人类居住的地球被大气层所包围。大气层里的空气密度，越高越稀薄，逐渐向接近于真空的宇宙空间过渡。因此，大气层底部是空气密度最大的地方，每 $1m^3$ 中的空气重量，平均达1.226kg。海平面高度上，每 $1cm^2$ 上的空气重量，若大约为1kg，则称为一个大气压。到了3000m高度，大气压只剩下70%，5500m左右的高度，大气压只剩一半。在8848.13m高的珠穆郎玛峰顶上，气压只有海平面上的34%，每立方米的空气还不到9两重，可以说是地球表面空气最稀薄的地方。由于空气稀薄，峰顶上虽然风速很大，但风的压力却不大。每秒87m的风速，正吹在 $1m^2$ 的面积上，只有185kg的压力，而在海平面上，风压可达473kg。

（二）地球最厚的地方

地球最厚处，指地心与地球表面距离最大的地方。科学家通过卫星测定，地球既不呈圆形，也不呈椭圆形，而是南略大、北略小，中间略凸的“梨形”。从地心算起，各处厚度不一，赤道周围地区要比其他地方厚，一般离赤道越近，厚度越大。南美洲厄瓜多尔中部的钦博拉索山，地理坐标南纬1°28′，西经78°48′，北距赤道很近。海拔6272m，从顶峰到地心的距离为6384100米，是地球最厚的地方。钦博拉索山为一圆锥形的死火山，其名源出印第安语，意为“雪山”。珠穆朗玛峰是世界第一高峰，海拔8848.13m，从峰顶到地心直线距离只有6381949m，比钦博拉索山到地心的距离短2151m。其他山峰相差就更大。

（三）地壳最厚和最薄的地方

地球层圈的最外层，由岩石组成的固体硬壳，称地壳。按成分可分上、下两层：上层为花岗岩层，又称硅铝层；下层为玄武岩层，又称硅镁层。其底界，即莫霍洛维奇不连续面。地壳平均厚度为17km，各处不一，大陆地壳平均厚度35km，中国青藏高原处厚达70km，是世界地壳最厚的地方。海底地壳平均厚度约为6km，环太平洋深海沟区域的地壳厚度不足2km，是世界地壳最薄的地方。

（四）高峰最多的山脉

亚洲的喜马拉雅山脉呈弧形绵延于青藏高原南缘、印度河和恒河以北。由北向南分为拉达克山和柴斯克山、大喜马拉雅山、小喜马拉雅山、西瓦利克山四带。全长2400km，宽达200～300km。大喜马拉雅山是主脉，西北起自克什米尔境内的南伽峰，东南迄于中国西藏东南部雅鲁藏布江大拐弯处的南迦巴瓦峰。平均海拔6000m，有46座7000m以上的高峰，在全世界19座8000m以上高峰中，占了16座；4座8500m以上高峰中，占了3座，是世界上拥有高峰最多的山脉。其中珠穆朗玛峰海拔8848.13m，为世界最高峰。喀喇昆仑山的高峰数占世界第二。它拥有28座7000m以上高峰，内超过8000m以上的有3座，其中乔戈里峰海拔8611m，为世界第二高峰。兴都库什山拥有7000m以上高峰8座，昆仑山有4座，分别居第三、四位。

（五）最高的山峰

有“地球第三级”之称的世界最高峰珠穆朗玛峰，位于中国和尼泊尔的边界，喜马拉雅山脉中段，峰顶海拔高程达8848.13m。1718年，清康熙时的《皇舆全图》上标出了它的位置，地名注记为“朱母朗玛阿林”（阿林是满语，意为“山”）。乾隆时又加编汇，将朱母朗玛阿林改为“珠穆朗玛阿林”，“珠穆朗玛”一名从此便沿用下来。尼泊尔称为“萨加—玛塔”，是“高过天庭的山峰”或“摩天岭”之意。1855年，英国人用当时担任印度测量局局长的额菲尔士（一译埃佛载斯）的名字命名此峰，这一名字为西方国家沿用。1953年，英国两名登山队员从尼泊尔一侧首次登上顶峰，中国三名登山队员则于1960年5月25日第一次战胜北坡天险，自中国一侧攀登绝顶。1975年5月27日，中国男女混合队9人再次由北坡登上峰顶。

世界十座高峰　表6-2-1

名称	所在山脉	所在国家或地区	高度（m）	位次
珠穆朗玛峰	喜马拉雅山脉	中国—尼泊尔	8848.13	第一高峰
乔戈里峰	喀喇昆仑山脉	中国—巴基斯坦	8611	第二高峰
干城章嘉峰	喜马拉雅山脉	尼泊尔—锡金	8585	第三高峰
洛子峰	喜马拉雅山脉	中国—尼泊尔	8516	第四高峰
马卡鲁峰	喜马拉雅山脉	中国—尼泊尔	8463	第五高峰
卓奥友峰	喜马拉雅山脉	中国—尼泊尔	8201	第六高峰
道拉吉里峰	喜马拉雅山脉	尼泊尔	8172	第七高峰
马纳斯卢峰	喜马拉雅山脉	尼泊尔	8156	第八高峰
南伽峰	喜马拉雅山脉	克什米尔	8125	第九高峰
安那布尔纳峰	喜马拉雅山脉	尼泊尔	8091	第十高峰

（六）最高的高原

中国的青藏高原，介于东经73°40′～104°20′、北纬27°20′～40°之间，平均海拔4500m，是世界最高的高原。地貌上分为藏北高原、藏南谷地和横断山地等几部分。其中藏北高原在昆仑山和冈底斯山—念青唐古拉山之间，海拔4500～5000m，地势更高。青藏高原自北而南绵亘着的昆仑山、喀喇昆仑山—唐古拉山、冈底斯山—念青唐古拉山以及喜马拉雅山等多列东西向的高大山脉，平均海拔达到5000～6000m。由于气候高寒，高山顶部有现代冰川发育。地面有多年冻土分布，昆仑山和唐古拉山之间的高原上，冻土层厚达100～150m。世界上海拔仅次于青藏高原的是帕米尔高原，平均海拔4000m；再次为玻利维亚高原，海拔3800m。但两者的面积远比青藏高原小。

世界主要高原（按高度排列）

表6-2-2

高原名	所在的洲	面积（万km^2）	平均海拔（m）
青藏高原	亚洲	250①	4500
帕米尔高原	亚洲	10	4000
玻利维亚高原	南美洲	35	3800
南极冰雪高原	南极洲	1280	2500
埃塞俄比亚高原	非洲	45	2200
墨西哥高原	北美洲	35	2000
云贵高原	亚洲	30	2000
亚美尼亚高原	亚洲	30	2000

①不包括柴达木盆地在内。

（七）最大的盆地

刚果盆地也称扎伊尔盆地。在东非大陆中部，大致包括刚果河（扎伊尔河）流域的大部分，面积约337万km^2，是世界最大的盆地。盆地内地表较平坦，底部平均海拔400m，有大片沼泽，是非洲重要农业区，盆地边缘富矿产资源。大洋洲的大澳大利亚盆地（即大自流盆地），是世界最大的自流盆地，面积约173万km^2；中国的塔里木盆地，是世界最大的内陆盆地，面积53万km^2，均远不及刚果盆地。

（八）最低的盆地

中国新疆的吐鲁番盆地，是世界最低的盆地。面积约1万km^2，其中低于海平面的地方占盆地总面积的8%，内又有一半地方低于海平面100m以下，最低处艾丁湖，湖面高程低于海平面154m，是中国陆地最低点。吐鲁番在维吾尔语中意即“低地”。盆地北有博格达山，南有觉罗塔格山。由于地形闭塞，加上干旱少雨，气候干热，7月平均气温可达40℃，是中国夏季最热的地方，有“火州”之称。

（九）最大的三角洲

恒河三角洲也称恒河—布拉马普特拉河三角洲。在亚洲南部，大部分位于孟加拉国南部，小部分位于印度的西孟加拉邦。系由恒河、布拉马普特拉河冲积而成。三角洲顶点在印度的法拉卡，西起巴吉拉蒂—胡格利河，东至梅格纳河，南濒孟加拉湾，面积8万km^2，为世界最大的三角洲。该三角洲是南亚重要经济中心之一。中国的长江三角洲面积5万km^2，名列第二；东南亚的湄公河三角洲面积4.4万km^2，名列第三。其他三角洲面积均在4万km^2以下。

（十）世界十个最低的洼地（见表6-2-4）

世界十个最大的河流三角洲 表6-2-3

位次	三角洲名	濒临海域	所在国家	面积（km^2）
1	恒河—布拉马普特拉河三角洲	孟加拉湾	孟加拉国、印度	80000
2	长江三角洲	东海	中国	50000
3	湄公河三角洲	南海	柬埔寨、越南	44000
4	伊洛瓦底江三角洲	安达曼海	缅甸	30000
5	勒拿河三角洲	拉普杰夫海	俄罗斯	30000
6	尼日尔河三角洲	几内亚湾	尼日利亚	28000
7	密西西比河三角洲	墨西哥湾	美国	25000
8	尼罗河三角洲	地中海	埃及	24000
9	奥里诺科河三角洲	大西洋	委内瑞拉	23000
10	红河三角洲	南海	越南	15000

世界十个最低的洼地 表6-2-4

位次	洼地名	洲别	所属国家（地区）	地理坐标		海拔高度（m）
				纬度	经度	
1	死海（Dead Sea）低地	亚洲	巴勒斯坦、约旦	31°30′N	35°30′E	-392
2	太巴列湖（Lake Tiberias）低地	亚洲	巴勒斯坦、叙利亚	32°48′N	35°35′E	-212
3	阿萨勒湖（Lake Assal）盆地	非洲	吉布提	11°41′N	42°25′E	-155
4	吐鲁番盆地	亚洲	中国	42°40′N	89°10′E	-154
5	盖塔拉洼地（Qattara Depression）	非洲	埃及	30°00′N	27°30′E	-132
6	科巴尔洼地（Kobar Sink）	非洲	埃塞俄比亚	14°00′N	40°30′E	-116
7	死谷（Death Valley）	北美洲	美国	26°30′N	117°00′W	-85
8	帝国谷（Imperial Valley）和萨尔顿（Salton）湖洼地	北美洲	美国	33°19′N	115°50′W	-72
9	盖伦湖（Birket Qarun）盆地	非洲	埃及	29°28′N	30°40′E	-45
10	萨雷卡梅斯盆地（Sarykamysh Depression）	亚洲	哈萨克斯坦	41°30′N	57°25′E	-45

（十一）面积最大的黄土地貌区

黄土在亚欧大陆和北美洲中纬度大陆性气候区均有分布，而以中国境内的黄土高原分布范围最广，堆积厚度最大。黄土高原西起乌鞘岭（祁连山东段），东到太行山，南北介于秦岭和长城之间，总面积约40万km^2。其中除岩石裸露的高山外，黄土覆盖层基本上连续不断，实际覆盖面积近30万km^2。以六盘山和吕梁山间的陇东、陕北和晋西为中心地区，除黄河峡谷两岸外，厚度在100m以上。陕北的洛川塬和陇东的董志塬，则分别达到180m和200m。甘肃兰州黄河南的西津村，黄土层厚度超过400m，是世界上已知的黄土层最厚处。黄土的来源，主要是在第四纪冰期干寒条件下由风吹积而成，但在部分地区也有由流水搬运沉积而成的黄土层。欧洲易北河以西的中欧平原西部的黄土带，也较著名。

（十二）最深的河流峡谷

世界大河上最深的峡谷，是中国金沙江上的虎跳峡。从云南省西北部丽江纳西族自治县石鼓以下35km处开始，全长16km。湍急的金沙江，在上、下峡口之间一连跌落7个陡坎，落差170m。急流汹涌澎湃，声闻数里。最狭的地方叫“真虎跳峡处”，宽仅30m，相传当地居民曾见老虎从江边跃到对岸，因而得名。虎跳峡两岸高山夹峙，右侧为玉龙雪山，主峰扇子陡海拔5596m；左侧为哈巴雪山（又名寒波雪山和中甸雪山），主峰也有5396m。上、下峡口的江面海拔分别为1800m和1630m，因而峡谷的深度在2500～3000m之间。著名的长江三峡，两岸崖壁大多高出江面500m，世界闻名的北美洲科罗拉多大峡谷，深度也只有1830m，均不及虎跳峡。

（十三）岩溶地貌最发达的国家

以石灰岩为主的碳酸盐类岩石被水溶蚀而成的各种奇特地貌，国外以前南斯拉夫西北部的喀斯特高原发育比较典型，研究得比较早，因此被泛称为喀斯特地貌。中国统称为岩溶地貌。中国几乎各省区都有碳酸盐类岩石分布，岩溶地貌总面积约130万km^2，占全国面积七分之一左右，面积之广为世界第一。主要分布在广西、贵州和云南东部，著名的桂林山水和云南石林便是典型的岩溶地貌。青藏高原上的喀喇昆仑山—唐古拉山 5700～5800m 高处为世界最高的岩溶地貌分布区。中国的岩溶地貌类型很多，包括热带、亚热带和温带三大类型以及特殊的高寒和干旱类型，超过任何国家。明代地理学家徐霞客（1587—1641 年）曾实地考察湘、桂、黔、滇的 200 多个溶洞，在《徐霞客游记》一书中，除予以科学记载外，还将岩溶地貌进行系统分类，是世界最早对岩溶地貌描述和系统分类的记载。而在欧洲，对岩溶地貌描述和进行系统分类，分别比徐霞客晚 150 多年和 200 多年。

（十四）最大的天生桥

天生桥，又名天然桥、天生拱门、天然拱门，系由侵蚀作用形成的两端与地面连接而中间悬空的桥状地形，以石灰岩地区最常见。美国西部的科罗拉多高原上，犹他州与亚利桑那州的交界处，有座庞大的天生桥，长虹般横卧在科罗拉多河左岸的一条小河上。高出水面 94.2m，桥顶厚 13m，桥面宽 6.7～10m，是世界最大的天生桥。桥由红色砂岩构成，印第安人称为巴拉哈伊尼，即“彩虹”之意。1909 年 8 月 14 日始被白人拓荒者发现，英语称为“虹桥”，即印第安语名的意译。美国把这个天生桥定为“虹桥国家胜迹”加以保护。此桥是由发源于纳瓦霍山西北麓的一条小河对曲流颈部的岩石疏松部分长年累月的冲蚀而形成。

（十五）最长的天生桥

美国科罗拉多高原上，天生桥分布甚广，犹他、亚利桑那、科罗拉多等州均有，仅犹他州南部就有 300 多座，是天生桥集中分布的地区。犹他州东部“天然拱门国立公园”内的“风景拱门”，是世界最长的天生桥。此桥在莫阿布城北约 40km，由砂岩构成，全长 88.7m，高出峡谷谷底 305m，拱顶最窄 1.8m，厚 3.3m，为附近一大胜景。

（十六）最长的洞穴

世界上有许多地下洞穴，绝大多数分布在石灰岩地区，其中长度在 20km 以上的有 7 条。世界最长的洞穴是美国肯塔基州的猛犸洞。此洞由 255 条地下通道组成，总长度超过 240km。共分 5 层，上下左右均可连通，形成一个曲折幽深、扑朔迷离的地下迷宫。洞中有 77 座地下大厅，其中最高大的一座，称“酋长殿”，略呈椭圆形，长 163m，宽 87m，高 38m，厅内可容数千人。有一座“星辰大厅”，顶部由含锰的黑色氧化物形成，上面点缀着许多雪白的石膏结晶，从下面看上去，仿佛是天街夜市，星火闪烁，富有诗意。各种各样的石笋和石钟乳随处可见，五光十色，千姿百态，维妙维肖。有一处垂挂的凝固石灰岩，很像从洞口泻出的瀑布，被称作“冰冻的尼亚加拉”。洞中还有七个瀑布，水花飞溅，一如“水帘洞”，人们可乘舟在暗河上游览。法国让·贝尔纳尔洞向地下延伸达 1491m，为世界最深的洞穴。

（十七）最大的冰川泥石流

1953 年 9 月 25 日午夜，中国西藏古乡冰川泥石流大爆发，在泊龙藏布江谷地形成一个宽达 3km、长约 2km 的扇形石海。泥石流带出的一块花岗岩，长 20m，宽 12m，高 8m，体积 1500m^3，重达 4000t，这是迄今所知世界上冰川泥石流所搬运的最大石块。1962 年 1 月 10 日，秘鲁安第斯山脉瓦斯卡兰峰顶的一个冰帽发生冰崩，沿着冰帽边缘 800m 长的 55m 冰崖，几乎以自由落体的速度塌落 900m，体积在 300 万 m^3 以上。粉碎的冰雪，腾空而起，整个山峰被冰尘雪雾所笼罩。庞大的冰雪流，冲入河床，沿途夹带大量岩石、冰碛，形成 50 余米高的龙头，以每小时 100km 的速度滚向下游，摧毁了六个村庄。1970 年 5 月 31 日，在同一个地方，因为地震引起冰崩，又诱发了一次规模更大的冰川泥石流，总量达 3000 万 m^3。冰雪流以每小时接近 300km 的速度向下猛冲，气浪和石雨使重达 3t 的岩块被抛出 600m 之外。冰川泥石流翻越了相对高度为 100m 的分水岭，将邻近的容加依城毁于一旦。这是迄今记录到的世界最大的冰川泥石流。

（十八）最早的地震记载

中国《尚书》中“黄帝将亡则地震”的记载，是世界上有关地震的最早记载。《墨子》中“三苗（舜、禹时期）欲灭时地震泉涌”的记载，是世界上地震现象的最早记载。《竹书纪年》载有夏代帝发七年（公元前 17 世纪？）“泰山震”的记载，是世界上最早有明确时间、地点的地震记载。《吕氏春秋》中“周文王立国八年岁六月（约公元前 1069 年）文王寝疾五日而地动，东西南北不出国郊”的记载，是世界上最早有明确地震影响范围的记载。西方最早的地震记载在《圣经》的《旧约全书》里，大约指公元前 1606 年耶路撒冷附近的地震。

（十九）大陆架面积最大的洲

大陆架也叫陆架，指围绕陆地的平浅海底，宽度从 0 到 1000km 左右不等。是大陆（或岛屿）向海底的自然延伸。全世界大陆架总面积约 2750 万 km^2（其中大陆的陆架约 2610 万 km^2，岛架约 140 万 km^2）。以亚洲的大陆架面积最广，约达 938 万 km^2，占世界大陆架面积的 35.9%，几乎等于非洲、欧洲、大洋洲和南美洲大陆架的总和，或北美洲大陆架的一倍半。主要分布地区有三：（1）北冰洋沿岸，西起喀拉海，东至楚科奇海，均有广阔的大陆架，最宽可达 1400km；（2）中国沿海，北起渤海，南至南海。渤海和黄海，整个处于大陆架上，东海海底也大部分由大陆架构成；（3）中南半岛和马来群岛间。

各大洲大陆架面积

表 6-2-5

洲名	面积（万 km^2）	占世界大陆架面积比例
亚洲	938	35.9%
北美洲	674	26%
欧洲	318	12%
大洋洲	270	10%
南美洲	243	9%
非洲	128	4.7%
南极洲	36	0.1%

（二十）山脉最多的洲

亚洲面积大，平均海拔高，地形复杂，山脉也最多。其地形结构，中部高耸，四周地区相对低下，山脉的分布，大体上由中部向外成群成带地伸展。几条主要山脉长度均超过2000km（最长2500km），连同长1000km以上的山脉，总数不下20条，最主要的如昆仑山脉、天山山脉和喜马拉雅山脉，长度均在2400～2500km之间，乌拉尔山脉和扎格罗斯山脉各长2000km，其次如兴都库什山脉（1600km），切尔斯基山脉（1500km），冈底斯山脉（1400km），巴里桑山脉（1300km），也都是主要的山脉；再次如大兴安岭、祁连山、托罗斯山、锡霍特山等，长度也各在1000～1200km之间。有的是世界平均海拔最高的山脉，有的与其他多条山脉汇为巨大的山结，有些与高原紧密结合在一起，构成庞大的山脉—高原综合体。亚洲还有些山脉，如喀喇昆仑山长度虽仅400km，但由于平均海拔（6000m）与喜马拉雅山不相上下，高峰又多（海拔7000m以上的山峰8座，其中4座超过8000m，包括世界第二高峰乔戈里峰），所以也是举世闻名。其他洲的山脉，数量少，海拔低，结构相对简单，远逊于亚洲。

（二十一）高峰最多的洲

世界陆面有很多高峰，但地理分布极不平衡。绝大部分作带状排列，耸峙于世界几大山系中。高峰最多的是亚洲，世界上海拔超过8000m的高峰完全集中在此洲，而且完全集中在喜马拉雅山和喀喇昆仑山中，前者占10座，后者占4座。下表所列是世界上海拔超过8000m的高峰：

世界海拔超过8000m的高峰

表6－2－6

山峰名	所属山脉	海拔高度（m）
珠穆朗玛峰	喜马拉雅	8848.13
乔戈里峰	喀喇昆仑	8611
干城章嘉峰	喜马拉雅	8585
洛子峰	喜马拉雅	8516
马卡鲁峰	喜马拉雅	8463
卓奥友峰	喜马拉雅	8201
道拉吉里峰	喜马拉雅	8172
马纳斯卢峰	喜马拉雅	8156

续表

山峰名	所属山脉	海拔高度（m）
南伽峰	喜马拉雅	8125
安那布尔纳峰	喜马拉雅	8091
加舒尔布鲁木峰	喀喇昆仑	8068
布洛阿特峰	喀喇昆仑	8047
加舒尔布鲁木第二峰	喀喇昆仑	8034
希夏邦马峰	喜马拉雅	8012

（二十二）世界十个沙漠面积最广的国家

表6－2－7

位次	国名	国土面积（万km^2）	沙漠面积（万km^2）
1	澳大利亚	768.2	113.6
2	沙特阿拉伯	约215.0	86.2
3	中国	960.0	71.0
4	前苏联	2240.2	63.4
5	阿尔及利亚	238.2	56.5
6	利比亚	175.9	28.4
7	毛里塔尼亚	118.5	24.7
8	智利	74.2	18.0
9	印度	297.5	14.7
10	尼日尔	126.7	13.5

（二十三）世界十座海拔最高的岛屿

表6－2－8

位次	岛名	所在大洋	最高海拔（m）	最高点			
				名　称	纬度	经度	所在地
1	新几内亚岛	太平洋	5030	查亚峰（Puncak Jaya）	4°05′S	137°11′E	印度尼西亚
2	夏威夷岛	太平洋	4205	冒纳凯亚山（Mauna Kea）	19°50′N	155°28′W	美国夏威夷洲
3	加里曼丹岛	太平洋	4101	基纳巴卢山（Gunung Kinabalu）	6°05′N	116°33′E	马来西亚
4	台湾岛	太平洋	3950	玉山	23°28′N	120°57′E	中国
5	苏门答腊岛	太平洋、印度洋间	3800	葛林芝火山（Gunung Kerinci）	1°42′N	101°16′E	印度尼西亚
6	罗斯岛	太平洋	3794	埃里伯斯火山（Mount Erebus）	77°32′S	167°09′E	南极洲
7	本州岛	太平洋	3776	富士山	35°22′N	138°44′E	日本
8	新西兰南岛	太平洋	3764	库克山（Mount Cook）	43°37′S	170°08′E	新西兰
9	龙目岛	太平洋、印度洋间	3728	林贾尼山（Gunung Rinjani）	8°24′S	116°28′E	印度尼西亚
10	特内里费岛	大西洋	3718	太德峰（Pico de Teide）	28°16′S	16°38′W	加那利群岛（西）

三、水景之最

（一）最大的海

太平洋西南部的珊瑚海，位于澳大利亚大陆东北与新几内亚岛（伊里安岛）、所罗门群岛、新赫布里底群岛、新喀里多尼亚岛之间，南连塔斯曼海。面积479.1万km^2，约相当于20个波斯湾，3个墨西哥湾或2个白令海的面积，是世界最大的海。海底自西向东倾斜，平均水深2394m，最深点9165m。体积1003.8万km^3，约相当北大西洋北海海水体积的200倍。位处热带，受南太平洋东澳暖流影响，全年水温20℃以上，最热月28℃。大陆架等浅海地带，水温更高。几乎没有河流流入，海水洁净，呈蓝色，透明度较高。这些都极利于珊瑚虫生长。海域西部有世界最大的珊瑚礁——大堡礁，珊瑚海因而得名。

世界十个面积最大的海

表6－3－1

位次	海名	面积（万km^2）
1	珊瑚海	479.1
2	阿拉伯海	386.0

续表

位次	海名	面积（万 km^2）
3	南海	350.0
4	威德尔海	289.0
5	加勒比海	275.4
6	地中海	250.5
7	白令海	231.5
8	塔斯曼海	230.0
9	鄂霍次克海	160.3
10	巴伦支海	140.5

（二）最小的海

马尔马拉海是亚洲小亚细亚半岛同欧洲巴尔干半岛之间的内海。东西长约270km，南北宽约70km，面积1.1万km^2，是世界面积最小的海。世界最大的海珊瑚海是它的435倍，约为世界最大咸水湖里海的四十四分之一，不及最大淡水湖苏必利尔湖的七分之一，有18个湖泊的面积超过它。其东北以博斯普鲁斯海峡通黑海，南以达达尼尔海峡连接地中海。因亚欧大陆之间断层下陷海水淹没而成，平均深度183m，最深点1355m。原来山峰在海中形成岛屿数个，其中马尔马拉岛最大，面积125km^2。岛上以产花纹美丽的大理石著名。马尔马拉，希腊语意即“大理石岛”。海中盛产鱼类。

世界面积最小的海（10万km^2以下）

表6-3-2

位次	海名	面积（万 km^2）
1	马尔马拉海	1.1
2	亚速海	3.8
3	渤海	7.7
4	白海	9.0
5	哈马黑拉海	9.5
6	阿蒙森海	9.8

（三）最深的海峡

海峡的深度差别极大，浅者不过几米，深者超过数千米。德雷克海峡在南美洲南端与南设得兰群岛之间，连接太平洋和大西洋。最大深度5248m（另有5036m、5840m等数据），位居世界第一。其他最深点超过5000m的尚有巴士海峡（中国台湾岛和菲律宾巴坦群岛间），最深点5067m（另有资料为5126m），居第二位。莫桑比克海峡（最深3533m）居第三。

（四）最深的海沟

海沟指洋底深而狭长的凹地。长达一二千公里以上，宽仅几十公里，深度超过6000m。世界海沟总面积约600万km^2，约占洋底面积1.8%，或占地球总面积1.2%。太平洋海沟比其他大洋总和还要多，超过10000m深海沟有6条，均在西太平洋，其中马里亚纳海沟长2550km，宽约70km，最深点为关岛西南面的斐查兹海渊，深11034m（也有11022m、11521m之说），是迄今所知海洋最深点。其他5条超过10000m海沟是：汤加海沟、千岛海沟、菲律宾海沟、日本海沟和克马德克海沟。大西洋超过6000m海沟有5条，最深波多黎各海沟，深9218m。印度洋超过6000m海沟有4条，最深为爪哇以南的爪哇海沟，深7450m（一说为阿米兰特海沟，深9074m）。北冰洋迄今已知最深点利特克海沟，深仅5449m。

（五）延伸最长的岸礁

珊瑚礁一般划分为三种基本类型，即岸礁、堡礁和环礁（有的研究者另加上台礁一种）。岸礁贴近海岸发育，有如陆地的裙子或前襟，故又称裙礁和裾礁。是一种与大陆（或岛屿）海岸相连的珊瑚礁平台，呈不规则起伏，珊瑚礁向上生长大体上不超过低潮潮面，内缘略高，徐缓向外缘倾斜；宽度从几米至数公里不等，断续绵延在热带海滨，一般在河口区或不利于珊瑚生长的岸段中断。世界上很多地区如东非赤道附近海岸、南美巴西海岸、西印度群岛、太平洋某些岛屿以及中国华南局部地区的海岸，都有岸礁，但最为发育的当推红海的岸礁。红海海岸气候干燥，绝少河流流入，无河水泛滥，更少泥沙，再加上多平直的岩岸等有利条件，岸礁遂得以顺利发育。北起苏伊士湾头，南迄曼德海峡，绵延约2000km以上，是世界上延伸最长的岸礁。

（六）最大的珊瑚礁

澳大利亚东北珊瑚海中的大堡礁，是世界上最大的珊瑚礁。北自托雷斯海峡（南纬10°附近），南到南回归线以南附近，绵延伸展2013km，最宽处240km，最窄处仅1.92km。包括500多个岛屿，总面积约8万km^2。珊瑚体厚达220m，而一般珊瑚生长的最大厚度仅为80m。珊瑚海是一个典型的热带海，8月表层水温为23℃，2月可达28℃，海水含盐度和透明度均很高，这些都非常适宜珊瑚礁的生长发育。大堡礁与澳大利亚海岸间隔13～180km宽的潟湖海面，水深30～70m。船舶经此，只能沿着几条弯曲而危险的通道航行。

（七）世界十条流域面积最广的河流

表6-3-3

位次	河流名	洲别	流域内包括国家	流域面积（万 km^2）
1	亚马孙河	南美洲	巴西、秘鲁、玻利维亚、哥伦比亚、厄瓜多尔、委内瑞拉、圭亚那	705
2	刚果河（扎伊尔河）	非洲	扎伊尔、中非、刚果、安哥拉、赞比亚、坦桑尼亚、喀麦隆、布隆迪、卢旺达	382.2
3	密西西比河	北美洲	美国、加拿大	323
4	巴拉那—拉普拉塔河	南美洲	巴西、阿根廷、巴拉圭、玻利维亚、乌拉圭	310
5	鄂毕河	亚洲	俄罗斯、中国	299
6	尼罗河	非洲	埃及、苏丹、埃塞俄比亚、乌干达、肯尼亚、坦桑尼亚、卢旺达、布隆迪、扎伊尔	287
7	叶尼塞河	亚洲	俄罗斯、蒙古	258
8	勒拿河	亚洲	俄罗斯	249
9	尼日尔河	非洲	几内亚、马里、科特迪瓦、尼日尔、尼日利亚、贝宁、布基纳法索、喀麦隆、乍得	209
10	黑龙江	亚洲	中国、俄罗斯、蒙古	184.3

（八）世界十条最长的内流河

表6-3-4

位次	河流名	所属国家	长度（km）	流域面积（万 km^2）
1	伏尔加河	前苏联	3530	136
2	锡尔河	前苏联	3019	21.9
3	阿姆河	前苏联、阿富汗	2540	30.9
4	谢贝利河	埃塞俄比亚、索马里	2490	20.0
5	乌拉尔河	前苏联	2428	23.1
6	塔里木河	中国	2179	19.3
7	奥卡万戈河	安哥拉、纳米比亚、博茨瓦纳、津巴布韦	1610	18.5
8	伊犁河	中国、前苏联	1439	14.0
9	沙里河	喀麦隆、乍得	1400	6.5
10	库拉河	前苏联	1364	18.8

（九）世界十条最长的河流

表6-3-5

位次	河流名	洲别	注入海域	长度（km）
1	尼罗河	非洲	地中海	6670
2	亚马孙河	南美洲	大西洋	6400
3	长江	亚洲	东海	6300
4	密西西比河①	北美洲	墨西哥湾	6020
5	黄河	亚洲	渤海	5464
6	鄂毕河②	亚洲	喀拉海	5410
7	叶尼塞河③	亚洲	喀拉海	5075
8	刚果(扎伊尔)河	非洲	大西洋	4630
9	勒拿河	亚洲	拉普杰夫海	4400
10	黑龙江	亚洲	鞑靼海峡	4350

①从最长支流密苏里河源起算。

②从最长支流额尔齐斯河源起算。

③从色楞格河源起算。

（十）最著名的涌潮

中国的钱塘潮是发生在杭州湾（钱塘江的河口段）内的一种涌潮。早在公元1世纪，东汉的王充就已指出："涛之兴也，与月盛衰"（意思是潮汐现象和月亮的圆缺有关），并进一步阐述钱塘潮是由于外海的潮水进入窄而浅的河口后，波涛激荡堆积而成。这种解释基本上符合科学道理。由于杭州湾是一个外宽内窄的大喇叭口，出海口宽达100km，澉浦附近缩小到20km左右，到了盐官，落潮时江面只有3km宽。每到涨潮，江口一下吞进大量海水，向里推进时，由于河道突然变窄，潮水涌积，酿成高潮。加上澉浦西面水下有一巨大沙洲，河床的平均水深自原来的10m左右迅速减到2～3m，形成一道"门坎"，入内的潮水受阻，后浪赶上前浪，成了直立的"水墙"。潮水高度可达3.5m，潮差可达8.9m，是世界最著名的涌潮。潮头绕过沙洲南北两侧，在盐官交汇，直冲北岸海塘，这里便成了观潮的胜地。世界上很多喇叭形河口（如亚马孙河、恒河和长江北支）都有涌潮，但规模均不及钱塘江。

（十一）世界十条流经国家最多的国际河流

表6-3-6

位次	河流名	注入海域	流经国家		总数
			干流流经	支流流经	
1	多瑙河	黑海	罗马尼亚、前苏联、保加利亚、前南斯拉夫、匈牙利、奥地利、斯洛伐克、德国（8）	瑞士、意大利、波兰、阿尔巴尼亚（4）	12
2	尼日尔河	几内亚湾	马里、几内亚、尼日尔、尼日利亚、贝宁（5）	布基纳法索、科特迪瓦、乍得、喀麦隆（4）	9
3	尼罗河	地中海	埃及、苏丹、乌干达、坦桑尼亚、卢旺达、布隆迪（6）	埃塞俄比亚、肯尼亚、扎伊尔（3）	9
4	刚果（扎伊尔）河	大西洋	扎伊尔、安哥拉、刚果、赞比亚（4）	中非、坦桑尼亚、喀麦隆、布隆迪、卢旺达（5）	9
5	赞比西河	莫桑比克海峡	赞比亚、安哥拉、纳米比亚、津巴布韦、博茨瓦纳、莫桑比克（6）	马拉维、坦桑尼亚（2）	8
6	莱茵河	北海	德国、瑞士、法国、荷兰、奥地利、列支敦士登（6）	卢森堡、比利时（2）	8
7	亚马孙河	大西洋	巴西、秘鲁、哥伦比亚（3）	玻利维亚、厄瓜多尔、委内瑞拉、圭亚那（4）	7
8	湄公河—澜沧江	南海	中国、老挝、缅甸、泰国、柬埔寨、越南（6）		6
9	沃尔特河	几内亚湾	布基纳法索、加纳（2）	多哥、科特迪瓦、贝宁、马里（4）	6
10	恒河—布拉马普特拉河	孟加拉湾	中国、印度、孟加拉国（3）	尼泊尔、不丹、锡金（3）	6

（十二）海拔最高的大河

中国的雅鲁藏布江，发源于青藏高原南部，基本上自西而东奔流在喜马拉雅山脉和冈底斯山脉之间。先后接纳拉喀藏布、年楚河、拉萨河、尼洋河、野贡曲、西洛木河等支流，折而向南，以一大曲流，绕过喜马拉雅山东端，流出国境（自印度阿萨姆邦以下，称布拉马普特拉河，在孟加拉国称贾木纳河）。雅鲁藏布江在中国境内全长1787km。主源杰马央宗曲，海拔5300m，在桑木张与南源库比曲会合，称马泉河，为上游段。向东流至萨嘎县的里孜后，始称雅鲁藏布江。里孜以下海拔降到约4500m以下。经拉孜、日喀则、曲水、泽当到米林，长约1340km，是为雅鲁藏布江的中游；米林以下至国境线为下游。上游河床海拔均超过3950m，中游河床高程降至3950m以下，一般仍在3000m以上，是世界上海拔最高的大河。雅鲁藏布江中游段，河谷两侧高山的冰雪融水进入河床，带来充沛的水量，江宽水深，可以通航皮筏和木船。通航里程西起拉孜，东达拉萨东南的泽当，长约400多公里，尤其是曲水至泽当，长达140km，河面宽逾300m。雅鲁藏布江从而又是世界上最高的通航河流。

（十三）世界十条输沙量最多的河流

表6-3-7

河流	年平均输沙量（亿t）
黄河	16.00
恒河	14.51
布拉马普特拉河	7.26
长江	4.996
印度河	4.35
亚马孙河	3.63
密西西比河	3.12
伊洛瓦底江	2.99
湄公河	1.70
科罗拉多河	1.35

（十四）最长的运河

中国大运河也称京杭运河。北起北京，南止杭州，连接北京、天津、河北、山东、江苏、浙江六省市；沟通海河、黄河、淮河、长江、钱塘江五大水系。全长1794km，相当于苏伊士运河的10倍多，巴拿马运河的22倍，是世界上最长的人工河流。运河各段名称各不相同：北京至天津段称北运河；天津至山东临清段称南运河；镇江至杭州段称江南运河。历史上曾经三次大规模修建：公元前485年，吴王夫差引长江水入淮河，称邗沟；公元605年起隋炀帝用6年时间开挖了以洛阳为中心、贯通南北的大运河，总长2700km；13世纪元代用10年开凿济州河和通惠河，缩短航道906km，形成今日运河规模。向为历代漕运要道。后因黄河改道，海运和铁路兴起等原因，作用逐渐缩小。解放后经疏浚、扩展，季节性通航里程达1100多公里。

世界主要通航运河

表6-3-8

名称	所在国家	长度（km）
大运河	中国	1794
伊利运河	美国	560
苏伊士运河	埃及	173
伏尔加—顿河列宁运河	俄罗斯	101
基尔运河	德国	98.7
巴拿马运河	巴拿马	81.3
多瑙河—黑海运河	罗马尼亚	70

（十五）最早的水闸式运河

中国广西灵渠，也称湘桂运河或兴安运河。公元前214年（即秦始皇三十三年）开凿，沟通湘江、漓江两水，长33km，人工开凿4km，余为天然河道改造而成。分南北两渠，南渠注漓江，占水量十分之三；北渠注湘江，占水量十分之七。分水岭地势起伏不平，设水闸控制，唐造斗门18个，宋改为36个，清又改为32个。斗门上设有斗杠、斗脚、斗编，以便放水和堵水。船只通过，斗门依次启闭，是世界最早水闸式运河。秦、汉以后，是中原地区与岭南交通要道。现在河面宽约5m，水深2.5m，流量6m³/s，可通3～7t船只。

（十六）通过船只最多的国际运河

基尔运河在德国北部，横贯日德兰半岛，沟通波罗的海和北海，也称北海—波罗的海运河。1887—1895年开凿，1907—1914年扩建。长98.7km，宽111m，深11.3m，船闸8座，可航行载重2万t的船舶。是世界通过船只最多的国际运河。20世纪60年代后期，每年通过的船只数超过8万艘，日通过船量200余艘，货运量4300万t；70年代中期，每年6万多艘，货运量7800万t。通过船只数超过苏伊士运河和巴拿马运河数倍，但货物吨位数却远逊于以上两河。

（十八）最深的湖泊

贝加尔湖位于俄罗斯东西伯利亚南部。中国古称北海。湖泊平均深730m，最深点1620m，平均深度与绝对深度均居世界第一位。湖长636km，平均宽48km，最宽79.4km，面积31500km²。湖面海拔456m。水体总量23600立方公里，约占地表淡水总量的五分之一，超过欧洲波罗的海蓄水量。系由地层断裂陷落而成，湖床深邃，湖域狭长。有色楞格河等大小336条河川注入。巨大水体对附近气候起调节作用：湖滨夏季（7月）气温比周围地区约低6℃；冬季（12月）约高11℃。相对湿度较高，具有海洋性气候特征。

（十九）五大湖水文

表6-3-10

湖泊名称	面积（km²）		高度（m）		深度（m）		容量（立方公里）
	湖面	流域	湖面	湖底	平均	最大	
苏必利尔湖	82410	209000	183	-223	144	406	11867
密歇根湖	58020	179000	177	-104	99	281	5744
休伦湖	59600	188000	177	-51	76	228	4530
伊利湖	25740	9000	174	110	21	64	540
安大略湖	19530	9000	75	-162	91	237	1777
总计	245300	594000					24458

（十七）世界十个面积最大的湖泊

表6-3-9

位次	湖泊名	洲别	沿岸国	湖水宣泄性质	面积（千km²）	占世界湖泊总面积（%）
1	里海	亚洲、欧洲	伊朗、土库曼斯坦、哈萨克斯坦、俄罗斯、阿塞拜疆	内陆湖	371	14.8
2	苏必利尔湖	北美洲	加拿大、美国	外流湖	82.4	3.3
3	维多利亚湖	非洲	肯尼亚、坦桑尼亚、乌干达	外流湖	68	2.8
4	休伦湖	北美洲	加拿大、美国	外流湖	59.6	2.4
5	密歇根湖	北美洲	美国	外流湖	58	2.3
6	咸海	亚洲	哈萨克斯坦、乌兹别克斯坦	内陆湖	51.1	1.9
7	坦噶尼喀湖	非洲	布隆迪、坦桑尼亚、扎伊尔、赞比亚	外流湖	32.9	1.3
8	贝加尔湖	亚洲	俄罗斯	外流湖	31.5	1.3
9	大熊湖	北美洲	加拿大	外流湖	31.3	1.3
10	马拉维湖	非洲	马拉维、莫桑比克、坦桑尼亚	外流湖	30.4	1.2

（二十）最高的大咸水湖

中国青藏高原是世界咸水湖集中区，大小湖泊1500多个，海拔5000m以上有70多个。在面积1500km^2、海拔4500m以上的大咸水湖中，纳木湖面积1940km^2，海拔4718m，为世界最高的大咸水湖。藏语称纳木错，意即“天湖”。该湖位于藏北高原东南部，拉萨市以北。由周围高山雪水汇集而成。湖中多细鳞鱼、无鳞鱼，湖区野生生物丰富，湖滨草原肥美。

（二十一）最高、最大的高原湖群分布区

中国青藏高原是世界上最高、最大的高原湖群分布区。高原上的很多湖泊，海拔都在5000m以上，海拔4000m以上的更多，总面积达37549km^2（占全国湖泊总面积的46.6%）。其中单是西藏高原就有湖泊1500多个，面积大于1km^{2}的612个，面积超过5km^{2}的345个，超过50km^{2}的104个，超过100km^{2}的47个，超过500km^{2}的7个，超过1000km^{2}的3个，湖泊总面积24183km^2（占全国湖泊总面积的30%）。遍布西藏全境，按水系和湖泊的分布特点，划分为三个湖泊区：藏东南外流湖区、藏南外流内流湖区和藏北内陆湖区。按湖泊海拔高度、数量和较大面积湖泊之多，西藏又居整个青藏高原之首。下列为青藏高原的部分湖泊：

面积400km^{2}以上、海拔超过4000m的湖泊（选列）

表6-3-11

湖名	面积（km^2）	海拔高度（m）
纳木错	1940	4718
色林错	1865	4530
扎日南木错	1000	4613
当惹雍错	825	4535
羊卓雍错	678	4441
鄂陵湖	610.7	4268
乌兰乌拉湖	610	4859
班公错	604	4241
哈拉湖	602	4078
昂拉仁错	560	4689
扎陵湖	526	4293
塔若错	520	4545
玛旁雍错	412	4588
昂孜错	406	4683

面积50km^{2}以上、海拔超过5000m的湖泊

表6-3-12

湖名	面积（km^2）	海拔高度（m）
森里错	78	5386
美日切错	64	5354
杰萨错	150	5202
窝尔巴错	89	5177
布若错	85	5158
错呐错	50	5145
帕龙错	140	5116
清澈湖	57	5104
骆驼湖	62	5103
郭扎错	244	5080
令戈错	89	5051
黑石北湖	93	5048
普莫雍错	284	5009
龙木错	97	5002
阿果错	55	5000

（二十二）世界十个最深的内陆湖

表6-3-13

位次	湖泊名	洲别	所在国家（地区）	深度（m）
1	里海	亚、欧	俄罗斯、阿塞拜疆、哈萨克斯坦、土库曼斯坦、伊朗	1025
2	伊塞克湖	亚洲	吉尔吉斯斯坦	702
3	马塔纳湖	亚洲	印度尼西亚苏拉威西岛	590
4	克雷特湖	北美洲	美国俄勒冈州	589
5	托巴湖	亚洲	印度尼西亚苏门答腊岛	529
6	塔霍湖	北美洲	美国加利福尼亚州、内华达州	501
7	死海	亚洲	巴勒斯坦、约旦、以色列	433
8	支笏湖	亚洲	日本北海道	363
9	的的喀喀湖	南美洲	玻利维亚、秘鲁	304
10	喀拉湖	亚洲	塔吉克斯坦	236

（二十三）世界十个面积最大的内陆湖

表6-3-14

位次	湖名	洲别	所在国家	面积（km^2）
1	里海	亚、欧	俄罗斯、阿塞拜疆、哈萨克斯坦、土库曼斯坦、伊朗	371000
2	咸海	亚洲	哈萨克斯坦、乌兹别克斯坦	51100
3	乍得湖	非洲	喀麦隆、乍得、尼日尔、尼日利亚	10360～25900
4	巴尔喀什湖	亚洲	哈萨克斯坦	17000～22000
5	的的喀喀湖	南美洲	玻利维亚、秘鲁	8030
6	埃尔湖	大洋洲	澳大利亚	0～7600
7	图尔卡纳湖	非洲	肯尼亚、埃塞俄比亚	6400
8	伊塞克湖	亚洲	吉尔吉斯斯坦	6236
9	乌尔米亚湖	亚洲	伊朗	5800
10	青海湖	亚洲	中国	4583

（二十四）温度最高的泉

美国阿拉斯加半岛南部的卡特迈火山区，其西侧有著名的“万烟谷”，分布着数以百万计的蒸汽孔和沸泉，有的蒸汽孔和沸泉，温度最高可达645℃，终年热气腾腾，是世界上温度最高的泉。卡特迈火山海拔2047m。1912年曾大喷发，喷出物总量达21立方公里。1931年又一次喷发。

（二十五）最宽的瀑布

非洲的莫西奥图尼亚瀑布，旧称维多利亚瀑布，是世界最宽的瀑布。瀑布位于赞比西河上、中游交界处，赞比亚马兰巴城西与津巴布韦接壤处。瀑布带成“之”字形峡谷，绵延达97km。落差92m，主瀑最高122m，宽约1800m，被岩岛分隔成五股，泻入宽仅400m的深潭。雾气和声浪，可远及10km以外。瀑布年平均流量1400m^3/s，雨季可达5000m^3/s，蕴藏巨大水利资源。赞比亚一侧建有水电站，并为著名游览地。

世界十个落差最大的瀑布

表 6-3-15

位次	瀑布名	洲别	所在地	落差(m)
1	安赫尔(Angel)	南美洲	委内瑞拉	980
2	图盖拉(Tngela)	非洲	南非	853
3	伊塔廷加(Itatinga)	南美洲	巴西	628
4	库凯南(Cuquenan)	南美洲	圭亚那、委内瑞拉	610
5	萨瑟兰(Satherland)	大洋洲	新西兰南岛	580
6	奥尔梅里(Ormeli)	欧洲	挪威	563
7	蒂赛(Tysse)	欧洲	挪威	533
8	卡希瓦(Kahiwa)	大洋洲	美国夏威夷洲	533
9	皮拉奥(Pilao)	南美洲	巴西	524
10	利邦(Ribbon)	北美洲	美国加利福尼亚州	491

四、生景之最

（一）森林覆盖率最高的国家

森林覆盖率的高低，是衡量一个国家森林对国土保护作用大小的重要标志之一。1983 年，全世界森林面积共有 40.7 亿 hm^2，森林覆盖率平均为 30.4%。森林覆盖率最高的国家或地区依次为苏里南、所罗门群岛、法属圭亚那、圭亚那等。苏里南位于南美洲的东北部，面积 16.3 万 km^2。境内大部分为密林覆盖的丘陵和低高原，森林面积 1552.4 万 hm^2（约合 15.5 万 km^2），占全国总面积的 95%，即森林覆盖率高达 95%，居世界第一。其森林绝大部分是天然林，主要树种有维罗拉豆蔻、苏里南规亚吉木、药用紫檀等。

世界十个森林覆盖率最高的国家（地区）

表 6-4-1

位次	国家（地区）	洲别	林地占国土总面积 %
1	苏里南	南美洲	95.0
2	所罗门群岛	大洋洲	90.0
3	法属圭亚那	南美洲	80.2
4	圭亚那	南美洲	76.1
5	扎伊尔	非洲	75.3
6	加蓬	非洲	74.7
7	朝鲜①	亚洲	74.4
8	柬埔寨	亚洲	73.8
9	文莱	亚洲	71.9
10	不丹	亚洲	69.8

①朝鲜民主主义人民共和国。朝鲜南半部未计在内。

（二）最大热带森林区

亚马孙平原地处赤道低纬带，南北介于巴西高原与圭亚那高原之间，西接安第斯山，东临大西洋。面积约 560 万 km^2。平原除西部边缘外，海拔大部分都低于 150m。由于终年受大西洋暖湿气团控制，气候炎热潮湿，雨量充沛，年平均温度在 25～27℃之间，年平均降水量自 1500 至 3500mm，且年内分配均匀，高温多雨的气候形成世界最大的热带森林区。森林面积达 260 万 km^2，木材蓄积量 500 亿 m^3。植物种类繁多，仅巴西境内就有 4000 多个树种，主要树木有维罗拉豆蔻、桃花心木、绿心木、巴西果、拉美香椿、蚁巢木、野生橡胶、黄檀以及许多棕榈科植物，藤本植物和附生植物也非常发育。近年来，亚马孙平原毁林开荒现象日益增多，森林面积不断减少，对环境保护和生态平衡都有影响。

（三）灌溉面积最大的国家

1983 年全世界有 2 亿多公顷灌溉地，主要分布在中国、印度、美国、苏联和巴基斯坦。自 20 世纪 50 年代以来，中国进行了大规模的农田水利建设，在黄河、淮河及其他江河建成了数万座大中小型水库和水利枢纽工程，修建万亩以上灌区 5200 多处，机电井 200 多万眼。主要灌区有安徽的史淠杭灌区，江苏的苏北灌溉总渠，宁夏河套灌区，内蒙古后套灌区等，除渠灌外，还发展了井灌、喷灌和滴灌，灌溉面积不断扩大。1983 年中国灌溉面积已达 4464 多万公顷，约占世界总灌溉面积的五分之一，是世界上灌溉面积最大的国家。灌溉面积最多的流域依次是长江、淮河、海河、滦河、珠江等。农田灌溉事业的迅速发展对农业的发展和单位面积产量的不断提高起了重要作用。

（四）最早茶树栽培国

中国是茶树的原产地，也是最早栽培茶树的国家，被誉为“世界茶乡”。从发现茶树到现在已有四千多年的历史。西汉时代，就开始在云南、四川一带人工栽培茶树，以后扩展到其他地区，但主要是秦岭和淮河以南丘陵地带。8 世纪时，唐代学者陆羽编著了世界第一部茶书——《茶经》，对茶树分布、种植方法、茶叶加工以及饮茶风俗等，都有记载和论述。明清两代，中国茶叶已成为大量出口商品，曾长期在世界市场上占重要地位。中国还向世界许多国家提供茶树、茶籽，输出栽培技术，最早是日本，其次是印度尼西亚，再次为印度等国。现在世界上几乎所有的产茶国都直接或间接地从中国引种过茶树或茶籽，多数国家茶字的发音源于汉语，如英语的 tea 是闽南语的音译，俄语的 чай 是北方音的音译，日语的茶字不仅和汉语发音相同，连写法都一样。

（五）最大花卉出口国

荷兰素以盛产花卉著称，种植历史悠久，被誉为“鲜花之国”。全国园艺（包括蔬菜、水果）面积约占耕地面积的 5%。年产鲜花 60 亿株，是世界上最大的花卉生产国和出口国。花卉多在温室栽培，阿姆斯特丹和海牙之间地区是花卉集中产地，又是主要集散地。该国生产的花卉大多供出口，近年每年向世界市场供应的各种常青植物和鲜花多达 370 种，出口鲜花占国际鲜花贸易的 60% 多，年收入 10 多亿美元。出口的球茎花以郁金香（荷兰国花）、风信子、水仙花、大丽花为主，鲜切花以玫瑰、菊花和石竹为主。当地利用冷藏仓库或冷藏车储存鲜花，以保持花的新鲜、娇艳。除荷兰外，其他主要花卉出口国还有意大利、法国、泰国、新加坡、日本、哥伦比亚等。

（六）最大产竹国

竹子适应性强，喜温暖湿润，绝大多数竹种分布在南北回归线之间的平原丘陵地区。东南亚是世界竹子分布中心，中国为中心产区之一，产量居世界首位。全国有竹类30属，300多种，竹林面积340万hm^2，约占世界四分之一，竹材年产量500万t，约占世界三分之一。主要有毛竹、淡竹、刚竹、青皮竹等。分布地区西自西藏，东至台湾，南自海南岛，北至辽宁、甘肃，以亚热带地区尤其是浙江、江西、福建、广东、广西、四川、安徽、江苏等省区产竹最盛。

五、人文之最

（一）领土面积最大的国家

前苏联领土面积22402200km^2，占世界陆地总面积的15%，如将南极洲除外，占世界陆地总面积的16.6%，欧亚两洲合计面积的41%。前苏联解体后，俄罗斯的领土面积为1708万km^2，仍是世界上领土面积最大的国家。其他几个面积大的国家依次为加拿大、中国、美国、巴西、澳大利亚。

（二）海岸线最长的国家

前苏联国土辽阔，东临太平洋，北濒北冰洋，西与西南靠波罗的海和黑海，海岸线总长达43000km，在世界各国中居于首位。除个别地段外，岸线比较平直，约有三分之一的海岸线在北极圈以北。全国有比较重要的大型港口（年吞吐量在300万吨以上）19个，平均每2300km的海岸线才有一个大型港口，也是世界海岸线长度与港口数比率最低的国家。世界海岸线最短的国家则为地中海北岸的摩纳哥，海岸线长仅3km。

（三）陆面高差最大的国家

中国陆上的最高点为珠穆朗玛峰，海拔8848.13m，最低点为吐鲁番盆地，海拔－154m，合计高差达9002m，是世界陆面高差最大的国家。下为几个大面积国家陆面最高点、最低点和合计的高差数：前苏联，最高点（共产主义峰）7495m，最低点（里海沿岸低地）－28m，合计高差7523m；美国，最高点（麦金利峰）6193m，最低点（死谷）－85m，合计高差6278m；澳大利亚，最高点（科休斯科峰）2230m，最低点（埃尔湖盆地）－12m，合计高差2242m。

（四）人口密度最高的国家

摩纳哥是地中海北岸的一个小公国，陆上与法国接壤。面积1.9km^2，人口2.5万，平均每平方公里1.3万人，是世界上惟一人口平均密度超过万人的国家，人口密度数值远远大于其他任何国家。全世界陆地如都具有摩纳哥的人口密度，人口总数会达到2.7万亿的天文数字（相当现有世界人口数的450倍）。除摩纳哥外，按每平方公里人口最密的国家尚有：新加坡（约4000人），梵蒂冈（约1760人），马耳他（约1200人）等。

（五）最著名的水上城市

意大利北部城市威尼斯是一个古老的岛城，亚得里亚海威尼斯湾西北岸重要港口，世界最著名的水上城市。市区建于离陆地4km的海边浅水滩上。177条运河、水道纵横其间，以400座桥将118个小岛连成一体。城内交通工具是富有诗情画意的扁叶舟。公元6世纪兴建。中世纪时为地中海最繁荣的贸易中心之一。现为世界著名的旅游中心，离岸2km处的线状沙洲多海滨浴场。目前水城的地基正在下沉，为此，联合国教科文组织已制订出“拯救威尼斯计划”并付之实施。

（六）游客超过本地居民倍数最多的国家

法国和西班牙间的比利牛斯山国安道尔，约有人口3万余，每年入境游客竟达1000万，相当人口总数的300多倍，为世界上游客人数超过本国居民倍数最多的国家。安道尔虽然面积仅465km^2，却有很多独具的自然、社会特点，境内既有多座高耸的山峰，又有数以百计的深切的河谷，全国分成三个自然区，各拥有不同的自然景色，高山区年积雪达数月之久，是良好的冬季运动场地，建有高水平的滑雪设施。安道尔不设检验关卡，外来货没有税收，入境无需签证；现代化设施颇为完备，有各种风格的建筑，社会秩序井然，这些也是大量吸引外国游客的重要原因。目前游客数以平均日达数万的规模进出国境，近年还在以年增四五十万的速度发展。

（七）接待外国旅游者人数最多的国家

意大利拥有悠久的历史文化传统，保留着大量的古遗迹、古文物；地理上居地中海的核心，南欧的正中央；气候上冬季温和，夏季凉爽，为典型的地中海式。境内有高耸的阿尔卑斯山，有连绵的平滑海滩，千年古城，万载火山，吸引着万千游人。第二次世界大战后，意大利旅游业稳步上升，20世纪70年代以来，发展更快，1977年国外游客人数即已达40812000人，1978年为42648000人，1979年为48742000人，1980年为47754900人，连年居于世界首位。游客主要来自欧洲各国，超过3900万，相当全部游客人数的80%强，其中又绝大多数为西欧共同体各国，达3605万人，占全部游客人数的75%，欧洲各国游客人数的92%。东欧各国游客中，主要来自前南斯拉夫，两国一海之隔，每年来游人数常在300万以上。其他洲的游客以美国人最多，每年接近200万人（约为美国到西班牙旅游人数的2倍）。

（八）接待游客最多的游乐场

迪斯尼乐园在美国洛杉矶市东南约45km处，由橘园辟成。由以“米老鼠”和“白雪公主”而成名的动画片制作家沃尔特·迪斯尼创建。游乐场所占地73hm^2。乐园内的游览设施都围绕一些特定的主题设计，充满了各种各样的“世界”：模仿非洲丛林的“冒险世界”；显示美国往昔开发历史的“开拓世界”；所有的自然景物都是人工建造的“幻想世界”；想像太空时代的“未来世界”等。其中包括仙境城堡，乘小船穿越丛林水域等吸引人的游览项目。乐园原来每年接待游客数百万人，近年人数已超过1000万，尤其是每年的万圣节（十月三十一日，是夜儿童可以纵情欢乐）前夕最为集中，游客可达20万。乐园自1955年开放到1975年的20年中，已接待游客1.37多亿人次，是接待游客最多的游乐场。

（九）最古老的地理专著

《禹贡》是中国儒家经典《尚书》中的一篇。旧传为夏禹所作，大约成书于战国后期（公元前3世纪），迄今已有2000多年历史，是世界最古老的地理专著。全篇共1193字，分三部分：第一部分用名山大川的自然界划，分全国为冀、兖、青、徐、扬、荆、豫、梁、雍九州，分州介绍其山川、湖泊、土壤、物产、田亩贡赋等级及水陆运输线等；第二部分为专论山和水的“导山”和“导水”部分；第三部分所谓“五服”制度，作者借以传播大一统思想。《禹贡》篇亦是中国地理学中的经典著作，其后的中国地理专著皆以此作为引申和发展的依据，对地理学的发展有深远影响。

（十）分布最高的树木化石

喜马拉雅山脉高峰之一的希夏邦马峰，在海拔5900m的石缝中，发现了150万年前的高山栎的树叶化石，这是迄今发现的树木化石分布的最高记录。现今喜马拉雅山南坡海拔2700～2900m的地方生长着高山栎，与高山栎化石海拔高度相比较，相差3000m，说明在漫长的地质时期山体在不断升高。喜马拉雅山地区，原是一片汪洋大海。离现在大约7000万年到4000万年前，海水不断退去，出现了陆地。后来，陆地又不断抬升，造山运动的结果，形成了今天的喜马拉雅山。150万年以来，喜马拉雅山升高了约3000m，高山栎化石正是地理环境变化的见证。

（十一）最著名的金塔

瑞光大金塔是缅甸最著名的佛塔。坐落在仰光市区北部茵雅湖畔，丁固达拉岗上的绿树丛中。该塔始建于公元前585年。据传内藏释迦牟尼遗发。11世纪蒲甘王朝时，即已成为缅甸佛教圣地。缅甸历代王朝几乎都予增修，但规模最大的一次是在1774年，阿隆帕雅王的儿子孟驳王亲自来到仰光监造。佛塔上部以纯金压成的压延板铺成，下部则铺以厚厚的金箔，塔内有石雕、木雕等华丽的佛像多尊。现主塔高112m，周围有68座木石建成的小塔。镶有数千颗金刚钻、翡翠和玉石的塔顶在阳光照射下金光灿烂，数十公里外也能望见。到仰光游览的人们必先一游大金塔，为世界最著名的金塔。

（十二）最高的灯塔

日本横滨港附近建有一座高106m的十角形铁制“海洋塔”，这是世界上最高的陆上灯塔。塔高100m处设有可容纳300人的旋转瞭望厅，供登塔远眺。天气晴朗时，不仅可看到东京湾东岸的房总半岛和东京湾外的大岛，而且可以望见富士山峰。入夜，灯塔向夜空射出相当60万支标准烛光的红绿两色光芒，置身塔上，远近大小船只的灯光及整个港区万家灯火所构成的迷人夜景，均可一览无余。由东京湾进出太平洋的航船，即使远在30km之外，仍然可以看到灯塔明亮的灯光。

（十三）水力资源最丰富的洲

据1980年第十一届世界能源会议的调查统计，全球水力资源的理论蕴藏量为482.260亿度，其中技术上可开发的为193.060亿度。亚洲是世界水力资源最丰富的大洲，其理论蕴藏量为197.360亿度，技术上可开发的71330亿度，分别约占全世界的41%和37%，均居世界首位。亚洲的水力资源主要分布在东亚的中国、北亚的中西伯利亚高原、中亚的帕米尔高原、南亚的印度以及东南亚的缅甸等国和地区。世界各大洲水力资源的蕴藏量如下表所示。

世界各大洲水力资源蕴藏量

表6-5-1

洲名	理论水力资源		技术上可开发的水力资源	
	蕴藏量（亿度）	占世界（%）	蕴藏量（亿度）	占世界（%）
亚洲	197360	40.9	71330	36.9
非洲	101180	21.0	31400	16.3
北美洲	61500	12.7	31200	16.2
拉丁美洲	56700	11.8	37800	19.6
欧洲	50520	10.5	17430	9.0
大洋洲	15000	3.1	39000	2.0
世界总计	482260	100	193060	100

（十四）水力蕴藏量最多的国家

中国幅员辽阔，地势高差大，河流中蕴藏着丰富的水力资源。据统计，全国水力资源蕴藏量在1万千瓦以上的河流有3000多条，水力资源理论蕴藏量为6.91亿千瓦，年发电量可达6.05万亿度，均居世界各国之首位。其中可能利用的装机容量为3.82亿千瓦，年发电量为1.93万亿度。水力资源主要汇集在西藏高原东部、云南横断山区和四川盆地一带，即偏居在西南一隅的四川、云南、西藏和贵州四省区，水力资源的理论蕴藏量占全国的70%，其中可开发的水力资源占全国的68%。前苏联的水力资源也很丰富，它的理论蕴藏量为3.94万亿度，仅次于中国，居世界第二位；技术上可开发的水力资源为2.11万亿度，略高于中国，居世界第一位。巴西水力资源中可开发的装机容量为2.13亿千瓦，平均年发电量为1.2万亿度，居世界第三位。

（十五）小水电站最多的国家

小水电站通常是指单机容量在6000千瓦以下、单个电站容量不超过1.2万千瓦的小型水电站。这种电站投资少，见效快，很适合于居住分散的农村需要。至1984年中国已建成小水电站85000余座，装机容量约750万千瓦，年发电量144亿度，均居世界第一位。瑞士的小水电站有2100多座，居世界第二位。西班牙、法国、美国、日本的小水电站均在1000座以上。

（十六）沼气池最多的国家与最大的沼气池

沼气是重要的生物能，是一种干净、可再生、资源丰富的优质能源。由植物残体在与空气隔绝的条件下自然分解而成。以从沼泽底部发生者为多，故名。垃圾及人畜粪便等在适当的温度、湿度、酸碱度及多种厌氧微生物的作用下都可生成沼气。沼气的主要成分是甲烷和二氧化碳，并含有少量氮、氧、氢和硫化氢等可燃气体。$1m^3$沼气的发热量为5000～6200千卡，相当于1kg原煤。中国幅员辽阔，沼气资源丰富，利用沼气历史悠久，是世界上建造沼气池最多的国家，仅农户家用沼气池即达700万个以上，并有沼气动力站和沼气发电站1700多处。每年可供利用的沼气资源约2亿t（干质）。但世界最大的沼气池则建在德国南部的慕尼黑市附近，日产沼气4000～5000m^3。其主要原料是当地农场1000头牛的粪便和秸秆。所产沼气用于发电。

（十七）最大的风力发电站

当前世界上最大的风力发电站是美国夏威夷州瓦胡岛上的风力电站。安装有一台电功率为7300千瓦的风力发电机，风车叶片长122m。1984年初开始安装，1985年初并网发电，满负荷运行时，年发电量达3000万度。此外，丹麦的日德兰半岛上也建成了大型风力电站，装机容量为2000千瓦，年发电400万度。风车安装在57m高的铁塔上。电站濒临北海，风力资源丰富。

（十八）世界十个内河航道最长的国家

表6-5-2

位次	国别	内河通航里程（km）	每千平方公里内河航道里程
1	前苏联	142300	6.3
2	中国	107800	11.1
3	美国	41000	4.3
4	加拿大	25080	2.5
5	印度	8800	2.0
6	法国	8568	15.5
7	德国	4395	17.7
8	荷兰	4386	106
9	波兰	3790	12
10	意大利	2237	7

（十九）最神奇的巨石阵

巨石阵是英格兰西部索尔兹伯里平原上的一处古代遗址。一群粗糙切凿的巨石块兀立而围成圆阵。一种流行的说法是巨石阵有天文现象的功用，它与一年中白昼最长一日的日出相吻合。

巨石阵是公元前3000年～公元前1100年分三个阶段建筑的。由外向内依次分布着圆环形的沟渠、土堤、大外环巨石阵、小内环巨石阵。

（二十）最宏大的人工建筑物

长城是中国古代的防御工程。公元前656年“楚国方城以为城”，战国时，各国相继兴筑。秦始皇完成统一后，在秦、赵、燕的长城基础上增筑，连贯为一，形成西起临洮，东至辽东的万里长城。此后历经修筑，明代长城东起鸭绿江，西达嘉峪关，全长14700里。长城由城堡、关隘、烽火台、城墙等建筑物组成，蜿蜒在崇山峻岭或大漠之中。

（二十一）古代奇迹金字塔

埃及吉萨的10座金字塔是古代七大奇迹之一，它们耸立在开罗尼罗河两岸的沙漠之上。其中最大的是胡夫金字塔，高146.4m，边底长230.6m，用200多万块巨石砌成。古埃及人相信灵魂不灭，保住尸体能复活永生，因此统治者都重视金字塔陵墓建设，这些塔群建于公元前2600年～公元前2500年。

（二十二）最大的皇陵

中国的秦始皇陵在西安市临潼区骊山风景区，建成于公元前210年。现存坟丘高76m，底面长515m，宽485m。据1974～1978年调查钻探，陵园有内外两城，内城周长2525m，外城周长6264m。

《史记·秦始皇本纪》载：“始皇初即位，穿治骊山，及并天下，天下徒送诣七十余万人，穿三泉，下铜而致椁，宫观百官奇器珍怪徙臧满之。令匠作机弩矢，有所穿近者辄射之，以水银为百川江河大海，机相灌输，上具天文，下具地理，以人鱼膏为烛，度不灭者久之。”（铜：一作锢，锢，铸塞。）

第七章　历史名景图咏

一、《名山图》选录①

7.1.1. 燕山

7.1.2. 盘山

7.1.3. 钟山

7.1.4. 燕礠（矶）

7.1.5. 茅山

7.1.6. 九华

①引自《名山图》，明（1633年）墨绘斋刊本。

7.1.7. 黄山

7.1.8. 白岳

7.1.9. 包山

7.1.10. 虎丘

7.1.11. 京口三山

7.1.12. 小金山

7.1.13. 浮槎山

7.1.14. 九峰三泖

7.1.15. 西湖

7.1.16. 径山

7.1.17. 天目

7.1.18. 石门

7.1.19. 雁宕

7.1.20. 龙湫

7.1.21. 仙岩

7.1.22. 石梁

7.1.23. 赤松山

7.1.24. 樊山

7.1.25. 武当

7.1.26. 衡岳

7.1.27. 岳阳

7.1.28. 赤壁

7.1.29. 匡庐

7.1.30. 石钟山

7.1.31. 嵩岳

7.1.32. 太行

7.1.33. 泰岳

7.1.34. 峄山

7.1.35. 五台

7.1.36. 华岳

7.1.37. 恒岳

7.1.38. 栈道

7.1.39. 武夷

7.1.40. 木兰陂

7.1.41. 浮丘

7.1.42. 罗浮

7.1.43. 隐山

7.1.44. 桂林

7.1.45. 峨嵋

7.1.46. 三峡

7.1.47. 七曲山

7.1.48. 修觉山

7.1.49. 青城山

7.1.50. 牛头山

7.1.51.瀼西

7.1.52. 清溪三潭

7.1.53. 点苍山

7.1.54. 阿卢三洞

7.1.55. 飞云岩

二、《黄山志》选录[1]

7.2.1. 汤泉，祥符寺

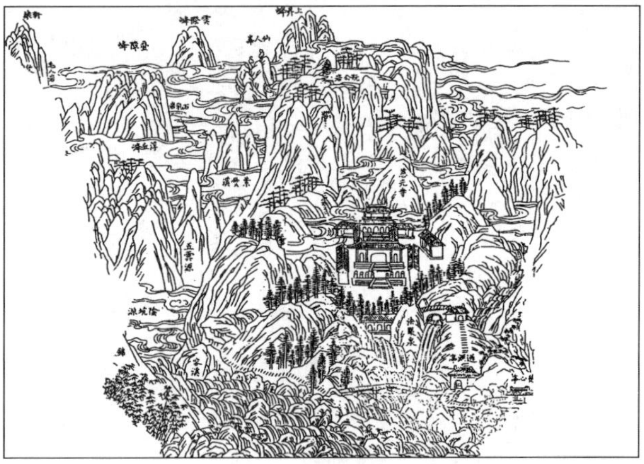

7.2.2. 慈光寺，云际峰

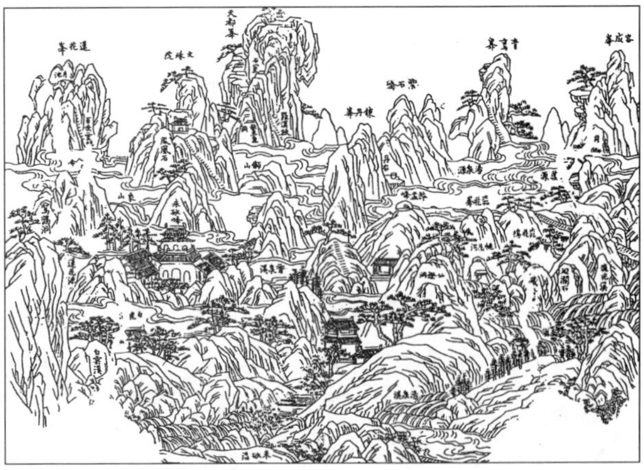

7.2.3. 汤泉溪，天都峰

7.2.4. 掷钵禅院，云际峰

①引自《黄山志》，清乾隆年间（1736—1795）。

7.2.5. 松谷，天门坎

7.2.6. 翠微峰，翠微寺

7.2.7. 天柱峰，贝叶庵

7.2.8. 仙桥峰，鸣弦泉

7.2.9. 九龙潭，始信峰

7.2.10. 狮子林

7.2.11. 西海门，圣泉峰

7.2.12. 水晶庵，白龙岩

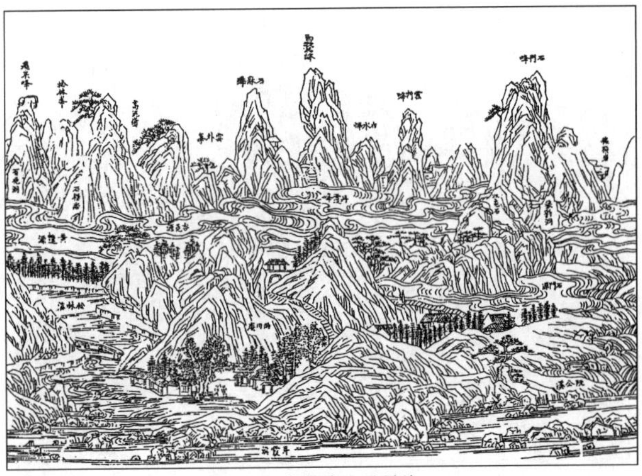
7.2.13. 白鹅峰，丹霞峰

7.2.14. 五供峰，点兵峰

7.2.15. 云谷寺，紫峰

三、《泛槎图》选录①

7.3.1. 紫琅香市

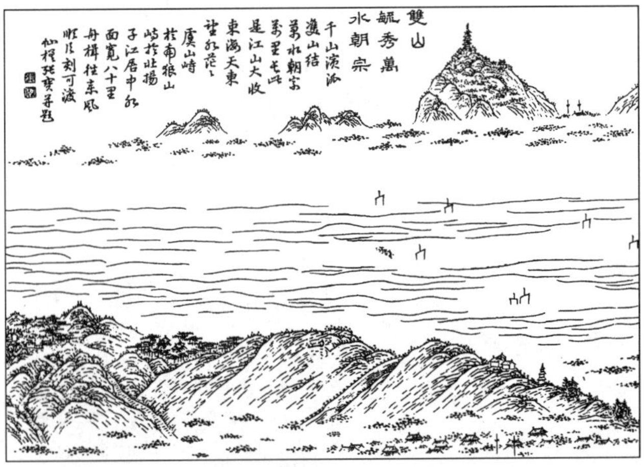

7.3.2. 双山毓秀万山朝宗

①引自清·张宝《泛槎图》，刊自 1819~1832 年。

7.3.3. 会仙留跡

7.3.4. 桂林泊棹

7.3.5. 隐仙听琴

7.3.6. 雨花遇雨

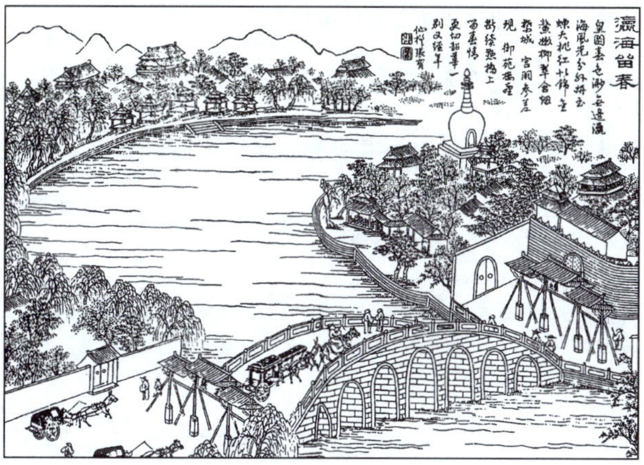

7.3.7. 瀛海留春

7.3.8. 武当梦游

7.3.9. 禹陵谒呈

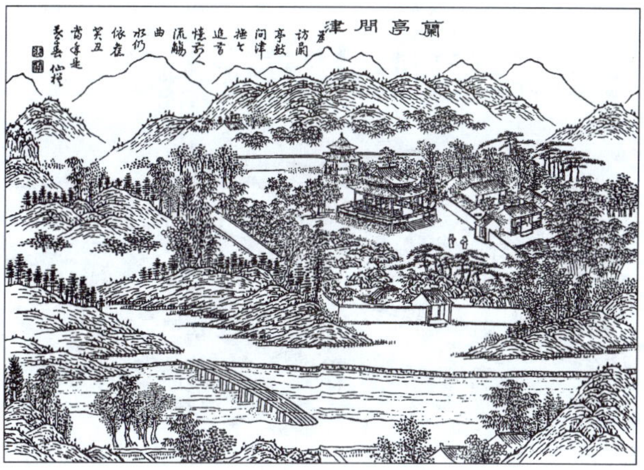

7.3.10. 兰亭问津

7.3.11. 西湖春泛

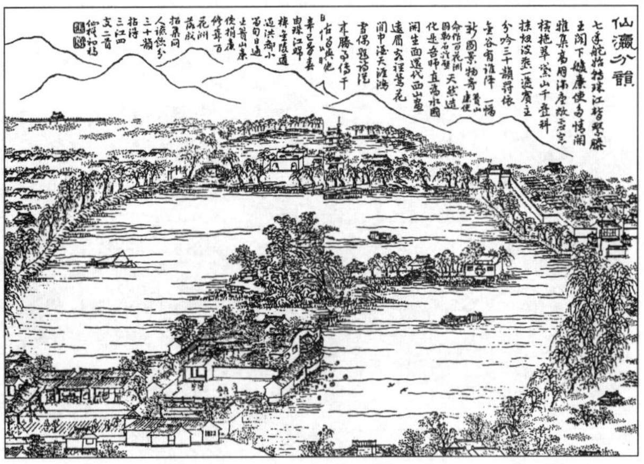

7.3.12. 仙瀛分韵

7.3.13. 滕阁看霞

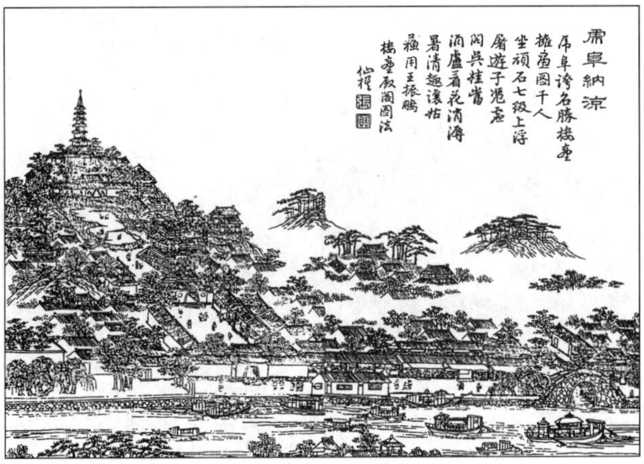

7.3.14. 虎阜纳凉

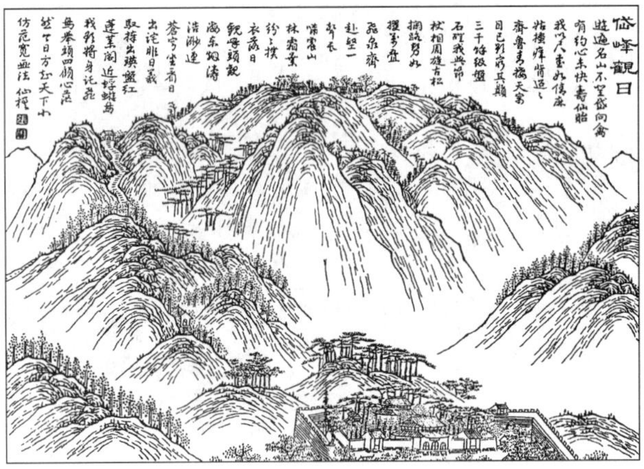

7.3.15. 岱峰观日

7.3.16. 大观赏月

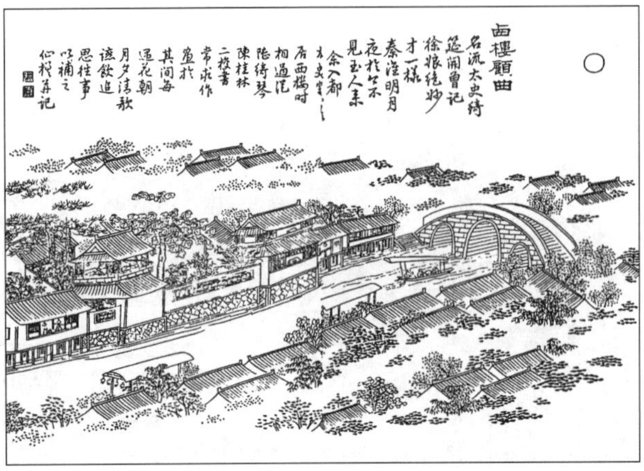

7.3.17. 西楼顾曲

7.3.18. 天阙归樵

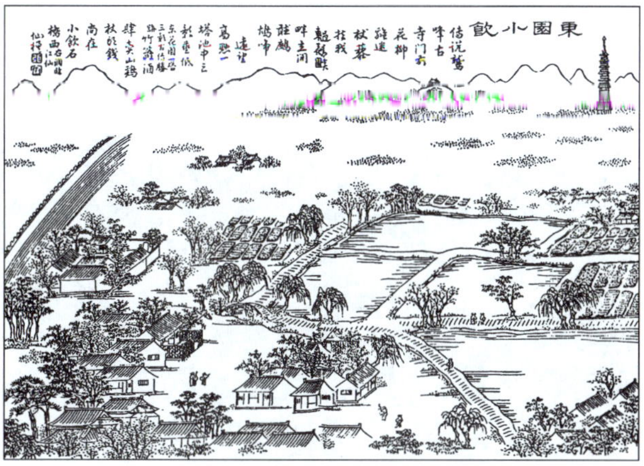

7.3.19. 东园小饮

7.3.20. 华山参禅

7.3.21. 钟阜穿云

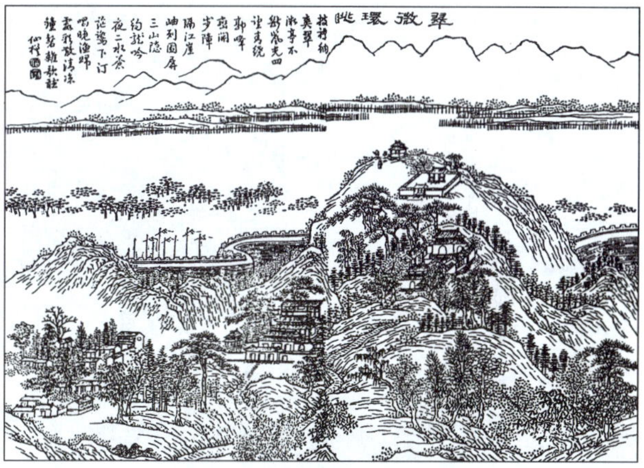

7.3.22. 翠微环眺

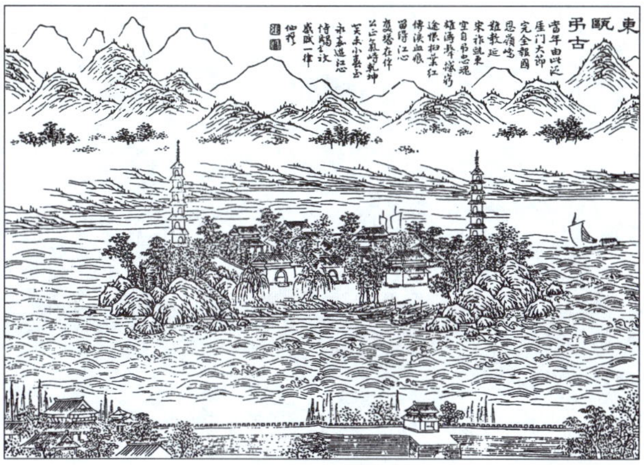

7.3.23. 东瓯吊古

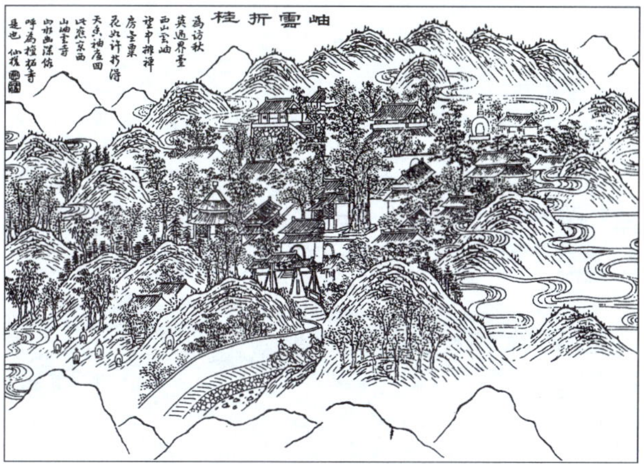

7.3.24. 岫云折桂

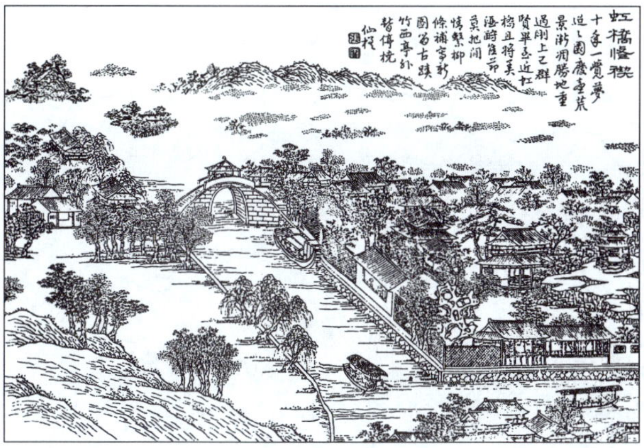

7.3.25. 虹桥修禊

7.3.26. 邓尉香雪

7.3.27. 黄湾访僧

7.3.28. 九华拜佛

7.3.29. 家园宴乐

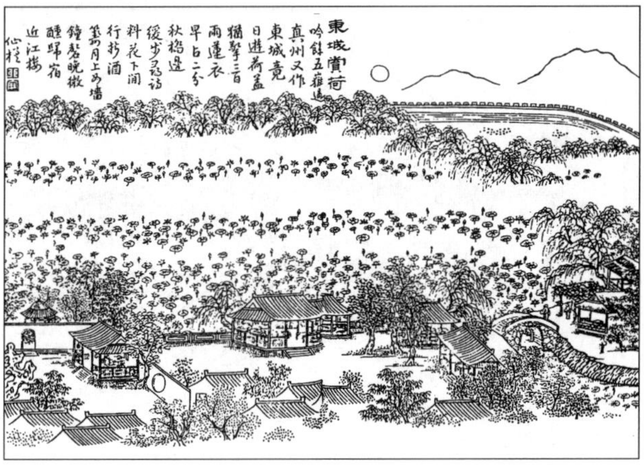

7.3.30. 东城赏荷

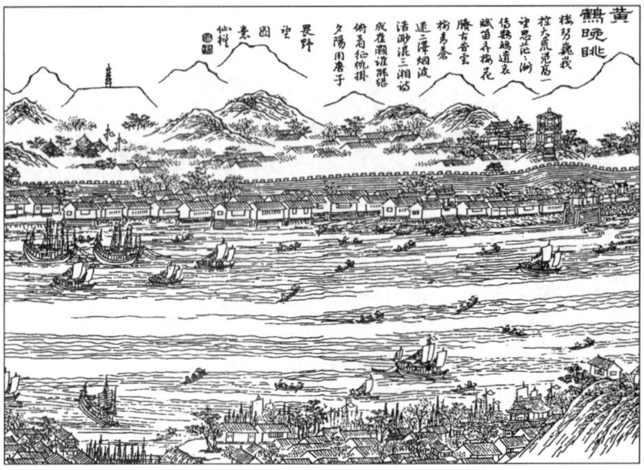

7.3.31. 黄鹤晚眺

7.3.32. 罗浮访梅

7.3.33. 盘山叠嶂

7.3.34. 韩岭悲风

7.3.35. 帝城春色

7.3.36. 昆明聚秀

7.3.37. 邗水寻春

7.3.38. 卢沟晓骑

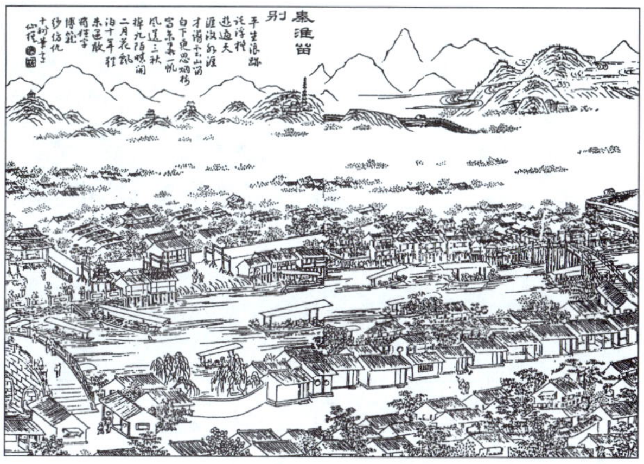

7.3.39. 秦淮留别

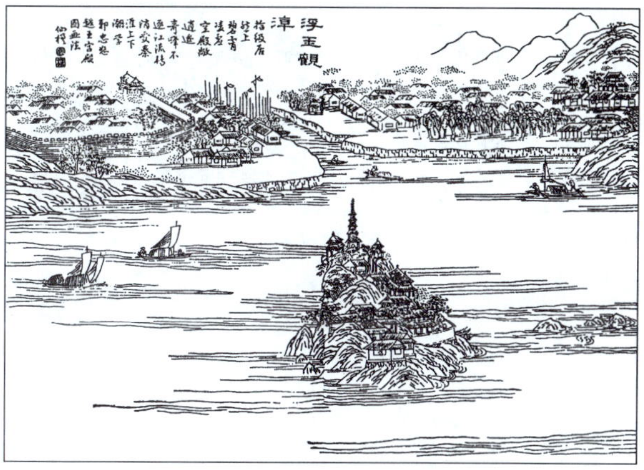

7.3.40. 浮玉观潮

四、《天下名山图诠》选录①

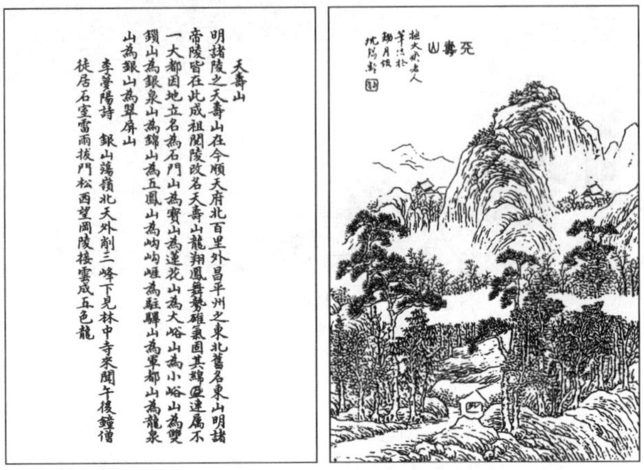

7.4.1. 天寿山

7.4.2. 西山

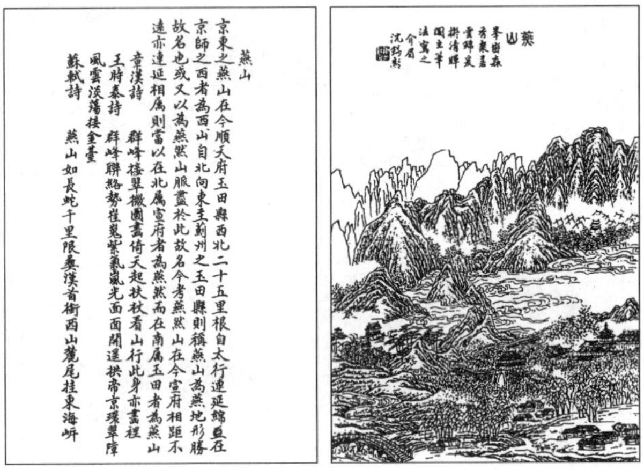

7.4.3. 燕山

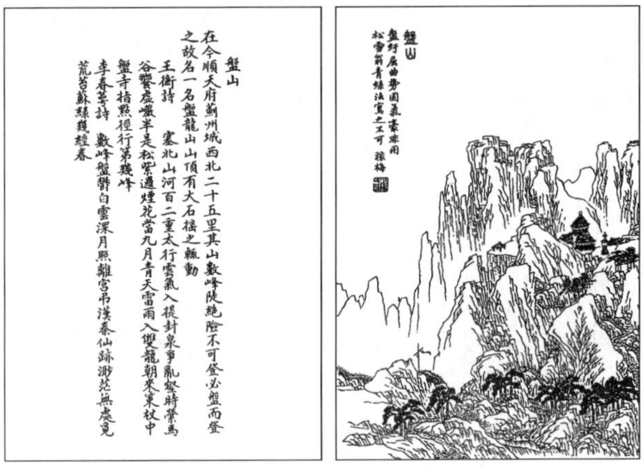

7.4.4. 盘山

7.4.5. 十三山

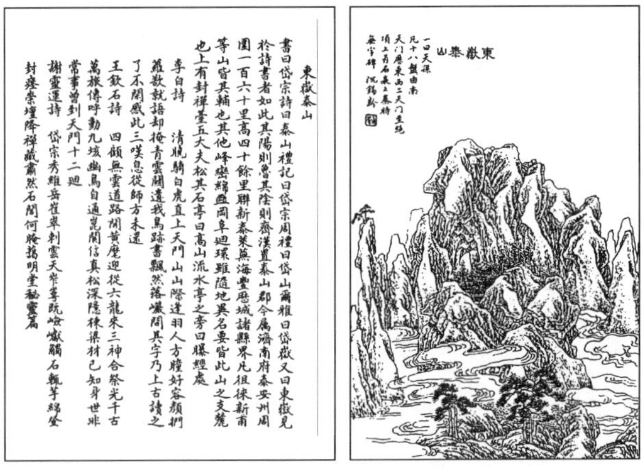

7.4.6. 东岳泰山

①引自《天下名山图诠》，清光绪二年（1876年）山谷出屋石印本。

尼山

在今山東兗州府曲阜縣東南五十里即顏母所禱而生孔子者也顏母升之谷草木之葉皆上起顏母降之谷草木之葉皆下垂一名尼邱山其山五峰聯峙謂之五老峰中峰之麓為宣聖廟廟東為中和壑沂水出焉下流為智源溪溪南流上為坤靈洞洞三門廟西為尼山神祠宋仁宗以至聖誕生之地封山為毓聖侯

陳鳳翔詩　巍巍雄鎮倚晴空一抹煙嵐黛色濃深處半含金翡翠層巒高插玉芙蓉雲開虎洞青溪遠雨卧龍碑碧蘚封三獻禮成閒眺立可捫日月思從容

7.4.7. 尼山

歷山

天下稱舜耕之歷山有八在山東者三在山西者一在浙江者三在直隸者一其在山東者一在今濟南府城南五里一名舜耕山一名大佛頭山一名千佛山　濮州之歷山相傳為舜耕處山下有姚城即舜所生之姚墟也　鄄縣之歷山相傳亦為舜耕處其旁有舜祠　蒲州之歷山上有舜廟下有二泉名媯汭相傳即堯釐降二女處　上虞之歷山下有田曰象田井曰舜井　餘姚之歷山下亦有象田舜井及石牀足踏處雙跡宛然　蕭山之歷山其下有漁浦　延慶之歷山其形似覆釜

舜在歷山見烏飛思親而作此歌　陟彼歷山兮崔嵬有烏翔兮高飛瞻彼鳩兮徘徊河水洋洋兮清冷深谷鳥鳴兮嚶嚶設置張罝兮思我父母力耕日與月兮往如馳父母遠兮吾將安歸

7.4.8. 历山

嶧山

禹貢之嶧山魯頌曰鳧嶧即鄒嶧山非邳之葛嶧也山無土壤積石相連絡繹如絲故名曰嶧山洞最多玲瓏相通土人謂之嶧孔山多泉水東北風起則同時湧漲其中峰最高者曰五華峰凡四十二盤到頂計八里許秦始皇勒銘其上命曰書門山東西凡二十餘里其南為天通巘上有妙光洞北為牙山又有小邱山唐口山皆絡繹相銜如貫珠若山之奄從然

顧琢詩　鄒魯名山大嶧雄芙蓉如削插晴空崖邊細草千春碧澗底寒花五月紅海色憑臨青玉杖仙音不斷白雲宮生來最厭塵環累何日移家住此中

7.4.9. 峄山

東鎮沂山

在今山東青州府臨朐縣城南九十里一名東泰山其南為沂水前代屬沂水縣今屬臨朐其西南有百丈崖汶水之源出焉西北有二龍灣巨瀰二水出焉流入於沂周禮職方氏以為鎮山自虞夏有望秩之典漢武欲封不果今禮官祠之至唐加公爵宋時封王歷代致祭明削爵號但稱東鎮沂山之神

喬宇詩　岱嶽西來海向東屹然方鎮一何雄山川自與封疆限雲雨能收造化功翠巘入空高落雁玉泉垂澗下成虹明廷憂旱來香幣六事都歸一念中

7.4.10. 东镇沂山

琅琊山

山海經之琅琊臺齊曰琅琊越曰琅琊臺即景公放於琅琊句踐所欲徙都之地為八祠之一秦皇漢武皆嘗登之漢因之置琅琊郡今曰琅琊山屬青州府諸城縣岡背圓平三面臨海峰巒環峙為名不一隨地各立總皆一山也

韋應物詩　屢訪塵外跡未窮幽賞情高秋天景遠始見山水清上陟巉巖憩暮看雲壑平蒼茫寒色起迢遞晚鐘鳴意有清夜戀身為符守嬰悟言緇衣士蕭灑中林行

丁維甯詩　誰驅亂石海鷗邊石上金卮促膝傳潮湧驚看雲樸峭濤平坐見水鋪天漁歌風度千尋浪鯛墨霞飛五色箋莫待安期乞異術塵襟脫盡便神仙

陳璉詩　夙志抱沖澹豈為塵事縈茲晨屬休暇況與文彥并聯鑣度芳甸飛蓋指巉嵓玉樹交左右瓊泉瀉琮琤悠悠祥風至冉冉慶雲生蓬萊天只尺瞻望有餘情

7.4.11. 琅琊山

鳧山

魯頌之鳧嶧又曰鳧山以形如飛鳧故名其山在今鄒縣之西南魚臺縣之東北嶧縣之西北土人或呼為八卦山其峰巔之最大者土人呼為玉皇頂其次峰呼曰牧仙山其南有呂公洞下有東龍泉西龍泉山上有伏羲陵在焉陵前有廟世傳伏羲畫八卦於此

張惲詩　萬丈鳧峰勢接天望宗華泰遠相連曉雲散去無邊秀暮雨晴來分外鮮巖畔柔藤懸鶴翅石間流水老龍涎也知性僻耽佳景乘興攀緣到絕巔

7.4.12. 凫山

勞山

東海之勞山有二一曰大勞一曰小勞俱屬即墨縣高二十五里周圍八十里濱海一作鼇山寰宇記作牢成吳王夫差得靈寶度人經於此秦始皇嘗登之以望蓬萊漢逢萌浮海隱勞山明帝安車徵之不赴峰巒洞壑競秀爭奇上多名人題詠有石層疊如樓臺曰華樓為海上諸山之冠唐元宗改為輔唐山川居道士王旻隱此今仍名勞山

馬存仁詩　惟愛山家坐小亭窮隈野竹送秋聲苔封詩句無人識止聽黃冠說姓名

7.4.13. 劳山

中鎮霍山

即禹貢兵陽周禮冀州鎮也在今山西平陽府境內璧霍州及趙城岳陽靈石沁源四縣地其山因地立名不一在霍州為金鞍嶺聖佛崖在岳陽為蓮花山在沁源為紫金山而在霍州亦在趙城者又為觀堆峯山在霍州亦在靈石者又為蛤蟆嶺要其支麓所分也歷代有勅祭今稱中鎮

王惲詩　老澗灣環兩翼分一川草木氣如薰土人為說山靈異欲雨先占頂上雲

釋得清詩　策杖烟霞外重關虎豹林路當崎曲險山入塞垣深慘淡寒雲色蕭條落日陰邊笳如怨客嗚咽嶺頭吟

7.4.14. 中镇霍山

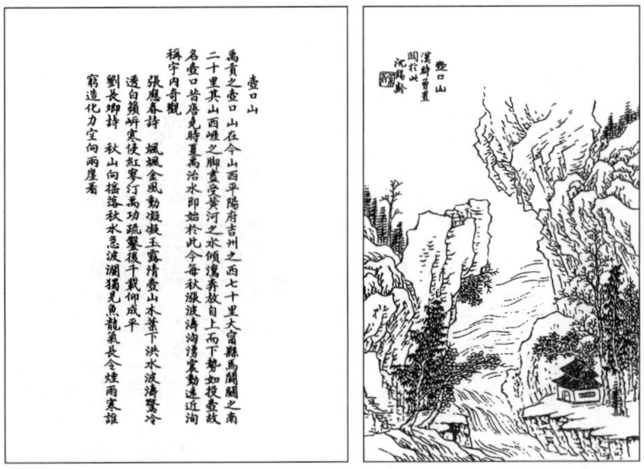
7.4.15. 壶口山

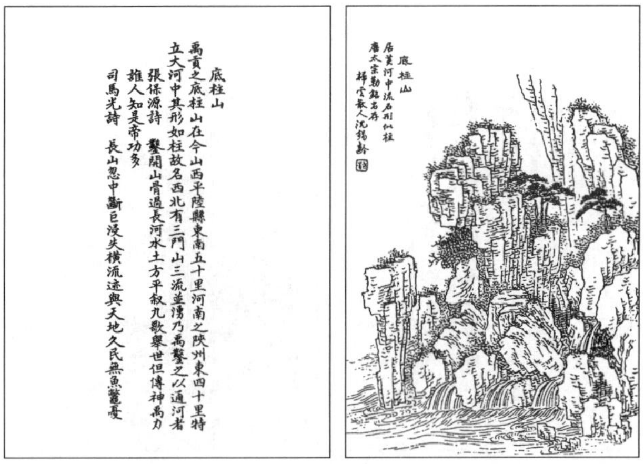
7.4.16. 底柱山

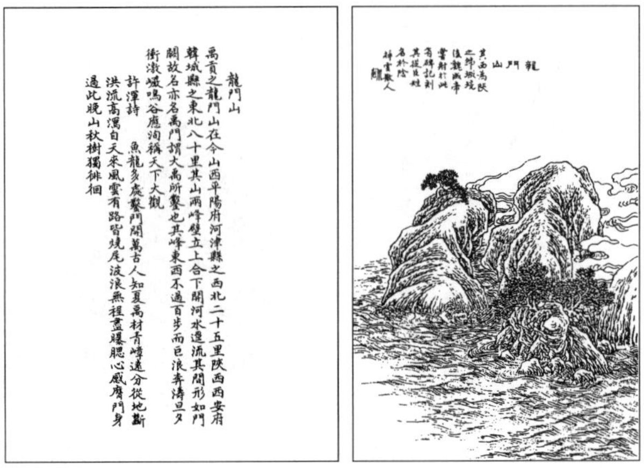
7.4.17. 龙门山

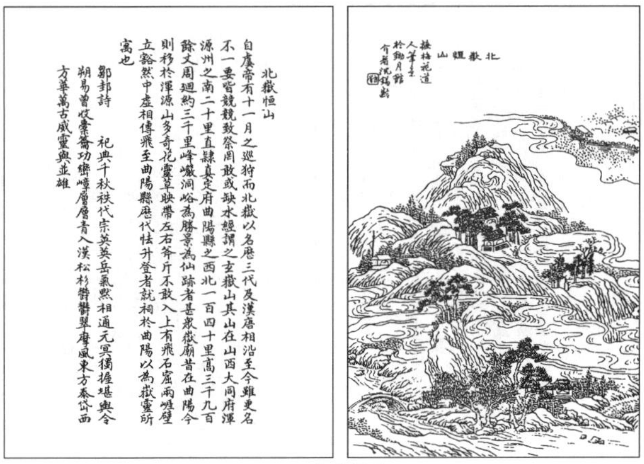
7.4.18. 北岳恒山

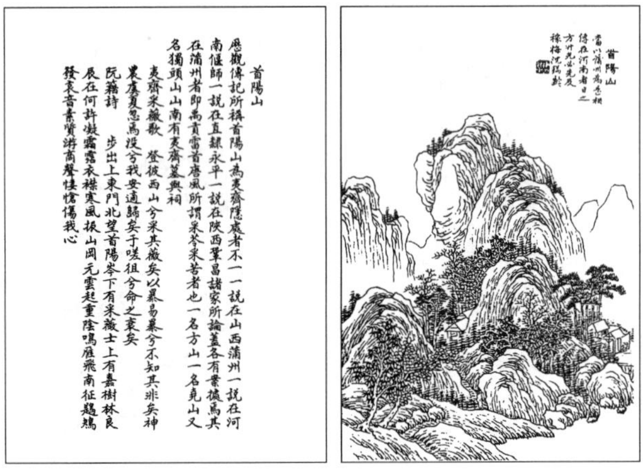
7.4.19. 首阳山

7.4.20. 王屋山

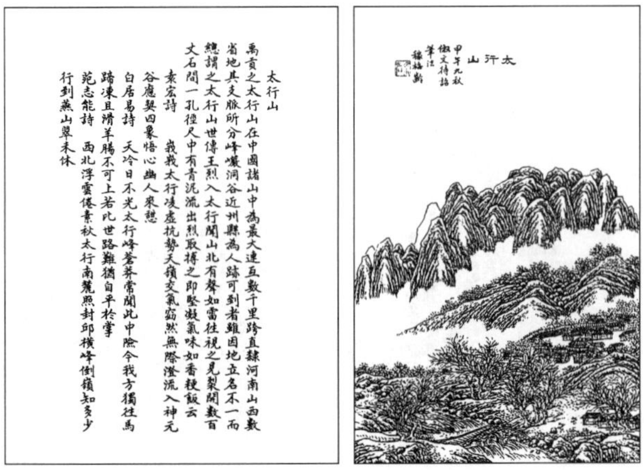
7.4.21. 太行山

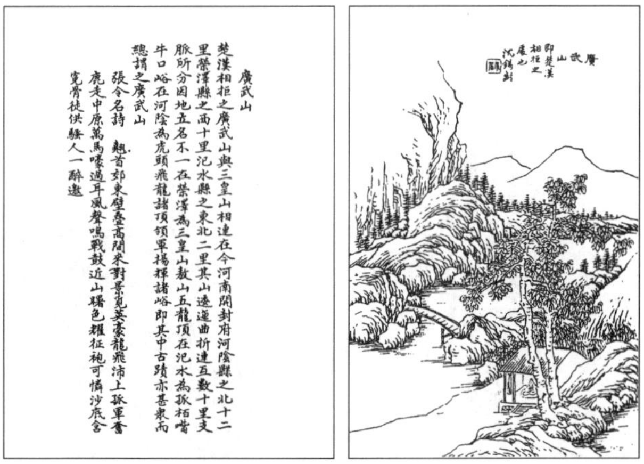
7.4.22. 广武山

林慮山

太行以東之林慮山在今河南彰德府林縣西二十里連接象山隨地異名為黃華山天平山玉泉山倚陽山大頭山紫團山聖符山萬泉山礦山栢山礪山棲鳧山將軍山北傘蓋山南傘蓋山鳳凰山定共山馬鞍山大聖山鳳臺山椅山各山中峰崖洞谷其名亦不一總謂之林慮山

王庭筠詩　殿閣偏宜落照間倚天無數玉潺湲黃華只是知名寺荊浩關仝得意山遊子也知紅樹老殘僧偶與白雲還人生見說功名好不博南樓半日閒

高書訓詩　好山只在屋西頭萬壑千巖滿意秋擬待明朝出門去一壺凡向玉泉遊

7.4.23. 林虑山

緱山

列仙傳有言周靈王太子晉好吹笙後登緱山駕鶴而去其說似近荒誕但歷代相傳既久而今之河南登封縣緱山又明有昇仙遺蹟故特考之以備好異者之採擇云

蘭完恒詩　寶鑑涵秋薄太清霜天高徹玉壺凝鶴飛星墟陵三島人在瀛洲近五城丹鼎迎堦花影亂珠樓鄰漢棟才明誰家晚笛聲初斷簫耳猶疑彩鳳鳴

7.4.24. 缑山

中嶽嵩山

書曰外方詩曰崧高爾雅曰中嶽史記太室漢書曰嵩高要皆一山也其山在今河南省河南府登封縣北五里於天地為正中歷代皆有勅祭東曰太室西曰少室有少林寺在少室之北麓後魏時建講堂後有立雪亭即惠可侍達磨雪深至腰處也漢有道士從外國將貝多子來種之西麓成四樹一年三花白色香異常花

白居易詩　三十六峰晴雪消嵐翠生月留三夜宿春引四山行遠草初含色寒禽未變聲東巖最高石唯有我題名

宋子問詩　家住嵩山下好采舊山薇自省遊泉石何曾不夜歸

又　登山臨水兮無期泉石烟霞今屬誰君到嵩陽吟此句與交三十六峰知

又　下嵩山兮多所思攜佳人兮步遲遲松間明月長如此君再遊兮復何時

7.4.25. 中岳嵩山

箕山

登封縣之箕山許由巢父之行雖云過高然亦千載不可泯滅者故其隱處之箕山在史記既未有定論而後之作志者亦遂樂據之以為郡邑光今博覽群書得所謂箕山為當日隱處者不一而似可信者有五一在河南之登封一在山西之平陸一在直隸之行唐一在山西之遼州一在山東之莒州其在河南登封者距縣城之東南三十里即中嶽嵩山之一支也有潁水經流其北昔人曾於此置縣即取名潁陽其山一名鄂嶺又名許由山山上有許由塚及許由廟又有巢父塚棄瓢巖山之下有牽牛墟有犢泉又有洗耳泉及洗耳池相傳皆二人之遺蹟云

錢起詩　故向箕山訪許由林泉物外自清幽松上挂瓢枝幾變石間洗耳水空流綠苔唯見遮三逕青史空傳謝九州緬想古人增嘆息颯然雲樹滿巖秋

傅梅詩　箕山林木自成陰萬古蕭然洗耳心一自挂瓢何處樹清風習習到於今

7.4.26. 箕山

崤山

左傳之殽陵今即崤山本名殽後作崤以夏后皋之墓故稱陵焉又名嶔崟山在今河南河南府永甯縣北六十里東接澠池界即春秋晉敗秦師處也山上有古崤縣址山側有夏后陵崤底村

王子謙詩　崤陵地險當要衝勢與劍閣遥爭雄五丁鑿山運神力古路曲折如游龍東風吹雲鎖蒼壁一雨滂沱阻行客風雨猶存舊日聲昔人避雨成空蹟山禽啼處坂轉高馬蹄隱隱車勞勞君行過此須努力咫尺前途如矢直

7.4.27. 崤山

桐栢山

禹貢淮水出桐栢山禹因而導之其山在今河南南陽府桐栢縣西南三十里一名胎簪一名大復東接隨州西接棗陽峰巒極為奇秀上有玉女臥龍翠微蓮花諸峰淮水出其下祖遂嘗避難於此

錢起詩　秋風過楚山山靜秋聲晚賞心無定極仙步亦清遠返照雲竇空寒流石苔淺羽人昔已去靈蹟欣方踐投策謝歸途世緣從此遣

7.4.28. 桐栢山

終南山

禹貢之終南山一名太乙一名中南一名南山在今陝西西安府城南五十里其東接驪山太華其西接太白至於隴山其南入梵塞連屬東西諸山周迴數百里洵稱秦中之勝地也盧藏用初隱終南人目之為隨駕處士司馬承禎還山盧指終南曰此中大有佳處承禎曰仕宦之捷徑爾

王維詩　太乙近天都連山到海隅白雲迴望合青靄入看無分野中峰變陰晴衆壑殊欲投人處宿隔水問樵夫

孟郊詩　南山塞天地日月石上生高峰夜留影深谷晝未明山中人自正路險心亦平長風驅松栢聲拂萬壑清到此悔讀書朝朝近浮名

張說詩　宿懷終南意及此語雲峰夜間竹澗靜曉望林嶺重春烟生古石時鳥戲幽松豈無山中賞但畏心莫從

7.4.29. 终南山

西嶽華山

夏書曰太華周禮曰華山爾雅曰西嶽山海經曰太華又曰小華郭璞注曰小華即少華而史記注及水經注皆云為悖物山或又曰垂山今總稱之曰西嶽華山其山高五千仞廣十里山形四方如削成是為太華東與少華相連太華在華陰縣城南十里少華在華州城南十四里歷代皆有勅祭焉其山最著者曰蓮花明星玉女三峰而仙掌崖日月巖蒼龍嶺皆奇境焉唐韓愈嘗賈勇而上及下則心悸目眩發狂痛哭投書與家人永訣邑令乃百計取之然後下

韓愈詩　洪鐘作高山大氣鼓其橐巍然神功就峻拔在寥廓靈蹤露指爪殺氣見稜角凡木不敢生神仙聿來托天資帝王宅以我為關鑰能令下國人一見換神骨高山固無限如此方為嶽丈夫無特達雖貴猶碌碌

衛光詩　太華五千尋重巖才畨起勢飛白雲外影倒黃河裡上有千葉蓮服之人不死山高採難得歎息徒仰止

7.4.30. 西岳华山

太白山
郿縣之太白山與終南武功相連在今陝西鳳翔府郿縣東南四十里其
山冬夏積雪故名或曰初有金星墜圭峰西其精化為白石若美玉爲故
名山上有太白祠相傳旱禱輒應云車行不得鳴鼓角鳴則疾風暴雨立
至上有洞即道書所謂第十一洞天
蘇軾詩　平生聞太白一見駐行驂鼓角誰能試風雷果致否巉
岨已奇絶冰雪竟雕鎪春旱憂無麥山靈喜有湫蛟龍懶方睡瓶罌
小容偷
米鐸詩　終南列萬山孤嶺入雲裡雪花點翠屏秋風吹不起

7.4.31. 太白山

西鎮吳山
書曰岍山周禮曰嶽山秦漢以後俱稱吳山今為西鎮在陝西鳳翔府隴
州南七十里歷代皆有封號今仍歲時致祭焉
趙光大詩　倚雲寄遠覡珠翠望中收手挽銀河近心隨碧漢遊層
巒如列障新月似懸鉤庚亮耽遊賞吏閑興未休
李頻詩　夾道人家水竹間馬頭山色盡應難天公故故閑雲幕
乞與蓮峰仔細看
楊西亭詩　三峰列金精層崿麗璇霄地高萬靈會日出諸山朝松
陰博鶴馭花間聞鳳簫獨尋希夷叟相與談逍遙
薩天錫詩　仙居時復與僧鄰簾幕人家紫翠芬後嶺樓臺前嶺接
上方鐘鼓下方聞市聲到海迷紅霧花氣凝天成綠雲一代繁華如
昨日街前燈火自紛紛

7.4.32. 西镇吴山

金牛峽
蜀五丁所開之金牛峽一名五丁峽在今陝西漢中府甯羌州東北四十
里通四川成都府其山高峻峰巒連接中分一道勢同斧劈自古稱蜀道
最險莫此為甚
薛瑄詩　巨峽三千里天開幾萬年泉飛林稍雨雲合管中天一
水橋頻渡層崖石亂懸梁州舊禹蹟蠶叢五丁傳
胡曾詩　山嶺千重擁蜀門成都別是一乾坤五丁不鑿金牛路
秦惠何由得併吞

7.4.33. 金牛峡

崑崙山
黃河發源之崑崙山尚書曰崑崙爾雅曰崐崘邱即黃河發源處也周穆
王會西王母於此世因相傳為仙境其山之大小高下則山海經及淮南
子諸書所載各有不同未可遽定其孰是
陶潛詩　迢遞槐江嶺是謂元圃邱西南望崐崘光氣難與儔亭
亭朗玕照落落清瑤流恨不及周穆託乘一來遊

7.4.34. 昆仑山

崆峒山
山海經之高山史記曰空桐今名崆峒山在今甘肅平涼府西四十里山
上有問道宮元鶴洞廣成洞香爐峰諸勝相傳黃帝訪廣成子於此
游師雄詩　崆峒一何高崛起乾坤闢峻極倚杳冥崢嶸亘今昔勢
將玉繩齊位擬金野窄
張元詩　四面千峰起中心一水通路穿雲樹密勢壓玉關雄此
地聞慈日當時拜順風二乘由相別三語與無同福諸耆闍嶺深疑
觀史宮鐘聲遙度隴剎影半沉空絶頂人難到平川目未窮塵襟聊
抖擻一瞬出樊籠

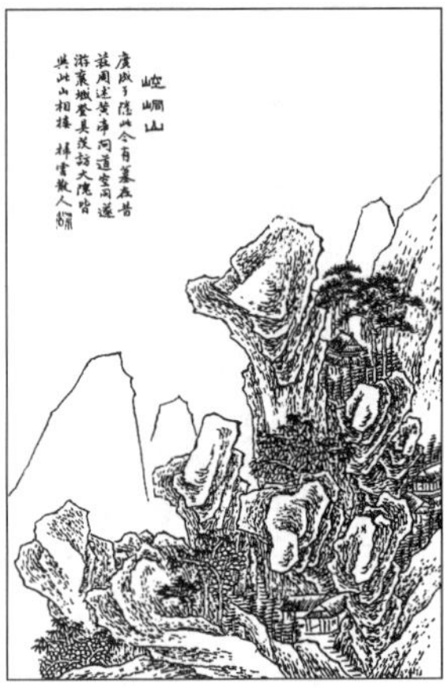

7.4.35. 崆峒山

青城山
道書第五洞天之青城山在今四川成都府灌縣西南五十里自岷山發
脈連峰接岫千里不絶青城乃其第一峰也山有七十二小洞應七十二
候有八大洞應八節真神仙都會之府也
杜甫詩　何限倚山木吟詩秋葉黃蟬聲集古寺鳥影渡寒塘風
物悲遊子登臨憶侍郎老夫貪佛日隨意宿僧房
宋文同詩　群峰垂碧光下擁岷仙家神皇被金甲坐領五帝衛威
靈攝真境俗語不敢譁精心叩殊庭俯首仰紫華願言鳳羅盟畢世
驅塵邪循秦藥珠戒期之飛太霞

7.4.36. 青城山

岷山
長江發源之岷山一名瀆山一名峄山一名汶山一名文阜山又名九頂
山又名汶焦山又名鐵豹嶺又名鴻冢在今四川成都府茂州城西南二
十里之列鵝村其高直上六十里可望成都山有九峰四時積雪不消連
綿數千里若青城若天彭若羊膊諸山皆其支麓所分也
徐三凱詩　玉壺春暖共相攜倚檻迴看百雉低鳥道橫雲天極北
蠻烟繞樹日平西四愁誰共憐湘水三笑還同類虎溪獨有天涯詞
賦客墨花到處燦留題

7.4.37. 岷山

峩眉山
四川嘉定州之峩眉山在禹貢為蒙山之首在山海經為皇人中皇西皇
三山在華嚴經為光明山在道書為靈陵太妙洞天而華陽國志及水經
注諸書皆謂之峩眉山其山有大中小三峩名大峩者距峩眉縣十里中
峩距縣二十里小峩距縣三十里三山連屬高數千丈週迴數百里其中
奇跡異景尤難窮歷焉
李白詩　蜀國多仙山峨眉邈難匹周流試登覽絶怪安可悉青
冥倚天開彩錯疑畫出泠然紫霞賞果得錦囊術雲間吟瓊簫石上
弄寶瑟平生有微尚歡笑自此畢煙容如在顏塵累忽相失儻逢騎
羊子攜手凌白日
趙抃詩　蜀山天下奇三峩壓岷右推為孤劍外名出當華後
蘇軾詩　峩眉山西雪千里北望成都如井底春風日日吹不消
五月行人凍如蝗

7.4.38. 峨嵋山

南昌山

道書第十二洞天之南昌山在今江西南昌府城西大江之外三十里一名厥原山一名西山又名洪崖山高二千餘丈連亙三百餘里中有梅嶺即梅福修道處有鶴嶺即王子喬跨鶴處其最勝者曰天寶洞宋時嘗遣使投金龍玉簡於此

羊士諤詩　路傍桑椰古今情春草春泉烟又生借問山僧好風景看花攜酒幾人行

施肩吾詩　重重道氣結成神玉闕金堂逐處新若數西山得道者連余便是十三人

楊傑詩　功煉三千滿手持白玉珪出塵舉天步踏石上雲梯物外蹤長山人閑路自迷只因從此去曾過越王溪

7.4.39. 南昌山

龍虎山

漢張道陵所居之龍虎山即道書第三十二福地在今江西廣信府貴溪縣南八十里其脈來自象山綿亙數十里至此兩峰忽特起狀如龍虎相峙即上清宮也漢張道陵修道於此有壁魯洞即道陵得異書處今其後裔猶世居之

吳筠詩　道士身披魚鬣衣白日忽上青天飛龍虎山中好明月玉簫來樓空翠微

江萬里詩　鑿開風月長生地占却煙霞不老身虛靜當年仙去後不知丹訣付何人

呂怡中詩　雲氣蓬萊近山陰草樹香御風不知遠仙骨已清凉

7.4.40. 龙虎山

馬當山

古稱山水俱險之馬當山在今江西九江府彭蠡縣東北四十里乃天下山水俱險之處陸魯望銘云天下之險在山曰太行在水曰呂梁合二險而為一吾又聞乎馬當唐王勃遇順風一夕至洪都作滕王閣序即此山下

黃庭堅詩　不見魯公斷石誰家為礎為杠筆法雖沙塵漏心期曉日秋霜

李常詩　一石巍巍山盡頭截然中斷枕江流帝都南望纔千里萬國朝宗此攬舟

蘇軾詩　愛此江湖幽維舟坐終日本從玩化理不是荒遊逸

7.4.41. 马当山

小孤山

江中特立之小孤山在大江中流西北離江南安慶府之宿松縣一百二十里南離江西九江府之彭澤縣五里其山無支峰無贅阜挺然特立故名曰孤曰小孤者對大孤而言也一名髻山又名海門山大孤山在今江西九江府湖口縣彭蠡湖中四面洪濤屹然獨峙故名又以其形似鞋亦名鞋山

釋惠標詩　中原一孤石地里不知年根含彭澤浪頂入香爐烟崖成二鳥翼峰作一池蓮何特發東武于來鎮蠡川

顧況詩　古廟楓林江水邊寒鴉接飯雁橫天大孤山遠小孤出月照洞庭歸客船

7.4.42. 小孤山

攝山

一名繖山在今江蘇江寧府城東北四十里高一百三十二丈周回四十里四面各起重嶺產攝生草故名山頂舊有周江乘傳云吳時人未詳名字

曾極詩　一丈唐碑今露五十尋梵塔已低摧層層石佛雲間出坐閱齋梁成刼灰

焦竑詩　古寺俯蒼茫東峰一嶺長人天留色相臺殿自齋梁乳竇流泉滑風巖藥草香采榮心不譴吾欲問醫王

孫國敉詩　地與人如待居隨岫勢臻谿谿非隔世灌莽別藏天庭滿初秋月江分未曙烟詩成妨定境鬢燕共幽偏

7.4.43. 摄山

鍾山

明孝陵之鍾山在今江蘇江寧府城東北朝陽門外其山一名蔣山一名金陵山又名紫金山又名聖游山又名北山又名神烈山山高一百五十八丈周廻六十里明太祖陵在焉相傳阮孝緒母疾藥須生人蔘舊傳鍾山產蔘徧歷幽險不得忽一鹿前導至則得之

王安石詩　小雨輕風落楝花細紅如雪點平沙槿籬竹屋江村路時見宣城賣酒家

楊維楨詩　鍾山突兀楚天西玉柱曾經御筆題雲擁金陵龍虎壯月明珠樹鳳凰棲氣吞江海三山小勢壓乾坤五嶽低華祝聲中人仰止萬年帝業與天齊

7.4.44. 钟山

京口三山

京口三山乃金山焦山蒜山也三山以金山為勝屹立揚子江中唐裴頭陀於此開山得金故名其山去鎮江府城七里山上有龍遊寺寺廊週山之趾而江水環寺檻之外隨波蕩漾飄紅映翠浴日凌霞每登妙高峰上遠望焦山海門歷歷可見而本山之樓臺殿閣森列足下令人心曠神爽真宇宙奧區古今勝處也呂祖謙曰久客江湖不見偉人昨在金山見滕元發乘小舟破巨浪來巍然使人神聳即此

杜荀鶴詩　僧愛無塵地江心島上居樓船山影瘦登陸路頭踈截土春栽樹拋生日放魚入雲蕭帝寺畢竟欲何如

鮑溶詩　一朵蓬萊在世間梵王宮闕翠雲間近南秋水更清淺閒道遊人未忍還

唐寅詩　鹿裘高士帝王師井竈猶存舊隱基日轉露臺明在瀲湖隨齋磬顫江湄天從西北開天塹地到東南缺地維翹首三山何處所却看身世使人愁

7.4.45. 京口三山

靈巖山

吳宮舊地之靈巖山在今江蘇蘇州府西南二十五里一名硯石山乃吳王館娃宮之故地也下瞰太湖遠望洞庭滴翠叢碧恍在白銀世界中真宇內奇觀也

薛令之詩　草堂棲在靈山谷勤苦詩書向燈讀柴門半掩寂無人惟有白雲相伴宿

劉禹錫詩　館娃宮外姑蘇臺鬱鬱芊芊撥不開無風自偃君知否西子裙裾曾拂來

高啟詩　閒上高臺望下方漁村樵塢盡蒼蒼傾城人逐苔生逕歸寺僧稀葉滿廊雲散池邊流塔影雨來閣外失湖光廢興皆幻何須問獨自吟詩送夕陽

7.4.46. 灵岩山

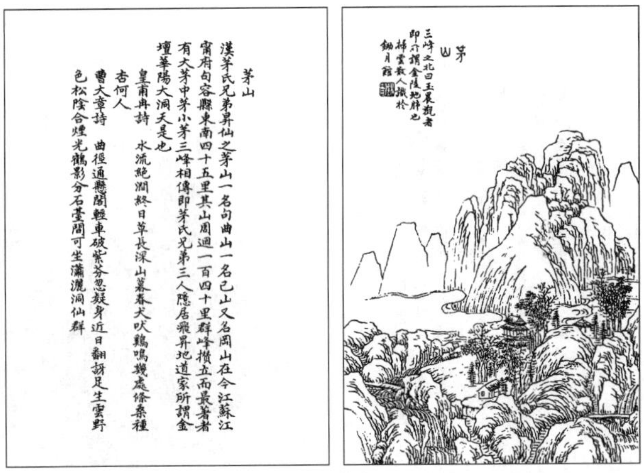
7.4.47. 茅山

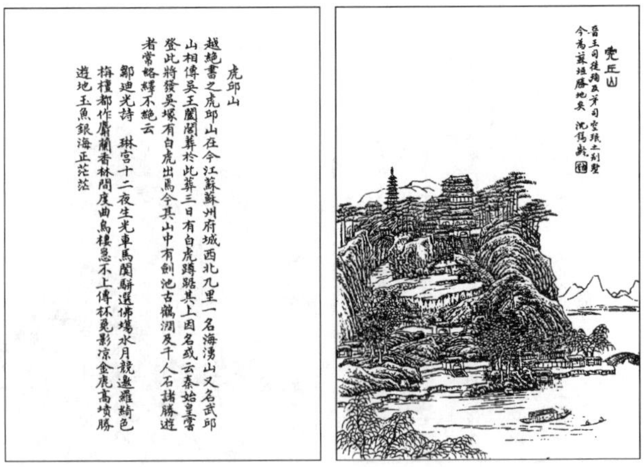
7.4.48. 虎丘山

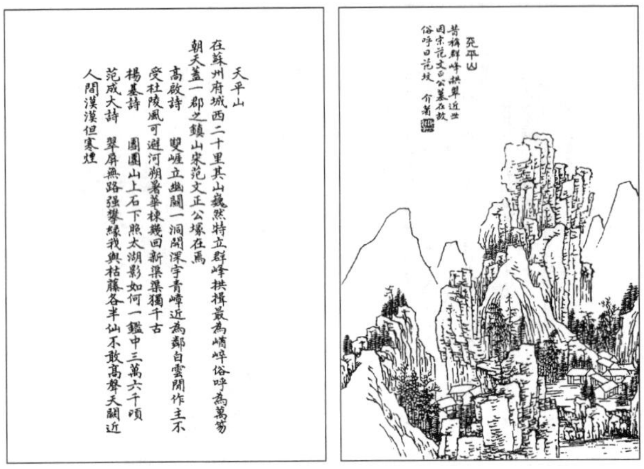
7.4.49. 天平山

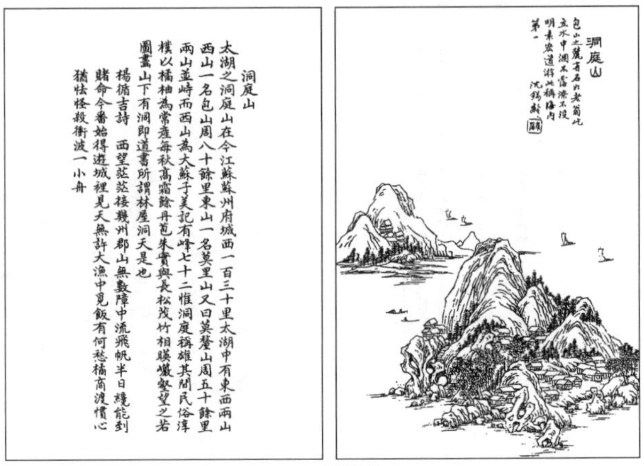
7.4.50. 洞庭山

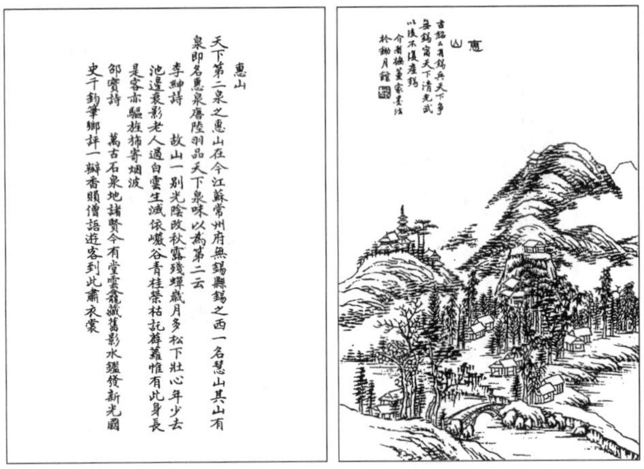
7.4.51. 惠山

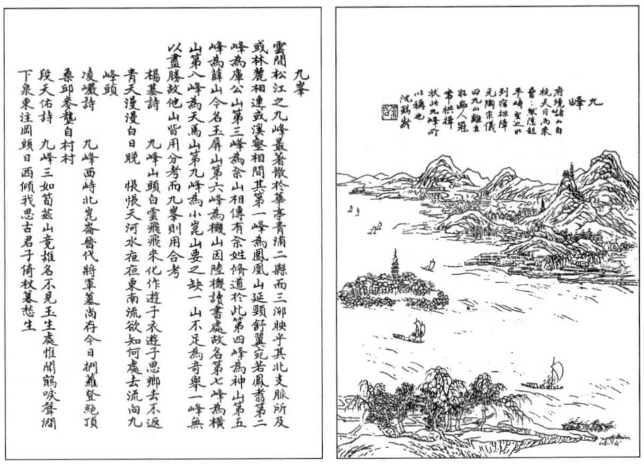
7.4.52. 九峰

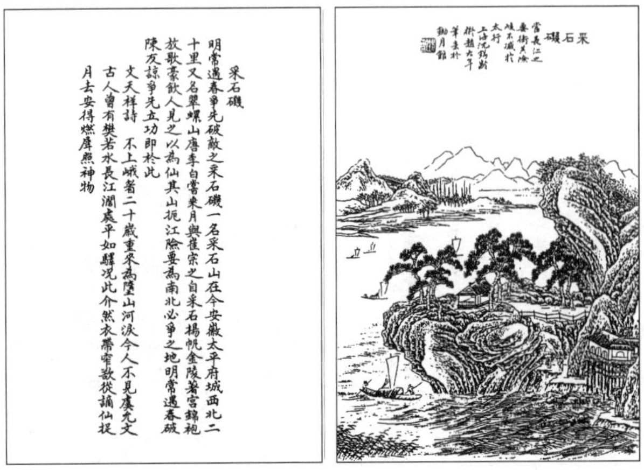
7.4.53. 采石矶

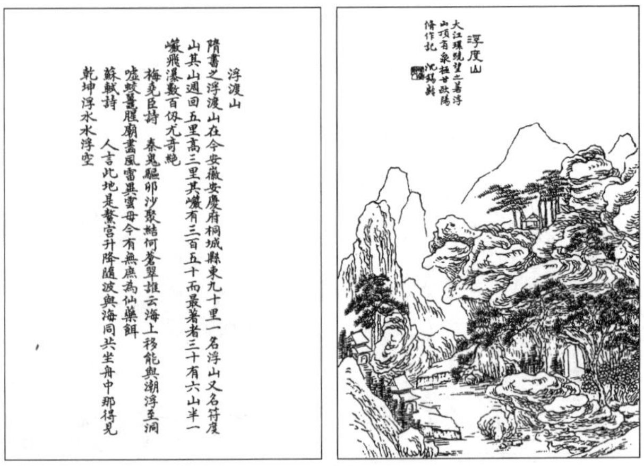
7.4.54. 浮渡山

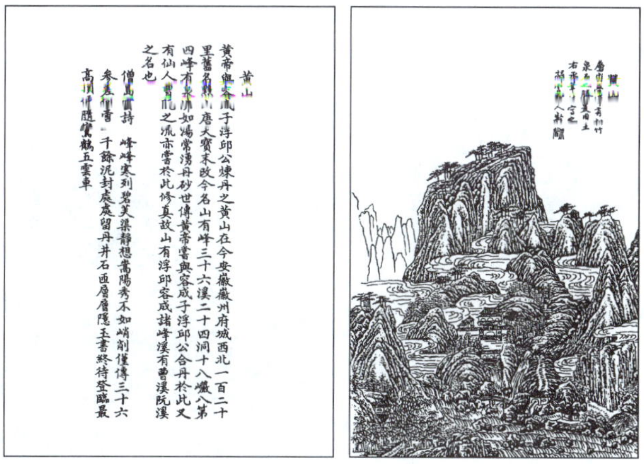

黃山

黃帝與容成子浮邱公煉丹之黃山在今安徽徽州府城西北一百二十里舊名黟山唐天寶末改今名山有峰三十六溪二十四洞十八巖八第四峰有泉沸如湯常湧丹砂世傳黃帝嘗與容成子浮邱公合丹於此又有仙人曹他之流亦嘗於此修真故山有浮邱容成諸峰溪有曹溪既溪之名也

僧島雲詩　峰峰寒列碧芙蕖靜想當陽秀不如峭削僅傳三十六參差何啻一千餘泥封處處留丹井石匣層層隱玉書終待登臨最高頂仙隨賓鶴五雲車

7.4.55. 黄山

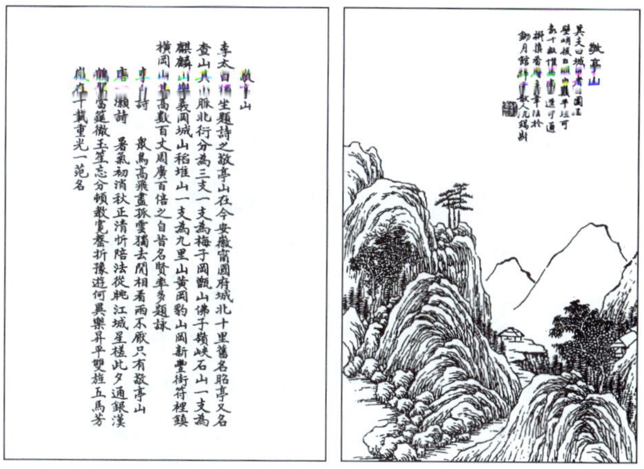

敬亭山

李太白獨坐題詩之敬亭山在今安徽寧國府城北十里舊名昭亭又名查山其山脈北行分為三支一支為梅子岡甑山佛子嶺峽石山一支為麒麟山帶義岡城山稻堆山一支為九里山黃岡豹山岡新豐街符裡鎮橫岡山其高數百丈周廣百倍之自昔名賢率多題詠

李白詩　衆鳥高飛盡孤雲獨去閒相看兩不厭只有敬亭山

唐[illegible]瀕詩　暑氣初消秋正清忻陪法從俯江城星槎此夕通銀漢鶴駕當筵徹玉笙忘分頓教寬罄折豫遊何異樂昇平雙旌五馬芳蹤在千載重光一苑名

7.4.56. 敬亭山

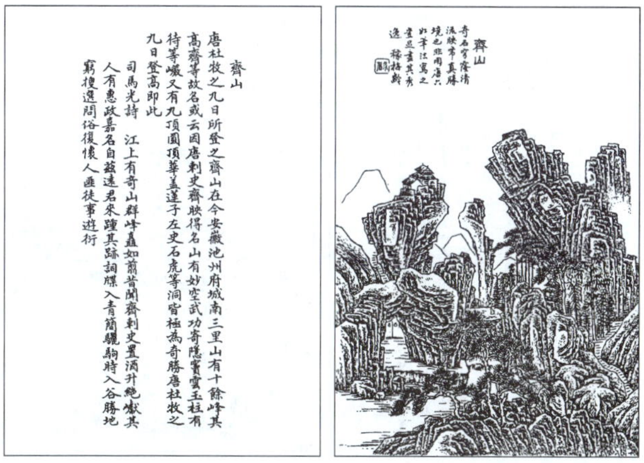

齊山

唐杜牧之九日所登之齊山在今安徽池州府城南三里山有十餘峰其高齊等故名或云因唐刺史齊映得名山有妙空武功寄隱寶雲玉柱有待等巖又有九頂圓頂華蓋蓮子左史石虎等洞皆極為奇勝唐杜牧之九日登高即此

司馬光詩　江上有奇山群峰矗如翦昔聞齊刺史置酒升絕巘其人有惠政嘉名自茲遠君來躡其跡詞牒入青簡驪駒時入谷勝地窮搜選閒俗復懷人匪徒事遊衍

7.4.57. 齐山

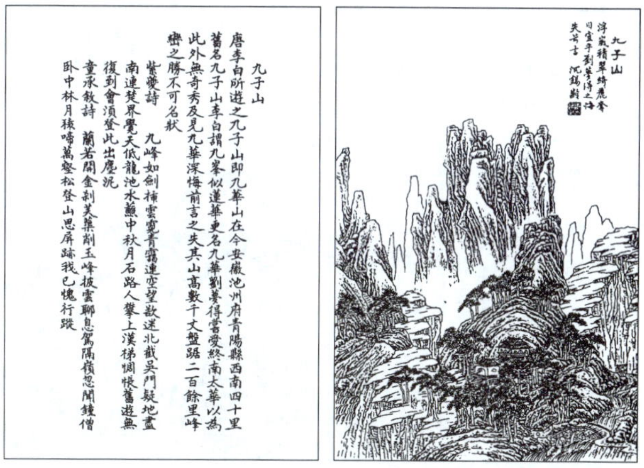

九子山

唐李白所遊之九子山即九華山在今安徽池州府青陽縣西南四十里舊名九子山李白謂九峯似蓮華更名九華劉夢得嘗愛終南太華以為此外無奇秀及見九華深悔前言之失其山高數千丈盤踞二百餘里峰巒之勝不可名狀

紫薇詩　九峰如劍插雲霓青靄連空望欲迷北截吳門疑地盡南連楚界覺天低龍池水蘸中秋月石路人攀上漢梯惆悵舊遊無復到會須登此出塵泥

童承敘詩　蘭若開金刹芙蕖削玉峰披雲聊息駕隔嶺忽聞鐘僧臥中林月猿啼萬壑松登山思屏跡我已愧行蹤

7.4.58. 九子山

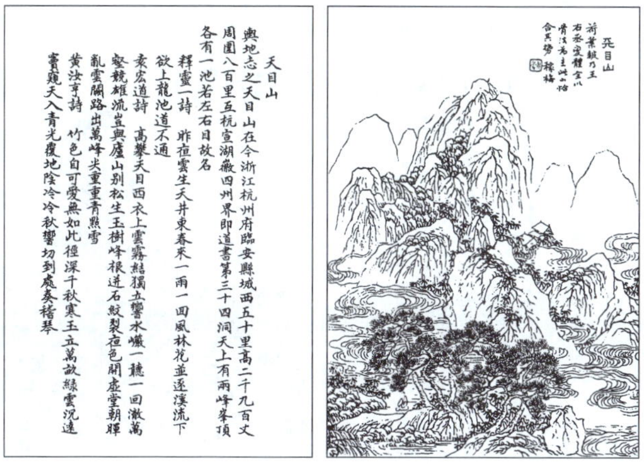

天目山

輿地志之天目山在今浙江杭州府臨安縣城西五十里高二千九百丈周圍八百里亙杭宣湖徽四州界即道書第三十四洞天上有兩峰峯頂各有一池若左右目故名

釋靈一詩　昨夜雲生天井東春來一雨一回風林花並逐溪流下欲上龍池道不通

袁宏道詩　高攀天目西衣上雲霧結獨立響水巖一聽一回澈萬壑競雄流豈與廬山別松生玉樹峰根迸石紋裂夜色開虛堂朝暉亂雲關路出萬峰尖重重青點雪

黃汝亨詩　竹色自可愛無如此徑深千秋寒玉立萬畝綠雲沉遠寶窺天入青光覆地陰冷冷秋響切到處奏稽琴

7.4.59. 天目山

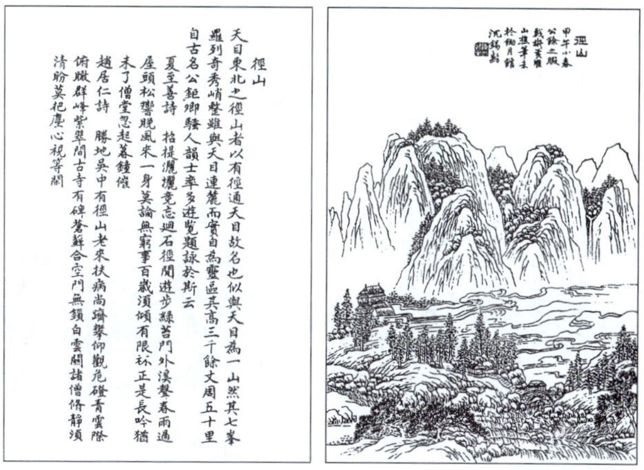

徑山

天目東北之徑山者以有徑通天目故名也似與天目為一山然其七峯羅列奇秀峭拔雖與天目連麓而實自為靈區其高三千餘丈周五十里自古名公鉅卿騷人韻士率多遊覽題詠於斯云

夏至善詩　捨提灑攬竟忘迴石徑閒遊步綠苔門外溪聲春雨過屋頭松響晚風來一身莫論無窮事百歲須傾有限杯正是長吟猶未了僧堂忽起暮鐘催

趙居仁詩　勝地吳中有徑山老來扶病尚躋攀仰觀危磴青雲際俯瞰群峰紫翠間古寺有碑蒼蘚合空門無鎖白雲關諸僧俗靜須清盼莫把塵心視等閒

7.4.60. 径山

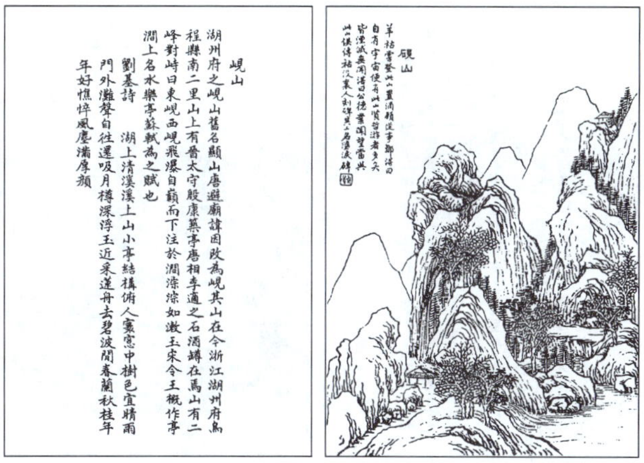

峴山

湖州府之峴山舊名顯山唐避廟諱因改為峴其山在今浙江湖州府烏程縣南二里山上有晉太守殷康築亭唐相李適之石酒罇在焉山有二峰對峙曰東峴西峴飛瀑自巔而下注於澗淙淙如漱玉宋令王概作亭澗上名水樂亭蘇軾為之賦也

劉基詩　湖上清溪溪上山小亭結構俯人寰窓中樹色宜晴雨門外灘聲自往還吸月樽深浮玉近采蓮舟去碧波閒春蘭秋桂年年好憔悴風塵滿摩顏

7.4.61. 岘山

靈隱山

杭州之靈隱山在今浙江杭州府城西十二里一曰靈苑山一曰仙居山亦稱西山山上有寺名靈隱寺即唐宋之問詠詩駱賓王續成處也

宋之問詩　鷲嶺鬱岧嶢龍宮鎖寂寥樓觀滄海日門對浙江潮桂子月中落天香雲外飄捫蘿登塔遠刳木取泉遙霜薄花更發冰輕葉未凋夙齡尚遐異搜對滌煩囂待入天台路看余度石橋

賈島詩　峰前峰後寺新秋絕頂高窓見沃洲人在定中聞蟋蟀鶴於樓處見獼猴山鐘夜渡空江水汀月寒生古石樓心欲懸帆身未遂謝公此地昔曾遊

倪元璐詩　靈鷲何年至追遊正酒闌猿聲催客淚鳥語逼人寒乳竇侵衣濕紅花倚杖看自貪幽興愜相對更盤桓

7.4.62. 灵隐山

富春山

漢嚴子陵之釣臺在今浙江嚴州府桐廬縣西三十五里前臨大江上有
東西二臺即子陵釣處也一名嚴陵山清麗奇絶號錦峰繡嶺
王筠詩　　子陵徇高尚超然獨長往釣石宛如期故態依可想
劉基詩　　富春山下江水清富春山上客星明故人龍袞當天漢
嚴子羊裘還釣耕七里遺祠孫像在千鈞扶鼎一絲輕停舟歎薦無
蘋藻目斷烟波慼慨生

7.4.63. 富春山

招寶山

東南諸番入貢停舶之招寶山舊名候濤山在今浙江甯波府定海縣東
北二里以番舶入貢寶貨必停集其下故改今名其山半有棋子枰凡欲
取棋子者先以白飯撒之翌日可得白子次以黑豆撒之翌日可得黑子
山巔有觀音洞山之東南又有昌國山登山回望海天無際更遇晴空萬
里則朝鮮日本諸夷皆在指顧中矣
胡纘宗詩　　碧霧丹霞引石梯十洲三島望中迷波涵絶域天初混
潮湧孤槎斗欲齊歲歲旅夷通禹甸時時魚賈出鄞溪何年更作桑
田種一統要荒罷鼓鼙

7.4.64. 招宝山

東山

晉謝安攜妓往遊之東山在今浙江紹興府上虞縣西南四十五里山勢
如鸞翔鳳舞山上有洗屐池國慶禪院山半為薔薇洞相傳謝安遊此故
土人又呼為謝安山晉書云安嘗坐石室臨濬谷悠然歎曰此與伯夷何
遠
李白詩　　我今攜謝妓長嘯絶人群欲報東山客開軒掃白雲
朱熹詩　　江路經由數十回無因到此為潮催嘗聆文靖曾遊後
欲問薔薇幾度開今日掣身推案去暫時秉燭入山來高僧不問誰
家客獨討雲軒自把懷

7.4.65. 东山

金華山

道書第三十六洞天之金華山在今浙江金華府城北二十里相傳金星
與婺女星爭華於此故名金華一名北山一名長山又名常山又名金盆
山自天台赤城發脈至東陽之大盆山迤邐至金華蘭溪義烏浦江之境
高一千餘丈周三百餘里山巔有雙樹曰玉壺曰金盆山下有三洞曰朝
真曰雙龍曰冰壺即道書所謂金華洞元之天也
王安石詩　　空林喬木老參天横貫東南一道泉六月杖藜扶石路
午陰多處弄潺湲
袁吉詩　　金華山色與天齊一逕盤紆盡石梯步步前登清漢近
時時回首白雲低風偷藥氣名何限水泛花光路即迷洞口數聲仙
犬吠始知羽客此真棲

7.4.66. 金华山

爛柯山

晉樵者王質入山見二童子奕置斧而觀童子與質一物如棗核食之不
飢局終示質曰汝斧柯爛矣盍歸乎質遂歸家知已百歲或又謂聽琴而
然總之近於荒誕但其山在今浙江衢州府城南二十里即道書所謂青
霞第八洞天爛柯福地也自當是宇内勝區其山上有石室又名石室山
又名石橋山云
孟郊詩　　仙界一日内人間千歲窮雙棋未變局萬物皆為空樵
客返歸路斧柯爛從風惟餘石橋在猶自凌丹虹
趙湘詩　　仙人與王質相會偶多時落日千年事空山一局棋樹
高明月在風動白雲移未得酬身計閑來學採芝

7.4.67. 烂柯山

括蒼山

道書第十八洞天之括蒼山在今浙江台州府臨海縣之西南仙居縣之
東南處州府麗水縣之西縉雲縣之東一名真隱山又名蒼山又名蒼嶺
山下有洞即十大洞天之成德隱真天也吳錄云登之俯視雷雨高一萬
六千丈棠溪赤溪管溪三水環遶其下舊經云王方平往來羅浮括蒼即
此
吳淳詩　　五雲深處即蓬萊巖谷嶔岈十洞開瑶草丹霞連委羽
桃花流水接天台斗壇月落鸞笙遠珠館風清鶴駕回洞裏仙人如
有待春明朝罷早歸來
姚揆詩　　惟仙之居既清且虛一泉一石可詩可圖

7.4.68. 括苍山

雁蕩山

一名雁宕山高四十里周回數百里山有百餘峰三十嶂十谷八洞但自
嶺外視之無異他山及入其中而谷邃峰疊奇怪萬狀行者忽能遍焉真
所謂天下第一秀也山頂一湖方可十里水常不涸春雁歸時多宿此諸
峰昔人謂謝靈運癖於山水搜奇剔隱靡所不至獨失一雁蕩焉豈勝地
顯晦亦自有數耶至宋祥符中因造玉清宫伐木始有物色此山者而雁
蕩之名遂著
趙師秀詩　　行向石欄立清寒不可云流來橋下水半是洞中雲欲
住逢年盡因吟過夜分蕩陰當絶頂一雁未曾聞
呂夷簡詩　　往年遊海嶠上徹最高層雲外疑無路山間忽見僧虎
蹲臨澗石猿掛半巖藤何日抛珪組孤峰上再登

7.4.69. 雁荡山

四明山

道書第九洞天之四明山在今浙江境内東接甯波府西北接紹興府南
接台州府之天台山壓餘姚上虞鄞嵊奉化慈溪諸縣地高一萬八千丈
週回數百里山有二百八十餘峰隨地立名不一皆其支麓所分也甯波
志稱深迴幽奇與人境殊絶云
施肩吾詩　　愛彼山中石泉水幽聲夜夜落空裏至今憶得卧雲時
猶自涓涓在人耳
孟郊詩　　閒於獨鶴心大於喬松年迴出萬物表高棲四明巔千
尋直裂峯百尺倒瀉泉絳雪為我飯白雲為我田靜言不語俗靈跡
時步天

7.4.70. 四明山

7.4.71. 雪窦山

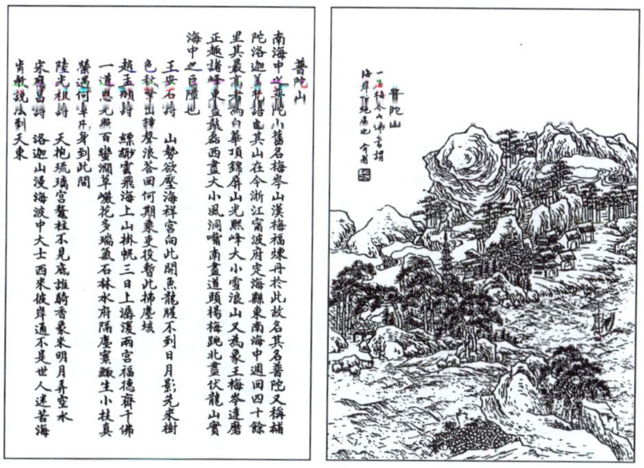
7.4.72. 普陀山

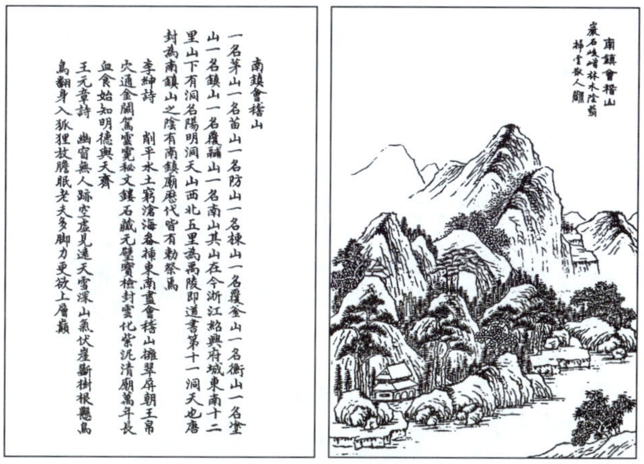
7.4.73. 南镇会稽山

7.4.74. 云门山

7.4.75. 天台山

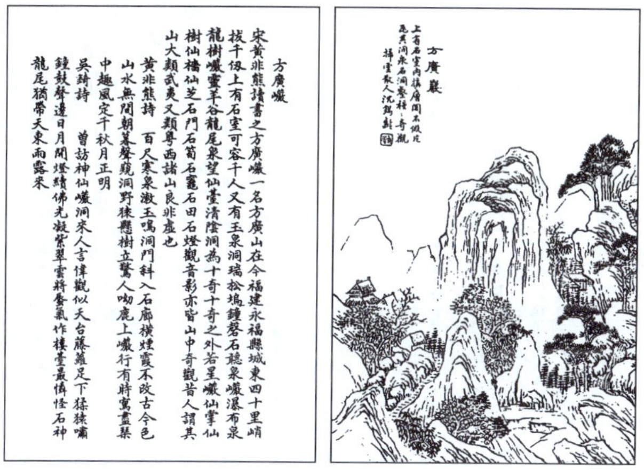
7.4.76. 方广岩

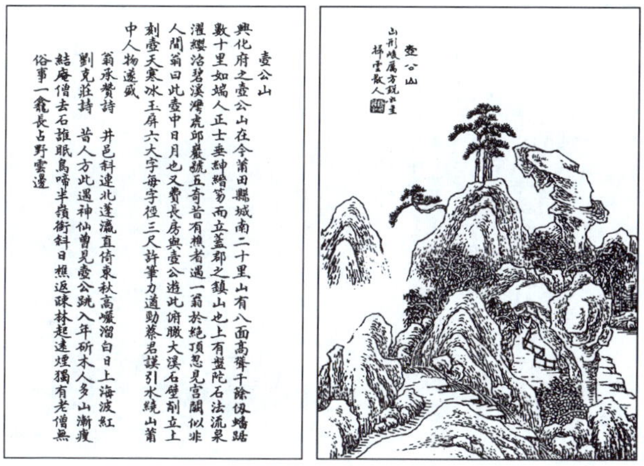
7.4.77. 壶公山

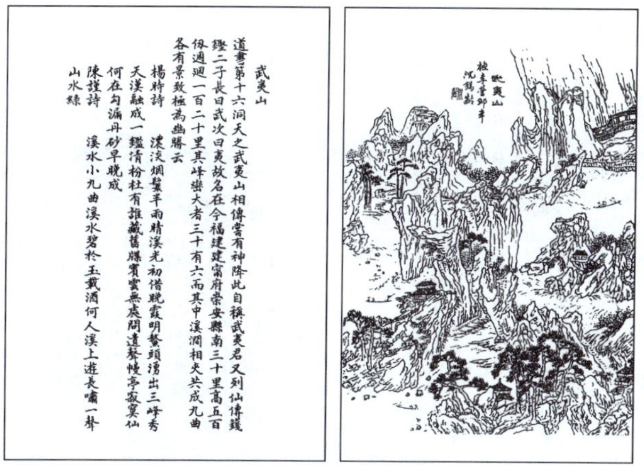
7.4.78. 武夷山

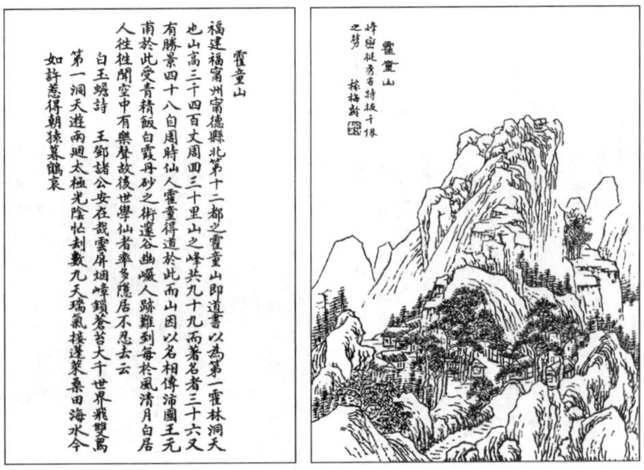

7.4.79. 霍童山

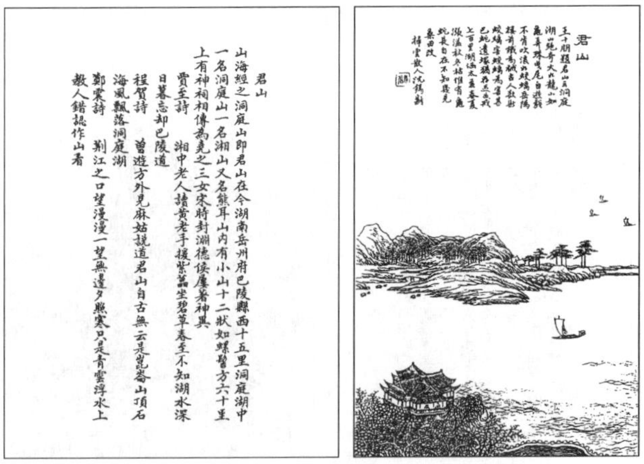

7.4.80. 君山

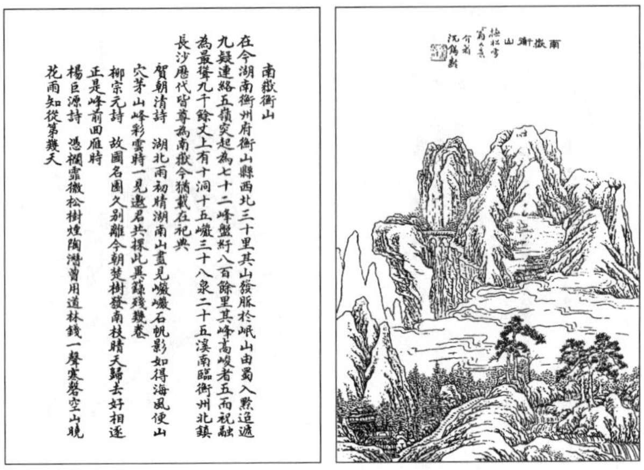

7.4.81. 南岳衡山

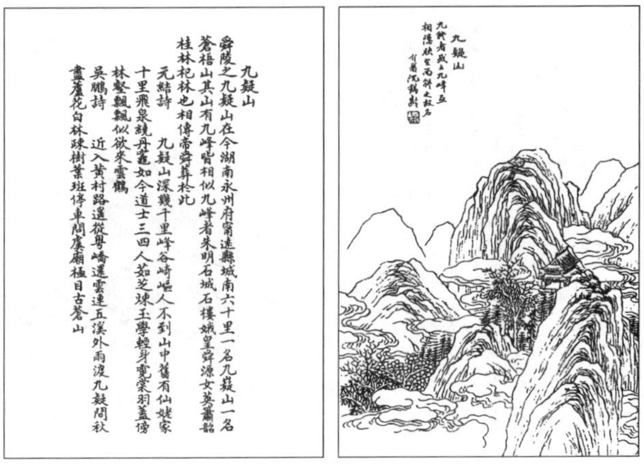

7.4.82. 九疑山

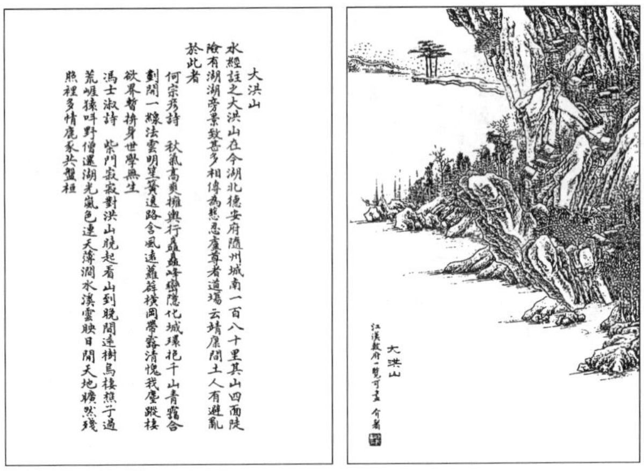

7.4.83. 大洪山

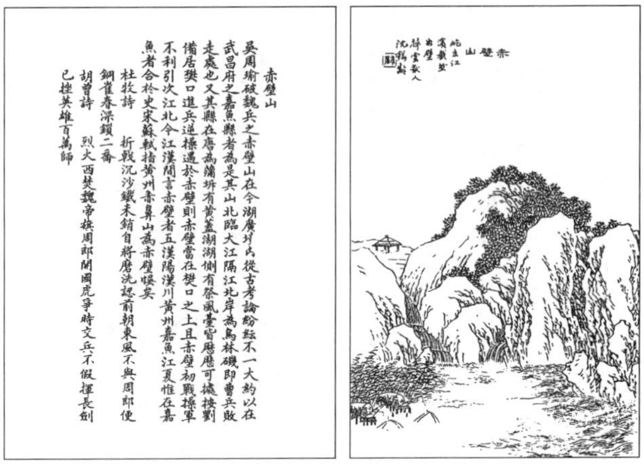

7.4.84. 赤壁山

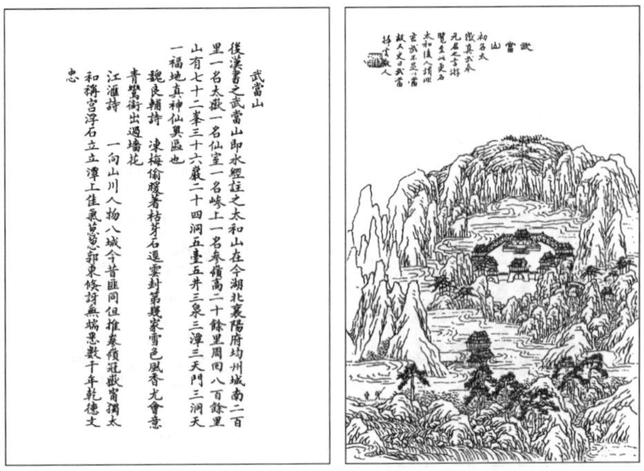

7.4.85. 武当山

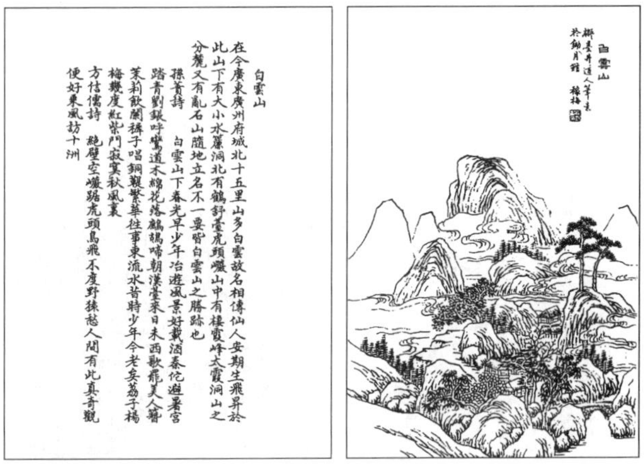

7.4.86. 白云山

羅浮山
道書第七洞天之羅浮山在今廣東惠州府博羅縣城西北五十里高三
千六百丈周迴一百二十七里其峰四百三十有二嶺十五石室長溪各
七十二瀑布九百八十其他巖洞橋梁等勝蹟尤衆登之可望海舊傳浮
山自蓬萊山浮來與羅山合雖不可知而要亦神仙洞府宇内靈區也南
越志羅浮第三一嶺半是巨竹皆七八圍節長丈餘葉似芭蕉云
王叔之詩　客從北方來言欲到交趾遠地無他貨惟有鳳凰子百
金我不欲一金難為市誰知巖穴中蕭聲終夜起
李德裕詩　清景持芳氣涼天倚茂松名山何必去此地有群峰
司馬退之　羅浮南海外昔日已聞之千里來遊覽幽情我自知
李翻詩　獨上羅浮第一峰眼前勝概浩無窮東瀛海島微茫外
南越山川一顧中採藥客歸仙鶴舞燒丹人去石樓空憑高兩腋清
風起使我飄然訪木公

7.4.87. 罗浮山

白鶴峰
宋蘇軾所居之白鶴峰在今廣東惠州府歸善縣舊治之後其山高五丈
週迴一里蘇東坡謫惠州時居此
蘇軾詩　絶巘蒼莖已夕曛尚餘倒影入層雲丹梯歷歷無塵鞅
惟有飄飄送客聞
唐寅詩　往事孤峰在流年細草頻但知其壓邇誰識所存神碑
壞詩無處堂空德有鄰吾今稍好點終日酒邊身
王熿詩　視草曾分玉陛春老來隨地寄征輪空山古剎餘三適
野渡長川見二新絶代文章傳石室千秋香火護江神臨湘敢作招
魂賦回首楓零萬里人

7.4.88. 白鹤峰

勾漏山
道書第二十二洞天之勾漏山在今廣西梧州府北流縣東北十五里其
山奇峰千百皆挺然拔起特立其巖洞勾曲穿漏故名勾漏山即道書所
謂玉闕寶圭之天也有三石室葛洪嘗脩煉於此
徐棻詩　折簡相招弄彩霞芙蓉千丈振朝華金銀宮闕窺三島
雲霧江城隱萬家高倚斗杓浮綠蟶奇探巖壑拾丹砂低回欲訪神
仙令望斷松門白鹿車

7.4.89. 勾漏山

玉案山
在滇池西北山上佛剎居多以筇竹為勝禪房花木幽絶寺僧皆持戒清
苦其得道者終身未嘗下山游客罕至東崖上刻有十四字云此水可當
兵十萬昔人空有客三千後司馬相如至此回疏開益州
胡梅所詩　空山危石平如掌雲鎖苔封自昔時不識山僧曾坐處
幾回彈舌雨龍歸

7.4.90. 玉案山

點蒼山
在今雲南大理府城西上有十九峰蒼翠如玉盤亘三百餘里蒙氏封為
中嶽山頂有泉曰高河深不可測
吳國倫詩　領郡無奇事看山一杖藜群靈趨紺宇萬樹折丹梯敞
戶雲先入登壇晝亦迷何當謝塵鞅日望海天西

7.4.91. 点苍山

銅鼓山
在今貴州貴陽府城東跨越黎平府東北每陰雨則聞山中有聲如銅鼓
麓有石洞高敞如屋深可三里許中有一溪橫貫若白練亦奇境也

7.4.92. 铜鼓山

五、《粤东笔记》选录①

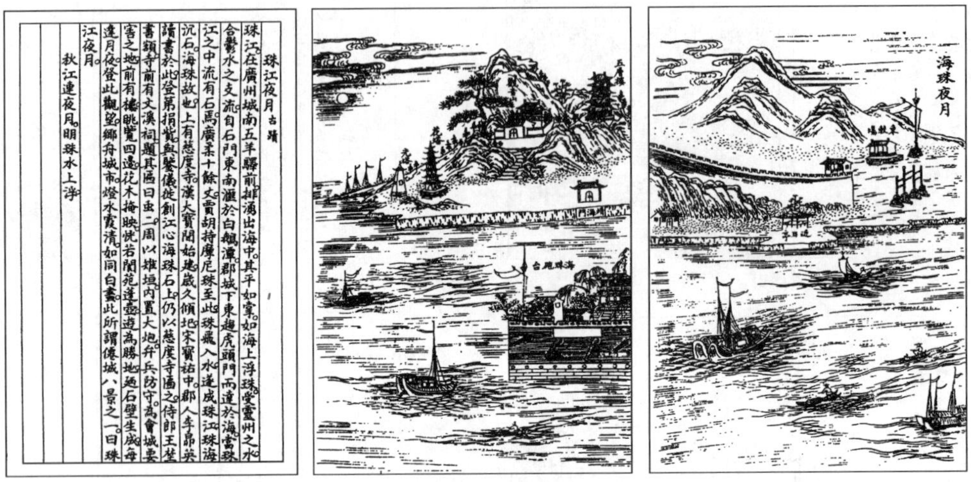
珠江夜月 古蹟

珠江。在廣州城南五羊驛前。排湧出海中。其平如掌。如海上浮珠。受靈州之水。合鬱水之支流。自石門東南匯於白鵝潭。郡城下東趨虎頭門而達於海。當珠江之中流有石焉。廣袤十餘丈。賈胡持摩尼珠至此。珠飛入水。遂成珠江。珠海沉石。海珠故也。上有慈度寺。漢大寶間始建。歲久傾圮。宋寶祐中。郡人李昴英讀書於此。登第捐貲與鑿儀徙創江心海珠石上。仍以慈度寺匾之。侍郎王埜書額。寺前有文溪祠。題其匾曰壺二。周以雉垣。內置大炮。弁兵防守。為會城要害之地。前有據眺覽四邊。花木掩映。恍若閬苑蓬壺。遊為勝地。廼石壁生成。每逢月夜。登此觀望。鄉舟城市。燈水霞清。如同白晝。此所謂僊城八景之一。曰珠江夜月。

秋江連夜月。明珠水上浮。

7.5.1. 海珠夜月（珠江夜月）

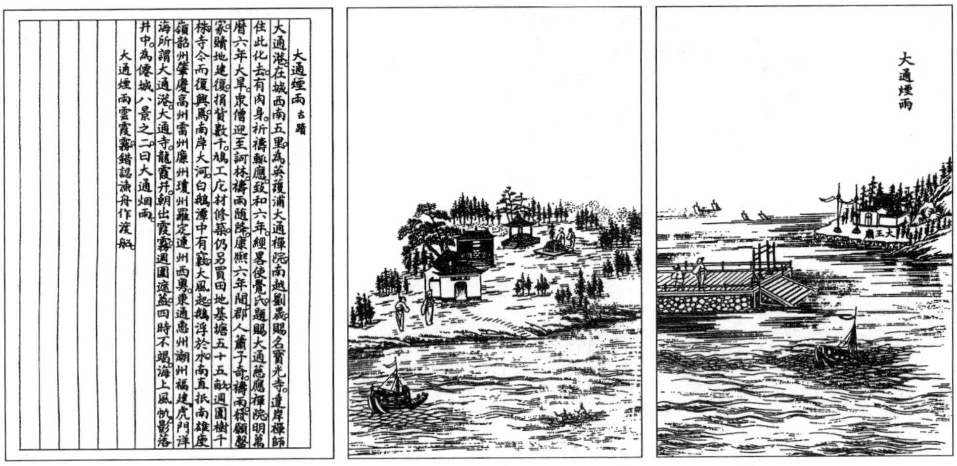
大通煙雨 古蹟

大通滘。在城西南五里。為英護浦大通禪院。南越劉䶮賜名寶光寺。達岸禪師住此化去。有肉身。祈禱輒應。致和六年。經略使覺氏題賜大通慈應禪院。明萬曆六年大旱。眾僧迎至訶林。禱雨隨降。康熙六年間。郡人蕭子奇禱雨發願鬻家贖地建復。捐貲數千。鳩工庀材修築。仍另買田地基塘五十五畝。週圍樹千株。寺今而復興焉。南岸大河。白鵝潭中有竅。大風起。鵝浮於水。南直抵南雄度嶺韶州肇慶高州雷州廉州瓊州羅定連州西粵。東通惠州潮州福建虎門洋海。所謂大通滘。大通寺。龍霞井。朝出霞霧週圍遮蓋。四時不竭。海上風帆影落井中。為僊城八景之二。曰大通烟雨。

大通煙雨雲霞霧。錯認漁舟作渡船。

7.5.2. 大通烟雨

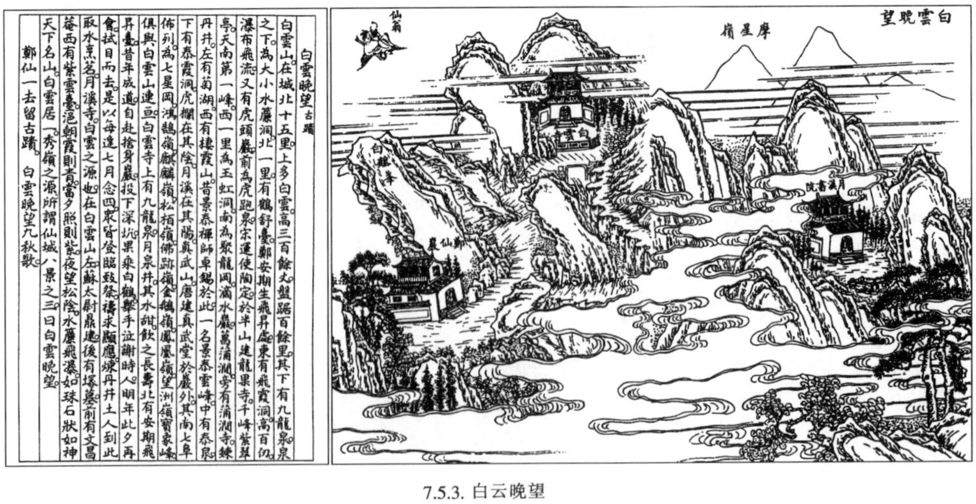
白雲晚望 古蹟

白雲山。在城北十五里。上多白雲。高三百餘丈。盤踞百餘里。其下有九龍泉。泉之下。為大小水簾洞。北一里有鶴舒臺。鄭安期生飛昇處。東有飛霞洞。高百仞。瀑布飛流。又有虎頭巖。前為虎跑泉。宋運使陶定於半山建龍果寺。千峰紫翠亭。天南第一峰。西一里為玉虹洞。南為聚龍岡。滴水巖。萬蒲澗。旁有蒲澗寺。鍊丹井。左有菊湖。西有棲霞山。昔景泰禪師卓錫於此。一名景泰雲峰。中有泰泉。下有泰霞洞。虎欄在其陰。月溪在其陽。真武山。唐建真武堂於巖外。其南七阜佈列。為七星岡。鴻鵠嶺。麒麟嶺。松栢嶺。佛跡嶺。金鶴嶺。鳳凰嶺。望洲嶺。寶象峰。俱與白雲山連亘。白雲寺上有九龍泉。月泉井。其水甜。飲之長壽。北有安期飛昇臺。昔年成道。自赴捨身巖。投下深坑。果乘白鶴。鄭手泣謝時人。明年此夕再會。拭目而去。是以每逢七月念四。眾皆登臨致祭。禱求顯應。煉丹井土人到此取水烹茗。月溪寺。白雲之源也。在白雲山左。蘇太尉鼎建。後有塚墓。前有文昌菴。西有紫雲臺。浥朝霞則青。當夕照則紫。夜望松陰。水簾飛瀑。如球石狀如神天下名山。白雲居一。秀嶺之源。所謂仙城八景之三。曰白雲晚望。

鄭仙一去留古蹟。白雲晚望九秋歌。

7.5.3. 白云晚望

①引自清·李调元《粤东笔记》。

蒲澗濂泉 古蹟

蒲澗寺。城北十五里。雲氣飛瀑。石壁高峰。在白雲山麓。宋淳化元年建。前有九曲溪。飛瀑成水簾。復有捨身石。輕身者可嘗試矣。適有廣州善士。鄭安期生。以七月二十四日。於此上昇。州人是日。悉往澗中沐浴。以期霞舉。宋太守絽章萬大夫往遊。謂之歡頭會。明學士何吾騶書。題額曰古蒲澗寺。濂泉寺在蒲澗左旁。明崇禎五年。山人蘇秩鼎建。廼白雲之源。東為九龍洞。南為聚仙峰。寶林洞。寶帆池。觀瑩巖。瀑布百尺。水響巖峭。聲聞數里。澗湃如雷。其下玉溪濂泉。水清甜化泉。味甘冷。游覽其趣。瑰奇可觀。北為碧雲峰。奇石崚嶒。狀若巨象。俗呼摩星嶺。其間水石之奇。可為僊城八景之四。曰蒲澗濂泉

鹿真橋畔清亞觀。蒲澗濂泉水不收。

7.5.4. 蒲涧濂泉

景泰僧歸 古蹟

景泰寺。白雲山連亘之源。番禺城北十五里。在泰霞洞。昔景泰禪師。卓錫得泉於此。故名景泰。宋更為龍泉寺。明嘉靖中。郡士黃佐。改為景泰書院。四壁峰高南有月池。北有摩星嶺。西有紫金臺。東有碧虛觀。枕近蒲澗滴水巖。孫賁遊山記曰。風清月朗。登此岐嶺。懸望松陰。月移雲影。足似僧歸。東黃崖詩曰。名山當寄跡。壘石數高峰。紅日浮闌出。泉聲洞裏流。禪門山月迴。僻處野鐘幽。低頭翻自望。雲送泰僧歸。鹿溪寺。山之藪也。巒峰疊翠。如萬頃浮漚。東有棲霞。西有碧翠。禾樓縹緲。樹木叢雜。由前而登逸山背。觀音洞。玉皇閣。郡士梁佩蘭讀書處也。四顧羣峰。環拱城郭。時出鐘聲。遠應。旭日初臨。霞光布護。南明登之者。動盪心胸。當作蓬萊之想。豈以尋常之勝。為僊城八景之五。曰景泰僧歸。

景泰僧歸日。道逢嶺上遊。

7.5.5. 景泰僧归

石門返照 古蹟

石門山。在城西北三十里。兩山相峙。夾石如門。高四十餘丈。前有控海樓。下有貪泉。晉吳隱之酌泉賦詩處。所海中有沉香洲。吳隱之任滿還鄉。舟帆至此。適遇風狂浪大。舟欲覆水。自思為官清正。並不受贓。止有沉香壟一個。香飛入水。遂成沉香洲。洋船歸國。在此討水。最無沙蟲。西華墟市。廣潤清奇。萬物皆備。上有西華寺。漢大寶元年開建。宋嘉祐六年重修。日久傾圮。明成化八年。都御使韓雍重建。內有刺史吳隱之祠。厲尚飄遍清風萬古。郡人韓昌祚記。蹟尤存。東西壁石。高山峭壁。水流深澗。凡日出時。返照兩山。而貪泉中深不可測。天將雨。井中先鳴三日。響如吹落風雨遂至。一在石門。一在連州。在石門者。吳刺史飲之日。試使夷齊飲。終當不易心。為僊城八景之六。曰石門返照。

石門波浪淨。返照兩山頭。

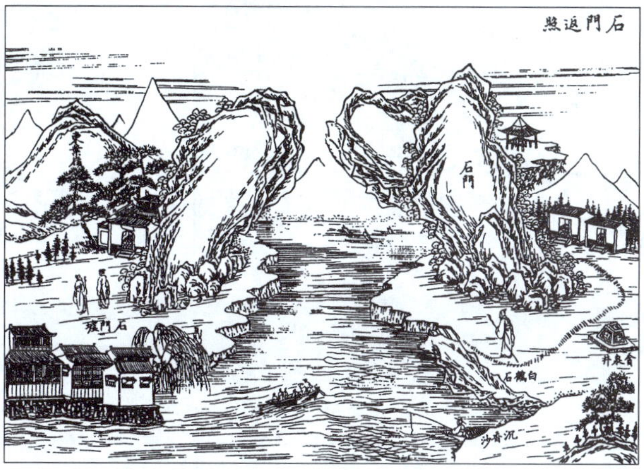

7.5.6. 石门返照

金山古寺 古蹟

金山寺。城西二十五里。在南海河中。週圍拱繞。黃陂飛瀑。奔瀉而來。勢若鳳舞。地闊水環。宋紹興間。郡蕭惠馥創建。明嘉靖三年。傅炳元重修。環植樹木千株。蘇軾謫惠州。舟泊於此。日臥感夢。法僧請食蘇糍。醒懸隨登山門。問其僧曰。祖師得雲。大限告終之期。生平最喜蘇糍。設此恭敬。蘇軾自顧前身與夢之異。遂為詩云。海峰石上金山寺。白髮東坡又到來。前世得雲今我是。依稀猶記妙高臺。覽觀異物。前面奇峰。翼亭。亭中萬景。由山門而登客堂。堂後有亭。幽然峰翼深也。亭後月池。上則為雲。為雨。左右奇花石室。進佛堂。三寶殿。大悲閣。飛雲濂積翠樓。觀音洞。松檜陰森。花木繁茂。梵宇浮圖。高逼雲漢。所謂僊城八景之七曰金山古寺。

金山古寺鳴鐘響。夜泊漁家燈火紅。

7.5.7. 金山古寺

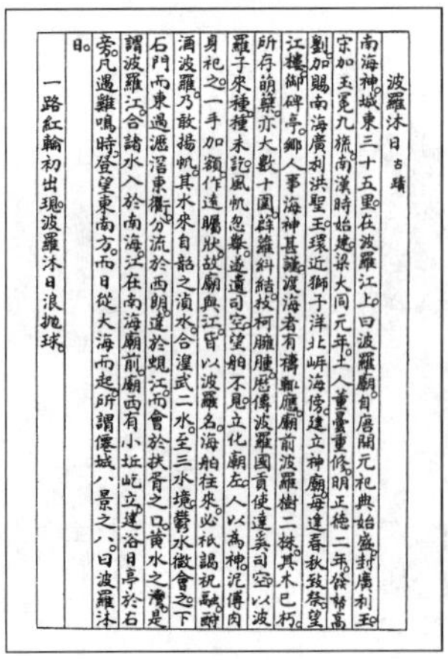

波羅沐日 古蹟

南海神城東三十五里。在波羅江上。曰波羅廟。自唐開元祀典始盛。封廣利王。宋加玉冕九旒。南漢時始建梁大同元年。土人董豐重修。明正德二年。發帑高劉加賜南海廣利洪聖王。環近獅子洋北岈海傍。建立神廟。每逢春秋致祭。望江樓。御碑亭。鄉人事海神甚謹。渡海者有禱輒應。廟前波羅樹二株。其木已朽。所存萌蘖。亦大數十圍。薜蘿糾結。枝柯臃腫。歷傳波羅國貢使達奚司空。以波羅子來種。種未訖。風帆忽舉。遂遺司空。望舶不見。立化廟左。人以爲神。泥傳肉身祀之。一手加額。作遠矚狀。故廟與江皆以波羅名。海舶往來。必祇謁祝融。酧酒波羅。乃敢揚帆。其水來自韶之湞水。合湟武二水。至三水境。鬱水徽會之。下石門而東。過滙滘東衝。分流於西朗。達於蜆江。而會於扶胥之口。黄水之灣。是謂波羅江。合諸水入於南海。江在南海廟前。廟西有小坵屹立。建浴日亭於右旁。凡遇雞鳴時。登望東南方。而日從大海而起。所謂僊城八景之八。曰波羅沐日。

一路紅輪初出現。波羅沐日浪抛球。

7.5.8. 波罗沐日

六、《壮游图记》选录

7.6.1. 伊阙呈诗

7.6.2. 华岳蹑云

7.6.3. 月霞咏秋

7.6.4. 临清迟弟

7.6.5. 陶肰论画

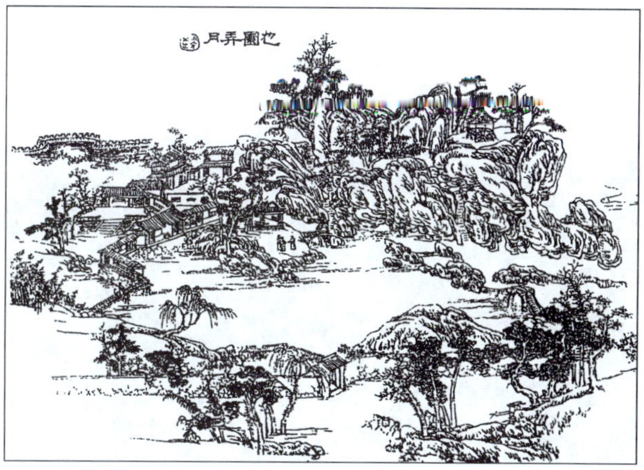

7.6.6. 池园弄月

7.6.7. 羊石还乡

7.6.8. 金焦望月

7.6.9. 金陵怀古

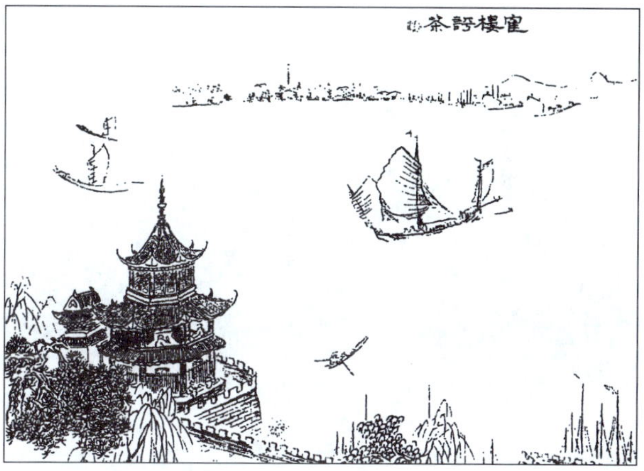

7.6.10. 隺楼评茶

7.6.11. 九山夜语

7.6.12. 苏门挹泉

7.6.13. 碧霞赛会

7.6.14. 彝山磊石

7.6.15. 虚左赏雪

7.6.16. 西北沼（治）园

7.6.17. 雪苑消寒

7.6.18. 万乔仰山

七、西湖十景及西湖十八景图咏[1]

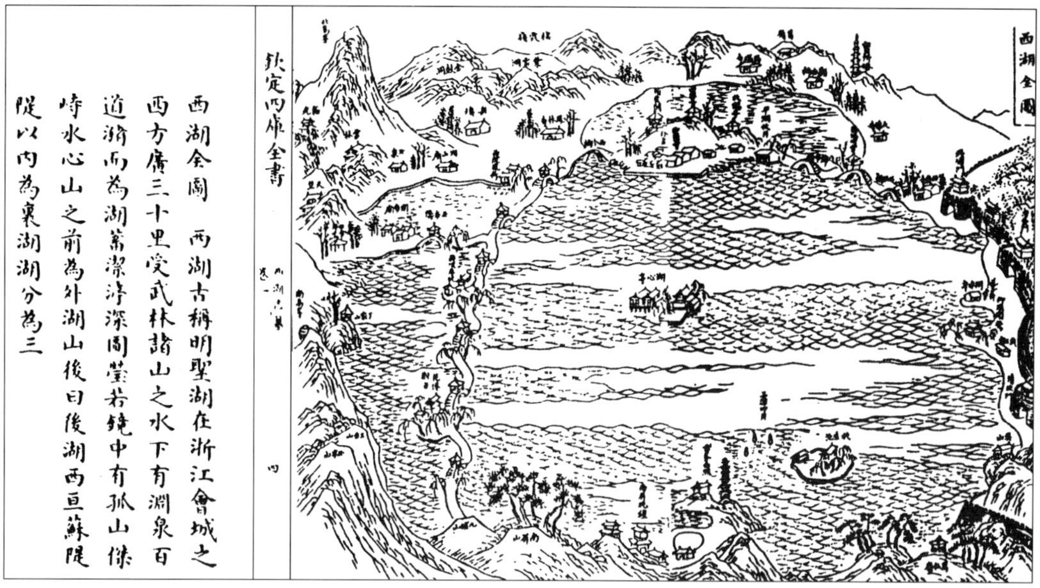

7.7.1. 西湖全图

7.7.2. 圣因行宫图

7.7.3. 圣因寺图

(一)西湖十景

7.7.4. 苏堤春晓

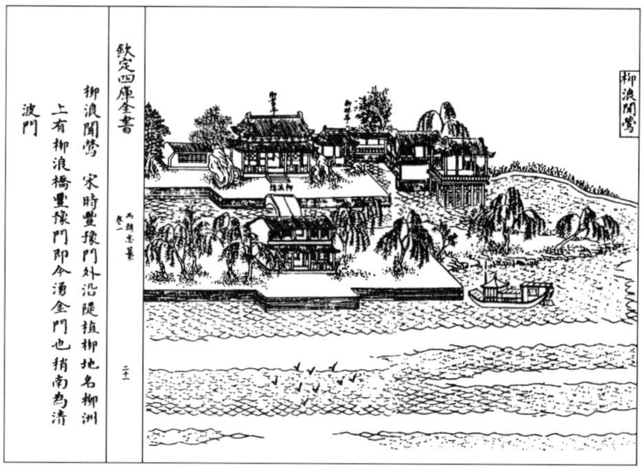

7.7.5. 柳浪闻莺

①引自《钦定四库全书》。

7.7.6. 花港观鱼

7.7.7. 曲院风荷

7.7.8. 双峰插云

7.7.9. 雷峰西照

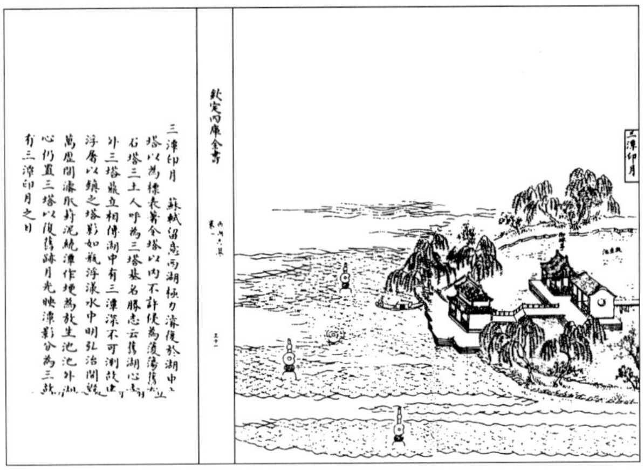

7.7.10. 三潭印月

7.7.11. 平湖秋月

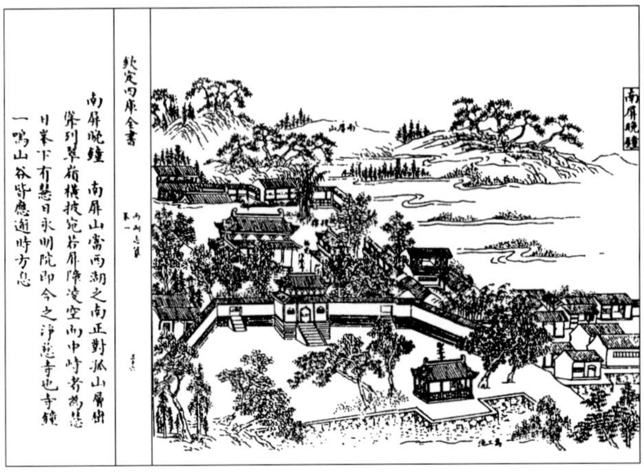

7.7.12. 南屏晚钟

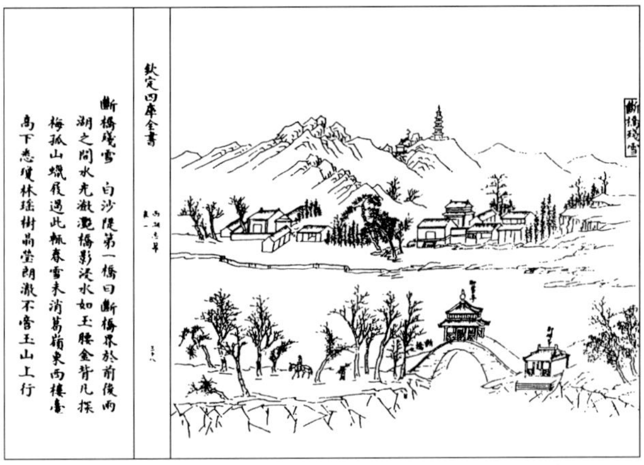

7.7.13. 断桥残雪

（二）西湖十八景

欽定四庫全書

吳山大觀　吳山最高處名紫陽山亦名瑞石
山上有宋米芾書第一山石刻存焉頂石砥平
天成若臺可容憑眺舊稱大觀臺

7.7.14. 吴山大观

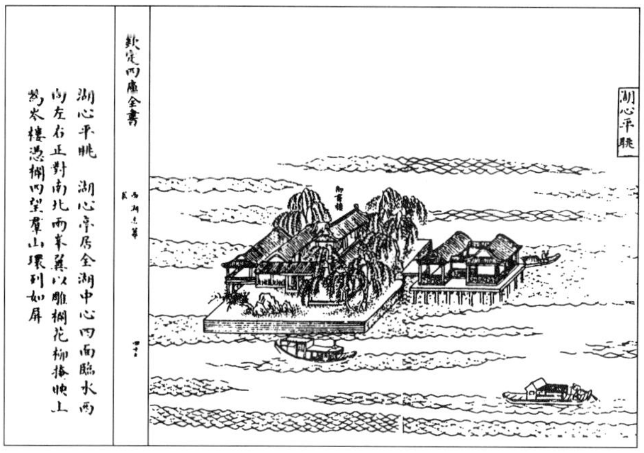
欽定四庫全書

湖心平眺　湖心亭居全湖中心四面臨水兩
面左右正對南北兩岸翼以雕欄花柳掩映上
為米樓憑欄四望羣山環列如屏

7.7.15. 湖心平眺

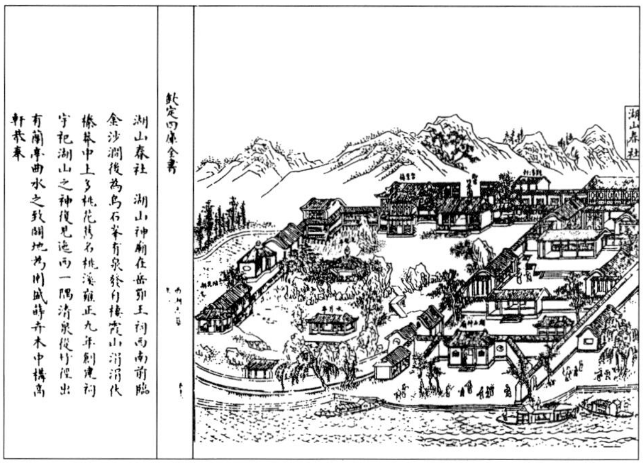
欽定四庫全書

湖山春社　湖山神廟在岳鄂王祠西南前臨
金沙澗後為烏石峯有泉發於棲霞山涓涓伏
榛莽中上多桃花舊名桃溪雍正九年創建祠
宇祀湖山之神復見流而一隅清泉從竹徑出
有蘭亭曲水之致闢地為川盛蒔卉木中構高
軒拱奉

7.7.16. 湖山春社

欽定四庫全書

浙江秋濤　西湖雖不通江而江湖實相表裏
錢塘江本名浙江亦名曲江以江流三折故稱
曲焉枚乘七發云觀濤於廣陵之曲江是也凡
江皆有潮而觀濤獨於浙江者固海潮逆流而
上受龕赭兩山約束蹙不得騁與山爭勢洶而
為濤

7.7.17. 浙江秋涛

欽定四庫全書

梅林歸鶴　宋和靖處士林逋故廬在孤山之
陰逋封葛嶺逋嘗放鶴於此上多古梅相傳為
逋手植今皆不存而後人補植者多已成林元
至元間郡人陳子安建鶴亭後圮明嘉靖中重
建

7.7.18. 梅林归鹤

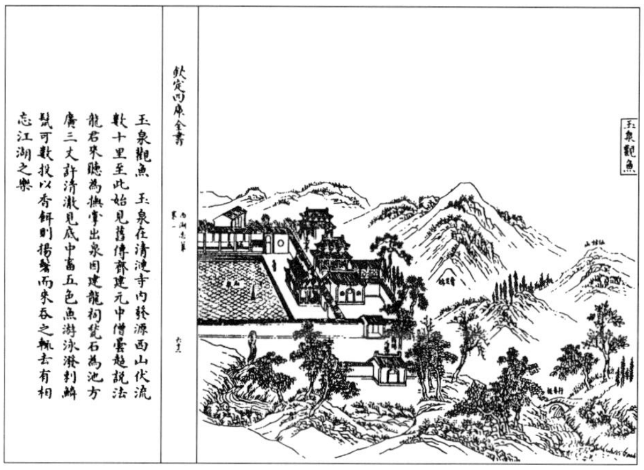
欽定四庫全書

玉泉觀魚　玉泉在清漣寺內發源西山伏流
數十里至此始見舊傳齊建元中僧曇超說法
龍君來聽為撫掌出泉因建龍祠甃石為池方
廣三丈許清澈見底中畜五色魚游泳潑剌鱗
鬣可數投以香餌則揚鬐而來吞之輒去有相
忘江湖之樂

7.7.19. 玉泉观鱼

欽定四庫全書

玉帶晴虹　宋咸淳間京尹趙與簒自北新路
第二橋築隄以達靈竺路名小新隄中有橋又
作四面堂及三亭於隄上夾植桃柳以比蘇隄
人稱趙公隄歲久湖水侵齧隄與橋皆圮

7.7.20. 玉带晴虹

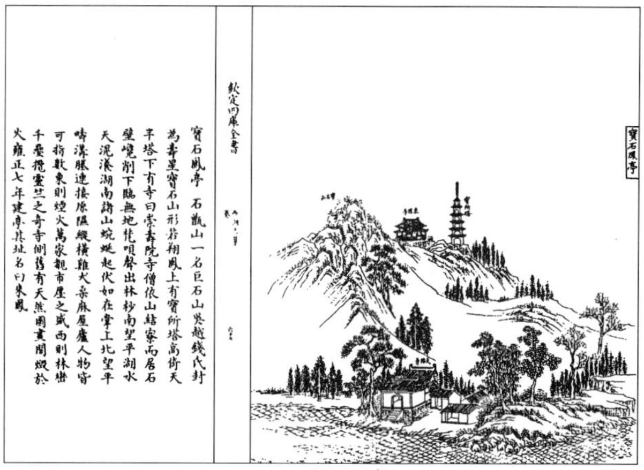
欽定四庫全書

寶石鳳亭　石甑山一名巨石山吳越錢氏封
為壽星寶石山形若翔鳳上有寶所塔高倚天
半塔下有寺曰崇壽院寺僧依山結寮而居石
壁峭削下臨無地梵唄聲出林杪南望平湖水
天混漾湖南諸山蜿蜒起伏如在掌上北望平
疇溝塍連接原隰縱橫雞犬桑麻屋廬人物皆
可指數東則煙火萬家闤市屋之盛西則林巒
千疊攬靈竺之奇寺側舊有天然圖畫閣燬於
火雍正七年建亭其址名曰來鳳

7.7.21. 宝石凤亭

欽定四庫全書　西湖志纂 卷一

天竺香市　靈隱天竺兩山與北高峯相屬總
為武林山自慧理有天竺國靈鷲飛來之語遂
以飛來峯之陰為靈隱飛來峯之陽為天竺而
兩山各擅其勝由飛來峯轉至下竺諸巖洞皆
嵌空玲瓏瑩潔清潤林木悉自巖骨拔起不土
而生更進為中竺又進為上竺夾道溪流璣琤
松篁茂密所在多即市野店春時鄉民扶老攜
幼焚香頂禮大士以祝豐年更有自遠方負擔
而至者名曰香客駢肩接踵歲以為常三寺皆
極宏麗而上竺尤盛

天竺香市

7.7.22. 天竺香市

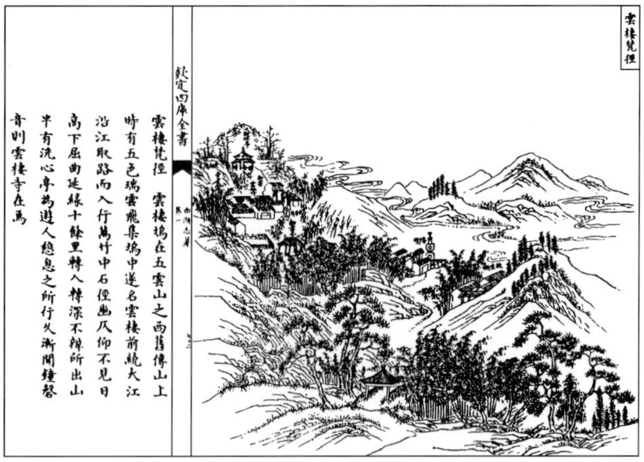

欽定四庫全書　西湖志纂 卷一

雲棲梵徑　雲棲塢在五雲山之西舊傳山上
時有五色瑞雲飛集塢中遂名雲棲前繞大江
沿江取路而入行萬竹中石徑幽仄仰不見日
高下屈曲延緣十餘里轉入轉深不辨所出山
中有洗心亭為遊人憩息之所行久漸聞鐘磬
音則雲棲寺在焉

雲棲梵徑

7.7.23. 云楼梵径

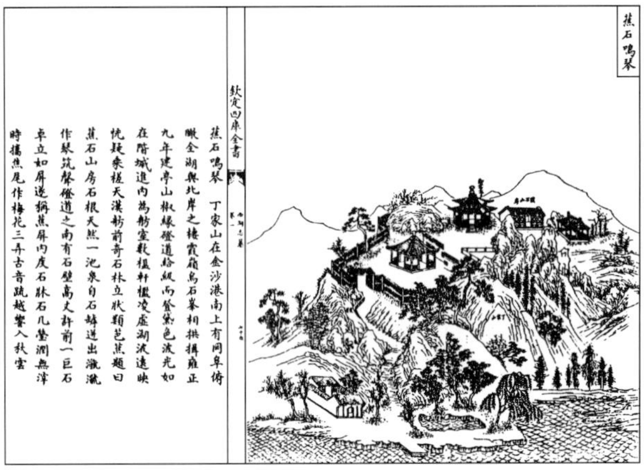

欽定四庫全書　西湖志纂 卷一

蕉石鳴琴　丁家山在金沙港南上有岡阜俯
瞰全湖與北岸之棲霞葛嶺石峯相拱揖雍正
九年建亭山椒緣磴道拾級而登紫色波光如
在階墄進內為舫室軒楹檻凌虛湖波遠映
恍疑乘槎天漢舫前奇石林立狀類芭蕉題曰
蕉石山房石根天然一池泉自石罅迸出潺潺
作琴筑聲磴道之南有石壁高丈許前一巨石
卓立如屏遂稱蕉屏內度石牀石几瑩潤無滓
時攜焦尾作梅花三弄古音跳越響入秋雲

蕉石鳴琴

7.7.24. 蕉石鸣琴

欽定四庫全書　西湖志纂 卷一

冷泉猿嘯　冷泉即石門澗之源一名靈隱浦
漢志所稱武林山出武林水是也在雲林寺前
環飛來峯峯上有呼猿洞六朝時有僧智一善
嘯嘗畜猿山中臨澗長嘯聲振林木則衆猿畢
集人稱猿父故峯下至今多猿時聞嘯聲

冷泉猿嘯

7.7.25. 冷泉猿啸

欽定四庫全書　西湖志纂 卷一

鳳嶺松濤　萬松嶺在鳳凰山上左江右湖夾
道栽松唐白居易詩萬株松樹青山上又許渾
詩十里萬株松皆指此也

鳳嶺松濤

7.7.26. 凤岭松涛

欽定四庫全書　西湖志纂 卷一

靈石樵歌　靈石山本名積慶山上多奇石時
見瑞光因號靈石中有塢曰靈石塢舊有靈石
寺久圮下為積慶教忠寺在棲真院之上宋樞
密使章楶建元祐中僧善本居之號大通禪師
塔名定光端平間重建理宗書額曰積慶教忠
內有君子泉天一泉與報德院之靈石泉合流
而匯於南山之澗山路深窈人跡罕至惟樵子
往來其間山歌一曲與樵斧丁丁相應亦山中
之清籟也乾隆十六年春

靈石樵歌

7.7.27. 灵石樵歌

欽定四庫全書　西湖志纂 卷一

葛嶺朝暾　初陽臺據葛嶺之巔舊志稱十月
朔海日初出爛然可觀蓋地勢高峻直望東北
海門日輪乍起微露一痕瞬息間霞光萬道天
半俱赤紅若琥珀大如銅盤光景離奇倏忽變
幻不可端倪故錢塘八景有東海朝暾之目

葛嶺朝暾

7.7.28. 葛岭朝暾

欽定四庫全書　西湖志纂 卷一

九里雲松　唐刺史袁仁敬植松於行春橋西
達靈竺路左右各三行每行相去八九尺蒼翠
夾道陰靄連雲日光穿漏如碎金屑玉人行其
下衣袂盡綠延緣九里人稱九里松

九里雲松

7.7.29. 九里云松

7.7.30. 韬光观海

7.7.31. 西溪探梅

八、其他图咏(7.8.1~7.8.13 引自关中胜迹图。7.8.14~7.8.26 引自中华古地图珍品集。)

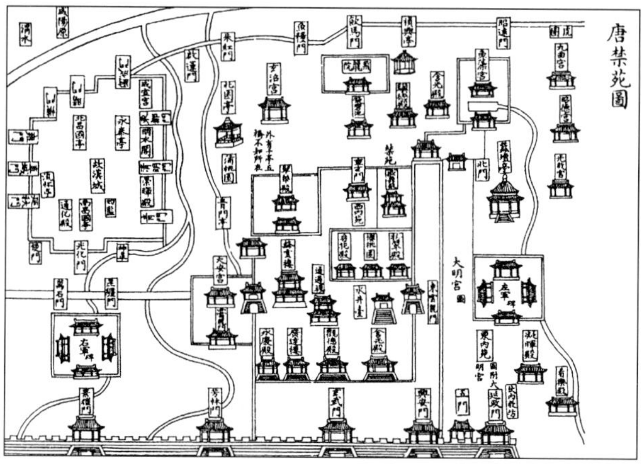

7.8.1. 唐禁苑图

7.8.2. 唐骊山宫图上

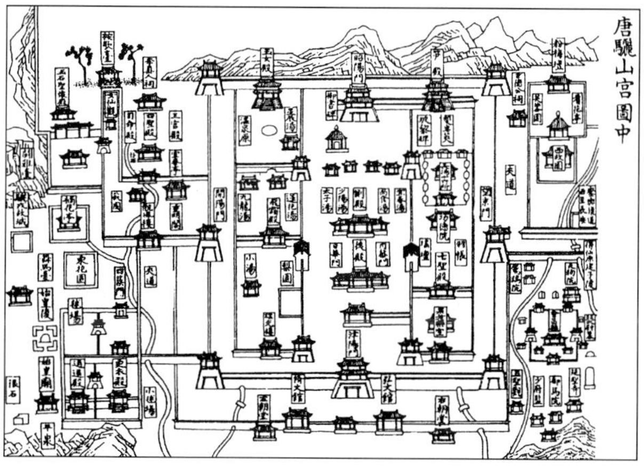

7.8.3. 唐骊山宫图中

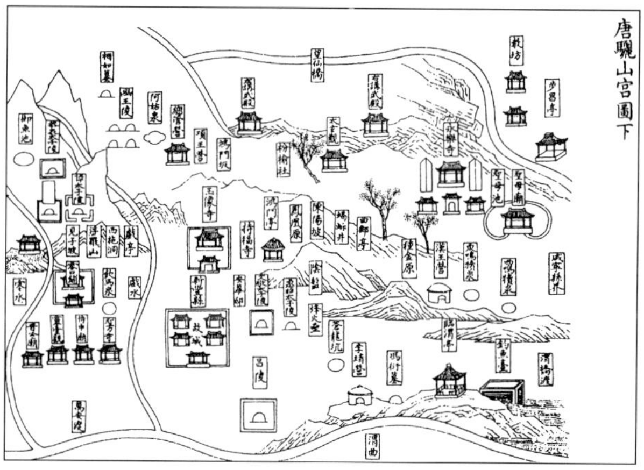

7.8.4. 唐骊山宫图下

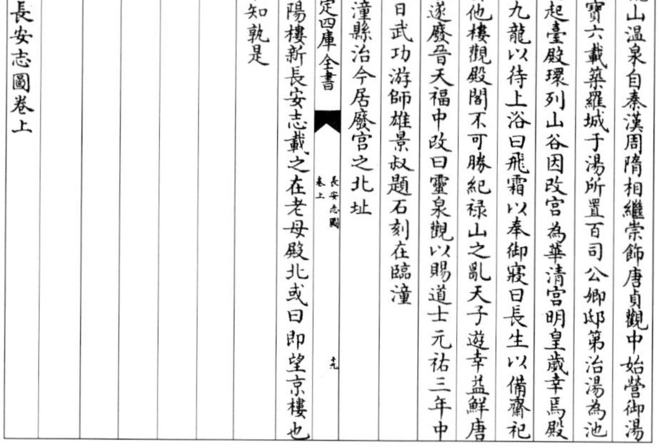
驪山温泉自秦漢周隋相繼崇飾唐貞觀中始營御湯
天寶六載築羅城于湯所置百司公卿邸第治湯為池
增起臺殿環列山谷因改宮為華清宮明皇歲幸焉殿
曰九龍以待上浴曰飛霜以奉御寢曰長生以備齋祀
其他樓觀殿閣不可勝紀祿山之亂天子遊幸益鮮唐
末遂廢晉天福中改曰靈泉觀以賜道士元祐三年中
秋日武功游師雄景叔題石刻在臨潼
臨潼縣治今居廢宮之北址
欽定四庫全書　長安志圖　卷上　九
斜陽樓新長安志載之在老母殿北或曰即望京樓也
未知孰是

長安志圖卷上

7.8.5. 长安志图卷上

7.8.6. 太华图

7.8.7. 西安府·终南山

7.8.8. 少华山

7.8.9. 梁山

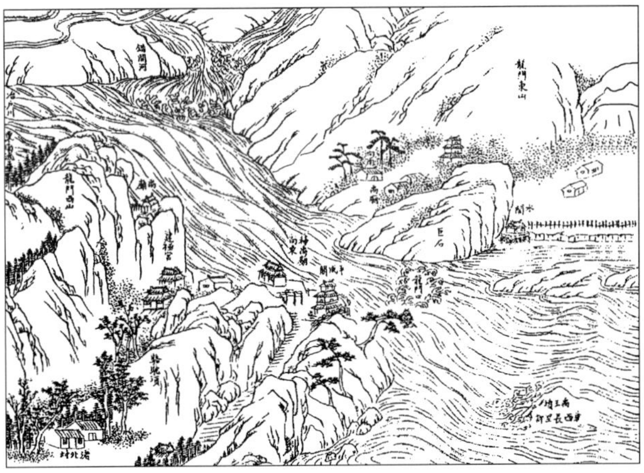

7.8.10. 龙门

7.8.11. 壶口

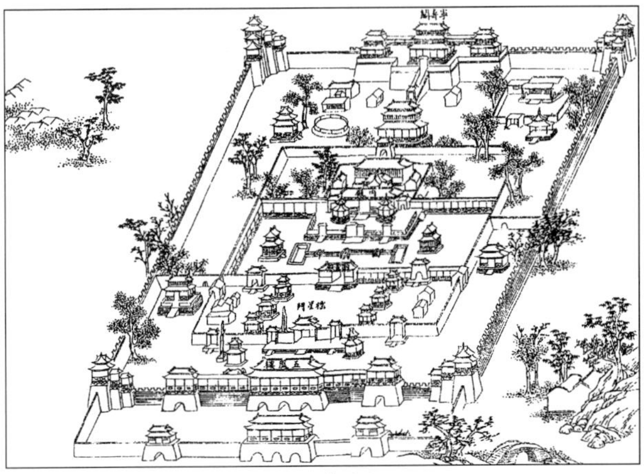

7.8.12. 华岳庙

7.8.13. 玉泉院

7.8.14　避暑山庄全图（清·乾隆）

避暑山庄亦称承德离宫或热河行宫，始建于康熙四十二年（1703年），至乾隆五十七年（1792年）陆续建成。占地面积约5.64km^2。既有天设地造的山水草木之秀、又有人工建筑的殿阁亭榭之美。由康熙、乾隆二帝分别钦定的72景点遍布其内，从康熙帝后期始，直到咸丰（1851年～1861年）年间、清帝于每年夏季都到山庄避暑巡幸，并处理朝政。因此，避暑山庄成为清代北京皇宫之外的又一处政治活动中心。山庄之外，于北面，东面先后建有11座不同风格的寺庙，为少数民族首领朝觐时的住所。现仅存八座，俗称外八庙。山庄周围有远近不同的许多奇峰怪石，各呈体态，惟妙惟肖，饶有趣味，与避暑山庄和外八庙融合成一区优美的风景胜地。（1736～1795年间）

7.8.15　长江名胜图（清·同治）

该图主要描绘长江两岸的风景名胜、文化古迹等。西起湖北省石首县，东至江苏省江阴县，是一幅名胜游览地图。图中各要素均采用透视符号表示，并借用中国传统的山水画表现手段，形象逼真。所绘长江两岸各类地物要素均朝向河流中心线、给人以站在船头、随船行进，一路观览长江两岸自然景色之感受。（1867年绘）

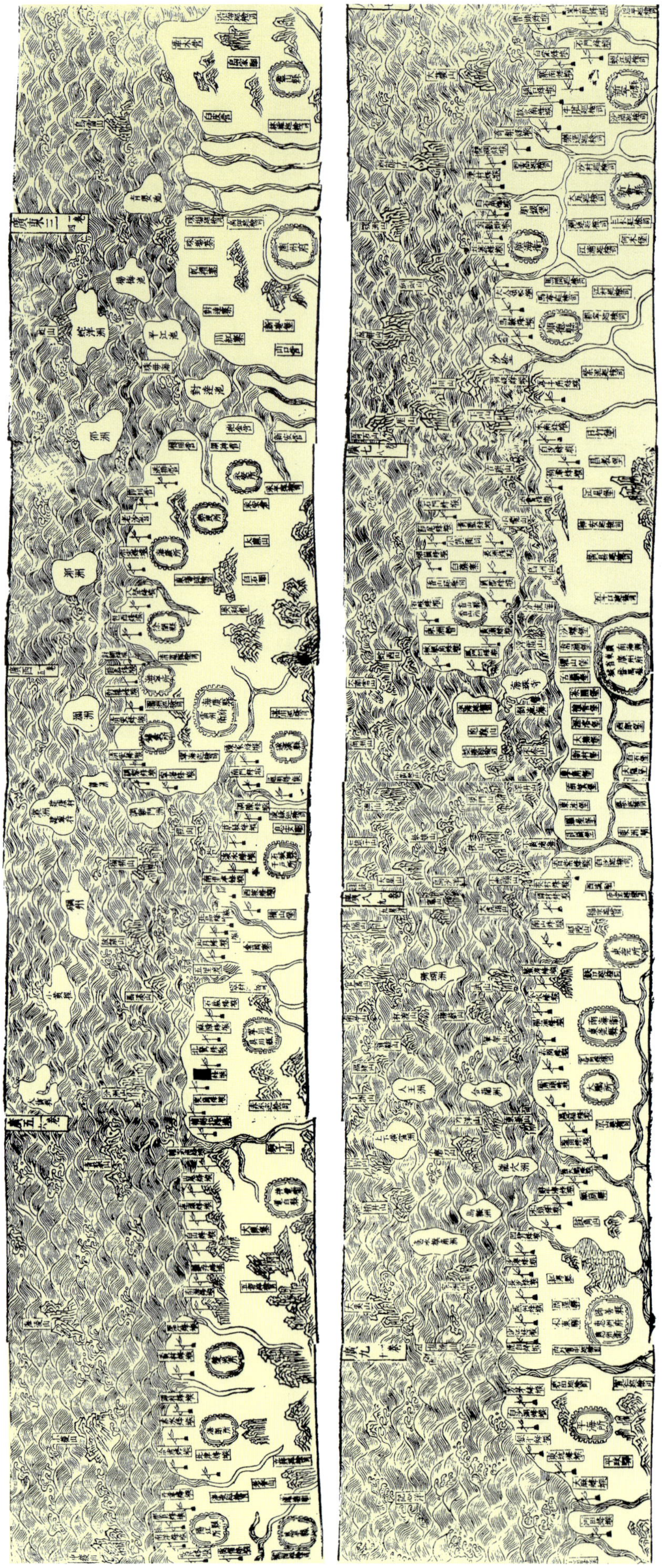

7.8.16　筹海图编·广东沿海图（局部）

选自《筹海图编》，该图集于明嘉靖三十五年（1556年），由郑若曾等编纂。

7.8.17　**五台山图局部**（947～955 年）

五台山为中国四大佛教名山之一，有东、西、南、北、中五座山峰，顶部平坦如台，由此得名。

该图彩色绘画，十分精致。表现了五台山佛教圣境全貌，其“中台”绘在图幅正中上方，东、西、南、北四台分别绘于中台两旁。图面主要描绘五台山的地形和寺庙。在图的下部绘出由太原、镇州通往五台山的两道路。

图上河流以双线描绘，山峰、寺庙、村镇、树木等均采用立体形象化的绘法，其间点缀着朝圣香客和过往行人，增添了佛教圣地的宗教气氛。建筑物和地理名称注记达百余处。从绘画的角度看，它具有很高的艺术价值。从山峰、河流、村镇、道路、寺庙的平面定位、表示方法和地名注记看，已具有地图绘画的一般原则，是一幅较早的佛教圣境专题地图。

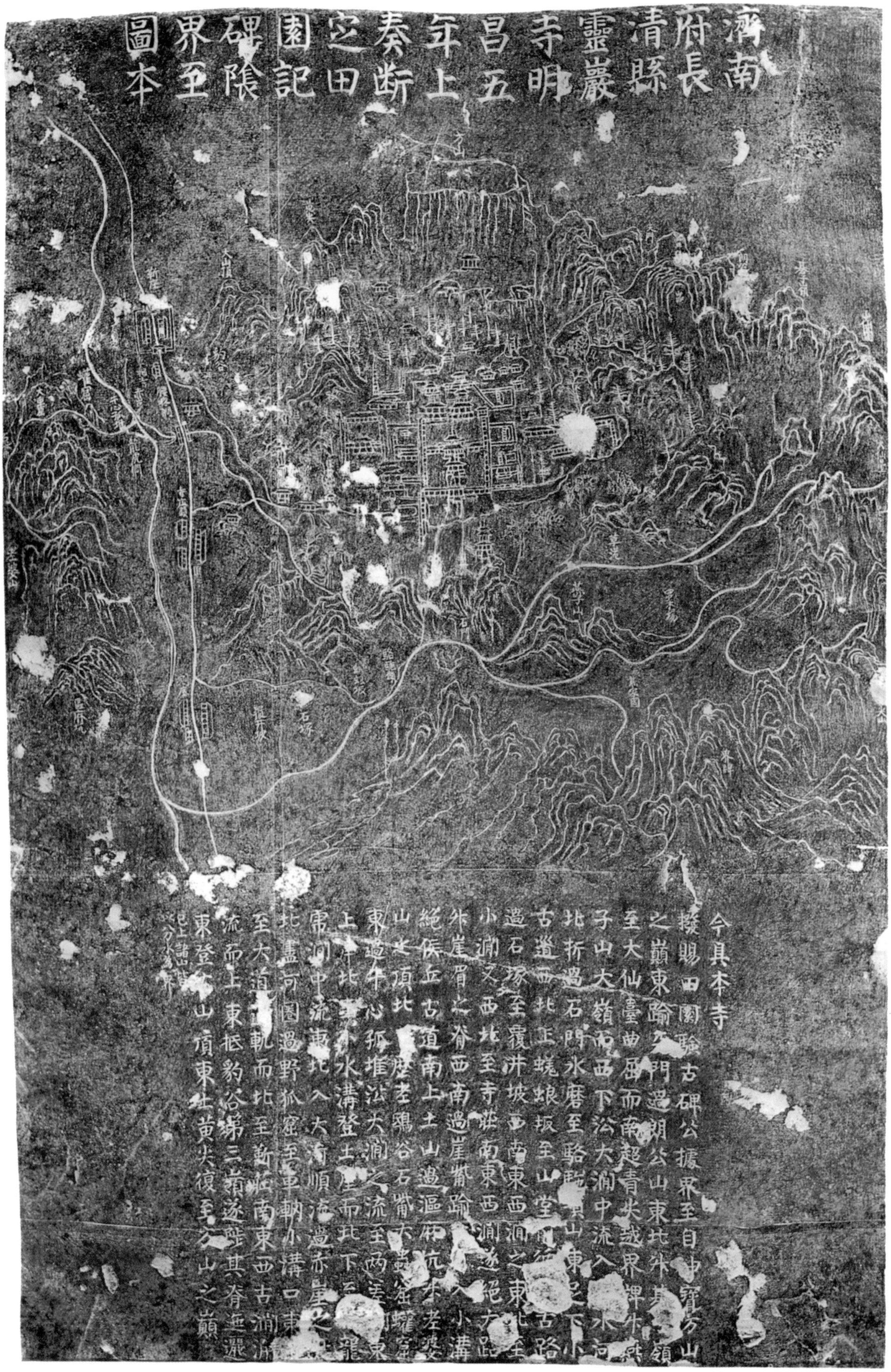

7.8.18 泰山灵岩寺，田园界至图（碑刻拓片，1195年）

7.8.19 大金承安重修中岳庙图拓片

碑刻地图。金承安五年(1200年)刻石，由宋元立石。图碑高124.5cm、宽65.3cm

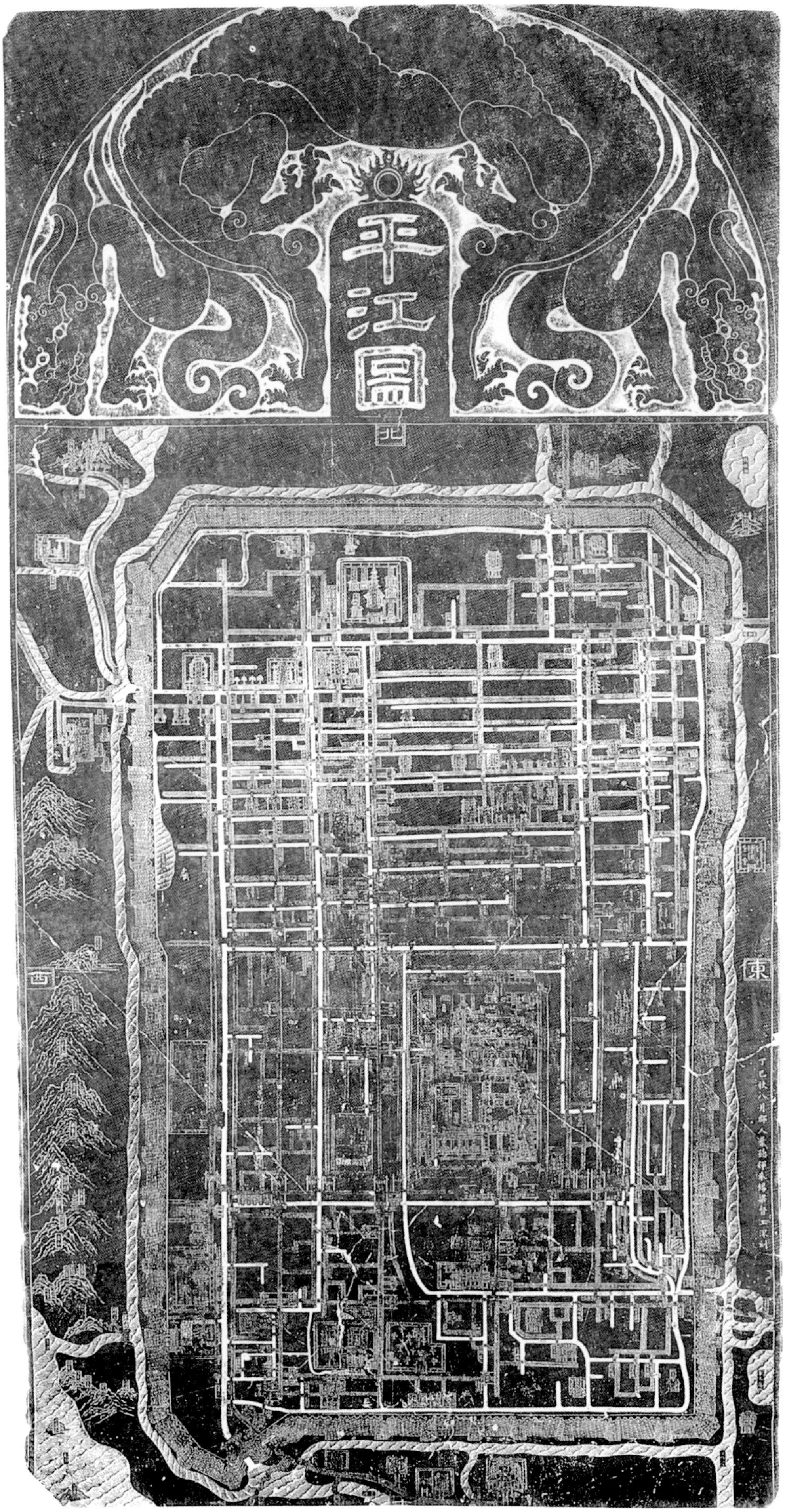

7.8.20　平江图拓片（南宋·绍定）

宋代平江（今苏州市）城市地图。由郡守李寿朋主持刻石。

图上详细描绘了城墙、城厢、平江府衙、平江军、吴县等军政府署以及纵横交错的河流、街道、305座桥和近250座规模很大，形象不同的殿堂、寺观等建筑群，还表示了齐门、娄门、葑门、盘门、阊门等五座城门，每座城门都分别绘出了陆门和水门，其中报恩寺塔、天庆观、定慧塔、开元寺、瑞光塔、盘门等保留至今。平江城、内城、宫城分别以不同符号表示。在图边还简略表示了城郊的名胜，如虎丘、天平山、姑苏台等。地图较真实地显示了平江城内纵横交错的河流，反映了唐代诗人描绘的“绿波东西南北水，红栏三百九十桥”、“君到姑苏见，人家尽枕河，古宫闲地少，水港小桥多”的水乡风貌。(1229年刻)

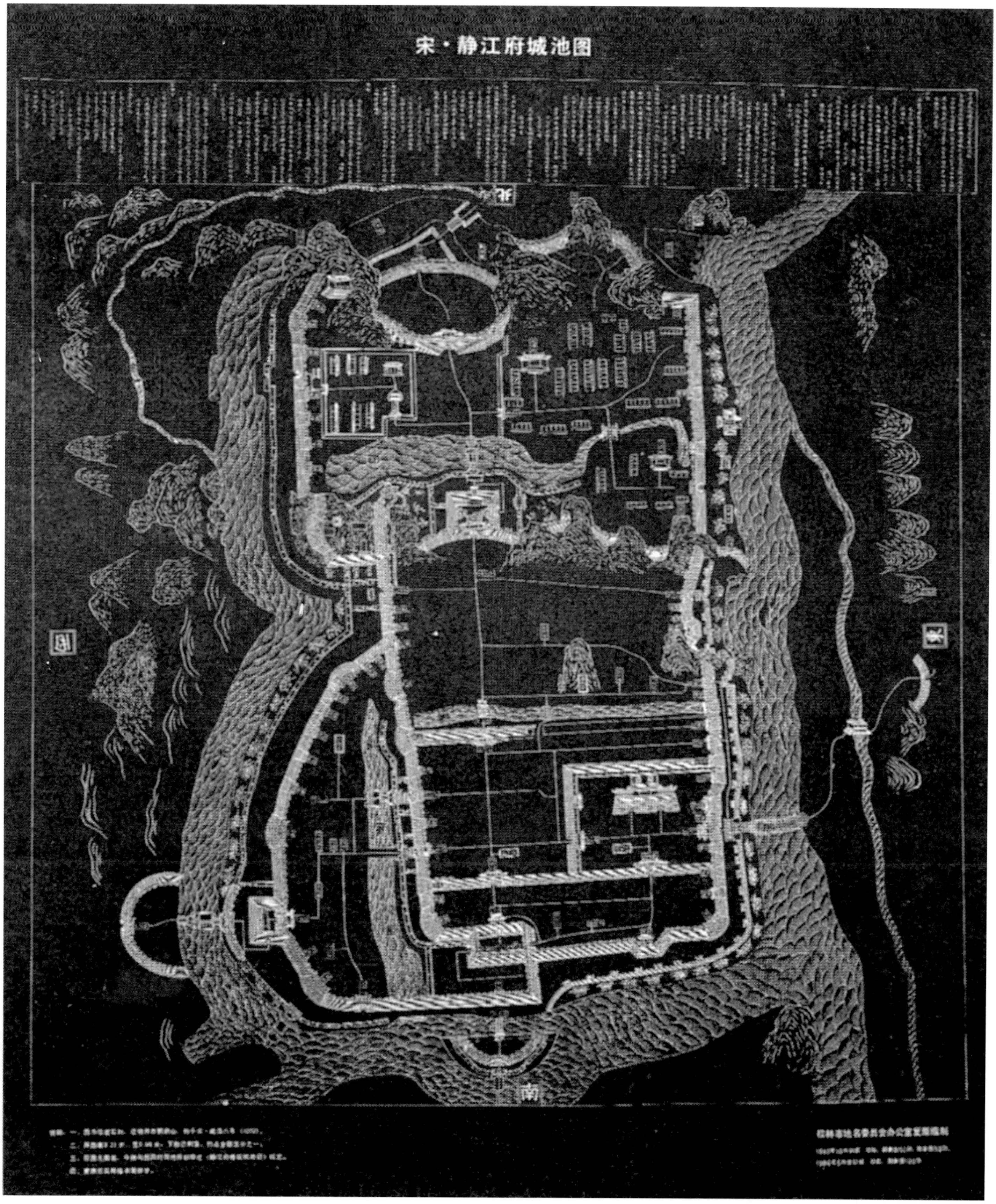

7.8.21 **静江府（今桂林市）城池图拓片**

摩崖石刻地图，刻于今广西桂林市鹦鹉山南麓的石崖上。于南宋咸淳八年（1272年），由胡颖主持刻绘。该图比例尺：南北方向约1：1000，东西方向约1：750。地图纵321cm、横298cm

7.8.22　唐・輞川（清・乾隆）

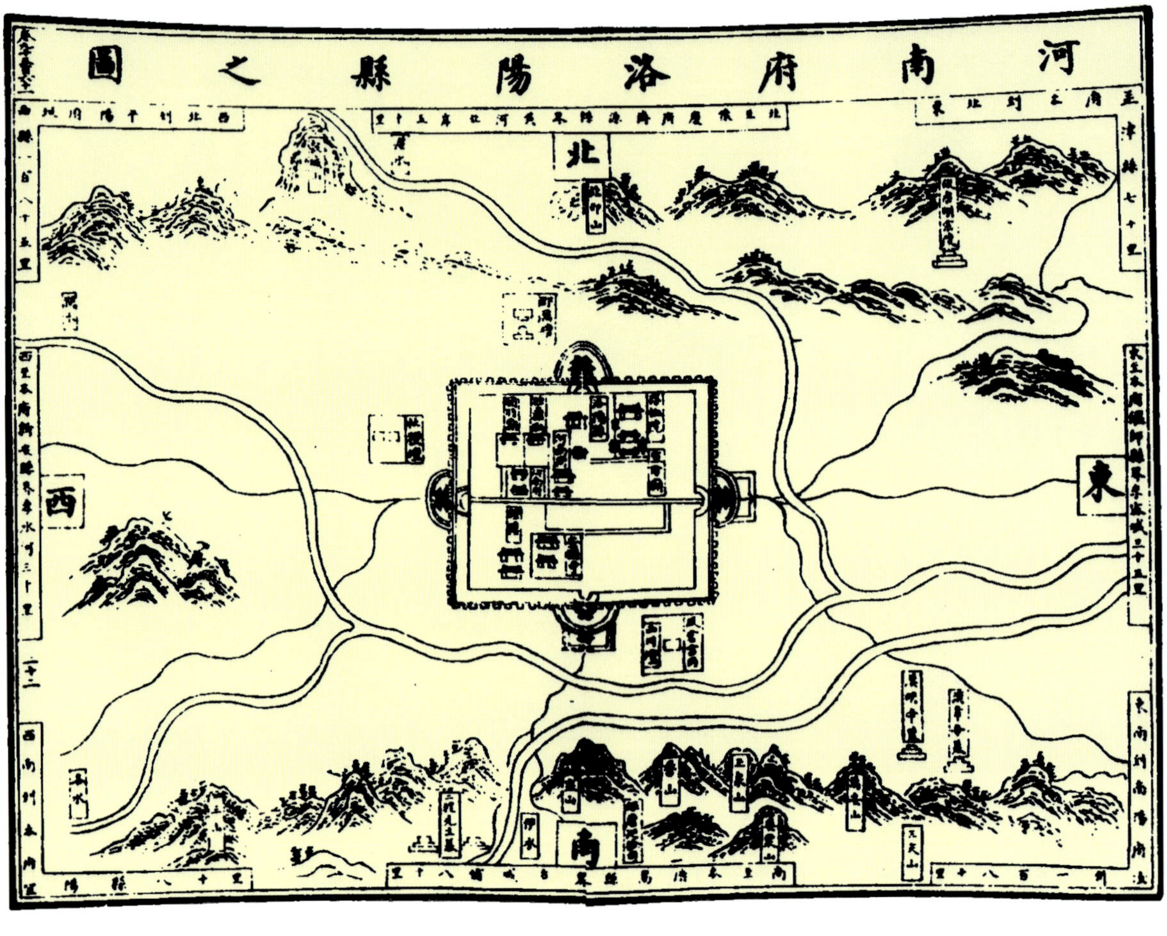

7.8.23　河南府洛阳县之图（明・永乐）

7.8.24　南宁府图
（明・永乐）

7.8.25　五园图（清·光绪）

“五园图”是一幅清代北京西郊园林专题地图。清光绪二十三年（1897年）以后常卯绘制。纸底彩绘。

五园即畅春园、圆明园、清漪园、静明园、静宜园之合称，与万寿山、玉泉山、香山统称“三山五园”，是自康熙至乾隆间一百五十余年内，集中大量人力、物力、财力，在前代修建的园林、寺庙的基础上，于北京西北郊着意开发营建的，是中国古典园林群的典范，也是中国历史文化中的瑰宝。

7.8.26　北京西山风景区名胜图（现代）

第八章　风景建筑

一、中国建筑来源

(一)概说

作为中国的风景建筑师，如欲创作具有中国特色的风景建筑，有必要了解、熟悉中国建筑历史的源与流的发展情况自不待言；而在他们实际的创作生涯中也经常遇到一些要求仿古的题目，所以掌握中国古代建筑文化知识是必要的。现在就从中国建筑起源开始，对中国古建园林粗略地作一浏览。

原始人类为防自然界和猛兽的侵袭，在未掌握营建技术之前，只能就自然界中可供栖止的地方来安身。只有到人类学会制造和使用工具以后(旧石器时代以后)，才用自己的双手建造居住场所。因此可以这样说，人类最古老的建筑活动，开始于营造居住建筑。

最早居住场所的营造，是根据人类长期在天然洞穴和树上生活的经验，从掘土为穴和架木为巢的方法开始的。因此“穴”和“巢”，是我国建筑的两大渊源。在中华民族文化发祥地黄河流域，有着质地细密的黄土层，这为穴居提供了良好的条件。随着营造技术的改进和谋求居住条件的改善，穴居是依次按横穴、袋形竖穴、坑穴、较浅的半穴居的顺序发展，直到最后完全在地面上建造房屋。这可从新石器时代黄河流域的仰韶文化遗址中看到。在我国南方低洼的水网地区，不宜穴居。因此，巢居的形式在南方地区得到了发展。开始由独木巢居发展到多木巢居(在自然生长的树上搭巢架棚)，再过渡到人工栽植柱、桩并架设房屋。这种情况可从古代的浙江余姚河姆渡文化遗址和现在西南常见的干阑式建筑得到印证。

随着原始氏族公社、奴隶社会发展到封建社会，生产工具也由石器进展到铜器和铁器，营建技术也随之不断改进。继新石器时代萌发的初级木构房屋之后，历经商、周、春秋、战国等时期，木构建筑得到很大发展。到了汉代形成了一个比较完整的建筑体系。及至唐、宋达到了完美的阶段。凡后世民居所常用的一些基本类型和立面形式，在当时都已具备和相当成熟。唐、宋以后直至明、清，一脉相传。在官式建筑走上程式化、定型化的同时，民居类型却有所增加和发展。在我国长期的封建社会中，虽以木构为主的建筑体系未发生根本变化，但由于我国幅员广大，各地区气候条件不同、各民族风俗习惯不同、选用建筑材料不同和对建筑功能要求的不同等多种因素的影响，使我国各地的民居带上了浓厚的“乡土”风味，呈现出丰富多彩、美不胜收的景况。我国现存的传统民居虽多为明、清遗物，但它是由历代民居发展演化而来的，可以反映出我国封建时期在民居建筑上的一般成就。现举若干类型作些简要介绍。

北方住宅以北京四合院为代表，按南北纵轴左右对称布置成前、中、后三个院落为基本的典型形式，中间较大院落是全宅的核心，整个住宅外墙封闭，形成一个内部安静的室内外生活环境。

长江下游的江南民居，较大的也是采用纵轴组成多进院落，外墙封闭，后部住房多做楼房，院落天井较狭小，平面紧凑，可以看出节约用地，保证通风，避免烈日直射等功能需要，以适应南方人多地少，气候湿热的特点。

福建南部和两广北部的客家聚族而居，产生了体形巨大的客家住宅，如堡垒一般，显示出它对外的防御性。

河南、陕西、山西、甘肃等省处于高爽干燥的黄土地区，至今仍有穴居形式的窑洞住宅。这种窑居冬暖夏凉。

广西、贵州、云南、海南岛属亚热带，潮湿多雨，少数民族为通风、防盗、防兽，采用下部架空的干阑式住宅，底层做畜圈，上层常挑出晒台。

西藏、青海和四川西部等藏族民居，用石材作外墙，内部用密梁构成楼层或平屋顶。结合山势，造型高低错落，朴实优美。

新疆维吾尔族采用木架密肋平顶、土坯外墙带院落住宅，楼房与平房穿插。有浓厚的民族色彩。

蒙古、哈萨克等族为适应游牧生活及风沙气候，使用可以移动的毡包(俗称蒙古包)住宅，是用木骨架覆以羊毛毡做成的圆形房屋，顶部有圆窗通风采光。

总之，我国传统民居类型很多。在这样丰富多样的民居中，凝聚了我国劳动人民无穷的智慧，的确是十分宝贵的建筑遗产。传统的民居，不仅对新建筑的创作有现实借鉴意义，而且对建筑历史与理论研究等也有很大的价值。

独木巢居

多木巢居

栽柱的橧巢

栽桩的干阑建筑

西安半坡村仰韶文化原始社会的半穴居

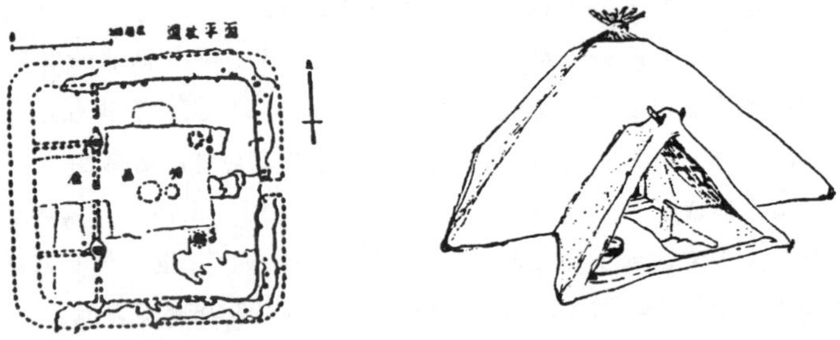

西安半坡 F_1 遗址平面及复原图

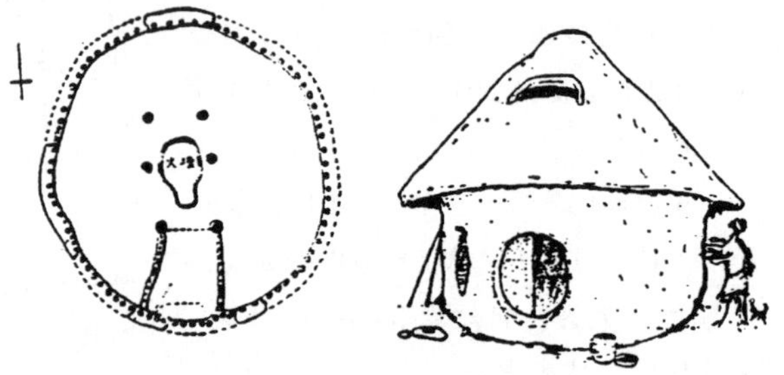

西安半坡 F_3 遗址平面及复原图

西安半坡半穴居剖面

河南陕县庙底沟文化圆形半穴居

(二)从明器和画像砖中看中国古代建筑

由于中国建筑历来是以木结构为主，不易保存久远，所以在唐以前几乎没有留下什么建筑实物，所幸中国古代厚葬，从发掘出来的许多明器中可略窥古代建筑之一斑。从这些遗物中可以见到多种住宅的形式，如合院式的、独立式的、对称或不对称的、干阑式的、井干式的等。无论从构造上或艺术上来看，都已达到相当水平，为后世各类民居奠定了基础，值得注意的是像望楼这种多层木结构建筑相当普遍，可以想见当时的城市景观是很富有立体感的，好像是现代城市的具体而微。

井干式构造

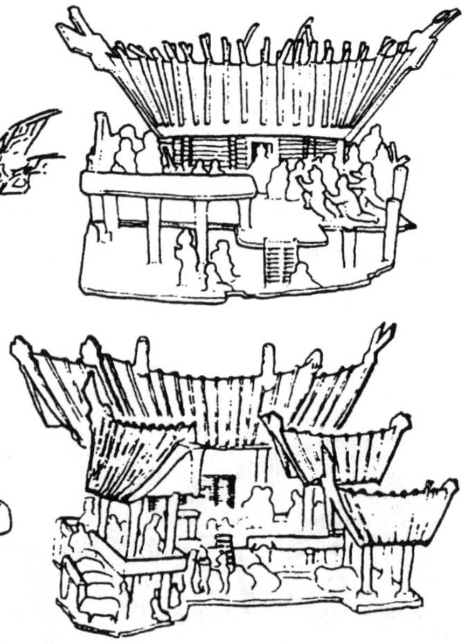

干阑式构造

云南石寨山出土铜器线刻图

穿斗式结构
广东广州汉墓明器

干阑式构造
广东广州汉墓明器

干阑式构造
江苏铜山画像石

汉墓　干阑式构造

汉墓　干阑式构造

汉墓　干阑式构造

河南灵宝张湾汉墓出土水中楼阁

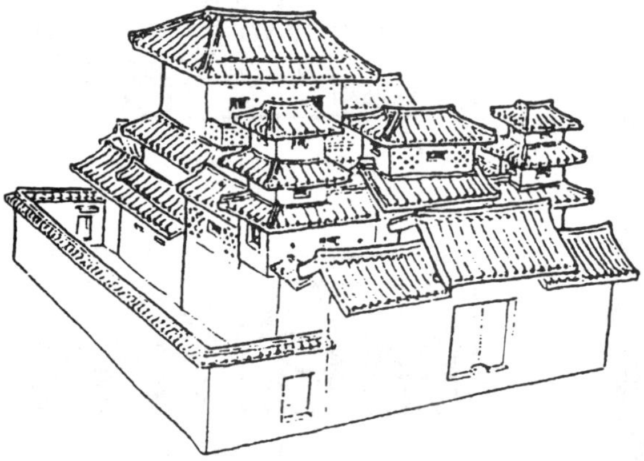

坞堡　汉墓明器

日字形平面住宅　广东广州汉墓明器

不对称的三合院　汉墓明器

皇楼宝灵　东汉墓明器

坞堡　广东广州汉墓明器

三合院住宅　汉墓明器

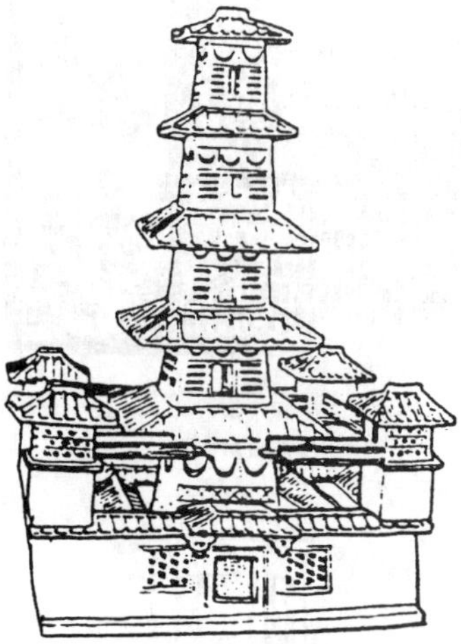

坞堡与望楼武威雷台东汉墓

山东高阳汉墓

河北望都汉墓

河南陕县汉墓

楼阁汉墓明器

各地出土的望楼明器

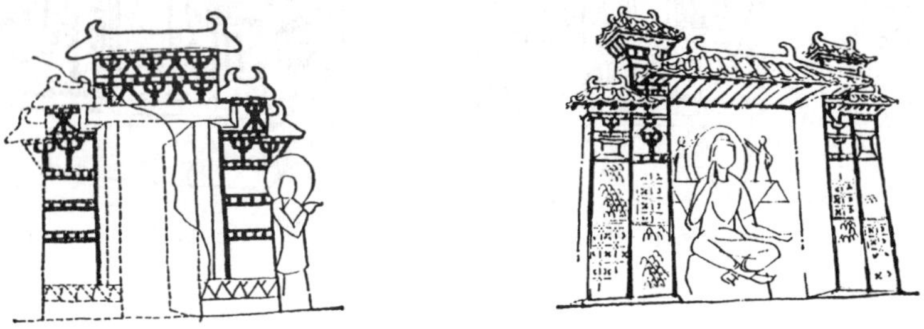

门阙　敦煌莫高窟北朝壁画

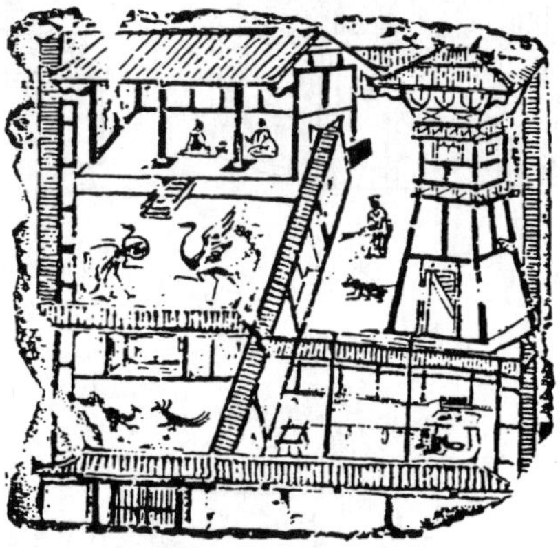

庭院　四川成都画像砖

楼及廊庑　江苏睢宁双沟画像砖

庭院　河南郑州空石砖

大门　四川德阳画像砖

住宅　陕西绥德画像石

建筑组群　江苏睢宁画像石

阙　四川成都画像砖

建筑群　江苏徐州画像石

二、各地各族建筑

我国古代建筑具有优秀传统，自成体系，对东方诸邻国产生了深远影响，在世界上独树一帜。在这个建筑体系内，包含有多种多样的建筑类型和建筑形式，其中民居是一大方面。

所谓民居，是指传统的民间居住建筑，在各种类型的建筑当中，民居是建造量最大、历史渊源最久远的一种建筑类型。从原始人类经营穴居、巢居开始，迄于今日，居住建筑始终是人类建筑活动的基本内容。虽然民居的建造，在工、料等方面都远不及宫殿庙宇，因而不能保存很久的年代，但是它却是劳动人民长期生活、生产实践经验的积累。现存大量的各种形式的民居都包含着过去长期建筑创造的成果和成就，是劳动人民智慧的结晶，是我国优秀文化传统的一个组成部分。

我国幅员广大，民族众多。各地地理气候差异很大，所产建筑材料各有不同，各民族的文化历史传统和生活习惯也不一样。因此，各地民居对于如何适应地理气候特点，如何选择和运用当地材料，如何满足实用功能和审美要求等方面，必然各有一套做法，从而在平面空间的处理、构造方法和艺术风格上表现出多种多样、丰富多彩的面貌。

同时，由于住宅与人们的生活、生产是如此的息息相关，在过去，除了掌握大量财富的豪门大族外，一般民间经营住宅只能根据有限的人力、物力、财力，用最经济有效的办法来尽可能完善地解决各种实际功能问题和审美要求，所追求的是用地和用材的节约，结构和构造的简单合理，对生活生产的方便适用。使功能、形式、构造、用材相互适应，巧妙结合。比之铺张浪费、华而不实、死板僵化的宫殿、庙宇、陵墓等为统治阶级服务的建筑，较多地注重适用、经济、美观的辩证统一，较少地受到封建礼法制度的限制和官式建筑成规法式的约束，而能以其生动、活泼、灵活、多样的姿态，表现出更强大的生命力。民居的这些设计思想很符合我们今天建筑设计的创作精神，其中许多优秀手法值得我们深入发掘、研究，以便作为我们今天建筑创作的参考借鉴。

在当今建筑文化多元化、建筑风格多样化的发展趋势下，表现乡土特色和地方特点的设计思想已成为建筑思潮的一大方面。而在今后旅游业不断发展的形势下，在旅游观光建筑、休闲娱乐建筑等方面，乡土风情、民族特点和地方特色更是大有用武之地。由此看来，作为一个风景建筑师，娴熟地掌握和运用各地民居的丰富建筑遗产就显得十分的必要了。

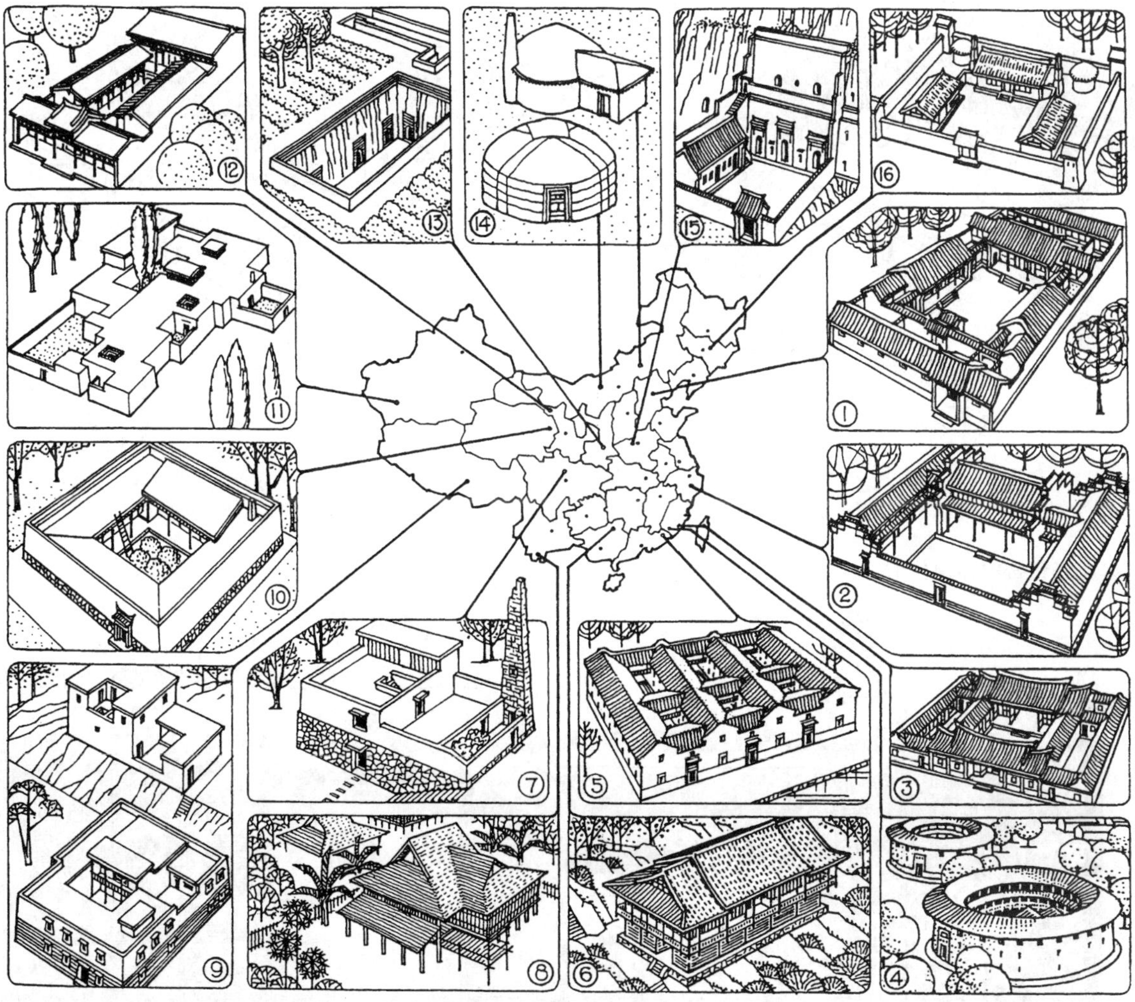

中国各地民居

①北京四合院
②浙江东阳“十三间头”
③福建泉州及台湾台北民居
④福建永定客家民居
⑤广东梅县客家民居
⑥广西龙胜壮族民居
⑦四川茂汶羌族民居
⑧云南景洪傣族民居
⑨西藏拉萨藏族民居
⑩青海“庄窠”
⑪新疆维吾尔族“阿以旺”式民居
⑫甘肃张掖民居
⑬陕西西安平地式窑洞
⑭内蒙古“蒙古包”及“蒙古包”式土房
⑮河南巩县靠崖窑洞
⑯吉林民居

(一)独具魅力的各地建筑

1. 封闭安宁的北京四合院

我国北方地区的汉族住宅,可以北京四合院为代表。按南北纵轴线对称地布置房屋和院落,大门开在东南角上,进门左转进入前院,南侧倒座作客厅及杂用。经二门(常做成垂花门)再进入较大的后院,朝南正房及东西厢房分别为长辈及晚辈居住,周围用走廊联系,是全宅的核心。在正房后面再设一东西狭的院落,北侧建一排朝南的后罩房。所有前后院落均由外墙封闭,对外不开窗,形成一个内部安静的室内外生活环境。

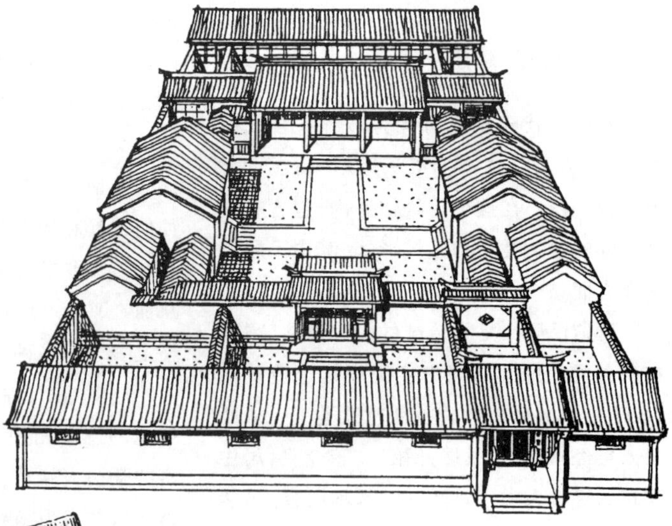

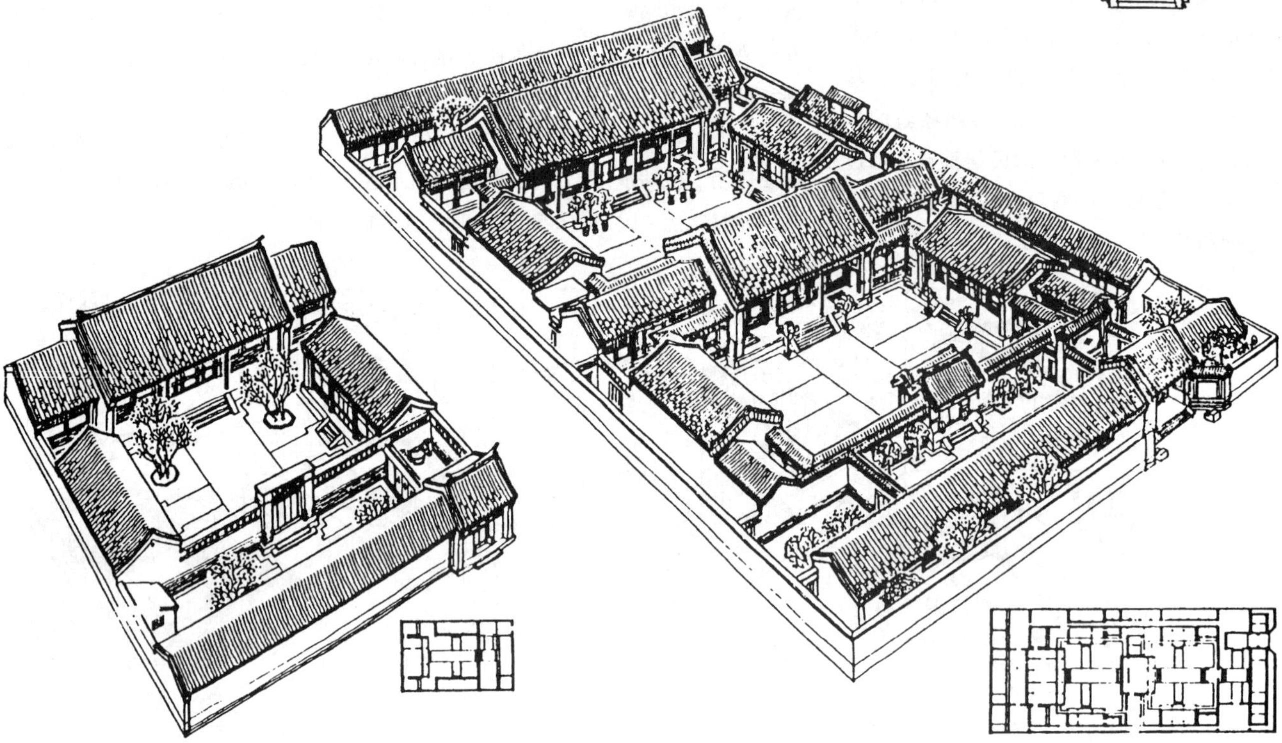

2. 庭院深深屋宇密密的苏州住宅

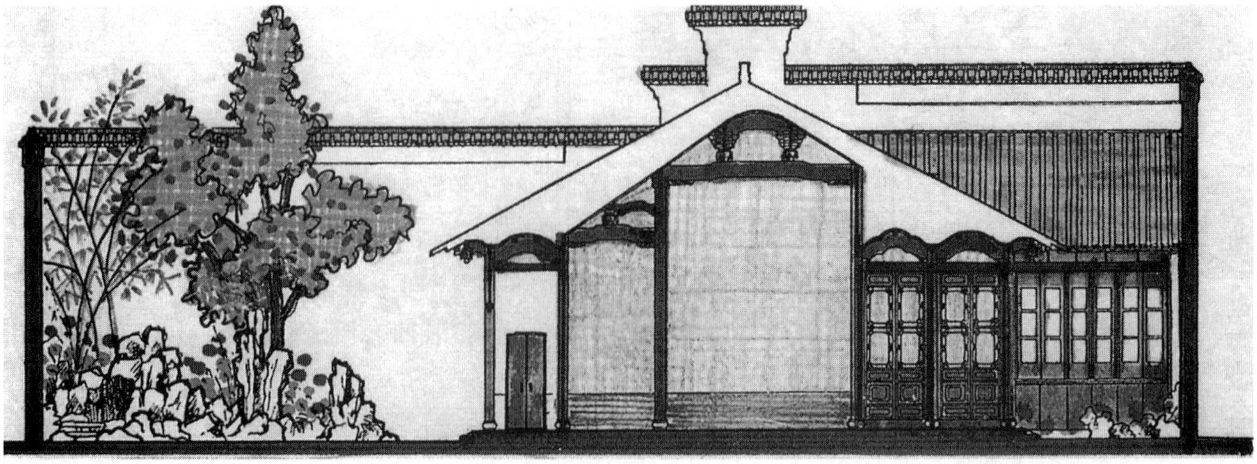

苏州修仙巷旧张宅花厅剖面

像苏州如此高密度的多进多轴的院落群住宅，乍看起来似乎觉得拥塞不堪，但实际生活其中却并不感觉空间有多么窄小，其原因就在于其中穿插了许多大小天井及花园，如上图剖面所示花厅前有花园绿色空间，后有天井采光通风，怎会感到拥塞呢！

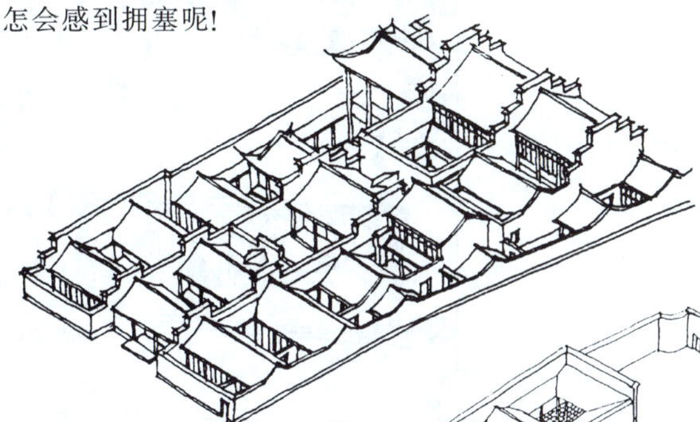

苏州留园东宅鸟瞰

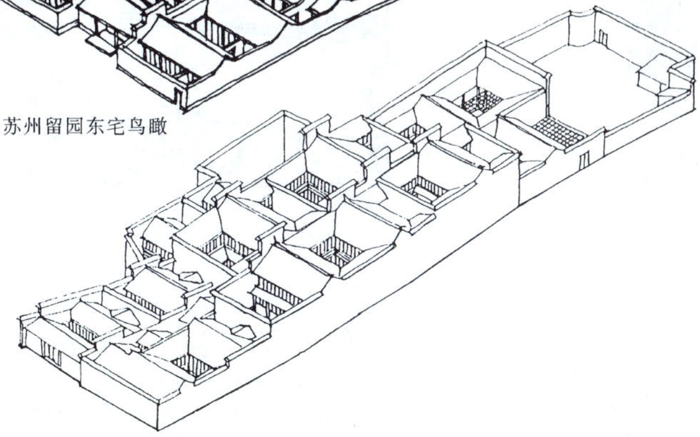

苏州西塔子巷旧李宅鸟瞰

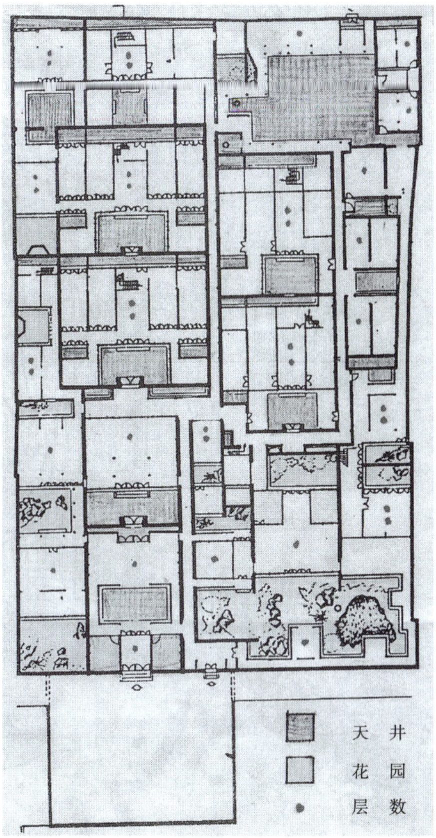

苏州铁瓶巷旧住宅平面

3. 隐入黄土高原的北方窑居

河南、山西、甘肃等省高爽干燥的黄土地区，人们巧妙地利用黄土质地均匀、塑性好的地质特点，营建了多种形式的窑洞民居。一种是靠崖窑，即在天然土崖内开凿横洞；另一种是在平坦的岗地上先向下挖掘出一个方形或矩形深坑，然后再在坑壁开凿横洞，俨然一个窑居四合院，称作坑窑或天井窑。

窑居是一种减法的建筑，它不在地面上增加东西，而是减少东西，对环境破坏较少。挖窑洞可以节省大量建筑材料，住起来冬暖夏凉，又可节约能源。可以说窑居是一种很经济、适用的生态型建筑，它给我们提供了人类应如何利用天然条件保护自然生态的启示。“穴居”，即是人类最古老、也是人类未来（地下建筑）的一种居住方式。至于说到窑洞的外观，除洞口外，它是一种只有空间而无外形的建筑。不过就大地整体的景观来看，窑居并不会改变地形地貌的整体景观，它的一排一排的洞口正像大地“五线谱”上的音符一样，随着大地的风景旋律一齐跳动。它既不破坏生态，也不破坏景观。

河南巩县靠崖窑院

河南巩县天井院式的窑居

天井院窑居鸟瞰图

陕北窑洞的风土景观

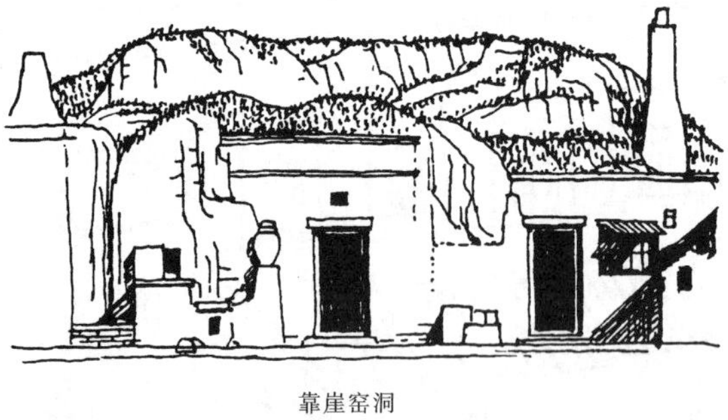

靠崖窑洞

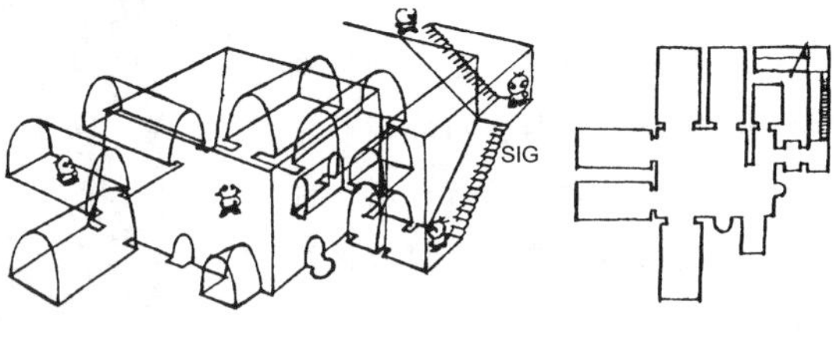

窑洞的空间示意

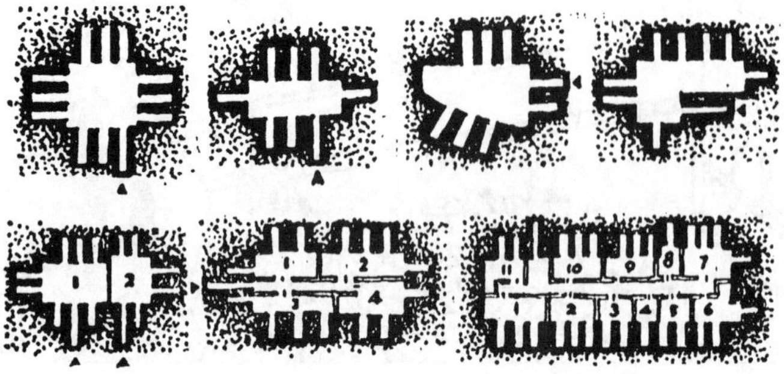

毗邻式　短胡同式　长胡同式

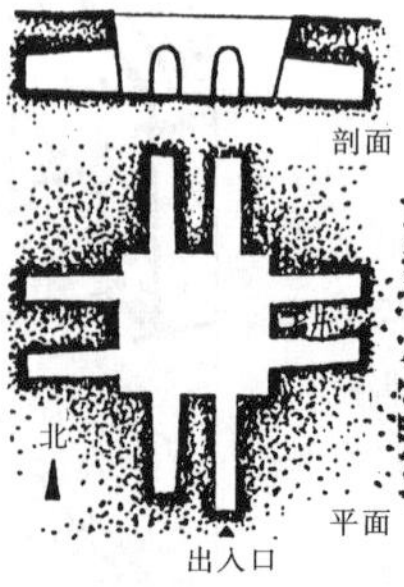

土尽其用的凿出的空间

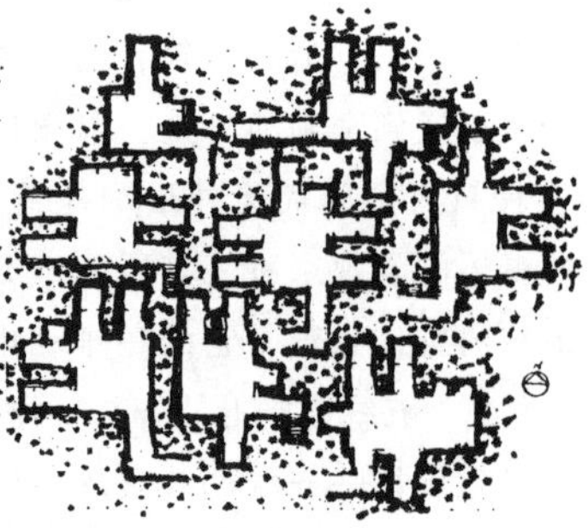

窑洞平面类型

4. 依山傍水的浙江民居

浙江地处山多水多且山青水秀的水网地区，除城镇住宅采用高密度的庭院式住宅外，广大农村乡野的农民住宅，为了方便生活与生产，则多选址在靠山近水的良好的自然生态环境里。他们较少受到固定的住宅模式的约束，多能根据具体的山形地貌，因地制宜、灵活自由地处理建筑的平面空间，以达到经济适用的目的。他们并不刻意去追求外貌的美观，却常常由于与自然环境的和谐统一无意间臻于一种“自然美”的境界，这与现代的山间小别墅的高手设计并没有什么本质上的区别，而这也正是风景建筑所要做的事情。在这里，我们可以从民间得到许多有益的启发。

吴兴南浔新开河李宅

桐庐临江坡地某宅

慈城郊区景色

杭州法云弄临溪坡地上的农宅

杭州中天竺仰家塘某宅

(本段图均选自《浙江居民》)

上图农宅背面

5. 气魄雄伟的客家方土楼

在福建的西南部和两广的北部，聚族而居的客家人住在一种体形很大的生土大楼内，主要有三种形式，一种是独立式土楼，外形不拘一格，常数幢组合成高低错落的组群；另一种是大型院落式方土楼，这种土楼非常讲究构图的对称性和严整性，分中路主体院落数进和左右“护龙”院落数进，后高前低，层层叠落，气魄雄伟，不事细部雕凿，专重整体效果，颇有大匠风度；还有一种是圆土楼，将多屋的楼房做成圆筒形，外墙是一米多厚的夯土墙，向内则是住房及环形走廊，它所围出的圆形院内还要以一个同心圆再建两、三圈环形平房，最中心是公用厅室。从这种设计可以看到它对外的防御性和对内的凝聚性。

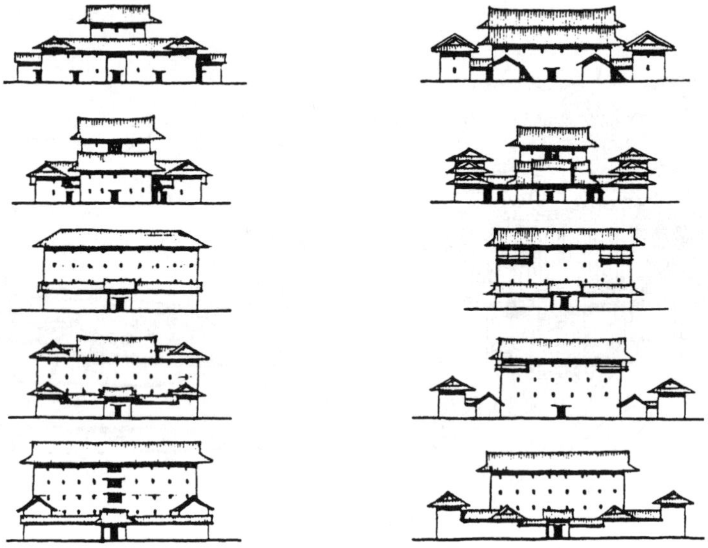

方土楼的各种立面形式

独立式土楼

独立式土楼

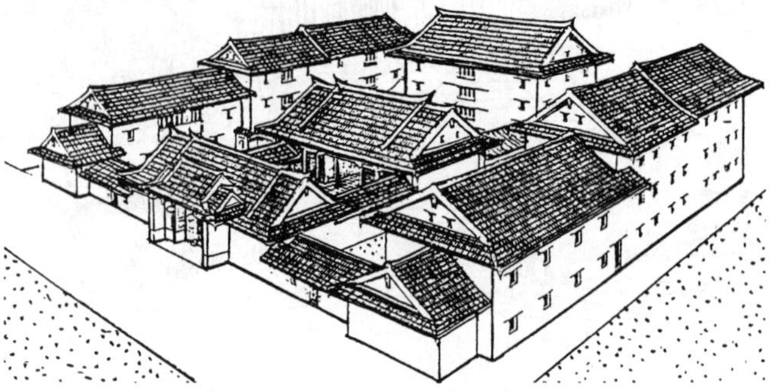

永定富岭“大夫第”透视（左）及鸟瞰（右） 此宅构图的严谨性、整体性及比例尺度掌握的娴熟精到，堪称客家院落式土楼中的范例

(本段图均选自《闽粤民宅》)

6. 坚如堡垒的客家圆土楼

这种圆形大土楼显示出它对外的防御性和对内的向心性,意味着家族强大的凝聚力,可以团结起来一致对外。在住宅中真是独一无二,绝无仅有!

上图下图闽西客家圆形土楼

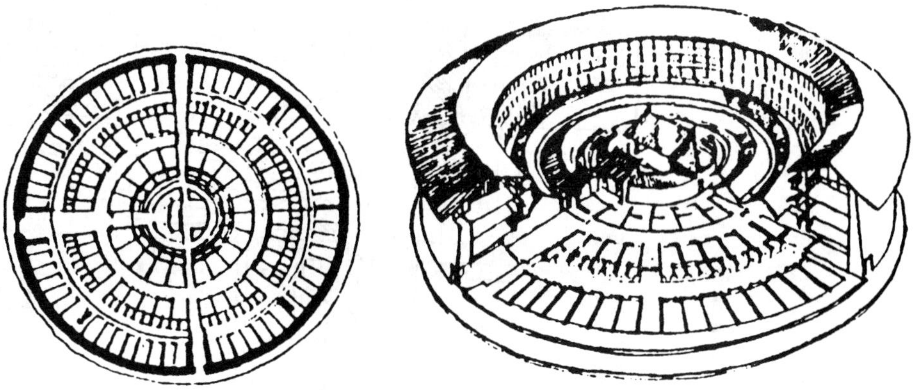

大、中型圆土楼的立面、平面及剖面（福建永定承启楼）

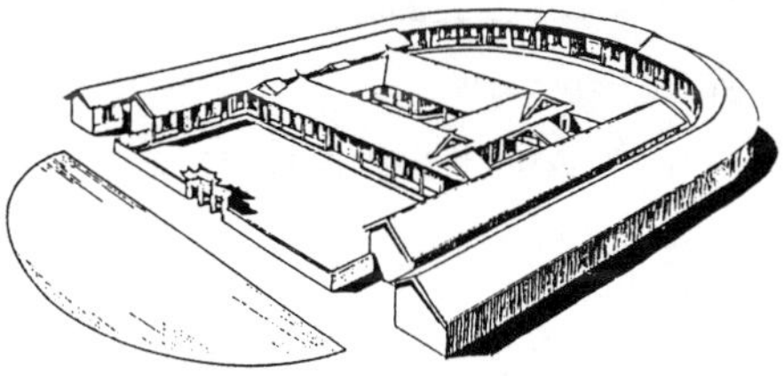

客家的马蹄形住宅(永定慕荆)

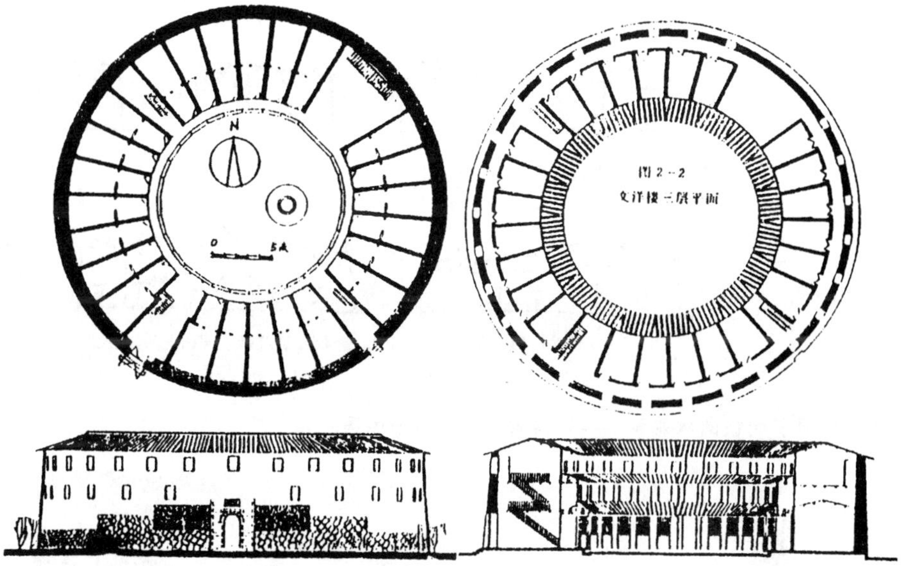

小型圆土楼的平面、立面及剖面

7. 白色交响乐——安徽民居

在安徽省徽州地区还保存着许多质量较好的明代住宅，是中国现存古代民居中的珍品。这些住宅不以规模宏大取胜，而以布局紧凑、装修华美、用材精良见长，这与过去的徽州人善于经商，拥有雄厚财力足以营建华美住宅是有关的。

徽州民居的基本型是在方形或矩形的基地上建1~3层的封闭的三合院或四合院，外形像一个立方墩，叫做“一颗印”。一般规模大的也不超过三进院子，呈“日”字形。这种住宅中间的天井很小，仅仅是一个通风采光口，其外侧墙一律做成阶梯形的封火山墙，极富节奏感和韵律感，从村落的整体上看，好像住宅群共同合奏的一曲白墙灰檐的交响乐，非常的轻快而和谐。村落大多以一个水塘为中心，如果你沿塘走一圈，所见塘对面的建筑画面不断变换，池塘像一面镜子映入白墙清晰倒影，富有诗情画意，这时你又会觉得眼前的画面真像一幅明快清爽的水彩画，是一种美的感受。

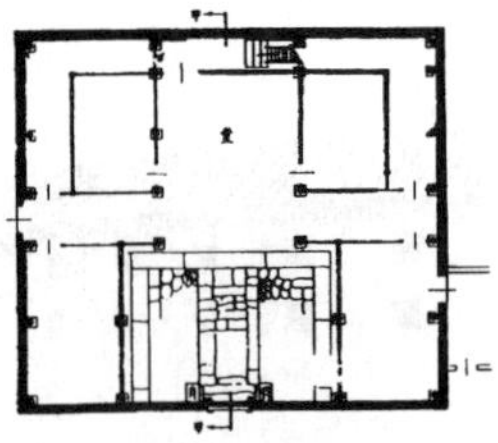

二层的三合院

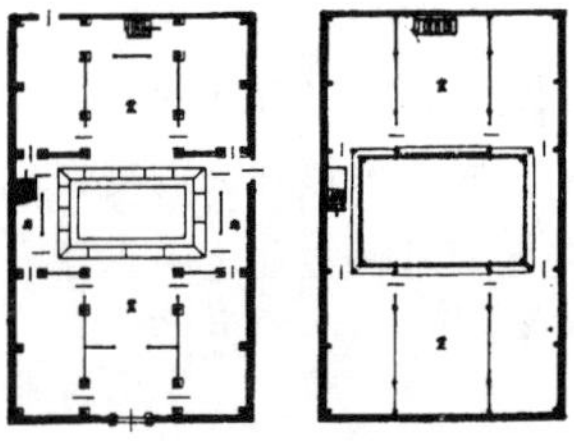

二层的四合院

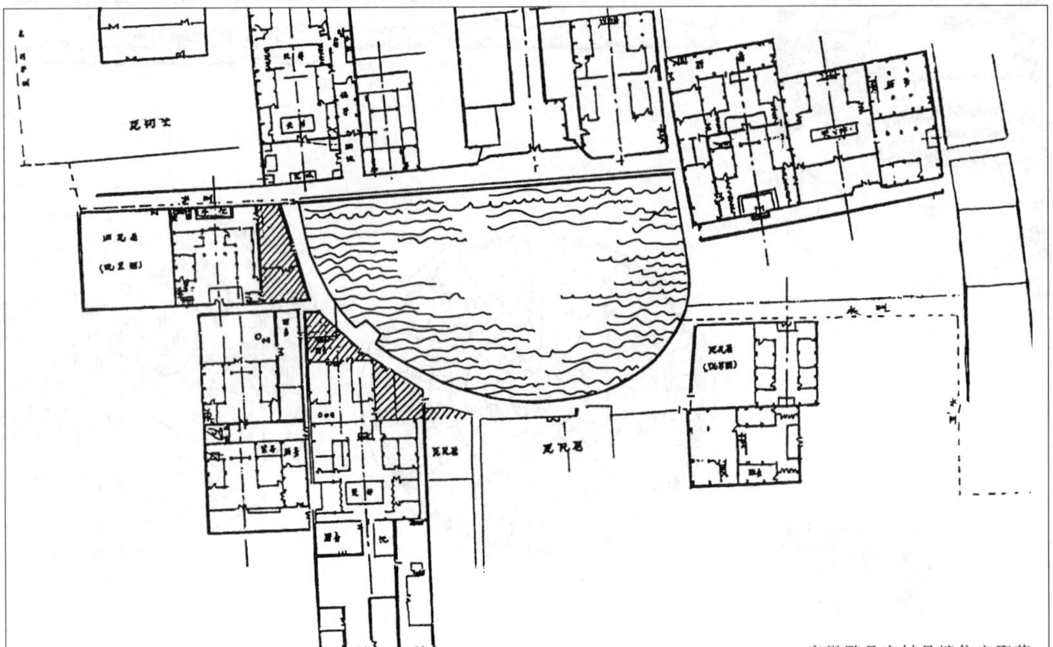

安徽黟县宏村月塘住宅聚落

一层平房

二层三合院

二层四合院

二、三层四合院

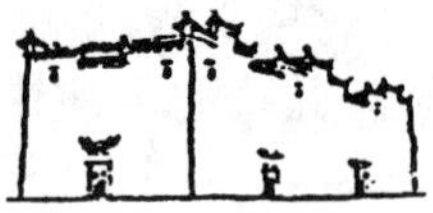

二、三层三进院

二、三层三进院带四合跨院

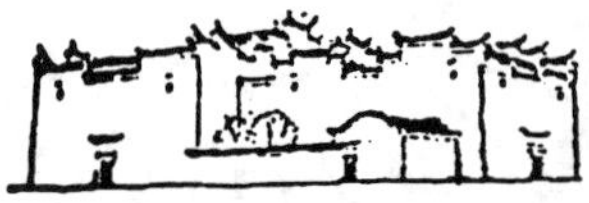

二、三层三进院带不同朝向的二层二进院

三套院落并列的二、三层大型住宅

选自《明清徽州传统村落初探》

像一幅调子明快的水彩画——安徽黟县宏村月塘民居

安徽黟县宏村月塘住宅群　不论住宅大小，其外形都是一种处理手法，听不到一个不和谐的音符

阶梯式的重重封火山墙奏出清朗的节奏韵律

小院高墙营造与世隔离的内部世界

本页摄影　沈克宁

(二)形态迥异的各族民居

我国幅员辽阔，少数民族有55个之多，由于各族所处地区的地理气候、风俗习惯、宗教信仰、民族文化传统均有很大差别，因此各族民居均表现出极鲜明的民族特色和地方特点，给风景建筑创作提供了极可宝贵的参考借鉴。

川西北马尔康城藏族碉楼《中国古代建筑史》

川西北部藏族碉楼

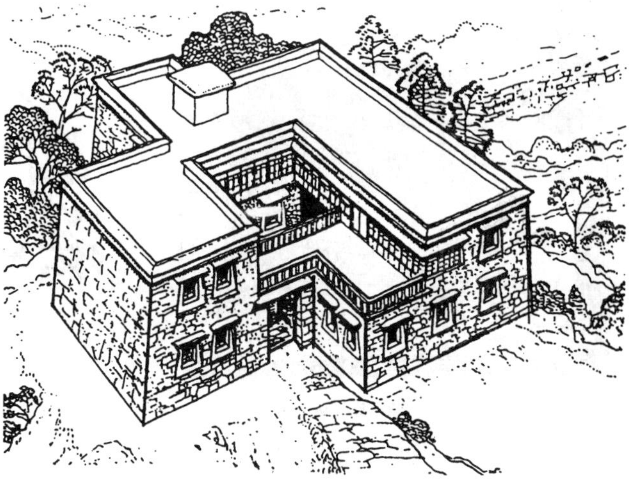

西藏碉楼式民居《中国居住建筑简史》

川西北藏族碉楼
《建筑设计资料集》

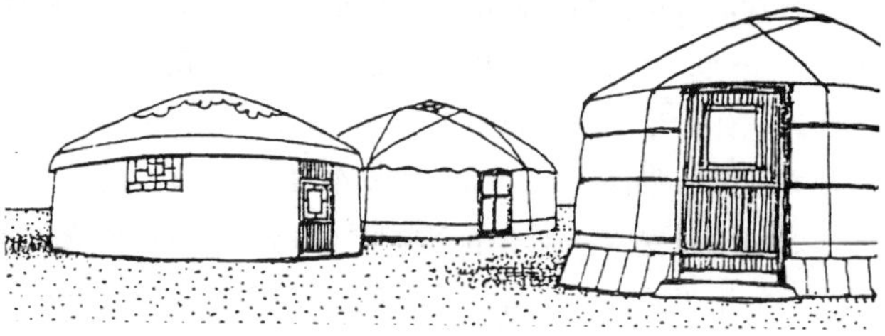

内蒙古自治区蒙族毡包 (蒙古包) 民居

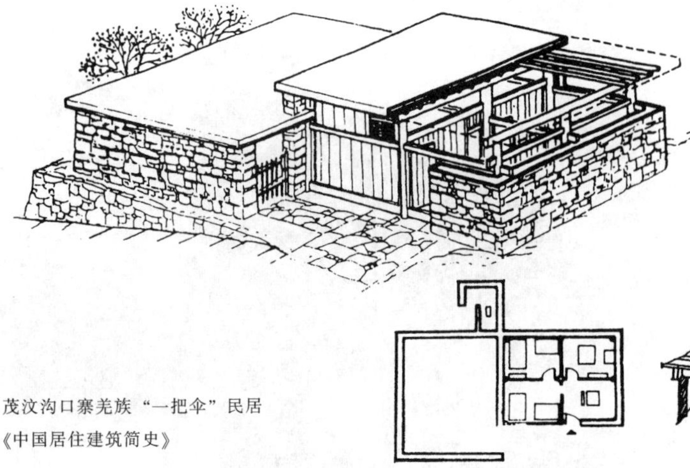

茂汶沟口寨羌族“一把伞”民居
《中国居住建筑简史》

贵州侗族靠崖民居

云南丽江纳西族民居

云南红河哈尼族民居

广西桂北金竹寨壮族民居
《桂北民间建筑》

海南黎族船形屋《中国居住建筑简史》

1. 侗族文化的美丽象征——鼓楼

侗族定居在贵州、湖南、广西毗邻地区，是一个心灵手巧的民族，在建筑方面尤有天赋，无论在建筑技术上，或是艺术鉴赏力上都有很高水平。他们选择在靠山近水之处设村安寨，善于结合地形建造体形优美的干阑式木构吊脚楼，但最能表现他们建筑才华的还是修建公共性的风雨桥和鼓楼，成为侗寨最显著的标志。它们一横一竖的整体效果和形式各异的构图手法，在山水中堪称最美丽动人的风景建筑。鼓楼是侗族村寨中公共活动的场所，举凡击鼓报信、聚众议事、吹笙跳舞、休息谈心，乃至拾物招领，均可在此举行，所以它是一个社会交际和文化娱乐的中心。鼓楼的形式有四角、六角、八角等多种样式，特别是楼的顶部更是变化多端。鼓楼造型是介乎楼和塔之间的一种特殊造型，是少数民族建筑文化中的精品。在此图示的贵州侗寨中鼓楼数例，可见鼓楼之风采。

贵州侗族鼓楼 (选自贵州管会编著的资料)

桂北侗寨鼓楼 为全村的标志 选自《桂北民间建筑》

2. 别具一格的傣族竹楼

傣族人民居住在云南省西南部的西双版纳傣族自治州，属亚热带及热带地区，气候温热，雨量充沛，植物密茂，被誉为“植物王国”和“动物王国”。在这种气候环境下，为了防潮避湿、散热通风、防范虫兽之害，采用了架空楼居的干阑建筑形式，但与西南其他少数民族的干阑建筑不同的是其用材以竹材为主，故称竹楼；造型用短脊的歇山大屋顶加披檐，看起来很像一顶遮阳挡雨的大草帽。外墙为防雨淋，自上而下收分，呈倾斜状。还有一种竹楼的山墙入口一面做成半圆的伞形，就更像运动帽的遮沿了。房屋的使用仍像一般干阑建筑一样是上人下畜，不过傣族民居在主房之侧还要附加一个小楼，作谷仓及杂物堆放处，所以每户住宅都是主次大小分明，高低错落有致，造型优美，风格独特。带着浓郁的十地芳香。

草屋顶更像一顶带遮沿的草帽
姐东乡姐东寨民居二例

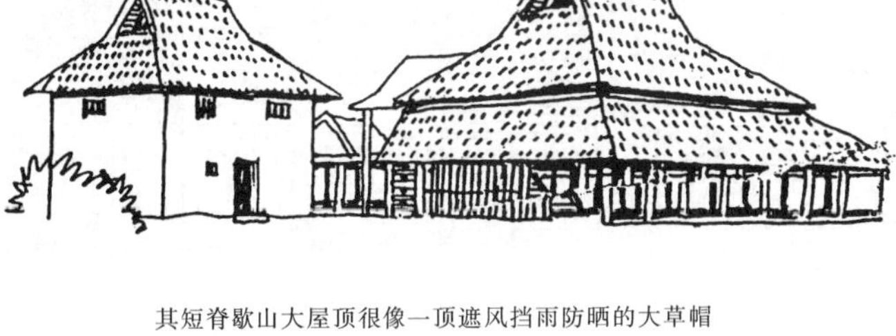

其短脊歇山大屋顶很像一顶遮风挡雨防晒的大草帽

西双版纳傣族民居

本段图均选自《云南民居》

傣族村寨

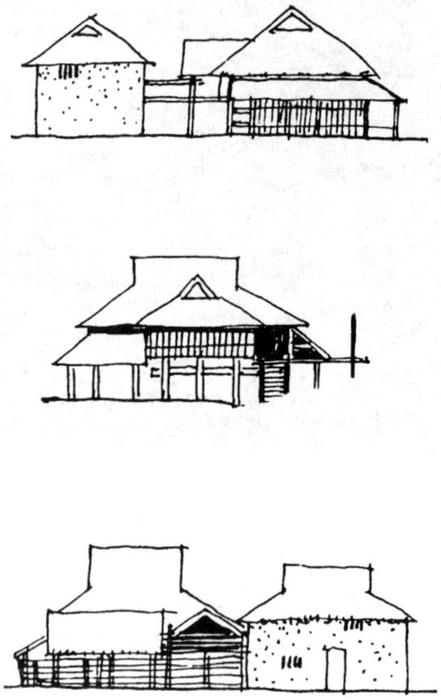

竹楼民居数式

景洪曼景傣民居

三、山水与聚落

广大的村庄、集镇、市郊的聚落民居与城市住宅不同，它们是直接置身于自然环境之中。长期与自然为邻的生活经验告诉它们，只有很好地适应地区和就地的大、小自然环境，才能达到趋吉避凶、利于生存的目的，许多情况是得利于风水理论的指导。这种使自己处于良好自然生态地位的建筑群落会自然而然地产生一种与自然和谐的美感，正像许多植物品种为了在自然界更好地生存为自己所设计的某种特定的茎干枝叶的形态会自然地产生一种美感一样。英国学者李约瑟强调说："中国的风水理论包含着显著的美学成分和深刻哲理，中国传统建筑同自然环境完美和谐地有机结合而美不胜收，皆可据以得到说明"。从这个角度上来看，这些山水中的聚落民居都是极好的风景建筑，能给我们许多启发。

浙江黄岩县黄土岭住宅（选自《浙江民居》）

浙江临海县江夏街外景

山间的聚落，一般只要选好向阳之坡并较平坦的阜地，背有青山屏障，侧有山溪水源流过，易于登临之处即可。总体上有个布局原则，到单体设计全由自家自由发挥，只要顺乎地形自然地摆布，互不妨碍，在整体上自然会形成好景。这是因为地形地貌自有其内在地质形成的规律和章法，只要跟着地形旋律的起伏而起伏，就会奏出美丽动人的二重奏和协奏曲。也许这就是风景建筑构图的一大规律。

广东大埔茶阳沿河聚落

福建崇安沿河民居

沿河的聚落亦多选址在河流北岸的背山面水之缓坡，兼得挡风、纳阳、取水、交通及视野开阔之利。其风景效果是有山峦背景及波光倒影前景之大全景画面。如果说山间聚落像一支节奏感强的快板，临河聚落则有如平缓韵律的慢板，各异其趣。

实际上，中国村庄聚落的选址大多能选在生态条件及景观效果良好的地方，得利于中国古老的环境设计方法——风水术的好处不浅。

湘西吉首市峒河沿岸民居聚落（选自《湘西城镇与风土建筑》）

湘西隆头村沿河民居聚落（选自《湘西城镇与风土建筑》）

湘西小镇　劳里画

湘西民居　满维超画

湘西吉首峒河风光（选自《湘西城镇与风土建筑》）

湘西拔弟河岸上的聚落（选自《湘西城镇与风土建筑》）

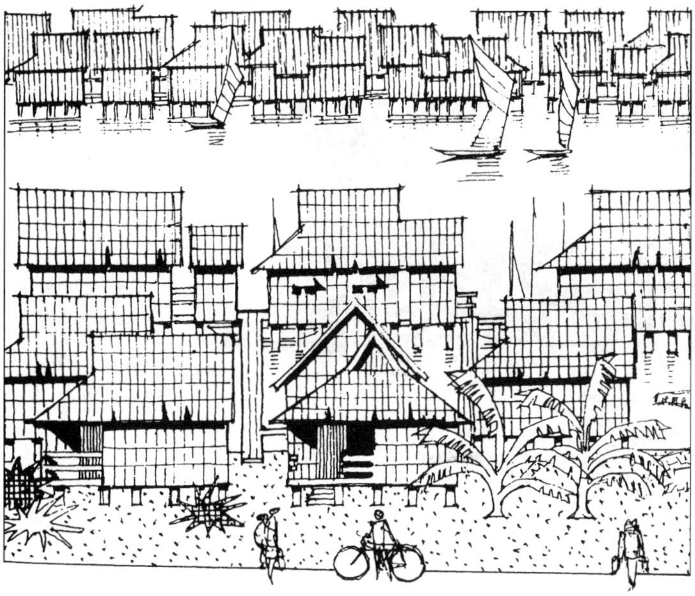

广东番禺水棚渔村（选自《歇山顶》见《闽粤民宅》）

广东番禺水棚渔村（悬山顶）（选自《闽粤民宅》）

因形就势、蜿蜒起伏的闽粤山居

闽西南永定下洋聚落（选自《闽粤民宅》）

粤东北大埔大麻镇聚落

粤东南仙游村落

(均选自《闽粤民宅》)

融于自然化作风景的桂北山村

程　阳　徐宗伟画

金 江 徐宗伟画

四、水网中的城镇

在我国东南沿海的江苏南部及浙江北部一带以太湖流域为中心的素称“江南”的地区，气候温暖，土地肥沃，物产富饶，山水秀丽，被誉为“鱼米之乡”。其城市之繁华，人文之鼎盛，更有“上有天堂，下有苏杭”之谚。其地理的一大特点是水源丰富，江河湖荡遍如珠网。我们劳动祖先早就懂得如何充分开发和利用这一得天独厚的水网之利，在天然水网的基础上，又开凿了无数大小的人工水道。最早的人工水道可以追溯到大禹治水时期在江南所进行的疏浚工程。之后，较大的运河有春秋末年吴国在今扬州一带所开的邗沟；隋炀帝所开运河江南河；唐宋以来为运输粮食所开的若干槽运水道；元代完成的苏杭大运河贯通京城与江南；至于较小的人工水道更是“十里一纵沟，五里一横溪”，遍布乡野。这些大小运河水道与天然水系沟通，共同组成了一个完整的水运与灌溉体系。在这样密集的水网中，无数舟艇穿梭来往，大小村镇城市星罗棋布，正是“百里见渔艇，万家藏水村”。历代江南是人文荟萃之乡，始终保持着我国南方文化中心的地位。在这样优越的经济地理和悠久的文化历史的孕育下，江南的建筑文化在建筑技术上及建筑艺术上都达到很高水平，如在风景建筑方面，众所周知的江南园林艺术之卓越成就，堪称中国建筑的一大骄傲。其他各类建筑兴造之繁、类型之丰、技艺之精、构思之巧，均为世人所瞩目。但我觉得最值得注意的还是江南城镇将水网地理的特点纳入城市规划体系，创造了一种江南所特有的水网村镇和水网城市的形态，这种与水紧密结合的村镇和城市，不论是在其选址、城市水网结构布局、水道与街道及街坊在总体上的相互关系；还是在建筑的单体或群体的平面、空间的处理以及建筑造型上的形象语言、词藻、符号等等，都具有明显的适合水环境的特点，很早就已经形成一整套较为成熟的规划设计方法，在古代即已广泛采用，如我们在宋·平江府(今苏州) 图碑上所见到的那样完整而又井然有序的城市水网体系即是明证。这些城市水网在解决了城市生活、商贸、交通等等功能问题的同时，也就自然而然地诞生了一种江南所特有的水网城市景观，一种极富艺术魅力的城市风景。可以认为，水网城镇的创造，已经形成一种独特的“水的建筑文化”，实为我国传统城市规划中的一项杰出的成就。

近年来，江南水乡地区经济迅猛发展，城乡普遍大兴土木，在城镇中填河修路，拆旧建新。在这个过程中，由于对自然及历史环境不够重视，对其价值认识不足，又兼规划设计力量薄弱，因此，在大规模建设的高潮中，大部水乡城镇的原有风貌及特点已丧失殆尽，残存在一些较典型的传统水乡小镇或大城市的局部水网街区亦有被新建设吃掉的危险。为了能使江南水乡如此富有风情特色的建筑文化形态得以保存下来，亟应对现存有代表性的城镇、街区、建筑妥为保护，同时亦要结合现代城市功能的需要，将传统水乡建筑文化再向前发展一步。我认为，传统与现代的矛盾，通过合理的规划和巧妙的设计是完全可以解决的。只要我们对这个问题有个正确的认识，就一定可以在保持传统水乡风韵的基础上，创造出更新、更美、更适合现代生活需要的水乡地方风貌，把水的建筑文化发扬光大。

现在，仅从风景建筑的角度，对水乡城镇的总体规划、街坊构成、河街水巷景观以及建筑语言的“方言俚语”等作一走马观花式的浏览，大致地领略一下水乡风采。

浙江鄞县水网及村镇分布略图《浙江民居》

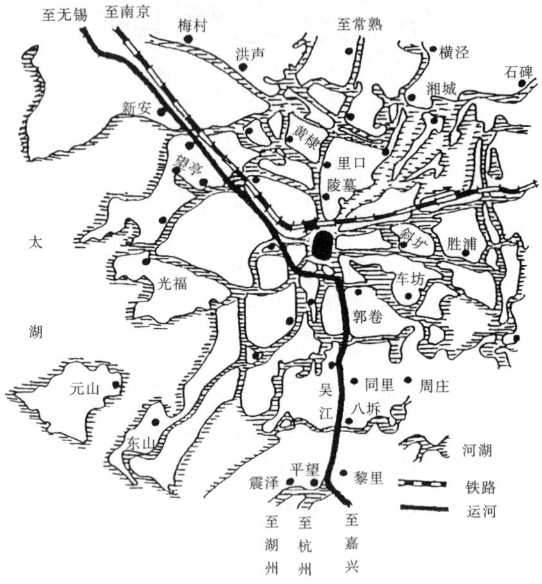

苏州外围水网

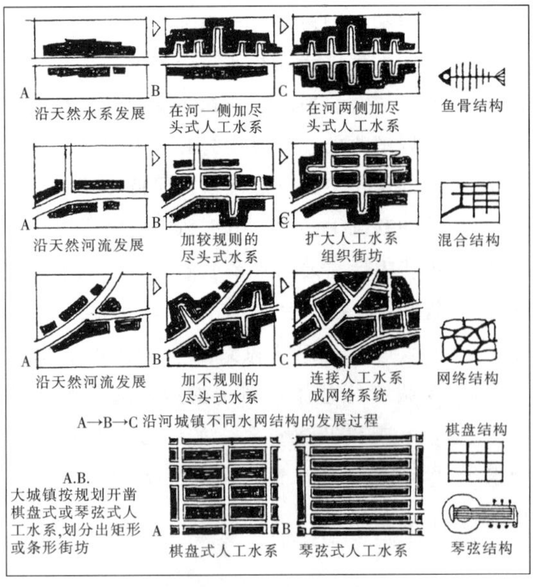

水网村镇及城市的几种构成模式

中小村镇多自然发展而成，大城镇按规划建成

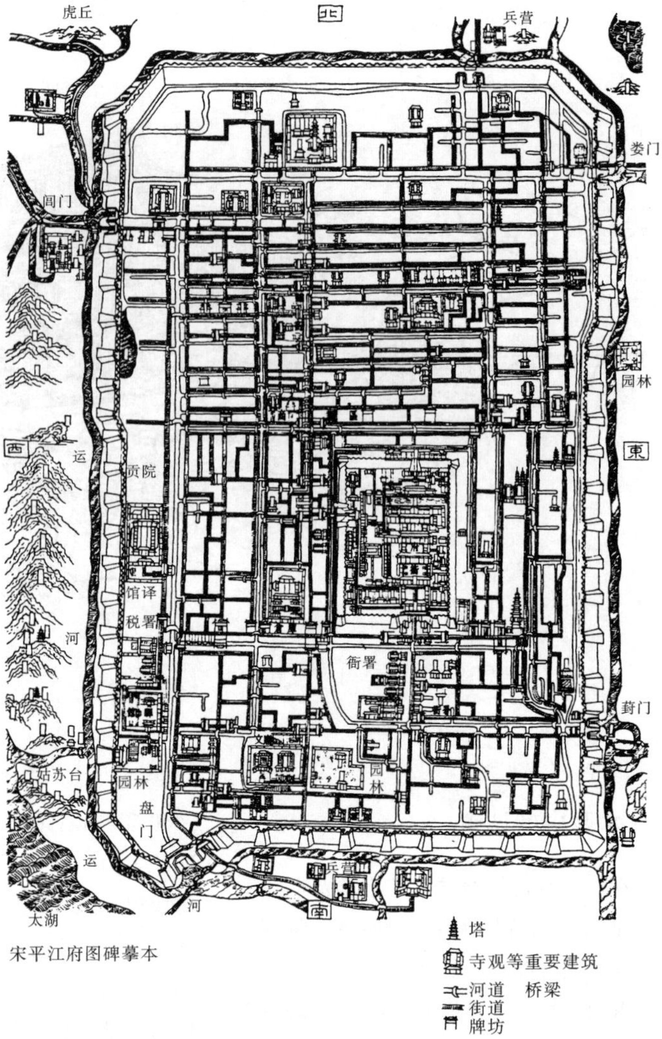

宋平江府图碑摹本

(一) 水网城镇的平面结构及其产生的由来

水网村镇及城市的形成过程大抵是先从选定的一条天然河流开始，在其沿岸布置建筑，其后是在河岸的一侧或两侧开挖垂直于河流的人工支流，称做浜，呈梳形或鱼骨形。进一步发展再将支线用人工水道连接起来成棋盘形呈不规则的网络形。大中型城镇多取传统棋盘式格局按规划建成。

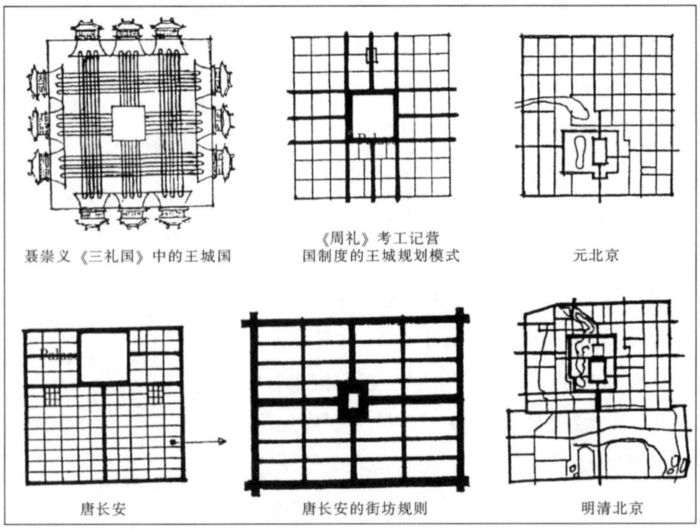

中国王城规划制度向以棋盘式路网为圭臬，对后世及中小城镇产生了深刻的影响，水网城镇亦不例外

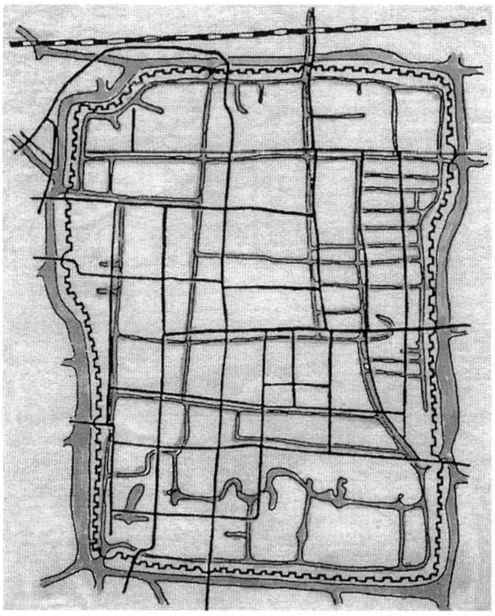

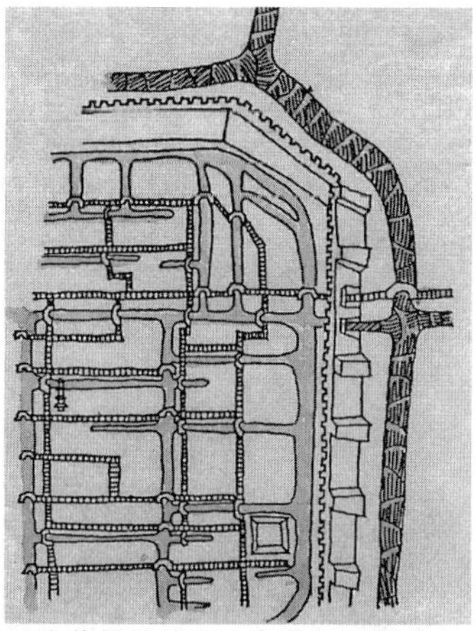

近代苏州及其宋时东北角局部放大

可以见到水网城镇中有两套相辅相成的平行的交通网络

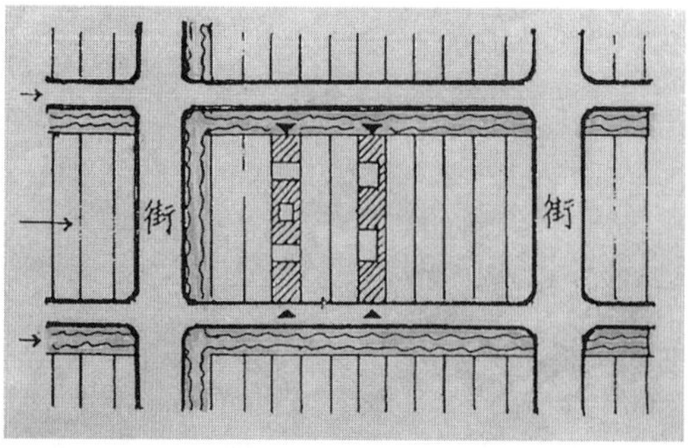

大中型水网城镇的街坊构成基本模式

仍然是遵循传统棋盘式格局，且极好地满足了住宅前街后河水陆两便的生活需要。这就是为什么住宅要做成南北向长条形的原因

标准的街坊布局是占棋盘式街道、水道网中的一格，东西长、南北短，各户住宅则垂直于街道、水道做南北向的长条形，比邻排列，使得每户住宅都前临街、后沿河，如果是商业街，房间使用分工则是前店后居或下店上居或前店后作坊及仓库上居，这就是水乡城镇街坊典型的前街后河的格局。

街坊的南北总进深同时也就是住宅的总进深，从几米到几十米的长度均有，大型住宅往往占两条或数条轴线，其中穿插若干庭院、天井或花园。

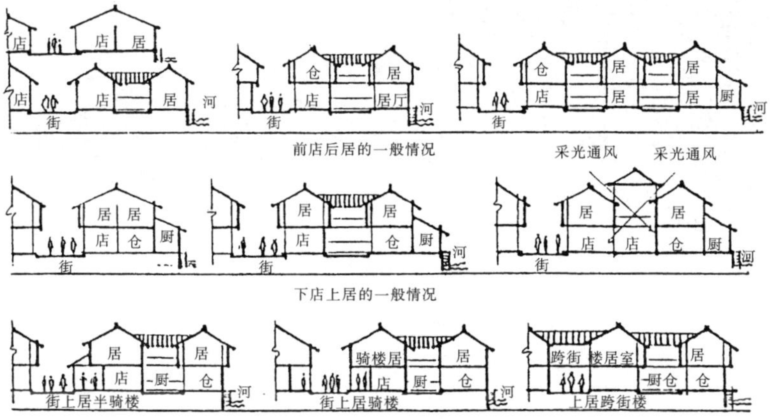

前街后河、下店上居的各种布置剖面

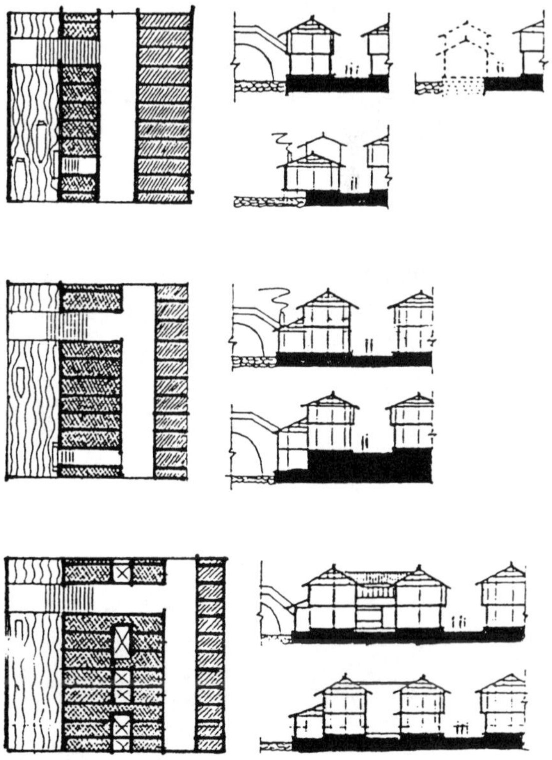

前街后河的街坊、住宅有不同的总进深

街坊中，前街后河的单体建筑采用与河、街垂直的平行排列，但其总进深大小不等，从几米到几十米者都有。进深很大的做成多重院落，从前街大门可通达后河码头。上图示前街后河建筑的平面及剖面

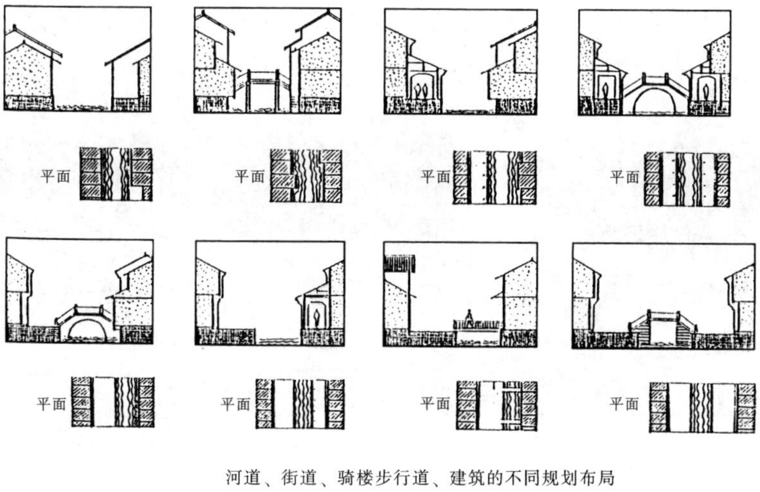

河道、街道、骑楼步行道、建筑的不同规划布局

(二) 水道纵横、房屋栉比的河街景象

人们把苏州、绍兴誉称为“东方的威尼斯”，正是因为两市与威市都是以水道河街加上无数桥梁舟艇为其景观特色的。不过，威尼斯只不过是一个孤立的滨海城市，而类似苏、绍两市这样的水网村镇城市在广大的江南地区比比皆是，乃整个江南水网地区的建筑文化现象以及一种居住的生活方式，带有浓郁的地方乡土色彩，这在中国乃至世界上是独一无二的。

前街后河是水乡住宅独有的居住方式。前街可至繁华的商业区；后河则是出门以舟代步的起点，在这里既无车马喧嚣，又无尘土飞扬，而且水面可以调节小气候，好处良多。

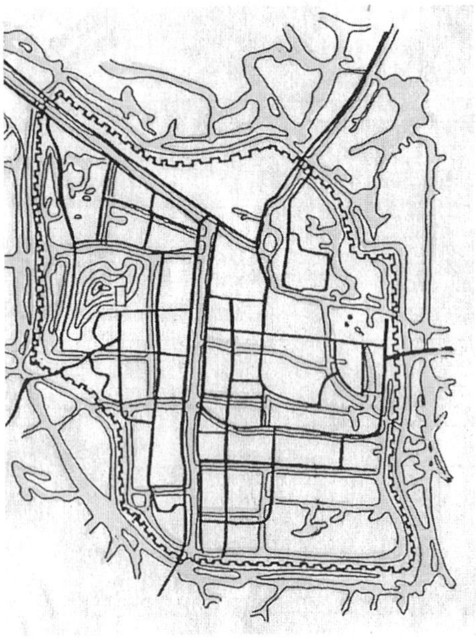

浙江绍兴的城内水网

由于城市所处山水地形比较复杂，所以城内水网也不够整齐，属不规则的网络式

绍兴河街 家家临河，都有一个私用小码头

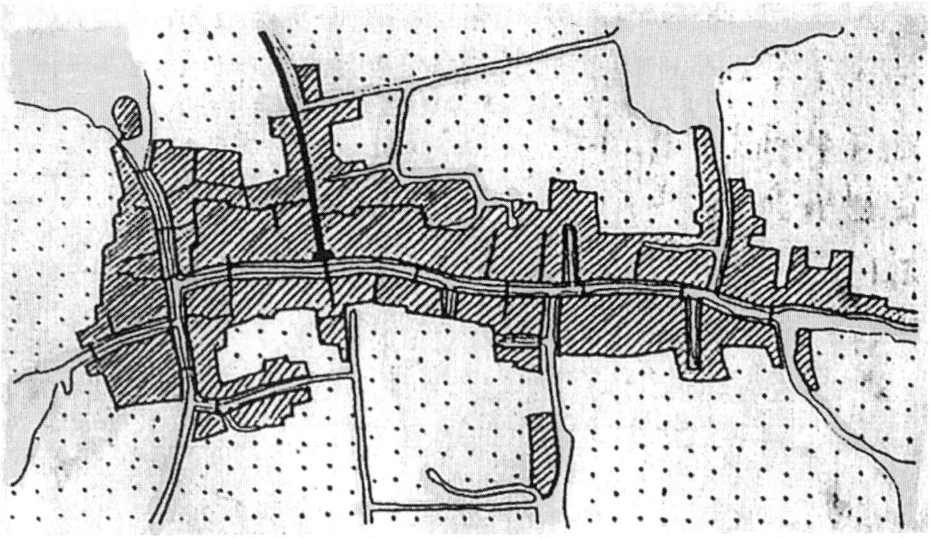

江苏吴江县黎里镇

平面属鱼骨式结构，在主河道两侧开挖若干尽端式水道，叫做“浜”

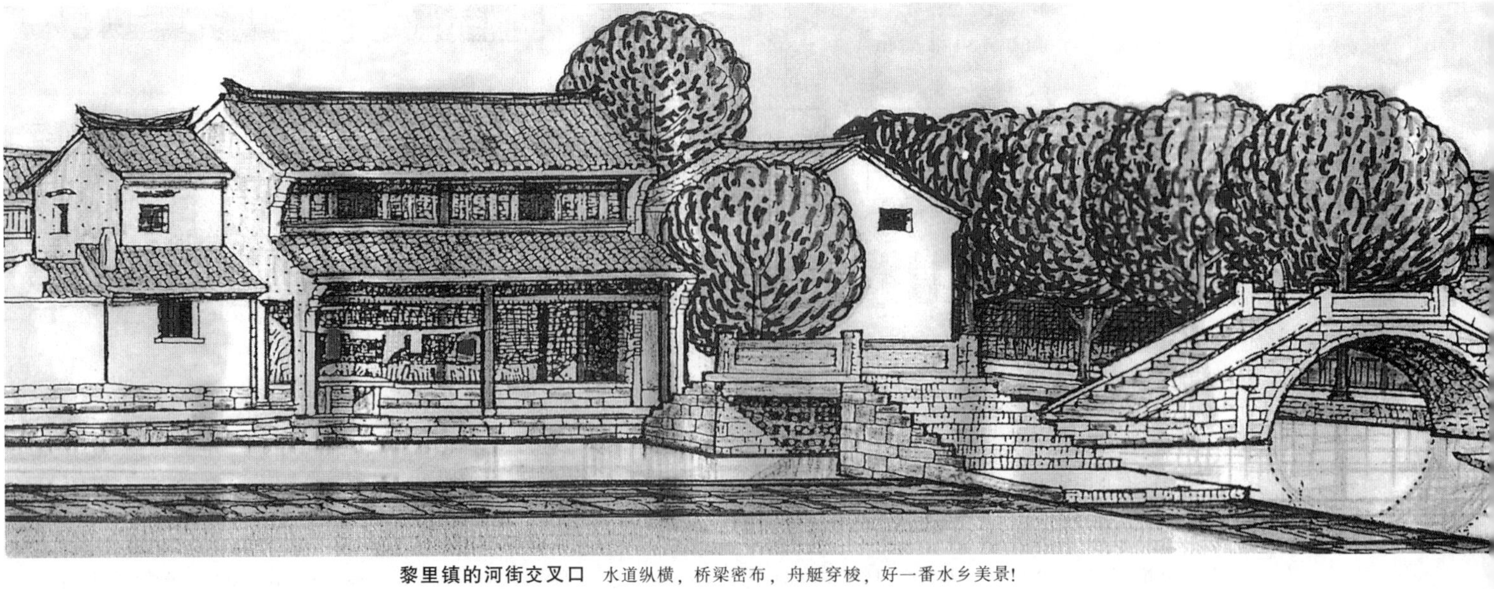

黎里镇的河街交叉口 水道纵横，桥梁密布，舟艇穿梭，好一番水乡美景！

苏州河街 民居群落高低参差凹凸，进退错落有致

绍兴河街 家家临河，都有一个私用小码头

(三) 借水不借地的吊脚楼

吊脚楼有旱地吊脚楼和水上吊脚楼，是从房屋主体向外拓展空间遇坡地或水面时用支柱支撑的架空房屋。在水乡的沿河沿池塘的房屋为了争取更多的面积和空间，将房屋的一部分用支柱架设在水面之上就成为水上吊脚楼，往往与陆地上的房屋主体构成美丽的建筑构图或是变成了水榭，突出了水乡建筑的亲水特点。

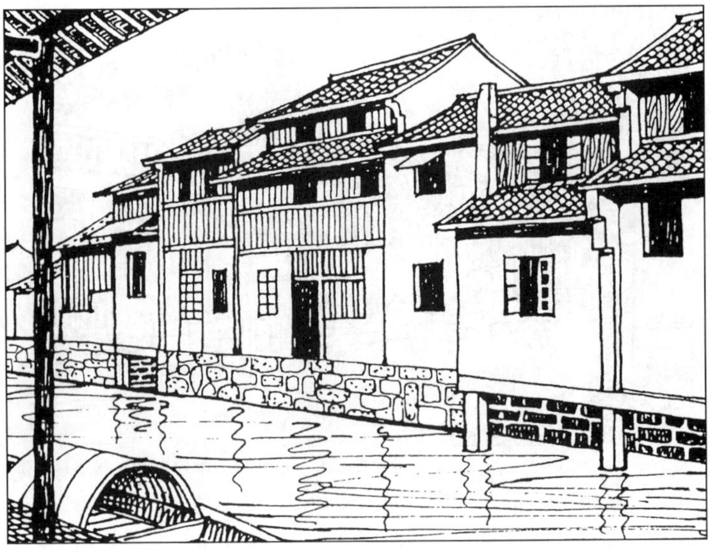

上海青浦县朱家角　水中立石柱扩展房屋

吴兴南浔镇某宅　水中立木柱扩展房屋

上海青浦县朱家角　水中立石柱建楼房

东阳卢宅镇某宅　水中立石柱扩展房屋成水榭

(四) 多种形式的私家码头

码头是前街后河住户后门的水上交通出入口。由于河街与城镇以外的河网都是连通的，特别是出远门的时候，都是要乘船的。在前店后仓上居的情况下，码头也是水上运输进货的入口。过去还有水上小贩可以在此“送货上门”。当然，它又是洗衣、晾衣、取水、乘凉、休息观景的地方。所以，形式多样的私家码头也是水乡城镇的一种景观。

吴兴某宅的栅栏式码头

绍兴“三味书屋”（鲁迅幼时读书处）的曲廊式码头

苏州的一般住户码头

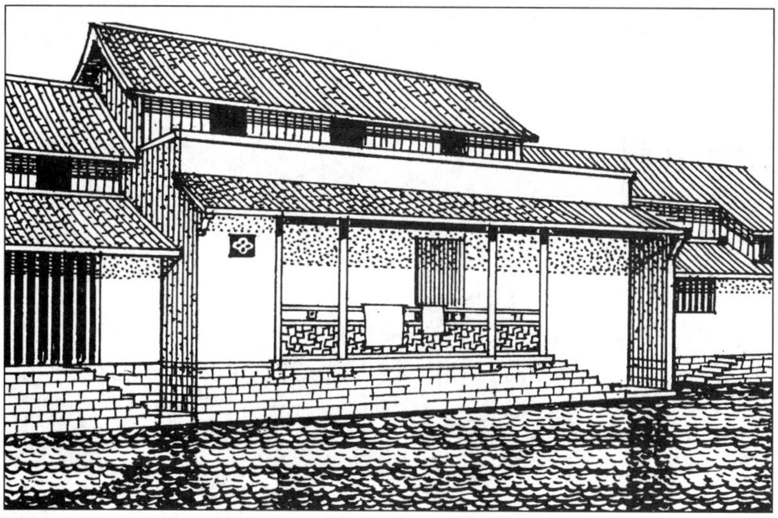

绍兴某宅的外廊式码头

海宁某宅的凹廊式码头

(五) 借天不借地的挑楼

江浙的民间建筑充分发挥木框架结构的优点，为了争取更多的使用面积和空间，临水建筑或第二、三层的楼房往往向外出挑，出挑的办法和形式也是多样的，如 1. 檐箱：紧贴屋檐下几十厘米的高度挑出贮物空间；2. 出窗：在楼上窗台的高度挑出通开间的排窗；3. 檐口栏杆：在窗台的高度挑出似阳台的放物小栏杆；4. 挑楼：自楼板面挑出。

在外观上，悬挑处理对立面构图起着非常重要的作用。

青浦朱家角某宅的挑外廊

金华赤松门某宅的檐口栏杆

金华八咏门某宅的出窗

东阳卢宅镇某宅檐箱

吴兴街头的转角挑楼

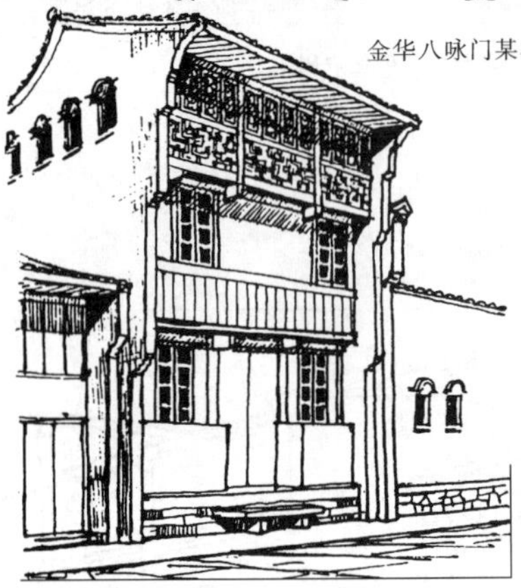

临海大平路七号临街建筑 楼房层层挑出

绍兴下店上居住户的二层出挑

东阳卢宅镇转角住宅的挑楼

(六) 与桥结缘的酒楼茶馆

桥是街道与水道的交汇点，是人群过往频繁的地方，所以在这里设酒楼茶馆供人们歇脚进食休息自然是最招引来客之处。由于是公共性质的建筑，酒楼茶馆的内部是大空间，外形底层多开敞，上层多挑出并做通长排窗以利通风赏景；又因地处桥头路口，位置显要，所以建筑多呈转角形式且处理得比较讲究，可以说是水乡城镇中最显眼的建筑了。

鄞县鄞江镇桥头酒楼

余杭县塘栖镇的桥头酒楼

绍兴东双桥头的旧王美记酒楼

余杭县塘栖镇桥头茶馆

绍兴旧德生茶馆

(七) 绍兴酒与绍兴的酒店

绍兴酒被誉为东方名酒，有其特殊的香醇，绍兴人爱酒，大概也是绍兴的酒楼饭庄较多的原因吧。此中最有名的却是一家小酒店——咸亨酒店，它有名就有名在是鲁迅小说《孔乙己》中主人公常去的地方。相传是当年鲁迅先生的几个本家开的，现在的咸亨酒店却是为纪念鲁迅诞辰100周年重建的，中悬“太白遗风”直匾及“小店名气大，老酒醉人多”的对联。可见，小说传奇也能成为城市风景的热点。

绍兴咸亨酒店　齐斧画

鄞县鄞江镇桥头小店　其后面及对面是酒楼

绍兴桥头茶楼　其圆形挑楼较为别致，与桥的曲线很统一

吴兴桥头酒楼　其排窗很像现代建筑

(八) 桥与河上景观

有河就有桥，所以水乡也是桥乡，在宋平江图碑上有桥梁295座，原绍兴也有桥229座，密度之高可称世界之最。桥的造型美观又多样，本身就是一个观赏对象，当你乘船在河道中旅行时，一座座不同形式的桥依次映入你的眼帘。桥洞又是一个取景框，桥那边的两岸景物镶嵌在桥洞里，俨然是一幅幅水乡图画。当你穿过桥洞后，又进入一个新的空间画境，所以桥又是一系列空间序列的分界线。当然，桥又是一个最佳的观景点，当你站在桥上观景时，两边河景会毫无保留地尽收眼底。桥，是水乡美的象征。有的桥虽很一般，但名气很大，如苏州寒山寺外的那座枫桥，因有张继的那首“枫桥夜泊”的古诗而大出其名。

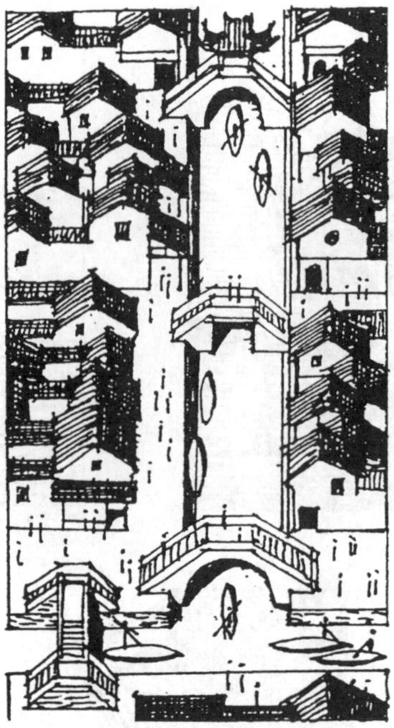

水乡是桥的展览会

桥是取景框又是观景点 (吴兴南浔镇的高拱桥)

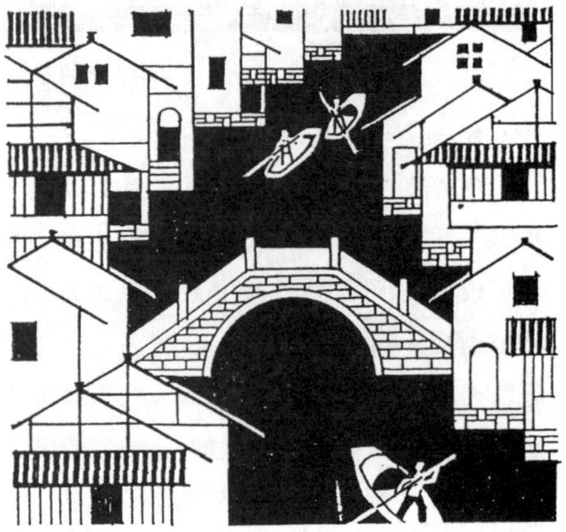

桥是观察对象又是观景点，同时起着分隔河道空间的作用

苏州寒山寺外的枫桥

寒山寺内的钟楼

桥是河景空间序列的分界线

(九) 江南水乡进入游乐园

这是为国外一个大型中国式游乐园所设计的其中一个景点——江南水乡。在不到200m见方的基础上，把最能表现水乡特色的各种建筑、空间形象，用浓缩、集锦、夸张以及加强戏剧性、趣味性等等手法以符合游乐建筑的需要。这其中包括河街、骑楼、过街楼、过河楼、桥梁、码头、水上广场、水上戏台、集市广场、庙宇、庭园、酒楼、茶馆、各种店铺、作坊、小吃街、亭廊、水榭、牌坊、画舫……等应有尽有。步行及水上乘船的游览路线曲折变幻，扑朔迷离，使人进入后莫测大小高深。总之，要让人在此看尽江南，觉得比水乡还要水乡。

挑廊——过河楼——码头——酒家

游乐园——景点——“江南水乡 “的沿河景观设计

大码头—水上广场—骑楼—马头场—水榭饭馆—小吃街

(十) 诗情画意写江南

自古以来，迷人的江南风光美景使无数诗人画家为之倾倒，写出了无数委婉的诗篇和动人的传奇；画出了无尽的美丽风景画卷。特别是现代的都市人住惯了庞然大物的高层标准单元，已经失去了人的自我尺度感，更不懂"家园"为何物，骤然来到小桥流水人家的江南小镇，第一次感受到那种闲适宁静、尺度宜人的居家环境，不免油然引起一种美的浪漫情怀，难怪现代的文人画家反而对这昔日留下的景物如此之眷恋，有一股写江南画江南之热，连华裔大师贝聿铭也要在中国建一家苏州式的香山饭店。

现仅选宋柳永写钱塘杭州一带词一首及吴冠中画苏州一带水乡数幅以供欣赏。由此看来，水乡风貌不啻是我国极可宝贵的、独特的自然—人文综合的风景资源。

望海潮 (宋)柳永

东南形胜，三吴都会，钱塘自古繁华。烟柳画桥，风帘翠幕，参差十万人家。云树绕堤沙，怒涛卷霜雪，天堑无涯。市列珠玑，户盈罗绮，竞豪奢。

重湖潮叠巘清嘉。有三秋桂子，十里荷花。羌管弄晴，菱歌泛夜，嬉嬉钓叟莲娃。千里拥高牙。乘醉听萧鼓，吟赏烟霞。异日图将好景，归去凤池夸。

周庄

水乡风景画廊——吴冠中写江南

寓变化于统一之中的苏南小镇

水乡风景画廊——吴冠中写江南

甪 直

诗意盎然的某江南小镇

五、园苑景点建筑

（一）御苑简介

皇宫内庭的宫苑往往因其面积较小又缺少自然山水美景，不能满足帝王优游行乐，避暑消夏，骑射打猎，享受大自然的需要，故常在郊区或更远的自然风景区经营规模很大的御苑供其享用，同时亦附带要修建供其游玩、居住、处理朝政等需要的大量的风景园林建筑，如西汉长安城外围的上林苑和昆明池，北宋东京城外四郊的四苑，清北京西郊的三山五园以及承德的避暑山庄等皆是。

金明池

金明池为北宋“东京四苑”之一的琼林苑的一个附园。原为宋太宗检阅水军操演的地方，后变为龙舟竞赛的斗标场所。池中岛建水心殿，亦有海上仙山楼阁的涵意。

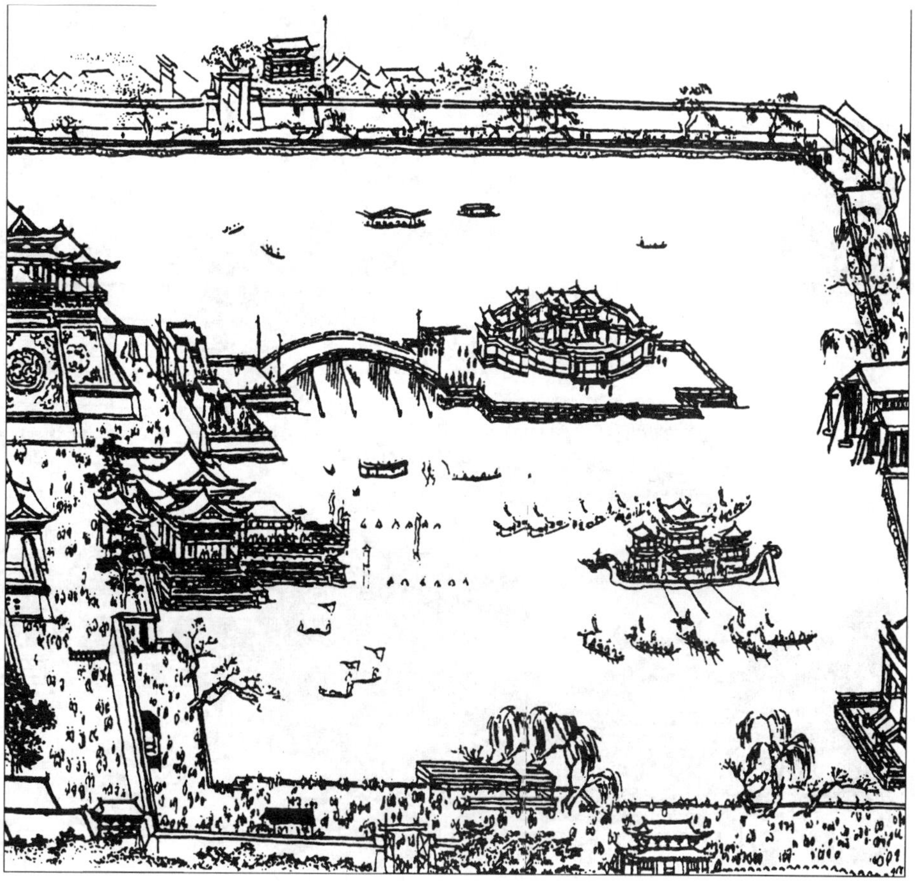

金明池夺标图　宋·张择端画

汉·上林苑及元·《汉苑图》

汉武帝刘彻于建元二年 (公元前 138 年) 在秦旧苑址的基础上扩建的历史上最大的皇家园林，纵横 300 里。地跨五县，八水 (河流)，据《关中记》中载，上林苑中有三十六苑 (各种游憩内容的园中园)、十二宫、三十五观 (各种游艺演出、动植物观赏、竞技等活动) 以及若干池沼，其中最大的湖池昆明池周长 20km，列观环之。又造楼船高数十米以做游冶并训练水军。总之，上林苑既有优美的自然景物，又有华美的宫室组群以及包罗各种各样的游乐活动及生产活动的园林综合体，其规模之宏大是空前的。

汉苑图　元·李容瑾

(二) 北海

北海是清紫禁城西苑北、中、南三海中面积最大、景观最优者。早在辽金时即已开辟为离宫别苑。金建都燕京，将宋汴京艮岳山石等移至北海建琼华岛。元建都北京，将北海前身之太液池纳入皇城之内。明清两代又不断经营扩建。顺治入关为团结喇嘛将琼华岛顶的原广寒殿改建为白色喇嘛塔，不仅成为三海主景，也是全京城的最高点和风景标志。

琼华岛居北海之东南隅，岛周约900m，名曰“琼岛春阴”，其南坡建永安寺，重重院落直达岛顶白塔，呈中轴对称格局，显得琼岛巍峨壮观。但其东、西、北的三面山坡则取灵活自由的布局，特别是北坡，用艮岳移来的嘉石营建了多处曲折迷离的自然式洞穴，而且与山间建筑空间搭接融为一体，是造园精彩的段落。岛北岸则用重阁复廊的横向构图将北岸环包起来，与南岸永安寺的纵向构图适成对照。

北海的西岸、北岸还分布着许多著名的园中之园，如“濠濮间”、“画舫斋”、“静心斋”、“快雪堂”以及多处景点，如“九龙壁”、“小西天”、“万佛阁”、“天王殿”、“五龙亭”等。

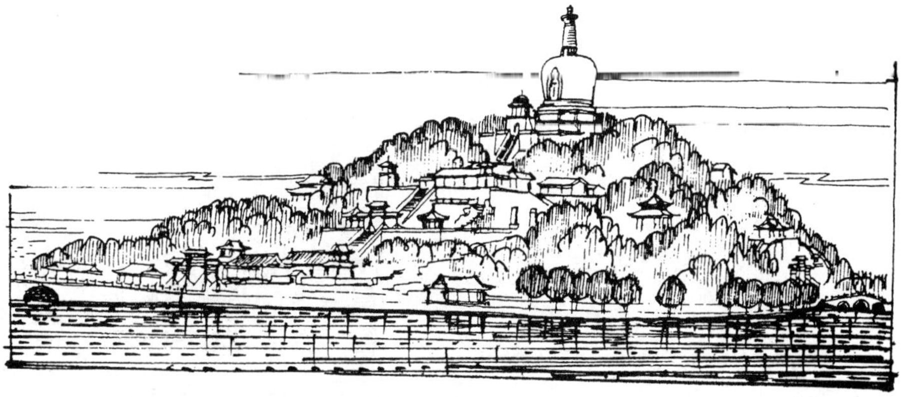

琼华岛南坡透视

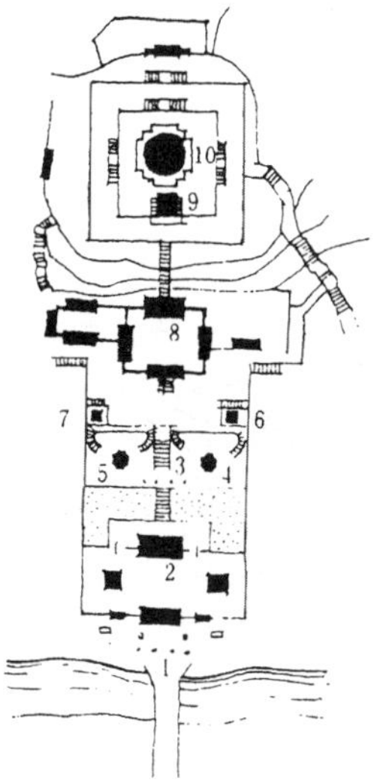

永安寺平面

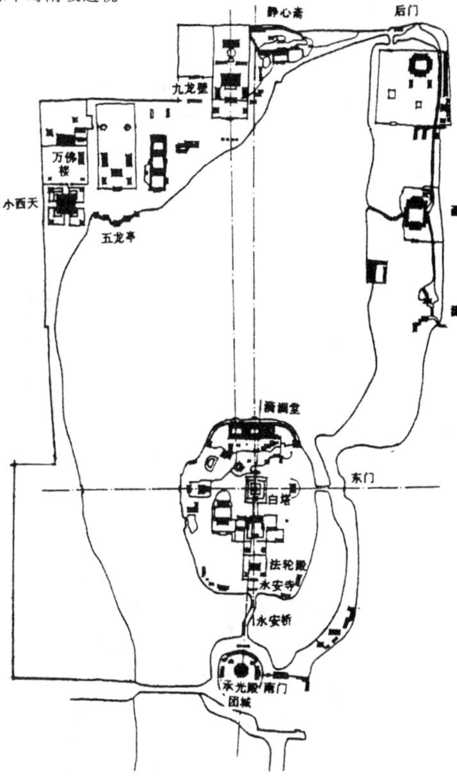

北海总平面

从北岸五龙亭看琼华岛

(三) 颐和园

颐和园的前身为“清漪园”，始建于乾隆十五年 (1750年)，竣工于乾隆二十九年 (1764年)，是一座大型天然山水园，也是京郊“三山五园”中最后建成的一座行宫御苑，占地290hm²。其山水格局非常理想，万寿山雄踞园北，东西长约1000m，高出地面60m，使其长边阳坡均能面对深远的昆明湖，而从湖各岛回望万寿山，山上楼台殿阁亦历历在目。湖面南北长1930m，最宽处1600m，烟波浩渺，是清代皇家园林中水面最大者。水面由西绕到山后，称后湖，另有一番幽静景色。

颐和园总体布局是仿杭州西湖，建筑主要集中在东部的庭院建筑群并逐渐延续到山的南北中轴线；山上建筑布局基本上采取中轴对称又不绝对对称的均衡构图以显示皇家园林的宏大气派。其中体量最大的佛香阁，也是园中的主景，并不像一般中国风景建筑那样放在山顶，而是把它放在半山腰，这样就使主体建筑之后还有一个背景衬托和天然屏障，像一个人稳坐在太师椅中而不是坐在背后无靠的高凳上，这个极为成功的选址给全园，特别是东、西、南各个角度都带来了非常壮丽优美的景观。园中其他小的景区景点均有不同特色，如江南风格的“谐趣园”；水乡市镇风貌的后湖“苏州街”；观景佳处“画中游”等不能尽述。

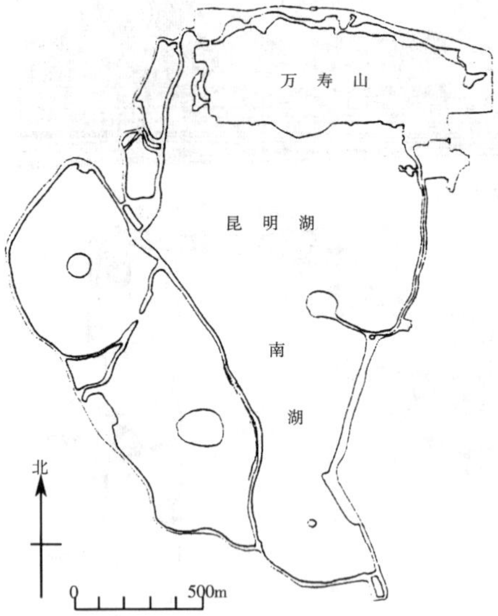

颐和园总平面

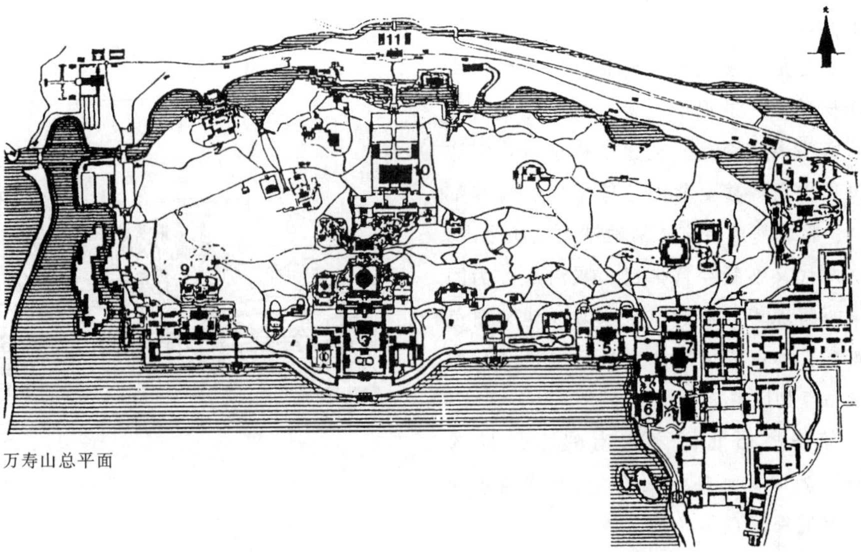
万寿山总平面

从东岸看万寿山

“画中游”山地造园仍采取对称格局

(四) 避暑山庄

避暑山庄又名热河行宫，位于承德市北部。始建于康熙四十二年（1703年），于乾隆五十五年（1790年）建成，占地560hm²，其中山岳占4/5，平原及水面占1/5，是中国现存占地面积最大的离宫别苑。清朝开国后，皇帝每年到山庄附近的木兰围场巡视习武，行围狩猎。为团结少数民族，在山庄外围山区建有从其信仰的外八庙。历代皇帝每逢夏季到此避暑和处理政务，接见少数民族首脑，故山庄还起着军事和政治的作用。

山庄地处热河以西，周围群山环绕，风景极佳，分宫殿、湖泊、平原、山岳四个区。采取“前宫后苑”的传统格局，将宫殿区放在最南端，正宫在宫殿区西侧，为九进院落，按“前朝后寝”形制作为皇帝处理政务与居住之所。其西为七进院落的松鹤斋，之北为景点“万壑松风”，最东为东宫，今已毁。

宫殿区以北为湖泊区，是山庄风景重点所在，其中大小洲渚长堤将水面分隔成各种形态，建筑星罗棋布，多写江南胜景之大意，可谓塞北之江南。湖泊区以北为平原区，古木参天，绿草如茵，中有赛马、摔跤等竞技场及牧场，山岳区树木葱郁，循几条山峪可登山顶俯览外八庙及远山风景。全苑共有72景，洋洋大观。1994年联合国将避暑山庄定为世界文化遗产。

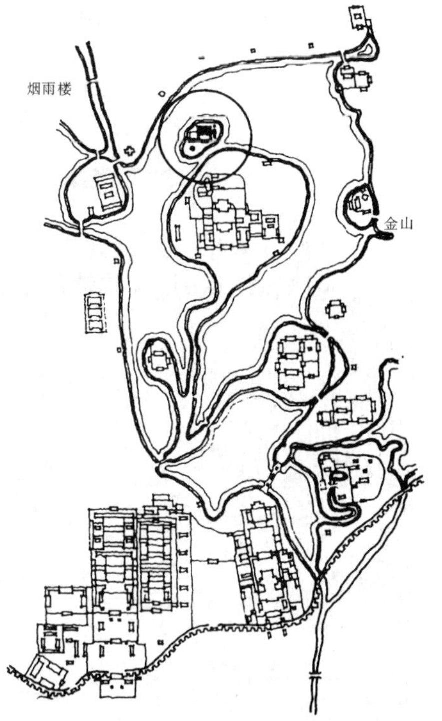

宫殿区与湖泊区平面

避暑山庄平面图

1. 丽正门
2. 正宫
3. 松鹤斋
4. 德汇门
5. 东宫
6. 万壑松风
7. 芝径云堤
8. 如意洲
9. 烟雨楼
10. 临芳墅
11. 水流云在
12. 濠濮间想
13. 莺转乔木
14. 莆田丛樾
15. 苹香沜
16. 香远益清
17. 金山亭
18. 花神庙
19. 月色江声
20. 清舒山馆
21. 戒得堂
22. 文园狮子林
23. 殊源寺
24. 远近泉声
25. 千尺雪
26. 文津阁
27. 蒙古包
28. 永佑寺
29. 澄观斋
30. 北枕双峰
31. 青枫绿屿
32. 南山积雪
33. 云容水态
34. 清溪远流
35. 水月庵
36. 斗老阁
37. 山近轩
38. 广元宫
39. 敞晴斋
40. 含青斋
41. 碧静堂
42. 玉岑精舍
43. 宜照斋
44. 创得斋
45. 秀起堂
46. 食蔗居
47. 有真意轩
48. 碧峰寺
49. 锤峰落照
50. 松鹤清越
51. 梨花伴月
52. 观瀑亭
53. 四面云山

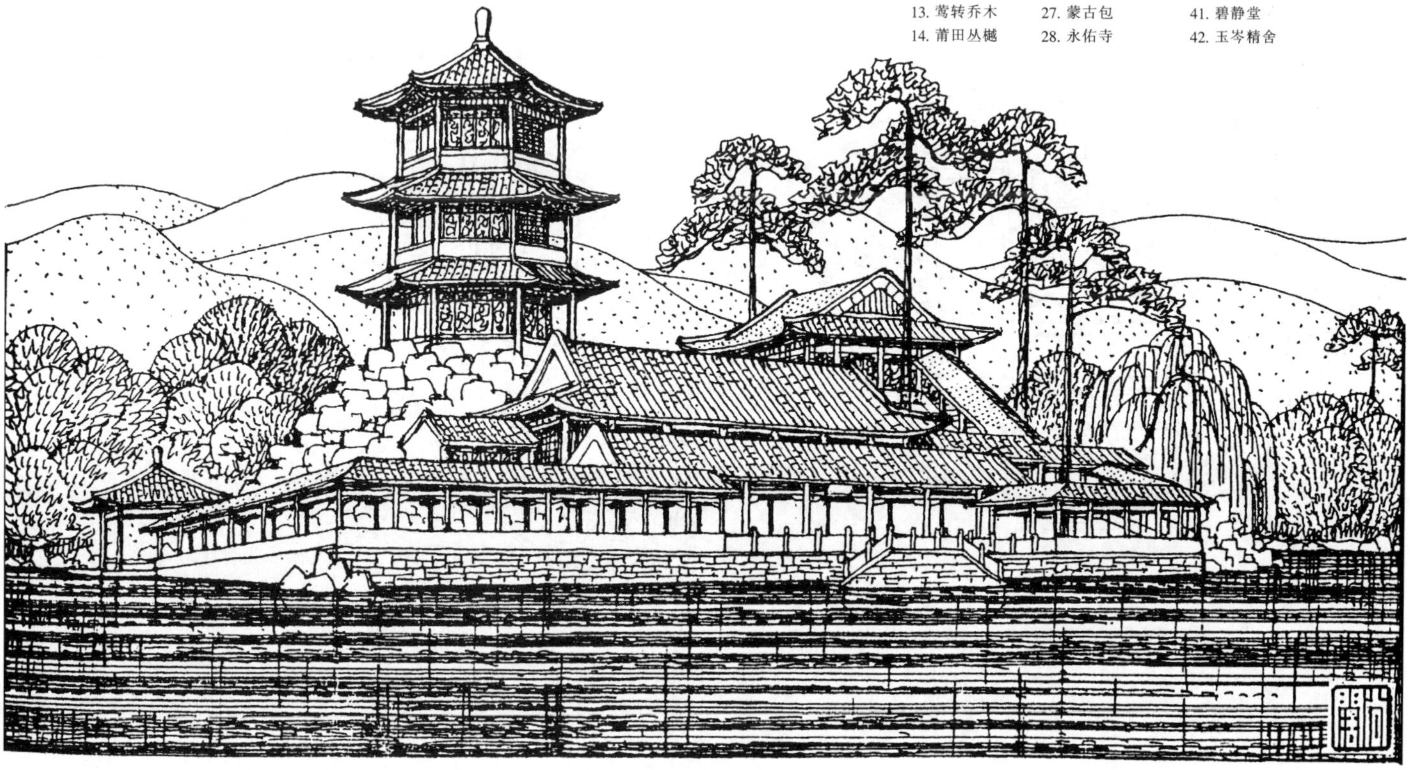

承德避暑山庄金山

承德避暑山庄烟雨楼

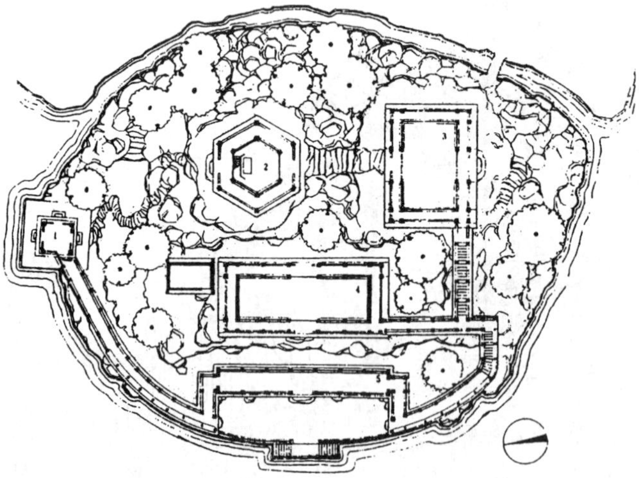
避暑山庄金山平面图

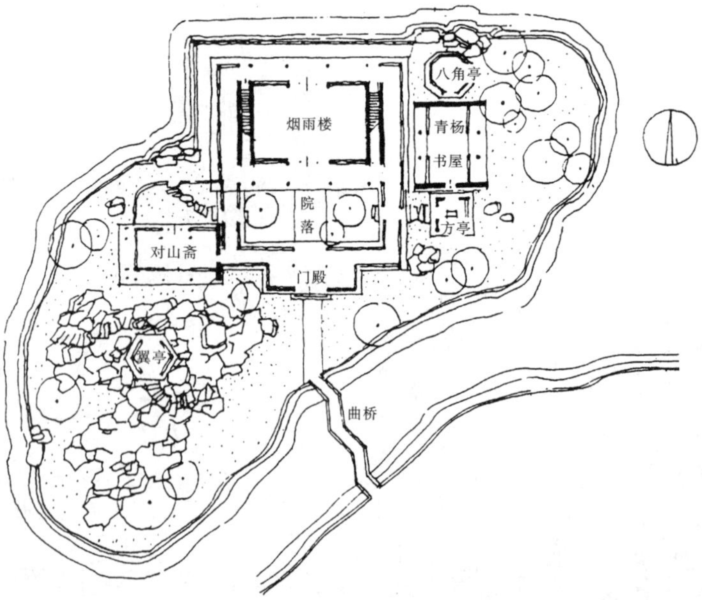

避暑山庄烟雨楼平面图

(五) 北京宅园

北京四合院之所以很有名气，备受喜爱，我认为并不是因为它的程式化的四合布局，其奥密在于其庭院空间的大小对住房来说是恰如其分，也就是建筑占地与基地大小有个最佳的容积率，既不空旷，也不拥挤，且可纳阳通风，庭院本身即可布置绿化栽花养鱼，与日常生活非常贴近，令人感到亲切。大型宅第另辟花园，也不过是一个扩大的院子。与江南宅园完全游离于住宅院落之外不同，它仍是生活空间的一部分。

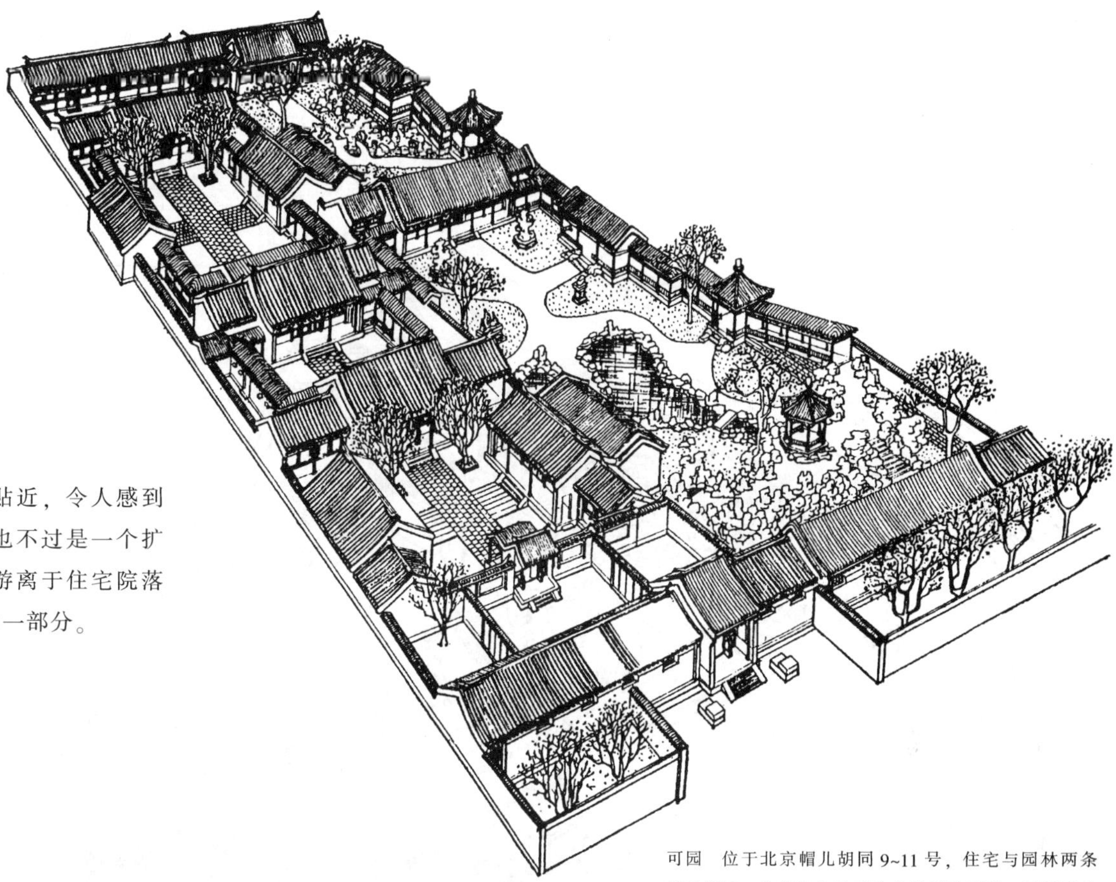

可园　位于北京帽儿胡同 9~11 号，住宅与园林两条轴线平行。住宅为六进五院的纵深院落群，园林则为三进两院的庭园贴近住宅，成为院落群中之一部分

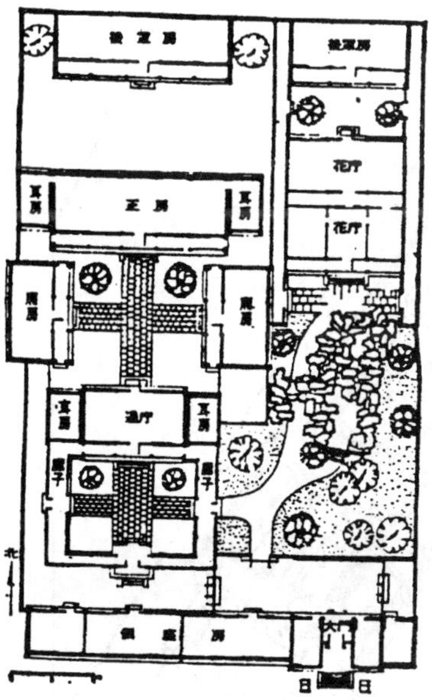

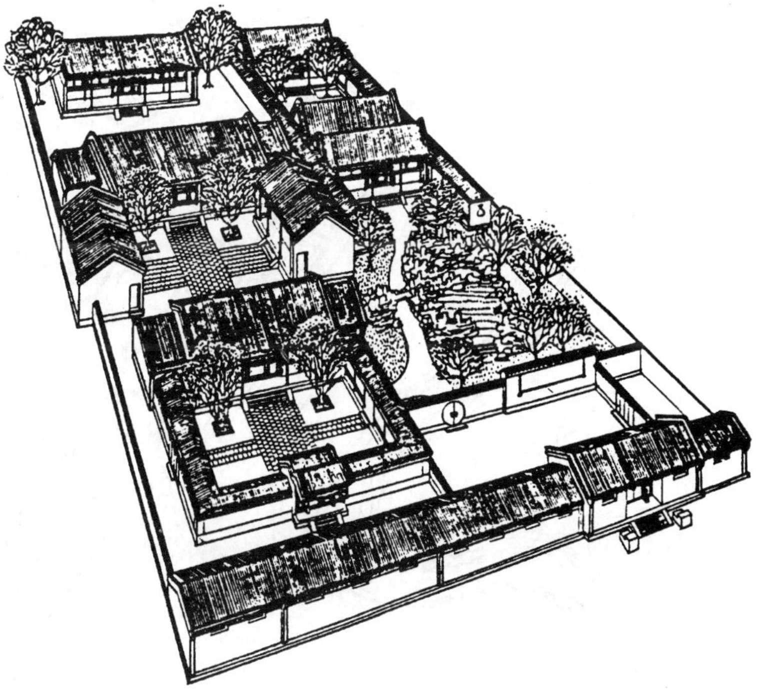

娘娘府　位于帽儿胡同 35~37 号，原是宣统帝后婉容进宫前的住所。布局紧凑，庭园设在两套院落之间，即主院落之侧，附院落之前，使附院落更加隐蔽

(六) 台湾宅园

台湾居民大多为早期福建及广东移民，故其住宅的形式多为闽粤的传统形式。现存最有代表性的传统住宅首推台湾板桥林宅。林氏祖籍漳州，乾隆年间初迁台湾，家业渐兴，从最初的小厝弼益馆到继建的老厝、新厝、花园，规模逐渐扩大。其园林部分虽占地不太大，但布局灵活，园中有院、院中又有园，空间多变，内容丰富，显然是仿照江南造园手法，但又不失福建家乡特色。

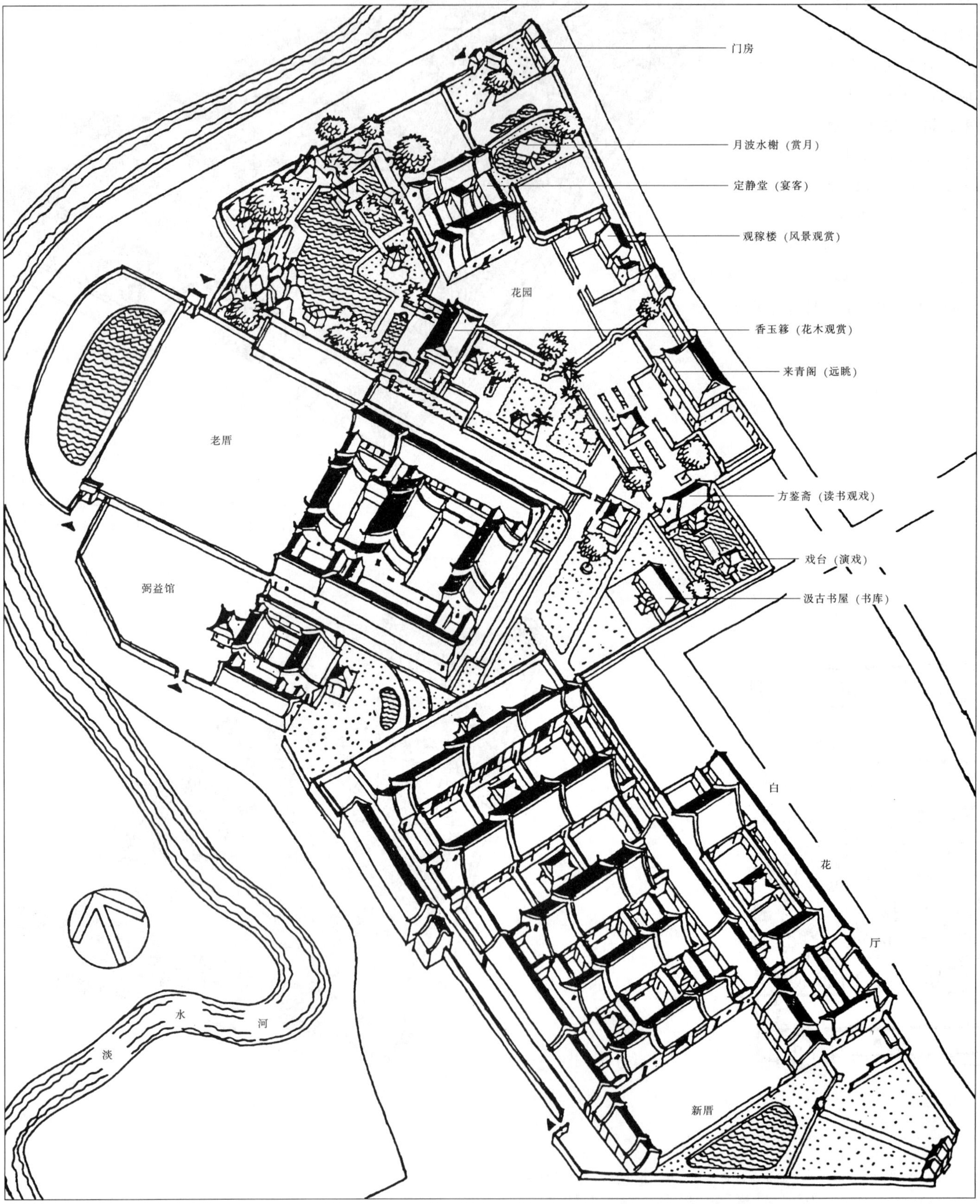

台湾板桥林宅鸟瞰图

(七) 撷萃园 (为台北市郊水都设计的江南名园集锦园)

江南园林可代表我国造园艺术之最高水平，益因其多出于文人、画家、哲匠之手。惜乎私家园林大多只有弹丸之地，束缚了艺术家的手脚不能尽情地发挥，所以每个园子里的精妙之处也就一二。此其遗憾者一也；再者，城市造园，无天然山水可以借资，平地挖池堆丘，不成气候，也只好在“小中见大”上多费心机，难有大块文章挥洒，此其遗憾者二也。若得数十亩郊野自然山水之地，既有足够回旋余地可供自由发挥；又有天然高低起伏之地形可资因借。既可做到一系列封闭小空间的变幻莫测；又可做开阔大空间的山水畅游。实乃“奥如也，旷如也”兼备。空间上，有序列、有对比、有变化；景象上，有层次、有深度、有立体感。此实乃理想造园之基址。而在1990年岁末台湾一地产公司拟在台北郊区做一江南古典风格园林所提供的正是这样一块高差有10余米，纵深有150余米的郊野地，故想若将江南诸名园中精彩之小庭院荟萃于此，并结合自然山水地形，将它们有机地串连起来，这样既撷取了江南诸名园中庭园小空间之精华，又弥补了其所缺少的山水大空间的短处。我想，只有在这样一种适宜的基址条件下，才能摆脱传统宅园空间狭小的禁锢，使中国古典园林之美得到充分的体现。于是我就借此机会做了一个江南精萃集锦园，希望能够达到取长补短、“青出于蓝而胜于蓝”的目的。

(八) 桂林榕湖饭店4号楼
——民居移植于宾馆

本设计吸取了广西少数民族干阑式民居的特征并结合园林建筑特点，作为一幢高级宾馆住房楼与民居、园林相结合的一个尝试，同时亦将其当作一项风景建筑来设计的。

榕湖饭店4号楼南入口

从湖西南看宾馆及餐厅

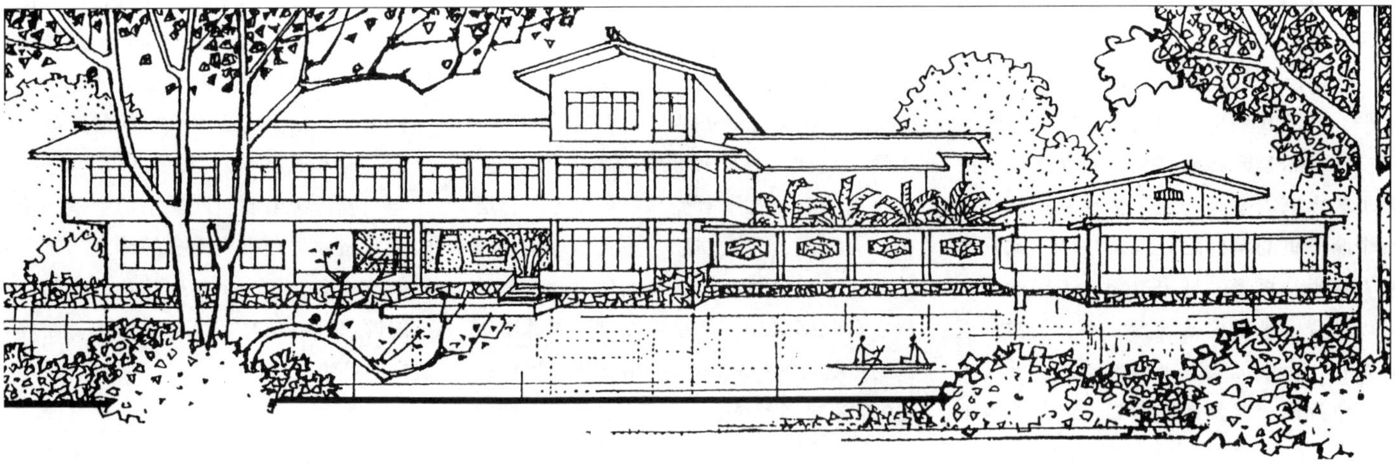

榕湖饭店 4 号楼北立面　滨临湖面，通过底层敞厅可以看见内部庭院。餐厅做水榭形式，并用挑廊与主楼联系

桂林榕湖饭店 4 号楼庭院　庭院中有水池、喷泉、土丘、竹林、装饰性外楼梯及门窗洞

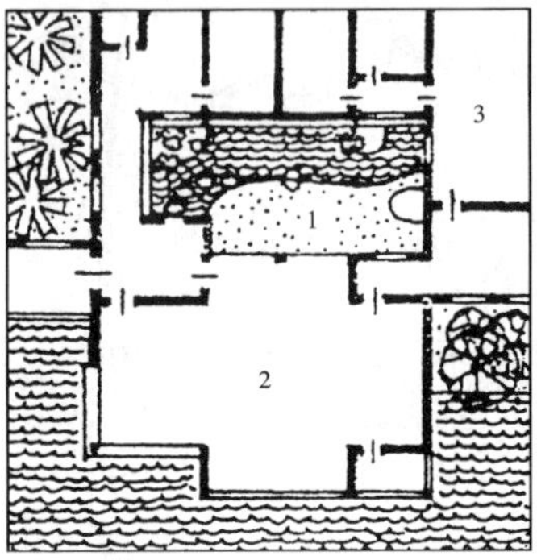

餐厅小院平面　0　10m　自餐厅看小院及壁画　1 小院　2 餐厅　3 厨房

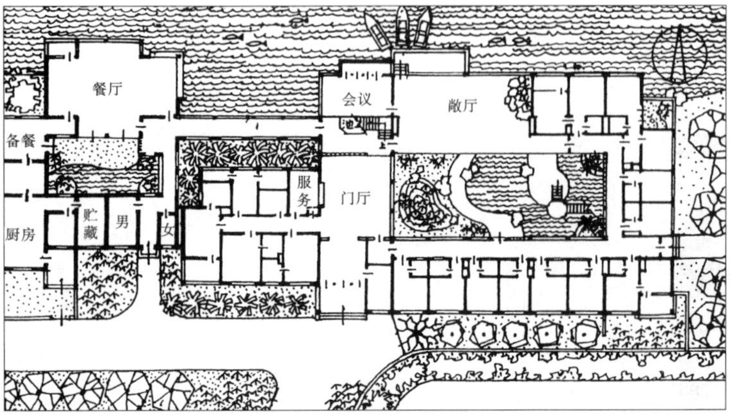

榕湖饭店 4 号楼平面

大小庭院穿插其中，敞厅将庭院空间与外景空间联系起来

(九) 不是建筑的建筑

经常遇到这种情况，即在一处尚未开发的很原始的自然风景区要建一些大门入口或旅游服务建筑，但你会觉得现状的原始自然状态已经相当完美无缺，不论你附加上任何形式风格的建筑物都会对自然景观起到破坏作用，都会觉得是格格不入的多余的东西。在这种情况下，你会想到只有采用一种自然材料摹拟一种自然形态才是解决问题的最好办法。以下是作者在几处风景区所做的不是建筑的建筑方案，也就是与自然风貌相似的方案。

大连满家滩凉水湾岩石公园入口设计方案

大连满家滩凉水湾海滩怪石林立，蔚为独特景观，为了保持其原始景观特色，大门入口也由几块自然巨石 (塑石工艺) 构成

桂林飞丝岩洞口设计方案

桂林飞丝岩是拟开辟的新游览点，因洞口周围自然环境比较原始，故将洞口服务建筑设计成自然叠落的石块，与原有山上岩石浑然一体，用以达到“虽由人作，宛自天开”的效果

(十) 与原始地貌相似的“建筑”

石牌洋是福建平潭附近的海中三小岛，由于岛上矗立着许多大小直立的岩石、最高者达30余米，远观宛如石牌，故名石牌岩，成为一处以奇石巨岩为特色的岩石景观，尤为可贵的是此地仍保持着原始状态，人们至此有种远离尘寰、回归纯净大自然，一览海天岩石奇景的清新感受。由于岩岛太小，摆上任何形式的建筑物都会成为入侵纯净大自然的破坏者。因此只有采用与岛上岩石相似的造型才能保住岩岛的特色，否则将使岩岛失去游赏的价值。

岩石形状的半地下餐厅，完全是自然形态

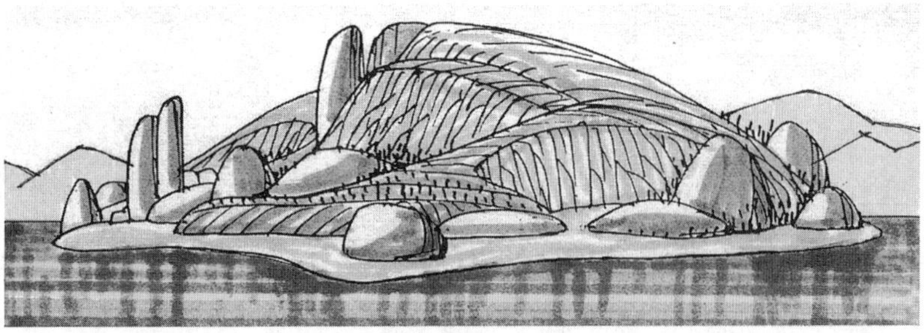

小岛之一的原始地貌

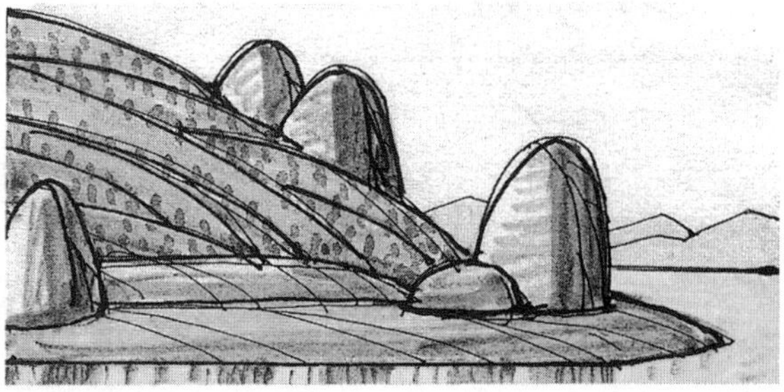

岛上一角的岩石原貌

山顶做仿石的观景亭，水边利用原有的岩石配上人造石，做成真假石混合构图的冷饮部

在原有岩石中间加上一人造中空巨石做茶厅，尽少显露人工痕迹

(十一) 不对称均衡构图

在设计桂林杉湖岛水榭时，我将建筑主体游离于主岛之侧，再用一条空中走道像长臂一样接到岛中心的小亭，这样就构成了一个以水榭圆筒形楼梯间为竖向轴心的不对称均衡构图。建筑与基址的水面、湖岛、山丘等自然环境融为一体。岛心亭又好似一个系船缆绳的锚固铁栓一样，用“缆绳”(空中走道)拉住“游船”(水榭水中部分)，又形成一种张力的平衡

洞口建筑正面透视　桂林芦笛岩原洞口建筑扩建时，将原L形的二层平台的靠山一边加长并在尽端加一小卖亭；同时以加建的天桥的中心线为轴线，对准扩建后的洞口建筑的重心，这样就构成了一个以重心点为支点的不对称均衡的构图。新建的天桥与加长的平台一横一竖，成垂直立体交叉之势，使新建的桥变成扩建后洞口建筑有机组成的一部分(现洞口建筑已扩大重建)

(十二) 园墙的韵律与节奏

和长城一样，随地形山势曲折蜿蜒的园墙最富有韵律感和节奏感，并具有一种时间的流动感和空间的动态感。

上图：杭州紫云洞沿山路的围墙用阶梯形马头墙的形式，更富有节奏感

下图：北京西山樱桃沟的园墙随山形圆滑地起伏，更富有韵律感

(十三) 游廊的韵律与节奏

园林中的游廊既是一条动态的观赏线，又是被观赏的对象，所以往往做成多种形式。最忌平直，不仅平面有曲折，立面也宜有起伏，在规整的庭院中常做直角转弯；在山水之间则常做任意角的自由曲折，前者节奏感较强，后者则韵律感较强。

苏州沧浪亭 游廊随地形自由起伏曲折，富有动态的韵律感

苏州怡园　云墙的双向曲线（平面及立面）有如游龙一样给人一种很强的流动感

北京北海看画廊　作阶梯状跌落及直角转折，更富有节奏感

(十四) 圆形母题 (水榭·亭子)

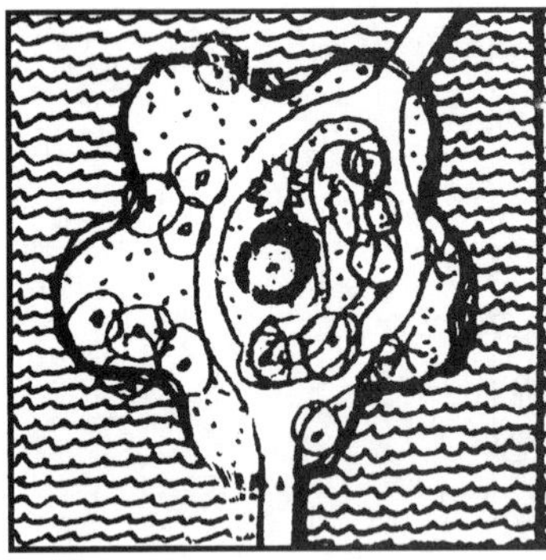

桂林杉湖岛原状呈梅花形

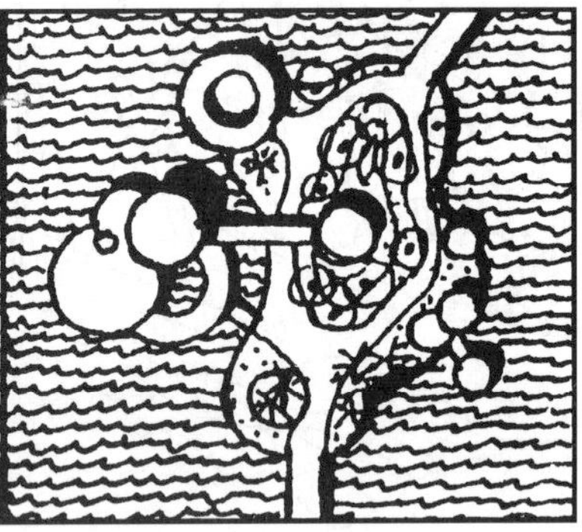

改造后的杉湖岛成为圆的交响曲

杉湖岛蘑菇亭　水岸线、园路、蘑菇伞、座凳等圆形曲线构成圆的韵律美

桂林杉湖岛水榭　全岛地形及建筑均用大小高低不同的圆形组成，成为一首圆的交响曲

(十五)“山石—树木—建筑”的边缘构图

风景建筑设计如何巧妙地利用基址原有的地形地貌地物是个经常遇到的问题。一种做法是把基址推平，可以在上不受限制地自由使用，另一种做法是尽量保持基址原状，化不利因素为有利因素，将环境物均作为建筑构图的有机组成部分，完成一项综合性的构图。

图 A1、B1 示两处原始地形待作建筑基地使用

图 A2、B2 示建筑构图未能与地形很好配合

图 A3、B3 示建筑构图考虑到与地形的整体性

图 A4、B4 示建筑与地形地物很好地结合，成为有机统一的构图

实例　银狐洞洞口建筑

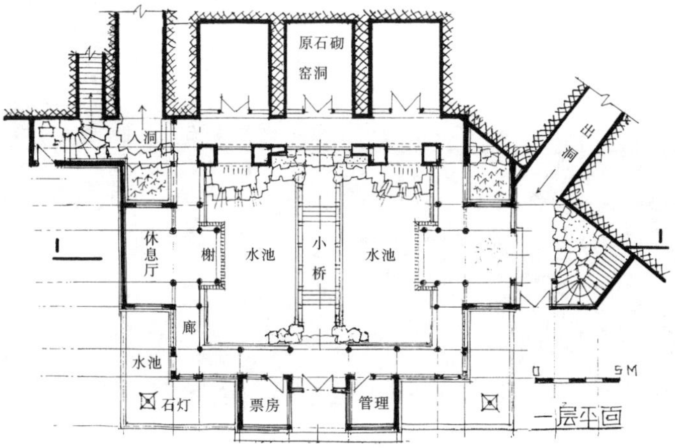

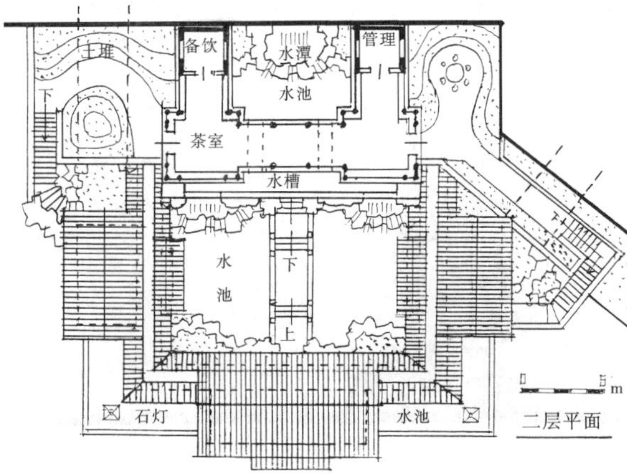

二层平面

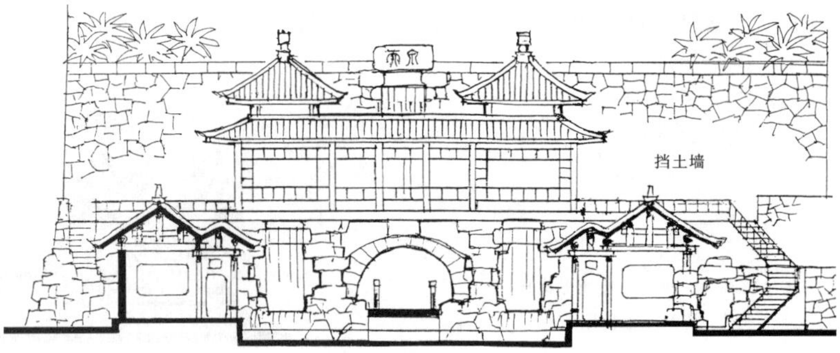

1–1 剖面

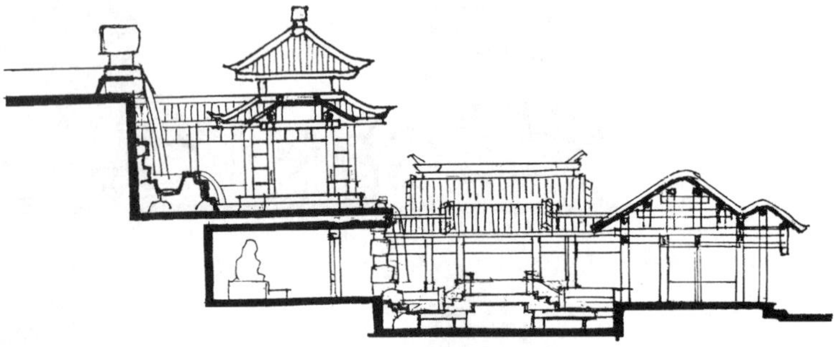

2–2 剖面

(十六)“建筑—雕塑—书法—篆刻”的边缘构图

本设计是为桂林溶岩景观风景区芦笛岩设计的另一处上山路口的山门。构图用一竖两横互相垂直的三个基本体量做三维的空间配置来适应特定的地形。外观的左侧用较为写实的石钟乳柱雕塑，明示岩洞特色，并用篆体书法题刻洞名；右侧用横卧巨石镂空一印章式空洞，内嵌金属制篆书“天下奇景”以强调篆刻艺术的金石味。这样整个山门变成一个艺术综合体，自然、活泼、新颖、丰富而不纷乱。

桂林芦笛岩标志性山门设计

(十七) 建筑尺度与山水尺度

尺度和比例有着联带关系，它们都是一种量度的表示，但比例是一种相对的量度，如1:2=4:8，它不受绝对尺寸的影响。但尺度是一种绝对的量度，它涉及具体的尺寸。一切尺度大小的判断都是以人体的尺度为出发点的，但在风景建筑构图中，建筑尺度又可间接代表人的尺度来衡量它是否与山水环境物的尺度处在适宜的状态。一般来说，在风景中，山水是主角，建筑是配角，建筑尺度不可过大，以免喧宾夺主。

桂林七星公园月芽楼　楼的体量不可太大，否则月芽山会变成小山丘

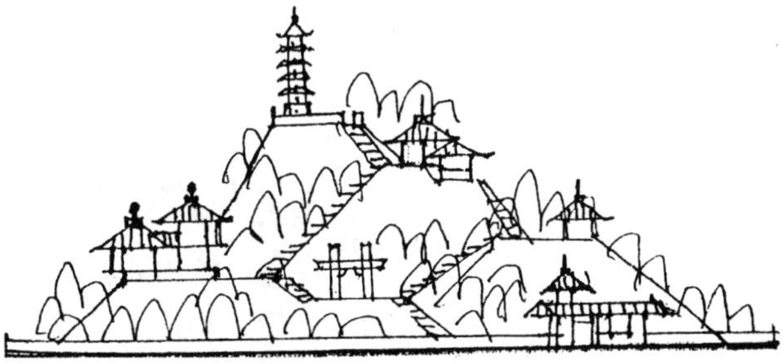

建筑尺度越小，山就显得越高大

建筑尺度越小，山湖就显得越大

建筑尺度越大，山就显得越矮小

建筑尺度越大，山湖就显得越小

西湖尺度的变迁

胡思永　赖聚奎　作画　白阳　配诗

上有天堂，下有苏杭；闻名天下，西湖风光。
春晓苏堤，桃柳争妍；山色青春，碧波荡漾。

佳丽景地，少建高房；比例尺度，尤须适当。
奈何有人，倒作文章；高楼大厦，气煞岳王。

此风不改，后果堪尝；泱泱西湖，终成盆塘。
孤山葛岭，小丘两座；婷婷保俶，牙塔一方。

壁垒森严，密布四方；游客无奈，飞机瞭望。
但愿吾辈，杞人忧天；祝愿西湖，佳景永芳。

漫画四则　原载1980年1月《建筑师》杂志第2期，现在距作画时已经过了24年，它对截止90年代的预言已基本言中，是建筑与山水尺度关系的最好例证

(十八) 尺度与小中见大

在风景设计中，对建筑尺度巧妙的娴熟的运用，可以影响人对自然物或空间大小的感受。中国造园特别擅长使用“小中见大”的手法，即在小空间营造大景观，就是尺度的巧妙运用。

亭小则树显大

亭大则树显小

屋小则山显大

屋大则山显小

亭小则洞显宽

亭大则洞显窄

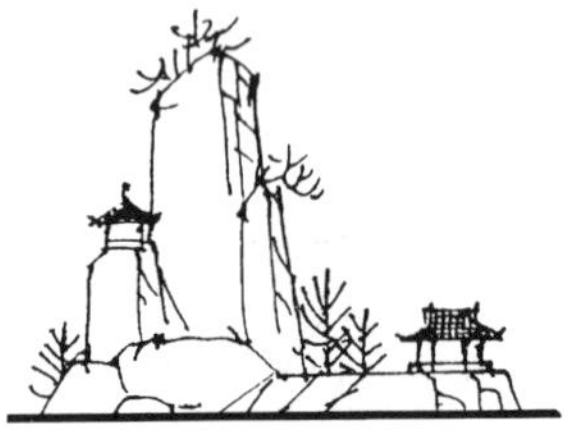
亭低则山显高

亭高则山显低

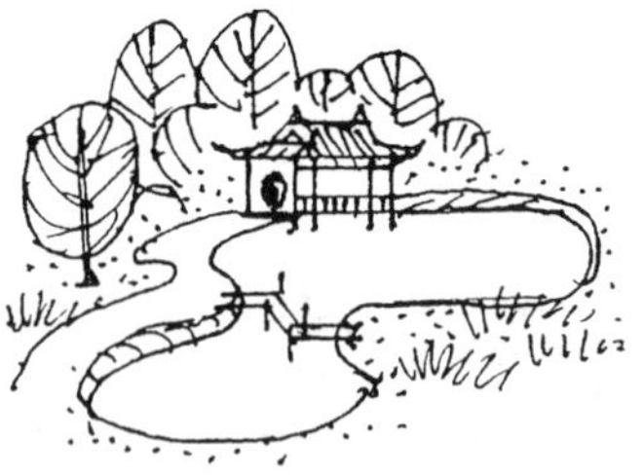
树小桥小则池显大

树大桥大则池显小

从叠彩山上看，原来的象鼻山显得很大（20世纪60年代以前的桂林）

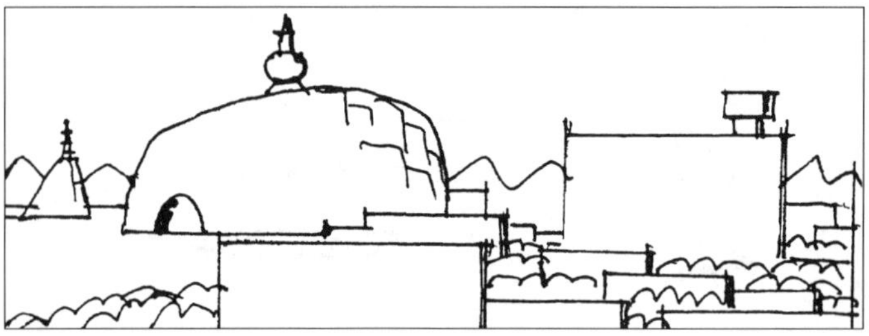
从叠彩山上看，虽然新建楼房小心翼翼地让开了风景视线，但有体量对照，仍然显得象鼻山已经变得很小（20世纪90年代的桂林）

第九章　风景地学知识

一、地球的圈层构造和风景名胜

我们居住的地球是目前所知宇宙中惟一有生命的行星，它是太阳系的一个成员，围绕太阳运转。它在太阳系中的位置按离太阳的由近及远的顺序分别是水星、金星、地球、火星、木星、土星、天王星、海王星和冥王星。在卫星上看地球，地球是一颗非常美丽的蔚蓝色球体。实际上地球是一个不规则的扁球体，赤道半径约6378km，极半径约6357km，地球的表面积约为51000万km^2。其中大陆面积为14900万km^2，占地球表面积的29%。海洋面积36100万km^2，占71%。地球并不是一个均质体，不同的部位具有不同的物质组分。这使地球具有特殊的圈层结构，自地心向外分别为地核、地幔、地壳、水圈、生物圈和大气圈。地壳是地球表面的硬壳，由各种土壤、岩石组成。平均厚度不超过20km，它们是构成地质地貌等自然景观的基础。水圈是地球表面水体的总称，其中97.2%组成海洋，2.1%以冰的状态存在地球两极及高山地区，其余0.7%则以湖泊、河流和地下水的形式出现，它们是风景名胜区水景的物质来源。大气圈由包围地球的各种气体组成，其密度由地表向太空逐渐稀薄，它们是构成风景名胜区气象景观的因素。生物圈包含在地壳表层和地球表面之上生物可能达到的高度范围内，和水圈相交互。它们是构成风景名胜区生物景观的主要物质来源。风景名胜区在地球圈层构造中处于地壳的表层、大气圈的底部和生物圈、水圈之中，并和这些圈层中的物质和生物的发展演变、迁移、分散和聚集有密切关系。正是由于这些圈层的变化，才构成了山川秀丽、生物繁茂、气象奇异的大千世界。而风景名胜区则是这个大千世界最杰出的代表。

二、土壤知识

土壤是地球表面由岸石风化形成的能够养育绿色植物的疏松表层。它们是风景名胜区植被种属、生长发育情况及生态环境优劣的决定性因素之一。由于风景名胜区所处地理区位的差异、岩石地质背景的不同，分布着各式各样的土壤。风景名胜区的绿化、植物变化和保育都需要土壤科学知识，都需要详细调查本景区的土壤资源分布情况。现将我国土壤分类和我国各地区土壤分布情况列表如表9-3-1，表9-3-2，以供参阅。

三、岩石知识

岩石是由各种矿物所组成的固体，所有的地质地貌景观都是由岩石构成的。在调查和评价风景名胜资源时首先遇到的问题就是岩石。岩石是地质作用的产物，按其形成原因可以分为三大类，即岩浆岩(又名火成岩)、沉积岩（又名水成岩）和变质岩（见表9-3-3)。

中国的土壤分类简表　　表9-3-1

土壤系列	土　类	土壤系列	土　类
红　壤	砖红壤、赤红壤、红壤、黄壤、燥红土	灌淤土	润土、灌淤土、绿洲土
棕　壤	黄棕壤、棕壤、暗棕壤（暗棕色森林土）、漂灰土（棕色针叶林土）	水稻土	水稻土
褐　土	褐土、塿土、绵土、黑垆土、灰褐土	湿　土	草甸土、沼泽土
黑　土	灰黑土（灰色森林土）、黑土、白浆土、黑钙土	盐碱土	盐土、碱土
栗钙土	栗钙土、棕钙土、灰钙土	岩性土	磷质石灰土、石灰（岩）土、紫色土、风沙土
荒漠土	灰漠土、灰棕漠土、棕漠土、龟裂土	高山土	寒漠土、草毡土（高山草甸土）、黑毡土（亚高山草甸土）、落嘎土（高山草原土）、巴嘎土（亚高山草原土）、高山漠土

中国不同山区的土壤垂直分带　　表9-3-2

地　带	气　象	土壤垂直带谱和典型地区（数字表示海拔高度，单位“m”）
热　带	湿　润	砖红壤400、山地砖红壤800、山地黄壤1200、山地漂灰黄壤1600、山地灌丛草甸土1879（五指山南坡）
南亚热带	湿　润	100赤红壤800、山地黄壤1500、山地黄棕壤2300、山地棕壤或山地暗棕壤2800、山地草甸土3000（台湾玉山西坡）
	半湿润	赤红壤300、山地赤红壤700、山地黄壤1300（广西十万大山）
	半干旱	500燥红土1000、赤红壤1600、山地红壤1900、山地黄壤2600、山地黄棕壤3000、山地灌丛草甸土3054（云南哀牢山）
中亚热带	湿　润	红壤700、山地黄壤1400、山地黄棕壤1800、山地灌丛草甸土2120（武夷山江西境内西北坡）
	湿　润	500山地红壤700、山地黄壤1100、山地黄棕壤1700、山地暗棕壤2900、山地草甸土3100（四川峨眉山）
北亚热带	湿　润	黄棕壤750、山地棕壤1350、山地暗棕壤1450（安徽大别山）
	半湿润	600山地黄褐土1100、山地黄棕壤2000、山地棕壤和山地草甸土2570（川陕边界大巴山北坡）
暖温带	湿　润	棕壤50、山地棕壤800、山地暗棕壤1100（辽宁千山山脉）
	半湿润	600山地淋溶褐土900、山地棕壤1600、山地暗棕壤2000、山地草甸土2050（河北雾灵山）
	半湿润	塿土1000、山地褐土1500、山地淋溶褐土2500、山地棕壤3200、山地暗棕壤3700、山地草甸土4300（峡西太白山北坡）
	半湿润	山地褐土1900、山地淋溶褐土2200、山地棕壤2500、山地草甸土2700（山西黄草梁西坡）
	干　旱	2600山地棕漠土3500、山地淡棕钙土3800、山地棕钙土4200、高山巴嘎土4500、高山漠土5200（昆仑山中段）
温　带	湿　润	白浆土800、山地暗棕壤1200、山地漂灰土1900、山地寒漠土2170（长白山北坡）
	半湿润	黑钙土1300、山地暗棕壤1900、山地草甸土2000（大兴安岭黄岗山）
	半干旱	栗钙土1200、山地栗钙土（阴坡）和山地褐土（阳坡）1700、山地淋溶褐土（阴坡）和山地黑钙土（阳坡）2200（阴山乌拉山）
	干　旱	800山地栗钙土1200、山地黑钙土1800、山地灰黑土（阳坡）和山地漂灰土（阴坡）2400、山地寒漠土330（阿尔泰山布尔津山区）
	干　旱	1100山地栗钙土1500、山地黑钙土1800、山地灰褐土2700、高山黑毡土2800、高山草毡土2800以上（西天山伊犁地区）
	干　旱	山地灰棕漠土2000、山地棕钙土2300、山地栗钙土2500、山地黑钙土2700、高山斑毡状巴嘎土2900、高山草毡土2900以上(东天山北坡伊吾山区)
寒温带	湿　润	漂灰土500、山地漂灰土1200、山地寒漠土1400以上（大兴安岭北段）

三大类岩石的分布、产状、结构、构造和矿物成分　　表 9-3-3

特点＼岩类		岩浆岩	沉积岩	变质岩
分布情况	按重量	岩浆岩和变质岩：95%	5%	
	按面积	岩浆岩和变质岸：25%	75%	
	最多的岩石	花岗岩、玄武岩、安山岩、流纹岩	页岩、砂岩、石灰岩	片麻岩、片岩、千枚岩、大理岩等（区域变质岩最多）
产状		侵入岩：岩基、岩株、岩盘、岩床、岩墙等 喷出岩：熔岩被、熔岩流等	层状产出	多随原岩产状而定
结构		大部分为结晶的岩石： 粒状、似斑状、斑状等部分为隐晶质、玻璃质	碎屑结构（砾、砂、粉砂） 泥质结构 化学岩结构（微小的或明显的结晶粒状、鲕状、致密状、胶体状等）	重结晶岩石： 粒状、斑状、鳞片状等各种变晶结构
构造		多为块状构造 喷出岩常具气孔、杏仁、流纹等构造	各种层理构造： 水平层理 斜层理 交错层理 常含生物化石	大部分具片理构造： 片麻状、条带状、片状、千枚状、板状 部分为块状结构（大理岩、石英岩、角岩、矽卡岩等）
矿物成分		石英、长石、橄榄石、辉石、角闪石、云母等	除石英、长石外，富含黏土矿物、方解石、白云石、有机质等	除石英、长石、云母、角闪石、辉石等外，常含变质矿物，如石榴子石、滑石、石墨、红柱石、硅灰石、透闪石、透辉石、硅线石、十字石等

(一) 岩浆岩

由地下熔融状态的岩浆冷凝固结形成岩石称为岩浆岩。岩浆在地表以下冷凝形成的岩石称为侵入岩。花岗岩就是最常见的侵入岩。在我国国家重点风景名胜区中黄山等 20 处是由花岗岩构成的。侵入岩由于在地下冷凝结晶而成，它的矿物颗粒都较粗大，一般由肉眼即可识别。如花岗岩中可见到像玻璃一样灰白颗粒的石英、粉色或肉红色的长方形板状矿物长石和黑色或白色的闪亮片状矿物云母。也就是说花岗岩是由石英、长石和云母 3 种主要矿物组成的岩石。当岩浆喷出地表后冷凝形成的岩石称为喷出岩或称为火山岩。黑龙江五大连池风景名胜区、浙江雁荡山风景名胜区，峨眉山风景名胜区的金顶景区等都是由喷出岩构成的。目前美国夏威夷火山尚在不断喷发岩浆，它们冷凝后成为各种形态的火山溶岩。由于喷出岩在地表冷却速度很快，矿物来不及结晶，因此多像玻璃一样，并以气孔构造、流纹构造等为特征。常见的岩浆岩品种有花岗岩、辉长岩、闪长岩、玄武岩、安山岩、流纹岩、粗面岩、浮岩等。现将主要岩浆岩分类鉴定特征列表如表 9-3-4 供参阅。

主要岩浆岩分类鉴定表　　表 9-3-4

化学成分分类			超基性岩	基性岩	中性岩	酸性岩		半碱性岩	碱性岩
SiO_2 含量%			<45	45~52	52~65	>65		55~65	50~56
颜色			黑~绿黑	黑灰~灰	灰~灰绿	淡灰~灰白	肉红~灰白	肉红~灰红	灰红~暗红
矿物成分	指示矿物石英		无	无~极少	少，<5%	较多，5%~20%	多，>20%	极少	无
	正长石		无	无	极少	次要，20%	主要，30%~40%	主要，40%	主要，60%
	斜长石		基性岩少，<15%	基性岩为主，>50%	中性岩为主，>50%	酸性岩为主，30%	酸性岩，<30%	极少	极少（副长石多，20%）
	主要暗色矿物及其含量比		橄榄石（主）辉石（次）>95%	辉石（主）橄榄石（次）角闪石 40%~50%	角闪石（主）黑云母（次）辉石 25%~40%	角闪石 黑云母 10%~25%	黑云母（主）角闪石（次）0%~20%	角闪石 黑云母 10%~25%	碱性角闪石，碱性辉石
岩石产状	构造	结构	岩石类型						
喷出岩：火山锥、岩流、岩被、岩管	气孔、杏仁、流纹、块状、角砾	玻璃质	火山玻璃岩（黑曜岩、珍珠岩、松脂岩、浮岩）						
		隐晶质、斑状	金伯利岩	玄武岩	安山岩	英安岩	流纹岩、石英斑岩	粗面岩	响岩
侵入岩：浅成岩：岩脉、岩墙、岩盘、岩床	气孔状块	伟晶、细晶等	各种脉岩类 煌斑岩 细晶岩 伟晶岩						
		细粒、斑状	苦橄玢岩	辉绿岩、辉绿玢岩	闪长玢岩	花岗闪长玢岩	花岗斑岩	正长斑岩	霞石正长斑岩
侵入岩：深成岩：岩株岩基	块状	中、粗粒等粒、似斑状	橄榄岩、辉岩	辉长岩	闪长岩	花岗闪长岩	花岗岩	正长岩	霞石正长岩

(二) 沉积岩

沉积岩是由各类沉积物固结而形成的岩石。由于绝大部分是在水环境中沉积形成的，因而过去曾被称为水成岩。按沉积物的性质可将沉积岩划分为碎屑岩、黏土岩、化学和生物化学岩三类。碎屑岩主要由已成岩石风化形成的碎屑经沉积、胶结和固结成岩作用形成的岩石。主要品种有砾岩、角砾岩、砂岩和粉砂岩。这类岩石形成的风景名胜资源，数量众多，品级很高。如丹霞景观、张家界砂岩峰林景观、新疆乌尔禾地区的风城景观、罗布泊地区的雅丹地貌景观等。大同的云冈石窟、天水的麦积山石窟都是在砂岩中雕刻而成的。黏土岩主要由小于0.005mm的黏土物质组成的岩石，它的主要种属有泥岩和页岩。由于这类岩石极易风化，很难形成良好的地貌景观。但是这类岩石容易风化形成较厚的土壤层，植被往往发育良好，是森林景观的优良分布区。化学岩和生物化学岩是由溶解在水体中的矿物质溶液、动植物遗体，经过化学沉淀形成的岩石。主要种属有碳酸盐岩（石灰岩、白云岩和泥灰岩）、铁质岩、铝质岩、磷块岩、岩盐、煤等。碳酸盐岩是构成风景名胜资源的重要岩石类形之一。如桂林山水、云南石林，黄龙九寨高寒岩溶风光及我国现已开放的300多处溶洞都产于此类岩石中。由于碳酸盐岩很容易被水溶解，被称为岩溶现象，其形成的风景地貌被称为岩溶地貌或岩溶景观。现将主要沉积岩肉眼鉴定内容列表于表9-3-5，以供参阅。

主要沉积岩肉眼鉴定表 表9-3-5

岩类	粒度（mm）或化学成分	主要岩石种属	主要鉴定特征
碎屑岩类	>2	砾　岩	由直径大于2mm的浑圆状、半浑圆状砾石胶结而成
		角砾岩	由直径大于2mm的有棱角的砾石胶结而成
	0.5～2	粗粒砂岩	50%以上的砂粒碎屑，粒径在0.5～2mm之间，肉眼很容易看清砂粒轮廓
	0.25～0.5	中粒砂岩	50%以上的砂粒碎屑，粒径在0.25～0.5mm之间，肉眼可以看到砂粒轮廓
	0.05～0.25	细粒砂岩	50%以上的砂粒碎屑，粒径在0.05～0.25mm之间，借助放大镜才可以看清砂粒轮廓
	0.005～0.05	粉砂岩	50%以上为粒径0.005～0.05的粉砂。放大镜也不易看到砂粒轮廓，打碎后手摸有粒感
粘土岩类	<0.005	泥　岩	岩石粒度极细，手触有滑感，黏舌，很易粉碎成土状物，外观呈块状
		页　岩	成分同泥岩相同，有明显的纸片状或叶片状页理（厚度<1mm）
化学和生物化学岩类	碳酸盐	石灰岩	主要由方解石组成，小刀能刻动，呈灰、灰白或灰黑色，加稀盐酸强烈起泡
		白云岩	主要由白云石组成，多呈灰白、浅黄、浅褐色，加稀盐酸起泡微或不起泡
		泥灰岩	泥质含量大于50%，常呈浅灰色，致密块状，加稀盐酸强烈起泡并留下泥质圈
	铁　质	铁矿岩	由铁的氧化物组成，多呈褐红色、褐黄色、密度大于一般岩石
	硅　质	硅质岩	主要由胶状二氧化硅组成，质极细密，硬度大于小刀，断口多呈贝壳状
	铝　质	铝土岩	主要由铝土矿组成，多呈灰色，有豆状和鲕状构造，外貌似黏土岩，但硬度、密度极大
	磷酸盐	磷块岩	含有较多的磷酸盐成分，常呈灰或灰黄色，加钼酸铵反应呈黄色
	卤化物	盐　岩	由钠、钾等盐类矿物组成，有咸味，遇水溶解，硬度小
	碳氢化合物	煤和油页岩等	主要由碳组成，常呈黑色、黑褐色，遇火可燃烧，主要有煤、泥炭、油页岩等

(三) 变质岩

地壳中的已有岩石，在地球内部动力作用下，经过温度、压力的变化和地下溶液的侵蚀交融，使原来岩石的结构构造或物质成分发生变化，形成了新的岩石，被称为变质岩。主要种属有大理岩（由石灰变质形成）、石英岩（由石英砂岩变质形成）、片岩和板岩（由黏土变质形成）、片麻岩（主要由花岗岩类变质形成）。变质岩可以形成很好的自然景观，如太行山区的一系列风景名胜区，河北的苍岩山、嶂石岩、天桂山，河南的林虑山、万仙山都是以石英岩为主构成的风景名胜区。山东泰山是以花岗片麻岩为主构成的风景名胜区。五台山是由各种结晶片岩构成的风景名胜区。常见变质岩鉴别特征见表9-3-6，以供参阅。

各类变质岩的主要鉴定特征 表9-3-6

构造	结构	矿物成分		岩石名称	成因	
		主要矿物	次要矿物		变质作用	原岩成分
碎　裂	糜　棱	石英、长石、绿泥石		糜棱岩	动力变质	各种岩石
	碎　斑	岩屑		碎裂岩		
块　状	粒状变晶	云母、石榴子石、辉石、石英	长石、红柱石、方解石等	角岩	接触变质	泥质页岩、凝灰岩
		石榴子石、绿帘石、透辉石	铁、镁、钙硅酸盐	矽卡岩		石灰岩、白云岩
		方解石、白云石	透闪石、透辉石、橄榄石	大理石		石灰岩、白云岩
		石英	云母、硅线石等	石英岩		砂岩、硅质岩
		长石、石英	云母、角闪石	变粒岩	区域变质	黏土质岩及长石砂岩
		角闪石、斜长石	云母、绿帘石	角闪岩		基性岩
	麻粒状	斜长石、辉石	石英、石榴子石、榍石等	麻粒岩		基性岩
板　状	隐晶变晶	隐晶质、石英、黏土等		板　岩		泥质及凝灰质岩石
千枚状	细晶变晶	石英、绿泥石、绢云母		千枚岩		
片　状	鳞片变晶	云母、绿泥石、石英	长石、电气石、绿帘石	云母片岩		泥质岩石
		绿泥石、阳起石、绿帘石	长石、方解石、磁铁矿	绿片岩		基性岩
片麻状	粒状、磷片变晶	石英、长石	长石、方解石、硅线石、石榴子石、电气石	片麻岩		泥质及酸性岩浆岩
条带块状 眼球肠状		石英、长石（脉体）	黑云母、角闪石（基体）	混合岩类		各种岩石

四、地层和地质时代

在风景名胜资源调查评价报告中，经常会遇到构成各类景观的岩石所处的地层时代问题。只有确切了解风景区各类地层的时代，才能科学地解释各类景观的形成和演变历史，以便为撰写风景区科学导游书提供基础数据。首先让我们弄清地层的概念。所有的沉积岩及大部分变质岩是呈层状产出的，就像一本书一样是一层紧接一层叠置在一起的。我们在沉积岩和大部分变质岩构成的景区中，可以清晰地看到山体是由岩层一层层有序的叠积起来的。一个岩层都有清楚的顶面和底面，层的厚度也不相同，有的几厘米，有的几米，甚至更厚。在地层没有遭受变动的情况下，下面的地层时代老，愈向上年代愈新。我们把一定地质历史时期形成的一套岩层，称为地层。地层是地质历史的重要物质记录。地球从形成到现在已有 46 亿年的历史，地质学家像划分朝代一样，把地质年代划分成代、纪、世、期 4 个单位。代是最大的单位，期是最小的单位。地层系统的划分单位为：界、系、统、阶。在一个代的时间内形成的一套地层称为一个界。在一个纪时期内形成的一套地层称为一个系。其相互对应情况如下：

地质时代——代、纪、世、期

地层系统——界、系、统、层

每个地质时代都有相应的生物出现，因此，古生物化石是划分地质时代的重要标准。地质时代的绝对年龄则是用同位素方法测定的。现引用李四光先生在《天文、地质、古生物》一书的地质年代简表 (表 9-4-1) 供参阅。

五、地质构造

我们生活在地球表面，脚下的大地就是地壳。在普通人印象里，大地是非常稳固的，实则不然，地壳是在经常运动的。地震就是一种地壳运动现象。“烨烨震电，不宁不令。百川沸腾，山冢崒崩。高岩为谷，深谷为陵”。这是《诗经》中对周幽王二年 (公元前 780 年) 发生在陕西一次地震的描述。转眼之间山崩地裂，高岩变成了低凹的谷地，深沟上升变成了丘陵。说明我们的先人早就认识了地壳运动。地壳运动使岩层发生断裂、弯曲、移位。这种现象就称为地质构造。褶皱和断层是风景名胜区经常见到的地质构造现象。褶皱是指岩层在受力后发生连续性波状弯曲的构造现象。如图 9-5-1 和图 9-5-2 所示岩层向上拱起的弯曲称为背斜构造；岩层向下凹陷的弯曲称为向斜构造。

地质时代、生物历史对照简化表 表 9-4-1

代（界）	纪（系）	世（统）	距今年龄（Ma）	开始繁殖的植物	开始繁殖的动物
新时代	第四纪	全新世 更新世	2 或 3		
	新第三纪	上新世 中新世	12 25		
	老第三纪	渐新世 始新世 古新世	40 60 70	被子植物 ←	哺乳动物 ←
中生代	白垩纪	晚白垩纪（世） 早白垩纪（世）	135		
	侏罗纪	晚侏罗纪（世） 中侏罗纪（世） 早侏罗纪（世）	180		
	三叠纪	晚三叠纪（世） 中三叠纪（世） 早三叠纪（世）	225	裸子植物 ←	
古生代	二叠纪	晚二叠纪（世） 早二叠纪（世）	270		爬行动物 ←
	石炭纪	晚石炭记（世） 中石炭记（世） 早石炭记（世）	350		
	泥盆纪	晚泥盆纪（世） 中泥盆纪（世） 早泥盆纪（世）	400		两栖动物 ←
	志留纪	晚志留纪（世） 中志留纪（世） 早志留纪（世）	440	陆生孢子植物 ←	鱼 类 ←
	奥陶纪	晚奥陶纪（世） 中奥陶纪（世） 早奥陶纪（世）	500		
	寒武纪	晚寒武纪（世） 中寒武纪（世） 早寒武纪（世）	600		无脊椎动物（至今继续演化发展）←
元古代	震旦纪	晚震旦纪（世） 中震旦纪（世） 早震旦纪（世）	1000?	菌藻类	
太古代	主要依据南非古老地层划分地质时代和运动时期		3400?	…… ……? …… ……	
地球初期发展阶段			4500? 6000?		
（李四光，1972）					

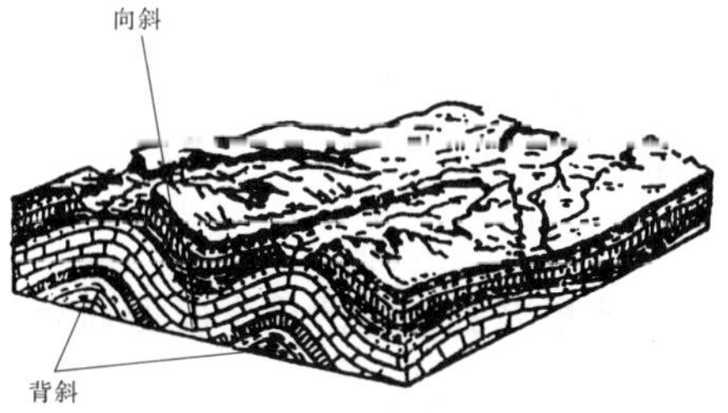

图 9-5-1 背斜和向斜褶曲

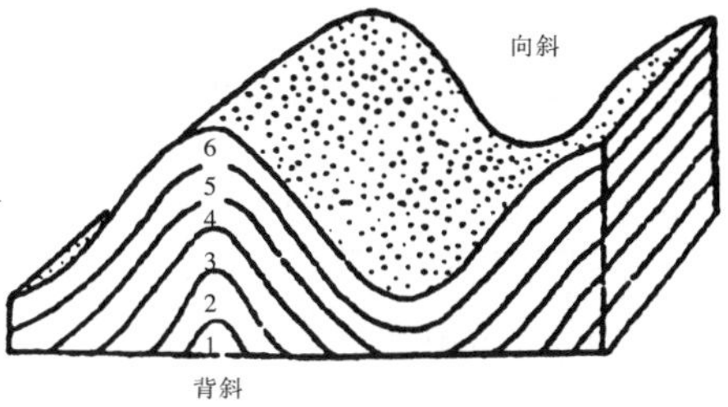

图 9-5-2 褶曲核部和两翼地层新老关系示意图

断层：岩层受力后发生断裂，当断裂面两侧的岩层发生错位时称为断层构造。断层的类型有正断层，逆断层和平移断层等。褶皱和断层构造是形成各类风景地貌重要因素。华山的绝壁、卢山五老峰的陡崖都是断层形成的。

节理：岩层中没有移位的裂缝称为节理。节理的存在是形成各类风景地貌的主要原因。黄山的奇峰、张家界的砂岩石柱都是因为垂直节理十分发育所造成。

板块构造：板块构造是地球的巨型地质构造。地质学家认为大约在2亿年前地球上现有的大陆是连在一起的。后来由于地壳的运动，这个超级大陆四分五裂了。美洲和非洲、欧洲相分离，其间新生成了大西洋。印度次大陆本来和南极大陆连在一起，从这时起也从万里之外向北漂移，拦腰撞在亚洲身上，致使我国青藏高原隆起，奠定我国地势西高东低大格局，绝大多数山岳景观资源都是因这个地质事件所形成。现在印度仍在北上，因此喜马拉雅山仍在升高。澳大利亚也是从南极身边北上的，现在仍在漂移途中，也许终归要汇合在中国的南缘。美洲大陆现正在向西漂移，太平洋在变窄，大西洋在变宽。地质学家推测在数亿年后，太平洋将完全消失，美洲将和中国东部相接。到那时，中国差不多处于全球大陆的中央了，真是一个名副其实的中央之国了。图 9-5-3 是全球六大板块：欧亚板块、非洲板块、美洲板块、太平洋板块、印度板块、南极板块的示意图。

六、水圈和水的景观价值

地球表层包围着一圈连续不断的水体，被称为地球的水圈。水圈中的水约有 3260 亿 km^3，97.2%分布在海洋里，2.1%以固体状态分布在两极及高山冰川地区，陆地上的江湖及地下水仅占约 0.7%。若地球表面是平的。则全球将被深达 2745 公尺的海水所淹没。水在构成风景名胜景观中具有十分重要的地位。它可以单独成湖泊、滨海、泉水、瀑布等风景名胜区。可与各种山石景观、生物景观相组合，构成令人赏心悦目的风景名胜区。水具有流动性和可塑性，在与其他景观相组合时，可产生形态美、线条美、色彩美、动态美、静态美、听觉美和嗅觉美等。气态的水构成云雾，虽然在构景中处于衬景地位，但是它那变幻莫测喷云吐雾的奇景，会使景色更加引人入胜。黄山的云海、卢山的云海都是驰名全面的气象景观。固态的山岳冰川和极地冰盖都可以形成独立的景观，成为科学考察、科学探险的佳境。而雪不但会给冬季的风景区带来生气和雪景，也是滑雪的主要物质条件。风景名胜区的植被森林要靠水来滋润，没有水便不会有生物存在。青山绿水万紫千红的大千世界，没有水便不会存在。新疆天池风景名胜区、千岛湖—富春江风景名胜区等许多国家重点风景名胜区都是以水为主题风景区。“山为水之筋骨，水为山之血脉”“水随山转、山因水活”，自然界正是由于山、水、林木之奇妙组合才构成了生机盎然、美不胜收的风景名胜奇观。在某种意义上讲水才是风景名胜的灵魂。认识、理解和保护好水体是风景名胜工作者的重要任务。

七、地质作用与风景名胜资源形成的关系

人们常用鬼斧神功来形容奇峰异洞、高山深峡等自然景观形成的神奇力量。其实大地千姿百态的面貌，都是地质作用的结果。地质作用才是大地真正的塑造师和雕刻师。按照地质作用力的来源可分为两大类，即内力地质作用和外力地质作用。内力地质作用的力源主要来自地球内部的能量，它主要表现为地壳运动、岩浆侵入、火山喷发、地震和变质作用。内力地质作用可以使大陆产生漂移 (板块构造)、火山爆发、地震、海陆变迁、地层褶曲和断裂等。它是构成地球表面大的地貌单元，如海洋、大陆、高原、平原、山岳、丘陵、盆地等的主导因素，是风景名胜资源形成的内因。外力地质作用是由来自地球外部

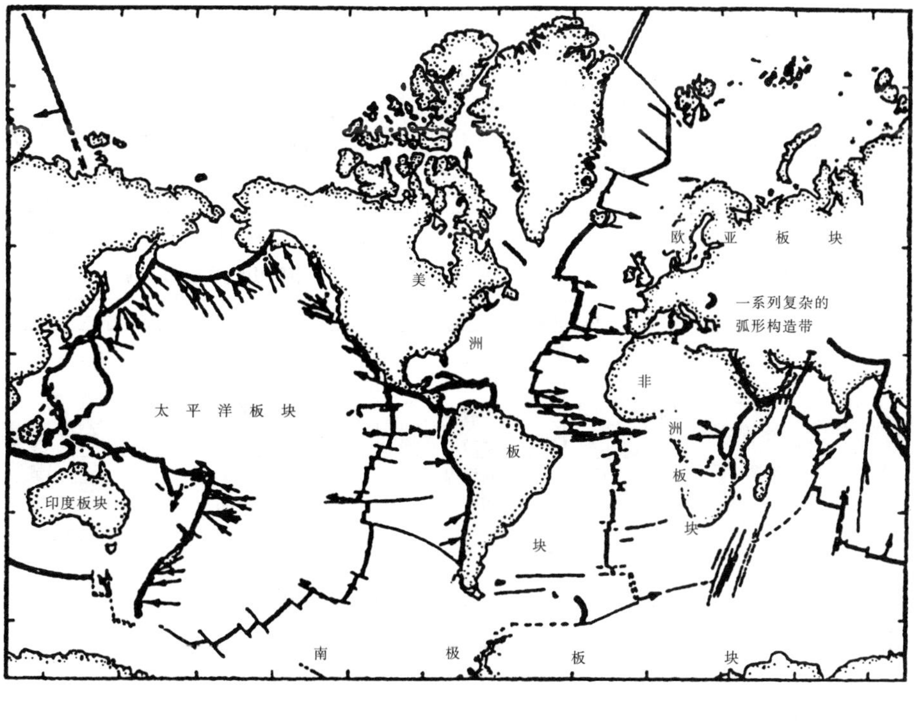

图 9-5-3 世界板块构造图

能量——主要是太阳辐射热能所引起的。其作用的方式表现为风化作用、地面流水地质作用、地下水地质作用、海洋地质作用、湖泊沼泽地质作用、冰川地质作用以及风的地质作用等。它们总的作用形式是把地球表面的岩石破碎、分解、剥落并把它们搬运到江、河、湖、海、凹地中去，并在那里堆积或沉淀下来，经过脱水固结形成新的岩石，即沉积岩。地球表面巨厚的层状沉积岩都是外力地质作用的结果。外力地质作用的流水和地下水是大地的主要雕刻刀，大多数奇峰、异洞、峡谷、河曲、海滩、沙漠等都是水（包括冰川和风）的地质作用造成的。总起来说，内力地质作用的总趋势是使地壳隆起，形成高山峻岭；而外力地质作用总的趋势是使地面变平，削山填海。现今地球表面千姿百态的地貌景观都是内外地质作用相互斗争的结果。形成一个优美的自然景观，需要千百万年的地质作用过程。而且绝大部分是不可再生的。所有的风景名胜区都是大自然或人类文化活动的宝贵遗产。作为一个光荣的风景名胜区工作者，一定要了解自然规律，顺应自然规律，在利用这些宝贵资源时，首先要作好保护工作，要向一切盲目开发、破坏风景名胜资源的现象作斗争，为子孙后代留下一片净土。使风景名胜事业永续发展。

八、风景名胜资源的地学类型划分

风景名胜资源包含自然景观资源和人文景观资源两大类。在自然景观资源中地学景观资源占有重要地位。自然风景资源成因分类模式见图 9-8-1，中国山地高度分类见表 9-8-1，山脉分布示意图见图 9-8-2。

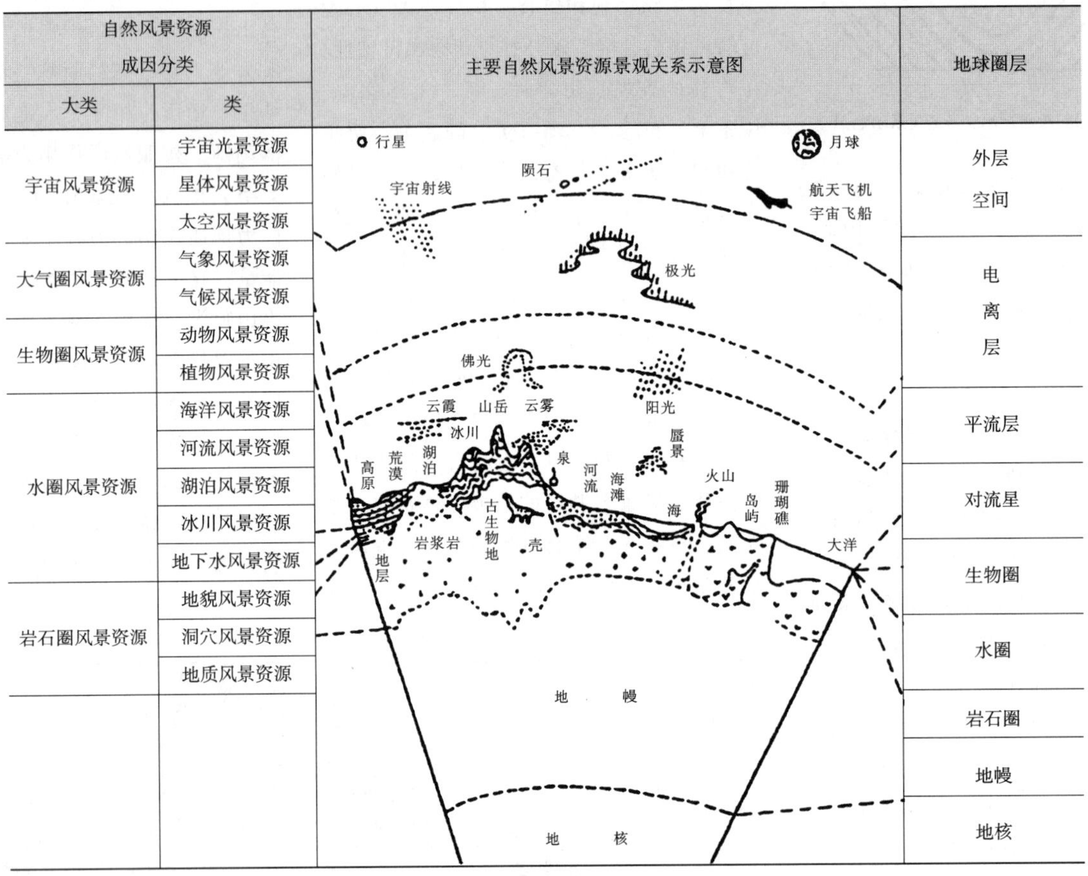

图 9-8-1　自然风景资源成因分类模式图

中国山地高度分类表　　　　**表 9-8-1**

山地类型		海拔高度（m）	外力地质作用的特征	切割深度（m）
极高山		>5000	现代雪线	>1000
高山	高　山	3500～5000		>1000
	中高山			500～1000
	低高山		寒冻风化的下限或森森上限	200～500
中山	高中山	1000～3500		>1000
	中　山			500～1000
	低中山		我国东部山区绝对高度在 1000m 左右，这些山地在温湿条件下，流水作用强烈	200～500
低山	中低山	500～1000		>500
	低　山			200～500
丘陵	高丘陵	>500		<200
	低丘陵	<500		

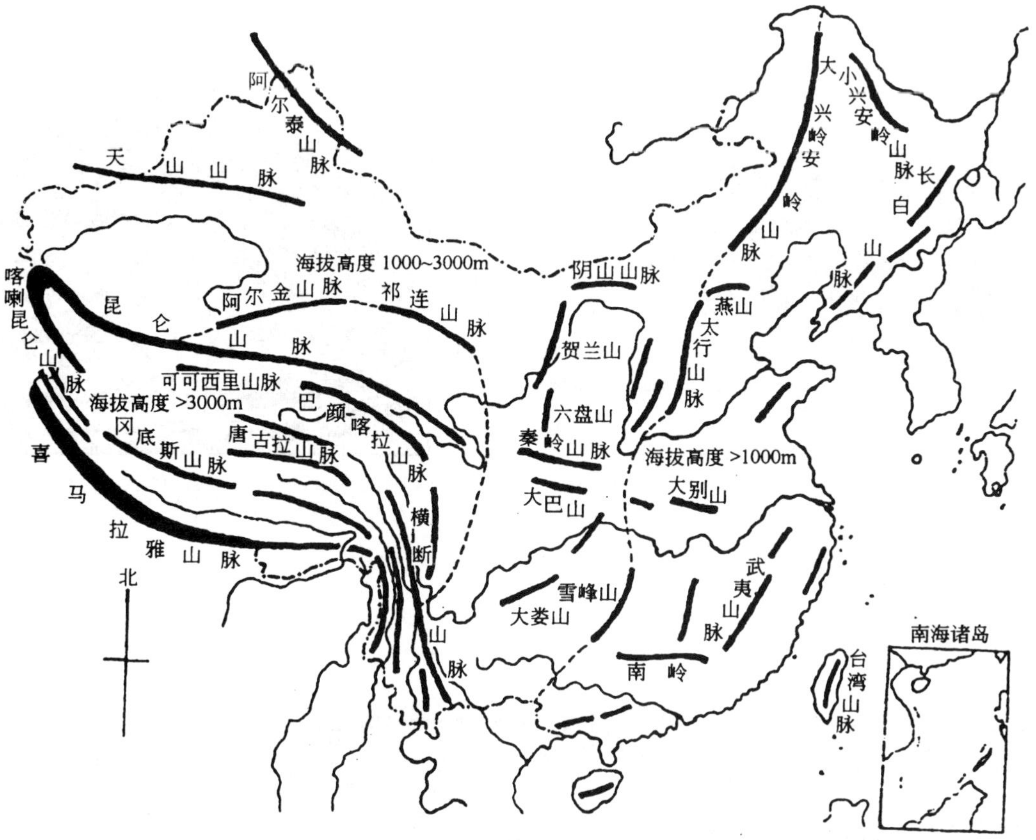

图 9-8-2　中国山脉分布示意图 (引自《中国自然地理纲要》)

九、地质素描 (引自 “野外地质素描”)

图 9-9-1　广西桂林近乎水平岩层的泥盆系灰岩

图 9-9-2　黄河龙门峡两岸的水平岩层由二叠系石千峰组砂页岩组成

图 9-9-3　河南林县水平岩层

图 9-9-4　广西桂林水平的石灰岩形成的岩溶石峰由泥盆系融县灰岩组成

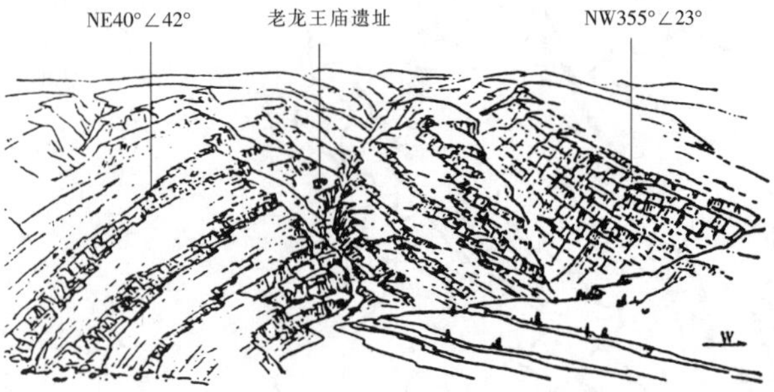

图 9-9-5 河南嵩山老龙王庙由元古界石英岩组成的倾伏背斜

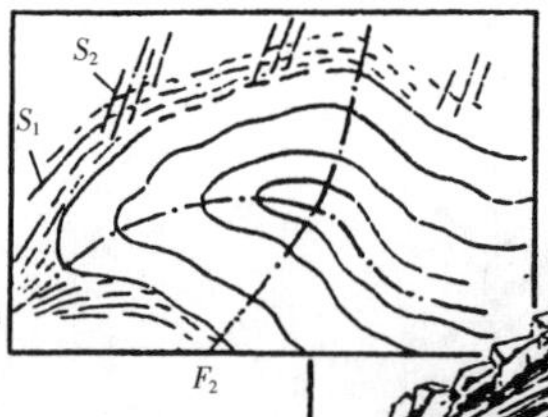

河南登封纸坊水库溢洪道边的叠加褶皱发育于元古界石英岩夹千枚岩中

F_1—早期褶皱轴面；S_1—早期流劈理；F_2—第二次褶皱轴面；S_2—第二次滑劈理

图 9-9-6

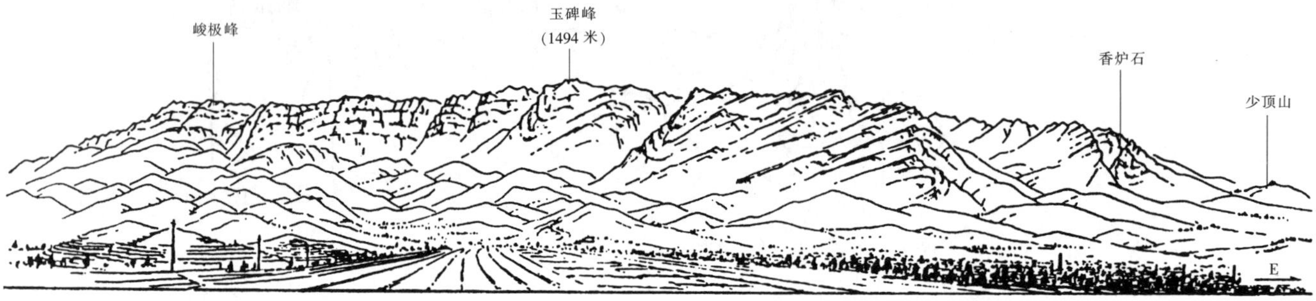

图 9-9-7 河南嵩山的褶皱

中岳嵩山的山前缓丘，由太古代登封群 *Ard* 片麻岩组成，因受古断裂影响而由西往东逐渐降低；高峰均由元古代嵩山群 *Pts* 石英岩组成，形成一系列南北走向，并向东倒转的褶皱。不整合面亦可能是滑脱面

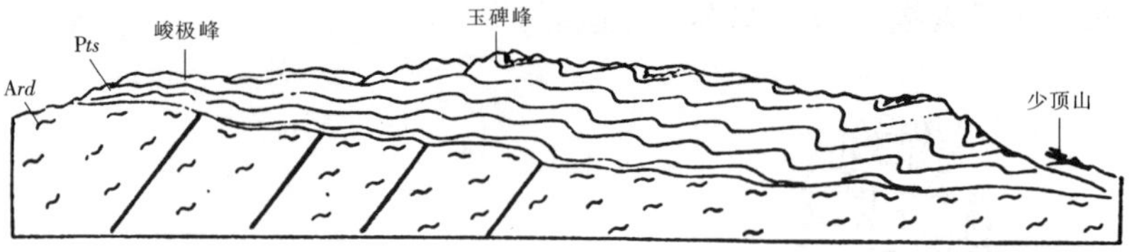

嵩山剖面示意图 →

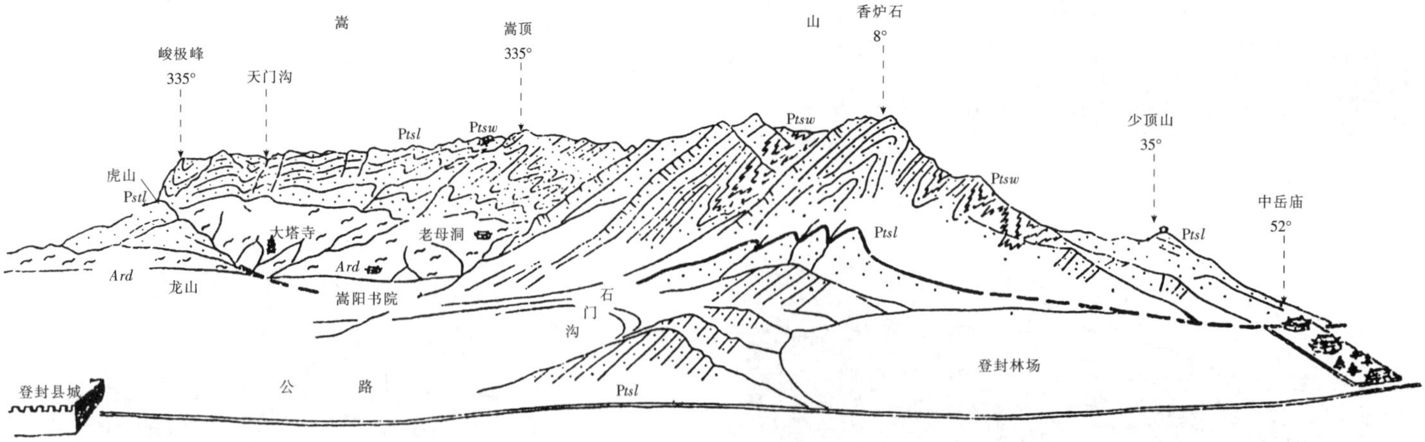

图 9-9-8 河南登封嵩山构造素描 马杏垣

从登封县东蝎子山北坡往北画，各山名下写的角度就是从绘图地点望去的方位角。*Ard*—太古界登封群，*Ptsl*—元古界嵩山群罗汉洞组，*Ptsw*—元古界嵩山群五指岭组。黑粗线表示断层

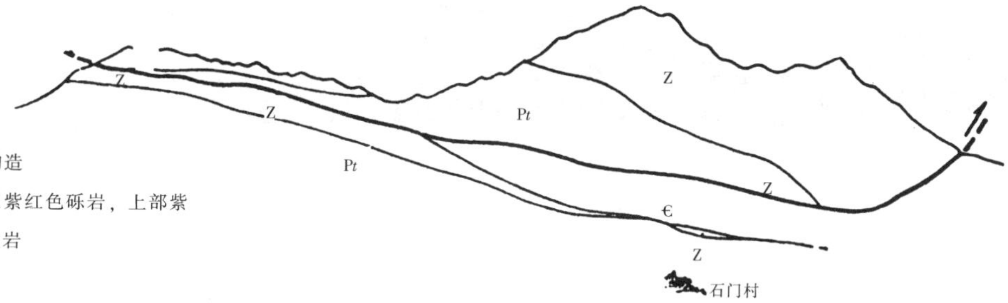

图 9-9-9 河南登封飞来峰构造

Є—寒武系底部砂砾岩，上部灰岩；Z—震旦系紫红色砾岩，上部紫红色石英砂岩；Pt—元古界嵩山群石英岩夹千枚岩

河南登封飞来峰剖面示意图

图 9-9-10 甘肃阿克塞东第四系砂砾岩 (a) 与古生代火山岩 (b) 断层接触

图 9-9-11 广东阳春龙岩山北西坡发育于一组平行压性断裂中的低序次张裂隙及“X”节理 1—张裂隙； 2—“x”节理

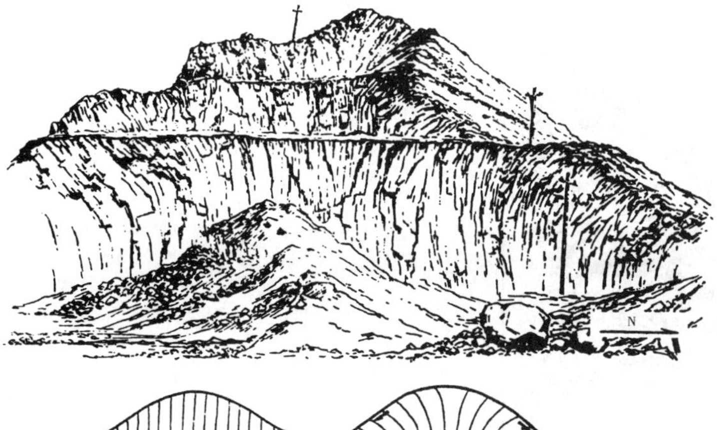

图 9-9-12 山西山羊坪铁矿开采场在直立岩层中形成的蠕动构造 (属非构造变动)

(1) 原来的产状； (2) 重力使近地表部分的岩层蠕动变形

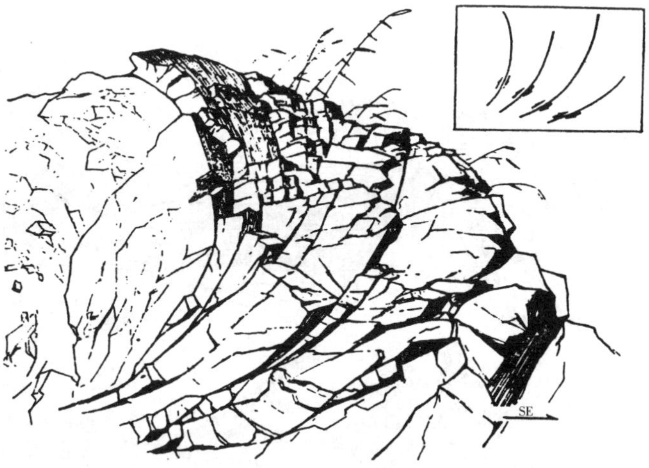

图 9-9-13 北京周口店太平山南侧硬砂岩中的旋卷构造

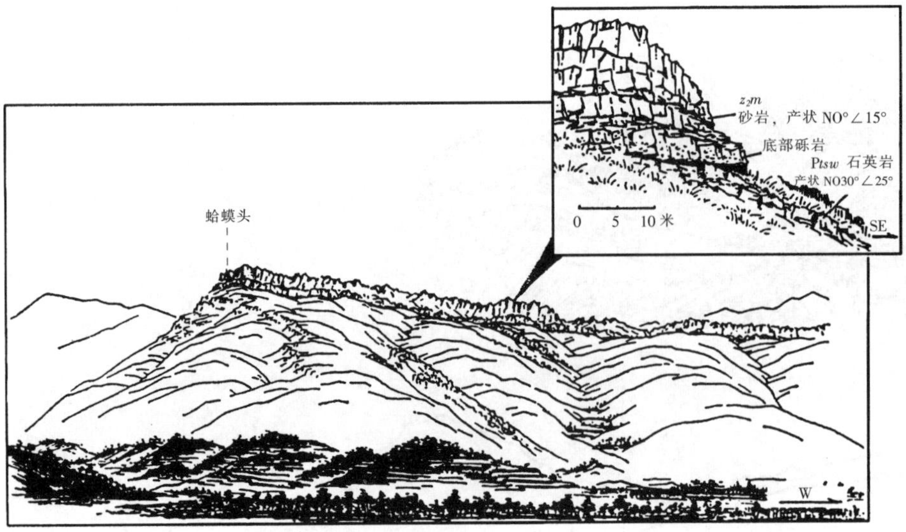

图 9-9-14 河南登封元古界嵩山群五指岭组 (ptsw) 与震旦系马鞍山组 (z_2m) 之角度不整合接触

图 9-9-15 安徽黄山由黄山花岗岩形成的玉屏峰

图 9-9-16 云南丽江石鼓金沙江河曲

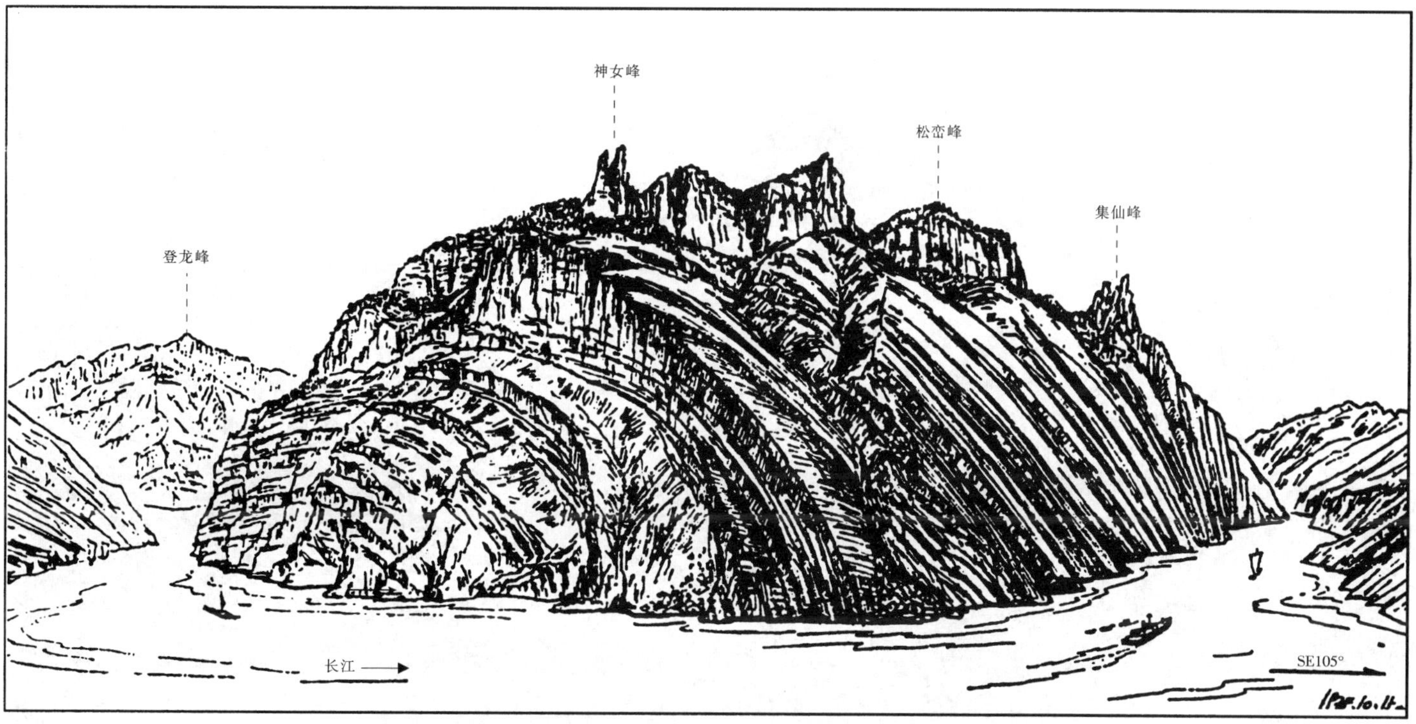

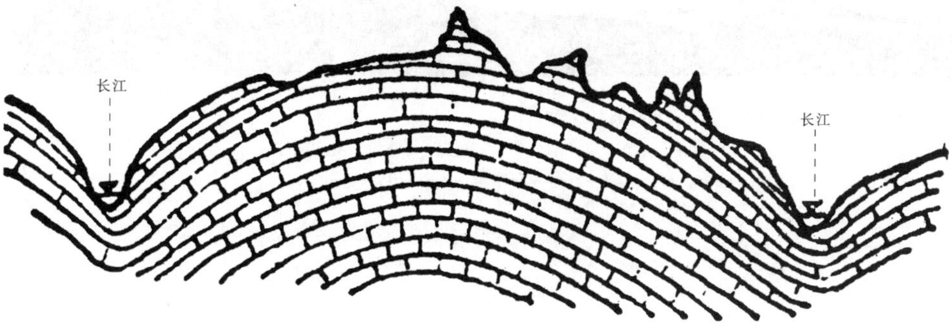

图 9-9-17　长江巫峡

巫峡—巫山背斜，轴向北东—南西，北西翼产状 330°~345°∠50°~70°，南东翼产状 155°~170°∠50°~75°左右，主要由中生代石灰岩组成

图 9–9–18　甘肃敦煌鸣砂山月牙泉

十、地貌素描(引自“地貌类型图说”)

图 9–10–1　世界第一高峰——珠穆朗玛峰

1—珠穆朗玛峰，海拔 8848.13m，奥陶系灰岩；2—北峰，海拔 7900m，黑云母片麻岩；3—珠穆朗玛峰粒雪盆和冰斗；4—长征岭，上部为黑云母片麻岩，下部为片状花岗岩；5—冰塔林；6—绒布冰川；7—冰川终碛

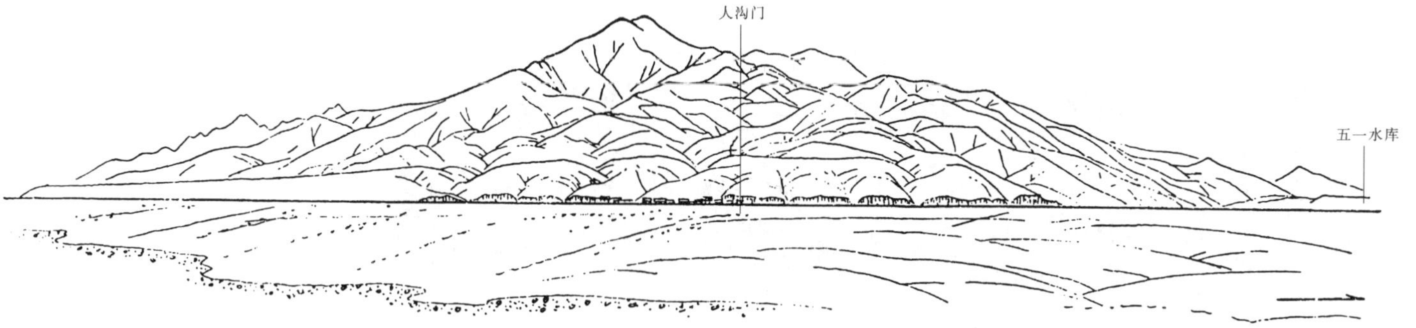

图 9-10-2　内蒙古大青山山前断裂地貌景观

图 9-10-3　西藏高原地貌 (近处为拉萨河谷冲积平源)

图 9-10-4　广西桂林阳朔岩溶峰林及坡立谷地貌

图 9-10-5　巫山神女峰
巫山背斜南东翼，由中生代石灰岩组成

图 9-10-6　广东仁化丹霞地貌 (第三纪红色砂岩)

图 9-10-7　甘肃玉门市西窟窿山
第四系下更新统玉门组含砾砂岩不整合于白垩系之上，经长期的风蚀与水蚀作用形成大小不同的空洞。水蚀为主的窟窿多呈长条状垂直分布，风蚀为主的空洞分布没规律

新疆托克逊风蚀蜂窝石

图 9-10-8　甘肃北山戈壁滩
远处为祁连山雪峰

图 9-10-9　内蒙古乌拉特旗西部花岗岩区风蚀地貌

图 9–10–10　云南剑川沙溪石钟寺下第三系宝相寺组砂岩之侵蚀地貌

图 9–10–11　甘肃合水黄土坝
1—黄土墙；2—漏斗；3—悬桥

图 9–10–12　华南海岸某地之海蚀槽

图 9–10–13　长江瞿塘峡

瞿塘峡背斜北西翼，由三叠系下中统大冶灰岩及嘉陵江灰岩组成，岩层产状 340°~345°∠30°~45°左右

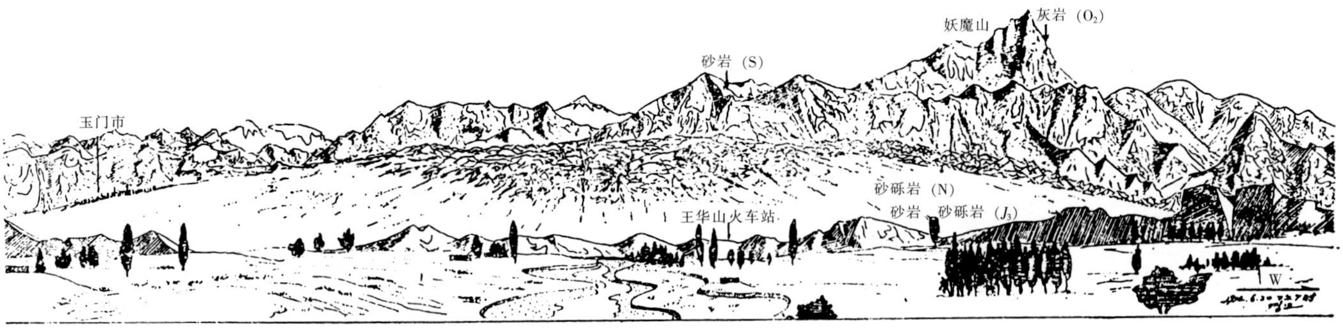

图 9-10-14　甘肃玉门五华山南洪积扇

图 9-10-15　甘肃北山清水河由第四系砂岩组成的断层崖及三级剥蚀面

平面示意图
（舵盘符号为死火山口）

图 9-10-16　广东湛江湖光岩火山口湖
湖面近似圆形，无天然泄水口。湖岸峭壁中可见到多次喷发堆积形成的火山灰及火山角砾

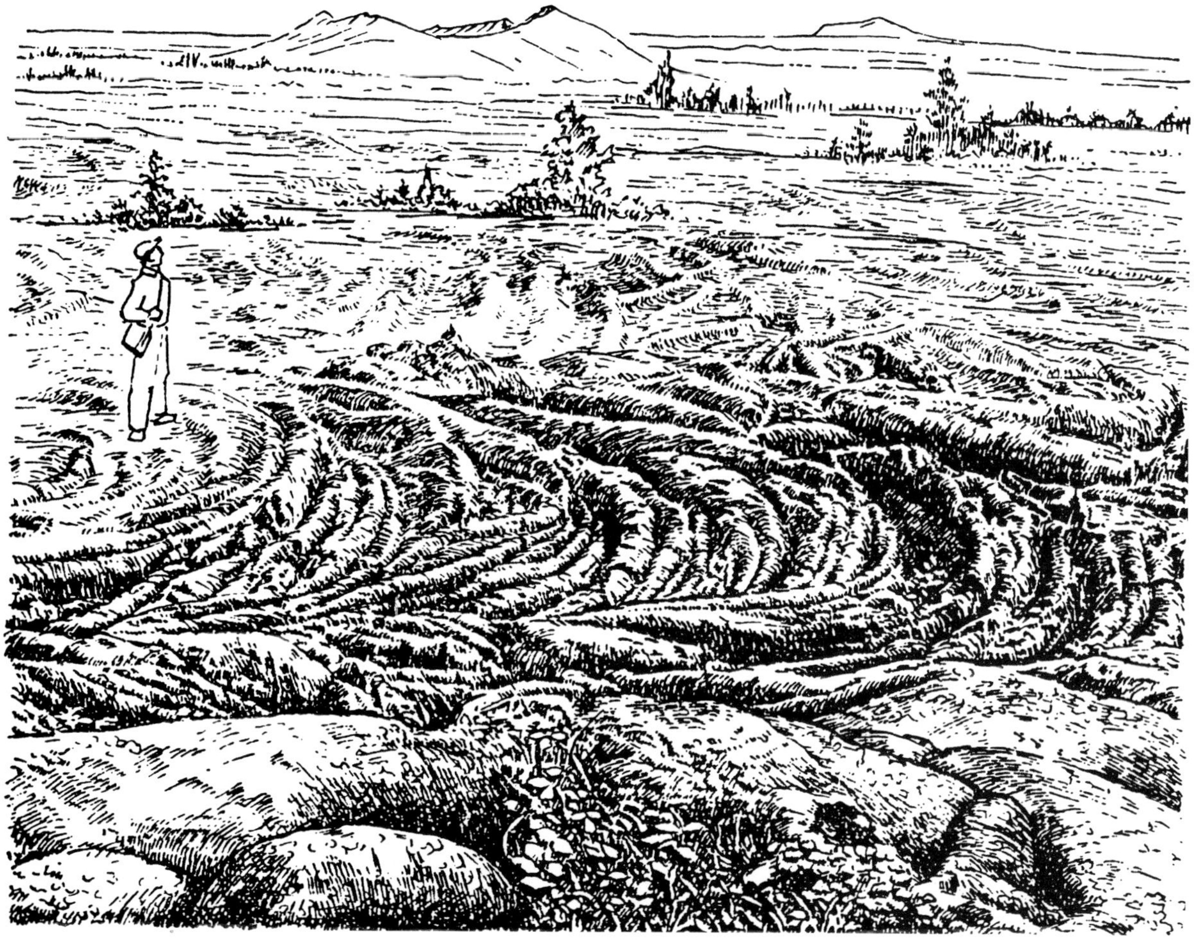

图 9-10-17　黑龙江“五大连池“老黑山前的绳状构造熔岩

图 9-10-18　黑龙江“五大连池“中的几座火山口

下　篇
风景区规划实例①

① 因篇幅所限，本篇各项目均为摘录。为保留原文风貌，对原文的各级标题序号不作调整。

21 世纪规划实例

1 嵩山风景区总体规划（节选）

二、风景区范围与性质

2.1 规划范围

风景区范围：包括少林寺景区、法王寺景区、嵩阳书院景区、太室山景区、中岳庙景区、少室山景区、卢崖瀑布景区和观星台景区。总面积为162.5km²。

2.2 风景区性质

嵩山是五岳名山之中岳，华夏文明荟萃之地，以保护和发扬中华文化与自然遗产为主要任务，供国内外游览观光和科研教育的山岳性国家级风景名胜区。

三、风景资源评价

3.1 风景资源种类

嵩山风景资源丰富全面，共有自然资源、人文景源两类，天景、地景、水景、生景、园景、建筑、胜迹、风物八个中类，寺、观、庙、塔、宫、阙、碑、山、峰、石、瀑等数十小类的风景资源。

3.2 风景资源总体特色：“嵩山天下奥”

3.3 景点评价

共评价现状景点118个。评价景点为特级景点5个，一级景点10个，二级景点24个，三级景点37个，四级景点42个。

特级景点：少林寺、塔林、观星台、嵩岳寺塔、中岳庙；

一级景点：嵩阳书院、法王寺、会善寺、永泰寺、嵩门、卢崖瀑布、八龙潭、峻极峰、少室晴雪、石淙会饮；

二级景点：石僧迎宾、初祖庵、九龙潭、达摩洞、嵩阳洞天、二祖庵、清凉寺、一线天（卢崖瀑布）、嵩阳运动、二仙洞、石笋闹林、蔡邕洞、猴子观天、云峰虎啸、太室阙、启母阙、珠帘飞瀑、少室阙、三皇寨、石池耸崖、连天峰、嵩福宫、轘辕关、五龙潭。

4.2 风景区游人容量

日游人容量为87000人次，年游人容量约800万人左右。

4.3 游人规模预测

2005年游客规模240万人次；
2010年游客规模350万人次；
2020年游客规模560万人次。

五、规划分区与总体布局

5.1 规划分区

规划将整个风景区划分为八大景区，分别是：

(1) 少林寺景区，面积35.6km²（容量6万人次／日）。

(2) 法王寺景区，面积16.3km²（容量0.48万人次／日）。

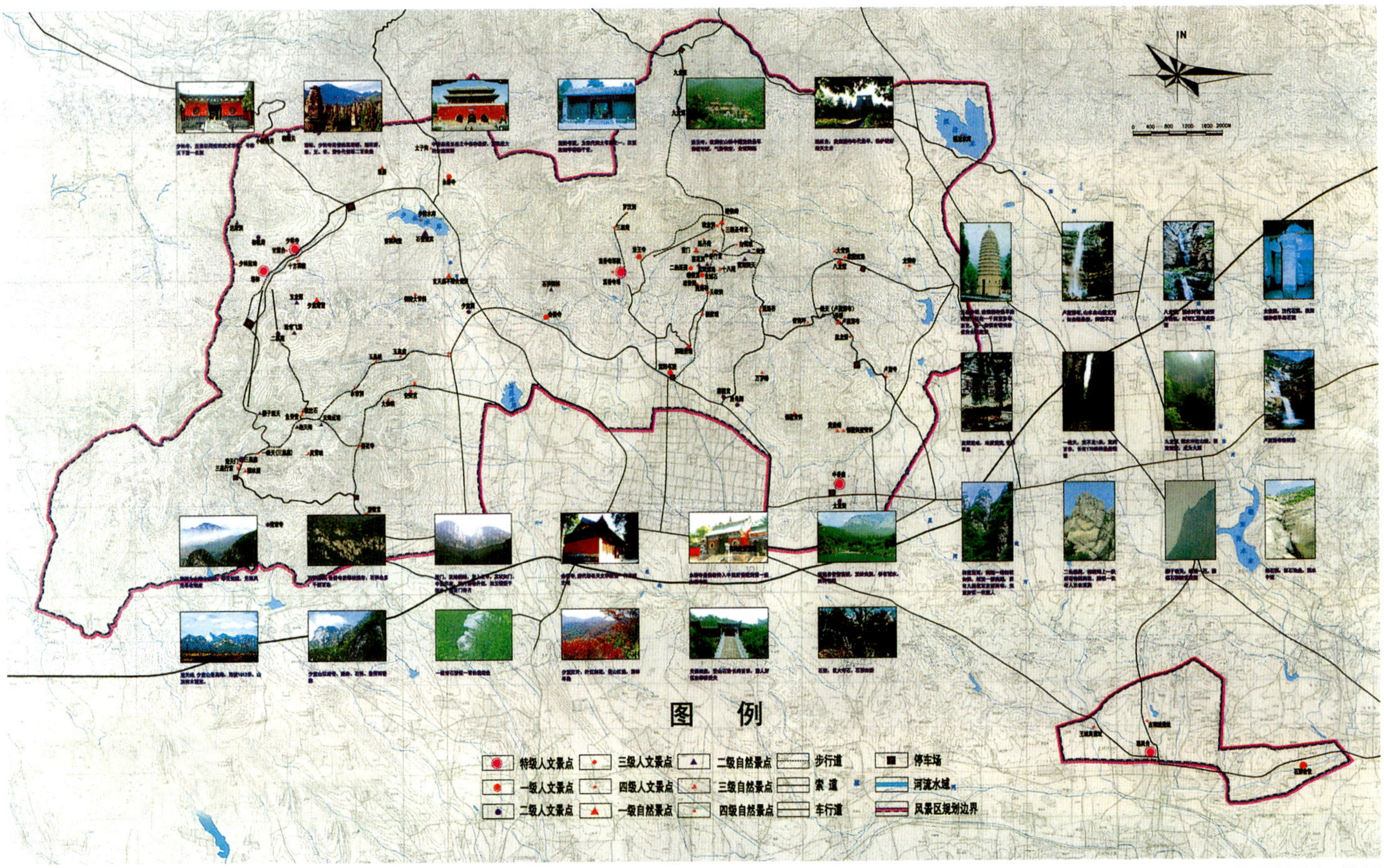

嵩山风景名胜区总体规划 2003–2020 ——风景资源评价图

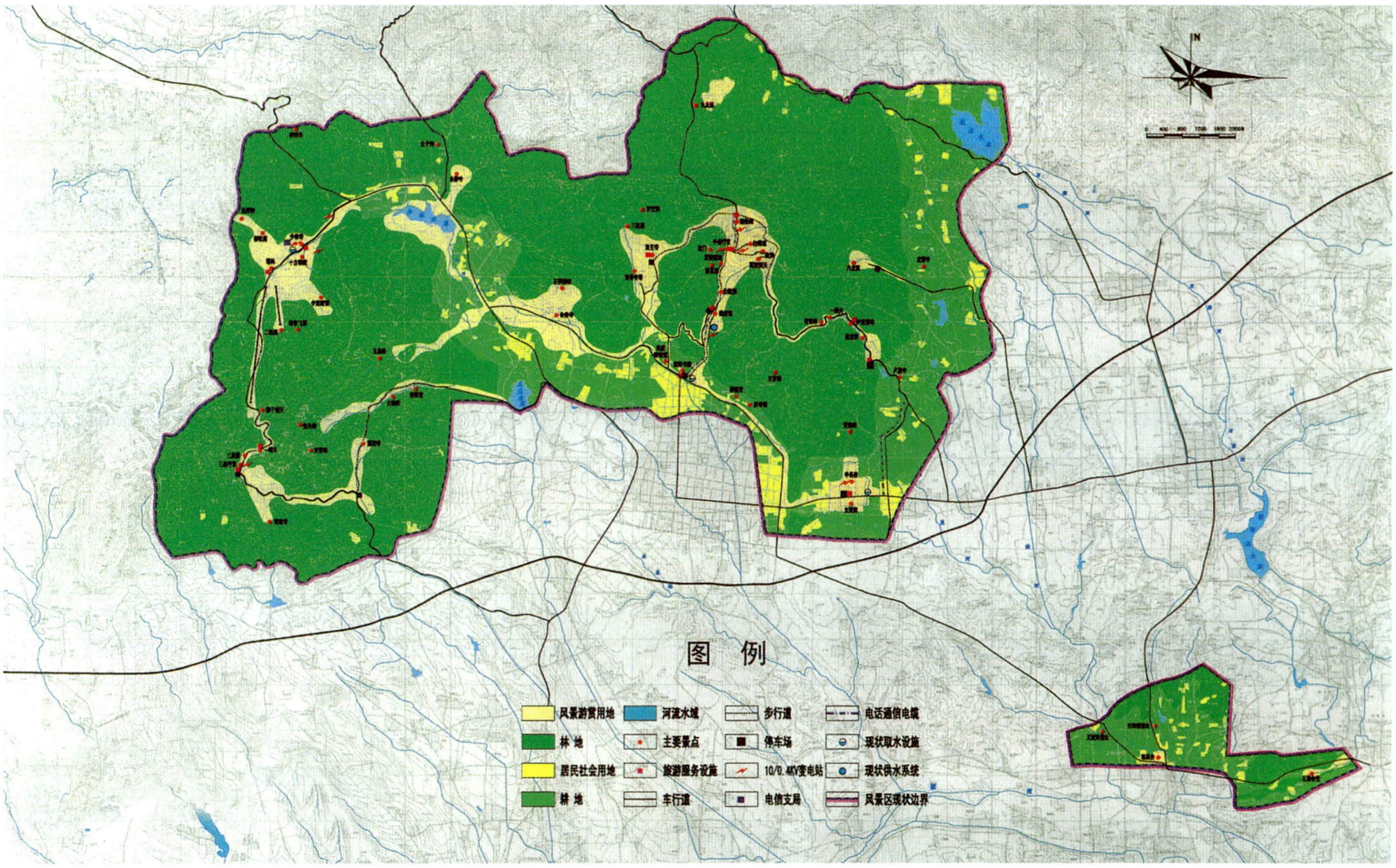

嵩山风景名胜区总体规划——综合现状图 2003

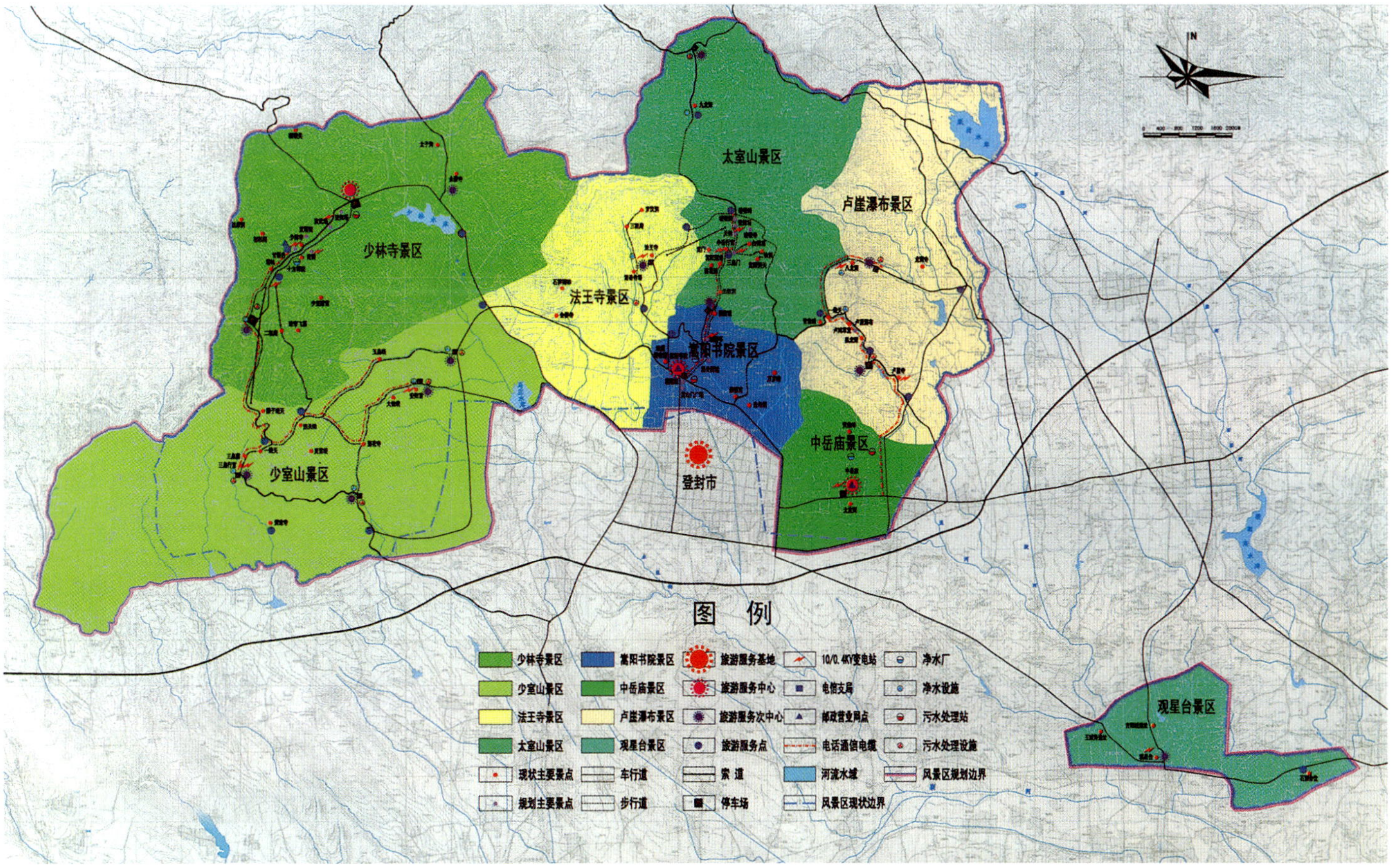

嵩山风景名胜区总体规划 2003-2020——规划总图

(3) 嵩阳书院景区，面积7.5km²（容量1.1万人次／日）。

(4) 太室山景区，面积22.4km²（容量0.6万人次／日）。

(5) 中岳庙景区，面积7.9km²（容量1.2万人次／日）。

(6) 少室山景区，面积40.2km²（容量0.8万人次／日）。

(7) 卢崖瀑布景区，面积24.3km²（容量0.24万人次／日）。

(8) 观星台景区，面积8.3km²（容量0.46万人次／日）。

5.2 总体布局结构

根据风景资源分布特点、风景游赏组织结构和游客分布规律等因素，规划总体布局构为“一条文化带、三条登山环线、四个核心游览区”。简述为“一带、三环、四核心”。

(1)一带

一带指西起少林寺景区，经法王寺景区、嵩阳书院景区、中岳庙景区东至观星台景区的人文观光带。

该游览带荟萃了风景区最突出的人文景观，是风景区历史最长久、游客最集中、在嵩山占主导地位的游览区域、也是自然植被破坏最严重、受城市影响最大、环境质量最差、最需要重点保护和改善景观的区域。

(2)三环

三环指三条主要登山游览环路。

中线自嵩阳书院、逍遥谷经崇唐观、中岳行宫登峻极峰，由峻极峰西侧下山至法王寺；西线自少室山东麓的玉皇峡登连天峰，有三皇寨下山至少林寺塔林；东线自八龙潭登山，由卢崖瀑布下山。

(3)四核心

四核心指四个核心游览区域，也是风景区内风景游赏对象最集中、规模最大、游客最集中的区域。

其一是少林寺与塔林区域；其二是嵩阳书院与嵩山门广场区域；其三是中岳庙与中岳庙广场区域；其四是峻极峰顶峻极阁与天钟区域。

6.10 古书名木保护措施

6.10.1 古树是树龄达到100年以上的各种树木。名木是指具有历史意义、文化科学意义或其他社会影响而闻名的树木。嵩山风景区古树名木约有684株，其中侧柏582株，桧柏18株，银杏20株，国槐23株，这些都是该地区的优势树种。

6.10.2 对所有古树名木登记造册，建立档案，统一编号，树立牌子，落实专人，对每株古树精心制定养护管理措施。任何单位和个人不得以任何理由、任何方式砍伐和移植古树名木。

6.10.3 对古树名木进行分级管理，胸径100cm以上的古树年龄大多超过300年，以及嵩阳书院的汉封将军柏，法王寺、少林寺内的古银杏，中岳庙的汉、唐、宋柏等定为一级古树，对其采取严格的护理和保护措施；其他胸径50～100cm的古树，年龄在100年左右的，定为二级古树。

6.10.4 一级古树要求每隔一定时间（一个月）就要进行一次检查，对其生长和环境的情况进行纪录，及时防治病虫害；二级古树也要进行定期的观察记录。

6.10.5 在距古树名木树基外侧3～5m范围内保持土壤裸露和植花种草，不得设置任何设施或堆放杂物，高大古树名木应安装避雷针，在距树冠边缘8m范围内不得安装炉灶、烟囱等热源，在古树名木的枝、干上除必要保护设施外，不得架设、缠绳、搭附它物或进行其他任何有损于古树名木生长的活动。

6.10.6 对衰弱的古树名木应采取松土换土，施肥灌水，整形修剪等复壮措施。

14.3 风景区用地平衡表

风景区用地平衡表

序号	用地代号	用地名称	面积（hm²）	占现状总用地（%）	面积（hm²）	占规划总用地（%）
00	合计	风景区规划用地	15138	100	16248	100
01	甲	风景游赏用地	506.31	3.34	914.81	5.63
02	乙	游览设施用地	0.12		2.0	
03	丙	居民社会用地	633.59	4.19	481.76	2.97
04	丁	交通与工程用地	53.04	0.35	84.06	0.52
05	戊	林地	11822.85	78.10	13060.45	80.38
07	己	耕地	1740.87	11.50	1323.70	8.16
08	庚	水域	381.22	2.52	381.22	2.34

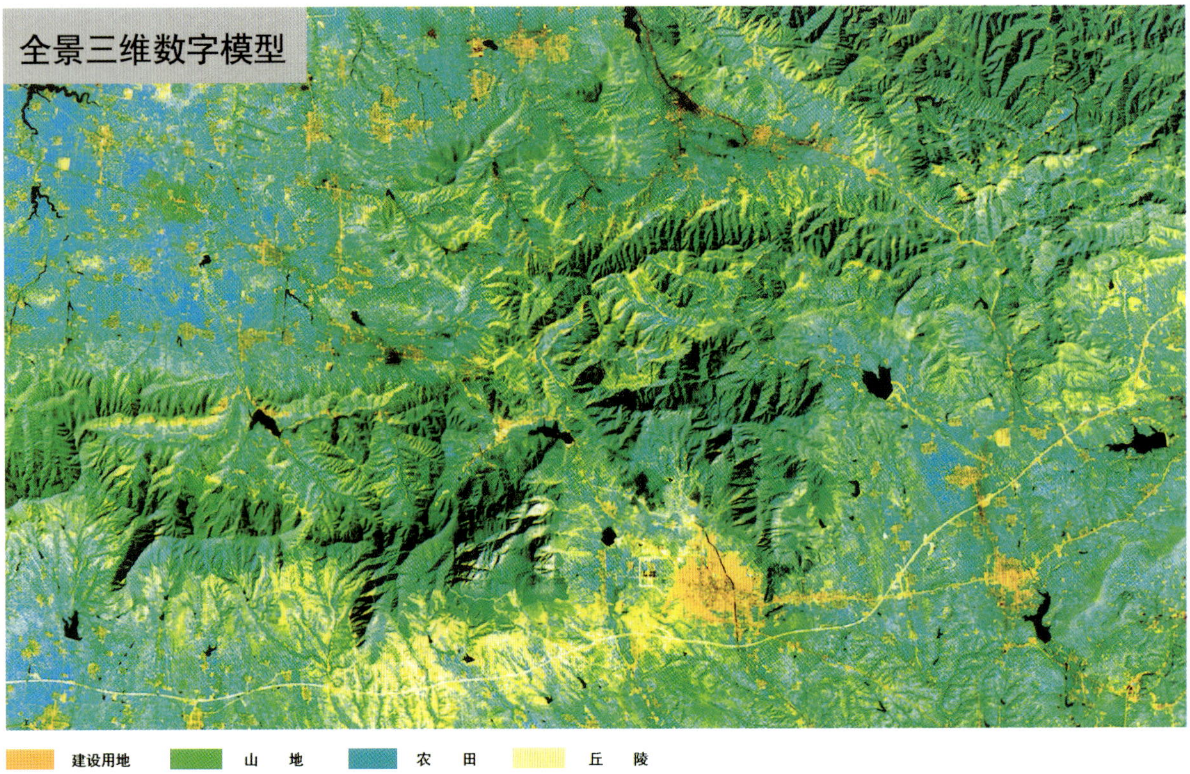

嵩山风景名胜区总体规划 2003-2020——全景三维数字模型

2 衡山风景区总体规划（节选）

一、现状概况

南岳衡山风景名胜区位于湖南省，地理坐标东经112°45′～112°50′，北纬27°12′～27°40′。南岳衡山自舜帝南巡狩猎至今，已有四千多年的历史，为我国著名的五岳名山之一。南岳衡山风光优美，有着丰富的文化内涵，以祭祀、宗教、名人、书院、湖湘、养生、抗战等文化均是特色。特别是禅宗文化，更是与南岳衡山有着难以分割的渊源。南岳衡山地处亚热带，生物多样性资源丰富，目前已发现维管束植物1122种、苔藓植物152种、昆虫1835种、蛇类28种，并保存有若干片原生性森林群落和大量的古树名木。

二、风景资源评价

南岳衡山自然景观和人文景观十分丰富，并以衡山“三海”(云海、花海、林海)，“四绝”(祝融峰之高、藏经殿之秀、方广寺之深、水帘洞之奇)，“五峰”（祝融峰、紫盖峰、芙蓉峰、天柱峰、石廪峰）享誉海内外，主要景观特征表现为独特的山景石景、奇妙的天景天象、众多的古树名木、生动的溪涧瀑布、迷人的泉潭湖泊、宏伟的宗教庙宇、肃穆的纪念建筑、丰富的摩崖题刻、淳朴的民风民俗、悠久的神话传说，并形成了“五岳独秀，文明奥区”的整体景观特色。

本规划根据《风景名胜区规划规范》将风景资源划分为二大类、七中类、二十一小类，计122个景观单元。其中一级景观单元18个，二级景观单元30个，三级景观单元50个，四级景观单元24个。

三、风景区性质与范围

1.规划范围、面积

本规划确定南岳衡山风景区的范围是：自南岳古镇向南沿107国道至何家大屋，转而向西至燕子石，沿南岳区界至雷钵岭；再向西北经银珠庵、绣花庵、妙高峰到狮子峰；转而向东沿石屋、天台峰、至潜圣峰，转向北经茅坪、老屋冲、降真峰达樟树垅；再向东经黄花林到龙凤乡，向南经长岭、紫盖峰、马家塘圮、大圆圮、枫木桥、曹家圮回到南岳镇。风景区面积100.7km^2，其外围保护地带范围与南岳行政区界线相同，面积80.8km^2。

2.规划性质

以“五岳独秀”和“文明奥区”为主要景观特色，以观光游览、宗教祭祀、文化探源、生态休闲为主要活动内容的综合性山岳型国家重点风景名胜区。

四、风景区布局与结构

风景区在功能分区和总体布局上呈现出“指状”结构形态，并且从点、线、面三个层次反映出风景区保护与利用的关系。

1.面状层次：本规划将风景区划分为四大功能区域，即：

1）风景游览区域：是指风景区内风景资源集中分布，以游赏、游憩活动为主要内

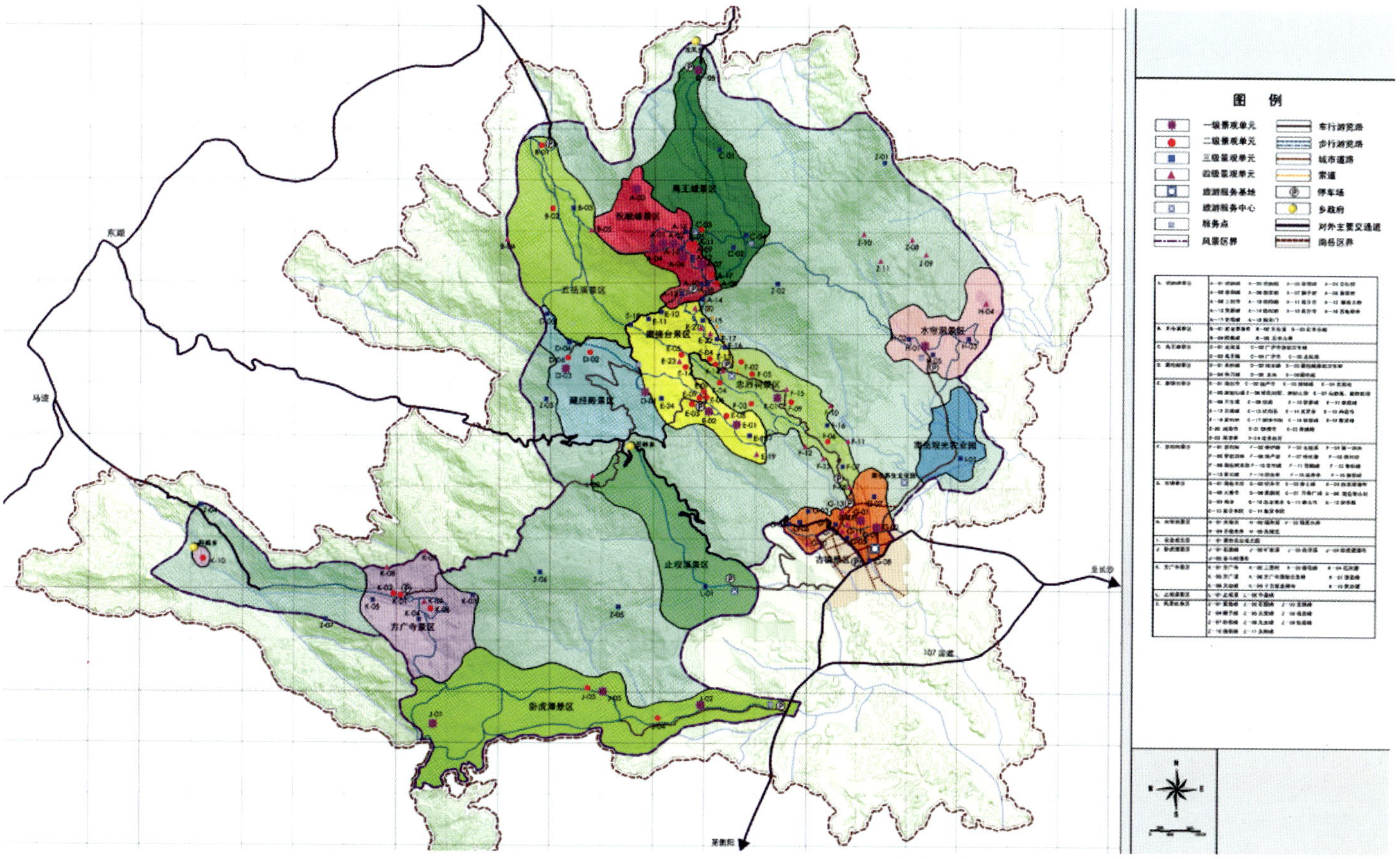

南岳衡山风景名胜区总体规划2003-2020——规划总图

容的空间区域，即景区。本规划共划分出十一个景区和一个观光农业园，十一个景区分别是：祝融峰景区、磨镜台景区、忠烈祠景区、藏经殿景区、禹王城景区、五岳溪景区、水帘洞景区、卧虎潭景区、方广寺景区、止观溪景区和古镇景区。其中祝融峰景区、磨镜台景区、忠烈祠景区、藏经殿景区、禹王城景区统称为核心景区。

2）风景复育区域：是指风景区范围内除景区外的其他区域，其主要职能是景观恢复和生态培育。

3）旅游服务基地：是指南岳镇，为风景区旅游服务设施集中分布的区域。

4）外围保护地带：是指南岳区行政范围以内，风景区界线以外的区域，是风景区的过渡缓冲地带。

2.线状层次：指风景区各类游览活动沿各级游览道路呈线状分布的特征。本规划将其确定为“二轴四线”的结构框架。分别是：

1）名山文化游览轴：南岳庙—南台寺—福严寺—磨镜台—玄都观—紫竹林—邺候书院—铁佛殿—丹霞寺—湘南寺—南天门—祝融峰—祝融殿。

2）山水生态游览轴：华严湖—树木园—玉版溪—麻姑仙境—灵芝泉—天柱峰—藏经殿—五岳溪—祝融峰。

3）卧虎潭—雷钵岭自然野趣游览线。

4）方广寺文化探源游览线。

5）水帘洞道家文化游览线。

6）止观溪生态休闲游览线。

3.点状层次：指风景区内服务设施建设呈点状合理分布于游览路线之上，并且表现为由外至内建设强度逐步减弱的控制等级。

五、保护培育规划

1.分区保护规划

1）资源严格保护区：是指风景资源价值高，同时对人类活动敏感的区域或对保护生物多样性及生态环境作用十分重要的区域。这一区域又分为地貌景观保护区、生态林保护区和自然植被恢复区三小类，总面积62.08km²。对资源严格保护区的基本要求是：严格保护景观的自然原始状态，禁止一切形式的人为干扰和破坏，除必要的科学研究、病虫害防治及林相改造外，禁止其他的人为活动（包括游览活动和农、林业生产）。资源严格保护区内若有居民应实施搬迁。

2）资源有限利用区：是指风景资源价值高，但对人类活动不甚敏感或经济活动符合风景区规划要求的区域。这一区域又可分为山水观光区、山野活动区、经济林区和田园风光区四小类，总面积36.48km²。对资源有限利用区的基本要求是：土地利用和使用强度必须严格控制在环境允许的容量以内，并符合风景区总体规划的要求。禁止一切对风景区景观及环境产生破坏和干扰的活动。

3）服务设施建设区：是指风景区内集中的旅游服务设施建设用地，共有9处，总面积1.21km²。对服务设施建设区的基本要求是：建筑选址、形式、体量、规模必须严格按照风景区规划要求，并履行法定的报建、审核、审批程序。服务设施建设必须符合环保要求，不对风景区自然生态和文化氛围产生干扰破坏，并且突出风景区建筑特色，形成景观。

4）古镇景观控制区：面积0.93km²，以保护文物建筑、传统街巷，反映真实的历史信息为主要目的。对古镇景观控制区的基本要求是：控制人口规模，恢复自然水系，增加景观绿地，改善基础设施，结合拆迁改造和新城建设，恢复南岳古镇原貌，提升旅游城镇形象。

5）外围保护地带：是指风景区界线以外，南岳区行政界线以内的区域，面积80.8km²。对外围保护地带的基本要求

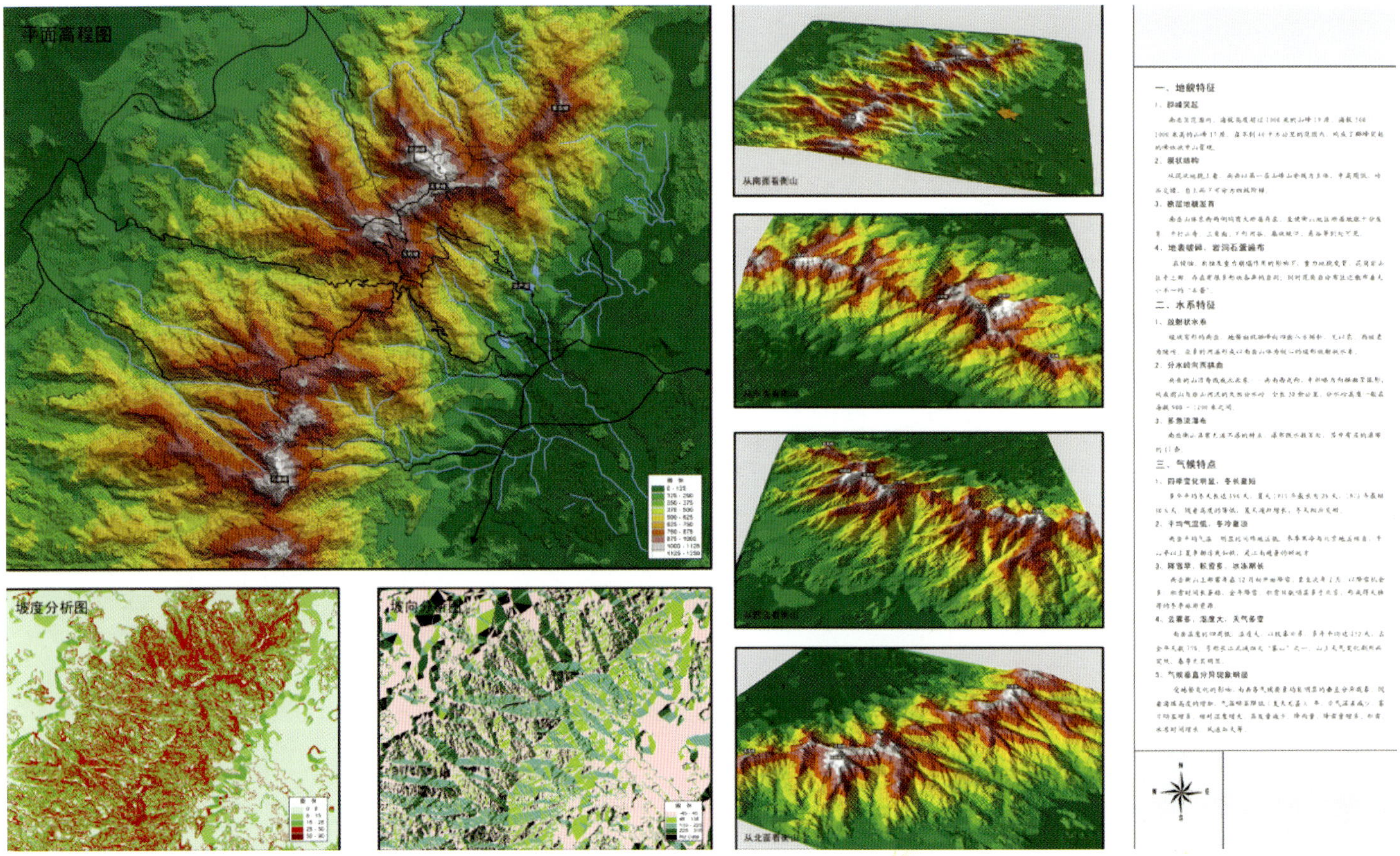

南岳衡山风景名胜区总体规划 2003-2020——景观分析图

是：在城镇建设区内控制城镇规模、控制环境污染，城镇建设应突出风景旅游城镇特色，所有建设必须进行环境分析和评价。在农村范围内严禁砍伐树木和开山采石，加强水土保持，农村居民点建设必须符合风景区总体规划要求，修建道路及其他一切建设活动不得损伤风景资源与地貌景观。

2.分类保护规划

本规划根据不同类型风景资源的特点，选择主要专项进行分类保护，共分为文物建筑、石刻碑刻、古树名木、水域、生物多样性等五类。

3.分级保护规划

本规划对风景资源除按分区、分类保护外，还依据景观的价值等级和敏感性，进行分级保护。共分四级，其中特级保护景观单元2处，采取封闭式管理，区内不得搞任何形式的人工设施，游人只在外围观赏，不许进入该区域，以实行特别保护。一级保护景观单元46处，可以设置必要的步行游览道和必须的游览设施，但不得设置住宿设施，严禁建设与风景区无关的设施，限制机动交通进入本区。二级保护景观单元60处，严格控制与风景游赏无关的建设，保护景观的自然特征，限制机动交通进入本区。三级保护景观单元14处，有序控制各项建设，并与风景环境相协调。

六、景区规划

1.祝融峰景区：以祝融峰为中心，南起芙蓉峰、北至翠鹫峰，东到皇帝岩，西至后半山亭，海拔高度在800m以上的区域，规划面积为2.9km^2。以雄峰奇岩、日出日落、云雾冰雪和神话传说为主要景观特色，以登高远眺、祭祀朝拜为主要游赏内容。规划重点是保护好现有独特的景观，拆除违章建筑，加强交通环境治理，增添观景设施，合理组织游览线路，实行步行交通，扩大游人容量，使祝融峰真正体现出南岳主峰的独特魅力。

2.五岳溪景区：位于后山地区，东起后五岳殿、观音岩，西到火坑、降真峰，北至老龙潭，南达祥光峰，面积6.9km^2。以山势陡峭、道路险峻、溪流蜿蜒、树木葱茏为主要景观特色，以登山探险、生态旅游为主要游赏内容。规划通过巧妙开辟游览石径，突出峰、岭、溪、涧、潭、瀑等自然景观，使游人充分体验自然山水生态乐趣，突出“五岳独秀”的景观特色，并通过对历史景点、游路的修复，再现南岳衡山的历史面貌。

3.禹王城景区：位于风景区东北部，南起金简峰，北至龙凤潭，西起翠鹫峰，东达广济寺，面积4.8km^2。以幽谷溪涧，飞瀑深潭、竹林茶园、禹城古迹等为主要景观特色，以自然观光、品茗访古为主要游赏内容。规划重点在保护好自然景观（竹海、原始次生林）的基础上，深入挖掘景观的文化内涵，通过修建禹王庙、南岳茶文化馆，以及沿龙凤溪种竹修路等，突出其独有的大禹文化和南岳茶文化、竹文化等，给游客以寻幽觅古之趣。

4.藏经殿景区：南起西线公路，北至祥光峰，西起文殊峰，东至天柱峰，海拔800～1000m，面积3.7km^2。以原始次生林群落和幽静的自然环境及藏经殿历史传说为主要景观特色，以欣赏植物景观和古迹探访为主要游赏内容。规划利用现状较好的林木条件，在保护的基础上充实提高，通过建设杜鹃园、百草园等，使之成为一处以植物景观为特色的景区。

5.磨镜台景区：南起集贤峰、北至芙蓉峰、西起天柱峰、东至衡山索道，海拔400～800m，面积4.0km^2。以禅宗祖庭南台寺、福严寺等古刹名寺及抗战遗址遗迹为主要景观特色。以宗教朝拜，山水观光，文化探源为主要游赏内容。规划加强文物古迹保护，拆除违规违章建筑，搬迁景区内居民，实行退耕还林，重点突出景区的宗教文化、

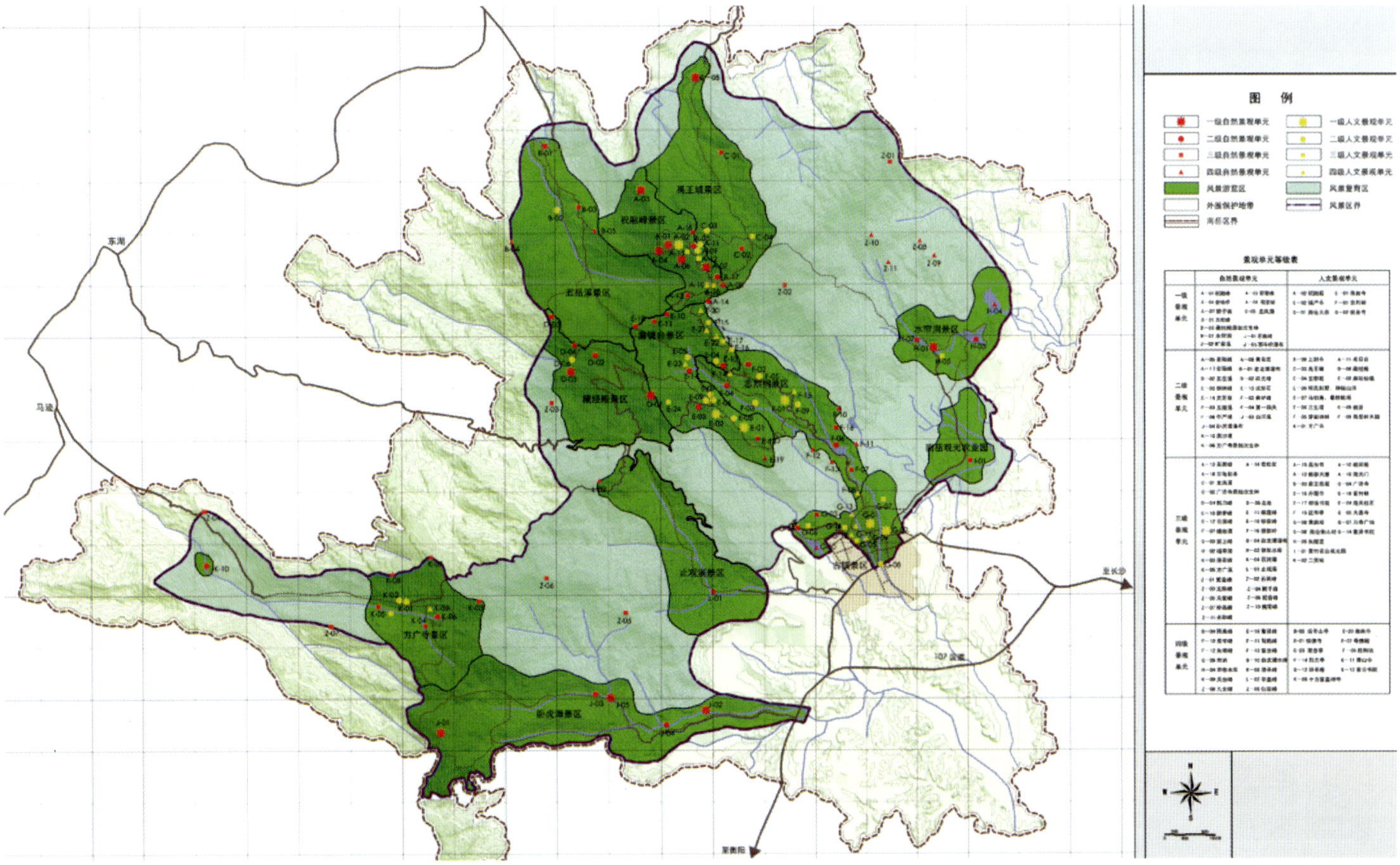

南岳衡山风景名胜区总体规划 2003-2020——景观单元评价图

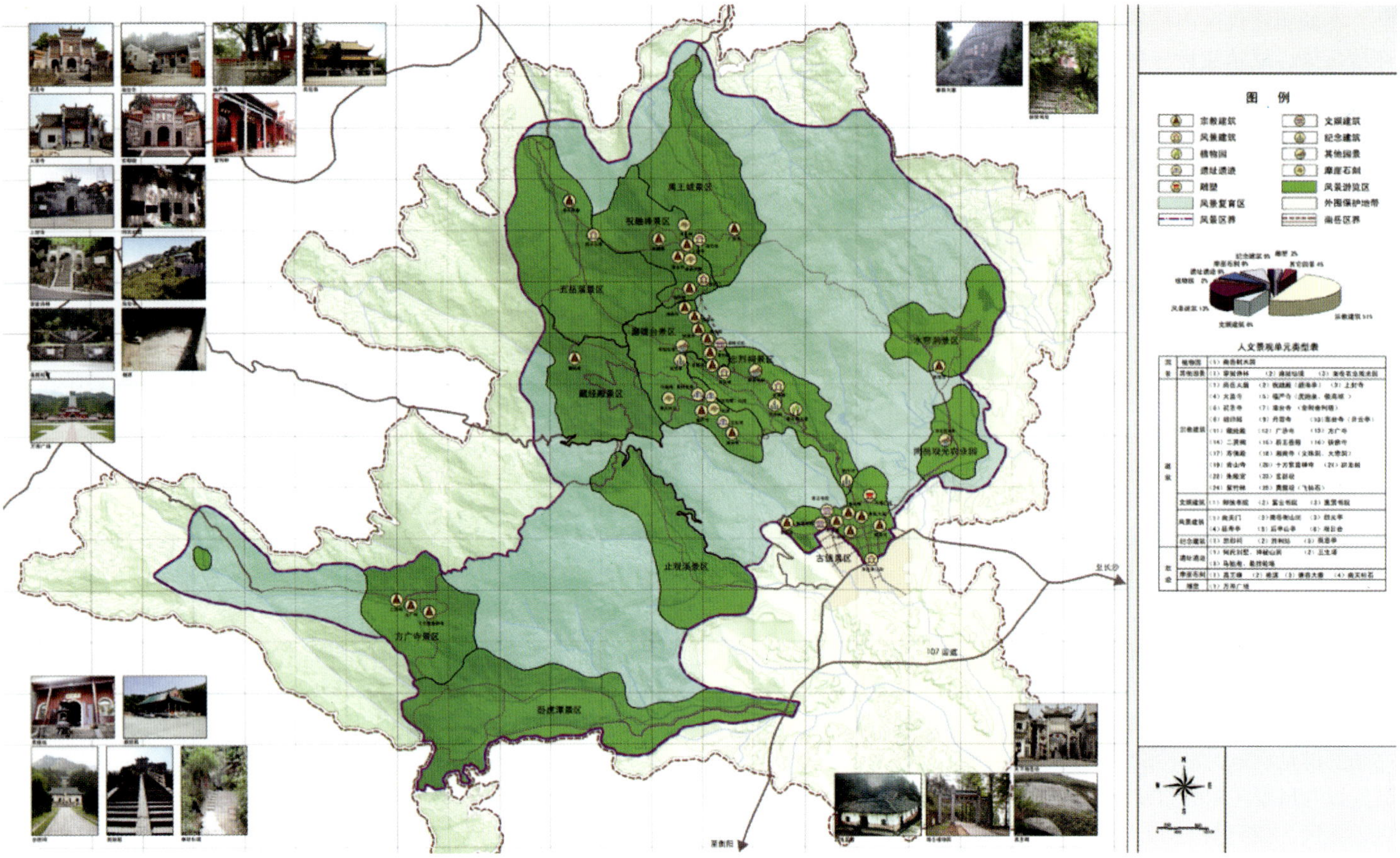

南岳衡山风景名胜区总体规划 2003-2020——人文景观单元分布图

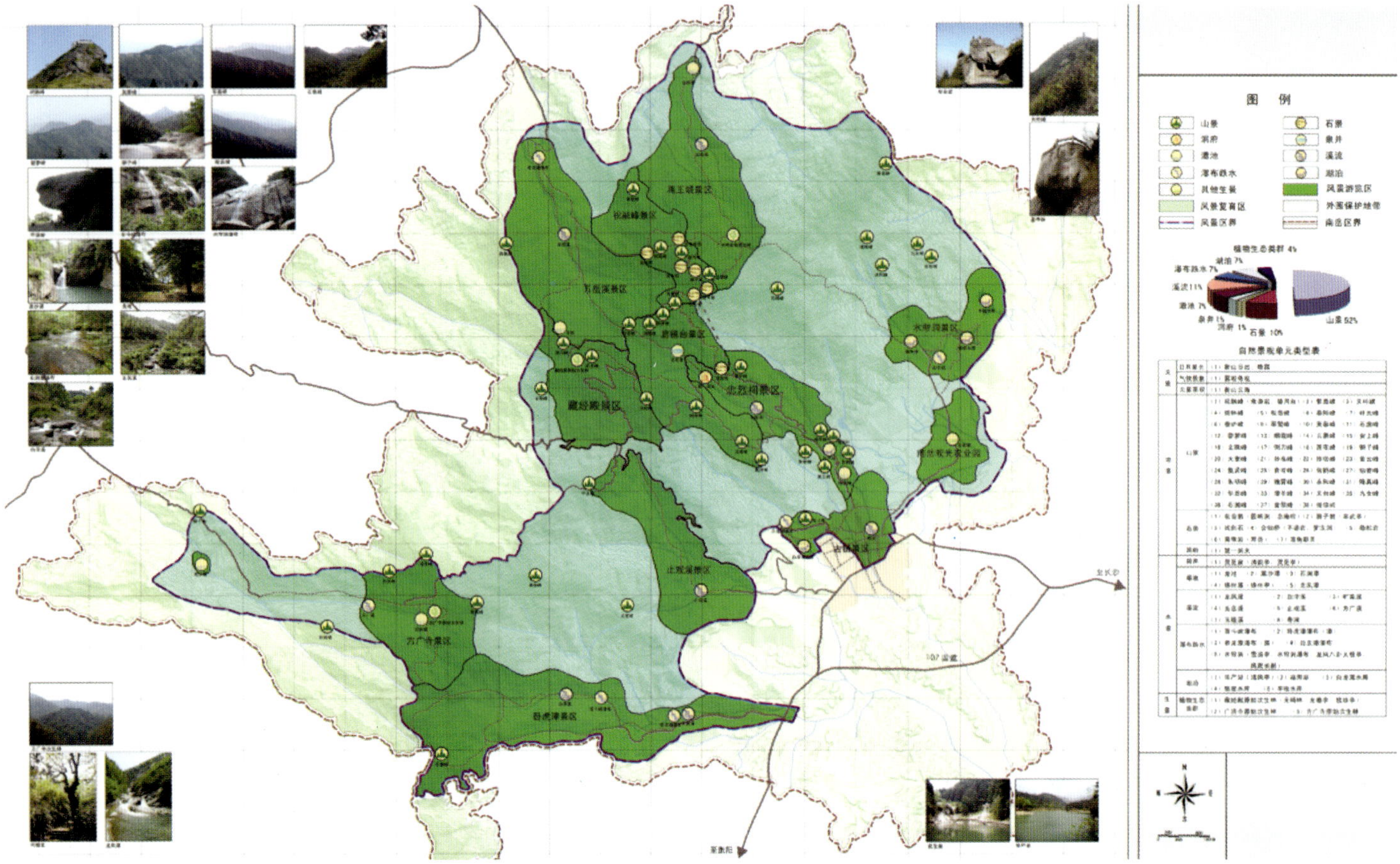

南岳衡山风景名胜区总体规划 2003-2020——自然景观单元分布图

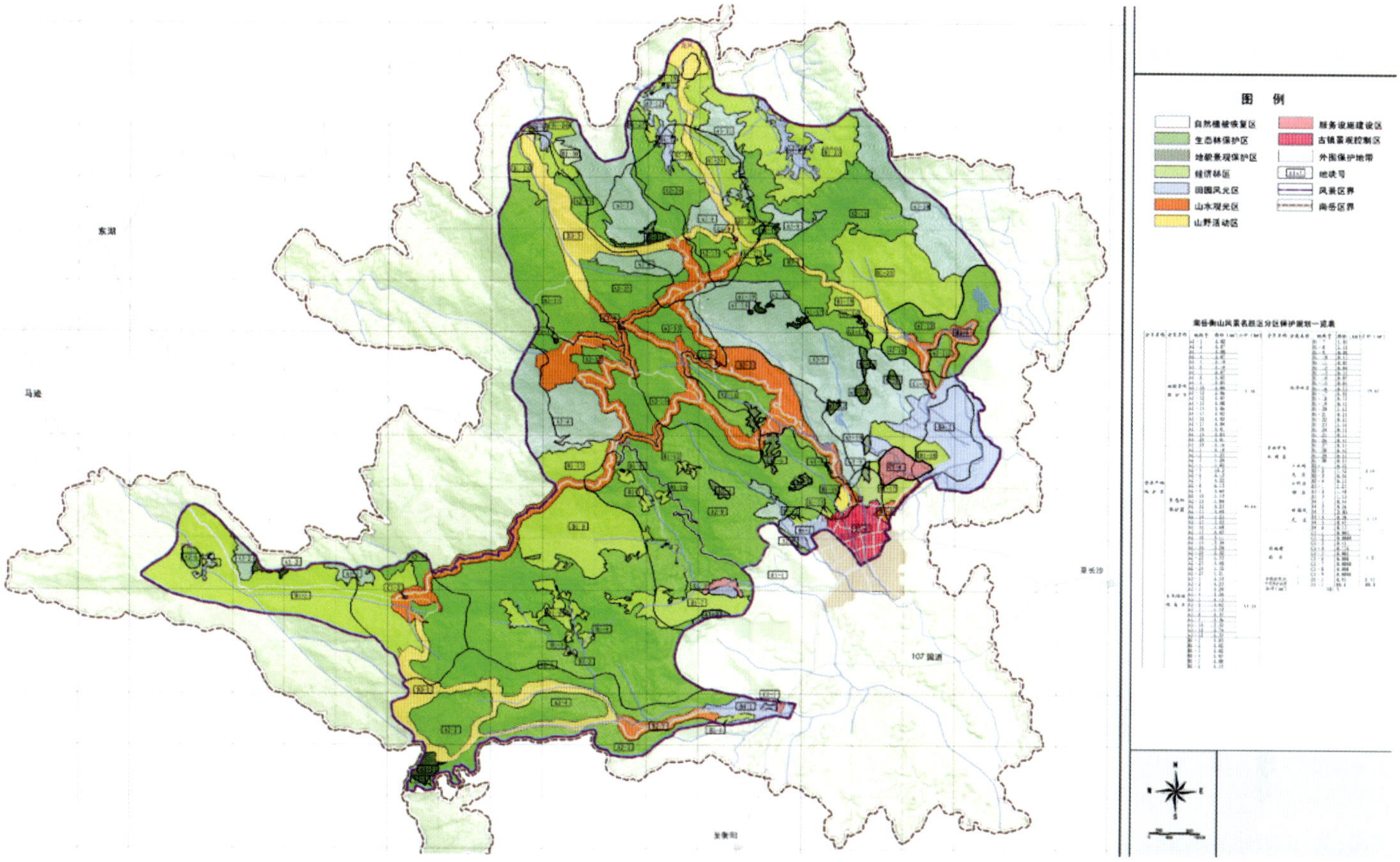

南岳衡山风景名胜区总体规划 2003–2020——景观分区保护规划图

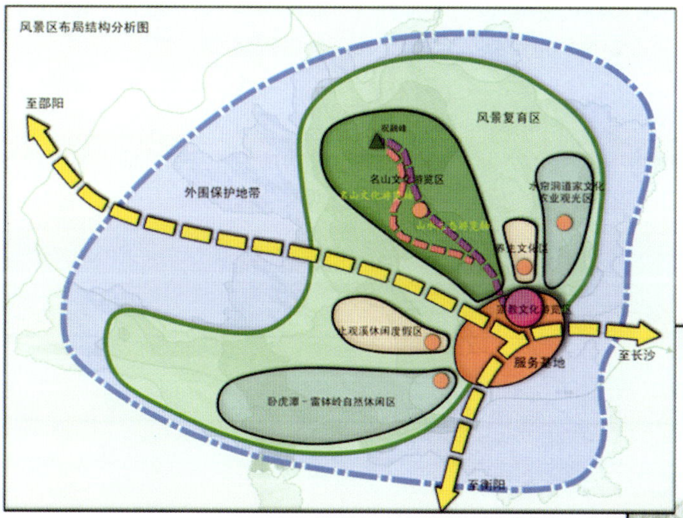

布局结构

根据南岳衡山风景名胜区风景资源分布特征，自然地理空间特征，以及适宜的功能活动内容要求，风景区在总体布局结构上呈现出“指状”结构形态，即形成以南岳镇为“掌心”，以各景区和功能区为“手指”的放射状形态，并且从点、线、面三个层次反映了风景区保护与利用关系。

1、面状层次：规划将南岳衡山风景名胜区划分为四大功能区域，即

●风景游览区域：是指风景区内风景资源集中分布，以游赏、游憩活动为主要内容的空间区域，即景区。本规划根据景源分布特征，共划分出十一个景区和一个农业观光园，分别是：祝融峰景区、磨镜台景区、忠烈祠景区、藏经殿景区、禹王城景区、五岳溪景区、水帘洞景区、卧虎潭景区、方广寺景区、止观溪景区和古镇景区以及南岳农业观光园。

●风景复育区域：是指风景区范围内除景区外的其它区域，其主要职能是景观恢复和生态培育。

●旅游服务基地：是指南岳镇，为风景名胜区旅游服务设施集中分布的区域。

●外围保护地带：是指南岳区行政范围以内，风景名胜区界线以外的区域，是风景区的过渡缓冲地带。

2、线状层次：指风景区各种游览活动沿各级游览道路呈线状分布的特征，本规划将其确定为“二轴四线”的结构框架，分别是：

●名山文化游览轴：南岳庙—南台寺—福严寺—磨镜台—玄都观—紫竹林—邺候书院—铁佛寺—丹霞寺—湘南寺—南天门—祝融峰—祝融殿

●山水生态游览轴：华严湖—植物园—玉板溪—麻姑仙境—灵芝泉—天柱峰—藏经殿—五岳溪—祝融峰。

●卧虎潭——雷钵岭自然野趣游览线

●方广寺文化探源游览线

●水帘洞道家文化游览线

●止观溪生态休闲游览线

3、点状层次：指风景区内服务设施建设，根据游览需要和资源条件限制，呈点状合理分布于游览路线之上，并且表现为由外至内建设强度逐步减弱的控制等级。

南岳衡山风景名胜区总体规划 2003–2020——功能结构分析图

抗战文化、养生文化，重现历史上衡山的人文精粹。

6.忠烈祠景区：南起胜利坊，东沿老干枕至南岳树木园，西自紫云峰沿瑞应峰东侧山麓至灵芝泉，海拔400m以下，面积3.2km²。以植物景观、溪湖水景和抗战文化为主要景观特色。以登山游览，探寻历史为主要游赏内容。规划通过对忠烈祠、南岳树木园、华严湖、玉版溪等重要景点的挖掘整理，增添游赏内容，完善游览设施，提升景区价值。

7.古镇景区：以南岳古镇为中心，南起107国道、北至朝阳峰，东起茶亭子，西至白龙潭，面积1.8km²。以寺庙建筑、古镇老街为主要景观特色。以游览观光、朝拜进香、民俗庙会为主要游览内容。规划通过对古镇区的更新改造，突出宗教文化特色和旅游景观形象，使之成为我国南方地区重要的宗教活动中心和展示寿文化的重要场所。

8.水帘洞景区：位于风景区东部，主要由水帘洞、福寿湖、银星水库、丰收水库及其周围的山体构成，面积2.7km²。以峭壁飞瀑、青山碧湖、摩崖题刻为主要景观特色，以游览观赏自然山水，探寻道家文化为主要游赏内容。规划通过开展生态绿化工程，退耕还林、涵养水源，突出“水帘洞之奇”，并通过恢复九仙湖水景及九仙观，展示道教文化内涵。

9.方广寺景区：位于风景区西部莲花峰下，南起老屋场，北至潜圣峰，东起莲花峰，西达洗衲池并包括黑沙潭景点，面积3.8km²。以“深山藏古寺”为主要景观特色，以游览山水风光，探访名人文化为主要游赏内容。规划通过修复方广寺、二贤祠，新建王船山纪念园，突出景区山深、水深、林深、文化渊源深的特色。

10.卧虎潭景区：位于风景区西南侧，由旷家溪、福昌寺、雷钵岭及其周边的山体共同组成，面积8.6km²。以奇峰峭壁、溪涧瀑布、山林野景、田园村舍为主要景观特色，以徒步山野探险观赏风景为主要游赏内容。规划以福昌寺为分界，福昌寺至雷钵岭段，突出自然野趣，以开展登山探险活动为主；福昌寺至皮家冲段，突出溪涧瀑布，广植香花植物，形成“十里溪水十里香”的景观特色。

11.止观溪景区：位于核心区外围，面积4.5km²。以山峰密林，溪流湖泊为主要景观特色。以休闲、度假、游憩、娱乐为主要活动内容。规划结合止观桥水库建设，修建小型分散式度假设施，发展休闲旅游。

12.南岳农业观光园：位于南岳镇黄竹村，面积1.6km²。以田园化的空间形态，开展采摘、垂钓、劳作等活动，形成可观、可游，并具有科普教育和较高参与性的新型旅游景观。

七、典型景观规划

规划在充分保护和有效利用传统景点的基础上，根据现代旅游需求和时代发展变化，提出“一路三溪五园三十六景”的典型景观规划。

1.一路——“天路历程”景观序列：规划通过对南岳大庙和古镇十字街的整治，以及修建“朱凤门”、“一天门”、“送子殿”、“宝善山房”、“敬香亭”、“报信台”、“中天门”、“省心亭”、“阆风阁”、修整半山亭至南天门石板游路，新建“南天门”、“北天门”、“西天门”和“东天门”等措施，突出南岳衡山历史上“天路历程”的游赏线路和景观内涵，表达“天人合一”的理想境界。

2.三溪——“五岳独秀”景观展示：规划通过建设玉版溪——“花溪寿谷”景观、龙凤溪——“竹溪茗香”景观、旷家溪——“香溪听泉”景观三大景观系列，突出南岳衡山“五岳独秀”的景观特色。

3.五园——“文明奥区”建设重点：规划在全面保护寺庙、碑刻、古建、古墓等景观实体的同时，通过建设南岳养生文化园、南岳禅宗故事园、南岳名人文化园、南岳树木园、南岳观光农业园等五大景园工程，突出“文明奥区”文化景观的特色。

4.三十六景——衡山风景形象代表：规划选择南岳衡山最具特点的三十六景，作为风景区自然景观和人文景观的形象代表，它们是：

祝融飞雪　喜阳观日　高台松风　仙桥试心
南天狮吼　毗卢禹迹
竹溪茗香　南台晚钟　福严梵唱　祥光蕴秀
五龙朝圣　翠鹫凌空
龙凤潭碧　花溪寿谷　香溪听泉　方广古韵
忠烈长青　天柱插云
龙池蛙会　邺候书香　香炉秋色　麻姑仙境
穿岩诗林　岳庙祈福
雷钵月色　水帘飞瀑　镜湖云游　银湖仙观
镜台省心　黄竹香荷
延寿汇芳　轸宿衡天　三生共话　朱凤翱云
烟霞叠翠　西岭花海

风景区土地利用规划一览表

名　称	现　状		规　划	
	面积（km²）	比　例	面积（km²）	比　例
风景游赏用地	3.27	3.25%	15.33	15.22%
游览设施用地	0.02	0.02%	1.21	1.20%
居民社会用地	2.27	2.25%	2.15	2.14%
交通工程用地	0.42	0.42%	0.73	0.73%
林地	64.33	63.88%	65.07	64.61%
园地	1.20	1.19%	2.78	2.76%
耕地	17.40	17.28%	9.95	9.88%
草地	5.68	5.64%	—	—
水域	3.25	3.23%	3.25	3.23%
滞留用地	2.86	2.84%	0.23	0.23%
规划用地	100.7	100%	100.7	100%

3 天台山风景区总体规划（2004 － 2030）（节选）

第六条　风景区范围

1.北片：北至迹溪北分水岭，东至螺溪东侧的分水岭，西至石梁溪分水岭、万年山、秀溪西分水岭，南至上三高速公路；

2.西片：分三个区，分别为寒山湖主汇水区、茶山溪流域、始丰溪中游河道两侧。

3.面积：①风景区面积为 131.75km^2，其中核心保护范围（特、一、二级保护区）面积为 56.02km^2。②外围保护带面积为 154.47km^2。

4.具体定界的标桩编号按六大功能区分开标注，国清赤城区的桩号为1－28，石梁华顶区为2－41，琼台桐柏区为3－40，寒山湖区为4－31，九遮区为5－34，始丰溪区为6－27。（详见标桩立界图）

第七条　风景区性质

天台山风景区是以“山水神秀，佛道宗源”为景观特色，以游览观光、休闲度假、宗教朝觐和科学文化活动为主要功能的山岳型国家重点风景名胜区。

第八条　风景区景源共有两个大类、八个中类、40 个小类、842 个景观景物。

第九条　风景区参评景点总数为232个，其中特级景点空缺，一级景点 19 个，二级景点 83 个，三级景点 96 个，四级景点 34 个。

第十条　天台山风景区拥有石梁瀑、国清寺、赤城山等“三绝”，恐龙（遗迹）、隋梅、桐柏宫、云锦杜鹃林等“四宝”。“三绝四宝六大功能区”凝聚成“山水神秀，佛道宗源”的景观特色。

第十一条　天台山风景的主要特征有：神奇灵秀的飞瀑溪涧，雄峻幽野的峰峦洞岩，绚丽多彩的森林田园，历史悠久的寺庙宫观，古远神秘的自然人文遗迹，久负盛名的佛道宗源。

第十二条　风景区发展目标

1.近期发展目标：①解决风景区范围与标桩立界；②健全管理机制，加强保护管理监督；③重点清理整合岭前、岭后两个功能区的整体风貌，兼顾其他四个功能区的启动项目；④提升风景区形象，增强自生、竞争与发展活力。

2.中期发展目标：①完善岭前、岭后两个功能区的整体形象；②完成清理其他四个功能区的整体风貌；③不断充实重要

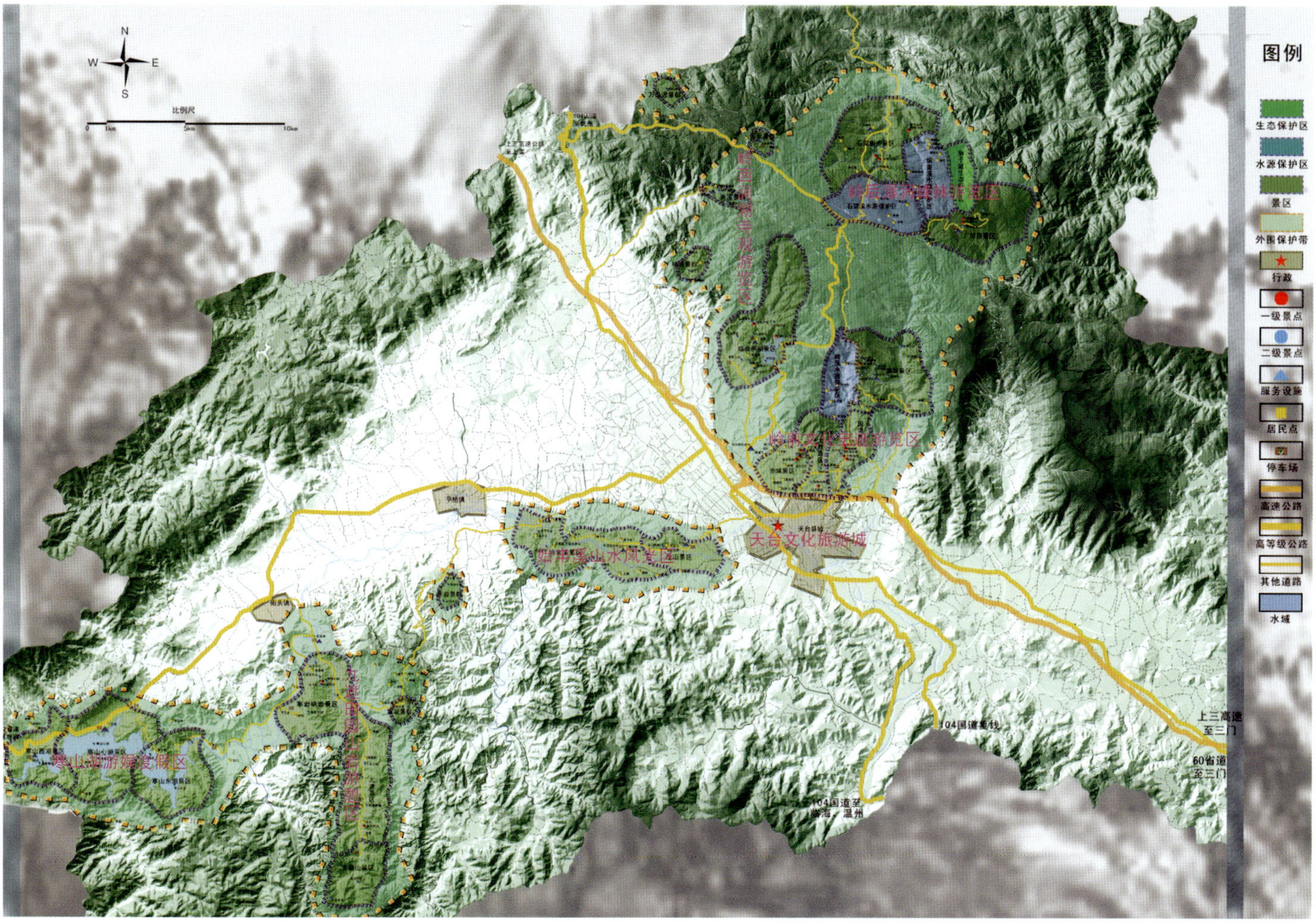

总体规划图

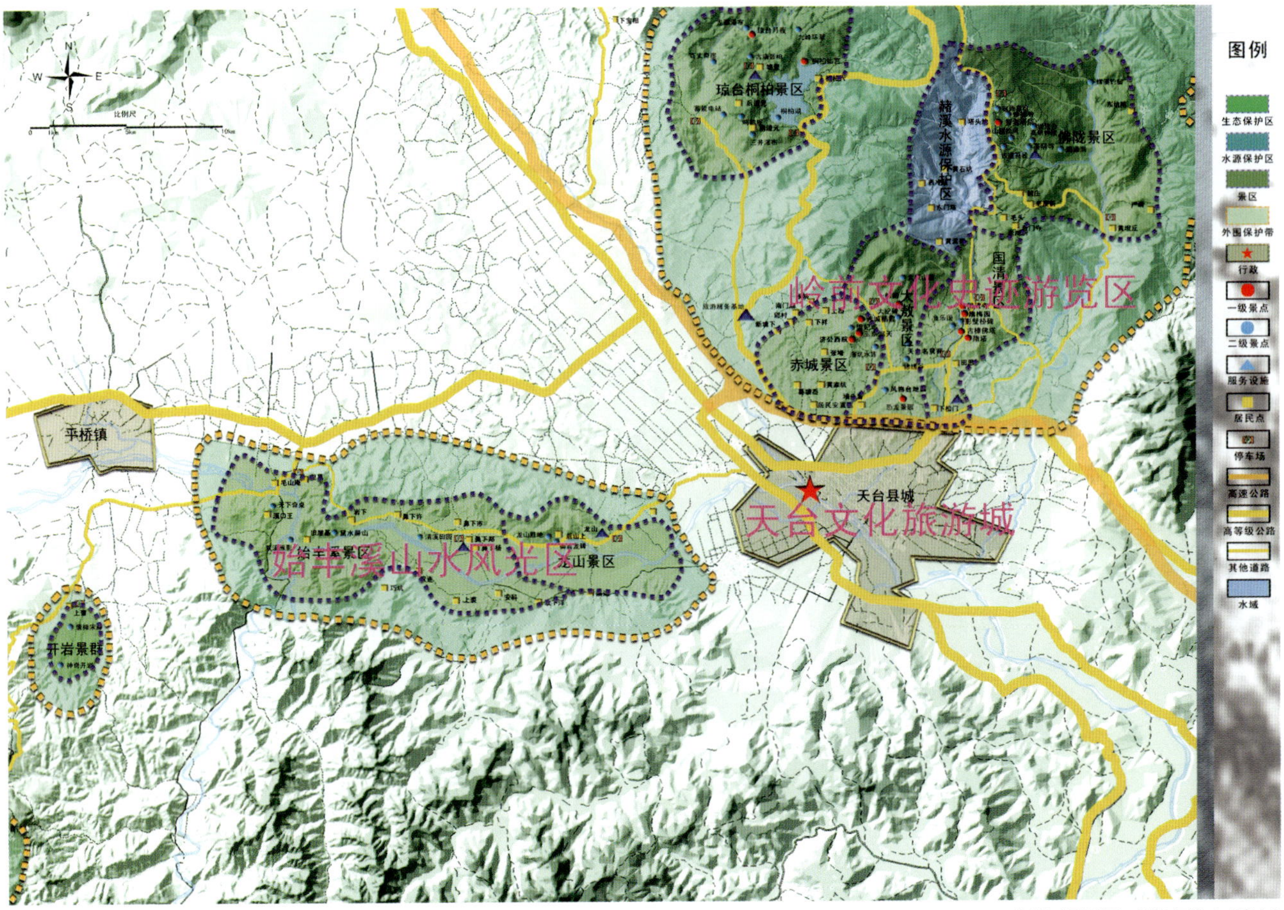

总体规划图（岭南始丰溪片）

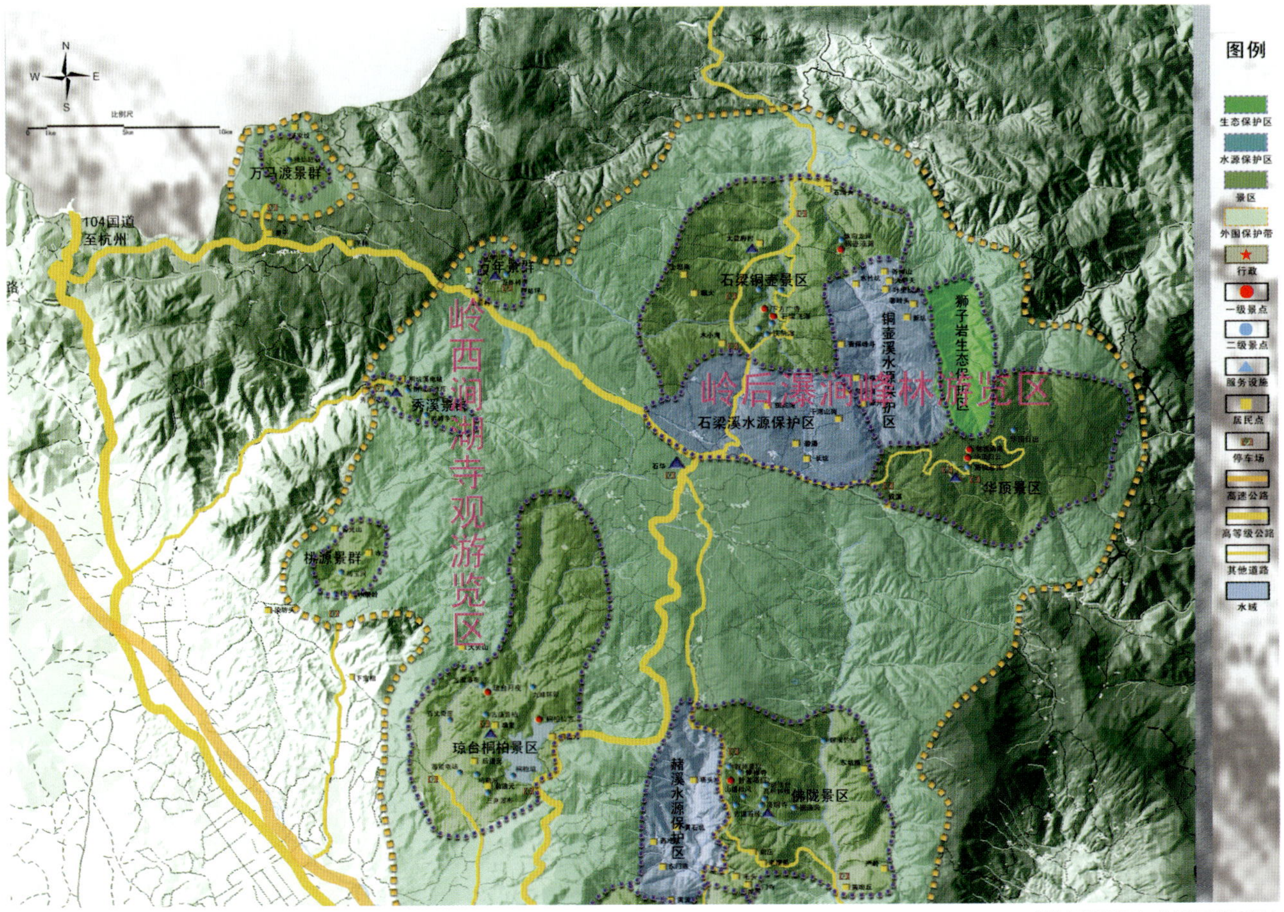

总体规划图（岭西岭后片）

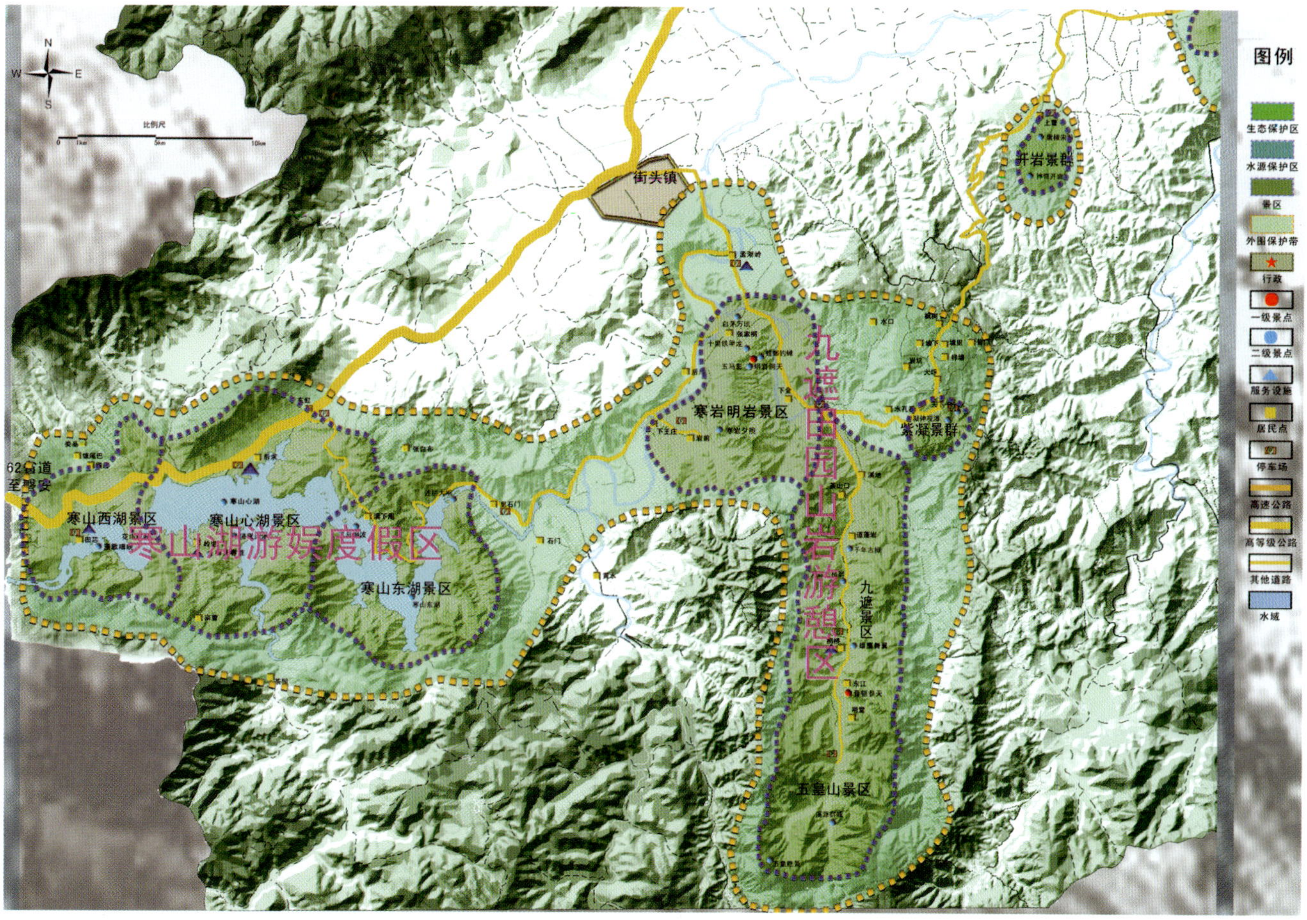

总体规划图（九遮寒山湖片）

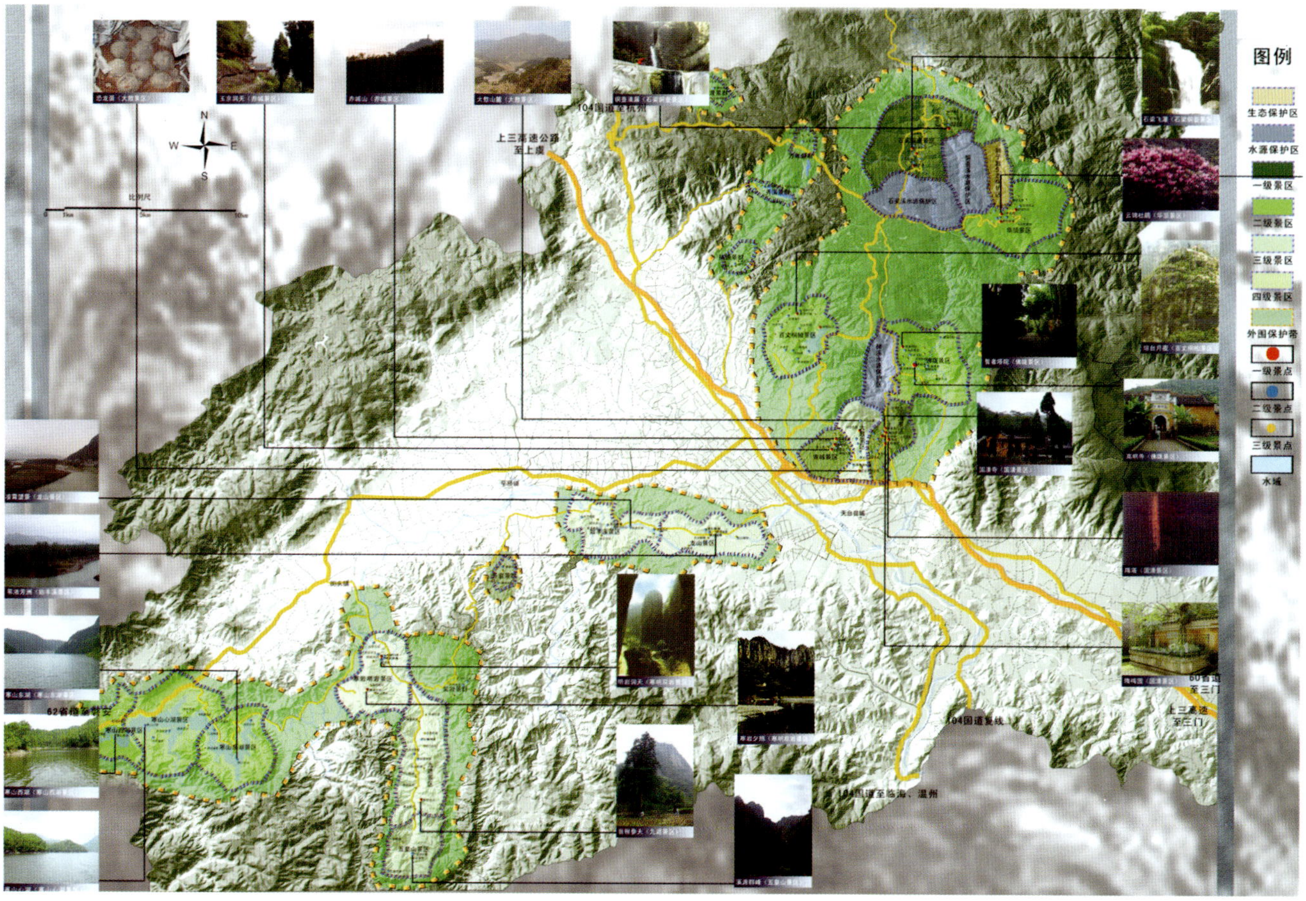

风景资源评价及现状分析图

标桩立界图(岭北区)

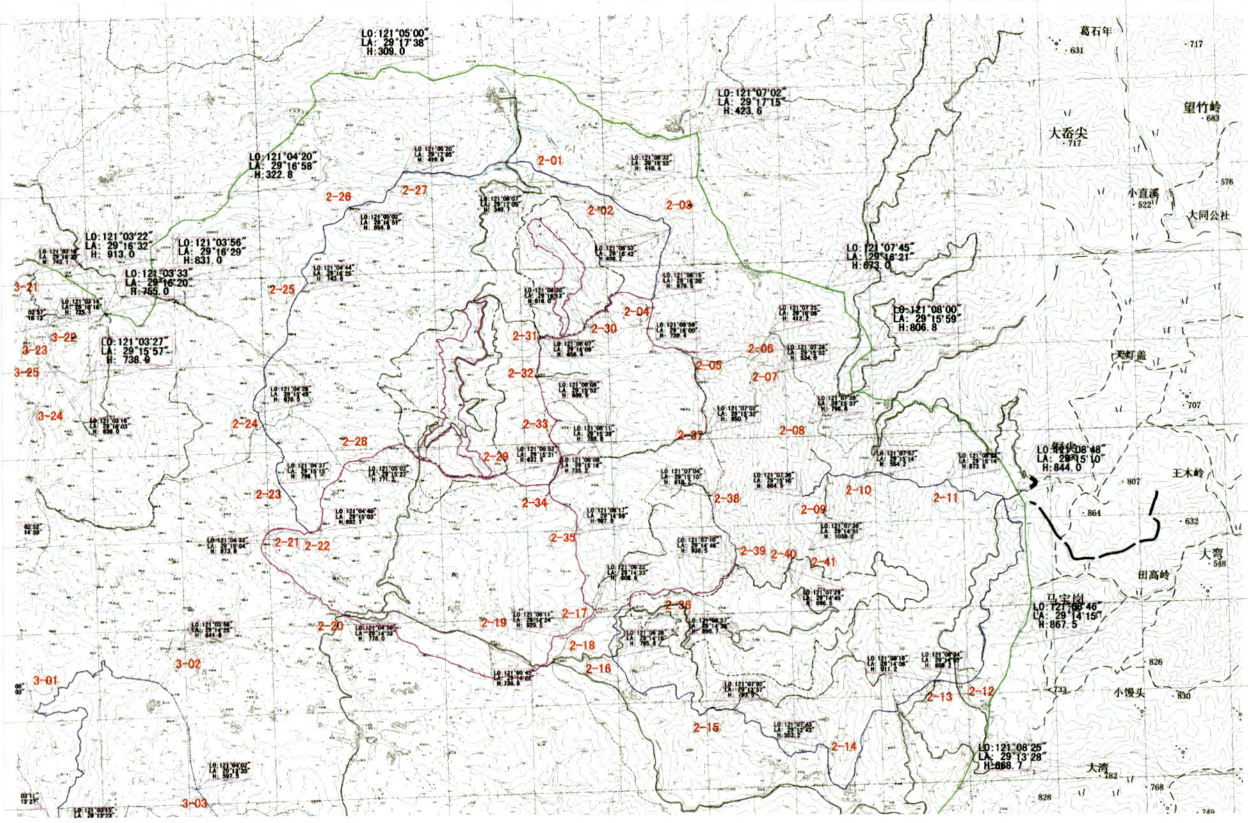

标桩立界图

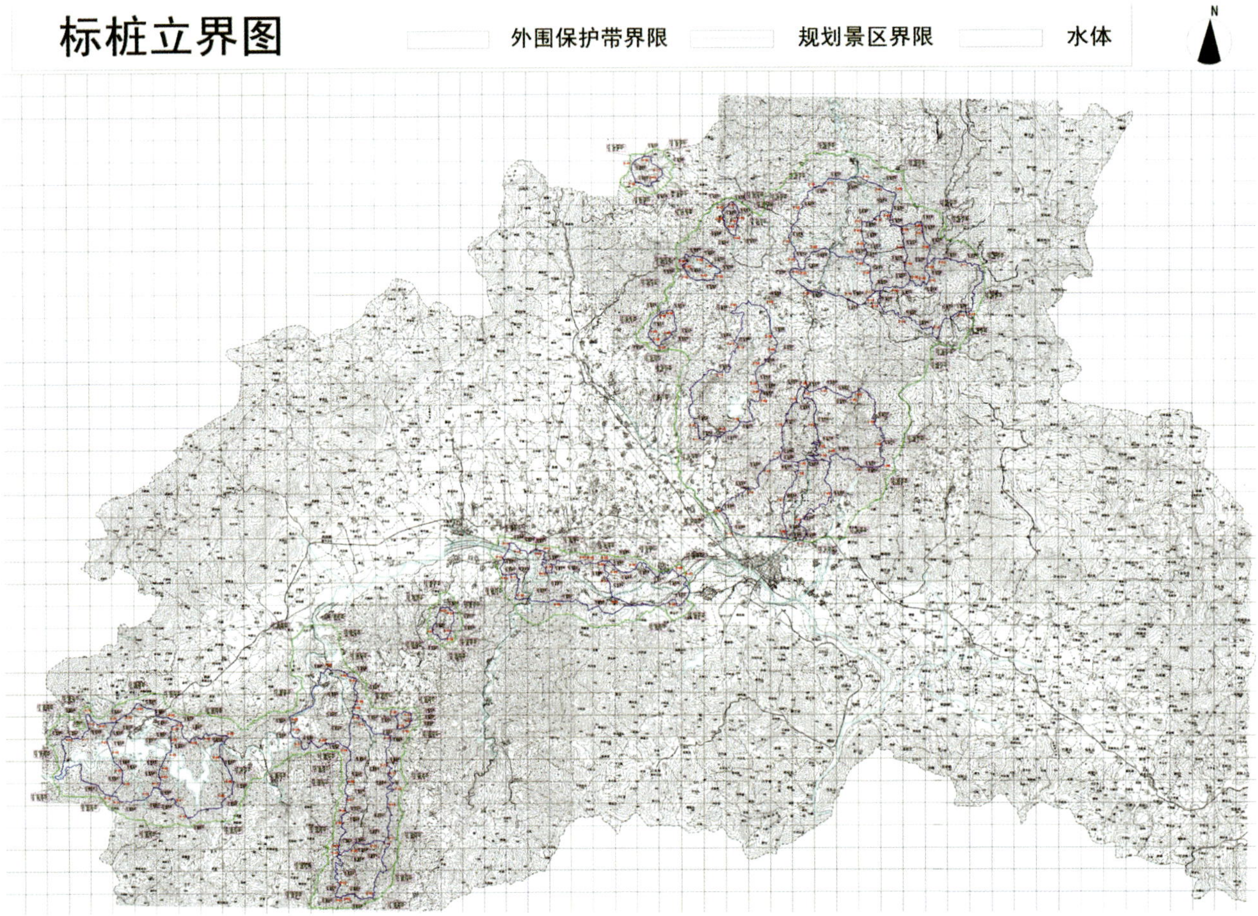

景区的游赏内容，提高风景魅力；④游客规模稳步发展，风景旅游经济地位得到不断提升；资源保护与综合效益基本达到满意状态，力争把天台山创建成一流水准的风景区。

3.远期发展目标：①岭前区、岭后区成为浙江省最著名游览区。②其他四个功能区的整体形象得到完善。③基础设施不断优化，游览线路、游览方式更加丰富多样，配套服务设施布局更加合理。④ 动态调控风景游赏、游览设施、居民社会三个系统之间的协调关系，促进保护、利用、管理、发展各环节的良性循环，成为经营管理与服务质量一流的国家级风景区。

第十三条　游人容量

风景区的日游人容量为2.2万人次；风景区的年游人容量为660万人次。

第十四条　人口发展规模预测（略）

第十五条　生态分区（摘）

风景区的生态状况分生态不利区、生态有利区、生态稳定区。

第十六条　生态措施（略）

第十七条　风景区分区

风景区由六大功能区组成，即①岭前文化史迹游览区、②岭后瀑涧峰林游览区、③岭西涧湖寺观游览区、④寒山湖游娱度假区、⑤九遮田园山岩游憩区、⑥始丰溪山水风光区。

第十八条　风景区结构

风景区结构是由风景游赏、游览设施、居民社会等三个系统组成的综合型结构，其中：风景游赏主系统完整地位于风景区范围内，有6个功能区、15个景区、6个景群、4个专项保护区和232个景点组成；旅游设施辅系统大都就近依托城镇，有2个旅游村、14个旅游点和18个服务部在风景区内；居民社会辅系统大都就近依托乡镇，有38个基层村和81个居民点位于风景区内。

第十九条　风景区布局

风景区整体布局形态：六大功能区呈“组团状”与县城服务基地呈“天”字形布局。15个景区呈“星座型”分布。

第二十条　保护模式（摘）

风景区采用分类保护与分级保护并用的方法。其中分类保护有生态、水源和史迹保护三类，分级保护有特级、一级、二级、三级等四个等级，并另设风景区外围保护带。

第三十五条　景区规划（详见一览表）

第三十七条　游线组织及游程安排

有六种不同特点的游线及游程，供不同游客选择。分观光一日游、观光二日游、观光三日游、全程观光游线、宗教专项游线、山水风光游线。

第三十九条　旅宿床位设置

近期床位数0.5万床，远期床位数1.4万床。

直接服务人员近期为1292人，远期4635人。

第四十条　游览设施布局

游览设施布局采用服务部、旅游点、旅游村、旅游镇和旅游城等五级相结合的布局方式。详略。

第四十一条　旅游服务基地分析

旅游基地结构为：以县城为核心，以平桥镇为辅助，建设街头旅游镇、石华和寒山湖旅游村。发展为“一城两镇两村”旅游基地格局。

第五十二条　居民调控分区

居民人口规模：2002年居民人数为31200人，2020年居民人数控制在20000人。

规划按无居民区、居民衰减区、居民控制区和居民聚居区四类区域对风景区内的农村居民点进行调控。

第五十四条　根据居民调控分区，配合县城城镇体系建设，规划建居民镇（旅游镇）、居民村（行政村）和居民点（自然村）三级管理。对农村居民点采取具体调控方法，分别将其划定为搬迁型、缩小型、控制型和集聚型四种基本类型。由于部分村庄的居民点在景区内位置不一样，因此调控以居民点为基本单元。详略。

第五十五条　企业调控规划

风景区内企业和单位，则根据其占地及对景观、环境所产生的负面影响以及改造思路，划分为搬迁、缩小、转产和发展四种类型。详略。

第五十六条　风景区经济结构总体上鼓励三产、调控一产、限制二产的产业排序，不同功能片区三者比例大小有变化。整合资源，分工协作，形成合理的产业链。强化生态经济建设，重视旅游商品的生产与加工。

第五十八条　风景区用地平衡

风景区规划用地平衡表

序号	用地代号	用地名称	面积(km^2)		占总用地(%)		人均用地(m^2／人)		备注
			现状	规划	现状	规划	现状	规划	
00	合计	风景区规划用地	58.2	131.7	100	100	1282	2827	未将外围保护带计入面积，按总人口计算
01	甲	风景游赏用地	14.5	41.1	24.9	31.2	1576	1868	按照游人平均量
02	乙	游览设施用地	0.5	1.9	0.9	1.4	54	86	按照游人平均量
03	丙	居民社会用地	3.1	1.8	5.3	1.4	310	90	居民平均值(现状居民为1万人，规划2万人)
04	丁	交通与工程用地	1.0	1.5	1.7	1.1	22	32	按风景区总人口计算
05	戊	林　地	18.8	58.6	32.3	44.5	414	1257	按风景区总人口计算
06	己	园　地	5.0	2.8	8.6	2.1	110	60	按风景区总人口计算
07	庚	耕　地	4.3	15.1	7.4	11.5	700	755	原规划未将部分耕地划进景区，耕地面积较少
08	辛	草　地	0	0	0	0	0	0	
09	壬	水　域	10.0	8.4	17.2	6.4	469	180	按风景区总人口计算
10	癸	滞留用地	1.0	0.5	1.7	0.4	22	11	河滩荒草地绿化成林地
备注	2003年，现状总人口4．57万人。其中：①游人0．95万人，②职工 0.50万人（管理服务人员为0.13万，其余为其他企业职工），③居民3.12万人								
	2020年，规划总人口4.66万人。其中： ①游人2.20万人，②职工0.46万人（管理服务人员），③居民2.00万人								

景区规划一览表

功能区	景区景群	景观特征	主题定位	规划构思
一、岭前文化史迹游览区	1.国清	佛教天台宗祖庭国清寺为隋代古刹，寺内古木参天，环境幽雅，有隋梅、隋塔、摩崖，珍藏文物古迹；寺外五峰环绕、双涧回澜、古樟苍松、楮溪清流	佛教台宗祖庭	①修通天台宾馆至城区山道，改变过境交通。②增加可游面积，调整游线。③修复朝圣古道，整治沿路景观。④增修寺外至木鱼山、磬山和寺后摩崖石刻的游览道。⑤恢复国清寺至赤城山的游步道，整修至周边山峰的登山小径。⑥清理国清寺内不协调的后续建筑；分期拆迁国赤路以北违章建筑，整修门区及至寺院两侧景观。⑦解决大佛城挤占道路绿化带问题。⑧和尚坟改名并规划为拆迁居民安置区。⑨楮溪沿线环境改造
	2.赤城	丹霞地貌景观赤城山，仙佛双修的圣地，济公活佛故里，名人逸事集粹。有道教第六洞天玉京洞、济公佛院、梁代古塔和摩崖石刻等景观，是天台山形象景区之一，代表景为天台八景之一“赤城栖霞”	丹霞名山济公故里	①增加游览内容，山顶增建鸟瞰、远望、休憩、纳凉避雨等设施。②延长游览线，形成环路，恢复赤城至国清的山道，将赤城、大敖、国清三景区成为一个整体。③分期搬迁宾馆、村庄，改造门区，前期拆迁入口区的民房和赤城宾馆的门房。④重视入口与登山序列。⑤海坑水库增加划船、垂钓项目，建环湖路等
	3.大鳌	大鳌山是县城北望第一高峰（海拔574m），位置优越，西赤城，东国清，有朝圣古道相连，是登高眺望的绝佳点，可以有效连接两个最主要景区，增加岭前游览区休闲、娱乐功能。有恐龙新种遗迹。规划为天台山山水文化集粹景区	山水文化博览	①北部以名人、文化、艺术为主线，南部以遗迹展示、风物介绍、民俗娱乐、特色商品为主题。②项目建设结合自然地形地貌，形成谷、坡、崖、坞、苑、溪、洼等景观单元。③大鳌山建一畅阁，与隋塔、梁妃塔遥相呼应。④建设岭前游览区主游道，加强三个景区联系。⑤建设民俗街、工艺品坊。⑥南部建游览区门区。⑦强化恐龙园、锦绣谷、大纪碑、一畅阁的主景线
	4.佛陇	古有塔院、修禅寺、太平寺、说法台及其周边地区通称“佛陇”之说，故称佛陇景区。修禅寺为台宗第一寺，现存遗址，还有高明寺、螺溪钓艇、圆通洞、摩崖石刻、古道等	幽溪古寺	①恢复修禅寺，整修塔院和高明寺，修旧如旧。②规划修通城区经狮子口水库至岭头公路。③幽溪谷地修建入口。④恢复周边山地植被，营造深山藏古寺意境，分期将陡坡山地退耕还林。⑤调整游线，修复螺溪古道，沿幽溪逆流而上，拜高明寺，再游塔院、修禅寺等。⑥分期拆迁周边影响景观建筑，拆迁部分村庄，控制居民人口发展。⑦高明寺提供特色食宿服务
二、岭后瀑涧峰林游览区	1.石梁铜壶	以瀑布穿过天生桥的奇景“石梁飞瀑”、花岗岩铜壶地貌和“五百罗汉道场”下方广寺最为著名。有着独特的花岗岩地貌和植被丰茂的溪谷形成的瀑布潭池、摩崖奇石等景观资源，还有昙华亭、仙筏桥等古迹	名瀑溪谷古寺	①清除过境交通干扰，公路从西部改道。②景区主入口建在铜壶隧道口。③延长游线，增加游人容量。④拆迁石梁瀑左侧违章建筑，恢复昙华亭。⑤增建各角度观、听瀑设施。⑥增加游道沿线的趣味，游玩赏结合，可玩水、看水、品水。⑦增设游步道，丰富游道建设方法，险要处修护栏。⑧部分潭池增加水上游戏参与项目
	2.华顶	天台山主峰华顶峰（海拔1098m），诸峰如莲花盛开，秀峰衬顶；以天象景观和高山植物景观为主，可观日出、奇云，还有云锦杜鹃林、古柳杉群、华顶寺和众多文化史迹，海拔适宜避暑	峰顶奇观避暑胜地	①保护现有植被，扩大云锦杜鹃林面积，重点植物：浙江七子花、鹅耳枥、古柳杉林等名木古树与植物景观。②整修华顶讲寺、东西茅蓬遗址、太白堂、右军墨池等人文景观。③恢复茅蓬接待区，拆除另建避暑山庄。④寺前道路改道，保护寺院与古木。⑤延长游道至学堂岗和天柱峰，游道建成环线。⑥挖掘悠久的宗教文化与茶文化，适度发展避暑旅游。⑦结合串联四季的云雾、日出、雾凇等自然景观，建观景点
三、岭西涧湖寺观游览区	1.琼台桐柏	百丈坑峰峦叠嶂，溪涧潭池，飞瀑流泉，形态各异，有琼台、双阙等奇岩。道教文化深厚，千年宫观桐柏宫为道教南宗祖庭，九峰环抱，前有桐柏湖为蓄能电站，还有琼台庙、鸣鹤观等古迹，代表景为史称天台八景之首“琼台夜月”	奇岩峡谷道教南宗祖庭	①择新址修复桐柏宫，挖掘道教文化，完善“佛道宗源”的主题。②恢复周边植被，陡坡山地退耕还林。③改造琼台游赏环境，增建赏月、观景的亭台；险要处修建栏杆。④修通百丈峡谷上游步游道，建设水上娱乐设施，丰富桐柏湖游玩内容。⑤关注蓄能电站水面变化，采取积极措施降低负面影响。⑥整修琼台庙、鸣鹤观，中远期恢复三井瀑布，修建八仙台等观景设施。⑦分期拆迁重点区内居民，建设塘里旅游点
	2.万马渡	花岗岩岩溶地区河谷长达数里的壮观石景，还有天姥岩、朝笏岩和摩崖铭刻等	奇石文化	①恢复河谷植被。②修通车道，长远与干道连接。③拆除电站，恢复自然水流，形成水中石景。④收集区内奇石集中展示。⑤建天姥岩、朝笏岩观赏点。⑥河谷区退耕还草，不宜种植大树
	3.万年	八峰环抱，山阜拱卫，秀峰林立，深谷藏幽，万年寺为“宋代五山十刹”之一，北依万年山，南临万年水库，形成带状景观走廊。万年寺内有巨柱，寺前有古杉，现为佛教研究院	禅宗古寺佛教研习地	①保护古树和寺院建筑，寺内景观与佛教学院氛围协调。②加强植被绿化工作，邻近山地退耕还林。③分期搬迁居民。④规划修建从大兴坑岭头经万年寺至新昌公路，要与景区衔接自然，距离适中。⑤通过游步道建设，将水库、寺、山连成整体，进一步与秀溪景群连接
	4.秀溪	以秀溪峡谷和桐坑溪水库为景观主体；秀溪峡谷两侧，群峰秀丽，峡谷幽深，景色自然天成；电站大坝造型秀丽，结构精巧；水库水量充盈	秀谷峰嶂	①保护山地自然风貌，保证水体不受污染。②加强湖区四周绿化，逐步退耕还林。③合理引导农民开展经济活动，多种植果树。④谷地可利用水电站建筑修建小规模度假村。⑤库区中远期可发展野钓、野营和划船项目。⑥库区四周禁建食宿设施
	5.桃源	河谷蜿蜒曲折，路转景异，瀑布潭池随处可见，奇岩异峰两侧林立，景色野弩。有采药径、仙人洞、棋盘石、惆怅溪、鸣玉涧、双岩夹溪等景点以及美丽传说，谷外有护国寺遗迹。代表景为古八景之一“桃源春晓”	野趣桃源	①拓宽进景区公路，路两侧加强绿化，上宝相则需改善村境环境。②修建停车场和比较自然的入口区。③水电站中远期宜拆除。④整修游步道，保持自然曲折悠长的特性，险要处增建部分防护设施。⑤加强峡谷绿化，保持自然布局，增种各类桃树，部分地区形成丛、群，修通至岭上的游道，避免回头道。⑥逐步加强岭上绿化工作，恢复自然环境

续表

功能区	景区景群	景观特征	主题定位	规划构思
四、寒山湖游娱度假区	1.寒山心湖	水域开阔，湖岸曲折形成许多半岛湾汊，四周梅林、竹林与岩景、石景、山景相映成趣，有鹤立双峰、雄狮伏地等山景和柳岸翠堤	湖泊休假地	①为休假区，以湖景建设为主。②加强湖岸植被景观建设。③湖岸修建游船码头，完善水上游线。④南部山区建设登山、远足等活动区
	2.寒山东湖	湖面烟波浩淼，大坝工程宏伟壮观。湖中有三岛、鸬鹚岛，湖岸有观景亭，石门石景壮观	水上游娱	①以水上娱乐、游赏活动为主。②恢复湖区周岸植被，加强植被景观建设。③湖岸四周岛屿、半岛的合适位置设观景设施，增加鸟瞰、乘凉、休憩等功能。④拓宽大坝至后求湖岸公路，南岸修建游步道，连接三个景区
	3.寒山西湖	湖区四周植被尚好，环境优美，有渔村、花墙秋景等	渔家乐	①建设风景区西部大门。②重视植被恢复与水质保护，建水质水文监测设施，防范洪水和水质污染。③结合地形，修建民居式渔村，备特色山珍湖鱼和农家特色饭菜等。④加强水位涨落地带的植物景观研究培育
五、九遮田园山岩游憩区	1.寒岩明岩	石灰岩岩溶地貌，山岩陡峭，奇石怪洞，断崖绵延，飞瀑流泉，历史传说众多，隐逸诗派创始人寒山的主要活动区，有寒岩、明岩和十里铁甲龙等主要景点，也可欣赏到四周分布的崖景、岩景	峰崖岩洞 寒山文化	①加强绿化，恢复植被。②保护岩体，恢复寒岩、明岩瀑布，恢复寒岩下水域，建设明岩晨曦、寒岩夕照等名景。③修复岩内宗教建筑。④明岩洞内地形变化，地势起伏，面积适中，园景特色鲜明，规划建岩园精品。⑤整修山上游道，将两岩、崖景连成一片，自成环线。⑥收集整理寒山文化，形成系统展示内容
	2.九遮	山水田园九遮九换。其间一湾山溪，两壁青山，千年榧樟，古村、古犖桥、古洞、古道，构成一幅长卷山水画廊，是典型的江南山水田园风光	田园风光 山水野游	①控制村居和景观建设，重视九遮自然景观的变化。②改善村落环境，形成自然、古朴、卫生的和谐环境。③道路建设要保持自然风貌，整洁古朴，顺其自然。④改变上游水流截流现象。⑤修建村落式游客食宿接待设施。⑥增加游览交通方式，可以选择马车、小狗牛车等
	3.五皇山	溪源群峰林立，峰峦叠嶂，植被茂密。有奇峰秀景，峰顶蛤蟆田具有神秘色彩	野营地	①保护森林植被，严禁砍伐。②搬迁雪上村。③恢复自然流水，保护自然生态。④修建至蛤蟆田的登山道。⑤修建登山观览台、溪畔休憩点。⑥建设野营地
	4.紫凝	花岗岩岩溶地区形成的瀑布、山谷，有"茶圣"沏茶品泉故事，有紫凝瀑布、岩洞、碑刻等	茶文化	①逐步改善自然生态环境，植树造林。②扩大种植面积，发展茶叶经济，形成万亩茶园，建天台优质茶叶基地。③恢复自然环境，使泉水重新清澈。④景区入口建西侧，游线至下而上；加强与九遮区联系
六、始丰溪山水风光区	1.始丰溪	天台盆地南缘，始丰溪中游，蜿蜒曲折，绰然有姿，两岸翠竹夹溪，松樟成荫，芦苇雁鸥，村舍点点，炊烟缕缕，水乡田园风光。可开展竹筏旅游	河溪风光	①加强景观建设工作，恢复河流两岸的自然风貌，村庄散落，民居古朴，竹林环绕，乡间古道。②河岸设置码头和自然风格的休憩小亭。③溪滩两岸保持自然风貌，重视景观林建设。④建设竹筏旅游线。⑤部分农居可为家庭旅馆，开展农家乐旅游
	2.龙山	始丰溪沿岸山景，洞宇幽藏，奇岩生动，绝壁飞瀑。有龙山寺、如来洞、御旨龙碑等，邻近新城区，可建郊野景点	郊野山水	①加强环境绿化工作，山地退耕还林。②重视景点建设，增加景点文化内涵和品味。③恢复龙山禅寺。④整修游道，增加安全设施。⑤整修门区。⑥修建水上浮桥，形成山水一体景观
	3.开岩	花岗岩风化岩景，有古树、古村、古迹和传说，有唐樟宋藤、神奇开岩、昭明太子庙、杨梅坪水库等景色	岩石奇景	①山地退耕还林，恢复自然山水环境。②建设攀岩设施，开展体育健身旅游。③保护水域环境，开展水上划船项目，修整游步道，增加登山、滑道、攀缘等游线

4 嵊泗列岛风景区总体规划（节选）

一、现状概况

嵊泗列岛风景名胜区位于我国东陲领海前沿，浙江省舟山群岛的北部，地处长江、钱塘江入海口的汇合处，是沪、杭、甬的东大门和国外海轮进出口的必经之地。风景区所在的嵊泗县陆海总面积达$8827km^2$，其中陆域与岛屿面积$67.95km^2$，岸线长达380余公里，共有大、小岛屿404个，礁岩1100多个。

嵊泗列岛属浙闽地质隆起向东北海域的延伸带，是浙东天台山主脉沉陷入海的外露部分，由泗礁岛、崎岖列岛、马鞍列岛等多个岛群组成，海拔在几十米到一百多米之间。海底从西南向东北倾斜，海深7m到60m之间。嵊泗列岛属北亚热带南缘海洋性季风气候区，针叶林是海岛植被的主体。

嵊泗列岛的历史较为悠久。远在三千五百年前的新石器时代，岛上已有人居住。我国历史上几次重大的航海事件，如唐朝鉴真大师六渡扶桑，明朝郑和七下西洋，明末郑成功征伐台湾岛等都曾途经嵊泗。

二、风景资源评价与分析

嵊泗列岛的风景资源可以归纳为2个大类8个中类共102个景源。其中自然景源74个，人文景源28个。地貌类、水域类、胜迹类景源数量最多，分别有50个、20个、16个。在参评的102个景源中，有特级景源1个（花鸟灯塔），一级景源9个，二级景源31个，三级景源61个。

风景区的三大特色为：优美独特的海洋列岛自然风光，源远流长的海洋历史文化，朴实无华的海岛民俗风情。

三、风景区发展综合分析

1.发展优势与局限

（1）潜在优势：优美的自然风光，悠久的历史文化，广博的海洋文化，浓郁的海岛风情，良好的生态环境，突出的区位优势，稳定充足的客源市场，新兴的海洋经济，丰富的海产资源。

（2）发展局限：突出的交通矛盾，有限的土地资源，单一的风景游赏项目，相对匮乏的淡水资源，较为薄弱的基础设施。

2.客源市场研究

一级客源目标市场重点定位于上海市。浙江以及整个长江三角洲地区定位为嵊泗列岛风景区的二级客源目标市场。在重点开拓一级、二级客源市场的基础上，努力扩大辐射范围，以海洋文化、渔家风情、名人逸事、体育健身等多种题材的景点、设施和主题旅游活动来吸引全国范围内的不同类型的游人群体。同时，作为稳定增长的国内客源市场的有益补充，还应积极推进国际市场。

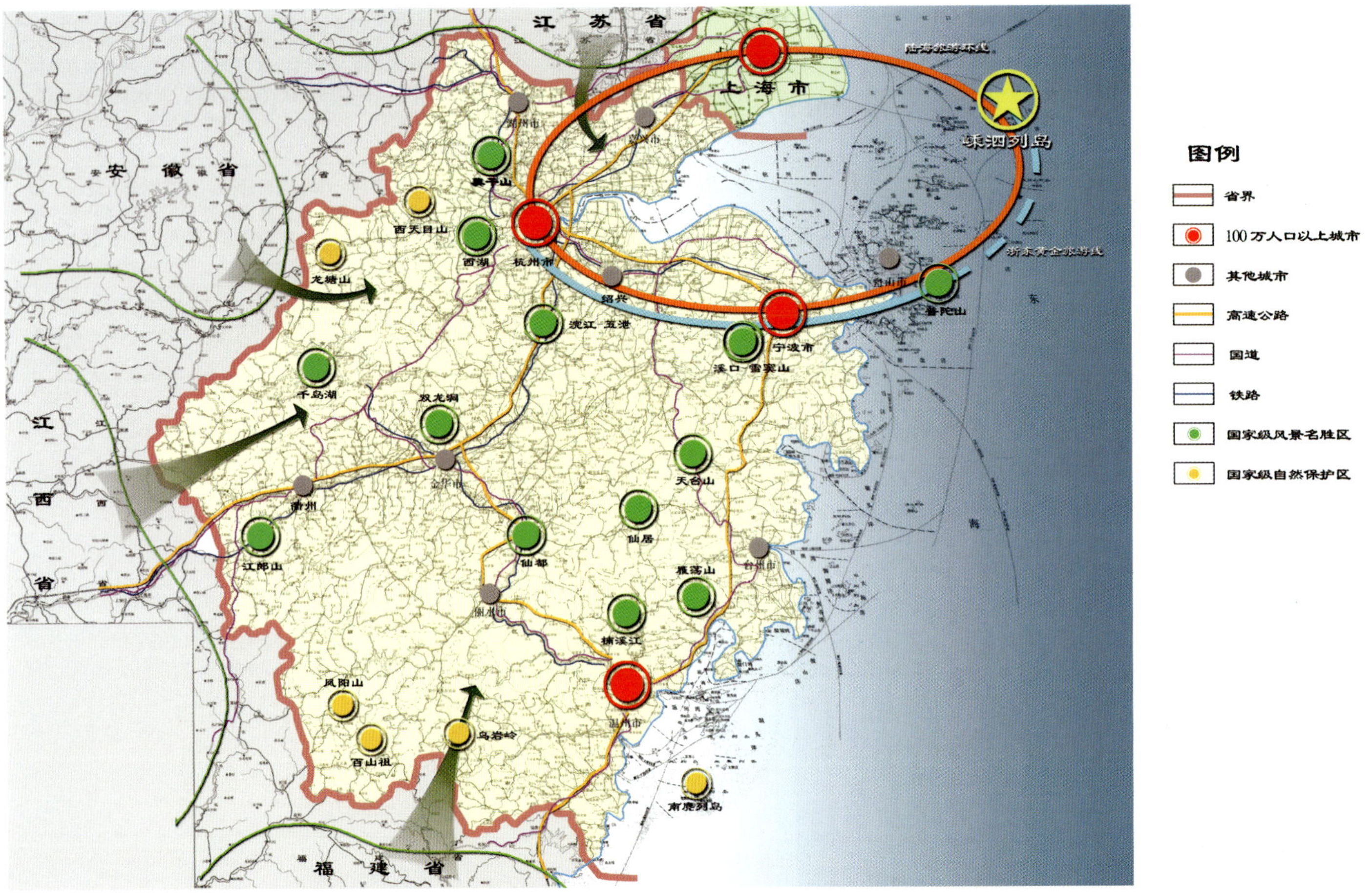

嵊泗列岛风景名胜区总体规划 2002–2020 ——区位分析图

四、风景区性质与范围

1.风景区性质

以“碧海奇岩，金沙渔火”为主要景观特色，融海洋文化与海岛民俗风情为一体，以观光游览、休闲度假和科教活动为主要功能的列岛型国家重点风景名胜区。

2.风景区范围

嵊泗列岛风景名胜区由数十个岛礁共同组成，分布在西起大小洋山、南至白节山、北达花鸟岛、东至我国领海基点海礁的东西长106.6km、南北宽26km的辽阔海域内。本次总体规划仅对国家重点建设项目——上海国际航运中心洋山深水港区工程建设涉及到的洋山景区范围进行适当调整，并重新划定风景区的外围保护地带。规划调整后确定的嵊泗列岛风景区面积为37.35km^2，其中陆域面积32.39km^2，海域面积4.96km^2。

五、风景区空间布局与功能分区

1.空间布局结构

综合各岛屿的地理关系、交通联系、资源特色、景观价值以及保护、开发与建设管理的便利性，本次总体规划确定嵊泗列岛风景区的空间布局形态为“一环三线四区”的中心放射结构。

2.风景区功能分区

本次总体规划分为四个景区，即：泗礁休闲度假景区、洋山现代海港景区、嵊山渔港民俗景区、花鸟灯塔揽胜景区。

六、风景保护培育规划

嵊泗列岛作为海洋列岛型国家重点风景名胜区，与我国大多数风景区相比，其资源的特色非常突出，因而在保护培育规划中，除按照《风景名胜区规划规范》的要求做好分类和分级保护规划外，还应有针对性的进行岛礁的整体保护利用规划，并加强对核心景区的保护。

1.岛礁保护利用规划

将风景区内的岛礁分为三类，其保护力度、开发强度以及利用方式各有不同。

（1）Ⅰ类岛礁：具有较好的基础设施条件，可采取多种模式的利用方式及较大的开发利用强度，适宜集中安排各类旅游服务设施和修建景观建筑，可供开展丰富多样的风景游览活动。

（2）Ⅱ类岛礁：基础设施条件和交通可达性较好，但由于风景资源保护的需要以及岛礁规模、用地等方面的限制，不宜安排各类旅游服务设施，但可修建少量景观建筑和必要的游览设施，也可适当开展一些风景旅游活动。

（3）Ⅲ类岛礁：多为无当地居民居住的较小岛礁，不具备基本的水、电等基础设施条件，不宜开展除海上观光以外的其他风景旅游活动，应严格控制各类人工设施的建设，严禁开山采石，保持岛礁自然风貌。

2.核心景区专项保护规划

（1）核心景区划定：规划划定了基湖、南长涂、大悲山、东海云龙、石龙奇观、山海奇观、东崖绝壁、花鸟灯塔8片核心景区。

（2）核心景区保护措施：尽快完成核心景区的划界工作。经省级建设行政主管部门核定后，应打桩立界。嵊泗列岛的8处核心景区中，既包括自然景观保护区，也包括史迹保护区，还有一些则是自然与人文景观相辅相成、融为一体，应分别遵照分类保护规划中的具体保护措施予以严格保护。

七、风景游赏规划

1.景区规划

（1）泗礁休闲度假景区

①景区特色与主题：泗礁景区是以基湖和南长涂沙滩为特色，以海洋文化展示、海洋科普、海滨休闲、观光度假和海上运动为主题的综合型休闲度假景区，并因其在风景区中重要的区位和交通功能成为风景区旅游服务的总基地。

②规划构思：泗礁景区是嵊泗列岛风景区开发最早的景区，拥有丰富的自然和人文景观资源。规划以完善基湖和南长涂沙滩核心景区、改善植被条件、增加游览内容为主，提升景区的游赏品位和整体形象。

基湖和南长涂沙滩是嵊泗列岛风景区“碧海、金沙”景观的典型代表，其沙岸平

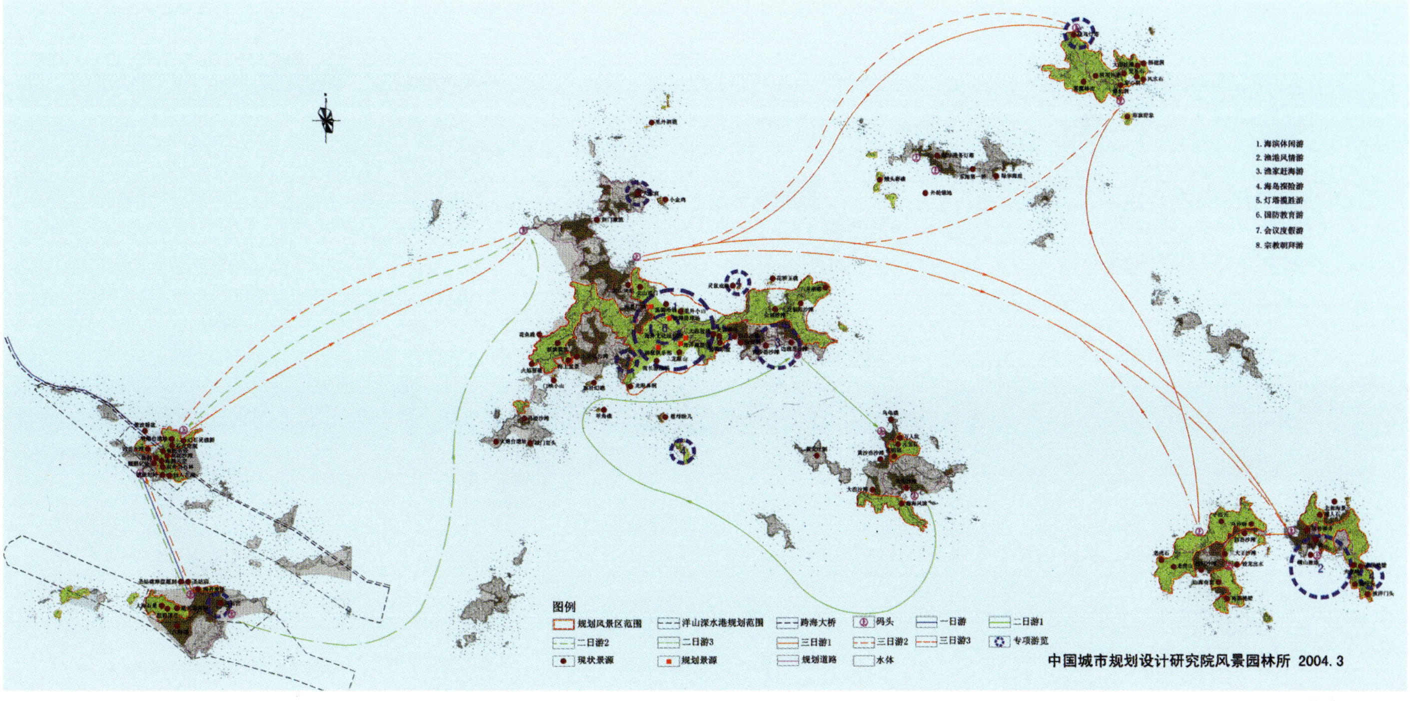

风景游赏规划图

缓，海水蔚蓝，沙质纯净，沙粒细软，非常适合开展各类沙滩和海滨休闲体育活动。综合考虑风向、水深等因素，尤以南长涂浴场为更佳，是开展沙滩吉普、海上游艇、摩托艇、海上牵引跳伞、帆板冲浪、水上飞机等多种运动项目的理想场所。

基湖和南长涂片区依山面海，是风景区的核心和特色，规划在严格保护沙滩、附近岛礁及近海海域的基础上，利用沙滩后方的滨海台地设置海洋文化展览馆、海洋雕塑园、游艇俱乐部、沙滩排球场、海景广场等景点和游览项目。适当增加高档度假休闲设施，以度假、会议功能为主。同时对海滨现有度假和商业设施进行景观改造和绿化遮挡，减少人工气息，恢复自然本色。

灵音禅寺和鉴真东渡作为景区内重要的人文景观，可定期举行法式和研修活动，提高游览的文化内涵，开展宗教文化专项游览活动，满足不同游人的需要。

大黄龙岛与泗礁隔海相望，自然景色优美，植物繁茂，生态健全。元宝石、孔明冠等景点具有较为突出的观赏价值，周围山林曲折幽深，花草翠竹蔓生。规划沿山腰设自然石径，迂回于自然山水之间，并设若干观景休憩点，使游人可游、可观、可听、可赏，充分融入到自然美景当中。

泗礁岛北有里外泗礁，南有灵鼠戏海、花轿玉礁、旗杆幻礁、火焰丽礁……可谓岛礁林立，美如海上盆景，是海蚀地貌景观的代表。可选择适当航道，开辟海上游线，增加新的游览方式。

泗礁岛周边岛礁林立，以里、外马廊山为代表的一些岛屿，规模适中、高耸险峻、怪石嶙峋，且与本岛距离适中，利于交通、集散、医疗、救助等，可有选择的加以利用，开展孤岛探险、海上生存训练、竹筏漂流等野外项目，吸引有组织的青少年游客和专门的游人群体参与。

泗礁菜园镇作为风景区的交通枢纽和门户集散地，其旅游接待和商业、文化服务设施相对较为完善和集中。规划要加强菜园镇旅游服务设施和基础设施的建设，使其成为风景区旅游服务的总基地。

（2）洋山现代海港景区

①景区特色与主题：洋山景区是自然地貌形成的幻石灵礁和现代港口风光的共存共生为主要特色。随着跨海大桥和集装箱深水港的建设，一方面应充分认识到现代工程景观为风景区注入了独一无二的资源和景观特色，将带来前所未有的旅游机遇；另一方面则应更加注重风景区的保护及其与港口的协调发展，既延续了风景区内独一无二的风景资源，也形成了港区的绿色背景和优良的生态环境，使之成为绿色海港、生态海港的典范，并最终形成“港景一体，和谐共生”的总体格局。

②规划构思：洋山景区是嵊泗列岛风景区中资源与景观构成最为独特的景区，远古地貌与现代港口在矛盾和冲突中共存，冲突中展现魅力，矛盾中带来机遇。规划重点是一方面尽可能地保护好现有的独特地貌景观，合理组织游览路线，充实游览内容，集科普、观光、健身等风景游赏活动为一体，充分体现出洋山景区作为天然的“地质博物馆”的魅力；另一方面依托举世无双的大桥大港，开展现代海港观光旅游活动以及度假、休闲、娱乐等项目。从而使游人在这种远古与现代、自然与人工的不断冲击中得到最大的体验和满足。

规划充分认识到芦洋跨海大桥与洋山港的建设对于洋山景区的重大作用，可以预计，随着2005年跨海大桥的建成通车，洋山景区与上海市之间的交通联系将更为便利，交通时间将大大缩短，洋山景区将真正成为上海市民休闲观光的后花园。规划在大洋山集中建设旅游服务设施，作为度假、观光与休闲娱乐的后勤服务基地。

风景区与港区的协调发展是本次规划的重要内容之一。规划强调要科学、合理、尽可能地保护各类风景资源，既要维护风景区发展的历史脉络，又要为国家重点工程项目的建设创造条件。在此基础上，遵循生态学原则，对洋山景区的山林植被进行适地适树的改造、增补，使其成为港区的绿色背景与生态网络。

重点针对上海客源市场，积极开展现代海港观光旅游，展现跨海大桥与洋山深水港作为现代工程技术杰作的独特魅力。

对小洋山登山道进行合理的组织和安排，利用现有登山道加以适当改造，形成起伏婉转、时缓时险的游步道系统和视角、视距俱佳的观景系统。在登山过程中，游人观石景、赏海浪、听海涛，将观光、健身与科

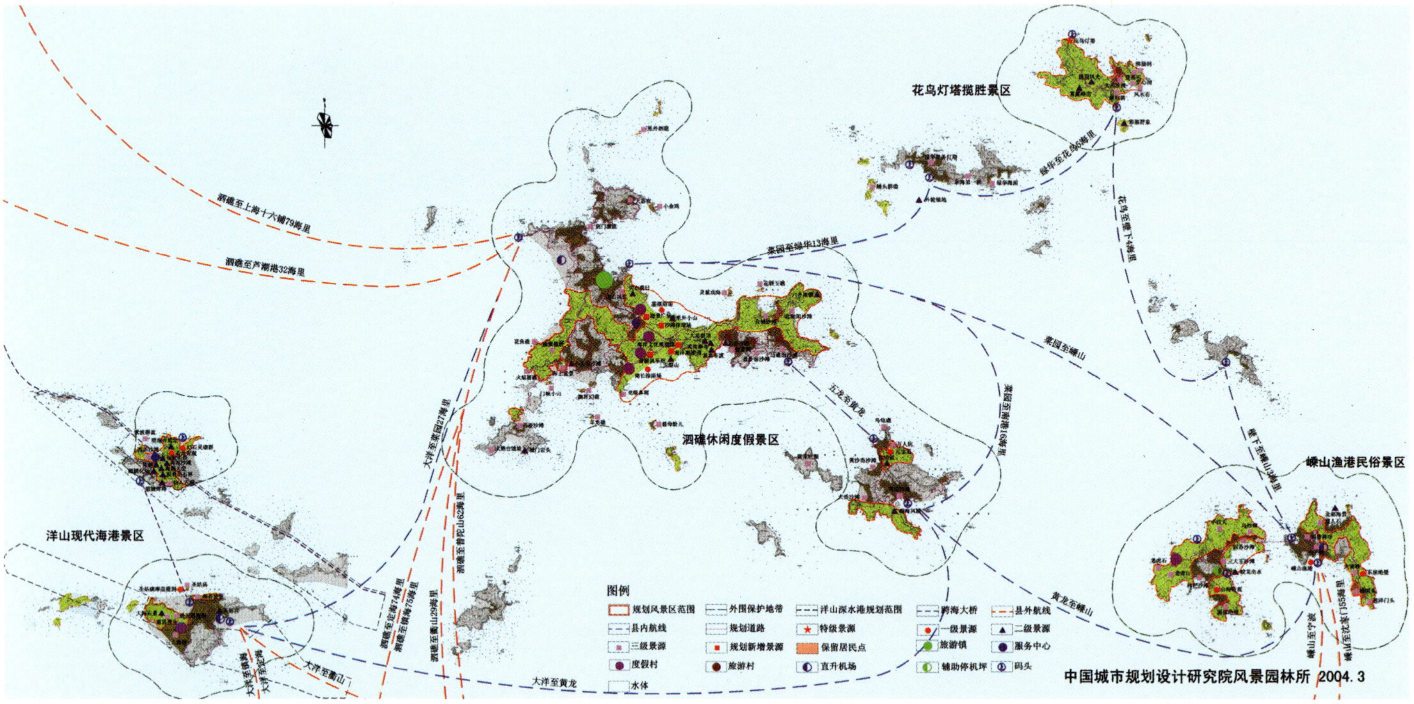

规划总图

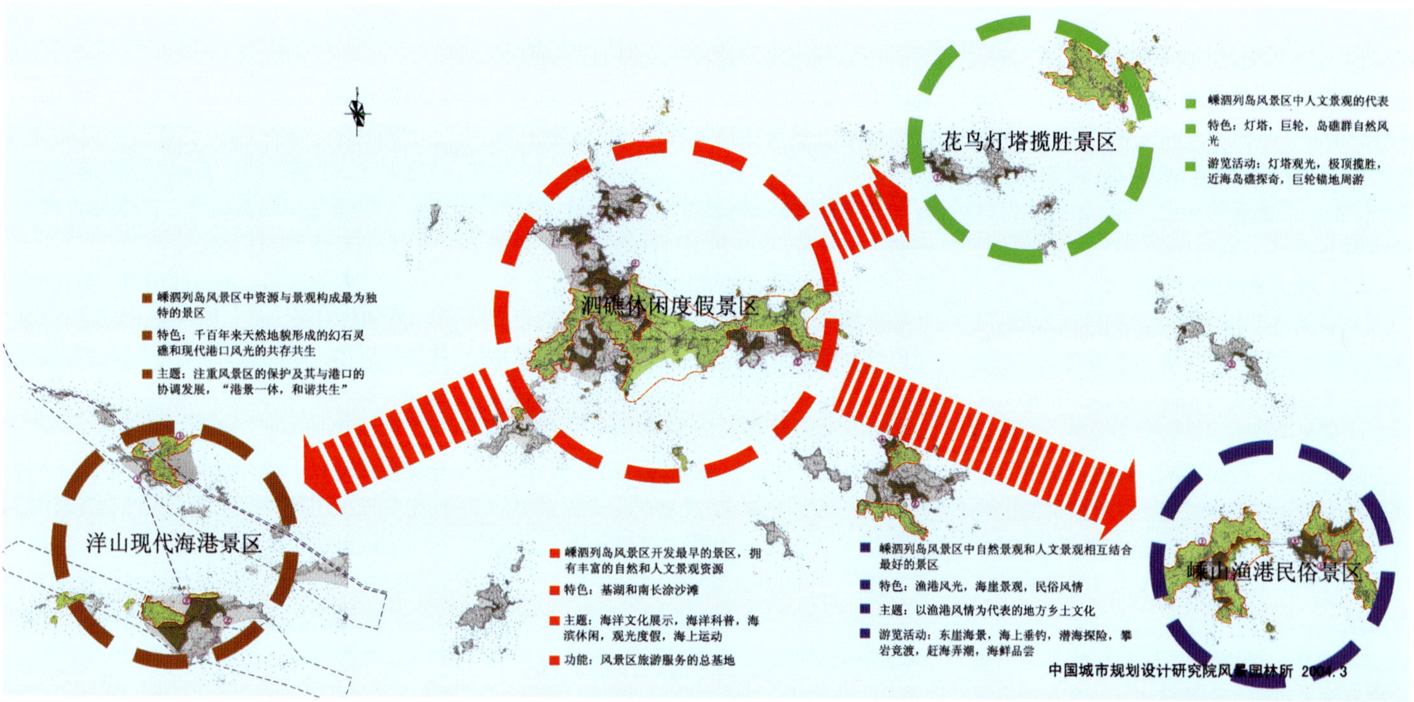

空间布局与功能分区规划图

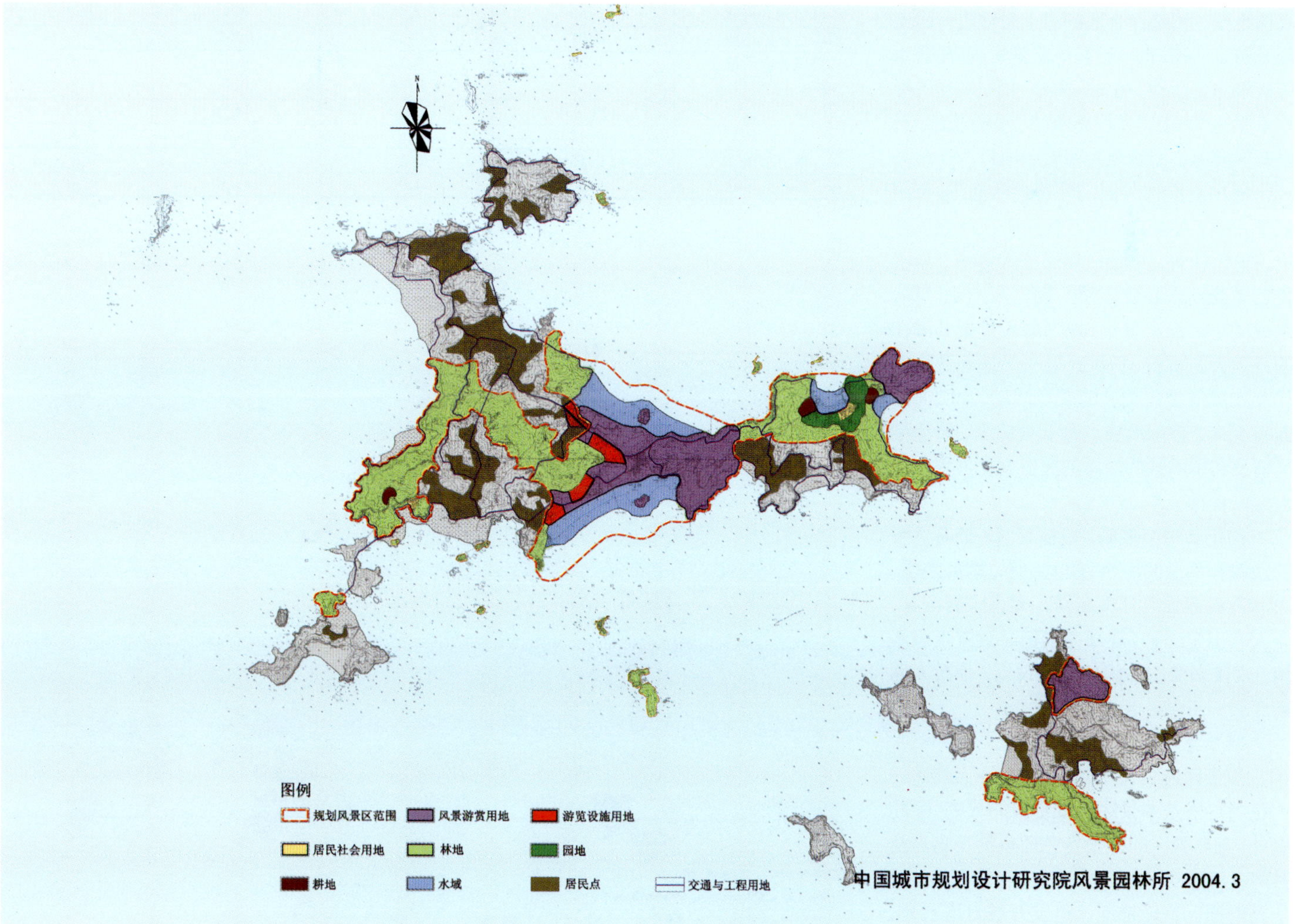

土地利用规划图（一）

普融于一体。

洋山景区摩崖石刻荟萃，观音山、圣姑礁均有分布，这些石刻大都笔力遒劲、气势磅礴，具有较高的历史和文化价值。规划要保护好这些石刻，将其纳入风景游赏系统之中，挖掘人文景观的文化内涵，给游客以寻幽访古之趣。

（3）嵊山渔港民俗景区

①景区特色与主题：嵊山景区以渔港风光、海崖景观和民俗风情为主要特色，开展东崖海景观光以及与东海地区渔业风俗文化相关的风景游赏活动，如海上垂钓、潜海探险、攀岩竞渡、赶海弄潮、海鲜品尝等，形成以地方乡土文化为主题、具有浓郁渔港民俗风情的景区。枸杞岛植被繁茂，环境优美，用地条件相对较好，可开辟为风景区的休疗养基地。

②规划构思：嵊山景区是嵊泗列岛风景区中自然景观和人文景观相互结合最好的景区，规划以突出其自然、人文有机结合的特色为重点。

东崖绝壁北自后岭头屿，南迄鳗鱼头岛，绵延数千米，上耸数十丈，形成了独具特色的高崖绝壁。可选择合适的海上游线进行海上观光游览活动，也可进行绝壁攀岩、高崖跳水等极限体育活动。另外，嵊山、枸杞海域的平均水深达30m以上，海水澄清，呈碧蓝色，可供开展潜海、海底观光等旅游项目。

嵊山渔港作为国内外著名的渔港，鱼汛旺季，来自六省二市的万艘渔船在此避风补给，景色壮美，宛如一座海上大都市，渔港夜色尤为动人心魄，“鱼、船、人、网、灯”，组成了一幅海上奇景。规划深入挖掘其潜在的巨大人文价值，积极开展与当地渔业生产作业和风俗文化相关的游赏活动，如：海洋养殖观光、休闲渔业、海上垂钓等，将渔港风情及其所承载的深厚的民俗文化展现在广大游人面前。

枸杞岛峰峦峻峭，植被繁茂，拥有优质的沙滩和清澈的海水，蛟龙出水、南部绝壁、山海奇观等景点分布岛间，景色宁静幽深，令人有出尘之感。规划在枸杞岛设置度假基地，安排必要的休闲与娱乐设施，使游人能彻底回归自然，充分放松身心。

（4）花鸟灯塔揽胜景区

①景区特色与主题：远东第一大灯塔——花鸟灯塔是本景区风景资源的代表，除此以外，花鸟景区的风景特色还包括花鸟岛及其附近海域众多岛礁所形成的自然风光和绿华岛的国际巨轮锚地，适宜开展灯塔观光、极顶揽胜、近海岛礁探奇、巨轮锚地周游等风景游赏项目。

②规划构思：花鸟景区是嵊泗列岛风景区中人文景观的代表，雾岛、极顶和林立的岛礁等自然景观则是必不可少的烘托和补充。

花鸟灯塔作为嵊泗列岛风景区中无数灯塔的杰出代表，也是风景区中惟一一处国家级文物保护单位，耸立山巅已达一百余年，其造型雄伟，气势恢宏，具有极高的历史文化价值和观赏价值。规划结合灯塔下的附属建筑，设立灯塔博物馆，开展专项游览活动。

花鸟岛的极顶高约230余米，是嵊泗列岛的最高峰，在此远眺大海，天气晴好时，列岛风光可尽收眼底。规划在此设置必要的安全和观景设施，为游人提供一个舒适安全、视野开阔的观光场所。

规划组织一条海上游线，可从海上观赏周边群礁、外轮锚地、东海第一桥、绿华海崖等景观。

2.游赏规划

根据各个景区、景点的类型特征和交通游览方式，规划提供了多种类型的游赏组织方式，以满足不同类型游人群体的需要。

（1）综合游览（略）

（2）专项游览：海滨休闲游、渔港风情游、渔家赶海游、海上环岛游、海岛探险游、灯塔揽胜游、国防教育游、会议度假游、宗教朝拜游。

通过规划调整，嵊泗列岛风景区内的风景游赏用地有了较大的扩展，并配置了相应的游览设施用地，居民社会用地和交通与工程用地控制在了合理的规模内，林地、耕地和水域得到了有效的保护。这样可以更加充分地利用风景区的土地潜力，表达风景区用地特征，增强风景区的主导效益。

嵊泗列岛风景区土地利用平衡表

用地名称	面积（km^2）		占总用地(%)	
	现 状	规 划	现 状	规 划
风景区规划用地	34.91	37.35	100.0	100.0
风景游赏用地	1.53	7.58	4.4	20.3
游览设施用地	0.01	0.50	0.03	1.3
居民社会用地	1.43	0.22	4.1	0.6
交通与工程用地	0.31	0.69	0.9	1.8
林 地	25.83	22.58	74.0	60.5
园 地	0.15	0.67	0.4	1.8
耕 地	0.15	0.15	0.4	0.4
海 域	5.50	4.96	15.8	13.3

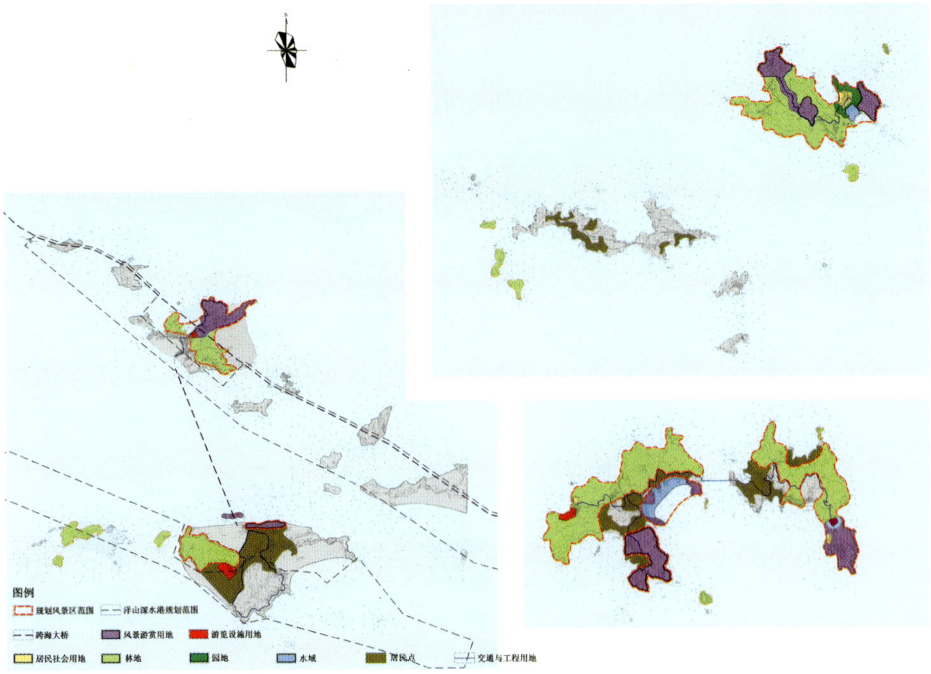

土地利用规划图（二）

5 中山陵园风景区详细规划（节选）

第2条　本规划是《钟山风景名胜区总体规划》的深化。

第19条　风景区性质

以古都文化为基础、以陵文化为代表、以中山陵著称，融山（林）、水、城、陵为一体的雄秀兼得的（国家重点风景名胜区）钟山风景名胜区的主体区域。

第20条　景区划分

中山陵园风景区划分为六大区域，钟山南麓自西往东有明孝陵景区、中山陵景区、灵谷寺景区；钟山北麓有白马景区、山岳景区和自然景观区。

1.明孝陵景区：包括月牙湖、前湖、琵琶湖、明城墙富贵山以南至月牙湖段、廖仲恺、何香凝墓、中山植物园、明孝陵序列、规划的文化公园、梅花山、紫霞湖、六朝地坛等处景点。涵盖了钟山风景名胜区总体规划中确定的明孝陵游览区、中山植物园游览区和竹林山庄恢复区等区域，景区面积：532.9hm^2。

2.中山陵景区：包括中山陵、孙中山纪念馆（藏经楼）、中山书院、永慕庐、革命历史图书馆、行健亭、永丰社、孝经鼎、音乐台、光华亭、仰止亭、流徽榭、滑道游乐园、美龄宫、邵家山等处景点。涵盖了钟山风景名胜区总体规划中确定的中山陵游览区、中山花卉盆景园等区域，景区面积：454.4hm^2。

3.灵谷寺景区：包括万工池、西北水库、无梁殿、灵谷寺、松风阁、灵谷塔、谭延闿墓、邓演达墓、志公殿、万株桂园、五棵松水库、南京体育学院等处景点。涵盖了钟山风景名胜区总体规划中确定的灵谷寺游览区、体育活动中心、引种驯化区等区域，景区面积：338.7hm^2。

4.白马景区：包括白马公园、常遇春墓、仇成墓、吴桢墓、吴良墓、后山竹海、山林等处景点。涵盖了钟山风景名胜区总体规划中确定的明墓访古游览区、林副特产区等区

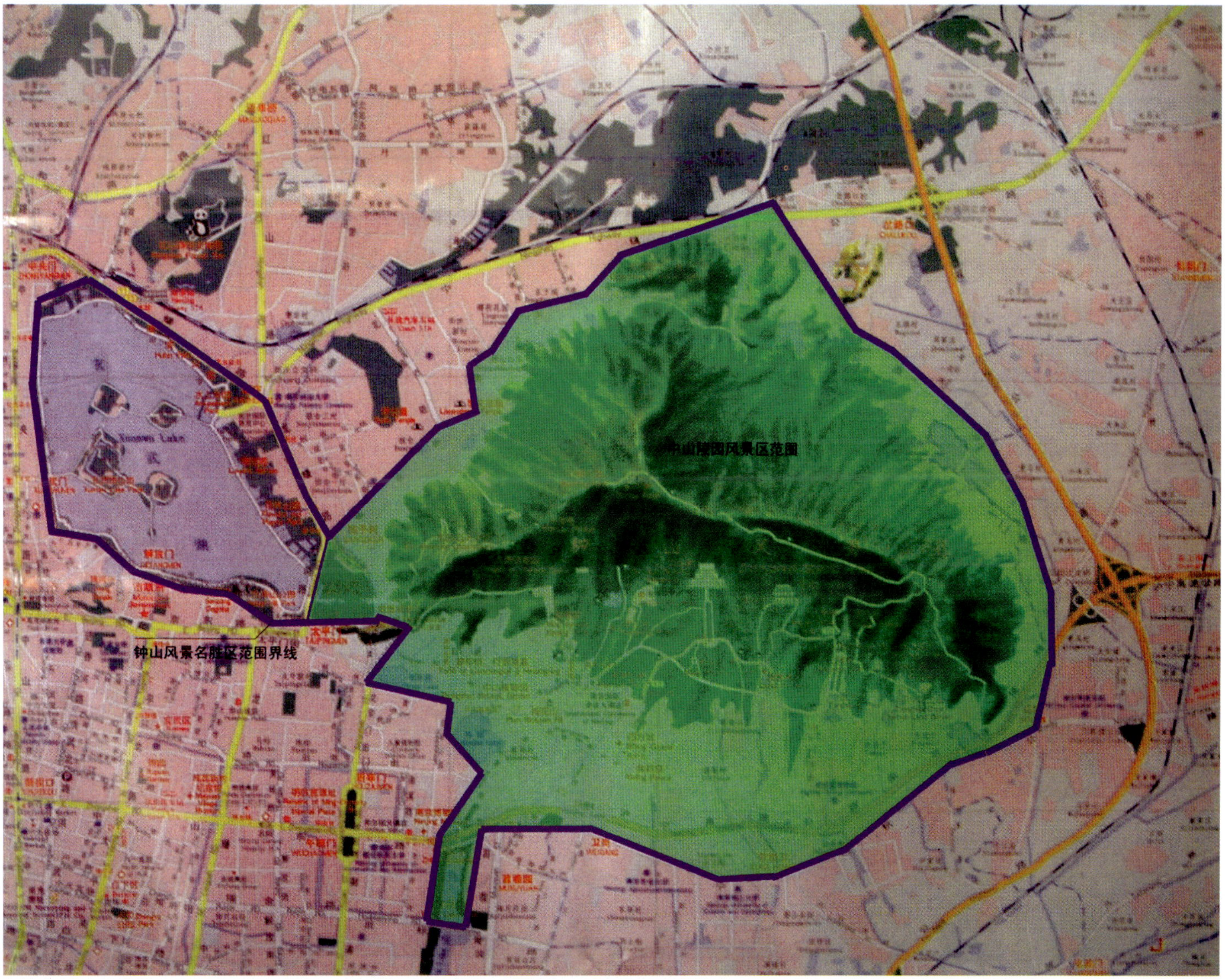

中山陵园风景区详细规划——中山陵园风景区范围图

域，景区面积：245.2hm^2。

5.山岳景区：包括紫金山山脊沿线地堡线、紫金山天文台（天堡城）、头陀岭、北高峰、中茅山、小茅山、松山（红茅岭）、东马腰、中马腰、西马腰等处景点。涵盖了钟山风景名胜区总体规划中确定的山岳风景旅游区、紫金山天文台等区域，景区面积：366.9hm^2。

6.自然景观区：包括中山北麓大片的山林，其中点缀有紫金山水库、军民友谊水库、上下黄马水库、洪岗水库、航空烈士墓等景点。涵盖了钟山风景名胜区总体规划中确定的①自然（生态）保护区、②山北恢复（开发）区等区域，区内面积：1070.6hm^2。

第30条　中山陵、明孝陵、灵谷寺是中山陵园最为著名的历史人文景观，是开展纪念瞻仰、访古寻幽、宣传教育、观光览胜等活动的理想场所。景点知名度高，影响广，以外地游客居多。景点格局呈序列性、纪念性、对称性，还有若干附属景点。应加强其整体性和序列性的保护与展示，通过合理游览组织，开展序列游、全貌游、扩大景点影响，完善游览格局。

第99条　规划目标

严格保护景区内风景名胜资源，在此基础上，完善景区结构，弘扬以中山文化为主体的历史文化景观，丰富景区内植物景观，全面促进中山陵景区文物保护、园林建设、旅游事业的发展。充分挖掘景区内自然与人文景观资源，强化景点之间的系统建设，突出典型景观和区域主题，恢复陵墓绿色屏障，开展以革命纪念、人文怀古、生态休闲为主的观光旅游活动，把社会效益、环境效益与经济效益有机结合，并以龙头作用带动整个中山陵园风景区景观品质的提升。

第102条　景区定位

中山陵为：以中山陵为核心，以民国时期历史建筑风貌为主导景观特色，自然与人文融合，集中展现南京历史文化名城和古都风貌特征，兼具纪念瞻仰、研究保护、游览观光和休闲运动等多项功能的游览景区。

第103条　中山陵景区空间结构：南起宁杭公路，北达山顶公路的中山陵景区依次划分为公园游赏区、植被营造区、核心游览区和山林景观区四大区域，处于沪宁高速连接线以北的后三个区域为中山陵园风景区核心景区的组成部分。

第111条　划分以分级保护为主，结合分类保护，强调保护对象的价值和级别特点。景区内规划一级保护区一片、二级保护区一片、三级保护区二片以及史迹保护区六片。

第123条　中山陵景区内的植物景观应体现并烘托中山陵陵墓及其纪念建筑区域所特有的庄严、肃穆氛围，反映中山文化及民国文化的特色。中山陵景区的森林植被应扩大常绿叶阔叶林的覆盖面积。发展春景、夏景为主的典型景观区域，形成四季葱郁的绿

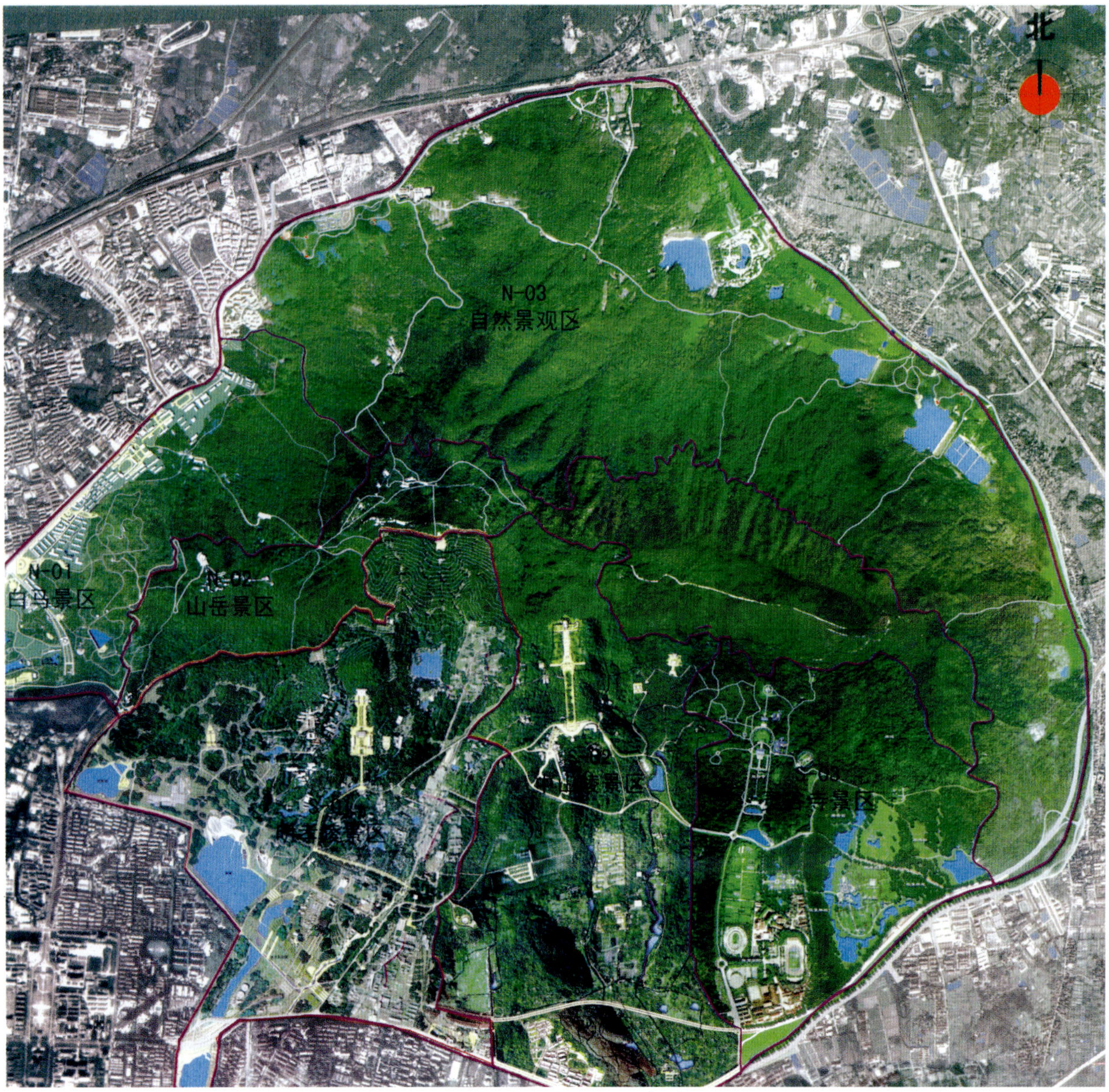

中山陵园风景区详细规划——规划总平面

中山陵园风景区详细规划——规划总平面

树林海。

第128条　规划于中山陵景区设游人服务中心一处，一级服务点一处，二级服务点三处，三级服务点七处。

第 133 条　中山陵景区共划分为 22 个地块。地块位置及编号详见规划图。

第 134 条　分地块规划控制

用地编码	S－02－01

01 用地性质：甲 1

02 用地面积：1711244m²

03 控制要点：

1.中山陵景区最为重要的保护区域，以中山陵为核心，以纪念性景观为主导。建筑环境、植物配置、场地小品、游览等必须与中山陵庄严、肃穆的整体气氛相协调。

2.严格保护。地块内一草一木、一山一石均应切实保护，并建立档案与标志牌，加强日常养护。严禁增建任何工程项目，与风景无关的滞留单位和设施一律予以搬迁。

3.地块内景点间的联系应采用无污染环保型交通车，完善步行游览系统，做到人与车各行其道，内部交通完善，游览序列完整，对外交通快捷。

04 控制指标：

（1）容积率：/

（2）绿地率：/

（3）建筑密度：/

（4）建筑限高：7m

（5）主出入口方位：S

（6）建筑后退红线：/

（7）保护类别：史迹保护 / 风景游览区

（8）保护级别：一级

（9）生态保护利用方式：保护

（10）游憩用地生态容量：3423 人

（11）林地郁闭度：45%

（12）居民点类型：搬迁

用地编码	S－02－02

01 用地性质：乙 1

02 用地面积：61965m²

03 控制要点：

1.中山陵景区游人服务中心，游人聚散的交通枢纽。现状位置适宜，四周应切实做好绿化视线隔离和噪声控制，防止对中山陵主体游览区域的负面影响。

2.严格执行建筑限高和建筑密度的控制要求。多植乔木，所有建筑与设施均应掩隐于林荫之中。

3.建筑风格应朴素，与环境融合。宜采用卷棚、悬山等屋顶形式，屋面用绿瓦。室外环境、小品布置应减少商业氛围，突出宁静、祥和的陵区特征和山林气息。

04 控制指标：

（1）容积率：0.16

（2）绿地率：50%

（3）建筑密度：10%

（4）建筑限高：9m

（5）主出入口方位：S、W

（6）建筑后退红线：E=5 S=50 W=5 N=5

（7）保护类别：发展控制区

（8）保护级别：一级

（9）生态保护利用方式：控制

（10）游憩用地生态容量：620 人

（11）林地郁闭度：25%

（12）居民点类型：/

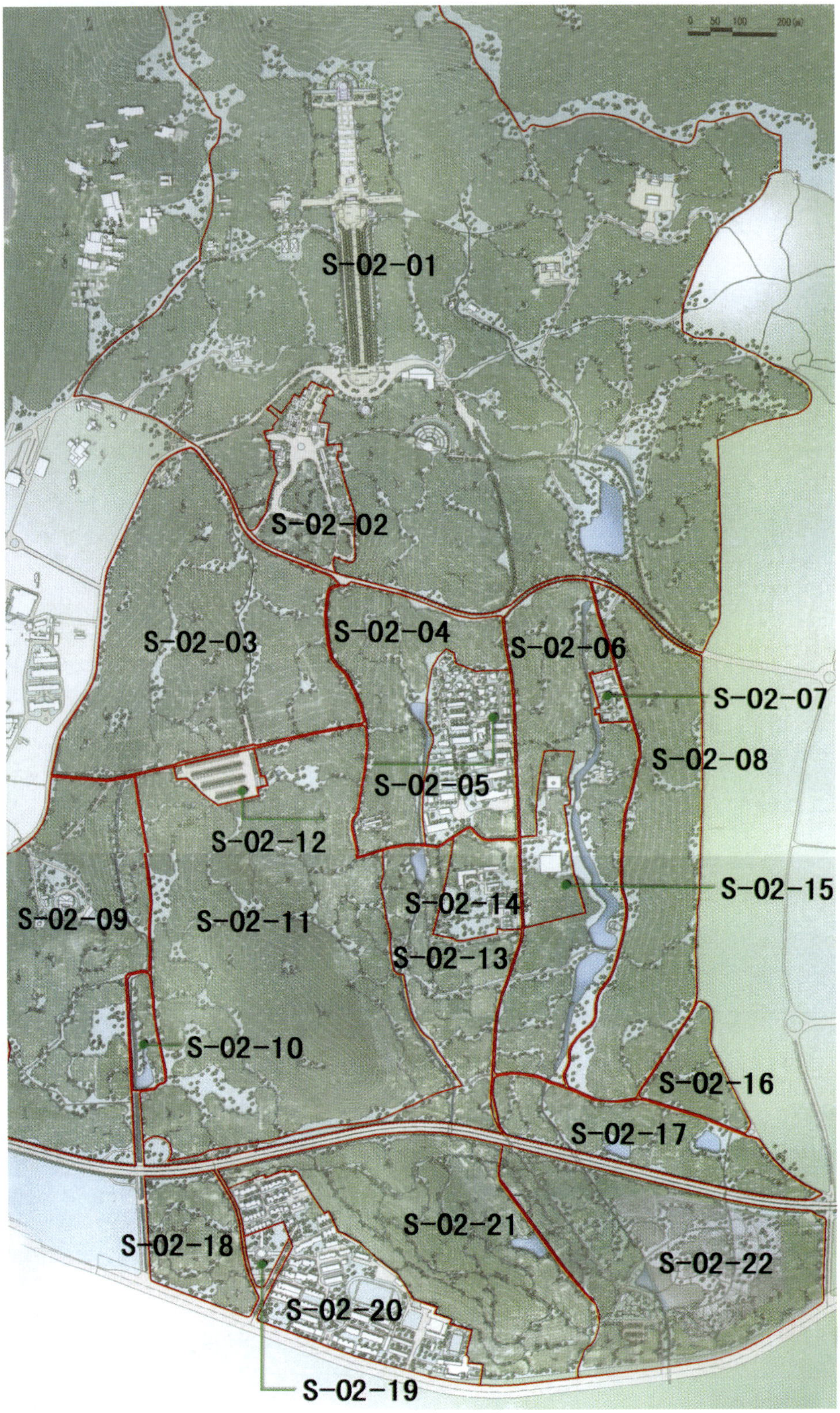

中山陵园风景区详细规划——地块编号图

6 扎兰屯风景区总体规划（节选）

一、扎兰屯风景名胜区概况

地理位置：扎兰屯风景区位于内蒙古东北与黑龙省交界处，大兴安岭隆起中段东麓、松辽平原西侧。东与阿荣旗为邻，东南及南以金界壕为界与黑龙江省及扎赉特旗接壤，西及西北与科尔沁右翼前旗、鄂温克族自治旗相连，北与牙克石市做伴。

自然条件：全市属中温带大陆性半温润气候区，1987年森林覆盖为57%。区内的地貌形态，主要有山地(中山、低山)、丘陵、平原和河谷四种地形单元。河流纵横交错，西部和西北部森林茂密，土地辽阔，规模宏大，蔚为壮观。市内地貌的成因，早期由地壳运动和火山活动占主导地位，后期则以各种风化剥蚀作用、流水侵蚀和堆积作用以及冰缘环境的营力作用为主，冰川地貌、生物地貌、重力地貌和人为地貌占有一定的地位，风成地貌在境内也有所显示。市境自然景观天造地设，旅游资源得天独厚，柴河镇等地的山水风光以其山险、石怪、水秀、树茂、兽奇、鸟异堪称一绝。

历史沿革：据专家考证，至少在距今7千年前的新石器时期，雅鲁河、绰尔河流域即已有人类活动。清末之前，山高林密、溪流纵横、禽珍兽异的现扎兰屯市境为历代北方少数民族栖息、游猎的理想之地。曾为成吉思汗猎场。

二、风景区资源评价

1.雄伟磅礴的森林景观：主要位于柴河景区，柴河景区位于大兴安岭西南中段山脉，植被覆盖率达到95%以上，森林覆盖率达到80%以上。该区域地被植物为原始次生林，千峦环翠，万壑流青，林海茫茫，河水潺潺，云深林翠，壁峭涧幽。

2.秀美生动的山水景观：扎兰屯市境内有较大河流47条，风景区内含有两条河流——绰尔河、雅鲁河。绰尔河两岸山林郁郁苍苍，高低起伏，连绵不绝；河水浩浩荡荡，急缓合开，韵律不尽，铸成了柴河景区的灵魂。雅鲁河由北向南穿过秀水景区，河水千回百转，支流在丛林间弯曲回环，舟横野渡，参差烟树，景色旖旎细腻。远山叠翠，村落点点，幽谷鸟鸣，形成一幅田园风光。

3.神奇的地质景观：景区内曾产生过强烈的构造运动，并引发了一系列火山活动，形成火山地貌，使这一带山高谷深，岩石裸露，峭壁悬崖，水流湍急，且林木葱

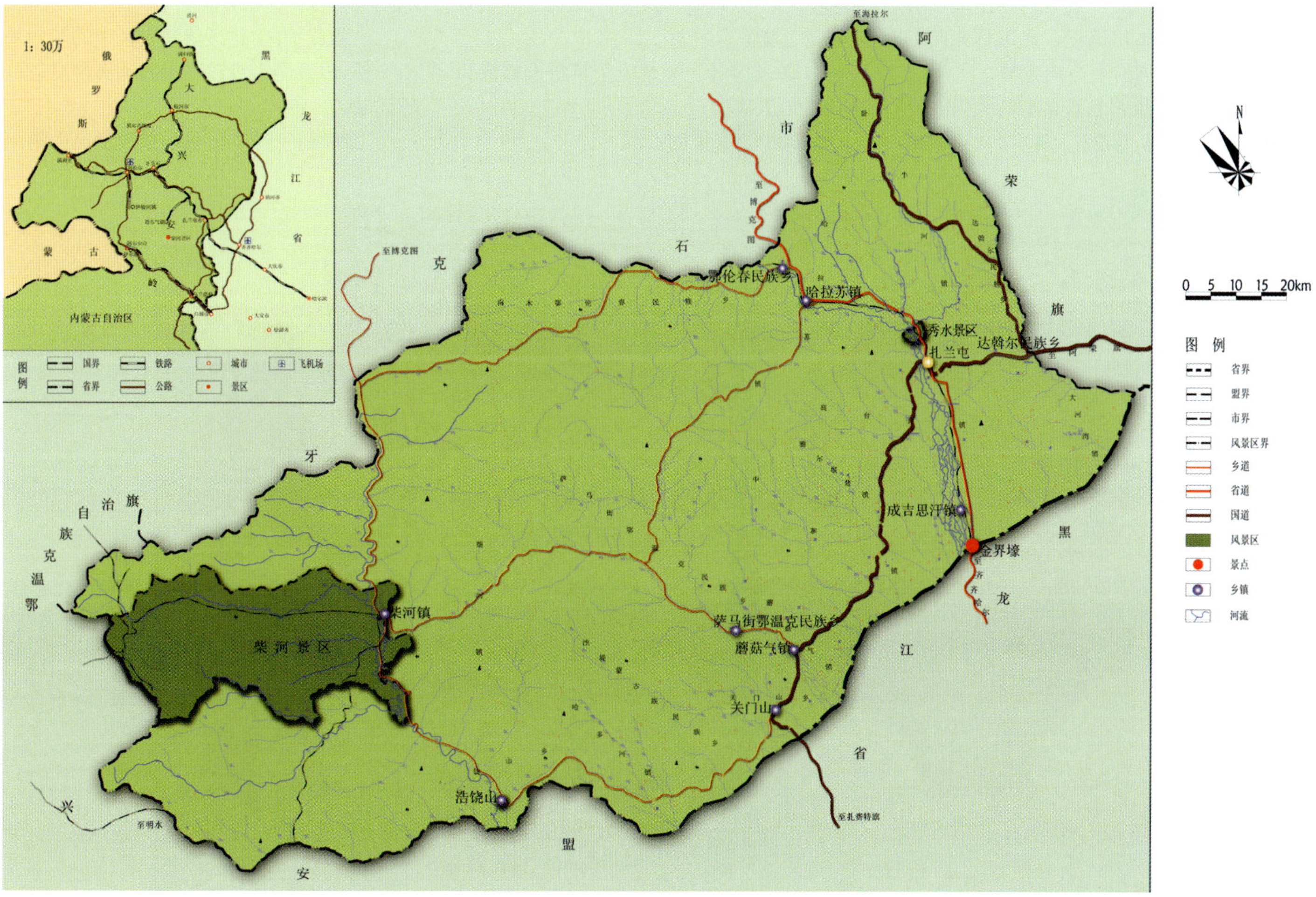

扎兰屯风景名胜区总体规划2003–2020年——区域交通及总体布局图

茏，花草葳蕤，形成多处山、水、林、岩融为一体的自然景观。经有关专家考证，柴河地区的火山岩地貌有很高的研究和保护价值。

4.小区评价：柴河景区内河流众多，分别形成了以敖尼尔河、柴河、德勒河、和勒河、红花尔基河为中心的五个景观小区。在以森林为底的背景下，河流从谷底蜿蜒走过，山和林围绕着水形成了不同的空间转折开合，小区的景色颇具山野之趣。

5.人文资源概述：众多的少数民族形成了特色的地方文化，人名、地名都极具民族特色。以北方三大少数民族之一的鄂伦春族为代表。成吉思汗镇历史较为悠久，相传成吉思汗铁木真曾在此地屯兵，因此得名。镇内的金代界壕历史悠久，是国家级保护文物。

三、本次总体规划重点解决的问题

1.风景区定位：补充、丰富我国风景名胜区的类型，为在东北地区和我国北方地区实现“再造秀美山川”战略建立示范区。以服务东北地区和我国北方地区为主，同时考虑对全国和海外的影响。以风景旅游业促进扎兰屯市的产业结构、用地结构的调整和农村城市化进程，促进林业向生态观光业和风景旅游业方向发展。

2.风景区性质：具有典型的大兴安岭景观特征，以森林、河流、湖泊、火山地貌和野生动物为主要景观；以保护森林生态系统为主要功能，适宜开展生态考察、风景游览、自然体验、森林探险、休闲健身等活动的国家重点风景名胜区。

3.风景区范围：为便于对风景区内的各种景观资源进行统一的保护管理，将风景区的上报审批的范围作适当调整，总面积为1233.91km²。

4.规划目标：保护扎兰屯地区的生态本底，逐步恢复、建设生态健全、景观壮丽秀美，设施完善的优秀生态环境，实现人与自然和谐共生的关系；由林业生产型转向生态保护型，逐渐恢复本地的最佳生态环境，达到“棒打狍子瓢舀鱼”的状况；利用扎兰屯在东北地区和全国的生态、气候和景观优势，合理开展观光、休闲、体育、科学考察等活动的风景区，促进当地的第一、第二产业向旅游业发展，促进人民生活水平的提高，形成自我发展的经济实体；依托森林景观，培育独具北方风格的“兴安”画派。

四、规划要点

1.总体布局：将整个风景区划分成2个景区和1个景点。分别是柴河景区、秀水景区和金边壕景点。

2.游人容量：风景区全年游人容量为3467.2万人次。

3.保护培育规划：

（1）保护分类规划：将整个风景区分为生态保护区、自然景观保护区、史迹保护点、风景游览区、风景恢复区5类区域。其中，前三个部分是风景区的核心区。

生态保护区：指在风景区内，重点保护森林生态系统、野生动植物的区域。本区包括柴河景区中距离游览线路和景点较远，游人难以到达的区域，以及本区海拔1696m的最高峰基尔果山一带。

自然景观保护区：指需要严格限制开发行为的特殊自然风景资源所在的区域。本区主要包括柴河景区的月亮湖、卧牛天池、水帘洞、绰尔河的陡崖区域和惊险的转弯的区域。

史迹保护点：指国家级文物保护单位——金边壕遗迹及其周边的环境。其具体范围与国家文物保护单位划定的范围一致。

风景游览区：本区包括柴河景区沿河、沿路和靠近景点的区域，秀水景区。

风景恢复区：指风景区内需要重点恢复、抚育、保护的对象及环境。本区包括沿游览路线或景点的生态和景观林的恢复地带，风景区内确定的退耕还林、还草地带，沿绰尔河两岸100～200m宽的风景林带。

（2）保护分级规划：

一级保护区：包括柴河景区中的基尔果山一带，以及游人难以进入的远离游览道路的区域。

二级保护区：本区包括柴河景区中的风

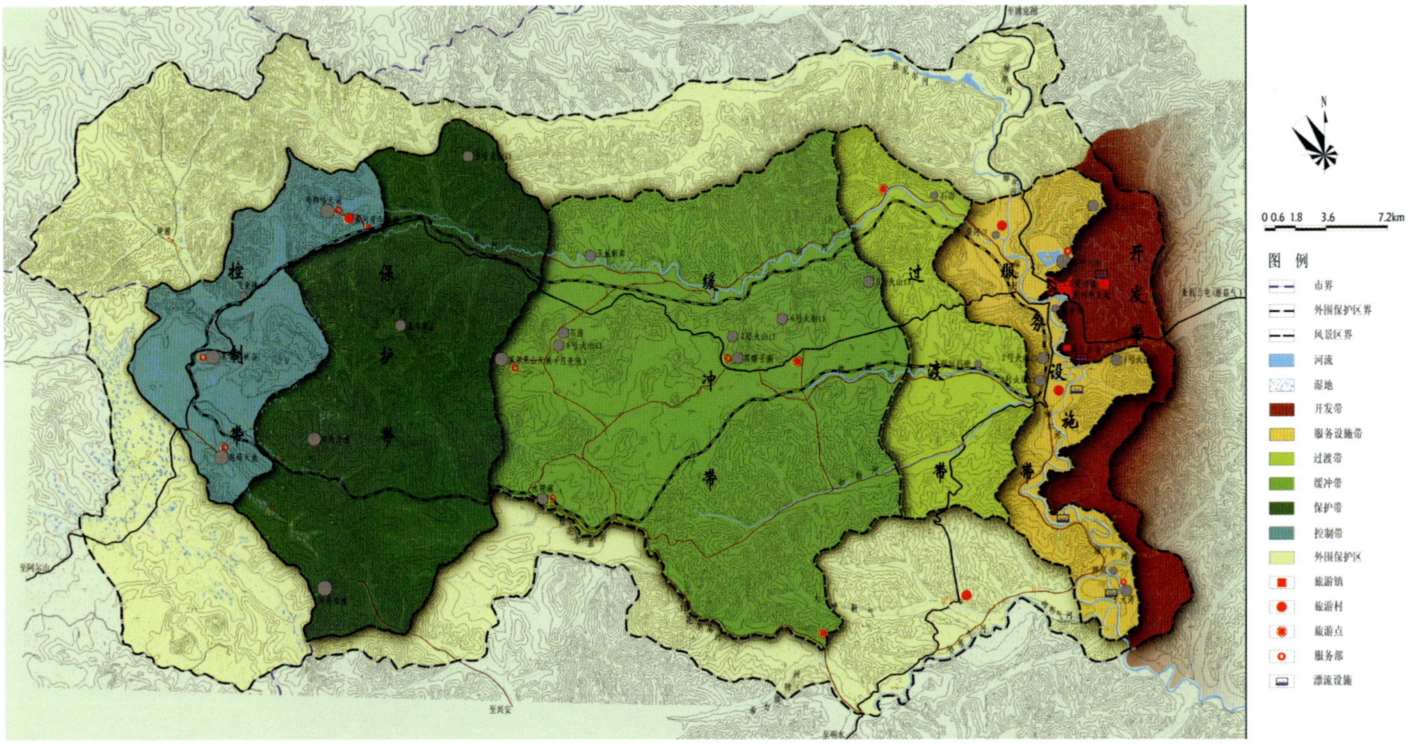

扎兰屯风景名胜区总体规划 2003–2020 年——柴河景区区域保护开发图

景游览地带，金边壕景点。

三级保护区：本区包括秀水景区。

(3) 区域保护和开发强度规划：从东向西分为5级层次：开发带、服务设施带、过渡带、缓冲带和保护带。

开发带位于柴河景区以外的东部地区，主要进行小城镇、村庄和旅游镇的建设，农林副产品的加工、种植养殖，农业生产，放牧，滑雪等体育活动。各种开发和建设活动都不得破坏生态环境或影响景观。

服务设施带位于绰尔河西岸一带的浅山区，这一地区处在各个山谷的入口区，与柴河镇的联系比较方便，既可以享受到风景区的山水景观和森林氛围，又可以拥有相对便宜和便利的基础设施。服务设施的位置和规模要严格限制，主要为游客进行自然体验服务，游人可以住宿过夜。

过渡带位于服务设施带以西约6km的山区，交通相对不变，主要为游客探险性的自然体验服务。设施比较简单，不要现代化设施，而更接近猎民、牧民的传统生活方式。

缓冲带位于过渡带以西20余公里，为游人观光经过的地区，不得规划住宿设施。其他服务型的基础设施也要以不干扰野生动

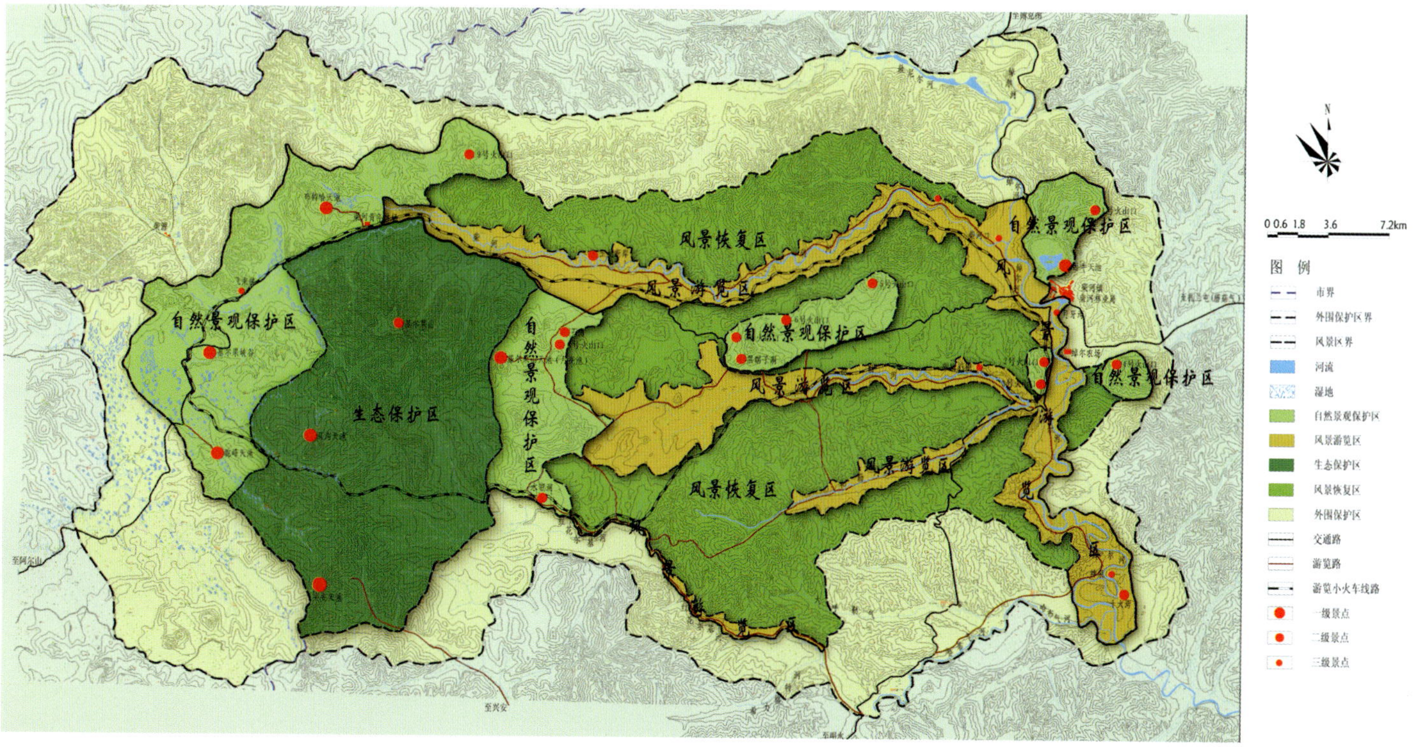

扎兰屯风景名胜区总体规划 2003-2020 年——柴河景区分类保护图

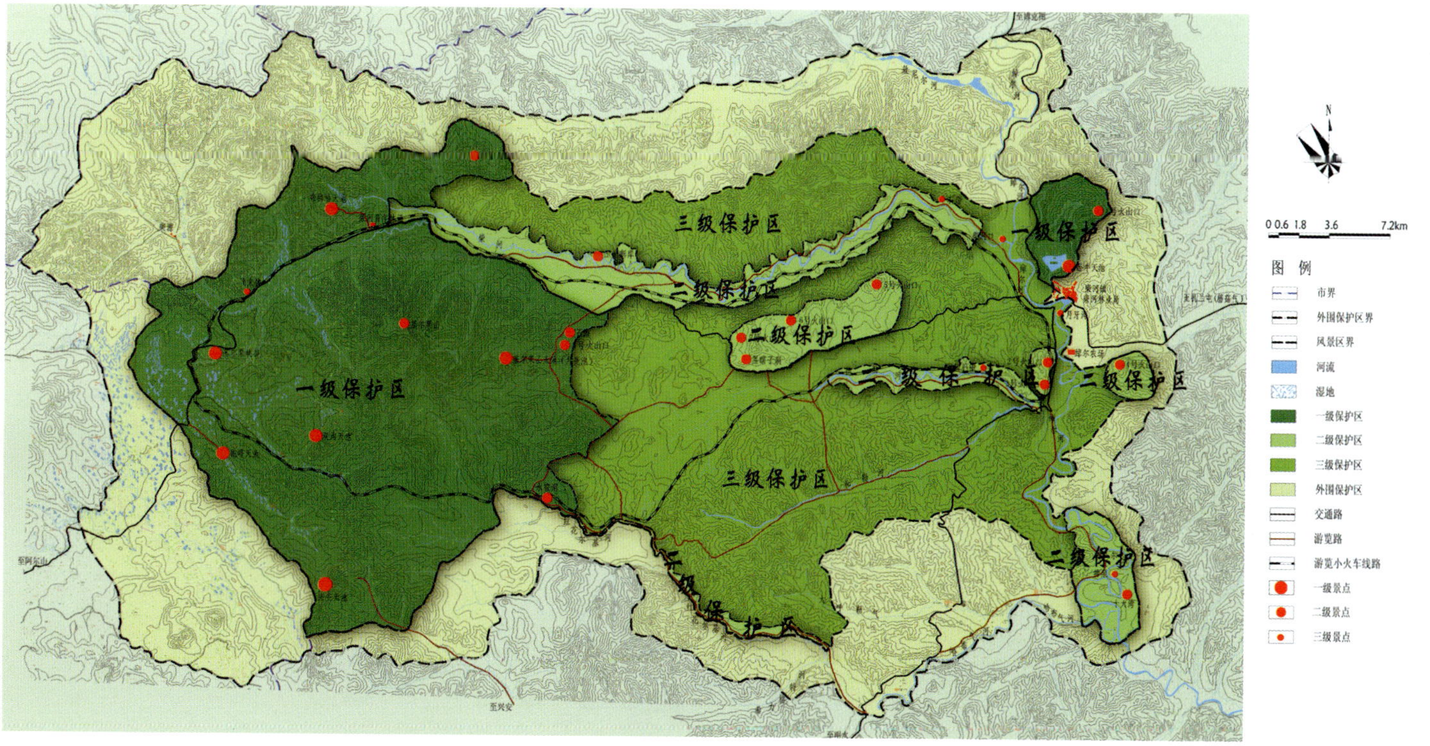

扎兰屯风景名胜区总体规划 2003-2020 年——柴河景区分级保护图

植物和生态系统为基本要求。

保护带位于景区的西部，以基尔果山为中心，覆盖5条河流的上游或源头。以自然保护为主要功能，是野生动物的庇护地，严格限制游人进入。

4.风景游赏规划：

柴河景区：森林、山地和河流三大资源组成的独特的自然风光，地质地貌类型多样，火山群面积广大。这里可以消闲、健身、休养、探险、揽胜、科普、野营、森林浴、登山、漂流、垂钓、水上运动……这一系列的林地和水上活动把游赏活动推向极致。

秀水景区：该区游赏雅鲁河的自然风光。以郊游野游、水上运动、避暑野营、寻幽揽胜为主要项目。

金边壕景点：具有科普考察、访古寄情之功能，四季可游。

5.生物规划（略）

6.游览设施规划：

按照旅游城、旅游镇、旅游村、旅游点和服务部的结构进行规划。

旅游城——扎兰屯城区。旅游中心——设在扎兰屯城区。旅游镇——柴河镇景区外缘，与小城镇建设相结合。游客次中心——柴河镇景区外缘。旅游村——柴青林场、柴河口、宏光村、哈布气林场，与林业设施相结合。旅游点——猫咬狗外站、十八公里外站、希力格特河口。服务部——布特哈天池、驼峰天池、峡谷口、卧牛天池、黑瞎子洞、基尔果山天池、水帘洞、十大湾、植物园、半壁山。

7.基础设施规划：

道路交通规划：

风景区内道路系统按机动车道路、小火车线路、游览道路规划。具有景区对外交通和景区内部工作道路功能的三条道路，兼作游览干道使用。沿绰尔河、柴河设置9处漂流。柴河景区保留林业集材路，修建森林小火车。内部交通采用环保游览车、小火车，或采用步行、骑马、漂流形式。秀水景区内部交通采用电瓶车及步行的形式。将博克图——塔尔气铁路线向南延伸60km至柴河镇。利用即将修建的伊敏——伊尔施铁路及阿尔山机场作为风景区西向铁路和航空通道。

8.土地利用规划：

突出风景区土地利用的重点和特点，将处于风景游览区的林地规划为风景游赏用地，其余林地也要由生产型转为生态型和景观型。

9.近期建设规划：

修建景区内交通路、主要游览路和停车场。秀水景区内维修历史建筑，建设植物园。柴河旅游镇建设垃圾处理场、污水处理站、800kVA 干式变压器 2 台及配电站、游客服务中心、三星级宾馆及商业中心等。

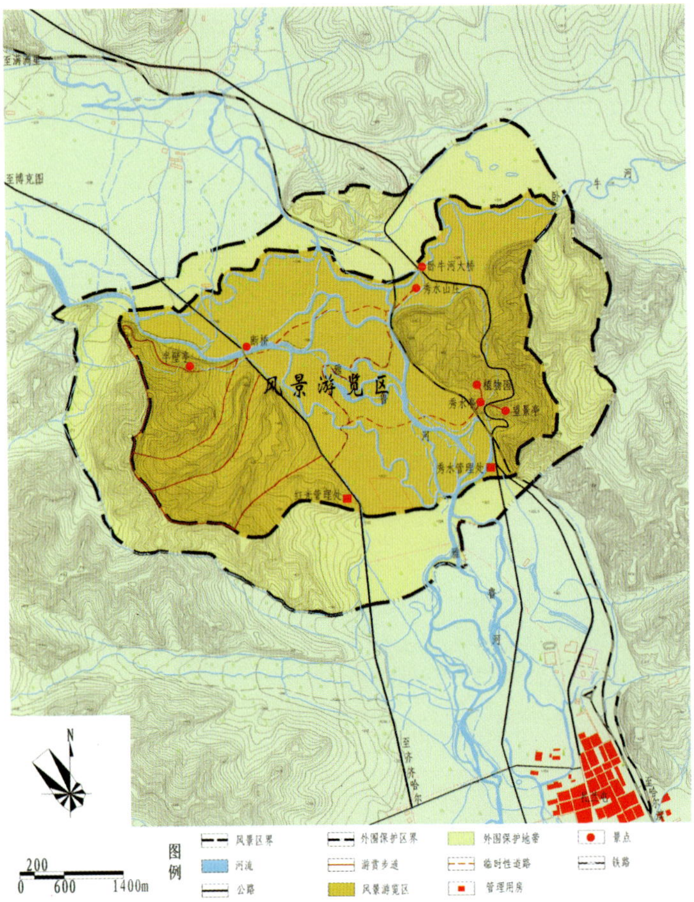

扎兰屯风景名胜区总体规划 2003-2020 年——秀水景区分类保护图

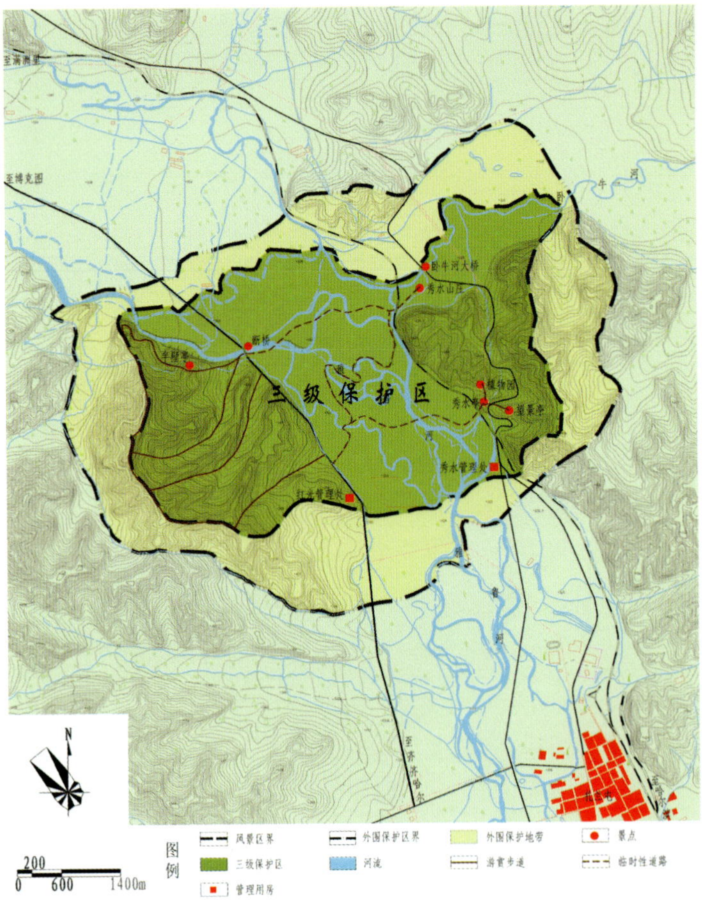

扎兰屯风景名胜区总体规划 2003-2020 年——秀水景区分级保护图

7 杭州新湖滨景区设计（节选）

一、概况

作为西湖风景园林建设的重要组成部分，湖滨景观带的建设应体现杭州历史文化内涵，充分利用现有好的景观元素，对不适应新时代要求的部分进行改造，使湖滨这块城市与风景区的结合部更加优美。这次结合湖滨商业区的改造，对湖滨景观带重新进行调整的范围北起断桥边，南至一公园码头，总面积9.34hm^2。

随着湖滨商业区的规划建设，原湖滨路只保留6.5m的机动车，大量车流由湖底隧道分流，湖滨景观带的绿地加宽约11m。圣塘路环城西路西侧大片建筑拆除，湖滨路从北山路到环西路口段(圣塘路段)改为绿地，新湖滨景区的绿地面积增加约36000m^2，环城西路绿带一直延伸到了西湖边，使西湖与古新河绿带连成一片。

二、现状分析

1.湖滨景观带现有大批的高大乔木，包括湖边的香樟、无患子、垂柳等，其中有些是古树名木，马路边有高大的悬铃木，圣塘路绿带里有许多大树，这些都是湖滨景观带的宝贵财富。

2.湖滨的栏杆和灯柱独具特色，是湖滨的特征之一，应尽量予以保留。

3.湖滨景观带中局部植物高，遮挡视线，需要调整。

4.湖滨景观带的铺装和花坛坐凳需要改装。

三、规划设计

湖滨景观带是西湖风景名胜区与市区的过渡带和结合面，应综合考虑园林景观，集散铺装，服务功能、文化内涵等几个方面，与湖滨商业街建筑景观相互衬托，创造出人们似曾相识，又耳目一新的景观。

（一）湖滨1～6公园段

1.在平海路口、仁和路口、邮电路口、学士路口设置四个集散铺装广场，与西湖交接部分建亲水埠头，在平海路口设新型音乐喷泉，并设有地上服务亭、地下管理、厕所等设施。

2.几个集散铺装，把湖滨分成五段，分别为人们熟知的1～5公园，在这里设连贯宽敞的沿湖游步道，宽窄变化得宜。在湖畔大树下设木坐凳。拓宽大花坛，增加地被植物和花木，在花坛边设石坐凳。沿花坛边布置5～6块自然景石，各刻上一首歌咏西湖的名诗。

3.在平海路口加大铺装面积，加种木桶装栽的乔木，便于人们集散和赏景，地上有二座别致的小卖部，其周围结合室外木桌凳，平台，作休息用。

4.湖滨花坛种植的植物以草花和耐荫地被为主，在阳光充足之处种植色彩丰富的灌木和草花，在树荫底下种植耐荫地被和冷绿型草，创造出通透、优美的景观。

5.保留六公园的志愿军雕像，改造周围的花坛和铺装材料，缩小装饰花坛体量，使之更为优美。拆造六公园水泥花架，改用木质和石质结合的形式。

（二）圣塘路段

1.保留湖畔居、玉壶春茶室、哈乐淇淋屋、装修青砖房等建筑，拆建现有公厕。

2.调整已建的圣塘路绿地的道路和绿地、园林设施，并移栽其中的挡景灌木。

3.保留现有北山路到庆春路口的行道树——悬铃木，把沥青路面去掉后的地面改建成绿地和休息铺装地，二侧为人行道，成为一处两边和中间都有景的步行景观通道。

4.把圣塘路东侧原建筑部分拆除后留下的用地建设成大面积的绿地，乔灌木、地被结合，视线较为通透，鲜花姹紫嫣红，水流平缓，把西湖水与古新河水在地面上联成一体，便于游船互通。

5.在新圣塘路绿地中放置少量小型木质儿童活动设施，兼顾少年儿童游玩需要，亲切自然。

6.保留现有的联谊中心地下建筑。在新圣塘路绿地内新建游客服务中心，综合服务用房等建筑。

（三）北山路侧绿带

保留现有大树，对现有的花坛、铺装、坐凳、灯光照明进行改造，使之与湖滨景观带保持协调。在圣塘闸南侧的铺装地上设送别白居易雕塑，在保叔路口设河埠头和服务亭。绿地边设置石凳、木椅，与湖滨2～5公园的风格一致。

总平面图

四、文化内涵

湖滨景区历来是西湖的门户，千百年来积累了大量的历史文化内容，结合用地的实际情况，安排了以下历史文化景观。

1.送别白居易雕塑
2.马可波罗雕塑
3.风波亭
4.恢复学士路口淞沪抗战纪念碑
5.清旗营小品
6.英语角雕塑
7.李泌引水雕塑
8.保留九芝小筑、石函精舍等近代别墅
9.保留圣塘闸
10.保留志愿军雕像

五、建筑风格

湖滨景观带现有的保留建筑为欧式别墅和江南民居式玉壶春茶室，景观带东侧的湖滨路商业步行街的建筑风格为杭州民居式的骑楼。设计建筑分为地上建筑和地下建筑二部分。地下建筑的顶部是绿地或人行道，加强绿化。地下建筑内部功能合理，设施齐全。新的风景建筑和管理建筑采用硬木结构，石质基底，梁架外露，坡屋顶，木本色防腐处理或略加底色，以求保留传统的符号又有所创新，美观实用耐久，体现返朴归真的效果。建筑造型1～2层，平面布局园林化，主次结合，用廊子连接，与庭园组合在一起，相得益彰。

六、绿化设计

植物造景是新湖滨景区建设的精华所在。为了继承和发扬杭州优秀的自然式植物配置风格，同时又与新湖滨景区现代气息相融合，根据现状和新的景观设计要求，新湖滨绿化设计遵循了以下几方面原则：

(一)有效保护和充分利用原有造型完好的大树，尤其是古树名木，使之成为绿地中的骨架。

(二)以自然式植物造景手法为主，按植物群落进行科学配置。局部区域根据景观要求采取新颖的配置形式。

(三)合理解决植物生态效益和景观需要、总体景观和局部区域、近期效果与中长期效果，以及植物配置与日常养护管理等几方面的关系。

(四)突出湖滨春季赏花习俗，兼顾四季观赏植物，富予季相变化。在品种选择上与原湖滨景区植物品种统一协调，注重常绿与落叶、不同层次植物之间的搭配比例，适当引入国内外新优植物品种，尤其是色叶植物和耐荫花灌木、地被等。

通过有效配置，在新湖滨景区几大景观区域营造出富有特色的植物景观，如2～5公园和少年宫沿湖带状绿地重点渲染自然式花境，给人清新亮丽、耳目一新之感；原圣塘路结合两排悬铃木行道树，布置规则式花坛和草坪，形成具有现代特色的林荫大道；老圣塘景区保留了茂密的树林，充实开花地被和灌木，开辟中层透景线可浏览西湖；新圣塘景区则营造自然生态群落，有效隔离环城西路的喧哗；此外，结合三水贯通工程，开辟各具风格的水边花境；在地下建筑设施上方引用桶栽大苗和木质花钵，与湖滨建筑小品统一。

新湖滨景区植物品种主要选用玉兰、乐昌含笑、杜英、香樟、沙朴、桂花、垂丝海棠、樱花、红枫、喷雪花、花叶锦带、绣线菊、竹类植物等共计250多种，充分体现生物多样性原则。

七、道路交通规划

1.停车：湖滨景观带的主停车场设在庆春路口，在入口广场下建地下车库28个车位。北山路出入口处辟自行车停车场。

2.环湖电瓶车游览道，沟通环湖电瓶车道。

3.加宽临湖游步道，宽度在5m以上。

4.方便就近出入，湖滨景观带相邻的道路接口较多，规划采用多口接入。

5.便于人们健身活动，在一定距离设一个铺装地。

6.在圣塘闸南侧开挖“三水贯通”的游船水道，并设船闸。

八、竖向规划

在2～6公园地段增加花坛的地形坡度，使其离地面200～400mm平缓起伏，成为带状缓坡绿地。铺装地部分基本保持平整，向西湖倾斜，原圣塘路绿地的地形宜作小改动，特别是大草坪部分适当增加草地坡度。新圣塘路绿地形成最高800～1000mm的缓坡地形，丰富空间景观。沟通西湖与湖滨商业街景观溪流。

8 西湖湖西综合保护工程（节选）

西湖湖西综合保护工程的最初出发点是以恢复湖西地区部分被淤积的西湖湖面，实现山水关系的重塑并完善西湖的风景格局，弥补游客只能在湖上欣赏湖光山色，却无缘荡舟山涧水湾寻幽觅胜之憾。

随着西湖湖西综合保护工程研究的不断深入，工程的概念得到全面深化，其内涵不仅仅局限于景观空间的塑造，而成为一项传承西湖的发展历史、保持整个西湖地区生态系统良性循环、保持生物多样性、实现该地区社会环境和地域资源全面整治和整合的综合性工程，是关系到西湖风景名胜区以及整个杭州市经济社会及生态可持续发展的重要工程。

一、规划范围

西湖湖西综合保护工程规划范围东起西山路，包括西山路东侧曲院风荷公园和丁家山之间的原杨公堤地段；北面以灵隐路为界；南以虎跑路为界；西面界线沿青龙山、五老峰、鸡笼山、吉庆山山脚，经黄泥岭与灵隐路相连。规划总面积约为477.38hm²。

二、规划指导思想与基本原则

（一）规划指导思想

西湖湖西综合保护工程规划的指导思想是：以区域综合整治为基础，水域充分西进为标志，人文内涵为神、自然生态为形，幽趣、野趣、闲趣、逸趣为景观特点，创造出可游宜憩、观光与休闲并重的西湖新景区，充分完善西湖风景名胜区的风景格局，为西湖申报世界遗产争创更好条件。

（二）规划基本原则：

1.景观特征求“幽”求“野”，以纯自然的景观外形创造朴素脱俗的生态美景。

2.文化内涵突出“茶文化”、“民俗文化”和“名人文化”。

3.历史定位以明代为主，兼收其他。

4.旅游组织要求“观光”与“休闲”共举。

5.旅游服务强调整合现有设施及农居的服务能力，在实现社会、居民及产业调整的同时，塑造富含地域特色的旅游服务景观。

6.建筑设计及改造要求“民居化”与“自然化”，强调白墙黑瓦的杭州西湖原生态民居群落的有机感及木、石、泥、竹等自然材料的真实感。规划范围内与自然景观不协调的建筑物均应予以改造和拆迁。

三、景观规划设想

根据景源特点及现状地形、植被、水体条件，规划在红线范围内自南向北建设六区一堤，六大景区为：花山霞鹃、法巷探春、三台泽韵、茅乡水情、双峰插云、金沙醇浓。一堤即杨公堤。

（一）花山霞鹃

该区西衬群山，南靠虎跑路，北为花港饭店，西面隔西山路与花港观鱼公园相邻，具有较好的周边景观环境。本景区以观杜鹃花为主题，以花和水为线索联系花港观鱼和太子湾公园，使该地的杜鹃花与花港之牡丹，太子湾之郁金香，合成西湖南部的观花景群。

景区以“花”立意，以“花”布景，植物景观注重乔、灌、花、地被的布局与配置，色彩搭配以恬静、雅致为宜，并配置大量色叶林为背景和配景，花开时节满园芬芳、绚丽多彩。坡上林缘湖畔、路边、桥头、草坪中、建筑旁杜鹃花成丛成片栽植，形成一处美丽、秀致的大花园。

（二）法巷探春

该区位于五老峰下，法相巷所处山谷中，谷中原有法相寺，谷口有唐樟，为杭州市最古老的香樟。谷西侧山体较陡，并有峰、岭、脊、鞍等多种山架结构，谷中并有较开敞空地可供游人活动，现有山路可登五老峰顶。谷口东北侧为于谦祠、于谦墓和俞曲园墓。设计于谷中多种桃、李、杏、梨等春花秋果植物，借谷中静逸、清雅，曲曲层层易于探幽的环境特点，取景为“法巷探春”。并于法相寺遗址上搭建草屋茅亭，以世外桃源的意境留人，同时提供较有特色

鸟瞰图

的旅游服务。

规划加强于谦墓周边植被的保护与增补，使之茂密浓郁有历史感，拆除周围民房，扩大景点，与周边景点连成整体。

（三）三台泽韵

该地位处乌龟潭，主要展示西湖典型的自然地貌和湿地生态景观。

于水杉林中创造水中杉林景观，修复杨公堤六桥之一浚源桥，连接东西两岸水体，林下水上用原木架栈桥供游人漫步观赏水中的景色，并在适宜地点设观景休息平台。水体、泽地、荒岛、芦草、水下植物、湿生乔灌木相互穿插呼应，并培育一些湿地动物。

（四）茅乡水情

本区是“西湖西进”水面扩展的最大用地，开挖了大面积水面，通过古上香水道与西里湖相通。湖中布若干堤岛，将湖面划分为多个空间层次，水面曲折有度、形成幽静的景观空间。

湖中岛屿上建西湖博物馆一处，茅顶木构，展示西湖自形成至今疏浚变迁的历史。

区域西部有通往灵隐的山道，古为上香香道，路边以传统农田布局，阡陌田畴，小溪蜿蜒，古井水车，作物相间，构筑浓浓的江南田园风光。

（五）双峰插云

现状双峰插云碑亭处，由于周边林木较高，已不能看到南、北高峰，所以虽然双峰插云景名及观景点尚存，而景观已无法见到，本区位于杭州花圃西北角，金沙涧穿越而过，区域内看双峰插云景观位置极好，规划此处为双峰插云景点。将现有双峰插云碑亭移至此地古樟树下，拓宽金沙涧，在下游筑滚水坝，扩大水面，于水边筑架空观景亭，游人登高可观双峰插云。

（六）金沙醇浓

本区以体现京昆艺术及酒文化为主。在洪春桥旁老曲院位置建酒作坊，在金沙涧边农家中开设小酒店、小食坊，与曲院风荷酒文化景区连贯，形成体现酒文化的景观系列。利用此地盖叫天故居，设置有关体现京昆艺术的戏台、陈列室等，体现艺术的“醇浓”意境，并通过改造将历史上的“赵公堤”局部恢复，使游人可自洪春桥沿赵公堤至苏堤的东浦桥游赏。

金沙港居民可部分搬迁，沿金沙港北岸布置酒楼茶馆及其他特色风情服务建筑，为游客提供餐饮、休闲、娱乐等服务。

（七）杨公堤

位于现西里湖西岸，部分为西山路，部分为刘庄临湖道路。明弘治16年（公元1503年）杭州知州杨孟瑛开浚西湖挖掘淤泥筑成，后人称杨公堤，与苏堤平行，堤上架环碧、流金、卧龙、隐秀、景行、浚源六桥，俗称“里六桥”，与苏堤六桥相对。当时堤上绿树丛荫，花开繁茂，是一处吸引人的旅游胜地。

据现状地形，重点建设卧龙桥至刘庄北入口区段，使之两侧临湖。卧龙桥至金沙涧区段则扩大现花圃河道，使堤西临水。现西山路两侧绿化过密，可梳理灌木，保留大乔木，在乔木空隙处尽量多开挖水面，造成“水中杉林”景观，也使杨公堤穿行于杉林湿地湖沼河塘之间，具有更为自然独特的景观特点，并区别于苏白二堤。堤上六桥目前仍在，改建为拱桥形式，复现“里六桥”，使西进水面与里西湖湖面相沟通。

金沙醇浓

茅乡水情

双峰插云

法相探春

三台泽韵

花山霞鹃

西湖湖西综合保护工程
——控制性详细规划・总平面图
N
图例
保留建筑
水系
新建民宅
桥梁
新建游览建筑
规划红线

9 西湖环湖南线景区整合工程（节选）

西湖风景名胜区南线景区是西湖风景区中环境容量最大、历史积淀最深厚、景点类型最完整的地区，这里既有着杭州历史上最辉煌的南宋、吴越两朝遗址，又有着襟江带湖的风景优势和鱼米之乡的富庶民俗民风遗存。这里曾产生了梁祝、白蛇传、济公传这样既有着严酷现实意义，又有着极端浪漫主义意义的民间传说和故事。

环湖南线整合的关键是南山路沿路空间景观的改善，使南山路串联起该地区丰富多彩的景点景物，串珠成链。打破独立公园的组景概念，以全局的眼光，整体组织沿路空间景观，引入西湖水体，实现西湖“南下”和“东伸”，以水体和美景串联沿途自然、人文景观。

一、规划范围

本规划为西湖风景名胜区南线景区环湖段绿地，即北起湖滨一公园，南达长桥公园，南山路以内环湖绿地的整合规划。规划涉及西湖岸线3km，占西湖岸线总长度的23%；规划总面积50.38hm^2。

二、环境特点及设计指导思想

环湖南线景区是一处极为独特的景区，既是西湖风景名胜区的核心景区，又是杭州市重要的城市公共绿地，具有符合世界遗产意义的惟一性和不可替代性。充分保持、发掘、深化、发扬其个性，是规划的指导思想所在。

（一）文化性

景区虽以园林绿地的面貌出现，但具备多重文化特性。

1.历史文化：该景区由汉之金牛出水、唐时开六井、吴越之钱王祠、宋之聚景园与西湖十景、明清之十大城门、钱塘十八景，至民国后拆城墙、造公园，具有延续不断的历史演变过程。设计力求在园林中充分体现该景区的历史遗韵。

2.艺术文化：中国美院近百年的历史，使该地长期浸荫在浓郁的艺术氛围中。规划充分发挥美院作为巨大“艺术磁铁”的作用，把酒吧、画廊、咖啡厅、美术馆、艺术宫、茶艺室等引入环湖绿地内部，以整个南山路地段的空间来接受、展现艺术的魅力，使该地成为艺术的“聚落”。

3.民俗文化：杭城素为鱼米之乡、天堂胜境，民风殷实，四时八节活动多多。该景区地属城景结合地带，蕴藏了江南鱼米之乡、杭州城市民俗的丰厚积淀，规划充分发掘此类特色资源，让现代市民及游人体味民族的、历史的人文风景。

4.景观文化：以水域景观为代表，环湖南线占有西湖四分之一的湖岸线，能全面体现西湖秀美的景观特色，整合后的景区能充分融合并适当发展该地的景观文化。

（二）闲适性

南山路地区平坦面湖，贴邻城区，舒展开敞，可游宜憩，具备优秀休闲绿地的赋质，能体现杭州西湖独特的闲适特性。规划强调空间布局及设施的休闲性和舒适性，该地也能成为杭城夜生活的特色场所。

（三）公众性

柳浪闻莺公园历来是进行大规模园林展会的场所，钱王祠的建设，公园的全面开放，将使其更易于组织民俗节庆及园林展会活动，并为该地增加持久的人气，提高该处绿地的资源利用率。

三、整合规划

环湖南线绿地在空间处理上做减法，即重点以疏为主：拆除过密的建筑，疏理过密的植物，开河通港引入水体，加强游览及赏景视线的可达性；结合空间上的减法，在文化意境上则做加法，充分挖掘、显露、恢复该地丰富的文化元素，使该区一景一物皆有

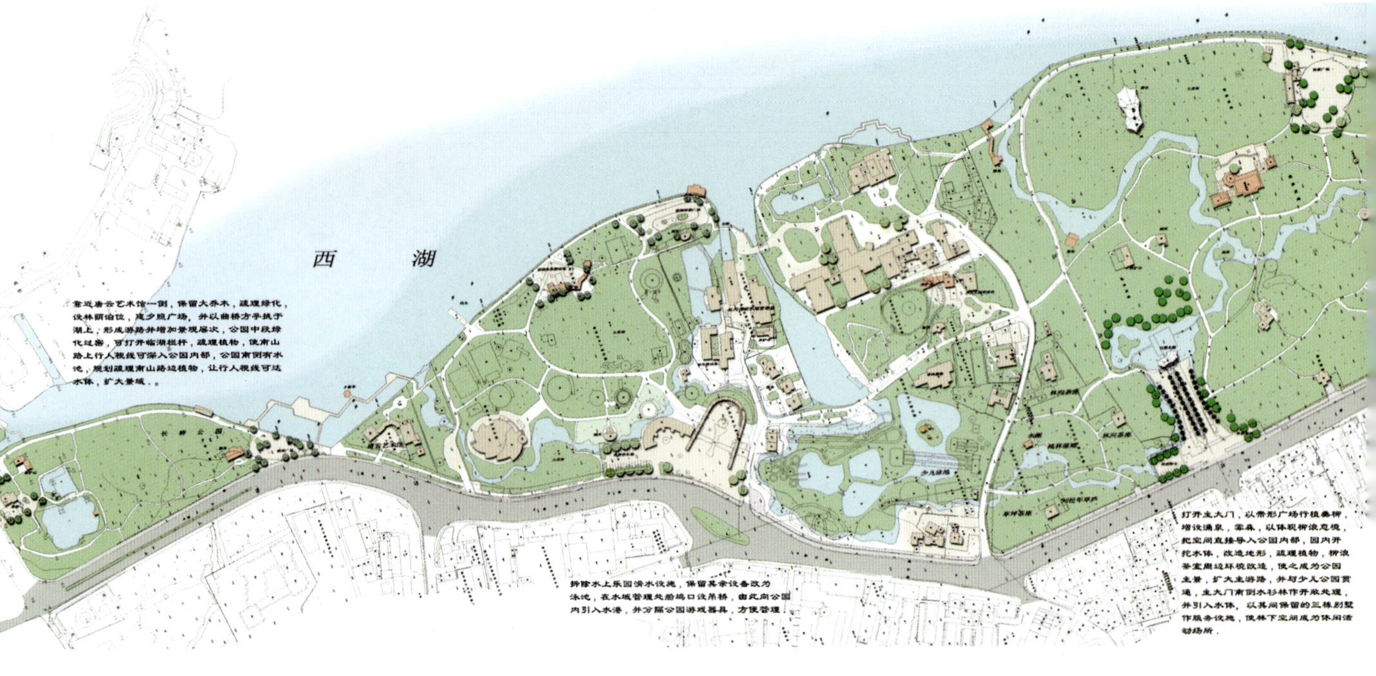

灵魂。

按现状分区特点，整合规划重点调整九区二带的布局，即：湖滨一公园、大华饭店、老年公园、涌金广场、省边区政治部、钱王祠、柳浪闻莺、少儿公园、长桥公园，滨湖亲水景观带和南山路休闲林荫文化景观带。

1.湖滨一公园：清钱塘十八景“亭湾骑射”即在此地，规划建亭廊挑入荷丛中，以“亭湾骑射”名之。拆除破旧建筑，只保留澄庐及其南侧黄色别墅，改为旅游服务用房。拆除后的用地，大部分开挖水体，并与西湖沟通，改建美人凤雕塑基座，处理该地成为南线景区的导向性入口。

2.大华饭店：拆除临路建筑及原涌金港外船坞，引水至南山路边、筑湖埠，河湾港汊把游人视线引向西湖，并使大华饭店成为四水环绕的“水中庄园”。

3.老年公园：老年公园的特色应进一步加强，园内设施全面无障碍化，并增加供老人活动的各类室内外设施，形成以茶室、陶艺吧、小酒馆、画室等为主体内容，以老人为服务对象的休闲服务组团。

向水中挑入晚霞台，供老人进行健身活动，该平台也是进行节庆表演时的良好活动场所。

4.涌金广场：该地为传说汉时金牛出水之地，唐时有涌金池，规划拆除广场周边建筑，引西湖水体至南山路边，并设计成湖埠形式，该水体亦为“涌金池”并以唐风纹样装饰水岸。广场周边大量栽植海棠花，成为西湖又一赏花胜地。广场西侧湖中设“金牛出水”雕塑，作为景区主题。

5.省军区政治部：近期整治改造四侧建筑立面，增加内部绿化，使之与环湖绿地景观相协调。

6.钱王祠：复建钱王祠，并在祠南建成一组具有吴越遗韵、南宋特色的园林，园林地下建游人中心，原钱工祠路上立五道牌坊，纪念吴越“三代五王”的历史，并以此引导游览线通达西湖湖边。

7.柳浪闻莺：打开主大门，在自然纹样铺装地上行植垂柳，柳下设涌泉、雾森，莺啼、蛙鸣、虫声等背景音乐，体现柳浪意境，并把景域空间直接导入公园内部。

8.少儿公园：该园为功能性园林设施，更换游乐设施，使其符合少儿天性，锻炼其体力、智力，如沙坑、戏水池、秋千、攀缘壁、木桩、迷宫、攀登架、滑板、自行车道等，还可设置一些供少儿进行手工制作、艺术创造的室内外空间与设施。

9.长桥公园：分三段处理，靠近唐云艺术馆一侧，保留大乔木，疏理绿化，建夕照坪，并以曲桥方亭挑于湖上。中段打开临湖栏杆，疏理植物。南侧则疏理南山路边植物，使行人视线可达水体，扩大景域。

10.滨湖景观带：沟通湖边道路，适当处扩大为休闲铺装坪，供游人休闲赏景，沿景观带设置服务设施，使游人可游宜憩。

11.南山路文化休闲带：南山路两侧设置各种文化品位独特的商业服务设施，以路东多临街，路西多入林的布置手法，亦园亦街，半景半城，使游人既可流连于街面，又可深入至林间，亦行亦游，可动可静，感受深厚的文化艺术韵味及园林山水美景。

原木栈桥

亭湾骑射

雕塑小品

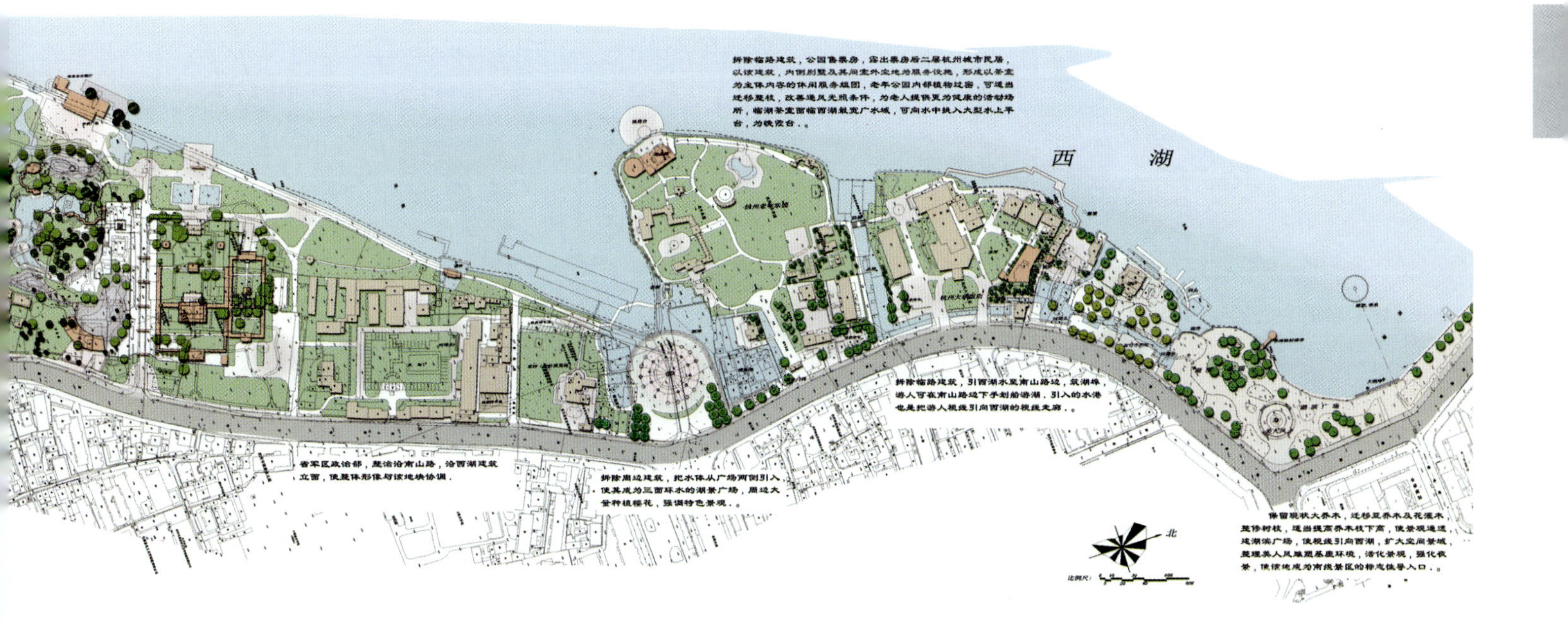

总平面图

10 杭州玉泉景点整修扩建工程方案设计（节选）

1.缘起

“玉泉鱼跃”是杭城的老牌景点。有记载的人文经营始于南齐建元年间（公元479－482年），这之后玉泉即以其“泉清境幽”见称于时，更以观鱼盛事名闻天下，若干年来文人墨客也词章不断。最近的整理修建是在1965年前后进行的，之后一度中兴，近年来则日趋冷落。主事者不忍见此，遂决定拨款对其进行整修，并于其南侧又划出同样面积的用地作扩建用地，以希复兴。

无疑，这是个“主题先行”的工作，必须考虑景点的文化、历史的完整性和连续性。同时，作为设计者，我们也仍想有所作为，特别是在其南部扩建用地上，于是在“修旧如旧”之外，提出——“和而不同”。

2.释名(略)

3.相地

设计首先从对老北园的考察开始。像许多传统的江南园林一样，建筑在老北园的空间组织中占据着组织者的地位。总共7500m^{2}的用地中，由1750m^{2}的建筑划分出共9块天井、庭院，组成了3个院落。这些天井或庭院大小不一，形状上却都方正。这方面又与大多数的江南园林形成对比——那些庭园空间大多都是异形平面。因此，将上述两方面结合在一起，可以用“整形建筑围合空间”来概括老北园的空间特征。

3个院落也都是围绕着其中呈矩形的水池形成的。西部两个分别唤作“古珍珠泉”和“晴空细雨”。东部另一饱满水庭即是大名鼎鼎的“鱼乐国”。许多游人也多是由东北部主入口进入，到达池边，对沉浮、游动其中的几十条长达1m有余的鱼雷般的青鱼指指点点，性急的10分钟后再绕池一周即告离开。

许多先前的对联得到了保留，且多围绕“鱼乐”和“水清”做文章。其中一付挂在鱼乐国南面建筑上，是点题——“鱼乐人亦乐，池清心共清”。对联用字平淡，取意恬和，自然地在自然物中透露着人的信息。是应景，但更多是写心。因为无论是对“鱼”，还是对“人”，“江湖”之中才会有更

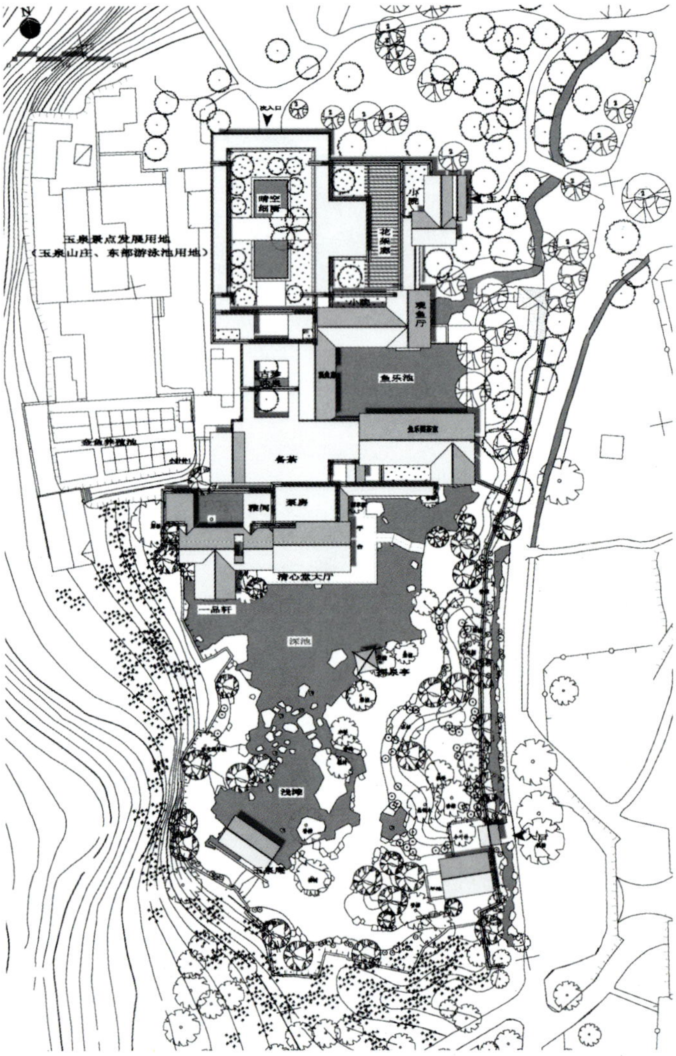

屋顶平面图

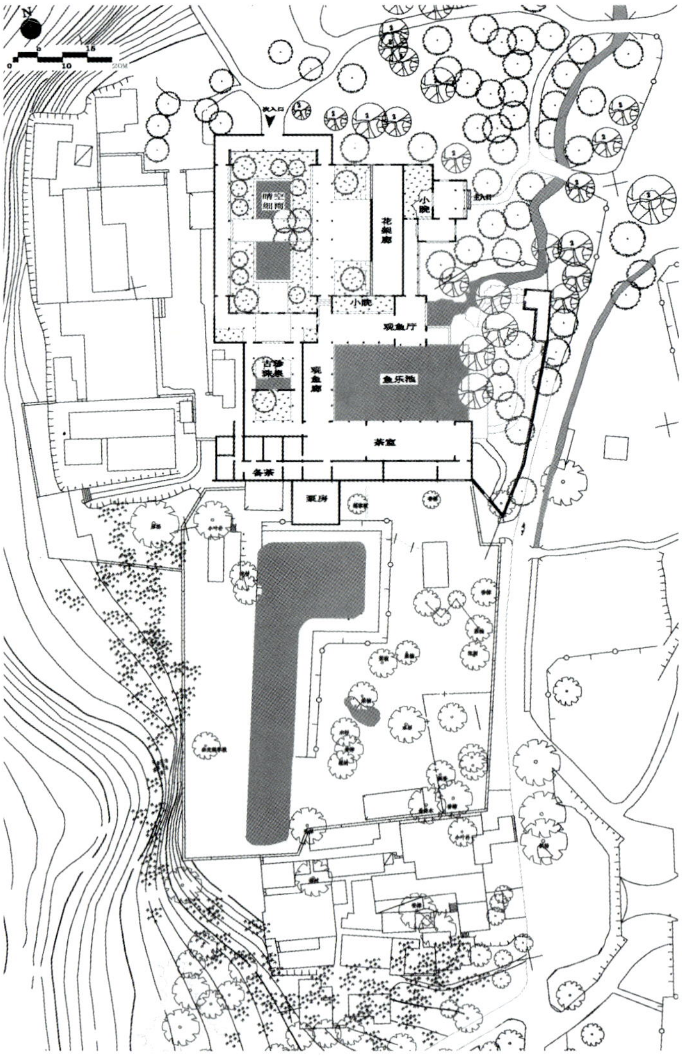

现状图

多的快乐。

未来的南园与老北园一墙之隔，位于它的南侧，用地也是7500m²。西、南部是有一定高度的山坡地，东部临植物园内一游览主路。用地内有长直废弃水池近700m²，并有若干大树散植其间。

4.立意

综合而言，老北园内“鱼、泉”主题突出，人文经营也由来已久，文化积淀深厚，且已具有相当的知名度。因此，在新南园的扩建过程中，必须首先保证原有景观的主旨意趣的延续。设计将之概括为“鱼、水、天、人的自在共乐”——即通过鱼水相戏的景象（尽管只是想像中的），反映人对“无我之境”乐趣的理解和向往。这将成为新老两园共通的基础——是“和”。

同时，老北园在“鱼、水、天、人的自在共乐”这一观点的观照下，又被进一步明确为“整形建筑围合空间内‘鱼＋水＋人’的静态的定势交流”。其中，“静态的定势交流”指的是，老北园内人与鱼、水之间同时具有平面和竖向上的距离（人们只能隔在1m高的栏杆之外，趴在栏杆上，隔空而望），又有活动上的限制——人与鱼之间只限于观望，而缺少更多的，能真正影响对方的互动。

“不同”之处也在此展开。在空间格局上，同“整形建筑围合空间”相对，新南园强调的将是“自然山水开放空间”；在“鱼”、“水”、“人”的关系上，与“静态的定势交流”不同，新南园强调着彼此间的“动态的即兴游戏”。新老两园也因此从不同的侧面完成对共有主题的表达，也成就了自身存在的独特理由，并成为对方的有效补充，丰富着场地性格和景观内容。

基于同样的理由，新南园被命名为“亦乐园”。

5.布局

“自然山水开放空间”是新南园的大的空间格局。空间围绕着水面展开，两个主要建筑隔水相望，另有小亭偏置于其间，充实空间，同时迎向从老北园而来的人流。

这里，通联的水面替代了北园的建筑，成为南园空间的组织者和统一者。水面因此就不会成为一自在之物。它与陆地交织、同建筑交结、和园路交通，构成丰富的底景。水也因此得到了多种形态（即有浅滩、深池、小潭、涌泉、跌水等）和多种情状的表现。

6.建筑

新南园散点式布置有四座建筑，除了北部围绕着原先泵房发展而成的茶室（清心堂）外，其余三座（玉泉庵、探泉亭、东入口）都是单体建筑，与北园纵横连续的建筑组群构成对照。南园建筑因此从组群中活跃出来，获得了更多的表现机会。

同时这种表现仍需得到环境的许可和支持。因此建筑与环境的结合也得到了特别的注意。尤其是与水环境的多样结合，分别形成了水边（清心堂）、水上（玉泉庵）、水中（探泉亭）三种组合方式，构成一系列建筑与环境彼此内在的、自然、朴拙而丰富的场景。人对自然的亲和愿望也借此得到如期表达。

建筑形式沿用了老北园的样式，大都取悬山屋面。中部的探泉亭是四角攒尖，算是一种变化。

7.植物

在绿化景观安排上，北园主要强调庭院景观，南园则强调山林景观。由于北园庭院景观已较完善。南园的种植设计就成为本次设计的重点。而对用地原有植物的组织利用又成为重点中的重点。需要强调指出的是，由于坚持了各造园要素间的有机结合这一原则，最终确实在原有植物与新建建筑、新开挖水体之间构成了“浑然一体”的建成景观。

同时，出于丰富和完善空间的需要，南园又另外点植一、二棵香樟和银杏。在与山林交接处密植林木加以过渡，也一并明确场所空间的围合感。而对水生植物的运用也是设计中考虑的一个方面，从而使南园的环境更加真实、完整，也补充了北园无法考虑水生植物景观的缺憾。

8.景物

“鱼”和“泉”这样的特征景观在整修后得到了加强。从品类方面而言，在大青鱼和花鲤鱼的基础上，丰富了金鱼的品种，增加了田鱼的表现；在原有单一的方形水池外，还增加了涌泉、跌水、浅滩、深池和小潭，丰富了水的形态和动态景观。从与环境及人的结合上，南园水池中汀步群的设置增加了人与水、鱼及自然的动态的亲和机会，而对园林建筑与水环境的结合方式的多样性的强调，既丰富了建筑和水的

东部入口内景：

四柱悬山点明入口所在，也定下了南园空间朴素、大方的基调。后部设置的小院避免了入口空间的直露

清心堂：

围绕原有泵房发展出的建筑群，其组织方式和建筑样式是对北园建筑处理手法的延续。同时也提供了北视站点，丰富南面景观

景观变化，也从另一侧面加强了人与自然的交流。

• 边界处理。南园北部与北园相接处，设一高达5.5m的长墙作为彼此的分隔。西部、南部与山林联结处，则设置不等高的挡土墙。挡土墙进退不一，强调了场所感的形成，同时因应古代“开山筑庵，草创玉泉”的记载。挡土墙块石干砌，利于表现石材的肌理，也利于日后植物的生长。东部界线临近园外道路。设计延续了北段现有围墙风格，以体现园子的整体性。围墙后退道路5m余，将原路东的水渠改道此间，配以山石、植物，增加与环境的亲和。围墙内另做1m左右的微地形起伏，平衡土方，丰富底景，也呼应了山形走势。

• 东侧入口。在东界围墙的中断处，为一四柱悬山建筑，点明入口所在。入口正对用地东部现存的三棵大枫杨。其朴素、大方的造型也为内部空间定了一个基调。同时利用入口功能建筑的组合，在内部形成了一个迂回曲折的空间，避免了直露。

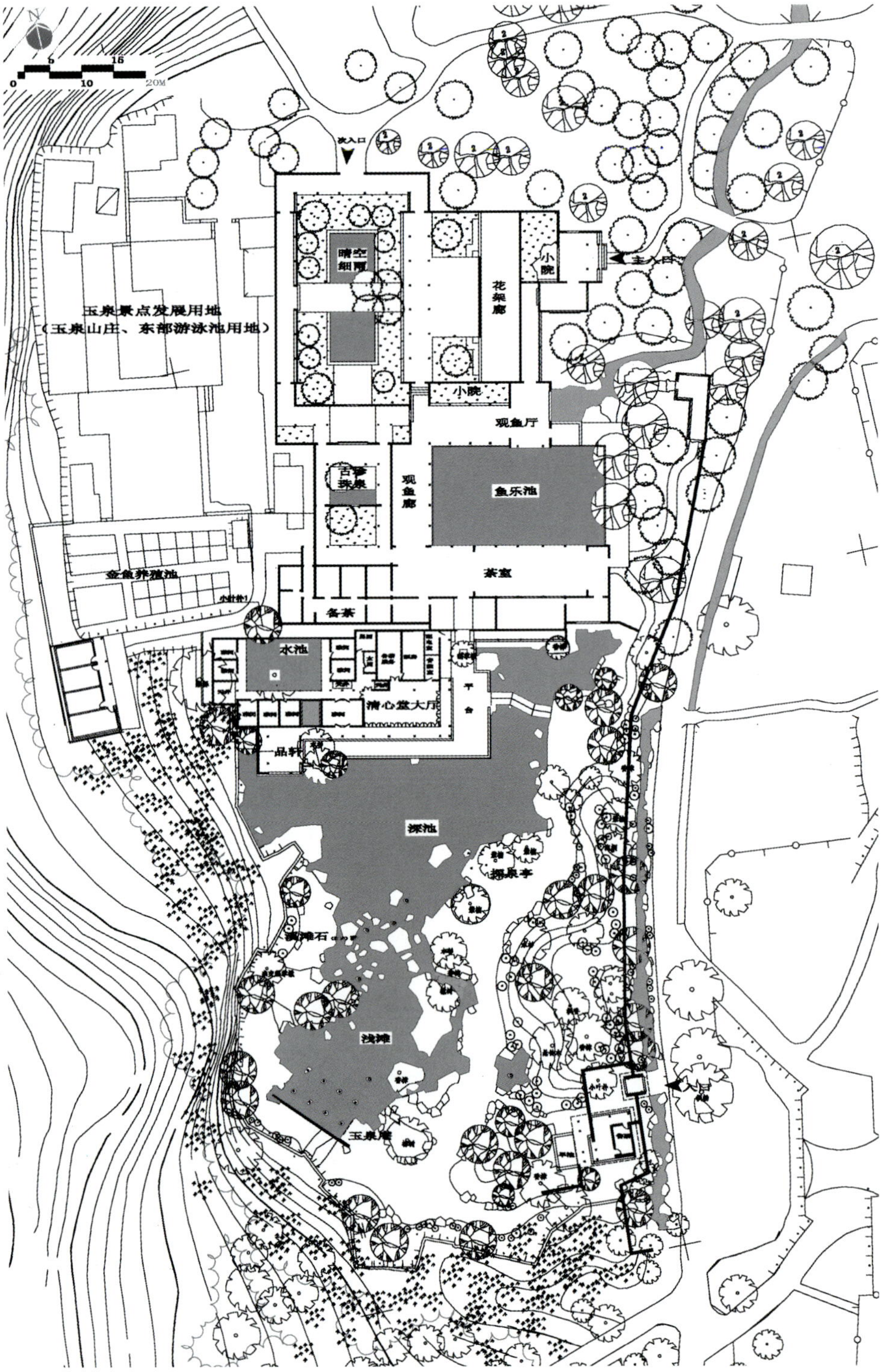

总平面设计图

• 玉泉庵。于场地的西南角建三开间临水草庵一座，应和旧日记载，以建筑材料的拙朴和造型的简朴渲染环境的自然清新气息。撰联点题，并与北部鱼乐园的对联相和（“鱼乐人亦乐， 泉清心共清”）。联曰：

“水清且净可以观鱼，
天虚而空正好放心”

• 清心堂。取名“清心”，既应和茶室自有的“清心”之用，也附和了北园所有的“池清心共清”之意。茶室依墙面南而建，与水的亲和性极佳。同时也打破后部立墙的单调，提供北视站点、丰富南部景观。

• 汀步群。在深池和浅滩间设置溪滩石汀步群，分隔南北水面，也沟通东西两岸。同时，其群体式的设置，改变了一般线形的汀步设置方式，暗示了它的停留性能，更为游人全面地接触、亲近水体和鱼提供可能。

• 探泉亭。探泉亭位于用地中部偏东北，为一四柱攒尖方亭。三柱岸上，一柱入水。这种别致的建筑平面处理，是建筑与水的亲和，也表露了人与自然的合作姿态。

• 涌泉。在水池中设置了几处点状涌泉，丰富水景，同时也是对原有对此地的记载（“玉泉地区为松散沙砾石层地带，地下水十分丰富，泉眼极多”）的模拟。

9.余言(略)

玉泉庵：
与清心堂隔水相望。三开间悬山敞轩立于水上，原计划为草顶建筑，希图以材料的拙扑和造型的简朴渲染环境的自然清新气息

探泉亭（现名碧莹亭）：
三柱岸上，一柱入水。别致的建筑平面处理，是建筑与水的亲和，也表露了人与自然的合作姿态

北园石塔：
整个北园在“修旧如旧”原则的指导下进行了修复。图中石塔参照民国初年所摄照片进行复原

环境：
整个南园的建设始终坚持了各造园要素间的有机组织——包括建筑、水体、山石及植物等

11 泸沽湖风景区总体规划（节选）

一、现状概况

泸沽湖位于川、滇交界处，由四川省盐源县和云南省宁蒗县共辖，东距盐源县城118km，南距宁蒗县城72km。地理坐标为东经100°51′～100°55′，北纬27°41′～27°45′。泸沽湖属断陷构造湖泊，湖盆四周群山环抱，平均高出湖面近千米。湖面海拔2690.7m，面积55.45km²，最大水深93.5m，居我国深水湖泊第三位。泸沽湖流域地处西南季风气候区域，属低纬高原季风气候，光照充足、冬暖夏凉、降水适中。泸沽湖水生植物种类和数量十分丰富，居全国高原湖泊的前列。据统计湖中有水生维管束植物19科37种；泸沽湖中有原生鱼类4种，次生鱼类9种。据记载泸沽湖地区有陆生种子植物104科，近650种；野生动物中兽类有20余种，两栖动物6种，鸟类30余种。其中有国家一类保护动物4种，二类保护动物9种。

泸沽湖周围和永宁坝是人口较为集中的多民族聚居区，同时也是摩梭人分布相对集中的地区。据文字记载，摩梭古称“摩沙”，已定居永宁坝1500余年。现泸沽湖沿岸居住有摩梭人和彝、汉、纳西、藏、普米、白、壮等7个民族，约1.2万人，其中少数民族约占80%，摩梭人约0.5万。永宁坝区居住有9个民族，约1.6万人，其中摩梭人约0.6万。摩梭人的生活习俗最突出的是走婚制，男不娶、女不嫁，母为尊、女为贵，妇女当家，以母系血缘关系组成家庭，实行舅掌礼仪母掌财的家庭分工。该地区是多种民族聚居区，村落有单一民族组成和几个民族合处的。

泸沽湖迷人的湖光山色，淳朴独特的民族习俗，早已闻名海内外。1988年泸沽湖作为丽江玉龙雪山风景名胜区的一个片区被国务院批复为国家重点风景名胜区，1993年四川省将泸沽湖四川片区批复为省级风景名胜区。1994年云南省批复建设泸沽湖省级旅游区（面积11.6km²）。

二、风景资源评价

泸沽湖风景名胜区以其典型的高原湖泊自然风光和独特的摩梭母系民族文化形成了特色突出的自然景观与人文景观。以摩梭人文景源为代表的风景区人文景源具有特级风景资源和世界文化遗产的保护价值；以泸沽

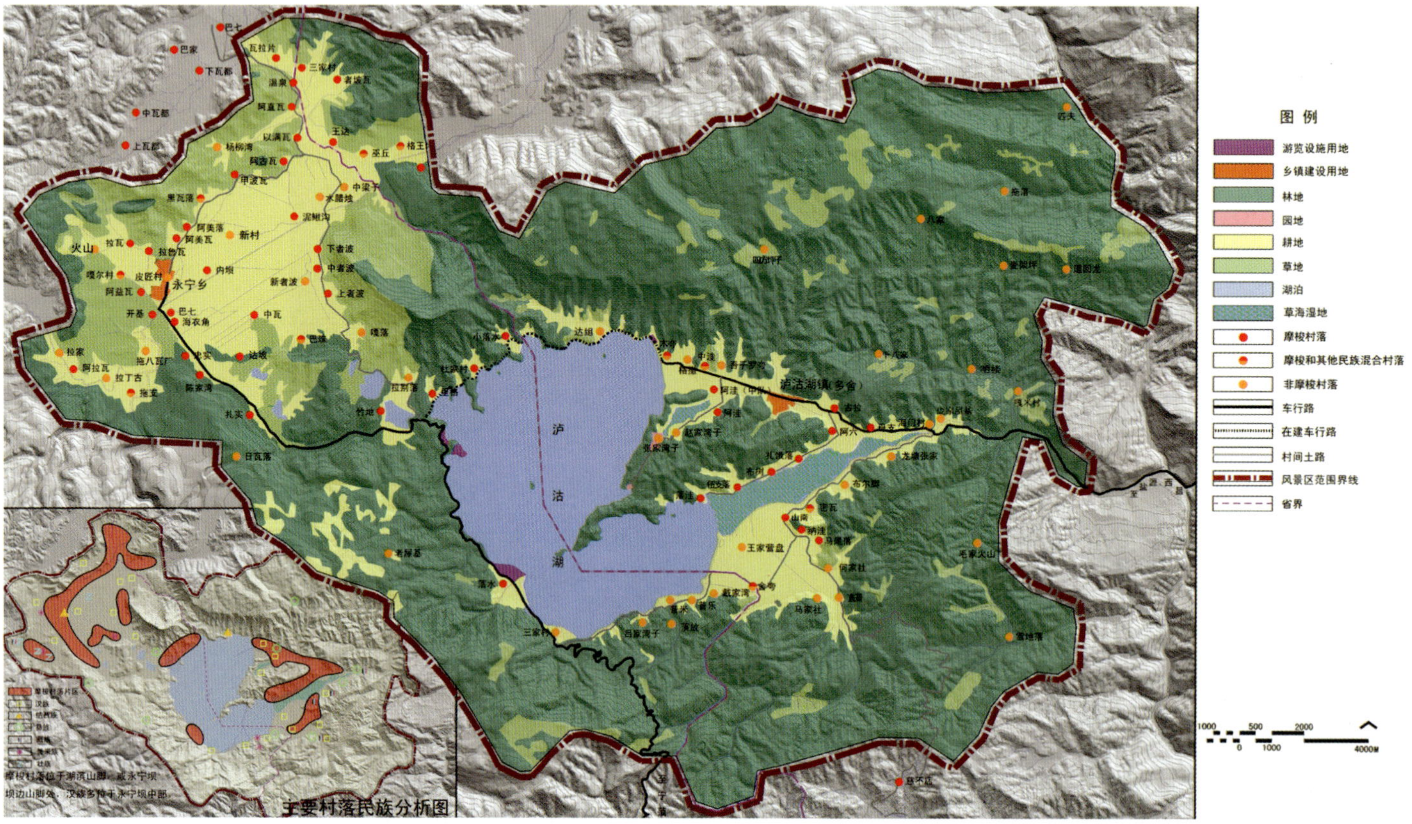

泸沽湖风景区总体规划——综合现状图2001

湖山水自然景观为代表的风景区自然景源具有一级风景资源价值。一湖、一坝、一主峰构成了泸沽湖风景区的整体地貌特征和地域空间。

现状所选的59个景点中共分出水景、地景、生景、建筑、风物、胜迹等6个景源中类。其中一级景点7个、二级景点19个、三级景点21个、四级景点12个。

三、风景区范围、性质

1.风景区范围、面积

依据风景资源分布的特征；考虑到景观环境的完整性，地域空间的相对独立性，风景区保护、利用、管理的必要性和可行性原则；结合泸沽湖汇水范围和摩梭人村落分布的地点，将泸沽湖风景区的范围定在一湖、一坝的主体空间地域内，面积为552.5km²。湖区主要以泸沽湖流域及泸沽湖镇域为界，面积为397.5km²。坝区主要以永宁坝及周围第一重山岭为界，坝东侧包括格姆山及肖家火山山麓，面积为155km²。风景区具体范围边界见图纸。

泸沽湖风景名胜区的核心景区范围是191.12km²。参考行政界线及地物进行划界，外围保护地带的面积（不含风景区面积）是439.5km²。

2.风景区的性质

以保持摩梭人母系氏族文化特征，具高原湖泊景观特色，融自然山水与民族风情于一体的风景资源类型；以观光游览、民俗领略、科学考察为主要功能，具有世界遗产价值的国家重点风景名胜区。

四、功能分区与结构布局

1.风景区功能分区

（1）游览景区

游览景区是以游览、欣赏为主要活动内容，可结合游览安排适当的参与性活动。游览景区内配套建设旅游服务设施。规划确定的游览景区共4个，总面积165.41km²。

（2）重点摩梭村落保护区

重点摩梭村落保护区是指摩梭人居住的村落相对集中，村落周边环境有特色和代表性，地域相对独立，可不受游览线路的影响。保护的目的是减少外界因素的干扰，保护当地居民正常的劳作生息与生活居住环境，进而保持民俗文化与生活环境的真实性、完整性。规划确定有草海北岸的博树村、温泉附近村落和格姆山西麓者波村三片，总面积为23.16km²。

（3）草海湿地生态保护区

草海湿地生态保护区（大草海）面积7.05km²，为了保持草海的水生生态环境和水鸟的栖息场所，禁止游人进入，限制当地居民打捞水草和捕捞鱼虾。游人可在沿岸、长桥上游览或登山眺望。

（4）旅游接待区

旅游镇是向游人提供住宿、餐饮、导游、购物的主要场所。旅游接待区的建设应利用现有地形，保持当地民族村落的布局特点与风貌，建筑层高以两层为主，局部可为三层。加强绿化，形成房屋依山错落，树木掩映的景观效果。规划安排在云南一侧的竹地和四川一侧的古拉各建一处。

（5）城镇建设区

城镇建设区是指泸沽湖镇区和永宁乡小城镇。镇区主要是当地群众的社会服务中心，兼为游人提供旅游服务。城镇建设均在现址建设，规模可根据需要适度扩大，但应保持传统风貌。泸沽湖城镇建设区规划范围是自现镇区西端至古拉村东冲沟之间地带，面积约1.5km²。永宁乡小城镇规划用地为1.23km²。

（6）风景培育区

风景培育区是指泸沽湖北岸和草海南岸第一重山脊线以内，除以上各区之外的用地范围，面积是24.3km²。此区应在近期内加强植树绿化与小流域治理。

（7）风景恢复区

风景恢复区是指风景区范围内除以上各功能区以外的范围，包括山坡林地和分散在

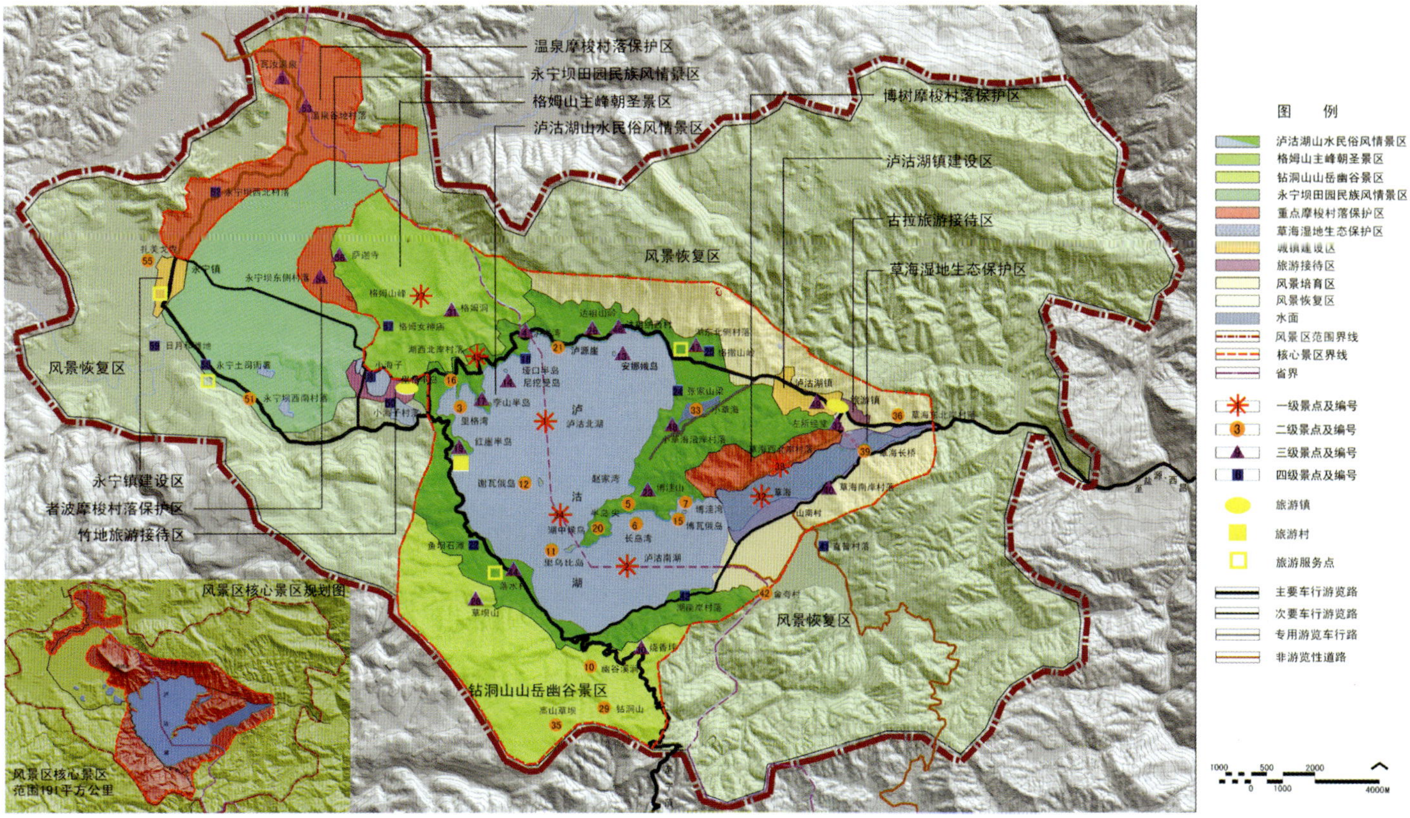

泸沽湖风景区总体规划——规划总图 2002–2020

其中的居民村点、各级道路、农田草地与河溪滩地，面积是310.89km²。主要作为风景区的整体景观环境进行保护培育或恢复。

2.风景区的职能结构

泸沽湖风景区风景游赏系统是由“风景区—景区—景群—景点”组成。其中包括4个景区、2个景群、59个景点。泸沽湖风景区旅游设施系统是由“旅游镇—旅游村—旅游点—服务站”组成。其中包括2个旅游镇（旅游接待区）、1个旅游村、4个旅游点和18个服务站。泸沽湖风景区居民社会系统是由“城镇—居民村—居民点”组成。其中包括2个乡镇、11个居民村、86个居民点。

3.风景区的布局形式

泸沽湖风景区的空间布局特点是由一湖、一坝、一主峰形成的组团状布局模式。湖区是以拖坡半岛为中心，三面环水；以湖面为中心，四面环山，构成了山环水抱的内聚空间。各景区、景点环湖而列，形成了风景区主体游览环线。坝区是以永宁坝为中心，环列群山，形成“盆地”型的内聚空间。各村落、寺庙景点散布于坝周山麓，形成了风景区的另一条环形游线。主峰格姆山位于湖区、坝区之间，联系着两个地域空间，并成为两个游赏空间中的较好的视线对景。

五、风景区保护规划

1.民族村镇保护区、点

（1）重点村落保护区、点

重点村落保护区是指摩梭人居住的村落相对集中，村落周边的环境具有代表性和特色，地域相对独立，可不受游览线路影响的成片村落。规划有三片，包括草海北岸的博树村、格姆山西麓的者波村和温泉附近的村落。重点村落保护点指非成片分布的摩梭村落和其他民族村落，此类村落在风景区内有51个。规划要求保持村落的原有风貌，新建的不符合原有木楞子房屋形制及体量的建筑应予拆除。建筑物应保持依山坡错落的特点，近水处的应向后搬迁。应加强村落及周边环境的绿化。村落中限制游人游览，禁止游览车辆进入。

（2）一般村、镇保护点

一般村、镇保护点是指现有村落和镇区风貌较好，具有特色，或位置重要，分布在主要游览道路沿线上，可作为游人游览参观的村落与集镇。其中四川片区一侧有10处，云南片区8处。规划要求保持村落和集镇的原有风貌和各自环境特色。村落和集镇必须进行详细规划，在保持原有布局机理的前提下，组织游览道路，选择代表性的家庭院落作为参观点。村落应整治环境，改善卫生条件。村落中限制游览车辆的进入，宜将过境路调至村外。

2.草海湿地生态保护区

草海湿地生态保护区是指大草海范围，面积为7.05km²。保护区内严禁围湖造田，已围田的范围应予退耕还湖、还草。草海及其沿岸严禁引种非原产本地的水生植物物种。候鸟滞留期间严禁船只入内，禁止捡拾鸟蛋。草海内严格限制打水草和捕捞水生生物。草海内禁止游船、游人进入。除保留现有长桥外，不得建设任何建筑、构筑物。游人观赏草海可在草海长桥上及周边沿岸或山坡上。

3.风景游览保护区

（1）一级保护景区

一级保护景区范围是指环湖车行路以内的陆域及湖面，另外包括拖坡半岛和格姆山，总的面积为92.51km²。一级保护景区内严禁安排旅宿床位。除保留原有村落外，其余建筑物均应拆除，旅游服务设施依托原有村落安排。严禁建设永久性的混凝土及石砌码头。湖面只准行驶猪槽船，并应控制数量。岛上的建筑物可按历史原貌进行复建，但不得扩大面积和体量。区内的游览交通以步行路为主，特殊地段可采用专用游览车，并建专用游览车道。一级保护景区内必须编制详细规

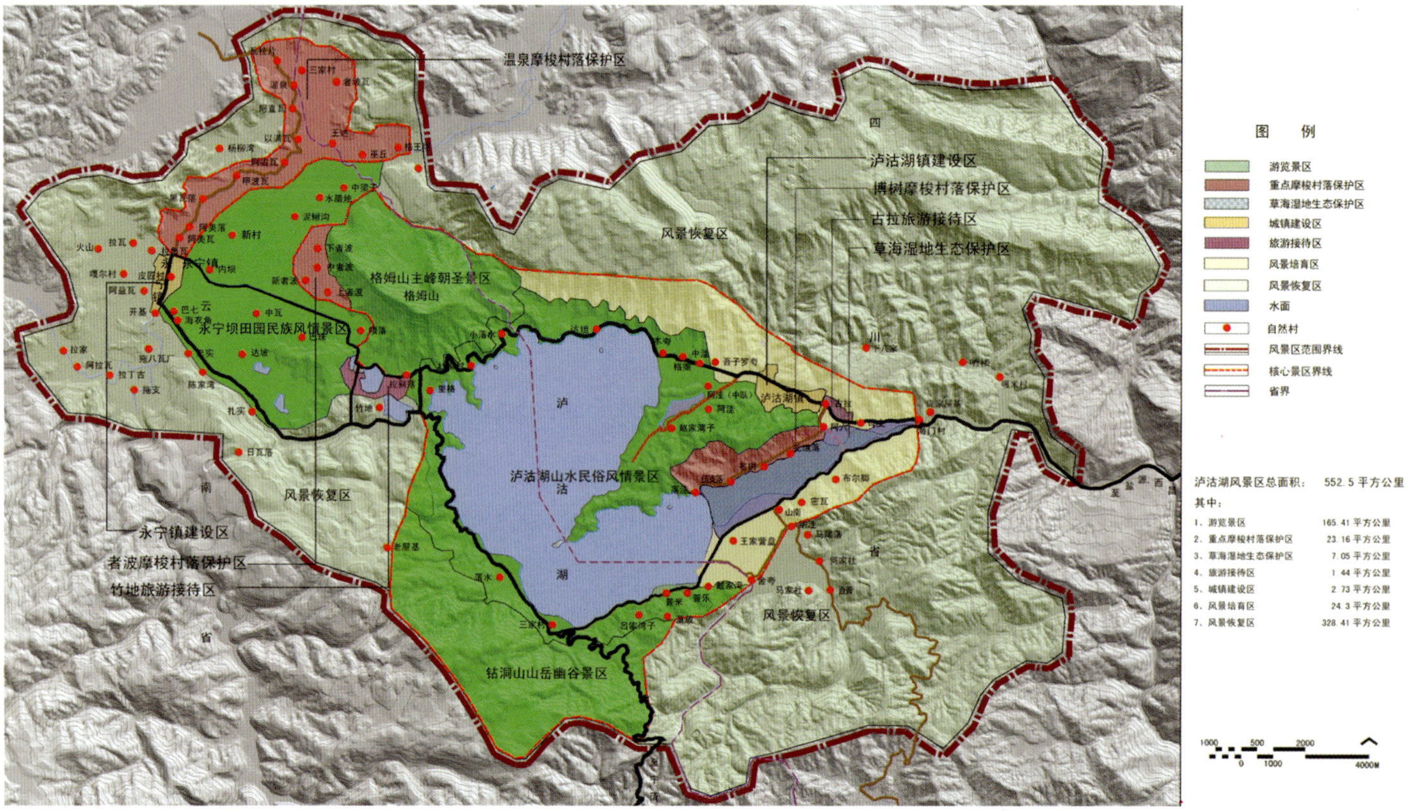

泸沽湖风景区总体规划——功能分区图 2002–2020

划，任何建设必须符合规划要求。区内严禁规划、建设与风景无关的设施，原有村落亦应限制向湖边发展，并应保持原有风貌。

（2）二级保护景区

二级保护景区范围是指一级保护景区以外的环湖景区和钻洞山山岳幽谷景区，面积是 40.05km²。二级保护景区内以风景游览为主，不得建设与风景游赏无关的建筑物。区内道路严格限制非游览车辆的通行。区内的原有村落应控制规模，保持风貌特色。区内现有住宿设施，均应限期拆除。现状非原有村落的建筑、构筑物应进行整治，并应编制风貌整治规划，凡影响景观风貌及环境的均应拆除或进行改造、屏挡。

（3）三级保护景区

三级保护景区范围是指永宁坝田园民族风情景区，面积 32.85km²。三级保护景区内控制各项建设，保持风景区的整体风貌不受破坏。区内保留现有农田。在田边、村边、路边、河边应加快植树，改善景观。

4.风景培育区

风景培育区是指泸沽湖北岸和草海南岸第一重山脊线以内，除了以上各区之外的用地范围，面积 24.3km²。风景培育区对环湖风景面貌影响较大，现状大部分植被很差。规划要求近期应大力加强植树育林，采取工程与生物措施治理水土流失，改善小流域生态环境。严格限制放牧，禁止砍柴，以加快这一地带的风景面貌的形成。

5.风景恢复区

风景恢复区是指风景区范围以内除以上各区以外的范围，面积 328.41km²。风景恢复区不安排游赏活动与旅游服务设施，限制游人进入。区内应加强荒山绿化与森林抚育，恢复生态环境，涵养水源。区内凡不利于风景区保护，或对景观环境造成危害的居民生产活动必须予以禁止。

6.风景区外围保护地带

风景区的外围保护地带，是在风景区外围以山脊、河流、山谷为界，划分的宽度在 2～10km 的保护范围，其面积是 439.5km²。范围界定以图纸为准。风景区外围保护地带内是以保持和恢复景观风貌和生态环境为主。范围内应禁止采石开矿和建设有污染的工业项目，限制砍伐林木。应大力进行植树造林，并培育部分薪炭林。区内村落，特别是沿路村落应保持原有风貌，不得建设与其景观不协调的建筑、构筑物。

7.泸沽湖湖泊水质的保护

泸沽湖湖泊水质的保护应是针对泸沽湖流域范围（230km²）的整体环境进行系统保护，应由专业部门编制相应的规划。规划从污水治理、垃圾处理、加强植被、小流域治理、农业种植结构调整等十二个方面提出相关的原则与措施，用以指导风景区的建设。

8.核心景区的保护

泸沽湖风景名胜区核心景区范围包括重点摩梭村落保护区、草海湿地生态保护区，风景培育区和属于一、二级保护景区的泸沽湖山水民俗风情景区、格姆山主峰朝圣景区、钻洞山山岳幽谷景区。核心景区的范围是 191.12km²。

六、风景游赏规划

风景游赏规划是对风景区中各景区、景群、景点的游览欣赏的系统规划。泸沽湖风景区规划有 4 个景区、2 个景群、59 个景点。

1.泸沽湖山水民俗风情景区

泸沽湖山水民俗风情景区是以典型的高原湖泊山水景观和环湖而列的摩梭村落为其风景特征。以开展山水自然游览和摩梭家庭探访作客为主要游赏内容。

2.格姆山主峰朝圣景区

格姆山主峰朝圣景区是以雄踞湖畔的主峰的自然地貌景观和赋有女神传说与自然崇拜的人文景观为其风景特征。以转山节朝圣活动、登山探险和科学考察为主要游赏内容。

3.钻洞山山岳幽谷景区

钻洞山山岳幽谷景区是以山崖陡壁、高山草甸、幽谷溪涧等自然景观为其风景特征，以山岳游览、登高揽胜、山谷寻幽为主要游赏内容。

4.永宁坝田园民族风情景区

永宁坝田园民族风情景区是以平坝田园、山野温泉、多民族村落与宗教寺庙为其风景特征。以游览田园风光，领略民族风情，观赏宗教活动为主要游赏内容。

5.草海湖畔摩梭村镇景群

草海湖畔摩梭村镇景群是以草海湖畔、摩梭村镇、寺庙、长桥为主要景观，以草海观赏、特色村镇游览、宗教活动观光为主要游赏内容。

6.草海南岸民族村落景群

草海南岸民族村落景群是以草海湖畔、多民族村落和田园风光为主要景观，以草海观赏、田园村舍观光为主要游赏内容。

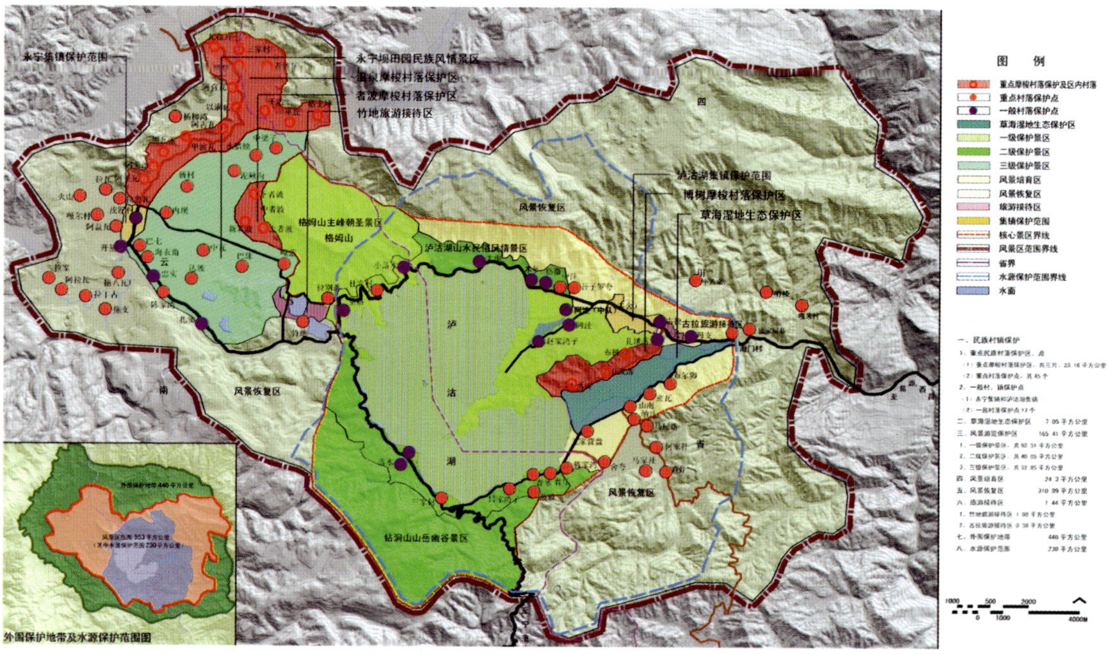

泸沽湖风景区总体规划——保护规划图 2002-2020

12 泸沽湖城镇规划（节选）

一、基本情况

泸沽湖镇位于四川省凉山彝族自治州盐源县西北部，至州府西昌、盐源县城及云南宁蒗县城的距离分别为260km、118km和72km。泸沽湖镇属高山地貌，除泸沽湖畔地势平坦外，大部分地势陡峭。最低海拔2668m，最高海拔3814m，镇区海拔2700m。镇境内的泸沽湖面积55.45km²，其中泸沽湖镇辖湖区面积32km²。

有文字记载以来，元、明、清三代中央王朝在泸沽湖设立左所土司千户所，建立土司制度，土司公署驻多舍。1992年成立泸沽湖镇，镇政府设在多舍。泸沽湖全镇辖8个行政村、1831户，人口10590人，其中集镇内有人口近1500人。民族有蒙古族（摩梭）、彝、汉、纳西、藏、壮等6个。镇域辖区面积314.26km²，全部为风景区范围。集镇及毗连村落的建设用地范围是16.7hm²。

摩梭人大多保持着走婚习俗和母系氏族家庭结构，其原始的母系氏族文化，世界罕见。摩梭人信奉打巴教和喇嘛教，在打巴经中有少量的摩梭人自己的文字。摩梭人有原始图腾崇拜的习俗，每日清晨，每月逢五日，每年各节都有宗教祭祀活动。摩梭人有自己的语言、传说故事、民歌、民谣和舞蹈。泸沽湖畔寺庙经堂的祭祀鼓声，村口玛尼堆招展的旗幡，院落中萦绕的松烟，木摞子房屋中点燃着的火塘与神龛前的神灯，体现出泸沽湖畔神秘的宗教氛围。摇荡在湖面上猪槽船只，往来于村镇道路上的马帮，堆放在屋顶院落的玉米、南瓜，挂满枝头的果实及渲染秋色的树木，展现着当地原始的生产方式与田园画境般的生活气息。

湖畔的村落多是一湾一村，依山面湖。多舍村为集镇所在地，坐落在两山之间的缓坡谷地上。除镇中一个集市广场与周边的店铺体现出集镇特点外，四周仍保持着田园村落的特点与布局肌理。主体屋舍建筑基本保持着木摞子房屋和土冲墙房屋的面貌，院落多由屋舍围合而成。摩梭人住宅建设的形制相对规范，必有正房、经堂、花楼和门楼。这与摩梭人生活习俗、日常起居的文化传统是密不可分的。因此，这种住宅建筑的布局也是组成泸沽湖摩梭人村落的基本单元。

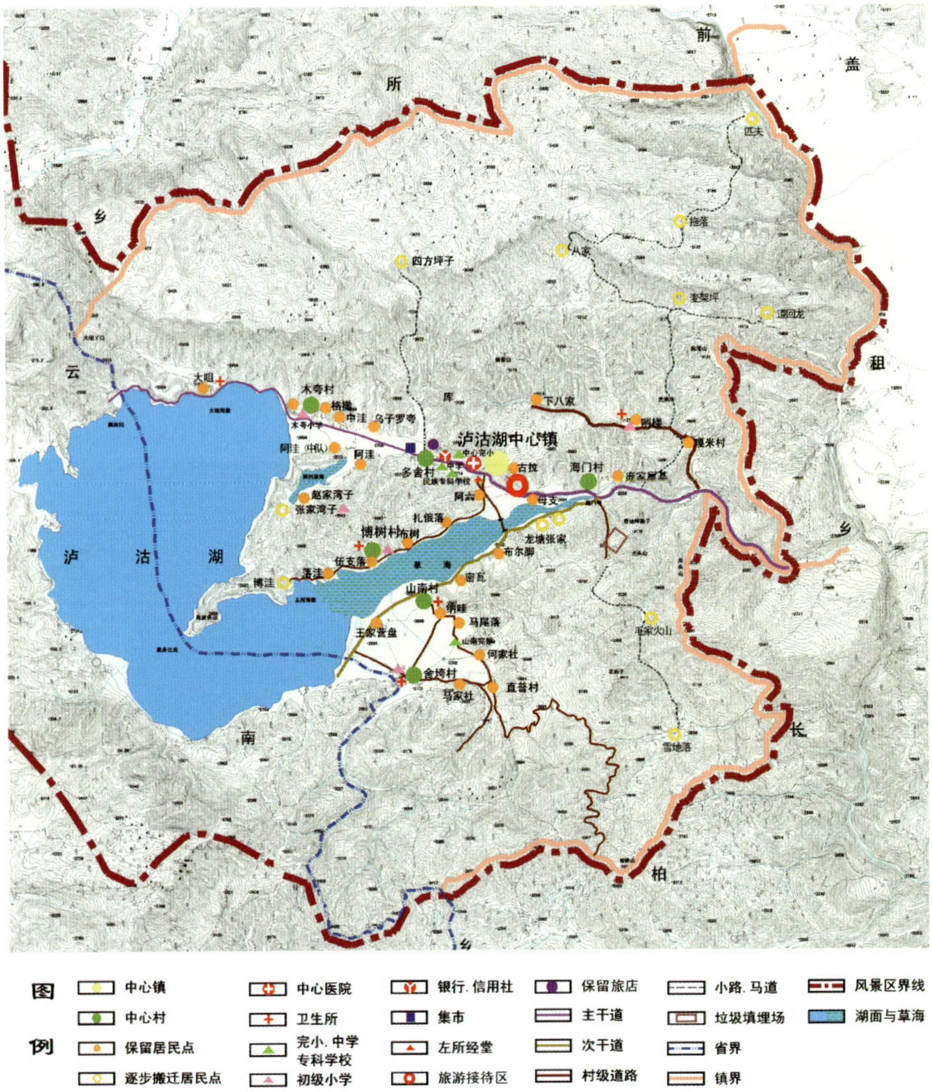

盐源县泸沽湖镇总体建设规划——镇域规划总图 2002–2020

二、规划指导思想与期限

1.规划指导思想

（1）延续摩梭人母系氏族文化，保持山水田园、村落建筑等生活环境不受破坏；（2）加强生态环境建设，合理调控村镇建设布局与规模；（3）协调旅游发展、村镇建设与风景资源保护的关系；（4）引导产业结构调整，促进地方经济发展，提高当地群众的生活水平。

2.规划期限

规划近期2002年—2005年；规划远期2006年—2020年。

三、社会经济发展方向与目标

1.全镇经济发展的方向与途径

• 利用风景资源条件，发展以旅游为主的第三产业，适时调整第一产业，走持续发展的道路。

• 加强风景区环境建设与旅游设施建设，丰富游赏内容，促进风景区建设与旅游经济的发展。

• 发展旅游服务业，提高服务水平与特

盐源县泸沽湖镇建设规划——镇区规划总平面图 2002–2020

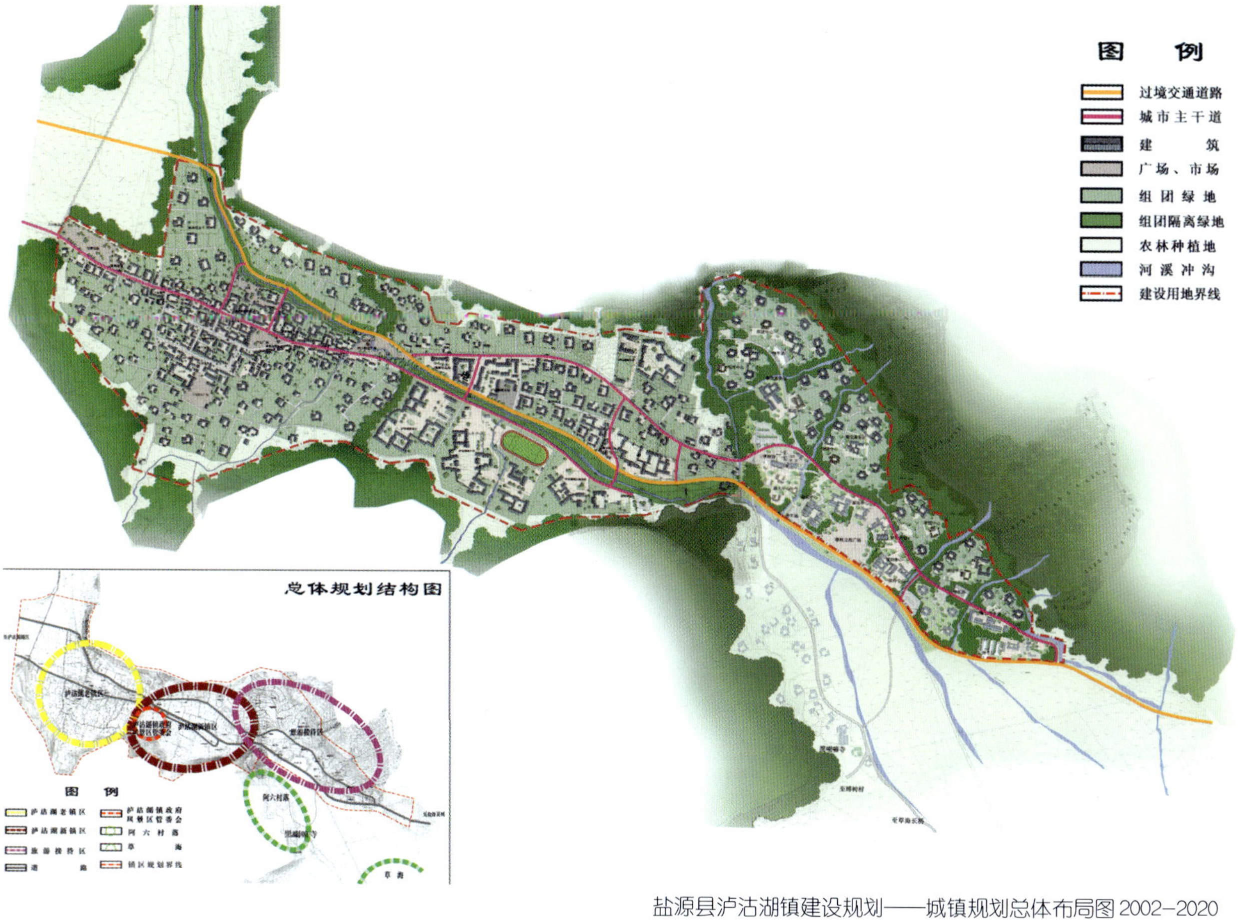

盐源县泸沽湖镇建设规划——城镇规划总体布局图 2002–2020

色。如培训导游人员，开发专用车、马、船等特色旅游交通服务，生产特色旅游商品等。

• 坚持农业生产，逐步调整种植、养殖业结构和庭院农作经济，建设农副产品的生产基地，发展蔬菜、瓜果特色农产品的生产，为旅游服务。提高经济效益和改善卫生环境。

• 发展经济林木种植面积和林副产品生产。山地森林可适度发展野生果品和菌类的采摘。使环境建设同经济建设协调发展。

• 恢复泸沽湖特色水产品的生产，适度利用。采取保护措施，恢复裂腹鱼的繁殖与产量，保护波叶海菜花的产区，适度捕捞和采摘，开发成特色旅游食品。

2. 全镇经济发展预测与目标

根据风景区总体规划的分析，风景区的游人规模应有所控制，力求达到旅游淡旺季节差距小，旅游天数长，游人量均匀，总量稳定。近期2005年四川片区游人规模控制在700人次／日，13万人次／年；远期2020年控制在1300人次／日，29万人次／年。界时旅游收入将成全镇经济的主要来源，预测2005年和2020年全镇旅游业总收入将分别达到4000万元／年和1.2亿元／年（以2001年价格计算）。

考虑到服务于旅游的农副产品等有利经济发展的因素存在，预测全镇农业将总体上得到发展，其农业经济的递增率应达到5%，高于全县平均4%的速率。以此测算2005年和2020年全镇农业总产值将分别达到460万元和950万元。

四、村镇体系规划布局

1. 全镇总人口预测

2001年底泸沽湖镇总人口为10590人。根据泸沽湖地区社会与文化的特殊性，参照盐源县少数民族地区的计划生育政策。确定近期人口自然增长率为13‰；远期为12‰。以此测算，同时考虑人口的机械增长，最终测算全镇居民与常住人口在2005年的近期和2020年的远期分别是10500人和12200人。此外，全镇还有旅游人口，按风景区总体规划确定规划近期和远期日游人规模分别控制在700人和1300人。

2. 村镇体系与职能

规划确定泸沽湖镇域的村镇体系布局是1个中心镇（小城镇）、6个中心村和30个基层村。

泸沽湖中心镇为全镇政治、文化、经济与生活服务的中心，同时也是风景区的管理与旅游服务的中心。中心村是所属基层村的管理、生产、服务的中心，各中心村配置相应的公建设施。各中心村的职能和人口规模分别是：

多舍中心村主要为镇区所在地，作为服务全镇居民和风景区游人的服务总基地，规划远期人口规模为3000人。木夸中心村2900人，博树中心村1400人，海门中心村1000人，山南中心村2300人，舍夸中心村是位于川滇交界上为两省共辖的村落，四川片区的

盐源县泸沽湖镇建设规划——旅游接待区规划总平面图

人口规模是1600人。

五、城镇性质与规模

1.城镇性质

泸沽湖城镇性质为：全镇的政治、经济、文化中心，风景区管理与服务中心，保持摩梭文化特点与集镇风貌的旅游中心镇。

2.城镇人口规模

按本规划的人口预测，泸沽湖城镇内的人口规模规划近期2005年达到2100常住人口和每日可接待700游人的规模；规划远期2020年达到3000常住人口和每日可接待1300游人的规模。

3.城镇建设用地规模

确定的城镇规划建设用地规模达到116hm^2（其中镇区建设用地80hm^2，旅游接待区建设用地36hm^2）。

六、城镇功能分区与用地布局

1.城镇功能分区

泸沽湖城镇以功能划分，可为一镇三区的布局结构，即老镇区、新镇区和旅游接待区。老镇区和新镇区合称为镇区。

老镇区是指现集镇和周边连成片的村落用地范围。以恢复老集镇为其风貌特色，保持为当地群众服务的功能，同时成为一个供游人游览参观、购物和感受民俗文化的景点。

新镇区是自古母河桥至古拉村一带用地范围。规划将镇政府与风景区的各级行政管理机构和学校、医院等迁至此处。形成以行政管理与文教为主的功能区。

旅游接待区是以古拉村东部冲沟为界，冲沟以东至山口采石处的一带用地范围，规划面积36hm^2。该区主要功能是作为游人的服务总基地，建有宾馆、餐厅、商业中心、游人中心、文化展览、娱乐活动场馆等。

2.城镇用地布局

基于保持城镇传统文化与风貌的规划理念，本着恢复老镇，延续布局肌理，充实管理机构，服务游人，减少对群众生活的干扰，协调建筑风貌的规划原则。规划采取三项措施：首要的措施是将旅游接待区作为一个相对独立的区，置于镇区一端；第二项措施是整治恢复老镇的建筑风貌，将对景观破坏最大的公建拆迁改造，适当扩大商业街区，为游人提供游览空间；第三项措施是规划新镇区，将拆迁调整的公建设施、学校、医院等集中建在新区，同时扩大居住用地规模，满足发展的需要。

规划镇区（老镇区和新镇区）建设用地80hm^2，其中各项用地规划见下表。

七、村镇建筑风貌规划

村镇建筑是风景区的重要人文资源，全镇的建筑风貌总体上应保持木摞子房的色彩与风格基调，但考虑到建筑的功能需要与建房材料的供应问题，新区的建筑形式可有所发展，并可选择一些替代性建材。规划对镇域范围内的各类建筑风貌提出建设要求如下：

1.村落及老镇区建筑

该项建筑均应保持木摞子房屋和土冲墙的风格特色。摩梭人住宅应保持传统形制不变，考虑到环境卫生的改善，可将生畜圈舍迁到庭院一角。现镇区（多舍村）的建筑风格不统一，应逐步拆除砖混楼房、砖瓦房，恢复木摞子房屋的老镇风貌。

2.泸沽湖镇新区、旅游接待区的建筑风貌

该项建筑应与木摞子房屋相协调，保持风景区建筑风格的统一，居民住宅应保持原有形式。公共建筑由于功能要求，可在保留木摞子房屋风格特点的基础上进行艺术创造，有所发展，尺度可适当加大，高度保持在二层为主，局部三层。但房顶和色彩应与传统木摞子一致，并应沿袭院落布局的特点。宾馆建筑还应模拟村落布局和院落围合的风格，建筑外装饰应与木摞子房屋有一定的景观联系。

3.村、镇内的商业服务性建筑应保持传统店铺的风貌

该项建筑宜采用面街敞厅格局，利用木质隔扇门或防护门板。不得用玻璃落地窗、金属防护网等现代材料进行装修。现泸沽湖镇上的商业门面房应进行整治，保留具有特色的店铺，改造不符合要求的建筑，形成整体统一的民俗集镇风格。

镇区现状及规划用地平衡表

分类代号		用地名称	现状2001年			规划2020年		
			面积（hm^2）	比例（%）	人均（m^2/人）	面积（hm^2）	比例（%）	人均（m^2/人）
R		居住建筑用地	6.3	37.7	35	11.4	14.3	38
C		公共建筑用地	5.2	31.2	28.9	23.8	29.7	79.3
其中	C1	行政管理用地	1.1			3.8		
	C2	教育机构用地	2.0			11.8		
	C3	文体科技用地				0.8		
	C4	医疗保健用地	0.4			1.4		
	C5	商业金融用地	1.7			4.5		
	C6	集贸市场用地				1.5		
M		生产建筑用地				0.6	0.8	2
T		对外交通用地				0.3	0.4	1
S		道路广场用地	5.1	30.5	28.3	7.1	8.9	23.7
其中	S1	道路用地	4.9			5.6		
	S2	广场用地	0.2			1.5		
U		公用工程设施用地	0.1	0.6	0.6	0.7	0.9	2.3
G		绿化用地				36.1	45.0	120.3
镇区建设用地			16.7	100	92.8	80.0	100	266.7
E		水域和其他用地	121.8			58.5		
其中	E1	水域	1.2					
	E2	农林种植地	120.6			58.5		
镇区规划范围用地			138.5			138.5		

注：①现状镇区人口1800人。宅园农地27.86hm^2划入农林种植地。

②规划镇区人口3000人。规划宅园农地约31.2hm^2作为宅园绿地，纳入镇区建设用地中的绿化用地中。水域纳入绿化用地中。

八、旅游接待区规划

1.功能分区与结构

规划利用现有地形条件，采取组团式布局结构。共分为一个中心组团，两个服务组团和 8 个宾馆组团。

中心组团规划有接待管理中心，餐饮中心，娱乐、保健服务中心，会议中心，游客中心和文化广场。各个中心有相应的建筑和场地，配备相应的设施。

服务组团主要功能是提供后勤服务和管理，配有停车场和室外娱乐场地。

宾馆组团是安排客房。每个宾馆组团中又有一个具民族风情特点的组团中心。

2.建筑布局

中心组团的地形较缓，可建体量较大的公共建筑，满足功能的需要。各组建筑采用院落式布局，划整为散，利于绿化屏挡与内外空间的渗透。该区建筑层高限制在一层为主，局部二层。

游客中心是利用现有几组民居，迁走居民，保留建筑，将其进行环境整治，安排相应内容，使建筑功能结合形式。

宾馆组团是模拟自然村落错落布局的特点和木摞子房的屋舍组合形式。每个组团由几栋院落式宾馆组成。组团中保留或重新建设真正的木摞房一栋，作为组团中心，供组团内游人在此饮酒、品茶、聊天，体验传统文化生活。组团中心可按当地摩梭人的家庭特点布置，保持火塘。

3.用地分类与指标

旅游接待区建设用地共为 $36hm^2$，全部作为旅游设施用地。其中细分为旅游宾馆建筑用地，服务管理建筑用地，文化展览性建筑用地，后勤服务用地，停车场、广场、道路用地和绿地。各种用地见用地平衡表。

全区规划有庭院宾馆 48 栋，总床位为 1200 床。宾馆以二层为主，建筑面积控制在 $50000m^2$。后勤服务建筑高度为二层，建筑面积控制在 $4000m^2$。全区各组团内的建筑容积率控制在 0.2 以下。

旅游接待区各类用地平衡表

用地名称	面积（hm^2）	比例（%）	建筑层高	备注
宾馆建筑用地	4.1	11	2 层为主，局部 3 层	模拟木摞子房屋形式
服务管理建筑用地	1.3	3.7	1 层为主，局部 2 层	组合式院落布局
文化展览性建筑用地	0.6	1.7	2 层为主	部分为保留建筑
后勤服务用地	1.6	4.4	2 层	与木摞子房景观协调
道路用地	1.6	4.4		
停车场用地	1.3	3.6		
广场用地	2.4	6.7		
组团绿地	15.3	42.7		
隔离林带	7.8	21.7		
合　计	36	100		

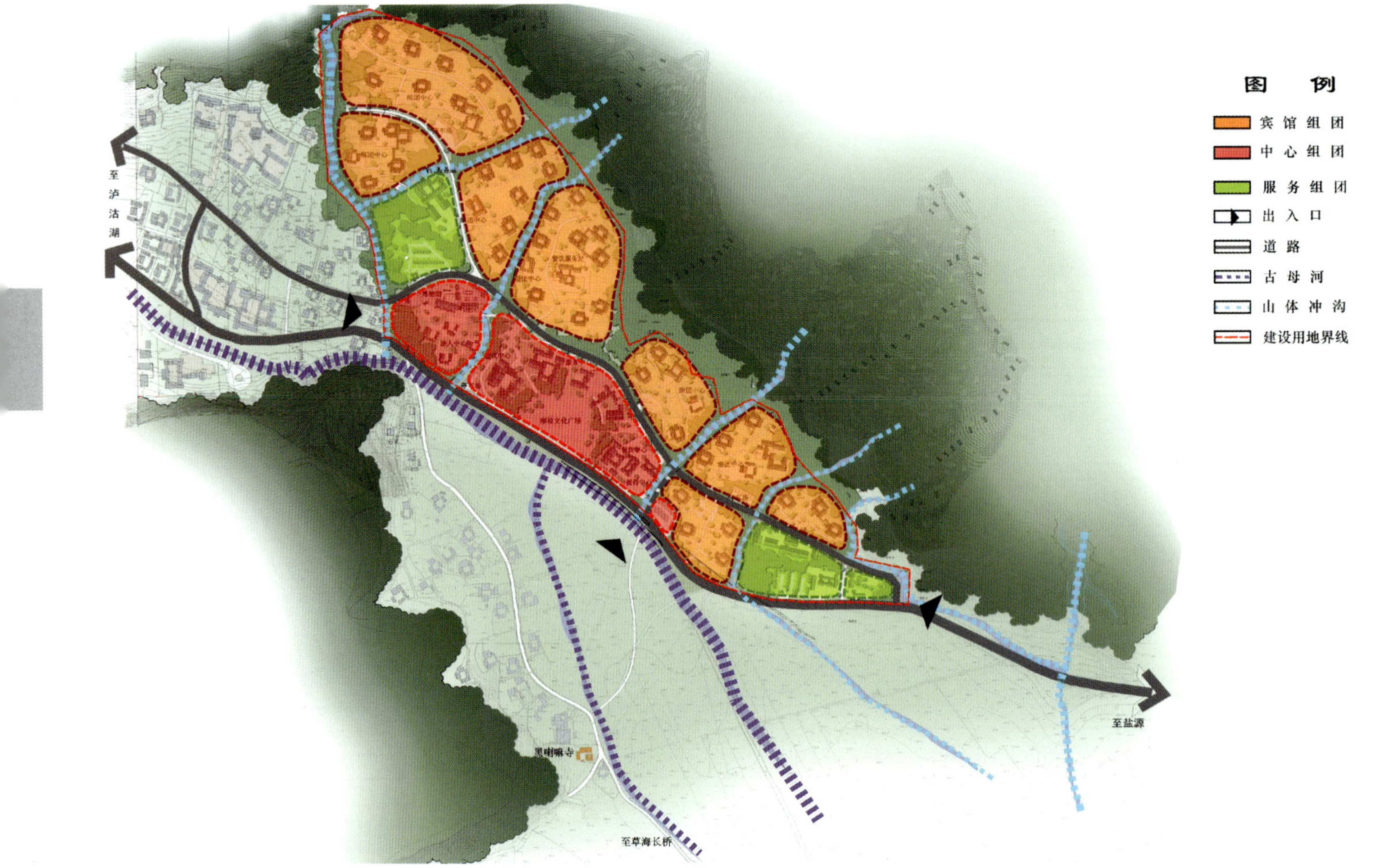

盐源县泸沽湖镇建设规划——旅游接待区规划结构图

13 杭州西溪风景区规划（节选）

一、概述

西溪规划，应当立足于“大杭州城市生态”这一战略制高点，服务于城市发展目标，顺应城市整体空间进一步拓展的需要，高瞻远瞩地确立西溪的性质定位。

本次规划的主要目的：

①明确西溪风景区性质定位；

②提出西溪风景区发展的主题；

③建立西溪风景区与市区协调发展的空间关系；

④构建西溪风景区旅游产品的整体形象；

⑤提供西溪风景区旅游项目创意和策划，指导个案建设；

⑥提出西溪风景区土地利用规划和政策方案，规范建设实施。

二、背景与分析

1.区位（略）

2.环境

在城市生态环境建设方面杭州具有较大的优势。其西部、北部是成片的水乡田园和农村居民点，其西南部是规划连片的山地风景区。编制中的城市发展战略趋向于城市朝东北和东部发展，于是西溪水乡田园区理当作为杭州城市生态建设的一个重要区域——超越一般旅游发展的思想，帮助城市构建理想的环境空间发展框架，争夺城市长远发展的制高点！

3.市场

杭州主要旅游客源市场为长江三角洲地区，包括江浙沪三地共57个设市城市，人口7447万人，旅游市场将稳定而持久！

西溪的客源市场基本同于杭州市区，但可能迎来较西湖更多的市内游客。在全国旅游大发展的背景下，一旦杭州作为区域旅游的中心和旅游交通集散地功能的实现，西溪客源市场将在北京、广东等区域外得到加强！

2006年西溪年游人量可能达到1120万人次。

2020年西溪年游人量可能达到3630万人次。

4.城市协调发展

西溪风景区与城市紧密相联，城市经济发展和空间拓展将直接影响到风景区的布局与发展；同时，西溪风景区发展规模、风格等又将影响杭州这个“国际性风景旅游城市”的成长。二者互动发展。

21世纪城市发展的一个重要特征是对环境的追求。西溪凭借一流的资源条件，可以营造最美的江南水乡风情画。因此，未来杭州城市发展和西溪风景区建设，应有一个共同的宏伟目标——城市形象的创建。

三、总体发展策划

1.西溪风景区定位

西溪作为杭州市“新兴”风景区，在区域旅游发展中，将具有如下基本性质：

(1)以观光、休闲为主的郊野风景区——为大杭州市民提供返璞归真、回归自然的休闲空间和丰富的郊野活动内容；

远景规划效果

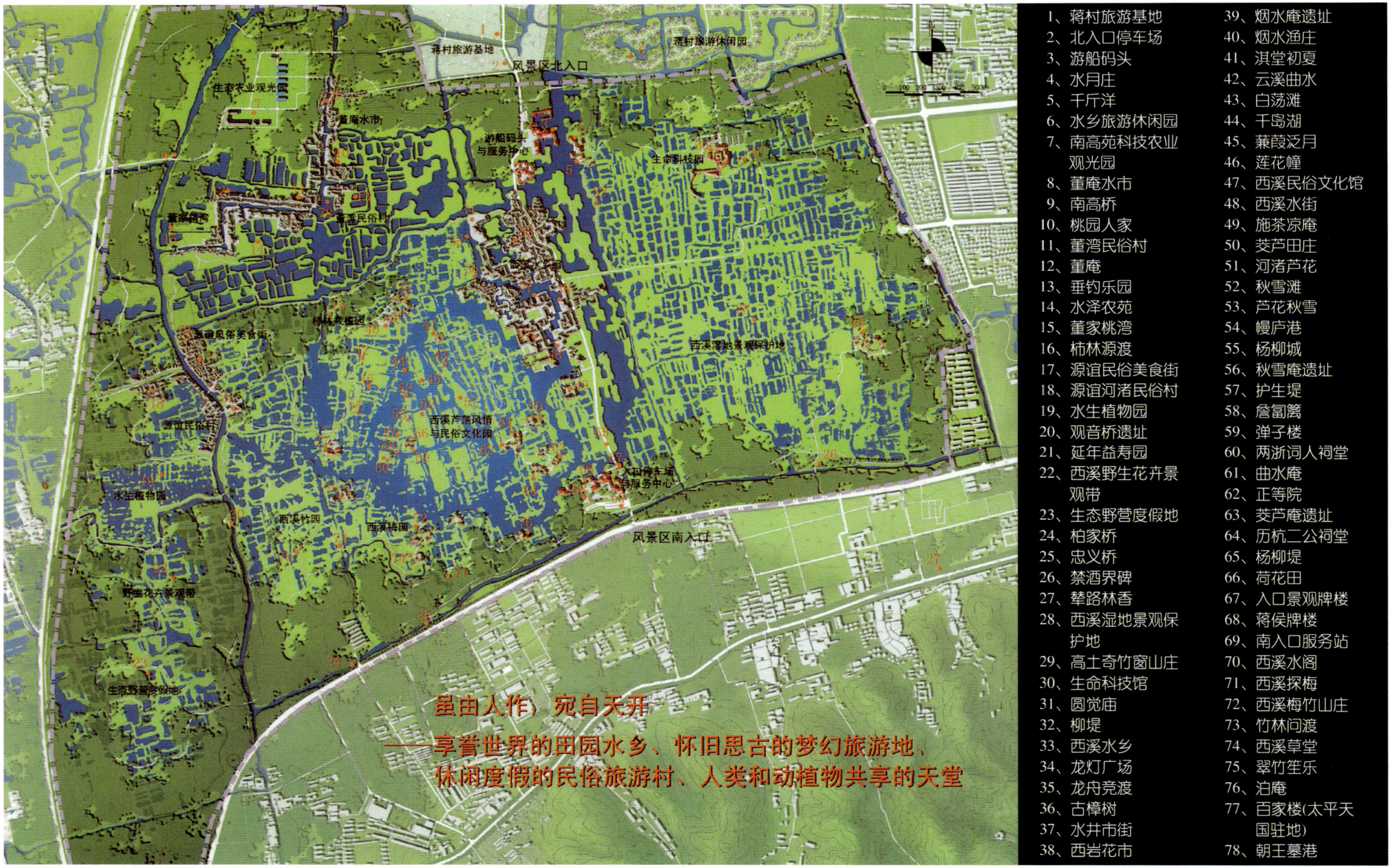
蒋村旅游基地
风景区北入口
蒋村旅游休闲园
生态农业观光园
董庵水市
游船码头
与服务中心
生命科技园
董家桃湾
董湾民俗村
柿林栽植园
源谊民俗美食街
西溪湿地景观保护地
源谊民俗村
西溪芦荡风情
与民俗文化园
入口停车场
与服务中心
水生植物园
西溪竹园
西溪梅园
风景区南入口
野生花卉景观带
生态野营度假地
虽由人作，宛自天开
——享誉世界的田园水乡、怀旧思古的梦幻旅游地、
休闲度假的民俗旅游村、人类和动植物共享的天堂
1、蒋村旅游基地
2、北入口停车场
3、游船码头
4、水月庄
5、千斤洋
6、水乡旅游休闲园
7、南高苑科技农业观光园
8、董庵水市
9、南高桥
10、桃园人家
11、董湾民俗村
12、董庵
13、垂钓乐园
14、水泽农苑
15、董家桃湾
16、柿林源渡
17、源谊民俗美食街
18、源谊河渚民俗村
19、水生植物园
20、观音桥遗址
21、延年益寿园
22、西溪野生花卉景观带
23、生态野营度假地
24、柏家桥
25、忠义桥
26、禁酒界碑
27、辇路林香
28、西溪湿地景观保护地
29、高士奇竹窗山庄
30、生命科技馆
31、圆觉庙
32、柳堤
33、西溪水乡
34、龙灯广场
35、龙舟竞渡
36、古樟树
37、水井市街
38、西岩花市
39、烟水庵遗址
40、烟水渔庄
41、淇堂初夏
42、云溪曲水
43、白荡滩
44、千岛湖
45、蒹葭泛月
46、莲花幢
47、西溪民俗文化馆
48、西溪水街
49、施茶凉庵
50、茭芦田庄
51、河渚芦花
52、秋雪滩
53、芦花秋雪
54、幔庐港
55、杨柳城
56、秋雪庵遗址
57、护生堤
58、詹鼠窝
59、弹子楼
60、两浙词人祠堂
61、曲水庵
62、正等院
63、茭芦庵遗址
64、历杭二公祠堂
65、杨柳堤
66、荷花田
67、入口景观牌楼
68、蒋侯牌楼
69、南入口服务站
70、西溪水阁
71、西溪探梅
72、西溪梅竹山庄
73、竹林问渡
74、西溪草堂
75、翠竹笙乐
76、泊庵
77、百家楼(太平天国驻地)
78、朝王墓港

规划总图

西溪区位优良，交通便捷——杭州作为长江三角洲南翼中心城市，拥有两条干线铁路、三条高速公路和萧山国际机场，旅游进出交通条件极佳。

杭州西溪拥有区域中独特的旅游资源，地处发达的长江三角洲，背负经济持续快速发展、人口总量达7000余万的基本市场，依托杭州市区，旅游发展的前景广阔。通过合理的发掘，充分凸现资源优势，加强旅游产品开发，培育高效的管理机制和人才，我们有理由相信其旅游发展的前景无限美好！

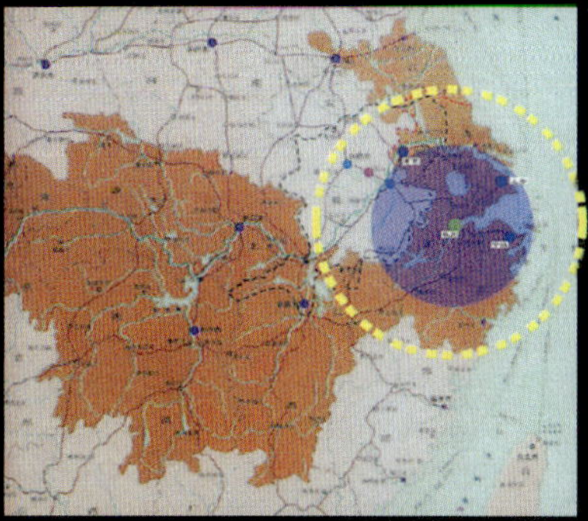

1 区位位置

西溪规划建设应该避免西湖的历史，其成功应该表现为若干年后我们的后人能够看到如下景象：

水清现游鱼，树绿泛飞鸟——民俗风情浓郁的田园水乡，怀旧思古的梦幻旅游地。

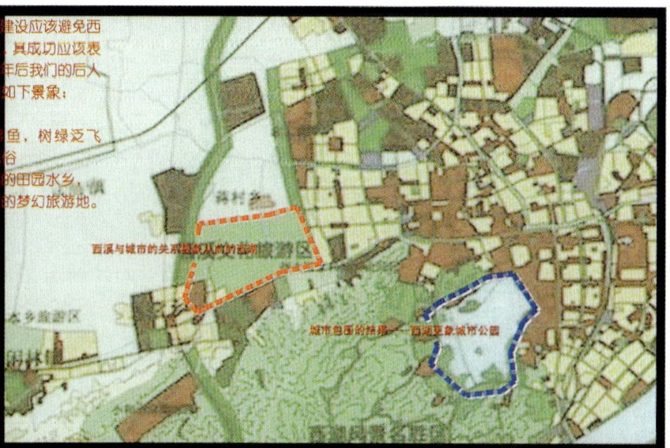

2 城市关系

3 规划基础

萧山、余杭撤县建区并入杭州市后，一市三城的“大杭州”城市问题更为复杂。为了确保杭州向国际性风景旅游城市顺利发展，有关城市空间、城市生态环境等问题应该给予长期重视和深谋远虑的策划。

西溪规划，应当立足于“大杭州城市生态”这一战略制高点，服务于城市发展目标，顺应城市整体空间进一步拓展的需要，高瞻远瞩地确立西溪的性质定位。

4 规划任务

西溪生态环境极其脆弱，经过多年酝酿的开发目前迫在眉睫，开发与保护的矛盾十分尖锐。规划的首要任务应当是协调矛盾，加强保护促进开发。

水网密布的西溪在雨季是城市的蓄洪区，在平时则容纳大量城市污水

现状分析

——杭州市构建西部生态环境的举措，与1944年大伦敦规划预留绿带的远见殊途同归。我们相信若干年后，杭州西部生态环境地将成为市民的骄傲、城市的财富、长江三角洲的绿洲！

杭州市长远发展的一个重要思路应该是充分利用自然环境条件，在各阶段规模扩展中，提出合理的发展方针进而维持下去，以丰富和完善城市特征，支持城市美的追求

1 城市追求

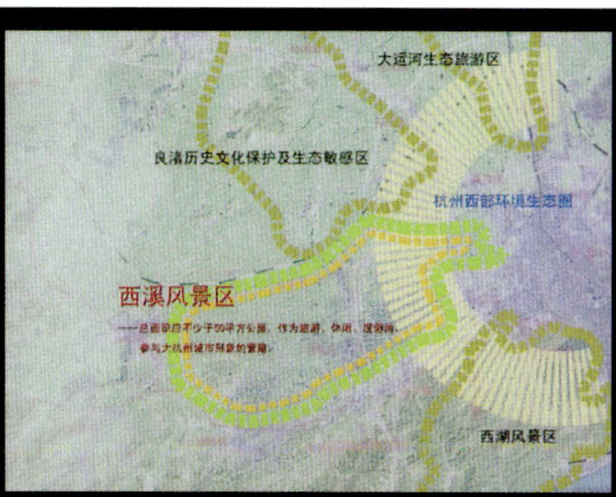

应对于杭州未来发展，西溪风景区作为城市西部生态环境地的一部分，参与杭州城市环境的营建，一方面提高杭州生态环境水平，另外一方面作为杭州可持续发展的实际可操作区域，免除环城公路开通之后这一地区所受的城市化开发压力。

2 形象工程

一旦作为杭州城市结构的一部分，西溪的意义就超出了一般风景区的概念，其50平方公里以上的规模与城市规模更加协调。

3 范围构成

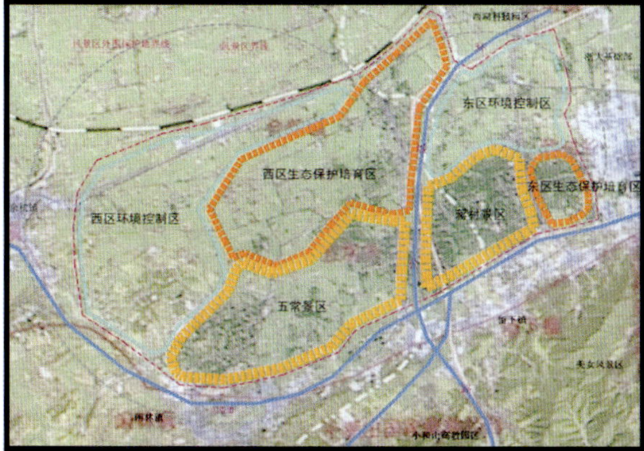

规划西溪风景区总面积约50平方公里，由环城公路分为东区和西区两大部分共六个功能区。其中五常景区和蒋村景区是西溪风景区主要风景游览区。东区环境控制区和西区环境控制区为风景区内部两个综合区；内容包括风景恢复区、禁止建设区、旅游度假基地、度假别墅区等。规划按照景观保护要求划定外围保护地。美女风景区北麓沿山脊线划定的保护区，是蒋村景区南部借景，为西溪风景区最重要的外围保护地。

西溪风景区近景规划构想

4 结构规划

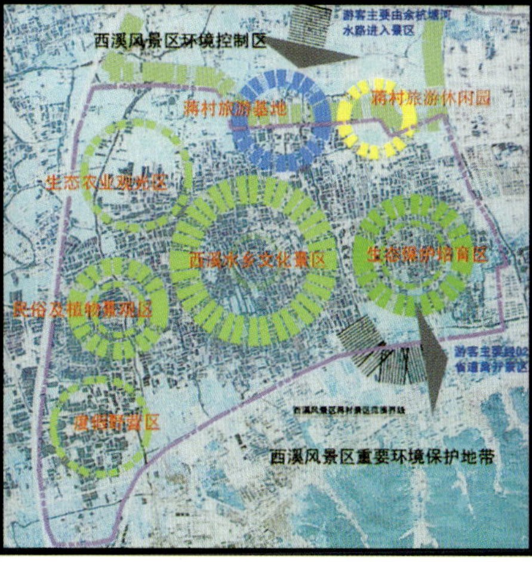

蒋村风景区包括五个功能区。此外，蒋村旅游基地和蒋村度假别野区处于景区北侧边界，主要位于西溪风景区东部环境控制区内。

1、西溪水乡文化景区——西溪主要景区。包括主要恢复重建的古迹、文化景点、西溪水景芦荡景观、水乡民俗民居、水上田园风情等。
2、民俗及植物景区——主要包括西溪水乡民俗、民居、西溪特色植物景观（梅、柿、桃、竹）区等。
3、生态农业观光景区——主要包括水生养殖、科技种植、垂钓等内容。
4、度假野营景区——以自然模式营造森林、草地，利用西溪水系联系和沟通，强调自然野趣。
5、生态保护培育区——划出4平方公里作为西溪风景区蒋村景区的生态环境绝对保护区，禁止游人进入，保护西溪植物多样性，为鸟类、水禽及其他生物提供生活栖息地。

发展战略规划

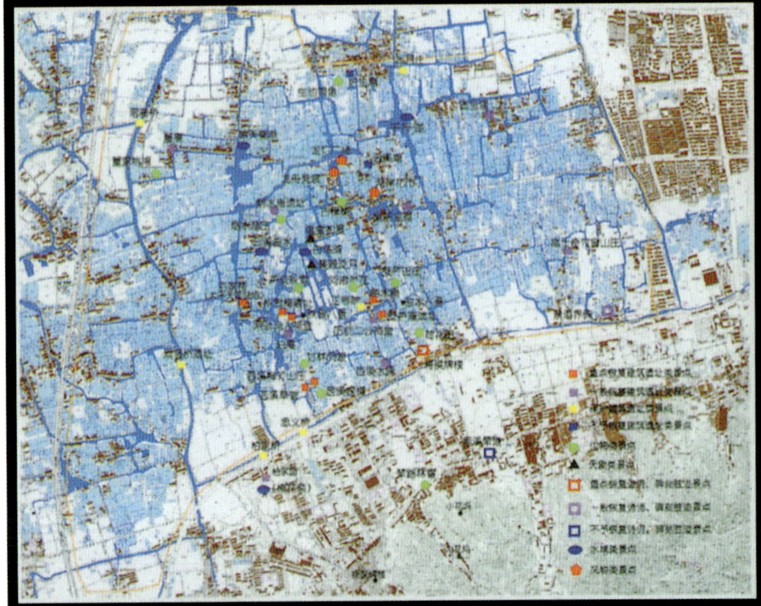

西溪风景区的风景特色

1、田园质朴，水乡浓郁

2、古迹丰富，历史悠久

3、水网密布，环境清幽

风景资源景点评价分级

本次规划以景点作为景观评价，分级的基本单元，景观评价分级采用五个等级，从景点的景观价值、环境水平、旅游条件、规模范围等四个评价层进行综合评价，对在以城规划范围内选出的61个规划利用的现状景点进行评价分级，得出一级景点5个，二级景点10个，三级景点6个，四级景点9个，重点恢复的景点8个，一般恢复的景点10个，遗址保护景点6个，不以恢复的景点4个。

由于建筑与诗词、碑刻胜迹类景点现状仅存几处遗址，所以其评价依据与标准仅以历史史料为准（招标单位提供资料与现状调查的记录），重点以景点的科学价值与历史价值两个项目层进行对比评价，将其分为四个等级：A类—重点恢复；B类— 一般恢复；C类—遗址保护；D类—不以恢复。

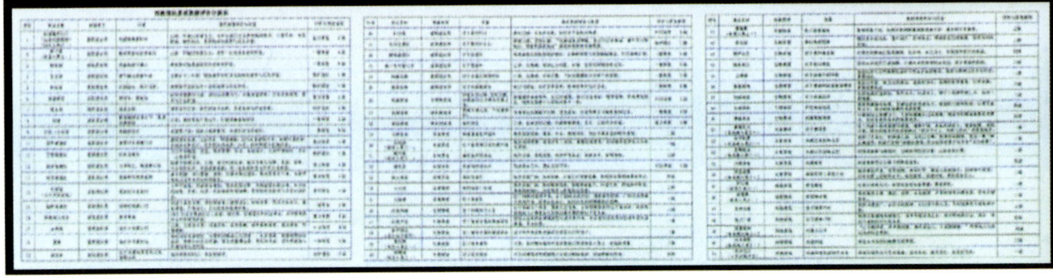

风景资源分布图

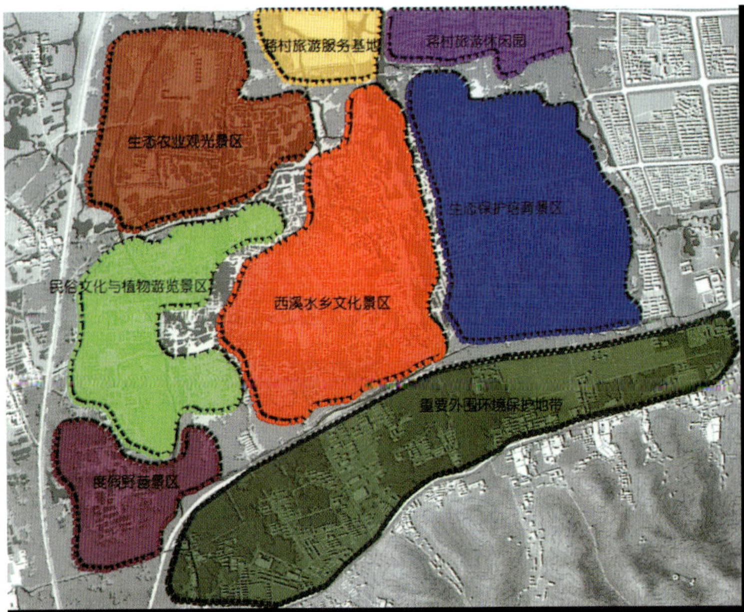

1、蒋村旅游服务基地（景区外规划面积不定）

蒋村旅游服务基地位于蒋村乡集镇，规划拓宽现状道路，建设度假酒店、旅馆以及餐饮服务旅游设施。以蒋村民俗民风为特色，将其建设成江南水乡特色景观的浙东小镇。以开展旅游接待、休闲娱乐活动等内容为主的服务基地。

2、蒋村旅游休闲园（景区外规划面积不定）

规划景区东北部地势开阔区，建设成具有水乡特色的环水高档次的人居生态旅游度假园，形成居住、度假、休闲、娱乐一体的综合环境区。

3、生态农业观光景区（规划面积140公顷）

规划位于风景区西北部，利用现有农业资源，建设生态型、立体式科技农业产业基地。开展观光游览、家庭农苑、假日旅游和参与劳作式的旅游活动。同时由于高科技的生产经营，农业生产基地也将成为蒋村向乃至杭州市的绿色食品农副基地。

4、民俗文化与植物游览景区（规划面积200公顷）

规划位于景区的西部，改造现状民居，形成以西溪民俗文化为主题的旅游度假基地，开展以美食和购物为内容的旅游活动，同时培育栽植西溪乡土植物—柿、桃、梅、莲、菱等，建设水生植物园与野生花卉景观区，创造西溪特有的林径花海景观。开展以观赏动、植物景观，游览自然山水，娱乐健身等旅游活动。

5、度假野营景区（规划面积80公顷）

规划搬迁景区西南部居民，大片密植林地，创造幽静的林下溪畔空间，以溪畔山林为主要景观特色，以山林游览，林野宿营和休闲体育锻炼等活动为游览主题。

6、重要外围环境保护地带

规划重点保护景区南部至龙坞山麓地带，控制建设高度与建筑形式，逐年搬迁，逐年培育林地。远期形成溪水、林地、山峦一体的大生态环境区。

7、生态保护培育景区（规划面积350公顷）

规划西溪风景区东部为重点保护培育恢复地区，保育现有池塘、湖泊、林地、植被，创造良好的湿地生态环境，形成各类生物的栖息之地。同时也将成为杭州市重要的科普教育基地。

8、西溪水乡文化区（规划面积280公顷）

景区位于西溪中部芦荡水滩，规划搬迁现有建筑，恢复文物古迹景点，突出西溪历史文化内含。建设西溪水乡民俗园、西溪水街，恢复龙舟竞度、传统民俗民风等游览活动内容。创造特色的西溪水乡，居民、水塘、芦荡景观。开展参与游览等活动。

西溪景区布局结构包括以下内容：

两条游览线	水上游览线
	陆上游览线
三个民俗旅游村	a、深潭口民俗旅游村
	b、龙章民俗旅游村
	c、源谊民俗旅游村
四个旅游分区	1、西溪水乡文化景区
	2、生态保护培育区
	3、生态农业观光区
	4、度假野营区
南北出入口	南出入口主要为陆路出入口
	北出入口主要为水路出入口

分区与结构规划

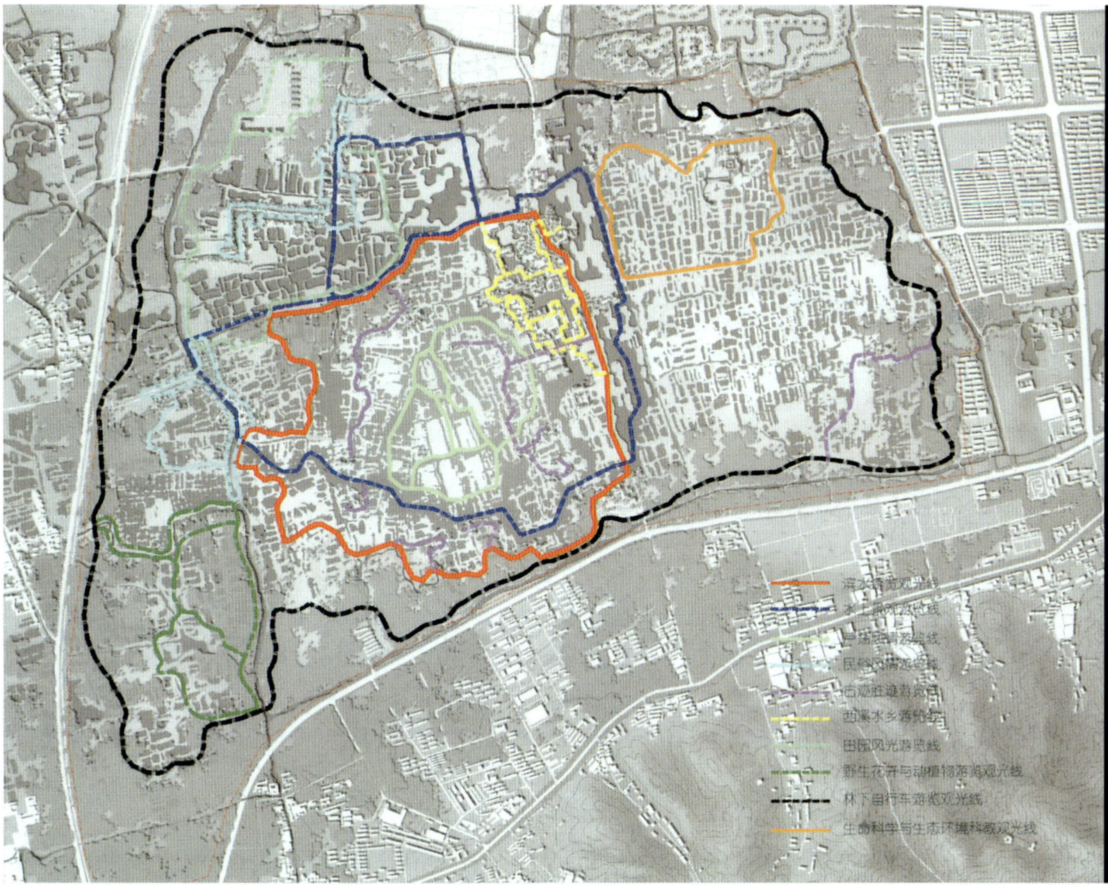

西溪风景区周边风景名胜、历史古迹较多，风景旅游业发展较快，对其发展形成挑战，但由于旅游资源集中，也带来共同发展的机遇。

规划根据西溪旅游资源和区位条件，着重发展水乡田园游、民俗风情游、休闲度假旅游、西溪历史探寻与科普文化观光游览等项目。

市域游览组织

杭州市应突出"旅游西进"的发展战略，借助西湖风景名胜区以及周边众多风景区的资源条件，综合利用客源市场，组织系统的城郊游线，使西溪风景区成为市域游线上的特色景区：亮丽的浙东江南水乡。

景区游览组织

结合自然条件，充分发掘景观资源，规划在蒋村景区共开设10条专项游览线路，满足各类游人的需要：

1、滨水游览观光线（乘车、步行）
2、水上景观游览线（乘船）
3、芦荡风情游览线（乘船）
4、民俗风情游览线（乘船、步行）
5、古迹胜迹游览线（步行）
6、西溪水乡游览线（乘车、步行）
7、田园风光游览线（乘车、步行）
8、野生花卉与动植物游览观光线（乘车、乘船、步行）
9、林下自行车游览观光线
10、生命科学与生态环境科教观光线（乘车、步行）

风景游赏规划

1、田园农耕植被区

位于董湾民俗村区域的大面积水田和南高苑科技农业园的观光田园工，规划要求保持现有田农的种植结构，并作为风景区中的田园农耕景观，同时在科技农业园内开展田园游览观光项目。

2、董湾桃园区

位于董湾民俗村西侧。规划种植大面积经济桃树，结合生产经营开展观光采摘度假游活动。

3、柿林培育区

位于烟水渔庄西北部。规划填埋局部水塘，沿溪塘岸边片植柿树，形成景观林。开展柿树采摘与游览观光活动。

4、水生植物园

位于源谊民俗村以南片区。规划拓宽局部水塘，形成集中水面，栽植各类水生植物，同时抚育沿岸沼生植物与野生地被，改善周边环境。

5、野生花卉景观带

位于水生植物园以南。规划大面积栽植西溪地区野生地被与灌丛花卉，合理搭配上层乔木，形成生态型野生花卉地，同时与水生植物园连成片，创造不同的景观空间。

6、西溪梅园景观区

搬迁现有居民，整理地形，集中种植各类梅花，形成梅园观赏区与科普研究基地，开展游览观光与科普教育、生产经营与科学研究一体化的现代化梅园。

7、竹溪林径景观带

竹溪林径景观带位于西溪梅竹山庄以西，与散布于各景区水岸、塘边等地的竹丛作为特色植被区，同时补植新的品种，开展林下观光与竹林采笋等活动。

8、芦荡灌丛景观区

位于蒹葭里的堤岛岸边，密生着大面积的芦苇，成为西溪水景之最的芦荡滩景观。规划保护现有芦荡，严禁开发建设，同时培育裸露岸边的芦苇灌丛，栽植禾本科水生与沼生观赏芦苇，开展丰富多彩水上观光游览。

9、湿生沼泽植被保护培育地

区内现状水塘密集成片，水生、沼生植物丰富，植被破坏较少，原生植被群落保存完好，规划重点保护培育该区，严禁开路建设，以便创造西溪原始湿生沼泽地，开展科普研究活动。

10、西溪圃地培育区

利用现状苗圃地，保持其规模，培育景观树木与花卉，为杭州提供苗木的同时，沿02省道密植高大乔木，兼作为景区外围重要的环境保护地。

11、杨柳林荫路

规划沿花山公路两侧栽植杨柳树，营造狭长的景观林荫路空间；规划沿池塘岸边种植碧桃、柳树、迎春、鸢尾等耐水生树种，创造堤岛岸边的植物空间。

12、生态林抚育区

位于西溪风景区外围地带。规划栽植大量香樟、栾树与山毛榉科的建群树种，定向抚育快生树种，加快次生林演替，尽快形成群落结构稳定、生态功能强大的森林群落。

植被景观规划

（2）江南水乡旅游度假地——以森林、湿地、鱼塘、田园、民俗村落区别于苏州水乡、流水、人家。与西湖风景区形成正副、雅俗的关系，成为面向长江三角洲、全国乃至世界的旅游度假地；

（3）区域旅游服务基地——杭州市2020年游客总数可能达到4500万人，西溪可以利用度假地的建设，部分兼有区域旅游服务基地的功能，主要满足家庭、民俗、修学等旅游接待需要。

2.旅游产品开发方向

依据市场分析、资源条件、风景区开发性质等，西溪风景区旅游产品开发方向为：民俗度假旅游、体育和休闲娱乐旅游、生态旅游、会议旅游、观光旅游、美食和购物旅游、修学旅游、疗养与康复旅游。

3.西溪风景区的综合发展模式

（1）严格保护风景资源，调整现状居民点，实现风景区景观环境和社会环境的双重协调；

（2）在努力创造风景区外部就业机会的同时，通过旅游带动，优先争取农业劳动力的就地转化，逐步减少区内居民；

（3）正视西溪农田、树林、鱼塘、水面等用地的存在，不同地段不同利用，寻求最大量的绿色开敞空间和最丰富的田园景色；

（4）根据我们研究分析，西溪应该控制和划定的范围应不少于$50km^2$。规划正视整个风景区土地广阔这一优势条件，在严格控制滨水和核心地段开发的同时，合理创造水域后部分内陆地带综合开发的机会，以增强地方经济，满足与城市协调发展的某些要求；

（5）正视杭州作为区域旅游中心这一发展目标，利用西溪开发，适当调整现状城市生活与旅游之间的矛盾，寻求在西溪的合适地段，建设区域旅游度假基地的可能性，部分实现“住在杭州”的城市发展追求，使西溪的开发真正与杭州城市发展实现互动。

4.西溪风景区总体发展策划与布局

规划西溪风景区总面积约$50km^2$，由环城公路分为东区和西区两大部分共六个功能区。其中五常景区和蒋村景区是西溪风景区主要风景游览区。东区环境控制区和西区环境控制区为风景区内部两个综合区，内容包括风景恢复区、禁止建设区、旅游度假基地、度假别墅区等。规划按照景观保护要求划定外围保护地。美女风景区北麓沿山脊线划定的保护区，是蒋村景区南部借景，为西溪风景区最重要的外围保护地。

5.总体追求与目标

未来西溪的崭新面貌将成为：声名卓著的田园水乡；怀旧思古的梦幻旅游地；健康、明媚、充满活力的森林湿地；长江三角洲的绿洲。

局部景观意向规划

14 杭州“西湖西进”可行性研究（节选）

一、西湖水面的变迁（略）

二、西湖西进的提出（略）

三、适合扩展为水面区域的分析

“西湖西进”重要的一点是恢复历史上西湖的部分水域，所以历史时期西湖湖底是目前“西湖西进”应考虑的范围。但是，由于西湖的历次疏浚以及近代以来大规模建设的影响，地形变化较大，确切可能的西进水体范围要通过科学分析来确定。

为此，我们以1∶5000的西湖风景名胜区矢量化地形图为基础，综合航片分析，利用地理信息系统将“西湖西进”区域按高程、坡度、植被、地表水、建筑密度、文物等多个要素，参照对于拓展湖面的有利程度将每个要素分为2～4个等级，分别进行分析，确定在每种要素中适合拓展为水面的区域。通过将这些分析图叠加可较为精确地规定出“西湖西进”中适于拓展为水面的区域约为66hm²。考虑游人的活动和道路设施安排，我们认为拓展水面的面积在适于拓展水体面积的一半左右比较合适，即30hm²左右。

四、“西湖西进”的水文、水质分析

有可供拓展水面的水域，下一步工作就是要研究是否有足够的水源保证。通过调查，西湖水面主要靠西山区域的金沙涧、龙洪涧、赤山泉三条溪流来补充。

（一）径流分析

7月份，杭州月平均气温最高，蒸发量最大，但降水量处于一个低谷，在西湖最需要水的月份降水量反而较少。“西湖西进”区域主要由三条水系，即金沙涧、龙洪涧、赤山泉。这些溪流的径流量完全受降雨控制，径流时间分布不均，虽有充足的径流量，但不能做到细水长流。持续长期补充西湖和西进水面的蒸发以及净化水质，须采取一定的措施。

（二）径流水量可形成最大水面面积

“西湖西进”是在西湖历史上的水域范围之内恢复水面，可以判断，规划挖湖范围内应具有现有西湖底质相似的土质条件，以保证湖底渗漏很小。这样在正常年景仅靠控制三条水系来水大致可形成7.96km²、深1.5m的水面。这些水量可以满足西进水体的需要，但是仅靠天然降水只能保证水面的形成，而不能保证水体的净化，必须采取一定的补救措施。

五、“西湖西进”的可能影响

（一）水体

1.西进水体可能受到的影响

“西湖西进”区域控制流域面积约为西湖流域面积的79.64%，西进水域面积比西湖小，所以西进水体的更新速度比西湖快，但西进水域内水体流速却小于溪流的流速，所以绝大多数泥沙会沉积在西进水域水底，淤积问题将是西进水域面临的最大问题之一。

同样，随着淤积泥沙的增多，随之富集下来的氮、磷元素将成比例增加。而西进水体的面积又小，因此，其富氧化速度及程度将远比西湖为高。为使“西湖西进”的水体得到保证，也须采取有效的措施予以解决。

2.西湖水体可能受到的影响

“西湖西进”扩大了西湖的水面，蒸发量增加，使流入西湖的水量相应减少。这些水正好是在岳湖和西里湖入湖，而岳湖和西里湖是西湖湖水自净能力最弱的地区，入水量的减少，将更不利于岳湖和西里湖的净化，仍需采用必要的解决措施。

（二）生态

湖泊在营养输入减少或停止时，将向更加贫养方向发展。因此，如果能使西湖集水区注入的营养物质大幅度下降，就有希望使水体的目前富氧化的过程转变过来。从这个意义上讲，“西湖西进”对湖西地区环境的整治是对湖西区域生态系统进行科学规划、整治、管理的过程，是使西湖良性循环的生态大工程。

“西湖西进”将在西湖西边开拓大片湿地环境。通过规划在西进区域中建立良好的湿地生态系统，可以净化西进水体，并保证进入西湖水质的清洁。

（三）景观

“西湖西进”将使西湖风景区西部景区

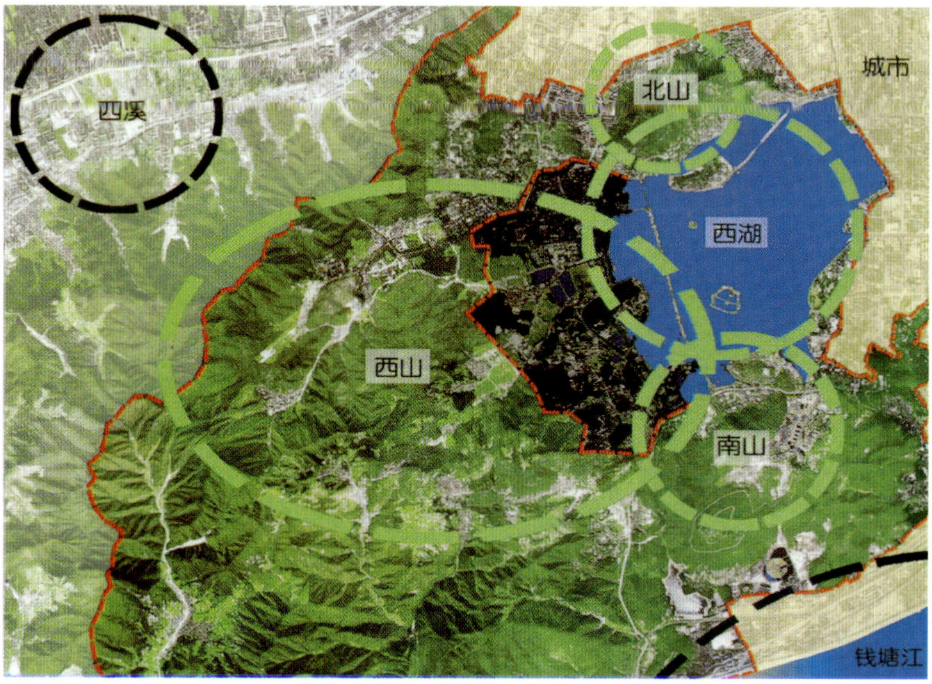

区位分析

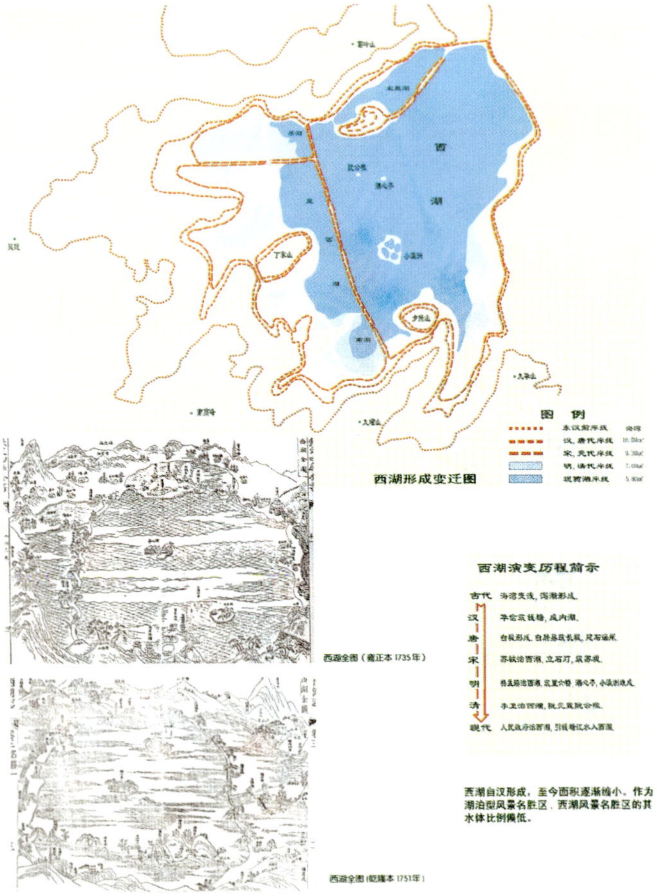

西湖水域变迁分析

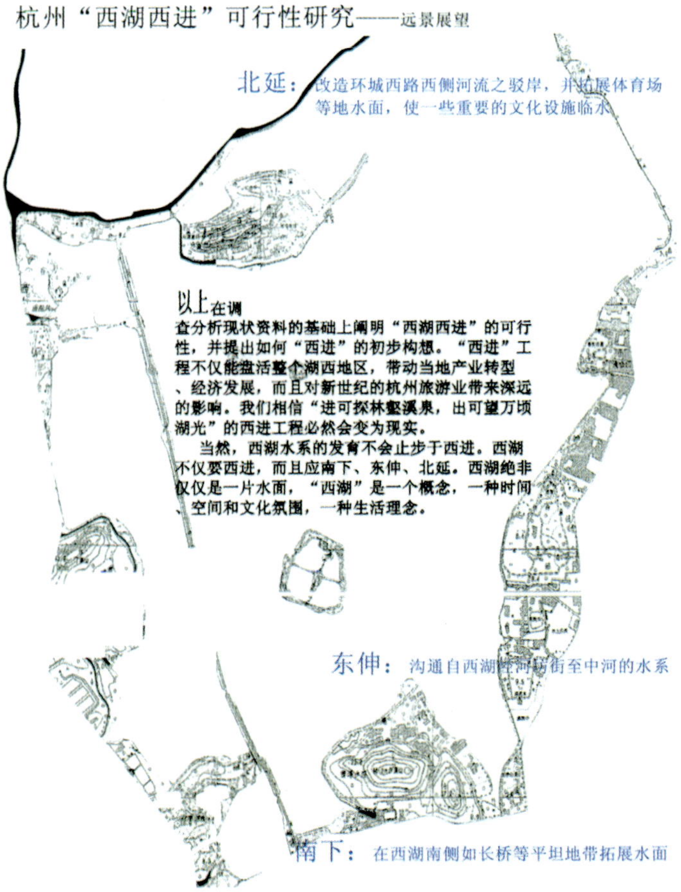

远景展望

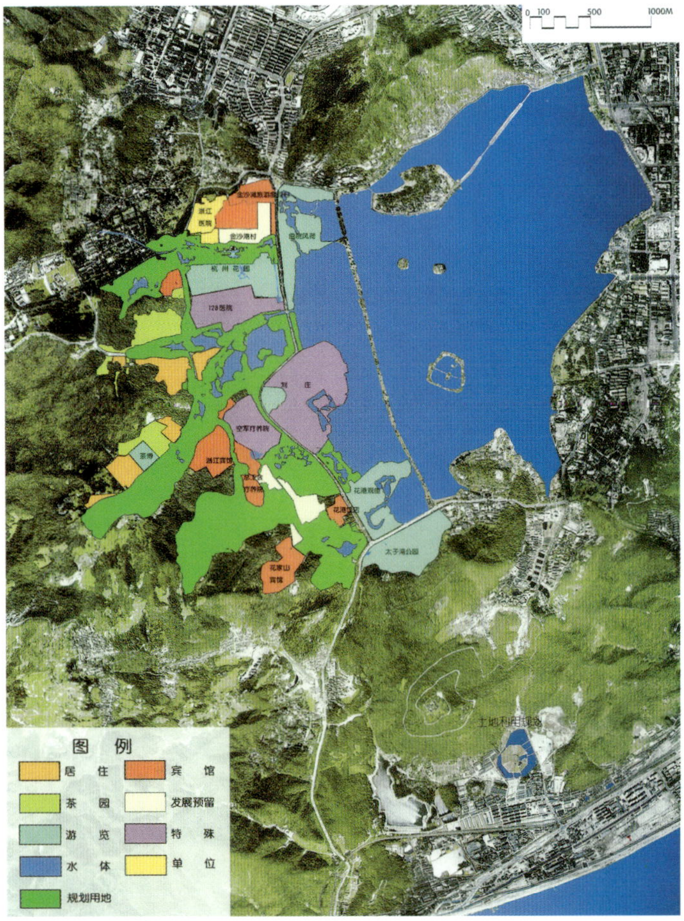

土地利用规划

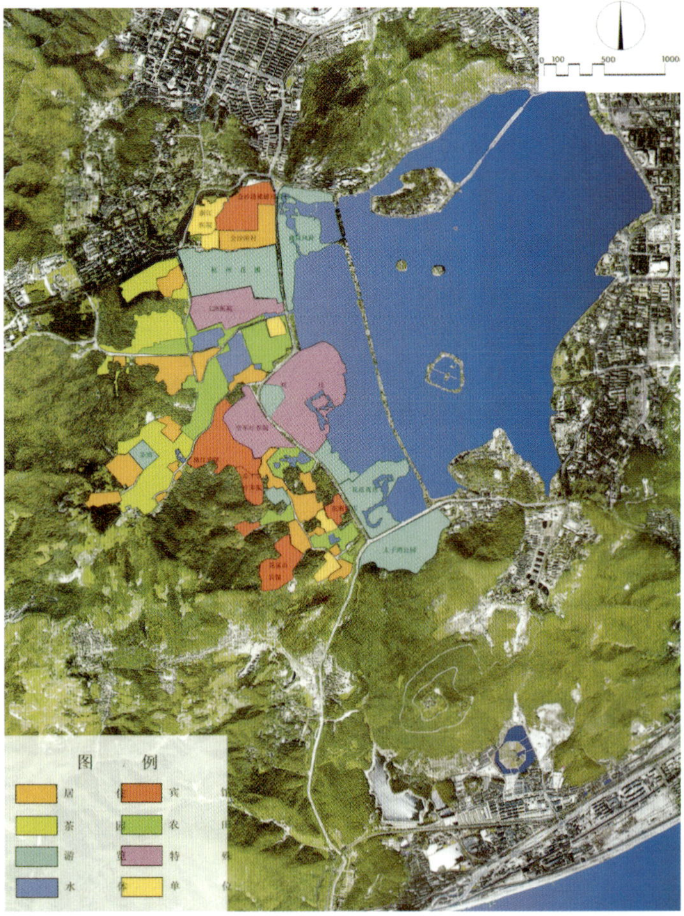

土地利用现状分析

与其他景区更加紧密地联系在一起，使得西湖山水关系更为密切，有利于形成点、线、面相结合的景观结构，增添风景的含蓄韵味，弥补西湖景观不足，为西湖风景名胜区开辟新的发展空间。

（四）社会、经济

恢复西湖历史上的部分水域是追求景观的“原出性”，这正是世界文化遗产的基本要求。“西湖西进”可以促进西湖申报世界文化与自然遗产工作，扩展西湖影响力，同时全盘激活西湖环线旅游，带动西部景区的发展，使湖西的社会产业结构更趋合理。

六、“西湖西进”必须采取的措施

（一）水源补充

水源补充主要靠两种方式，一种是前面已经分析过的依靠西湖流域内的天然降水；另一种是通过从西湖流域外引水。

1.利用钱塘江引水设施

钱塘江引水工程已经建成，可利用它为西进水域补水，这一方案行之有效，不需再投入大量的工程建设费。但也有一定的问题，即钱塘江的水质虽好于西湖，但引水点受潮汐影响较大，每年适于引水的天数只有180多天，且多集中于冬季，而夏季才是西湖及西进中水体缺乏、自净能力差、最需要补水的季节。需水时无法引水，这正是从钱塘江引水的最大问题。

2.由青山水库引水

青山水库位于杭州西部的临安，水质优于西湖，水量充足。海拔比西湖高，可以修筑明渠自流引入西湖风景区，不仅为“西湖西进”补水，同时可以在西部景区创造出丰富的水景。但在其枯水年时引水可能成问题，同时工程较大。

两个引水方案各有利弊，近期可利用钱塘江引水设施从钱塘江引水，同时进一步论证从青山水库引水的可能性。

（二）防治入湖径流泥沙及污染的措施

西湖水质的污染约70%来自湖西地区，主要是生活污水和农业生产带来的污染，“西湖西进”的实施，必须首先在流域内截污，使雨污分离，并对居民产业结构进行调整。在三条溪流上游要进一步搞好绿化，保持水土，尽量减少裸露土面，防止雨水冲刷、剥蚀。

西进水域作为一个湿地生态系统，可利用自然地形把水体建成多级净化体系，再通过湿地中的植被，将进入西湖的大部分污染物截留在西进水域之中并进行净化。

七、“西湖西进”景区规划（摘）

“西湖西进”区域处于人工气氛已较为浓厚的西湖与自然的西部山区的过渡地带，必须以自然质朴为特色。以历史沿革、风景资源的特点、周边景区景点特色和已有游览路线作为景区规划的基本依据，规划“西湖西进”划分为六处景区，其中水域面积约为30hm²。

（一）花山鹃霞
（二）法巷寻梅
（三）三台泽韵
（四）茅乡水情
（五）双峰插云
（六）金沙醇浓

八、远景设想（摘）

对西湖历史上水域的恢复不应局限于西进，西湖还应南下、东伸、北延，使西湖与西山、南山、北山，与城市、城市水系更加有机联系，形成山、湖、城三位一体的，以西湖为中心的景观结构。

“雷峰夕照”景区的恢复，“双峰插云”景区的建设，使得“西湖十景”得以团圆。“西湖十景”、“西湖新十景”与未来的“西进风景”及更广泛的水域恢复，将共同组成新世纪的新西湖。

九、结语

西湖是一个非常敏感的地区，涉及到西湖的每一项工程几乎都会引起广泛的关注。实际上西湖并非是理想的人间天堂，风景区内许多矛盾正日益激化，有许多问题尚待解决：西湖水体污染严重，一些地区生态环境遭到破坏，风景游览用地被侵占……问题的解决必须从源头开始，这就涉及到湖西地区。“西湖西进”实际上并非只是水面西拓的问题，它是湖西地区乃至涉及整个风景区环境整治、生态恢复、风景资源的保护与利用和旅游空间扩展的复杂工程，涉及社会、生态、水文、城市等方方面面。我们希望西进能够早日实施，使有两千多年历史、饱经风雨洗涤的西湖能成为真正的人间天堂。但一切都必须做好前期的论证，必须建立在生态环境改善的基础之上。

西湖流域分析图

水位高程

现状分析图

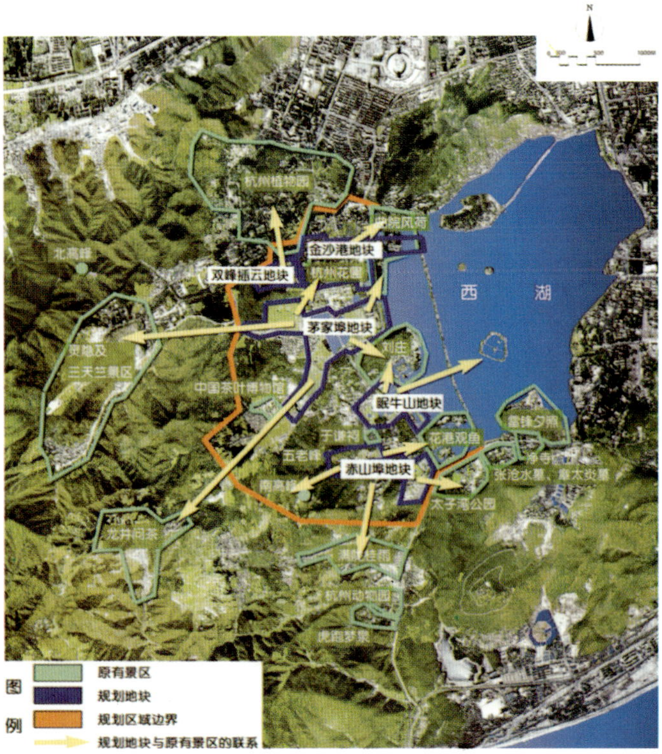

对西湖风景区的影响

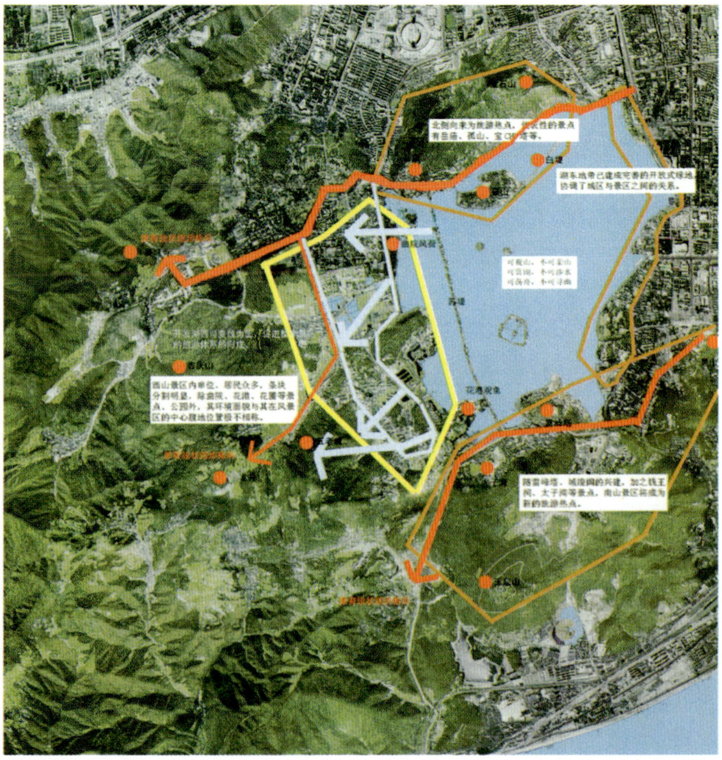
结构分析图

20世纪规划实例

15 崂山巨峰游览区游线规划设计（节选）

青岛崂山风景名胜区位于青岛海滨，是我国第一批十四个国家重点风景名胜区之一。巨峰游览区是以崂山主峰崂顶为中心，以著名的峰、顶、崮和山林景观为主要特色，面积7.4km²，由于特殊原因一直未被开放。为了能够游览欣赏崂顶奇观，我院应崂山风景区管委会委托，在海拔800～900m左右的巨峰区开辟一条环崂顶游览线，使游人领略崂山的奇峰异石、云海旭照等奇观。

一、项目特点

本规划主要坚持以保护利用与开发相结合，在保护原有岩石与植被的前提下，充分利用自然条件，减少对环境的破坏。同时，在规划游览线路上考虑游人的体力、体能和不同年龄的特点合理布局。规划多个特征的游览欣赏景区，使游览线路沿途景观多变，突出山石峰洞、山泉溪涧、植物季相、云海、日出奇观等特点，在必要的节点建设小体量、自然质朴的建筑与小品，满足基本游览需要。

二、方案介绍

1.概述

在崂山风景区的九个游览区中，巨峰游览区是以崂山主峰崂顶为中心，以著名的峰、顶、崮和山林景观为主要特色，以游赏山景、旭照和云海为主要内容，面积为7.4km²，包括比高崮、五指峰、崂顶、灵旗峰、自然碑、原泉（太乙泉）、一线天等崂山著名景点。由于特殊原因，巨峰游览区一直未被开放。为了能够游览欣赏崂顶奇观，本规划在海拔800～900m左右的巨峰区开辟一条环崂顶游览线，打通大河东、砖塔岭、铁瓦殿至本步行环线的登山路，并与原有崂顶车行路相接。

2.环形游线设计

（1）游览分区：自然碑景区、灵旗峰景区、杜鹃坡景区、丹炉峰景区、太乙泉景区、五指峰景区、比高崮景区、崂顶景区。

（2）环形游线穿越巨峰游览区的七个景区，沿线景点42个。

（3）环形游线景观控制点：突出崂山的道教文化内涵，组织环形游线上的峰谷与石门景观，确定游线沿路景观控制点，以乾门、巽门、坤门、离门为建筑标志景观，艮门、震门、兑门等为自然峰石景观。

（4）环形游线的景观构成：山石峰洞景观、山泉溪涧景观、植物景观、云海奇观、日照奇观、建筑景观。

（5）环形游线的景观空间类型：高台景观空间、中台景观空间、门式景观空间、谷地景观空间、一线天景观空间、岩洞景观空间、林间植被景观空间。

3.环形游线建筑小品及设施规划

游线上建筑小品等设施的形式与色彩应与自然环境相协调；建筑与小品的材料以石质和木质为主，因地制宜，就地取材；建筑和小品的体量宜小，内容与形式要充分体现道教文化的内涵；建筑设计充分考虑当地风、雨、雷、电等气候条件，顶部以石、瓦为主。

（1）服务建筑：一处在乾门的“五峰仙馆”服务站，210m²，另一处在丹炉峰鞍部的“一盈天地”服务部，82m²。

（2）点景建筑：共有8处。乾门、离门为牌坊；风桥亭、灵峰亭、扇面亭为景亭；坤门和巽门分别为连廊；休息茶室为敞轩；总计面积：265m²。

（3）小品设施：指示牌、座椅、座凳、果皮箱。

（4）巨峰游线：一级步行游路宽2.0～2.5m，长4170m，二级步行游路宽0.8～1.5m，长850m，均以当地花岗岩石材为主。

三、建设实施

本项目于2001—2002年实施建设，预计2003年春季正式开放游览。

崂山巨峰景观

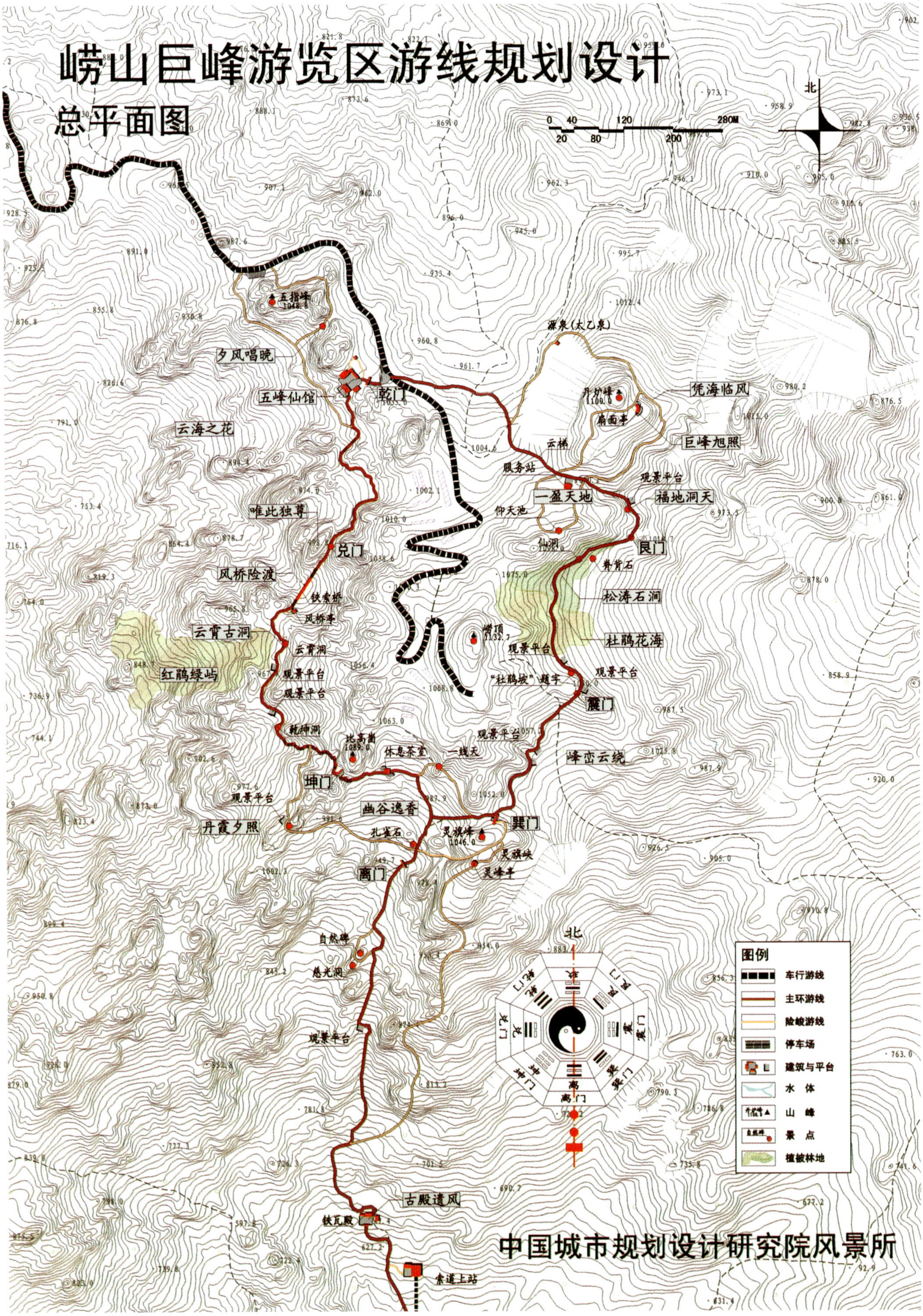
崂山巨峰游览区游线规划设计
总平面图
北
0 40 120 280M
20 80 200
五指峰
夕风唱晚
五峰仙馆
乾门
云海之花
唯此独尊
兑门
风桥险渡
铁索桥
风桥亭
云霄古洞
云霄洞
红鹏绿屿
观景平台
乾坤洞
比高崮
休息茶室
一线天
坤门
幽谷逸香
丹霞夕照
孔雀石
灵旗峰
巽门
灵旗峡
灵峰亭
离门
自然碑
慈光洞
古殿遗风
铁瓦殿
索道上站
源泉（太乙泉）
丹炉峰
凭海临风
扇面亭
巨峰旭照
云梯
服务站
一盈天地
福地洞天
仰天池
仙洞
艮门
脊背石
松涛石洞
崂顶
杜鹃花海
"杜鹃坡"题字
震门
峰峦云绕
图例
车行游线
主环游线
险峻游线
停车场
建筑与平台
水体
山峰
景点
植被林地
中国城市规划设计研究院风景所

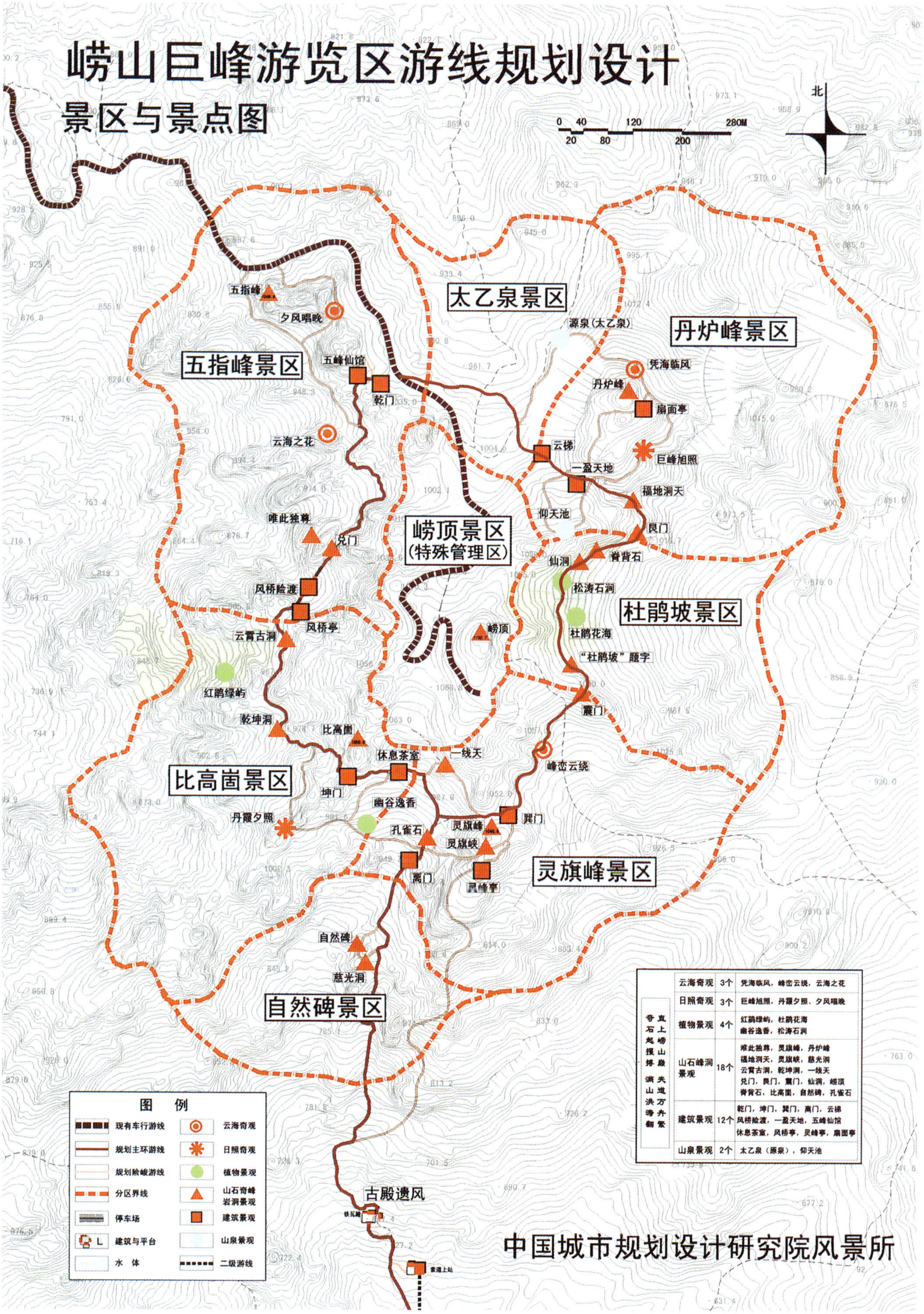
崂山巨峰游览区游线规划设计
景区与景点图
北
0 40 120 280M
20 80 200
太乙泉景区
丹炉峰景区
五指峰景区
崂顶景区
(特殊管理区)
杜鹃坡景区
比高崮景区
灵旗峰景区
自然碑景区
五指峰
夕风唱晚
五峰仙馆
乾门
云海之花
唯此独尊
兑门
风桥险渡
风桥亭
云霄古洞
红鹃绿屿
乾坤洞
比高崮
坤门
休息茶室
一线天
幽谷逸香
丹霞夕照
孔雀石
灵旗峰
灵旗峡
离门
灵峰亭
巽门
峰峦云绕
震门
“杜鹃坡”题字
杜鹃花海
松涛石洞
仙洞
脊背石
艮门
福地洞天
仰天池
一盈天地
云梯
巨峰旭照
扇面亭
丹炉峰
凭海临风
源泉（太乙泉）
崂顶
自然碑
慈光洞
古殿遗风
中国城市规划设计研究院风景所
直上崂山巅
夹道万卉繁
满山洪涛翻
云海奇观 3个 凭海临风，峰峦云绕，云海之花
日照奇观 3个 巨峰旭照，丹霞夕照、夕风唱晚
植物景观 4个 红鹃绿屿，杜鹃花海 幽谷逸香，松涛石洞
山石峰洞景观 18个 唯此独尊，灵旗峰，丹炉峰 福地洞天，灵旗峡，慈光洞 云霄古洞，乾坤洞，一线天 兑门，艮门，震门，仙洞，崂顶 脊背石，比高崮，自然碑，孔雀石
建筑景观 12个 乾门，坤门，巽门，离门，云梯 风桥险渡，一盈天地，五峰仙馆 休息茶室，风桥亭，灵峰亭，扇面亭
山泉景观 2个 太乙泉（原泉），仰天池
图 例
现有车行游线
规划主环游线
规划险峻游线
分区界线
停车场
建筑与平台
水 体
云海奇观
日照奇观
植物景观
山石奇峰岩洞景观
建筑景观
山泉景观
二级游线

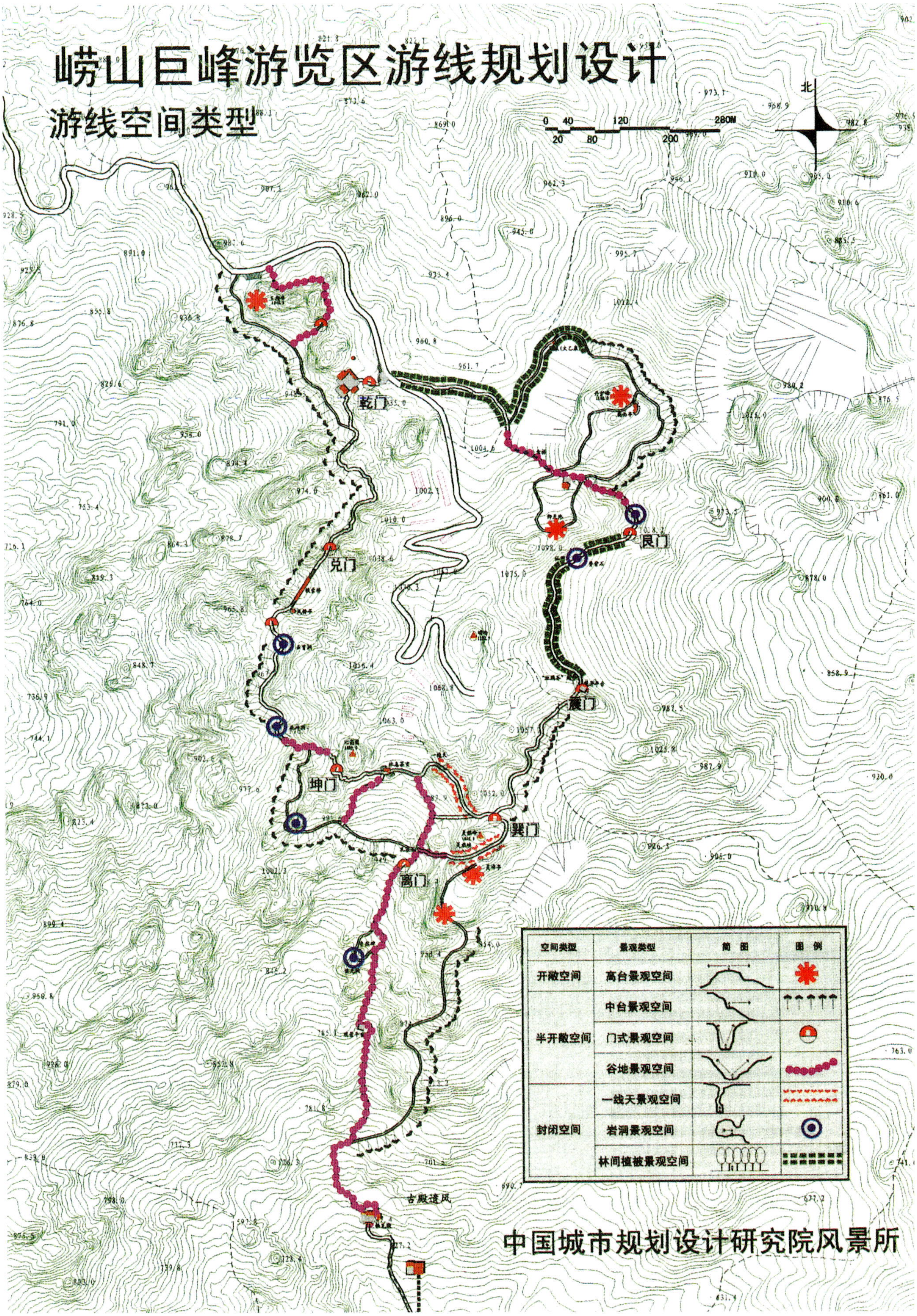
崂山巨峰游览区游线规划设计
游线空间类型
0 40 120 280M
20 80 200
北
乾门
兑门
坤门
离门
巽门
震门
艮门
古殿遗风
空间类型
景观类型
简图
图例
开敞空间
高台景观空间
半开敞空间
中台景观空间
门式景观空间
谷地景观空间
封闭空间
一线天景观空间
岩洞景观空间
林间植被景观空间
中国城市规划设计研究院风景所

崂山巨峰游览区游线规划设计
游线步道节点图
0 40 120 280M
20 80 200
北
1、清理平整场地，铺设花岗岩朴石，设停车场
2、入口坡地，台地处理，种植花卉地被（见作法详图）
3、入口服务建筑（见建筑设计图）整理岩石
4、整理乱石，定基石，搭石板连接各石块，局部设护栏
5、临山体选坚固基础建常规步道
6、林内巨石平台设小品
7、沿山体修筑标准台阶，遇石开凿台阶，修筑巨石平台
8、沿等高线开设游览步道，林下遇树绕行（见作法图）
9、沿等高线铺婪花岗岩条石台阶，连接步道
10、常绿与落叶乔木，开辟林下游览步道，适当位置
设置休息座椅和平台（见设计图）
11、山石开台阶，设扶手护栏，石间采用搭石板或石凿台阶，
设扶手栏杆，“之”字走向减少坡度
12、修筑铁索桥（见详细设计图）
13、于桥头选择平缓地段，修筑观景亭
（见建筑设计图）和平台
14、整理岩石，设登山台阶，保存原有树木，
石壁整理题刻“凤桥险度”
15、整理岩石，修筑古洞（见详细设计图）
16、沿山石铺设游览步道，设防护栏杆
17、选巨石平台修筑座椅和栏杆
18、修筑林下步道，清理原土，建稳定的基础
19、沿山体开凿石台阶，修筑防护栏杆
20、保留原有巨石，台阶从外围绕行，用搭接石板登上巨石
21、采用石板铺设跨过碎石排水沟
22、乾坤洞与平台处理（见作法详图）
23、巨石开凿台阶，外婪岩石，登道台阶相连
24、采用“之”形布置登山步道，两边设置扶手护栏
25、修筑平台，清理顶部挑台、飞檐，营建有座椅，保护原有树木。
26、标准登山台阶，修筑“之”形步道
27、修筑观景平台与坤门建筑（见建筑设计图）
28、修筑“之”形道路，开设路边巨石平台，山体崖口，种树遮挡
29、贴比高耸岩体设登山道，石间采用石板，拱形板搭接
30、修筑休息茶室（见建筑设计图）
31、沿谷地修台阶步道，遇巨石绕行或开凿台阶，遇树绕行，保留原有树木
32、沿等高线修筑游览步道，保留原有树木
33、沿石壁设步道，遇树绕行
34、跨山体冲沟修筑登山步道，遇树避让，遇石开台阶，林下修筑步道
35、离门鞍部山洞平台处理（见设计详图）
36沿山体修筑台阶，陡坡地设护栏，林下步道保留原有树木
37、步道沿石间修筑，条石板桥搭接
38、道路顺等高线沿石边绕行
39、道路穿两巨石缝过，清理路上碎石，铺石台阶
40、清理一线天附近的碎石保留现状树木，整理石壁，题字“一线天”
41、沿等高线修标准步道
42、路遇陡坡，“之”形修筑，贴天旗峰石壁，登巽门
43、修筑巽门建筑（见建筑设计图）
44、沿山体修路，遇巨石开凿台阶，设休息平台
45、灵旗峰顶部常规登山步设计
46、灵旗峰顶部选平缓地段修筑升霞亭（见建筑图）
47、清理石洞内的碎石，保留树木，修筑登山
天梯（钢材）（见详细设计图）
48、修筑林下步道，遇树绕行
49、道路遇山体冲沟修石板桥搭接
50、道路沿石壁修筑，遇巨石开凿台阶处理
51、道路遇冲沟，设拱桥搭接处理
52、搭石板桥跨沟，沿山体，石壁修筑登山台阶
53、步道穿山石间修筑常规道路，选巨石
开设平台（见详细设计图）
54、石壁题字，并选巨石设平台，铺石板桥连接
55、清理原土，铺设标准步道
56、石上开台阶、登道，沿岩石两边设路，
选巨石修筑平台
57、方案二：从55处修链条桥从谷上过
58、道路穿林下，遇石开凿台阶并修筑条石台阶连接
59、震门平台设计（见设计详图）
60、沿山体岩石修筑登山台阶，设防护栏杆
61、清理岩石石壁题字“杜鹃谷”
62、整理巨石平台，婪条石台阶连接，在岩体上题字
63、道路遇冲沟修筑拱形石板桥
64、保留原有树木，修筑林中步道
65、道路下行穿过岩石，沿石壁开设道路，修筑台阶
66、沿石壁修登山台阶，遇巨石开凿台阶
67、修筑林下常规步道，保留原有乔木，适当清理地被
68、仙人洞与骨骨石处理（见设计详图）
69、整理乱石做石处理，巨石上开台阶
70、铺筑林下步道，清理乱石，沿崖壁修筑登山台阶
71、艮门设计（见设计详图）
72、沿山体岩壁修登山台阶遇石开设台阶
73、清理石洞修筑题刻“福地洞天”（作法见设计图）
74、选巨石平台，修石板桥搭接
75、沿山体岩石绕行，遇巨石开凿台阶、步道、石间修石板桥连接
76、营建服务建筑（见建筑设计图）
77、杜鹃林内修筑常规步道，遇石开台阶
78、石间修石板桥搭接并设防护栏杆
79、清理岩石表面，防滑处理，设平台和防护栏杆
80、贴石壁修筑登山攀梯（作法见详图）
81、林下修筑常规步道，保留原有树木
82、清理原泉水源，建筑处理（见建筑设计图）
83、沿等高线修筑3.5M宽林下车行游览线（见作法详图）
中国城市规划设计研究院风景所

16 泰山风景区规划（节选）

第一部分　泰山风景区总体规划（1987—2000）

一、概况

泰山位于山东省中部，横跨泰安、济南两市，北距济南60km，南离曲阜70km。津浦铁路在泰山西南侧通过，泰肥、泰新、泰宁、泰济等多条铁路、公路在泰山之南交叉。泰山气候为暖温带半湿润季风气候，垂直变化明显，山下为暖温带，山顶为中温带。年平均降水量，山顶1132mm，山下平原地区730～750mm。

泰山自然景观雄伟高大，是中华民族精神文化的缩影。在先秦时期就是中国的名山，被称为“东岳”，在五岳中居“五岳独尊”的地位。泰山包含的内容极为丰富，即自然山体之宏博，景观形象之伟大，精神之崇高，文化之灿烂，历史之悠久。泰山无论在帝王面前或在平民百姓心目中，都是至高无上的。“稳如泰山”、“重如泰山”、“有眼不识泰山”等人人皆知的成语，说明凡炎黄子孙无不敬仰泰山精神，世界上没有任何一座山，像泰山那样深入人心。

二、泰山风景区性质

泰山为五岳之首，景观雄伟，历史悠久，文化丰富，形象崇高，是中华民族历史上精神文化的缩影，是国家重点风景名胜区，是具有重大科学、美学和历史文化价值的世界遗产。

根据泰山的性质，其规划指导思想是保护第一，在保护的前提下合理利用，为世世代代人们所享用。

泰山风景区范围：南面开始自泰安古城的泰安门，东南、西南侧以环山公路的红线为界，东、西两侧与林场界线相吻合，西北包括灵岩寺、万德至张夏的寒武纪地质剖面。总面积约242km^2。

三、景区划分

根据风景资源分布特点，结合自然景观界线，参照林场分场林界线，把泰山风景区划分为九大景区，即登天景区、天烛峰景区、桃花峪彩石溪景区、樱桃园景区、玉泉寺景

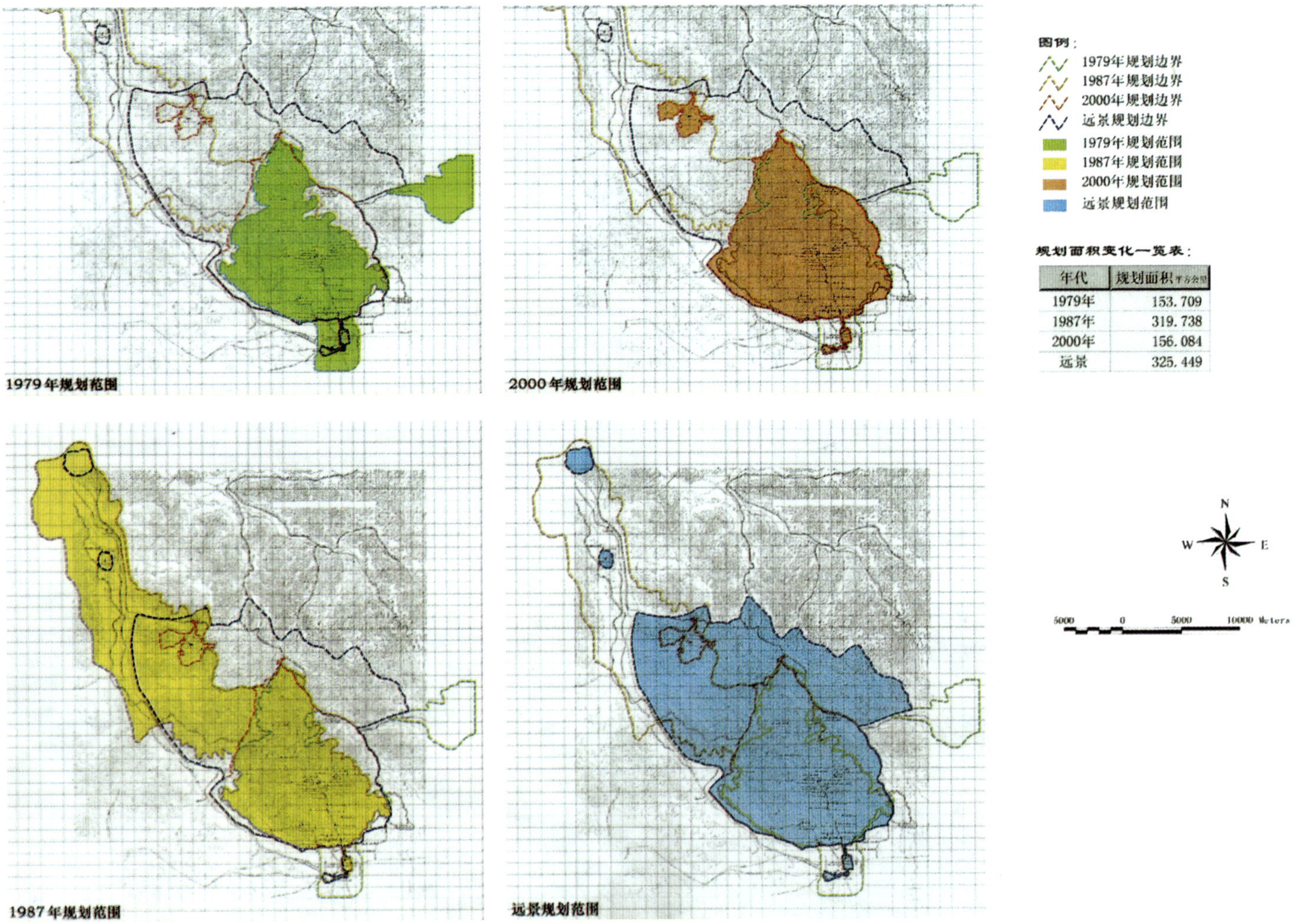

年代	规划面积平方公里
1979年	153.709
1987年	319.738
2000年	156.084
远景	325.449

规划范围变迁图

区、齐鲁长城景区、灵岩寺景区、古地层景区、待开发景区。各景区规划设想如下：

1.登天景区（主景区）。本景区以中路登天路线为主，包括大直沟登山道、扇子崖游览线和以普照寺为中心的环山路中段各景点，是雄伟高大景观的集中体现。

2.天烛峰景区。天烛峰景区包括后石坞，三面悬岩峭壁、古松蟠结，素有泰山奥区之称。顺谷而下，有大小石峰，相对高度80~100m，拔岭而起，形如蜡烛，故名天烛峰。

3.桃花峪景区。包括桃花峪彩石溪流域。景观特色是彩色基岩构成的溪谷河床，终年不枯的清澈流水，植被丰茂的优良环境，为泰山赤鳞鱼的产地之一。规划恢复溪流两岸的桃花林，恢复桃源意境。

4.樱桃园景区。其特点是环境幽静，小气候优良，容量较大，交通方便。规划恢复樱桃植被景观，并安排为旅游度假村。

5.玉泉寺景区。以玉泉寺为主景，修整玉泉寺至岱顶的登山道。

6.齐鲁长城景区。以齐鲁长城为主景，保护长城遗址，修整北麻套至长城的步游道。加强山腰下部的植被景观。

7.灵岩寺景区。灵岩寺为我国佛教禅宗祖庭之一，享有我国佛寺“四绝第一”的盛名，并有唐墓塔宋彩塑等珍贵文物。规划要求全面保护景区，加强林场外围环境的绿化，完善停车场、饮食等服务设施。

8.古地层景区。是寒武纪地层典型剖面所在，包括馒头山、唐王寨等，开辟地质科学考察旅游路线。

9.待开发景区。包括巴山林场和部分三岔林场，规划近期保护植被绿化荒山。

四、保护规划

把保护放在首位。规划必须对景观景点实行整体保护，尤其是对“天上”、“人间”、“地府”三重空间的整体保护。

一级保护区

标准：列入上报世界遗产名单的景点、景物；具有重要科学、历史、美学价值的景点、景物及其周围环境和其他有较高价值的景点。

范围：包含主景区的封禅祭祀活动序列空间环境。从泰安门、通天街、遥参亭、岱庙、岱宗坊直至岱顶玉皇庙。还包括蒿里山、佛爷寺以及规划开辟的中华文化游览线。

二级保护区

标准：风景区内，除一级保护区和待开发景区外，都是二级保护区。范围包括主景区、天烛逢景区、佛爷寺景区、巴山景区、樱桃园景区、桃花峪景区、古地层景区（包括娄敬洞小景区）、灵岩寺景区。

三级保护区

标准：风景区内待开发的景区。范围包括待开发景区。

外围保护区

标准：整体风景区的外围影响地带。范围包括西至铁路沿线，包含大河水库；东至环路，包含谢过城；北至崮山唐王寨；南面包括泰安市区。

五、环境容量估算

1.岱顶日容量10000人次／日；天烛峰景区1500人次／日；桃花峪景区1000人次／日；黑龙潭至扇子崖游线1000人次／日；大直沟游线：400人次／日；玉泉寺景区9000人次／日；长城景区400人次／日；灵岩景区9000人次／日。

2.泰山风景区总接待能力

据上述景区的估算，泰山风景区日容量之和为39000人次／日。全年除去寒冬、大风、暴雨不宜旅游的天气，年接待天数为200天，则总接待量为780万人次，为1986年进山游人加岱庙游人总数的2.4倍，因此泰山风景区的年接待游人的潜力很大。

六、关于泰山索道

泰山索道于1983年8月5日建成使用。索道架在中天门与岱顶月观峰之间，全长2072m，三线往复式，上下高差为610m。南

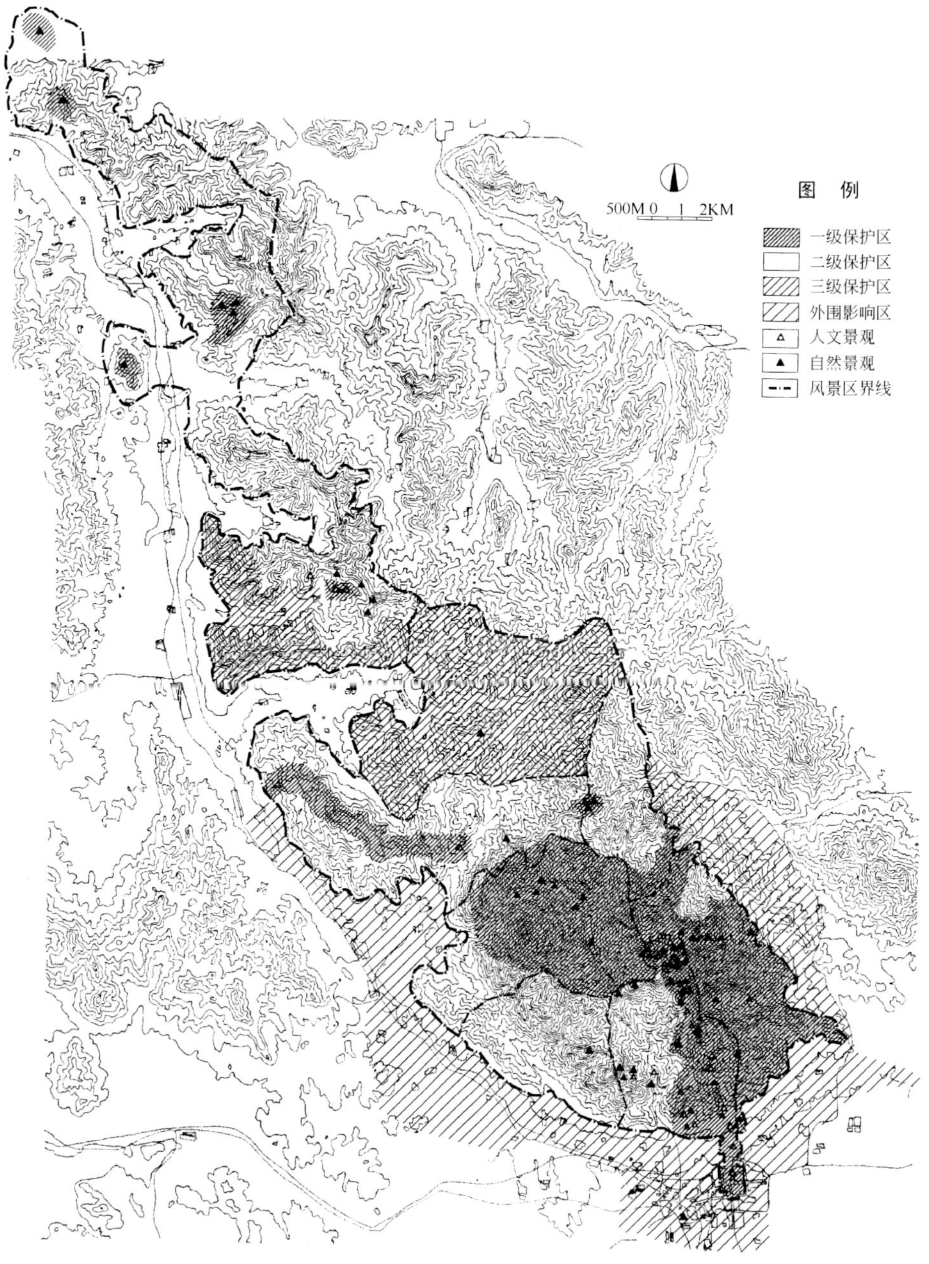

泰山风景区规划——保护规划图

天门站建在月观峰上，屋顶海拔高度为1460m。建筑总高度为24.5m，建筑面积为1137m²，占地面积为2184m²。中天门站海拔高度为850m，建筑总高度为23m，建筑面积为846m²，占地面积为2585m²。索道缆车容量每箱31人，允许速度为7m/s。单向运输能力为240人/h。泰山索道建成和运行以来，观其利弊大体如下。

就有利方面看：一是便于管理人员和在岱顶工作的人员上下山；二是便于老同志上下山；三是满足了想上岱顶而不愿花体力和时间登山或下山的游人；四是满足了部分对索道有好奇心的游客；五是索道经营单位、设计单位都有得益；六是外国索道制造商得到经济利益；七是增加了就业人员，上下站正式职工有82人，季节工为240人。

从不利方面看一是索道修建，破坏了泰山主景区地形和植被。在泰山主景区，即“门面”上架索道，是选线上的最大错误。在施工中炸掉了著名的月观峰约三分之一的峰面，其破坏面积（投影面积）达19200多平方米，其表面积更大。此破坏面积不仅在岱庙、岱宗坊、经石峪、中天门等中轴线主要景点上都能看到，而且在10km以外的火车站，20km以外的徂徕山顶都能清楚看到岱首面额上的巨大伤痕。

二是严重破坏景观。中天门至南天门是泰山中轴“登天”景观序列中的精华地段，高潮所在，而这些耀眼的建筑，严重破坏了原有自然与历史文化景观的环境气氛。这不符合国务院关于保护风景名胜区的规定和世界遗产保护公约的原则，也不反映我国风景区建筑艺术水平。

三是高速到顶，贬低了泰山的价值。索道的建成与之配套的公路，等于把对外交通直插风景区心脏，主轴线上非常丰富的自然和人文景观被绕过了，使人们从游泰山中领悟不到我们民族精神之伟大，历史文化之灿烂，而是留给人们“索道好玩，泰山平淡”的印象。

四是加速岱顶游人集中和工程设施的膨胀，促使中天门和岱顶变成闹市。

五是不利于泰安旅游经济的发展。索道的高速交通，使过去的二日游，变为现在约30%游人的一日至半日游。索道赚了钱，饮食业和旅馆业减少收入，这不利于泰安的旅游经济。让游人多住几天，这是世界各国经营旅游业的普遍原则。

六是投资大，效益低。泰山索道实际投资1036.5万元，1983年论证时其总投资1000万元，六年可收回投资。然而，实际上并非如此。按1984年的票价（2元/张）计算，需15年收回投资；按1985年的票价（3～4元/张）计算，需12年收回投资。随着票价上涨，游客也怨声载道，由此带来的社会效益并不佳。

综上所述，泰山索道弊大于利，建议近期对破败的地形环境进行绿化，远期拆除索道以恢复中天门和南天门的主体地位。

第二部分　泰山风景区总体规划（2000—2020）（文本摘录）

第3条　规划适用范围

泰山风景名胜区的规划面积为156km²，包括泰山主景区和灵岩寺景区两大部分。泰山主景区（含蒿里山—灵应宫—岱庙地区）

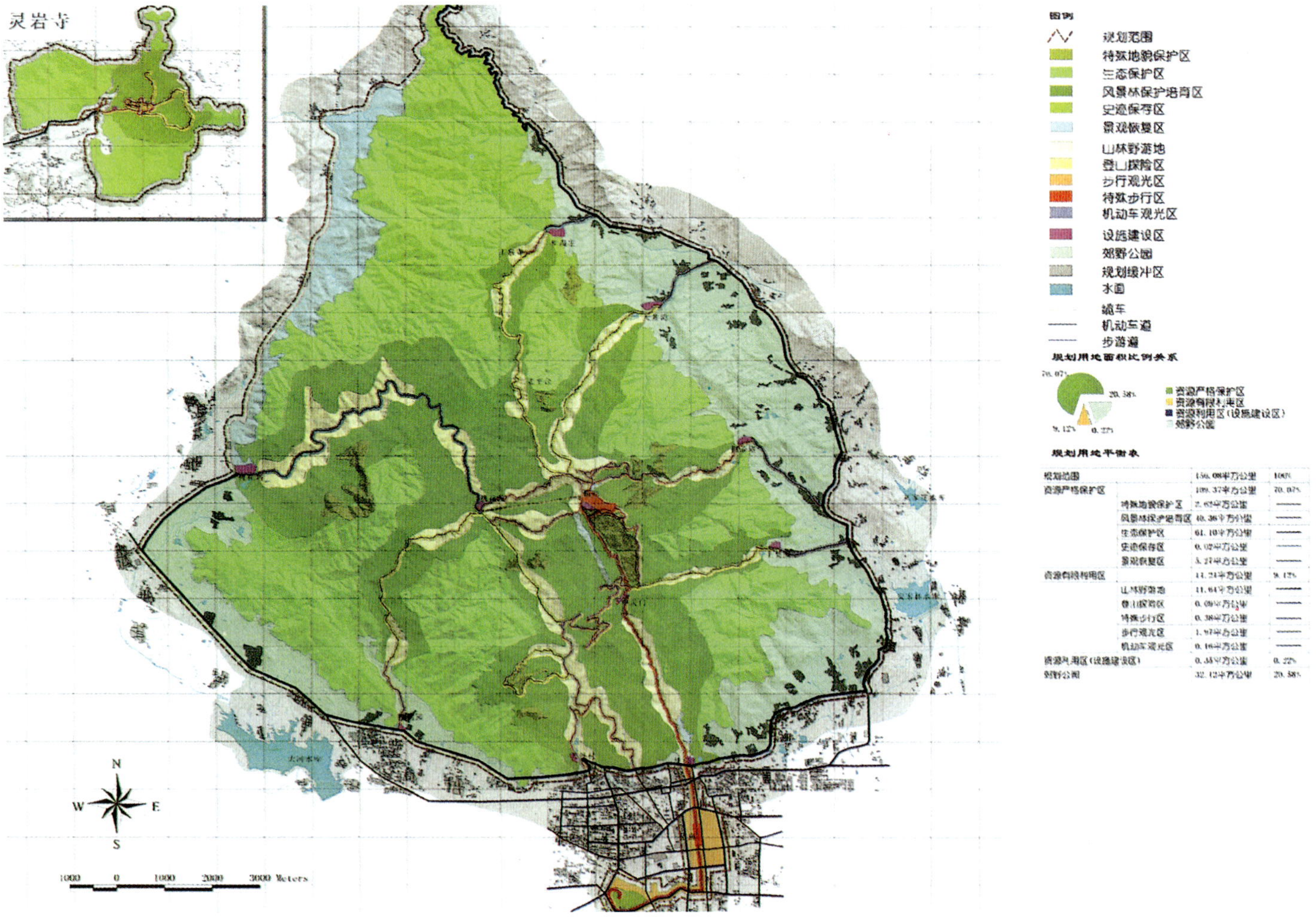

总体规划图

面积为 148.6km²。东以泰佛路和泰历路为界，南以环山路为界，西以马套至花坦的道路为界，南端延伸至岱庙、灵应宫和蒿里山；灵岩寺景区面积为 7.6km²，规划范围基本以泰山林场管辖范围为界。

规划范围以外设缓冲区，主景区周围的缓冲区面积约 40km²，西北侧以规划范围以外 1km 为界，西南侧以京沪铁路为界，局部扩大至大河水库南岸，南侧基本涵盖泰安旧城，东侧和东北侧边界为环山公路以外 1km，局部扩大至安家林水库和刘家庄水库东岸。灵岩寺景区的缓冲区面积约 3.5km²，以规划范围以外 100m 为界，西南侧局部扩大。

第 7 条　景观资源特征

泰山景观资源具有强烈的序列感，其特征是“三重空间一条轴线”。登天序列以蒿里山、岱庙、岱顶为节点，代表地府、人间和天界的三重空间，并以一天门、中天门、南天门为人间到天界的三大节奏，其间“三里一旗杆，五里一牌坊”，构成步步朝天的神圣气氛，形成泰山风景名胜区的“历史文化轴线”。

第 14 条　性质

泰山为五岳之首，是中国文化史的局部缩影，是中华民族精神的象征；泰山风景名胜区是世界文化与自然遗产，国家重点风景名胜区。

第 15 条　管理总目标

1.充分保存或保护泰山的文化资源、自然资源和生态系统，完整体现泰山的历史文化、科学研究和风景审美价值。

2.在环境承载力的限度内，以适当的方式和速度在适当的空间和时间发展泰山风景名胜区的旅游事业，提供游客高品质欣赏泰山、体验泰山，以及认知泰山的各种机会。

3.以“智能泰山”和“数字泰山”为目标，建立泰山风景名胜区管理信息系统，包括旅游服务信息系统、旅游预警系统、防火监控系统等三个子系统，提高泰山管理的科技含量。引进 IS09000、ISO14000 质量认证体系，逐步使泰山的管理与国际标准相衔接。

第 19 条　用地布局

泰山风景名胜区的土地利用布局可从“点、线、面”三个层次进行描述，每个层面都反映了保护与利用的关系。

1.面状层次：总体上看，泰山资源保护与利用的强度呈现以岱顶为中心的同心圆渐进式结构。岱麓地区（海拔 200m 以下）是泰山风景名胜区的外围地带，中天门以上（海拔 900m 以上）是核心地带，从外围地带到核心地带的区域为中间地带（海拔 200～900m）。从岱麓到岱顶，资源保护的比重逐渐增强，资源的利用比重逐渐减弱。表现为特殊地貌保护区、史迹保存区和景观恢复用地等资源敏感区增加；设施建设区减少，人工设施的数量减少；人类活动的种类减少、活动强度减弱。

2.线状层次：各类用地呈现以放射状旅游路线为轴的渐进式结构，这是泰山风景名胜区主要的用地布局形式。由旅游路线向外，依次为山林野游地、景观保护培育区和生态保护区。生态环境保护的程度逐渐增强，资源的利用程度逐渐减弱，旅游活动逐渐减少直至完全禁止。

3.点状层次：敏感资源区和设施建设区呈现点状分布的状态。敏感资源区是风景区

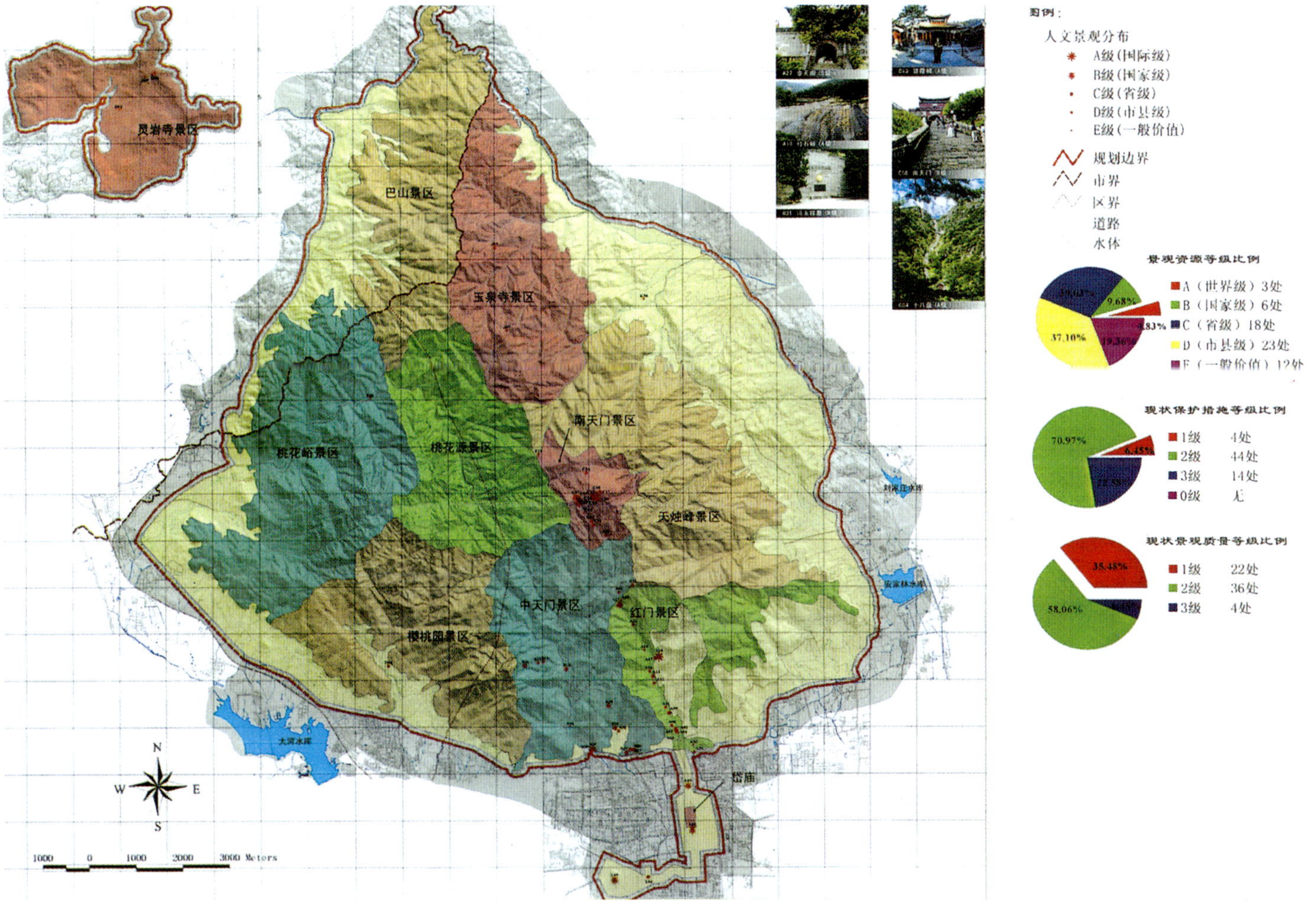

人文景观资源评价图

资源保护的极端情况，包括特殊地貌保护区、史迹保存区和景观恢复用地三类，它们依据实际情况随机分布在泰山风景名胜区的面状层次上。设施建设区是风景区资源利用的极端情况，这部分用地依据游线需要和资源条件限制，合理分布泰山风景区的线状层次上。

第26条　分类（用地分区）

1.按照保护和利用程度的不同，将分区依次分为资源严格保护区、资源有限利用区、设施建设区和建设控制区四大类。

2.资源严格保护区是指资源价值高、同时对人类活动敏感的区域。这一大类区域又分为特殊地貌保护区、生态保护区、景观保护培育区、史迹保存区和景观恢复用地共五小类。

3.资源有限利用区是指资源价值较高，同时对人类活动不甚敏感的区域。这一大类区域又分为山林野游地、登山探险区、特殊步行区、步行观光区和机动车观光区共五小类。

4.设施建设是指资源价值一般、同时对人类活动不甚敏感的区域。

5.建设控制区是指资源价值一般、同时对人类活动不敏感的区域，是风景区核心区和城市之间的缓冲地带。

第33条　土地利用控制与管理

第62条　泰山保护基金

设立泰山保护基金，专款专用。保护基金用于以上分区保护、分类保护、分级保护以及风景区内居民点的拆迁，不得用于其他用途。保护经费的来源：

1.泰山门票收入的绝大部分应直接用于泰山风景名胜区保护和完善。

2.泰山风景名胜区内各项建设项目的资源有偿使用费。包括一次性收取的资源占用费和运营期间的资源使用费。

3.泰山风景名胜区内各旅游服务设施的特许经营。其中，住宿类设施的特许经营费应大于餐饮类设施。

4.国家和地方各级的文物保护、自然保护等专项经费。该经费应落实到专项保护中。

5.利用泰山形象及其文物进行商业性的摄影、摄像需要征收相应的费用。

6.接受社会各界的捐助。但泰山保护基金属公益性事业，不得进行商业性操作。尤其要禁止任何单位和个人利用捐助泰山保护基金达到在泰山署名立碑，歌功颂德的目的。

第71条　索道

规划泰山风景名胜区内保留客运索道和

分区名称 / 土地利用类型		资源严格保护区					资源有限利用区					设施建设区	建设控制区
		特殊地貌保护区	景观保护培育区	生态保护区	史迹保存区	景观恢复用地	山地野游地	登山探险区	特殊步行区	步行观光区	机动车观光区		
风景游赏用地	风景点建设用地								△	△	△	△	△
	风景保护用地	▲	▲	▲	▲	−	−	−	−	−	−	−	−
	风景恢复用地					▲	−	−	−	−	−	−	−
	野外游憩用地						▲	▲	−	−	−	−	△
	其他观光用地								○	△	△	△	△
旅游设施用地	旅游点建设用地											▲	△
	游娱文体用地											△	△
	休养保健用地												
	购物商贸用地											▲	△
	其他旅游设施建设用地											△	△
居民社会用地	居民点建设用地												○
	管理机构用地											▲	△
	科技教育用地											△	△
	工副业生产用地												○
	其他居民社会用地												○
交通与工程用地	对外交通通讯用地											△	△
	内部交通通讯用地							▲	▲	▲	▲	▲	▲
	供应工程用地						△	△	△	△	△	▲	▲
	环境工程用地		△	△		△	▲	▲	▲	▲	▲	▲	▲
	其他工程用地		△	△		△	△	△	△	△	△	△	△
林地	/	○	△	△	○	△	△	○	○	○	○	○	△
园林	/						○	○	○	○	○	○	△
耕地	/												○
草地	/	○	△	△	○	△	△	○	○	○	○	○	△
水域	/	○	△	○	○	△	○	○	○	○	○	○	△
滞留用地	/												○

注：▲应该设置；△允许设置；○有条件允许设置；－不适用。

货运索道各一条，以满足部分游客的需要，满足后勤及应急情况的需要：

1.客运索道：保留桃花源客运索道，改善运营管理，建议从日出前2小时到日落后1小时开放；规划近期（2005年以前）拆除中天门客运索道和后石坞客运索道。

2.货运索道：保留桃花源货运索道，规划近期（2005年以前）拆除西尧观顶货运索道。

3.严禁在泰山风景名胜区内修建新的索道。

第99条　现状与规划用地平衡表

规划用地平衡表

序 号	用地代号	用地名称	面积(km²)		占总用地(%)		人均（m²／人）		备注
			现状	规划	现状	规划	现状	规划	
00	合计	风景区规划用地	156.08	156.08	100	100	2465.7	7259.5	
01	甲	风景游赏用地	55.21	32.86	35.4	21.1	872.2	1528.4	
02	乙	旅游设施用地	0.80	0.35	0.5	0.2	12.6	16.3	
03	丙	居民社会用地	8.60	0	5.5	0	135.9	0	
04	丁	交通与工程用地	1.90	1.70	1.2	1.1	30.0	79.1	
05	戊	林　地	52.40	109.35	33.6	70.1	827.8	5086.0	
06	己	园　地	23.86	0	15.3	0	376.9	0	
07	庚	耕　地	0.73	0	0.5	0	11.5	0	
08	辛	草　地	9.37	9.37	6.0	6.0	148.0	435.8	
09	壬	水　域	0.85	0.85	0.6	0.6	13.4	39.5	
10	癸	滞留用地	0.76	0	0.5	0	12.0	0	
		另有：古石海石质河滩	1.60	1.60	1.0	1.0	25.3	74.4	
备注	2001年，现状总人口6.87万，其中：（1）游人1.62万（2）职工0.82万（3）居民4.43万								
	2020年，规划总人口2.15万，其中：（1）游人2.00万（2）职工0.15万（3）居民0								

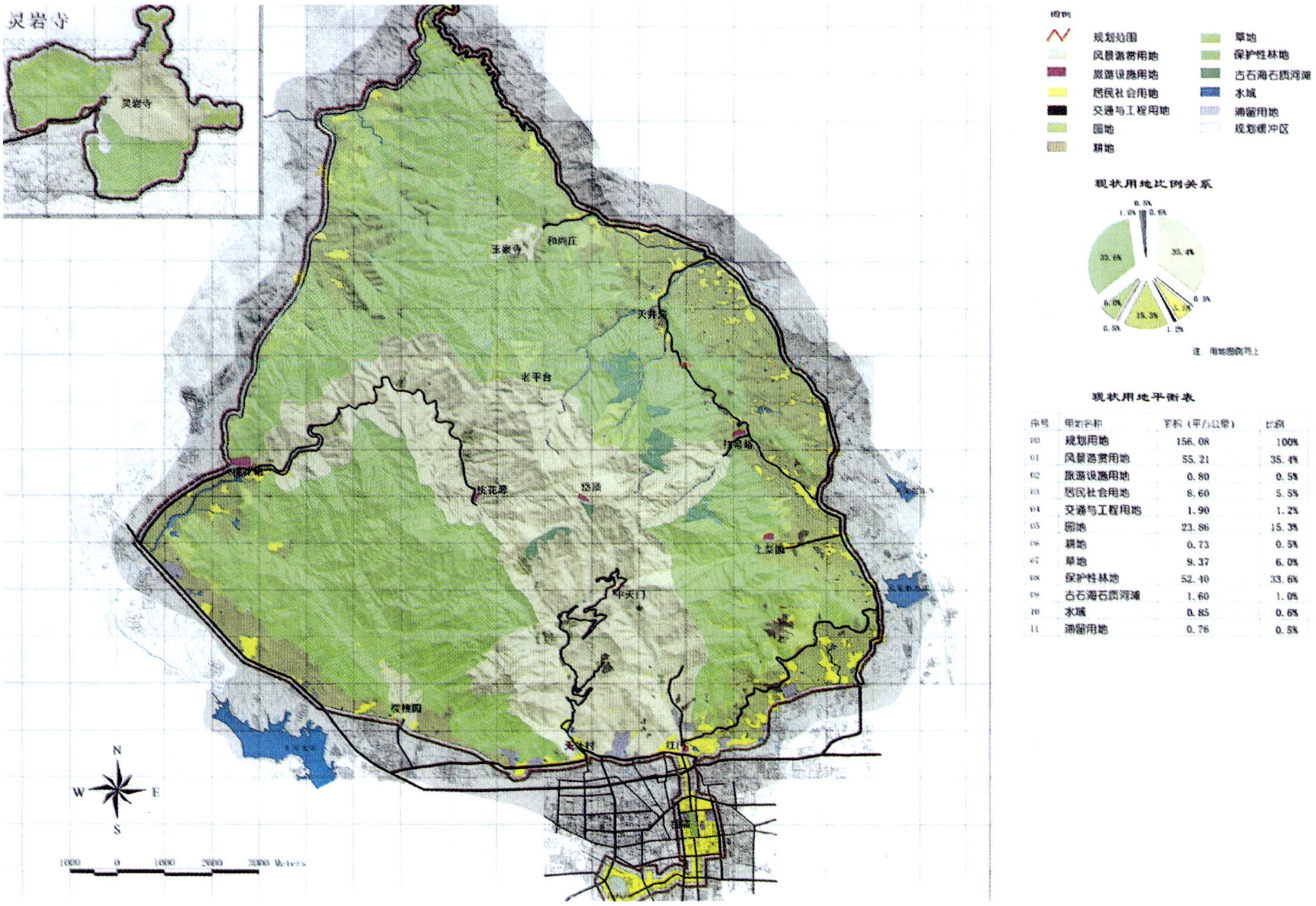

土地利用现状图

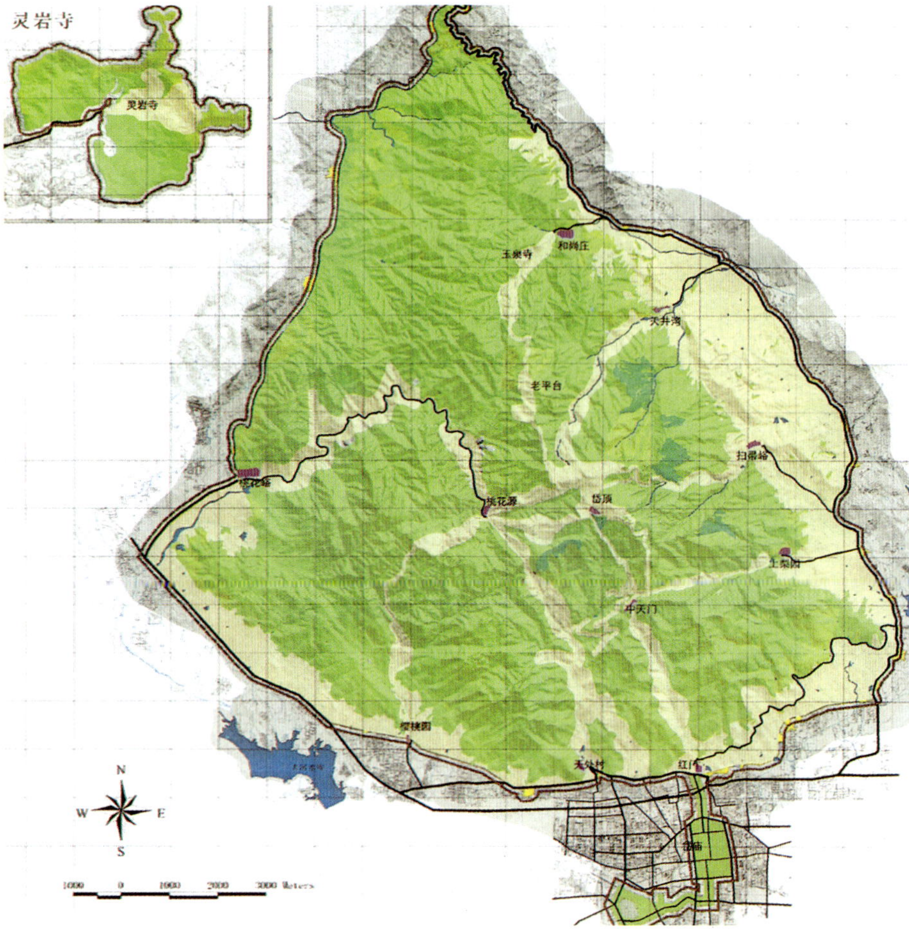

图例

规划范围	草地
风景游赏用地	林地
旅游设施用地	古石海石质河滩
规划缓冲区	水域
交通与工程用地	

现状用地比例关系

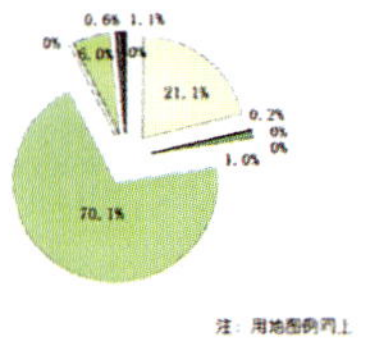

注：用地图例同上

现状用地平衡表

序号	用地名称	面积（平方公里）	比例
00	规划用地	156.08	100%
01	风景游赏用地	32.86	21.1%
02	旅游设施用地	0.35	0.2%
03	居民社会用地	0	0%
04	交通与工程用地	1.70	1.1%
05	园地	0	0%
06	耕地	0	0%
07	草地	9.37	6.0%
08	保护性林地	109.35	70.1%
09	古石海石质河滩	1.60	1.0%
10	水域	0.85	0.6%
11	滞留用地	0	0%

土地利用规划图

由南向北看
View from south to north

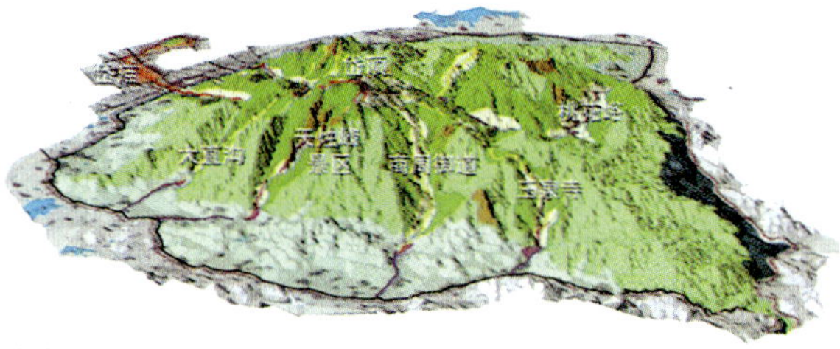

由东向西看
View from east to west

由北向南看
View from north to south

由西向东看
View from west to east

总体规划三维数字模型

17 长春市净月潭风景林总体规划（节选）

一、现状分析（摘）

1.风景林现状的特点分析

（1）地处景观边缘地带；

（2）景观敏感度较高；

（3）相对坡度较小；

（4）现状植物稀少。

2.生境分析

现有森林景观具有较大的优势，绿化效果较好，林木茂密，森林覆盖率高，大面积人工林和天然次生林已形成壮观的森林风景，具有雄伟简洁的韵律，但不足之处也较为明显。

主要有以下几点：

(1)树种单一；

(2)色叶树少；

(3)林相变化不大；

(4)无林缘植物和林木下层结构植被，层次单调。

3.水文及气象条件

气候为温带半干旱与半湿润的季风气候的过渡性气候区，年平均气温4.7℃。

海拔一般在220～406m；

最大冻土深169cm；

极端温度：−34.9℃～38℃；

表面土壤状况：白浆化暗棕壤，厚度15～50cm；

水文状况：属于低山丘陵裂隙潜水贫水区，但地表水较充足。设计水库水位234m，库容2450万m^3；死库水位223.5m，死库容97万m^3。

4.景观评价及分析

净月潭林木繁茂，山水呼应，宏观景观雄伟壮丽，是由山岳、水体、森林、冰雪等主要风景资源组成的城郊风景区，拟建风景林地的风景资源形式基本上是季节性较明显的农田坡地景观，系统性和丰富性都较差，必须从审美、生态和游憩几个景观功能入手进行规划改造，才能达到较好的综合效益。

5.功能结构布局分析

净月潭拟建风景林地现状结构简单，为空间缓坡滨水空旷地，垂直及水平层次均很简单，背景是长白落叶松及樟子松林，植物群体天际轮廓线为微变化上升曲线。为增加规划风景林地的丰富性和宏观统一性，从垂直和水平的不同林型变化入手创建结构复杂、群落稳定的准生态风景林布局结构。

6.现状交通分析

现状道路交通只有林地南侧的环潭路，没有其他辅助游览和观光道路。

二、规划原则（略）

三、风景林规划定性（略）

四、空间规划（略）

五、规划结构布局（摘）

风景林位于净月潭南，环潭路内侧为沿潭地带的中心。为使该风景带满足对岸视点及内环路沿线在潭边的近距离观赏风景的要求，总的布局采用了沿地形及潭边走向的层带状布置，断面布局呈三角状布置，风景林地的空间格局是背景林的延缓和发展，是整个潭南风景林的组成部分。环潭风景林是一个整体，规划从潭之上游到下游风景林地的分布变化在景观和生态布局上应形成一定的序列。

1．环潭南白桦、黄栌、珍珠梅群落林带——桦林风情；

2．环潭北钻天杨、茶条槭、太平花群

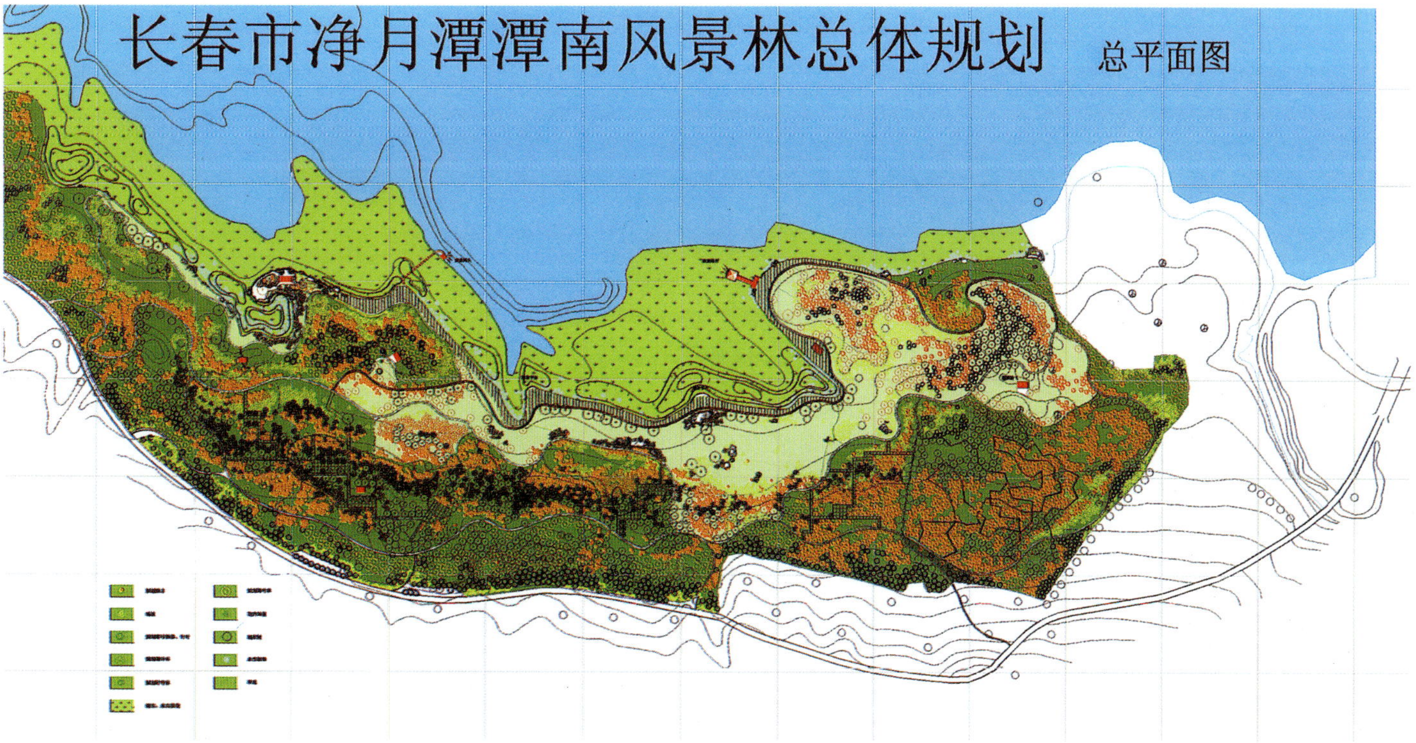

总平面图

乔木植物规划图

落林带——柳岸波光；

3. 环潭东杨树、腊梅、盐肤木群落林带——谭梅迎雪；

4. 环潭西春榆、枫树、溲疏、连翘群落林带——枫榆家园。

六、植物景观生态群落规划（略）

七、风景林季相景观规划（略）

八、景区划分及景点布置（摘）

根据风景林生态及空间布局结构和规划规模、性质以及不同景观变化，我们将该林地分为五个景区：

1. 净潭映月景区：包括净潭映月、枫丹凝露、飘雪茶香、林雪人家、轻舟泛水景点。

2. 草色波光景区：包括平湖溢香、湖月清新、草色花香、樱梨纷飞等景点。

3. 湖山真意景区：包括冰雪湖山、湖山真意、苍松翠柳、荫柯鸣蝉等景点。

4. 四季桦林景区：野牧轻歌、桦林风情等景点。

5. 金色迷园景区：金色迷园、飞雪探梅、苍松翠柳等景点。

九、风景林的景观元素组成规划（略）

十、地形竖向

风景林地的地形竖向设计，基本保持了原有河漫滩滨水缓坡地的特征，只作了小的微地形调整，规划在近岸点地形向潭面凸伸的地段顺势进行地形堆高调整，丰富湖岸线的景观效果，营造更好的植物造境空间。

十一、道路交通

道路交通的规划和林地保护抚育相结合，限制车辆驶入，整个林地交通道路分为三级，主路、次路、辅路。主路为石板

长春净月潭风景林鸟瞰全景

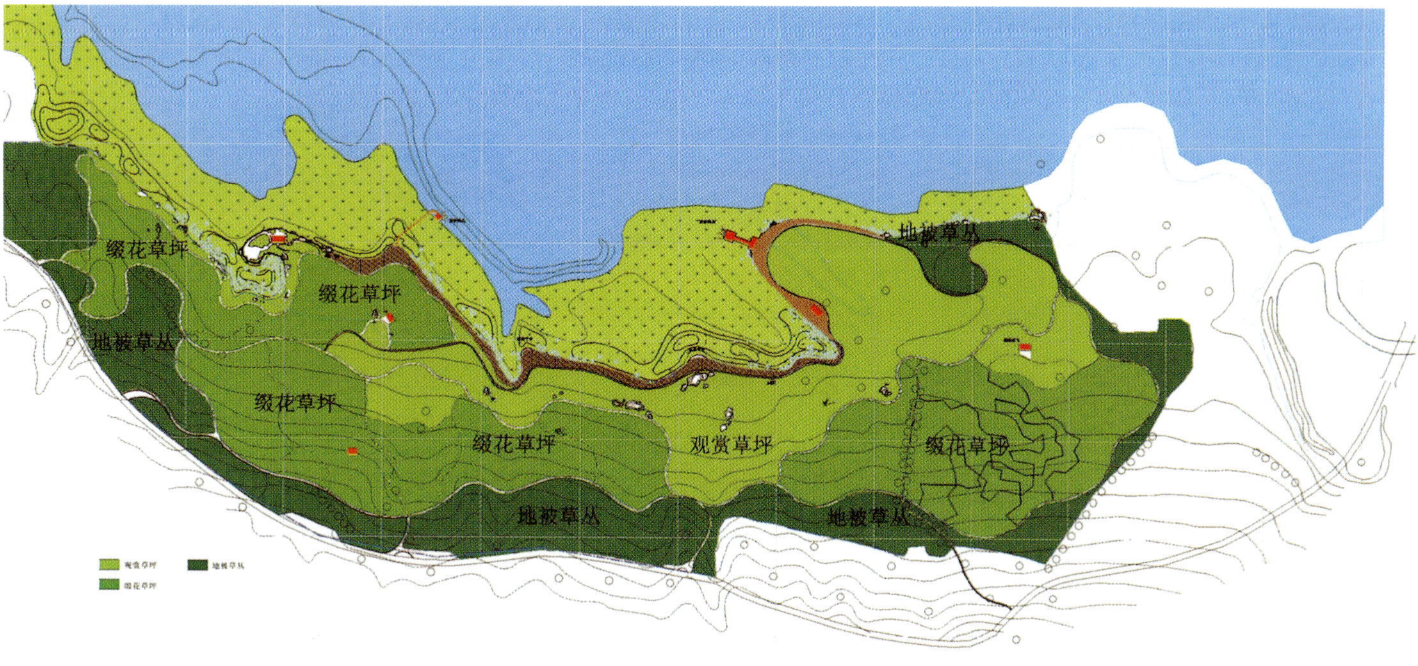

草地景观分类图

或混凝土路面，次路为石板或砾石嵌块路面，辅路可采用灵活的方式如：砂石路、草地路、木条路、栈道或大小石面镶嵌路面等。主路宽3m，次路宽1.8m，辅路宽0.75～1.5m。

十二、水土保持（摘）

1.采用一些景观效果好，但具有典型水土保持作用的植物群落，如沿层带结构，每隔10m种植根系发达的地被植物苜蓿、野牛草等，灌丛如榛丛、胡枝子、灌木柳丛等。

2.采用石景组成局部石丛，结合地被植物形成石台地，防止水土流失。

3.保持整个规划风景林地不露土，实行草地、地被及灌丛乔木组成的全面立体绿化措施。

水土保持主要林型选择：

1.山顶防护林：以蒙古栎、山杨、桦、槭、椴为主，长白落叶松也是其主要树种。

2.护坡林：以天然次生林为主。主要有：蒙古栎、山杨、白桦。灌木以榛丛、胡枝子和其他草类占一定比例。长白落叶松、樟子松林也是其主要林型。

3.固沟防冲林：以杨、柳和灌木柳为主，主要起缓流、挂淤的作用。

4.库岸林：主要分布在中小型水库及塘周围岸边，由长白落叶松、樟子松、杨树形成为团块状阔叶混交林。

5.河岸护滩林：主要有杨、柳和灌木柳。目前均达不到景观要求。

十三、树种规划（摘）

根据总体规划所提建议，结合现状规划造景要求和本区植被的详细景观特点，提出如下主调树种规划：

主调落叶阔叶大乔木——占总体覆盖率的10%。

其中：白桦（45%）、枫树（五角枫、元宝枫、红枫）10%、槭树类（鸡爪槭、白牛

景点布置图

槭、色木槭）15%、榆树10%，合计占80%（秋景）。

柳（5%）、杏（5%）、洋槐、杨树（5%），合计占15%。

其他参考树种占5%。

主调落叶小乔木——占总体覆盖率15%。

其中：黄栌（70%）、腊梅（10%）、山楂（10%）、辽东丁香（5%），其他参考树种5%。

主要常绿针叶乔木——占总覆盖率的8%。

其中：东北黑松（80%）、美人松（10%）、红松（5%）、冷云杉（5%）。

落叶松——占总覆盖率2%。

主调落叶灌木——占总覆盖率35%。

其中：珍珠梅（30%）、忍冬（30%）、稠李（10%）、太平花（15%）、连翘（5%）、茶条槭（5%），其他参考树种5%。

主调花卉地被及藤木——占总覆盖率20%。

观赏草地（高羊茅、结缕草）——占总面积的10%。

水生沼生植物：

荷花、睡莲、千屈菜、芦苇、灯心草、菖蒲、苔草、水葱、三棱、碱蓬、盐吸、地肤、碱灰菜、细花碱等。

沼生植物覆盖面积约9hm^2，在规划委托范围以外属水位变化区域，不计入此用地平衡范围，该区域面积是规划范围的1/3。

十四、用地平衡表：（见下表）

	面积(m^2)	比例%	备注
总面积	2841015	100	234m水位以上面积
观赏草地面积	77600	27.3	
缀花草坪面积	83443	29.4	露地面积
灌木覆盖面积	47480	16.7	
乔木覆盖面积	30702	10.8	
针叶林覆盖面积	18252	6.4	
花卉地被覆盖面积	6538	2.3	
建筑面积	1000	0.35	
平台场地面积	7000	2.5	
道路面积	12000	4.25	

竖向规划图

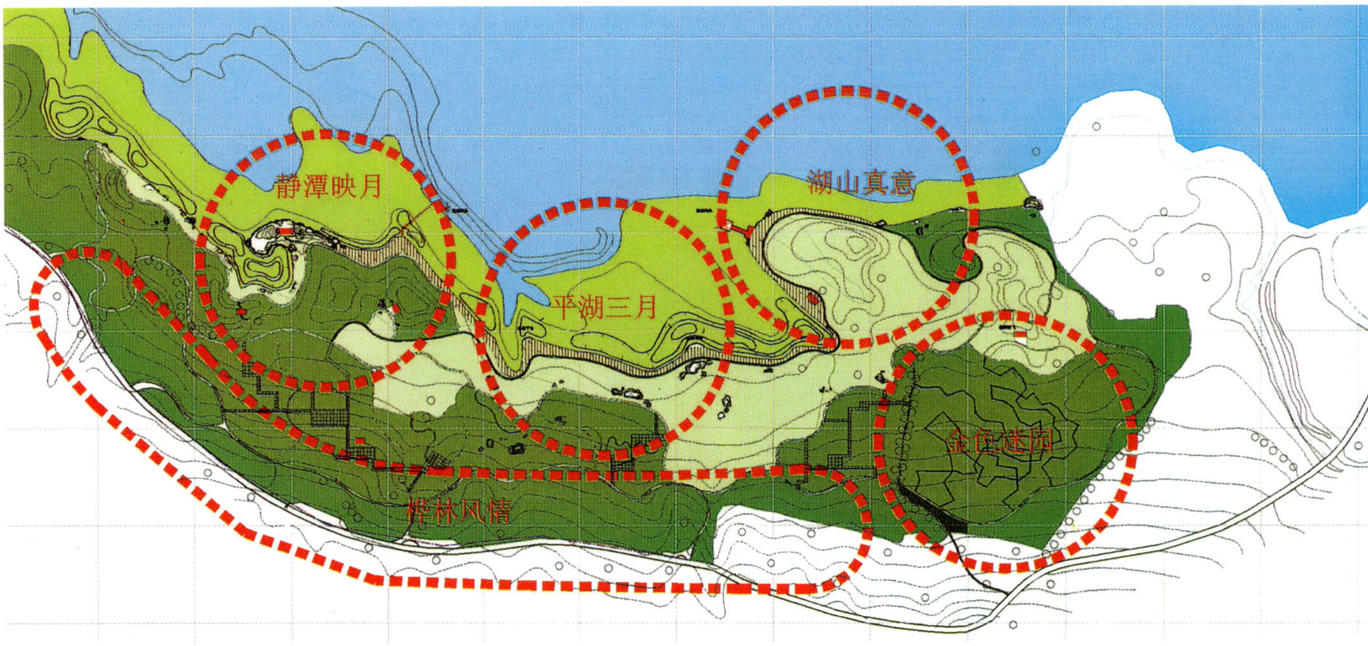

景区划分图

18 九寨沟风景区总体规划（节选）

第七条　风景区范围（摘）

九寨沟风景名胜区面积720km²，其外围保护地带600km²。

第八条　风景区性质

九寨沟风景名胜区属山水型，湖泊、瀑布亚类；以高山深谷碳酸盐堰塞湖地貌为特征，以彩湖叠瀑为主景，与藏族风情相融合；供观光游览为主，兼科普、科考的国家重点风景名胜区、国家级自然保护区，并被列入世界自然遗产目录和世界生物圈保护区。

第九条　风景区发展目标

通过对九寨沟自然风景环境的科学、严格的保护培育，游赏路线的合理安排，游览设施的合理建设，居民的合理调控，达到保护——开发利用——管理三环节的良性循环。力争把九寨沟创建成为从风景质量、保护水平、管理水平、游赏组织到游览设施水平均达到一流水准的世界著名的自然风景胜地。

第十条　风景区分区（摘）

风景区综合划分为以下六个区：游览设施区、树正景区、诺日朗景区、剑岩景区、长海景区、扎如景区。

第十一条　风景区结构

风景区结构为风景游赏区（五个景区）和游览设施区（旅游镇）两部分结合而成。风景游赏区以南北向的树正沟及其支沟则查洼沟、日则沟、扎如沟为骨架，沿河谷地带为允许游览区，其余地区为自然保护区的核心区；游览设施区则沿东西向的白河河谷地带分布；两部分的结合点为沟口；设有游人中心、管理中心、沟口客运中心，沟口一带是风景区最重要的枢纽点。

第十二条　风景区布局（摘）

1.风景游赏布局：游人从羊峒进入风景游赏区；树正、诺日朗、剑岩、长海是重要风景游赏区；扎如是辅助游赏区。

2.游览设施布局：漳扎镇十公里长的河谷地带是风景区的游览设施设置区，风景游赏区内不再有旅宿床位设置。

3.居民调控布局：合理解决居民生产建设与风景区价值之间的矛盾，是居民调控的核心。

4.保护培育布局：风景名胜区的保护与自然保护区的保护相协调一致。

第十三条　游人容量

1.风景区的日容量为12000人次。

2.风景区的年容量为300万人次。

第十四条　风景区人口规模预测

1.游人规模预测

2005年的年游人规模为136万人次，2020年的年游人规模为245万人次。

2.服务职工规模预测

风景区的服务职工人口数为近期5200人，远期7200人。

3.居民人口规模预测

2005年风景区居民人口总数为3414人，2020年风景区居民人口总数为3959人。

第十五条　生态分区（摘）

九寨沟风景区的生态状况分为三个等级：

1.生态不利区：指树正寨一带和荷叶坝一带。

2.生态稳定区：指风景游赏区内的其他游人能够到达的地带，以及旅游镇的游览设施设置区和居民建设用地。

3.生态有利区：风景区内除上述两地处的其余地带，大气、水域、土壤植被均处于有利状态。

第十六条　生态措施

1.生态不利区：经营活动外迁，生活污水减少，再通过污水的规范化处理，彻底杜绝污染。

2.生态稳定区：建设工作应以不破坏自然土壤植被、水域为原则，宾馆区则不能使用污染大气的燃料。

3.生态有利区：以保持现有自然状态为主。

第二十四条　景点规划（摘）

重点是完善现有景点的游赏设施配备，把52个景点以最佳状态展示给游人。

第二十五条　景区规划（摘）

1.树正景区：从沟口至波克色桥的树正沟流域地带，面积71.7km²。景点有13个，特点是翠海密布，叠瀑飞泻，寨旗林立，栈桥卧波，景观类型丰富，是九寨风光的缩影。

2.诺日朗景区：从诺日朗村至箭竹海上沿桥头，面积160.9km²。景点有12个，特点是景型多样，有本风景区最宽、最高、最雄的瀑布，最美的倒影，最华丽的滩头，最艳丽的海子，还有熊猫出没。为九寨沟的游览高潮。

3.剑岩景区：从日则至剑岩，面积144.1km²。景点有9个。景观特点是：雪峰峥嵘、悬岩峭壁、林密沟深，以赏山景和学习自然知识为主。

4.长海景区：从乌艾海至图俄依海，面积186.2km²。景点有7个。景观特色：有九寨沟最雄大、最秀小、最隐秘、最高位的海子，空间开阔、雪峰四围、水光浮翠、倒映林岚、神秘深远、雄伟壮观。

5.扎如景区：从扎如沟沟口宝境岩至纳久坡，面积80.1km²。景点有7个，景观特色：以宝镜岩为屏障，以扎依扎嘎山为背景，藏族村寨、藏式寺庙，颇有文化氛围。是九寨沟惟一名山格调的景区。

第二十六条　游赏内容组织（摘）

1.树正景区：是重要游赏区。

（1）景区结构。

（2）景区的主景。

（3）游赏项目安排。

（4）游线组织。

（5）景区设施。

2.诺日朗景区：是核心游赏区。

3.剑岩景区：是重要游赏区。

4.长海景区：是重要游赏区。

5.扎如景区。

第二十七条　游览交通方式（摘）

风景区的游览交通方式为车游解决交通、步游观景相结合的方式。

第二十八条　游线组织及游程安排（摘）

1.观光游线：游程为一日游（指风景游赏区内）

2.全程游线：游程为两日游（指风景游赏区内）。

3.徒步游线：游程为三日游（指风景游赏区内）。

4.高原藏乡风情游：游程为一日游（指风景游赏区内）。

第二十九条　导游设施配套（摘）

1.标志系统：风景区入口标志设于羊峒沟口；景区入口标志分别设置各个景区

的进入位置；景点标示则设于各个景点处。风景区内的保护树木，也应竖说明牌，图文结合，简洁易识。

2. 导游系统：在羊峒沟口设游人中心，在风景游赏区内各游路交叉口设指示牌，注明去向、里程等情况。

第三十条　典型景观概述（摘）

以高原钙华湖群、钙华瀑群和钙华滩流等水景为主体的奇特风貌，在中国乃至整个世界上都堪称一绝，因而钙华水景正是九寨沟风景区的典型景观。钙华水景呈以下三种形式：

1. 钙华湖群：风景区内百余个湖泊，个个古树环绕，奇华簇拥，宛若镶上了美丽的花边。

2. 钙华瀑群：风景区所有的瀑布都从密林里狂奔出来，就像一台台绿色织布机永不停息地织造着各种规格的白色丝绸。

3. 钙华滩流：一滩流水，倾斜而下，冲击着滩中星罗棋布的生物岩溶体，溅起了千朵晶莹夺日的水花，琅琅有声，恰似珍珠滚落。

第三十一条　典型景观的作用

第三十二条　典型景观规划目标

第三十三条　典型景观的利用

第三十四条　典型景观的保护

第三十五条　典型景观与其他景观的关系

第三十六条　风景游赏内的居民建筑景观规划

第三十七条　风景游赏区内的服务部建筑景观规划

第三十八条　旅游镇的建筑景观规划

第三十九条　建筑景观规划综述（摘）

建筑应是共性与个性的有机融合体。高原藏乡的传统建筑风格是风景区所有建筑的共性，个性则表现于三类建筑的区别：居民建筑是原汁原味的高原藏乡建筑风格；服务建筑在具有比较浓郁的高原藏乡风味的同时，有一些局部变化，风格比较接近；旅游镇的建筑是在尊重高原藏乡建筑风格的基础上的创作设计。建筑景观的成熟将是风景区走向成熟的标志之一。

第四十条　旅宿床位设置

近期床位数 2.26 万床，远期床位数 2.73 万床。直接服务人员为近期3767人，远期 6825 人。

第四十一条　游览设施布局

游览设施布局采用服务部、旅游镇相结合的二级布局方式。

1. 服务部：均设于风景游赏区内，计有羊峒、诺日朗、荷叶、树正、原始森林、长海、扎如寺、纳久坡八个服务部，其中羊峒和诺日朗作为中心服务部，是其中最重要的两个服务部。

2. 旅游镇：设于风景游赏区外的漳扎镇沿白河河谷 20 多公里长的带状地区。九环线公路沿河谷北岸穿过。旅游镇总床位数设置为27000床。此外旅游镇尚有其他如行政、教育、相应的餐饮娱乐购物等配套设施设置。

第四十二条　九寨黄龙风景区域旅游基地分析

第五十六条　土地利用规划要点

1. 风景游赏区内的土地利用形态为：属自然保护区核心区的土地均作为林地；九个寨子的用地、风景区管理处局及职工宿舍区用地、各管理所管理站用地作为居民社会用地；游览公路、停车场、公交车站、泥石流治理工程、给排水电力电信设施用地作为交通与工程用地；居民寨子附近保留了部分农耕地作为耕地，诺日朗等八个服务部用地作为游览设施用地；自然保护区的缓冲区除去居民社会用地、交通与工程用地、耕地、游览设施用地外的其余用地作为风景游赏用地。

2. 漳扎旅游镇的土地利用形态为：旅游镇的建成区用地为游览设施用地；山区地带的各级居民点的用地为居民社会用地；山区地带的居民放牧用地为草地；山区地带的居民种植农作物的用地为耕地；山区地带的其余用地为林地。

第五十七条　风景区用地平衡表

风景区规划用地平衡表

序 号	用地代号	用地名称	面积(km²)	占总用地(%)	人均(m² / 人)		备注
					现状	规划	
00	合计	风景区规划用地	720	100	30901	22360	按风景区总人口
01	甲	风景游赏用地	46.0	6.39	2987	2091	游人平均
02	乙	游览设施用地	3.9	0.54	253	177	游人平均
03	丙	居民社会用地	4.1	0.57	1201	1036	居民平均
04	丁	交通与工程用地	5.5	0.76	236	171	总人口平均
05	戊	林地	654.2	90.86	28077	20317	总人口平均
07	庚	耕地	2.8	0.39	820	707	居民平均
08	辛	草地	3.5	0.49	1025	884	居民平均
备注	1999 年，现状总人口 2.40 万人。其中：游人（按高峰日）1.54 万人，职工 5200 人，居民 3413 人						
	2020 年，规划总人口 3.32 万人。其中：游人（按高峰日）2.2 万人，职工 7200 人，居民 3959 人						

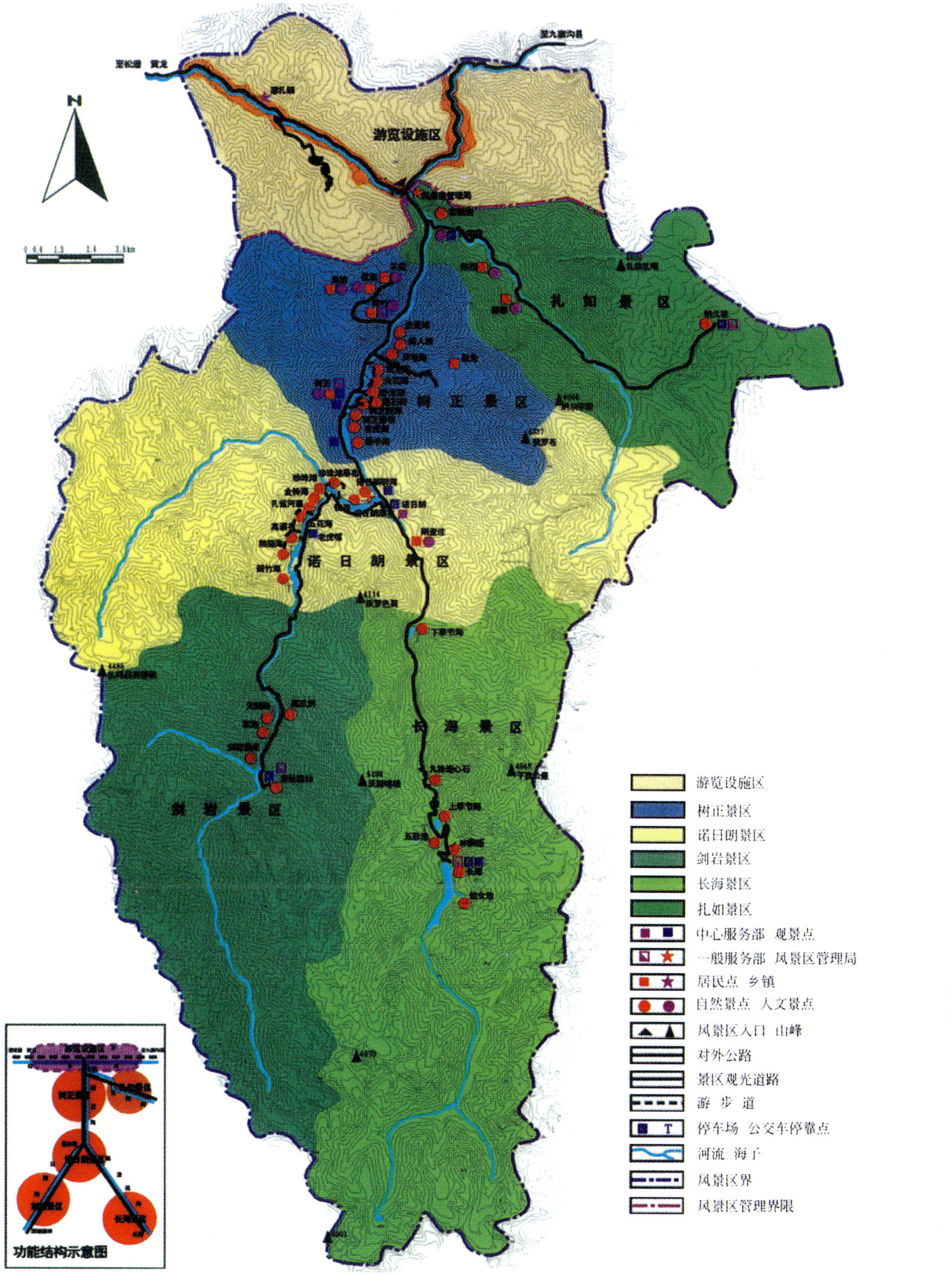

规划设计总图 2000–2020

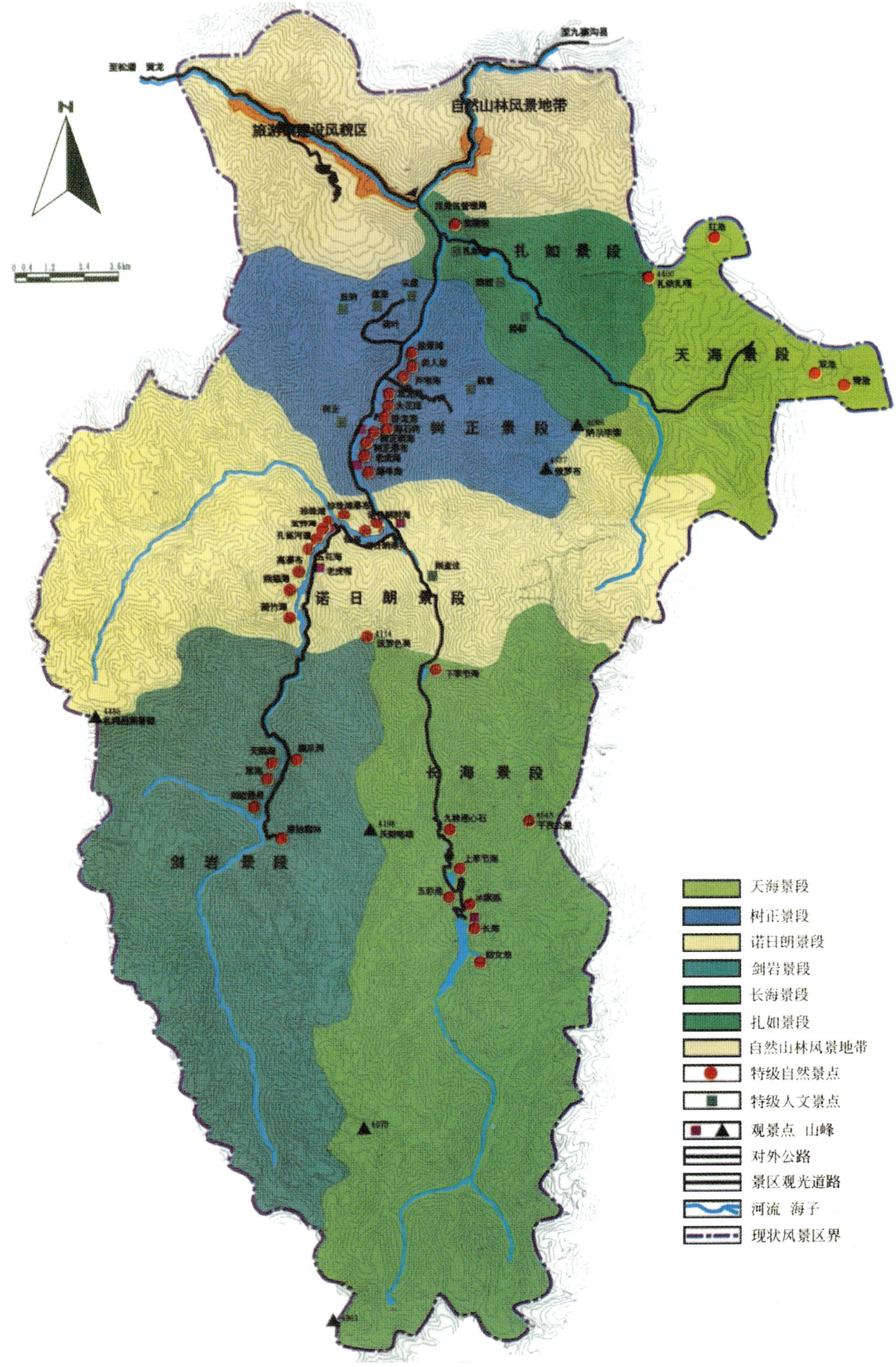

至九寨沟县
自然山林风景地带
扎 如 景 段
天 海 景 段
树 正 景 段
诺 日 朗 景 段
长 海 景 段
剑 岩 景 段
天海景段
树正景段
诺日朗景段
剑岩景段
长海景段
扎如景段
自然山林风景地带
特级自然景点
特级人文景点
观景点 山峰
对外公路
景区观光道路
河流 海子
现状风景区界

景源评价图 2000

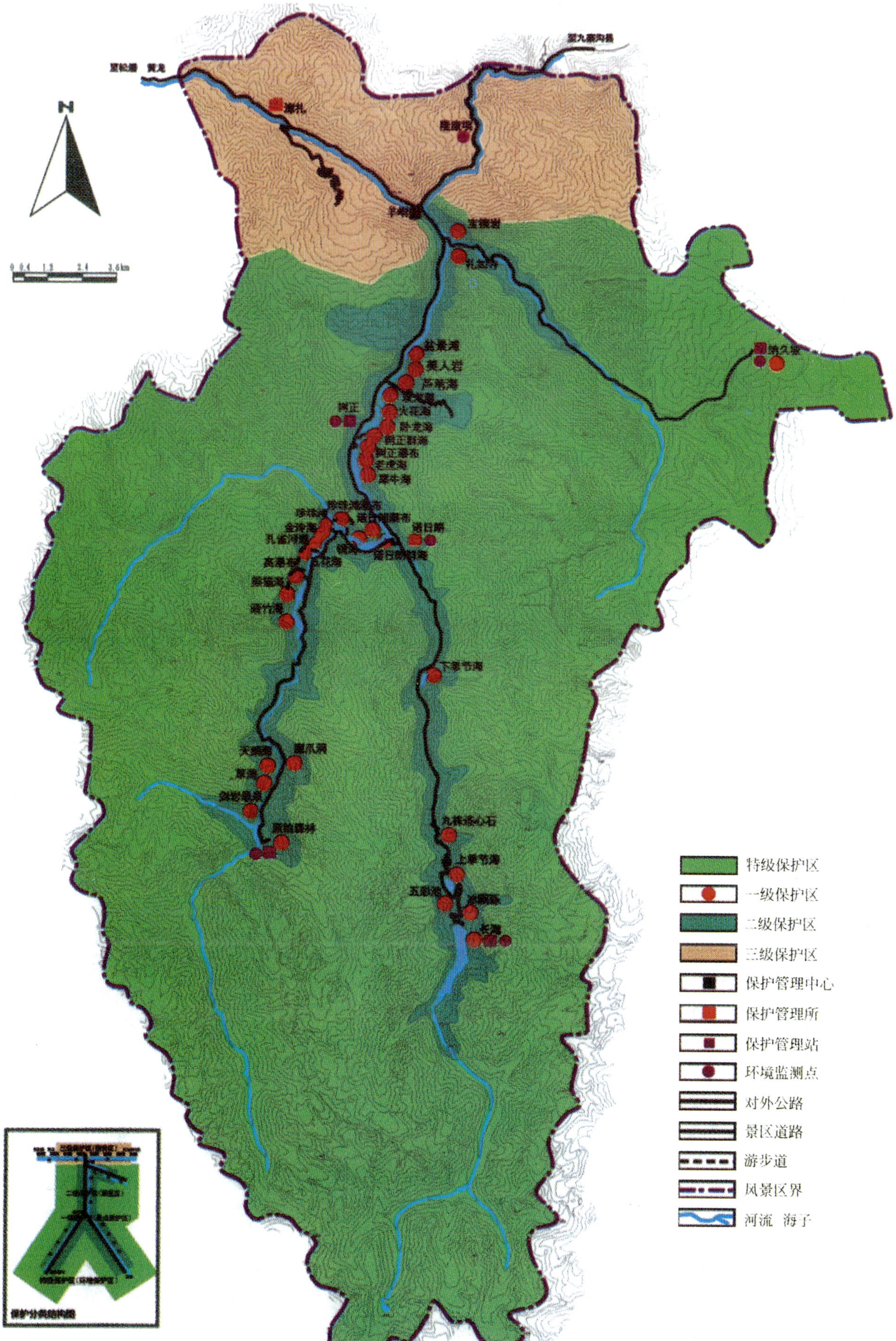

保护培育规划图 2000–2020

[19] 峨嵋山风景区总体规划（节选）

1.1为适应峨嵋山风景区列入世界遗产名录后，对其保护、展示、利用和管理提出的更高要求，对峨嵋山总体规划进行修订编制。

1.2编制重点

(1)确定风景区性质、职能、容量和规模，重点确定风景区范围和外围保护地带范围。

(2)明确风景区重点保护内容、景观展示方式和开发利用强度，确保风景区保护、展示、利用的良性循环，促进地方环境、社会、经济的可持续发展。

(3)确定近期建设项目，突出峨嵋山文化和自然特点。

(4)解决山城之间的过渡关系，使风景区入口风貌得到改善。

1.3规划期限：近期，1998年—2005年；远期，2006—2020年。

3.1风景区性质：峨嵋山是世界自然和文化遗产，它以“雄、秀、神、奇”的地质博物馆、动植物王国和佛教名山而闻名，具有观光、科考、朝圣、度假、健身等多功能的山岳型国家重点风景名胜区。

3.2风景区范围

(1)风景区范围：东至峨嵋山镇周河塘，西至洪雅县黄连沟与桶桶沟交会处，北至黄湾乡尖峰顶，南至龙池镇黄店子，东西长47km，南北宽43km，总面积260km²。

(2)外围保护地带范围：东至成昆铁路峨嵋河桥，西至洪雅县巨北峰，北至峨嵋河朱坝桥，南至龙池镇三峰山，外围保护地带为风景区外侧1～8km范围，总面积180km²。

3.3环境容量

(1)日环境容量：近期2.3万人/日，远期2.8万人/日。

(2)年环境容量：近期830万人次/年，远期1000万人次/年。

3.4风景区规模

(1)游人规模：近期150万人次/年；远期200万人次/年。

(2)旅游床位规模：近期1.2万床；远期1.7万床。

(3)人口规模：

①常住人口规模：近期2.74万人；远期3.09万人。

②总人口规模：近期3.16万人；远期3.64万人。

③旅游镇人口规模：近、远期均为0.9万人。

(4)建设用地规模：近期82.2万m²；远期92.6万m²。

4.1布局结构：采用“轴线环状圈层式”结构模式，形成“一轴二环五区”结构。以天下名山—清音阁—仙峰寺—洗象池—万

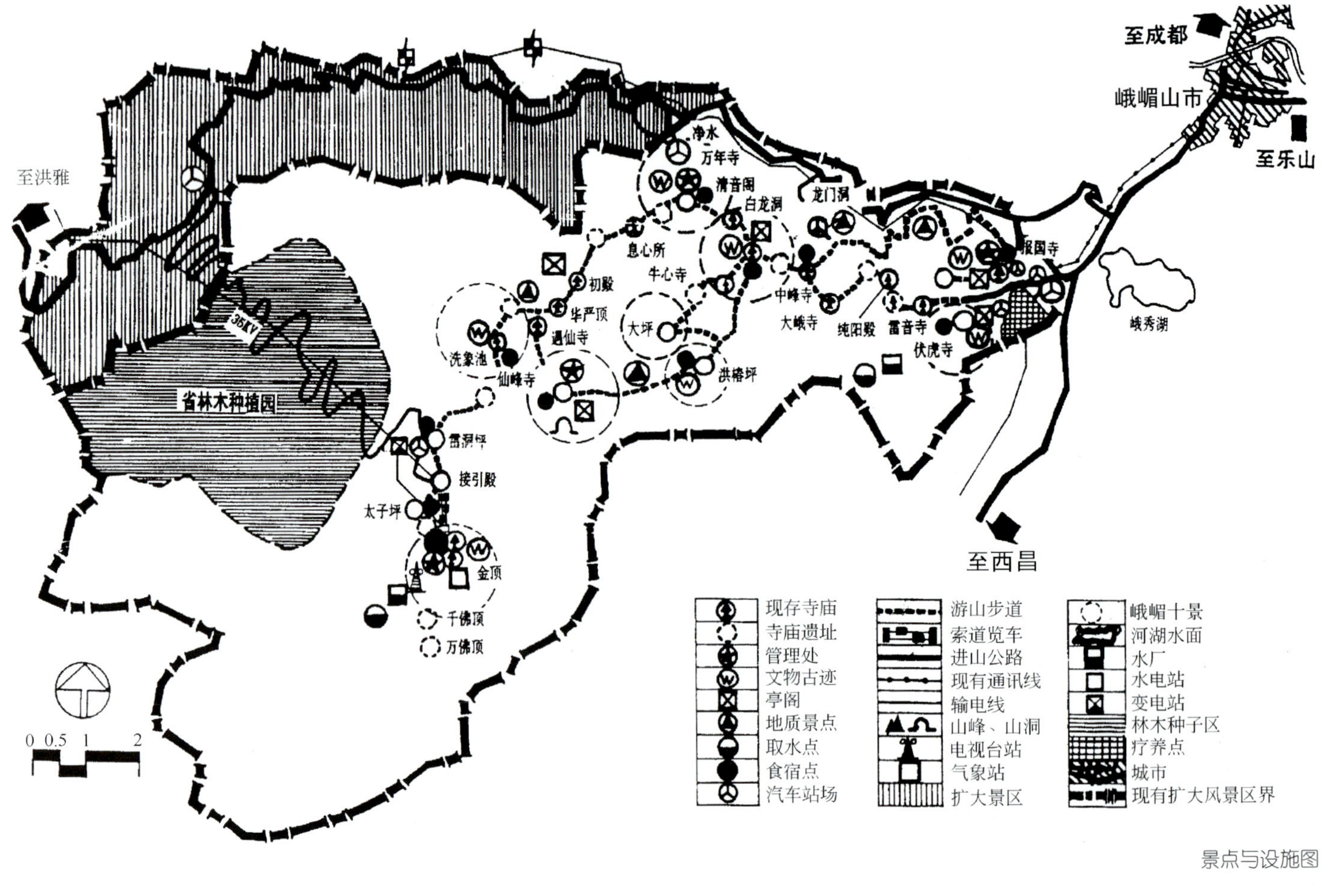

景点与设施图

佛顶传统佛教文化游为轴；结合杨岗—雷洞坪线形成北游环线，结合天下名山—四季坪—万佛顶游线形成南游环线；以风景游览区为核心区，生态保护区为围护区，旅游镇和服务接待区为开发建设区，外围保护地带为风景环境过渡区构成同心圆圈层结构。

4.2 功能分区

(1)风景游览区：该区以景观保存、生态观光、佛教朝圣等风景保护和展示为主要利用方式，该区面积包括金顶、洗象池、万年寺、清音阁、四季坪、神水阁、报国寺七个景区。面积93km²，占总面积的36%。

(2)生态保护区：以植被保存、动物保护为主要目的，脚盆坝区农村居民应控制规模，面积146km²，占总面积56%。

(3)服务接待区：以提供接待、服务、度假、商贸、市政等综合性服务功能为主要目的。该区包括龙洞、黄湾、报国小区、峨秀湖四个区域。面积17.5km²，占总面积6.6%。

(4)旅游镇：峨山镇是风景区的政治、文化中心，职工及居民生活基地和科研教学基地，是风景区基础设施配套中心。人口规模9000人，面积1.5km²，占总面积的0.6%。

(5)特殊功能区

①科研教学区：西南交通大学校园，面积1km²，占总面积0.4%。

②军事管理区：两河口空军油库，不允许游人进入，面积1km²，占总面积0.4%。

4.3 功能布局

(1)规划峨秀湖北侧十里山为主入口，张沟桥和七里坪为次入口。

(2)接待服务设施布置于接待服务区、站、点，其中商贸、金融等服务设施不宜布置在接待站、点。

(3)度假设施集中布置于龙洞、黄湾、峨秀湖三个接待服务区。

(4)文化娱乐设施集中布置于旅游镇和接待服务区，接待站和服务点则不宜设置。

(5)规划设置风景区一级政府，区内分设金顶、九老洞、万年寺、清音阁、龙洞、黄湾、峨秀湖、四季坪等八个管理处。

(6)规划设置游人中心、导游点二级导游设施，形成一中心五点结构。

(7)交通设施：

①对外交通：规划峨山镇设客运汽车站。

②对内交通：规划采用公路、索道、观光车道、步道、栈道五种方式联合组织交通。形成双环式交通网络。

(8)规划设置生活基地、生活区、临时宿舍三级职工生活设施，依托旅游镇、接待站布置。

(9)规划按居民镇（旅游镇）、居民村（行政村）、居民点（自然村或职工生活区）三级设置居民生活设施，形成一镇十九村布局。

(10)基础工程设施(略)

5.1 规划景区分三级。特级：金顶景区；一级：洗象池、万年寺、清音阁、报国寺景区；二级：神水阁、四季坪景区。

5.2 金顶景区规划：面积16km²，海拔1900～3099m，规划突出高山景观和佛教文化特点，要求加强高山观光、佛教文化和冬

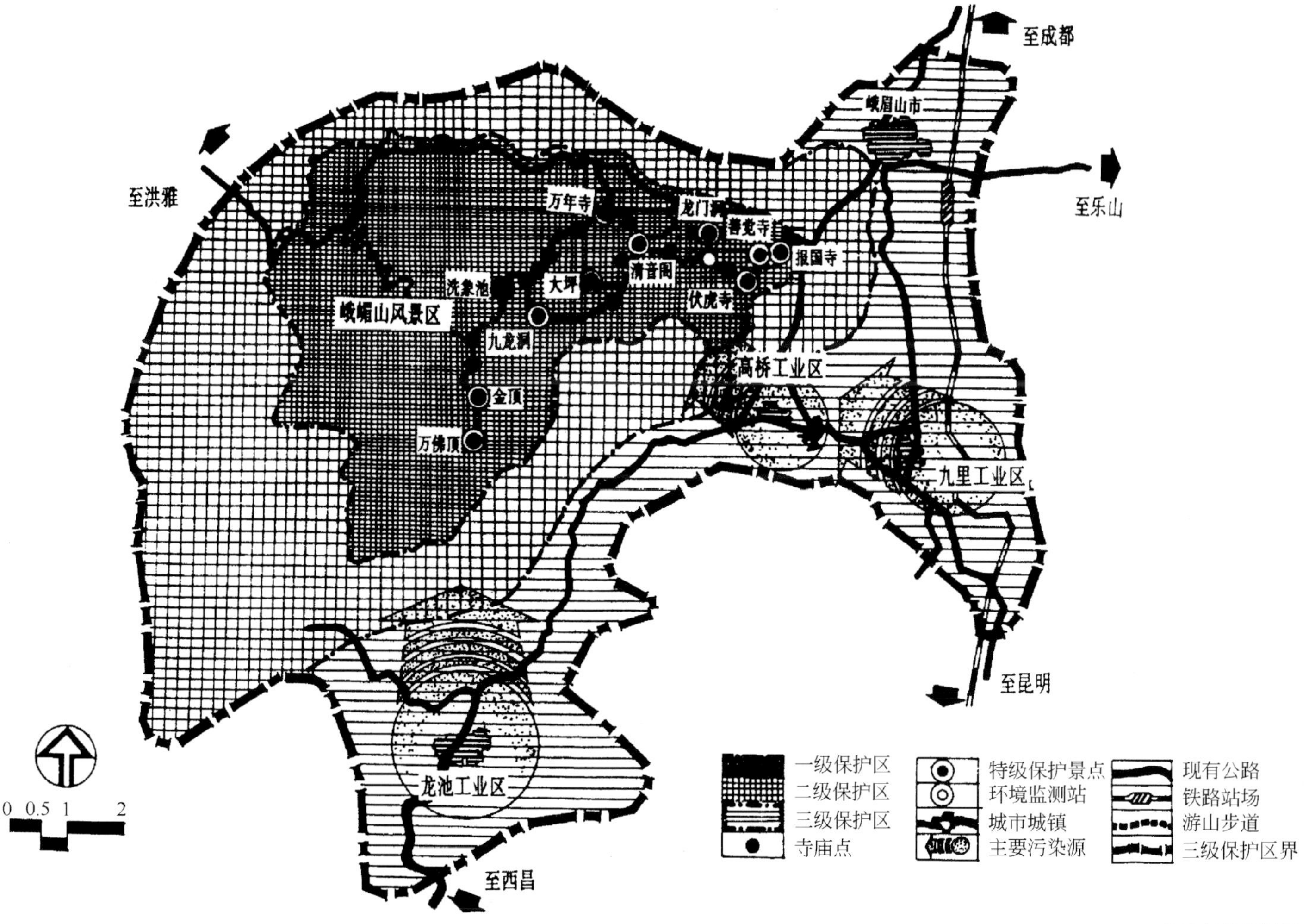

环境保护规划图

季赏雪等特色景观展示，拆迁部分碍景建筑物。

5.3洗象池景区规划：面积18.5km²，海拔1400～2600m，规划突出中山向高山过渡的植被景观特征，开发特有植被景观（杜鹃、珙桐）和冰雪景观（高山冰雪娱乐场），提供快速交通。

5.4万年寺景区规划：面积12km²，海拔830～1900m，规划突出佛教文化和珍奇动物特点，整治万年场周边环境。

5.5清音阁景区：面积12.5km²，海拔750～1740m，规划突出中山峡谷景观，在“水”字上作文章，开发大坪，形成景区游览小环线。

5.6报国寺景区：面积8.5km²，海拔500～970m，规划突出雅致的低山植被景观和入口初始景区特点，建设罗峰庵、峨嵋蝴蝶馆，改建游人中心。

5.7神水阁景区：面积8.5km²，海拔600～1598m，规划突出玉液泉地质景观和佛教寺庙，加强绿化和退耕还林，新建大峨寺和药园，搬迁大峨村和鞠安村。

5.8四季坪景区：面积22km²，海拔800～2600m，规划突出原始森林探险和仰观金顶主峰的观景点，开发中山草甸景点，形成张沟—万佛顶登山探险游线。

9.1风景区内土地依其使用性质划为六大类，即风景游览用地、生态保护用地、旅游设施用地、居民社会用地、基础工程用地和特殊用地。

9.2风景游览用地：风景区内供游客游赏，以景观保存、展示、开发为利用方式的土地，包括风景点用地、风景保护用地、风景恢复用地、野外游憩用地四小类，总面积100.01km²。

9.3生态保护用地：风景区内游人不进入，以风景环境的维护、天然植被保存和生态环境保护为利用方式的土地，总面积145.95km²。

9.4旅游设施用地：风景区内供旅游设施建设的土地，总面积3.32km²。

9.5居民社会用地：风景区内供镇、村、点居民居住、生产的土地，总面积6.16km²。

9.6基础工程用地：风景区内各类基础设施建设占地，包括对外交通、道路、电力、给排水、邮电、电信、广播、电视等市政设施用地，总面积2.56km²。

9.7特殊用地：具有特殊使用性质的土地，包括教学科研用地和军事用地，总面积2km²。

10.1居民调控布局：规划按无居民区、居民衰减区、居民控制区和居民聚居区四类调控居民居住强度。

(1)无居民区：风景区内万年寺、清音阁以上的中、高山风景区中心区，基本上不安排居民居住。搬迁规模1432人。

(2)居民衰减区：风景区内中峰寺、神水阁、雷音寺及虎溪上游地带，应压缩人口规模。居民总量为1300人，搬迁规模3033人。

(3)居民控制区：风景游览区内万年寺、万年场、清音阁、五显岗、报国寺、四季坪、张沟等地及周边地带和生态保护区内脚盆坝、蜞蚂沟、苦蒿坪等地及周边地带，应控制居住人口总量和增长速度。居民总量为4393人。

(4)居民聚居区：旅游镇和接待服务区内龙洞、黄湾、峨秀湖，应按规划安置衰减外迁人口，形成相对集中的居住小区。居民总量为25180人。

10.2居民点调整：规划设居民镇（旅游镇）、居民村（行政村）、居民点（自然村或景区职工生活区）三级居民点。以行政村为基本单元，按搬迁型、缩小型、控制型和聚居型四种类型进行居民点调整。

1.搬迁型：鞠安村、大峨村。

2.缩小型：龙门村、茶场村、万年村、报国村。

3.控制型：茶地村、桅杆村、万漕村、福田村、新桥村、张沟村、黄茅村、幺店村、富有村、白果村。

4.聚居型：峨山镇、龙洞村、黄湾村、张坝村、万坎村、吴岗村、冠峨村。

10.3职工生活设施

(1)生活基地：峨山镇和峨嵋山市区。

(2)职工生活区：在报国寺、峨秀湖、黄湾、龙洞四处接待服务区内布置，规模以不超过各区服务人口为限。

(3)职工临时宿舍：在金顶、雷洞坪、万年场、五显岗、仙峰寺、神水阁、张沟等地布置。

20 千岛湖风景区总体规划（节选）

1.2千岛湖风景区地貌以丘陵、坡地为主，占区域总面积的33.4%。土壤主要有红壤、黄红壤、岩性土3个土类（或亚类），黄泥土、黄红泥土、红砂土、紫砂土、红紫砂土、油泥土和钙质页岩土7个土属。植被属中亚热带常绿阔叶林北缘地带，浙皖山丘青冈、苦槠林栽培植被区，天目山、古田山丘陵山地植被片。

1.3千岛湖风景区因地处亚热带季风气候区北缘，气候温暖湿润，四季分明。

1.4千岛湖风景区动植物资源丰富。有兽类51种，鸟类90种，爬行类50种，昆虫类16目320科1800种，两栖类2目4科12种，鱼类13科94种，其中国家一级保护动物有云豹、金钱豹、黑麂、梅花鹿、中华秋沙鸭（候鸟）、白颈长尾雉、黄腹角雉、扬子鳄（引进）等。维管束植物共有1807种，隶属194科830属，其中蕨类植物125种，种子植物1628种。

1.7千岛湖风景区环境质量总体良好。大气质量介于一级和二级标准之间；水质介于Ⅰ类和Ⅱ类之间，倾向于Ⅰ类，局部（如微港）水质明显变差；垃圾污染源主要是安徽省上游、沿湖乡镇和千岛湖镇大量生活垃圾，以及旅游垃圾；

2.1千岛湖风景资源共分2大类，8中类，47小类，96个景点，300个景观。评价一级景点31个，二级景点40个，三级景点22个，四级景点3个。

2.3千岛湖风景区开发评价

（1）区位优势明显。千岛湖风景区距杭州161km、距黄山166km，是“西湖—千岛湖—黄山”旅游线上的明珠，它有方便的交通，与周围众多的国家级、省级风景名胜区和国家级历史文化名城形成很大的旅游网络。

（2）千岛湖资源丰富、环境优美，其景区开发建设受到国家、省、市、县的高度重视和支持。现有设施是千岛湖风景区进一步开发的基础条件。

3.5风景区性质：以碧湖千岛为主要特色，以观光游览、水上活动、休闲度假和科普教育为主要功能的国家级湖泊型风景区。

3.6风景区范围：

（1）包括湖区、岛屿和湖岸向外延伸500～2000m地带，五都—六都，七都—八都，锦溪—百罗—牛石埠，鸠坑—梓桐源，武强溪—汾口，富德—西山坪沿线以及千亩田、全朴溪、白马三个外围风景区，总计面积1409.43km^2（其中不含建德市铜官峡等景点面积），其中湖面面积569.23km^2（其中

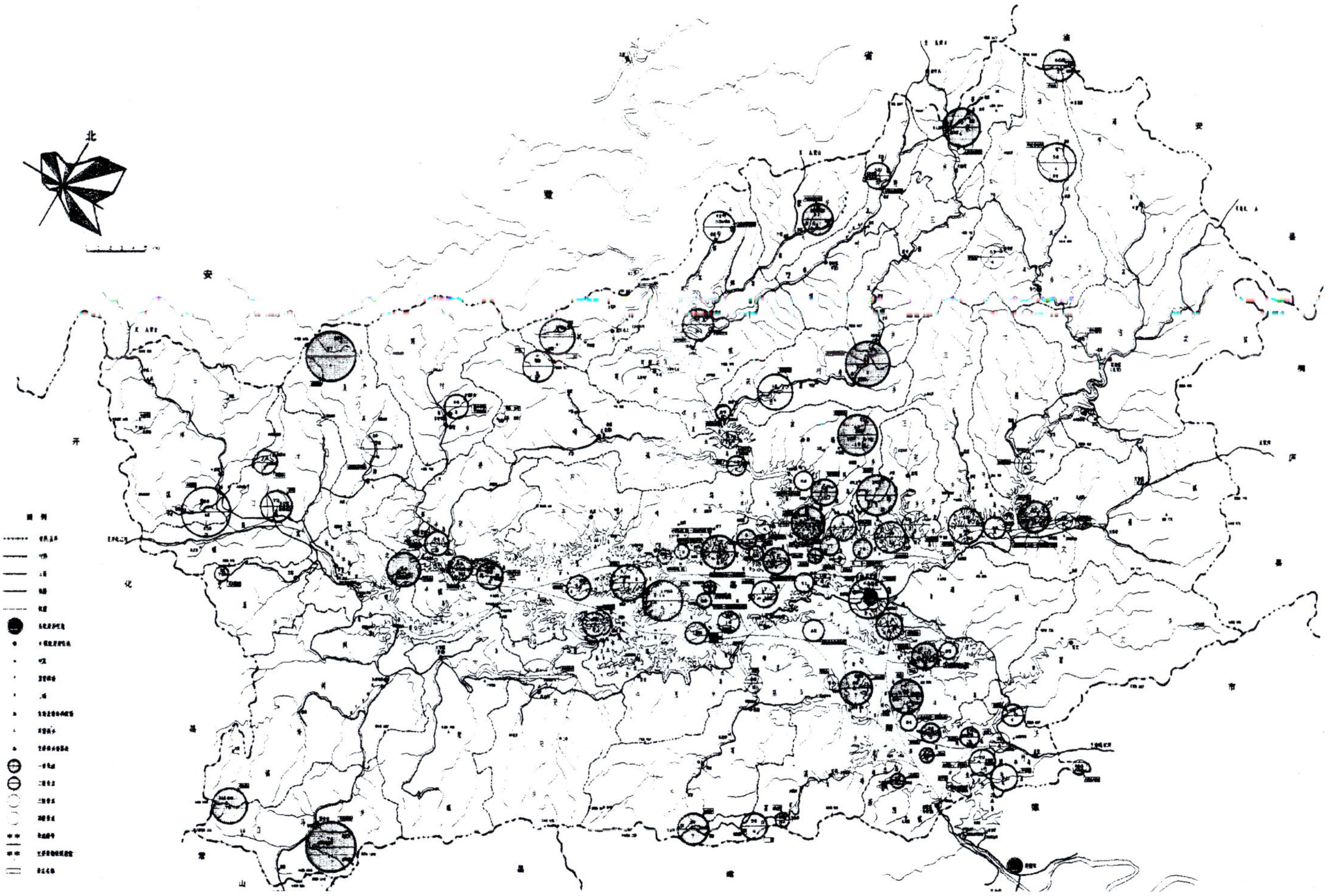

风景资源分布图

含建德市湖面约4km²)，岛屿面积81.1km²。

(2) 外围保护地带为风景区外侧3～5km范围，总面积约980km²。

3.7风景区用地结构：由城镇、国有林场、集体和湖面四类用地构成，其中国有林场和湖面为风景区主体用地，城镇基本为旅游中心用地，集体用地由居住、农田和集体山林组成。

3.8规划期限。近期：1996—2000年；中期：2001—2010年；远期：2011—2020年

3.9规划目标

(1) 近期：重点建设梅峰、排岭和小金山风景小区，使中心湖区拥有一批高质量、高品位的景点。对已开放的景点进行调整改造，提高质量。调整健全风景区管理机构，编制各风景小区、景区、景点和景线的分期规划和详细规划。

(2)中期：中心湖区按高标准基本建成，其他湖区和风景线也各应建成若干个高质量的风景小区、景区（线）和景点，使千岛湖成为国内外知名度较高的风景区。

(3)远期：高质量地建成千岛湖风景区，使之成为国际知名的风景胜地。

环境容量估测：日环境容量48.4万人次，年环境容量6797.9万人次。

4.1千岛湖风景区布局结构：由“五区、六线、三点、五中心”构成中心辐射的空间结构。其中，五区是指中心湖区、东南湖区、东北湖区、西北湖区、西南湖区；六线是指富德港湾—西山坪、五都—六都、七都—八都、锦溪—牛石埠、武强溪—汾口、鸠坑—梓桐源六条带状景线；三点是指距千岛湖中心较远的千亩田、白马、全朴溪三个外围独立景区；五中心是指千岛湖镇、汾口、威坪、文昌、淡竹五个一级旅游城镇，是千岛湖风景区旅游服务中心。

4.2本规划将千岛湖“五区”分为15个风景小区，43个景区。

4.3旅游中心组织布置

(1) 一级旅游城镇以千岛湖镇为中心镇，以文昌、淡竹、汾口、威坪四镇为次中心镇。

(2) 二级旅游城镇为茶园、姜家、白马三镇。

(3) 一级旅游度假中心主要布置在一、二级旅游城镇，羡山半岛、安龙半岛、龙川半岛、小金山、严家(浅水湾)、西山坪等地。

(4)二级旅游度假中心主要布置在丰茂湾、屏峰岛、姥山岛、界山岛、许源岛、璇溪湾、全朴溪、千亩田等地。

(5) 野营地一般设置在梅峰、珊瑚岛、鸠坑、安上、金坳幽谷二十五里青山、磨心尖、狮古山等有条件的景区中。

(6) 服务点设置在景点需要的地方。

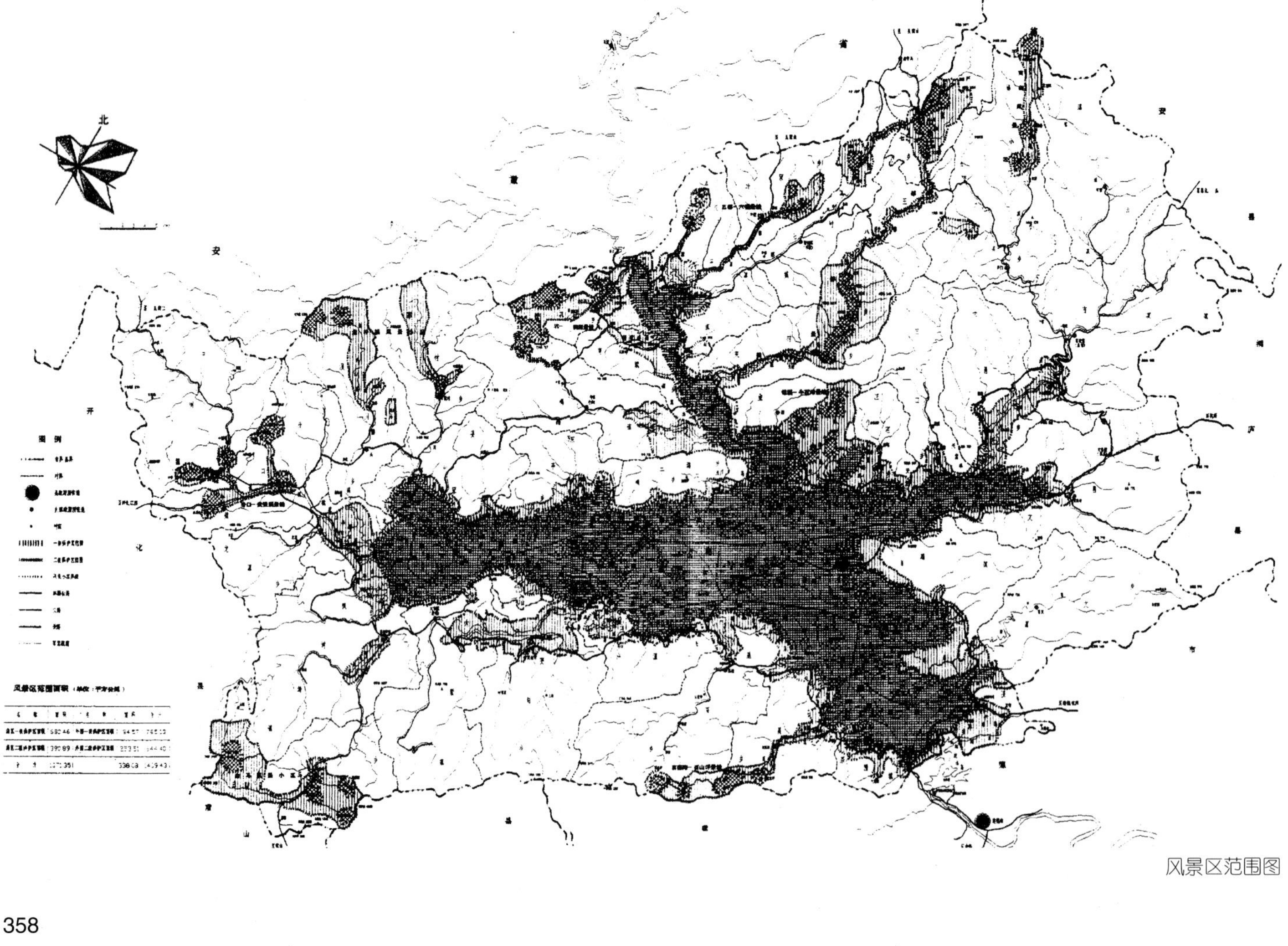

风景区范围图

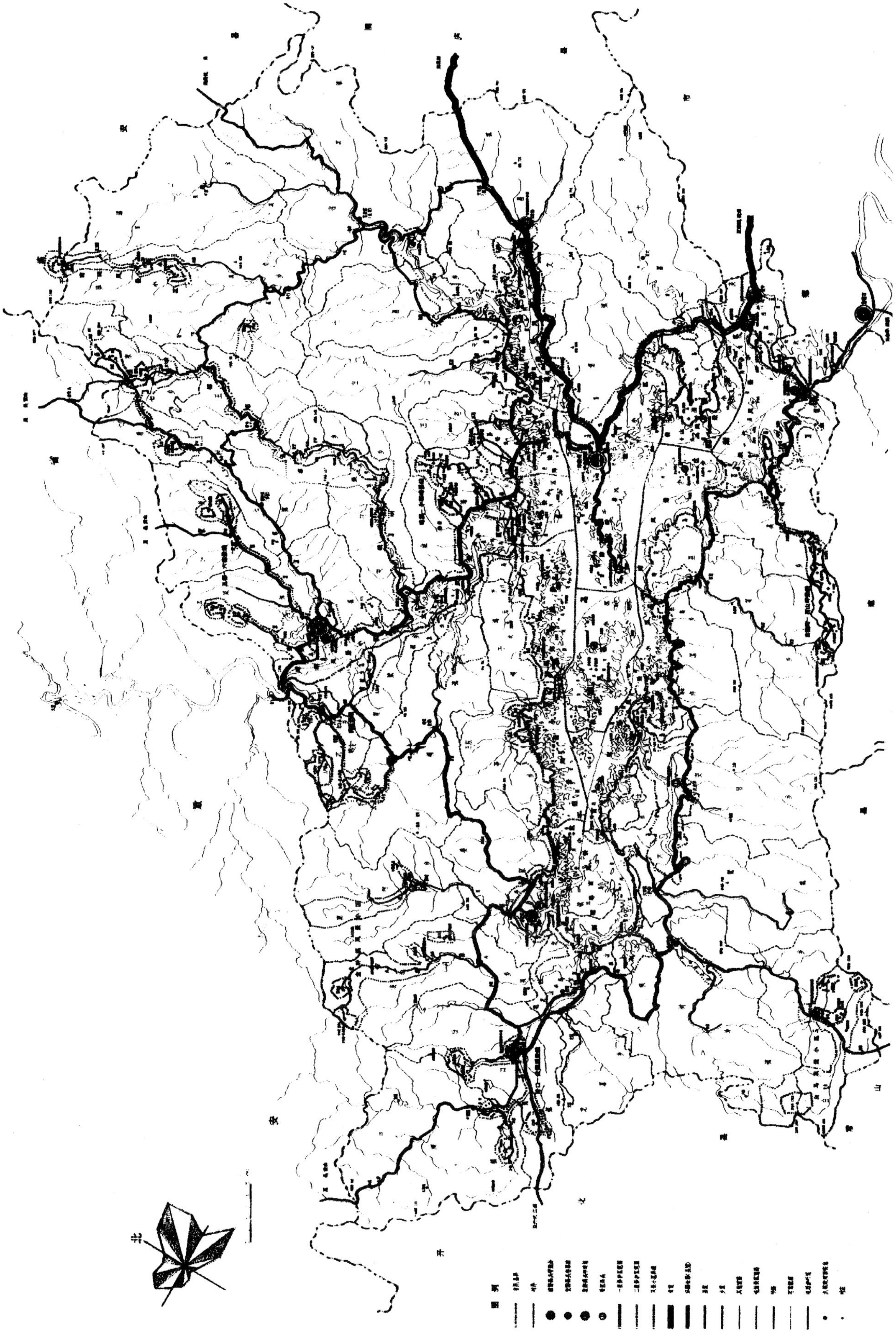

道路规划图

21 重庆天坑地缝风景区游览线规划（节选）

一、概况

天坑地缝风景名胜区，位于重庆市奉节县境内长江南岸。北靠长江三峡的瞿塘峡，与大宁河小三峡隔江相望，南依湖北省恩施土家族、苗族自治区，东接重庆市巫山县，风景名胜区总面积445km²。风景名胜区范围内基本为喀斯特地貌，地貌类型有：峰丛、漏斗、峡谷、溶洞、暗河等。其中漏斗、峡谷和溶洞是这里的中心景观。

天坑地缝风景名胜古迹，依景观类型，地理环境和现状行政区被划分为八个景区，即：九盘河景区、桃源河景区、茅草坝景区、天坑景区、地缝景区、黑湾景区、兴隆镇景区和龙桥河景区。其中兴隆镇是整个风景名胜区的接待、管理和服务中心、天坑景区由于拥有目前世界上已知规模最大的岩溶漏斗——小寨天坑而成为整个风景名胜区的中心景区。

二、规划原则

天坑地缝风景名胜区内，景观资源丰富，质量较好，特别是小寨天坑堪称世界奇观。但这些景观地理环境复杂，景观形态特殊，加上喀斯特地貌区域内，地下暗河、溶洞密布，岩石结构松散，因此如何以恰当的方式将这些景观充分展示给游客，而又不会对当地原有地貌造成破坏，是本次规划的一大课题。因而，我们确定了认真保护、适度开发、逐步发展的原则。同时，在服务设施的建设上，也建议压缩建设量，利用已有的建筑设施或由当地工匠按当地常用技术，采用当地建筑材料的建设方式，以使新建设施与当地环境尽可能协调。

三、各景区的规划情况

（一）天坑景区

本景区由天坑游览区及其外围服务站组成。

天坑：坑口直径约为660m，坑深约为650m，坑底直径约450m，是目前世界上已知规模最大的岩溶漏斗。天坑坑口是由三座相对高度60m左右的小山塌落而成，形态富于变化，天坑中部是高度200m左右的绝壁，绝壁向下为塌落堆积物，这里土层丰富，植被良好，塌落面斜向下延伸直达漏斗底部，漏斗底部有一处大型暗河出露，暗河出露口部为一处大型溶洞，洞口高约100m。根据以上情况，规划中将天坑的景观分为坑口、坑腰、坑底和暗河四个层次，游览线的设置也围绕这四个层次逐步展开。

坑口的三座小山，外侧形态完整，而沿山脊向内完全塌落，形成陡直的绝壁，远望如三个巨大的三角屏风，环绕深不见底的天坑，景象十分壮观。规划中在游览区入口处，选择一处远眺坑口的最佳视点作为人流集散

天坑坑底暗河河床

俯瞰天坑

迷宫河谷内民居

天坑外围民居

和远眺坑口观景场地。从这里向下走，进入一片密林（规划林田，现状为农田），林地的出口即是天坑的入口。这是由几块巨石形成天然的观景平台，向下可俯瞰坑内，平视正对坑腰的绝壁。

从天坑入口有两条游览线，主游线蜿蜒向下可达坑底，副游线向上进入绝壁栈道。主游线系利用坑内原有小路改造而成。小路沿坑壁向下至坑内一处天然形成的平台。在这里设置游人休息点。这处平台向下可直望坑底暗河，向上规划了沿岩石隙缝的人行台阶与绝壁栈道相连。自二层平台向下，游览道进入了坑内的塌落面，这里花草繁盛，林木葱茏，尤其蕨类植物特别丰富。走过塌落面即到达坑底。在坑底，游线沿坑底小山和暗河展开，特别是暗河出露的溶洞洞口，高约100m，洞内冷气逼人、岩壁狰狞，为此，规划中专门设置了洞内游览线，让游人充分领略天坑内暗河的独特景观。

由于天坑内水利资源丰富，当地在1990年初，引天坑内暗河水修建了小寨电站，现在天坑内建有滚水坝，并人工开凿了通向下游电站的引水隧道，这些在一定程度上对自然景观形成了破坏，但同时也为坑内游人提供了走出天坑的侧向出口。游人可在引水洞内乘船直达九盘河上的小寨电站再通过缆车或步行下行约180m，到达电站内的旅游服务站，完成全部游程。

天坑坑口的坑壁栈道系利用绝壁上一条天然形成的横向裂缝改造而成。裂隙宽约1m，稍加改造，即可成为一条游览栈道。栈道沿绝壁水平而行，惊心动魄，并可俯瞰坑底，同时有阶梯与坑内二层平台相连。

天坑游览线将天坑的各种景观有机结合并充分展示给游人，同时解决了天坑易进难出的难题。天坑上部原有几户农民，规划中建议将农民搬迁，并利用民房内部改造成为景区服务与管理用房。

天坑主游线全程游览约需4个小时，副游线需1.5小时。

（二）地缝景区

本景区由地缝游览区、罗家坪服务站和观音寺服务站组成。

地缝：是一处由于地面水流侵蚀而成深度切割峡谷。峡谷全长37km，峡谷最深处达200余米，最狭窄处仅宽10m，谷内终年不见天日，雾气沉沉。谷内现已无地表河流（原河道已通过溶洞流入地下）形成盲谷，但谷底巨石堆积，侧壁形象怪异，景观十分独特。

游线设计选择地缝落差较小的观音寺为主要入口，向下直达地缝底部。进入谷底后，游线沿峡谷前行。由于地缝景观集中段落长约6～7km，游人游完全程有一定困难，因此在这一段中部（距入口3km左右）设向上阶梯至罗家坪，再由罗家坪向上走出景区。

在这一段落中，地缝内空间变化丰富，岩壁造型奇特，景观价值较高。同时为俯瞰地缝，还选取了罗家坪上部一处小山作为观景点。为保护地缝内游人安全，并使地缝内的自然环境免遭游人破坏，规划中还建议当地政府关闭了一段紧贴地缝上部修建的公路。并为公路改道选择了新的线路。罗家坪现有农民居住，规划中建议将居民迁出，并将居民改做服务设施。

（三）茅草坪景区

整个景区地质状况尤其是水系状况复杂，而水是喀斯特地貌的基本成景要素，因此在划定的八个景区中，保护水源就显得特别重要。

茅草坝景区是风景名胜区的主要水源之一。景区中心是一片植被发育良好的高原草甸，草甸外围是以灌木覆盖为主的丘陵。从这里发源的河水经黑湾（地缝上段）流入地缝，经地下暗河流入天坑，又自天坑流入迷宫河峡谷，然后汇入九盘河。因此发源自茅草坝地区的河流可以说是整个风景名胜区的命脉，而且这里动植物资源丰富，中科院进行三峡库区野生动物资源普查时，茅草坝是重点调查区域。但总体规划中，将这里开辟为草原活动区并安排野营、狩猎和跑马等活动。在征得当地政府的意见后，在游览线规划中，我们改变了景区的性质，将茅草坝地区划为自然生态保护区，限制旅游开发。

对于其他景区，依据现状条件，分别规划了游览线路和服务设施。

目前，天坑景区游览线已部分建成并对游人开放。由于天坑地缝地质现象独特，且规模巨大，地貌形态保存完整，重庆市已将其列为世界自然遗产的申报项目。

四、后记

天坑地缝风景名胜区，已由中国高新集团与奉节县合作开发。2001年，由重庆市园林局组织了天坑坑底隧道设计方案的专家评审会会上，中国煤炭设计院提出了开凿竖井，新开隧道等方案。由北京中国风景园林规划设计研究中心张国强总规划师任评审组长的专家小组否决了上述方案，建议仍按游览线规划中建议的改造现有引水隧道的方案实施。

另外，据奉节县有关部门介绍，重庆市决定在茅草坝地区修建茅草坝水库，并已由有关部门完成了科研报告编制和水库设计方案工作，并将于近期实施。茅草坝水库的建设，有可能影响整个风景名胜区域内的水资源分布进而对植被及景观造成破坏。

受规划当时技术条件所限，未能设定一条俯瞰天坑的空中游线，这是本次规划的最大缺憾。

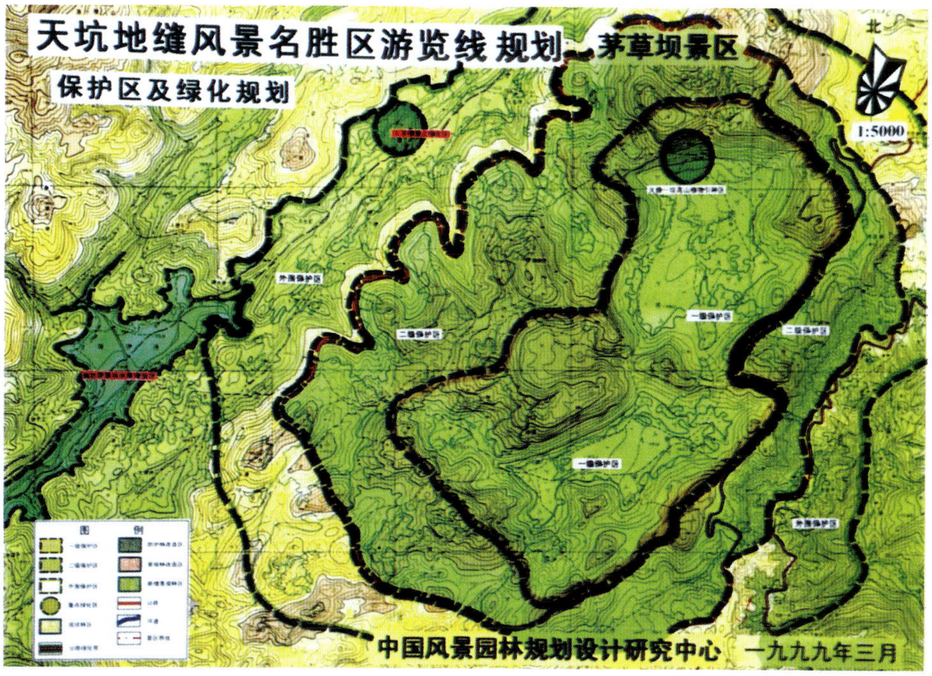

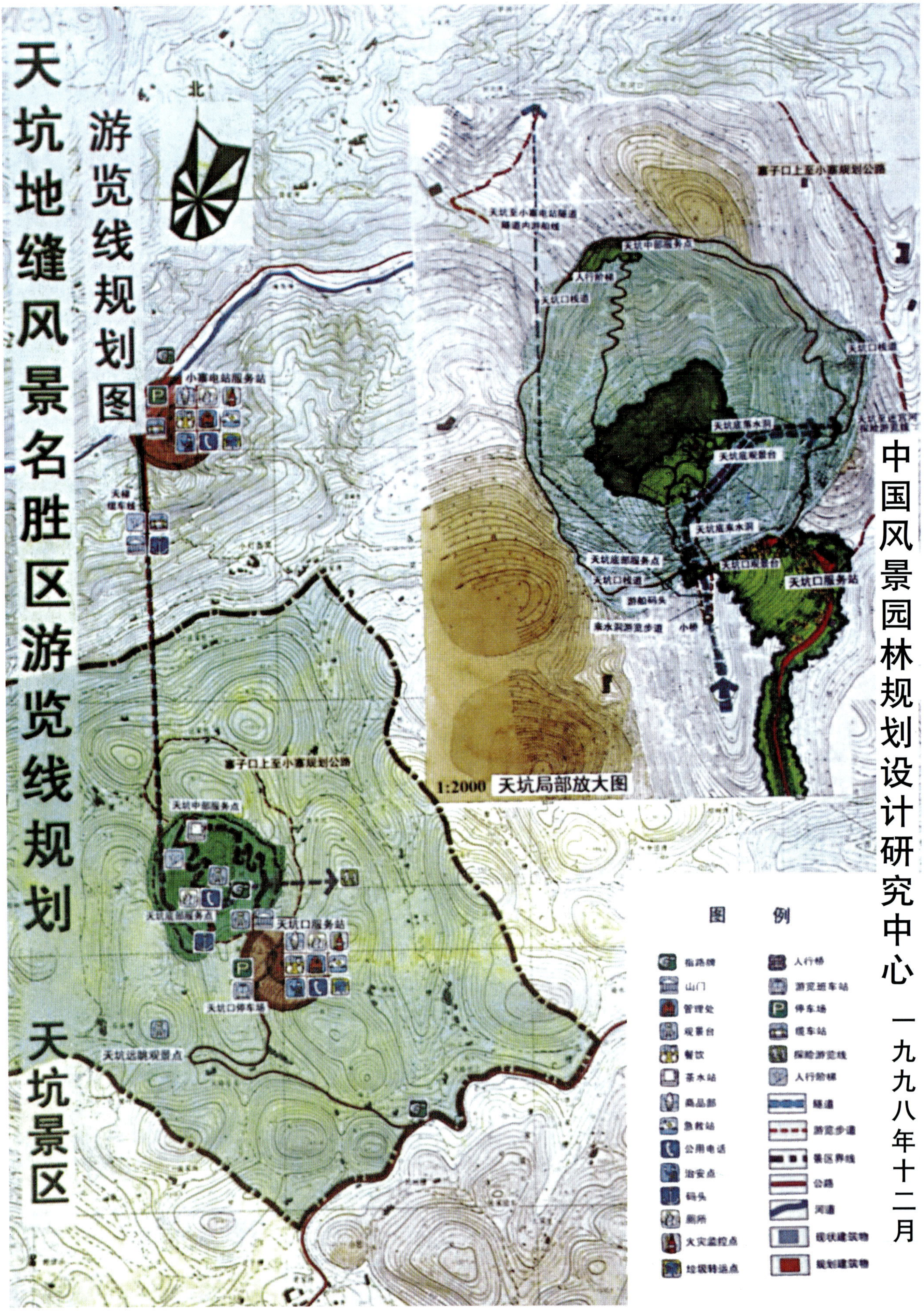
天坑地缝风景名胜区游览线规划
游览线规划图
天坑景区
北
小寨电站服务站
天坑中部服务点
天坑底部服务点
天坑口服务站
天坑口停车场
天坑远眺观景点
寨子口上至小寨规划公路
1:2000 天坑局部放大图
中国风景园林规划设计研究中心
一九九八年十二月
图例
指路牌
山门
管理处
观景台
餐饮
茶水站
商品部
急救站
公用电话
治安点
码头
厕所
火灾监控点
垃圾转运点
人行桥
游览班车站
停车场
缆车站
探险游览线
人行阶梯
隧道
游览步道
景区界线
公路
河道
现状建筑物
规划建筑物

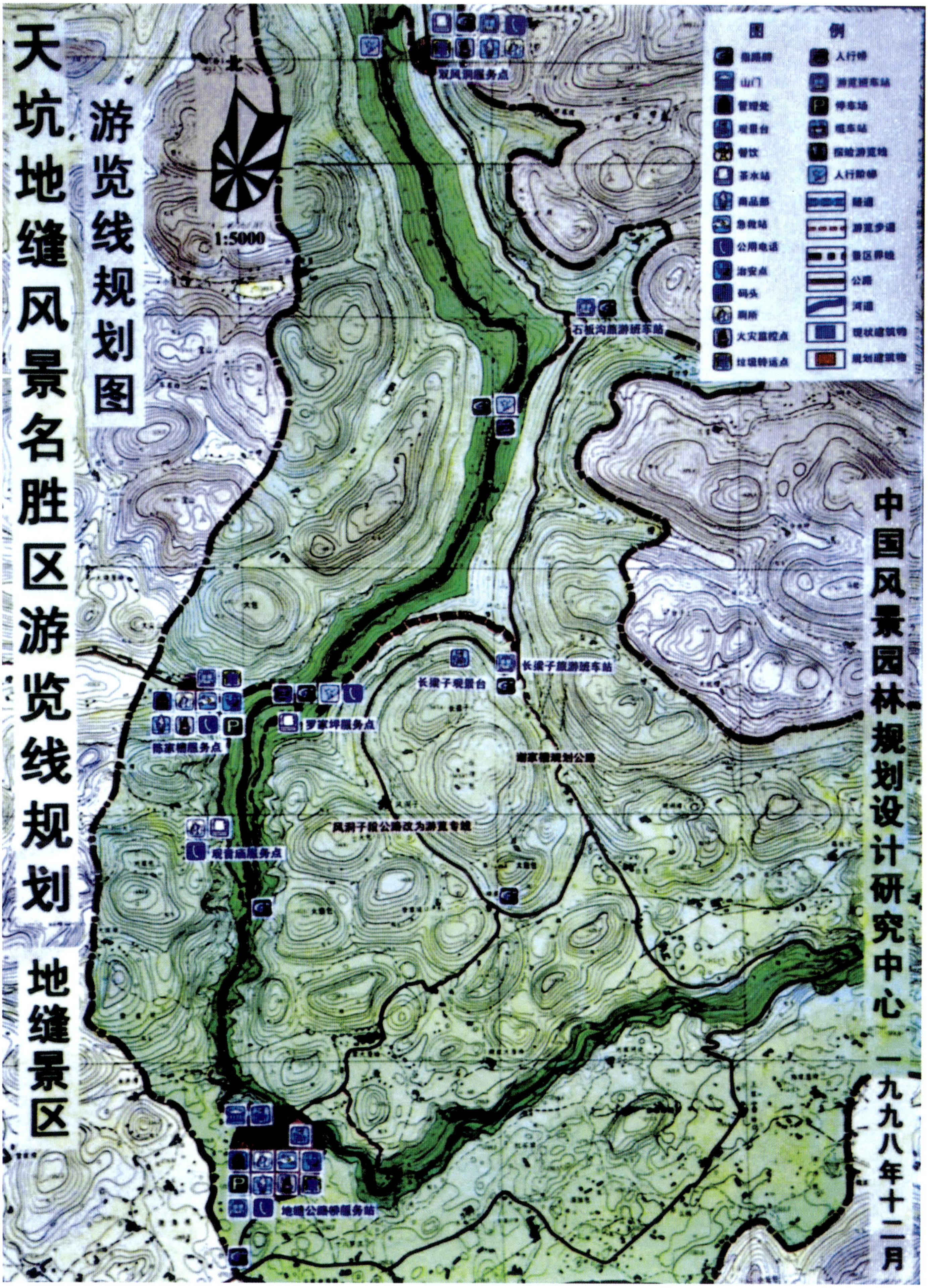
天坑地缝风景名胜区游览线规划
游览线规划图
地缝景区
北
1:5000
图 例
山门
管理处
观景台
餐饮
茶水站
商品部
急救站
公用电话
治安点
码头
厕所
火灾监控点
垃圾转运点
人行桥
游览班车站
停车场
候车站
探险游览线
人行阶梯
隧道
游览步道
景区界线
公路
河道
现状建筑物
规划建筑物
双风洞服务点
石板沟旅游班车站
长梁子旅游班车站
长梁子观景台
罗家坪服务点
陈家槽服务点
谢家槽规划公路
风洞子段公路改为游览专线
观音庙服务点
地缝公路桥服务站
中国风景园林规划设计研究中心
一九九八年十二月

22 三水云东海旅游经济区总体规划（节选）

2.1 发展优势

（1）珠江三角洲地理胜地

珠江三角洲的地理概念，系包括三水、崖门、虎门之间由北江、西江合力冲积的大三角洲和石龙、黄埔、虎门之间由东江冲积的小三角洲。因而，珠江三角洲的简要说法，系包括三水、石龙、崖门之间由西江、北江、东江冲积而成的三角洲。所以，三水是珠江三角洲的西北标志地和地理胜地。

（2）水陆空交通便利

三水的水路交通，上达肇庆和广西梧州，下通广州、香港、澳门；三水的铁路交通西通茂名、湛江，东接广州；三水的公路和高速公路交通十分方便，半小时行程可达佛山、广州、肇庆，两小时行程可达深圳、珠海；三水的空中交通最便捷的是广州白云国际机场，高速公路行程约40分钟可以通达，规划中的广州新国际机场也在这个行程范围内。

（3）风景资源优良

三水的天景，有着南亚热带季风气候特征，既高温多雨多风，又四季分明，属“三冬无雪、四季常花”之地。三水的地景，以低丘陵岗峦盆地为特征，相对高差多在60m以内，在江河水滨有洲岛沙滩景观；三水的水景最为丰富，有泉溪潭瀑、江河湖塘和河滩诸胜，其中三江汇流和大塱涡一带的“云东海”更独具特征。三水的生物景观多覆盖有人工林，兼有草地、古树名木、珍稀生物、禽鸟栖息地和物候季相景观。

（4）可利用地广阔

改革开放以来，珠江三角洲的高强度开发，已使可利用土地愈来愈少，不少名噪当年的开发区或旅游区，也因追求单一的高强度、高密度开发，环境受到破坏而失去自然魅力，相比之下，三水却保留有较广阔的丘岗坡地，用地条件较好，选择余地也多。用地资源相对丰富已成为其蓬勃发展的重要优势。

（5）后发优势明显

三水地处珠江三角洲发达地区与次发达地区的过渡带；人口密度小（130人/km^2），人为破坏较少；水资源丰富而且污染较少，除西北水泥厂粉尘污染以外，其他环境条件尚好，植被覆盖率较高；三水的人口、资源、环境条件加上交通便捷，就呈现出明显的后发优势。

（6）投资吸引力较强

三水既有上述优势，又有当前的地好价廉、拆迁少的特点，因而对海内外开发商均有较强的吸引力，如果决策和运作适当，将会创造新的投资机会并形成滚动发展的态势，进而改善三水投资环境和整体形象。

2.2 制约因素及发展对策

（1）知名度不高

三水虽有区位、交通、资源等诸多优势，然而尚未有足够的胜景、胜地或旅游项目，尚未形成独具特征的典型形象，因而，缺乏必要的知名度，缺乏社会和客源市场的足够吸引力。重组资源、培育名胜景地、发展适合三水的旅游项目，大力塑造独具特征的典型形象，应是强化知名度的重要对策。

（2）规划设计尚需配套

三水旅游经济区能否健康发展并形成独

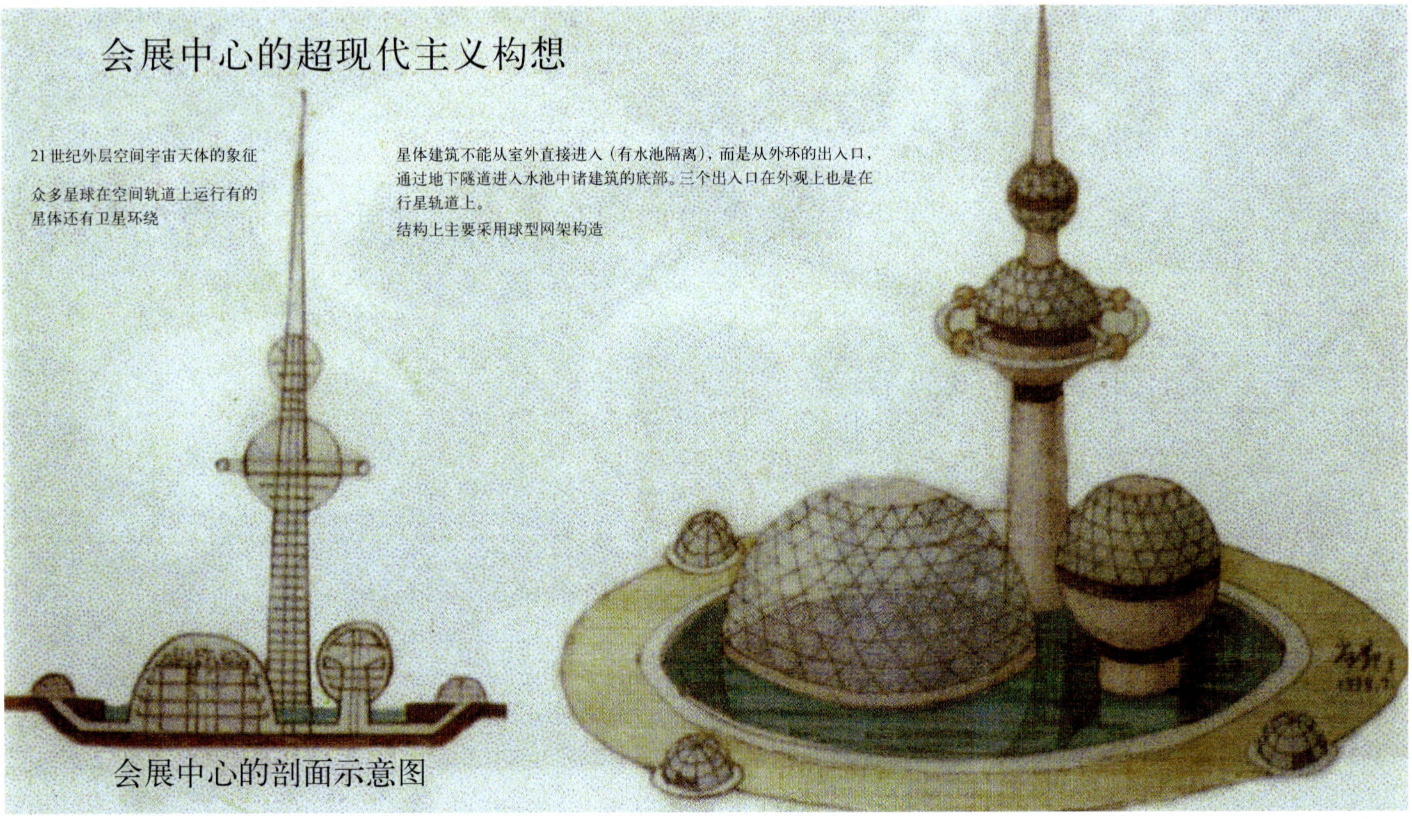

会展中心（方案二）

具特征的典型形象，不仅需要总体规划的整体合理，还需要与之相配套的详细规划、项目设计的细部魅力。相互衔接、相互配套的规划设计，是面向21世纪标准、水平和形象的重要措施。

（3）管理机制尚需健全

三水旅游经济区的建立和发展，需要有相应效能的管理体制和相应权威的政策法规配套。需要一个能驾驭全局的决策群体，需要相应的技术职能部门和相应水平的顾问班子，需要一批有奉献精神和专业技能的专门人才。

6.1 性质

以游览观光、休闲度假、娱乐运动、科教启智、林农园艺为主要功能内容，以回归自然为常驻环境，以南亚热带山水花鸟林木为景观特色，以三江汇流和云东海为独特景胜，具有国内外影响和三角洲特色与三水特征形象的大型综合旅游经济区。

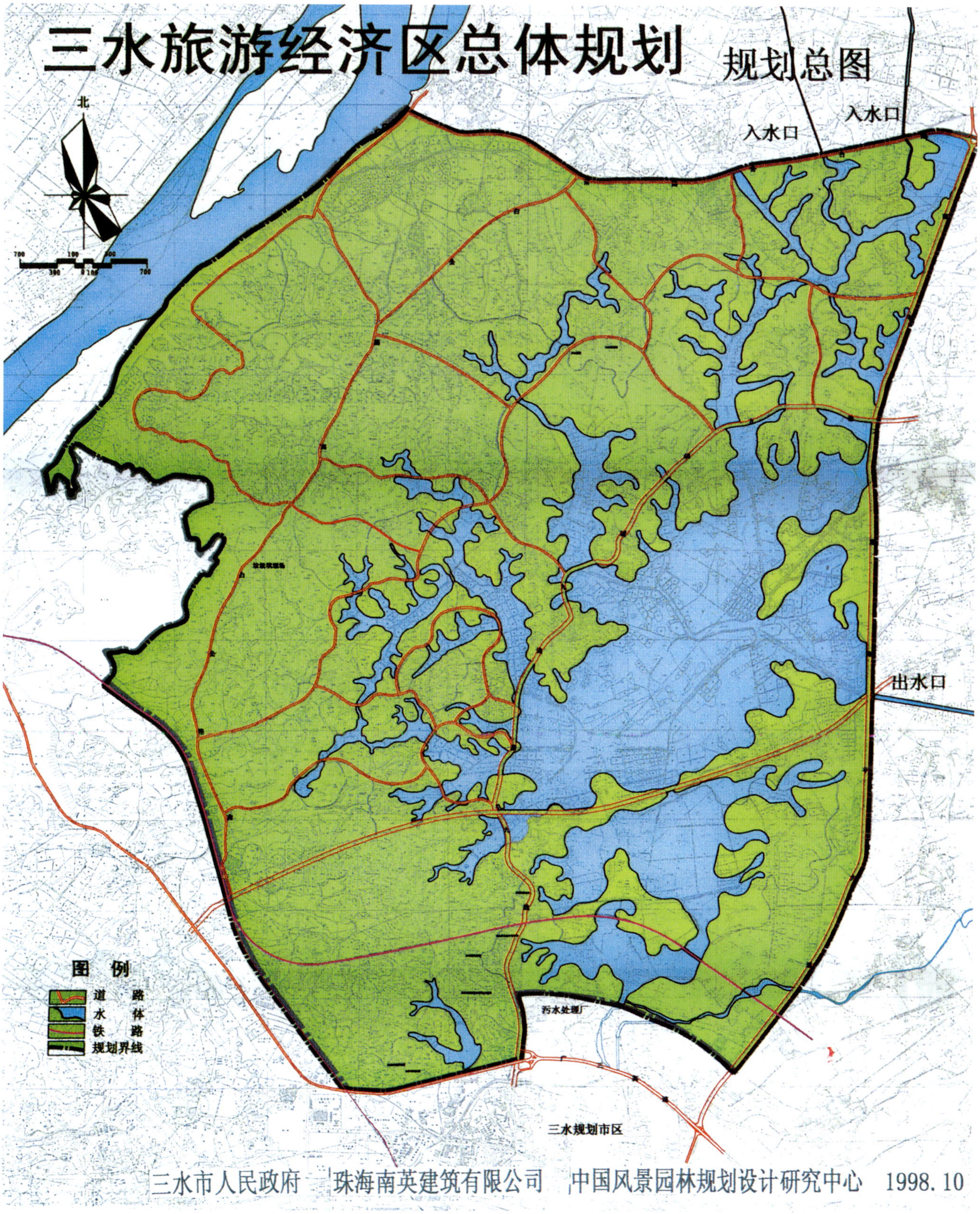

6.2 发展目标

全面保护培育本区的景观要素和生态环境。重点开发中心区的功能内容和三江汇流景胜，分期恢复古之“云东海”的湖区胜景，充实改善本区的各项设施，探索有利于本区滚动发展的综合实力增长之路，突出本区的整体形象和独有特征，使其能适应海内外游人和旅游发展的多元化需求，逐步发展成具有高知名度、强吸引力和独特的三水形象特征的海内外旅游胜地及人居环境。

7.1 规划重点与特色

以恢复珠江三角洲第一大湖——云东海及其水系为独特景胜，保护丘陵风景林和江河湖塘为骨架的地貌特征，重点控制中心区山水花园城的功能内容与建设发展，形成以云东海为中心，以北江、干路环抱和丘陵、林溪为扇面的规划结构。同时，在“三江并流”景区，以名楼、雕塑和相关设施形成三水标志性景胜。

(1)恢复珠江三角洲第一大湖

本规划区的东部原为很大的水面古称“古云东海”亦称“沙屈海”，后虽有淤积却仍是低洼水体，名为“大塱涡”，直到1993年版本的《中国地图册》珠江三角洲图幅中在杨梅东南仍标示为水体。在20世纪60—70年代，粮食曾成为我国大难题，当时将其围垦为水田；在80—90年代不少水田又改为鱼塘；而当今及可以预见的未来，环境已成为难题，淡水又成为大事。为此，本规划

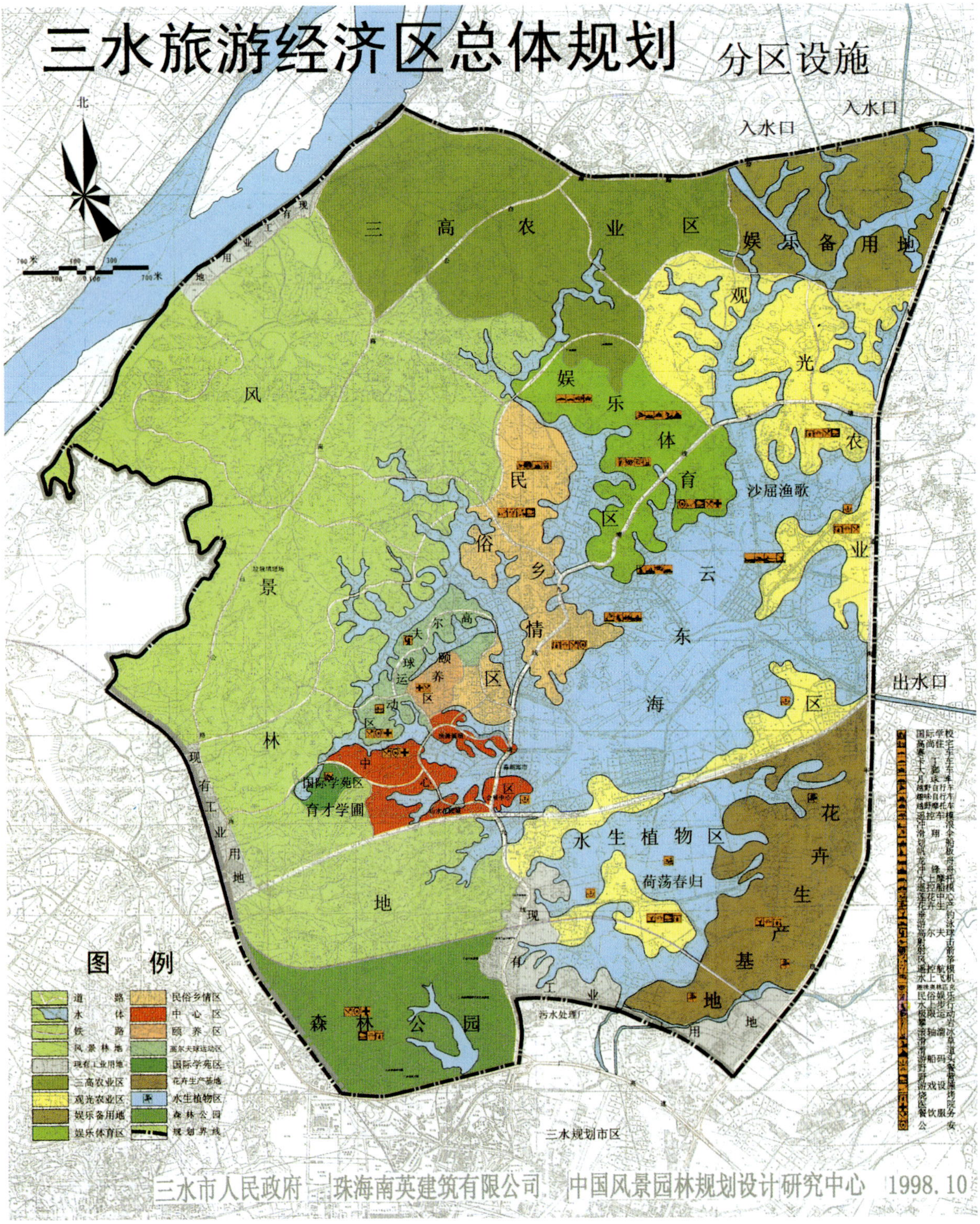

确定“退田还湖”，逐步恢复这个原有湖区，使其兼备蓄水防洪、生态环保、风景旅游三重功能。

(2)保护丘陵林地和江河湖塘地貌特征

江河湖水环绕，风景林覆盖着低丘陵地，枝状分布的条条陵谷与山塘水池流向大湖，这是三水旅游经济区陆地部分的极具特色的自然地貌，充分利用其自然地形，营造多种风格、不同形式、依山傍水的山水花园、山水别墅、山水村镇，并有机融合成为三角洲所少有的最佳人居环境。在规划设计施工中，保护和利用自然地形并形成特色是十分重要的，而绝对不可采用“推平头”的做法，既破坏山水地形又自毁特色。

(3)重点控制“中心区”的建设

规划中的山水花园城位居中心区，不仅有依山面湖的环境，而且集中着重要功能内容和不动产项目，并将决定着旅游经济区的公共形象特征，因而需要强力有效控制。在三水旅游经济区，若以各种水乡建筑和山水花园城的思路，建设成新的中心区，既能满足新城功能，又有极高的欣赏旅游价值，定能形成新的形象特征。

(4)有特色的扇形规划结构

整个规划，以云东海为中心，以北江与干道环绕，以山谷林溪形成向心扇面，采用扇形规划结构，可以取得陆地与水面最大的接触面，而山谷山塘形成的树枝状水面，由湖面伸入陆地，造成山水相互渗透、融合、交汇的山水景观。扇形的规划结构，使三水旅游经济区分出几个大空间，形成不同的景区，在统一之中有变化。

8.1 功能分区与景区划分

依据资源属性、景观特征性及其存在环境，并保持原有的自然地形和人文单元的完整性，也考虑到未来发展和客观需要，特将三水旅游经济区划分为11个功能区和34个景区。

10.1 用地平衡

(1)各分区用地平衡表（见下表）

(2)规划区占用各镇土地面积：

西南镇4333hm²（64995亩），占规划区57%；

南边镇2432hm²（36480亩），占规划区32%；

河口镇836hm²（12540亩），占规划区11%；

合计7601hm²（114015亩），100%。

用表平衡表

编号	分区名称	面积		占总面积	其中	
		(hm^2)	亩	(%)	陆地（hm^2）	水面（hm^2）
1	中心区	174	2610	2.31	106	68
2	高尔夫球运动区	176	2640	2.32	132	44
3	颐养区	42	630	0.55	27	15
4	森林公园	346	5190	4.55	326	20
5	现状工业用地	207	3105	2.72	207	
6	风景林地	2077	31155	27.33	2040	37
7	国际学苑区	20	300	0.26	15	5
8	民俗乡情区	321	4815	4.22	250	71
9	娱乐体育区	315	4725	4.14	240	75
10	观光农业区	717	10755	9.43	622	95
11	三高农业区	750	11250	9.87	735	15
12	水生植物区	50	750	0.65	10	40
13	花卉生产区	380	5700	5.0	380	
14	娱乐备用地	330	4950	4.34	231	99
15	云东海	1464	21960	19.26		1464
16	道路用地	232	3480	3.05	232	
	合计	7601	114015	100	5553	2048

注：其中陆地面积占总面积的73.06%；水面积占总面积26.94%。

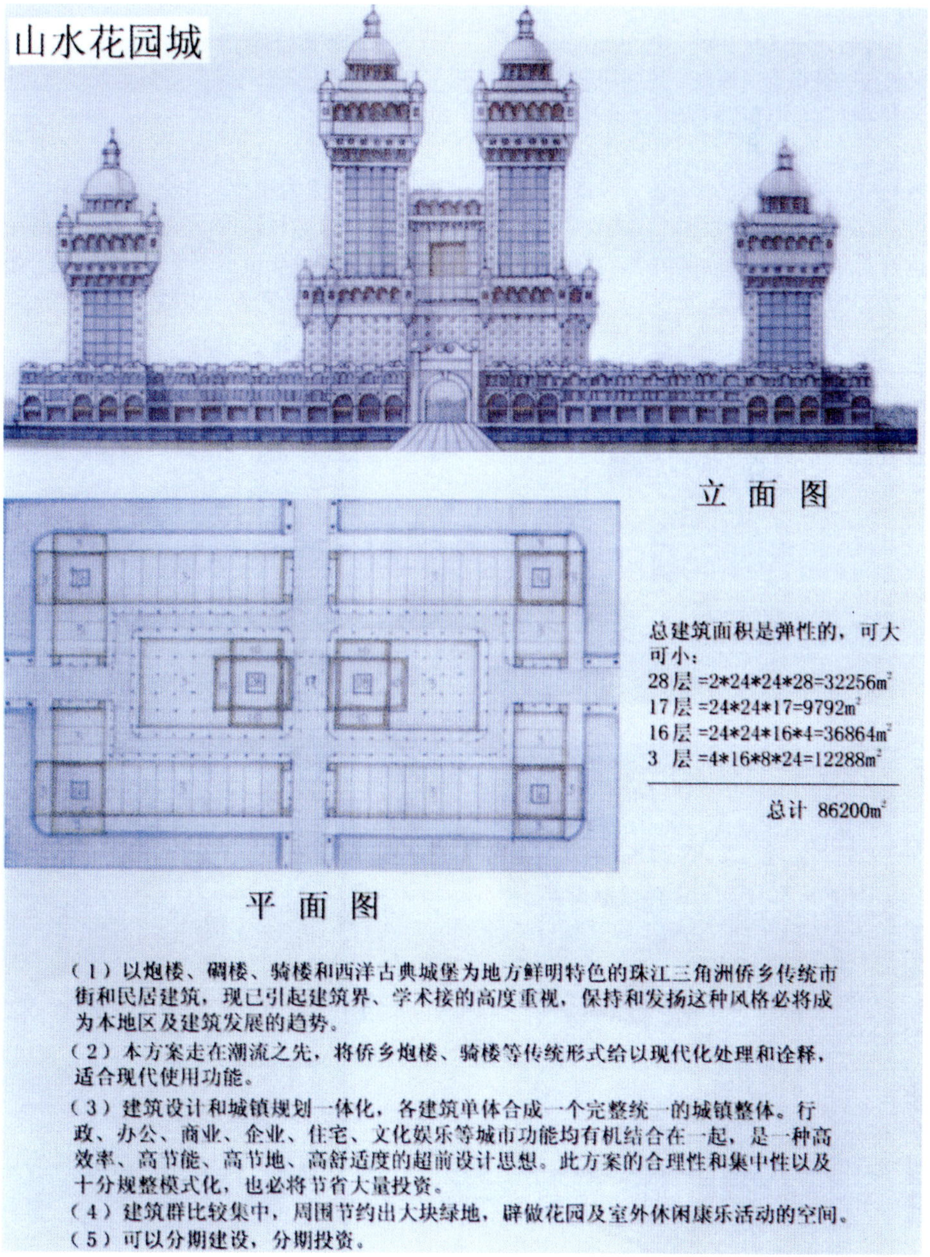

23 太阳岛风景区总体规划大纲（节选）

一、太阳岛曾以早期的水师营地而振其名声，以20世纪20年代的哈尔滨郊野游憩地而享誉欧亚美，以现代革命史迹而载入史册，以令人陶醉的歌曲而名扬天下。

太阳岛是哈尔滨的夏日乐园，是中国冰雪艺术发祥地和国际冰雪节基地，是哈尔滨引以为荣的形象标志和接待窗口。正因为如此，黑龙江省政府批准太阳岛为省级风景名胜区。

随着改革开放和科教兴国的深入发展，太阳岛的河漫滩湿地生态特征，东北虎林园的恢复野性训练，太阳岛在未来城市发展中的“绿心”地位和“肺、肾”功能，这些当代科技和城市发展的国际热门课题，均引起各方关注，越来越多的有识之士看到了太阳岛的更高、更全面的价值，太阳岛不该是一般的河漫滩洪泛区或房地产开发地。为此，省、市决策部门从国家和人民大众的全局利益出发，决心把太阳岛保护培育成国家重点风景名胜区。

二、景源评价

（一）景源的类型

在太阳岛风景区管理条例所确定的38km²范围内，景源类型比较丰富，对照中国景源分类表可以筛选出3大类、12中类、38小类。

（二）景源单元评价与分析

依据太阳岛各种景源的特征、规模、游览方式及其分布范围，本规划将其划分为16个景区和24个景点，选择其中的20个景点和另外未能划分出景点的10个景区作为评价单元，并对其进行等级评价。

（三）景源综合特征

综合上述景源特征与景源单元评价，可以整体概括如下：

1.以漫滩洲岛、江湾湖沼和湿地生态为景观特征的景源类型，在全国风景区中罕见，也是国际科技热点。全国有许多江河在短暂洪水过后，均留下荒芜杂乱的漫滩，如何利用这类洪泛河滩，太阳岛有一定的试验示范价值。

2.冬夏气候与民俗风物独具特色。冬季寒冷长，夏季暖爽短，春秋花鸟草甸层林天地染；多国别墅奇，“三野”习俗远，国内外节庆的影响不断扩展，这些都是太阳岛引以为荣的特点。

3.冰雪艺术与冰雪游乐活动享誉海内外。冬闲变冬游的反季节活动与效应，激活了北方城市生活，推动着社会经济全面发展。

4.虎林园的东北虎野化训练举世瞩目、国际领先。

5.太阳岛景源的分类特征相当突出，而具体景点形象相对较弱。各种景源组合成的景点在景感度、奇特度、完整度等欣赏价值因素的价值不高。正由于高质量的景点偏少，太阳岛被有的人视之为“一般公园”或“一个草甸子”。

6.太阳岛植被覆盖率虽达70%，而乔灌木覆盖稀少，其绿量与生态功能的局限性很大，因此太阳岛生态敏感性强、稳定性差，需加意保护培育。

三、太阳岛发展的主要优势与动力

1.地理位置优越
2.用地类型罕见
3.风景资源独特
4.环境质量优良

5.后发优势明显

四、太阳岛发展的矛盾与对策

1.由于太阳岛风景区地处河漫滩泛滥范围，洪水滞留的时间可以长达30天左右，因而，洪水淹没对生态环境起着重要制约作用，影响着太阳岛生物种群的多样化进程。

2.缺乏节制的毁草开垦，抢种无保证的季节性耕地，正在侵吞着自然草原植被，影响着自然景观健康发育。

3.以单一房地产开发为目的的围堤行为，还在无节制地扩大化，这将增加太阳岛整体的淹没频率和强度，进而影响着太阳岛风景区的生存环境和景观质量，甚至影响南岸市区的防洪标准与能力。

4.虽然太阳岛风景区的局部管理尚好，然而38km²的整体管理却存在着大量空白与矛盾，在现有的相关机构和职能部门的协调运转方面，也有不少亟待解决的矛盾。

5.针对上述矛盾和制约因素，太阳岛风景区发展中首先应强化法制管理，认真维护并坚决贯彻执行已有的法律、法规；同时，还应弘扬和强化德治教育与宣传，把法治与德治紧密结合起来；第三，要健全体制，加强统一管理，协调各方步调，认真落实“严格保护、统一管理、合理开发、永续利用”的方针，克服政出多门、多头管理的弊端；第四，要限制围堤扩大化的倾向，禁止毁草开垦，发挥总体规划的龙头作用，搞好配套详细规划和配套设计、施工与管理。

五、规划重点

1.维护江漫滩洪泛条件与环境，稳定江堤走向，限制围堤扩展。

2.禁止毁草垦地，限期退耕还草，依据洪水规律增加乔灌木比例，增强生态稳定性。

3.充分利用沿江地段的优势，提高沿江地带的景点质量。

4.充实草甸草原生物景观，适度放养、驯养草食动物种群；利用候鸟过冬科技成果，适度引进珍稀禽鸟，培育寒地禽鸟景观。

5.充实冰雪活动内容与科技含量，扩展冰雪活动场地，建立四季冰雪艺术中心和四季冰雪游戏活动基地。

6.为城市居民参与性劳作提供机会，为独生子女自我生存锻炼创造条件。

六、规划范围、性质与发展目标

1.太阳岛风景区的范围，即《哈尔滨市太阳岛风景区管理条例》所划定的范围。面积38km²。

2.太阳岛风景区的外围自然保护范围，面积50km²，两项合计总面积88km²。

规划性质：以江漫沙滩洲岛、江湾湖沼为地貌特征，以湿地草甸植被、疏林草地为植物景观特色，以北国冰雪风光、冰雪艺术为季相特点，以野游探胜、冰雪游赏、消夏避暑、休闲度假、娱乐运动为功能特征，具有海内外影响的城市型风景名胜区。

发展目标：保护培育太阳岛风景区的景观要素和风景特征，充实改善太阳岛风景区的各项设施和社会活动内容，探索有利于风景区生存和发展的综合实力增长之路，突出太阳岛风景区的整体形象和特征，使其能适应海内外游人不断增长的风景游览需求，逐步发展成国家重点风景名胜区和国际游览胜地。

七、太阳岛的规划分区

依据景源属性、特征及其存在环境，并保持原有的自然单元和人文单元的完整性，也考虑到未来发展的需要，特将太阳岛风景区划分为五个功能区和十六个景区。

（一）江滩草原游览区

位于松花江公路桥以西，面积约1600hm²，这里有大面积河滩湿地草地、野生灌木柳丛，有大量湾环曲折的江汊溪流和江边沙滩，江边陡壁还有候燕生息繁衍，没有常住人口和铺装道路。

规划本区以保持原有自然景观和生态环境为主。本功能区有三个景区：

1.阳明滩景区
2.古兰滩景区
3.江汉游览线

（二）野生动物观赏区

位于滨洲铁路以西，松花江公路桥以

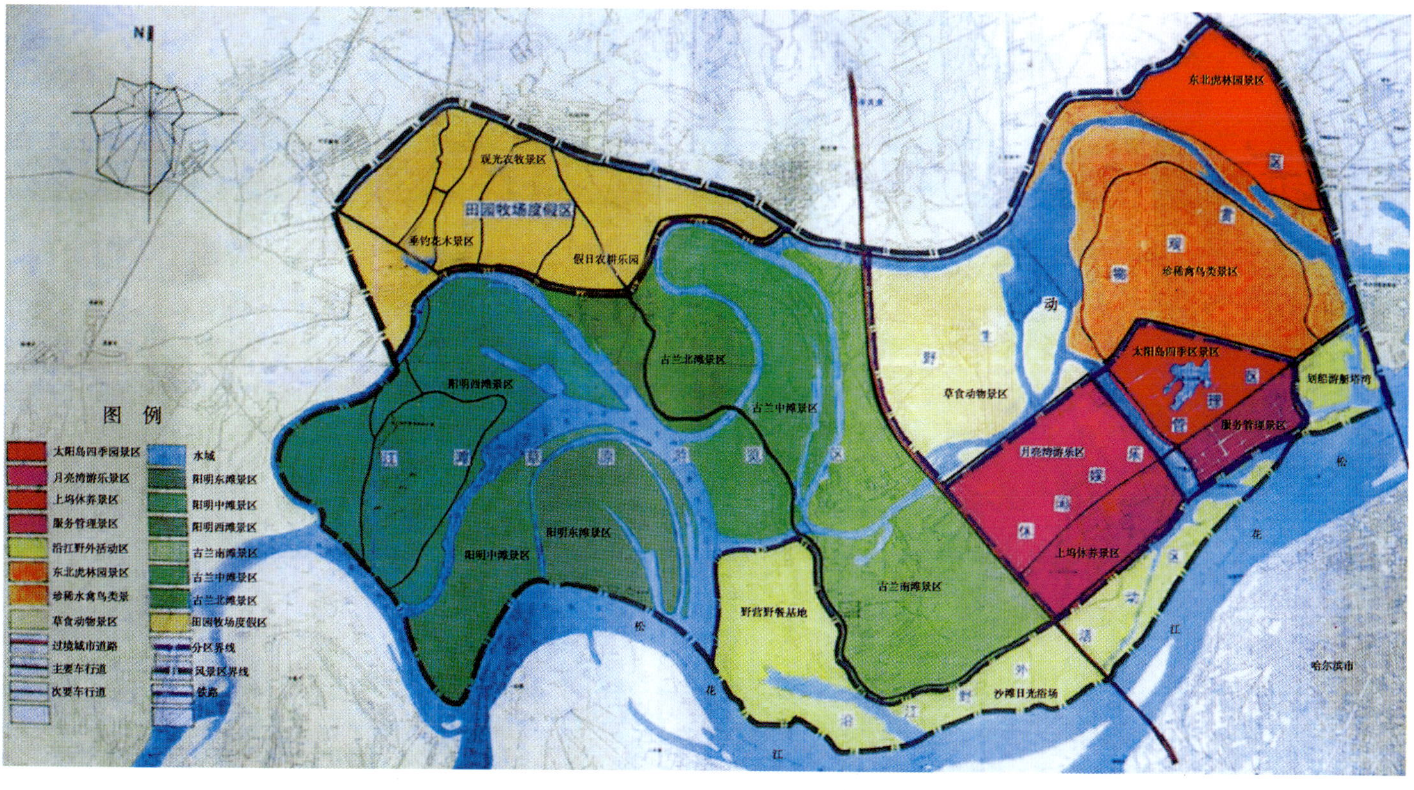

东，面积约1020hm²，这里岗沟纵横，地形丰富，有溪流水体、草地塔头、松柏乔灌木混交林，有常住人口、道路、建筑，现状虎林园在本功能区内。

规划本区保持原有景源，适当改善地形以创造动物可以逃避洪水的栖息地，充实自然放养动物种群，增设检疫、观察和科普设施。本功能区有三个景区：

4.东北虎林园景区

5.珍稀禽鸟景区

6.草食动物景区

（三）田园牧场度假区

位于西北部农堤以北和新开口村以东，面积约400hm²，这里有农堤护围，供水可抽水渠水，现有苗圃、鱼塘、季节性耕地、低湿草地和少量架高小住宅。

规划本区将保持原有景源，适当充实和改善农耕牧场条件，形成良好的牧歌田园风光。本功能区设有三个景区：

7.观光农牧景区

8.假日农耕乐园

9.园艺垂钓景区

（四）沿江野外活动区

位于风景区南部沿松花江北岸的滩涂洲岛和江湾地区，面积约320hm²，这里有沿江的沙滩、灌木柳丛和多变的水体，也有局部高地、港湾、落叶乔木和多变的自然空间。

规划本区将保持原有景源和天然环境，调整充实和完善野浴、野餐、野游等野外活动设施，形成哈尔滨“三野”活动基地。本功能区有三个景区：

10.江滨沙滩浴场

11.野营野餐基地

12.划船游艇港湾

（五）休闲娱乐管理区

位于松花江公路大桥以东的围堤区，面积约460hm²。这里是防洪围堤区以内的用地，有早期的避暑设施和当代的休养建筑，有较好的人工植被和公用设施，也是城市化弊端较明显的地区。

规划本区将保持原有自然和人工景源，疏解局部地区较密的建筑物，减少城市化弊端，调整、充实、完善多种娱乐、休闲、管理设施，重视淡季游览项目的开发，利用河口、河谷高差，配备夏季水上游乐设施，冬季冰雪活动场地，形成四季均有魅力的活动区。本功能区设有四个景区：

13.服务管理区

14.太阳岛四季园区

15.月亮湾游乐景区

16.上坞休养景区

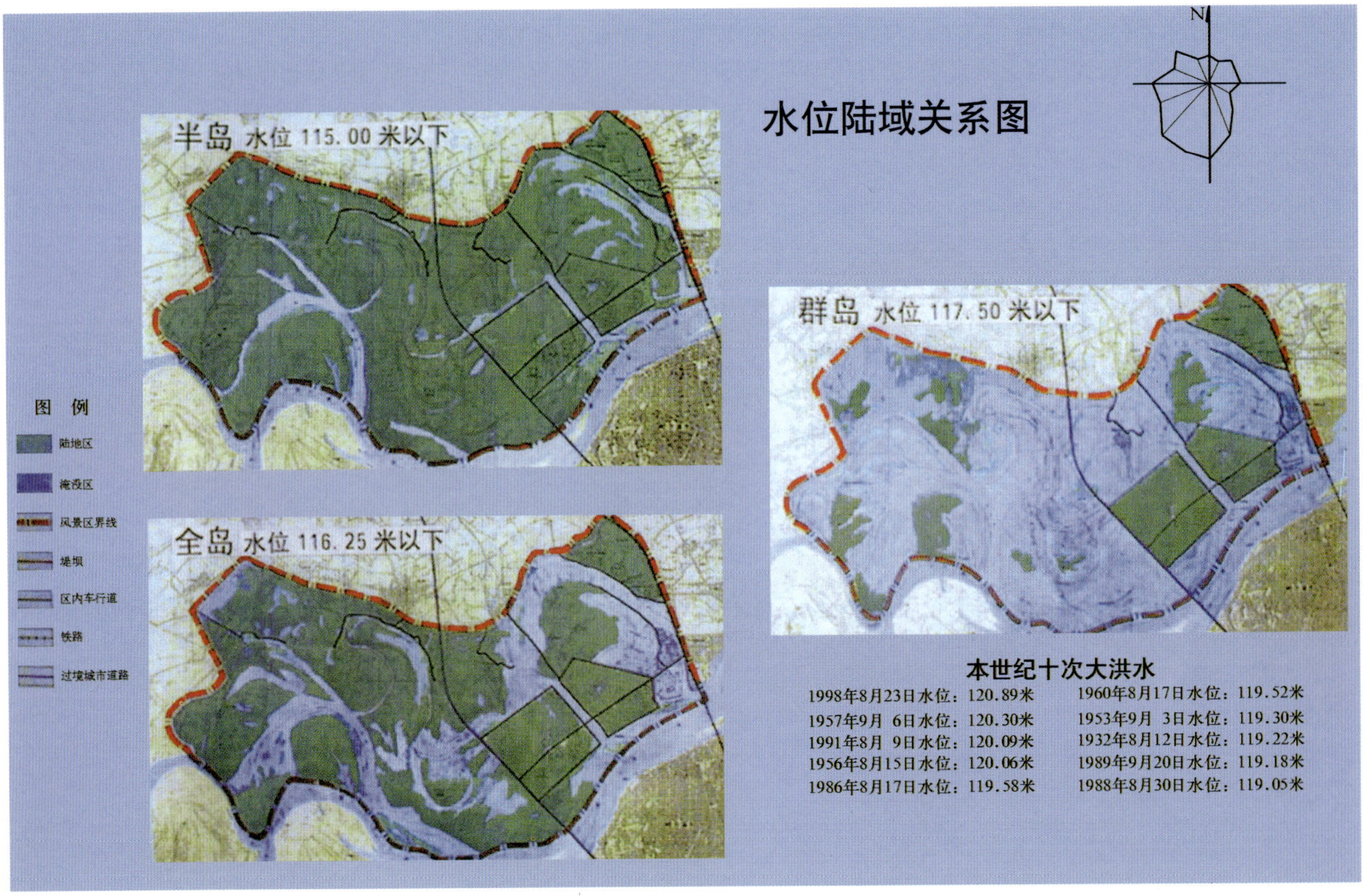

24 武夷山风景区规划（节选）

3.1 以丹霞地貌为特色，自然山水为主景，历史文化名山为内涵，观光和休闲相结合的国家重点风景名胜区。

3.2 武夷山风景名胜区现状总用地面积 70km²，其中溪东旅游服务区 10km²。

3.3 规划在武夷山风景名胜区现状范围的基础上，向北增加 2.5km²；溪东旅游服务区东扩 0.5km²；新划入城村景区增加 4.5km²；风景区周边增加 1.5km²。合计增加用地 9km²，修订后的武夷山风景名胜区规划范围达 79km²。其中武夷山景区 64km²，溪东旅游服务区 10.5km²，城村景区 4.5km²。

3.4 武夷山风景名胜区的保护地带划分为两级，第一级为风景区外围保护地带，面积 70km²；第二级为九曲溪上游水源保护地带，面积 363km²。保护地带总面积 433km²。

3.5 景区内固定人口远期18330人。其中：景区内村庄人口现状 12057 人，近期 11942 人，远期 12930 人。景区内管理人口现状 824 人，近期 850 人，远期 900 人。景区服务人口现状 1300 人，远期 4500 人。

3.6 近期目标

(1) 保护九曲溪水源、水量、水质，抚育风景区的森林植被。

(2) 九曲溪景点游人量控制在 2000 人/日，天游景点游人量控制在每分钟10人以下。

(3) 加速开发山北、山南景区，加快景区小型服务网点建设，合理组织游览路线，确定风景区的主次入口，完善道路交通及停车设施，提高风景区管理水平。

3.7 远期目标

(1) 全面保护风景区的风景资源，抚育地带性植被，提高绿化覆盖率。

(2) 全面建设景区，将风景区建设成为布局合理，景点完美，设施齐全，管理完善的国家重点风景名胜区。

5.1 武夷山风景区共有大小景点二百八十余处，由两个大类，六个中类，四十七个小类组成。

5.2 景点评价，从二百八十多个景点中选出 80 个可评景点进行分类对比评分。特级景点 12 个，占参评景点的 15.0%；一级景点 15 个，占 18.75%，二级景点 16 个，占 20.0%，三级景点 18 个，占 22.5%，四级景点 19 个，占参评景点 23.75%。

5.3 景区评价以各景区所占景点个数、景点内涵及游览方式和开发程度为依据，评出九曲溪、云窝、山北为精华景区。结论：武夷山风景区的景源评价为优。

5.4 风景区的特色：

(1) 具有峰岩嶙峋峻峭、沟壑纵横的丹霞地貌山景。

(2) 具有一溪贯群山，清线萦九曲的九曲溪水景。

(3) 具有被誉为“闽邦邹鲁”的数千年历史文化景观。

(4) 是闻名国内外的“朱子文化”的发源地。

(5)具有岩骨花香之胜的驰名中外的武夷岩茶。

6.1 规划设置一个主入口，两个次入口。主入口设在五九路桂林村东桥头边，次入口设在星村和公馆大桥南桥头。

6.2 内部交通组织：南平来向的车辆经公馆大桥进入景区，封闭山前公路水运队路段。江星公路经景区的路段改由沿景区南面外围与南武路相接；原九曲公路改

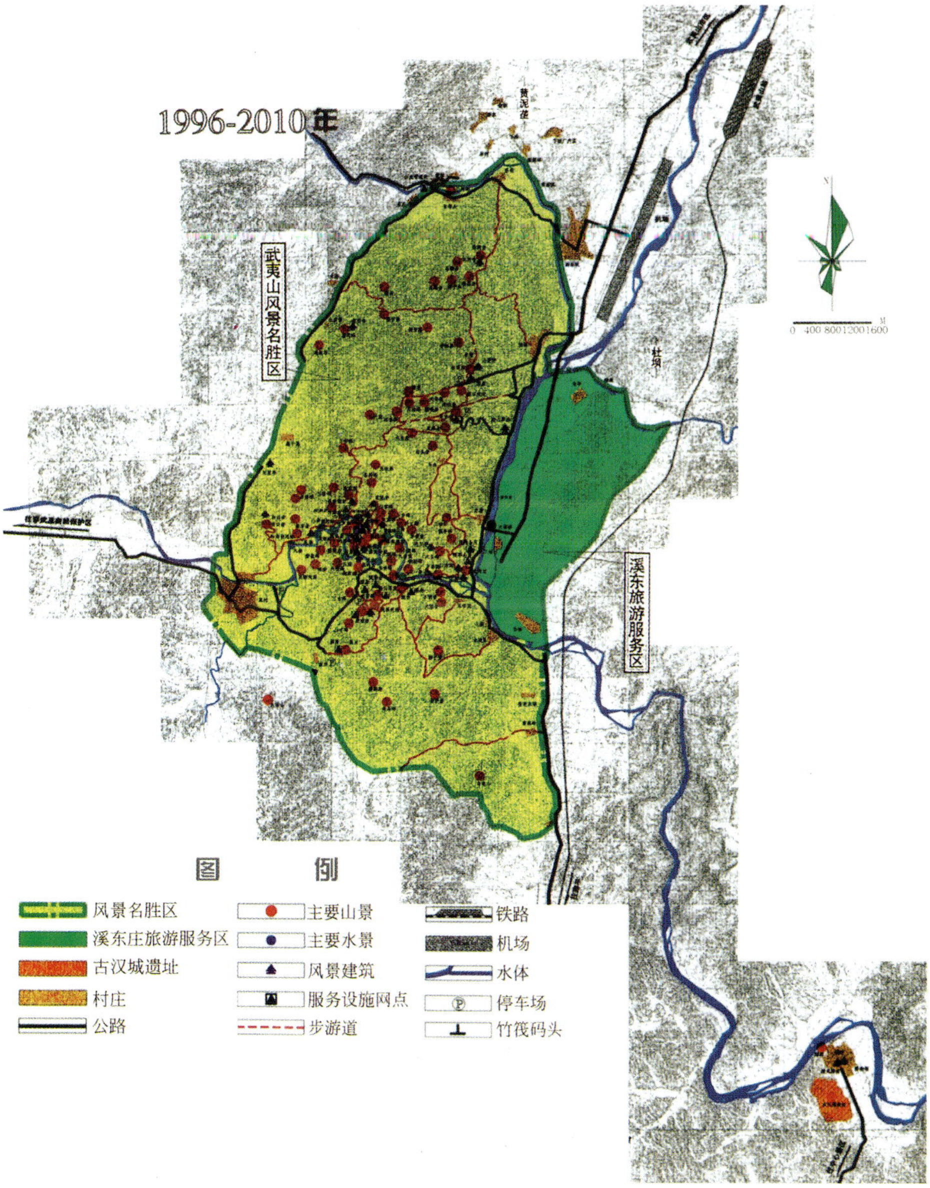

武夷山风景名胜区总体规划（1996–2010 年）——现状图

为景区内部道路。内部交通由景区统一组织，外来车辆不得随意进入景区。游客乘内环交通车到达各景区出入口处，然后按规划步行游览。

6.3　景区实行统一售票制，主次入口负责售票，内部景区出入口负责验票。

6.4　规划将风景区划分为两个景片，六个景区，一个旅游服务区。武夷山景片：溪南景区，面积720hm^2；武夷宫景区，面积150hm^2；云窝、天游、桃源洞景区，面积280hm^2；九曲溪景区，面积350hm^2；山北景区，面积1000hm^2。城村景片：城村景区，

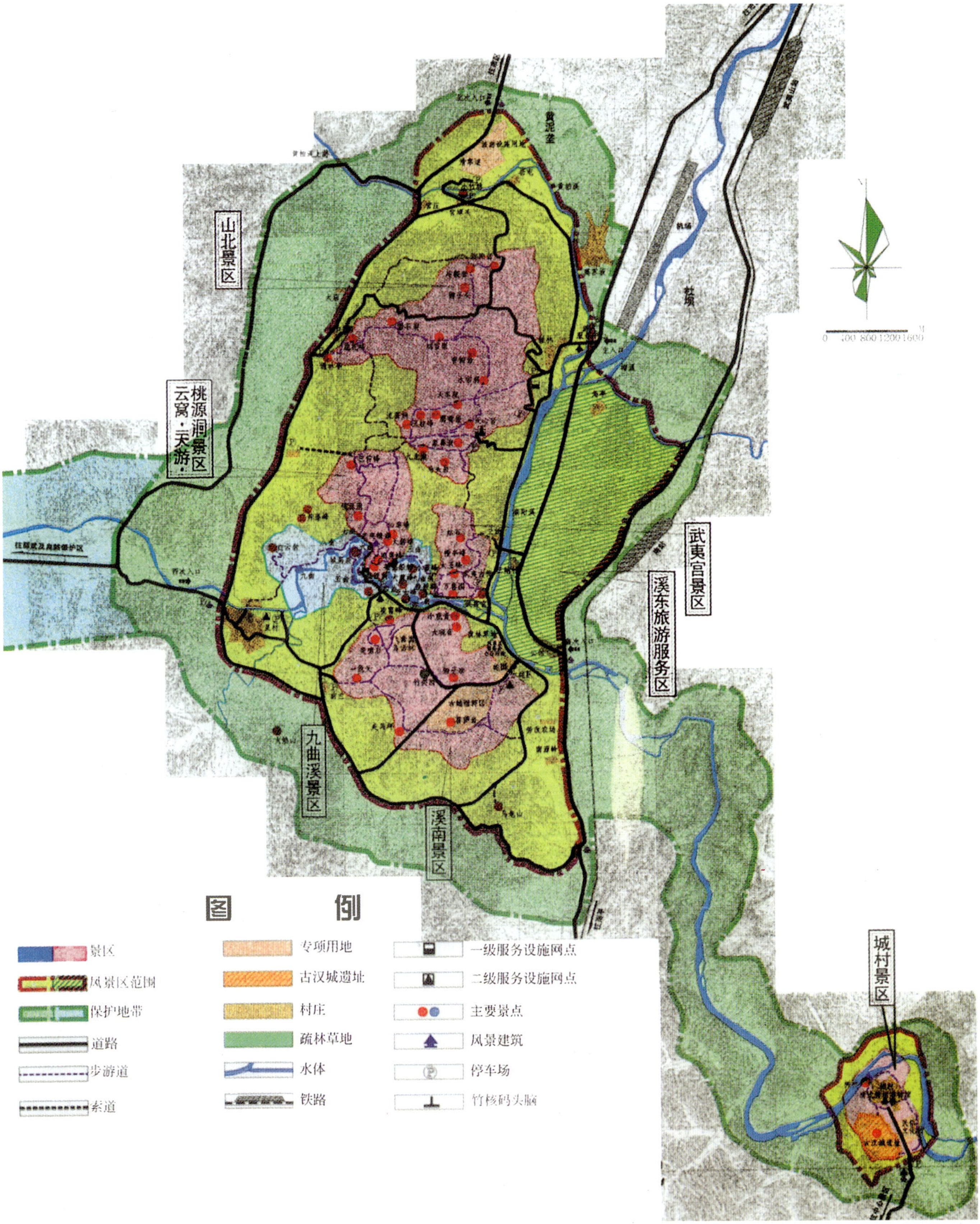

武夷山风景区总体规划（1996–2010年）——总体布局

面积230hm²。

6.5 景区规划构思

(1) 溪南景区：主要景点13个。本景区位于风景区南部，以一线天、虎啸岩为特色景点，可以强化洞穴景观。规划拟在此建立仿古越狩猎场及动植物专类园。

(2) 武夷宫景区：主要景点11个。本景区位于风景区主入口处，以武夷宫、大王峰、幔亭峰宋街为特色景点，本区是风景区的门户，力求体现武夷山文化景观的内涵及丹霞地貌景观。

(3) 云窝、天游、桃源洞景区：主要景点22个。本景区位于风景区中心部位，以云窝、天游、桃源洞、三仰峰等为特色景点。本区集武夷山丹霞地貌的山水文化景观精华为一体，通过合理组织游览体现大自然的鬼斧神工。

(4) 九曲溪景区：主要景点12个。本景区地处风景区的中部，以九曲清溪、玉女峰、城高岩等为特色景点。本区以九曲溪两岸景色为观赏对象，以竹筏漂流的形式展现九曲十八弯山水，本区是武夷山最具特色的精华景区。

(5) 山北景区：主要景点19个。本景区位于风景区北部，以天心永乐寺、大红袍、水帘洞、莲花峰等为特色景点。本区以丹霞地貌峰峦及岩体景观为基础，一部分地区突出佛教文化内涵，另一部分地区突出乡村自然风貌，规划适当增设山地体育活动内容。

(6) 城村景区：主要景点3个。本景区位于风景区的南端，是一个独立景区，以古汉城为特色景点。本区以古汉城和城村为基础，通过营造古越族文化的气氛，突出民俗文化内涵。

7.1 景区实行步游为主，车游为辅的游览形式。游览分为全程型、重点型、逍遥型、专项型游览四种方式。

7.2 景区以竹筏游览为特色，全年游览天数为270天。

7.3 全程型游览远期为四日游，近期为二日游：重点型游览为一日游；逍遥型游览为八日游。

7.4 专项型游览共开辟六条游线：

(1) 古越文化旅游线：开辟武夷宫、天游的彭祖雕塑、九曲溪大藏峰下的架壑船棺及虹桥板、城村的“古粤”门楼，古汉城遗址的旅游专线。

(2) 朱子文化旅游线：开辟武夷精舍、朱熹纪念馆、五夫里的历史古迹，建阳的考亭书院、朱熹墓等的旅游专线。

(3)武夷山岩茶旅游专线：开辟御茶园、大红袍、山北茶园、桂林岩茶村及武夷山古街茶道等旅游专线。

(4)民俗旅游线：开辟城村民俗文化村、下梅清代建筑群，观赏柴头会、鱼苗会、拔烛桥、晒书节、十里锣鼓、刀花山歌、马仔灯、唱书歌、茶歌等民俗活动旅游专线。

(5) 武夷山自然保护区旅游线：开辟从风景区到自然保护区，观赏森林植被、珍稀动物、鸟类等旅游专线。

(6) 革命传统教育旅游线：开辟从风景区到市域北部的闽北红色政府、闽北革命历史博物馆、闽赣省委机关所在地、赤石暴动烈士陵园、上海暴动遗址等旅游专线。

8.1 风景区日环境容量为12400人，年环境容量为340万人。

8.2 风景区近期年游人量为96万人，平均日游人量为3600人；远期年游人量为200万人，平均日游人量为7400人。

9.1 以架壑船棺为代表的古越文化；以朱熹为代表的朱子文化；儒道佛三教文化；武夷山岩茶文化等均是武夷山文化景观的代表。

9.2 古越族文化：保护好架壑船棺并选择良好的观景台。在城村建立古越音乐、歌舞演奏台。编排以古越文化为主导内容的九曲溪导游词。在城村建立古越文化博物馆，并设一处模拟的古越族生活区。开辟从九曲溪到城村的水上古越文化旅游专线。挖掘彭祖文化题材，在风景区内修建彭祖纪念馆。

9.3 南宋理学文化：修复武夷精舍，划定其保护范围。建立朱熹纪念馆及研究机构，定期召开朱子学座谈会、研讨会等。将风景区的五夫里与朱熹墓的游线串在一起，开发朱子文化的旅游专线。

9.4 道释文化：冲佑观恢复原貌，朱熹纪念馆另搬他处。止止庵可复原，白云岩可加以保护、维修。武夷山佛教文化以永乐寺为中心，道教文化以开源堂为中心。在武夷山风景区内原则上不修复或发展其他寺庙、道观。

9.5 岩茶文化：修整御茶园，茶科所迁出御茶园，在园内开辟高档次的茶道表演。桂林开辟为岩茶村，形成武夷山岩茶的生产、经销集散地和普通茶道的表演场所。定期开展以岩茶为内容的征文会、研讨班及科普讲座等。

9.6 名人、民俗风情及民间艺术：在城村建立民俗村，安排武夷山乃至全省的民俗文化题材于民俗村内，形成具有典型福建地方特色的民俗文化集中地。在民俗村内可单独辟出柳永纪念馆及纪念性塑像。定期在民俗村举办民间艺术表演及在九曲溪两岸唱茶歌等。

10.1 风景区分成四级保护。一级保护区27.30km²，以风景区内六个景区的用地为界；二级保护区41.2km²，以风景区的规划用地为界（扣除一级保护区和溪东服务区用地）；三级保护区80.5km²，即风景区外围的保护地带，加上溪东服务区用地；四级保护区636km²，即九曲溪上游面溪一重山的水源保护地带。

10.21 规划近期将迁出武一组、马头村、佛国、慧苑、水帘五个自然村，远期将迁出武二组、九曲组、瓦瑶珑、耕山队四个自然村，迁出人口694人，安置地点在杜坝区南边，用地约8hm²。

10.22 村庄人口现有11363人，近期约1.19万人，远期约1.29万人，村庄建设用地约130hm²。

10.23 景区范围内的村庄人口应严格控制，只出不进，人口自然增长率近期控制在10‰，远期控制在8‰以内。

10.24 有计划地生产旅游产品及其副产品，使村庄经济从农业型向旅游型经济转变。

10.25 风景区的土地利用类型可划分为：重点林地、一般林地、建设用地、溪东服务区、农地、茶园、疏林草地、村庄、道路及停车场、水体共十类。

风景区土地利用规划一览表

编号	用地类型	土地利用规划内容	用地面积（公顷）	占总用地比例（%）
1	重点林地	具有地带性植被类型的精华林地，需严格保护	429.7	5.44
2	一般林地	游览区内一般用地，严禁砍伐，应造林植树	4760.5	60.27
3	建设用地	根据要求确定建设指标，绿地率应达到40%以上	172.5	2.18
4	溪东服务区	以服务类项目为主，绿地率应达35%以上	1026.0	12.99
5	农地	农业用地，可转为林地，但不得转为其他用途	582.6	7.37
6	茶园	茶园要提高单位产量和质量，不得再开茶园	98.0	1.24
7	疏林草地	要尽快绿化荒地和封山育林	475.9	6.02
8	村庄	明确用地范围，不得任意发展	129	1.63
9	道路及停车场用地	加强行道树建设	12.0	0.15
10	水体	严格保护水质、水量	213.8	2.71
	合计		7900	100

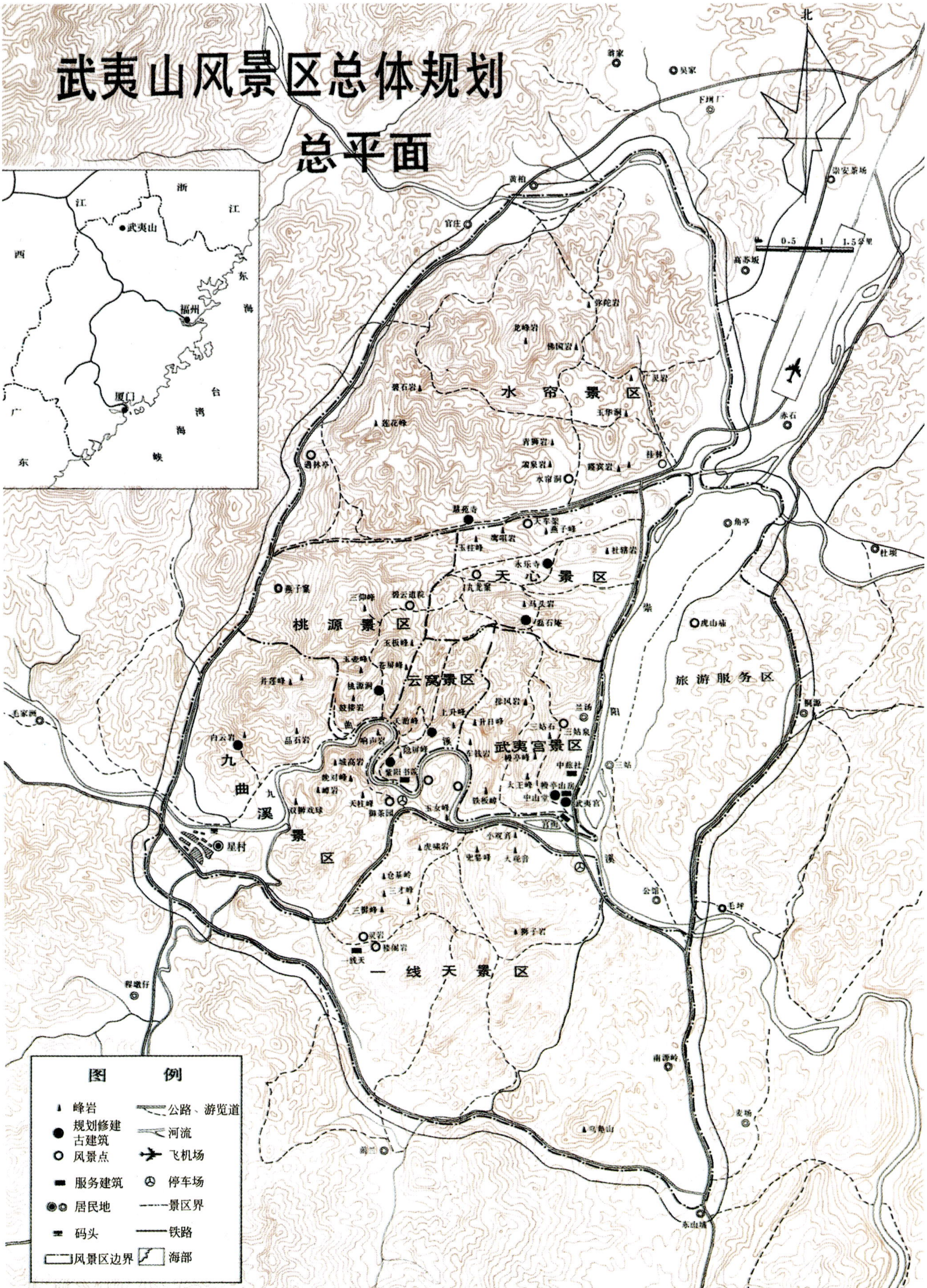

总平面（1983年规划成果）

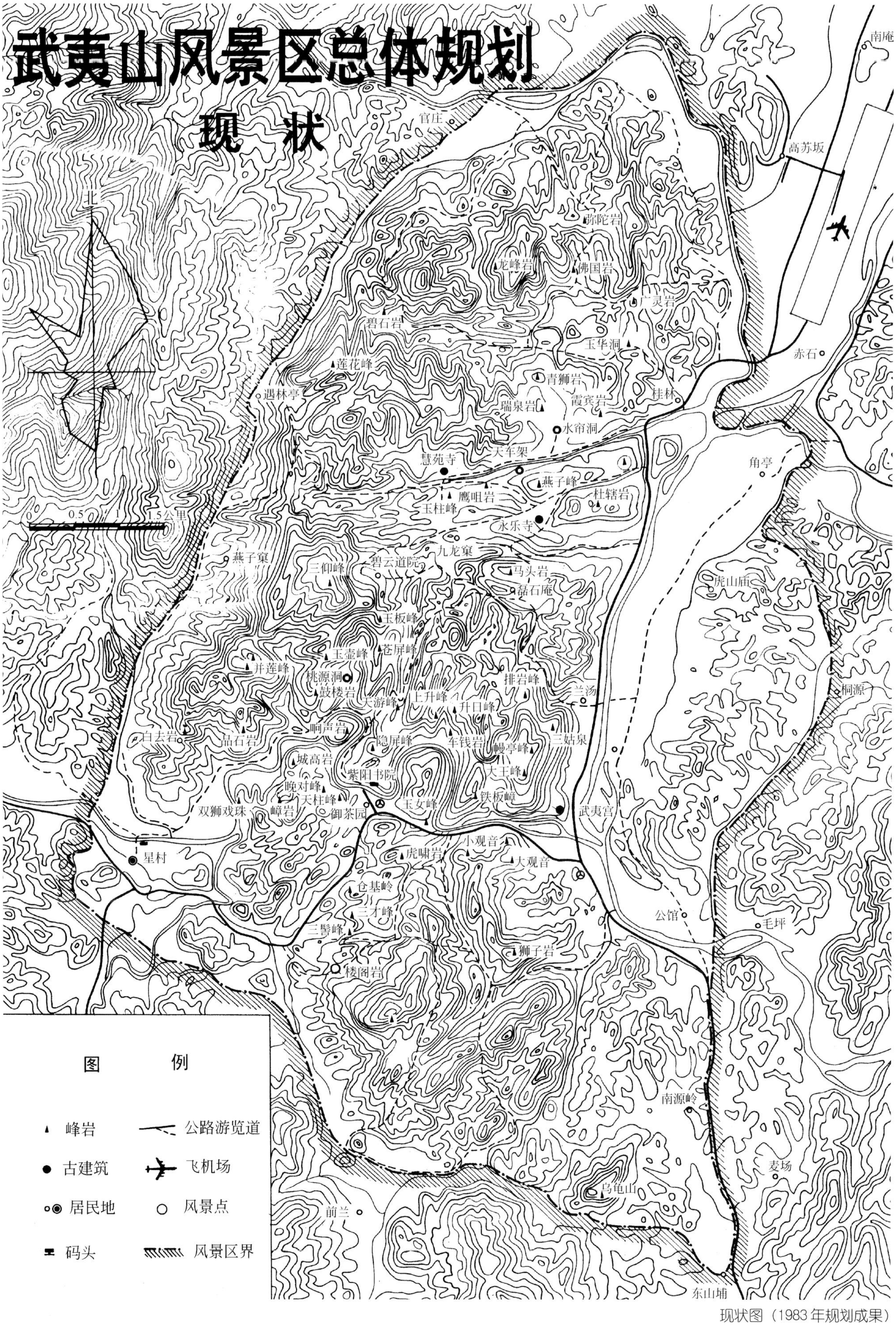

现状图（1983年规划成果）

25 赤水风景区总体规划（节选）

1.赤水风景资源主要分布在风溪河、四洞沟、官渡、长嵌沟、丙安一带。

风景资源评价。赤水风景资源有五大特点：瀑布、竹海、桫椤、丹霞地貌、原始森林。赤水风景区共有景点58个，其中一级景点12个，二级景点24个，三级景点22个。

2.性质和范围

以瀑布群、竹海、桫椤、丹霞地貌、原始森林五大类自然景观和"四渡赤水"革命纪念地为主体，兼有文物古迹，集游览、科普、革命传统教育为一体的国家重点风景名胜区。

规划确定赤水风景区规划面积为328km²。风景区涉及六镇三乡，共47个村委会，人口约3.6万人。

3.总体布局与规划要点

赤水风景区结构类型为具有风景名胜系统、管理服务系统、居民社会系统三个系统的综合结构类型。由于风景资源的分布特点，规划处理为组团式布局形态。

（1）风景名胜系统规划。采用风景名胜区、景区、景点、景物四级结构。根据资源分布状况划分为7个景区，景区之外规划了18个独立景点。

（2）管理服务系统。采用管理服务中心、管理服务镇、服务站、服务点四级结构式。前两级为管理、服务两项功能聚合一处，后两级为服务性质。个别景区有管理机构与服务站结合的。

（3）居民社会系统。采用市、乡镇、村委会、自然村四级结构。本系统涉及面广而复杂，规划重点考虑风景区内的居民分布问题。首先，严格控制各景区外居民盲目地迁入景区，造成人口压力。其次对景区现有居民要有计划地引导，选择适宜的地点，建设居民新村，改变目前过于分散的聚落形态。同时也有利于农民的脱贫致富奔小康和风景资源的保护。例如，十丈洞景区可选择张家湾与香溪湖两处。四洞沟景区可在孔滩桥附近。

4.游人容量预测

（1）游人预测。近期（1997—2000年）17.5万；中期（2001—2005年）53.4万；远期（2006—2010年）132.9万。

（2）容量预测。十丈洞景区：225万人/年。四洞沟景区：120万人/年。天台景区：

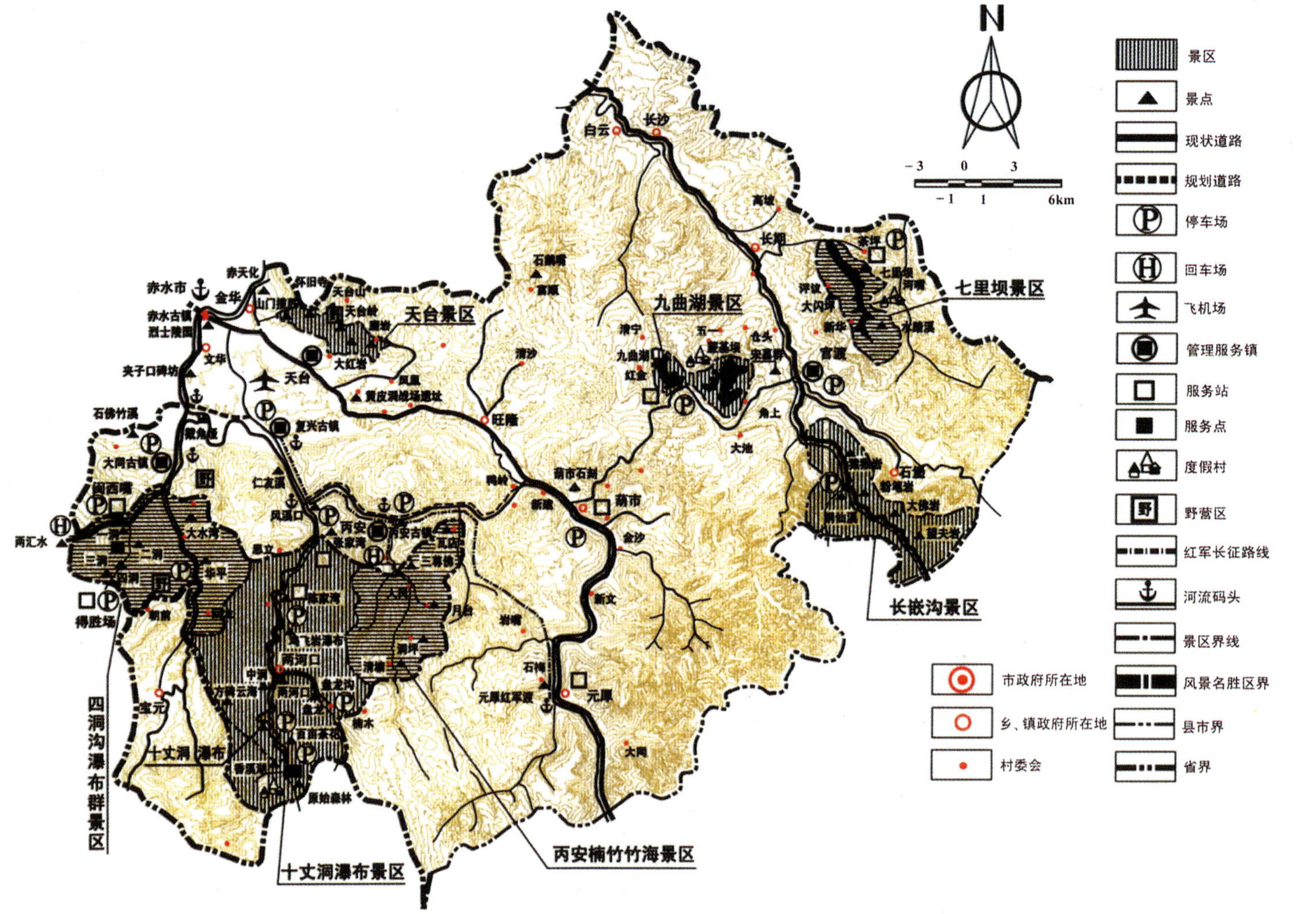

规划总图 1997–2010

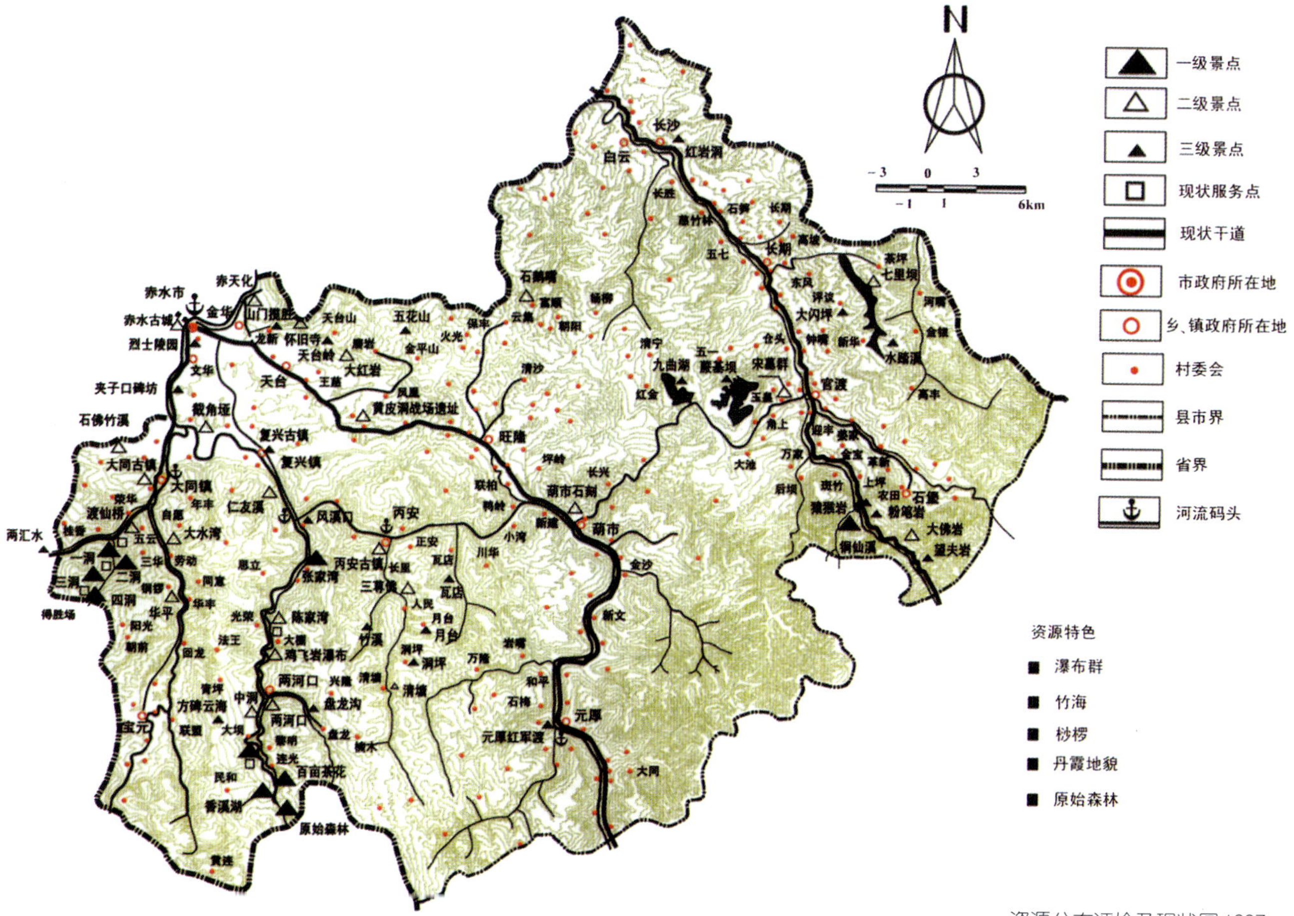

资源分布评价及现状图 1997

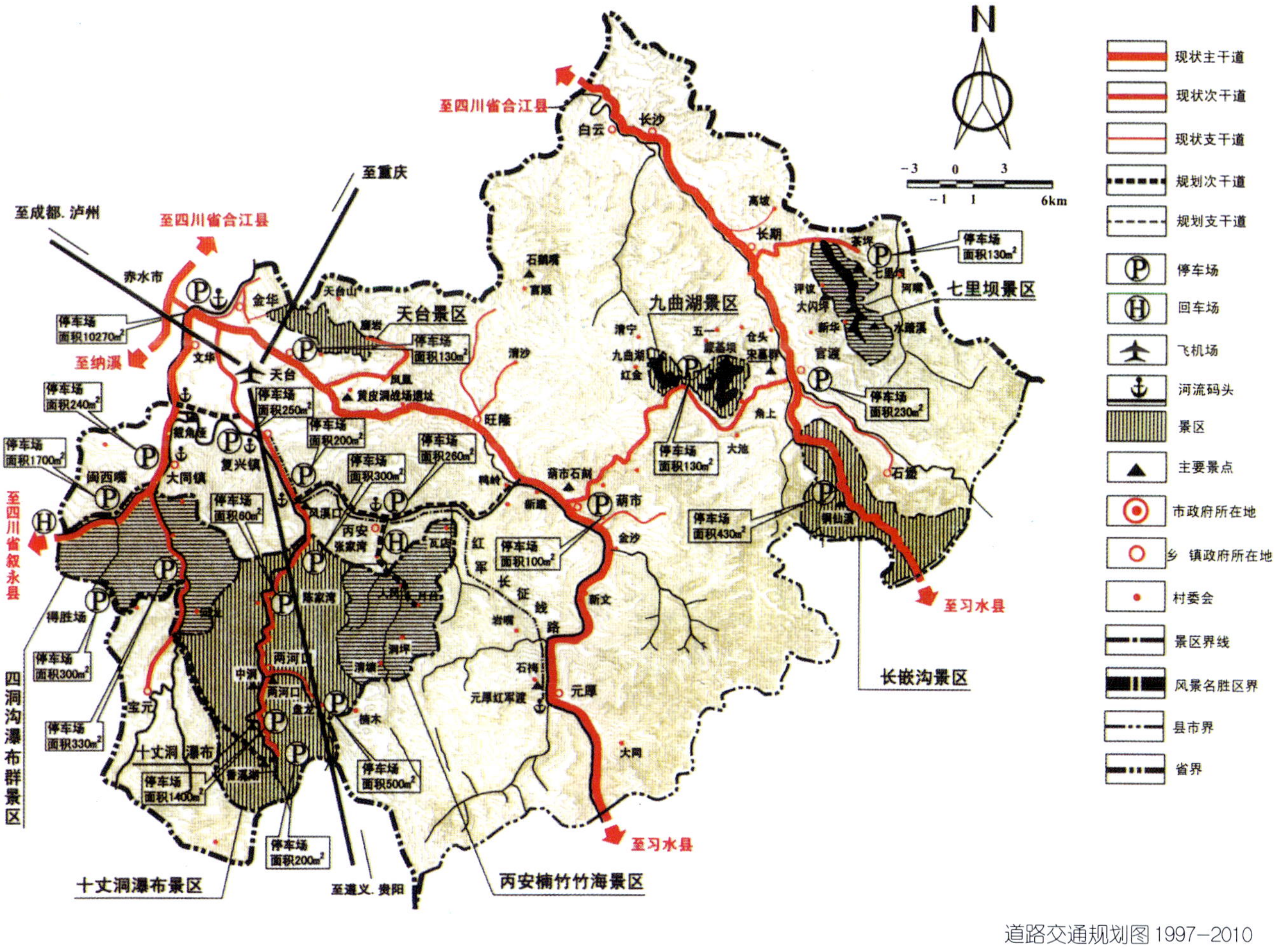

道路交通规划图 1997–2010

24万／年。长嵌沟景区：54万人／年。丙安景区：36万人／年。九曲湖景区：200万人／年。七里坝景区：60万人／年。据此，年总容量为719万人，2010年以后尚有发展潜力。

5.特色规划

（1）景观特色。瀑布：为解决目前小水电站与瀑布争水的问题，最根本的办法是接入国家电网。竹海：建立竹类园，丰富景观内容。桫椤：人工繁殖桫椤，使之成为商品，改变“养在深闺人未识”的局面。丹霞地貌：加强丹霞地质的研究，在建筑材料、旅游商品上应用丹霞石。原始森林：通过专题旅游实现其景观和保健价值。

（2）建筑特色。形式上从川南黔北民居吸取养料，材料上突出竹和丹霞石特色。

（3）旅游特色。开展“瀑乡行”专题系列影、像摄制，为游人留下珍贵的纪念。“竹海行”以竹为主题，做到观有竹，行有竹，食有竹，居有竹。“桫椤王国漫游”以科普为主题，制作恐龙模型并模拟恐龙时代环境气氛，唤起游人对远古时代的探知欲望。“丹霞情思”在观赏丹霞地貌景观的同时，开展科普教育，并向游人推出以丹霞石制作的工艺品。“森林医院”以发挥森林空气清新，负离子多的特点，为游客开展保健旅游。重走“红军长征路”以四渡赤水为主题，沿着红军长征路线徒步旅游、考察。

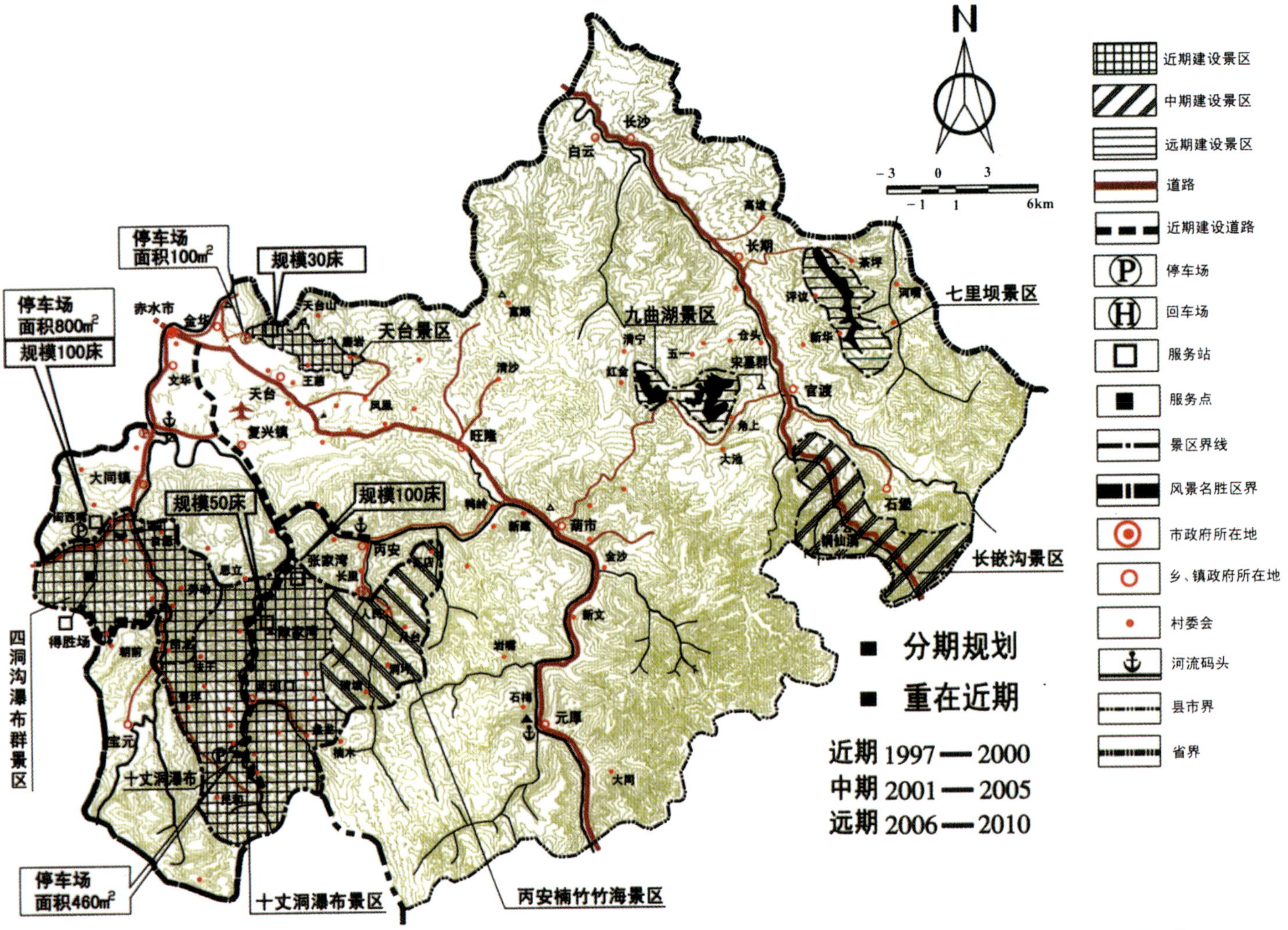

分期建设规划图 1997–2010

26 黄果树风景区总体规划（节选）

一、资源特点

1.黄果树大瀑布闻名于世，是中国第一大瀑布，在《旅行家》杂志“世界瀑布之最”调查中被归入“最壮观”之列。明代地理学家徐霞客对之大为赞赏：捣珠崩玉，飞沫反涌，如烟雾腾空，势甚雄厉。认为他所见过的瀑布从无此阔而大者。

2.密集分布的大小瀑布共有12处之多，因瀑布成因多样，被称为“喀斯特瀑布博物馆”。

3.以大瀑布为中心，瀑布群为主体，加上石林、溶洞、峡谷、水潭和泉水，使黄果树成为规模巨大、内容丰富、美学价值和科学价值都很高的喀斯特游览区。据调查分析，安顺地区是中国最典型的喀斯特地貌发育区，黄果树风景名胜区尤以天生桥石林和水上石林最为突出。

4.人文景物丰富多彩：“千古之谜”红崖碑、独特的岩石建筑、浓郁的布依族和苗族风情，为本风景区构筑了丰富多彩的人文景观。

二、区域发展条件

黄果树风景名胜区处于贵州西线游览线的中央位置，该游览线是本省黄金旅游线。贵阳—黄果树高等级公路、320国道可到风景区；滇黔铁路经过西线旅游中心城市安顺市，南昆铁路也将经过西线旅游区。

三、风景区范围

黄果树风景名胜区东起三岔湾，西至鸡窝田，南起郎弓，北至偏坡，包括现镇宁、关岭两县所辖4镇3乡共32个行政村。面积115km²。

风景区外围保护地带北至镇宁、关岭两县界，南至打邦河谷八德，东起包括白水河、坝陵河主要支流桂家河、王二河、丙舞河，面积（包括风景区115km²）共425km²。

四、景区划分和功能布局

1.大瀑布景区，面积8.5km²，白水河上以黄果树大瀑布为主，周围山脊为界形成的景区，包括大瀑布、陡坡塘瀑布、螺丝滩瀑布、龙王庙、石碑林、滑石哨布依族村寨六个景点。

2.天星景区，面积5.76km²，三岔河谷，以石峰石林为主，包括天然盆景、水上石林、天星洞和河星民族村四个景点。

3.滴水滩景区，面积5.5km²，坝陵河谷，包括滴水滩瀑布和大树跨岩瀑布两个景点。

4.坝陵河访古景区，面积4.16km²，以古驿道相连，红崖碑为代表的人文景观区，包括晒甲山、红崖碑、双泉寺和关索庙四个景点。

5.石头寨景区，面积6.2km²，围绕石头寨，以民族风情为主的景区，包括石头寨布依民族村、天生桥瀑布和者斗洞三个景点。

6.郎弓景区，面积2.4km²，以峡谷九滩十潭、郎弓民族村及亚热带河谷植被为主，包括郎弓民族村景点。

此外，包括石鸡晓唱景点和风景区外围上垌景点、关脚瀑布景点。景区面积共32.52km²，占风景区总面积的28.28%。

由于二道沟位于大瀑布景区附近，相对隐蔽，地势平坦，能更好地疏散大瀑布景区常住人口，规划作为本风景区旅游服务中心，镇宁和关岭两县为生活物资供应基地；贵黄公路尽端白水镇为旅游服务次中心，已

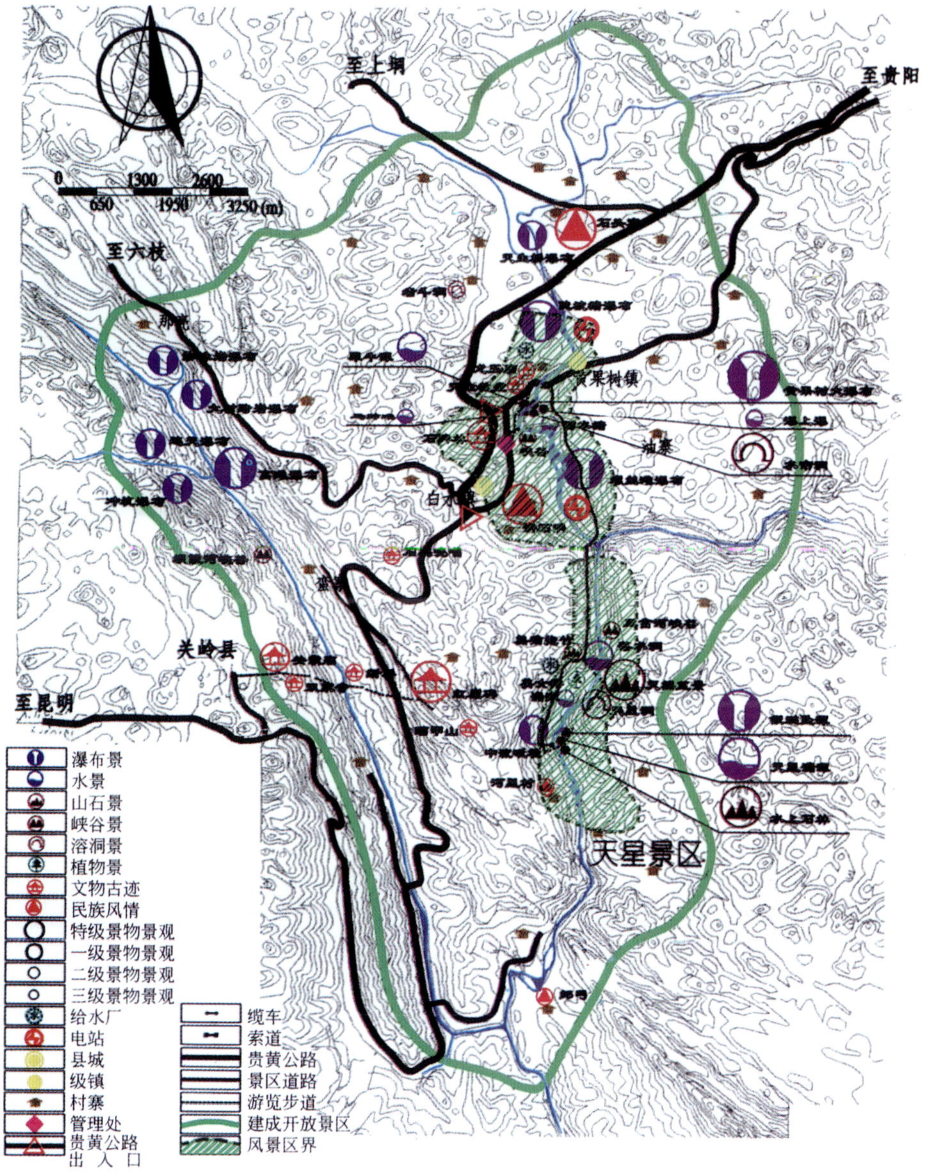

资源评价及现状图

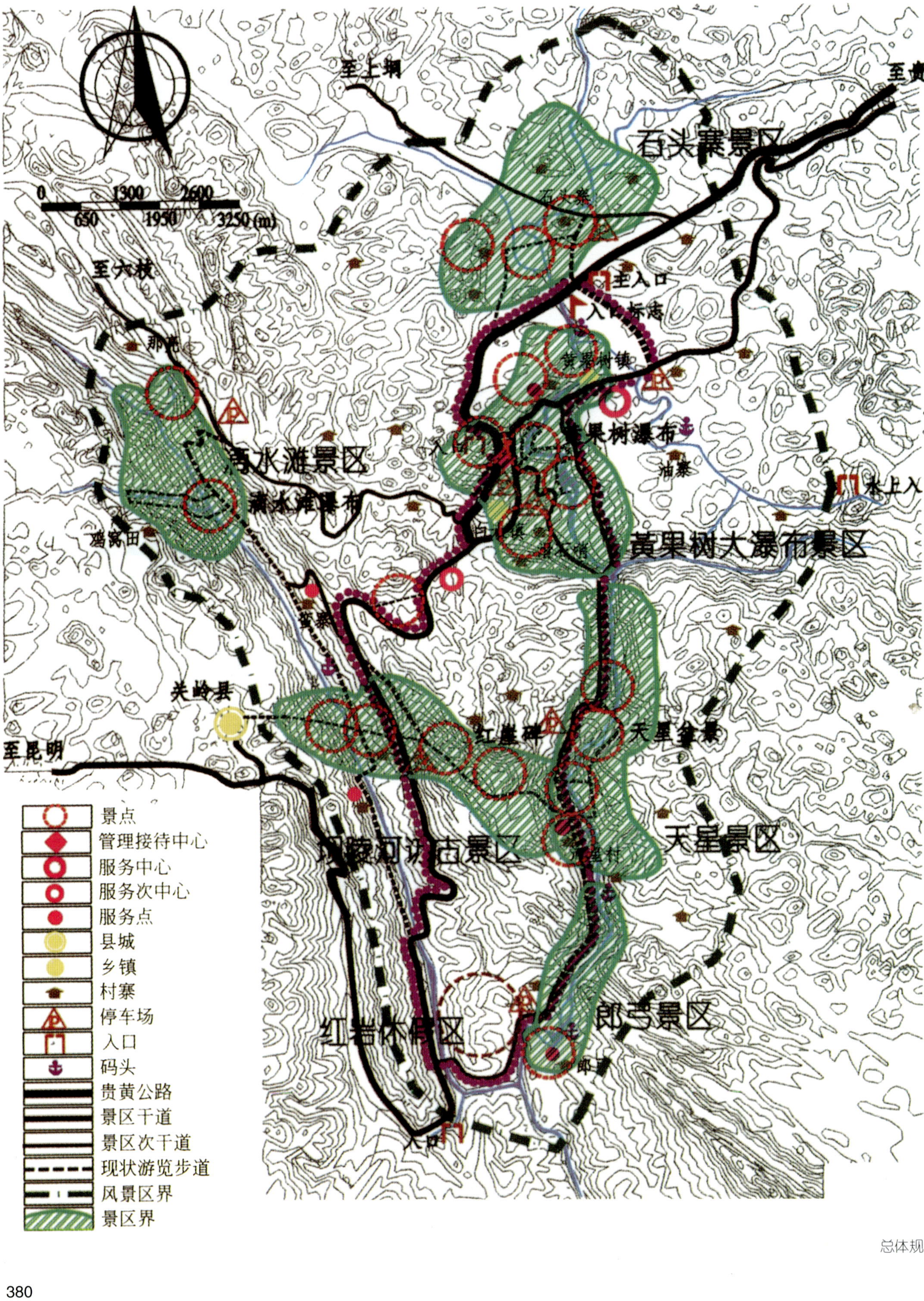

至上坝
至贵阳
石头寨景区
主入口
入口标志
黄果树镇
至六枝
滴水滩景区
滴水滩瀑布
黄果树瀑布
油寨
水上入口
黄果树大瀑布景区
关岭县
至昆明
红崖碑
天星盆景
天星景区
坝陵河访古景区
郎宫景区
红岩休假区
入口
0
1300
2600
650
1950
3250(m)
景点
管理接待中心
服务中心
服务次中心
服务点
县城
乡镇
村寨
停车场
入口
码头
贵黄公路
景区干道
景区次干道
现状游览步道
风景区界
景区界

总体规划图

具备较完善接待服务设施的王海坝为管理接待中心，位于白水河下流的红岩村为休假服务区，服务站依托石头寨、河星村等村寨建设，服务点结合游览线布置。

五、游人容量

本规划采用“线路容量法”为主，其他方法校核来计算游人容量，参考有关规划单位规模指标取4m/人。以大瀑布景区为例：

大瀑布景区规划步行游览道7300m，同时容量＝7300÷4＝1825人，日游览时间为10小时，周转时间3小时，日容量＝1825×10/3＝6083人。

依此例计算出各景区的游人日容量并相加，得出景区游人总容量为23753人。

游客量预测，根据近几年的游客量变化情况，取近期游客量增长率8%，中期12%，远期8%，游客量基数取54.6万人次，高峰日日容量以平均日的2.2倍计：

近期：1996—2000年，54.6$(1+8\%)^5$＝80.23万。

平均日：80.23÷240＝3343人，高峰日3343×2.2＝7354人。

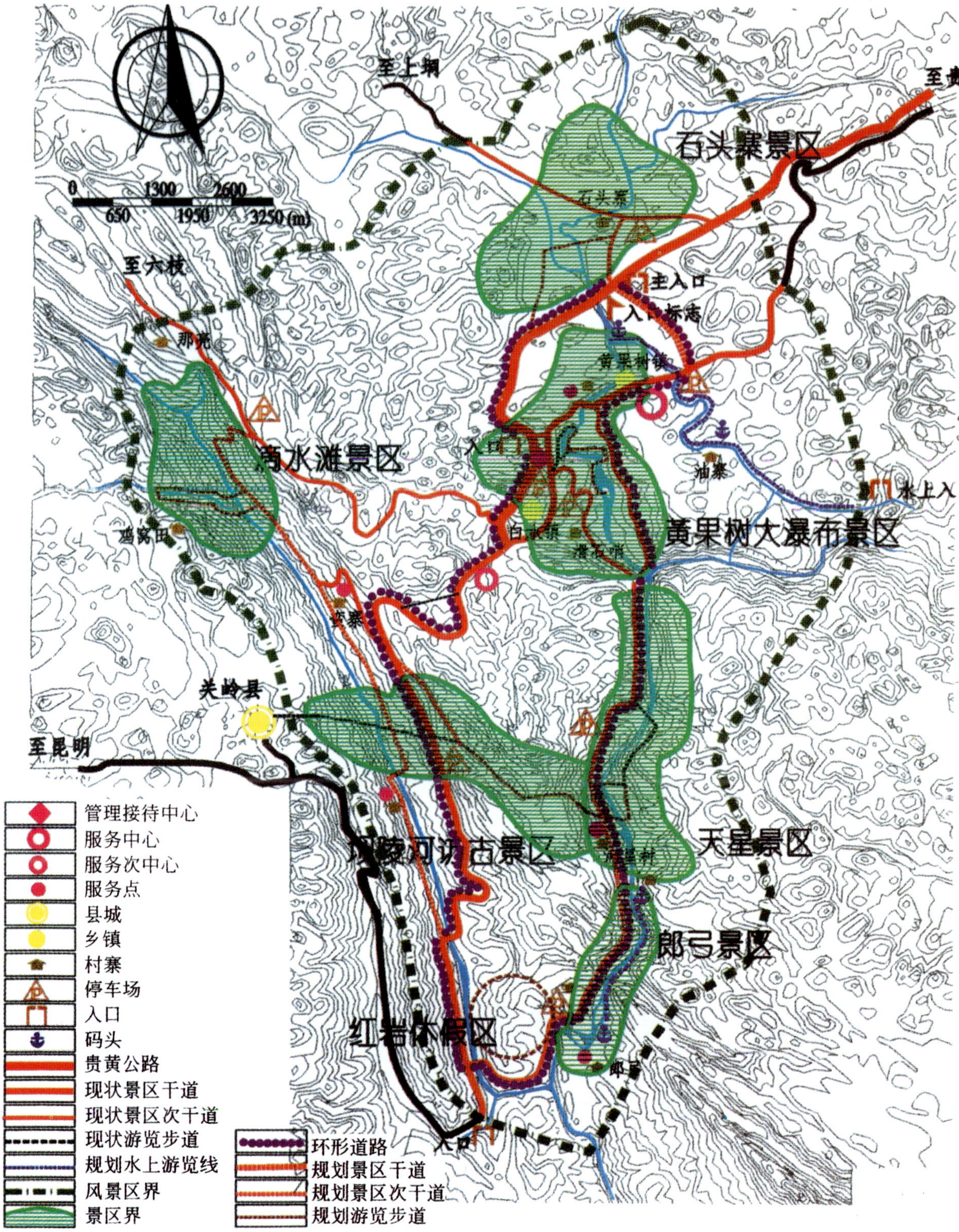

道路交通规划图

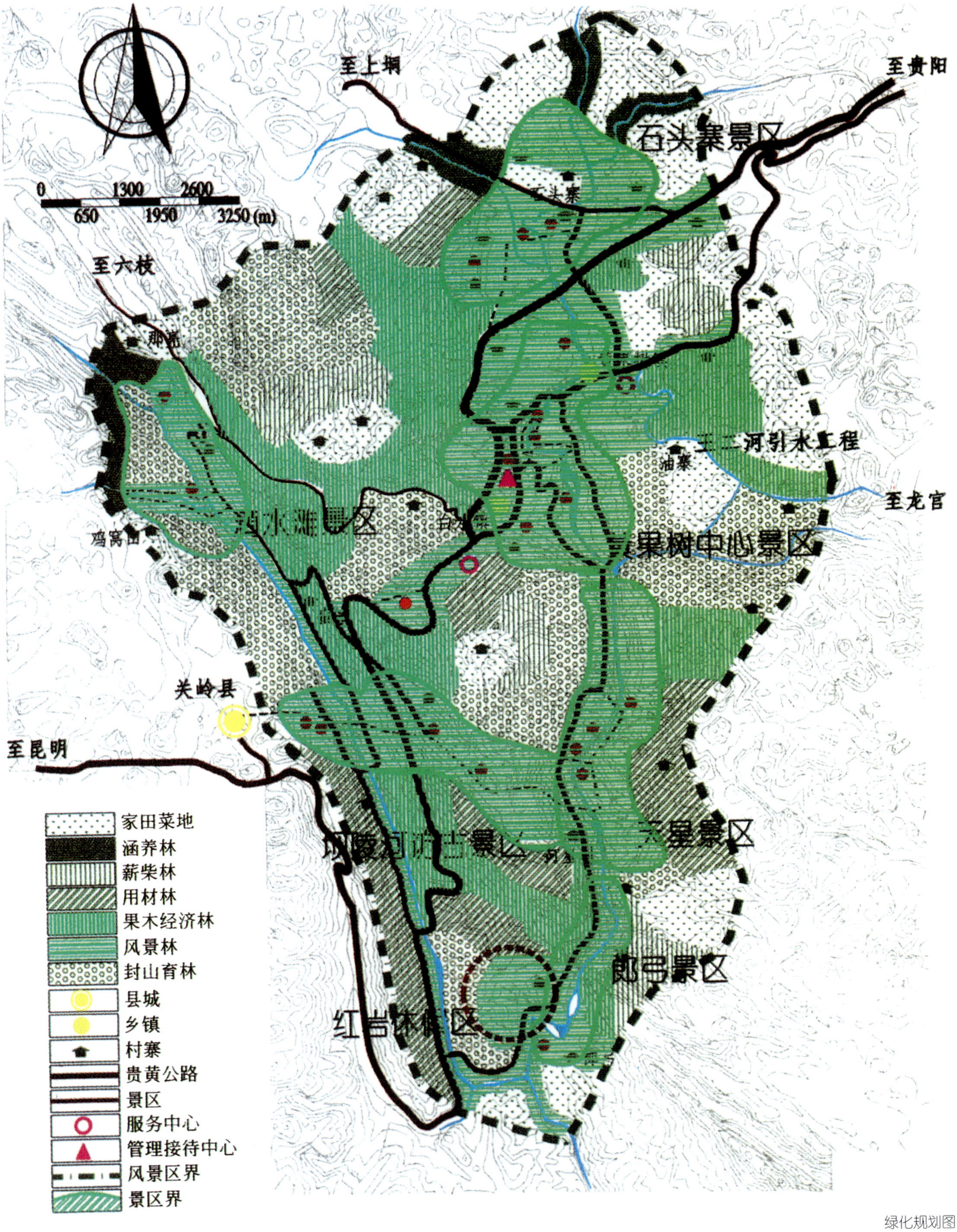

至上垌
至贵阳
石头寨景区
0
1300
2600
650
1950
3250 (m)
至六枝
鸡窝田
王二河引水工程
油寨
至龙宫
果树中心景区
关岭县
至昆明
天星景区
郎弓景区
家田菜地
涵养林
薪柴林
用材林
果木经济林
风景林
封山育林
县城
乡镇
村寨
贵黄公路
景区
服务中心
管理接待中心
风景区界
景区界

绿化规划图

27 海坛风景区规划（节选）

第一部分　海坛风景区总体规划

1.3　规划指导思想

(1)重视风景资源多重性的合理与综合利用。

(2)重视发展中的多目标协调。

(3)重视风景区多功能的统筹安排。

(4)优化组合风景体系与县域整体的结构关系。

(5)把握时代特征，突出地方特点。

1.4　规划基本原则

(1)规划的风景区运转机制结构，要有利于风景区自我生存和有序发展。

(2)规划的游人容量和人口规模及分布，要有利于风景区保护与开发利用的协调。

(3)规划的设施标准和等级配备及发展程序均应符合国情和时代发展要求。

1.6　发展战略

平潭的社会经济发展战略是: 以海洋业为基础,以风景旅游和对台经贸合作为突破口，积极发展能耗低、水耗低、污染少、效益高的工农业，加强城镇基础设施建设，逐步开拓海运，提高人口素质，依靠科技进步综合利用海岛资源，带动整个外向型经济发展。

2.1　平谭县域内景源共有二大类、六中类、三十二小类。

2.2　海坛风景区风景资源主要特征有: 神秘奇特的岛屿礁石，清新迷人的海湾沙滩，类型多样的海蚀景观，生动丰富的象形山石，少见多趣的沙坡沙堤，军事遗址遗迹。

2.3　对在平潭县域内所选的128个景点进行评价，得出结果是：特级景点空缺，一级景点8个，二级景点23个，三级景点57个，四级景点40个。

3.1　国家重点风景名胜区，包括石牌洋、石人坛、王爷山、君山、南寨山、青观顶等六个风景游览区和坛南湾、山岐澳等两个海滨度假区，共计49km²。

3.2　依托的县域城镇体系，包括县城潭城镇，澳前、北厝、苏澳、流水、敖东五个中心镇和田美旅游镇，共计20km²。

3.3　规划的整体结构按内部相关的组织网络，采用三系统分层次结合。即：

风景游览系统——①风景区、②功能区、③景区、④景点

游务设施系统——①旅游开发区、②旅游镇、③旅游村、④旅游服务点

城镇管理系统——①县城、②中心镇、③乡镇、④自然村

3.4　规划的整体布局形式是类同心圆，以县城为中心，半径13km的海陆交接带为第一层圈，有相对独立的功能区和若干城镇散布在环岛海滨地带；距主岛7海里范围内的岛屿为第二层圈，有若干景区景点分布其间；以县城为中心的道路系统和海上航线将它们联结成整体。

4.1　海坛风景名胜由六个风景游览区和两个海滨度假区组成，规划陆域面积共计49km²，海域面积共计22km²，合计71km²。

5.1　依据景点分布、景源类型、地域特征和环境条件将风景区划分为风景游览区和海滨度假区两类功能区。共有石牌洋、石人坛、王爷山、君山、南寨山和青观顶六个风景游览区，有坛南湾和山岐澳两个海滨度假区。

5.2　石碑洋风景游览区是以半洋石帆（一级景点）、球状风化石等奇特海蚀地貌为主的景观特色，以奇石观赏、海上观光、海

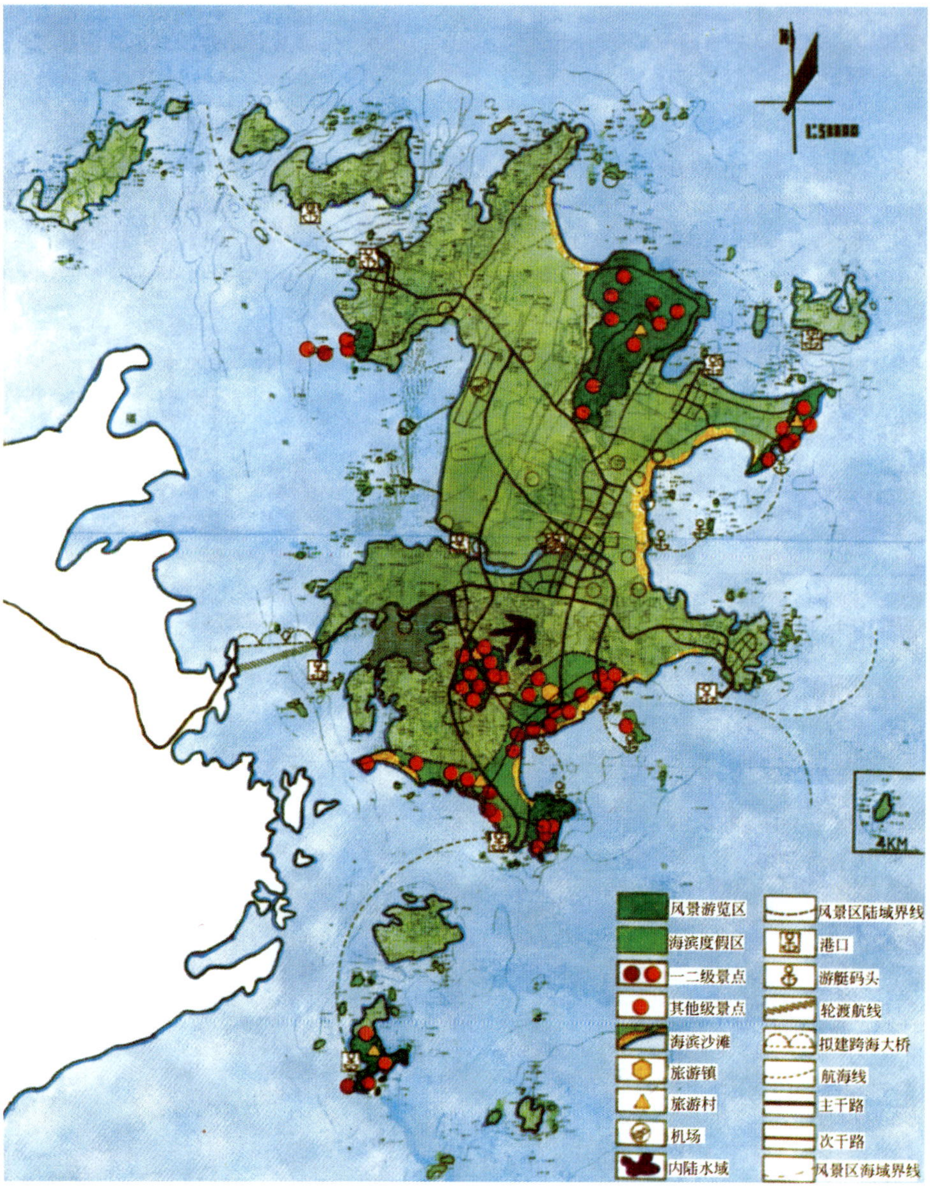

总体布局图

岸游览、科普科教为主要活动内容。规划景点4个。

5.3　石人坛风景游览区是以海坛天神(一级景点)的海蚀奇观和沙坝海滩、海岛风光为主要景观特色,以自然观光、岛礁揽胜、天神崇拜为主要活动内容。规划景点4个。

5.4　王爷山风景游览区是以“仙人井”(一级景点)为代表的海蚀地貌和王爷山现代军事遗址为主要景观特色,以海岸观光探险、军事野营教育、渔港风情体验等为主要活动内容。规划景点10个。

5.5　君山风景游览区是以峰峦岚雾、溪涧山谷、林木奇花、山海一体为主要景观特色,以登高揽胜、眺望海峡、俯瞰列岛、观日出晚霞和山林游览等为主要活动内容。规划景点10个。

5.6　南寨山风景游览区是以象形山石、山岭石景、果林田园为景观特色,以自然观光游览和军事野营为主要活动内容。规划景点10个。

5.7　青观顶风景游览区是以丘陵石景、岬角海湾、寺庙建筑为主要景观特色,以游览观光、寺庙朝圣为主要活动内容。规划景点4个。

5.8　坛南湾海滨度假区是以海水沙滩、岬角风光、起伏丘陵为主要景观特色,以海滨度假和设施配套齐全的娱乐、运动为主要活动内容。规划景点15个。

5.9　山岐澳海滨度假区是以海水沙滩、水坡沙堤、岩岸石景为主要景观特色,以海滨度假、滑沙娱乐、海岸观光为主要活动内容。规划景点7个。

7.1　海坛风景区范围内现有居民村点44个,居民人口约2.5万,结合对景源的保护、风景环境建设、旅游开发和产业结构调整,规划将风景区内的居民点分为搬迁型、缩小改造型和控制发展型三类。

7.2　搬迁型居民点主要集中在坛南湾海滨度假区。有5个村子搬迁至新城镇。

7.3　缩小改造型居民点主要集中在风景区二级保护区范围内。有8个村点。

7.4　控制发展型居民点主要集中在风景区三级保护区范围内,有31个村点。

为促进全县产业结构调整,加快旅游服务业为主的第三产业发展。规划农村剩余劳动力就业应向以下几个方面转移。

(1)风景区的建设与养护管理行业。

(2)直接的旅游服务行业,如旅游服务、商业、餐饮业、导游、运输业等。

(3)旅游纪念品、工艺品加工生产。

(4)农副产品、林副产品、海洋水产品的生产。

(5)特色旅游行业。如家庭旅馆、民俗活动表演、手工作坊、渔家风情等。

第二部分　海坛风景区半洋石帆景区详细规划及设计说明

1.概况

半洋石帆景区位于苏澳镇看澳村以西海面,是石牌洋风景游览区内重要景区,全区含三座小岛,陆域面积是1.88hm^2,总面积为6hm^2。该景区的主要景观就是石帆岩,一高一矮两块巨石兀立于岛礁之上,高者约33m,傲然伟岸,矮者约15m,浑圆憨墩,形如鼓满的风帆,故名“半洋石帆”。半洋石帆为海坛风景名胜区中的一级景点,是游览观

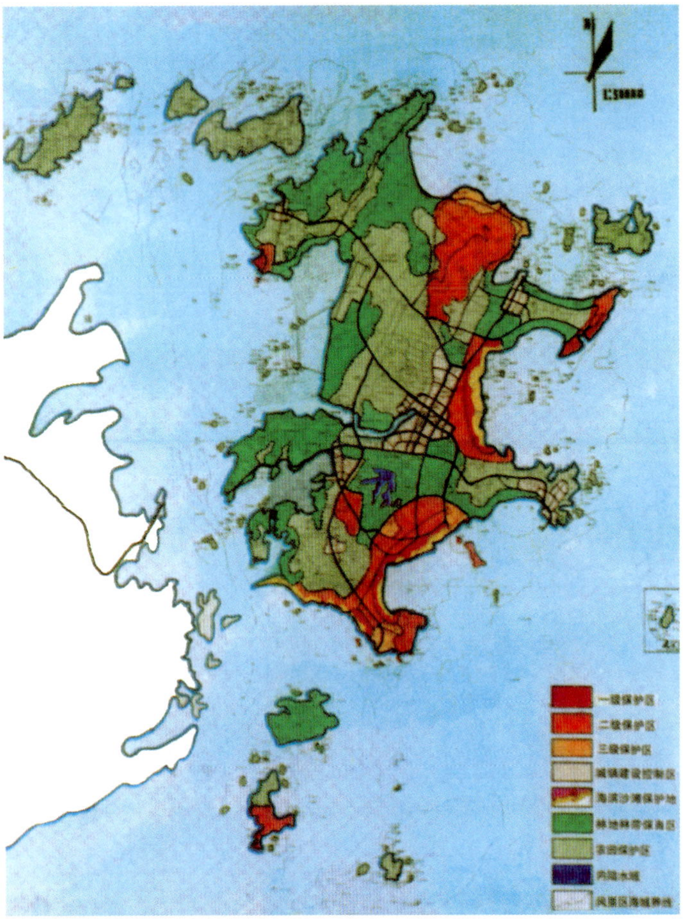

景源保护图

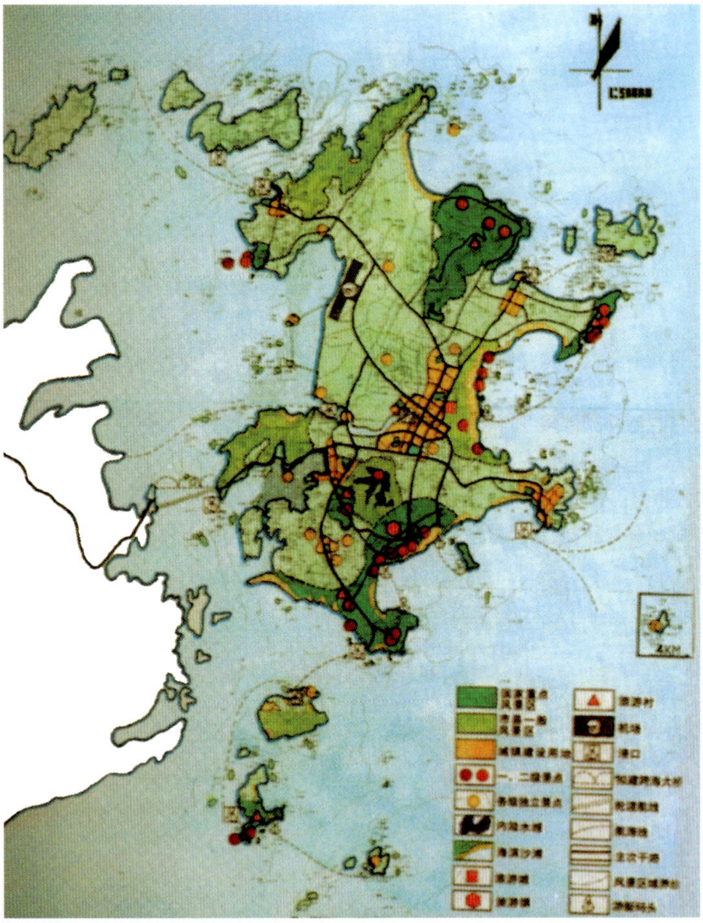

风景体系与城景协调图

光的重点。半洋石帆景区规划突出奇石观赏、海岛游览、科普科教的特色。

2.规划原则与构想

(1) 原则。控制游人容量，设置适量游务设施；禁止采石、随意刻画等活动；加强绿化，提高植被覆盖率。

(2) 构想。服务设施的风格模仿石景，同时采取抽象设计造形，利于形成和谐的景观；完善景区内部的交通，适当修建游船码头、浮桥、浮堤等；加强历史掌故和民间传说内容的开发，使景区具有文化内涵；以海洋生物仿真雕塑小品点缀景区，丰富景观，加强科普科教内容。

3.景点景物规划

(1) 海岛寻趣景点。包括西岛和西、中二岛之间的水面。“海中仙境”石碑位于景区入口处，仿摩崖石刻，介绍景区的典故、游览路线等。海上明月台为露天演出台。天后亭建于西岛最高点，游客可拜天后神，增加情趣。“海鲜居”快餐厅，品尝海味佳肴之处，可赏石帆岩。海香茶室主体为一圆壳体结构，室内地坪设在最高水位＋5.00m处，可赏石帆岩。龟类、贝雕等小品，分两组，一组布置在茶室前空地，另一组布置在东南岸快餐厅附近，游客可接近或接触，可拍照、观赏。西、中二岛之间水面可安排小潜艇做水下游览项目。

(2) 观海赏岩景点。包括中岛和中、东二岛之间的水面。卧云亭选址在中岛山巅最高点，是全区最佳的观景点，亭子顶部一块覆盘式巨石宛如一朵横卧的浮云，故名“卧云亭”并刻名于此。潜水观光车为中、东二岛之间的连通方案之一，另一方案即可在水面架浮桥。

(3) 石帆迎客景点。是全景区的主要高潮区，在小岛东部留一小型码头。石帆岩保持纯自然面貌，迎送来往的游客。

4.游线组织

半洋石帆景区的出入口设在西岛，游客先抵西岛，由西、中二岛构成前景和中景，可以使东岛石帆岩平添风采，增加趣味。游线如下：

5.三岛之间渡水方式

渡水方式有浮桥、浮堤、小潜艇、海底隧道及潜水车。

6.仿石建筑的工程做法

所有的仿石建筑构件均用钢筋混凝土制造，其外表色泽、节理、质感等均仿当地岩石处理。快餐厅、天后亭、卧云亭等屋盖处理：不规则巨形圆饼状，周边较薄而中部较厚，可用钢网架上下敷钢丝做出外廓，再用水泥砂浆在水面塑出外形。如此，屋盖为中空的，可减轻重量，亦可有隔热的空气层。

7.观赏小品设计

观赏小品指那些海洋生物的仿真雕塑。可选择三大类：两栖类、鲸豚类、贝壳类。小品的布置注意选址，且不宜过多。

8.摩崖石刻

以题刻或岩画等方式，深化景观意境，丰富景观内涵。摩崖石刻不可过多，所有内容需请有关专家把关。

9.植物配置

根据各岛条件和游览功能及景观特征分析，应以西岛为绿化重点。树种以台湾相思、仙人掌及攀缘匍匐类为主。具体种植设计待1/100地形图测出后，结合现场踏察再定。

10.主要技术指标

景区规划总面积6.00hm²（含有关海面），其中陆域面积1.88hm²(西岛1.17hm²，中岛0.25，东岛0.46hm²)；建筑面积2250m²（包括露天平台、看台、展示场等）；道路广场面积1200m²（路宽2m）；桥梁堤坝面积370m²；建筑密度14%。

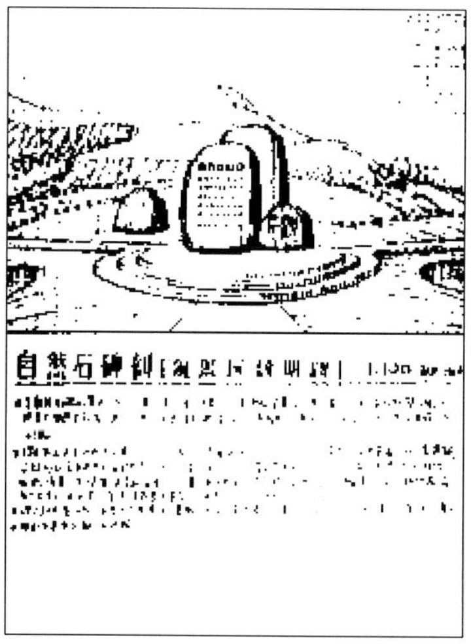

半洋石帆景区景点设计

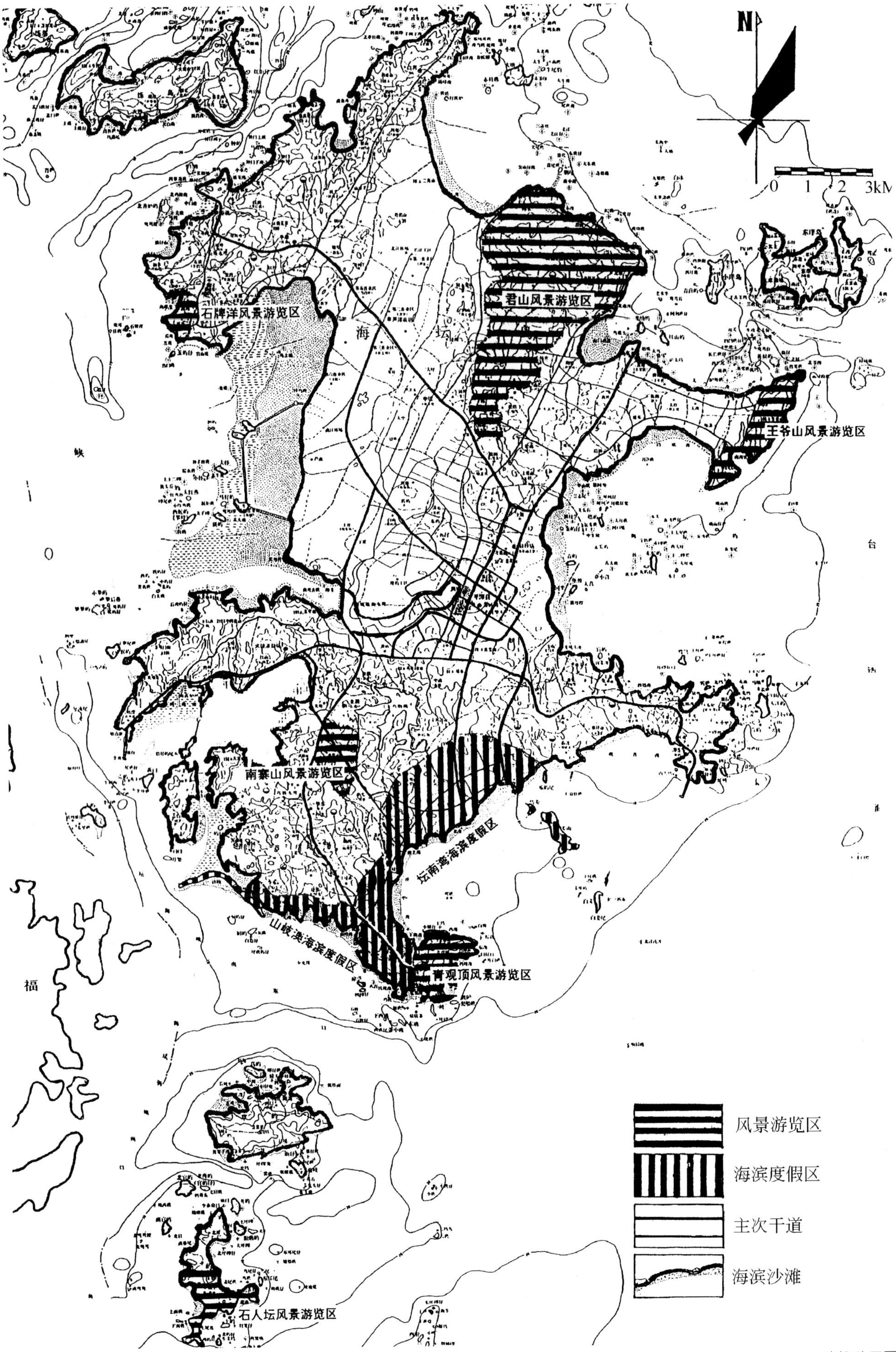

N
0 1 2 3kM
君山风景游览区
石牌洋风景游览区
王爷山风景游览区
海
坛
南寨山风景游览区
坛南湾海滨度假区
山岐澳海滨度假区
青观顶风景游览区
石人坛风景游览区
风景游览区
海滨度假区
主次干道
海滨沙滩

功能分区图

28 三亚风景旅游区域规划（节选）

一、概况

三亚风景旅游区域地处海南岛最南部，位于北纬18°09′～19°00′、东经108°40′～110°12′之间，大体包括三亚市、通什市、保亭县、陵水县、乐东县等二市、三县行政范围。南北宽约100km，东西长约210km。

规划范围内，总面积8100km^2。总人口约123万人，其中城镇人口17万人。

三亚区域海岸线总长度为384km，海水温度在22～28℃之间，透明度为8～12m，海岸带景点有35个，绝大部分集中在南部海滨。南部海岸受五指山支脉向南辐射的影响，形成了高低错落的山岭和丘陵、岬角和岛屿、优良的港湾和沙滩。大部分滩湾的内湾性好，有高低起伏的青山、岬角所围抱，海水清澈，沙白潮平，海上渔帆点点，沿岸椰树婆娑，胶林遮日，四时花果，天光云影，一派热带海滨风光，是我国一处极为宝贵的避寒冬泳胜地。

二、景源优势

三亚区域是我国最南端的、具有优越的海洋气候条件、典型的热带景观的风景旅游区域。在8100km^{2}范围内，聚集着十大风景资源：

阳光、海水、沙滩、气候、森林、动物、温泉、岩洞、风情、田园。

十大风景旅游资源融会于一区，可以称为一绝！仅就资源而论，三亚区域已经具备了吸引了国内外游客，建设国际性风景旅游区的基本条件，评价说明，她是一处尚未开发的、举世罕见的避寒冬泳、旅游度假胜地。

三、景源分布特征

融合海、山、生物、风情于一体的十大风景旅游资源分布在以三亚市为圆心、半径85km的扇形范围之内。

三亚区域北高南低，北部竖向突出部是千米以上的高山峻岭、秀峰奇岩，热带原始森林等堪称国内少见。海拔1867m的五指山巍峨矗立，雄踞海南，主山脉分两路伸延，在山野之中造就了曲折、跌宕的溪涧、峭壁、潭瀑，以及伴生的热带原始森林，是区域内峰峦、森林、动物、天景、水景荟萃之地，具有山林野境中所特有的幽邃、神奇色彩。

自五指山向南放射着五路支脉伸向南部

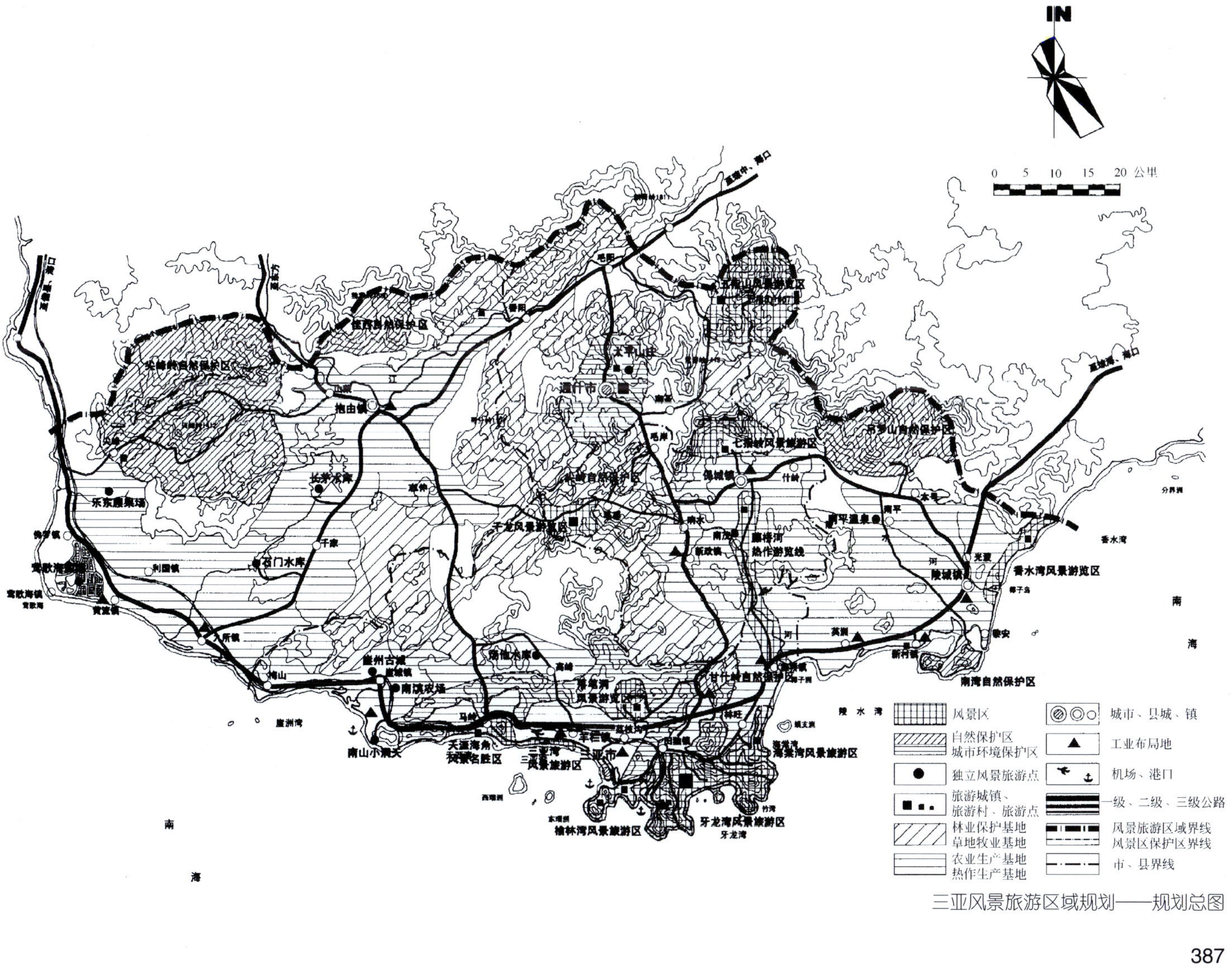

三亚风景旅游区域规划——规划总图

海滨，在山海结合部形成了众多的海湾、半岛、岬角、海滩、海岛，因而产生了牙龙湾、榆林湾、天涯弯、海棠湾等优质海湾、沙滩。这里聚集了海岸带景源的精华，与国内、外同类资源相比，具有规模大、质量高、环境美的特征。

扇形范围的中部是温泉、溶洞、热作田园、黎苗民族风情的集中之地，构成了具有海南特色的典型热带景观，是旅游度假的理想天地。

北部高山密林形成天然屏障，这里气候凉爽、空气清新、环境优美，是避暑、科研、科考、探奇、狩猎佳处；南部海滨阳光充足、沙滩连绵、水清沙白，是开展避寒、冬泳、度假等活动的胜地；由此可见：南部御寒与北部避暑；海滨进行海水浴、日光浴与山区开展温泉浴、森林浴；这种两大绝然迥异的风景旅游资源，在南北80余公里范围内的共存与互补，是三亚区域景源最为独特之点。

四、规划原则与发展目标

1.综合本区域内的风景环境、旅游服务设施及社会、经济、人口诸因素，合理解决开发建设中的各种矛盾，充分挖掘各类资源，调动区域内的一切积极因素，促使风景环境、游务设施、城镇体系三者协调发展，逐步形成一个对外开放、经济繁荣、文化发达的风景旅游区域。

2.发挥气候优势，突出热带海滨风光，有效地保护利用风景资源和自然环境，合理控制容量和组织游客活动，恢复生态环境良性循环。目标是把风景旅游区域建成风景优美、内容丰富、交通便捷、环境卫生、安全舒适、体系完善、具有国际第一流水平的避寒冬泳、度假旅游胜地。

3.旅游业的发展立足国内、面向国外，近期以国内游客为主，远期国际、国内并重。建设具有特区特点、民族特色、门类多样的旅游活动项目，建设完善旅游服务设施，增强对国内外各类游客的吸引力。大力发展旅游业，增创外汇收入，促进三亚经济区的繁荣。

设想整个区域内建设旅游宾馆6.6～8.2万张床位，第三期目标：每年可直接创汇6.2～7.3亿美元，国内旅游收入约16.7～20.9亿人民币。

4.建立效率高、运营灵活的城镇体系和社会管理体系，保证三亚区域内建设、管理等多项工作协调开展。充分利用风景旅游资源优势，坚持以开放、改革促进开发的方针，按社会主义商品经济规律，运用市场调节机制和特区优惠政策，内联外引，开展广泛的技术经济合作和交流，促进三亚经济区早日腾飞。力争在全区域范围内实现全省经济发展战略提出的总目标，用20年时间达到人均国民生产总值2000美元以上，即人均社会总产值4000美元以上。

五、基本布局

三亚风景旅游区域采取以三亚市为中心，在半径85km的扇形范围内布局“三条带、一个中心，多个点”的基本布局形式。

南部是海岸风景旅游带，以三亚市为区域经济和旅游度假中心，沿海呈带状分布着

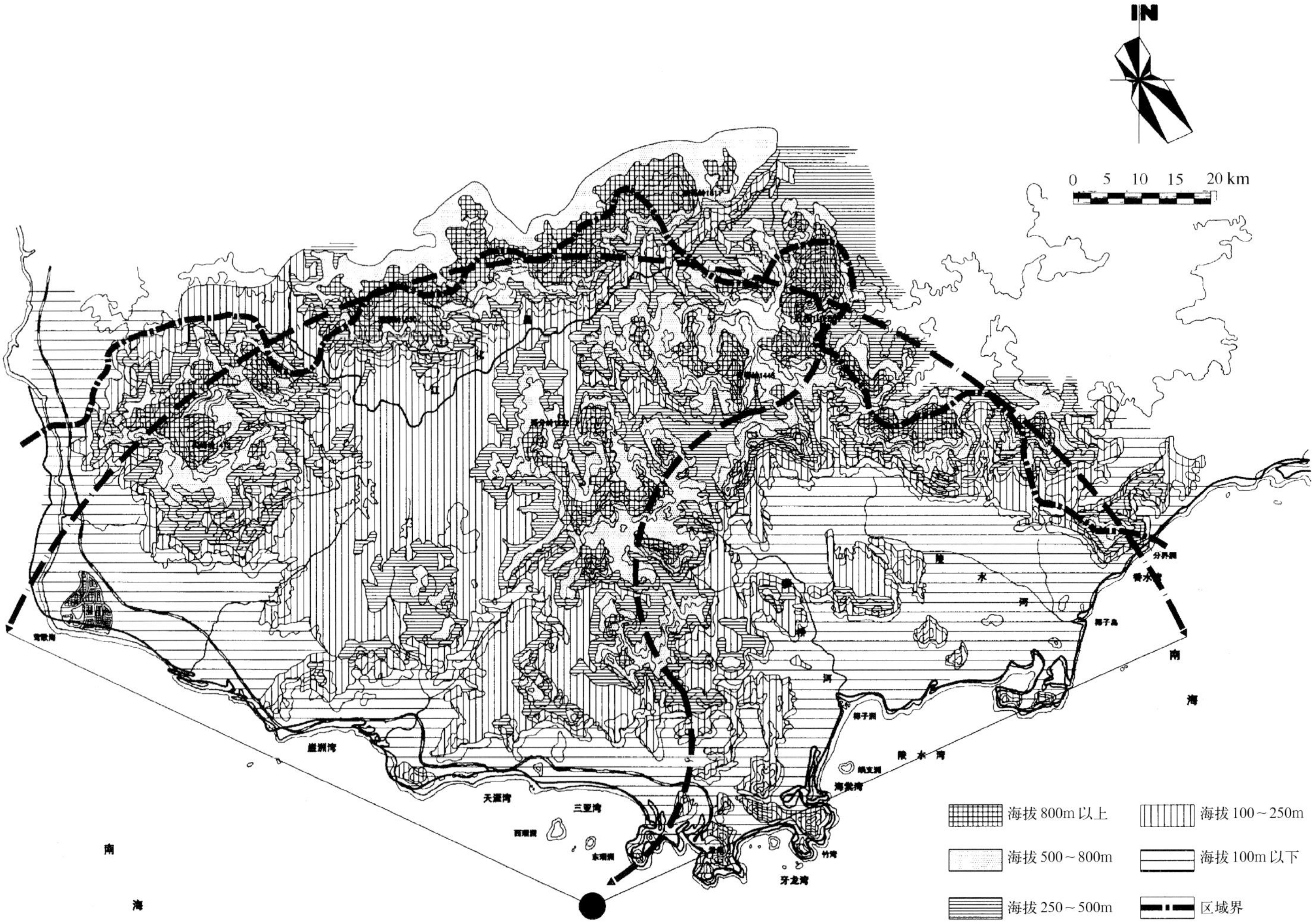

三亚风景旅游区域规划——地势分析图

天涯海角风景区——规划总图

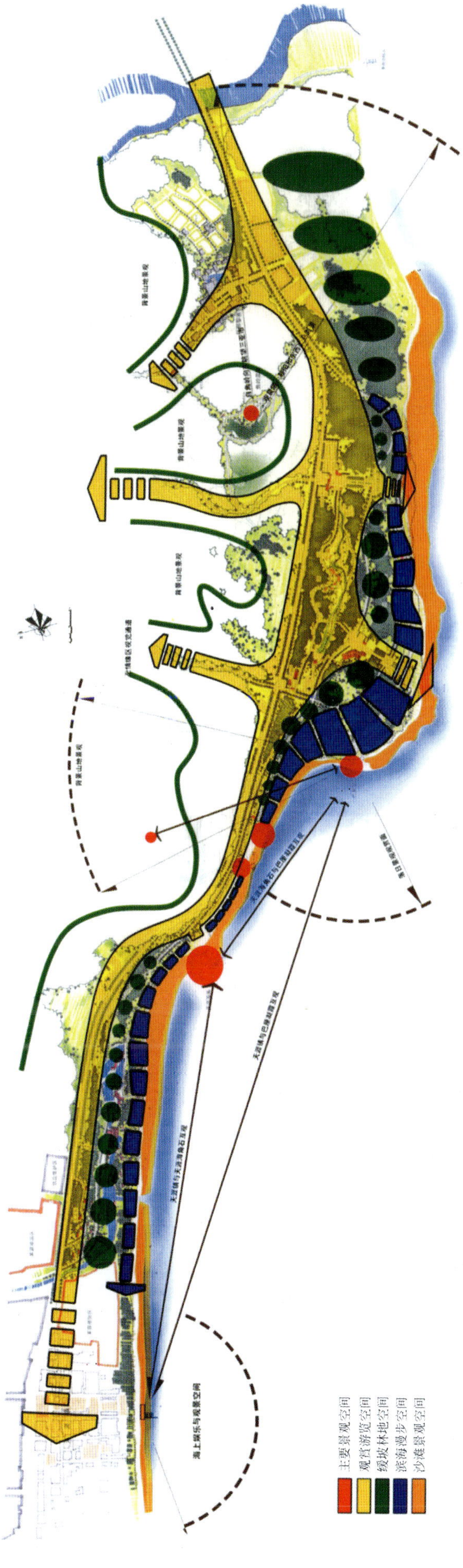

天涯海角风景区——景观分析

各种风景旅游区、城镇及各种基地，以旅游业、高新技术产业作为经济布局的重点；

中部是中山丘陵地带，分布有通什、抱由、保城等市镇。经济发展以热带大农业及区域性工业为主。规划有温泉、岩溶、热作田园、民族风情等类型的旅游度假区；

北部为高山森林保护带，是区域及全岛森林、植物种质资源和珍贵动物保护地带。以保护资源为前提，适量开辟高山森林游览区。

六、基本结构

根据三亚区域景源分布特点、城镇体系规律、风景旅游业发展的需要，确定三亚区域的基本结构由“三大系统”和“三个旅游开发圈及一个旅游开发片”构成。它们之间相互交织、融会，形成一个有机的结构网络。

1.三个职能系统

(1) 风景点系统：是三亚区域的游赏对象和内容，是区域魅力所在，独具景象特征，内涵欣赏游览、文化娱乐、探求知识、康体保健等因素。按其结构繁简、规模大小、景象特征又可分出风景区、景区、景点等层次。三亚区域由18个区，1条游览线，116个景点组成。

(2) 旅游点系统：是三亚区域内直接为游览服务的游务设施和旅宿条件，兼备优美环境，内涵了交通通信、食宿商品、导游安全、环境设施等因素。按其职能、规模、结构、水平等可以分出旅游市、旅游城镇、旅游村、旅游点等层次。三亚区域有旅游市1个、旅游城镇2个、独立度假村11个。

(3) 城镇体系：是区域内间接为旅游服务的经营管理及社会组织系统，包含了居民社会、管理体制、各种基地、经济团体等因素，按其规模、性质、职能可以分出集核城市、城、镇、村等。

以上三个系统的网点，构成三亚风景旅游区域的基本网络结构。

2.三个旅游开发圈

(1) 三亚旅游开发圈：内含了三亚市域范围内的主要风景旅游资源，集中了海岸带风景的精华。三亚市是以旅游业和高技术产业为主导的风景旅游城市，是三亚区域的信息中心和旅游服务中心基地，旅游接待规模为3.5～4.6万床。具有国际现代化水平的牙龙湾度假旅游镇，接待规模为1.6～2.0万床，是三亚旅游开发圈的重要组成部分。三亚开发圈是三亚区域的核心开发圈。

(2) 通什旅游开发圈：内含了以通什市为中心，半径30km范围内的五指山、七指岭、千龙洞、尖岭、热作所及其周围分布的其他景点，聚集着高山丘陵风景的精萃。通什市是三亚区域的副中心基地，也是通什旅游圈的中心城市。重点发展旅游业、科研、文教及热作医药等行业，旅游接待规模为0.6～0.8万床。七指温泉度假区是本圈的重点之一，接待规模为0.16～0.2万床。

(3) 陵水旅游开发圈：陵水县是沿海榆东线进入三亚的咽喉，经济发展以旅游业和“三来一补”工业及农副产品加工为主。旅游圈包含了陵水县境内的大部分风景旅游资源，景观特色兼容海山、动物、温泉之美，是三亚区域东部的开发重点。

3. 旅游开发片：尖峰岭在地理位置上与其他三个旅游圈相对独立，风景类型以典型的热带原始森林为特征。接待规模控制在500床以内。此开发片是一处重点保护森林资源、适当发展旅游业的独立开发区。

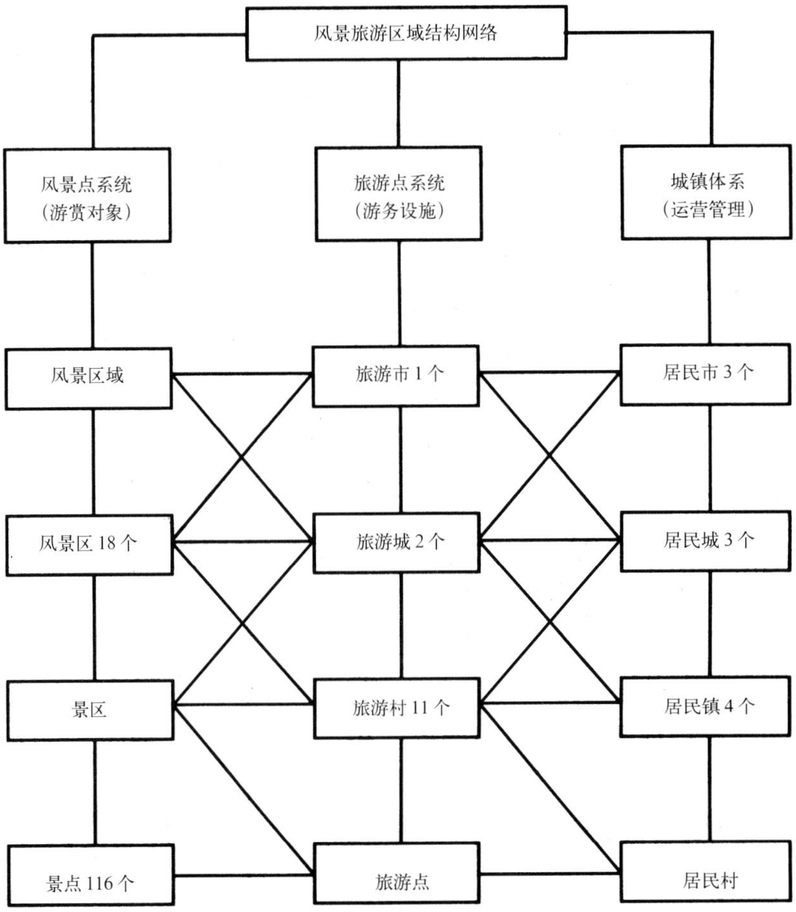

29 寒山寺风景区详细规划（节选）

（一）规划依据

寒山寺风景名胜区详细规划是在寒山寺风景名胜区规划（以下简称总体规划）的基础上，以苏府复〔1987〕20号批文为依据，经过进一步调查研究，听取各方面专家、群众意见而编制的。它是总体规划的体现和深化，并为下一步的设计、建设和管理提供了依据。

（二）规划范围

详细规划的范围已在总体规划中确定，并按近期建设的需要，在批文中得到肯定与强调。它包括：寒山寺风景名胜区整个景区范围及景区入口广场、停车场、游船码头和枫桥路等，规划面积共计18hm²。其中，寒山寺风景名胜区景区由寒山寺、枫桥古镇和环境绿地三个景点组成，占地面积10hm²。

（三）规划思想

规划宗旨：寒山寺风景名胜区是以古刹寒山寺为主体，以寒山寺和悠扬的晚钟以及古桥、古关、古镇、古运河和新增景点为游览内容，体现唐朝张继“枫桥夜泊”诗篇的意境。

详细规划总体规划中扩大听钟声容量，提高环境质量，增设交通与服务设施，搞好文物古迹的保护和控制景区外围环境等方面的规划思想进一步深化和具体化，并从各景点的空间环境设计、建筑布局、绿化配置、工程管网配套等方面体现意图。

（四）规划分片

按不同内容与要求，将景区划分为六片。它们是：寒山寺和书写院、景区入口、枫桥古镇、铁铃关广场、寒山别院和渔隐小圃及江枫洲等。这里仅摘录枫桥古镇的枫桥大街详细规划。

（五）枫桥大街详细规划

（1）现状情况及分析

①用地：枫桥大街长215m，平均街宽3.5m。总用地面积1.09hm²。

②人口：据调查统计，枫桥大街目前总户数为138户，其中居民为118户，驻店职工户为20户。

③建筑：枫桥大街建筑是历史沿续逐年建成。现状总建筑面积约为8535m²，以一、二层砖木结构民居为主。其现状调查情况如下：

a.按使用性质分

b.按产权分

c.按建筑造型和环境面貌分

d.按完好程度分

e.按结构形式分

f.按建造年代分

④商业：目前枫桥大街共有商服19家。其中国营6家，集体5家，个体8家。

⑤文化：枫桥大街和寒山寺弄历史上曾是名闻遐迩的商业古镇，当时的枫桥镇几乎是三步一铺，五步一店，一度繁荣鼎盛。

⑥商业发展意愿调查

⑦绿化与小品

（2）规划构思和设计意图

①枫桥大街的性质是以体现传统文化价值为其特色的新型旅游街区。

②以丰富的人文活动充实古镇的游览内容，配合经济体制改革的深化，适应市场调

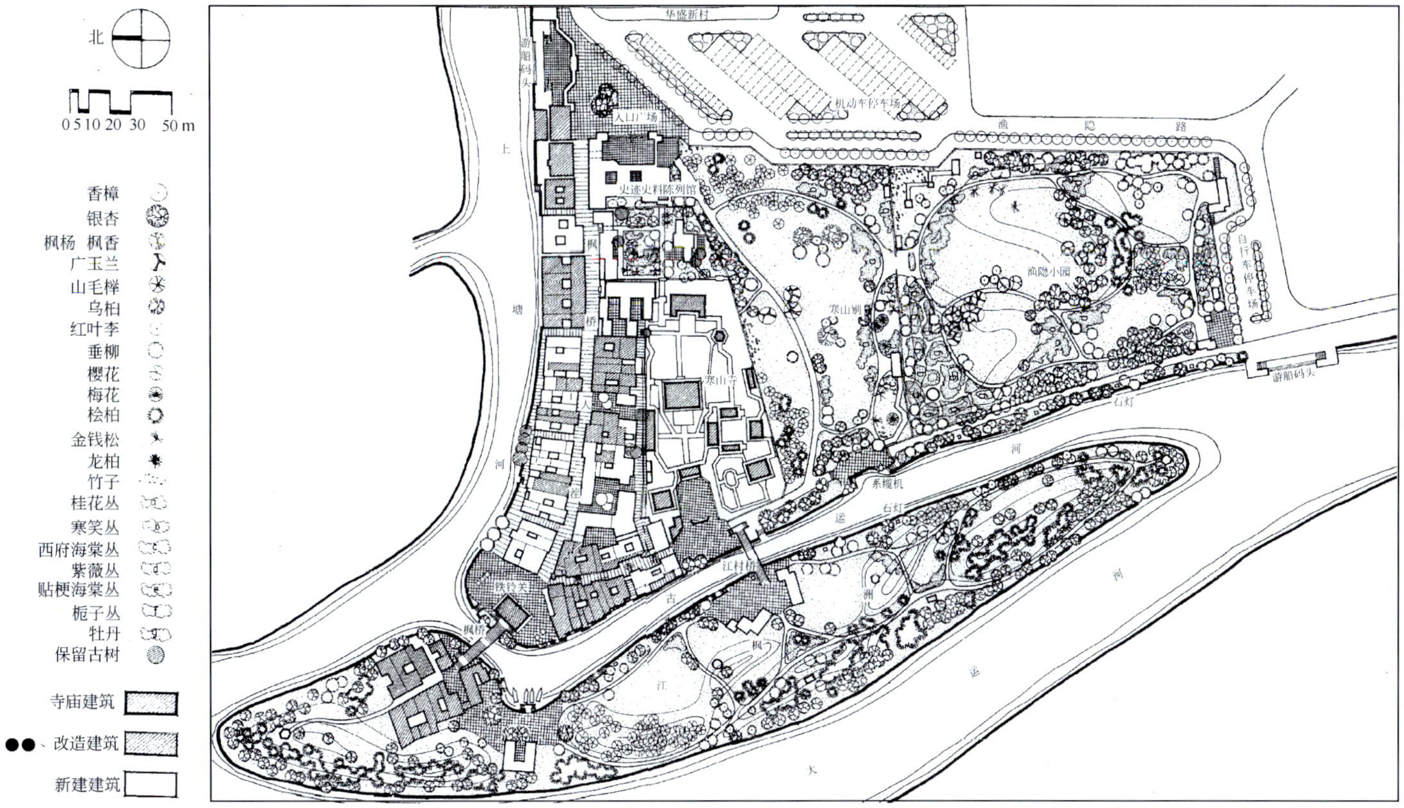

详细规划总图

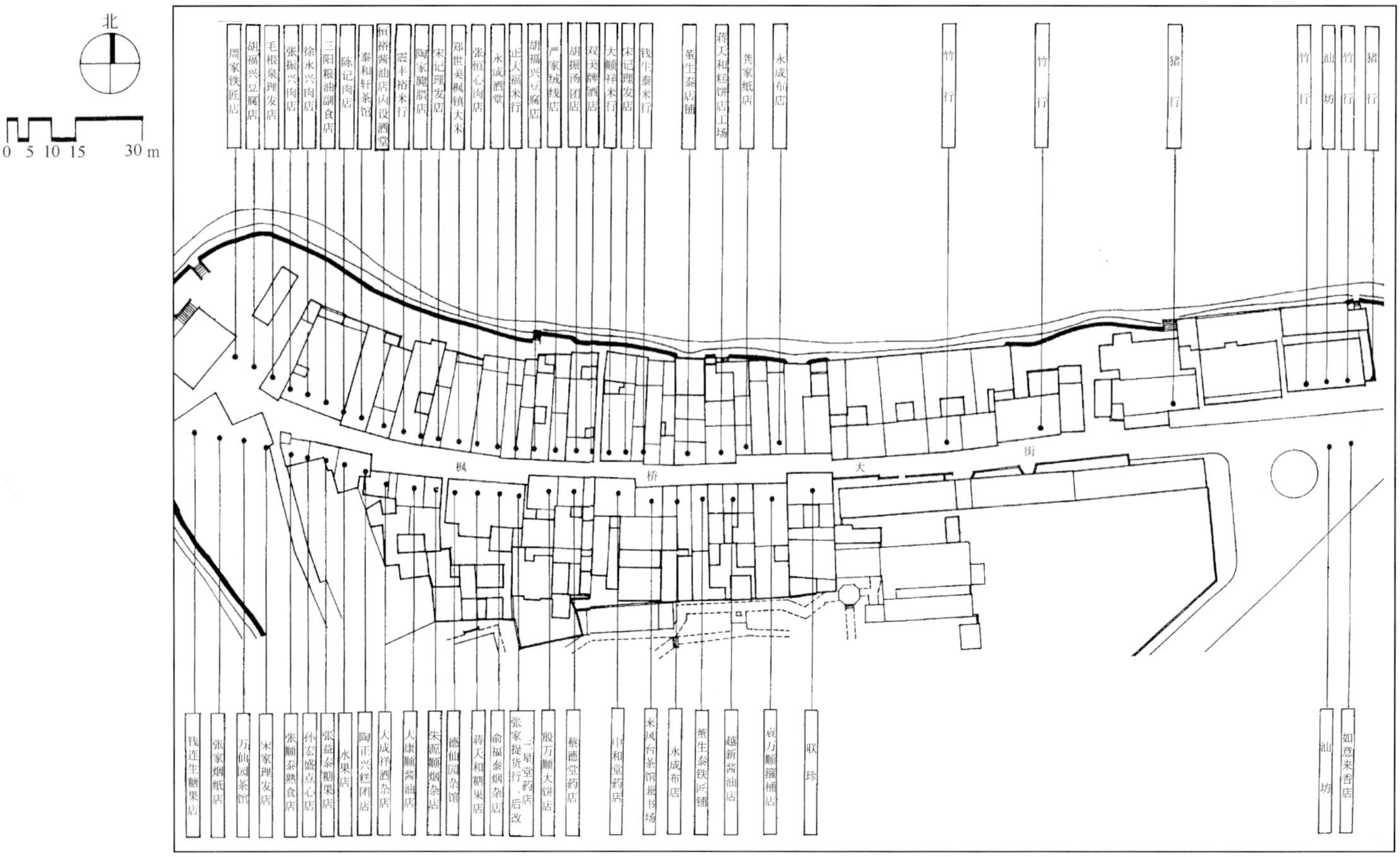

枫桥大街商行盛世布局图

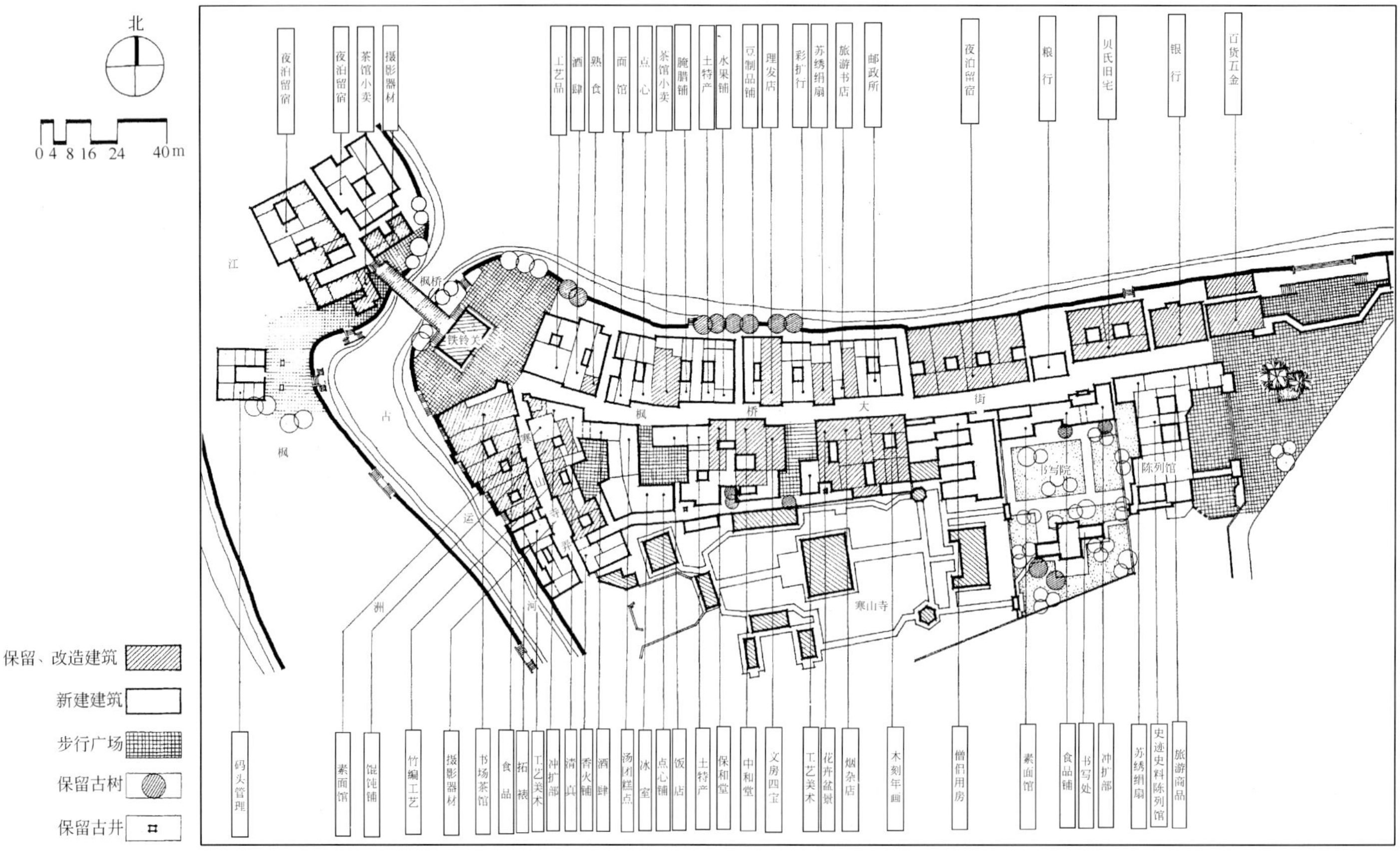

枫桥古镇建筑、文化、商业保护规划图

节机制的形成。商业项目的性质以旅游为主，满足多种经营的要求，逐步恢复具有苏州地方特色的传统文化商业服务设施，以满足游客的需要。

③建筑与空间形象体现苏州地区传统的宜人尺度，建筑风格以反映文化、商业和旅游性质为主要特征，并具有苏州市郊朴实无华的特点。

④枫桥大街无论是旅游设施和商业项目的增减，还是建筑的去留和人口的变动，均视景区旅游业的发展变化趋势，保留再行调整的余地。

（3）规划布局和方案特点

①用地：调查目前居住用地为主的状况，代之为以旅游商业用地为主，适当兼顾居住部分用地，并留出南北窄巷、内广场和寒山寺北侧防火巷通道等用地，使原先拥挤不堪的建筑留出若干出口及小空间，以利游人和居民的休息、观景和疏散等。同时，也是管网设置及消防安全所必需。

②旅游：提炼历史上商埠盛世时期，传统经济和文化中与现代旅游相关的因素，开辟对清代更楼和传统贝氏旧宅（由外迁入）的参观游览活动；在条件成熟时，开展具有苏州地区传统的民间民俗活动，并开办典型居民生活的陈列，以丰富旅游活动中人文景观的成分。

③商业：恢复历史上具有浓郁地方特色的、与旅游发展密切相关的部分商业。

④人口：保留一定数量从事旅游和商业服务的居民，使枫桥古镇保持传统的生活气息。

⑤街道：枫桥大街主街（东西向）宽5～6m，沿街建筑红线略有参差；次街（南北向）宽2～3m，路面主要采用条石铺装；在枫桥大街局部地段，开辟二个用于旅游商业的内广场。

⑥建筑：按前述综合评价值，结合管网设施铺设的要求，确定建筑物按全盘复原保留，维修改造结合，拆除新建等三大类进行建设。建筑物以二层坡顶为主，少量一层，街道宽度与房屋高度之间的比例依然符合苏州地区传统的空间尺度特征。

⑦重点修复建筑：

a.按清代建筑的特点，全盘修复更楼。

b.中和堂历史上为传统药膳铺。

c.龚家大宅旧时为龚家私宅，现主人使用一部分，其他部分出租给他人作居住使用。

⑧绿化：枫桥大街内种植少量的乔木；内广场以丛植的方式栽植乔木；建筑物内天井和庭院栽植单株乔木；同时，对有价值的大树和成片乔木，均予以保留。

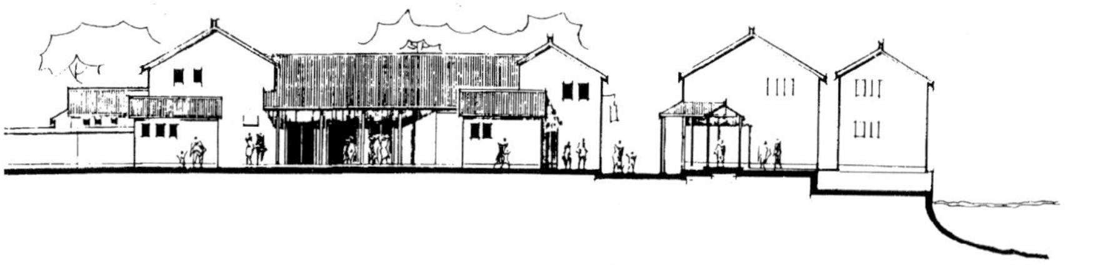

景区入口立面图——东立面

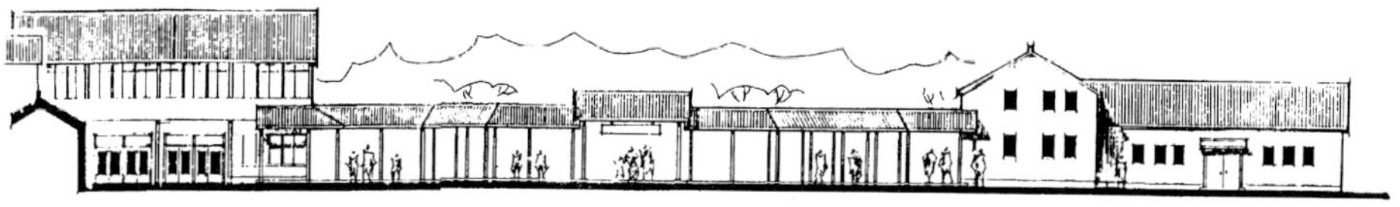

景区入口立面图——南立面

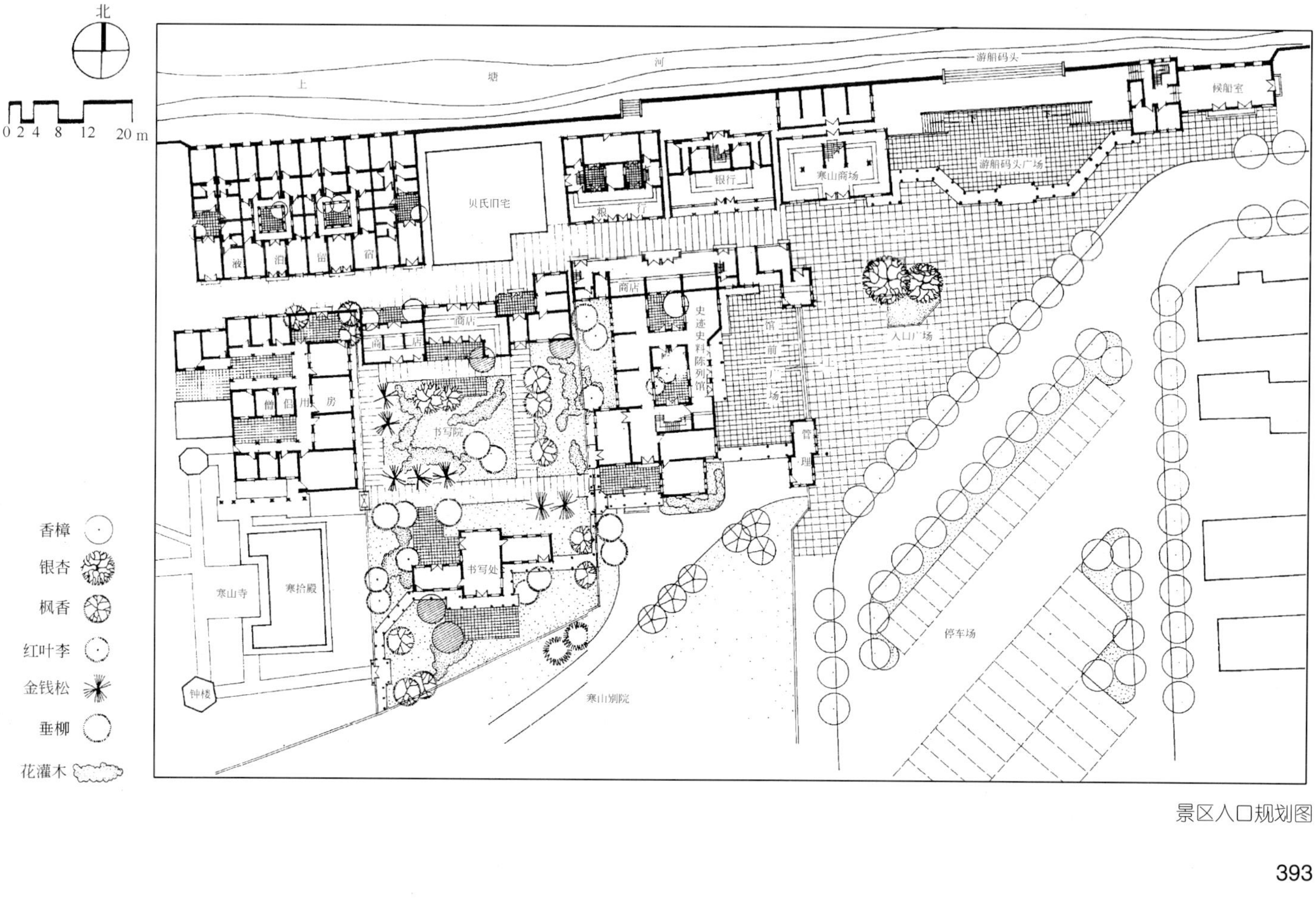

景区入口规划图

30 崂山风景区规划（节选）

一、崂山风景区域规划大纲

1.青岛崂山风景区域位于黄海之滨，地跨青岛市及其崂山、胶南两县、从北部的崂山到南部的琅玡台，南北延伸约100km，规划面积553km^2，是我国重要的海岸风景胜地。这次规划工作的主要内容是崂山风景区，同时对风景区域提出规划大纲。

2.风景资源

崂山有异常丰富的奇峰异石和滩湾岬角，太清湾的小气候，崂山矿泉水，长门岩的耐冬，绚丽的海天景象，伴随着悠久的历史和神宅仙窟等传说使其成为山海奇观和人文景源荟萃之地。

琅玡台是海畔孤山（183m），顶部为人工土台，其东南有斋堂岛呼应，北有良好的海湾沙滩、春秋史迹、秦汉人物及历代人文史迹使其成为千古名胜。同时，琅玡台还具有现代风景游览和海滨浴场的良好环境。

薛家岛是一个狭长小岛，南北长18km，东西平均宽1.2km，三面环海，中部与内陆相连，海岸线长达38km。岛北部的峰峦礁石同青岛市区恰成对景，中部是广阔的海湾沙滩，西南部有连三岛胜景和良好的海湾沙滩。

小珠山主峰突出(724.9m)，整体性强，花岗岩竖向节理明显，多悬崖峭壁，嵯峨险要。最高峰称大顶，其南有白石顶，两峰峙立，高耸峭拔，周围群峰环绕，沟壑纵横，绵亘起伏。小珠山临海傍湾，周围多平地，所以远近醒目，从市区隔海相望，十分诱人。

青岛市区南部海滨是闻名的海滨风景名胜地，青翠的太平山、青岛山、八关山、小鱼山环绕成重叠的绿色空间，红瓦房屋散布其间，上有空灵的蓝天，下有壮阔的碧海，海岸岬角叠落着黄色礁石，滩湾上平铺着米黄的沙滩，近代史遗迹等人文景源镶嵌在山海之间。风景优美，舒适宜人，山海城景融为一体的市南海滨景区是青岛的象征，也是爱国主义教育场所。

此外，石老人、灵山卫一带，也都有广阔而良好的海湾沙滩。

3.性质与特点：以山海奇观、千古名胜、滩湾浴场、海天山城协调融合为其风景特点，供游赏观光、度假康复、休养疗养、科学文化和爱国主义教育等活动的国家重点风景区域。

服务对象：以国内游人为主，并重国外游人。

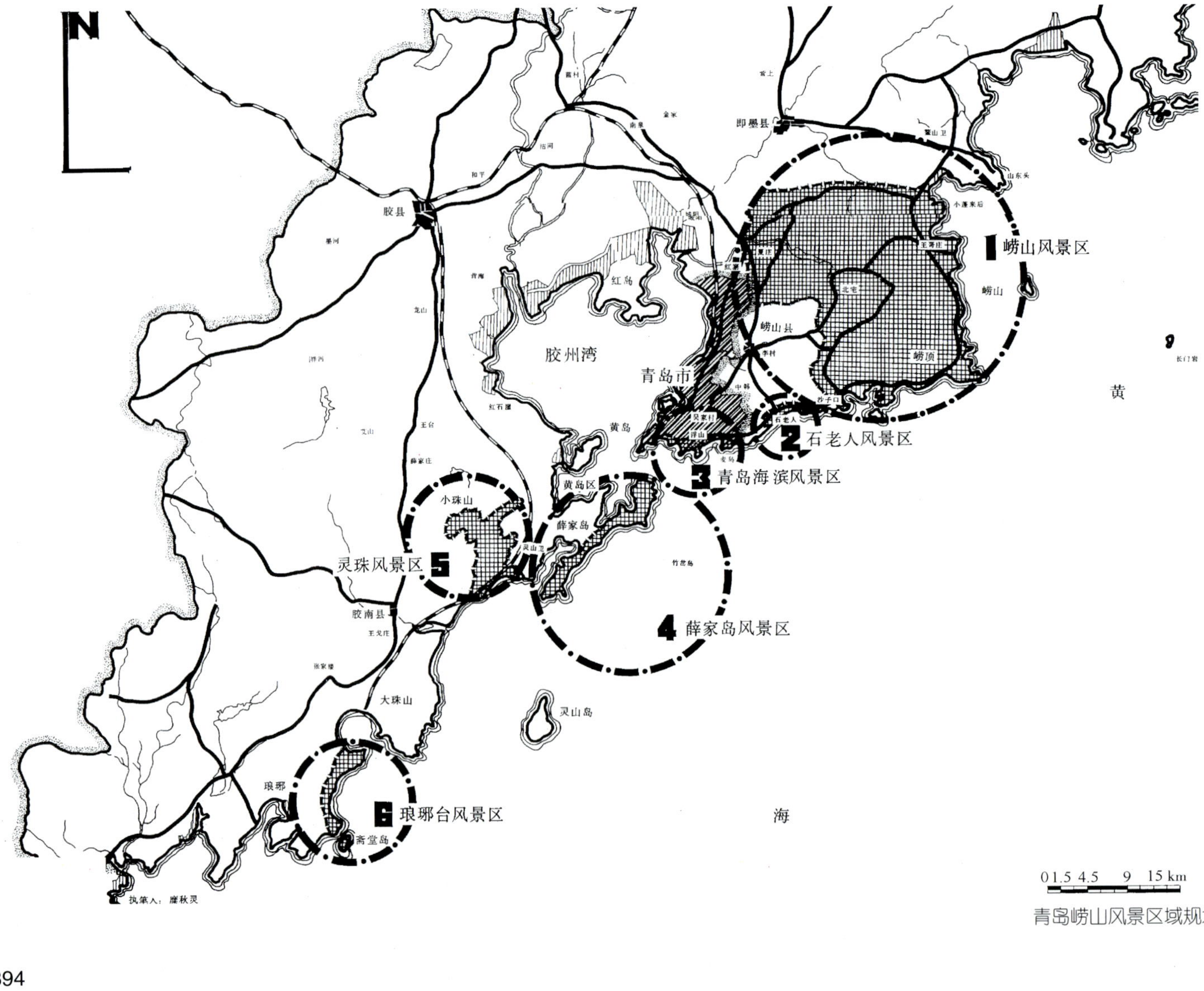

青岛崂山风景区域规划

4.游人容量：仅对基本游人容量给予测算。崂山和市南海滨两区以面积法和线路法预测，薛家岛、琅玡台、灵珠区等以面积法分别测算浴场和景点的容量，石老人区则以沙滩浴场容量的基本数据。

由“崂山风景区域面积与容量表”可以推算整个风景区域的游人日容量：54.3+（29.8−17.5）=66.6万人次／日

5.布局与结构：青岛崂山风景区域由6个既相对独立又密切相关的风景区组成，青岛市区位于整个风景区域的中段，是景域的门户和旅游服务总基地，各风景区的结构网络一般由3个系统网点组成，但有的景区仅由1～2个系统组成。详见“崂山风景区域结构表”。

二、崂山风景区总体规划（摘录）

（一）崂山风景区位于胶东半岛的东南部，规划面积446km²，人口22.3万人。崂山山脉系燕山期花岗岩组成，属花岗岩地貌景观。气候属暖温带海洋性季风气候，四季分明，雨量集中，湿润温和，年均温度12.6℃。植被属暖温带落叶阔叶林区。崂山有鸟类200多种，其中具观赏价值者近40种，如白鹳、黑鹳、白鹤、灰鹤、鸳鸯、天鹅等等。崂山自然景源十分丰富，有名的山石景物就有112处之多，水景有泉溪、河流、瀑布、潭库、海湾等类型。

崂山历史悠久。历史上许多文人名士到过崂山，其中有张廉夫、正康成、李白、苏东坡、文征明、顾炎武、王渔洋、郑板桥、蒲松龄……留下了赞美崂山的诗词、题刻，这说明崂山的悠久历史和社会影响。

（二）景源评价

1.评价原则

(1)两种观点方法的融柔结合：一是经验性概括，二是定量性概括。

(2)两个系统层次的合理分解：一是多层次的景源系统，根据崂山景源特点，我们选择“景点”这一结构层参评，在近200个景点中，初选其中80个景点作为评价对象；二是具有梯级层次的评价系统，我们选择三个层次拟定评价标准，即：评价综合层、评价项目层和评价因子层。

在上述认识的基础上，根据景源规律和景感特征，拟定了“景源评价系表”。据此，对初选的80个景点逐项的对应评价。

2.评价系表

从“崂山景源评价系表”中可以看出：在综合评价层中，景源价值居首要地位；在评价项目层中，景源价值中的欣赏特征占主要地位；在评价因子层中，欣赏特征中的景感度占主要地位，奇特度也居相当地位，这些都反映着景源规律及其评价特征。

3.评价分析

(1)景源价值。评价结果中，景感度满分者占参评景点的1/3，奇特度占满分者占参评景点近1/5，这说明崂山景源价值中的欣赏特征是相当突出的，也同抽样调查的游人反映一致。另一方面，景源的损坏也是相当突出的。完整度满分者仅占参评景点的1/3，而且大部分没有参评的景点，这多是因为残缺严重而归入三级景点。

(2)环境水平。参评景点中，地、水、气值满分者占4/5，这说明环境水平中的环境质量实质是良好的。然而，植被值满分者仅

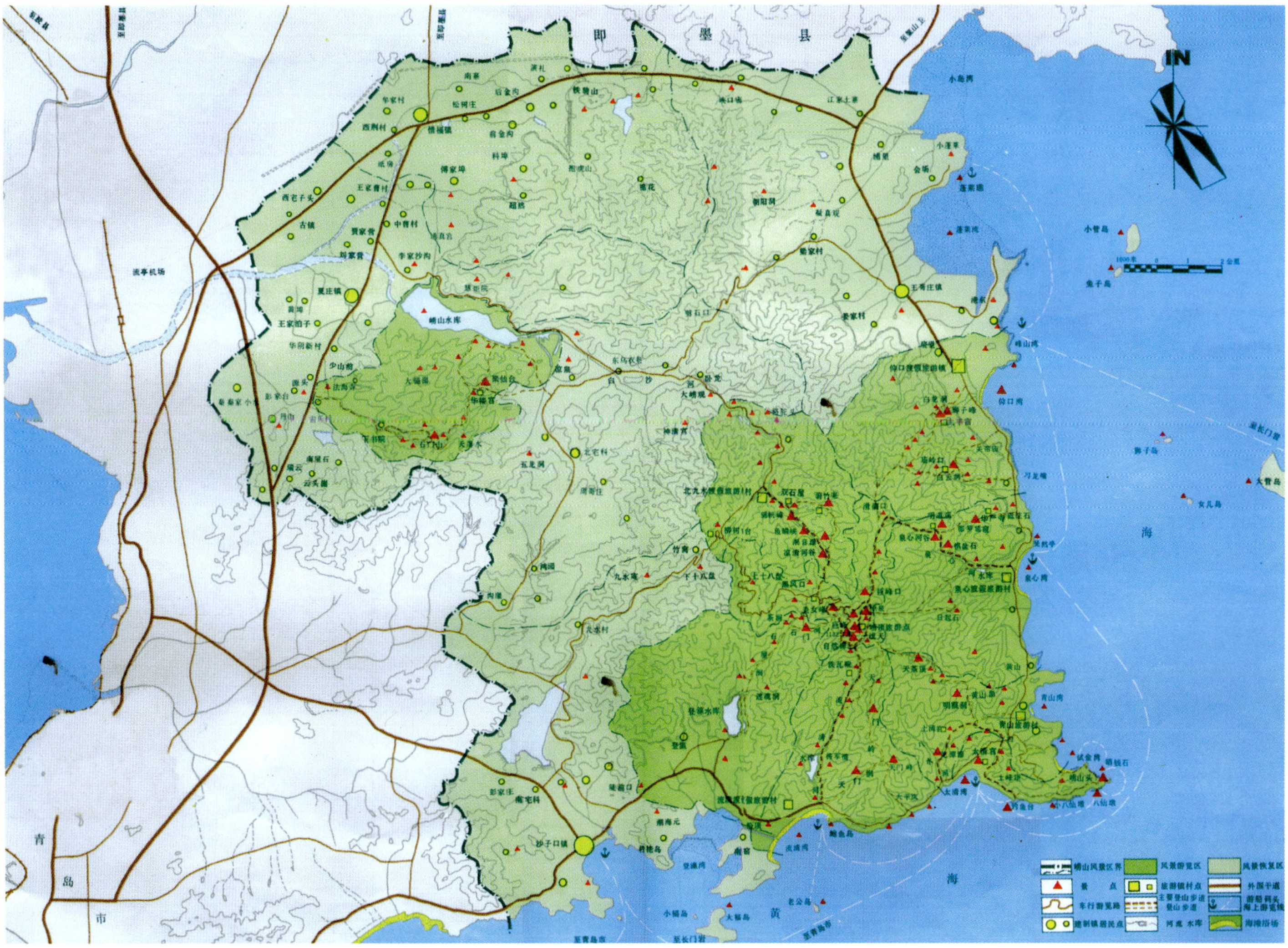

崂山风景区规划总图

崂山风景区域面积与容量表

风景区	规划面积(km^2)	一次性游人容量(万人)	其中沙滩浴场				
			长度（m）	面积（m^2）	一次性容量（万人）	日周转率（次／日）	游人日容量（万人次／日）
崂山	446	5.0	3400	99500	1.1	1	1.1
石老人	3.8	2.6	2500	250000	2.5	3	7.5
市南海滨	8.4	9.5	3400	274500	4.5	5	22.5
薛家岛	21.7	5.4	3500	350000	4.4	3	13.2
灵珠	56.2	4.0	4000	200000	2.0	2	4.0
琅玡台	16.9	3.3	6000	300000	3.0	2	6.0
合计	553	29.8	22800	1474000	17.5		54.3

崂山风景区域结构表

风景区名称	风景点系统	旅游点系统	居民点系统
崂山风景区	分为9个风景游览区，5种风景恢复区，218个景点，5种游线	分为1个度假旅游镇，4个度假旅游村，10个旅宿点	分为4个建制镇，400多个居民点
石老人风景区	分为石老人景区、海滨浴场景区，园苑区和海湾景区		
市南海滨风景区	有太平山、青岛山（含园、苑、寺）太平湾、汇泉湾、青岛湾、团岛湾等景区，有八关山、小鱼山、燕儿岛，太平角、汇泉角、海洋乐园等景点	有八大关、太平半岛度假旅游区，有广场文体娱乐服务区	确定船厂搬迁,汽水厂和海军大院需要划出一定的连通道，荣城南路和汇泉角的封闭也应解除
薛家岛风景区	有大湾浴场、窟窿山、凤凰山、连三岛、槟榔岛景区，有象嘴、绿岛嘴、涨砣、石雀嘴、石岛等景点，有规划中的海洋公园	有大湾度假旅游镇，风南、石雀、连三等度假旅游村和康复基地	岛上现有自然村16个，居民1.39万人，行政管理上属于薛家岛镇
灵珠风景区	在灵山湾景区有珠南浴场，老虎卧、朝阳山、丁家嘴景点；在小珠山有大顶、白石顶、竹子山、鹁鸽山、长城岭景区	有珠南度假旅游镇，花山、朝阳、灵湾等度假旅游村及康复基地	
琅玡台风景区	有台顶、半岛、斋堂前岛、龙王溜景区，有坡崖景点、北湾浴场	有北湾度假旅游镇，龙王溜、车轮山、东港头等度假旅游村	

崂山景源评价系表

评价层次						景源层次								
评价综合	限分	评价项目层	限分	评价因子层	限分	景物名称			景点名称			景区名称		
①		②		③		①	②	③	①	②	③	①	②	③
景源价值	50	欣赏特征	20	景感度	10									
				奇特度	7									
				完整度	3									
		文化价值	10	人文值	5									
				游娱值	3									
				风土值	2									
		科学价值	10	科技值	5									
				科普值	3									
				科教值	2									
		保健价值	10	生理值	4									
				心理值	3									
				社会值	3									
环境水平	20	环境质量	10	地、水、气值	4									
				植被	4									
				卫生、舒适	2									
		环境设施	4		4									
		资源技术	2		2									
		运营管理	4		4									
旅游条件	20	交通通信	10	方便性	4									
				可靠性	3									
				效率	3									
		饮食、食品	4		4									
		休息、住宿	4		4									
		游务商品	2		2									
规模范围	10	面积	4		4									
		体量	1		1									
		空间	1		1									
		容量	4		4									
合计	100		100		100									
级次														

占参评景点15%，卫生舒适度满分者占参评景点的1/5，这说明环境质量并不完善，在低山区和人流集中的景点更显突出。各景点中环境设施十分缺乏，无一处得分，同时，运营管理也相当差，达到风景区管理要求者微乎其微。

(3)旅游条件。崂山距青岛市区仅30km，有三条公路连通，外围又有环山公路沟通，区内各景点基本上都有车行路或登山小路相通，所以交通条件尚可。而通信、食宿、休息、游务等条件较差，交通及游览路线也有待合理布局。

(4)规模范围。各景物景点有一定的规模和范围，由于景点结构、山体态势和道路交通等特点，各景点的环境容量大都较高，从局部到整个崂山，几乎没有天然的“卡口”制约，所以崂山景源的容量潜力很高。

4.景源特色与分布

崂山是山海相连，山体的水平突出部形成半岛、岬角、岩礁，海水的突出部是海湾、浪涛，这奇山碧海接触部位，是景源荟萃之地。崂山垂向突出部形成峰、顶、崮、碑、柱而指向云天，这岭脊峰顶部位，是景源交汇之地，这里山、海、天景辉映一体，构成崂山奇异壮美景观。崂山的放射状山体，形成长短、宽窄、曲折多变的峡谷及其涧溪、峭壁、陡崖、潭瀑，这里是山石、水景、生物、音响等景源集中之地，形成山野环境所特有的幽邃灵妙风景。

崂顶和崂山头的海天山景，棋盘石和八

崂山各景区面积、容量、人口、占地一览表

类型	景区名称	面积(km²)	游人容量（人）	居民人数		旅游点人数				三类人口合计	人均占地(m²/人)
				1985年底	规划	床位	服务人口	家属	小计		
风景游览区	巨峰	7.4	5500	100	100	150	50	—	200	5800	1276
	登瀛	29.48	1000	10892	3800	—	20	—	20	4820	6116
	流清	21.29	8000	2325	2500	1050	500	250	1800	12300	1731
	太清	4.19	8000	44	40	50	80	—	130	8170	513
	上清	13.24	4300	2439	2600	350	230	—	580	7480	1770
	棋盘石	19.60	4700	3748	4000	420	260	—	680	9380	2090
	仰口	22.48	12600	3389	3600	3100	2210	1140	6450	22650	992
	北九水	20.74	1900	1056	1100	250	280	—	530	3530	5875
	华楼	22.60	3000	3561	3800	50	50	—	100	6900	3275
	小计	161.00	49000	27554	21540	5420	3680	1320	10490	81030	1987
风景恢复区	沙子口	51.04	—	37992	42000	—	—	—	—	42000	1021
	王哥庄	64.17	—	36345	40000	—	—	—	—	40000	1604
	北宅	58.61	—	25727	15000	—	—	—	—	15000	3907
	惜福	54.65	—	37903	40000	—	—	—	—	40000	1360
	夏庄	56.31	—	62440	75000	—	—	—	—	75000	751
	小计	285.00	1000	200407	212000	—	—	—	—	21300	1338
合计		446.00	50000	227961	233540	5420	3680	1390	10490	294030	1517

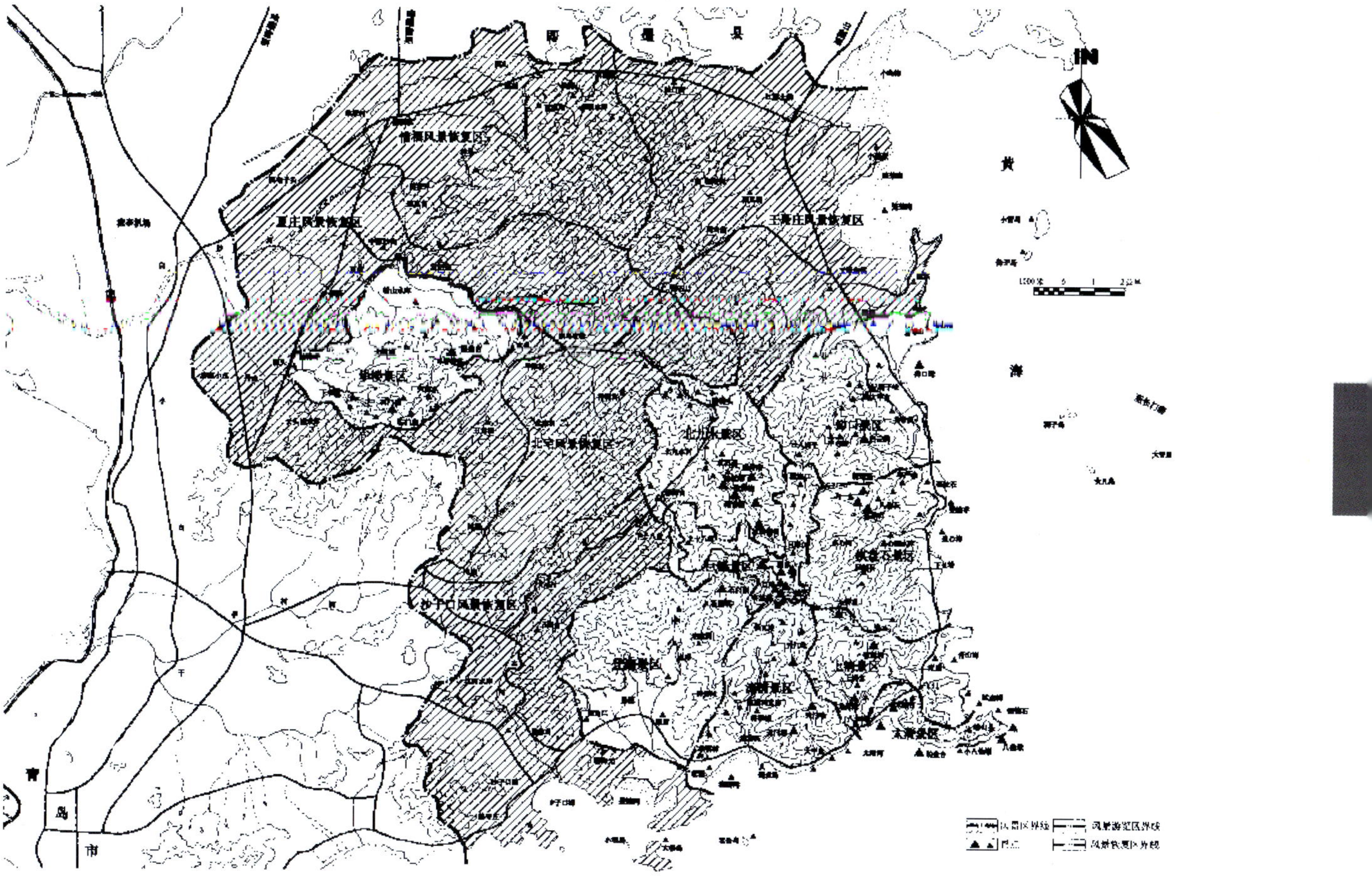

崂山风景区景区景点图

仙墩的峰石景象，北九水和泉心河的山野情趣，海岛长门岩的野生山茶，太清湾的气候特征，小蓬莱的山海滩涂和海市蜃景仰口的滩湾浴场，以及中外闻名的矿泉水，这山海奇观伴有悠久历史文化和神宅仙窟传说，使崂山具有内涵丰厚的国家最胜特征。

（三）规划范围、性质的确定、目标与原则

参照风景区域规划范围的原则，确定规划范围包括崂山山体和历史范围的大部分地区，即现行的沙子口、王哥庄、北宅、惜福镇、夏庄等五个乡镇的全部辖区，总面积446km²。

“崂山风景区”是“青岛崂山风景区域”的主体组成部分，它以山海奇观和历史名山为风景特征，是可供欣赏风景、游览观光、度假康复，以及开展部分科学文化活动的国家重点风景区。

在“青岛崂山风景区域规划大纲”中所提出的规划依据及设想的基础上，针对崂山风景区，提出其发展战略性目标及原则。

1.使风景区成为舒适、优美、健康、丰富，独具景观特征、文化内涵、充满无限魅力的风景地域。

2.建立健全游览设施，合理组织旅游经济活动，挖掘各种山海资源潜力，发展具有风景区特征的经济实力和乡土风貌，使风景区成为旅游兴旺、各业繁荣，游人、职工、居民三者满意的经济实体。

3.建立有效可靠的风景区管理组织系统，调动一切积极因素，防范和消除消极因素，保障风景区的规划、建设、管理工作协调开展，使风景区成为永葆时代活力的社会单元。

4.实行统一规划、分期建设、重点投资、吸引与组织各方力量的建设方针，使风景区早日成为风景、社会、经济三者协调统一，并闪耀着时代理想曙光的国家级风景区。

（四）基本布局与结构

根据崂山风景的历史状况，景源分布的现状特征，景区发展的未来趋势，以及山体结构、景源潜力等情况，确定崂山风景区的基本结构是由三大分区和三个系统综合组成，并以崂顶为中心呈放射状布局。

按地域特征，将其划分为三大用地分区。风景游览区：这里是历史景点的主要分布区，现状景源分布比较集中，一、二级景点较多，总面积161km²。风景恢复区：这里曾是历史景点的重要分布区，现状景源比较分散，山体、植被、景源损坏严重，居民较多并对景区形成干扰，总面积285km²。外围景点：其一是海岛景点，其二是陆地景点。以上三大分区，形成崂山的“块块”结构。

按功能性质，将其规划为三个职能系统。风景点系统：崂山由14个景区，218个景点，4类游赏方式和5种游览路线组成。旅游点系统：崂山有度假旅游镇1个，度假旅游村4个，旅游点10个，而服务站可随机而设。各级旅游服务基地都集中有相应的设施内容和标准。居民点系统：崂山有4个建制城镇，100多个行政村，400多个居民点，还有部分驻军和企事业单位。以上三个系统的网点，形成崂山的网格结构。地域特征的分区和功能性质的网络之间的协调结合，综合形成崂山风景区的整体有机结构特征。

（五）游人容量

根据各景区、各景点、各游线的具体情况，分别用面积法和线路法测算崂山风景区游人容量。对各景区的旅游服务人口和居民人口，也分别按照规划内容测算出来。三项人口的综合反映了各个景区的实际人口负荷情况，进而推算出各景区的人均占地面积。崂山风景名胜区及各景区的面积、容量、人均占地水平见上页表。

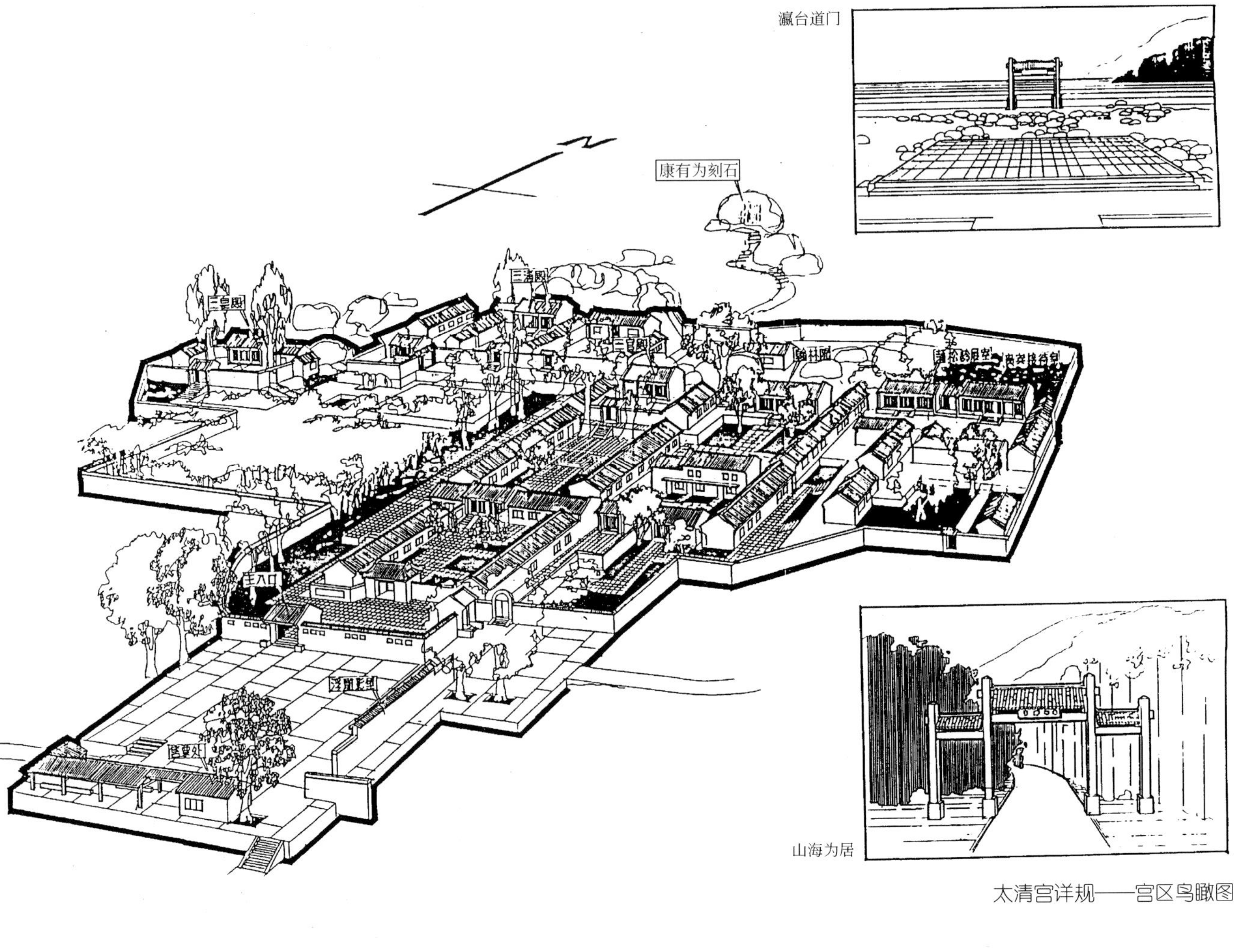

太清宫详规——宫区鸟瞰图

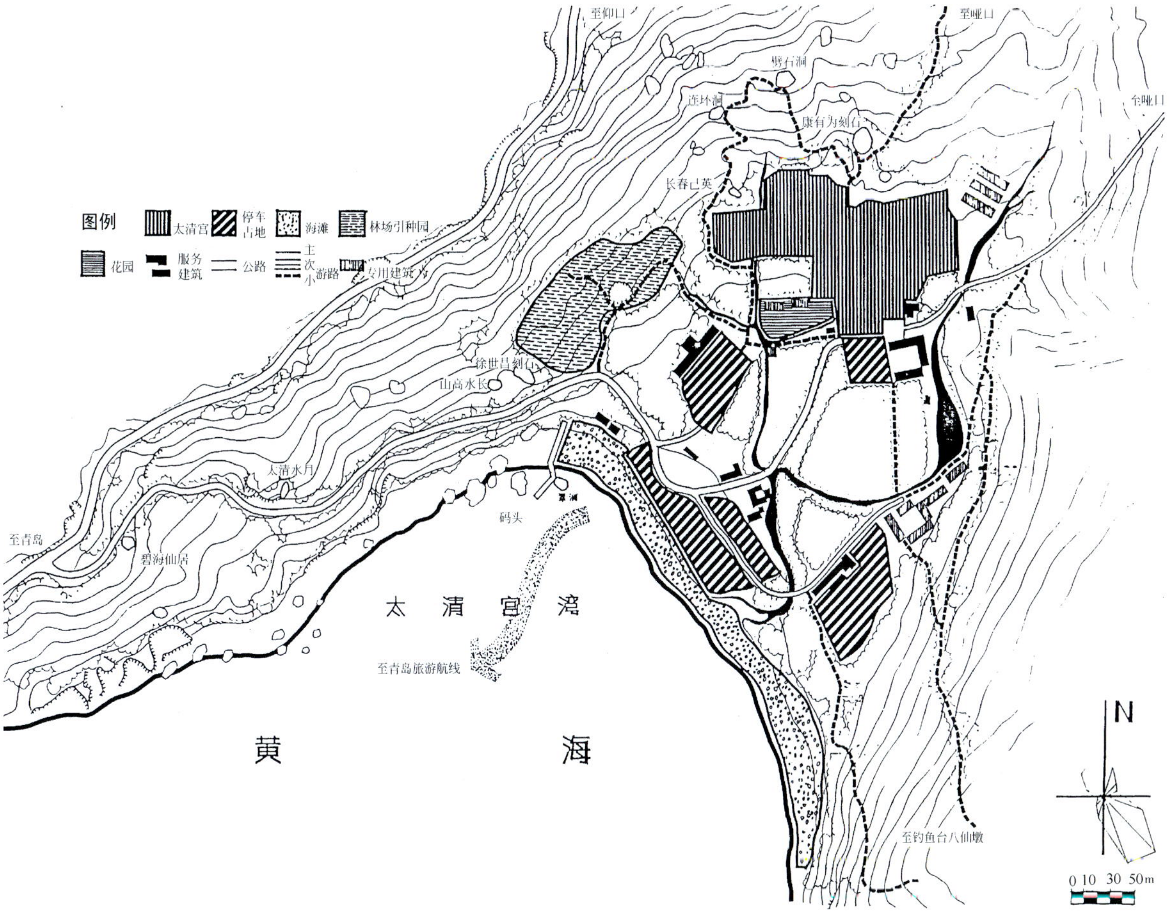

太清宫详规——宫区现状

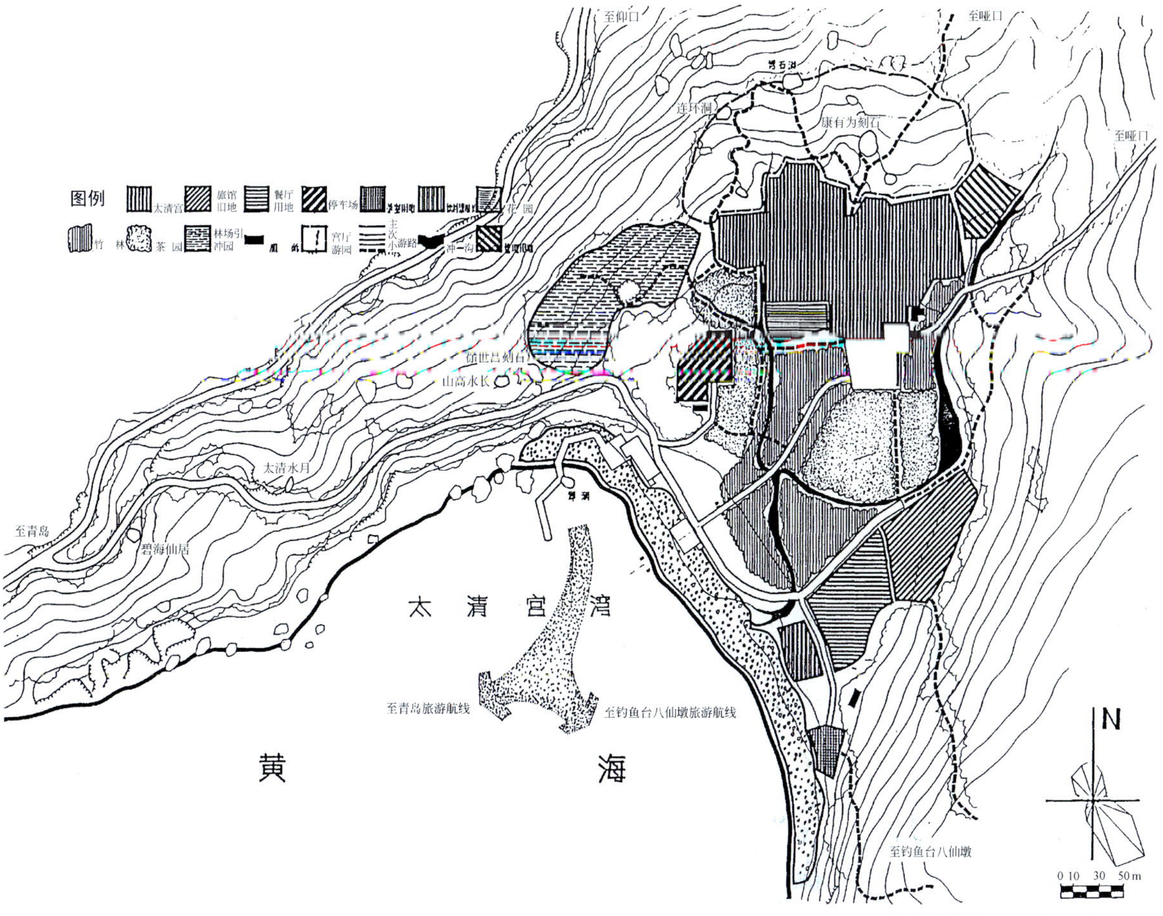

太清宫详规——宫区用地规划

31 庐山风景区总体规划（节选）

一、地理区位

庐山风景名胜区位于江西省北大门九江市南，地处赣、鄂、皖三省相交之要衢，北倚长江、东濒鄱阳湖，又正处京九铁路与长江水陆十字汇点，依托浙赣线、京九线和长江，可与上海、杭州、南京、武汉、南昌等特大城市便捷联系，具有十分优越的地理环境和区位条件。

二、规划范围

庐山风景名胜区规划范围包括庐山山体、九江市区（浔阳区）、九江县境内主要风景点，以及湖口县石钟山、鞋山、彭泽县龙宫洞三处独立风景点，规划总面积302km^2，其中庐山山体面积282km^2，是庐山风景名胜区的主体。

三、风景资源特色

庐山山体呈椭圆形，南北长29km，东西宽16km，地质形成约八千多万年，经历了第四纪冰川期，主要为中生代沉积岩地层。山上多沟谷、盆地，平均海拔千米以上，最高大汉阳峰海拔1474m。庐山溪涧纵横，植物茂盛（植物种类多达三千四百余种），气候清凉，夏季最高日平均气温22.6℃，年平均降雨量1838mm，年均雾日119天，真乃一山飞峙之清凉世界。

庐山风景名胜资源极为丰富，素以“匡庐奇秀甲天下山”而誉称“庐岳”，其资源可归纳为瀑泉、峰石、植物、气象、地质、江湖、历史名胜和别墅建筑八大类。全区含风景点37处，景物景观230个，其中庐山山体风景点26处，景物景观179个。

庐山风景资源特色首推瀑布，与雁荡龙湫、黄山石笋并称“天下三奇”而闻名遐迩。最著名的有李白赞为“飞流直下三千尺，疑是银河落九天”的秀峰开先瀑布，以及三叠泉、谷帘泉、玉帘泉、石门涧、马尾水、简寂瀑、王家坡双瀑等。庐山名泉众多，最著名的有陆羽《茶经》中品为“天下第一泉”的谷帘泉、“天下第六泉”的招隐泉、“天下第十泉”的龙池水（大天池），以及出露温度达72℃的星子温泉。庐山云雾诡谲莫测，变幻无穷，尤以气势磅礴、一泻无渊的瀑布云最为壮奇。庐山著名的山峰有：大汉阳峰（庐山主峰）、五老峰、铁船峰、双剑峰、香炉峰，以及铁壁如削的龙首崖、石门涧大绝壁等。

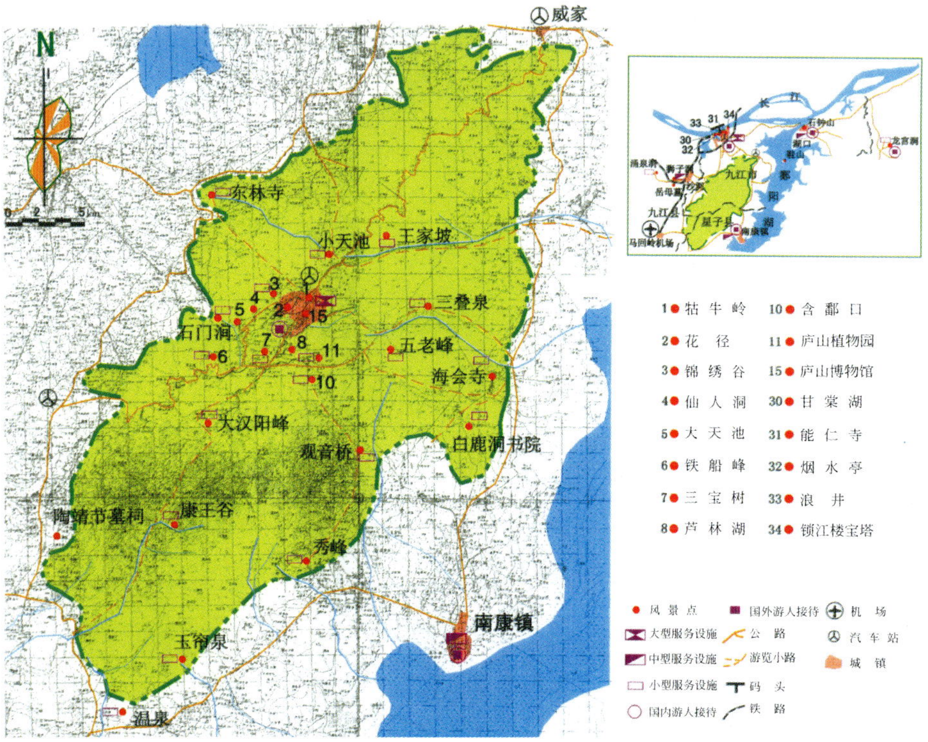

总平面图

庐山具有两千多年历史文化，融道、佛、儒于一山，集名山（庐山）、名城（历史文化名城九江市）、名江（长江）、名湖（鄱阳湖）于一体。历代书院、寺观、塔墓、碑刻、摩崖遍布，题咏诗文四千余篇。历史名人荟萃数以百计，最具代表者有：陶渊明、白居易、李白、谢灵运、孟浩然、范仲淹、魏徵、黄庭坚、欧阳修、苏东坡、朱熹、陆游、徐霞客等。

四、规划期限和建设目标

本规划期为1983—2000年，其中1983—1990年为近期；1991—2000年为远期。

总体规划提出：庐山风景名胜区应在整个国民经济、社会发展和生态与资源保护的前提下，以发展旅游事业为主，兼顾休养，限制疗养，将风景名胜区建设成为一个具有独具风景特色、游览内容丰富、交通电信便捷和环境优美、文明、整洁的风景旅游胜地，同时成为建设精神文明、进行爱国主义和科学文化教育的场所。

五、总体布局

（一）分区结构

全区按景点自然地理分布状况，采取区、点相结合的游览组织方式，形成“四区三点”的结构体系。

（二）牯岭中心区

牯岭景区为整个庐山风景名胜区的中心景区，景区面积（山顶部分）约46km^2。对其各类用地规划控制如下：

旅游接待用地：以东谷、西谷、芦林、医生洼一带为主，其中东谷、芦林主要为外宾接待区；西谷、医生洼主要为内宾接待区。全竹坪、牧马场、莲花谷一带为远期接待发展备用地。

疗、休养用地：近期基本维持现状，但不得再扩大规模，不得再增加设施和人员编制。今后应作必要调整，逐步将疗养机构迁往山下或庐山以外的其他地区，其用房改为旅游接待之用；休养应服从旅游发展需要，随时作出相应调整。

生活居住用地：山上有污染的工业企

“四区三点”结构体系

景区名称	内容风景点
牯岭景区	1.牯牛岭；2.花径；3.锦绣谷；4.仙人洞；5.大天池；6.铁船峰；7.三宝树；8.芦林湖；9.大汉阳峰；10.含鄱口；11.五老峰；12.小天池；13.三叠泉；14.庐山植物园；15.庐山博物馆；16.王家坡
山南景区	17.海会寺；18.秀峰；19.白鹿洞书院；20.观音桥；21.玉帘泉；22.温泉；23.康王谷
沙河景区	24.东林寺；25.石门涧；26.狮子洞；27.涌泉洞；28.岳母墓；29.陶靖节（渊明）墓词
九江市（浔阳区）景区	30.甘棠湖；31.能仁寺；32.烟水亭；33.浪井；34.锁江楼宝塔
独立风景点	35.石钟山；36.龙宫洞；37.鞋山

旅游服务设施配置表

设施分级	设施地点	规模级别	主要配置项目内容
1	九江市区（浔阳区）、牯岭景区	大型	宾馆、饭店、影剧院、文化娱乐中心、商业中心、邮电、银行、长途车站、停车场等
2	星子、湖口、沙河	中型	宾馆、餐馆、电影院、商场、邮电所、车站、停车场等
3	龙宫洞	小型	招待所、饭馆、小卖部、邮电所、车站、停车场
4	各风景点	供应点	饮食或茶室、小卖部、照相等

业迁往山下，近期内不再扩大生活居住用地；远期将朝阳、胜利队作为生活居住备用地。

其他用地：商业服务中心维持现状（牯岭街）不变。行政办公用地近期不变动，今后应逐步迁往山下，建立新的行政管理中心。

（三）旅游设施配置

遵照“统筹安排，分级配置”的原则，对全区系统旅游服务设施配置如下：（略）

（四）保护地带划定

全区按景区、景点、保护区的划定范围，实行三级保护体系：

一级保护（即景点界线）：凡属本界线范围内的所有自然山石、水体、植被、动物、文物古迹等均列为保护对象，不准从事耕作、放牧、狩猎、垂钓、伐木、开山、炸石等破坏风景资源和自然环境的活动，该地段不得兴建任何大型设施和建筑，森林覆盖率不得低于60%，主要景点应达70%以上。

二级保护（即景区界线）：凡一级保护范围至三级保护范围内（包括景点间联系游步道与公路）均属二级保护。区内不得伐木、采石，所有建（构）筑物均须由风景区规划建设委员会根据总体规划原则审批后才能施工。区内植被覆盖率不得低于50%。

三级保护（即景区保护景线）：凡属本范围内所有工业与民用建筑、农田水利建筑项目，都须经风景区规划建设主管部门审定，不得建设与风景旅游无关或有害生态环境的工厂、企事业单位。搞好普遍植树造林，绿化所有秃山荒坡，维护自然生态平衡。

除上述三级保护范围划定之外，规划还确定庐山山体以山下环山公路向外扩延一公里的范围内，划为外围保护地带，其中由星子县城至九江市郊区威家段，再扩延至鄱阳湖岸。其他各景区、独立景点均要划定相应的保护地带。

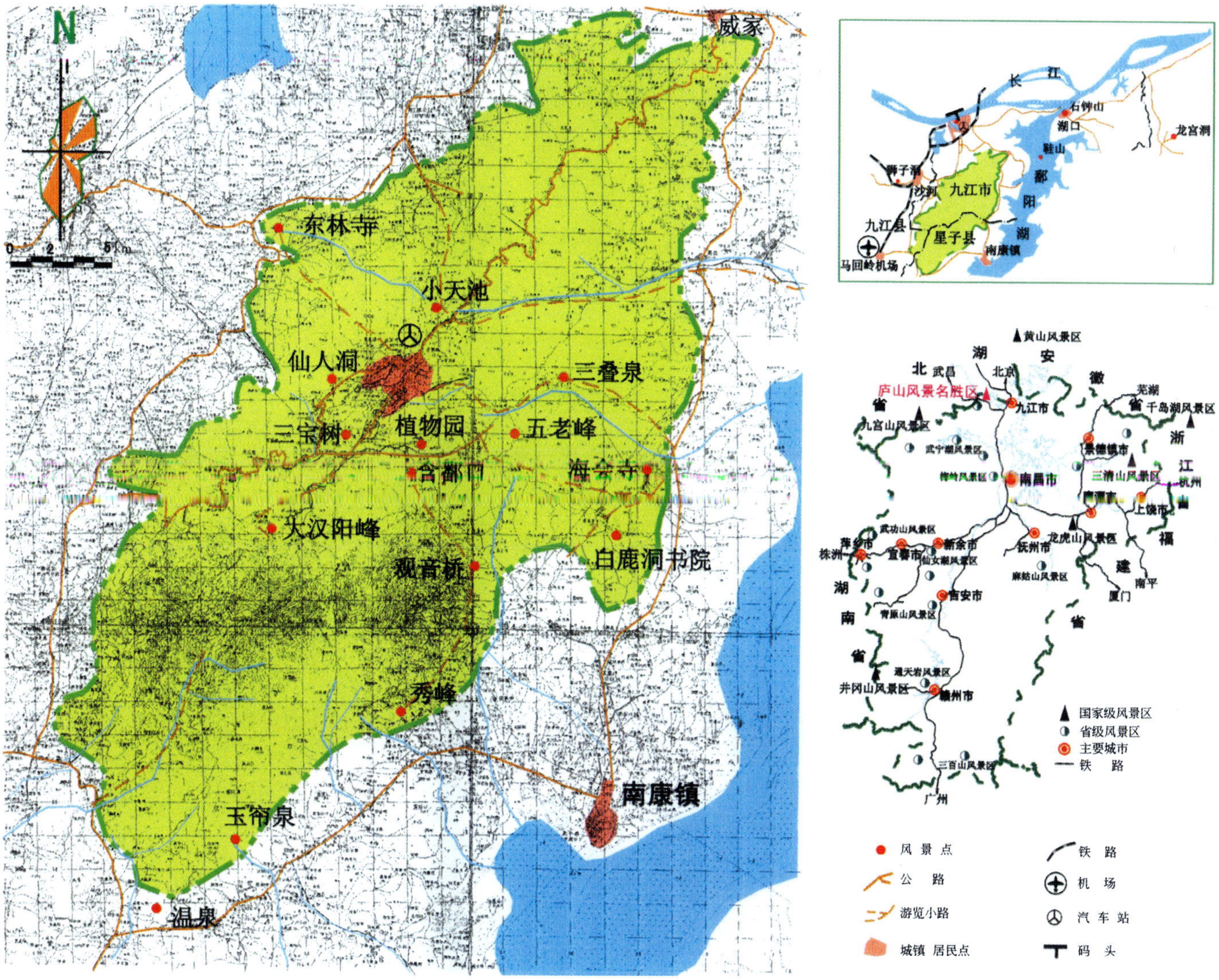

综合现状图

32 桂林山水风景区规划（节选）

一、概况

桂林风景区位于广西东北部，地理方位在东经110°5′至110°40′，北纬24°40′至25°25′，包括桂林市及其辖县阳朔，以及临桂、灵川、兴安、永福、龙胜、资源等县的部分地区。总面积为2064km²，总人口约65万，其中城镇人口约29万人、农业人口约36万人。其外围保护地带的面积约为5500km²。

风景区的地势是北高南低，为海拔140～600m之间的石灰岩岩溶地区，是典型的岩溶地貌。

二、桂林风景资源

桂林山水风景资源十分丰富，可以概括归纳为："四绝"、"八胜"、"十六景区"和十多个"外环景点"。其中，簪山、带水、幽洞、奇石，历来被誉为桂林风景四绝，而山水洞石紧密结合、浑然一体的景观组合更是举世无双，烟雨、光影、植物、动物、名园、古迹、园田、村镇等，堪称为风景佳胜。这些绝胜的风景因素，加上人文的色彩形成了各具特点的十六个景区和数百个景点。

三、桂林风景区的特点

1.大自然赋予桂林山水以奇丽俊秀的风貌，宏伟博大的气势，气象万千的姿态，含蓄深长的意趣，极富浪漫的色彩和诗画情趣。桂林山水特点突出，奇绝无双，其观赏、历史、科学价值均高，古今中外都给以很高的评价，具有巨大的旅游吸引力。

2.风景资源内容丰富，类型多样，面积广阔达2064km²，游赏省力简便，可以容纳多功能的活动。因而，游人类型多样，游人容量可高达数十万至数百万。游时容量可长达数十天。同时，其能源消耗少，经济效果好。所以，其规模与效率属少见，有着巨大的旅游潜力。

3.桂林风景区靠近祖国南大门，国际交往近便，国内交通方便，交通、食宿、水电等服务设施的投资效益易于发挥。对外资也有很大的吸引力。

四、桂林山水风景区的范围

1.为保护桂林山水风貌的完整性，将桂林阳朔之间具有典型岩溶地貌特征的风景资源和地域，划入风景区范围。同时，还兼有十多个外环景点；

2.为满足旅游发展的需要，使桂林风景区内各景区之间能有方便的联系和完整的游赏路线；

3.具体界线的走向，既根据不受行政区划限制的原则，又尽量有明确的地形地物为依据，并适当考虑习惯界限，以便识别。

如：龙泉景区西部的龙泉洞，在桂林同类水洞中，其水流平缓，适宜划船，内景优美，外景山水草地与龙泉诸景融为一体，因此这次明确划为龙泉景区的一部分。

南海景区的大片水塘与低湿草地，每年雨季即成水患，前已规划为蓄洪区，部分堤坝已完工，完工后的数千公顷的水体与大长山石山群及众多的岩洞组成一个另具特点的景区。

在会仙景区，有相思江上游水库三个，还有石山库水一体的金鸡水库，有莲塘的低

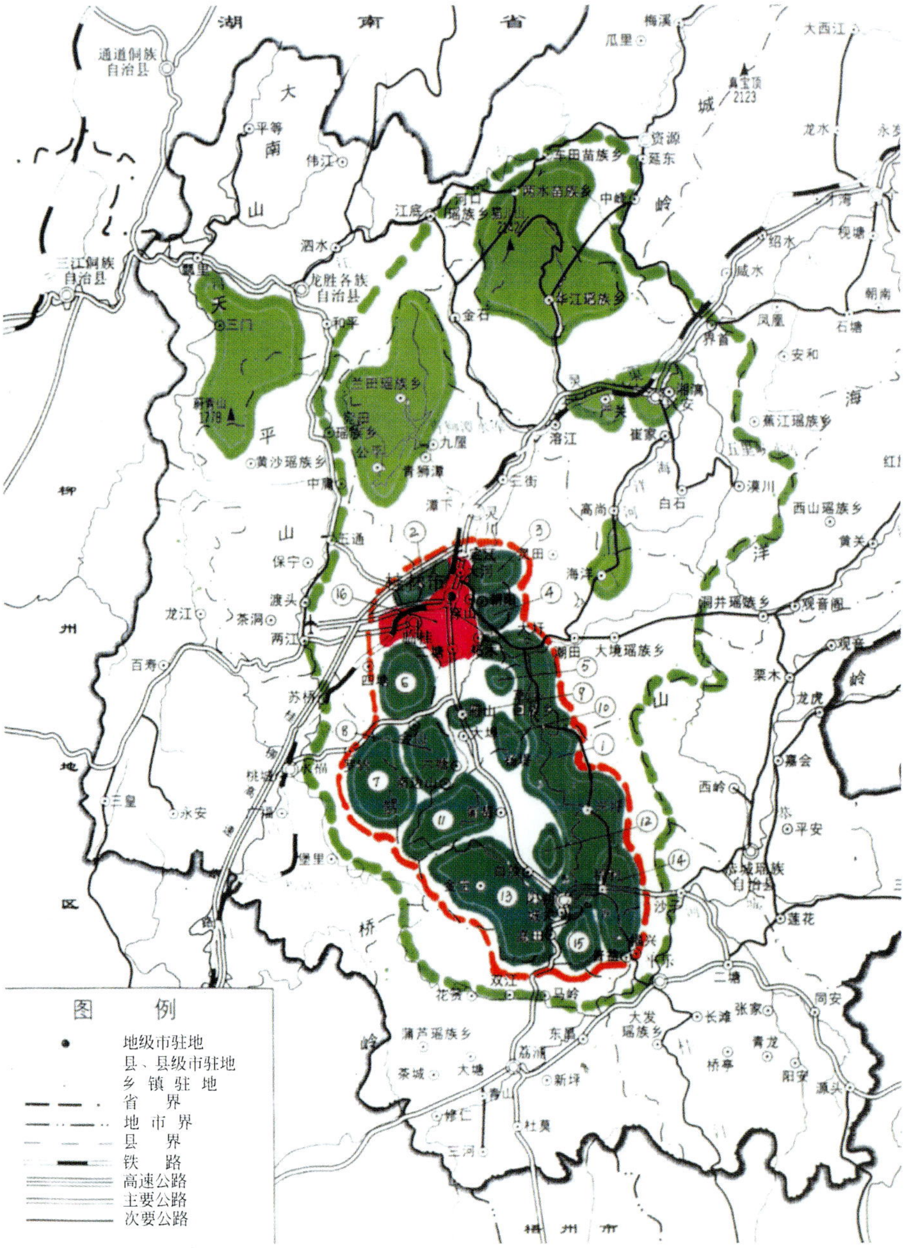

桂林山水风景区规划示意图

湿草地水体，有大、小月峰及众多的石山群峰，还有大片松林草地及田园。诸项风景素材天然地连成一片、构成一体。会仙景区的确定，使桂林风景区西部景观更趋完整。

桂林风景区外围的保护地带，是为了保护漓江水系不受污染，保护与恢复漓江水源林以逐步恢复与稳定漓江水的流量，保护风景区的动植物资源与生态平衡。因此，其范围界限基本上是按漓江水系的分水岭为准。

五、规划分区（十六景区）

(1)漓江景区因兼有四绝八胜的综合美而成为桂林山水的典型代表；(2) 芦笛景区是由桂林最美的洞和最高的峰及桃花江水体田园组成，为国内外游人必到之地；(3) 尧山是桂林惟一的土山景区，兼有古迹、林木、杜鹃之胜，是清明春游胜地；(4) 桂海景区具有峰林、水体、田园、岩洞之美；(5) 奇峰景区，以奇峰异洞和动物为主要景色；(6) 龙泉景区以水洞、泉溪、群峰环抱的草地牧场景观为胜；(7) 南海景区中，有高达500m的大长山石峰雄踞群峰之上，近千公顷的低湿草地与水体环绕山南，并有孤峰岩洞高朗相望；(8) 会仙景区具有峰湖结合和山水田园动物景观；(9)雁山景区有疏林缓坡草地、植物园、古园林和优美的借景；(10) 长流景区以峰林、泉溪、池沼和动物景观为主；(11) 葡萄景区是由孤峰和峰林平原组成的景区，其石山水体有如串串葡萄散铺在草地田园之上，动物、果林、牧场景观均较突出；(12) 古板景区则具有花果禽鸟动物之胜；(13) 遇龙景区是号称小漓江而又较之开扩多变的“桃花源”境界；(14) 福利和 (15) 青鸟两个景区，都具有山水动物田园之美。在福利还发现有低温温泉；(16) 位于风景区北部中心的桂林市区，是一个人文景观与自然景观汇合的著名景城，并担负着桂林风景区旅游服务基地的作用。

六、开辟西城区保护原城区的规划

为了认真“拯救桂林”和“尽早恢复桂林山水甲天下的原有风貌”，桂林的城市发展必须突破现有城市行政管辖界线的限制，规划在西二塘建设桂林西城区，它的主要功能是桂北政治、经济、文化、交通中心，也是桂林工业用地和旅游业的后方基地。规划原市区的主要功能是风景游览基地和城市管理中心，其规模大致控制在20世纪60年代末的状况。将原市区内的地区机关及所属单位、军分区、部分大专院校、科研单位、同旅游无直接关系的工厂企业、仓库、转运站、

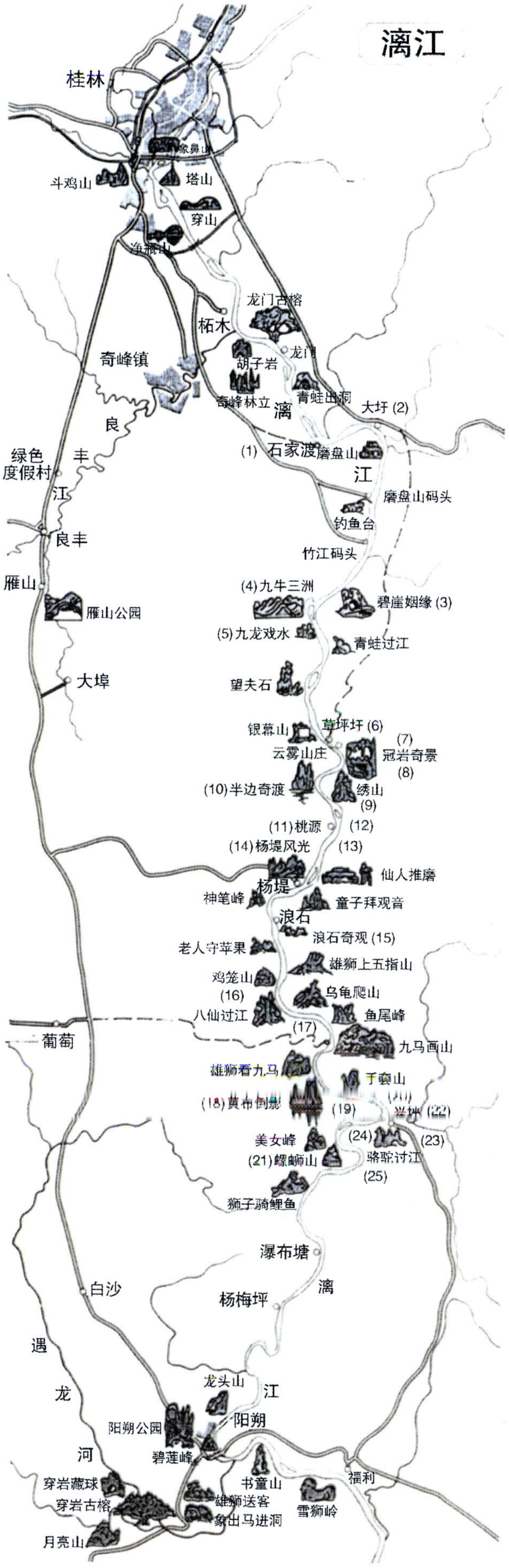

漓江风景区景点位置示意图

部队等单位，逐步迁至西城区，退出挤占的风景用地。同时，在漓江东岸的三里店区积极发展旅馆业和多种旅游服务中心。这样，在原城区的东面3km以外，有现代化的三里店旅游中心区，其间有漓江和菜地果园分隔；在原城的西面5km以外，有设施完善的西城区，其间有石山群和农田分隔。在分散和解除了复杂的功能对原城区的直接冲击后，这座历史悠久、山水风景和文物古迹荟萃的风景名城不仅可以拯救保护下来，而且可以从容地调整改造并逐步发展成为具有中国特点的风景游览城市。

七、景源保护和水系保护规划

桂林雨量充沛，地表和地下水系十分丰富，是一座著名的山城水市，水上游览盛行已久。因而，保护和治理水系是"尽早恢复并很好保持桂林山水甲天下的风貌"的重要组成部分。

（一）严格保护和认真涵养漓江水系的水源，禁止把漓江水系的水引向其他水系，禁止把地表水打入地下水系，严格控制对地表和地下水系的污染；

（二）在漓江上游疏通与新辟水源，兴建调节水库，以增加和调节漓江水的流量，保持全年有稳定的江面。

（三）保护和疏浚市区原有的江河湖塘，开辟新的水面，恢复和构成水路游览系统，建立水产基地。

1.利用桃花江水及漓江水，形成桃花湖—长海—芳莲湖—濠塘—榕杉湖—西湖等水面；

2.利用漓江和黄沙河的水，形成桂海及有关人工河道与水面；

3.疏浚自虞山至净瓶山之间的漓江和小东江，并用多种方法适当提高水位。

八、市区公园风景区规划（略）

九、漓江景区规划

（一）概况

漓江景区是包括桂林至阳朔之间的漓江沿岸的岩溶地貌景观，全长83km，面积近千平方公里，是"桂林山水"风景区的重要组成部分之一。

漓江风景的自然风景素材十分丰富，有奇特清秀的峰林，清澄回环的水流，嶙峋斑斓的崖壁，瑰丽奇艳的洞府，绚丽多彩的季相变幻，繁茂多姿的林木翠竹，如织似绵的田园村舍，历史悠久的文化遗物等，同时还伴随着优美动人的民间传说。

这次规划力图在风景资源的充分利用、游览方式与风景特点的协调、游兴和感受同山水景观的关系，以及漓江风景的保护与治理等方面都能有所设想。

（二）景点选择

1.在自然风景最优美的地方选点，兼顾不同风景素材的特异效果与作用。例如：形象孤峰和峰丛及峰林的不同景观效果，河湖、溪泉、瀑布、深潭、险滩、倒影、崖壁、山石、岩洞、地下河、名树古木以及不同的空间环境等都可以列为景物与景点。

2.从文化历史条件出发。历史记载、民间传说、文物古迹，以及艺术作品经常反映的素材也可组织在景点中。

3.从便于游人观赏和休息出发。景点要选在易于到达和交通比较方便的地方，景点疏密间距要适当，并与游赏方式协调。

4.从便于建设管理和服务设施的利用配套出发。景点可同现有圩镇和居民点靠近或结合。

根据上述考虑，初步确定漓江风景区的景点有如下25个：

（1）石家渡，（2）大圩古镇，（3）碧崖阁，（4）黄牛峡，（5）刘家坪瀑布，（6）草坪，（7）冠岩幽境，（8）安吉岩，（9）绣山彩绘，（10）半边奇渡，（11）桃源赏奇，（12）双全锣鼓，（13）白虎喷泉，（14）杨堤风光，（15）浪石览胜，（16）清漓画境，（17）画山观马，（18）黄布倒影，（19）七女巡江，（20）兴坪佳胜，（21）碧潭青螺，（22）罗田大岩，（23）莲花洞，（24）天水寨，（25）渔村田家。

（三）游览方式

漓江万转千回，处处都呈现出"几程漓水曲，万点桂山尖"的诗情画意。但是，游览方式的不同，也可以出现截然不同的感受和效果。

历史上游览漓江，多是乘木帆船，从桂林到阳朔的83km水程需行船整整两天，若是沿途登岸或观赏得细些，则需游程三天以上。这种游览方式虽能体验到漓江的壮丽奇观和诗画境界，但却需要有相当的决心、充裕的时间和不小的代价才达到目的。

近来游览漓江，都是用柴油机船，需八至十个小时的航程匆匆游完漓江。这种游览方式存在几个根本问题难以解决：

1.一种方式一日游完漓江使人过分疲劳，当游兴高时，山水景观还处在"序曲"阶段，当进入风景精华地段时，大多数游人已相当疲劳，无兴细看。

2.这种走马观花式的游览太粗，漓江景色的特点感受很少，甚至连拍照留影的时机都不多。

3.机船噪声大，有空气和水体污染，同时船速又快，破坏了水中倒影，使得整个漓江的景色特点和游览气氛与情趣都被干扰损坏，禽鸟大大减少。另外，在每年四个月的枯水季节，机船无法通行，迫使游览活动停止。

4.游船起航与结束的时间及地点比较集中，整个游览过程都处在相对集中、相互干扰、相当拥挤的状态中。

5.集中一日游完漓江，景区内游人分布很不平衡，因而景区的游人容量大大降低，风景资源的潜力不能充分发挥。

正由于上述原因，目前，游客意见纷纷，不少人感到"遗憾"或表示"上当"。这种状况，随着旅游事业的发展将愈加尖锐。因此，规划设想的游览方式是：

1.控制大型柴油机游船的使用，发展无各种污染、小中型、中低速的游船，保留与改善具有漓江特点的木帆船，积极试验电瓶船。船体吃水深度控制在35cm以内，每船载客15～50人，船上有合格的通讯、厕所、更衣、小卖和救生等基本设备，正餐食宿都在陆上解决。

2.分段游览，分段发船。把漓江景区分为：石家渡—草坪—杨堤—画山—兴坪等四段，在每段景区内的游览都是游程半天，从桂林到石家渡、草坪、杨堤等三处都有公路和汽车直达，游人可事先选择游览区段和游程安排。

3.以水上游览为主，同时结合陆地游览：以船上观景为主，同时结合游泳、登山与探胜等赏玩活动；尽量使每游人在每游日都可以感受到不同的景观特色，体验到不同的游赏方式和活动内容，保持旺盛的游兴。

（四）景点的特征与设施（略）

（五）游览路线和游程（略）

33 花坪风景——花坪自然保护区综合考察报告之十（节选）

花坪位于桂林市西北方面45km(直线距离)。这里森林繁茂，少受破坏，是我国亚热带山地常绿阔叶林的一个蓝本，同时还生存有丰富的动物、昆虫和鸟类，在自然现象上构成一个较原始和完整的生物地理群落单位，因此被列为国家级“自然保护区”。其范围为东径109°48′54″～109°58′20″，北纬25°31′10″～25°31′36″。全区平面面积约20万亩，东西宽15km，南北长16km。其中，绝对保护区位于中心约6万亩，半保护区在其外围约14万亩。大部分地区的海拔高度在1000～1600m，最高的蔚青岭海拔是1895.5m。花坪位于桂东北的两个暴雨中心，年雨量估计在2000～2200mm以上，山间林下相对湿度保持在85%～90%。这里冬季长而寒冷，夏季短而温凉，年平均温度12～14℃，冬季一般是3～5℃，夏季平均16～18℃；同时，垂直变化和区域差异较明显，具有山地气候特征。

花坪的土壤也明显地呈现出垂直变化，在600m以下是山地红壤，600～1300m是山地黄壤，1300m以上是山地黄棕壤。土壤均呈酸性，pH为4.5～5.0。山地成土基岩以石英质页岩为主，由于岩性坚实和坡度陡峻等原因，致使土层浅薄，大部分土层含砾石多。

一、花坪风景资源

(一)连绵起伏的峰峦谷坡

花坪山体高大、谷深坡陡，峰峦层叠连绵、沟谷纵横深切，造成了弯环、险绝的涧壑谷坡。相对高差悬殊，岭与谷的高差一般都有几百米，构成了巍峨崎岖、连绵起伏、雄伟浑厚的景色。在半保护区内，山岭多为浑圆状，若干峭壁奇峰突出，形成了对比鲜明的峻岭平岗、奇峰插云的景色；在绝对保护区里，岭脊尖锐、峰顶群出，构成许多良好的眺望点，如蔚青岭、古青岭、扒塘山等，相对高度均在千米以上，红毛介、红崖山的相对高度也有500～1000m。

(二)生动壮丽的动态水景

花坪雨水充沛，泉溪河瀑密布。河流多源自一些裸露的砂页岩地区，沿途经过的地方，或基岩裸露，或林木茂盛，故河水清澈明净。所有河流都具有深切河谷的特点，纵比降大，纵剖面上出现许多陡坎、平台、深潭，河床上散堆着巨大的砾石块，造成了泉溪、湍流、浅滩、跌水、瀑布等丰富的动态水景，其中，瀑布是最能引人注意的。仅就其特点突出并易于到达者记述如下：

1.平水江瀑布——高约50m。

2.红滩大瀑布——此瀑布高约30m。

3.小滩瀑布——两个瀑布同交于一潭的巧妙景观，瀑布高约15m。

另外还有长明湾、笔架河、陶善河、白水滩、半水洞、粗江孟老关、天平山等瀑布。

(三)繁茂丰富的植物景观

浩瀚的原始性天然林是花坪特有的风貌，众芳竞秀，草木峥嵘的植物景观是构成花坪风景的主要素材之一，丰富的植被类型和多样的植物群落形成了不同的景象效果。

常绿阔叶林的外貌呈现出浓绿而茂密的景象，其典型结构层次复杂，可分为三层乔木及灌木、草本等五层。

落叶阔叶林的组成单纯，多为单层，在生长季节外貌呈浅绿色。林下光线尚好，以草本阳性植物为主。

阔叶混交林的成分和分层结构都比较复杂，优势树种不明显，其水平和垂直郁闭度均大，林下上满生苔藓，有叶厚达3～5cm。

针叶林多分布在海拔较高的山脊悬崖陡壁上，组成与结构都单纯，多呈单层疏林的外貌，如银杉与广东松混交林分布在粗江野猪塘附近1400m处，林下苔藓密盖。

(四)绚丽多彩的季相变化

花坪位于桂北两个降雨中心之间，因而云、雾、雨就成了花坪自然景观的重要组成部分，它特别能吸引林区的新客。

清晨，山峰密雾笼罩，呈现出一个凝聚茫茫的乳白色世界。渐渐地开始流动、浮游，变成飘浮淡薄的轻纱。随着太阳的上升，山腰雾游云走，衬托出层层叠叠的峰峦和林冠。有时，只见一片白云自林深中飘来，霎时，便置身于云海之中。如果是峰顶遇到这种时机，那就能看到浮动翻滚的云海景观。

花坪雨多雾重，雨细雾密，雨雾难分。当瓢泼大雨时，则见条条水线密挂，或随风摆动，或呈绿色，或现蓝色，而阴晴变幻时，还会呈现出金色。

花坪难得晴天，因而这时隐时现的阳光显得十分宝贵。

在冰封的冬季，有时雪厚15～20cm，这在华南就有其特殊的情趣。

(五)禽鸟争鸣、群猴嘻斗

鸟兽深居密林中，已发现的有豹、麈、黑熊、野猪、角麂、野山羊、梅花鹿等，最多的还是数十成群的青猴，目前多活动在白岩、花坪、粗江等人迹稀少的地区。禽鸟分布很普遍，在1200m以上。

(六)村居梯田、山庄风貌

高山密林中，居住有壮、傜、汉各族居民，他们多从事农林副业生产。山中居民都近田、傍水、背山，朝向较开阔的方向，沿等高线呈台阶式散布，高低散落，疏密自由，它与层层梯田组成了独特的山村风光。山村民居既便于上山下岭，又能得到较多的日照，还能避免山洪暴发的威胁。

居民住房大都是两层，全木结构。外墙多是密排的半圆木或局部干砌石墙，也有用木板或竹子编排围护的。屋面多数用小青瓦，也有用树皮、竹筒制作。一般都设有架空的竹编晒场和挑楼(廊)。住房附近都有山泉，竹管飞架，引水入室。

二、花坪风景评价

(一)花坪风景的特点与类型

花坪风景是由山峦、溪瀑、森林、鸟兽、季相、山村及农事活动等因素构成的。可以归为“山岳溪瀑森林风景”类型。完整的原始自然风光是其鲜明的特点。

根据各有特点的自然景色，初步归纳为以下五类二十一个风景点。

1.以瀑布为主的风景点4个；

2.以登高眺望为主的风景点4个；

3.以林木为主的风景点4个；

4.以山村田园为主的风景点4个；

5.以空间变化取胜的风景廊5个。

(二)花坪风景与桂林风景区的关系

花坪风景的现实意义就在于距桂林市近，它必然会成为桂林山水大风景区的组成部分。花坪的雄伟壮观的原始自然风光，特别是那生动壮丽的动态水景，正是当前桂林游览区所缺乏的，花坪将丰富和充实桂林风景区。

(三)花坪风景与科学研究

花坪是国家自然保护区，将为多学科的科研工作提供丰富内容，是科学普及活动的良好场所，也是园林工作者“师造化”的天地。

(四)花坪风景的开发利用建设条件

1.气候条件（略）

2.生产及社会条件（略）

3.交通运输条件（略）

三、风景建设规划建议

(一)性质特点及服务对象

花坪自然保护区是以自然保护和科学研究为主，因此，风景区必然与科学研究和科学普及密切结合。活动的内容大概包括参观考察、游览旅行、避暑野营、绘画摄影、短期休养等项目。在服务对象中，科研技术人员占比重可能会大些。花坪必将成为桂林风景区的一部分，是国内外人民游览的胜地。

(二)规划设计特点

1.应以表现大自然风光美景为主，充分利用原来的自然特点，不可过多修饰，防止损害原始朴素的自然美。

2.道路、建筑和服务设施，一方面要方便游人宾客活动，安全舒适，一方面要避免过多过大，要尽量减少对自然现状的破坏。

3.风景建设是在科学研究和发展经济基础上逐步进行的，应远近结合，以近为主，分期实现。

(三)风景建设重点地区的选择

在红滩地区比较集中了花坪的多种风景要素，因而，选择此区作为风景建设的重点。红滩地区位于半保护区的边缘，是花坪对外交通的要道，在此将布置保护区管理处，设生活和游览服务中心，建风景游览区和避暑休养区。

(四)风景区的组成部分及其布局建议

1.风景游览区：选红滩站附近为风景游览区，可布置以下内容：

瀑布风景点

登高眺望点

笔架河水石植物廊

小滩至大滩河段“峭壁奇峰巨石”廊

红滩站是科研重点站

2.花坪管理处及生活服务中心。鼓楼介及田湾一带位于红滩地区中心，山坡低缓，景色开朗，接近河道，又位于风景区门首，适于布置服务中心，建立餐馆、旅舍、商店等服务设施。

3.短期休养避暑区。在开阔优美的陶善河建立避暑区。流水岩独成一幽静环境，有背风向阳的缓山坡，沿河而下，与生活服务中心联系也方便，此处作短期休养是很适合的。在平水江瀑布附近，也有一二个良好环境，适宜作避暑休养用地。

(五)综合服务站

为了便于游览整个保护区，必须在适当的地方建立综合服务站。这里将解决简易而方便的食宿、医疗、导游、摄影、小卖、游览及交通用具（如马匹、手杖、雨具、保护品）等。建议在红滩、天平山、花坪、平水江等处设立此类服务站。

(六)水体改造

在三岔河结合水电站的建立，修30m高的水坝，形成三岔河湖面。这将丰富自然风景，解决必要的动力，还可养鱼，增加收入。

在陶善河域可结合休养避暑的需要，可用卵石筑起简单的滚水坝，形成一些局部小水面，不仅满足生活上的必需，又增添了沿河景色。

(七)科学普及

风景建设不仅要体现与表现大自然的风光美景，也要充分结合科学普及宣传教育活动。标本园、专题植物园、动物驯养区及花坪的大部分动植物将是主要教材。如可以在流水岩附近划出一些区域，保持现状，对比保护森林与破坏森林的不同结果，面对那毁林后水源断绝、田荒、人走、房空的事实，使人们更易认识到自然保护区和生态平衡的意义。

(八)交通游线及游程

1.对外公路（略）

2.区内车道（略）

3.区内马道（略）

4.游览日程（略）

1 地貌区划

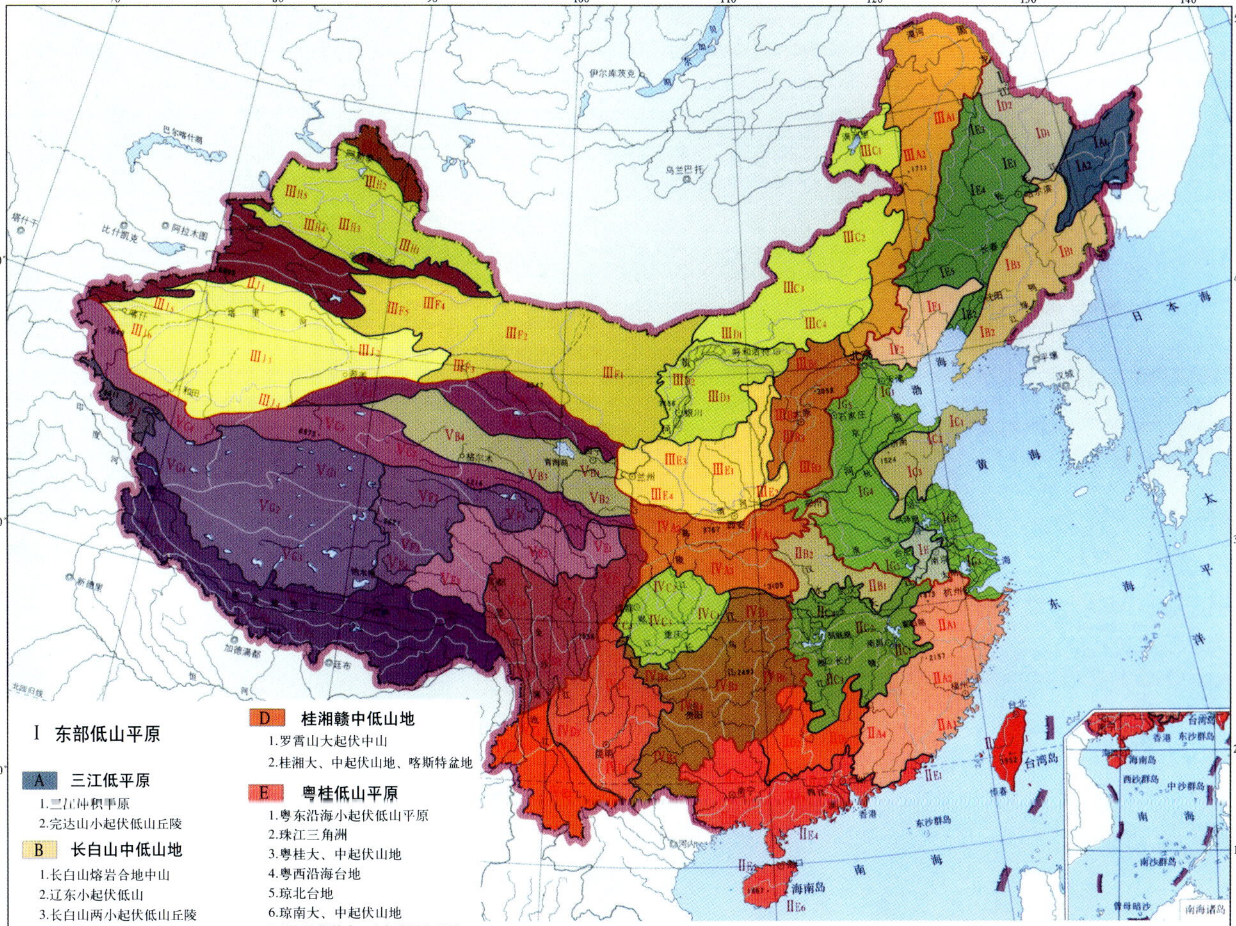

Ⅰ 东部低山平原

A 三江低平原
1.三江冲积平原
2.完达山小起伏低山丘陵

B 长白山中低山地
1.长白山熔岩合地中山
2.辽东小起伏低山
3.长白山两小起伏低山丘陵

C 鲁东低山丘陵
1.胶东小起伏低山丘陵
2.胶莱冲积平原
3.鲁中中、小起伏中、低山

D 小兴安岭低山
1.小兴安岭东部中、小起伏中、低山
2.小兴安岭西部小起伏低山

E 松辽低平原
1.松辽东部洪冲积台地
2.辽河小游海冲积平原
3.兴安岭山前丘陵台地
4.松嫩冲积平原
5.辽河洪冲积平原

F 燕山—辽西中低山地
1.辽西丘陵台地
2.燕山大、中起伏中、低山

G 华北、华东低平原
1.渤海海积平原
2.苏北、黄淮冲积、海积平原
3.江浙冲积三角洲平原
4.黄淮海冲积平原
5.太行山—大别山山前洪冲积平原

H 宁镇平原丘陵

Ⅱ 东南低、中山地

A 浙闽低中山
1.浙皖中、小起伏低山
2.武夷山大、中起伏中山
3.闽东沿海中、小起伏低山
4.粤闽中、小起伏低山

B 淮阳低山
1.大别山大、中起伏中、低山
2.南阳盆地

C 长江中游平原、低山
1.鄱阳湖冲积湖积平原
2.幕阜山大、中起伏中、低山
3.湘赣小起伏低山丘陵
4.洞庭湖冲积湖积平原

D 桂湘赣中低山地
1.罗霄山大起伏中山
2.桂湘大、中起伏山地、喀斯特盆地

E 粤桂低山平原
1.粤东沿海小起伏低山平原
2.珠江三角洲
3.粤桂大、中起伏山地
4.粤西沿海台地
5.琼北台地
6.琼南大、中起伏山地
7.桂西喀斯特中、小起伏低山盆地
8.十万大山大起伏中山丘陵

F 台湾平原山地
1.台东大起伏中山
2.台西低丘陵平原

Ⅲ 北部高中山平原盆地

A 大兴安岭中山
1.大兴安岭东侧小起伏低山
2.大兴安岭中起伏中山

B 山西中山盆地
1.晋北中、小起伏中山盆地
2.太行山大、中起伏高中山和晋中南盆地
3.吕梁山大、中起伏高中山

C 内蒙古中平原
1.呼伦贝尔低平原
2.乌珠穆沁中丘陵平原
3.乌兰察布中剥蚀平原
4.乌兰察布南部中丘陵

D 河套、鄂尔多斯中平原
1.阴山—贺兰山大、中起伏高中山
2.河套中冲积平原
3.鄂尔多斯中平原

E 黄土高原
1.陕北黄土塬、梁、峁
2.汾渭低洪冲积平原台地
3.六盘山中起伏高中山
4.陇中中、小起伏中高山黄土梁、峁

F 新甘中平原
1.阿拉善中丘陵风蚀平原
2.马鬃山小起伏中山丘陵
3.河西中冲积洪积平原
4.吐哈中低冲洪积平原
5.噶顺戈壁中丘陵

G 阿尔泰山高中山

H 准噶尔低盆地
1.准噶尔东部中丘陵平原
2.乌伦古额尔齐斯低冲积平原
3.准噶尔冲积及风积平原
4.准噶尔南缘小起伏中山平原
5.准噶尔界山小起伏中山

I 天山高山盆地
1.北天山极大起伏高山
2.中天山高山盆地
3.南天山极大起伏高山
4.焉耆中山盆地

J 塔里木盆地
1.拜城前山中盆地
2.塔里木河下游低冲积湖积平原
3.塔克拉玛干风积沙丘
4.塔里木南缘中冲洪积台地平原
5.柯坪前山中盆地
6.喀什洪冲积中平原

Ⅳ 西南中高山地

A 秦岭大巴山高中山
1.豫西汉中中山谷地
2.秦岭大起伏高中山
3.大巴山大起伏中山

B 鄂黔滇中山
1.大娄山大起伏中山
2.武陵山中起伏中山
3.川南黔北喀斯特中起伏中山
4.黔中喀斯特小起伏中山丘陵
5.黔西滇东南喀斯特中、小起伏中山
6.雪峰山大、中起伏山地

C 四川低盆地
1.川东平行低山岭谷
2.川北小起伏低山
3.川中低丘陵
4.成都低洪冲积平原

D 川西南、滇中中高山盆地
1.乌蒙山、凉山极大、大起伏中高山
2.滇中喀斯特小起伏高中山盆地
3.盐源楚雄大、中起伏高中山盆地

E 滇西南高中山
1.南横断山极大起伏高中山
2.滇西南大、中起伏高中山
3.滇西大、中起伏中山盆地

Ⅴ 青藏高原

A 阿尔金山祁连山高山山原
1.北祁连山大起伏高山宽谷
2.南祁连山中、大起伏高山宽谷盆地
3.阿尔金山大起伏高山极高山

B 柴达木—黄湟高中盆地
1.黄湟高中河谷盆地
2.黄南中、大起伏高山盆地
3.鄂拉山大起伏高山
4.柴达木高中盆地

C 昆仑山极大、大起伏极高山高山
1.东昆仑山大起伏高山
2.博卡雷克山中、大起伏极高山、高山宽谷
3.库木布彦大、中起伏高山湖盆
4.西昆仑山极大起伏高山极高山

D 横断山极大、大起伏高山
1.大雪山—岷山极大、大起伏极高山、高山
2.北沙鲁里山中、大起伏高山山原
3.南沙鲁里山大、极大起伏高山
4.宁静山大、中起伏高山
5.三江中段极大起伏高山峡谷
6.伯舒拉岭—他念他翁山极大起伏高山极高山

E 江河上游中、大起伏高山谷地
1.若尔盖中、小起伏高中山原宽谷
2.江河上游中、大起伏高山山原
3.怒江上游中、大起伏高山

F 江河源丘状高山原
1.黄河源丘状山原盆地
2.长江源中、小起伏高山丘陵宽谷盆地
3.唐古拉山中、大起伏极高山
4.怒江源中、小起伏山原宽谷

G 羌塘高原湖盆
1.可可西里丘状高原湖盆
2.中羌塘中、小起伏高山湖盆
3.南羌塘中起伏高山湖盆
4.东喀喇昆仑山大、中起伏高、极高山湖盆

H 喜马拉雅山极大、大起伏高山极高山
1.中念青唐古拉山极大起伏高山极高山
2.东喜马拉雅山极大起伏极高山高山
3.南喜马拉雅山极大、大起伏高中山
4.中雅鲁藏布中、大起伏高山河谷
5.冈底斯山大起伏极高山高山
6.北喜马拉雅山大、中起伏极高山高山盆地
7.阿伊拉日居大起伏极高山高山盆地
8.中喜马拉雅山极大起伏高山极高山
9.西喜马拉雅山极大起伏高山极高山

I 喀喇昆仑山大、极大起伏极高山

一级区划界线
二级区划界线
三级区划界线

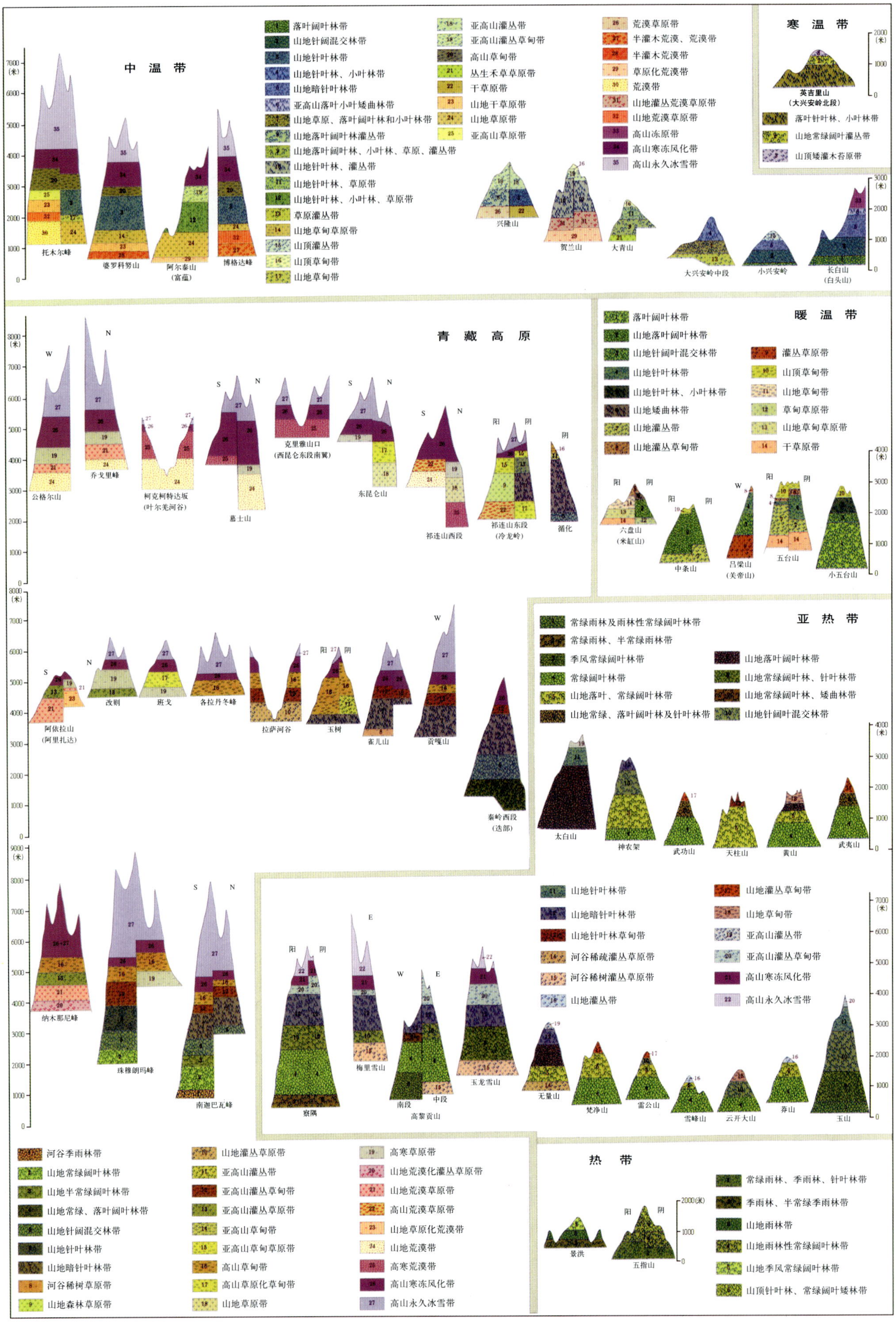
中温带
落叶阔叶林带
山地针阔混交林带
山地针叶林带
山地针叶林、小叶林带
山地暗针叶林带
亚高山落叶小叶矮曲林带
山地草原、落叶阔叶林和小叶林带
山地落叶阔叶林灌丛带
山地落叶阔叶林、小叶林、草原、灌丛带
山地针叶林、灌丛带
山地针叶林、草原带
山地针叶林、小叶林、草原带
草原灌丛带
山地草甸草原带
山顶灌丛带
山顶草甸带
山地草甸带
亚高山灌丛带
亚高山灌丛草甸带
高山草甸带
丛生禾草草原带
干草原带
山地干草原带
山地草原带
亚高山草原带
荒漠草原带
半灌木荒漠、荒漠带
半灌木荒漠带
草原化荒漠带
荒漠带
山地灌丛荒漠草原带
山地荒漠草原带
高山冻原带
高山寒冻风化带
高山永久冰雪带
托木尔峰
婆罗科努山
阿尔泰山
(富蕴)
博格达峰
兴隆山
贺兰山
大青山
大兴安岭中段
小兴安岭
长白山
(白头山)
寒温带
英吉里山
(大兴安岭北段)
落叶针叶林、小叶林带
山地常绿阔叶灌丛带
山顶矮灌木苔原带
青藏高原
公格尔山
乔戈里峰
柯克柯特达坂
(叶尔羌河谷)
慕士山
克里雅山口
(西昆仑东段南翼)
东昆仑山
祁连山西段
祁连山东段
(冷龙岭)
循化
暖温带
落叶阔叶林带
山地落叶阔叶林带
山地针阔叶混交林带
山地针叶林带
山地针叶林、小叶林带
山地矮曲林带
山地灌丛带
山地灌丛草甸带
灌丛草原带
山顶草甸带
山地草甸带
草甸草原带
山地草甸草原带
干草原带
六盘山
(米缸山)
中条山
吕梁山
(关帝山)
五台山
小五台山
阿依拉山
(阿里扎达)
改则
班戈
各拉丹冬峰
拉萨河谷
玉树
雀儿山
贡嘎山
秦岭西段
(迭部)
亚热带
常绿雨林及雨林性常绿阔叶林带
常绿雨林、半常绿雨林带
季风常绿阔叶林带
常绿阔叶林带
山地落叶、常绿阔叶林带
山地常绿、落叶阔叶林及针叶林带
山地落叶阔叶林带
山地常绿阔叶林、针叶林带
山地常绿阔叶林、矮曲林带
山地针阔叶混交林带
太白山
神农架
武功山
天柱山
黄山
武夷山
山地针叶林带
山地暗针叶林带
山地针叶林草甸带
河谷稀疏灌丛草原带
河谷稀树灌丛草原带
山地灌丛带
山地灌丛草甸带
山地草甸带
亚高山灌丛带
亚高山灌丛草甸带
高山寒冻风化带
高山永久冰雪带
纳木那尼峰
珠穆朗玛峰
南迦巴瓦峰
察隅
梅里雪山
高黎贡山
南段
中段
玉龙雪山
无量山
梵净山
雷公山
雪峰山
云开大山
莽山
玉山
河谷季雨林带
山地常绿阔叶林带
山地半常绿阔叶林带
山地常绿、落叶阔叶林带
山地针阔混交林带
山地针叶林带
山地暗针叶林带
河谷稀树草原带
山地森林草原带
山地灌丛草原带
亚高山灌丛带
亚高山灌丛草甸带
亚高山灌丛草原带
亚高山草甸带
亚高山草甸草原带
高山草甸带
高山草原化草甸带
山地草原带
高寒草原带
山地荒漠化灌丛草原带
山地荒漠草原带
高山荒漠草原带
山地草原化荒漠带
山地荒漠带
高寒荒漠带
高山寒冻风化带
高山永久冰雪带
热带
景洪
五指山
常绿雨林、季雨林、针叶林带
季雨林、半常绿季雨林带
山地雨林带
山地雨林性常绿阔叶林带
山地季风常绿阔叶林带
山顶针叶林、常绿阔叶矮林带

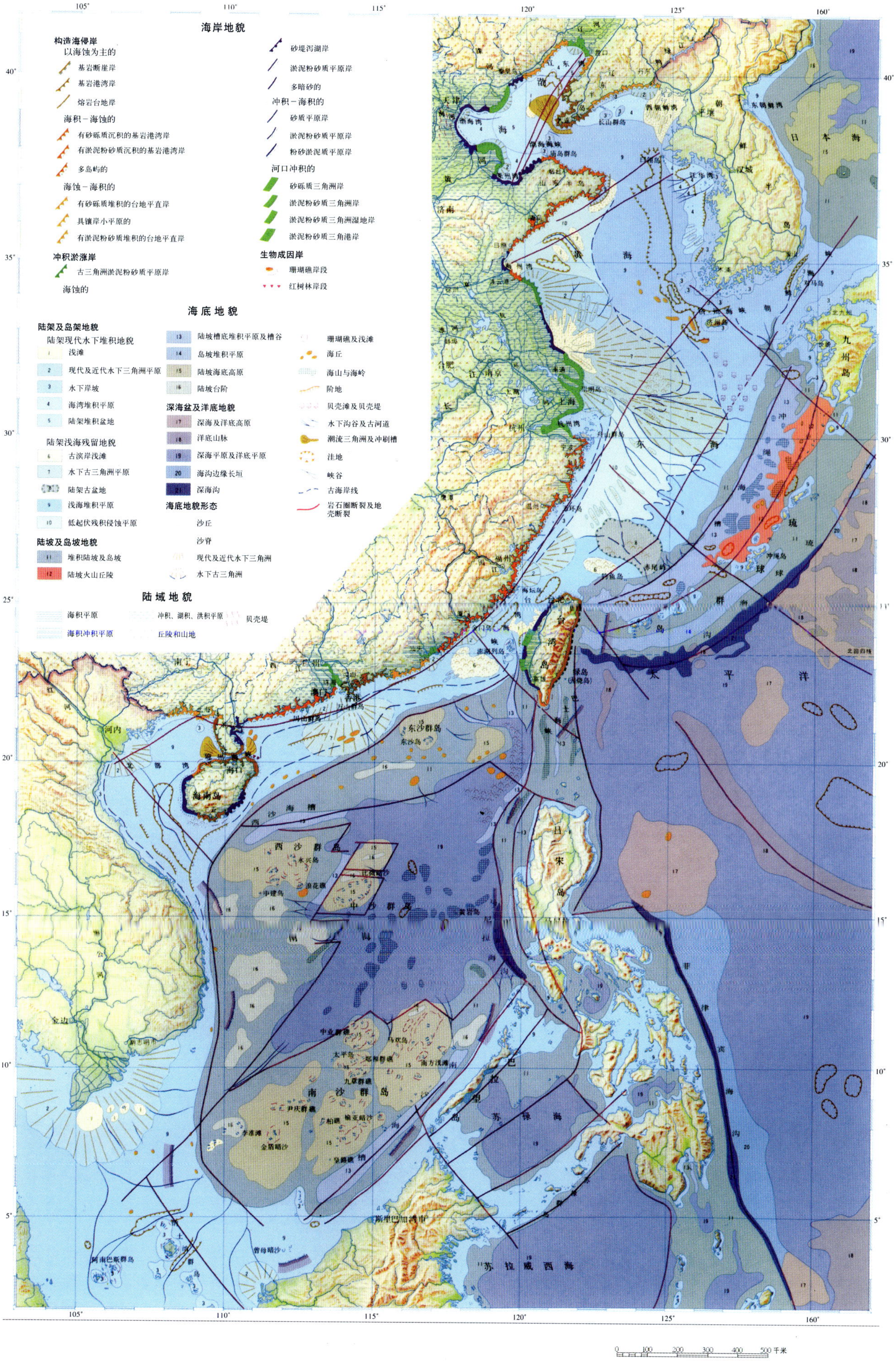
海岸地貌
构造海侵岸
以海蚀为主的
基岩断崖岸
基岩港湾岸
熔岩台地岸
海积－海蚀的
有砂砾质沉积的基岩港湾岸
有淤泥粉砂质沉积的基岩港湾岸
多岛屿的
海蚀－海积的
有砂砾质堆积的台地平直岸
具镶岸小平原的
有淤泥粉砂质堆积的台地平直岸
冲积淤涨岸
古三角洲淤泥粉砂质平原岸
海蚀的
砂堤泻湖岸
淤泥粉砂质平原岸
多暗砂的
冲积－海积的
砂质平原岸
淤泥粉砂质平原岸
粉砂淤泥质平原岸
河口冲积的
砂砾质三角洲岸
淤泥粉砂质三角洲岸
淤泥粉砂质三角洲湿地岸
淤泥粉砂质三角港岸
生物成因岸
珊瑚礁岸段
红树林岸段
海底地貌
陆架及岛架地貌
陆架现代水下堆积地貌
1 浅滩
2 现代及近代水下三角洲平原
3 水下岸坡
4 海湾堆积平原
5 陆架堆积盆地
陆架浅海残留地貌
6 古滨岸浅滩
7 水下古三角洲平原
8 陆架古盆地
9 浅海堆积平原
10 低起伏残积侵蚀平原
陆坡及岛坡地貌
11 堆积陆坡及岛坡
12 陆坡火山丘陵
13 陆坡槽底堆积平原及槽谷
14 岛坡堆积平原
15 陆坡海底高原
16 陆坡台阶
深海盆及洋底地貌
17 深海及洋底高原
18 洋底山脉
19 深海平原及洋底平原
20 海沟边缘长垣
21 深海沟
海底地貌形态
沙丘
沙脊
现代及近代水下三角洲
水下古三角洲
珊瑚礁及浅滩
海丘
海山与海岭
阶地
贝壳滩及贝壳堤
水下沟谷及古河道
潮流三角洲及冲刷槽
洼地
峡谷
古海岸线
岩石圈断裂及地壳断裂
陆域地貌
海积平原
海积冲积平原
冲积、湖积、洪积平原
丘陵和山地
贝壳堤
105°
110°
115°
120°
125°
160°
40°
35°
30°
25°
20°
15°
10°
5°
渤海
黄海
东海
日本海
太平洋
朝鲜
九州岛
台湾
琉球群岛
东沙群岛
西沙群岛
中沙群岛
南沙群岛
海南岛
北部湾
吕宋岛
南海
苏禄海
苏拉威西海
菲律宾海沟
上海
杭州
福州
南宁
河内
济南
合肥
南京
天津
汉城
0 100 200 300 400 500千米

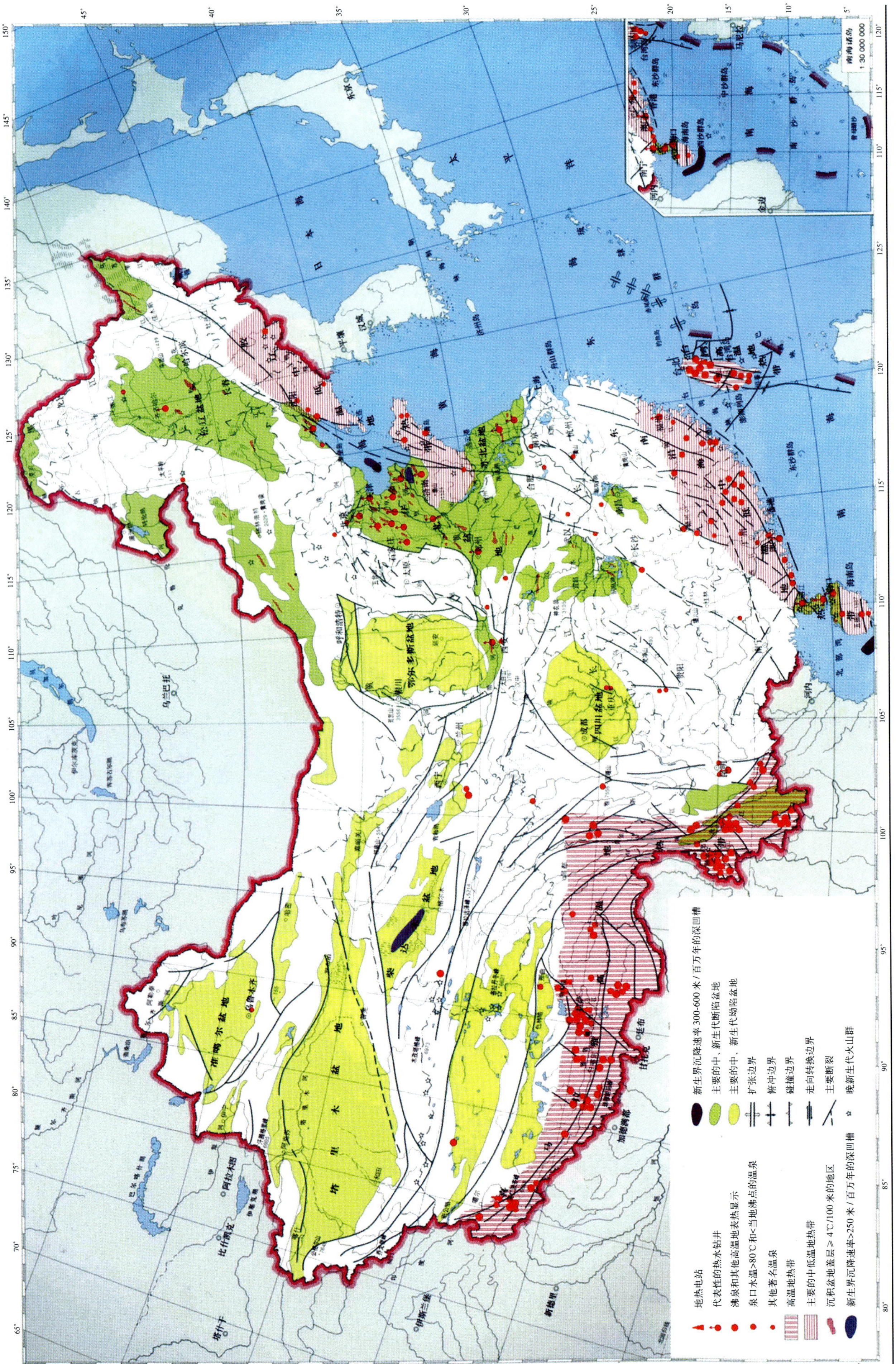
地热电站
代表性的热水钻井
沸泉和其他高温地表热显示
泉口水温>80℃和<当地沸点的温泉
其他著名温泉
高温地热带
主要的中低温地热带
沉积盆地盖层≥4℃/100米的地区
新生界沉降速率>250米/百万年的深凹槽
新生界沉降速率300-600米/百万年的深凹槽
主要的中、新生代断陷盆地
主要的中、新生代坳陷盆地
扩张边界
俯冲边界
碰撞边界
走向转换边界
主要断裂
晚新生代火山群
0 150 300 450 600 750千米
南海诸岛
1:30 000 000
塔里木盆地
准噶尔盆地
柴达木盆地
四川盆地
鄂尔多斯盆地
松辽盆地
华北盆地
太平洋
乌兰巴托

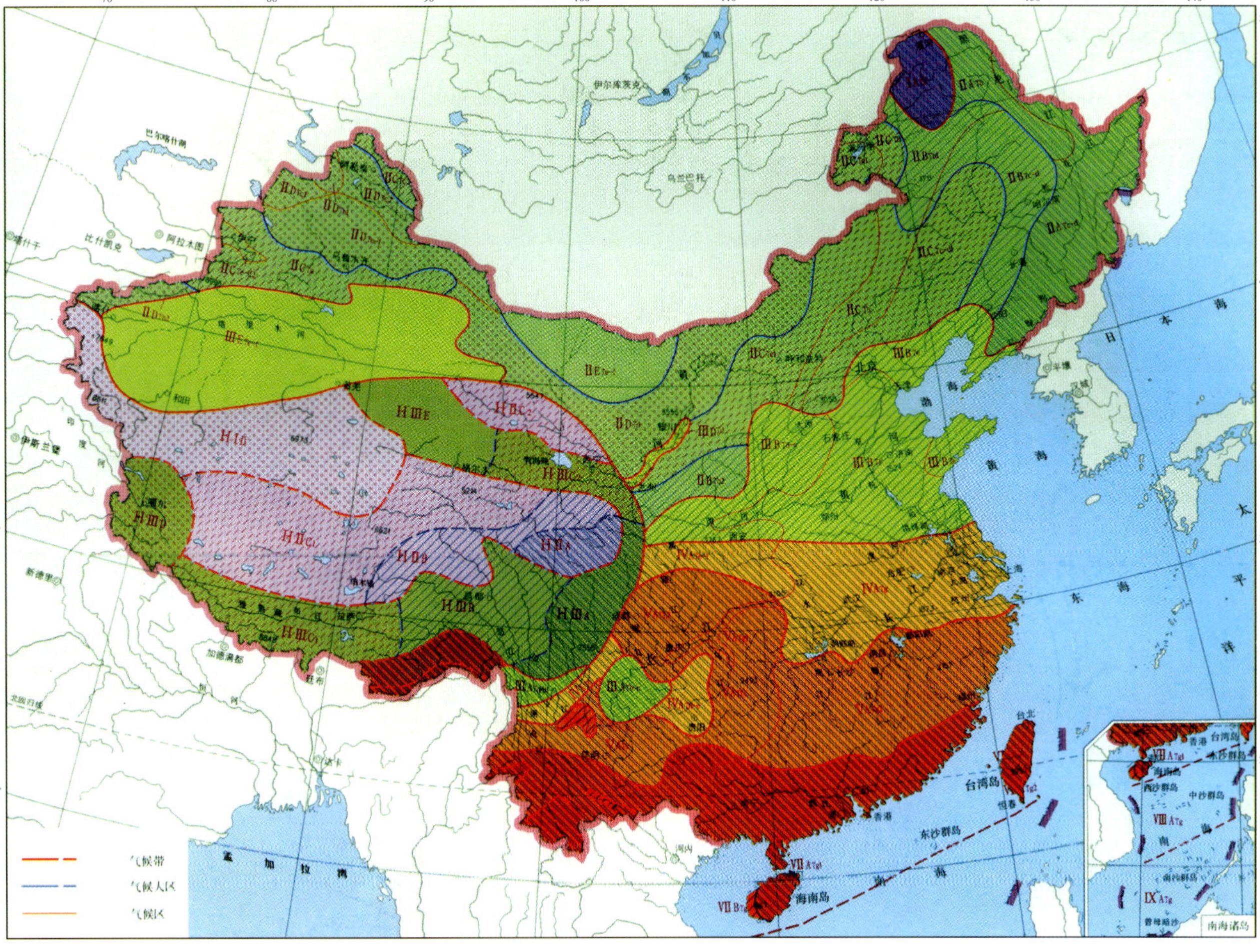

气候带 \ 气候大区	A 湿润大区	B 亚湿润大区	C 亚干旱大区	D 干旱大区	E 极干旱大区
I 寒温带	IA Ta 根河区				
II 中温带	IIA Tb 小兴安岭区 Tc-d 三江 - 长白山区	IIB Tb1 小兴安岭区 Tb2 陕甘宁区 Tc-d 松辽区	IIC Ta 天山区 Tb 蒙东区 Tc1 蒙中区 Tc2 阿尔泰山区 Tc-d1 松辽上游区 Tc-d2 伊宁区	IID Tb1 和布克赛尔区 Tb2 乌恰 - 阿合奇区 Tc1 塔城区 Tc2 额尔齐斯-乌伦古河区 Td 蒙西宁夏河西走廊区 Te-f 准噶尔盆地区	IIE Te-f 巴丹吉林 - 腾格里区
III 暖温带	IIIA Ta-b 维西 - 木里区 [illegible]	IIIB Td-e 晋陕山区 Te 燕山辽东山东半岛区 [illegible]		IIID Td 黄河上游河谷区	IIIE Te-f 塔里木盆地区
IV 北亚热带	IVA Tb 滇北区 Td-c 贵州区 Te-f 汉水上游区 Tg 长江中下游区				
V 中亚热带	VA Tc 滇中区 Tf1 川鄂湘黔区 Tf2 四川盆地区 Tg1 长江上游河谷区 Tg2 江南区				
VI 南亚热带	VIA Td 滇南区 Te-f 桂西区 Tg1 闽南珠江区 Tg2 台北区	VIB Te 金沙江河谷区			
VII 边沿热带	VIIA Te1 西双版纳区 Te2 德宏区 Tf 河口区 Tg1 雷琼区 Tg2 台南区	VIIB Tg1 元江区 Tg2 琼西区			
VIII 中热带	VIIIA Tg 西沙中沙区				
IX 赤道热带	IXA Tg 南沙区				

青 藏 高 原 区 H

气候带 \ 气候大区	A 湿润大区	B 亚湿润大区	C 亚干旱大区	D 干旱大区	E 极干旱大区
高原寒带 HI				北羌塘区 HID	
高原亚寒带 HII	青东南区 HIIA	那曲区 HIIB	1.南羌塘区 2.祁连山区 HIIC		
高原温带 HIII	川西区 HIIIA	藏东区 HIIIB	1.藏南区 2.西宁区 HIIIC	阿里区 HIIID	柴达木区 HIIIE
高原亚热带山地	达旺 - 察隅区				
高原热带北沿山地	藏东南区				

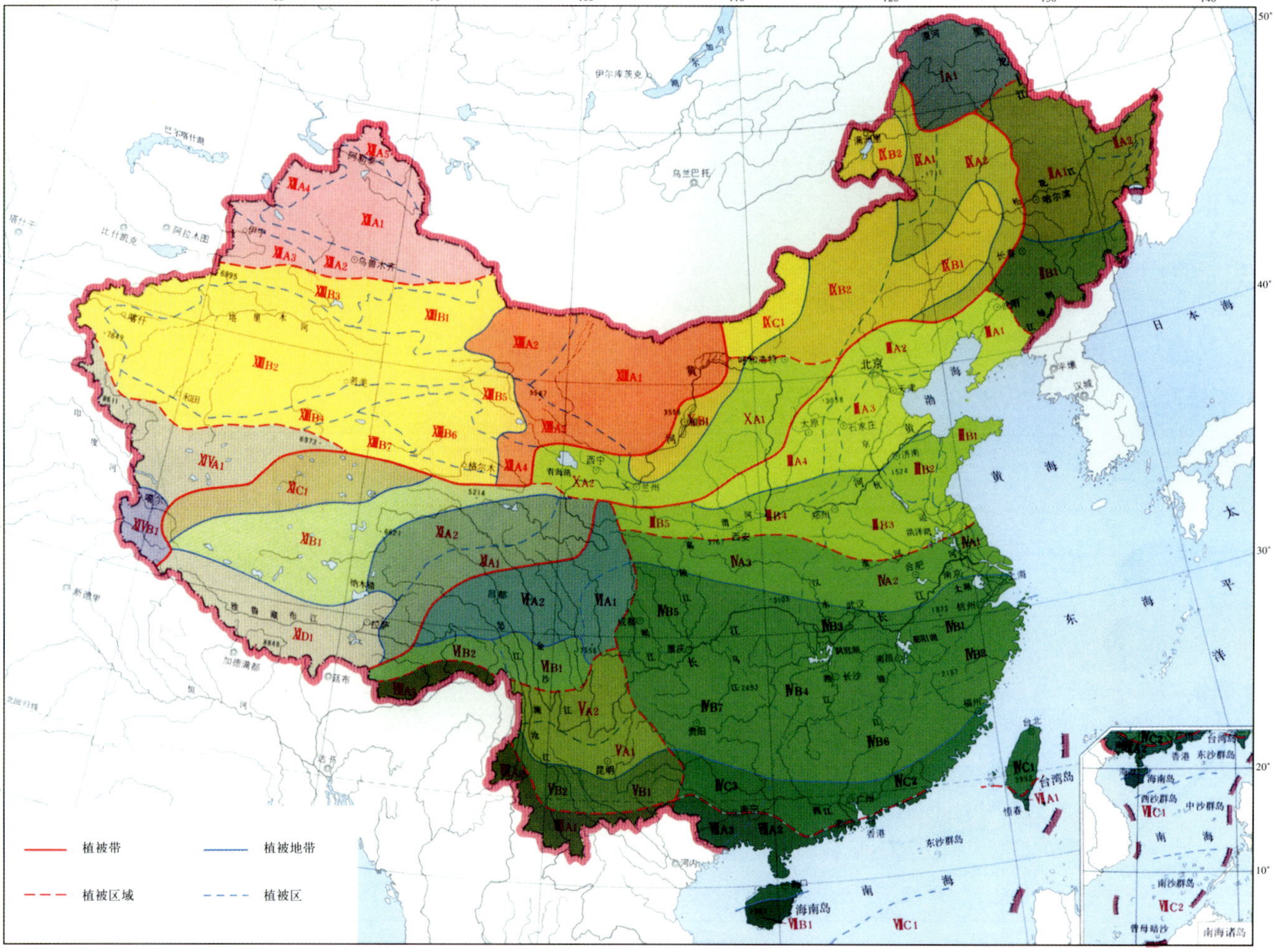

湿润、半湿润森林带

Ⅰ 寒温带针叶林区域

A 南寒温带落叶针叶林地带

1.大兴安岭北部山地兴安落叶松林区

Ⅱ 温带针阔叶混交林区域

A 温带北部针阔叶混交林地带

1.小兴安岭、完达山地红松针阔叶混交林区

2.三江平原沼泽区

B 温带南部针阔叶混交林地带

1.长白山地红松、沙冷杉针阔叶混交林区

Ⅲ 暖温带落叶阔叶林区域

A 暖温带北部落叶栎林地带

1.辽东丘陵、平原赤松、蒙古栎、栽培植被区

2.冀、辽山地、丘陵油松、辽东栎、槲栎林区

3.黄、海河平原栽培植被区

4.黄土高原东部含草原的油松、辽东栎、槲树林、栽培植被区

B 暖温带南部落叶栎林地带

1.胶东丘陵赤松、麻栎林、栽培植被区

2.鲁中南山地丘陵油松、麻栎、栓皮栎林、栽培植被区

2.黄、淮河平原栽培植被区

2.晋南、关中平原、山地油松、栓皮栎、锐齿槲栎林、栽培植被区

5.西秦岭北麓、陇山山地、黄土丘陵含草原的华山松、辽东栎林区

Ⅳ 亚热带东部湿润常绿阔叶林区域

A 北亚热带常绿、落叶阔叶混交林地带

1.江、淮平原栽培植被、水生植被区

2.淮扬山地丘陵落叶栎类、青冈、马尾松林区

3.秦、巴山地栎类、华山松林区

B 中亚热带常绿阔叶林地带

1.浙、皖青冈、苦槠、栽培植被区

2.浙、闽甜槠、木荷林区

3.两湖平原栽培植被、水生植被区

4.湘、赣、鄂山地栲类、栽培植被区

5.四川盆地栽培植被、润楠林区

6.南岭、闽中山地栲类、蕈树林区

7.川南、黔、桂北山地栲类、木荷林、石灰岩植被区

C 南亚热带常绿阔叶林地带

1.台北丘陵、山地栽培植被、青构栲、厚壳桂林区

2.闽、奥、桂南部栲类、厚壳桂林、栽培植被区

3.桂西石灰岩丘陵山地青冈、麻扎木林区

Ⅴ 亚热带西部半湿润常绿阔叶林区域

A 中亚热带常绿阔叶林地带

1.滇中高原、盆地滇青冈、栲类、云南松林区

2.川、滇山地、峡谷云南松林、干热河谷植被区

B 南亚热带常绿阔叶林地带

1.滇、黔、桂石灰岩区润楠、青冈、细叶云南松林区

2.滇西南高山地、峡谷栲类、红木荷、思茅松林区

Ⅵ 高原山地寒温性、温性针叶林常绿阔叶林区域

A 高原山地寒温性针叶林地带

1.川西山地云杉、冷杉、常绿阔叶林区

2.横断山北部云杉、冷杉林区

B 高原山地寒温性、温性针叶林、硬叶常绿阔叶林地带

1.横断山南部云杉、冷杉林、硬叶常绿栎林区

2.东喜马拉雅山北麓云杉、冷杉林、高山松林区

Ⅶ 热带东部偏湿性季雨林、雨林区域

A 北热带半常绿季雨林、湿润雨林地带

1.台南丘陵季雨林、湿润雨林区

2.粤、桂、琼台地、丘陵半常绿季雨林区

3.桂西南石灰岩丘陵季雨林区

B 中热带季雨林、湿润雨林地带

1.琼南丘陵、山地季雨林、湿润雨林区

C 南热带和赤道热带珊瑚岛植被地带

1.南热带珊瑚岛植被区

2.赤道热带珊瑚岛植被区

Ⅷ 热带西部偏干性季雨林、雨林区域

A 北热带季节雨林、半常绿季雨林地带

1.滇南盆地、谷地季节雨林、季雨林区

2.人西南河谷、山地半常绿季雨林区

3.东喜马拉雅南麓河谷季雨林、雨林区

半干旱草原带

Ⅸ 温带草原区域

A 东北西部森林草原地带

1.大兴安岭西麓桦林草原区

2.松辽平原外围栎林草原区

B 内蒙古高原、松辽平原黄型草原地带

1.松辽平原坨甸地典型草原区

2.内蒙古高原典型草原区

C 乌兰察布高原荒漠草原地带

1.乌兰察布高原矮禾草、矮半灌木荒漠草原区

Ⅹ 暖温带草原区域

A 黄土高原中部典型草原地带

1.黄土高原中部禾草、蒿类草原区

2.青海东部山地草原区

B 黄土高原西部荒漠草原地带

1.黄土高原西部矮禾草、矮灌木荒漠草原区

Ⅺ 高原高寒草甸、草原区域

A 川西、青南、藏东高寒灌丛、草甸地带

1.川西、藏东高寒灌丛、草甸区

2.藏东、青南高寒草甸区

B 青、藏高寒草原地带

1.长江源、南羌塘紫花针茅高寒草原区

C 藏北高寒荒漠草原地带

1.北羌塘硬叶苔草、垫状蒿高寒荒漠草原区

D 藏南高原河谷、湖盆区温性草原地带

1.藏南高原河谷针茅、因沙草温性草原区

干旱荒漠带

Ⅻ 温带荒漠区域

A 温带干旱半灌木、小乔木荒漠地带

1.准噶尔盆地小乔木、半灌木荒漠区

2.天山北麓山地寒温性针叶林、草原区

3.伊犁谷地蒿类荒漠、山地寒温性针叶林－落叶阔叶林区

4.塔城谷地蒿类荒漠、山地草原区

5.阿尔泰山山地草原、寒温性针叶林区

XIII 暖温带荒漠区域

A 暖温带东部干旱半灌木、灌木荒漠地带

1.阿拉善草原化荒漠、半灌木荒漠区

2.马鬃山－诺敏戈壁稀疏灌木、半灌木荒漠区

3.东祁连山寒性温性针叶林、山地草原区

4.柴达木盆地东部灌木、半灌木荒漠、盐漠区

B 暖温带西部极端干旱灌木、半灌木荒漠地带

1.东疆盆地－哈顺戈壁稀疏灌木荒漠区

2.塔里木盆地裸露荒漠、稀疏灌木、半灌木荒漠区

3.天山南麓－西昆仑山地半荒漠、草原区

4.中昆仑－阿尔金山地半灌木荒漠区

5.东阿尔金－西祁连山地半灌木荒漠、荒漠草原区

6.柴达木盆地西部裸露荒漠、半灌木、灌木荒漠、盐漠区

7.东昆仑山地矮灌木、半灌木、裸露石山荒漠区

XIV 高原高寒荒漠区域

A 昆仑山原、帕米尔高原高寒荒漠地带

1.昆仑山原、帕米尔高原垫状矮半灌森、硬叶苔草高寒荒漠区

B 阿里高原山谷温性荒漠地带

1.阿里高原山谷驼绒藜、沙生针茅温性荒漠区

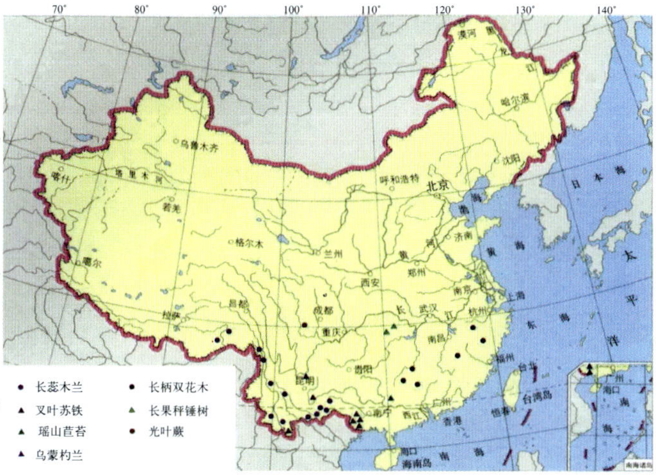
长蕊木兰
长柄双花木
叉叶苏铁
长果秤锤树
瑶山苣苔
光叶蕨
乌蒙杓兰

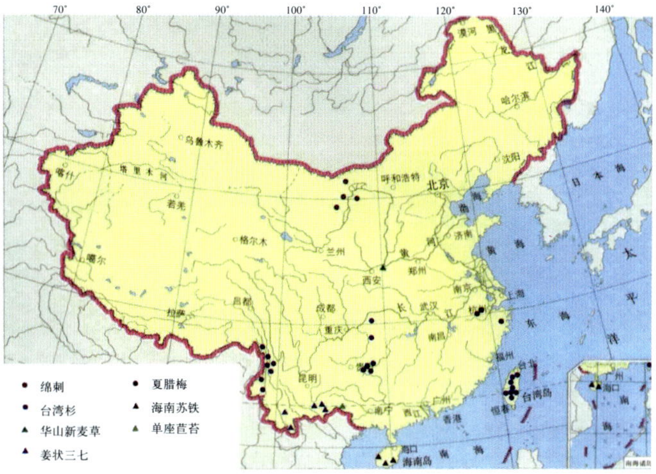
绵刺
夏腊梅
台湾杉
海南苏铁
华山新麦草
单座苣苔
姜状三七

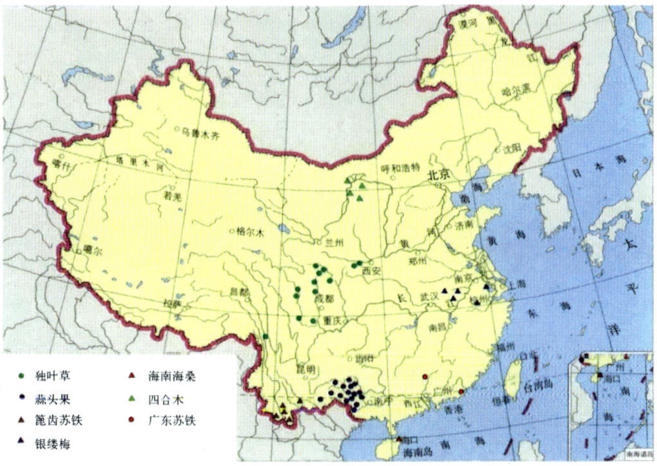
独叶草
海南海桑
蒜头果
四合木
篦齿苏铁
广东苏铁
银缕梅

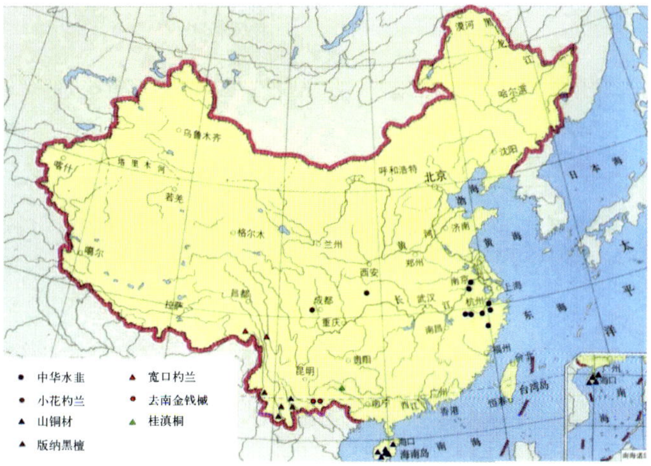
中华水韭
宽口杓兰
小花杓兰
云南金钱槭
山铜材
桂滇桐
版纳黑檀

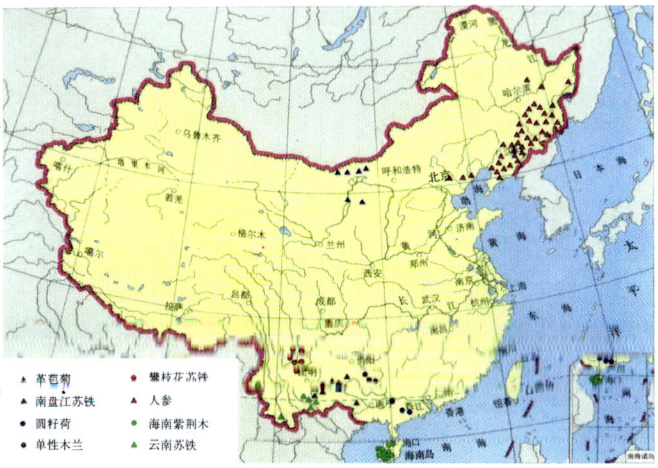
革苞菊
攀枝花苏铁
南盘江苏铁
人参
圆籽荷
海南紫荆木
单性木兰
云南苏铁

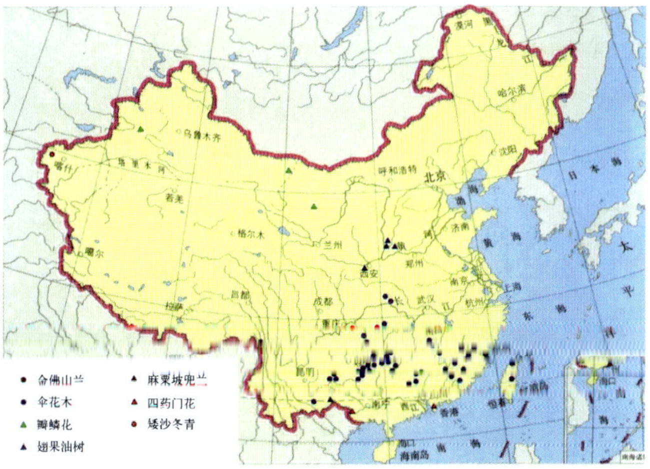
金佛山兰
麻栗坡兜兰
伞花木
四药门花
瓣鳞花
矮沙冬青
翅果油树

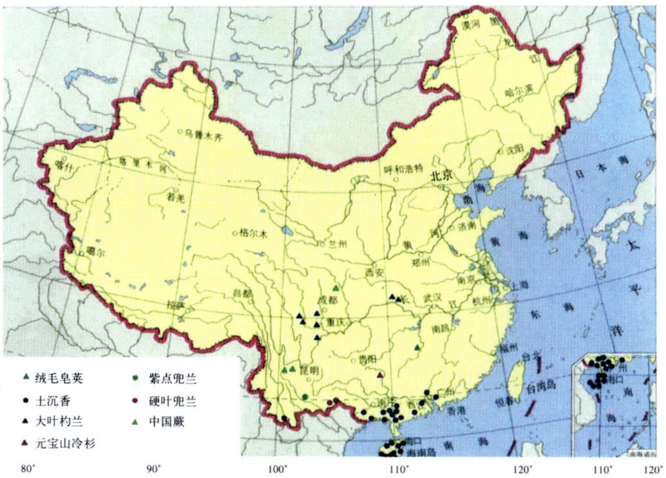
绒毛皂荚
紫点兜兰
土沉香
硬叶兜兰
大叶杓兰
中国蕨
元宝山冷杉

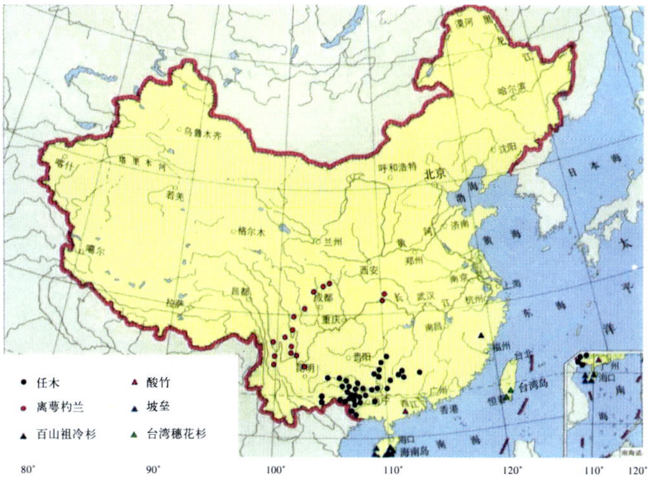
任木
酸竹
离萼杓兰
坡垒
百山祖冷杉
台湾穗花杉

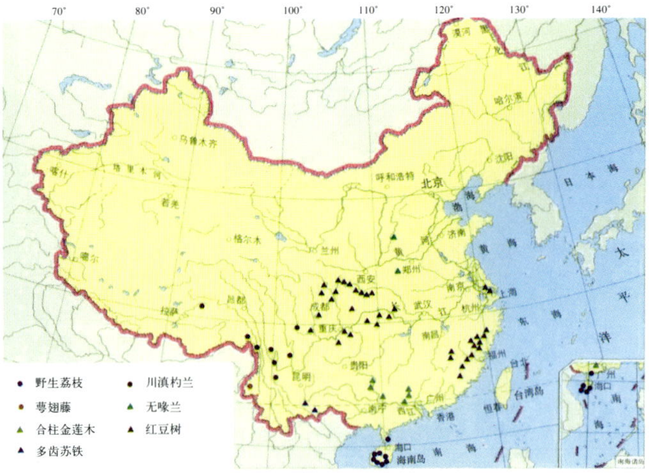
野生荔枝
川滇杓兰
萼翅藤
无喙兰
合柱金莲木
红豆树
多齿苏铁

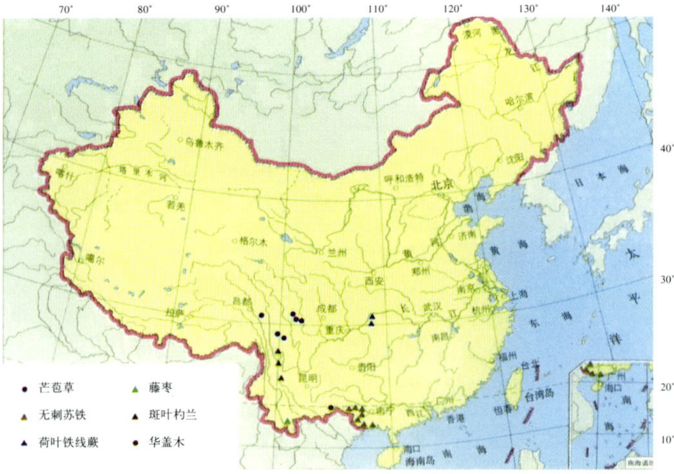
芒苞草
藤枣
无刺苏铁
斑叶杓兰
荷叶铁线蕨
华盖木

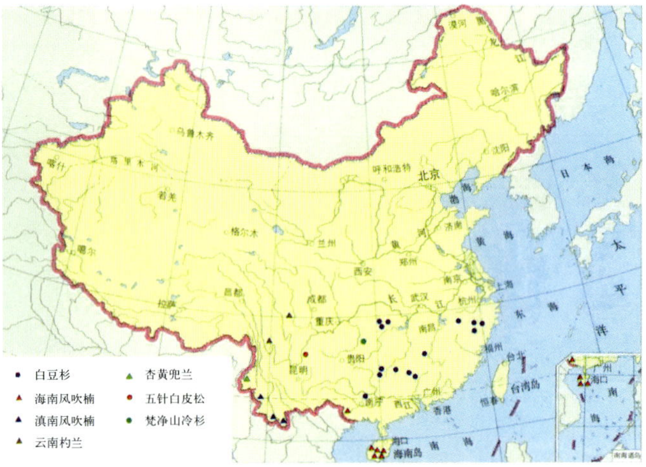
白豆杉
杏黄兜兰
海南风吹楠
五针白皮松
滇南风吹楠
梵净山冷杉
云南杓兰

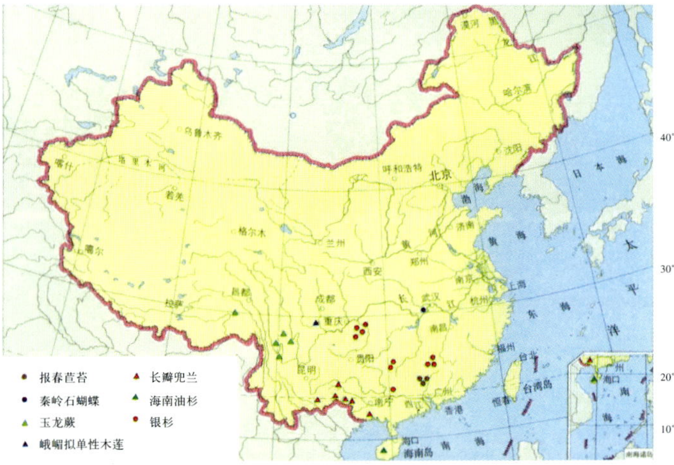
报春苣苔
长瓣兜兰
秦岭石蝴蝶
海南油杉
玉龙蕨
银杉
峨嵋拟单性木莲

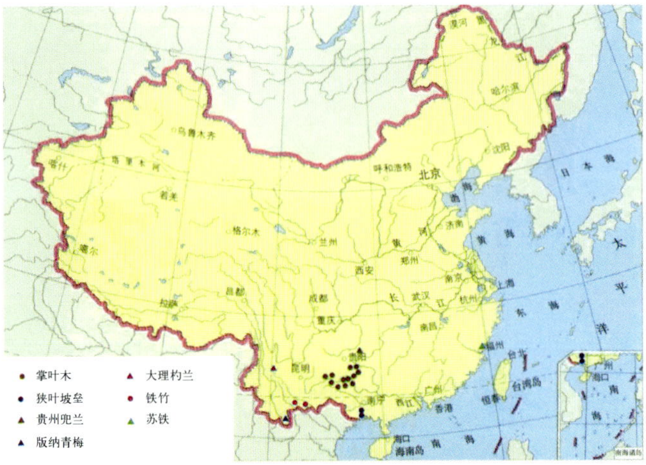
掌叶木
大理杓兰
狭叶坡垒
铁竹
贵州兜兰
苏铁
版纳青梅

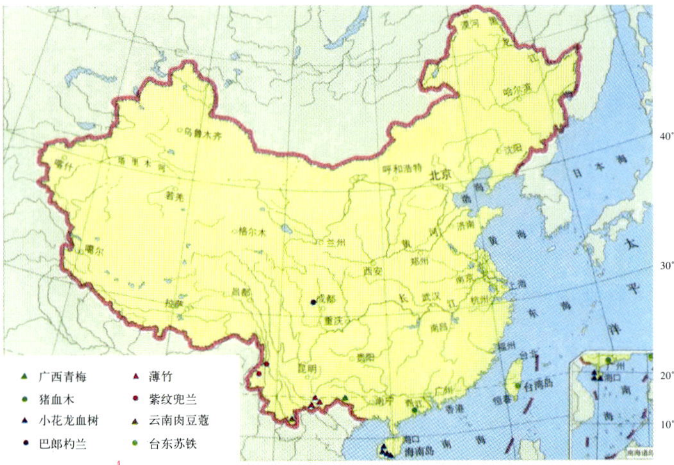
广西青梅
薄竹
猪血木
紫纹兜兰
小花龙血树
云南肉豆蔻
巴郎杓兰
台东苏铁

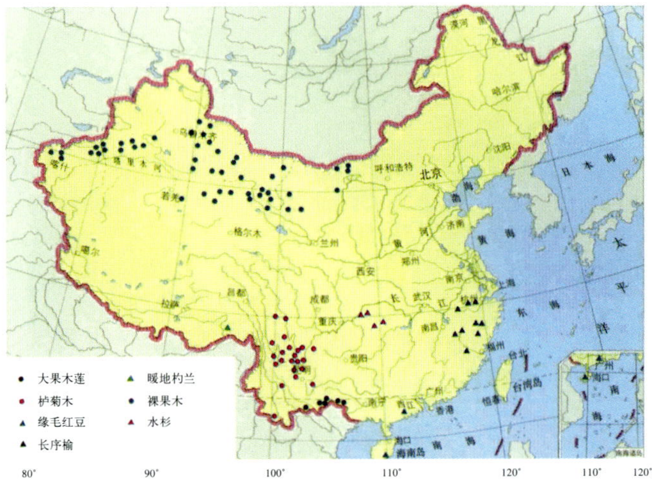
大果木莲
暖地杓兰
栌菊木
裸果木
缘毛红豆
水杉
长序榆

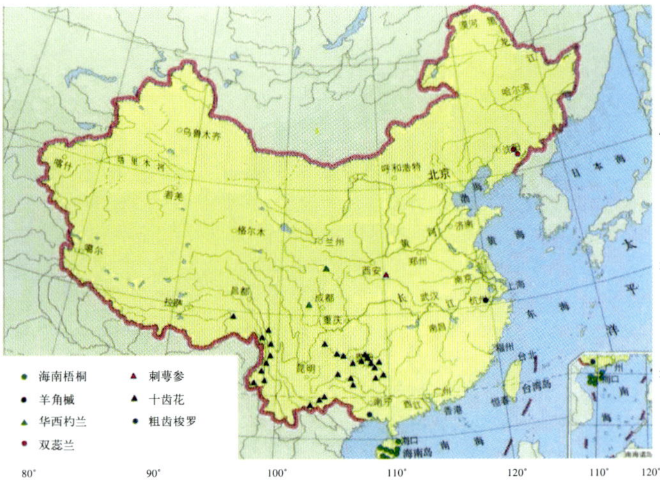
海南梧桐
刺萼参
羊角槭
十齿花
华西杓兰
粗齿梭罗
双蕊兰

9 重点保护野生动物（一）

黑长臂猿
金丝猴
黑叶猴
豚尾猴
猕猴
台湾猴
懒猴
棕熊
黑熊
马来熊
大熊猫
小熊猫
水獭
熊狸
紫貂
石貂
貂熊
猞猁
虎
豹
雪豹
云豹
野象
野马
野驴
野骆驼
河麂
原麝
黑麂
毛冠鹿
驼鹿
麋鹿
梅花鹿
白唇鹿
坡鹿
野牛
野牦牛
扭角羚
藏羚
黄羊
斑羚
塔尔羊
岩羊
北山羊
盘羊
白鳍豚
穿山甲
河狸
雪兔
巨松鼠
高原雪鸡
黑琴鸡
斑尾榛鸡
原鸡
西川山鹧鸪
海南山鹧鸪
藏马鸡
褐马鸡
蓝马鸡
绿尾虹雉
绿孔雀
孔雀雉
白鹇
白颈长尾雉
黑颈长尾雉
白冠长尾雉
红腹角雉
黄腹角雉
黑头角雉
白肩雕
金雕
虎头海雕
玉带海雕
白尾海雕
胡兀鹫
拟兀鹫
丹顶鹤
白头鹤
白鹤
赤颈鹤
黑颈鹤
大鸨
白鹳
黑鹳
朱鹮
遗鸥
疣鼻天鹅
鸳鸯
中华秋沙鸭
白鹈鹕
褐鲣鸟
短尾信天翁
白腹军舰鸟
双角犀鸟
楔尾绿鸠
黑腹沙鸡
绯胸鹦鹉
扬子鳄
鳄蜥
巨蜥
鼋
四爪陆龟
大鲵

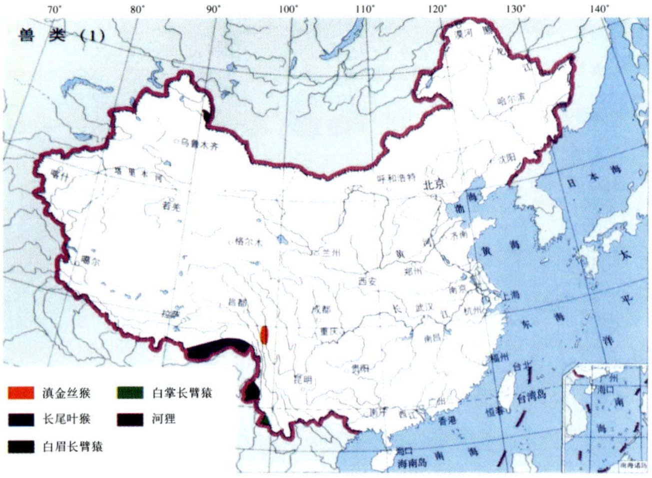
兽类（1）
滇金丝猴
白掌长臂猿
长尾叶猴
河狸
白眉长臂猿

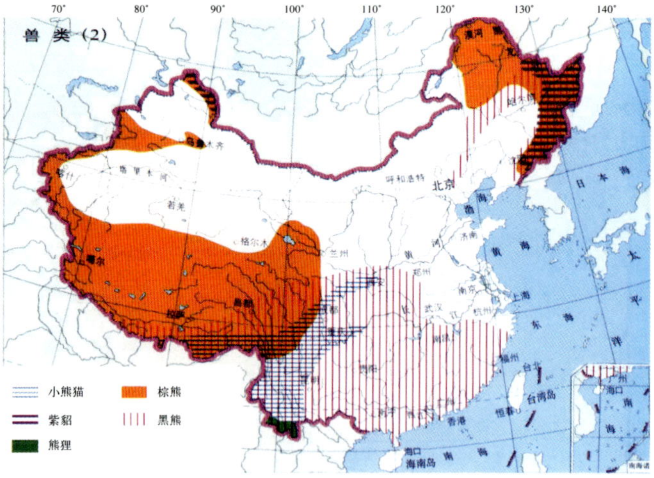
兽类（2）
小熊猫
棕熊
紫貂
黑熊
熊狸

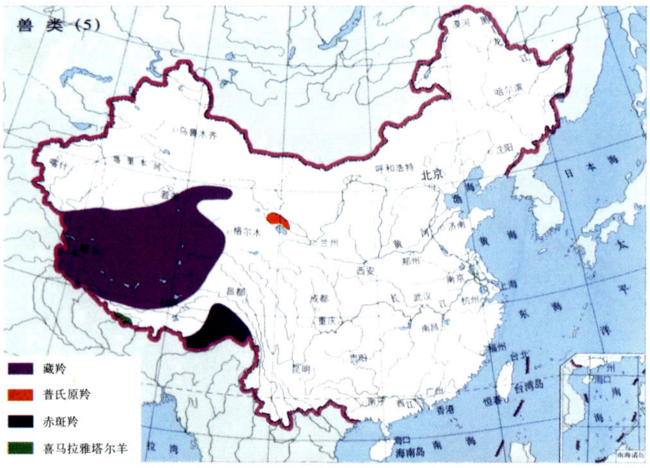
兽类（5）
藏羚
普氏原羚
赤斑羚
喜马拉雅塔尔羊

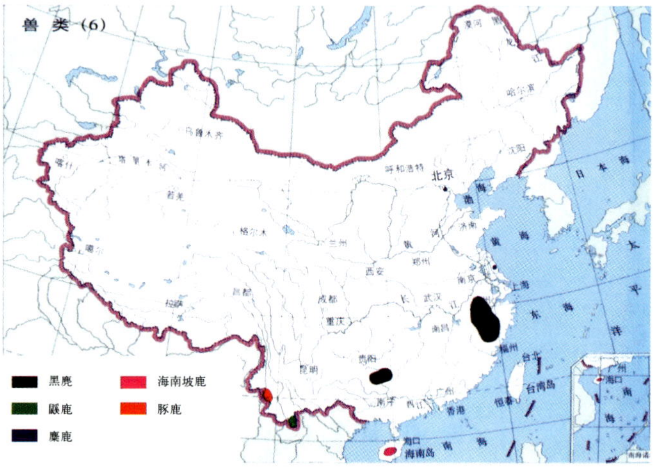
兽类（6）
黑麂
海南坡鹿
豚鹿
麝鹿
麋鹿

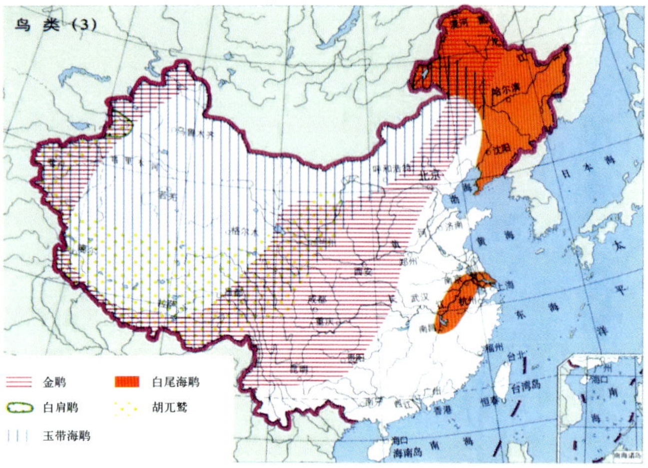
鸟类（3）
金鹏
白尾海鹏
白肩鹏
胡兀鹫
玉带海鹏

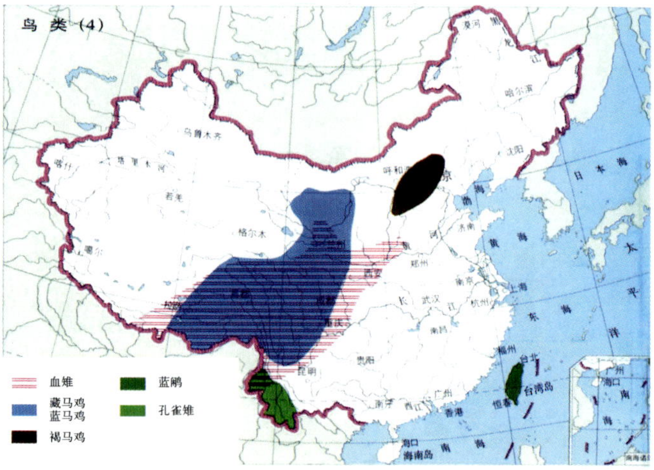
鸟类（4）
血雉
蓝鹇
藏马鸡
蓝马鸡
孔雀雉
褐马鸡

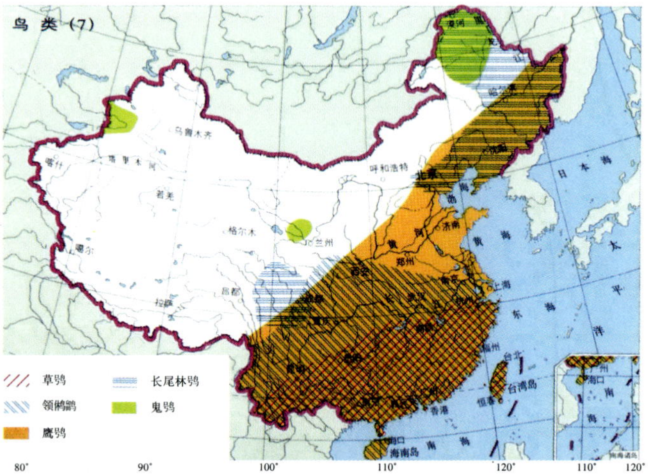
鸟类（7）
草鸮
长尾林鸮
领鸺鹠
鬼鸮
鹰鸮

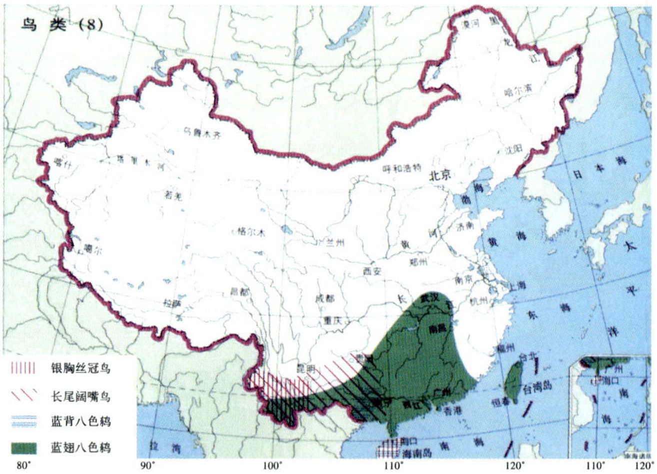
鸟类（8）
银胸丝冠鸟
长尾阔嘴鸟
蓝背八色鸫
蓝翅八色鸫

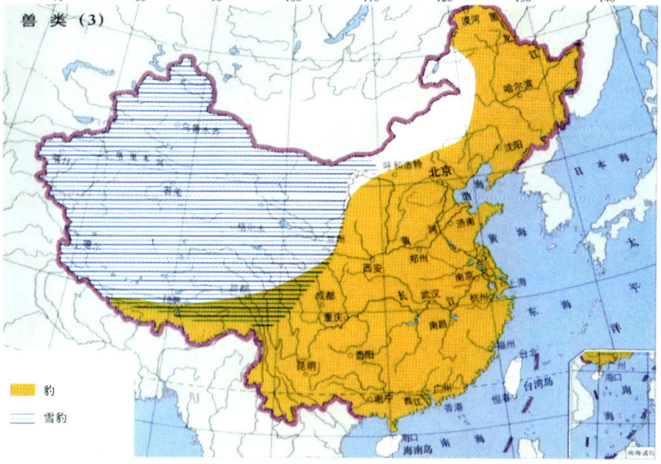
兽类（3）
豹
雪豹

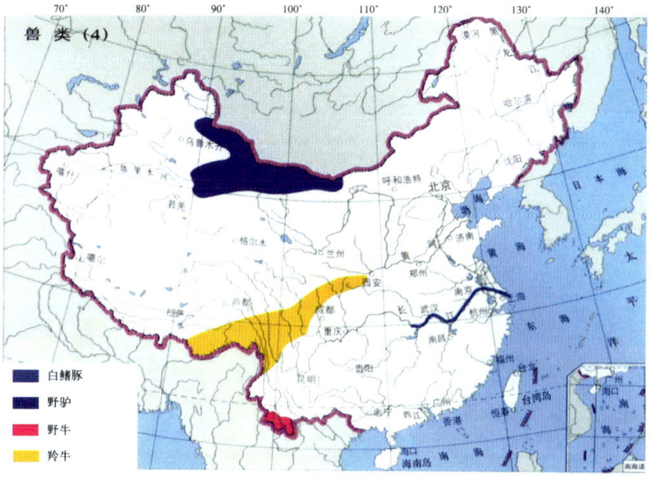
兽类（4）
白鳍豚
野驴
野牛
羚牛

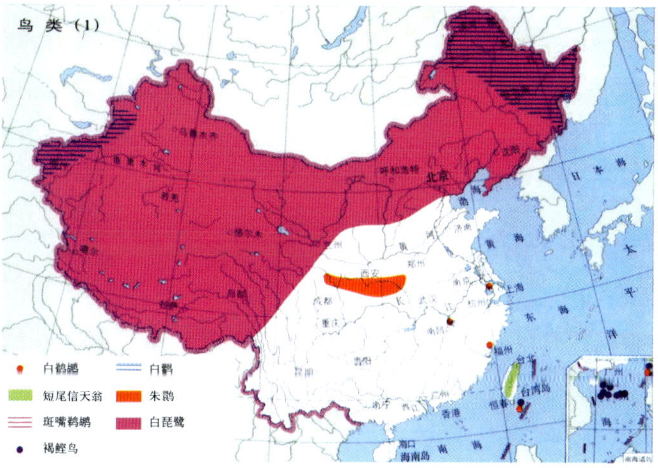
鸟类（1）
白鹈鹕
白鹳
短尾信天翁
朱鹮
斑嘴鹈鹕
白琵鹭
褐鲣鸟

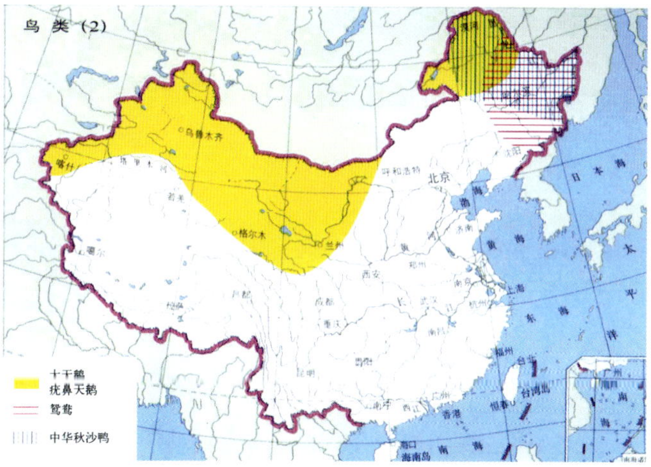
鸟类（2）
疣鼻天鹅
鸳鸯
中华秋沙鸭

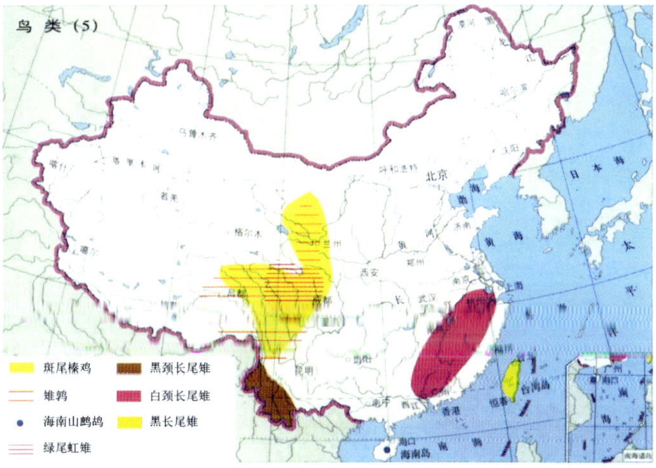
鸟类（5）
斑尾榛鸡
黑颈长尾雉
雉鹑
白颈长尾雉
海南山鹧鸪
黑长尾雉
绿尾虹雉

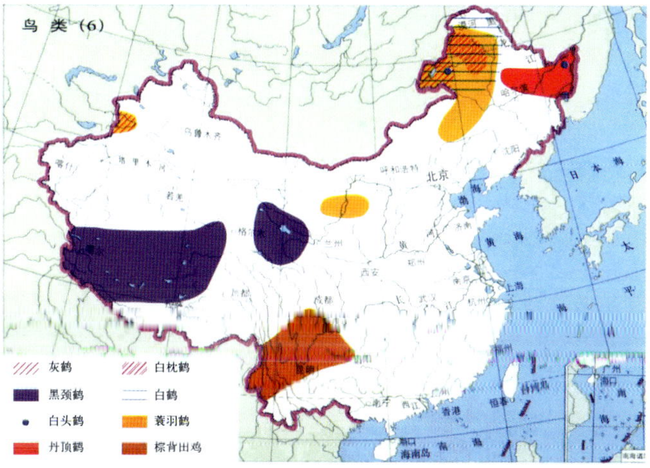
鸟类（6）
灰鹤
白枕鹤
黑颈鹤
白鹤
白头鹤
蓑羽鹤
丹顶鹤
棕背田鸡

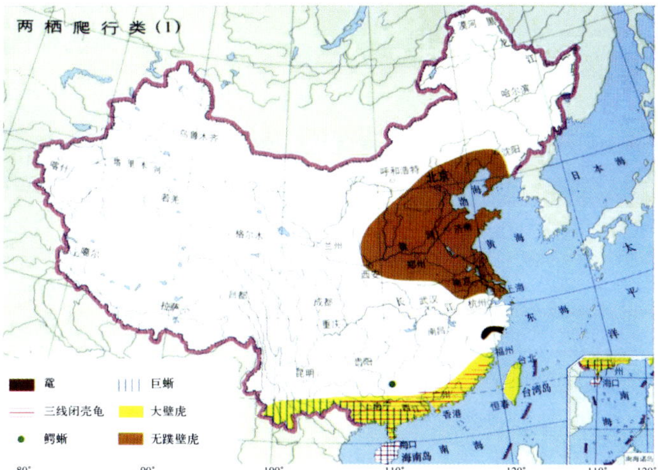
两栖爬行类（1）
鼋
巨蜥
三线闭壳龟
大壁虎
鳄蜥
无蹼壁虎

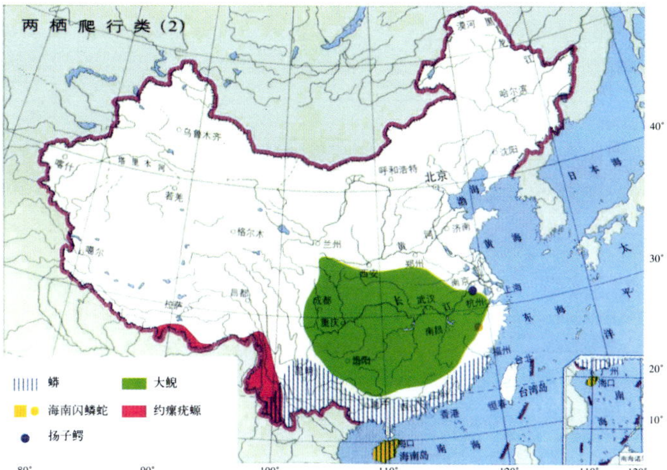
两栖爬行类（2）
蟒
大鲵
海南闪鳞蛇
约瑟疣螈
扬子鳄

名录概要选

1 中国保护植物名录[①]

中　名	学　　名	保护级别
蕨类植物 Pteridophytes		
铁线蕨科	Adiantaceae	
荷叶铁线蕨	*Adiantum reniforme* var *sinense* Y. X. Lin	2
观音座莲科	Angiopteridaceae	
原始观音座莲	*Anchangiopteris henryi* Christ et Gies.	2
铁角蕨科	Aspleniaceae	
对开蕨	*Phyllitis japonicus* Kom.	2
蹄盖蕨科	Athyriaceae	
光叶蕨	*Cystoathyrium chinense* Ching	2
桫椤科	Cyatheaceae	
桫椤	*Alsophila spinulosa* (Wall. ex Hook.) Tryon	1
笔筒树	*Sphaeropteris lepifera* (Hook.) Tryon	2
鳞毛蕨科	Dryopteridaceae	
玉龙蕨	*Sorolepidium glaciale* Christ	2
水韭科	Isoetaceae	
宽叶水韭	*Isoetes japonica* A. Br.	3
中华水韭	*Isoetes sinensis* Palmer	3
瓶儿小草科	Ophioglossaceae	
狭叶瓶儿小草	*Ophioglossum thermale* Kom.	2
鹿角蕨科	Platyceriaceae	
鹿角蕨	*Platycerium wallichii* Hook.	2
水龙骨科	Polypodiaceae	
扇蕨	*Neocheiropteris palmatopeda.* (Bak.) Christ	3
中国蕨科	Sinopteridaceae	
中国蕨	*Sinopteris grevilleoides* (Christ) C. Chr. et Ching	2
裸子植物 Gymnospermae		
三尖杉科	Cephalolaxaceae	
海南粗榧	*Cephalotaxus mannii* Hook. f.	2
贡山三尖杉	*Cephalotaxus lanceolata* K. M. Feng	2
篦子三尖杉	*Cephalotaxus oliveri* Mast.	2
柏科	Cupressaceae	

续表

中　名	学　　名	保护级别
翠柏	*Calocedrus macrolepie* Kurz	3
红桧	*Chamaecyparis formosensis* Matsum.	2
岷江柏木	*Cupressus chengiana* S. Y. Hu	2
巨柏	*Cupressus gigantea* Cheng et L. K. Fu	2
福建柏	*Fokienia hodginsii* (Dunn) Henry et Thomas	2
朝鲜崖柏	*Thuja koraiensis* Nakai	3
崖柏	*Thuja sutchuenensis* Franch.	2
苏铁科	Cycadaccae	
叉叶苏铁	*Cycas micholitzii* Dyer	2
攀枝花苏铁	*Cycas panzhihuaensis* L. Zhou et S. Y. Yang	2
篦齿苏铁	*Cycas pectinata* Griff.	3
云南苏铁	*Cycas siamensis* Miq.	3
台湾苏铁	*Cycas taiwaniana* Carruth	3
银杏科	Cinkgoaceae	
银杏	*Ginkgo biloba* L.	2
松科	Pinaceae	
百山祖冷杉	*Abies beshanzuensis* M. H. Wu	2
秦岭冷杉	*Abies chensiensis* Van Tiegh	3
梵净山冷杉	*Abies fanjingshanensis* W. L. Huang. Y. L. Tu et S. Z. Fang	2
长苞冷杉	*Abies georgei* Orr	3
西伯利亚冷杉	*Abies sibirica* Ledeb.	3
元宝山冷杉	*Abies yuanbaoshanensis* Y. J. Lü et L. K. Fu	2
资源冷杉	*Abies zi yuanensis* L. K. Fu et S. L. Mo	2
银杉	*Cathaya argyrophylla* Chun et Kuang	1
黄枝油杉	*Keteleeria calcarea* Cheng et L. K. Fu	3
油杉	*Keteleeria fortunei* (Murr.) Carr.	3
海南油杉	*Keteleeria hainanensis* Chun et Tsiang	2
柔毛油杉	*Keteleeria pubescens* Cheng et L. K. Fu	3

续表

中　名	学　　名	保护级别
旱地油杉	*Keteleeria xerophila* Hsüeh et S. H. Huo	3
太白红杉	*Larix chinensis* Beissn.	2
四川红杉	*Larix mastersiana* Rehd. et Wils.	2
白皮云杉	*Picea aurantiaca* Mast.	2
麦吊云杉	*Picea brachytyla* (Franch.) Pritz.	3
康定云杉	*Picea montigena* Mast.	2
大果青扦	*Picea neoveitchii* Mast.	2
西伯利亚云杉	*Picea obovata* Ledeb.	3
长叶云杉	*Picea smithiana* (Wall.) Boiss.	3
大别山五针松	*Pinus dabeshanensis* Cheng et Law	2
华南五针松	*Pinus kwangtungensis* Chun ex Tsiang	3
雅加松	*Pinus massoniana* var. *hainanensis* Cheng et L. K. Fu	2
喜马拉雅长叶松	*Pinus roxburghii* Sarg.	3
西伯利亚红松	*Pinus sibirica* (Loud.) Mayr	3
樟子科	*Pinus sylvestris* var. *mongolica* Litv.	3
长白松	*Pinus syivestris* var. *sylvestriformis* (Takenouchi) Cheng et C. D. Chu	3
兴凯湖松	*Pinus takahasii* Nakai	3
毛枝五针松	*Pinus wangii* Hu et Cheng	2
金钱松	*Pseudolarix kaempferi* (Lindl.) Gord.	2
短叶黄杉	*Pseudotsuga brevifolia* Cheng et L. K. Fu	2
澜沧黄杉	*Pseufotsuga forrestii* Craib	2
华东黄杉	*Pseudotsuga gaussenii* Flous	2
黄杉	*Pseudotsuga sinensis* Dode	3
台湾黄杉	*Pseudotsuga wilsoniana* Hayata	3
南方铁杉	*Tsuga chinensis* var. *tchekiangenesis* (Flous) Cheng et L. K. Fu	3
丽江铁杉	*Tsuga forrestii* Downie	3
长苞铁杉	*Tsuga longibracteata* Cheng	3

①本名录摘自国家环境保护局、中国科学院植物研究所编：《中国珍稀濒危保护植物名录》第一册，科学出版社，1987年2月。

续表

中　名	学　　名	保护级别
罗汉松科	Podocarpaceae	
陆均松	*Dacrydium pierrei* Hickel	3
海南罗汉松	*Podocarpus annamiensis* N. E. Gray	3
长叶竹柏	*Podocarpus fleuryi* Hickel	3
鸡毛松	*Podocarpus imbricatus* Bl.	3
红豆杉科	Taxaceae	
穗花杉	*Amentotaxus argotaenia* (Hance) Pilger	3
台湾穗花杉	*Amento taxus formosana* Li	2
云南穗花杉	*Amento taxus yunnanensis* Li	2
白豆杉	*Pseudotaxus chienii* (Cheng) Cheng	2
喜马拉雅红豆杉	*Taxus wallichiana* Zucc.	3
长叶榧树	*Torreya jackii* Chun	2
云南榧树	*Torreya yunnanensis* Cheng et L. K. Fu	3
杉科	Taxodiaceae	
德昌杉木	*Cunninghamia unicanaliculata* D. Y. Wang et H. L. Liu	3
水松	*Glyptostrobus pensilis* (Staunt) Koch	2
水杉	*Metasequoia glyptostroboides* Hu et Cheng	1
台湾杉	*Taiwania cryptomerioides* Hayata	2
秃杉	*Taiwania flousiana* Gaussen	1
被子植物　Angiospermae		
槭树科	Aceraceae	
梓叶槭	*Acer catalpifolium* Rehd.	3
庙台槭	*Acer miaotaiense* P. C. Tsoong	3
羊角槭	*Acer yangjuechi* Fang et P. L. Chiu	3
云南金钱槭	*Dipteronia dyeriana* Henry	2
金钱槭	*Dipteronia sinensis* Oliv.	3
漆树科	Anacardiaceae	
林生杧果	*Mangifera sylvatica* Roxb.	3
番荔枝科	Annonaceae	
蕉木	*Oncodostigma hainanensis* (Tsiang et P. T. Li) Tsiang et P. T. Li	2
囊瓣木	*Saccopetalum prolificum* (Chun et How) Tsiang	2
五加科	Araliaceae	
刺五加	*Acanthopanax senlicosus* (Rupr. et Maxim.) Harms	3
马蹄参	*Diplopanax stachyanthus* Hand. Mazz.	2
多室八角金盘	*Fatsia polycarpa* Hayata	3
刺参	*Oplopanax elatus* Nakai	2
人参	*Panax ginseng* C. A. Mey.	1
假人参	*Panax pseudoginseng* Wall.	3
姜状三七	*Panax zingiberensis* C. Y. Wu et K. M. Feng	3
小檗科	Berberidaceae	

续表

中　名	学　　名	保护级别
八角莲	*Dysvsma versipellis* (Hance) M. Cheng	3
桃儿七	*Sinopodophyllum emodi* (Wall. ex Royle) Ying	3
桦木科	Betulaceae	
盐桦	*Betula halophila* Ching ex P. C. Li	2
普陀鹅耳枥	*Carpinus putoensis* Cheng	2
华榛	*Corylus chinensis* Franch.	3
天目铁木	*Ostr ya rehderiana* Chun	2
伯乐树科	Bretschneideraceae	
伯乐树	*Bretschneidera sinensis* Hemsl.	2
蜡梅科	Calycanthaceae	
夏蜡梅	*Calycanthus chinensis* Cheng et S. Y. Chang	2
忍冬科	Caprifoliaceae	
七子花	*Heptacodium miconioides* Rehd.	2
蝟实	*Kolkwitxia amabilis* Graebn.	3
石竹科	Caryophyllaceae	
裸果木	*Gymnocarpos przewal skii* Maxim.	2
金铁锁	*Psammosilene tunicoides* W. C. Wu et C. Y. Wu	2
卫矛科	Celastraceae	
膝柄木	*Bhesa sinensis* (H. T. Chang et S. Y. Liang) H. T. Chang et S. Y. Liang	2
十齿花	*Dipentodon sinicus* Dunn	2
永瓣藤	*Monimopetalum chinense* Rehd	2
连香树科	Cercidiphyllaceae	
连香树	*Cercidiphyllum japonicum* Sieb. et Zucc.	
藜科	Chenopodiaceae	
梭梭	*Haloxylon ammodendron* (C. A. Mey.) Bunge	3
白梭梭	*Haloxylon persicum* Boiss. et Buhse	3
半日花科	Cistaceae	
半日花	*Helianthemum soongoricum* Schrenk	2
使君子科	Combretaceae	
榆绿木	*Anogeissus acuminata* var. *lanceolata* Wall. ex Clarke	3
萼翅藤	*Cal ycopteris floribunda* (Roxb.) Lam.	2

续表

中　名	学　　名	保护级别
红榄李	*Lumnitzera littorea* (Jack.) Uoigt	2
千果榄仁	*Terminalia myriocarpa* Huerch et M. – A.	3
菊科	Compositae	
小花异裂菊	*Heteroplexis microcephala* Y. L. Chen	2
绢叶异裂菊	*Heteroplexis sericophylla* Y. L. Chen	2
异裂菊	*Heteroplexis vernonioides* Chang	2
白菊木	*Heteroplexis decora* Kurz	3
栌菊木	*Nouelia insignis* Franch	2
雪莲	*Saussurea involucrata* Kar. et Kir. et Maxim.	3
革苞菊	*Turgarinovia mongolica* Iljin	2
隐翼科	Crypteroniaceae	
隐翼	*Crypteronia paniculata* Bl.	3
四数木科	Datiscaceae	
四数木	*Tetrameles nudiflora* R. Br.	2
龙脑香科	Dipterocarpaceae	
盈江龙脑香	*Dipterocarpus retusus* Bl.	3
狭叶坡垒	*Hopea chinensis* Hand. – Mazz.	2
无翼坡垒	*Hopea exalata* Lin. Yang et Hsue	3
坡垒	*Hopea hainanensis* Merr. et Chun	2
毛叶坡垒	*Hopea mollissima* C. Y. Wu	2
望天树	*Parashorca chinensis* Wang Hsie	1
云南娑罗双	*Shorea assamica* Dyer	2
青皮	*Vatica mangachapoi* Blauco	3
广西青梅	*Vatica guangxiensis* S. L. Mo	2
版纳青梅	*Vatica xishuangbannaensis* G. D. Tao et J. H. Zhang	2
胡颓子科	Elaegnaceae	
翅果油树	*Elacagnus mollis* Diels	2
岩高兰科	Empetraceae	
岩高兰	*Empetrum nigrum* var. *japonicum* K. Koch	2
杜鹃花科	Ericaceae	
松毛翠	*Phyllodoce caerulea* (L.) Babingt.	3
牛皮杜鹃	*Rhododendron chrysanthum* Pall.	3

续表

中　名	学　　名	保护级别
蓝果杜鹃	Rhododendron cyanocarpum (Franch.) W. W. Smith	3
棕背杜鹃	Rhododendron fictolacteum Bal f. f.	3
似血杜鹃	Rhododendron haematodes Franch.	3
和蔼杜鹃	Rhododendron jucundum Bal f. f. et W. W. Smith	3
大树杜鹃	Rhododendron protistum var. giganteun (Forrest ex Tagg) Chamberlain	2
苞叶杜鹃	Rhododendron redowskianum Maxim.	3
大王杜鹃	Rhododendron rex Lévl.	3
硫黄杜鹃	Rhododendron sulphureum Franch.	3
杜仲科	Eucommiaceae	
杜仲	Eucommia ulmoides Oliv.	2
大戟科	Euphorbiaceae	
肥牛树	Cephalomappa sinensis (Chun et How) Kosterm.	3
蝴蝶果	Cleidiocarpon cavaleriei (Lévl.) Airy Shaw	3
海南巴豆	Croton laui Merr. et Metc.	3
东京桐	Deutzianthus tonkienensis Gagnep	2
壳斗科	Fagaceae	
华南锥	Castanopsis concinna Hance	3
吊皮锥	Castanopsis kawakamii Hayata	3
大果青冈	Cyclobalanopsisrex (Hemsl.) Schott.	3
台湾水青冈	Fagus hayatae Palib. ex Hayata	3
三棱栎	Trigonobalanus doichangensis (A. Camus) Farman	2
大风子科	Flacourtiaceae	
光叶天料木	Homalium laoticum var. glabratum C. Y. Wu	3
海南大风子	Hydnocarpus hainanensis (Merr.) Sleum.	3
大叶龙角	Taraktogenos annamensis Gagrep.	3
瓣鳞花科	Frankeniaceae	
瓣鳞花	Frankenia pulverulenta L.	3
禾本科	Gramineae	
短穗竹	Brachystachyum densiflorum (Reudle) Keng	3
疣粒野生稻	Oryza granulata Neeset Arn. ex Hook. f.	2
药用野生稻	Oryza officinalis Wall. ex Watt	2
普通野生稻	Oryza rufipogon Griff.	2
筇竹	Qiongzhuea tumidinoda Hsüeh et Yi	3
藤黄科	Guttiferae	
金丝李	Garcinia paucinervis Chun et How	2
金缕梅科	Hamamelidaceae	
山铜材	Chunia bucklandioides H. T. Chang	2
长柄双花木	Disanthus cercidifolius var. longipes H. T. Chang	2
半枫荷	Semiliquidambar cathaycnsis H. T. Chang	3
山白树	Sinowilsonia henryi Hemsl.	2
四药门花	Tetrathyrium subcordatum Benth.	2
七叶树科	Hippocastanaceae	
云南七叶树	Aesculus wangii Hu ex Fang	3
水鳖科	Hydrocharitaceae	
海菜花	Ottelia acuminata (Gagnep.) Dandy	3
胡桃科	Juglandaceae	
喙核桃	Annamocarya sinensis (Dode) Leroy	2
核桃楸	Juglans mandshurica Maxim.	3
核桃	Juglans regia L.	2
樟科	Lauraceae	
油丹	Alseodaphne hainanensis Merr.	3
皱皮油丹	Alseodaphne rugosa Merr. et Chun	2
天竺桂	Cinnamomum japonicum Sieb.	3
银叶桂	Cinnamomum mairei Lévl	3
沉水樟	Cinnamomum micranthum (Hayata) Hayata	3
天目木姜子	Litsea auriculata Chien et Cheng	3
五桠果叶木姜子	Litsea dilleniifolia P. Y. Pai et P. H. Huang	3
思茅木姜子	Litsea pierrei var. szemois Liou	3
舟山新木姜子	Neolitsea sericea (Bl.) koidz.	2
闽楠	Phoebe bournei (Hemsl.) Yang	3
浙江楠	Phoebe chekiangensis C. B. Shang	3
滇楠	Phoebe nanmu (Oliv.) Gamble	3
楠木	Phoebe zhennan S. Lee et F. N. Wei	3
豆科	Leguminosae	
顶果木	Acrocarpus fraxinifolius Wight et Arn.	3
沙冬青	Ammopiptanthus mongolicus (Maxim.) Cheng f.	3
矮沙冬青	Ammopiptanthus nanus (M. Pop.) Cheng f.	2
黄耆	Astragalus membranaceus (Fisch.) Bunge	3
蒙古黄耆	Astragalus membranaceus var. mongolicus (Bunge) Hsiao	3
版纳黑檀	Dalbergia fusca var. enneandra Zou et Liu	3
降香黄檀	Dalbergia odorifera T. Chen	3
格木	Erythrophleum fordii Oliv.	2
胡豆莲	Euchresta japonica Hook. f. et Regel	3
绒毛皂荚	Gleditsia vestita Chun et How ex B. G. Li	3
野大豆	Glycine soja Sieb. et Zucc.	3
红豆树	Ormosia hosiei Hemsl. et Wils.	3
缘毛红豆	Ormosia howii Merr. et Chun ex Merr. et L. Chen	3
任木	Zenia insignis Chun	3
百合科	Liliaceae	
小花龙血树	Dracaena cambodiana Pierre ex Gagnep.	3
剑叶龙血树	Dracaena cochinchinensis (Lour.) S. C. Chen	3
伊犁贝母	Fritillaria pallidiflora Schrenk	3
平贝母	Fritillaria ussuriensis Maxim.	3
新疆贝母	Fritillaria walujewii Regel	3
西藏延龄草	Trillium govanianum Wall. ex Royle	2
延龄草	Trillium tschonoskii Maxim.	3
亚麻科	Linaceae	
粘木	Ixonanthes chinensis Champ.	3
云南粘木	Ixonanthes cochinchinensis Pierre	3
千屈菜科	Lythraceae	
云南紫薇	Lagerstroemiu intermedia Koehne	3
木兰科	Magnoliaceae	
长蕊木兰	Alcimandra cathcartii (Hook. f. et Thoms.) Dandy	2
地枫皮	Illicium difengpi K. I. B. et K. I. M.	3
鹅掌楸	Liriodendron chinense (Hemsl.) Sarg.	2
天目木兰	Magnolia amoena Cheng	3

续表

中 名	学 名	保护级别
黄山木兰	*Magnolia cylindrica* Wils.	3
大叶木兰	*Magnolia henryi* Dunn	3
厚朴	*Magnolia officinalis* Rehd. et Wils.	3
凹叶厚朴	*Magnolia officinalis* subsp. *biloba*(Rehd. et Wils.) Cheng et Law	3
长喙厚朴	*Magnolia rostrata* W. W. Smith	3
小花木兰	*Magnolia sieboldii* K. Koch	3
圆叶玉兰	*Magnolia sinensis* (Rehd. et Wils.) Stapf	3
西康玉兰	*Magnolia wilsonii* (Finet et Gagnep.) Rehd.	3
宝华玉兰	*Magnolia zenii* Cheng	3
香木莲	*Manglietia aromatica* Dandy	2
大果木莲	*Manglietia grandis* Hu et Cheng	3
红花木莲	*Manglietia insignis* (Wall.) Bl.	3
大叶木莲	*Manglietia megaphylla* Huet Cheng	3
巴东木莲	*Manglietia patungensis* Hu	2
华盖木	*Manglietiastrum sinicum* Law	2
香籽含笑	*Michelia hedyosperma* Law	3
峨眉含笑	*Michelia wilsonii* Finet et Gagnep.	2
乐东拟单性木莲	*Parakmcria lotungensis*(Chun et C. Tsoong) Law	3
峨眉拟单性木莲	*Parakmeria omeiensis* Cheng	3
云南拟单性木莲	*Parakmeria yunnanensis* Hu	3
合果木	*Paramichelia baillonii* (Pierre) Hu	3
水青树	*Tetracentron sinensis* Oliv.	2
观光木	*Tsoongiodendron odorum* Chun	2
楝科	Meliaceae	
粗枝木楝	*Amoora dasyclada* (How et T. Chen) C. Y. Wu	3
红椿	*Toona ciliata* Roem.	3
防己科	Menispermaceae	
藤枣	*Fleutharrhane macrocarpa* (Diels) Forman	2
桑科	Moraceae	
见血封喉	*Antiaris toxicaria* (Pers.) Lesch.	3
白桂木	*Artocarpus hypargyreus* Hance ex Benth.	3
滇波罗蜜	*Artocarpus lakooha* Roxb.	3
芭蕉科	Musaceae	

续表

中 名	学 名	保护级别
兰花蕉	*Orchidantha chinensis* T. L. Wu	3
肉豆蔻科	Myristicaceae	
海南风吹楠	*Horsfieldia hainancnsis* Merr.	3
琴叶风吹楠	*Horsfieldia pandurifolia* Hu	3
滇南风吹楠	*Horsfieldia tetratepala* C. Y. Wu	3
云南肉豆蔻	*Myristica yunnanensis* Y. H. Li	3
蓝果树科	Nyssaceae	
珙桐	*Davidia involucrata* Baillon	1
光叶珙桐	*Davidia involucrata* var. *vilmoriniana*(Dode) Wanger	2
毛叶紫树	*Nyssa yunnanensis* W. C. Yin	3
金莲木科	Ocnnaceae	
合柱金莲木	*Sinia rhodoleuca* Diels	2
铁青树科	Olacaceae	
蒜头果	*Malania oleifera* Chun et Lee	2
木犀科	Oleaceae	
水曲柳	*Fraxinus mandshurica* Rupr.	3
羽叶丁香	*Syringa pinnatifolia* Hemsl.	3
贺兰山丁香	*Syringa pinnatifolia* var. *alashanica* Ma et S. Q. Zhou	3
柳叶菜科	Onagraceae	
南湖柳叶菜	*Epilobium nankotaizanense* Yamamoto	2
兰科	Orchidaceae	
无喙兰	*Archinecttia gaudissartii* (Hand. – Mazz.) S. C. Chen	3
独花兰	*Changnienia amoena* Chien	2
黑节草	*Dendrobium candidum* Wall. ex Lindl.	3
双蕊兰	*Diplandrorchis sinica* S. C. Chen	2
天麻	*Gastrodia elata Bl.*	3
台湾蝶兰	*Phalaenopsis aphrodite* Reichb. f.	2
金佛山兰	*Tangtsinia nanchuanica* S. C. Chen	2
列当科	Orobanchaceae	
草苁蓉	*Boschniakia rossica* (Cham. et Schltal.) et Fedtsch. Flerov.	3
肉苁蓉	*Cistanche deserticola* Ma	3
管肉苁容	*Cistanche tubulosa* (Schrenk) R. Wight	3
棕榈科	Palmae	
槿棕	*Caryota urens* L.	2
琼棕	*Chuniophoenix hainanensis* Burret	2

续表

中 名	学 名	保护级别
矮琼棕	*Chuniophoenix humilis* C. Z. Tang et T. L. Wu	2
水椰	*Nypa fruticans* Wurmb.	3
龙棕	*Trachycarpus nana* Becc.	2
远志科	Polygalaceae	
巨花远志	*polygala arcuata* Hayata	3
山龙眼科	Proteaceae	
瑞丽山龙眼	*Helicia shweliensis* W. W. Smith	3
假山龙眼	*Heliciopsis terminalis* (Kurz) Sleum	3
大花草科	Refflesiaceae	
台湾帽蕊草	*Mitrastemon yamamotoi* var. *kawasakii*(Hayata) Makino	3
毛茛科	Ranunculaceae	
短柄乌头	*Aconitum brachypodum* Diels	3
铍叶乌头	*Aconitum nagarum* var. *heterotrichum* Fletch. et Lauene	3
星叶草	*Circaeaster agrestis* Maxim.	2
黄莲	*Coptis chinensis* Franch.	3
短萼黄连	*Coptis chinensis* var. *brevisepala* W. T. Wang et Hsiao	3
峨眉黄连	*Coptis oneiensis* (Chen) C. Y. Cheng	2
云南黄连	*Coptis teeta* Wall.	2
独叶草	*Kingdonia uniflora* Balf. f. et W. W. Smith	2
黄牡丹	*Paeonia delavayi* var. *lutea* (Franch.) Finet. et Gagnep.	3
紫斑牡丹	*Paeonia suffruticosa* var. *papaveracea*(Andr.) Kerner	3
矮牡丹	*Paeonia suffruticosa* var. *spontanea* Rehd.	3
四川牡丹	*Paeonia szechuanica* Fang	2
鼠李科	Rhamnaceae	
小勾儿茶	*Berchemiella wilsonii* Nakai	2
红树科	Rhizophoraceae	
锯叶竹节树	*Carallia diplopetela* Hand. - Mazz.	3
山红树	*Pellacalyx yunnanensis* Hu	3
马尾树科	Rhoipteleaceae	
马尾树	*Rhoiptelea chiliantha* Diels et Hand. – Mazz.	2
蔷薇科	Rosaceae	
山楂海棠	*Malus komarovii* (Sarg.) Rehd.	2
新疆野苹果	*Malus sieversii* (Ledeb.) Roem.	2

续表

中　名	学　　名	保护级别
锡金海棠	*Malus sikkimensis* (Wenz.) Koehne	3
绵刺	*Potannia mongolica* Maxim.	2
蒙古扁桃	*Prunus mongolica* Maxim.	3
香水月季	*Rosa odorata* (Andr.) Sweet	3
玫瑰	*Rosa rugosa* Thunb.	3
峨眉山莓草	*Sibbaldia omeiensis* Yü et Li	3
黄山花楸	*Sorbus amabilis* Cheng et Yü	3
太行花	*Taihangia rupestris* Yü et Li	2
缘毛太行花	*Taihangia rupestris* var. *ciliata* Yü et Li	2
茜草科	Rubiaceae	
绣球茜	*Dunnia sinensis* Tutcher	3
香果树	*Emmenopterys henryi* Oliv.	2
巴戟天	*Morinda officinalis* How	3
异形玉叶金花	*Mussaenda anomala* Li	2
芸香科	Rutaceae	
黄檗	*Phellodendron amurense* Rupr.	3
杨柳科	Salicaceae	
钻天柳	*Chosenia arbutifolia* (Pall.) A. Skv.	3
胡杨	*Populus euphratica* Oliv.	3
灰杨	*Populus pruinosa* Schrenk	3
大叶柳	*Salix magnifica* Hemsl.	3
长白柳	*Salix pol yadenia* var. *tschangbaischanica* (Y. L. Chou et Chang) Y. L. Chou	3
无患子科	Sapindaceae	
田林细子龙	*Amesiodendron tienlinensis* H. S. Lo	3
龙眼	*Dimocarpus longan* Lour.	3
伞花木	*Eurycorymbus cavaleriei* (Lévl.) Rehd. et Hand. -Mazz.	2
掌叶木	*Handeliodendron bodinieri* (Lévl.) Rehd.	2
野生荔枝	*Litchi chinensis* var. *euspontanea* Hsue	2
爪耳木	*Otophora unilocularis* (Leenh.) H. S. Lo	3
海南假韶子	*Paranephelium hainanense* H. S. Lo	2
绒毛番龙眼	*Pometia tomentosa* (Bl.) Teysim. et Binn.	3
干果木	*Xerospermum bonii* (Lec.) Radlk.	3
山榄科	Sapotaceae	
海南紫荆木	*Madhuca Hainanensis* Chun et How	3
紫荆木	*Madhuca pasquieri* (Dubard) Lam.	2
虎耳草科	Saxifragaceae	
黄山梅	*Kirengesnoma palmata* Yatabe	2

续表

中　名	学　　名	保护级别
蛛网萼	*Platycrater arguta* Sieb. et Zucc.	2
玄参科	Scrophulariaceae	
胡黄连	*Neopicrorhiza scrophulariiflora* (Pennell) Hong	3
海桑科	Sonneratiaceae	
海南海桑	*Sonneratia hainanensis* Ko. E. Y. Chen et W. Y. Chen	2
省沽油科	Staphyleaceae	
银鹊树	*Tapiscia sinensis* Oliv.	3
百部科	Stemonaceae	
金刚大	*Croomia japonica* Miq.	3
梧桐科	Sterculiaceae	
海南梧桐	*Firmiana hainanensis* Kosterm.	3
云南梧桐	*Firmiana major* (W. W. Smith) Hand. – Mazz.	2
蝴蝶树	*Heritiera parvifolia* Merr.	3
景东翅子树	*Pterospermum kingtungense* C. Y. Wu ex Hsue	3
勐仑翅子树	*Pterospermum menglunenae* Hsue	3
云南翅子树	*Pterospermum yunnanense* Hsue	3
粗齿梭罗	*Reevesia rotundifolia* Chun	3
安息香科	Styracaceae	
银钟花	*Halesia macgregorii* Chun	3
白辛树	*Pterostyrax psilophylla* Diels ex Perk.	3
木瓜红	*Rehderodendron macrocarpum* Hu	2
长果秤锤树	*Sinojackia dolichocarpa* C. J. Qi	2
秤锤树	*Sinojackia xylocarpa* Hu	2
蒟蒻薯科	Taccaceae	
蒟蒻薯	*Tacca chantrieri* Andre	3
柽柳科	Tamaricaceae	
沙生柽柳	*Tamarix taklamakancnsis* M. T. Liu	3
山茶科	Thcaceae	
圆籽荷	*Apterospcrma oblata* H. T. Chang	2
金花茶	*Camcllia chrysantha* (Hu) Tuyama	1
红皮糙果茶	*Camellia crapnelliana* Tutcher	2
显脉金花茶	*Camellia euphlebia* Merr. ex Sealy	2
大苞白山茶	*Camellia granthamiana* Sealy	2
长瓣短柱茶	*Camellia grijsii* Hance	

续表

中　名	学　　名	保护级别
平果金花茶	*Camellia pingguoensis* D. Fang	2
毛瓣金花茶	*Camellia pubipctala* Y. Wan et S. Z. Huang	2
云南山茶花	*Camellia reticulata* Lindl.	2
野茶树	*Camellia sinensis* var. *assamica* (Mast.) Kitamura	2
东兴金花茶	*Camellia thunhincnsis* H. T. Chang	2
猪血木	*Euryodendron excelsum* H. T. Chang	2
紫茎	*Stewartia sinensis* Rehd. et Wils.	3
瑞香科	Thymelaeaceae	
土沉香	*Aquilaria sinensis* (Lour.) Gilg	3
椴树科	Tiliaceae	
柄翅果	*Burretiodendron csquirolii* (Levl.) Rehd.	2
蚬木	*Burretiodendron hsienmu* Chun et How	2
桂滇桐	*Craigia kwangsiensis* Hsue	3
滇桐	*Craigia yunnanensis* W. W. Smith et W. E. Evans	2
昆栏树科	Trochodendraceae	
领春木	*Euptelca pleiospermum* Hook. f. ct Thoms.	3
昆栏树	*Trochodendron aralioides* Sieb. et Zucc.	2
榆科	Ulmaceae	
油朴	*Celtis wightii* Planch.	3
青檀	*Pteroceltis tatarinowii* Maxim.	3
琅玡榆	*Ulmus chenmoui* Cheng	3
长序榆	*Ulmus elongata* L. K. Fu et C. S Ding	3
醉翁榆	*Ulmus gaussenii* Cheng	3
伞形科	Umbelliferae	
明党参	*Changium smyrnioides* Wolff	3
新疆阿魏	*Ferula sinkiangensis* K. M. Shen	3
珊瑚菜	*Glehnia littoralis* F. Schmidt ex Miq.	3
荨麻科	Urticaceae	
舌柱麻	*Archiboehmeria atratc* (Gagnep.) C. J. Chen	3
火麻树	*Laportea urentissima* Gagnep.	3
锥头麻	*Poikilospermum suaveolense* (Bl.) Merr.	3
马鞭草科	Vcrbenaceae	
云南石梓	*Gmelina arborea* Roxb.	2
苦梓	*Gmelina hainanensis* Oliv.	3
思茅豆腐柴	*Premna szemaoensis* Pei	3
蒺藜科	Zygophyllaceae	
四合木	*Tetraena mongolica* Maxim.	2

2 中国重点保护野生动物名录[①]

中　名	学　　名	保护级别
兽纲 MAMMALIA		
灵长目	PRIMATES	
懒猴科	Lorisidae	
蜂猴(所有种)	*Nycticebus* spp.	1
猴科	Cercopithecidae	
短尾猴	*Macaca arctoides*	2
熊猴	*Macaca assamensis*	1
台湾猴	*Macaca cyclopis*	1
猕猴	*Macaca mulatta*	2
豚尾猴	*Macaca nemestrina*	1
藏酋猴	*Macaca thibetana*	2
叶猴(所有种)	*Presbytis* spp.	1
金丝猴(所有种)	*Rhinopithecus* spp.	1
猩猩科	Pongidae	
长臂猿(所有种)	*Hylobates* spp.	1
鳞甲目	PHOLIDOTA	
鲮鲤科	Manidae	
穿山甲	*Manis pentadactyla*	2
食肉目	CARNIVORA	
犬科	Canidae	
豺	*Cuon alpinus*	2
熊科	Ursidae	
黑熊	*Selenarctos thibetanus*	2
棕熊	*Ursus arctos*	2
(包括马熊)	(*U. a. pruinosus*)	
马来熊	*Helarctos malayanus*	1
浣熊科	Procyonidae	
小熊猫	*Ailurus fulgens*	2
大熊猫科	Ailuropodidae	
大熊猫	*Ailuropoda melanoleuca*	1
鼬科	Mustelidae	
石貂	*Martes foina*	2
紫貂	*Martes zibellina*	1
黄喉貂	*Martes flavigula*	2
貂熊	*Gulo gulo*	1
*水獭(所有种)	*Lutra* spp.	2
*小爪水獭	*Aonyx cinerea*	2
灵猫科	Viverridae	
斑林狸	*Prionodon pardicolor*	2
大灵猫	*Viverra zibetha*	2
小灵猫	*Viverricula indica*	2
熊狸	*Arctictis binturong*	1
猫科	Felidae	
草原斑猫	*Felis lybica* (= *silvestris*)	2
荒漠猫	*Felis bieti*	2
丛林猫	*Felis chaus*	2
猞猁	*Felis lynx*	2
兔狲	*Felis manul*	2
金猫	*Felis temmincki*	2
渔猫	*Felis viverrinus*	2
云豹	*Neofelis nebulosa*	1
豹	*Panthera pardus*	1
虎	*Panthera tigris*	1
雪豹	*Panthera uncia*	1
*鳍足目(所有种)	PINNIPEDIA	2
海牛目	SIRENIA	
儒艮科	Dugongidae	
*儒艮	*Dugong dugong*	1
鲸目	CETACEA	
喙豚科	Platanistidae	
*白鳖豚	*Lipotes vexillifer*	1
海豚科	Delphinidae	
*中华白海豚	*Sousa chinensis*	1
*其他鲸类	(*Cetacea*)	2
长鼻目	PROBOSCIDEA	
象科	Elephantidae	
亚洲象	*Elephas maximus*	1
奇蹄目	PERISSODACTYLA	
马科	Equidae	
蒙古野驴	*Equus hemionus*	1
西藏野驴	*Equus kiang*	1
野马	*Equus przewalskii*	1
偶蹄目	ARTIODACTYLA	
驼科	Camelidae	
野骆驼	*Camelus ferus* (= *bactrianus*)	1
鼷鹿科	Tragulidae	
鼷鹿	*Tragulus javanicus*	1
麝科	Moschidae	
麝(所有种)	*Moschus* spp.	2
鹿科	Cervidae	
河麂	*Hydropotes inermis*	2
黑麂	*Muntiacus crinifrons*	1
白唇鹿	*Cervus albirostris*	1
马鹿	*Cervus elaphus*	2
(包括白臀鹿)	(*C. e. macneilli*)	
坡鹿	*Cervus eldi*	1
梅花鹿	*Cervus nippon*	1
豚鹿	*Cervus porcinus*	1
水鹿	*Cervus unicolor*	2
麋鹿	*Elaphurus davidianus*	1
驼鹿	*Alces alces*	2
牛科	Bovidae	
野牛	*Bos gaurus*	1
野牦牛	*Bos mutus* (= *grunniens*)	1

①本名录于1988年10月经国务院批准,1989年1月14日由林业部、农业部联合发布施行。

续表

中 名	学 名	保护级别
黄羊	*Procapra gutturosa*	2
普氏原羚	*Procapra przewalskii*	1
藏原羚	*Procapra picticaudata*	2
鹅喉羚	*Gazella subgutturosa*	2
藏羚	*Pantholops hodgsoni*	1
高鼻羚羊	*Saiga tatarica*	1
扭角羚	*Budorcas taxicolor*	1
鬣羚	*Capricornis sumatraensis*	2
台湾鬣羚	*Capricornis crispus*	1
赤斑羚	*Naemorhedus cranbrooki*	1
斑羚	*Naemorhedus goral*	2
塔尔羊	*Hemitragus jemlahicus*	1
北山羊	*Capra ibex*	1
岩羊	*Pseudois nayaur*	2
盘羊	*Ovis ammon*	2
兔形目	LAGOMORPHA	
兔科	Leporidae	
海南兔	*Lepus peguensis hainanus*	2
雪兔	*Lepus timidus*	2
塔里木兔	*Lepus yarkandensis*	2
啮齿目	RODENTIA	
松鼠科	Sciuridae	
巨松鼠	*Ratufa bicolor*	2
河狸科	Castoridae	
河狸	*Castor fiber*	1
鸟纲 AVES		
䴙䴘目	PODICIPEDIFORMES	
䴙䴘科	Podicipedidae	
角䴙䴘	*Podiceps auritus*	2
赤颈䴙䴘	*Podiceps grisegena*	2
鹱形目	PROCELLARIIFORMES	
信天翁科	Diomedeidae	
短尾信天翁	*Diomedea albatrus*	1
鹈形目	PELECANIFORMES	
鹈鹕科	Pelecanidae	
鹈鹕(所有种)	*Pelecanus* spp.	2
鲣鸟科	Sulidae	
鲣鸟(所有种)	*Sula* spp.	2
鸬鹚科	Phalacrocoracidae	
海鸬鹚	*Phalacrocorax pelagicus*	2
黑颈鸬鹚	*Phalacrocorax niger*	2
军舰鸟科	Fregatidae	
白腹军舰鸟	*Fregata andrewsi*	1
鹳形目	CICONIIFORMES	
鹭科	Ardeidae	
黄嘴白鹭	*Egretta eulophotes*	2
岩鹭	*Egretta sacra*	2
海南虎斑鳽	*Gorsachius magnificus*	2
小苇鳽	*Ixbryckus minutus*	2
鹳科	Ciconiidae	
彩鹳	*Ibis leucocephalus*	2
白鹳	*Ciconia ciconia*	1
黑鹳	*Ciconia nigra*	1
鹮科	Threskiornithidae	
白鹮	*Threskiornis aethiopicus*	2
黑鹮	*Pscudibis papillosa*	2
朱鹮	*Nipponia nippon*	1
彩鹮	*Plegadis falcinellus*	2
白琵鹭	*Platalea leucorodia*	2
黑脸琵鹭	*Platalca minor*	2
雁形目	ANSERIFORMES	
鸭科	Anatidae	
红胸黑雁	*Branta ruficollis*	2
白额雁	*Anser albifrons*	2
天鹅(所有种)	*Cygnus* spp.	2
鸳鸯	*Aix galericulata*	2
中华秋沙鸭	*Mergus squamatus*	1
隼形目	FALCONIFORMES	
鹰科	Accipitridae	
金雕	*Aquila chrysaetos*	1
白肩雕	*Aquila heliaca*	1
玉带海雕	*Haliaeetus leucoryphus*	1
白尾海雕	*Haliaeetus albcilla*	1
虎头海雕	*Haliaeetus pelagicus*	1
拟兀鹫	*Pseudogyps bengalensis*	1
胡兀鹫	*Gypaetus barbatus*	1
其他鹰类	(Accipitridae)	2
隼科(所有种)	Falconidae	2
鸡形目	GALLIFORMES	
松鸡科	Tetraonidae	
细嘴松鸡	*Tetrao parvirostris*	1
黑琴鸡	*Lyrurus tetrix*	2
柳雷鸟	*Lagopus lagopus*	2
岩雷鸟	*Lagopus mutus*	2
镰翅鸡	*Falcipennis falcipennis*	2
花尾榛鸡	*Tetrastes bonasia*	2
斑尾榛鸡	*Tetrastes sewerzow*	1
雉科	Phasianidae	
雪鸡(所有种)	*Tetraogallus* spp.	2
雉鹑	*Tetraophasis obscurus*	1
四川山鹧鸪	*Arborophila rufipectus*	1
海南山鹧鸪	*Arborophila ardens*	1
血雉	*Ithaginis cruentus*	2
黑头角雉	*Tragopan melanocephalus*	1
红胸角雉	*Tragopan salyra*	1
灰腹角雉	*Tragopan blythii*	1
红腹角雉	*Tragopan temminckii*	2
黄腹角雉	*Tragopan caboti*	1
虹雉(所有种)	*Lophophorus* spp.	1
藏马鸡	*Crossoptilon crossoptilon*	2
蓝马鸡	*Crossoptilon auritum*	2
褐马鸡	*Crossoptilon mantchuricum*	1
黑鹇	*Lophura leucomelana*	2
白鹇	*Lophura nycthemera*	2
蓝鹇	*Lophura swinhoii*	1
原鸡	*Gallus gallus*	2
勺鸡	*Pucrasia macrolopha*	2
黑颈长尾雉	*Syrmaticus humiae*	1
白冠长尾雉	*Syrmaticus reevesii*	2
白颈长尾雉	*Syrmaticus ewllioti*	1
黑长尾雉	*Syrmaticus mikado*	1
锦鸡(所有种)	*Chrysolophus* spp.	2
孔雀雉	*Polyplectron bicalcaratum*	1
绿孔雀	*Pavo mutious*	1
鹤形目	GRUIFORMES	
鹤科	Gruidae	
灰鹤	*Grvs grus*	2
黑颈鹤	*Grus nigricollis*	1
白头鹤	*Grus monacha*	1
沙丘鹤	*Grus canadensis*	2
丹顶鹤	*Grus japonensis*	1
白枕鹤	*Grus vipio*	2

续表

中 名	学 名	保护级别
白鹤	*Grus leucogeranus*	1
赤颈鹤	*Grus antigone*	1
蓑羽鹤	*Anthropoides virgo*	2
秧鸡科	Rallidae	
长脚秧鸡	*Crex crex*	2
姬田鸡	*Porzana parva*	2
棕背田鸡	*Forzana bicolor*	2
花田鸡	*Coturnicops noveboracensis*	2
鸨科	Otidae	
鸨(所有种)	*Otis* spp.	1
鸻形目	CHARADRIIFORMES	
雉鸻科	Jacanidae	
铜翅水雉	*Mctopidius indicus*	2
鹬科	Scoiopacidae	
小杓鹬	*Numenius lcrealis*	2
小青脚鹬	*Tringa guttifer*	2
燕鸻科	Glareolidae	
灰燕鸻	*Glareola lactea*	2
鸥形目	LARIFORMES	
鸥科	Laridae	
遗鸥	*Larus relictus*	1
小鸥	*Larus minutus*	2
黑浮鸥	*Chlidonias niger*	2
黄嘴河燕鸥	*Sterna aurantia*	2
黑嘴端凤头燕鸥	*Thalasseus zimmermanni*	2
鸽形目	COLUMBIFORMES	
沙鸡科	Pteroclididae	
黑腹沙鸡	*Pterocles orientalis*	2
鸠鸽科	Columbidae	
绿鸠(所有种)	*Treron* spp.	2
黑颏果鸠	*Ptilinopus leclanchcri*	2
皇鸠(所有种)	*Ducula* spp.	2
斑尾林鸽	*Columba palumbus*	2
鹃鸠(所有种)	*Macropygia* spp.	2
鹦形目	PSITTACIFORMES	
鹦鹉科(所有种)	Psittacidae	2
鹃形目	CUCULIFORMES	
杜鹃科	Cuculidae	
鸦鹃(所有种)	*Centropus* spp.	2
鸮形目(所有种)	STRIGIFORMES	2
雨燕目	APODIFORMES	
雨燕科	Apodidae	
灰喉针尾雨燕	*Hirundapus cochinchinensis*	2
凤头雨燕科	Hemiprocnidae	
凤头雨燕	*Hemiprocne longipennis*	2
咬鹃目	TROGONIFORMES	

续表

中 名	学 名	保护级别
咬鹃科	Trogonidae	
橙胸咬鹃	*Harpactes oreskios*	2
佛法僧目	CORACIIFORMES	
翠鸟科	Alcedinidae	
蓝耳翠鸟	*Alcedo meninting*	2
鹳嘴翠鸟	*Pelargopsis capensis*	2
蜂虎科	Meropidae	
黑胸蜂虎	*Merops leschenaulti*	2
绿喉蜂虎	*Merops orientalis*	2
犀鸟科(所有种)	Bucerotidae	2
䴕形目	PICIFORMES	
啄木鸟科	Picidae	
白腹黑啄木鸟	*Dryocopus javensis*	2
雀形目	PASSERIFORMES	
阔嘴鸟科(所有种)	Eurylaimidae	2
八色鸫科(所有种)	Pittidae	2
爬行纲 REPTILIA		
龟鳖目	TESTUDOFORMES	
龟科	Emydidae	
*地龟	*Geoemyda spengleri*	2
*三线闭壳龟	*Cuora trifasciata*	2
*云南闭壳龟	*Cuora yunnanensis*	2
陆龟科	Testudinidae	
四爪陆龟	*Testudo horsfieldi*	1
凹甲陆龟	*Manouria impressa*	2
海龟科	Cheloniidae	
*蠵龟	*Caretta caretta*	2
*绿海龟	*Chelonia mydas*	2
*玳瑁	*Eretmochelys imbricata*	2
*太平洋丽龟	*Lepidochelys olivacea*	2
棱皮龟科	Dermochelyidae	
*棱皮龟	*Dermochelys coriacea*	2
鳖科	Trionychidae	
*鼋	*Pelochelys bibroni*	1
*山瑞鳖	*Trionyx steindachneri*	2
蜥蜴目	LACERTIFORMES	
壁虎科	Gekkonidae	
大壁虎	*Gekko gecko*	2
鳄蜥科	Shinisauridae	
鳄蜥	*Shinisaurus crocodilurus*	1
巨蜥科	Varanidae	
巨蜥	*Varanus salvator*	1
蛇目	SERPENTIFORMES	
蟒科	Boidae	
蟒	*Python molurus*	1

续表

中 名	学 名	保护级别
鳄目	CROCODILIFORMES	
鼍科	Alligatoridae	
扬子鳄	*Alligator sinensis*	1
两栖纲 AMPHIBIA		
有尾目	CAUDATA	
隐鳃鲵科	Cryptobranchidae	
*大鲵	*Andrias davidianus*	2
蝾螈科	Salamandridae	
*细痣疣螈	*Tylototriton asperrimus*	2
*镇海疣螈	*Tylototriton chinhaiensis*	2
*贵州疣螈	*Tylototriton kweichowensis*	2
*大凉疣螈	*Tylototriton taliangensis*	2
*细瘰疣螈	*Tylototriton verrucosus*	2
无尾目	ANURA	
蛙科	Ranidae	
虎纹蛙	*Rana tigrina*	2
鱼纲 PISCES		
鲈形目	PERCIFORMES	
石首鱼科	Sciaenidae	
*黄唇鱼	*Bahaba flavolabiata*	2
杜父鱼科	Cottidae	
*松江鲈鱼	*Trachidermus fasciatus*	2
海龙鱼目	SYNGNATHIFORMES	
海龙鱼科	Syngnathidae	
*克氏海马鱼	*Hippocampus kelloggi*	2
鲤形目	CYPRINIFORMES	
胭脂鱼科	Catostomidae	
*胭脂鱼	*Myxocyprinus asiaticus*	2
鲤科	Cyprinidae	
*唐鱼	*Tanichthys albonubes*	2
*大头鲤	*Cyprinus pellegrini*	2
*金钱鲃	*Sinocyclocheilus grahami*	2
*新疆大头鱼	*Aspiorhynchus laticeps*	1
*大理裂腹鱼	*Schizothorax taliensis*	2
鳗鲡目	ANGUILLIFOMES	
鳗鲡科	Anguillidae	
*花鳗鲡	*Anguilla marmorata*	2
鲑形目	SALMONIFORMES	

续表

中　名	学　名	保护级别
鲑科	Salmonidae	
＊川陕哲罗鲑	*Hucho bleekeri*	2
＊秦岭细鳞鲑	*Brachymystax lenok tsinlingensis*	2
鲟形目	ACIPENSERIFORMES	
鲟科	Acipenseridae	
＊中华鲟	*Acipenser sinensis*	1
＊达氏鲟	*Acipenser dabryanus*	1
匙吻鲟科	Polyodontidae	
＊白鲟	*Psephurus gladius*	1
文昌鱼纲　APPENDICULARIA		
文昌鱼目	AMPHIOXIFORMES	
文昌鱼科	Branchiostomatidae	
＊文昌鱼	*Branchiotoma belcheri*	2
珊瑚纲　ANTHOZOA		
柳珊瑚目	GORGONACEA	
红珊瑚科	Coralliidae	
＊红珊瑚	*Corallium* spp.	1
腹足纲 GASTROPODA		
中腹足目	MESOGASTROPODA	
宝贝科	Cypraeidae	
＊虎斑宝贝	*Cypraea tigris*	2
冠螺科	Cassididae	
＊冠螺	*Cassis cornuta*	2
瓣鳃纲 LAMELLIBRANCHIA		
异柱目	ANISOMYARIA	
珍珠贝科	Pteriidae	
＊大珠母贝	*Pinctada maxima*	2
真瓣鳃目	EULAMELLIBRANCHIA	
砗磲科	Tridacnidae	
＊库氏砗磲	*Tridacna cookiana*	1
蚌科	Unionidae	
＊佛耳丽蚌	*Lamprotula mansuyi*	2
头足纲 CEPHALOPODA		
四鳃目	TETRABRANCHIA	
鹦鹉螺科	Nautilidae	
＊鹦鹉螺	*Nautilus Pompilius*	1
昆虫纲　INSECTA		
双尾目	DIPLURA	

续表

中　名	学　名	保护级别
铗虮科	Japygidae	
伟铗虮	*Atlasjapyx atlas*	2
蜻蜓目	ODONATA	
箭蜓科	Gomphidae	
尖板曦箭蜓	*Heliogomphus retroflexus*	2
宽纹北箭蜓	*Ophiogomphus spinicorne*	2
缺翅目	ZORAPTERA,	
缺翅虫科	Zorotypidae	
中华缺翅虫	*Zorotypus sinensis*	2
墨脱缺翅虫	*Zorotypus medoensis*	2
蛩蠊目	GRYLLOBLATTODAE	
蛩蠊科	Grylloblattidae	
中华蛩蠊	*Galloisiana sinensis*	1
鞘翅目	COLEOPTERA	
步甲科	Carabidae	
拉步甲	*Carabus* (*Coptolabrus*) *lafossei*	2
硕步甲	*Carabus* (*Apotoptcrus*) *davidi*	2
臂金龟科	Euchiridae	
彩臂金龟(所有种)	*Cheirotonus* spp.	2
犀金龟科	Dynastidae	
叉犀金龟	*Allomyrina davidis*	2
鳞翅目	LEPIDOPTERA	
凤蝶科	Papilionidae	
金斑啄凤蝶	*Teinopalpus aureus*	1
双尾褐凤蝶	*Bhutanitis mansfieldi*	2
三尾褐凤蝶	*Bhutanitis thaidina dongchuanensis*	2
中华虎凤蝶	*Luehdorfia chinensis huashanensis*	2
绢蝶科	Parnassidae	
阿波罗绢蝶	*Parnassius apollo*	2
肠鳃纲 ENTEROPNEUSTA		
柱头虫科	Balanoglossidae	
＊多鳃孔舌形虫	*Glossobalanus polybranchioporus*	1
玉钩虫科	Harrimaniidae	
＊黄岛长吻虫	*Saccoglossus hwangtauensis*	1

注：标“＊”者，由渔业行政主管部门主管；未标“＊”者，由林业行政主管部门主管。

3 日本国立公园及国定公园概要

国 立 公 园

序号	公园名 指定年代 面积(hm²)	景 观 特 点				所在地
		综 合	地 形 地 质	植 物	动 物	
1	利尻礼文沙罗别兹 1974. 9. 20 21. 222	火山、海蚀景观、湿地、沼泽、沙丘景观	分布有利尻岛堆状型火山、稚●内海岸的沙丘、利尻礼文岛海蚀崖、沙罗别兹原野的泥炭		班鼠 利尻马 四脚蛇	北海道
2	知床 1964. 6. 1 38. 633	原始性半岛景观	火山连峰(拉乌斯山、硫黄山、知床山) 海蚀断崖(断崖等)	亚寒带针叶树林高山植物	赤熊 海豹 海驴 白鹫 花魁鸟 海猫 海鸥	北海道
3	阿寒 1934. 12. 4 90. 481	具有两座巨大复式火山地形的原始景观	屈斜路复式破火山口(规模世界第一)。 摩周湖(透明度世界第一) 活火山(雌阿寒·阿特萨扑里) 火山性堰止湖(潘盖、盆盖) 温泉现象(川汤、阿寒湖畔、和琴等)	亚寒带针叶树林 白桦 杜鹃 马里茆(特别天然纪念物)	赤熊 乌鸦 和琴蝉 (天然纪念物)	北海道
4	钏路湿原 1987. 7. 31 26. 861	日本最大的湿地国立公园(拉姆撒卢条约登录湿地)	发达阶段的泥炭层的分布湖泽群	湿地植物群落 (低层到高层) 苔类、赤扬 杜鹃 钏路海州骨碎补	单顶鹤(特别天然纪念物) 蜻蜓	北海道
5	大雪山 1934. 12. 4 226. 764	日本最大的原始国立公园	复式火山群(大雪、十胜) 构造山地(石狩) 柱状的断崖(层云峡、天人峡)	亚寒带针叶树林 花地	野兔 赤熊	北海道
6	支笏洞爷 1949. 5. 16 99. 302	火山地形的各种形式	复式破火山口湖(支笏、洞爷) 圆锥火山孤峰(羊蹄山) 新成塔状火山(昭和新山) 温泉现象(登别、定山溪等)	羊蹄山高山植物带(天然纪念物)	白天鹅 红鳟	北海道
7	十和田八幡平 1936. 2. 1 85. 409	湖水美的典型 火山性高原和温泉群	二重式复式破火山口湖 (十和田) 火山群(八甲田) 盾状火山(八幡平) 圆锥火山(岩手山) 温泉现象(玉川、后生挂、酸温泉等)	落叶广叶树林(奥入濑) 青森椴松原始森林(八幡平) 秋田驹岳高山植物带(天然纪念物)	森林青蛙 红鳟	青森 秋田 岩手
8	陆中海岸 1955. 5. 2 12. 198	典型的沉降式海岸	沉降式海岸(宫古湾、山田湾、船越半岛等) 白亚纪层岩礁(左贺部) 岛屿(三贯岛、大岛、日出岛) 隆起海岸(北山崎等)	红松林为主的自然林	大水竹柏鸟 其他海鸟类	岩手 宫城
9	磐梯朝日 1950. 9. 5 186. 404	爆裂式火山和火山性湖泊群 山岳宗教	火山群峰(吾妻、安达太良) 爆裂式火山(磐梯山) 火山性堰止湖泊群(桧原、秋元、小野川、五色沼泽地等) 构造山地(朝日、饭丰)	原始森林(朝日、饭丰) 羽黑山杉树(特别天然纪念物) 吾妻八重白山石南花(天然纪念物)	白喉熊 羚羊 (特别天然纪念物)	山形 福岛 新泻

续表

序号	公园名 指定年代 面积(hm^2)	景观特点				所在地
		综合	地形地质	植物	动物	
10	日光 1934.12.4 140021	日本式风景的典型 日本最高的高层湿地风景	新火山(白根、那须、男体等) 旧火山群(燧、女峰等) 火山性高层湿地(尾濑) 瀑布(华严、三条等)	亚寒带针叶树林 密兹那拉(光德) 湿地性植物(尾濑) 自生地(特别天然纪念物)	白喉熊 鹿 羚羊 (特别天然纪念物)	福岛 栃木 群马 新泻
11	上信越高原 1949.9.7 189062	日本最高的活火山 火山性高原 构造山地的阿尔卑斯山景观 温泉群	圆锥活火山(浅间、白根、烧山) 火山性高原(浅间、志贺、草津) 火山群峰(妙高、火打、饭绳、黑姬、苗场) 构造山地(谷川连峰)	高原湿地植物(苗场山) 鹿泽杜鹃群落 山毛榉原始森林 (乙见山顶) 草津白根石南花群落(天然纪念物)	羚羊 (特别天然纪念物) 猴 鸣禽类 高山蝶	群马 新泻 长野
12	秩父多摩 1972.10.16 6099	代表性水成岩山地和原始林	秩父古生层山地(天目山、川乘山、御岳山) 大泷中生层山地(白石山、云取山) 花岗岩山地(金峰山、国师岳、甲武信岳等) 溪谷(荒川、中津川、笛吹川源流)	原始森林(大洞、奥千丈、十文字巅、甲武信岳)	野猪 鹿 羚羊 (特别天然纪念物) 三宝鸟	崎玉 东京 山梨 长野
13	小笠原 1934.12.4 90481	代表性岛屿景观海蚀崖景观 亚热带地区的海洋岛	西太平洋的一大海底火山列岛 新第三纪海底火山堆积层(智岛、父岛、母岛) 第四纪以后海底火山活动(硫黄火山列岛、西岛) 喀斯特地形(父岛的南岛、母岛的石门山)	亚热带原始森林(母岛的石门山、乳房山、南硫黄岛全岛) 亚热带海岸植物(结缕草、单叶蔓荆、海桐花草)	小笠原大蝙蝠 小笠原黄莺 小笠原大白眼鸟 松鱼鸟 燕鸥 海龟产卵地	东京
14	富士箱根伊豆 1936.2.1 121850	堆状火山景观 火山性湖泽 温泉群 火山列岛	圆锥火山孤峰(富士山) 复式破火山口(箱根) 温泉现象(箱根、伊豆) 先原熔岩台地(伊豆东海岸) 洞门、洞窟、断崖(伊豆西海岸) 安山岩巨砾砂嘴(大濑崎) 活火山(三原山、三宅岛)	富士山原始林(青木原树海) 天城山原始林 红松林(诹访森) 富士樱花(富士山) 大濑天然林(天然纪念物) 山茶树、黄扬	山猫 野猪 西湖蝙蝠 穴及蝙蝠 (天然纪念物) 海鸟类	东京 神奈川 山梨 静冈
15	中部山岳 1934.12.4 174323	构造山地 阿尔卑斯景观 溪谷美	飞蝉古生层与花岗岩壮年期侵蚀地形(北阿尔卑斯山) 大圆堆火山(乘鞍) 火山性堰止原(上高地) 遁状火山(立山) 钟状火山(烧岳) 峡谷(黑部)	原始林(上高地黑部) 卧藤松带(五色原、云平) 白马群山高山植物带(特别天然纪念物) 上高地化生柳	雷鸟(特别天然纪念物) 羚羊(特别天然纪念物)	新泻 富士 长野 岐阜
16	白山 1962.11.12 47700	古代传说中有名的名山 白山神社的本体	水成岩群峰 主峰白山火口湖群 化石林 喷泉塔群	高山植物大群落(天然纪念物) 宽广的卧藤松带	羚羊(特别天然纪念物)、猴、鹿、白喉熊、雷鸟(特别天然纪念物)	富士 石川 福井 岐阜
17	南阿尔卑斯 1964.6.1 35752	日本最高的结构山地	花岗岩的大断层崖(驹岳)	卧藤松群落 高山植物	羚羊(特别天然纪念物) 雷鸟(特别天然纪念物) 猴、鹰	山梨 长野 静冈
18	伊势志摩 1946.11.20 55549	具有隆起和沉降特点的海蚀台地 伊势神宫 珍珠	古生层、中生层、第三纪层的标高500m以下的壮年期侵蚀丘陵 沉降海岸(英虞湾、的矢湾)	神宫域天然林暖地性海岸植物(文珠兰、羊齿类) 鬼城暖地性羊齿群落(天然纪念物) 细谷暖地性羊齿群落(天然纪念物)	伊势大虾 珍珠	三重

续表

序号	公园名 指定年代 面积(hm²)	景观特点				所在地
		综合	地形地质	植物	动物	
19	吉野熊野 1936.2.1 59798	水成岩秘境及峡谷 具有历史与传说 山岳宗教	古生层地垒(大峰山脉) 古生层隆起准平原(大台原山) 深渊(静八丁) 瀑布(那智) 海蚀洞窟群(鬼城) 海蚀台地陆连岛(潮岬)	原始林(佛经岳、大台原、大杉谷) 大山莲花自生地(天然纪念物) 羊齿滋生地(天然纪念物) 樱花(吉野山)	羚羊(特别天然纪念物) 白喉熊 鸣禽类等	三重 奈良 和歌山
20	山阴海岸 1963.7.15 8784	以鸟取沙丘为代表的日本海海岸景观	柱、板状的节理和袖断崖、洞门、洞窟等海蚀景观	沙滩植物 黑松 海桐花 犬樟 玫瑰	螃蟹 鹳(特别天然纪念物) 严燕 海雀	京都 兵库 鸟取
21	濑户内海 1934.3.16 62790	世界多岛海公园具有历史和传说	内海多岛海 大涡流、潮流(鸣门海峡、来岛海峡) 古期火山熔岩台地及侵蚀地形 花岗岩山块(六甲山)	弥山原始林(天然纪念物) 大山祇神社樟树群落 生岛树林(天然纪念物) 峨眉山树林(天然纪念物) 鸣门根上松(天然纪念物)	鲷鱼等、群游海面(天然纪念物) 盔螃蟹繁殖(天然纪念物) 鲸鱼徊游海面(天然纪念物)	兵库 和歌山 冈山 广岛 山口 德岛 香川 爱媛 福冈 大分
22	大山隐岐 1936.2.1 31927	中国地方的最高峰景观 具有历史和传说 外海多岛海景观、半岛景观	钟状火山孤峰(大山、三瓶山) 火山性高原(蒜水原) 海蚀崖(国贺、知夫里赤壁) 外海多岛海(隐岐岛)	大山山毛榉林 大山沉香树林(特别天然纪念物) 大山柳、风兰	鸣禽类等 高山蝶 海猫 海鸟类	鸟取 岛根 冈山
23	足习宇和海 1972.11.10 11166	黑潮荒浪断崖景观 沉降海岸海蚀景观	花岗岩断层(足摺岬冲岛) 海蚀、风蚀洞门、洞窟、潮吹穴、海老洞 滑床溪谷	照叶乔树林 蒲葵 山毛榉林 杜鹃 自然林	大水竹柏鸟 海雀 猴 珊瑚	爱媛 高知
24	西海 1955.3.16 24636	外海多岛海景观切支丹遗迹	微小多岛海(九十九岛) 臼状火山岛群(小值贺岛) 溺谷性湾凹(玉浦湾等)	亚热带植物群落	鹿 海雀 青海龟 鲸	长崎
25	云仙天草 1934.3.16 28287	切支丹遗迹 多岛海景观	钟状圆锥复式火山(云仙岳) 泥火山、地狱现象(绢笠、矢岳间爆裂火山) 温泉群 多岛海(天草松岛)	地狱地带白花吊钟花群落(天然纪念物) 野岳波缘冬青群落(天然纪念物) 池原香茵芋群落(天然纪念物) 亚热带植物群落(天草) 普贤岳红叶树林(天然纪念物)	鸣禽类	长崎 熊本 鹿儿岛
26	阿苏 1934.12.4 72678	世界最大的复式火山景观 具有大草原之美	典型的大复式破火山口(阿苏) 活火山中央火口丘(五岳) 钟状火山(久住山) 火山性高原(草千里、久住高原、饭田温泉群)	深叶溪天然林 手野杉(天然纪念物) 高山植物(九重山块)	羚羊 (特别天然纪念物)	熊本 大分

续表

序号	公园名 指定年代 面积（hm^2）	景观特点				所在地
		综合	地形地质	植物	动物	
27	雾岛屋久 1934. 3. 16 54833	集成的宏伟火山景观 巨树杉景象 多雨现象 漂浮着的活火山樱花岛的鹿儿岛湾	火山集团（雾岛山群、火口湖群） 花岗岩圆锥地形地垒岛 九州最高峰宫之浦岳（1935m） 温泉群	暖带多雨林 狭野杉树（天然纪念物） 野海道自生地（天然纪念物） 红松林、屋久杉原始林（特别天然纪念物） 亚热带性植物群落	狭野神社佛法僧繁殖地（天然纪念物）	宫崎 鹿儿岛
28	西表 1972. 5. 15 12506	西表岛亚热带原始森林与有珊瑚礁的八重山海域	由标高400m前后的壮年期地形、砂岩、页岩叠层第3纪层岛 八重山海域日本最大的珊瑚礁景观（东西长20km、南北15km）	亚热带照叶树林（柯树冲绳银白橡树犬樟）	山猫 海龟	冲绳

国定公园

序号	公园名 指定年代 面积（hm^2）	景观特点				所在地
		综合	地形地质	植物	动物	
1	暑寒别天売烧尻 1990. 8. 1 43559	山地型湿地景观 海蚀崖海岸景观	日本曲指可数的山地型湿地（雨龙泽） 火山群峰（暑寒别岳） 100m前后海蚀崖（送毛、浓昼海岸、天壳岛）	高山植物群落 紫杉自然林（烧尻岛、天然纪念物）	海猫、海乌鸦善知鸟（天壳岛海鸟繁殖地，天然纪念物）、雨龙泽型	北海道
2	纲走 1958. 7. 1 37261	日本北端海迹湖沼泽群 沙丘和草原（原生花园）	七个海迹湖（佐吕间、能取、里亚乌西、纲走、藻琴、涛佛、涛钓）	蓑衣草 玫瑰 仙台胡枝子 菖蒲等	海豹 海猫 海鸥等	北海道
3	尼赛口积丹小樽海岸 1963. 7. 24 19009	扎幌地区的海与山	火山连峰（雷电山） 集块岩为主的海蚀崖景观（积丹岬、神威岬）	高原湿地（神仙泽） 笔头菜		北海道
4	日高山脉襟裳 1981. 10. 1 103447	冰蚀地形高山景观 海蚀崖海岸景观	褶曲山脉上的冰蚀地形、冰斗（幌尻岳等） 海蚀崖（襟裳岬）	针广混杂林、高山植物固有种、稀有种很多（日高山柳、日高山乌盔、姬花蕨等）	赤熊、瑕夷鹿、野兔、海豹	北海道
5	大沼 1958. 7. 1 9083	北海道内地山水之美	活火山（驹岳） 火山性堰止湖（大沼、小沼、莱沼）	抱树 赤杨 榆树 七度龟		北海道
6	下北半岛 1968. 7. 22 18728	荒凉海岸景观、丝柏、山毛榉混杂林为主的森林景观	复式火山地形（恐山复式破火山口、宇曾利山湖） 海蚀断崖（佛浦、新山崎、烧山崎） 温泉（奥药研、下风吕等）	丝柏、山毛榉混杂林、高山性植物（矶杜鹃、白山石南、水芭蕉）	日本猴生息地北限 白喉熊 羚羊（特别天然纪念物）	青森
7	津轻 1975. 3. 31 25966	钟形火山景观 断崖及海蚀景观 沙丘景观 森林景观	海岸断丘（畏月海岸、龙飞崎） 沙丘地形（屏风山） 钟形火山中央火口丘 爆裂火口（岩木山）	丝柏、山毛榉混杂林、五角枫、橡树挡风树、山茶树（椿山）、犬樟（岩崎）、卧藤松、樱花（岩木山）	日本羚羊 日本猴	青森
8	早池峰 1982. 6. 10 5463	早池峰山为中心的民俗学宝库	抗风化侵蚀的蛇纹岩 早池峰超盐基性岩体、远野花岗岩岩体	高山性植物群落山毛榉等桧、罗汉柏群落	日本白喉熊、日本羚羊（特别天然纪念物）芭茅等	岩手
9	栗驹 1968. 7. 22 77122	烧石岳与栗驹岳为中心的温泉溪谷之美 朴素的山岳公园	火山群峰（烧石岳、栗驹等） 复式破火山口（鬼首）	抱树、枫树等落叶广叶树林、高山性植物 日本五须松林（片山）	羚羊 白喉熊 日本猴	岩手 宫城 秋田 山形

续表

序号	公园名 指定年代 面积(hm^2)	景观特点				所在地
		综合	地形地质	植物	动物	
10	南三陆金华山 1979.3.30 13902	典型沉降海岸地域、海蚀崖、名胜古迹等神社佛阁	海岸段丘 沉降海岸	黑松 犬樟 昆兰树	鹿 猴 海猫	宫城
11	臧王 1963.8.8 39635	以火山群为中心、滑雪、温泉浴等公园树冰	网罗各种火山地形(北、南臧王) 集块岩、凝灰岩等风化侵蚀地形(山寺、二口峡谷)	青森椴松 山毛榉树林 高山植物群落	白喉熊 羚羊(特别天然纪念物)	山形 宫城
12	男鹿 1973.5.15 8156	延长17km海蚀段丘的火山群和盾状圆锥型火山(钟形火山)为代表的景观	与大陆不同,它是从海底隆起生成的岛,由砂州与大陆连接的罕见地形 隆起、火山、海蚀形成的复杂的地形 爆裂火口(低平火山口) (户贺湾、一目泻) 第三纪水成岩隆起陆块的代表性海蚀段丘、奇岩海蚀洞	水抱树、五角橡树的典型海岸挡风林深山石南、高山瞿麦、亚高山性植物、狗尾草草原、薮山茶的自生北端(南海岸、天然纪念物)	红腰燕 鹭鹚	秋田
13	鸟海 1963.7.24 28373	海上突起的火山孤峰	东西两座堆状型火山的复合火山喷出物的特奇景观(象泻)	山毛榉林 高山植物群落 鸟海麦子 鸟海蓟	海猫(御积岛)	秋田 山形
14	越后三山只见 1973.5.15 86129	大面积原始森林与丰富的大型哺乳类动物生息原始性公园	深谷(只见川、鱼野川、破间川) 鸟海火山群(浅草岳、守门岳)	山毛榉原始林(浅草岳、朝日岳)、针叶树林、高原湿地植物(平岳)	羚羊 白喉熊	新泻 福岛
15	水乡筑波 1959.3.3 34309	日本有代表性的水乡风景	海迹湖(霞浦等) 浮岛景观	菰 西伯利亚鸢尾	淡水鱼类 若鹭	茨城 千叶
16	妙义荒船佐久高原 1969.4.10 13123	妙义山和荒船山等山岭为中心的山岳高原地域	柱状、板状节理(妙义山) 小尖山(荒船山)	落叶广叶树林(小抱树、水抱树、枫树)	野鸟	群马 长野
17	南房总 1958.8.1 5685	白砂青松、冬季也比较温暖的海滨公园	第三纪凝灰岩及其新地层的地学教室 造礁珊瑚化石	日本文珠兰	鲷 伊势大虾	千叶
18	明治森高尾 1967.12.11 770	东京郊外温带及暖带性天然林	高尾山山岭为主体的构造性山地	枞树 橡树 红松 山毛榉	昆虫类	东京
19	丹泽大山 1965.3.25 27572	东京附近面向青少年的登山公园	构造性山地群峰(蛭岳、丹泽山、塔岳)	温带性树种 微雪草	野猪	神奈川
20	佐渡弥彦米山 1950.7.27 29464	日本最大的岛屿	断层隆起山块(大佐渡、小佐渡、弥彦) 海蚀崖(外海府、浦浜)	深山石南(金北山)、车轮梅、薮山茶、犬樟、日本黄杨	朱鹭(特别天然纪念物) 白天鹅 豉虫	新泻
21	能登半岛 1968.5.1 9672	日本最大的半岛景观	隆起海岸(猿山岬) 沉降海岸(九十九湾)	红松 黑松	鹈 鹭鸢	石川 富山
22	越前加贺海岸 1958.5.1 9246	具有延绵108km海岸线的海蚀景观	海蚀岸(东寻坊) 海岸沙丘(三里浜)	黑松 天竺桂 水仙	鹈 雁 鸭子	石川 福井
23	若狭湾 1955.6.1 21091	具有延绵65km树枝状海岸的综合海蚀之美	断层的树枝状海岸 海蚀崖海蚀洞(苏洞门) 砂嘴的典型(天桥立) 沉水湖沼泽群(三方五湖)	黑松、海桐花、薮山茶、风兰	海产鱼类 竹柏鸟 严燕	福井 京都

续表

序号	公园名 指定年代 面积(hm^2)	景观特点				所在地
		综合	地形地质	植物	动物	
24	八岳中信高原 1964.6.1 39857	提供登山、远足、温泉浴等活动的公园	火山连峰(八岳) 火山性台地(美原、雾峰)	小月季(八岳) 莲花杜鹃等夹杂灌木的草原	羚羊(特别天然纪念物) 猴	长野 山梨
25	天龙奥三河 1969.1.10 25723	天龙川与其支流形成的溪谷、茶臼山为中心的山岳中部地带野外渡假区	中央构造线东缘,地壳变动和火山活动构成的复杂的地形地质	山毛榉 枞树 栂树 柯树	佛法僧	长野 静冈 爱知
26	揖斐关原养老 1970.12.28 20219	浓尾平原的西北部的揖斐川、关原古战场及养老山地区东海自然步道沿线公园	山岳丘陵地带 秩父古生层 地垒山地(养老山地)	山毛榉 水抱树 栗树 七叶树 山茶树 柯树 橡树		岐阜
27	飞蝉木曾川 1964.3.3 18075	河川美及河岸公园	石英斑岩和古生层(飞水峡、日本地平线) 浮岛景观	杉树 桧树	猴	岐阜 爱知
28	爱知高原 1970.12.28 21705	从爱知东北部的段户山到猿投山、西北部道树山的丘陵地带形成的东海自然步道沿线公园	隆起山地的准平原 溪谷美(神越溪谷、香岚溪)	杉树 桧树 红松 山毛榉 水抱树 丁香花		爱知
29	三河湾 1958.4.10 9464	中京地区的临海公园	中生层、第三纪层的丘陵地形 内海多岛景观和海蚀崖	文珠兰 珊瑚菜 其他暖性地带海浜植物群落	海产鱼类 猴 兔	爱知
30	铃鹿 1968.7.22 29821	伊势湾水系和琵琶湖水系东西支流的标高一千米左右的连峰	秩父古生层的砂岩、凝灰岩等为主 喀斯特地形(御池岳)	山毛榉、青栲类 枞树 杉树 石南群落	羚羊(特别天然纪念物)	二重 滋贺
31	室生赤目青山 1970.12.28 26308	室生火山群、青山高原以及高见山地带的东海自然步道沿线公园	隆起准平原 室生火山群(大洞、俱留尊山等) 柱状节理火山地形为一大特色	擒树、钝齿冬青、杜鹃、山毛榉、栂树(高见山)		三重 奈良
32	琵琶湖 1950.7.24 97601	日本最大的淡水湖风景 近江八景 历史和遗迹	断层下沉湖(琵琶湖) 花岗岩地垒山脉	大叶冬青、桧虎尾兰	淡水鱼类 若鹭 鲫鱼 鲤鱼	滋贺 京都
33	明治森箕面 1967.12.11 963	大阪郊外的暖性天然林	箕面川、胜尾寺川等河川形成的构造山地	柯树 橡树 枫叶	日本猴 昆虫类	大阪
34	金刚生驹纪泉 1958.4.10 23119	奈良朝、南北朝的史迹公园	花岗岩地垒山脉 和泉砂层山地	大阪附近惟一的山毛榉自然林		大阪 奈良 和歌山
35	冰山后山那岐山 1969.4.10 48803	冰山主峰和溪谷、滑雪的高原,京阪神野外渡假地区	冰山是以1000~1300m为主的山岳连接南北	山毛榉(山岭部) 矮生紫杉	日本猴 野鸟	兵库 冈山 鸟取

续表

序号	公园名 指定年代 面积（hm^2）	景观特点				所在地
		综合	地形地质	植物	动物	
36	大和青垣 1970. 12. 28 5742	山边的丘陵地、柳生街道及初濑一带东海自然步道沿线公园	大和高原西部丘陵地 青垣山（三轮山、卷向山、高圆山）	与喜山暖带自然林		奈良
37	高野龙神 1967. 3. 23 19198	山岳佛教的圣地高野山	构造山地	高野六木（杉树、桧树、枞树、梅树、松）	猴 羚羊（特别天然纪念物）	奈良 和歌山
38	比婆道后帝释 1963. 7. 24 7808	中国地方具有史迹和传说的公园	隆起草原地形（道后山、比婆山） 喀斯特地形纵向走势的峡谷（帝释峡）	山毛榉林（比婆山） 山顶部草原景观紫杉巨树	大山礁鱼（特别天然纪念物）	鸟取 岛根 广岛
39	西中国山地 1969. 1. 10 28553	由中国西部的脊梁山地和溪谷组成的公园	被称为冠山山地，1000 ~ 1300m 山连山。大部分由流纹岩、花岗岩类组成	山毛榉林 常绿广叶树林		岛根 广岛 山口
40	北长门海岸 1955. 11. 1 12384	主要海岸和肢节海岸形成的综合景观	高山的磁石和须佐湾的角页岩景观 玄武岩扁平群岛（六岛）	桧 柑桔 圆羊齿	小春蝉 鲸鱼	山口
41	秋吉台 1955. 11. 1 4502	日本最大的钟乳洞窟秋芳洞和喀斯特地形	喀斯特地形的典型			山口
42	剑山 1964. 3. 3 20961	以剑山为中心构成的山地和溪谷之美	仅次于石缒的四国的乂一高峰 中生层和变成岩的山地与溪谷（大步危、小步危、祖谷溪）			德岛 高知
43	室户阿南海岸 1964. 6. 1 6225	隆起和沉降的海岸亚热带植物景观	隆起海岸（高知）、海岸段丘 沉降海岸（德岛）、海蚀崖	亚热带植物（室户岬、辨天岛） 文珠兰 药草	海龟	德岛 高知
44	石缒 1955. 11. 1 10683	四国最高峰 修验道录地	结晶片岩断层山脉（石缒山） 花岗岩溪谷（面河溪）	稻梅树 细竹	斑鹊 高山蝶 山猫 羚羊（特别天然纪念物）	爱媛 高知
45	北九州 1972. 10. 16 8107	喀斯特台地 北九州圈渡假地区	喀斯特台地（平尾台） 构造山地（福智山住宅区）	暖带性常绿广叶树林 天然林（尽岳至福智山山岭地带）		福冈
46	玄海 1956. 6. 1 10158	白砂青松的孤状松原连续史迹与传说地带	玄武岩熔岩台地 材木岩 海蚀洞、洞窟（芥屋大门、七釜）	黑松林（红松原等） 海浜植物 文珠兰	长鲸 白鹭	福冈 佐贺 长崎
47	耶马日田英彦山 1950. 7. 29 85023	赖山阳的诗有名的耶马溪修验道灵地英彦山	双重式梅撒（万年山） 耶马溪熔岩侵蚀景观 日田盆地水乡景观 青洞门	柯树 犬樟林 石南	香鱼（筑后川） 佛法僧 杜鹃	福冈 熊本 大分
48	壹岐对马 1968. 7. 22 11950	玄海滩飘浮的壹岐、对马两岛留有许多遗迹	堆积岩为基盘的玄武岩台地（壹岐） 南北长形地垒岛（对马）	橡树、柯树类 枞树、梅树	山猫 对马貂 高丽野鸡	长崎
49	九州中央山地 1982. 5. 15 27096	丰富的历史文化遗产山景、多利用于远足旅行	深山幽谷地带（国见岳、市房山） 四万十累层群	筑紫石南 大山莲花 深山雾 白岩山石灰岩群落	日本蝙蝠 日本松鼠 花山鸟 彩鹂等	熊木 宫崎

续表

序号	公园名 指定年代 面积(hm^2)	景观特点				所在地
		综合	地形地质	植物	动物	
50	日丰海岸 1974.2.15 8518	以延绵大约120km海岸线、半岛、海湾的岛屿断崖沉降式海岸和多岛的海景景观为特征	九州山地沉降所产生的典型沉降式海岸	蒲葵(天然纪念物) 海滨植物群	水老鸦	大分 宫崎
51	祖母倾 1965.3.25 22000	九州本土最高的构造山地 有神话传说的地区	祖母山(九州第2座高峰) 高千穗峡(阿苏熔岩的柱状肌理)	祖母山原始林	羚羊(特别天然纪念物)	大分 宫崎
52	日南海岸 1955.6.1 4542	南方植物的天然教堂 有神代的传说	砂岩、页岩互层的海蚀架(鬼的洗衣板)	苏铁天然林 柑桔(市木)	都井岬野生马 幸鸟野猿	宫崎 鹿儿岛
53	奄美群岛 1974.2.15 7861	奄美群岛的海岸珊瑚礁景观以及山岳的亚热带广叶树林所构成的国定公园	九州南端至台湾东北端延绵800km三重弧形的琉球列岛沉降式海岸(奄美大岛) 隆起的珊瑚礁(喜界岛、与论岛) 钟乳洞窟群和喀斯特地形(冲永良部岛大山) 大面积礁湖和潮长积长域(德之岛)	苏铁、露兜树、草海桐花、榕树等(亚热带海岸植物) 柯树、橡树(亚热带广叶林) 仙人球	奄美黑兔 奄美刺猬 奄美山雀 鹦鸲 饭匙倩 珊瑚礁 热带鱼	鹿儿岛
54	冲绳海岸 1972.5.15 10320	冲绳本岛的西海岸和与那霸岳等形成的国定公园	万座毛断崖 边土岬、边土崎岳的石灰岩地形 山岳(与那霸岳、名护岳)	山岳部的亚热带林	野口蝼蛄(与那霸岳) 热带鱼	冲绳
55	冲绳战场遗址 1972.5.15 3127	冲绳本岛南端的二战战场遗址和海岸自然景观的国定公园	和平纪念公园、姬百合塔等二战战场遗址 海岸部隆起的珊瑚礁地形 摩文仁丘附近的断崖景观	海岸部亚热带林		冲绳

4 世界文化自然遗产名录

num	洲	国家	遗产项目	时间	地理位置	简　介
1	亚洲	中国	长城	1987	中国北部，横跨7个省、市、自治区	依山而建，绵延起伏，全长约6700km，通称万里长城，不仅是封建王朝抵御外族侵略的人工屏障，也是古代中国一条有形的文化界线。始建于公元前7世纪前后，春秋时期，除清代外，历代王朝皆对之有所修建。现存多为明代建长城
2		中国	故宫	1987	首都北京市中心	通称紫禁城，明清两代皇宫。现存中国最大最完美的古代建筑群，占地72万 m^2。始建于明永乐十五年（1420年），历时三年建成，是中国古代建筑中院落式布局建筑群的最佳体现，其设计具有强烈的象征意义，体现了皇权至上、包融天下的精神内涵，也体现出古代中国严格的等级观念
3		中国	黄山	1990	安徽省南部	以怪石、奇松、云海、温泉“四绝”名冠天下，风景气象万千，集雄、奇、险、幽，徐霞客对之曾有“五岳归来不看山，黄山归来不看岳”之句。其三大主峰莲花峰高1873m、光明顶1841m、天都峰1810m。
4		中国	莫高窟	1987	甘肃省敦煌县东南25km处	与西千佛洞、榆林窟合称为敦煌石窟。莫高窟从规模、作品数量、艺术成就及保存完整的程度上都最完美地体现了敦煌艺术。于公元366年（前秦建元二年）由乐敦和尚开始凿窟，后经多代凿建，成就现今多姿多彩的艺术宝库石窟群，汇聚了多个时代的艺术风格
5		中国	秦始皇陵及其兵马俑	1987	陕西省临潼县	秦始皇陵是中国第一个皇帝的陵园。此陵规模宏大，建造历时30余年，其建制开创了中国历代皇帝的陵寝制度。秦兵马俑为后人展现了秦始皇时期的军队编制和装备情况，以及其时的雕塑艺术
6		中国	泰山	1987	山东省中部	五岳之首，以其山势雄伟、为诸山所宗而被尊为“岱宗”。自古就是人文荟萃的地方。据史料载，中国历代帝王，有72个曾来泰山封禅。浓郁的人文内涵与独特的自然风光相得益彰，使泰山在中国山水文化中占据重要的地位
7		中国	周口店北京猿人遗址	1987	北京西南周口店龙骨山	20世纪20年代开始挖掘，至今已发现6个完整的猿人头盖骨，40多个猿人肢骨、牙齿等的化石，石制工具，各种古动物化石和使用火的遗迹。据论证，“北京人”生活在大约四五十万年以前旧石器时代的初期，身体的某些部位与现代人已趋基本相同，可能已有简单的思想和语言，能够制造石器工具，已懂得使用火，并且已经有了人类最初的社会组织
8		阿曼	巴特·库姆和艾因古迹	1988	阿巴利地区以东	始建于公元前3000年，坐落在海拔2000多米的高山上，包括300多个坟茔及其他不同类型的建筑遗迹，它们大都排列齐整，有些仍保存完好。此外，本地区为阿曼景色最优美的地区之一
9		阿曼	拜赫莱要塞	1987	阿曼北部的巴赫莱绿洲	阿曼伊斯兰文化以前的历史遗迹，曾作为都城，由土砖、棕榈树干和石块建成，为12km长的城墙环绕
10		巴基斯坦	拉合尔古堡和沙利马尔花园	1981	拉合尔城东北部的旁遮普地区	沙·贾汗皇帝时期莫卧儿王朝灿烂文明的杰出代表。拉合尔古城堡是巴基斯坦惟一一座完整地反映自阿克巴时期到恰赫·吉汉时期莫卧儿建筑史的建筑物。而沙利马尔花园则是莫卧儿王朝强盛国力的完美体现，可能也是世界上最罕见的花园之一，它再现了大自然的各种不同的风貌
11		巴基斯坦	莫亨朱达罗考古遗址	1980	信德省印度河以东1.6km处	莫亨朱达罗是公元前3世纪，印度文明（公元前2350—前1750年）成熟期最有代表性的城市，占地97 hm^2，全部为砖砌建筑，有城墙和卫城。其遗址为人们展示了世界上最古老的市政布局
12		巴基斯坦	塔塔的历史性建筑	1980	信德省，印度河三角洲的北部	塔塔曾连续作为3代王朝的首都，后被并入莫卧儿的版图。城市遗址及其墓地是信德文明现存惟一的历史见证。在14—18世纪间，塔塔是中亚主要的高等教育、贸易、艺术和手工业中心，但由于地处偏僻，形成了极具地方特色的艺术风格。其古迹包括马克利山顶建筑和谷地市区内建筑两类，代表建筑是萨马赫王子汉姆·尼萨穆丁的陵墓和哈米亚清真寺
13		巴基斯坦	塔克特·依·巴依佛教遗址和萨尔·依·巴赫洛古城遗址	1980	西北边境省塔克特·依·巴依市以东	塔克特·依·巴依佛寺群建于公元1世纪，至今仍完美无损。萨尔·依·巴赫洛是个古老的小城堡，其历史亦可上溯到公元1世纪，而今只留下一座9m高的长方形墓地和一道菱形的护卫墙残段，菱形设计为公元2—3世纪特有
14		巴基斯坦	塔克西拉考古遗址	1980	旁遮普省塔克西拉城	地处连接中亚、恒河平原、新疆和阿拉伯海的古道上，塔克西拉是印度次大陆最早有人类居住的地区之一。史前时期的坎波儿石窟是城内最古老的考古遗迹，发掘出新石器时代的器皿。这座印度古城曾先后受到波斯、古希腊和中亚的影响。公元前2世纪的瑟卡要塞袭用古希腊后期的布局模式，于公元1世纪被摧毁后，又建起了萨苏克要塞
15		黎巴嫩	安贾尔城	1984	贝卡地区	欧梅亚古城遗址，由哈里发瓦利德一世建于公元8世纪，拥有欧梅亚时代王府独特的建筑结构，城市由两条东西、南北走向的街道分割成四个部分，其建筑很多受拜占庭风格和希腊－罗马风格的影响。此城的存在具有双重意义：其欧梅亚王朝风格填补了黎巴嫩考古学中阿拉伯时期建筑的空白；其建筑融合了拜占庭艺术与阿拉伯艺术风格

续表

num	洲	国家	遗产项目	时间	地理位置	简　介
16		黎巴嫩	巴勒贝克城	1984	贝卡谷地外黎巴嫩山麓	残破不堪但已是世界上保存得最好的罗马时代的神庙。公元2000多年前腓尼基人在此海拔1160m的山上，修建供奉日神巴勒的神庙；罗马帝国时期，皇帝奥古斯都在原神庙址上扩建，历时2—3个世纪之久，建成一个规模宏伟的神庙群，供奉万神之神朱庇特、酒神巴卡斯和爱神维纳斯等，为罗马帝国鼎盛时期最杰出的建筑之一
17		黎巴嫩	比布鲁城	1984	黎巴嫩沿海地区	黎巴嫩最古老的城市之一。数千年来，它与地中海地区充满神话的历史以及一系列重大历史事件紧密相联。根据腓尼基的传说，众神之父埃尔神创造了此城；公元前3000年初，比布鲁成为地中海东岸木材贸易的最重要港口，开始对城市进行规划；几个世纪后，游牧部落阿摩利人入侵，并用火烧城，之后又重建该城，并创建了一个繁荣的王国
18		黎巴嫩	提尔城	1984	黎巴嫩南部海滨	腓尼基古城，现名苏尔。城市建于公元前2750年，公元前10世纪城市扩张，并成为地中海最重要的贸易中心。公元前63年，提尔已成为罗马帝国的一部分。十字军远征后期，城市走向衰落。考古遗迹跨越了自公元前3000年到阿拉伯时代的各个历史时期，最主要的属罗马时期。
19		孟加拉国	巴合尔哈特清真寺历史名城	1985	库尔纳地区巴合尔哈特城	15世纪上半叶，信仰安拉的突厥将军尤鲁·汗·杰汗在此建哈利发塔堡，此城堡在杰汗将军死后逐渐成为一座废墟。古城内最引人注目的是数量极多的伊斯兰式宗教建筑；由于有沼泽的护卫，该城不需要建任何防御工事，这使它大异于同时期的其他城市；古城完备的市政设施，表明当时人们已掌握了较高超的城市设计和建设的技艺。
20		孟加拉国	帕哈尔普尔的毗诃罗遗址	1985	拉杰沙希区	公元7—17世纪，毗诃罗（早期佛教寺院）一直是文人智士荟萃之地，有力地推动了大乘佛教的发展。作为喜玛拉雅山南麓最大的寺院，帕哈尔普尔的毗诃罗是一个极著名的佛教中心。这座建筑规模宏大，建筑布局与宗教功用的完美结合使它举世闻名，这一点以及它的金字塔型结构对佛教建筑的发展曾产生过重大的影响，它的丰富而古老的雕刻使整座寺庙更显得和谐、简朴
21		尼泊尔	加德满都谷地	1980	喜玛拉雅山南麓	加德满都自古就是尼泊尔的政治和文化中心，印度教、佛教和西藏喇嘛教在此地交汇，多种文化的融合造就了它今日丰富多彩的历史遗产。文化汇同现象在马拉王朝，公元1300—1769年，和现王朝时期，表现得尤为明显。现王朝在实现其中央集权后，使加德满都成为王国的皇都。加德满都有7处胜地被纳入世界遗产，它们为人们展示了一个独立王国的发展历史，和它的人民的独特的价值观与审美观
22		尼泊尔	奇特万皇家国家公园	1984	尼泊尔南部与印度交界处的喜马拉雅山麓	印度和尼泊尔之间喜马拉雅丘陵地带中为数不多的未遭破坏的自然区域之一，是世界上已属罕见的亚洲独角犀牛栖息地，也是孟加拉虎的最后藏身地之一
23		尼泊尔	萨加玛塔国家公园	1980	喜玛拉雅山区	世界最高峰珠穆朗玛就被包括在这座公园内。珠穆朗玛峰，欧洲人称它为埃菲尔士峰，尼泊尔人称为萨加玛塔，都言其极高，海拔8848m。公园里还有其他六座海拔在7000m以上的山峰，以及为数不少的冰川深谷。拥有海拔高度从2850～8848m的完整而层次分明的生态系统
24		塞浦路斯	帕福斯古迹区	1981	帕福斯境内	自新石器时代就有人类在此居住，古希腊和拜占庭时期的古迹十分丰富。根据神话传说，阿佛罗狄特女神就降生于此。阿佛罗狄特圣城建于公元前4世纪末；阿佛罗狄特圣地，古称帕拉埃帕佛斯，由阿佛罗狄特神庙及其附属建筑和一座中世纪住宅组成，神庙是古代最负盛名的一座阿佛罗狄特神庙，在荷马的作品中就提到过它
25		塞浦路斯	特鲁多斯地区的彩绘教堂	1985	尼科西亚和利马索尔行政区	拜占庭式教堂和修道院最集中的地区之一。9座被列入世界文化遗产名册的古建筑为人们展示了塞浦路斯拜占庭和后拜占庭风格的绘画风貌
26		斯里兰卡	阿努拉达尔普拉	1982	中央省	公元前3世纪，一个妇女教派的创始人桑葛米塔将佛祖释迦牟尼在其下获得顿悟的那种菩提树带到此地，城市以该菩提树为中心发展起来。从那时起至公元10世纪，这个城市就一直是古斯里兰卡国王们主要的宗教中心和这个王国的首都，在此期间没有间断过对它的建设。目前它是世界上最大的考古区之一
27		斯里兰卡	波隆纳鲁沃古城	1982	中央省	公元993年阿努拉达普拉城被毁灭后，波隆纳鲁沃成为斯里兰卡的第二个首都，从其建筑上能看出原首都的影子。拥有波罗迦罗摩巴忽一世时修建的花园城遗址和出自乔拉人之手的婆罗门式建筑
28		斯里兰卡	加勒老城及其城堡		斯里兰卡南部省加勒城	荷兰式城堡连同14个棱堡及防御设施，是至今东南亚和南亚地区保存最为完整的古代城堡，主要是荷兰人在原葡萄牙人所建城防基础上加以改建和扩建而成。该要塞所覆盖的区域大约有$100hm^2$，要塞营建之初是作为斯里兰卡南部地区的管理中心，在葡萄牙、荷兰和英国占领时期均执行着这一功能，即便在今天也仍发挥着这一作用
29		斯里兰卡	康提		中央省，距首都科伦坡东北方115km	康提圣城原称“桑卡达加拉普拉”，是国王维克拉玛巴胡（公元1357—1374年）建造的，1592年被定为康提王国首都，并一直延续至19世纪的辛哈莱斯王国。该城保存了大批的建筑文化遗迹，展示了长达2000年的斯里兰卡建筑艺术发展的历史
30		斯里兰卡	锡吉里耶古城	1982	中央省	耸立于号称狮子山的花岗岩石山之巅，古城中心是一块高180m的天然巨石，古时须穿过一系列嵌在悬崖峭壁上的阶梯和走廊才能登上这座空中殿堂，建筑的最精彩部分是一座由巨大的砖石和石膏雕成的雄狮，而今仅存巨大而奇特的狮爪，在石壁上有公元5世纪风格的绘画

续表

num	洲	国家	遗产项目	时间	地理位置	简　介
31		斯里兰卡	辛哈拉加森林保护区		西南部萨巴拉加穆瓦省和南方省	位于两大岩山地带之间，地形多变，最高处的山峰1150m，为斯里兰卡惟一保存下来没有受到破坏的原始热带雨林。此地区典型地展现了斯里兰卡地貌环境特征，其大约70%的木本植物和藤本植物都是当地特产，被宣布为人类和生物保护区，主要着眼于教育和科学研究的目的
32		土耳其	迪夫里伊大清真寺和医院	1985	安纳托利亚高原东部锡瓦斯省	11世纪初土耳其征服该地区后，埃米尔艾哈迈德·沙赫下令修建清真寺，该建筑拱顶技术精湛，雕饰华美而建筑整体朴素庄严，这种强烈的矛盾对比使其独具特色，成为伊斯兰建筑的代表作之一。医院和大清真寺一样具有类似的拱顶，且布局别致
33		土耳其	戈雷迈谷地和卡帕多西亚石窟区	1985	安纳托利亚高原中部的卡帕多西亚省	由于风化作用，戈雷迈谷地宛如一片废墟，谷地内及其周围的石窟神庙是反圣像崇拜运动时期拜占庭艺术不可多得的见证。此外还有教堂，岩洞隐修院（建于公元4世纪），以及穴居村落和地下城等古老的民居
34		土耳其	汉瑟斯和莱顿遗址		土耳其穆拉省和安塔利亚省	二者相隔3km，前者曾是古代吕底亚的首府，后者则是古代吕底亚和吕底亚城邦的圣地，二者均保存有公元前8世纪晚期到公元12世纪各个时期的文化遗址，是古代吕底亚文化与艺术的集中代表
35		土耳其	赫梯帝国的哈图萨斯城	1986	乔鲁姆省松古尔路地区	赫梯帝国故都，保存了完整的城市布局，和一批历史悠久的古代建筑。在公元前2000—前1000年期间，该城曾对安纳托利亚及北叙利亚产生过显著影响
36		土耳其	内姆鲁特达格遗址		土耳其南部的阿德亚曼省，卡哈塔镇	遗址主要包括安梯奥彻斯一世的古坟及其陵墓建筑。陵墓建造于公元前69—34年，是安梯奥彻斯一世的长眠之所，也是王国举行各种仪式的地方
37		土耳其	希拉波利斯		代尼兹利省，库鲁克苏河谷北侧帕姆卡尔村	建于公元前11世纪末，此前这里曾是古希腊一处著名的祭祀圣地。公元前133年罗马人占领了这座城镇，该镇逐渐发展和繁荣起来，至公元2—3世纪达到它的顶峰时期。在公元4世纪和5世纪是主教所在地，5世纪后开始走向衰落，11—12世纪为土耳其和蒙古所灭，城市也遭到摧毁
38		土耳其	伊斯坦布尔历史区	1985	伊斯坦布尔省，濒博斯普鲁斯海峡	伊斯坦布尔地跨亚、欧两大陆的结合处，曾先后是东罗马、拜占庭、奥斯曼三大帝国的首都。城内保存着君士坦丁赛马场，圣索菲亚教堂，托普卡珀宫，苏莱曼尼耶清真寺等一批建筑杰作。其中许多建筑在欧洲和亚洲产生过重大影响
39		叙利亚	阿勒颇旧城	1986	叙利亚西北部	阿勒颇旧城地处战略要冲，自公元前2000年起始终与世界发展史紧密相联。在古代先后受到赫梯文明，亚述文明，阿契美尼德文明，古希腊、古罗马文明及阿拉伯文明和拜占庭文明的影响。古城堡，众多的清真寺，建于12世纪的伊斯兰学院、客栈，特别是那些古老的居民区，构成了一个独具风采的城市建筑群体
40		叙利亚	巴尔米拉古迹	1987	霍姆斯省	地处东、西方文明的交汇处，在古代曾是世界最重要的艺术中心之一。公元1—3世纪期间，巴尔米拉艺术将古希腊－罗马风格、伊朗风格与其自身的传统融为一体
41		叙利亚	布斯拉古城	1979	德拉省	作为罗马帝国阿拉伯省的首府，坐落在麦加古商道上的布斯拉在其城墙内保存了纪元初年古罗马宏伟建筑的遗迹
42		叙利亚	大马士革古城	1980	西南巴拉达河右岸	公元前15世纪，大马士革作为阿美尼亚人的首都，是被埃及法老吐特摩斯三世攻占的城市之一；公元前333年，亚历山大大帝从波斯人手中夺取了这座城市，使它开始了与西方世界紧密的联系，它先后被罗马人、伊斯兰军队、倭马亚王朝占领。在公元1400年之前，大马士革发展成为一个富有而繁荣的城市；之后，大马士革遭受帖木儿率领的蒙古人的洗劫，开始走向衰落。1516年，奥斯曼土耳其人统治此地
43		联合国	耶路撒冷旧城及其城墙	1981	巴勒斯坦中部犹地亚山区之巅	耶路撒冷是犹太教、基督教和伊斯兰教共同的圣地。按联合国大会1947年11月第181号决议，耶路撒冷应该国际化，由联合国管理。但以色列在1948年和1967年先后占领耶路撒冷西区和东区，并于1980年7月宣布统一的耶路撒冷为其永久首都。1988年宣布成立的巴勒斯坦国也把耶路撒冷定为首都。耶路撒冷古称耶布斯城，约在公元前3000年，迦南人耶布斯部族从阿拉伯半岛迁来定居
44		也门	萨那旧城	1986	也门西部	在伊斯兰教历（公元622年7月16日为伊斯兰教历元年元旦）确立初期，它曾为伊斯兰教的传播发挥过重要作用。与自然环境十分谐调的清一色砖石、土坯建筑和传统塔楼式住宅使古城独具风采
45		也门	希巴姆古城	1982	哈德拉毛省赛拥县	城市规划方面古老而令人赞叹的典范，其基本准则是高层建筑。公元300年左右建立的希巴姆城是哈德拉毛王国的首都，是欧洲大陆重要的贸易中心。1524年的水灾使该城受到严重破坏，城市规模大为缩小
46		伊拉克	哈德尔古城	1985	摩苏尔市西南50km处	作为帕提亚帝国的要塞重镇，哈德尔城依靠其带塔楼的城墙曾于公元116年和198年两次抵抗过罗马人的侵略。城市的遗迹，尤其是其中的庙宇是古希腊后期建筑风格与罗马建筑风格结合的产物，同时又带有东方色彩的装饰
47		伊拉克	波斯波利斯	1980	扎格罗斯山区的盆地中	公元前16世纪，大流士统治下的23个国家参加了波斯波利斯的修建，终于创造出一座布局和谐、规模宏伟的名城，使之成为西起尼罗河、东至印度河的辽阔王国的新的精神中心，其统治下各国每年至少一次派遣代表来此向国君表示忠诚

续表

num	洲	国家	遗产项目	时间	地理位置	简　介
48		伊拉克	恰高・占比尔		西南重镇阿瓦士北部	背依高原、面朝迪兹河，隐没在一片罗望子树丛之中。城由三条同心城墙环护，宫殿庙宇林立其间。市中心有一座3000多年前修建的亚述古庙塔
49		伊拉克	伊斯法罕王侯广场		中部伊斯法罕省首府的市中心	公元16世纪末，萨非王朝国君阿拔斯一世迁都于伊斯法罕，他立志重建这个波斯古城，使它变成一座富丽堂皇的城市。伊斯法罕王侯广场建于1616年，是举行阅兵大典、马球比赛、大型演出和其他重要仪式的地方，其他同时期建设的许多重要建筑以它为中心。就其本身来说，这一广场一反伊斯兰城市规划方面的传统做法，以设计独特、用途广泛和装饰华丽而独树一帜
50		印度	阿旃陀石窟	1983	马哈拉施特拉邦	洞内有公元前2—前1世纪的佛教岩画和公元5—6世纪笈多王朝时期的石窟（即阿旃陀绘画和石雕），后者是佛教艺术的经典之作，其影响不仅是印度随处可见，甚至波及到爪哇地区
51		印度	埃勒凡塔石窟		孟买以东6km阿拉伯海中的一个小岛上	约开凿于公元6—9世纪，此时正是佛教衰落、印度教兴起的年代。石窟建造雄伟，犹如一座地下神庙。其雕刻题材多表现印度教三大神之一湿婆的传说故事和古印度人民的生活情景。雕塑中的湿婆神、守护神、仙女、飞天及雕饰等造型生动，表现了高超的技巧，为印度教石窟艺术的杰出代表
52		印度	埃洛拉石窟群	1983	马哈拉施特拉邦	共有34座洞窟，是石窟建筑艺术的经典之作。这些开凿于公元5—13世纪的石窟以及其中丰富的雕塑成为印度佛教、婆罗门教和耆那教三大宗教艺术独一无二的历史见证
53		印度	法塔赫布尔・西格里	1986	北方邦的亚格拉县	16世纪下半叶阿克巴皇帝所建。它既是莫卧儿文明的体现，又是将许多风格相同的纪念碑和寺庙荟萃一地，形成建筑群体的典范。其中最著名的是印度最大的清真寺——贾马・马斯吉德清真寺
54		印度	果阿教堂和修道院	1986	果阿、达曼和第乌中央直辖区	果阿曾是葡属印度的首都，保留下来的一组教堂和修道院反映了当年传教士们在亚洲地区活动的情形。这一地区的建筑古迹对亚洲所有接受基督教的国家都产生了深远的影响，促进了公元15世纪末到16世纪初葡萄牙的马努埃尔建筑风格、16世纪意大利矫饰风格及巴洛克艺术风格的传播
55		印度	汉皮古迹	1986	卡那塔克邦	印度南部最后一个王国，维查耶那加尔的最后的都城，因棉花和香料贸易而致富，是中世纪世界上最美丽的城市之一。16世纪中叶，阿拉伯人占领汉皮市，他们抢掠一空后弃城而去。如今，汉皮城是世界上最重要的考古区之一，它众多的古建筑和寺院向世人展示了维查耶那加尔王朝时期高超的艺术水平
56		印度	卡杰拉霍古迹	1986	印度中央邦	大量的婆罗门教及耆那教寺庙为人们展现10世纪昌德拉文明鼎盛时的风采，在这些建筑的雕塑中，神话题材和世俗题材被融合在一起
57		印度	卡齐兰加国家公园	1985	印度东北部的阿萨姆邦	印度北部几个未经人工改造的自然公园之一，也是世界上最大的独角犀牛的栖息地。此地区地势平坦，沼泽密布，养育着大量哺乳动物和鸟禽
58		印度	凯奥拉德奥国家公园	1985	亚格拉西面50km处	曾是专供印度土邦主捕猎野鸭的地方，现为来自阿富汗、中国和土库曼及西伯利亚的水鸟的主要越冬地之一
59		印度	科纳拉克太阳神庙	1984	奥里萨邦普里县内的科纳拉克地区，濒孟加拉湾	印度13世纪婆罗门最著名的圣殿之一，始建于1250年，那罗西摩・德瓦王朝统治印度的时候，供奉太阳神苏利耶。此神庙虽已成为废墟，但它至今仍是全印度最雄伟、最华丽、装饰最多的建筑之一，其太阳神之车的造型独特，构思前所未有，是神庙的代表性造型
60		印度	马纳斯动物保护区	1985	印度东北部的阿萨姆邦喜马拉雅山支脉	此地为平缓的丘陵地区，分布着热带森林、洪水冲积而成的草原和森林覆盖的山岗。区内生活着包括生存受到威胁的老虎、小野猪和硬毛野兔等在内的多种动物
61		印度	默哈巴利布勒姆古迹	1984	印度东南部的泰米尔纳德邦	建于公元7世纪印度南部强大的帕那瓦王国最强盛的时期，古迹有众多的彩车形寺庙和石窟圣殿，包括著名的《恒河降世》在内的巨型露天浮雕，闻名遐迩的河滨寺
62		印度	南达戴维国家公园		印度北方邦嘎沃尔地区	公园所在地为巨大的冰河期盆地，由一系列相互平行的南北向山脉分割成条状，拥有多座海拔在六七千米以上的山峰，最高山峰南达戴维峰7816m，是印度第二高峰。此公园为保护有价值的自然遗产和宝贵的野生动物麝、雪豹等
63		印度	孙德尔本斯国家公园	1987	印度和孟加拉国交界处，恒河河口地区	孙德尔本斯三角洲是一片生长红树林的沼泽地，在印度的部分划为孙德尔本斯国家公园。三角洲总面积超过1万km^2，为恒河、布拉马普特拉河和梅克纳河三大河流的沉积物堆积形成的，它宛如一道天然屏障，有力地抵制了本地区经常遭受的旋风和海啸的袭击。公园内生活着印度最大的孟加拉虎群

续表

num	洲	国家	遗产项目	时间	地理位置	简　介
64		印度	泰姬陵	1983	印度北方邦亚格拉城郊的亚穆纳河南岸	莫卧儿王朝第五代帝王沙·贾汗为爱妻阿柔曼·巴纽修建的陵墓，陵墓得名于其妻的封号泰姬·玛哈尔。始建于1631年，历时22年建成，是宏伟壮丽的伊斯兰教建筑杰作之一，以其独特的建筑风格和艺术魅力，赢得世界声誉
65		印度	坦贾武尔的布里哈迪斯瓦拉神庙		印度南部的泰米尔纳德邦的坦贾武尔市内	坦贾武尔地处科弗里三角洲地区的中心，曾为朱罗王朝的要塞，布里哈迪斯瓦拉神庙即由朱罗王朝的王公兴建，建筑雄伟壮丽，其门前的公牛南提雕像据称为印度同类雕刻中最大的一座
66		印度	亚格拉古堡	1983	印度北方邦格拉县的亚格拉城，亚穆纳河西岸	建于16世纪莫卧儿王朝时期，古堡内有许多17世纪的清真寺和宫殿，这些建筑是印度－伊斯兰艺术顶峰时期的代表作
67		约旦	古塞尔·安姆拉城堡	1985	安曼东面85km处的阿兹拉克地区	沙漠城堡，建于公元8世纪初，以前曾偶有驻军，有时也用作欧梅亚王朝哈里发的行宫，现存遗址上用丰富的人物壁画装饰起来的会客厅和浴室尤为引人注目，这些壁画反映了当时世俗艺术的发展情况
68		约旦	佩特拉古城	1985	安曼以南251km处的马安地区	史前时期就有人迹，作为那巴特商人的居住地，此地曾是阿拉伯、埃及和腓尼斯－叙利亚的交通要道。作为最负盛名的古迹区之一，此城充分体现了古老的东方传统文化和古希腊后期建筑特点
69	非洲	阿尔及利亚	阿杰尔的塔西利	1982	撒哈拉东南与尼日尔和利比亚交界处	史前洞窟艺术瑰宝中极重要的组成部分，拥有公元前6000年至公元最初几个世纪的壁画和雕刻5000多幅，为后人展示了撒哈拉周围地区动物移栖、气候演变和人类生活发展变化的情况
70		阿尔及利亚	贝尼·哈玛德的卡拉城	1980	姆西拉省的玛迪德山附近，距比斯克城40km	哈玛迪塔酋长国第一个首都的遗址，始建于1007年，毁于1152年，曾经是一个典型的11世纪穆斯林城市
71		阿尔及利亚	蒂帕萨	1982	地中海沿岸卜利达省的蒂帕萨城	原为腓尼基人对外扩张的基地，后被罗马人征服，变为向毛里塔尼亚王国扩张的战略基地。在这座古迹群中既有腓尼基时期、罗马时期的建筑，又有纪元初期和拜占庭时的遗迹，为世所罕见
72		阿尔及利亚	杰米拉	1982	塞蒂夫省杰米拉市	又称奎库尔城，其广场、神庙、凯旋门和民居均坐落在海拔900多米的地方，其罗马式的建筑布局受到山势的影响。此地在史前时期就有人迹，城市始建于公元1世纪末，古罗马人选择盖尔古尔和贝塔梅两河之间的多石地带为建城的地方
73		阿尔及利亚	姆扎卜山谷	1982	阿尔及尔以南600km处的拉格瓦特省	谷内保存有伊巴迪达教派修建的五座要塞城市的完整风貌，其建筑风格简练实用，既着眼于共同生活，又兼顾到家庭结构。姆扎卡的建筑艺术给了20世纪的建筑师们极大启迪
74		阿尔及利亚	廷加德	1982	巴特纳省的廷加德市	始建于公元1世纪，图拉真王朝时期由奥古斯都第三军团建为防御要塞，后发展成一个文明中心。城中古迹不胜枚举，完美地为人们展现了一个处于鼎盛时期的罗马城市
75		埃及	阿布米那遗址	1980	亚历山大城西南的马里尤特沙漠中	公元3世纪，埃及的殉教者美纳斯葬在这里，其墓地成为埃及最初的基督教朝拜地之一。阿拉伯人夺取埃及后，朝拜阿布米那之风随之中断，到法特米时代，圣地已无人问津。埃及古都亚历山大城曾是伟大的文化艺术中心，而阿布米那则是此繁荣时期的惟一遗存，它融汇了拜占庭艺术和埃及法老时代的传统文化，显示了东方基督教在最初几个世纪里的蓬勃生机
76		埃及	阿布辛拜勒至菲莱的努比亚遗址	1980	埃及东南部的努比亚地区	本地区的努比亚古代建筑体现了数千年宗教建筑艺术的特点，这一宗教建筑艺术伴随着地中海盆地和尼罗河谷各种文明的相继兴起而蓬勃发展。最雄伟的建筑是阿布辛拜勒两座寺庙，此二庙皆建于公元前8世纪，全部在岩石上凿出。因为修建阿斯旺高坝，众多的努比亚古迹在多个国家的共同协作下向高处作了安全转移
77		埃及	底比斯古城及其墓地	1980	埃及尼罗河东岸	十一王朝时期（公元前约2040—前1991年），底比斯成为全埃及的首都，疆域辽阔的帝国中心。底比斯不仅以其辉煌壮丽的庙宇和陵墓构成建筑精品荟萃的宝库，而且还是旧日都城的历史档案馆，为后人提供了丰富的自公元前2000年以来漫长岁月的史料，后人据此得以了解古埃及社会的各个方面
78		埃及	孟菲斯及其墓地和金字塔	1980	埃及东北部尼罗河西岸	孟菲斯是上、下埃及首次获得统一后的都城，已有5000年的建城历史。在古王国时期，即伟大的金字塔时代，这里是王国行政、宗教和军事中心。世界闻名的吉萨金字塔代表着金字塔建造的艺术顶峰

续表

num	洲	国家	遗产项目	时间	地理位置	简 介
79		埃及	伊斯兰开罗	1980	埃及尼罗河三角洲顶点以南14km	开罗的中世纪建筑汇集了数量相当可观的伊斯兰古迹，它们像一部完整的编年史，展示了伊斯兰教从兴起到19世纪的历史进程。城堡大多保存完好
80		埃塞俄比亚	阿克苏姆考古区	1979	埃塞俄比亚北部的提格雷行政区	曾为古埃塞俄比亚的中心，规模宏大的古王国首都的遗址和随处可见的方尖碑及大石碑是该考古区最重要的特点
81		埃塞俄比亚	阿瓦什低谷	1979	东部的沃里略和哈拉尔地区阿瓦什河谷的低洼部位	研究人类起源学的重要的地点，在该河谷集中了非洲大陆旧石器时代最重要的文物。从1973年开始至1976年，人们在这一地方进行了关于旧石器时期和史前时期的研究工作，发现大量的古猿人化石和其他动物化石。同其他地区的化石相比，在此地所发现的化石保存得更为完整，甚至发现了一具古猿人的完整化石
82		埃塞俄比亚	奥莫低谷	1979	南部赫姆·戈法地区的图尔卡纳湖以北	谷地里有一处举世瞩目的史前文化遗址，发现有大量的化石，包括古猿人的化石，为人类起源，特别是纤细型南方古猿的起源的研究提供了必不可少的证据
83		埃塞俄比亚	蒂亚	1979	首都亚的斯亚贝巴以南100km处	以拥有众多的考古点闻名于世，奇异的火山石，人形石碑和雕刻有花纹及象征性图案的石碑构成了这一古迹的突出特点，它是索多地区原始文化的例证，其图案、花纹的意义仍是一个不解之谜
84		埃塞俄比亚	贡德尔地区的法西尔·格赫比及其他古迹	1980	埃塞俄比亚西北部	约在公元17世纪中叶，埃塞俄比亚皇帝法西利达斯定都于贡德尔，从而结束了长期以来朝廷随同皇帝巡行全国的作法，此后的两个世纪中，有多位皇帝亦在此建都，他们在这个城市的建设使它变得富丽堂皇。本地区的建筑将地方传统与欧洲及印度－阿拉伯的造型艺术融为一体。法西尔·格赫比城堡即法西利达斯所建
85		埃塞俄比亚	拉利贝拉石凿教堂	1979	首都亚的斯亚贝巴以北300km处	拉利贝拉是一座古老的山城，这里的11座教堂无一不是在埋于地下的五六层楼高的整块巨石上开凿而成的。每座建筑物由一块巨石凿成，其屋顶、门窗、地面的石刻艺术令人惊叹。这些教堂在石刻艺术方面和建筑学方面都具有独特的价值
86		埃塞俄比亚	塞米恩国家公园	1979	埃塞俄比亚西北部	塞米恩群峰挺拔，景色壮观，拥有多座4000m以上的高山，被称为“非洲屋脊”。为保护本地区的动植物，如山羊驯化前的远祖沃利亚野羊，塞米恩狐，吉拉德狒，“巨人症”半边莲，欧石南等，政府于1969年于此辟建了国家公园
87		贝宁	阿波美王宫	1985	贝宁祖省	阿波美王朝曾是非洲西海岸最强大的王朝之一，在1625—1900年间共有12个国王统治过这个强盛的王国，他们都为自己建造了宫殿，这些宫殿在建筑艺术、空间组织和材料选用上都大致相同，是一个业已消逝的王国曾经存在过的明证。但是由于气候条件和所用建材的弱点，它们已濒临毁灭
88		几内亚	宁巴山自然保护区	1981	东南部洛拉省和科特迪瓦达纳内省境内	东南部洛拉省和科特迪瓦达纳省境内。在几内亚、利比里亚和科特迪瓦之间的宁巴山四周，环绕着辽阔的草场。山坡上林木茂密，山脚下草场丰裕，种类繁多的动物群在此地栖居。其中包括不少本地特有的动物，如胎生的蟾蜍，会以石块为工具的大猩猩等
89		加纳	阿散蒂传统建筑	1979	阿散蒂地区，库玛希西北部	阿散蒂古文明的最后痕迹，这一古文明在18世纪达到鼎盛。其现存的传统建筑是一些19世纪初，以传统的方式建筑的，土、木、草结构的住房。这些建筑很多地体现了当地人的宗教信仰
90		加纳	加纳的古城堡和要塞	1979	加纳南部600km长的岩石海岸线上	殖民主义和奴隶买卖兴起之前欧洲与非洲早期平等贸易的历史见证。1471年，葡萄牙人第一次抵达西非海岸；1482年，他们征得当地首领的首肯，建造了圣·乔治·达·米纳堡，即保留至今的埃尔米纳城堡。自此以后，欧洲与非洲之间的贸易迅速发展，以布匹为主的欧洲商品交换来自非洲内地的黄金。18世纪，黄金贸易逐渐衰落，代之兴起奴隶贸易
91		津巴布韦	大津巴布韦遗址	1986	马斯温戈省马斯温戈市东南	据说这里曾是萨巴女王的王城。现已成为11—14世纪间梭纳人班图文明的惟一见证。古城占地$80hm^2$，有城墙护卫，中世纪开始即成为有名的商业重镇
92		津巴布韦	卡米遗址	1986	马塔贝莱兰西部	公元15世纪中叶大津巴布韦被遗弃后，卡米逐步发展繁荣，成为大津巴布韦古都的延续。在卡米还发现了欧洲及中国物品，这表明当时的卡米曾是一个贸易名城
93		津巴布韦	马纳波尔斯国家公园及萨比与切俄雷天然动物园	1984	卡里巴湖东北与赞比亚接壤地区	三个公园地处同一个草地森林生物地理区，辽阔的草地与其他植物群落相联，谷地的底部遍布干旱落叶灌木稀疏林，动物资源非常丰富，濒危动物有黑犀牛、非洲象、鬣狗、豹、尼罗河鳄鱼群等

续表

num	洲	国家	遗产项目	时间	地理位置	简　介
94		津巴布韦	维多利亚瀑布		南部非洲，津巴布韦与赞比亚接壤处	世界最大的瀑布之一，英国传教士发现于19世纪，以英国女王的名字命名之，但是津巴布韦与赞比亚当地都各有其名字，均取意“声若雷鸣的雨雾”
95		喀麦隆	德贾动物保护区	1982	喀麦隆南部	面积52.6万hm^2，有浓密的森林，重点保护大象、大猩猩、黑猩猩等动物
96		科特迪瓦	科莫埃国家公园	1983	东北部的布纳省和费尔凯塞杜古省	西非最大的自然保护区，拥有种类繁多的动物和植物，科莫埃河流经该园，为一些本应生长在更靠南部的植物在这里安家提供了条件，如灌木林和小片的原始雨林
97		科特迪瓦	塔伊国家公园	1982	西南部的吉格洛省和萨桑德拉省	非洲最后一片重要的热带原始森林，拥有丰富的地方物种和一些濒临灭绝的哺乳动物，如矮种河马和猿猴，使该园具有重大的科学价值
98		利比亚	达德拉尔特·阿卡库斯石窟	1985	利比亚与阿尔及利亚接壤的边境地区	坐落在多石高原上，拥有数千件雕刻和石窟画，向人们展示了从公元前12000年至公元1世纪之间各个不同时代的绘画风格
99		利比亚	大莱波蒂斯考古区	1983	科姆斯地区的莱卜达河出海口处	公元193年成为罗马大帝的塞普蒂厄斯·塞维洛给予该城特殊的地位，并在该城大兴土木，使其变成罗马世界中最漂亮的城市之一，拥有宏大的建筑物、人工港口、市场、仓库、工厂和居民区
100		利比亚	加达梅斯旧城	1986	利比亚与突尼斯和阿尔及利亚交界的汉拉地区以西	此城建在一块沙漠绿洲上，历来以“沙漠之珠”著称，是撒哈拉北部边缘地带最古老的城市之一，也是北部边缘地区撒哈拉传统生活方式的真实写照
101		利比亚	萨布拉塔古城遗址	1983	扎维亚行政区境内，靠近地中海，距萨布拉塔市中心仅1.5km	曾是短暂的马希尼萨努米底亚王朝的组成部分，腓尼基人也曾在此建立加工非洲内陆地区产品的基地。公元2—3世纪，被并入罗马版图
102		利比亚	昔兰尼考古区	1982	绿山行政区	曾是泽拉城希腊人的居住地，在希腊语中是世界最重要的城市，古希腊诗人平达和卡利马科都曾对它备加称颂，被古罗马古希腊人征服后，它作为一个大都市继续存在，直至公元365年在大地震中被毁。在这片从18世纪起就举世闻名的废墟上记载着上千年的历史
103		马拉维	马拉维湖国家公园	1984	马拉维尖湖南端，包括马克利尔角半岛及其周围地区	湖水深而清澈，湖中数百种鱼类几乎都为本地特有品种，从物种进化角度看，其意义不亚于加拉帕戈斯群岛的莺雀，其代表性的哺乳动物是河马
104		马里	杰内古城		中部尼日尔河内三角洲最南端	美丽的巴尼河流经市区，乳油木、棕榈树遍布，市内沟渠纵横，小桥卧波，一派热带水乡泽国景象，此市在古代以其灿烂的伊斯兰文化和风靡一时的摩尔式建筑闻名于阿拉伯世界和西部非洲
105		马里	廷巴克图		撒哈拉大沙漠南缘	马里国北部最重要的城市之一。据传由游牧民族图阿雷格人所建，并发展成为索宁克人和上苏丹人交换商品的中转站，14世纪中叶起，又相继成为马里帝国和桑海帝国的重要都市，在阿斯吉亚王朝则发展到顶峰，成为西非文化和宗教中心之一，著名的伊斯兰学术研究中心之一
106		摩洛哥	阿伊·本·哈杜筑垒村		瓦尔扎扎特省南卡斯巴斯	本古迹点为一座村庄，由六座“卡斯巴斯”组成。卡斯巴斯是堡垒式住宅和城堡式粮仓组成的建筑，风格独特，经久耐用。此村庄建于公元8世纪，由于采用非常古老的建造技术受到学者们的高度重视
107		摩洛哥	非斯的麦地那	1981	非斯城中心	伊斯兰教历192年（公元808年）伊德里斯二世在此建立都城，这座古城拥有众多的古迹，城市布局在建城之初就力求融于周围的自然环境中，并在以后的扩建中得以保留。卡拉奥因大学堪称世界上最古老的高等学府之一
108		摩洛哥	马拉喀什的麦地那	1985	马拉喀什省马拉喀什市	建于公元1071—1072年，先后成为阿里莫拉维德王朝和阿里莫哈德王朝的首都。如今这座城市依然生机勃勃，保留有数目惊人的建筑艺术杰作，如城墙、城门、瞭望塔、大清真寺、萨拉迪亚王朝陵墓、独具麦地那地方特色的古老民居等
109		塞内加尔	戈雷岛	1979	首都达喀尔附近	由黑色玄武岩熔流凝固而成，南北长仅900m的小岛，曾是奴隶买卖中心之一，也是欧洲几国争相夺取的要塞，它反映了18世纪末的灿烂文明，也记载了人类历史上最黑暗最野蛮的一面，岛上的建筑正是这一文明与野蛮的矛盾体现

续表

num	洲	国家	遗产项目	时间	地理位置	简　介
110		塞内加尔	觉乌德基鸟类国家公园	1980	塞内加尔河三角洲的塞内加尔河湖区	面积16000hm²，中心是宽阔的湖泊，四周遍布无数的溪流、运河、水塘和死水湾，为150万只鸟禽提供栖息场所
111		塞内加尔	尼奥科罗－科巴国家公园	1981	东塞内加尔和上卡萨曼塞地区	西非面积最大的保护区，面积85万hm²。动物资源丰富，有德尔比非洲大羚羊、猩猩、狮子、豹、大象等哺乳动物，大量的飞、爬虫类和两栖类动物
112		塞舌尔	阿尔达布拉大环礁岛	1971	莫桑比克海峡以北	四个大珊瑚礁岛围绕一个浅水泻湖，湖中散布若干小岛，四岛又被另一组环礁所围绕，形成与世隔绝的状态，使15万只大陆巨龟得以在这里存活，因而具有重要的科学意义
113		塞舌尔	马埃谷地自然保护区	1983	普拉斯林国家公园的心脏地带	残留有最后一些本地特有的棕榈林，其中包括著名的海椰子树，树上长着世界上最大的椰子
114		坦桑尼亚	恩戈罗恩戈罗自然保护区	1979	坦桑尼亚北部	此保护区是一片辽阔的高原火山区。区内有闻名遐迩的恩戈罗恩戈罗火山口、奥杜瓦伊峡谷和已成深湖的恩帕卡艾火山口。恩戈罗恩戈罗火山口是世界上最完整的火山口，拥有种类繁多的动植物，奥杜瓦伊峡谷挖掘出的化石是人种系谱学的重要组成成分。在高原上有庞大的斑马群和花斑牛羚羊群
115		坦桑尼亚	基尔瓦·基西瓦尼及松果·姆纳拉遗址	1981	林迪地区基尔瓦县，距岸很近的两个小岛上	13—16世纪间，基尔瓦商人在这里交换金、银、珍珠、香料、阿拉伯用具、波斯陶瓷和中国瓷器，控制着印度洋的大部分贸易活动
116		坦桑尼亚	乞力马扎罗国家公园		坦桑尼亚东北部，邻近肯尼亚	乞力马扎罗山是非洲第一高峰，素有“非洲屋脊”之称，海拔5800多米，此山在辽阔的热带绿色草原上拔地而起，不与其他山相连，山麓酷热，而峰顶终年冰雪，是座“光明美丽的山”（斯瓦希里语）
117		坦桑尼亚	塞卢斯狩猎保护区	1982	坦桑尼亚东南部	区内有大批非洲象、黑犀牛、鬃毛豹、长颈鹿、河马及鳄鱼。保护区面积5万多平方公里，是非洲大陆野生动物最大最古老的庇护所
118		坦桑尼亚	塞仑格提国家公园	1981	坦桑尼亚北部的塞伦格提草原	拥有数以百万计的斑纹角马、羚羊、斑马等食草类动物和它们的天敌。公园占地147.63万hm²，是一个巨大的草原生态系统，也是当今世界上数量最大、品种最多的动物群栖居地和更新式生态系统的最后遗迹
119		突尼斯	吉姆的古罗马竞技场	1979	突尼斯东部	吉姆城在古代属于罗马，在公元3世纪成为北非最富有的三座城市之一，遗存的古罗马竞技场就是建于公元3世纪科迪安皇帝执政期间，此竞技场规模宏大，可容纳35000名观众，足以与罗马的科洛塞奥竞技场媲美
120		突尼斯	迦太基古城遗址	1979	突尼斯北部的三角半岛上	昔日的迦太基帝国疆土辽阔，国力强盛，首都迦太基富极一时。据记载，迦太基城始建于公元前814年，为腓尼基王后所建，其后，在这里的人们建立了自己的王国。公元前146年，迦太基被罗马帝国打败，城市被毁，之后罗马人又在此重建新城。继罗马帝国之后，迦太基又相继落入汪达尔人、拜占庭帝国、阿拉伯人的手里
121		突尼斯	喀尔寇阿内布匿城及其陵园	1985	纳贝乌省	这座腓尼基城在公元前250年战争中被废弃，罗马人没有在这里重建新城，如今这个古城为我们提供了一个腓尼基城的无与伦比的见证
122		突尼斯	凯鲁万麦地那		突尼斯中部偏东地区	公元670年阿拉伯大将奥克巴·本·纳非厄率军在这里建造“一座可以支持伊斯兰教直至世界末日的堡垒”，即凯鲁万城。此城后经历代执政者的扩建，成为一座具有战略意义的北非名城。公元800—909年，阿格拉比德王朝曾定都于此，使此城名声大振，成为伊斯兰四大圣地之一
123		突尼斯	苏塞麦地那		突尼斯东海岸、地中海哈马迈特湾南岸	苏塞地处战略要冲，历史上一直是兵家必争之地；此外，它也具有重要的商业地位。在公元9世纪中期，此城逐渐成为一座具有典型阿拉伯风格的城市，因曾被多个民族占领过，这个城市的建筑风格丰富多样
124		突尼斯	突尼斯麦地那	1979	突尼斯市的旧城	此城的历史可上溯到布匿时代，当时它是强邻迦太基的前哨阵地，在后者被阿拉伯人摧毁后，突尼斯开始了自己的发展时期。公元9世纪，突尼斯是阿格拉比特王朝的重要都市，在哈夫斯王朝时期成为王朝都城，并且是伊斯兰世界最富有的城市之一。其艺术风格受西班牙和埃及的影响，其城市是城市规划最协调的典范之一
125		突尼斯	伊其克乌尔国家公园	1979	比塞尔塔省	伊其克乌尔泻湖是北非大面积湿润地带中惟一一个湖泊，因而成为野鸭、白鹳、天鹅、火烈鸟等候鸟难得的栖息场所，有数十万只鸟在此筑巢

续表

num	洲	国家	遗产项目	时间	地理位置	简　介
126		扎伊尔	加兰巴国家公园	1980	扎伊尔东北部与苏丹接壤的上扎伊尔地区	园内广阔的草原上，禾本科植物或灌木丛与河边林带和低洼沼泽地林带相间，有四种大型哺乳动物：大象、长颈鹿、河马和白犀牛
127		扎伊尔	卡胡兹－别加国家公园	1980	北基伍区的卡拉雷及卡列赫地区	在卡胡兹、别加这两座壮观的死火山脚下，辽阔的原始热带森林中生活着品种繁多、数量巨大的动物。海拔2100～2400m处有大约250只大猩猩，这是世界上仅存的山地大猩猩群之一
128		扎伊尔	萨龙加国家公园	1984	扎伊尔河中游心脏地带	最大的热带雨林保护区，有许多本地特有的物种栖息于此，如矮猩猩和扎伊尔火鸡，濒临灭绝的森林大象和非洲食鱼鳄。公园与世隔绝，仅水路可与外界通，全园几乎完全为森林覆盖，其中有几处为稀有原始植物群落，最重要的动物为扎伊尔特有的矮猩猩
129		扎伊尔	维龙加国家公园	1980	扎伊尔东部，毗邻卢旺达和乌干达	创建于1925年，是非洲最早的国家公园，坐落在东非大裂谷的大断层陷落带东段，横跨赤道线。园内群落生境丰富多样，其多居非洲大陆之首
130		中非	马诺沃－贡达－圣弗罗里斯国家公园		非洲腹地，南缘邦戈高原，北临沙时盆地	中非共和国主要的自然保护区，占地17400km^2，园内地貌多异，地形复杂，气候南北不同，这种丰富多变的生境有利于动植物物种的多样性
131	欧洲	保加利亚	博亚纳教堂	1979	维托沙山麓索非亚南郊的一个居民区	保加利亚著名的东正教堂，中世纪时，教堂曾是皇宫的一部分，在外国人侵者留下的废墟上修建起来的博亚纳教堂，是保加利亚独立文化繁荣的象征
132		保加利亚	卡赞利克的色雷斯古墓		保加利亚中部巴尔干山脚下的"玫瑰谷"中	保加利亚著名的玫瑰城，盛产香料。1944年发现一座古墓，安葬着色雷斯王子夫妇，其上有保存完好的壁画。专家确认此墓是在公元前4世纪时建造的，为古希腊人所赞美的色雷斯绘画艺术，除此古墓外，在他处未有发现
133		保加利亚	里拉修道院	1983	巴尔干半岛最高山峰时拉山的里奥斯卡山谷里，保加利亚境内	由隐士圣胡安·德里拉在10世纪建造，曾是巴尔干国第二个修士团的大本营；在中世纪时受到几位君主们的特别优待；在土耳其人统治期间，成为基督教文化和教育中心；在保加利亚文艺复兴时期，又成为巴尔干地区各种宗教信徒云集朝圣之处。现今的里拉修道院重建于1834—1860年间，为新拜占庭式建筑，作为保加利亚文艺复兴式建筑的杰作，它是土耳其占领时期保加利亚民族文化的象征
134		保加利亚	马达腊骑士浮雕	1979	保加利亚东北部马达腊高原	公元8世纪时的原始保加利亚部落所刻，是一幅骑士浮雕，它的价值不仅在于它带有现实主义的特征，使它成为保加利亚雕塑艺术的杰作，同时它也是人们了解历史的生动教材。其碑文记载了保加利亚历史上三个为保加利亚的巩固与扩张作出巨大贡献的可汗的丰功伟绩，但是其浮雕的象征意义，人们只能通过猜想
135		保加利亚	讷塞巴尔古城	1983	黑海之滨的一个岩石岛上，布加县以北30km处	拥有3000年历史的古城，它曾是色雷斯人的梅萨布里亚城，古希腊的迈加拉多利安人移民区，罗马移民区，拜占庭式古堡，土耳其城都。讷塞巴尔古城是千百年来人类智慧的结晶，在这块土地上，众多的文明留下他们各自的印迹，并与自然环境相融合
136		保加利亚	皮林国家公园	1983	利加利亚南部的皮林山中	园内呈现出一派巴尔干科斯特地形风光，有丰富的植物资源，其中有许多为该地区独有。1977年联合国教科文组织将它列为自然生物圈保护区
137		保加利亚	斯雷巴尔纳自然保护区	1983	锡利斯特拉地区	这个毗邻多瑙河的淡水湖为多种珍稀鸟禽提供了庇护所，目前有近百种水鸟在此栖息
138		保加利亚	斯维士达里色雷斯人墓	1985	拉兹格勒地区的斯维士达里镇	建于公元前3世纪，此墓受到古希腊模式的影响，其彩色雕塑立柱和壁画表现出独特的建筑风格，它是色雷斯人、古希腊人和北极地区人共同创造的盖塔文明的历史见证
139		保加利亚	伊凡诺沃岩洞教堂		东北部洛姆河左岸的伊凡诺沃村附近	12世纪初，在其后成为保加利亚第一位天主教大主教若阿香的倡议下，一些僧侣在山洞内开凿了许多房间和教堂，多数教堂都绘有壁画，其中以特萨克瓦塔教堂的壁画最为有名，标明了13世纪时拜占庭艺术中斯拉夫派的存在，这些壁画既是对众多主题的综合，也是对拜占庭传统所固有的构图风格和典型的古希腊图案的概括
140		波兰	奥斯维辛集中营	1979	波兰南部	20世纪人类残酷对待其同类的可怕象征，一种意识形态把一个国家拖入罪恶深渊的明证。1940—1944年，奥斯维辛－比克瑙集中营是希特勒的杀人中心，约有400万人在这里被杀害。1947年7月2日，波兰议会通过一项法案，把奥斯维辛集中营改为殉难者纪念馆
141		波兰	比亚沃维耶扎国家公园	1979	波兰东部比亚沃维耶扎森林区的中部	远古欧洲的原始森林、某些哺乳动物，目前只存在于这个公园里。其周围的广大地区，一向被认为是欧洲古代原始森林的中心地带，早在15世纪就有对它的记载，很久以来它一直受到保护，16世纪起，被划为皇家狩猎场。此公园是联合国教科文组织保护国际生物圈网络中不可分割的一部分

续表

num	洲	国家	遗产项目	时间	地理位置	简　介
142		波兰	华沙历史中心	1979	波兰首都华沙城内	其历史从18世纪算起，其建筑艺术是波兰民族文化的象征和波兰民族发展历史的惟一见证
143		波兰	克拉科夫历史中心	1979	波兰南部维斯瓦河上游左岸	波兰中世纪古都，文化名城。中欧最杰出的艺术与文化建筑群之一，包括：瓦维尔山、中世纪的克拉科夫城中心、中世纪的卡齐米日城和斯特拉多姆镇
144		波兰	维耶利奇卡盐矿山	1979	波兰南部克拉科夫东南约20km处	此盐矿的开采始于中世纪，其罕见的布局为人们展现了长期以来采矿技术的发展过程
145		德国	布吕尔的奥古斯都堡和“谐趣园”城堡	1984	威斯特伐伦州布吕尔城东面和东南面	坐落在一片园林美景中，是18世纪德国最早的洛可可式建筑。奥古斯都城堡曾是科隆亲王克勒门特·奥古斯都·德巴伐利亚选帝候（1723—1763年）的府邸，“谐趣园”城堡始建于1729年，堡外的园林是专为前述亲王狩猎而建的
146		德国	吕贝克的汉西梯克城		石勒苏益格－荷尔斯泰因州吕因贝克市	创建于12世纪，是一座典型的中世纪山地城市。老城东部和北部区域保持着欧洲中世纪城镇的完整格局，已被划为保护区。老城的建筑物组合自然，风格统一，表现了吕贝克城市艺术的高度成就。老城中心的圣玛丽教堂和市政厅为吕贝克最重要的建筑物，因其艺术价值在欧洲建筑史上享有盛名，这两座建筑在当时对整个北欧地区产生了广泛的影响
147		德国	斯皮雷大教堂	1981	莱茵－普法尔茨州斯皮雷市	神圣罗马帝国主要的罗马式建筑之一，是以拜占庭帝国为代表的东方建筑艺术与西方建筑艺术完美结合的典范。此教堂规模宏大，雕塑丰富，是德国最重要的罗马式建筑，其整体设计和拱顶构思成为许多教堂仿效的榜样
148		德国	特里尔的古罗马建筑	1986	莱茵－普法尔茨州	特里尔有“北方的罗马”之称，在罗马帝国被戴克里先分裂后成为首都。城内古迹有露天剧场、桥梁、殡葬艺术标志伊格尔圆柱、公共浴池、皇宫遗址、11世纪成为教堂的“黑门”等，其数量之多、质量之高使此城成为古罗马文明的杰出见证
149		德国	维尔茨堡宫、宫廷花园和广场	1981	巴伐利亚州下法兰克尼亚区维尔茨堡市	由不同国度的建筑师、画家、雕塑家和粉刷师修建的宏伟宫殿和美丽的花园，得到当地两任主教兼大公的保护而留存至今。维尔茨堡宫及其花园是德国最大、最宏伟的巴洛克式王宫之一，其宫廷广场是德国屈指可数的几座保存完好的宫廷广场之一
150		德国	维斯教堂	1983	巴伐利亚州魏尔海姆－松高区施泰因加登市	巴伐利亚洛可可式建筑风格的代表作，格调欢快，色彩斑斓
151		德国	希尔德斯海姆的圣母玛丽亚大教堂和圣米迦洛教堂	1985	下萨克森州汉诺威地区	这两座精美的建筑，是神圣罗马帝国的罗马式宗教艺术的最好见证，1010—1022年，圣米迦洛教堂建成，其对称的建筑布局对后来罗马式建筑艺术的发展产生过重大影响，成为中世纪艺术的重要组成部分。圣母玛丽亚大教堂重建于1046年，此教堂与下萨克森州希尔德斯海姆市的圣米迦洛修道院一道，对后来建筑艺术的发展产生重大影响，是绝代佳作
152		德国	亚琛大教堂		历史古城亚琛	中世纪拱顶建筑的第一大杰作，查理曼大帝（742—814年）的宫廷教堂，处在王宫建筑群的中心，同时也是整个建筑群的精神和艺术的中心。此教堂对古典主义之后的新文化的发展，起了决定性的作用，直到中世纪的晚期，它一直是许多皇家建筑的样板，而且欧洲保存至今的许多最珍贵的建筑都采用了亚琛大教堂的模式。从它之后，大凡任何一项大的建筑，都建有宫廷小教堂，视为宗教与政治合一的象征
153		法国	阿尔勒城的古罗马建筑和罗马式建筑	1981	普罗旺斯－蓝色海岸大区罗讷河口省的阿尔勒市	城内有竞技场、剧场、地下门廊、君士坦丁时期的浴室和纪元初年的陵墓、11—12世纪的罗马式建筑。阿尔勒城曾是一个繁荣的工业中心，在奥古斯都王朝时期极其繁荣，其政治上的地位则在君士坦丁时期达到顶峰
154		法国	奥朗日古剧院和凯旋门	1981	普罗旺斯－蓝色海岸大区沃克吕兹省奥朗日市	奥朗日古剧院是保存最完好的古罗马式大剧院之一，奥朗日凯旋门则是奥古斯都时代最壮观的乡间凯旋门，门上浅浮雕描述抵御外侵的斗争和“罗马和平”的确立
155		法国	凡尔赛宫及其园林	1980	巴黎西南郊	凡尔赛宫是名闻遐迩的皇家宫殿，体现了路易十四时期的豪华，对17、18世纪欧洲的建筑产生了决定性的影响。在路易十四时期，人们崇尚古希腊和古罗马艺术的和谐以及审判上的平衡，作为这个时期的象征，凡尔赛宫以其对称性、藏物之丰、园林中精密的图案，堪称古典主义建筑的典范
156		法国	枫丹白露的宫殿和园林	1981	巴黎大区塞纳－马恩省	文艺复兴和法国传统交融的产物，许多杰出艺术家曾参与其建设。自1137年起为国王寝宫，有多个国王在此居住，如弗朗索瓦一世、路易十四、拿破仑等，其中有为数不少的国王对它进行扩建和翻修
157		法国	丰特努瓦的西斯特尔教团长修道院	1981	科多尔省勃艮第地区	此修道院既是西斯特尔教团所属僧侣社团建起的无装饰建筑的代表，又是一座封闭式的、自给自足式的建筑群。1119年由圣贝尔纳多修建，后被圣路易改为皇家修道院

续表

num	洲	国家	遗产项目	时间	地理位置	简介
158		法国	基罗拉塔湾、波尔多湾和岩石海岸自然保护区	1983	科西嘉岛的上科西嘉和南科西嘉地区	此保护区中巨大的赤斑岩峭壁和玄武岩石柱耸立在地中海岸边，景色壮观，封闭的环境使它得以保持丰富的海洋植物和大量的鸟类和其他动物
159		法国	加尔桥	1985	郎格多克－鲁西荣大区加尔省	建于纪元前不久，桥高近50m，分三层，桥身最长处为275m，罗马帝国的水利工程师和建筑师们成功地解决了加尔河河谷过宽过深的难题，并消除洪水泛滥给桥梁带来的威胁，从而使加尔桥成为一座建筑杰作
160		法国	沙特尔大教堂	1980	厄尔－卢瓦尔省省会沙特尔	法国四大哥特式教堂之一。1600多年以来，沙特尔一直是一个重要的朝圣中心和祭祀圣母玛丽亚的地方。此教堂为13世纪在本市第六次重建的圣母大教堂，是一座在美学上和技术上都有突破的伟大建筑，集中了12、13世纪的建筑、雕刻和玻璃艺术的精华
161		法国	尚博尔城堡	1981	法国中部卢瓦尔－歇尔省的尚博尔市	法国文艺复兴时期的旷世杰作，被誉为“世界奇迹”之一，这座城堡处在一片浩瀚的林海中，以美妙无比的想像力把中世纪的传统风格与意大利式的古典结构融为一体
162		法国	圣米歇尔山及其海湾	1980	在面对英吉利海峡的诺曼底海岸的大海上	欧洲著名古迹，其雄踞在山石顶上的古老修道院始建于966年，规模宏大，朴实无华，此修道院在百年战争期间，成为一百多名法国骑士抗击英军24年围攻的要塞。此外，此处的自然景观为其赢得了“西方奇迹”之称
163		法国	圣塞文－梭尔－加尔坦佩教堂	1983	维埃纳省圣塞文－梭尔－加尔坦佩市	这座教堂有“法国的罗马西斯廷”之称，保存极好的巨幅壁画布满拱顶、门廊和大殿，是中世纪的佳作
164		法国	斯坦尼斯瓦夫广场、卡里尔广场和阿莱昂斯广场	1983	法国西北部洛林大区默尔特－摩洛哥泽尔省南锡市内	这三个广场为18世纪城市建设的杰作，以理想的、不同凡响的方式，把新、老两个城区连接起来，路易十五的岳父，“无冕之王”斯坦尼斯瓦夫·列琴斯基曾试图在本城建都，他委托其首席建筑师为他的设想：用广场把新老城区连接起来，但不拆除将二者分开的城墙，作设计
165		法国	斯特拉斯堡		下莱茵省省会斯特拉斯堡市内	在整个中世纪，斯特拉斯堡一直是欧洲重要的文化中心之一，拥有许多名胜古迹，并且与许多重要的历史事件和历史人物有关，例如法国国歌《马赛曲》就是在此谱写的
166		法国	韦泽尔峡谷岩洞群	1980	法国南部	在这些岩洞群中，发现旧石器时代史前人类的居住遗址，发掘出大量的文物和石刻画，对史前的研究提供了丰富的依据，使科学家们能够确定史前人类的技术和艺术的演变情况，提示了人类社会的形成和发展过程
167		法国	韦泽莱大教堂	1980	勃艮第地区库雷河左岸的小山上	韦泽莱在古时候是一些古老宗教的圣地，11世纪时，韦泽莱大教堂成为一个朝圣中心。该教堂在建筑史上占重要地位，它的中殿及其半圆形的拱券结构和它最值得骄傲的雕刻艺术是罗曼风格的优美典范，而它的祭坛则显示了哥特式建筑的影响
168		法国	亚克－塞南皇家盐矿	1982	弗朗什－孔泰大区杜省	幻想派建筑师克洛德－尼古拉·勒杜设计的理想城中惟一得以兴建的建筑，其漂亮的外观及高度的实用性使之成为第一座具很高艺术成就的工业建筑。此盐矿建于1776年，整个建筑给人凹凸起伏、运动的感觉
169		法国	亚眠大教堂	1981	庇卡迪夫区索姆省亚眠市	哥特式建筑顶峰时期建造的大教堂之一，以其设计的连贯性、装修之美观和被称为“亚眠圣经”的雕塑群体之和谐而著称
170		梵蒂冈	梵蒂冈城	1984	梵蒂冈城国	梵蒂冈城是天主教世界的中心，集中了一批堪称绝世佳作的建筑经典：圣彼得大教堂是全世界最大的宗教建筑，埋葬各代教皇的圣骨；梵蒂冈宫是教皇居住的宫殿；圣彼得广场，气势恢宏。这些建筑及建筑的装饰凝聚了众多艺术大师的智慧与心血：贝尔尼尼、布拉曼特、拉斐尔、米开朗基罗、波提切利等等
171		马耳他	甘蒂加庙宇	1980	戈佐岛萨合拉市西南方距海岸2km处	坐落在岛上的两座保存完好的石砌庙宇为多叶拱形建筑，是马耳他青铜器时期（公元前3000—前2200年）的建筑杰作
172		马耳他	哈尔·萨夫列尼地宫	1980	马耳他岛上距瓦莱塔城南1km的帕奥拉市中心附近	此地宫约建于公元前2500年，用巨大的珊瑚石灰岩板快砌成，是马耳他青铜器时期的一座庙宇，其独特之处是在地下凿砌而成
173		马耳他	瓦莱塔城	1980	马耳他岛格兰德港和马尔萨姆谢特湾之间的海岬上	此城周围堡垒林立，是一座跳棋棋盘式布局的文艺复兴时期的城市，拥有320处古迹，曾是圣胡安耶路撒冷军事济贫骑士团的大本营
174		南斯拉夫	奥赫里德及奥赫里德湖	1980	南斯拉夫南部	奥赫里德湖是欧洲少见的未受污染的淡水湖之一，湖内生物进化缓慢，对其的研究具有重要的科学价值。奥赫里德城是巴尔干半岛宗教和艺术高度发达时代的历史建筑荟萃之地

续表

num	洲	国家	遗产项目	时间	地理位置	简　介
175		南斯拉夫	杜布罗夫尼克老城	1980	亚得里亚海滨，达尔马提亚海岸的半岛上	克罗地亚共和国重要的海港城市、旅游中心和疗养圣地，有“亚得里亚海明珠”之称，老城内的古建筑既有罗马风格和哥特风格，又有文艺复兴时代的风格和巴洛克风格，其街道和街灯的式样也是中世纪的。在这里曾经存在一个拉古萨城市共和国，它一度是塞尔维亚－克罗地亚文学与艺术的中心，被誉为“南斯拉夫的雅典”
176		南斯拉夫	杜米托尔国家公园	1980	南斯拉夫黑山共和国境内	公园面积350km^2，包括杜米托尔山峰和塔拉河峡谷，杜米托尔山是欧洲东南部狭那里克阿尔卑斯山独具特色的山峰之一，它的许多峰峦被冰川槽分割开来。塔拉峡谷被认为是欧洲第一大峡谷，因其独特的地貌、动植物群及文化遗产，被联合国教科文组织列为“生物圈保护区”
177		南斯拉夫	科托尔		黑山海滨，濒科托尔湾	科托尔湾地形险要，自古就是一个理想的深水港。港口城市科托尔城地处国境线上，一直就东方文化与西方文化之间的分界线，因而在其城市的发展中始终带着这种二元性。此外，从地质学上讲，此地也是世界罕见的典型的喀斯特地貌区
178		南斯拉夫	普里特维采湖群国家公园		克罗地亚共和国境内	此地的地貌奇观蜚声世界，以其独特的天然秀色和科学价值，早在1949年就建为国家公园
179		南斯拉夫	斯杜敦尼查修道院	1986	克拉列沃市	建于1183年，是塞尔维亚最初几代国王的陵墓，也是塞尔维亚正教的中心和民族文化的象征。保存有13世纪的圣母教堂壁画和14世纪国王教堂壁画，是拜占庭绘画艺术的代表作
180		南斯拉夫	斯科契扬溶洞	1986	塞萨纳市	全世界研究喀斯特地貌最重要的地方之一，这些溶洞为人们展示了该类型地貌演变的过程
181		南斯拉夫	斯普利特历史中心和戴克里先宫		南斯拉夫的达尔马提亚海岸，濒亚得里亚海	斯普利特城，因市中心坐落在建于公元305年的空阔的戴克里先宫墙内，被人称为“室内之城”。戴克里先宫是士兵皇帝戴克里先在隐退后所居住的夏宫，此皇帝在位时罗马帝国政局安定，他的贡献在于确定了中央分权制度，但此制度最终导致罗马帝国分为东、西两部分。300年后，来此逃难的人们在其宫墙内建起了斯普利特城，此城市建筑是后期罗马帝国保存最好、规模最大的建筑典范
182		南斯拉夫	斯塔里拉斯与索波查尼		东部，摩拉瓦河的东侧	斯塔里拉斯在公元9世纪时是塞尔维亚人的要塞，当时这个民族正在反抗拜占庭，12世纪时，塞尔维亚人获得独立，这个城市就成为塞尔维亚公国的首都。如今此城遗留有不少拜占庭时代的古迹，反映了中世纪塞尔维亚艺术与文化的繁荣。索波里查尼修道院建于13世纪中叶，代表了拉什卡艺术流派的最高成就
183		挪威	阿尔塔石窟艺术	1985	芬玛克郡阿尔塔峡湾	这里的石雕群是公元前4200年—前500年间人类在北极圈附近生活的遗迹，数千幅绘画和雕刻使人们了解到史前时期北极边缘地区的环境和人类活动情况
184		挪威	奥尔内斯木板教堂	1979	挪威西海岸松内湾	始建于12世纪下半叶，是挪威现存的30余座古木板教堂中最著名的一座。此教堂之所以闻名，不仅因为其建造年代久远，而且由于其建造质量好，装饰漂亮，此外，它还向人们展示了关于所谓“黑暗世纪”木头建筑艺术的发展情况
185		挪威	卑尔根市的布吕根区	1979	挪威西海岸的卑尔根市内	此区既是汉萨同盟海外商行的惟一例证，也是城市发展初级阶段和北欧木建筑的宝贵遗迹。（汉萨同盟是14—15世纪北欧商业都市的政治与商业同盟）
186		挪威	勒罗斯村	1979	南特伦德拉格郡的勒罗斯市	此村落围绕着在1644—1977年间开采的铜矿分布，是一座半工业半乡村式的城镇，在这里可以看到18世纪的木屋，而该铜矿则是人类在北极圈附近开矿的最初尝试
187		葡萄牙	埃武拉历史中心	1986	阿伦特霍省埃武拉市	在这座博物馆式的城市里，有罗马时期废墟和西哥特人、阿拉伯人的遗址，其最重要的遗迹是15—16世纪葡萄牙黄金时代的遗迹，当时埃武拉在文化和宗教上都有重大影响，巴洛克式、洛可可式和新古典式建筑在此地得到发展，并曾对巴西的葡萄牙式建筑产生过极大的影响
188		葡萄牙	安戈拉·多·埃罗依斯莫城	1983	亚速尔自治区特尔塞拉岛上	安戈拉港自1499年起成为在大西洋上航行的船队必经之地，是把城市建设与亚速尔群岛肩负的军事和贸易使命相结合的成功典范。该城从1534年起成为亚速尔主教驻地，从其时至今未有明显变化，这在欧洲建筑史上是罕见的
189		葡萄牙	巴塔利亚修道院	1983	滨海贝伦省巴塔利亚市	多明我会修道院，为纪念1385年战胜卡斯蒂利亚人而建的，是葡萄牙民族独立得到进一步巩固的标志，被称为“凯旋的圣母玛丽亚修道院”。这座哥特式建筑代表了葡萄牙哥特式风格经过多年演变的最终形成
190		葡萄牙	圣耶鲁米教堂、修道院与贝伦塔	1983	首都里斯本	圣耶鲁米教堂是葡萄牙建筑艺术的代表，贝伦塔为纪念瓦斯科·德·伽马的历史性远征而建，德·伽马的遗骨安放在圣耶鲁米修道院，后二者被视为马努埃尔风格的代表作

续表

num	洲	国家	遗产项目	时间	地理位置	简　介
191		葡萄牙	托马尔的基督教修道院	1983	埃斯特雷马杜拉·里巴特茹省桑塔伦姆地区的托马尔市	托马尔的圣殿骑士派修道院在其建立初期象征着光复战争，后由耶稣会派接管。在马努埃尔时期，修道院转而象征葡萄牙对外来文明的开放
192		瑞士	伯尔尼古城	1983	瑞士联邦伯尔尼州伯尔尼市	1191年建在阿勒河一个河湾处，此城在1848年成为瑞士首都，如今仍保留着古老的城市结构，在这里可以看到13、16—18世纪的建筑
193		瑞士	米斯泰尔的圣杰恩·德斯·索尤尔斯修道院	1983	格里森州斯泰尔山谷	加洛林时期基督教寺院革新的产物，保存有公元800年前后绘制的最重要的人物壁画、罗马式壁画和粉刷艺术
194		瑞士	圣加伦修道院	1983	圣加伦州的圣加伦市	卡洛林式修道院的典型代表，现今的修道院重建于公元9世纪，其巴洛克式建筑图书馆内保存有珍贵的手稿，包括迄今为止见到的最古老的羊皮建筑设计图
195		西班牙	阿尔塔米拉洞窟	1985	坎塔布利亚自治区的桑蒂利亚纳·德耳马尔附近	在阿乌里纳时期就有人在此居住，并且一直延续到梭鲁特时期和马格德林时期。由其地下发掘出的大部分石器，都是源自马格德林时期，它们以明显的自然主义笔触描画了大批动物像。这些画为南欧马格德林时期的文明提供了极好的明证，人们因此称这些洞窟为“史前西斯廷小教堂”
196		西班牙	阿兰布拉和赫内拉利费	1984	格拉纳达省的格拉纳达市	格拉纳达在公元13～15世纪时是西班牙穆斯林统治区的重要中心，人们在这里可以领略到西方伊斯兰艺术和建筑最后一次繁荣时期的精巧华美与高雅。阿兰布拉宫和赫内拉利费花园是伊比利亚半岛上阿拉伯艺术末期的纳萨里塔建筑风格的代表作，体现了穆斯林传统特有的魅力
197		西班牙	阿斯图利亚斯的罗马前时期建筑	1985	阿斯图利亚斯自治区内	在阿拉伯人侵入西班牙后，阿斯图利亚斯王国成为伊比利亚半岛上惟一独立的基督教王国，从9世纪起，成为罗马前建筑的发祥地，这种建筑风格在拉米罗王朝发展至其顶峰，是自罗马帝国崩溃以来，欧洲人为创立一种统一的艺术而进行的首次尝试，对中世纪伊比利亚半岛的建筑起了重要的影响
198		西班牙	阿维拉旧城及城外教堂	1985	卡斯蒂利亚－莱昂自治区	现存最复杂、最古老、城墙最完整的西班牙中世纪城市，始建于公元11世纪末，当时该城面临摩尔人的威胁，它拥有由82座碉堡组成的城墙和罗马式教堂的防卫系统，既表明了建城之初卡斯蒂利亚王国的危险处境，也显示出当时人们对未来的信心
199		西班牙	埃尔·埃斯科里亚尔修道院	1984	马德里省圣劳伦索·德埃尔·埃斯科里亚尔镇	皇家修道院，于1563—1584年间建成，其布局依照了圣劳伦索殉难的铁篦的形状，表现了建造者费利佩二世坚定的宗教信仰。该修道院的设计布局曾被西班牙和欧洲其他地区的许多修道院乃至凡尔塞宫等效仿
200		西班牙	巴塞罗那的高迪作品——古埃尔公园、古埃尔宫和米拉大厦	1984	巴塞罗那省的巴塞罗那市内	安东尼奥·高迪是加泰罗尼亚“新艺术”流派建筑师中的佼佼者，他不仅是一位伟大的建筑师，也是该艺术流派中最具创造力的雕塑家，是人类历史上最杰出的工匠之一。高迪的建筑标志着19世纪缺乏创新的建筑艺术的终结，极具个性的现代创作的开端。此三座建筑为高迪的代表作
201		西班牙	布尔戈斯大教堂	1984	布尔戈斯省的布尔戈斯城	始建于公元13世纪，该建筑集中了一系列哥特式的艺术杰作
202		西班牙	加拉霍艾国家公园	1986	加那利自治区戈梅拉岛上	戈梅拉岛是加那利群岛中惟一未遭第四纪火山爆发洗劫的岛屿，位于该岛中部的加拉霍艾公园内的植被起源于第三纪，这些植被由于第四纪冰川的作用在南欧早已绝迹
203		西班牙	卡塞雷斯历史中心区	1986	埃斯特雷马杜拉自治区内的卡塞雷斯省	公元14—16世纪的建筑，包括阿拉伯式、北欧哥特式、意大利文艺复兴式在内的多种风格，其中有些建筑受到美洲艺术的影响
204		西班牙	科尔多瓦清真寺	1984	科尔多瓦省的科尔多瓦市内	此清真寺是科尔多瓦哈里发王国（公元929—1031年）文明的见证，就其建筑学上的意义来说，它是人类历史上最精美的建筑之一
205		西班牙	萨拉曼卡		托尔梅斯河北岸，莱昂地区萨拉曼卡省的省会	西班牙最著名的历史名城和艺术中心之一，此城在古时是伊比利亚人的居住地，公元前217年遭迦太基人的洗劫，后由罗马人重建，8世纪时被阿拉伯人占领，再其后由葡萄牙控制，并成为主教府所在地，在8—11世纪期间，萨拉曼卡一直是基督教与摩尔人的争夺地。之后，基督教徒重占该地。13世纪中叶—16世纪末，萨拉曼卡一直是重要文化中心，尤其是在15世纪，成为文艺复兴时期西班牙最有影响的城市
206		西班牙	塞戈维亚旧城及其大渡槽	1985	卡斯蒂利亚－莱昂自治区	塞戈维亚罗马式大渡槽约建于公元50年，至今保存完好，是西班牙同类水利工程中保存最完好的一个，它是塞戈维亚旧城的象征，与旧城中的大广场、大教堂、修道院、宫廷式住宅和雄伟的王宫等一起，是西班牙历史的见证

续表

num	洲	国家	遗产项目	时间	地理位置	简　介
207		西班牙	塞维利亚大教堂、阿尔卡萨尔及西印度群岛档案馆		西班牙的西南部，安达路西亚大区首府	塞尔维利亚是安达路西亚的工业重镇和旅游中心，具有悠久的历史，1519年，麦哲伦就是从这里出发，进行了人类首次航行世界一周的壮举。塞尔维利亚大教堂建于15世纪，哥特式建筑，并受文艺复兴时期建筑的影响；阿尔卡萨卡是古王宫，其历史可上溯到阿里莫哈德王朝时期，因经多次修建，其建筑包含多种风格。西印度群岛档案馆珍藏有关对美洲进行征服和殖民统治的宝贵文献
208		西班牙	圣地亚哥·德孔波斯特拉城	1985	加里西亚自治区	圣地亚哥是与罗马齐名的基督教最著名的朝圣地，自公元11世纪起，就吸引了大批朝圣者穿过整个欧洲来到此地。在圣地亚哥墓地附近，集中了一批罗马式、哥特式和巴洛克式的建筑精品
209		西班牙	特鲁埃尔的穆德哈尔式建筑	1986	阿拉贡自治区的特鲁埃尔省	公元1171年，特鲁埃尔被阿拉贡国王，“智者”阿方索二世收复，成为光复战争时期西班牙东部沿海地区的桥头堡，此后，基督徒、摩尔人和犹太人在这里和平共处，由此产生了穆德哈尔艺术，这种艺术就是在吸收西方传统和东方伊斯兰风格的基础上发展起来的，它构成了这个城市建筑的特色
210		西班牙	托列多古城	1986	卡斯蒂亚·拉·曼查自治区托列多省的托列多市	托列多古城是多种文明的荟萃之地，穆德哈尔艺术和西班牙黄金时代的建筑都在这里得到发展，对哥特艺术和文艺复兴时期的艺术发展也产生了重大的影响
211		希腊	阿托斯山		希腊东部伸入爱琴海的哈尔基季基半岛东南端	又称圣山，是希腊东正教教会所在地，东正教僧侣的自治区，修士们以耕种或手工为生，沉默寡言，整日诵经祈祷
212		希腊	埃皮道拉遗址		伯罗奔尼撒半岛阿尔戈利斯行政区纳夫普利亚省	建于公元前2000年的圣地建筑群，是古希腊埃比道拉斯城邦国家的政治与文化中心，对欧洲文化和现代文明的发展具有重要的意义；希腊传统医学的起源地，古老的医学就是在这里由巫术变为治病的科学。遗址向人们展示了古代传统祭礼的宏大场面
213		希腊	奥林匹亚古遗址		伯罗奔尼撒半岛西部，阿尔菲奥斯河北岸	希腊古代宗教圣地和奥林匹克运动会发祥地，世界现存最古老运动场旧址就在这里。其最主要的建筑宙斯神殿，是最著名的古代雕塑和世界七大奇观之一
214		希腊	巴赛市的伊壁鸠鲁阿波罗神庙	1986	巴赛市，阿尔卡迪亚山上	著名的太阳神和医神庙，建于公元前5世纪中叶，其最独特之处是在建筑上大胆地把仿古派建筑与多立克式建筑的庄重风格结合起来，庙内发现有最古老的科林斯柱式柱头
215		希腊	罗得－中世纪古城		罗得岛最北端	罗得是希腊佐泽卡尼索斯州的首府，最早为克里特岛人居住，属爱琴海沿岸文化范畴，其后相继为多利亚人、亚历山大大帝占领，亚历山大大帝死后获得独立。公元3世纪，罗得成为海上强国，并且是希腊化时代的文明中心。公元395年起受拜占庭统治，并曾两度为萨拉森人占领，也曾被十字军用作休整地和补给港
216		希腊	曼代奥拉修道院		特里卡拉州色萨利区	曼代奥拉在希腊语中的意思是“悬在半空”，用以形容这些修道院雄踞在巨大的山岩上的特点，能够在其上建筑修道院，完全是靠修士们的信仰和毅力
217		希腊	塞萨洛尼基古建筑		希腊北部塞萨洛尼基省	多座古建，其中较有名的有古代城墙、拜占庭浴室、圣凯瑟琳教堂、圣潘梯蒙教堂等。城墙主要部分建于公元4世纪末，属于古罗马时期，因经多个时代的多次翻修而具有多种建筑风格。拜占庭浴室包含了从罗马时期到后来穆斯林时期的一般浴室中所有的基本房间。圣凯瑟琳教堂和圣潘梯蒙教堂都曾被改作为清真寺，后又改回为教堂，前者建筑在1320—1330年间，后者建于13世纪中叶
218		希腊	雅典卫城		雅典西南部	雅典是古希腊的政治文化中心，卫城是供奉雅典庇护神雅典娜的地方。原为雅典奴隶制统治者的城堡，公元前5世纪雅典奴隶主民主政治时期改建为宗教活动中心。它建在一陡峭的山岗上，有众多的古迹，其中最著名的是帕提农神庙、卫城山门、厄瑞克提翁神庙和雅典娜胜利神庙
219		匈牙利	布达佩斯		匈牙利中北部	欧洲著名古城。原为两个城市，其间横隔着多瑙河。公元1—2世纪，布达是罗马帝国潘诺尼亚行省首府，13世纪40年代，蒙古人入侵此地，建成布达与佩斯两个城镇。1361年，蒙古国在布达定都，至15世纪，布达成为全国最重要的手工业和商业中心。16世纪中叶至17世纪80年代，土耳其人的占领使此两镇逐渐衰落，18世纪下半叶重获繁荣。1867年，布达成为匈牙利中央政府所在地，1873年，二城合一
220		匈牙利	霍洛科传统村落		中北部山地，属于诺格拉德州	保留有中世纪的乡村建筑，包括一百多座民居，一座天主教堂，一座古城堡遗址和数十座其他古建
221		意大利	比萨		意大利西部	意大利中部托斯卡纳省的省会，早期居民为利古里亚人，罗马统治时期为海军基地和边防哨站，公元前180年后纳入罗马版图，公元10世纪成为托斯卡纳地区最大的城市。1564年，儒里奥·伽利略在此诞生。市内保存有较多的中世纪的古老建筑，其中最著名的是比萨主教堂建筑群，其中又以比萨斜塔最为有名，它被认为是世界建筑史上的奇迹

续表

num	洲	国家	遗产项目	时间	地理位置	简　介
222		意大利	佛罗伦萨历史中心	1982	托斯卡纳大区的佛罗伦萨市	佛罗伦萨历史区是城市规划和建筑艺术的杰作，是六个世纪不断发展创造的成果，此地艺术作品琳琅满目，既是中世纪和文艺复兴时期繁荣的商业重地的历史见证，也是举世闻名的名胜区
223		意大利	罗马历史中心	1983	罗马城中奥勒利安城墙内	当今一国首都内完美保存古城建筑结构的典范，此城建在七座著名的山丘上，犹如一巨型的历史博物馆，拥有众多的古迹
224		意大利	圣玛丽亚感恩教堂及修道院建筑群和莱奥纳多·达·芬奇的《最后的晚餐》	1981	伦巴底大区米兰市圣玛丽亚感恩广场内	圣玛丽亚感恩教堂及修道院始建于1463年，后来米兰公爵卢多维科·斯福尔扎想在此教堂安置他自己和他妻子的陵墓，又对教堂进行了修建，布拉罗特和莱奥纳多·达·芬奇参与了该修建。在修道院餐厅的北墙上，是艺术极品达·芬奇的《最后的晚餐》
225		意大利	瓦尔卡莫尼卡岩画	1980	意大利北部伦巴第区的阿尔卑斯山内	长达70km的峡谷，2400块巨大的岩石上，14万幅石刻画。它们是在纪元以前刻成的，关于人类祖先活动的宝贵记录
226		意大利	威尼斯		意大利北部	威尼斯省的省会，意大利北部的主要港口城市，其四周为海洋环绕，只西北角由一条长堤与大陆相连，是世界上独一无二的水上城市，素有“水都”之称
227		英国	巴斯城		埃文郡，临埃文河谷，居科茨沃尔德丘陵南巅	巴斯城的发展主要经历了罗马、中世纪和乔治王朝三个时期，现今的城市格局形成于乔治王朝时期，即公元1725年—1825年间，此城最大的特色是那些保存完好的古建，这里有5000座左右建筑物被列为保护对象，是英国当今最富特色的古城
228		英国	布莱尼姆宫		牛津郡，牛津市西北约13km处	此宫殿原为伍德斯托克地区的一座皇家离宫，在威廉征服英国（1066年）前是中世纪著名的猎场。但是如今这里已无中世纪的建筑。布莱尼姆宫是为纪念英国在布莱尼姆击败法国军队而建的，建筑时间为1704—1720年
229		英国	达勒姆的大教堂和城堡	1986	达勒姆郡	大教堂是为安葬圣卡斯伯特和圣贝达的遗体而建的，标志着早期本笃会僧侣的重要地位，它是英国最大、最完美的诺曼底式建筑遗产，其拱顶的大胆创造，人们认为，已经预示着哥特式艺术的诞生。城堡的建筑在整体布局上保持了最初的诺曼底风格
230		英国	圭内斯的爱德华国王城堡	1986	威尔士北部的圭内斯地区	爱德华一世在征服威尔士后，开始大修城堡，这是他军事政策与垦殖政策并举的体现。圭内斯的四座城堡属13世纪末至14世纪初欧洲军事建筑中的佳作，其中尤以博马利斯城堡和哈里克城堡最为突出
231		英国	汉德里安防御墙		坎布里亚、诺森伯亚和泰恩－威尔三郡	由不同时期的防御工程组成，最早部分建于公元2世纪初，整个防御系统则是在公元122年以后遵照汉德里安皇帝的旨意建造的，它为此后长达3个世纪罗马人控制该地区打下了基础。这道防御墙的结构相当复杂和讲究，从整体看，它不但是迄今为止保存得最完整的罗马时代建筑文化遗构之一，也是具有世界意义的考古遗迹群之一
232		英国	亨德森岛		属于南太洋皮特克恩群岛	该群岛中最大的岛屿，是世界上现存惟一保存完好的凸出海面的环状珊瑚岛，岛上无人居住，因而生态未受到破坏。作为一个原始生态系统，该岛具有重要的科学价值
233		英国	皇家种马场公园和方廷斯修道院	1986	北约克郡	方廷斯修道院是约克郡圣母玛丽亚教堂的僧侣们在1132年修建的，属于西斯特尔教团。该修道院遗址是英国最大的修道建筑群，坐落在皇家种马场公园内。皇家种马场公园是一处具有特殊价值的维多利亚式园林名胜
234		英国	“巨人之路”	1986	北爱兰安特里姆郡北海岸，安特里高原	由黑色实心圆柱石组成的玄武岩海岸峭壁，景观壮美，为5000万年前第三纪火山活动造成的，具有地质学上的意义。此外，巨岩孕育的巨人跨海的故事，更是为此壮观的景色添上一层神秘
235		英国	“巨石阵”和埃夫伯里的“石头城”	1986	威尔特郡	世界上最有名的巨石建筑群之一，是由巨大青石柱构筑的石碑圈组成的神庙，其石柱的组合形成特殊的次序，但是至今人们仍是不能解读其中的意思。巨石阵建于公元前3100—前1100年，与巨石阵相距30km的石头城，其建筑时间尚不清楚，但是当地的遗迹证明，此地在公元3000年左右安放有巨石180块。这两座神庙与其周围的新石器时代遗迹，是史前文明的见证
236		英国	坎特伯雷主教堂及其教区建筑		肯特郡	英国基督教圣地。坎特伯雷主教堂拥有近1500年的历史，在英格兰，人们把它比为基督教信仰的摇篮。其修道院是英国最大的修道院，在7—8世纪时曾是神学及学术研究的中心，其内安葬有圣奥古斯丁和早期的几位坎特伯雷大主教。此修道院还被认为是英国现有最重要的撒克逊时代建筑的遗迹

续表

num	洲	国家	遗产项目	时间	地理位置	简　介
237		英国	伦敦塔		伦敦泰晤士河北岸	由征服者威廉一世于11世纪修建，用以防卫和控制伦敦城，是英国罗马风时期的一座城堡式建筑。伦敦塔是一个防卫森严的堡垒和宫殿，英国数代国王都曾在此居住，国王加冕前住在伦敦塔更是一种惯例，它还是一座著名的监狱，历史上不少贵族和政界名人曾被关押在此。如今的伦敦塔是著名的英国珍宝馆，陈列着英国中世纪国王的王冠、珠宝和历代兵器等物，是英国现存的著名古迹
238		英国	乔治铁桥区	1986	什罗斯发地区	世界著名的工业革命的象征，保存着一个18世纪的工业区，它的古迹中最著名的是铁桥和其他工业革命时期的技术产物
239		英国	圣基尔达群岛	1986	苏格兰外赫布里底群岛	形状奇特的火山岛，是欧洲最高的悬崖峭壁。此岛处于生态隔绝状态，众多的鸟群在此栖息
240		英国	威斯敏斯特宫		伦敦	又称英国国会大厦，原为英国皇宫，从公元11世纪至16世纪，英国历代国王皆住在威斯敏斯特宫。此宫是英国浪漫主义建筑的代表作品，也是大型公共建筑中第一个哥特复兴杰作，是当时整个浪漫主义建筑兴盛时期的标志。在英国人心目中，威斯敏斯特宫的重要之处还在其民主政治的象征意义，自13世纪起，部分重大典礼和国际性会议在这里举行
241	美洲	阿根廷	罗斯格拉希亚雷斯	1981	圣克鲁斯省西南部	这里是世界上除南极洲和格陵兰岛外最大的终年积雪地，有多种冰川现象，其中最壮观的是它那移动的冰川。罗斯格拉希亚雷斯包括一个国家公园和一个国家保护区，位处一片湖泊山地地区，长年积雪，遍布冰川。这里的主要树种是伦卡树，特有的动物南方大毛丝鼠，有濒危动物分趾蹄鹿、水獭、秃鹰等
242		阿根廷	伊瓜苏国家公园		阿根廷米希奥内斯省及巴西巴拉那州	一个横跨两国边界的玄武岩地区，分别以“阿根廷伊瓜苏国家公园”和“巴西伊瓜苏国家公园”，于1984年和1986年列入世界遗产名录。园内有极其壮观的瀑布，其亚热带湿润原始森林中生长多种维管植物，栖息有本地特有的动物如巨蚁熊、美洲豹等
243		巴拿马	波多维勒和圣洛伦索的防御工事	1980	哥伦布省的克里斯托瓦尔县	西班牙王室在17、18世纪修建的一整套用来保卫其庞大的远洋贸易的防御体系中的一部分，这部分防御工事是当时军事建筑的杰出代表
244		巴拿马	达里安国家公园	1981	达里安省东部与哥伦比亚交界处	中美洲和南美洲之间的动植物自然汇集带，自然环境多样，生活有大批野生动物，其中颇多濒危动物。此外，这里还存在着两种截然不同的土著文化：乔科文化和库纳文化。在公园内，就有这两个印第安部落居住
245		巴西	奥林达古城	1982	东北部的伯南布哥州，距累西腓港仅7km	殖民时期的城市，甘蔗贸易为它带来繁荣。1535年，此地建立起伯南布哥特别自治区政府，在其成为制糖中心后，这个城市迅速发展，并兴建了今巴西最早的修道院和教堂。1630年，荷兰西印度公司所属军队入侵奥林达城，之后又毁城而去。1654年，葡萄牙收复该城，城市得到重建。如今的奥林达城尚保持着其最初的城建结构，并拥有多座宗教建筑，它们与当地众多的棕榈树构成这个城市独特的风光
246		巴西	巴西利亚	1987	巴西中部的戈亚斯州高原	一座新兴的现代化城市，现为巴西首都，风光秀丽，气候宜人，在列入世界人类文化遗产的数百座城市中，惟此城市的历史最短，而它之所以名列世界遗产的原因在于它那独特的城市设计和建筑风格的多样，这个城市有“世界建筑艺术博物馆”之美称
247		巴西	巴伊亚的萨尔瓦多古城	1985	巴西东北部巴伊亚州的万圣湾内	1549—1763年间，萨尔瓦多曾为巴西的第一个首都。此城是将文艺复兴时期城市建筑风格移植到殖民地城市的突出范例。城市既完全保留了16世纪的城市布局，并拥有众多的古建
248		巴西	瓜拉尼耶稣会传教区	1984	南物约格朗德州	遗址地处热带森林心脏地带，是关于17—18世纪瓜拉尼地区耶稣会传教团的见证
249		巴西	孔贡哈斯的仁慈耶稣圣殿	1985	米纳斯吉拉斯州的孔贡哈斯城	仁慈耶稣圣殿建于18世纪下半叶，由一个具有洛可可式的繁缛装饰和意大利式大玻璃珠装饰的教堂，一个饰有先知雕像的前廊和七个厅堂组成。厅堂内有阿利哈丁赫创作的表现耶稣背负十字架赴难场景的雕刻
250		巴西	欧罗·普雷托城	1980	米纳斯吉拉斯州	巴西的一个大矿业中心，这个城市因金矿的发现而发展起来，在18世纪时，这个富有的城市，因聚集着大批的艺术家和工匠，成为一个思想和文学艺术的中心。其建筑主要为巴洛克风格
251		秘鲁	查文·德胡安塔尔古迹区	1985	西安第斯山系布兰卡山脉东坡，属秘鲁安卡什省	公元前1500年—前300年，这里存在着南美洲最早的文明，查文·德胡安塔尔文化，是哥伦布之前美洲最著名的地区之一。查文城曾是宗教和文化中心，是印第安人心目中的罗马和耶路撒冷
252		秘鲁	库斯科城	1983	秘鲁东南部库斯科省的秘鲁高原上	此城在海拔3000m左右，是美洲大陆被发现之前，该大陆上最大的帝国印加帝国的首都。在殖民统治时期，仍是一个重要的经济和政治中心。如今这个城市依然保留着16世纪印加帝国首都的布局

续表

num	洲	国家	遗产项目	时间	地理位置	简　介
253		秘鲁	马努国家公园		秘鲁东北部安第斯山系	亚马逊河从园中穿过，此地属典型的安第斯和亚马逊地区生态系统
254		秘鲁	马丘・比丘历史圣地	1983	库斯科省乌鲁班巴河左岸	公元15世纪，印加帝国鼎盛时期所建的城市，它最特殊的地方在于它所处的地理位置：海拔2430m，群山环抱，四周是山地雨林。由岩石上凿出的3000级台阶是这个城市的200座左右的建筑与平地的连接。这个城市在西班牙人征服秘鲁后被遗弃，直到1911年才被发现
255		秘鲁	千倩古迹	1986	特鲁希略地区拉利伯塔德省	15世纪发展到鼎盛的奇穆王国的首都，但它很快被印加帝国吞并，在哥伦布到达美洲之前它是该大陆最大的城市，由其奇特的布局，反映出一种严谨的政治、社会观念。如今，这座完全由土砌成的建筑已是岌岌可危
256		秘鲁	圣弗朗西斯科・德・利马修道院		首都利马城	秘鲁殖民时期建筑最典型的代表，堪称利马城内最精美的宗教建筑群。修道院位于市中心，建筑主要为17世纪所建。其诸多建筑中保存有价值极高的艺术珍品，其中的使徒群像被认为是西班牙著名画家苏巴朗的力作，在整个拉美首屈一指
257		秘鲁	瓦斯卡兰国家公园	1985	安卡什省，西安第斯山系中的布兰卡山	布兰卡山脉是世界上热带地区最高的山脉，在它的27座6000m以上的山峰常年积雪，公园由其得名的主峰瓦斯卡兰山海拔6768m。此公园地形复杂，植物品种多样，有珍稀动物花斑熊和小羊驼，有安第斯山秃鹰、大峰鸟等等。高山稀草地与众多的冰川湖以及6000m高的群峰，使瓦斯卡兰成为世界上最美的山地之一
258		波多黎各	圣胡安的堡垒与历史胜地	1981	圣胡安城	圣胡安湾是加勒比海至关重要的战略据点，其堡垒与历史胜地集中了圣胡安旧城的主要工事建筑，它们是美洲大陆上最重要的工事群之一，是在16世纪初至19世纪末的400多年间建成的，表现出欧洲军事建筑技术在西班牙殖民地的运用
259		玻利维亚	波托西		玻利维亚中部山谷地区，属东科迪勒山脉的山麓地带	16世纪至20世纪初期，波托西是全玻利维亚最大的矿业联合企业所在地。在被西班牙征服之前，此地是印第安卡拉斯人的祭祀中心，其后，西班牙殖民者强迫当地的居民为他们采矿，把残酷的苦役强加在印第安人的身上，而欧洲人，尤其是西班牙人，则从波托西攫取了巨大的财富
260		厄瓜多尔	基多旧城		厄瓜多尔北部	基多城位于海拔2818m的山上，是一座被安第斯群山环抱的城市，现为厄瓜多尔的首都，而原来此地就是印加帝国北部疆土的首都。1534年西班牙人在原址上重建了该市，并使它成为先进文化的发源地和培养艺人的中心，“基多艺术学派”的影响遍及整个美洲大陆。如今的基多城依然是旧貌如故
261		厄瓜多尔	加拉帕戈斯群岛		横亘于赤道线上的大西洋上	由19座火山岛组成，由于岛上的动物和植物生活在与世隔绝的状态下，该群岛被视为活的生物进化档案馆。其中有些动物在世界其他地方早先几千万年前就已灭绝，如大蜥蜴和巨龟。此岛因《物种起源》的作者生物进化论者查理・达尔文而名扬天下，1835年，他在这里作生物考察
262		厄瓜多尔	桑盖国家公园	1983	厄瓜多尔中部	园内栖息的动物分属从热带雨林到高寒、冰川地带不同的生态系统，此地的与世隔绝使它保护了诸多在别的地方已濒临灭绝的物种，如山地貘和安第斯山秃鹰
263		厄瓜多尔	卡塔赫纳港口、工事和古迹群	1984	哥伦比亚北部玻利瓦尔省加勒比海沿岸	卡塔赫纳曾是西印度航线上的重要驿站，西班牙征服美洲的最重要的据点之一。17世纪，卡塔赫纳是加勒比地区主要奴隶市场之一，也是授权与宗主国西班牙通商的二个美洲港口之一，这使其成为新格拉纳达王国最重要最富饶的城市和宗教裁判所及军需部的所在地。在独立战争中，它又成为独立运动最活跃的传播中心之一
264		哥斯达黎加	塔拉曼卡－拉亚米塔德山脉保护区	1983	跨四个省	由国家公园、生物保护区、印第安人保护区和森林保护区组成，总面积约100万 hm^2。这里有许多古人类及考古遗迹，这里的保护区还是中美洲惟一留有第四纪冰川作用痕迹的地方，并且有上万的印第安人居住在这里
265		古巴	哈瓦那旧城及其工事体系	1982	哈瓦那省	哈瓦那城是1510年建立的，是西班牙在美洲用于征服新大陆的重要基地之一，在1550年即成为古巴的主要城市。如今的哈瓦那，因极力的保持古城的建筑布局和建筑特征，而保有其旧城的原貌
266		海地	国家历史公园：城堡、桑斯－苏西宫、拉米尔斯堡垒	1982	海地北部省，海地角的南面	这些古迹是黑人奴隶在获得自由后兴建的首批用于自卫的建筑，具有极重大的世界意义
267		洪都拉斯	科班古城遗址	1980	洪都拉斯西端的科班省，邻近与危地马拉的交界处	1570年发现，19世纪开始发掘，是玛雅文明最重要的地区之一。这里的卫城及广场遗址为玛雅文明的三个主要发展阶段提供了历史见证
268		洪都拉斯	普拉塔诺河生物保护区	1982	洪都拉斯东北部莫斯基地亚地区普拉塔诺河流域	这里的热带雨林是中美洲最后几块热带雨林之一，其森林景观一直延伸到加勒比海岸边。2000多名的当地居民在这里过着原始的生活方式。在洪都拉斯发现的两栖动物和爬行动物中，有95%可在此保护区或其边缘地带见到，保护区中还生存着一些濒临灭绝的动物，如美洲豹和猎豹

续表

num	洲	国家	遗产项目	时间	地理位置	简　介
269		加拿大	安东尼岛	1981	不列颠哥伦比亚省西海岸，夏洛特皇后群岛最南端	该岛面积很小，但坐落在岛上的宁斯汀茨镇却使其拥有不凡的价值。宁斯汀茨镇原为昆海特·海达印第安人居住的村落，他们在这里生活了至少有2000年，当殖民者到来之时，也是当地的文化失去特色的时候，尤其是在疾病和战争使人口大量伤亡之后，印第安人也只好弃家而去。现存岛上的雪松木建成的古屋遗址，奇妙的图腾柱和丧葬柱，被看作是原始艺术的精美例证
270		加拿大	安斯梅多遗址		埃帕维小海湾东岸	此遗址表明，早在克里斯托瓦尔·哥伦布于1492年发现美洲大陆之前，斯堪的纳维亚人即已来过此地
271		加拿大	格罗莫讷国家公园	1970	加拿大东部的纽芬兰岛西海岸	公园建于1970年，面积2000km^2，在其古老的山脉上，由于冰川的磨蚀作用，形成荒凉的岩石山脊和苔原般的山坡，它们与长满森林的山麓和沿海岸分布的生长藓类和瓶子草类植物的沼泽平原，形成对比强烈的景观效果。园内的动物主要有北美驯鹿、北极野兔、松貂、驼鹿、燕鸥、松鸡等
272		加拿大	克卢恩国家公园和兰格尔－圣伊莱亚斯山区古迹	1980	北极地区	有极地奇观的美誉，拥有许多海拔4000m以上的高山，其中洛根山和圣伊莱亚斯山是北美著名高峰。在冰川覆盖下的中部高原是世界最大的非极地冰川区，植被因海拔而有变化，有沿海森林、山地森林、山下森林和苔原，多异的生境为动物提供良好的生活场所。此外，这里生活着印第安人、爱斯基摩洛哥人
273		加拿大	恐龙公园	1980	艾伯塔省，邻近卡尔加里的雷德迪尔峡谷里	以丰富的化石层、奇特的崎岖地形和罕见的沿河生境三大景观闻名于世。1889年发现第一批恐龙化石，至今已出土的6000～8000万年前的恐龙样品达60余种，在1910—1917年间，古生物学家们在此疯狂地采集恐龙化石，并送往世界各地的博物馆。1955年，化石区受到法律保护
274		加拿大	魁北克古城区	1985	魁北克省魁北克市	魁北克堪称殖民堡垒式城市的典范之一，同时它也是近代美洲殖民化及其发展的关键地点之一。萨姆埃尔·德·桑普兰于1608年建魁北克城，当时为新法兰西的首府，同时，它也是一个要塞和具有重要意义的港口。魁北克古城区保存有17、18、19世纪的，共700余座古建筑
275		加拿大	罗科萨斯山脉	1984	阿尔伯塔省及不列颠哥伦比亚省	多种地貌景观，并因含海洋软体动物的化石而举世闻名
276		加拿大	美洲野牛涧地带	1981	阿尔伯塔省东南部	曾是史前时期最大的围猎场之一，是人类初期生存环境的伟大见证，人们从中得以了解到北美草原上原住民在近一万年时间里的生活方式及其演变
277		加拿大	纳汉尼国家公园	1979	加拿大西北部	占地4770km^2，以河流、峡谷、石柱和山岳为主要景观，此外，本地区的特色是夏冬两季的景观反差很大
278		加拿大	伍德布法罗国家公园	1983	阿尔伯塔与西北部地区之间	此地是位于加拿大中－北部的北极草原，栖息着美洲最大的野牛群，还有美洲鹤在这里筑巢。此外，这里有世界最大的内河三角洲，派克斯－阿塔巴斯卡三角洲
279		美国	奥林匹克国家公园	1981	华盛顿州西北端奥林匹克半岛	温带地区最大的保护区，山高壑深，拥有60条冰川，其岩石海岸是处于持续变化状态中的海岸的遗迹，并且此海岸养育有丰富的海洋生物，此公园人迹罕至，尚存几种特有的动物，它保护着罗斯福麋鹿、本南特貂、迁徙游隼、斑纹猫头鹰等濒危动物。公园已被划为联合国教科文组织人与生物圈计划中的生物圈保护区
280		美国	查科峡谷国家保护地		新墨西哥州西北部	拥有反映全盛时期印第安文化的300余处古遗址，哥伦布到达美洲前印第安人的13处遗迹。其现存最大最完整的古迹是建于公元10世纪的“普韦布洛博尼托”，一座由800多个房间和32个地下厅室组成的印第安建筑
281		美国	大峡谷国家公园	1980	美国西南部	世界闻名的科罗拉多大峡谷是一个深达1600m的地质裂缝，其宽仅在6～30km间，它可能形成于距今600亿年前的新生代。国家公园即坐落在大峡谷最深最壮观的35km长的地段，这里栖息着种类繁多的动植物，并且存在大量的印第安部落的活动遗址
282		美国	大烟雾山国家公园	1983	田纳西州与北卡罗来纳州之间	拥有最重要的北极第三纪植物化石遗迹，最大的原始红松林和世界上种类最多的蝾螈动物
283		美国	大沼泽地国家公园	1980	佛罗里达半岛的最南端	由于世界上多数的沼泽地都已干枯，此沼泽地就成为重要的自然保护和生物研究场所，栖息着种类繁多的动植物，并以拥有美洲短鳄著名。作为生态圈保护区，这片沼泽地是生态学深入研究的对象
284		美国	费城独立厅		美国东部的宾西法尼亚州费城市内	美国独立宣言和美国宪法都是在这里通过并签署，此二部文件标志着美国从殖民地到国家独立的胜利，从而也使此建筑具有了世界意义，象征着人民追求自由的愿望。独立厅建于1732年，原为宾西法尼亚殖民地议会所在地

续表

num	洲	国家	遗产项目	时间	地理位置	简　介
285		美国	红杉树国家公园	1980	加利福尼亚洲北部，濒临太平洋	园内有世界上最多的地热现象，共有3000种左右，其最突出的是间歇泉、火山区喷气孔和温泉。此公园的代表性的生态系统是红杉林
286		美国	黄石国家公园	1979	美国西部	世界上建立最早的国家公园，其地貌为人们展示了地球上火山活动的情况。火山口覆盖了公园1/3多的地域，是地球上最大的火山口之一。此外，公园还以数量繁多、景观奇特的间歇泉闻名，其中尤以“老忠实喷泉”为最
287		美国	卡俄基亚土丘	1982	伊利诺斯州西南部，圣路易市以北	被誉为“美国的根基”，是哥伦布发现新大陆之前墨西哥以北地区，密西西比地区人类聚居生活最主要的发源地之一
288		美国	梅萨维德国家公园		科罗拉多高原	保存有美洲最古老的文明之一，阿纳萨扎伊文化裔遗迹。阿纳萨扎伊部落，即普韦布洛印第安人，在这里居住有1300年之久，他们的最初的房子类似于西伯利亚东北部的建筑，由此，人们想到，他们可能是横穿白令海峡到达北美洲的亚洲人的后裔
289		美国	猛犸洞穴国家公园	1981	肯塔基州	世界上最大的地下洞穴网，洞穴形成于大约一亿年以前，内有各种地质形成物，包括当地特有的盲鱼在内的地下动物资源，使该公园具有很高的科研价值。洞穴周围是美丽的喀斯特地貌
290		美国	夏洛茨维尔的蒙蒂塞洛和弗吉尼亚大学		弗吉尼亚中部的夏洛茨维尔城	蒙蒂塞洛是美国第三任总统，《独立宣言》的主要起草人，托马斯·杰斐逊的故居，由其亲手设计，1926年作为历史圣地献给国家，1954年对外开放。弗吉尼亚大学由杰斐逊创建于1819年
291		美国	夏威夷火山国家公园		夏威夷岛东南沿岸的火山区上	该公园内年降水量大约有2500mm，生长有热带蕨类树林。公园中最著名的活火山是昌纳罗亚和基拉韦厄，分别为岛上第一、第二大火山
292		美国	约塞米特国家公园	1984	加利福尼亚州内华达山脉中央山峰西坡	拥有丰富的动植物资源，可见到由冰川运动形成的各种花岗岩地形，峡谷、瀑布、湖泊、山峰、冰碛、U形山谷等等。公园处于海拔579～3998m之间，被称为“瀑布山”，它所拥有的瀑布中有五处居世界最大瀑布之列。此外，该公园的生物区在美国国家承认的7个生物区中占了5个
293		美国	自由女神像	1984	纽约湾“自由神岛”	由法国雕塑家巴托尔迪和工程师古斯塔夫·埃菲尔合作建造的巨大铜像矗立在纽约港的入口处，是法国人民于1884年赠给美国人民的礼物，是“自由神岛”上最具有意义的建筑，它象征着自由、和平、友谊
294		墨西哥	瓜纳华托古城及其周围银矿		墨西哥中部“巴吉约”山谷	瓜纳华托是因银矿的开采而崛起的城市，它在18世纪末期成为西班牙美洲和世界上银产量最高的生产中心。古城拥有16—19世纪、风格多样的古建筑。在墨西哥近代史上，瓜纳华托与影响国家历史进程的许多重大事件息息相关，例如著名的“阿隆迪加·德·格腊纳迪塔斯”谷仓之战
295		墨西哥	墨西哥城中心区及霍奇米尔科区		墨西哥中部高原南缘的湖积平原上	城市位于海拔2240m的高原上，是世界上最大的城市之一，经过多个时期的建设，拥有风格各异的多种建筑。最早是印第安人阿兹特克部族在此聚居，1325年，特诺恰人和阿兹特克人建立特诺奇提特兰城，随后，城市成为阿兹特克帝国的首都，并成为包括圣多明各、瓜地马拉、瓜达哈拉和菲律宾群岛的马尼拉在内的辽阔地域的中心。1810年，墨西哥城获得独立，1821年正式成为国都
296		墨西哥	帕伦克古城及国家公园		东南沿海平原，属恰帕斯州	公园气候潮湿多雨，遍布原始森林，动物品种多为中美洲地区所特有。古城属典型的玛雅文明遗址，其历史可上溯到公元前1世纪。如今所见的建筑多为公元600—700年间，是城市发展达到顶峰的时期
297		墨西哥	普埃布拉历史中心		墨西哥中部，马切林火山西南	普埃布拉州首府，城市创建于1531年，因地处战略要冲，在历史上屡受战祸，城内多个时期的建筑和其他历史遗迹，从某种意义上反映了墨西哥从殖民地到独立战争，到民主革命，长达四个世纪之久的历史进程
298		墨西哥	奇琴伊察古城遗址		尤卡坦半岛东北部	玛雅古城，建于公元435年，在11—13世纪发展到顶峰。现存有数百座玛雅文明中期和后期建筑物遗迹，尤以后期建筑为多，这些建筑物及石刻、浮雕、壁画等，反映了玛雅前、中期文化和托尔特克文化相互影响并融为一体的历史进程，对后人了解玛雅后期文明具有重要价值
299		墨西哥	特奥蒂瓦坎		波波卡特佩尔火山和依斯塔西瓦特尔火山山坡谷底之间	印第安文明的重要遗址。公元前800年左右，此地就有人类聚居；纪元前不久至公元200—300年，特奥蒂瓦坎人在此建起中美洲第一座城市，这个时期，建造了太阳金字塔、逝者大道和月亮金字塔等，农业相当发展；公元450—650年，城市发展到全盛；公元650—750年，城市突然衰落并被废弃，原因不明。公元1000年，城市相继为托尔特克人和阿兹特克人占领，其后受西班牙殖民统治

续表

num	洲	国家	遗产项目	时间	地理位置	简　介
300		墨西哥	瓦哈卡古城和蒙特阿尔班考古区		墨西哥南部，前者在瓦哈卡河谷地区	研究印第安文化和西班牙美洲历史的重要考古区。瓦哈卡建于1526年，城内建筑融合了印第安风格和西班牙风格；蒙特阿尔班遗址是中美洲印第安文化古典期的重要城市遗址，城市建于公元前7世纪，在公元1世纪开始繁荣，10世纪后衰落，其大部分建筑属印第安文化古典期（公元300—900年），出土文物反映了萨波特克文化的高度发达程度和蒙特阿尔班作为古典期四大文化艺术中心的繁荣盛况
301		墨西哥	先卡安生物保护区		尤卡坦半岛的金塔纳罗奥州，东临加勒比海	占地52.8万hm^2，其中水域12万hm^2。地势低洼，沼泽遍布，其珊瑚礁是世界上最长的珊瑚礁的一部分，并且它们有利于沿海红树林的生长。此保护区内物种多样，估计植物类超过1500种，而一般生活在尤卡坦半岛上的所有脊椎动物都可在此见到。此外，存有大量的玛雅文明古典期和后古典期的建筑遗迹
302		危地马拉	安提瓜危地马拉		危地马拉南部	又称圣地亚哥·洛斯加瓦勒罗斯，曾是西班牙美洲最大的都市之一，也是当时危地马拉王国执政者和总督居住的地方。此城市最大的特色在于经过多次地震的破坏后，竟能奇迹般地保存下18世纪的城市轮廓和城市结构
303		危地马拉	蒂卡尔国家公园		危地马拉东北部的热带丛林中	蒂卡尔是迄今为止人们了解最多且规模最大的玛雅古城之一。考古证明此地是平原玛雅帝国的最大的首都和玛雅文明的中心，反映了哥伦布到达新大陆之前玛雅文明最高的工艺水平和文化成就
304		危地马拉	基里瓜考古公园	1981	伊萨瓦尔省	此地自公元2世纪起就有人类居住，在公元5—9世纪是玛雅文化的中心，其砂岩石碑雕刻艺术代表着中美洲古典时期的最高水平，这些雕刻碑文还记载了当时一些重大的事件，为人们了解玛雅文化艺术和玛雅文明的发展史提供了极重要的史料。地处地震带和热带气候使这片古迹区遭受毁坏和侵蚀的危险
305	大洋洲	澳大利亚	大堡礁	1981	澳大利亚东北部大陆架上，昆士兰州东海岸对面	世界上最大的珊瑚礁，其形成始自15000多年前。大堡礁由2500个相互隔开的礁体，400多种珊瑚组成，这里生活着4000余种软体动物和1500种鱼类，并为儒艮和大绿龟等濒临灭绝的动物提供栖息之地
306		澳大利亚	东海岸森林公园	1986	澳大利亚东南沿海地区	包括16个保护区，生长着繁茂的温带和亚热带雨林，林中物种的演变具有重大的科学价值
307		澳大利亚	卡卡杜国家公园	1981	澳大利亚北部达尔文市	是世界上惟一的考古学与人种学保护区，从40000年前起一直有人居住。现存的绘画与象形文字为人们描述了从新石器时期到20世纪土著人渔猎情形和生产技术的发展历史以及日常生活场景
308		澳大利亚	昆士兰的热带雨林		昆士兰州，从库克敦南部直到敦斯维尔的北面	面积9200km^2，是澳大利亚土著人最早居住的地方。澳大利亚东北部的热带雨林曾是澳大利亚分布广泛的植物群类型，据估计，澳大利亚现存的热带雨林仅占其国土面积的0.2%，为20000km^2；澳大利亚东北部分布有7800km^2的温热带雨林，其中90%是在昆士兰地区
309		澳大利亚	洛德豪诸岛	1982	南新威尔士州，悉尼东北方700km处的南太平洋上	典型的与世隔绝的孤岛，由2000多米深处的海底火山不断活动造成的，地貌奇特，有丰富的当地独有的动植物，特别是鸟类
310		澳大利亚	韦兰德拉湖泊区	1981	南新威尔士州西南部墨累河流域	此区在澳洲大陆史前人类文化研究中有着不可取代的重要地位。干涸的古老的淡水湖边遗留着“智人”30000年前在此地生存过的痕迹，这里发现有世界上最古老的火葬场，它距今有26000年，出土了保存完好的袋类动物的残骸，磨尖的石器和18000年前的石磨。所有这些迹象表明，最早的人类曾在此生活。此外，这里还是研究古气候学和古地磁学的理想场所
311		澳大利亚	乌卢鲁（艾尔斯山与奥尔加山）国家公园	1987	澳大利亚东部，东距艾利斯普林斯市300余公里	乌卢鲁是一片广阔的沙地平原，艾尔斯山公园和奥尔加山公园是坐落在这片平原上的两个具有独特地质结构的公园。艾尔斯山是一块巨大的红色砂岩石，是世界上最大的独体岩块，石基周围布满岩洞，洞中的壁画有些已达一万年之久，这块岩石被澳大利亚原住民视为圣地。奥尔加山是由36块砾岩组成的巨石阵，占地3500hm^2，高546m。艾尔斯巨岩和奥尔加巨石阵是远古山脉遭侵蚀后的罕见遗迹
312		澳大利亚	西塔斯马尼亚野生地区国家公园	1982	塔斯马尼亚州	此地曾经历过强烈的冰川作用，包括三个公园在内的，总面积77万hm^2的处女地上散落着众多美丽的峡谷。其温带雨林是世界上仅存的几处同类森林之一，2万年前就有人类在此居住
313		新西兰	韦斯特兰国家公园和库克山国家公园	1986	南岛的南阿尔卑斯山脉	主峰库克山海拔3764m，阿尔卑斯山脉把两个公园隔开，山脉以西是韦斯特兰公园，以东是库克山公园。此地是典型的更新世冰川作用的产物，平原森林是由第二纪时期各大陆分裂前冈瓦纳古森林演变而来的
314		新西兰	峡湾地带国家公园	1986	南岛西南角，包括火山岛索兰德尔岛	公园恰好坐落在太平洋板块和澳大利亚印度洋板块交界处的高山断层上，是地震多发地区，图托科峰海拔2746m。公园的地貌多呈现出更新世时期冰川运动的作用痕迹，拥有峡湾、岩石海岸、悬崖峭壁、湖泊、瀑布等景观，其2/3的面积为南方山毛榉和芮木泪松林覆盖，并拥有多种稀有及特有植物，有5万多头海狮，有世界上最大的鹦鹉卡卡波，濒临绝种的鸟扇尾鸽等动物。

相关法律、法规

1 风景名胜区管理暂行条例

（1985年6月7日国务院发布）

第一条 为了加强对风景名胜区的管理，更好的保护、利用和开发风景名胜资源，特制定本条例。

第二条 凡具有观赏、文化或科学价值，自然景物、人文景物比较集中，环境优美，具有一定规模和范围，可供人们游览、休息或进行科学、文化活动的地区，应当划为风景名胜区。

第三条 风景名胜区按其景物的观赏、文化、科学价值和环境质量、规模大小、游览条件等，划分为三级：

（一）市、县级风景名胜区，由市、县主管部门组织有关部门提出风景名胜资源调查评价报告，报市、县人民政府审定公布，并报省级主管部门备案；

（二）省级风景名胜区，由市、县人民政府提出风景名胜资源调查评价报告，报省、自治区、直辖市人民政府审定公布，并报城乡建设环境保护部备案；

（三）国家重点风景名胜区，由省、自治区、直辖市人民政府提出风景名胜资源调查评价报告，报国务院审定公布。

第四条 城乡建设环境保护部主管全国风景名胜区工作。地方各级人民政府城乡建设部门主管本地区的风景名胜区工作。

第五条 风景名胜区依法设立人民政府，全面负责风景名胜区的保护、利用、规则和建设。

风景名胜区没有设立人民政府的，应当设立管理机构，在所属人民政府领导下，主持风景名胜区的管理工作。设在风景名胜区内的所有单位，除各自业务受上级主管部门领导外，都必须服从管理机构对风景名胜区的统一规划和管理。

第六条 各级风景名胜区都应当制定包括下列内容的规划：

（一）确定风景名胜区性质；

（二）划定风景名胜区范围及其外围保护地带；

（三）划分景区和其他功能区；

（四）确定保护和开发利用风景名胜资源的措施；

（五）确定游览接待容量和游览活动的组织管理措施；

（六）统筹安排公用、服务及其他设施；

（七）估算投资和效益；

（八）其他需要规划的事项。

第七条 风景名胜区规划，在所属人民政府领导下，由主管部门会同有关部门组织编制。

编制规划应当广泛征求有关部门、专家和人民群众的意见，进行多方案的比较和论证。

风景名胜区规划经主管部门审查后，报审定该风景名胜区的人民政府审批，并报上级主管部门备案。

第八条 风景名胜区的土地，任何单位和个人都不得侵占。

风景名胜区内的一切景物和自然环境，必须严格保护，不得破坏或随意改变。

在风景名胜区及其外围保护地带内的各项建设，都应当与景观相协调，不得建设破坏景观、污染环境、妨碍游览的设施。

在游人集中的游览区内，不得建设宾馆、招待所以及休养、疗养机构。

在珍贵景物周围和重要景点上，除必须的保护和附属设施外，不得增建其他工程设施。

第九条 风景名胜区应当做好封山育林、植树绿化、护林防火和防治病虫害工作，切实保护好林木植被和动、植物种的生长、栖息条件。

风景名胜区及其外围保护地带内的林木，不分权属都应当按照规划进行抚育管理，不得砍伐。确需进行更新、抚育性采伐的，须经地方主管部门批准：

古树名木，严禁砍伐。

在风景名胜区内采集标本、野生药材和其他林副产品，必须经管理机构同意，并应限定数量，在指定的范围内进行：

第十条 对风景名胜区内的重要景物、文物古迹、古树名木，都应当进行调查、鉴定，并制定保护措施，组织实施。

第十一条 风景名胜区应当根据规划，积极开发风景名胜资源，改善交通、服务设施和游览条件；按照规划确定的游览接待容量，有计划地组织游览活动，不得无限制地超量接纳游览者。

第十二条 风景名胜区应当充分利用风景名胜资源的特点，开展健康、有益的游览和文化娱乐活动，宣传社会主义和爱国主义，普及历史、文化和科学知识。

第十三条 风景名胜区应当加强安全管理，保障游览者的安全和景物的完好。风景名胜区内的居民和游览者，应当爱护风景名胜区的景物、林木植被、野生动物和各项设施，遵守有关的规章制度。

第十四条 对于保护风景名胜区有显著成绩或重要贡献的单位和个人，有关的人民政府或主管部门应当给予奖励。

第十五条 违反本条例，有下列行为的，给予行政或经济处罚：

（一）侵占风景名胜区土地，进行违章建设的，由有关部门或管理机构责令退出所占土地，拆除违章建筑，并可根据情节，处以罚款；

（二）损毁景物、林木植被、捕杀野生动物或污染、破坏环境的，由有关部门或管理机构责令停止破坏活动，赔偿经济损失，并可根据情节，处以罚款；

（三）破坏风景名胜区游览秩序和安全制度，不听劝阻的，由有关部门或管理机构给予警告或罚款；属于违反有关治安管理规定的，由公安机关依法处罚。

前款行为，情节严重，触犯刑律或违反国家有关森林、环境保护和文物保护法律的，依法惩处。

第十六条 本条例由城乡建设环境保护部负责解释；实施细则由城乡建设环境保护部制定。

第十七条 本条例自发布之日起施行。

2 风景名胜区管理暂行条例实施办法

（1987年6月10日城乡建设环境保护部）

第一章 总则

第一条 根据国务院发布的《风景名胜区管理暂行条例》（国发［1985］76号）和国家有关规定，制定本办法。

第二条 风景名胜资源系指具有观赏、文化或科学价值的山河、湖海、地貌、森林、动植物、化石、特殊地质、天文、气象等自然景物和文物古迹、革命纪念地、历史遗址、园林、建筑、工程设施等人文景物和它们所处环境以及风土人情等。

风景名胜区系指风景名胜资源集中、自然环境优美、具有一定规模和游览条件，经县级以上人民政府审定命名、划定范围，供人游览、观赏、休息和进行科学文化活动的地域。

第三条 风景名胜资源须经过调查、评价，确定其特点和价值。

第四条 风景名胜区按《风景名胜区管理暂行条例》规定的程序，由县级以上人民政府分别审定。各级风景名胜区的条件分别为：

（一）具有一定观赏、文化或科学价值，环境优美，规模较小，设施简单，以接待本地区游人为主的定为市（县）级风景名胜区；

（二）具有较重要观赏、文化或科学价值，景观有地方代表性，有一定规模和设施条件，在省内外有影响的定为省级风景名胜区；

（三）具有重要的观赏、文化或科学价值，景观独特，国内外著名，规模较大的定为国家重点风景名胜区。

申报列为国家重点风景名胜区的材料要求见本办法附件二。

第五条 城乡建设环境保护部和地方县级以上城乡建设部门主管风景名胜区工作，对各级风景名胜区实行归口管理，其主要任务是在所属人民政府领导下，组织风景名胜资源调查和评价；申报审定风景名胜区；组织编制和审批风景名胜区规划；制定管理法规和实施办法；监督和检查风景名胜区保护、建设、管理工作。

第六条 风景名胜区管理机构在风景名胜区范围内行使主管人民政府授予的行政管理职能，受上级人民政府城乡建设部门业务指导。其主要任务是根据《风景名胜区管理暂行条例》和规划，对风景名胜区的资源保护、开发建设和经营活动实行统一管理。

第七条 风景名胜区规划批准后，应在风景名胜区主要入口建立入口标志并沿划定的范围立桩，标明区界。

国家重点风景名胜区的入口标志内容和标徽图案由建设部分布。入口标志可根据风景名胜区特点因地制宜设计制做，要求朴素自然、庄重大方、具有永久纪念性。国家重点风景名胜区的入口标志设计由建设部审定。

第二章 保护

第八条 保护国家风景名胜人人有责。在风景名胜区内的所有机关、单位、部队、居民和游人都必须爱护风景名胜区的景物、林木、设施和环境，遵守有关规定。

第九条 风景名胜区管理机构必须把风景名胜区的保护工作列为首要任务，配备必要的力量和设备，建立健全规章制度，落实保护责任。同时，要搞好宣传工作，对景物、景点、景区要设立言简意赅的说明和醒目的保护标牌，其形式应因地制宜，与周围景观相协调。

第十条 风景名胜区要建立健全植树绿化、封山育林、护林防火和防治病虫害的规章制度，落实各项管理责任制，按照规划要求进行抚育管理。

风景名胜区内的林木均属特殊用途林，不得砍伐。必要的疏伐、更新以及确需砍伐的林木，必须经风景名胜区管理机构同意，报经地方主管部门批准后，始得进行。

风景名胜区要妥善地解决区内居民的生活燃料问题，一时尚不能完全避免燃用薪柴的，可在景观价值较低的区域规划一定数量的薪炭林，供近期使用。

第十一条 风景名胜区内的古树名木要严加保护，严禁砍伐、移植，要进行调查、鉴定、登记造册，建立档案。经鉴定的古树名木要悬挂标牌。具有特殊价值和意义的还应专门介绍。

风景名胜区应建立责任制度，落实古树名木的保护复壮措施，及时搞好松土、施肥、补洞、防止病虫和预防风雪雷雨灾害工作。要切实保护好古树名木的生息环境，严防游人、人工设施、施工活动、大气和水体污染对古树名木的损害。

第十二条 风景名胜区应当加强对水体的保护管理，制止可能导致水体污染、破坏的活动和过度的利用；对河流、湖泊等应及时进行清理和疏浚，不得随意围、填、堵、塞或作其他改变，对水源地，应按国家有关规定加强保护和管理。

第十三条 风景名胜区要切实维护好动物的栖息环境，严禁伤害和滥捕野生动物。要宣传普及野生动物的生态知识和保护知识。形成爱护野生动物的良好风尚。

第十四条 风景名胜区的地貌必须严加保护，禁止开山采石、挖沙取土等经营活动。风景名胜区内维护工程必须就地取用的沙石料，应在不破坏地貌的前提下由地方主管部门安排适当地点，限量采取。

第十五条 风景名胜区的古建筑、古园林、石刻等文物古迹、革命遗迹、遗址和其他人文景物及其所处的环境要严格保护，定期维护，做好管理工作，建立健全责任制度，落实防火、避雷、防洪、防震、防蛀等措施。

第十六条 风景名胜区应保持原有的自然和历史风貌。禁止在风景名胜区内大兴土木和大规模地进行改变地貌和自然环境的活动，防止风景名胜区的人工化和城市化倾向。

第三章 规划

第十七条 风景名胜区规划是切实地保护、合理地开发建设和科学地管理风景名胜区的综合部署。经批准的规划是风景名胜区保护、建设和管理工作的依据。

第十八条 风景名胜区规划根据《风景名胜区管理暂行条例》的规定及本办法的要求进行编制。

第十九条 风景名胜区规划应在所属人民政府领导下，由城乡建设部门或风景区管理机构会同文物、环保、旅游、农林、水利、电力、交通、邮电、商业、服务等有关部门组织编制。

第二十条 风景名胜区规划文件的编制，可委托国内有资格的规划、设计、科研单位或大专院校协助进行。要指定技术总负责人，负责组织、协调、汇总规划。

第二十一条 编制风景名胜区规划首先要搞好对风景名胜资源的多学科综合考察，收集完整的基础资料。

风景名胜区规划基础资料，由规划文件编制单位负责收集并充实完善。全部资料经整理后由风景名胜区管理机构永久保存。

第二十二条 风景名胜区规划应遵循以下原则：

（一）认真贯彻国家有关保护和开发利用风景名胜资源的方针政策，保护自然文化遗产，维护生态平衡，充分发挥按风景名胜区的环境、社会和经济上的效益，协调各项事业之间关系。

（二）充分认识资源的特点和价值，突出本风景名胜区特性和自然环境的主导作用。风景名胜区要区别于城市公园，切忌大搞“人工化”造景。

（三）深入地调查研究，搞清风景名胜资源的历史和现状，坚持因地制宜、实事求是地解决规划问题的工作方法。

第二十三条 风景名胜区范围，应当根据景观完整，维持自然和历史风貌，保护生态环境，形成一定规模，便于组织游览和管理等需要，在规划中划定，在总体规划批准后确认生效。

在风景名胜区外围根据保持景观特色，维护风景名胜区自然环境和生态平衡，防止污染和控制建设活动等需要，在风景名胜区规划中划定保护地带。保持原行政管理和隶属关系不变。对该保护地带，在风景区规划批准后，由风景名胜区管理机构根据规划提出环境要求，由当地行政管理机关实施。

第二十四条 风景名胜区规划审批：

（一）市、县级风景名胜区规划，由市、县城乡建设部门审查后，报市、县人民政府审批，并向省级城乡建设主管部门备案。

（二）省级风景名胜区规划，由风景名胜区管理机构所在市、县人民政府报省、自治区、直辖市人民政府审批，并向城乡建设环境保护部备宰。

（三）国家重点风景名胜区规划，由所在省、自治区、直辖市人民政府报国务院审批。

（四）国家重点风景名胜区的详细规划，一般由所在省、自治区、直辖市建设厅（建委）审批。特殊重要的区域详细规划，经省级建设部门审查后报建设部审批。

第二十五条 报送审批国家重点风景名胜区规划文件的规定见本办法附件三。

第二十六条 风景名胜区规划批准后，必须严格执行，任何组织和个人不得擅自改变。如确实需要对规划作重大修改或需要增建重大工程项目时，必须经过风景名胜区主管部门同意报原受理审批的人民政府批准。

第四章 建设

第二十七条 任何单位和个人在风景名胜区内占用土地，建设房屋或其他工程等都要经风景名胜区管理机构按规划进行审查同意，按有关规定，办理审批手续。

要严格控制风景名胜区内的建设规模，风景名胜区土地和设施都应有偿使用。

第二十八条 在《风景名胜区管理暂行条例》发布前，已经占用风景名胜区的单位和个人，由管辖的人民政府、管理机构或主管部门根据《条例》和本办法进行清理，区别情况，分别对待。凡属污染环境，破坏景观和自然风貌，严重妨碍游览活动的都要限期治理或逐步迁出；迁出前，不得扩建、新建设施。风景名胜区内原有的有碍景观的工程设施，要按规划要求进行遮掩，改造或者拆除。

第二十九条 在风景名胜区及其外围保护地带内不得建设工矿企业、铁路、站场、仓库、医院等同风景和游览无关或破坏景观、污染环境、妨碍游览的单位和设施。按规划建设的各项设施，其布局、高度、体量、造型和色彩等，都必须与周围景观和环境相协调。

第三十条 在游人集中的游览区和自然环境保留地内，不得建设旅馆、招待所、休疗养机构、管理机构、生活区以及其他大型工程等设施。

第三十一条 风景名胜区建设项目，特别是特殊重要的工程项目，如大型水库、公路、火车站、缆车索道等，其可行性研究报告或设计任务书，在报请计划主管部门审批之前，必须经同级城乡建设主管部门审查同意。工程的初步设计分别由地方各级城乡建设部门审批。未经风景名胜区管理机构签证许可，任何工程均不得施工。

风景名胜区规划批准前不得兴建重大建设项目。个别特需兴建的，其规模与选址必须经过可行性分析和技术论证，经风景名胜区管理机构同意，报上一级城乡建设部门审批。

第三十二条 在风景名胜区及其外围保护地带内各项建设项目在施工过程中，必须采取有效措施保护景物及周围的林木、植被、水体、地貌，不得造成污染和破坏。施工结束后，必须及时清理场地，进行绿化，恢复环境原貌。

第三十三条 风景名胜区管理机构应以规划为依据，积极组织各项设施的统一开发建设和管理。集中各个渠道的资金，用于风景名胜区维护和开发建设。任何建设项目，都不能违反规划，不得为了争取资金而迁就投资单位的不合理要求。

第五章 管理

第三十四条 为使各类风景名胜资源都受到保护，使各有关事业协调发展，风景名胜区管理机构对设在风景名胜区范围内的园林、文物、环保、农林、科研、宗教、工交、商业、服务、环卫、治安等所有单位实行统一规划和管理。各单位的原有业务渠道和经费渠道不变。

风景名胜区内所有单位和个人，应遵守风景名胜区规划，服从统一管理。

第三十五条 风景名胜区要加强治安、安全管理，要设置维护游览秩序和治安的机构或专门人员，配备必要的装备，加强治安巡逻和检查。对寻衅闹事、扰乱秩序和进行违法犯罪活动的不法分子，要严厉打击，确保国家财产和游人的安全。对船、车、缆车、索道、码头等交通设施、游览活动器械、险要道路、繁忙道口及危险地段要定期检查，落实责任制度，加强管理和维护，及时排除危岩险石和其他不安全因素。在危险地段及水域或猛兽出没、有害生物生长地区要设置安全标志，作出防范说明。在没有安全保障的区域，不得开展游览活动。

第三十六条 风景名胜区要有计划地组织游览活动。风景名胜区管理机构，应同有关地区的交通、铁道、公安等部门密切配合，安排好输送游人的计划和做好疏导工作，禁止超过允许容量接纳游人。因超容量引起的人身安全和景物破坏事故，要追究有关领导和管理者的责任。

第三十七条 风景名胜区要妥善处理生活污水、垃圾，不断改善环境卫生。加强监督和检查，严禁随意排泄或倾倒。要按照国家规定，加强对饮食和服务业的卫生管理，对于不符合规定和卫生要求的要及时处理。

第三十八条 风景名胜区应当有计划地组织当地群众，发展具有地方特色的生产和服务事业；生产游览纪念品，提供多种服务，停止那些破坏景观、污染环境的生产事业。

第三十九条 在风景名胜区内进行经营活动的单位和个人，都必须经风景名胜区管理机构同意并持有营业执照，在规定的区域和营业范围经营。

第四十条 风景名胜区应根据资源的特点，开展多种多样的游览休息和科学文化活动。有条件的应按照规划逐步地建立游人咨询中心，采取多种形式介绍风景名胜区，指导游览活动，提供服务。风景名胜区的一切游览活动都要讲求科学、文明、有益于人们身心健康，排除低级、落后、迷信等不健康的活动。

第四十一条 风景名胜区要做好文明游览的宣传教育工作。引导游人遵守公共秩序，爱护风景名胜资源，爱护公物，注重卫生。每个风景名胜区都要制定游览注意事项，认真贯彻执行。

第四十二条 风景名胜区应当建立健全档案制度，对风景名胜区的历史沿革、资源状况、范围界限，生态环境、各项设施、建设活动、生产经济、游览接待等情况进行调查统计研究，形成完整的资料，妥善保存。

第四十三条 风景名胜区要加强职工队伍的建设，提高职工的素质。要采取脱产学习、业余学习、轮训和游览淡季集训等多种形式，提高职工队伍的政治素质和文化技术水平，掌握风景名胜区工作的基本知识和方法。对风景名胜区的领导干部和骨干人员，都要进行风景名胜区管理的专门培训。

第六章　附则

第四十四条 本办法附件一为《风景名胜区调查评价提纲》；附件二为《关于申请列为国家重点风景名胜区申报材料的规定》；附件三为《关于风景名胜区规划内容和上报材料的规定》。三个附件均为本办法的组成部分。

第四十五条 本办法适用于全国各级风景名胜区。

第四十六条 各地可根据《风景名胜区管理暂行条例》和本办法制订实施细则。

第四十七条 本办法由城乡建设环境保护部负责解释。

第四十八条 本办法于发布之日起施行。

3 中华人民共和国自然保护区条例

（1994年9月2日国务院第二十四次常务会议讨论通过，1994年10月9日中华人民共和国国务院令第167号发布　自1994年12月1日起施行）

第一章　总则

第一条　为了加强自然保护区的建设和管理，保护自然环境和自然资源，制定本条例。

第二条　本条例所称自然保护区，是指对有代表性的自然生态系统、珍稀濒危野生动植物物种的天然集中分布区、有特殊意义的自然遗迹等保护对象所在的陆地、陆地水体或者海域，依法划出一定面积予以特殊保护和管理的区域。

第三条　凡在中华人民共和国领域和中华人民共和国管辖的其他海域内建设和管理自然保护区，必须遵守本条例。

第四条　国家采取有利于发展自然保护区的经济、技术政策和措施，将自然保护区的发展规划纳入国民经济和社会发展计划。

第五条　建设和管理自然保护区，应当妥善处理与当地经济建设和居民生产、生活的关系。

第六条　自然保护区管理机构或者其行政主管部门可以接受国内外组织和个人的捐赠，用于自然保护区的建设和管理。

第七条　县级以上人民政府应当加强对自然保护区工作的领导。

一切单位和个人都有保护自然保护区内自然环境和自然资源的义务，并有权对破坏、侵占自然保护区的单位和个人进行检举、控告。

第八条　国家对自然保护区实行综合管理与分部门管理相结合的管理体制。

国务院环境保护行政主管部门负责全国自然保护区的综合管理。

国务院林业、农业、地质矿产、水利、海洋等有关行政主管部门在各自的职责范围内，主管有关的自然保护区。

县级以上地方人民政府负责自然保护区管理的部门的设置和职责，由省、自治区、直辖市人民政府根据当地具体情况确定。

第九条　对建设、管理自然保护区以及在有关的科学研究中做出显著成绩的单位和个人，由人民政府给予奖励。

第二章　自然保护区的建设

第十条　凡具有下列条件之一的，应当建立自然保护区：

（一）典型的自然地理区域、有代表性的自然生态系统区域以及已经遭受破坏但经保护能够恢复的同类自然生态系统区域；

（二）珍稀、濒危野生动植物物种的天然集中分布区域；

（三）具有特殊保护价值的海域、海岸、岛屿、湿地、内陆水域、森林、草原和荒漠；

（四）具有重大科学文化价值的地质构造、著名溶洞、化石分布区、冰川、火山、温泉等自然遗迹；

（五）经国务院或者省、自治区、直辖市人民政府批准，需要予以特殊保护的其他自然区域。

第十一条　自然保护区分为国家级自然保护区和地方级自然保护区。

在国内外有典型意义，在科学上有重大国际影响或者有特殊科学研究价值的自然保护区，列为国家级自然保护区。

除列为国家级自然保护区的外，其他具有典型意义或者重要科学研究价值的自然保护区列为地方级自然保护区。地方级自然保护区可以分级管理，具体办法由国务院有关自然保护区行政主管部门或者省、自治区、直辖市人民政府根据实际情况规定，报国务院环境保护行政主管部门备案。

第十二条　国家级自然保护区的建立，由自然保护区所在的省、自治区、直辖市人民政府或者国务院有关自然保护区行政主管部门提出申请，经国家级自然保护区评审委员会评审后，由国务院环境保护行政主管部门进行协调并提出审批建议，报国务院批准。

地方级自然保护区的建立，由自然保护区所在的县、自治县、市、自治州人民政府或者省、自治区、直辖市人民政府有关自然保护区行政主管部门提出申请，经地方级自然保护区评审委员会评审后，由省、自治区、直辖市人民政府环境保护行政主管部门进行协调并提出审批建议，报省、自治区、直辖市人民政府批准，并报国务院环境保护行政主管部门和国务院有关自然保护区行政主管部门备案。

跨两个以上行政区域的自然保护区的建立，由有关行政区域的人民政府协商一致后提出申请，并按照前两款规定的程序审批。

建立海上自然保护区，须经国务院批准。

第十三条　申请建立自然保护区，应当按照国家有关规定填报建立自然保护区申报书。

第十四条　自然保护区的范围和界线由批准建立自然保护区的人民政府确定，并标明区界，予以公告。

确定自然保护区的范围和界线，应当兼顾保护对象的完整性和适度性，以及当地经济建设和居民生产、生活的需要。

第十五条　自然保护区的撤销及其性质、范围、界线的调整或者改变，应当经原批准建立自然保护区的人民政府批准。

任何单位和个人，不得擅自移动自然保护区的界标。

第十六条　自然保护区按照下列方法命名：

国家级自然保护区：自然保护区所在地地名加“国家级自然保护区”。

地方级自然保护区：自然保护区所在

地地名加“地方级自然保护区”。

有特殊保护对象的自然保护区，可以在自然保护区所在地地名后加特殊保护对象的名称。

第十七条 国务院环境保护行政主管部门应当会同国务院有关自然保护区行政主管部门，在对全国自然环境和自然资源状况进行调查和评价的基础上，拟订国家自然保护区发展规划，经国务院计划部门综合平衡后，报国务院批准实施。

自然保护区管理机构或者该自然保护区行政主管部门应当组织编制自然保护区的建设规划，按照规定的程序纳入国家的、地方的或者部门的投资计划，并组织实施。

第十八条 自然保护区可以分为核心区、缓冲区和实验区。

自然保护区内保存完好的天然状态的生态系统以及珍稀、濒危动植物的集中分布地，应当划为核心区，禁止任何单位和个人进入；除依照本条例第二十七条的规定经批准外，也不允许进入从事科学研究活动。

核心区外围可以划定一定面积的缓冲区，只准进入从事科学研究观测活动。

缓冲区外围划为实验区，可以进入从事科学试验、教学实习、参观考察、旅游以及驯化、繁殖珍稀、濒危野生动植物等活动。

原批准建立自然保护区的人民政府认为必要时，可以在自然保护区的外围划定一定面积的外围保护地带。

第三章 自然保护区的管理

第十九条 全国自然保护区管理的技术规范和标准，由国务院环境保护行政主管部门组织国务院有关自然保护区行政主管部门制定。

国务院有关自然保护区行政主管部门可以按照职责分工，制定有关类型自然保护区管理的技术规范，报国务院环境保护行政主管部门备案。

第二十条 县级以上人民政府环境保护行政主管部门有权对本行政区域内各类自然保护区的管理进行监督检查；县级以上人民政府有关自然保护区行政主管部门有权对其主管的自然保护区的管理进行监督检查，被检查的单位应当如实反映情况，提供必要的资料。检查者应当为被检查的单位保守技术秘密和业务秘密。

第二十一条 国家级自然保护区，由其所在地的省、自治区、直辖市人民政府有关自然保护区行政主管部门或者国务院有关自然保护区行政主管部门管理。地方级自然保护区，由其所在地的县级以上地方人民政府有关自然保护区行政主管部门管理。

有关自然保护区行政主管部门应当在自然保护区内设立专门的管理机构，配备专业技术人员，负责自然保护区的具体管理工作。

第二十二条 自然保护区管理机构的主要职责是：

（一）贯彻执行国家有关自然保护的法律、法规和方针、政策；

（二）制定自然保护区的各项管理制度，统一管理自然保护区；

（三）调查自然资源并建立档案，组织环境监测，保护自然保护区内的自然环境和自然资源；

（四）组织或者协助有关部门开展自然保护区的科学研究工作；

（五）进行自然保护的宣传教育；

（六）在不影响保护自然保护区的自然环境和自然资源的前提下，组织开展参观、旅游等活动。

第二十三条 管理自然保护区所需经费，由自然保护区所在地的县级以上地方人民政府安排。国家对国家级自然保护区的管理，给予适当的资金补助。

第二十四条 自然保护区所在地的公安机关，可以根据需要在自然保护区设置公安派出机构，维护自然保护区内的治安秩序。

第二十五条 在自然保护区内的单位、居民和经批准进入自然保护区的人员，必须遵守自然保护区的各项管理制度，接受自然保护区管理机构的管理。

第二十六条 禁止在自然保护区内进行砍伐、放牧、狩猎、捕捞、采药、开垦、烧荒、开矿、采石、挖沙等活动；但是，法律、行政法规另有规定的除外。

第二十七条 禁止任何人进入自然保护区的核心区。因科学研究的需要，必须进入核心区从事科学研究观测、调查活动的，应当事先向自然保护区管理机构提交申请和活动计划，并经省级以上人民政府有关自然保护区行政主管部门批准；其中，进入国家级自然保护区核心区的，必须经国务院有关自然保护区行政主管部门批准。

自然保护区核心区内原有居民确有必要迁出的，由自然保护区所在地的地方人民政府予以妥善安置。

第二十八条 禁止在自然保护区的缓冲区开展旅游和生产经营活动。因教学科研的目的，需要进入自然保护区的缓冲区从事非破坏性的科学研究、教学实习和标本采集活动的，应当事先向自然保护区管理机构提交申请和活动计划，经自然保护区管理机构批准。

从事前款活动的单位和个人，应当将其活动成果的副本提交自然保护区管理机构。

第二十九条 在国家级自然保护区的实验区开展参观、旅游活动的，由自然保护区管理机构提出方案，经省、自治区、直辖市人民政府有关自然保护区行政主管部门审核后，报国务院有关自然保护区行政主管部门批准；在地方级自然保护区的实验区开展参观、旅游活动的，由自然保护区管理机构提出方案，经省、自治区、直辖市人民政府有关自然保护区行政主管部门批准。

在自然保护区组织参观、旅游活动的，必须按照批准的方案进行，并加强管理；进入自然保护区参观、旅游的单位和个人，应当服从自然保护区管理机构的管理。

严禁开设与自然保护区保护方向不一致的参观、旅游项目。

第三十条 自然保护区的内部未分区的，依照本条例有关核心区和缓冲区的规定管理。

第三十一条 外国人进入地方级自然保护区的，接待单位应当事先报经省、自治区、直辖市人民政府有关自然保护区行政主管部门批准；进入国家级自然保护区的，接待单位应当报经国务院有关自然保护区行政主管部门批准。

进入自然保护区的外国人，应当遵守有关自然保护区的法律、法规和规定。

第三十二条 在自然保护区的核心区和缓冲区内，不得建设任何生产设施。在自然保护区的实验区内，不得建设污染环境、破坏资源或者景观的生产设施；建设其他项目，其污染物排放不得超过国家和地方规定的污染物排放标准。在自然保护区的实验区内已经建成的设施，其污染物排放超过国家和地方规定的排放标准的，应当限期治理；造成损害的，必须采取补救措施。

在自然保护区的外围保护地带建设的项目，不得损害自然保护区内的环境质量；已造成损害的，应当限期治理。

限期治理决定由法律、法规规定的机关作出，被限期治理的企业事业单位必须按期完成治理任务。

第三十三条 因发生事故或者其他突然性事件，造成或者可能造成自然保护区污染或者破坏的单位和个人，必须立即采取措施处理，及时通报可能受到危害的单位和居民，并向自然保护区管理机构、当地环境保护行政主管部门和自然保护区行政主管部门报告，接受调查处理。

第四章 法律责任

第三十四条 违反本条例规定，有下列行为之一的单位和个人，由自然保护区管理机构责令其改正，并可以根据不同情节处以100元以上5000元以下的罚款：

（一）擅自移动或者破坏自然保护区界标的；

（二）未经批准进入自然保护区或者在自然保护区内不服从管理机构管理的；

（三）经批准在自然保护区的缓冲区内从事科学研究、教学实习和标本采集的单位和个人，不向自然保护区管理机构提交活动成果副本的。

第三十五条 违反本条例规定，在自然保护区进行砍伐、放牧、狩猎、捕捞、采药、开垦、烧荒、开矿、采石、挖沙等活动的单位和个人，除可以依照有关法律、行政法规规定给予处罚的以外，由县级以上人民政府有关自然保护区行政主管部门或者其授权的自然保护区管理机构没收违法所得，责令停止违法行为，限期恢复原状或者采取其他补救措施；对自然保护区造成破坏的，可以处以300元以上10000元以下的罚款。

第三十六条 自然保护区管理机构违反本条例规定，拒绝环境保护行政主管部门或者有关自然保护区行政主管部门监督检查，或者在被检查时弄虚作假的，由县级以上人民政府环境保护行政主管部门或者有关自然保护区行政主管部门给予300元以上3000元以下的罚款。

第三十七条 自然保护区管理机构违反本条例规定，有下列行为之一的，由县级以上人民政府有关自然保护区行政主管部门责令限期改正；对直接责任人员，由其所在单位或者上级机关给予行政处分。

（一）未经批准在自然保护区开展参观、旅游活动的；

（二）开设与自然保护区保护方向不一致的参观、旅游项目的；

（三）不按照批准的方案开展参观、旅游活动的。

第三十八条 违反本条例规定，给自然保护区造成损失的，由县级以上人民政府有关自然保护区行政主管部门责令赔偿损失。

第三十九条 妨碍自然保护区管理人员执行公务的，由公安机关依照《中华人民共和国治安管理处罚条例》的规定给予处罚；情节严重，构成犯罪的，依法追究刑事责任。

第四十条 违反本条例规定，造成自然保护区重大污染或者破坏事故，导致公私财产重大损失或者人身伤亡的严重后果，构成犯罪的，对直接负责的主管人员和其他直接责任人员依法追究刑事责任。

第四十一条 自然保护区管理人员滥用职权、玩忽职守、徇私舞弊，构成犯罪的，依法追究刑事责任；情节轻微，尚不构成犯罪的，由其所在单位或者上级机关给予行政处分。

第五章 附则

第四十二条 国务院有关自然保护区行政主管部门可以根据本条例，制定有关类型自然保护区的管理办法。

第四十三条 各省、自治区、直辖市人民政府可以根据本条例，制定实施办法。

第四十四条 本条例自1994年12月1日起施行。

4 中华人民共和国城市规划法

（1989 年 12 月 26 日第七届全国人民代表大会常务委员会第十一次会议通过。自 1990 年 4 月 1 日起施行）

第一章　总则

第一条　为了确定城市的规模和发展方向，实现城市的经济和社会发展目标，合理地制定城市规划和进行城市建设，适应社会主义现代化建设的需要，制定本法。

第二条　制定和实施城市规划，在城市规划区内进行建设，必须遵守本法。

第三条　本法所称城市，是指国家按行政建制设立的直辖市、市、镇。

本法所称城市规划区，是指城市市区、近郊区以及城市行政区域内因城市建设和发展需要实行规划控制的区域。城市规划区的具体范围，由城市人民政府在编制的城市总体规划中划定。

第四条　国家实行严格控制大城市规模、合理发展中等城市和小城市的方针，促进生产力和人口的合理布局。

大城市是指市区和近郊区非农业人口五十万以上的城市。

中等城市是指市区和近郊区非农业人口二十万以上、不满五十万的城市。

小城市是指市区和近郊区非农业人口不满二十万的城市。

第五条　城市规划必须符合我国国情，正确处理近期建设和远景发展的关系。

在城市规划区内进行建设，必须坚持适用、经济的原则，贯彻勤俭建国的方针。

第六条　城市规划的编制应当依据国民经济和社会发展规划以及当地的自然环境、资源条件、历史情况、现状特点，统筹兼顾，综合部署。

城市规划确定的城市基础设施建设项目，应当按照国家基本建设程序的规定纳入国民经济和社会发展计划，按计划分步实施。

第七条　城市总体规划应当和国土规划、区域规划、江河流域规划、土地利用总体规划相协调。

第八条　国家鼓励城市规划科学技术研究，推广先进技术，提高城市规划科学技术水平。

第九条　国务院城市规划行政主管部门主管全国的城市规划工作。县级以上地方人民政府城市规划行政主管部门主管本行政区域内的城市规划工作。

第十条　任何单位和个人都有遵守城市规划的义务，并有权对违反城市规划的行为进行检举和控告。

第二章　城市规划的制定

第十一条　国务院城市规划行政主管部门和省、自治区、直辖市人民政府应当分别组织编制全国和省、自治区、直辖市的城镇体系规划，用以指导城市规划的编制。

第十二条　城市人民政府负责组织编制城市规划。县级人民政府所在地镇的城市规划，由县级人民政府负责组织编制。

第十三条　编制城市规划必须从实际出发，科学预测城市远景发展的需要；应当使城市的发展规模、各项建设标准、定额指标、开发程序同国家和地方的经济技术发展水平相适应。

第十四条　编制城市规划应当注意保护和改善城市生态环境，防止污染和其他公害，加强城市绿化建设和市容环境卫生建设，保护历史文化遗产、城市传统风貌、地方特色和自然景观。

编制民族自治地方的城市规划，应当注意保持民族传统和地方特色。

第十五条　编制城市规划应当贯彻有利生产、方便生活、促进流通、繁荣经济、促进科学技术文化教育事业的原则。

编制城市规划应当符合城市防火、防爆、抗震、防洪、防泥石流和治安、交通管理、人民防空建设等要求；在可能发生强烈地震和严重洪水灾害的地区，必须在规划中采取相应的抗震、防洪措施。

第十六条　编制城市规划应当贯彻合理用地、节约用地的原则。

第十七条　编制城市规划应当具备勘察、测量及其他必要的基础资料。

第十八条　编制城市规划一般分总体规划和详细规划两个阶段进行。大城市、中等城市为了进一步控制和确定不同地段的土地用途、范围和容量。协调各项基础设施和公共设施的建设，在总体规划基础上，可以编制分区规划。

第十九条　城市总体规划应当包括：城市的性质、发展目标和发展规模，城市主要建设标准和定额指标，城市建设用地布局、功能分区和各项建设的总体部署，城市综合交通体系和河湖、绿地系统，各项专业规划，近期建设规划。

设市城市和县级人民政府所在地镇的总体规划，应当包括市或者县的行政区域的城镇体系规划。

第二十条　城市详细规划应当在城市总体规划或者分区规划的基础上，对城市近期建设区域内各项建设作出具体规划。

城市详细规划应当包括：规划地段各项建设的具体用地范围，建筑密度和高度等控制指标，总平面布置、工程管线综合规划和竖向规划。

第二十一条　城市规划实行分级审批。

直辖市的城市总体规划，由直辖市人民政府报国务院审批。

省和自治区人民政府所在地城市、城市人口在一百万以上的城市及国务院指定的其他城市的总体规划，由省、自治区人民政府审查同意后，报国务院审批。

本条第二款和第三款规定以外的设市城市和县级人民政府所在地镇的总体规划，报省、自治区、直辖市人民政府审批，其中市管辖的县级人民政府所在地镇的总体规划，报市人民政府审批。

前款规定以外的其他建制镇的总体规划，报县级人民政府审批。

城市人民政府和县级人民政府在向上级人民政府报请审批城市总体规划前，须经同级人民代表大会或者其常务委员会审查同意。

城市分区规划由城市人民政府审批。

城市详细规划由城市人民政府审批；编制分区规划和城市的详细规划，除重要的详细规划由城市人民政府审批外，由城市人民政府城市规划行政主管部门审批。

第二十二条 城市人民政府可以根据本市经济和社会发展需要，对城市总体规划进行局部调整，报同级人民代表大会常务委员会和原批准机关备案；但涉及城市性质、规模、发展方向和总体布局重大变更的，须经同级人民代表大会或者其常务委员会审查同意后报原批准机关审批。

第三章 城市新区开发和旧区改建

第二十三条 城市新区开发和旧区改建必须坚持统一规划、合理布局、因地制宜、综合开发、配套建设的原则。各项建设工程的选址、定点，不得妨碍城市的发展，危害城市的安全，污染和破坏城市环境，影响城市各项功能的协调。

第二十四条 新建铁路编组站、铁路货运干线、过境公路、机场和重要军事设施等应当避开市区。

港口建设应当兼顾城市岸线的合理分配和利用，保障城市生活岸线用地。

第二十五条 城市新区开发应当具备水资源、能源、交通、防灾等建设条件，并应当避开地下矿藏、地下文物古迹。

第二十六条 城市新区开发应当合理利用城市现有设施。

第二十七条 城市旧区改建应当遵循加强维护、合理利用、调整布局、逐步改善的原则，统一规划，分期实施，并逐步改善居住和交通运输条件，加强基础设施和公共设施建设，提高城市的综合功能。

第四章 城市规划的实施

第二十八条 城市规划经批准后，城市人民政府应当公布。

第二十九条 城市规划区内的土地利用和各项建设必须符合城市规划，服从规划管理。

第三十条 城市规划区内的建设，工程的选址和布局必须符合城市规划。设计任务书报请批准时，必须附有城市规划行政主管部门的选址意见书。

第三十一条 在城市规划区内进行建设需要申请用地的，必须持国家批准建设项目的有关文件，向城市规划行政主管部门申请定点，由城市规划行政主管部门核定其用地位置和界限，提供规划设计条件，核发建设用地规划许可证。建设单位或者个人在取得建设用地规划许可证后，方可向县级以上地方人民政府土地管理部门申请用地，经县级以上人民政府审查批准后，由土地管理部门划拨土地。

第三十二条 在城市规划区内新建、扩建和改建建筑物，构筑物、道路、管线和其他工程设施，必须持有关批准文件向城市规划行政主管部门提出申请，由城市规划行政主管部门根据城市规划提出的规划设计要求，核发建设工程规划许可证件。建设单位或者个人在取得建设工程规划许可证件和其他有关批准文件后，方可申请办理开工手续。

第三十三条 在城市规划区内进行临时建设，必须在批准的使用期限内拆除。临时建设和临时用地的具体规划管理办法由省、自治区、直辖市人民政府制定。

禁止在批准临时使用的土地上建设永久性建筑物、构筑物和其他设施。

第三十四条 任何单位和个人必须服从城市人民政府根据城市规划作出的调整用地决定。

第三十五条 任何单位和个人不得占用道路、广场、绿地、高压供电走廊和压占地下管线进行建设。

第三十六条 在城市规划区内进行挖取砂石、土方等活动，须经有关主管部门批准，不得破坏城市环境，影响城市规划的实施。

第三十七条 城市规划行政主管部门有权对城市规划区内的建设工程是否符合规划要求进行检查。被检查者应当如实提供情况和必要的资料，检查者有责任为被检查者保守技术秘密和业务秘密。

第三十八条 城市规划行政主管部门可以参加城市规划区内重要建设工程的竣工验收。城市规划区内的建设工程，建设单位应当在竣工验收后六个月内向城市规划行政主管部门报送有关竣工资料。

第五章 法律责任

第三十九条 在城市规划区内，未取得建设用地规划许可证而取得建设用地批准文件、占用土地的，批准文件无效，占用的土地由县级以上人民政府责令退回。

第四十条 在城市规划区内，未取得建设工程规划许可证件或者违反建设工程规划许可证件的规定进行建设，严重影响城市规划的，由县级以上地方人民政府城市规划行政主管部门责令停止建设，限期拆除或者没收违法建筑物、构筑物或者其他设施；影响城市规划，尚可采取改正措施的，由县级以上地方人民政府城市规划行政主管部门责令限期改正，并处罚款。

第四十一条 对未取得建设工程规划许可证件或者违反建设工程规划许可证件的规定进行建设的单位的有关责任人员，可以由其所在单位或者上级主管机关给予行政处分。

第四十二条 当事人对行政处罚决定不服的，可以在接到处罚通知之日起十五日内，向作出处罚决定的机关的上一级机关申请复议；对复议决定不服的，可以在接到复议决定之日起十五日内，向人民法院起诉。当事人也可以在接到处罚通知之日起十五日内，直接向人民法院起诉。当事人逾期不申请复议、也不向人民法院起诉、又不履行处罚决定的，由作出处罚决定的机关申请人民法院强制执行。

第四十三条 城市规划行政主管部门工作人员玩忽职守、滥用职权、徇私舞弊的，由其所在单位或者上级主管机关给予行政处分；构成犯罪的，依法追究刑事责任。

第六章 附则

第四十四条 未设镇建制的工矿区的居民点，参照本法执行。

第四十五条 国务院城市规划行政主管部门根据本法制定实施条例，报国务院批准后施行。

省、自治区、直辖市人民代表大会常务委员会可以根据本法制定实施办法。

第四十六条 本法自1990年4月1日起施行。国务院发布的《城市规划条例》同时废止。

5 中华人民共和国土地管理法

（1986年6月25日第六届全国人民代表大会常务委员会第十六次会议通过1988年12月29日第七届全国人民代表大会常务委员会第五次会议修正）

第一章　总则

第一条　为了加强土地管理，维护土地的社会主义公有制、保护开发土地资源，合理利用土地、切实保护耕地，适应社会主义现代化建设的需要，特制定本法。

第二条　中华人民共和国实行土地的社会主义公有制，即全民所有制和劳动群众集体所有制。

任何单位和个人不得侵占、买卖或者以其他形式非法转让土地。

国家为了公共利益的需要，可以依法对集体所有的土地实行征用。

国有土地和集体所有的土地的使用权可以依法转让。土地使用权转让的具体办法，由国务院另行规定。

国家依法实行国有土地有偿使用制度。国有土地有偿使用的具体办法，由国务院另行规定。

第三条　各级人民政府必须贯彻执行十分珍惜和合理利用土地的方针，全面规划、加强管理，保护、开发土地资源，制止耕地和滥用土地的行为。

第四条　在保护和开发土地资源、合理利用土地以及进行有关的科学研究等方面成绩显著的单位和个人，由人民政府给予奖励。

第五条　国务院土地管理部门主管全国土地的统一管理工作。

县级以上地方人民政府土地管理部门主管本行政区域内的土地的统一管理工作，机构设置由省、自治区、直辖市根据实际情况确定。

乡级人民政府负责本行政区域内的土地管理工作。

第二章　土地的所有权和使用权

第六条　城市市区的土地属于全民所有即国家所有。

农村和城市郊区的土地，除法律规定属于国家所有的以外，属于集体所有；宅基地和自用地、自留山，属于集体所有。

第七条　国有土地可以依法确定给全民所有制单位或者集体所有制单位使用，国有土地和集体所有的土地可以依法确定给个人使用。使用土地的单位和个人，有保护、管理和合理利用土地的义务。

第八条　集体所有的土地依照法律属于村农民集体所有，由村农业生产合作社等农业集体经济组织或者村民委员会经营、管理。已经属于乡（镇）农民集体经济组织所有的，可以属于乡（镇）农民集体所有。

村农民集体所有的土地已经分别属于村内两个以上农业集体经济组织所有的，可以属于各该农业集体经济组织的农民集体所有。

第九条　集体所有的土地，由县级人民政府登记造册，核发证书，确认所有权。

全民所有制单位、集体所有制单位和个人依法使用的国有土地，由县级以上地方人民政府登记造册，核发证书，确认使用权。

确认林地、草原的所有权或者使用权的，确认水面、滩涂的养殖使用权，分别依照《森林法》、《草原法》和《渔业法》的有关规定办理。

第十条　依法改变土地的所有权或者使用权的，必须办理土地权属变更登记手续，更换证书。

第十一条　土地的所有权和使用仅受法律保护，任何单位和个人不得侵犯。

第十二条　集体所有的土地，全民所有制单位、集体所有制单位使用的国有土地，可以由集体或者个人承包经营，从事农、林、牧、渔业生产。

承包经营土地的集体或者个人，有保护和按照承包合同规定的用途合理利用土地的义务。

土地的承包经营权受法律保护。

第十三条　土地所有权和使用权争议，由当事人协商解决；协商不成的，由人民政府处理。

全民所有制单位之间、集体所有制单位之间、全民所有制单位和集体所有制单位之间的土地所有权和使用权争议，由县级以上人民政府处理。

个人之间、个人与全民所有制单位和集体所有制单位之间的土地使用权争议，由乡级人民政府或者县级人民政府处理。

当事人对有关人民政府的处理决定不服的，可以在接到处理决定通知之日起30日内，向人民法院起诉。

在土地所有权和使用权争议解决以前，使用一方不得改变土地现状，不得破坏土地上的附着物。

第三章　土地的利用和保护

第十四条　国家建立土地调查统计制度。县级以上人民政府土地管理部门会同有关部门进行土地调查统计。

第十五条　各级人民政府编制土地利用总体规划，地方人民政府的土地利用总体规划经上级人民政府批准执行。

第十六条　城市规划和土地利用总体规划应当协调。在城市规划区内，土地利用应当符合城市规划。

在江河、湖泊的安全区内，土地利用应当符合江河、湖泊综合开发利用规划。

第十七条　开发国有荒山、荒地、滩涂用于农、林、牧、渔业生产的，由县级以上人民政府批准，可以确定给开发单位使用。

第十八条　采矿、取土后能够复垦的土地，用地单位或者个人应当负责复垦，恢复利用。

第十九条 使用国有土地，有下列情况之一的，由土地管理部门报县级以上人民政府批准，收回用地单位的土地使用权，注销土地使用证：

一、用地单位已经撤销或者迁移的；

二、未经原批准机关同意，连续2年未使用的；

三、不按批准的用途使用的；

四、公路、铁路、机场、矿场等经核准报废的。

第二十条 各级人民政府应当采取措施，保护耕地，维护排灌工程设施，改良土壤、提高地力，防治土地沙化、盐渍化、水土流失、制止荒废、破坏耕地的行为。

国家建设和乡（镇）村建设必须节约使用土地，可以利用荒地的，不得占用耕地；可以利用劣地的，不得占用好地。

第四章 国家建设用地

第二十一条 国家进行经济、文化、国防建设以及兴办社会公共事业，需要征用集体所有的土地或者使用国有土地的，按照本章规定办理。

第二十二条 按照国家规定，列入国家固定资产投资计划的或者准许建设的国家建设项目，经过批准，建设单位方可申请用地。

第二十三条 国家建设征用土地，建设单位必须持国务院主管部门或者县级以上地方人民政府按照国家基本建设程序批准的设计任务书或者其他批准文件，向县级以上地方人民政府土地管理部门提出申请，经县级以上人民政府审查批准后，由土地管理部门划拨土地。

国家建设征用土地，被征地单位应当服从国家需要，不得阻挠。

第二十四条 国家建设所征用的集体所有的土地，所有权属于国家，用地单位只有使用权。

第二十五条 国家建设征用耕地1000亩以上，其他土地2000亩以上的，由国务院批准。

征用省、自治区行政区域内的土地，由省、自治区人民政府批准；征用耕地3亩以上，其他土地10亩以下的，由县级人民政府批准；省辖市、自治州人民政府的批准权限，由省、自治区人民代表大会常务委员会决定。

征用直辖市行政区域内的土地，由直辖市人民政府批准直辖市区的人民政府和县人民政府的批准权限，由直辖市人民代表大会常务委员会决定。

第二十六条 一个建设项目需要使用的土地，应当根据总体设计一次申请批准，不得化整为零。分期建设的项目，应当分期征地，不得先征待用。铁路、公路和输油、输水等管线建设需要使用的土地，可以分段申请批准，办理征地手续。

第二十七条 国家建设征用土地，由用地单位支付土地补偿费。征用耕地的补偿费，为该耕地被征用前3年平均年产值的3~6倍。征用其他土地的补偿费标准，由省、自治区、直辖市参照征用耕地的补偿费标准规定。

被征用土地上的附着物和青苗的补偿标准，由省、自治区、直辖市规定。

征用城市郊区的菜地，用地单位应当按照国家有关规定缴纳新菜地开发建设基金。

第二十八条 国家建设征用土地，用地单位除支付补偿费外，还应当支付安置补助费。

征用耕地的安置补助费，按照需要安置的农业人口数计算。需要安置的农业人口数，按照被征用的耕地数量除以征地前被征地单位平均每人占有耕地的数量计算。每一个需要安置的农业人口的安置补助费标准，为该耕地被征用前3年平均每亩年产值的2~3倍。但是，每亩补征用耕地的安置补助费，最高不得超过被征用前3年平均产值的10倍。征用其他土地的安置补助费标准，由省、自治区、直辖市参照征用耕地的安置补助费标准规定。

第二十九条 依照本法第二十七条、第二十八条的规定支付土地补偿费和安置补助费，尚不能使需要安置的农民保持原有生活水平的，经省、自治区、直辖市人民政府批准，可以增加安置补助费。但是，土地补偿费和安置补助费的总和不得超过土地被征用前3年平均产值的20倍。

第三十条 国家建设征用土地的各项补偿费和安置补助费，除被征用土地上属于个人的附着物和青苗的补偿费付给本人外，由被征地单位用于发展生产和安排因土地被征用而造成的多余劳动力的就业和不能就业人员的生活补助，不得移作他用，任何单位和个人不得占用。

第三十一条 因国家建设征用土地造成的多余劳动力，由县级以上地方人民政府土地管理部门组织被征地单位、用地单位和有关单位，通过发展农副业生产和举办乡（镇）村企业等途径，加以安置；安置不完的，可以安排符合条件的人员到用地单位或者其他集体所有制单位、全民所有制单位就业，并将相应的安置补助费转拨给吸收劳动力的单位。

被征单位的土地被全部征用的，经省、自治区、直辖市人民政府审查批准，原有的农业户口可以转为非农业户口。原有的集体所有的财产和所得的补偿费、安置补助费，由县级以上地方人民政府与有关乡（镇）村商定处理，用于组织生产和不能就业人员的生活补助，不得私分。

第三十二条 大中型水利、水电工程建设征用土地的补偿费标准和移民安置办法，由国务院另行规定。

第三十三条 工程项目施工，需要材料堆场、运输通路和其他临时设施的，应当尽量在征用的土地范围内安排。确实需要另行增加临时用地的，由建设单位向批准工程项目用地的机关提出临时用地数量和期限的申请，经批准的，同农业集体经济组织签订临时用地协议，并按该土地前3年平均年产值逐年给予补偿。在临时使用的土地上不得修建永久性建筑物，使用期满，建设单位应当恢复土地的生产条件，及时归还。

架设地上线路、铺设地下管线、建设其他地下工程、进行地质勘探等，需要临时使用土地的，由地县级人民政府批准，并按照前款规定给予补偿。

建设单位为选择建设地址，需要对土地进行勘测的，应当征得当地县级人民政府同意；造成损失的，应当给予适当补偿。

第三十四条 国家建设使用国有荒山、荒地以及其他单位使用的国有土地的，按照国家建设征用土地的程序和批准权限经批准后划拨。使用国有荒山、荒地的，无偿划拨。使用其他单位使用的国有土地，原使用单位受到损失的，建设单位应当给予适当补偿；原使用单位需要搬迁的，建设单位应当负责搬迁。

第三十五条 城市集体所有制单位进行建设，需要使用土地的，按照本章规定办理。

第三十六条 全民所有制企业、城市集体所有制企业同农业集体经济组织共同投资举办的联营企业，需要使用集体所有的土地的，必须持国务院主管部门或者县级以上地方人民政府按照国家基本建设程序批准的设计任务书或者其他批准文件，向县级以上地方人民政府土地管理部门提出申请，按照国家建设征用土地的批准权限，经县级以上人民政府批准；经批准使用的土地，可以按照国家建设土地的规定实行征用，也可以由农业集体经济组织按照协议将土地的使用权作为联营条件。

第五章 乡（镇）村建设用地

第三十七条 乡（镇）村建设应当按照合理布局、节约用地的原则制定规划，经县级人民政府批准执行。城市规划区内的乡（镇）村建设规划，经市人民政府批准执行。

农村居民住宅建设，乡（镇）村企业建设，乡（镇）村公共设施、公益事业建设等乡（镇）村建设，应当按照乡（镇）村建设规划进行。

第三十八条 农村居民建住宅，应当使用原有的宅基地和村内空闲地。使用耕地的，经乡级人民政府审核后，报县级人民政府批准；使用原有的宅基地、村内空闲地和其他土地的，由乡级人民政府批准。

农村居民建住宅使用土地，不得超过省、自治区、直辖市规定的标准。

出卖、出租住房后再申请宅基地的，不予批准。

第三十九条 乡（镇）村企业建设需要使用土地的，必须持县级以上地方人民政府批准的设计任务书或者其他批准文件，向县级人民政府土地管理部门提出申请，按照省、自治区、直辖市规定的批准权限，由县级以上地方人民政府批准。

乡（镇）村企业建设用地，必须严格控制。省、自治区、直辖市可以按照乡（镇）村企业的不同行业和经营规模，分别规定用地标准。

乡（镇）办企业建设使用村农民集体所有的土地的，应当按照省、自治区、直辖市的规定，给被用地单位以适当补偿，并妥善安置农民的生产和生活。

第四十条 乡（镇）村公共设施、公益事业建设，需要使用土地的，经乡级人民政府审核，向县级人民政府土地管理部门提出申请，按照省、自治区、直辖市规定的批准权限，由县级以上人民政府批准。

第四十一条 城镇非农业户口居民建住宅，需要使用集体所有的土地的，必须经县级人民政府批准，其用地面积不得超过省、自治区、直辖市规定的标准，并参照国家建设征用土地的标准支付补偿费和安置补助费。

第四十二条 地方各级人民政府可以制定乡（镇）村建设用地控制指标，报上一级人民政府批准执行。

第六章 法律责任

第四十三条 全民所有制单位、城市集体所有制单位未经批准或者采取欺骗手段骗取批准，非法占用土地的，责令退还非法占用的土地，限期拆除或者没收在非法占用的土地上新建的建筑物和其他设施，并处罚款；对非法占用单位的主管人员由其所在单位或者上级机关给予行政处分。

超过批准的用地数量占用土地的，多占的土地按照非法占用土地处理。

第四十四条 乡（镇）村企业未经批准或者采取欺骗手段骗取批准，非法占用土地的，责令退还非法占用的土地，限期拆除或者没收在非法占用的土地上新建的建筑物和其他设施，可以并处罚款。

超过批准的用地数量占用土地的，多占的土地按照非法占用土地处理。

第四十五条 农村居民未经批准或者采取欺骗手段骗取批准，非法占用土地建住宅的，责令退还非法占用的土地，限期拆除或者没收在非法占用的土地上新建的房屋。

第四十六条 城镇非农业户口居民未经批准或者采取欺骗手段骗取批准，非法占用土地建住宅的，责令退还非法占用的土地，限期拆除或者没收在非法占用的土地上新建的房屋。

国家工作人员利用职权，未经批准或者采取欺骗手段骗取批准，非法占用土地建住宅的，责令退还非法占用的土地，限期拆除或者没收在非法占用的土地上新建的房屋，并由其所在单位或者上级机关给予行政处分。

第四十七条 买卖或者以其他形式非法转让土地的，没收非法所得，限期拆除或者没收在买卖或者以其他形式非法转让的土地新建的建筑物和其他设施，并可以对当事人处以罚款；对主管人员由其所在单位或者上级机关给予行政处分。

第四十八条 无权批准征用、使用土地的单位或者个人非法批准占用土地的，超越批准权限非法批准占用土地的，批准文件无效，对非法批准占用土地的单位主管人员或者个人由其所在单位或者上级机关给予行政处分；收受贿赂的，依照《刑法》有关规定追究刑事责任。非法批准占用的土地按照非法占用土地处理。

第四十九条 上级单位或者其他单位非法占用被征地单位的补偿费和安置补助费的，责令退赔，可以并处罚款，对主管人员由其所在单位或者上级机关给予行政处分；个人非法占用的，以贪污论处。

第五十条 依照本法第三十三条的规定临时使用土地，期满不归还的，依照本法第十九条的规定土地使用权被收回，拒不交出土地的，责令交还土地，并处罚款。

第五十一条 违反法律规定，在耕地上挖土、挖沙，采石、采矿等，严重毁坏种植条件的，或者因开发土地，造成土地沙化、盐渍化、水土流失的，责令限期治理，可以并处罚款。

第五十二条 本法规定的行政处罚由县级以上地方人民政府土地管理部门决定，本法第四十五条规定的行政处罚可以由乡级人民政府决定。当事人对行政处罚决定不服的，可以在接到处罚决定通知之日起15日内，向人民法院起诉；期满不起诉又不履行的，由作出处罚决定的机关申请人民法院强制执行。

受到限期拆除新建建筑物和其他设施的处罚的单位和个人，必须立即停止施工。对继续施工的，作出处罚决定的机关有权制止。拒绝、阻碍土地管理工作人员依法执行职务的，依照治安管理处罚条例的有关规定处罚。

第五十三条 侵犯土地的所有权或者使用权的，由县级以上地方人民政府土地管理部门责令停止侵犯，赔偿损失；当事人对行政处理决定不服的，可以在接到处理决定通知之日起30日内向人民法院起诉。

被侵犯人也可以直接向人民法院起诉。

第五十四条 在变更土地的所有权，使用权和解决土地所有权、使用权争议的过程中，行贿、受贿，敲诈勒索、贪污、盗窃国家的和集体的财物，或者煽动群众闹事、阻挠国家建设，构成犯罪的，依照《刑法》有关规定追究刑事责任。

第七章 附则

第五十五条 中外合资经营企业、中外合作经营企业、外资企业使用土地的管理办法，由国务院另行规定。

第五十六条 国务院土地管理部门根据本法制定实施条例，报国务院批准施行。

省、自治区、直辖市人民代表大会常务委员会根据本法制定实施办法。

第五十七条 本法自1987年1月1日起实施，1982年2月13日国务院发布的《村镇建房用土地管理条例》和1982年5月14日国务院公布的《国家建设征用土地条例》同时废止。

6 中华人民共和国环境保护法

（1989年12月26日第七届全国人民代表大会常务委员会第十一次会议通过1989年12月26日中华人民共和国主席令第二十二号公布自公布之日起施行）

第一章　总则

第一条　为保护和改善生活环境与生态环境，防治污染和其他公害，保障人体健康，促进社会主义现代化建设的发展，制定本法。

第二条　本法所称环境，是指影响人类生存和发展的各种天然的和经过人工改造的自然因素的总体，包括大气、水、海洋、土地、矿藏、森林、草原、野生生物、自然遗迹、人文遗迹、自然保护区、风景名胜区、城市和乡村等。

第三条　本法适用于中华人民共和国领域和中华人民共和国管辖的其他海域。

第四条　国家制定的环境保护规划必须纳入国民经济和社会发展计划，国家采取有利于环境保护的经济、技术政策和措施，使环境保护工作同经济建设和社会发展相协调。

第五条　国家鼓励环境保护科学教育事业的发展，加强环境保护科学技术的研究和开发，提高环境保护科学技术水平，普及环境保护的科学知识。

第六条　一切单位和个人都有保护环境的义务，并有权对污染和破坏环境的单位和个人进行检举和控告。

第七条　国务院环境保护行政主管部门，对全国环境保护工作实施统一监督管理。

县级以上地方人民政府环境保护行政主管部门，对本辖区的环境保护工作实施统一监督管理。

国家海洋行政主管部门、港务监督、渔政渔港监督、军队环境保护部门和各级公安、交通、铁道、民航管理部门，依照有关法律的规定对环境污染防治实施监督管理。

县级以上人民政府的土地、矿产、林业、农业、水利行政主管部门，依照有关法律的规定对资源的保护实施监督管理。

第八条　对保护和改善环境有显著成绩的单位和个人，由人民政府给予奖励。

第二章　环境监督管理

第九条　国务院环境保护行政主管部门制定国家环境质量标准。

省、自治区、直辖市人民政府对国家环境质量标准中未作规定的项目，可以制定地方环境质量标准，并报国务院环境保护行政主管部门备案。

第十条　国务院环境保护行政主管部门根据国家环境质量标准和国家经济、技术条件，制定国家污染物排放标准。

省、自治区、直辖市人民政府对国家污染物排放标准中未作规定的项目，可以制定地方污染物排放标准；对国家污染物排放标准中已作规定的项目，可以制定严于国家污染物排放标准的地方污染物排放标准。地方污染物排放标准须报国务院环境保护行政主管部门备案。

凡是向已有地方污染物排放标准的区域排放污染物的，应当执行地方污染物排放标准。

第十一条　国务院环境保护行政主管部门建立监测制度，制定监测规范，会同有关部门组织监测网络，加强对环境监测的管理。

国务院和省、自治区、直辖市人民政府的环境保护行政主管部门，应当定期公布环境状况公报。

第十二条　县级以上人民政府环境保护行政主管部门，应当会同有关部门对管辖范围内的环境状况进行调查和评价，拟订环境保护规划，经计划部门综合平衡后，报同级人民政府批准实施。

第十三条　建设污染环境的项目，必须遵守国家有关建设项目环境保护管理的规定。

建设项目的环境影响报告书，必须对建设项目产生的污染和对环境的影响作出评价，规定防治措施，经项目主管部门预审并依照规定的程序报环境保护行政主管部门批准。环境影响报告书经批准后，计划部门方可批准建设项目设计任务书。

第十四条　县级以上人民政府环境保护行政主管部门或者其他依照法律规定行使环境监督管理权的部门，有权对管辖范围内的排污单位进行现场检查。被检查的单位应当如实反映情况，提供必要的资料。检查机关应当为被检查的单位保守技术秘密和业务秘密。

第十五条　跨行政区的环境污染和环境破坏的防治工作，由有关地方人民政府协商解决，或者由上级人民政府协调解决，作出决定。

第三章　保护和改善环境

第十六条　地方各级人民政府，应当对本辖区的环境质量负责，采取措施改善环境质量。

第十七条　各级人民政府对具有代表性的各种类型的自然生态系统区域，珍稀、濒危的野生动植物自然分布区域，重要的水源涵养区域，具有重大科学文化价值的地质构造、著名溶洞和化石分布区、冰川、火山、温泉等自然遗迹，以及人文遗迹、古迹名木、应当采取措施加以保护，严禁破坏。

第十八条　在国务院、国务院有关主管部门和省、自治区、直辖市人民政府划定的风景名胜区、自然保护区和其他需要特别保护的区域内，不得建设污染环境的工业生产设施；建设其他设施，其污染物排放不得超过规定的排放标准。已经建成的设施，其污染物排放超过规定的排放标准的，限期治理。

第十九条 开发利用自然资源，必须采取措施保护生态环境。

第二十条 各级人民政府应当加强对农业环境的保护，防治土壤污染、土地沙化、盐渍化、贫瘠化、沼泽化、地面沉降和防治植被破坏、水土流失、水源枯竭、种源灭绝以及其他生态失调现象的发生和发展，推广植物病虫害的综合防治，合理使用化肥，农药及植物生长激素。

第二十一条 国务院和沿海地方各级人民政府应当加强对海洋环境的保护。向海洋排放污染物、倾倒废弃物，进行海岸工程建设和海洋石油勘探开发，必须依照法律的规定，防止对海洋环境的污染损害。

第二十二条 制定城市规划，应当确定保护和改善环境的目标和任务。

第二十三条 城乡建设应当结合当地自然环境的特点，保护植被、水域和自然景观，加强城市园林、绿地和风景名胜区的建设。

第四章 防治环境污染和其他公害

第二十四条 产生环境污染和其他公害的单位，必须把环境保护工作纳入计划，建立环境保护责任制度；采取有效措施，防治在生产建设或者其他活动中产生的废气、废水、废渣、粉尘、恶臭气体、放射性物质以及噪声、振动、电磁波辐射等对环境的污染和危害。

第二十五条 新建工业企业和现有工业企业的技术改造，应当采用资源利用率高、污染物排放量少的设备和工艺，采用经济合理的废弃物综合利用技术和污染物处理技术。

第二十六条 建设项目中防治污染的设施，必须与主体工程同时设计、同时施工、同时投产使用。防治污染的设施必须经原审批环境影响报告书的环境保护行政主管部门验收合格后，该建设项目方可投入生产或者使用。

防治污染的设施不得擅自拆除或者闲置，确有必要拆除或者闲置的，必须征得所在地的环境保护行政主管部门同意。

第二十七条 排放污染物的企业事业单位，必须依照国务院环境保护行政主管部门的规定申报登记。

第二十八条 排放污染物超过国家或者地方规定的污染物排放标准的企业事业单位，依照国家规定缴纳超标准排污费，并负责治理。水污染防治法另有规定的，依照水污染防治法的规定执行。

征收的超标准排污费必须用于污染的防治，不得挪作他用，具体使用办法由国务院规定。

第二十九条 对造成环境严重污染的企业事业单位，限期治理。

中央或者省、自治区、直辖市人民政府直接管辖的企业事业单位的限期治理，由省、自治区、直辖市人民政府决定。市、县或者市、县以下人民政府管辖的企业事业单位的限期治理，由市、县人民政府决定。被限期治理的企业事业单位必须如期完成治理任务。

第三十条 禁止引进不符合我国环境保护规定要求的技术和设备。

第三十一条 因发生事故或者其他突然性事件，造成或者可能造成污染事故的单位，必须立即采取措施处理，及时通报可能受到污染危害的单位和居民，并向当地环境保护行政主管部门和有关部门报告，接受调查处理。

可能发生重大污染事故的企业事业单位，应当采取措施，加强防范。

第三十二条 县级以上地方人民政府环境保护行政主管部门，在环境受到严重污染威胁居民生命财产安全时，必须立即向当地人民政府报告，由人民政府采取有效措施，解除或者减轻危害。

第三十三条 生产、储存、运输、销售、使用有毒化学物品和含有放射性物质的物品，必须遵守国家的有关规定，防止污染环境。

第三十四条 任何单位不得将产生严重污染的生产设备转移给没有污染防治能力的单位使用。

第五章 法律责任

第三十五条 违反本法规定，有下列行为之一的，环境保护行政主管部门或者其他依照法律规定行使环境监督管理权的部门可以根据不同情节，给予警告或者处以罚款：

（一）拒绝环境保护行政主管部门或者其他依照法律规定行使环境监督管理权的部门现场检查时弄虚作假的。

（二）拒报或者谎报国务院环境保护行政主管部门规定的有关污染物排放申报事项的。

（三）不按国家规定缴纳超标准排污费的。

（四）引进不符合我国环境保护规定要求的技术和设备的。

（五）将产生严重污染的生产设备转移给没有污染防治能力的单位使用的。

第三十六条 建设项目的防治污染设施没有建成或者没有达到国家规定的要求，投入生产或者使用的，由批准该建设项目的环境影响报告书的环境保护行政主管部门责令停止生产或者使用，可以并处罚款。

第三十七条 未经环境保护行政主管部门同意，擅自拆除或者闲置防治污染的设施，污染物排放超过规定的排放标准的，由环境保护行政主管部门责令重新安装使用，并处罚款。

第三十八条 对违反本规定，造成环境污染事故的企业事业单位，由环境保护行政主管部门或者其他依照法律规定行使环境监督管理权的部门根据所造成的危害后果处以罚款；情节较重的，对有关责任人员由其所在单位或者政府主管机关给予行政处分。

第三十九条 对经限期治理逾期未完成治理任务的企业事业单位，除依照国家规定加收超标准排污费外，可以根据所造成的危害后果处以罚款，或者责令停业、关闭。

前款规定的罚款由环境保护行政主管部门决定。责令停业、关闭，由作出限期治理决定的人民政府决定；责令中央直接管辖的企业事业单位停业、关闭，须报国务院批准。

第四十条 当事人对行政处罚决定不服的，可以在接到处罚通知之日起15日内，向作出处罚决定的机关的上一级机关申请复议；对复议决定不服的，可以在接到复议决定之日起15日内，向人民法院起诉。当事人也可以在接到处罚通知之日起15日内，直接向人民法院起诉。当事人逾期不申请复议、也不向人民法院起诉、又不履行处罚决定的，由作出处罚决定的机关申请人民法院强制执行。

第四十一条 造成环境污染危害的，有责任排除危害，对直接受到损害的单位或者个人赔偿损失。

赔偿责任和赔偿金额的纠纷，可以根据当事人的请求，由环境保护行政主管部门或者其他依照法律规定行使环境监督管理权的部门处理；当事人对处理决定不服的，可以向人民法院起诉。当事人也可以直接向人民法院起诉。

完全由于不可抗拒的自然灾害，并经及时采取合理措施，仍然不能避免造成环境污染损害的，免予承担责任。

第四十二条 因环境污染损害赔偿提起诉讼的时效期间为3年，从当事人知道或者应当知道受到污染损害时起计算。

第四十三条 违反本法规定，造成重大环境污染事故，导致公私财产重大损失或者人身伤亡的严重后果的，对直接责任人员依法追究刑事责任。

第四十四条 违反本法规定，造成土地、森林、草原、水、矿产、渔业、野生动植物等的破坏的，依照有关法律的规定承担法律责任。

第四十五条 环境保护监督管理人员滥用职权、玩忽职守、徇私舞弊的，由其所在单位或者上级主管机关给予行政处分；构成犯罪的，依法追究刑事责任。

第六章 附则

第四十六条 中华人民共和国缔结或者参加的与环境保护有关的国际条约，同中华人民共和国的法律有不同规定的，适用国际条约的规定，但中华人民共和国声明保留的条款除外。

第四十七条 本法自公布之日起施行。《中华人民共和国环境保护法（试行）》同时废止。

7 中华人民共和国海洋环境保护法

（1982年8月23日第五届全国人民代表大会常务委员会第二十四次会议通过 1982年8月23日全国人民代表大会常务委员会第九号公布 1983年3月1日起施行）

第一章 总则

第一条 为了保护海洋环境及资源，防止污染损害，保护生态平衡，保障人体健康，促进海洋事业的发展，特制定本法。

第二条 本法适用于中华人民共和国的内海、领海以及中华人民共和国管辖的一切其他海域。

在中华人民共和国管辖海域内从事航行、勘探、开发、生产、科学研究及其他活动的任何船舶、平台、航空器、潜水器、企业事业单位和个人，都必须遵守本法。

在中华人民共和国管辖海域以外，排放有害物质，倾倒废弃物，造成中华人民共和国管辖海域污染损害的，也适用于本法。

第三条 进入中华人民共和国管辖海域的一切单位和个人，都有责任保护海洋环境，并有义务对污染损害海洋环境的行为进行监督和检举。

第四条 国务院有关部门和沿海省、自治区、直辖市人民政府，可以根据海洋环境保护的需要，划出海洋特别保护区，海上自然保护区和海滨风景游览区，并采取相应的保护措施。海洋特别保护区、海上自然保护区的确定，须经国务院批准。

第五条 国务院环境保护部门主管全国海洋环境保护工作。

国家海洋管理部门负责组织海洋环境的调查、监测、监视，开展科学研究，并主管防止海洋石油勘探开发和海洋倾废污染损害的环境保护工作。

中华人民共和国港务监督负责船舶排污的监督和调查处理，以及港区水域的监视，并主管防止船舶污染损害的环境保护工作。

国家渔政渔港监督管理机构负责渔港船舶排污的监督和渔业港区水域的监视。

军队环境保护部门负责军用船舶排污的监督和军港水域的监视。

沿海省、自治区、直辖市环境保护部门负责组织协调、监督检查本行政区域的海洋环境保护工作，并主管防止海岸工程和陆源污染物污染损害的环境保护工作。

第二章 防止海岸工程对海洋环境的污染损害

第六条 海岸工程建设项目的主管单位，必须在编报计划任务书前，对海洋环境进行科学调查，根据自然条件和社会条件，合理选址，并按照国家有关规定，编报环境影响报告书。

第七条 建造港口、油码头，兴建入海河口水利和潮汐发电工程，必须采取措施，保护水产资源。在鱼蟹回游通道筑坝，要建造相应的过鱼设施。

第八条 港口和油码头应当设置残油、废油、含油污水和废弃物的接收和处理设施，配备必要的防污器材和监视、报警装置。

第九条 海洋的开发利用应当全面规划，加强管理。对围海造地或其他围海工程，以及采挖砂石，应当严格控制。确需进行的，必须在调查研究和经济效果对比的基础上，提出工程的环境影响报告书，报省、自治区、直辖市环境保护部门审批，大型围海工程并须报国务院环境保护部门审批。

禁止毁坏海岸防护林、风景林、风景石和红树林、珊瑚礁。

第三章 防止海洋石油勘探开发对海洋环境的污染损害

第十条 开发海洋石油的企业或其主管单位，在编报计划任务书前，应当提出海洋环境影响报告书，包括防止污染损害海洋环境的有效措施，并报国务院环境保护部门审批。

第十一条 海洋石油勘探和其他海上活动需要爆破作业时，应当采取有效措施，保护渔业资源。

第十二条 对勘探开发过程中使用的油料，应当加强管理，防止发生漏油事故。残油、废油应当予以回收，不准排放入海。

第十三条 海洋石油钻井船、钻井平台和采油平台的含油污水和油性混合物，不得直接排放；经回收处理后排放的，其含油量不得超过国家规定的标准。

第十四条 海洋石油钻井船、钻井平台和采油平台不得向海域处置含油的工业垃圾。处置其他工业垃圾不得对渔业水域、航道造成污染损害。

第十五条 海上试油时，油和油性混合物不得排放入海，并应当确保油气充分燃烧，防止污染海洋。

第十六条 海上输油管线，储油设施，应当符合防渗、防漏、防腐蚀的要求，经常保持良好状态，防止漏油事故。

第十七条 勘探开发海洋石油，必须配备相应的防污设施和器材，采取有效的技术措施，防止井喷和漏油事故的发生。

发生井喷、漏油事故的，应当立即向国家海洋管理部门报告，并采取有效措施，控制和消除油污染，接受国家海洋管理部门的调查处理。

第四章 防止陆源污染物对海洋环境的污染损害

第十八条 沿海单位向海域排放有害物质，必须严格执行国家或省、自治区、直辖市人民政府颁布的排放标准和有关规定。

在海上自然保护区、水产养殖场、海滨风景游览区内，不得新建排污口。本法公布前已有的排污口排放污染物不符合国家排放标准的，应当限期治理。

第十九条 含强放射性物质的废水，禁止向海域排放。

含弱放射性物质的废水，确需向海域排放的，必须执行国家放射防护的规定和标准。

第二十条 含传染病原体的医疗污水和工业废水，必须经过处理和严格消毒，消灭病原体后，方能排入海域。

第二十一条 含有机物和营养物质的工业废水、生活污水，应当控制向海湾、半封闭海及其他自净能力较差的海域排放，防止海水富营养化。

第二十二条 向海域排放含热废水，应当采取措施，保证邻近的渔业水域的水温符合国家水质标准，避免热污染对水产资源的危害。

第二十三条 沿海农田施用化学农药，应当执行国家农药安全使用的规定和标准。

第二十四条 任何单位不经沿海省、自治区、直辖市环境保护部门批准，不得在岸滩弃置、堆放尾矿、矿渣、煤灰渣、垃圾和其他废弃物，依法被批准在岸滩设置废弃物堆放场和处理场的，应当建造防护堤，防止废弃物流失入海。

第二十五条 沿海省、自治区、直辖市环境保护部门和水系管理部门，应当加强入海河流的管理，防治污染，使入海河口处的水质处于良好状态。

第五章 防止船舶对海洋环境的污染损害

第二十六条 在中华人民共和国管辖海域，禁止任何船舶违反本法规定排放油类、油性混合物、废弃物和其他有害物质。

第二十七条 150总吨以上的油轮和400总吨以上的非油轮，应当设有相应的防污设备和器材。

不足150总吨的油轮和不足400总吨的非油轮，应当设有专用容器，回收残油、废油。

第二十八条 150总吨以上的油轮和400总吨以上的非油轮，应当备有油类记录簿。

载运2000吨以上的散装货油的船舶，应当持有有效的《油污损害民事责任保险或其他财务保证证书》，或《油污损害民事责任信用证书》，或提供其他财务信用保证。

第二十九条 150总吨以上的油轮和400总吨以上的非油轮，排放含油污水，必须按照国家有关船舶污水的排放标准和规定进行，并如实地记入油类记录簿。

第三十条 载运有毒、含腐蚀性货物的船舶，排放洗仓水和其他残余物，必须按照国家有关船舶污水排放的规定进行，并如实地记入航海日志。

第三十一条 核动力船舶和载运放射性物质的船舶，排放放射性物质，必须遵守本法第十九条的规定。

第三十二条 船舶进行加油和装卸油作业时，必须遵守操作规程，采取有效的预防措施，防止发生漏油事故。

第三十三条 造船、修船、拆船和打捞船单位，均应备有防止污染器材和设备，进行作业时，应当采取预防措施，防止油类、油性混合物和废弃物污染海域。

第三十四条 船舶非正常排放油类、油性混合物和其他有害物质，或有毒、含腐蚀性货物落水造成污染时，应当立即采取措施，控制和消除污染，并向就近的港务监督报告，接受调查处理。

第三十五条 船舶发生海损事故造成或者可能造成海洋环境重大污染损害的，中华人民共和国港务监督有权强制采取避免或减少这种污染损害的措施。

第三十六条 所有船舶均有监视海上污染的义务，如发现违章行为和污染情事，应当立即向就近的港务监督报告，渔船也可以向就近的渔政渔港监督管理机构报告。

第三十七条 在中华人民共和国管辖海域航行、停泊和作业的船舶，发生污染情事的，由中华人民共和国港务监督登轮检查处理。经港务监督授权的政府有关机关的公务人员也可以登轮检查，并将检查结果报告港务监督处理。

第六章 防止倾倒废弃物对海洋环境的污染损害

第三十八条 任何单位未经国家海洋管理部门批准，不得向中华人民共和国管辖海域倾倒任何废弃物。

需要倾倒废弃物的单位，必须向国家海洋管理部门提出申请，经国家海洋管理部门审批，发给许可证后，方可倾倒。

第三十九条 获准倾倒废弃物的单位，应当按许可证注明的期限及条件，到指定的区域进行倾倒。废弃物装载之后，批准部门应予核实。利用船舶倾倒废弃物的，由驶出港的港务监督核实。

第四十条 获准倾倒废弃物的单位，应当详细记录倾倒的情况，并在倾倒后向批准部门作出书面报告。倾倒废弃物的船舶须向驶出港的港务监督作出书面报告。

第七章 法律责任

第四十一条 凡违反本法，造成或者可能造成海洋环境污染损害的，本法第五条规定的有关主管部门可以责令限期治理，缴纳排污费，支付消除污染费用，赔偿国家损失；并可以给予警告或者罚款。当事人不服的，可以在收到决定书之日起十五日内，向人民法院起诉；期满不起诉又不履行的，由有关主管部门申请人民法院强制执行。

第四十二条 因海洋环境污染受到损害的单位和个人，有权要求造成污染损害的一方赔偿损失。赔偿责任和赔偿金额纠纷，可以由有关主管部门处理。当事人不服的，依照《中华人民共和国民事诉讼法（试行）》规定的程序解决；也可以直接向人民法院起诉。

第四十三条 完全属于下列情形之一，经过及时采取合理措施仍然不能避免对海洋环境造成污染损害的，免予承担赔偿责任：

（1）战争行为；

（2）不可抗拒的自然灾害；

（3）负责灯塔或者其他助航设备的主管部门在执行职责时的疏忽或者其他过失行为。

完全是由于第三者的故意或者过失造成污染损害海洋环境的，由第三者承担赔偿责任。

第四十四条 凡违反本法，污染损害海洋环境，造成公私财产重大损失或者致人伤亡的，对直接责任人员可以由司法机关依法追究刑事责任。

第八章　附则

第四十五条　本法中下列用语的含义是：

（一）“海洋环境污染损害”是指直接或间接地把物质或能量引入海洋环境，产生损害海洋生物资源、危害人体健康、妨碍渔业和海上其他合法活动、损坏海水使用素质和减损环境质量等有害影响。

（二）“渔业水域”是指鱼虾类的产卵场、索饵场、越冬场、回游通道和鱼虾贝藻类的养殖场。

（三）“油类”是指任何类型的油及其炼制品。

（四）“油性混合物”是指任何含有油分的混合物。

（五）“排放”是指把污染物排入海洋的行为，包括泵出、溢出、泄出、喷出和倒出。

（六）“倾倒”是指通过船舶、航空器、平台或其他载运工具，向海洋处置废弃物或其他有害物质的行为，包括弃置船舶、航空器、平台和其他浮动工具的行为。

第四十六条　现行的有关海洋环境保护的规定，凡与本法抵触的，均以本法为准。

第四十七条　国务院环境保护部门可根据本法制订实施细则，报国务院批准施行。

国务院有关部门和沿海省、自治区、直辖市人民代表大会常务委员会、人民政府可根据本法，结合本部门、本地区的实际，制订具体实施办法。

第四十八条　本法自一九八三年三月一日起生效。

中华人民共和国国家标准

8 环境空气质量标准

Ambient air quality standard

GB 3095—1996　代替 GB 3095—82

1　主题内容与适用范围

本标准规定了环境空气质量功能区划分、标准分级、污染物项目、取值时间及浓度限值，采样与分析方法及数据统计的有效性规定。

本标准适用于全国范围的环境空气质量评价。

2　引用标准

GB/T 15262　空气质量　二氧化硫的测定——甲醛吸收副玫瑰苯胺分光光度法

GB 8970　空气质量　二氧化硫的测定——四氯汞盐副玫瑰苯胺分光光度法

GB/T 15432　环境空气　总悬浮颗粒物测定——重量法

GB 6921　空气质量　大气飘尘浓度测定方法

GB/T 15435　环境空气　二氧化氮的测定——Saltzman 法

GB/T 15437　环境空气　臭氧的测定——靛蓝二磺酸钠分光光度法

GB/T 15438　环境空气　臭氧的测定——紫外光度法

GB 9801　空气质量　一氧化碳的测定——非分散红外法

GB 8971　空气质量　苯并［a］芘的测定——乙酰化滤纸层析荧光分光光度法

GB/T 15439　环境空气　苯并［a］芘的测定——高效液相色谱法

GB/T 15264　空气质量　铅的测定——火焰原子吸收分光光度法

GB/T 15434　环境空气　氟化物的测定——滤膜氟离子选择电极法

GB/T 15433　环境空气　氟化物的测定——石灰滤纸氟离子选择电极法

3　定义

3.1　总悬浮颗粒物（TSP）：指能悬浮在空气中，空气动力学当量直径≤100μm 的颗粒物。

3.2　可吸入颗粒物（PM_{10}）：指悬浮在空气中，空气动力学当量直径≤10μm 的颗粒物。

3.3　氮氧化物（以 NO_2 计）：指空气中主要以一氧化氮和二氧化氮形式存在的氮的氧化物。

3.4　铅（Pb）：指存在于总悬浮颗粒物中的铅及其化合物。

3.5　苯并［a］芘（B［a］P）：指存在于可吸入颗粒物中的苯并［a］芘。

3.6　氟化物（以 F 计）：以气态及颗粒态形式存在的无机氟化物。

3.7　年平均：指任何一年的日平均浓度的算术均值。

3.8　季平均：指任何一季的日平均浓度的算术均值。

3.9　月平均：指任何一月的日平均浓度的算术均值。

3.10　日平均：指任何一日的平均浓度。

3.11　一小时平均：指任何一小时的平均浓度。

3.12　植物生长季平均：指任何一个植物生长季月平均浓度的算术均值。

3.13　环境空气：指人群、植物、动物和建筑物所暴露的室外空气。

3.14　标准状态：指温度为 273K，压力为 101.325kPa 时的状态。

4　环境空气质量功能区的分类和标准分级

4.1　环境空气质量功能区分类

一类区为自然保护区、风景名胜区和其他需要特殊保护的地区。

二类区为城镇规划中确定的居住区、商业交通居民混合区、文化区、一般工业区和农村地区。

三类区为特定工业区。

4.2　环境空气质量标准分级

环境空气质量标准分为三级。

一类区执行一级标准

二类区执行二级标准

三类区执行三级标准

5　浓度限值

本标准规定了各项污染物不允许超过的浓度限值，见表 1。

6　监测

6.1　采样

环境空气监测中的采样点、采样环境、采样高度及采样频率的要求，按《环境监测技术规范》（大气部分）执行。

6.2　分析方法

各项污染物分析方法，见表 2。

7　数据统计的有效性规定

各项污染物数据统计的有效性规定，见表 3。

8　标准的实施

8.1　本标准由各级环境保护行政主管部门负责监督实施。

8.2　本标准规定了小时、日、月、季和年平均浓度限值，在标准实施中各级环境保护行政主管部门应根据不同目的监督其实施。

8.3　环境空气质量功能区由地级市以上（含地级市）环境保护行政主管部门划分，报同级人民政府批准实施。

各项污染物的浓度限值 **表 1**

污染物名称	取值时间	浓度限值			浓度单位
		一级标准	二级标准	三级标准	
二氧化硫 SO_2	年平均 日来均 1 小时平均	0.02 0.05 0.15	0.06 0.15 0.50	0.10 0.25 0.70	mg/m^3 （标准状态）
总悬浮颗粒物 TSP	年平均 日平均	0.08 0.12	0.20 0.30	0.30 0.50	
可吸入颗粒物 PM_{10}	年平均 日平均	0.04 0.05	0.10 0.15	0.15 0.25	
二氧化氮 NO_2	年平均 日平均 1 小时平均	0.04 0.08 0.12	0.08 0.12 0.24	0.08 0.12 0.24	
一氧化碳 CO	日平均 1 小时平均	4.00 10.00	4.00 10.00	6.00 20.00	
臭氧 O_3	1 小时平均	0.56	0.20	0.20	
铅 Pb	季平均 年平均	1.50 1.00			$\mu g/m^3$（标准状态）
苯并［a］芘 B［a］P	日平均	0.01			
氟化物 FF	日平均 1 小时平均	7① 20①			
	月平均 植物生长季平均	1.8② 1.2②		3.0③ 2.0③	$\mu g/(dm^2 \cdot d)$

注：①适用于城市地区；②适用于牧业区和以牧业为主的半农半牧区，蚕桑区；③适用于农业和林业区。④本表已按 2000 年 1 月 6 日国家环境保护总局发布的《环境空气质量标准》（GB3095—1996）修改单修改。表 2、表 3 同。

各项污染物分析方法 **表 2**

污染物名称	分 析 方 法	来 源
二氧化硫	（1）甲醛吸收副玫瑰苯胺分光光度法 （2）四氯汞盐副玫瑰苯胺分光光度法 （3）紫外荧光法①	GB/T 15262—94 GB 8970—88
总悬浮颗粒物	重量法	GB/T 15432—95
可吸入颗粒物	重量法	GB 6921—86
二氧化氮	（1）Saltzman 法 （2）化学发光法②	GB/T 15435—95
臭氧	（1）靛蓝二磺酸钠分光光度法 （2）紫外光度法 （3）化学发光法③	GB/T 15437—95 GB/T 15438—95
一氧化碳	非分散红外法	GB 9801—88
苯并［a］芘	（1）乙酰化滤纸层析——荧光分光光度法 （2）高效液相色谱法	GB 8971—88 GB/T 15439—95
铅	火焰原子吸收分光光度法	GB/T 15264—94
氟化物 （以 F 计）	（1）滤膜氟离子选择电极法④ （2）石灰滤纸氟离子选择电极法⑤	GB/T 15434—95 CB/T 15433—95

注：①②③分别暂用国际标准 ISO/CD 10498、ISO 7996，ISO 10313，待国家标准发布后，执行国家标准；④用于日平均和 1 小时平均标准；⑤用于月平均和植物生长季平均标准。

各项污染物数据统计的有效性规定 **表 3**

污染物	取值时间	数据有效性规定
SO_2，NO_2	年平均	每年至少有分布均匀的 144 个日均值，每月至少有分布均匀的 12 个日均值
TSP，PM_{10}，Pb	年平均	每年至少有分布均匀的 60 个日均值，每月至少有分布均匀的 5 个日均值
SO_2，NO_2，CO	日平均	每日至少有 18h 的采样时间
TSP，PM_{10}，B(a)P，Pb	日平均	每日至少有 12h 的采样时间
SO_2，NO_2，CO，O_3	1 小时平均	每小时至少有 45min 的采样时间
Pb	季平均	每季至少有分布均匀的 15 个日均值，每月至少有分布均匀的 5 个日均值
F	月平均	每月至少采样 15d 以上
	植物生长季平均	每一个生长季至少有 70% 个月平均值
	日平均	每日至少有 12h 的采样时间
	1 小时平均	每小时至少有 45min 的采样时间

9 地面水环境质量标准

（CB 3838—83）

根据《中华人民共和国环境保护法（试行）》，为了保障人体健康，维护生态平衡，保护水资源，控制水污染，改善地面水质量和促进经济发展，特制订本标准。

本标准是根据国家环境政策目标对地面水规定的环境质量要求，适用于全国江河、湖泊、水库等水域。本标准是环境规划、管理、评价和制订污染物排放标准的依据。

1 标准分级

1.1 **地面水环境质量标准分三级：**

第一级——水质良好，相当于未受人类活动污染影响的河流源头水质，宜作各种用途的良好水源。

第二级——水质较好，大体相当于现行 TJ20—76《生活饮用水卫生标准》中水源水质和 TJ25—79《渔业水质标准》的水质。

第三级——水质尚可，是依据水质基准资料、为防止地面水污染而规定的最低水质要求。

1.2 地面水中放射性物质的容许含量按 GBJ8—74《放射防护规定》执行。

1.3 本标准所列项目如不能满足当地控制主要污染物的需要，地方人民政府环境保护主管部门可补充必要的项目，作为地方标准，报省级人民政府批准后实行。

1.4 本标准中各项目的监测分析方法按国家统一规定执行。

2 标准实施

2.1 各地环境保护部门要会同卫生、水利、农牧渔等有关部门，按本标准的规定，结合水域的水质现状、使用目的和规划中对水质的使用要求，将所辖水域划分区域，确定水质要求的标准等级，进行管理。对已达到环境的质量标准的地面水，要采取措施，加强管理，保护良好的水质；对已污染的地面水，要根据其污染程度，制订治理规划，逐步达到本标准的要求。

2.2 国家或地方主管部门明确划定为集中式生活饮用水取水点的水源水质，按现行 TJ20—76 规定执行。

2.3 对水产资源有害的工业废水和生活污水，严禁排入鱼虾类的产卵场、索饵场、越冬场和鱼虾贝藻类的养殖场。工业废水和生活污水经处理排入地面水后，必需保证最近渔业水域的水质符合 TJ35—79。

2.4 专供农田灌溉用的地面水按 TJ24—79《农田灌溉水质标准》执行。

2.5 国家或省级人民政府明确划定的自然保护区和重点名胜古迹游览地区的水域内，禁止排放工业废水，并限制生活污水排入。

对湖泊、水库等封闭性水域，应防止水域富营养化。

2.6 本标准由各级标准保护部门负责监督实施。

地面水环境质量标准

项目　　标准值　　分级	第一级	第二级	第三级
pH 值	6.5～8.5		
水温	地面水受纳废热后，水域混合区边缘的水温允许增高 3℃；夏季，水域水温最高不得超过 35℃		
肉眼可见物	水中无明显的泡沫、油膜、杂物等		
色度（铂钴法），度≤	10	15	25
臭	无异臭	臭强度一级	臭强度二级
溶解氧	饱和率≥90%	≥6mg/1	≥4mg/1
生化需氧量（五天 20℃）mg/L≤	1	3	5
化学需氧量（高猛酸钾）法，mg/L≤	2	4	6
挥发酚类，mg/L≤	0.001	0.005	0.01
氰化物，mg/L≤	0.01	0.05	0.1
砷，mg/L≤	0.01	0.04	0.08
总汞，mg/L≤	0.0001	0.0005	0.001
镉，mg/L≤	0.001	0.005	0.01
六价铬，mg/L≤	0.01	0.02	0.05
铅，mg/L≤	0.01	0.05	0.1
铜，mg/L≤	0.005	0.01	0.03
石油类 mg/L≤	0.05	0.3	0.5
大肠菌群，个/L≤	500	10000	50000
总磷*，mg/L≤	0.1		
总氮*，mg/L	1.0		

*为参考标准，专对湖泊、水库等封闭性水域的水质要求，以防止水质富营养化。

10 海水水质标准

Sea water quality standard

GB 3097—1997 代替 GB 3097—82

UCD 551463

1 主题内容与标准适用范围

本标准规定了海域各类使用功能的水质要求。

本标准适用于中华人民共和国管辖的海域。

2 引用标准

下列标准所含条文，在本标准中被引用即构成本标准的条文，与本标准同效。

GB 12763.4—91 海洋调查规范 海水化学要素观测

HY 003—91 海洋监测规范

GB 12763.2—91 海洋调查规范 海洋水文观测

GB 7467—87 水质 六价铬的测定 二苯碳酰二肼分光光度法

GB 7485—87 水质 总砷的测定 二乙基二硫代氨基甲酸银分光光度法

GB 11910—89 水质 镍的测定 丁二酮肟分光光度法

GB 11912—89 水质 镍的测定 火焰原子吸收分光光度法

GB 13192—91 水质 有机磷农药的测定 气相色谱法

GB 11895—89 水质 苯并（a）芘的测定 乙酰化滤纸层析荧光分光光度法

当上述标准被修订时，应使用其最新版本。

3 海水水质分类与标准

3.1 海水水质分类

按照海域的不同使用功能和保护目标，海水水质分为四类：

第一类 适用于海洋渔业水域，海上自然保护区和珍稀濒危海洋生物保护区。

第二类 适用于水产养殖区，海水浴场，人体直接接触海水的海上运动或娱乐区，以及与人类食用直接有关的工业用水区。

第三类 适用于一般工业用水区，滨海风景旅游区。

第四类 适用于海洋港口水域，海洋开发作业区。

3.2 海水水质标准

各类海水水质标准列于表1

海水水质标准 mg/L　　　　表1

序号	项目	第一类	第二类	第三类	第四类
1	漂浮物质	海面不得出现油膜、浮沫和其他漂浮物质			海面无明显油膜、浮沫和其他漂浮物质
2	色、臭、味	海水不得有异色、异臭，异味			海水不得有令人厌恶和感到不快的色、臭、味
3	悬浮物质	人为增加的量≤10		人为增加的量≤100	人为增加的量≤150
4	大肠菌群个/L ≤	10000 供人生食的贝类增养殖水质≤700			
5	粪大肠菌群个/L ≤	2000 供人生食的贝类增养殖水质≤140			—
6	病原体	供人生食的贝类养殖水质不得含有病原体			
7	水温℃	人为造成的海水温升夏季不超过当时当地1℃，其他季节不超过2℃		人为造成的海水温升不超过当时当地4℃	
8	pH	7.8～8.5 同时不超出该海域正常变动范围的0.2pH单位		6.8～8.8 同时不超出该海域正常变动范围的0.5pH单位	
9	溶解氧 ＞	6	5	4	3
10	化学需氧量（COD） ≤	2	3	4	5
11	生化需氧量（BOD_5） ≤	1	3	4	5
12	无机氮（以N计） ≤	0.20	0.30	0.40	0.50
13	非离子氨（以N计） ≤	0.020			
14	活性磷酸盐（以P计） ≤	0.015	0.030		0.045
15	汞 ≤	0.00005	0.0002		0.0005
16	镉 ≤	0.001	0.005	0.010	
17	铅 ≤	0.001	0.005	0.010	0.050
18	六价铬 ≤	0.005	0.010	0.020	0.050
19	总铬 ≤	0.05	0.10	0.20	0.50
20	砷 ≤	0.020	0.030	0.050	

续表

序　号	项　目	第一类	第二类	第三类	第四类
21	铜　≤	0.005	0.010	0.050	
22	锌　≤	0.020	0.050	0.10	0.50
23	硒　≤	0.010	0.020		0.050
24	镍　≤	0.005	0.010	0.020	0.050
25	氰化物　≤	0.005		0.10	0.20
26	硫化物（以S计）　≤	0.02	0.05	0.10	0.25
27	挥发性酚　≤	0.005		0.010	0.050
28	石油类　≤	0.05		0.30	0.50
29	六六六　≤	0.001	0.002	0.003	0.005
30	滴滴涕　≤	0.00005	0.0001		
31	马拉硫磷　≤	0.0005	0.001		
32	甲基对硫磷　≤	0.0005	0.001		
33	苯并（a）芘 μg/L　≤	0.0025			
34	阴离子表面活性剂（以LAS计）	0.03	0.10		
35	放射性核素* Bq/L　^{60}Co	0.03			
	^{90}Sr	4			
	^{106}Rn	0.2			
	^{134}Cs	0.6			
	^{137}Cs	0.7			

4　海水水质监测

4.1　海水水质监测样品的采集、贮存、运输和预处理按GB 12763.4—91和HY 003—91的有关规定执行。

4.2　本标准各项目的监测，按表2的分析方法进行。

海水水质分析方法　　　　表2

序　号	项　目	分　析　方　法	检出限，mg/L	引用标准
1	漂浮物质	目测法		
2	色、臭、味	比色法 感官法		GB 12763.2—91 HY 003.4—91
3	悬浮物质	重量法	2	HY 003.4—91
4	大肠菌群	（1）发酵法（2）滤膜法		HY 003.9—91
5	粪大肠菌群	（1）发酵法（2）滤膜法		HY 003.9—91
6	病原体	（1）微孔滤膜吸附法[1,a] （2）沉淀病毒浓聚法[1,a]　（3）透析法[1,a]		
7	水温	（1）水温的铅直连续观测 （2）标准层水温观测		GB 12763.2—91 GB 12763.2—91
8	pH	（1）pH计电测法 （2）pH比色法		GB 12763.4—91 HY 003.4—91
9	溶解氧	碘量滴定法	0.042	GB 12763.4—91
10	化学需氧量（COD）	碱性高锰酸钾法	0.15	HY 003.4—91
11	生化需氧量（BOD_5）	五日培养法		HY 003.4—91
12	无机氮[2)]（以N计）	氨：（1）靛酚蓝法 （2）次溴酸钠氧化法 亚硝酸盐：重氮－偶氮法 硝酸盐：（1）锌－镉还原法 （2）铜镉柱还原法	0.7×10^{-3} 0.4×10^{-3} 0.3×10^{-3} 0.7×10^{-3} 0.6×10^{-3}	GB 12763.4—91 GB 12763.4—91 GB 12763.4—91 GB 12763.4—91 GB 12763.4—91

续表

序号	项目	分析方法	检出限，mg/L	引用标准
13	非离子氨[3]（以N计）	按附录B进行换算		
14	活性磷酸盐（以P计）	（1）抗坏血酸还原的磷钼兰法 （2）磷钼兰萃取分光光度法	0.62×10^{-3} 1.4×10^{-3}	GB 12763.4—91 HY 003.4—91
15	汞	（1）冷原子吸收分光光度法 （2）金捕集冷原子吸收光度法	0.0086×10^{-3} 0.002×10^{-3}	HY 003.4—91 HY 003.4—91
16	镉	（1）无火焰原子吸收分光光度法 （2）火焰原子吸收分光光度法 （3）阳极溶出伏安法 （4）双硫腙分光光度法	0.014×10^{-3} 0.34×10^{-3} 0.7×10^{-3} 1.1×10^{-3}	HY 003.4—91 HY 003.4—91 HY 003.4—91 HY 003.4—91
17	铅	（1）无火焰原子吸收分光光度法 （2）阳极溶出伏安法 （3）双硫腙分光光度法	0.19×10^{-3} 4.0×10^{-3} 2.6×10^{-3}	HY 003.4—91 HY 003.4—91 HY 003.4—91
18	六价铬	二苯碳酰二肼分光光度法	4.0×10^{-3}	GB 7467—87
19	总铬	（1）二苯碳酰二肼分光光度法 （2）无火焰原子吸收分光光度法	1.2×10^{-3} 0.91×10^{-3}	HY 003.4—91 HY 003.4—91
20	砷	（1）砷化氢－硝酸银分光光度法 （2）氢化物发生原子吸收分光光度法 （3）二乙基二硫代氨基甲酸银分光光度法	1.3×10^{-3} 1.2×10^{-3} 7.0×10^{-3}	HY 003.4—91 HY 003.4—91 GB 7485—87
21	铜	（1）无火焰原子吸收分光光度法 （2）二乙氨基二硫代甲酸钠分光光度法 （3）阳极溶出伏安法	1.4×10^{-3} 4.9×10^{-3} 3.7×10^{-3}	HY 003.4—91 HY 003.4—91 HY 003.4—91
22	锌	（1）火焰原子吸收分光光度法 （2）阳极溶出伏安法 （3）双硫腙分光光度法	16×10^{-3} 6.4×10^{-3} 9.2×10^{-3}	HY 003.4—91 HY 003.4—91 HY 003.4—91
23	硒	（1）荧光分光光度法 （2）二氨基联苯胺分光光度法 （3）催化极谱法	0.73×10^{-3} 1.5×10^{-3} 0.14×10^{-3}	HY 003.4—91 HY 003.4—91 HY 003.4—91
24	镍	（1）丁二酮肟分光光度法 （2）无火焰原子吸收分光光度法[1,b] （3）火焰原子吸收分光光度法	0.25 0.03×10^{-3} 0.05	GB 11910—89 GB 11912—89
25	氰化物	（1）异烟酸－吡唑啉酮分光光度法 （2）吡啶－巴比土酸分光光度法	2.1×10^{-3} 1.0×10^{-3}	HY 003.4—91 HY 003.4—91
26	硫化物（以S计）	（1）亚甲基蓝分光光度法 （2）离子选择电极法	1.7×10^{-3} 8.1×10^{-3}	HY 003.4—91 HY 003.4—91
27	挥发性酚	4－氨基安替比林分光光度法	4.8×10^{-3}	HY 003.4—91
28	石油类	（1）环己烷萃取荧光分光光度法 （2）紫外分光光度法 （3）重量法	9.2×10^{-3} 60.5×10^{-3} 0.2	HY 003.4—91 HY 003.4—91 HY 003.4—91
29	六六六[4]	气相色谱法	1.1×10^{-6}	HY 003.4—91
30	滴滴涕[4]	气相色谱法	3.8×10^{-6}	HY 003.4—91
31	马拉硫磷	气相色谱法	0.64×10^{-3}	GB 13192—91
32	甲基对硫磷	气相色谱法	0.42×10^{-3}	GB 13192—91
33	苯并（a）芘	乙酰化滤纸层析－荧光分光光度法	2.5×10^{-6}	GB 11895—89
34	阴离子表面活性剂（以LAS计）	亚甲基兰分光光度法	0.023	HY 003.4—91
35	放射性核素 Bq/L　^{60}Co	离子交换－萃取－电沉积法	2.2×10^{-3}	HY/T 003.8—91
	放射性核素 Bq/L　^{90}Sr	（1）HDEHP萃取－β计数法 （2）离子交换－β计数法	1.8×10^{-3} 2.2×10^{-3}	HY/T 003.8—91 HY/T 003.8—91
	放射性核素 Bq/L　^{106}Ru	（1）四氯化碳萃取－镁粉还原－β计数法 （2）γ能谱法[1,c]	3.0×10^{-3} 4.4×10^{-3}	HY/T 003.8—91
	放射性核素 Bq/L　^{134}Cs	γ能谱法，参见^{137}Cs分析法		
	放射性核素 Bq/L　^{137}CS	（1）亚铁氰化铜－硅胶现场富集－γ能谱法 （2）磷钼酸铵－碘铋酸铯－β计数法	1.0×10^{-3} 3.7×10^{-3}	HY/T 003.8—91 HY/T 003.8—91

注：1 暂时采用下列分析方法，待国家标准发布后执行国家标准．

a 《水和废水标准检验法》，第15版，中国建筑工业出版社，805～827，1985。

b 环境科学，7（6）：75～79，1986。

c 《辐射防护手册》，原子能出版社，2：259，1988。

2 见附录A。

3 见附录B。

4 六六六和DDT的检出限系指其四种异物体检出限之和。

5　混合区的规定

污水集中排放形成的混合区，不得影响邻近功能区的水质和鱼类回游通道。

附录 A
（标准的附录）
无机氮的计算

无机氮是硝酸盐氮、亚硝酸盐氮和氨氮的总和，无机氮也称“活性氮”，或简称“三氮”。

在现行监测中，水样中的硝酸盐、亚硝酸盐和氮的浓度是以 μmol/L 表示总和。而本标准规定无机氮是以氮（N）计，单位采用 mg/L，因此，按下式计算无机氮：

$$c(N)=14\times10^{-3}[c(NO_3-N)+c(NO_2-N)+c(NH_3)-N)]$$

式中：c（N）——无机氮浓度，以 N 计，mg/L；

c（NO_3-N）——用监测方法测出的水样中硝酸盐的浓度，μmol/L；

c（NO_2-N）——用监测方法测出的水样中亚硝酸盐的浓度，μmol/L；

c（NH_3-N）——用监测方法测出的水样中氨的浓度，μmol/L。

附录 B
（标准的附录）
非离子氨换算方法

按靛酚蓝法，次溴酸钠氧化法（GB 12763.4—91）测定得到的氨浓度（NH_3-N）看作是非离子氨与离子氨浓度的总和，非离子氨在氨的水溶液中的比例与水温、pH 值以及盐度有关。可按下述公式换算出非离子氨的浓度。

$$c(NH_3)=14\times10^{-5}c(NH_3-N)\cdot f$$

$$f=100/(10^{pK^{S\cdot T}-pH}+1)$$

$$pK_a^{S\cdot T}=9.245+0.002949\ S+0.0324(298-T)$$

式中：f——氨的水溶液中非离子氨的摩尔百分比；

c（NH_3）——现场温度、pH、盐度下，水样中非离子氨的浓度（以 N 计），mg/L；

c（NH_3-N）——用监测方法测得的水样中氨的浓度，μmol/L；

T——海水温度，K，

S——海水盐度；

pH——海水的 pH；

$pK_a^{S\cdot T}$——温度为 T（$T=273+t$），盐度为 S 的海水中的 NH_4^+ 的解离平衡常数 $K_a^{S\cdot T}$ 的负对数。

附加说明：

本标准由国家海洋局第三海洋研究所和青岛海洋大学负责起草。

本标准主要起草人，黄自强、张克、许昆灿、隋永年，孙淑媛、陆贤昆、林庆礼。

中华人民共和国国家标准

11 景观娱乐用水水质标准

Water quality standard for scenery and recreation area

GB 12941—91

为贯彻《中华人民共和国水污染防治法》及《中华人民共和国海洋环境保护法》，保护和改善景观、娱乐用水水体的水质，恢复并保持其水体的自然生态系统，促进旅游事业的发展，特制订本标准。

1 标准的适用范围

本标准适用于以景观、疗养、度假和娱乐为目的的江、河、湖（水库）、海水水体或其中一部分。

2 标准的分类与标准值

2.1 标准的分类

本标准按照水体的不同功能，分为三大类：

A 类：主要适用于天然浴场或其他与人体直接接触的景观、娱乐水体。

B 类：主要适用于国家重点风景游览区及那些与人体非直接接触的景观娱乐水体。

C 类：主要适用于一般景观用水水体。

2.2 标准值

各类水质标准项目及标准值列于表 1。

3 标准的实施与管理

3.1 各地环境保护部门会同同级有关部门划定景观、娱乐水域的保护范围及其使用类型。

3.2 若是景观、娱乐水体中有些标准项目的自然本底值（即没有受到人为的污染）高于本标准所规定的标准值，应维持原自然状态。

3.3 在不发生事故和特殊自然条件干扰情况下，景观、娱乐水体的水质一年内应有 95% 以上的分析样品数符合本标准值的规定。

3.4 A 类水体内的天然浴场在游泳季节内水质应保证全部分析样品符合本水质标准。

3.5 含有毒有害污染物的废水，禁止排入景观、娱乐用水水域，一般工业废水、生活污水禁止直接排入 A 类、B 类水域，该废水必须经过处理并保证其受纳水体符合水标准的情况下方可排入 C 类水域。

3.6 同一水域兼有多种功能的，执行最高功能用水的水质标准。

4 水质监测

4.1 本标准各项目的分析方法按表 2 执行，水样的采集和保存严格按照《环境监测技术规范》有关规定执行。

4.2 海水水样的采集，保存和分析方法按《海洋监测规范》执行。其中分析方法未做规定的项目按表 2 执行。

景观娱乐用水水质标准　　表 1

序号	项目 \ 标准值 \ 分类	A 类	B 类	C 类
1	色	颜色无异常变化		不超过 25 色度单位
2	溴	不得含有任何异嗅		无明显异嗅
3	漂浮物	不得含有漂浮的浮膜、油斑和聚集的其他物质		
4	透明度，m≥	1.2		0.5
5	水温，℃	不高于近十年当月平均水温 2℃[2)]		不高于近十年当月平均水温 4℃
6	pH 值	6.5～8.5		
7	溶解氧（DO），mg/L≥	5	4	3
8	高锰酸盐指数，mg/L ≤	6	6	10
9	生化需氧量（BOD_5），mg/L≤	4	4	8
10	氨氮[1)]，mg/L≤	0.5	0.5	0.5
11	非离子氨，mg/L ≤	0.02	0.02	0.2
12	亚硝酸盐氮，mg/L≤	0.15	0.15	1.0
13	总铁，mg/L≤	0.3	0.5	1.0
14	总铜，mg/L≤	0.01（浴场 0.1）	0.01（海水 0.1）	0.1
15	总锌，mg/L≤	0.1（浴场 1.0）	0.1（海水 1.0）	1.0
16	总镍，mg/L≤	0.05	0.05	0.1
17	总磷，（以 P 计）mg/L≤	0.02	0.02	0.05
18	挥发酚，mg/L≤	0.005	0.01	0.1
19	阴离子表面活性剂，mg/L≤	0 2	0.2	0.3
20	总大肠菌群，个/L≤	10000		
21	粪大肠菌群，个/L≤	2000		

注：1）氨氮和非离子氨在水中存在化学平衡关系，在水温高于 20℃、pH＞8 时，必须用非离子氨作为控制水质的指标。

2）浴场水温各地区可根据当地的具体情况自行规定。

本标准未作明确规定的项目，执行 CB 3838《地面水环境质量标准》和 CB3097《海水水质标准》中的标准值及其有关规定。

景观娱乐用水水质标准项目分析方法 表2

序号	标准项目	测定方法	测定方法标准编号
1	色	铂钴标准比色法	CB11903
2	嗅	文字描述法	1)
3	漂浮物	文字描述法	1)
4	透明度	塞氏盘法	1)
5	水温	水温计法	1)
6	pH 值	玻璃电极法	CB6820
7	溶解氧（DO）	碘量法	CB7489
8	高锰酸盐指数	酸性法	GB11892
		碱性法	
9	生化需氧量（BOD_5）	稀释与接种法	GB7488
10	氨氮	纳氏试剂比色法	CB7479
11	非离子氨	纳氏试剂比色法2)	CB7479
12	亚硝酸盐氮	分光光度法	CB7493
13	总铁	二氮杂菲分光光度法	CB5750
		火焰原子吸收分光光度法	CB11911
14	总锌	双硫腙分光光度法	GB7472
		原子吸收分光光度法	GB7475
15	总铜	原子吸收分光光度法	CB7475
		二乙基二硫代氨基甲酸钠分光光度法	CB7474
		2，9—二甲基—1， 10—菲罗啉分光光度法	CB7473
16	总镍	火焰原子吸收分光光度法	CB11912
17	总磷	钼酸铵分光光度法	GB11893
18	挥分酚	蒸溜后4—氨基安替比林分光光度法	GB7490
19	阴离子表面活性剂	亚甲蓝分光光度法	CB7494
20	总大肠菌群	多管发酵法 滤膜法	GB5750
21	粪大肠菌群	多管发酵法	2)
		滤膜法	

注：1）按《水和废水监测分析方法》第三版，中国环境科学出版社，1989。

2）测得结果为 NH_3、NH_4^+ 总浓度，然后按下表换算为非离子氨浓度。

4.3 监测采样点，应选择具有代表性的位置。不得使用瞬时一次监测值作为水质判断依据。在任何情况下，采样频率不得少于一月一次。对有迹象表明水质可能恶化的水体及游泳季节内天然浴场水体均应适当增加采样频率，增加的采样频率由各地监测部门根据水体具体情况确定，并将分析结果连同采样情况报告当地环境保护主管部门。

氨的水溶液中非离子氨的百分比

温度℃	pH 值								
	6.0	6.5	7.0	7.5	8.0	8.5	9.0	9.5	10.0
5	0.013	0.040	0.12	0.39	1.2	3.8	11	28	56
10	0.019	0.059	0.19	0.59	1.8	5.6	16	37	65
15	0.027	0.087	0.27	0.86	2.7	8.0	21	46	73
20	0.040	0.13	0.40	1.2	3.8	11	28	56	80
25	0.057	0.18	0.57	1.8	5.4	15	36	64	85
30	0.080	0.25	0.80	2.5	7.5	20	45	72	89

附加说明：

本标准由国家环境保护局提出。

本标准由中国环境科学研究院组织制订。

本标准由国家环境保护局负责解释。

本标准主要起草人刘载芳、刘和平、杨延捷。

12 生活饮用水卫生标准

（GB5749—85）

1985—08—16 发布　1986—10—01 实施

1 总则

1.1 为贯彻"预防为主"的方针，向居民供应符合卫生要求的生活饮用水，保障人民的身体健康，特制订本标准。

1.2 本标准由供水单位和规划设计等有关单位负责执行。各级卫生防疫站、环境卫生监测站负责监督和检查执行情况。

在新建、扩建、改建集中式给水时，供水单位的主管部门必须会同卫生、环保、规划、城建和水利等单位共同研究用水规划，确定水源选择、水源防护和工程设计方案，认真审查设计。做好竣工验收，经卫生防疫站同意后，方可投入使用。

分散式给水的水源选择、水质鉴定、卫生防护和经常管理，由供水所在地的乡、镇政府委派当地有关单位研究决定。

各级公安、规划、卫生、环保等单位必须协同供水单位，按标准规定的防护地带要求，做好水源保护工作，防止污染。

试行标准

1.3 本标准适用于城乡供生活饮用的集中式给水（包括各单位自备的生活饮用水）和分散式给水。

2 水质标准和卫生要求

2.1 生活饮用水水质，不应超过表 1 所列限量。

2.2 集中式给水，除应根据需要具备必要的净化处理设备外。不论其水源是地面水或地下水，均应有消毒设施。取地下水直接供入管网的一次配水井，必要时，还应有除砂、防浑浊设施。

有关蓄水、配水和输水等设备必须严密。且不得与排水设施直接相连，防止倒虹吸。用水单位自建的各类贮水设备要加以防护，定期清洗和消毒，防止污染。

2.3 凡与水接融的给水设备所用原材

生活饮用水水质标准　　表 1

编　号	项　目	标　准
2·1·1	感官性状和一般化学指标：色	色度不超过 15 度，并不得呈现其他异色
2·1·2	混浊度	不超过 3 度，特殊情况不超过 5 度
2·1·3	嗅和味	不得有异嗅、异味
2·1·4	肉眼可见物	不得含有
2·1·5	pH	6.5～8.5
2·1·6	总硬度（以碳酸钙计）	450　mg/l
2·1·7	铁	0.3　mg/l
2·1·8	猛	0.1　mg/l
2·1·9	铜	1.0　mg/l
2·1·10	锌	1.0　mg/l
2·1·11	挥发酚类（以苯酚计）	0.002　mg/l
2·1·12	阳离子合成洗涤剂	0.3　mg/l
2·1·13	硫酸盐	250　mg/l
2·1·14	氯化物	250　mg/l
2·1·15	溶解性总固体毒理学指标：	1000　mg/l
2·1·16	氟化物	1.0　mg/l
2·1·17	氰化物	0.05　mg/l
2·1·18	砷	0.05　mg/l
2·1·19	硒	0.01　mg/l
2·1·20	汞	0.001　mg/l
2·1·21	镉	0.01　mg/l
2·1·22	铬（六价）	0.05　mg/l
2·1·23	铅	0.05　mg/l
2·1·24	银	0.05　mg/l
2·1·25	硝酸盐（以氮计）	20　mg/l
2·1·26	氯仿*	60　mg/l
2·1·27	四氯化碳*	3　mg/ll
2·1·28	苯并（a）芘*	0.01　mg/l
2·1·29	滴滴涕*	1　mg/l
2·1·30	六六六*	5　mg/l
	细菌学指标：	
2·1·31	细菌总数	100　个/ml
2·1·32	总大肠菌群	3　个/l
2·1·33	游离余氯	在接触 30 分钟后应不低于 0.3mg/l。集中式给水除出厂水应符合上述要求外，管网末梢水不应低于 0.05mg/l
	放射性指标：	
2·1·34	总 α 放射性	0.1　Bq/l
2·1·35	总 β 放射性	1　Bq/l

料及净水剂，均不得污染水质。新材料和净水剂均需经过省、市、自治区卫生厅（局）审批，并报卫生部备案。

2.4 各单位自备的生活饮用水供水系统，严禁与城、镇供水系统连接。否则，责任由连接管道的用水单位承担。

2.5 集中式给水单位，应不断加强对取水、净化、蓄水、配水和输水等设备的管理，建立行之有效的放水、清洗、消毒和检修等制度及操作规程，以保证供水质量。

新设备、新管网投产前或旧设备、旧管网修复后，必须严格进行冲洗、消毒，经检验混浊度、细菌，肉眼可见物等指标合格后方可正式通水。

2.6 直接从事供水工作的人员，必须建立健康档案，定期进行体检，每年不少于一次。如发现有传染病患者或健康带菌者，应立即调离工作岗位。

2.7 分散式给水应加强卫生管理，建立必要的卫生制度，采取切实可行的措施，作好经常维护和管理工作。

3 水源选择

3.1 新建水厂的水源选择，应根据城乡远、近期规划，历年来的水质、水文和水文地质资料，取水点及附近地区的卫生状况，同时考虑到地方病等因素，从卫生、经济、技术、水资源等多方面进行综合评价，选择水质良好、水量充沛、便于防护的水源。宜优先选用地下水，取水点应设在城镇和工矿企业的上游。

3.2 作为生活饮用水水源的水质，应符合下列要求：

3.2.1 若只经过加氯消毒即供作生活饮用的水源水，总大肠菌群平均每升不得超过1000个，经过净化处理及加氯消毒后供作生活饮用的水源水，总大肠菌群平均每升不得超过10000个。

3.2.2 水源水的感官性状和一般化学指标经净化处理后，应符合本标准第2.1条水质标准的规定。

分散式给水水源的水质，应尽量符合本标准第2.1条的规定。

3.2.3 水源水的毒理学和放射性指标，必须符合本标准第2.1条水质标准的规定。

3.2.4 在高氟区或地方性甲状腺肿地区，应分别选用含氟、含碘量适宜的水源水。否则应根据需要，采取预防措施。

3.2.5 水源水中如含有本标准第2.1条水质标准中未列入的有害物质时，按现行的《工业企业设计卫生标准》有关的要求执行。

3.3 若遇有不得不选用超过上述某项指标的水作为生活饮用水水源时，应取得省、市自治区卫生厅《局》的同意，并应以不影响健康为原则，根据其超过程度，与有关部门共同研究，采用适当的处理方法，在限定的期间使处理后的水质符合本标准的要求。

4 水源卫生防护

4.1 生活饮用的水源，必须设置卫生防护地带。

4.2 集中式给水水源卫生防护地带的规定如下：

4.2.1 地面水

4.2.1.1 取水点周围半径100米的水域内，严禁捕捞、停靠船只、游泳和从事可能污染水源的任何活动，并由供水单位设置明显的范围标志和严禁事项的告示牌。

4.2.1.2 取水点上游1000米至下游100米的水域不得排入工业废水和生活污水，其沿岸防护范围内不得堆放废渣，不得设立有害化学物品仓库、堆栈或装卸垃圾、粪便和有毒物品的码头、不得使用工业废水或生活污水灌溉及施用持久性或剧毒的农药，不得从事放牧等有可能污染该段水域水质的活动。

供生活饮用的水库和湖泊，应根据不同情况的需要，将取水点周围部分水域或整个水域及其沿岸划为卫生防护地带，并按上述要求执行。

受潮汐影响的河流取水点上下游及其沿岸防护范围，由供水单位会同卫生防疫站、环境卫生监测站根据具体情况研究确定。

4.2.1.3 以河流为给水水源的集中式给水，由供水单位会同卫生，环保等部门，根据实际需要，可把取水点上游1000米以外的一定范围河段划为水源保护区，严格控制上游污染物排放量。排放污水时应符合现行《工业企业设计卫生标准》和《地面水环境质量标准》的有关要求，以保证取水点的水质符合饮用水水源水质要求。

4.2.1.4 水厂生产区的范围应明确划定并设立明显标志，在生产区外围不小于10米范围内不得设置生活居住区和修建禽畜饲养场、渗水厕所、渗水坑，不得堆放垃圾、粪便、废渣或铺设污水渠道，应保持良好的卫生状况和绿化。

单独设立的泵站、沉淀池和清水池的外围不小于10米的区域内，其卫生要求与水厂生产区相同。

4.2.2 地下水

4.2.2.1 取水构筑物的防护范围，应根据水文地质条件、取水构筑物的形式和附近地区的卫生状况进行确定，其防护措施与地面水的水厂生产区要求相同。

4.2.2.2 在单井或井群的影响半径范围内，不得使用工业废水或生活污水灌溉和施用持久性或剧毒的农药。不得修建渗水厕所、渗水坑、堆放废渣或铺设污水渠道，并不得从事破坏深层土层的活动。如取水层在水井影响半径内不露出地面或取水层与地面水没有互相补充关系时，可根据具体情况设置较小的防护范围。

取水构筑物的防护范围，影响半径的范围以及岩溶地区地下水的水源卫生防护，应由供水部门同规划设计、水文地质、卫生、环保等部门研究确定。

4.2.2.3 在水厂生产区的范围内，应按地面水水厂生产区的要求执行。

4.3 分散式给水水源的卫生防护地带，以地面水为水源时参照本标准4.2.1.1和4.2.1.2项的规定要求，以地下水为水源时，水井周围30米范围内，不得设置渗水厕所、渗水坑、粪坑、垃圾堆和废渣堆等污染源，并建立卫生检查制度。

4.4 集中式给水水源卫生防护地带的范围和具体规定，由供水单位提出，并与卫生、环保、公安等部门商议后，报当地人民政府批准公布，书面通知有关单位遵守执行，并在防护地带设置固定的告示牌。

对不符合本标准规定要求的集中式给水水源的卫生防护地带，由供水单位会同卫生、环保、公安等部门提出改造规划，报当地人民政府批准后，责成有关单位限期完成。

分散式给水水源的卫生防护要求由当地卫生防疫站、环境卫生监测站提出，由使用单位执行。

4.5 为保护地下水源，人工回灌的水质，原则上应符合本标准2.1条的规定。工业废水和生活污水不得排入渗坑或渗井。

5 水质检验

5.1 水质的检验方法，应按现行的《生活饮用水标准检验法》执行。并由卫生防疫站、环境卫生监测站负责进行分析质量监督和评价。

5.2 城镇的集中式给水单位，必须建立水质检验室，负责检验水源水、净化构筑物出水、出厂水和管网水的水质。

有自备给水的大、中型企业，应配备专（兼）职人员，负责本单位的水质检验工作。其他单位的自备给水，应由其主管部门责成有关单位或报请上级指定有关单位负责本行业、本系统的水质检验。

分散式给水及农村集中式给水的水质，应由当地卫生防疫站、环境卫生监测站根据需要进行检验。

5.3 检验生活饮用水的水质，应在水源、出厂水和居民经常用水点采样。

5.3.1 城镇的集中式给水的水质检验采样点数，一般应按供水人口每两万人设一个点计算。供水人口超过一百万时，按上述比例计算出的采样点数可酌量减少；人口在二十万以下时，应酌量增加。在全部采样点中应有一定的点数，选在水源、出厂水、水质易受污染的地点、管网末梢和管网系统陈旧部分等。

每一采样点，每月采样检验应不少于两次，有条件时可适当增加次数，检验项目在一般情况下，细菌学指标和感官性状指标列为必检项目，其他指标可根据当地水质情况和需要选定。采样点和检验项目，应由供水单位与当地卫生防疫站、环境卫生监测站共同研究确定。对水源水、出厂水和部分有代表性的管网末稍水，每月进行一次全分析。

自备给水和农村集中式给水水质检验的采样点数、采样次数和检验项目，可根据具体情况参照上述要求确定。

以上水质检验的结果，应定期报送当地卫生防疫站、环境卫生监测站审查、存档。

5.3.2 分散式给水水质的检验次数和项目，可根据需要决定。

5.3.3 卫生防疫站、环境卫生监测站应对水源水，出厂水和居民经常用水点进行定期监测。

5.4 选择水源时的水质鉴定，应检验本标准第2.1条生活饮用水水质标准规定的指标和该水源可能受某种成分污染的有关项目。

附录：

本标准用词说明

1. 对本标准条文执行严格程度的用词，采用以下写法：

1.1 表示很严格，非这样作不可的用词：

正面词一般采用“必须”，反面词一般用“严禁”。

1.2 表示严格，在正常情况下均应这样作的用词：

正面词一般采用“应”，反面词一般采用“不应”或“不得”。

1.3 表示允许稍有选择，在条件许可时，首先应这样作的用词：正面词一般采用“宜’或“一般”，反面词一般采用“不宜”。

2. 条文中必须按指定的标准、规范或其他有关规定执行的，写法为“按现行的……执行”或“符合现行的……要求”。非必须按所指定标准、规范或其他有关规定执行的，写法为“参照现行的……”。

附加说明：

本标准由中华人民共和国卫生部提出。

本标准由《卫生饮用水卫生标准》修订组负责起草。

《标准》历次颁发简况：1955年5月首次颁发《自来水水质暂行标准》，供十二城市试行。1959年8月向全国颁发《生活饮用水卫生规程》，1976年进行修订，改名为《生活饮用水卫生标准》。

本标准由卫生部负责管理，一般技术性问题由中国预防医学科学院环境卫生监测所负责解释。

中华人民共和国国家标准

13 城市区域环境噪声标准

Standard of environmental noise of urban area

GB 3096—93 代替 GB 3096—82 GB 11339—89

本标准为贯彻《中华人民共和国环境保护法》及《中华人民共和国环境噪声污染防治条例》，保障城市居民的生活声环境质量而制订。

1 主题内容与适用范围

本标准规定了城市五类区域的环境噪声最高限值。

本标准适用于城市区域。乡村生活区域可参照本标准执行。

2 引用标准

GB/T 14623 城市区域环境噪声测量方法。

3 标准值

城市5类环境噪声标准值列于下表：

等效声级 L_{Aeq}：dB

类 别	昼 间	夜 间
0	50	40
1	55	45
2	60	50
3	65	55
4	70	55

4 各类标准的适用区域

4.1 0类标准适用于疗养区、高级别墅区、高级宾馆区等特别需要安静的区域。位于城郊和乡村的这一类区域分别按严于0类标准5dB执行。

4.2 1类标准适用于以居住、文教机关为主的区域。乡村居住环境可参照执行该类标准。

4.3 2类标准适用于居住、商业、工业混杂区。

4.4 3类标准适用于工业区。

4.5 4类标准适用于城市中的道路交通干线道路两侧区域，穿越城区的内河航道两侧区域。穿越城区的铁路主、次干线两侧区域的背景噪声（指不通过列车时的噪声水平）限值也执行该类标准。

5 夜间突发噪声

夜间突发的噪声，其最大值不准超过标准值15dB。

6 区域及时间的划定

6.1 各类标准适用区域由当地人民政府划定。

6.2 本标准昼间、夜间的时间由当地人民政府按当地习惯和季节变化划定。

7 监测方法

按GB/T 14623执行。

附加说明：

本标准由国家环境保护局提出。

本标准主要起草人郭静男、郭秀兰、孙家麒、陈光华、赵仁兴。

本标准由国家环境保护局负责解释。

[14] 保护世界文化和自然遗产公约[①]

联合国教育、科学及文化组织[②]

（联合国教育、科学及文化组织大会第十七届会议于1972年11月16日在巴黎通过）

联合国教育、科学及文化组织大会于1972年10月17日至11月21日在巴黎举行的第十七届会议，注意到文化遗产和自然遗产越来越受到破坏的威胁，一方面因年久腐变所致，同时变化中的社会和经济条件使情况恶化，造成更加难以对付的损害或破坏现象，考虑到任何文化或自然遗产的坏变或丢失都有使全世界遗产枯竭的有害影响，考虑到国家一级保护这类遗产的工作往往不很完善，原因在于这项工作需要大量手段而列为保护对象的财产的所在国却不具备充足的经济、科学和技术力量，回顾本组织《组织法》规定，本组织将通过保存和维护世界遗产和建议有关国家订立必要的国际公约来维护、增进和传播知识，考虑到现有关于文化和自然财产的国际公约、建议和决议表明，保护不论属于哪国人民的这类罕见且无法替代的财产，对全世界人民都很重要，考虑到部分文化或自然遗产具有突出的重要性，因而需作为全人类世界遗产的一部分加以保护，考虑到鉴于威胁这类遗产的新危险的规模和严重性，整个国际社会有责任通过提供集体性援助来参与保护具有突出的普遍价值的文化和自然遗产；所以尽管这种援助不能代替有关国家采取的行动，但将成为它的有效补充，考虑到为此有必要通过采用公约形式的新规定，以便为集体保护具有突出的普遍价值的文化和自然遗产建立一个根据现代科学方法制定的永久性的有效制度，在大会第十六届会议上，曾决定应就此问题制订一项国际公约。

于1972年11月16日通过本公约。

Ⅰ　文化和自然遗产的定义

第一条　在本公约中，以下各项为“文化遗产”：

文物：从历史、艺术或科学角度看具有突出的普遍价值的建筑物、碑雕和碑画、具有考古性质成分或结构、铭文、洞窟以及联合体；

建筑群：从历史、艺术或科学角度看，在建筑式样、分布均匀或与环境景色结合方面，具有突出的普遍价值的单立或连接的建筑群；

遗址：从历史、审美、人种学或人类学角度看具有突出的普遍价值的人类工程或自然与人联合工程以及考古地址等地方。

第二条　在本公约中，以下各项为“自然遗产”：

从审美或科学角度看具有突出的普遍价值的由物质和生物结构或这类结构群组成的自然面貌；

从科学或保护角度看具有突出的普遍价值的地质和自然地理结构以及明确划为受威胁的动物和植物生境区；

从科学、保护或自然美角度看具有突出的普遍价值的天然名胜或明确划分的自然区域。

第三条　本公约缔约国均可自行确定和划分上面第1条和第2条中提及的、本国领土内的文化和自然财产。

Ⅱ　文化和自然遗产的国家保护和国际保护

第四条　本公约缔约国均承认，保证第1条和第2条中提及的、本国领土内的文化和自然遗产的确定、保护、保存、展出和遗传后代，主要是有关国家的责任。该国将为此目的竭尽全力，最大限度地利用本国资源，必要时利用所能获得的国际援助和合作，特别是财政、艺术、科学及技术方面的援助和合作。

第五条　为保证、保护、保存和展出本国领土内的文化和自然遗产采取积极有效的措施，本公约各缔约国应视本国具体情况尽力做到以下几点：

1. 通过一项旨在使文化和自然遗产在社会生活中起一定作用并把遗产保护工作纳入全面规划计划的总政策；

2. 如本国内尚未建立负责文化和自然遗产的保护、保存和展出的机构，则建立一个或几个此类机构，配备适当的工作人员和为履行其职能所需的手段；

3. 发展科学和技术研究，并制订出能够抵抗威胁本国文化或自然遗产的危险的实际方法；

4. 采取为确定、保护、保存、展出和恢复这类遗产所需的适当的法律、科学、技术、行政和财政措施；

5. 促进建立或发展有关保护、保存和展出文化和自然遗产的国家或地区培训中心，并鼓励这方面的科学研究。

第六条

1. 本公约缔约国，在充分尊重第1条和第2条提及的文化和自然遗产的所在国的主权，并不使国家立法规定的财产权受到损害的同时，承认这类遗产是世界遗产的一部分，因此，整个国际社会有责任合作予以保护。

2. 缔约国根据本公约的规定，应有关国家的要求，帮助该国确定、保护、保存和展出第11条第2和4段中提及的文化和自然遗产。

3. 本公约各缔约国不得故意采取任何可能直接或间接损害本公约其他缔约国领土内的、第1条和第2条中提及的文化和

① 引自国家文物局法制处：《国际保护文化遗产法律文件选编》，紫禁城出版社，1993。

② 政府间组织。联合国的一个专门机构。秘书处地址：UNESCO，7 Place de Fontenoy，F－75352 Paris 07 SP，France；电话：＋33－1－45681000

自然遗产的措施。

第七条 在本公约中，世界文化和自然遗产的国际保护应被理解为建立一个旨在支持本公约缔约国保存和确定这类遗产的努力的国际合作和援助系统。

Ⅲ 保护世界文化和自然遗产政府间委员会

第八条

1. 在联合国教育、科学及文化组织内，现建立一个保护具有突出的普遍价值的文化和自然遗产政府间委员会，称为"世界遗产委员会"。委员会由联合国教育、科学及文化组织大会常会期间召集的本公约缔约国大会选出的15个缔约国组成。委员会成员国的数目将在至少40个缔约国实施本公约之后的大会常会举行之日起增至21个。

2. 委员会委员的选举须保证均衡地代表世界的不同地区和不同文化。

3. 国际文物保护与修复研究中心（罗马中心）的一名代表、国际古迹遗址理事会的一名代表以及国际自然及自然资源保护联盟的一名代表可以咨询者身份出席委员会的会议，此外，应联合国教育、科学及文化组织大会常会期间举行大会的本公约缔约国提出的要求，其他具有类似目标的政府间或非政府组织的代表亦可以咨询者身份出席委员会的会议。

第九条

1. 世界遗产委员会成员国的任期自当选之应届大会常会结束时起至应届大会后第三次常会闭幕时止。

2. 但是，第一次选举时指定的委员中，有三分之一的委员的任期应于当选之应届大会后第一次常会闭幕时截止；同时指定的委员中，另有三分之一的委员的任期应于当选之应届大会后第二次常会闭幕时截止。这些委员由联合国教育、科学及文化组织大会主席在第一次选举后抽签决定。

3. 委员会成员国应选派在文化或自然遗产方面有资历的人员担任代表。

第十条

1. 世界遗产委员会应通过其议事规则。

2. 委员会可随时邀请公共或私立组织或个人参加其会议，以就具体问题进行磋商。

3. 委员会可设立它认为为履行其职能所需的咨询机构。

第十一条

1. 本公约各缔约国应尽力向世界遗产委员会递交一份关于本国领土内适于列入本条第2段所述《世界遗产目录》的、组成文化和自然遗产的财产的清单。这份清单不应当看做是齐全的，它应包括有关财产的所在地及其意义的文献资料。

2. 根据缔约国按照第1段规定递交的清单，委员会应制订、更新和出版一份《世界遗产目录》，其中所列的均为本公约第一条和第二条确定的文化遗产和自然遗产的组成部分，也是委员会按照自己制订的标准认为是具有突出的普遍价值的财产。一份最新目录应至少每两年分发一次。

3. 把一项财产列入《世界遗产目录》需征得有关国家同意。当几个国家对某一领土的主权或管辖权均提出要求时，将该领土内的一项财产列入《目录》不得损害争端各方的权利。

4. 委员会应在必要时制订、更新和出版一份《处于危险的世界遗产目录》，其中所列财产均为载于《世界遗产目录》之中、需要采取重大活动加以保护并为根据本公约要求给予援助的财产。《处于危险的世界遗产目录》应载有这类活动的费用概算，并只可包括文化和自然遗产中受到下述严重的特殊危险威胁的财产，这些危险是：蜕变加剧、大规模公共或私人工程、城市或旅游业迅速发展计划造成的消失威胁；土地的使用变动或易主造成的破坏；未知原因造成的重大变化；随意摈弃；武装冲突的爆发或威胁；灾害和灾变；严重火灾、地震、山崩；火山爆发；水位变动；洪水和海啸等。委员会在紧急需要时可随时在《处于危险的世界遗产目录》中增列新的条目并立即予以发表。

5. 委员会应当确定属于文化或自然遗产的财产可被列入本条第2和4段中提及的目录所依据的标准。

6. 委员会在拒绝一项要求列入本条第2和4段中提及的目录之一的申请之前，应与有关文化或自然财产所在缔约国磋商。

7. 委员会经与有关国家商定，应协调和鼓励为拟订本条第2和4段中提及的目录所需进行的研究。

第十二条 未被列入第11条第2和4段提及的两个目录的属于文化或自然遗产的财产，决非意味着在列入这些目录的目的之外的其他领域不具有突出的普遍价值。

第十三条

1. 世界遗产委员会应接收并研究本公约缔约国就已经列入或可能适于列入第十一条第2和4段中提及的目录的本国领土内成为文化或自然遗产的财产要求国际援助而递交的申请。这种申请的目的可能是保证这类财产得到保护、保存、展出或恢复。

2. 本条第1段中提及的国际援助申请还可能涉及鉴定哪些财产属于第1和2条所确定的文化或自然遗产，当初步调查表明此项调查值得进行下去。

3. 委员会应就对这些申请所需采取的行动作出决定，必要时应确定其援助的性质和程度，并授权以它的名义与有关政府作出必要的安排。

4. 委员会应制订其活动的优先顺序并在进行这项工作时应考虑到需予保护的财产对世界文化和自然遗产各具的重要性、对最能代表一种自然环境或世界各国人民的才华和历史的财产给予国际援助的必要性、所需开展工作的迫切性、拥有受到威胁的财产的国家现有的资源，特别是这些国家利用本国资源保护这类财产的能力大小。

5. 委员会应制订、更新和发表已给予国际援助的财产目录。

6. 委员会应就本公约第15条下设立的基金的资金使用问题作出决定。委员会应设法增加这类资金，并为此目的采取一切有益的措施。

7. 委员会应拥有与本公约目标相似的目标的国际和国家级政府组织和非政府组织合作。委员会为实施其计划和项目，可约请这类组织，特别是国际文物保护与修复研究中心（罗马中心）、国际古迹遗址理事会和国际自然及自然资源保护联盟并可约请公共和私立机构及个人参加。

8. 委员会的决定应经出席及参加表决的委员的三分之二多数通过。委员会委员的多数构成法定人数。

第十四条

1. 世界遗产委员会应由联合国教育、科学及文化组织总干事任命组成的一个秘书处协助工作。

2. 联合国教育、科学及文化组织总干事应尽可能充分利用国际文物保护与修复研究中心（罗马中心）、国际古迹遗址理事会和国际自然及自然资源保护联盟在各自职权范围内提供的服务，以为委员会准备文件资料，制订委员会会议议程，并负责执行委员会的决定。

Ⅳ 保护世界文化和自然遗产基金

第十五条

1. 现设立一项保护具有突出的普遍价值的世界文化和自然遗产基金，称为“世界遗产基金”。

2. 根据联合国教育、科学及文化组织《财务条例》的规定，此项基金应构成一项信托基金。

3. 基金的资金来源应包括：

（1）本公约缔约国义务捐款和自愿捐款；

（2）下列方面可能提供的捐款、赠款或遗赠：

（ⅰ）其他国家；

（ⅱ）联合国教育、科学及文化组织、联合国系统的其他组织（特别是联合国开发计划署）或其他政府间组织；

（ⅲ）公共或私立机构或个人。

（3）基金款项所得利息；

（4）募捐的资金和为本基金组织的活动的所得收入；

（5）世界遗产委员会拟订的基金条例所认可的所有其他资金。

4. 基金的捐款和向委员会提供的其他形式的援助只能用于委员会限定的目的。委员会可接受仅用于某个计划或项目的捐款，但以委员会业已决定实施该计划或项目为条件。对基金的捐款不得带有政治条件。

第十六条

1. 在不影响任何自愿补充捐款的情况下，本公约缔约国每两年定期向世界遗产基金纳款，本公约缔约国大会应在联合国教育、科学及文化组织大会届会期间开会确定适用于所有缔约国的一个统一的纳款额百分比，缔约国大会关于此问题的决定，需由未作本条第 2 段中所述声明的、出席及参加表决的缔约国的多数通过。本公约缔约国的义务纳款在任何情况下都不得超过对联合国教育、科学及文化组织正常预算纳款的百分之一。

2. 然而，本公约第 31 条或第 32 条中提及的国家均可在交存批准书、接受书或加入书时声明不受本条第 1 段规定的约束。

3. 已作本条第 2 段中所述声明的本公约缔约国可随时通过通知联合国教育、科学及文化组织总干事收回所作声明。然而，收回声明之举在紧接的一届本公约缔约国大会之日以前不得影响该国的义务纳款。

4. 为使委员会得以有效地规划其活动，已作本条第 2 段中所述声明的本公约缔约国应至少每两年定期纳款，纳款不得少于它们如受本条第 1 段规定约束所须交纳的款额。

5. 凡拖延交付当年和前一日历年的义务纳款或自愿捐款的本公约缔约国不能当选为世界遗产委员会成员，但此项规定不适用于第一次选举。属于上述情况但已当选委员会成员的缔约国的任期在本公约第 8 条第 1 段规定的选举之时截止。

第十七条 在公约缔约国应考虑或鼓励设立旨在为保护本公约第 1 和第 2 条中所确定的文化和自然遗产募捐的国家、公共及私立基金会或协会。

第十八条 本公约缔约国应对在联合国教育、科学及文化组织赞助下为世界遗产基金所组织的国际募款运动给予援助。它们应为第 15 条第 3 段中提及的机构为此目的所进行的募款活动提供便利。

Ⅴ 国际援助的条件和安排

第十九条 凡本公约缔约国均可要求对本国领土内组成具有突出的普遍价值的文化或自然遗产之财产给予国际援助。它在递交申请时还应按照第 21 条规定所拥有的有助于委员会作出决定的文件资料。

第二十条 除第十三条第 2 段、第二十二条第三分段和第二十三条所述情况外，本公约规定提供的国际援助仅限于世界遗产委员会业已决定或可能决定列入第十一条第 2 和 4 段中所述目录的文化和自然遗产的财产。

第二十一条

1. 世界遗产委员会应制订对向它提交的国际援助申请的审议程序，并应确定申请应包括的内容，即打算开展的活动、必要的工程、工程的预计费用和紧急程度以及申请国的资源不能满足所有开支的原因所在。这类申请须尽可能附有专家报告。

2. 对因遭受灾难或自然灾害而提出的申请，由于可能需要开展紧急工作，委员会应立即给予优先审议，委员会应掌握一笔应急储备金。

3. 委员会在作出决定之前，应进行它认为必要的研究和磋商。

第二十二条 世界遗产委员会提供的援助可采取下述形式：

1. 研究在保护、保存、展出和恢复本公约第 11 条第 2 和 4 段所确定的文化和自然遗产方面所产生的艺术、科学和技术性问题；

2. 提供专家、技术人员和熟练工人，以保证正确地进行已批准的工作；

3. 在各级培训文化和自然遗产的鉴定、保护、保存、展出和恢复方面的工作人员和专家；

4. 提供有关国家不具备或无法获得的设备；

5. 提供可长期偿还的低息或无息贷款；

6. 在例外和特殊情况下提供无偿补助金。

第二十三条 世界遗产委员会还可向培训文化和自然遗产的鉴定、保护、保存、展出和恢复方面的各级工作人员和专家的国家或地区中心提供国际援助。

第二十四条 在提供大规模的国际援助之前，应先进行周密的科学、经济和技术研究。这些研究应考虑采用保护、保存、展出和恢复自然和文化遗产方面最先进的技术，并应与本公约的目标相一致。这些研究还应探讨合理利用有关国家现有资源的手段。

第二十五条 原则上，国际社会只担负必要工程的部分费用。除非本国资源不许可，受益于国际援助的国家承担的费用应构成用于各项计划或项目的资金的主要份额。

第二十六条 世界遗产委员会和受援国应在他们签订的协定中确定享有根据本公约规定提供的国际援助的计划或项目的实施条件。应由接受这类国际援助的国家负责按照协定制订的条件对如此卫护的财产继续加以保护、保存和展出。

Ⅵ 教育计划

第二十七条

1. 本公约缔约国应通过一切适当手段，特别是教育和宣传计划，努力增强本国人民对本公约第一和二条中确定的文化和自然遗产的赞赏和尊重。

2. 缔约国应使公众广泛了解对这类遗产造成的危险和根据本公约进行的活动。

第二十八条

接受根据本公约提供的国际援助的缔约国应采取适当措施，使人们了解接受援助的财产的重要性和国际援助所发挥的作用。

Ⅶ 报告

第二十九条

1. 本公约缔约国在按照联合国教育、科学及文化组织大会确定的日期和方式向该组织大会递交的报告中，应提供有关它们为实行本公约所通过的法律和行政规定及所采取的其他行动的情况，并详述在这方面获得的经验。

2. 应提请世界遗产委员会注意这些报告。

3. 委员会应在联合国教育、科学及文化组织大会的每届常会上递交一份关于其活动的报告。

Ⅷ 最后条款

第三十条 本公约以阿拉伯文、英文、法文、俄文和西班牙文拟订，五种文本同一作准。

第三十一条

1. 本公约应由联合国教育、科学及文化组织会员国根据各自的宪法程序予以批准或接受。

2. 批准书或接受书应交存联合国教育、科学及文化组织总干事。

第三十二条

1. 所有非联合国教育、科学及文化组织会员的国家，经该组织大会邀请均可加入本公约。

2. 向联合国教育、科学及文化组织总干事交存一份加入书后，加入方才有效。

第三十三条 本公约须在第二十份批准书、接受书或加入书交存之日的三个月之后生效，但这仅涉及在该日或之前交存各自批准书、接受书或加入书的国家。就任何其他国家而言，本公约应在这些国家交存其批准书、接受书或加入书的三个月之后生效。

第三十四条 下述规定须应用于拥有联邦制或非单一立宪制的本公约缔约国：

1. 关于在联邦或中央立法机构的法律管辖下实施的本公约规定，联邦或中央政府的义务应与非联邦国家的缔约国的义务相同；

2. 关于在无须按照联邦立宪制采取立法措施的联邦各个国家、地区、省或州法律管辖下实施的本公约规定，联邦政府应将这些规定连同其关于予以通过的建议一并通告各个国家、地区、省或州的主管当局。

第三十五条

1. 本公约缔约国均可通告废除本公约。

2. 废约通告应以一份书面文件交存联合国教育、科学及文化组织的总干事。

3. 公约的废除应在接到废约通告书一年后生效，废约在生效日之前不得影响退约国承担的财政义务。

第三十六条 联合国教育、科学及文化组织总干事应将第三十一和三十二条规定交存的所有批准书、接受书或加入书和第35条规定的废约等事通告本组织会员国、第32条中提及的非本组织会员的国家以及联合国。

第三十七条

1. 本公约可由联合国教育、科学及文化组织的大会修订。但任何修订只对将成为修订的公约缔约国具有约束力。

2. 如大会通过一项全部或部分修订本公约的新公约，除非新公约另有规定，本公约应从新的修订公约生效之日起停止批准、接受或加入。

第三十八条 按照《联合国宪章》第102条，本公约须应联合国教育、科学及文化组织总干事的要求在联合国秘书处登记。

1972年11月23日订于巴黎，两个正式文本均有大会第十七届会议主席和联合国教育、科学及文化组织总干事的签字，由联合国教育、科学及文化组织存档，并将验明无误之副本发送第三十一条和第三十二条述之所有国家以及联合国。

前文系联合国教育、科学及文化组织大会在巴黎举行的，于1972年11月21日宣布闭幕的第十七届会议通过的《公约》正式文本。

1972年11月23日签字，以昭信守。

大会主席 总干事

获 原彻 勒内·马厄

15 关于在国家一级保护文化和自然遗产的建议[①]

联合国教育、科学及文化组织[②]

联合国教育、科学及文化组织大会于1972年10月17日至11月21日在巴黎举行第十七届会议。

考虑到在一个生活条件加速变化的社会里，就人类平衡和发展而言至关重要的是为人类保存一个合适的生活环境，以便人类在此环境中与自然及其前辈留下的文明痕迹保持联系。为此，应该使文化和自然遗产在社会生活中发挥积极的作用，并把当代成就、昔日价值和自然之美纳入一个整体政策；

考虑到这种与社会和经济生活的结合必定是地区发展和国家各级规划的一个基本方面；

考虑到我们这个时代特有的新现象所带来的异常严重的危险正威胁着文化和自然遗产，而这些遗产构成了人类遗产的一个基本特征，以及丰富和协调发展当代与未来文明的一种源泉；

考虑到每一项文化和自然遗产都是独一无二的，任何一项文化和自然遗产的消失都构成绝对的损失，并造成该遗产的不可逆转的枯竭；

考虑到在其领土上有文化和遗产组成部分的任何一个国家，有责任保护这一部分人类遗产并确保将它传给后代；

考虑到研究、认识及保护世界各国的文化遗产和自然遗产有利于人民之间的相互理解；

考虑到文化和自然遗产构成一个和谐的整体，其组成部分不可分割；

考虑到经共同考虑和制定的保护文化和自然遗产的政策可能使成员国之间继续产生相互影响，并对联合国教育、科学及文化组织在这一领域的活动产生决定性的影响；

考虑到大会已经通过了保护文化和自然遗产的国际文件，如：《关于适用于考古发掘的国际原则的建议》（1956）、《关于保护景观和遗址的风貌与特征的建议》（1962）以及《关于保护受到公共或私人工程危害的文化财产的建议》（1968）；

希望补充并扩大这类建议中所规定的标准和原则的适用范围；

收到有关保护文化遗产和自然遗产的建议，该问题被作为第二十三项议案列入本届会议议程；

第十六届会议上决定：该问题应以向成员国建议的形式制定为国际规章；

于1972年11月16日，通过本建议。

Ⅰ 文化和自然遗产的定义

1. 为本建议之目的，以下各项应被视为“文化遗产”：

古迹：建设物、不朽的雕刻和绘画作品，包括穴居和题记以及在考古、历史、艺术或科学方面具有特殊价值的组成部分或结构；

建筑群：因其建筑、谐调或在风景中的位置而具有特殊历史、艺术或科学价值的单独或相连建筑群；

遗址：因风景秀丽或在考古、历史、人种或人类学方面的重要性而具有特殊价值的地形区，该地形区是人类与自然的共同产物。

2. 为本建议之目的，以下各项应被视为“自然遗产”：

在美学或科学方面具有特殊价值的、由物理和生物结构（群）所组成的自然风貌；

在科学或保护方面具有特殊价值的，或正面临威胁的构成动物和植物物种的栖息地或产地的地理和地文结构，以及准确划定的区域；

在科学、保护或自然风貌方面、或在其与人类和自然的共同产物的关系方面具有特殊价值的自然遗址或准确划定的自然地区。

Ⅱ 国家政策

3. 各国应根据其司法和立法需要，尽可能制定、发展并应用一项其主要目的在于协调和利用一切可能得到的科学、技术、文化和其他资源的政策，以确保有效地保护、保存和展示文化和自然遗产。

Ⅲ 总则

4. 文化遗产和自然遗产代表着财富。凡领土上有这些遗产的国家都有责任对其国民和整个国际社会保护、保存和展示这些遗产；成员国应采取履行该义务所需的相应行动。

5. 文化和自然遗产应被视为一个同种性质的整体，它不仅由具有巨大内在价值的作品组成，而且还包括随着时间流逝而具有文化或自然价值的较为一般的物品。

6. 任何一件作品和物品按一般原则都不应与其环境相分离。

7. 由于保护、保存和展示文化和自然遗产的最终目的是为了人类的发展，因此，各成员国尽可能以不再把文化和自然遗产视为国家发展的障碍，而应视为决定因素这样一种方法来指导该领域的工作。

8. 应将保护、保存并有效地展示文化和自然遗产视为地区发展计划以及国家、地区和地方总体规划的重要方面之一。

9. 应制订一项保存文化和自然遗产并

① 引自国家文物局法制处：《国际保护文化遗产法律文件选编》，紫禁城出版社，1993。

② 政府间组织。联合国的一个专门机构。秘书处地址：UNESCO，7 Place de Fontenoy，F－75352 Paris 07 SP，France；电话：＋33－1－45681000

在社会生活中给其一席之地的积极政策。各成员国应安排公共和私人的一切有关部门采取行动，以制订并应用此政策。有关文化和自然遗产的预防和矫正措施应通过其他方面得到补充，其意图旨在使该遗产的每一组成部分都按照其文化或自然特性而发挥作用，从而成为现在和未来国家社会、经济、科学和文化生活的一部分。保护文化和自然遗产的行动应利用保护、保存和展示文化遗产或自然遗产所涉及的各个研究领域所取得的科学和技术进步。

10. 公共当局应尽可能为保护和展示文化和自然遗产提供日益增长的财政资源。

11. 将要采取的保护和保存措施，应与该地区的公众联系起来，并呼吁他们提出建议或给予帮助——特别是在对待和监督文化和自然遗产方面。也可以考虑从私人部门得到财政支持的可能性。

Ⅳ 行政组织

12. 尽管由于行政组织的多样性使得各成员国无法采取一个统一的组织形式，然而还是应该遵循某些共同的标准。

专门的公共行政部门

13. 各成员国应根据各国的适当条件，在其尚无此类组织的领土上设立一个或多个专门的公共行政部门，负责有效地执行以下各项职能：

（1）制订和实施各种旨在保护、保存和展示本国文化和自然遗产并使其成为社会生活的一个积极因素的措施，并且先编纂一份文化和自然遗产的清单，建立相关的档案资料服务机构；

（2）培训并招聘所需的科学、技术和行政人员，由其负责文化和自然遗产的鉴定、保护、保存和其他综合计划，并指导其实施；

（3）组织各学科专家的紧密合作，研究文化和自然遗产的保护技术问题；

（4）利用或建立实验室，研究有关文化和自然遗产保护方面所涉及的各学科问题；

（5）确保遗产所有人或承租人进行必要的维修，并保持建筑物的最佳艺术和技术状况。

咨询机构

14. 专门的行政部门应与负责在准备和自然遗产有关措施方面提供咨询的专家机构合作。这类机构应包括专家、主要保护学会的代表以及有关行政部门的代表。

各机构间的合作

15. 从事保护、保存和展示文化和自然遗产的专门的行政部门应与其他公共行政部门一起在平等的基础上开展工作，特别是那些负责地区发展规划、主要公共工程、环境及经济和社会规划的部门。涉及文化和自然遗产的旅游发展计划的制订应审慎进行，以便不影响该遗产的内在特征和重要性，并应采取步骤在有关部门间建立适当的联系。

16. 凡涉及到大型项目时，应组织专门的行政部门之间的、各种层次的不断合作并作好适当的协调安排，以便采取顾及有关各方利益的一致决定。从研究之初就应制订合作计划的规定，并确定解决冲突的机制。

中央、联邦、地区和地方机构的权限

17. 考虑到保护、保存和展示文化和自然文化遗产所涉及的问题难以处理这一事实，有时需要专门知识，有时涉及艰难的抉择，并且也考虑到该领域不能得到足够的专业人员，因此，应根据各成员国的适当情况，在审慎平衡的基础上划分中央或联邦以及地区或地方当局之间有关制订和执行一般保护措施的一切职责。

Ⅴ 保护措施

18. 各成员国应尽可能采取一切必要的科学、技术、行政、法律和财政措施，确保其领土上的文化和自然遗产得到保护。这些措施应根据成员国的立法和组织而定。

科学和技术措施

19. 各成员国应经常对其文化和自然遗产进行精心维护，以避免因其退化而不得不进行的耗资巨大的项目。为此，各成员国应通过定期检查对其遗产的各部分经常进行监督。它们还应该依据现有科学、技术和财政手段精心制订能逐渐包括所有文化和自然遗产的保护和展示的计划项目。

20. 任何所需进行的工作应根据其重要性，都事先并同时进行彻底的研究，这种研究应同各有关领域的专家一起进行，或由有关领域的专家单独进行。

21. 各成员国应寻找有效的办法，对受到极为严重危险威胁的文化和自然遗产的组成部分给予更多的保护。此办法应考虑所涉及的且相互关联的科学、技术和艺术问题并能制订出适用的治理对策。

22. 另外，在适当情况下，这些文化和自然遗产的组成部分应恢复其原有用途或赋予新的和更加恰当的用途，只要其文化价值并没有因此而受到贬损。

23. 对文化遗产所进行的任何工程都应旨在保护其传统原貌，并保护它免遭可能破坏它与周围环境之间总体或色彩关系的重建或改建。

24. 古迹与其周围环境之间由时间和人类所建立起来的和谐极为重要，通常不应受到干扰和毁坏，不应允许通过破坏其周围环境而孤立该古迹；也不应试图将古迹迁移，除非作为处理问题的一个例外方法，并证明这么做的理由是出于紧迫的考虑。

25. 各成员国应采取措施，保护文化和自然遗产免受标志现代文明的技术进步可能带来的有害影响。这些措施应旨在对付由机器和车辆所引起的震动和震颤的影响。还应采取措施防止污染和自然灾害和灾难，并对文化和自然遗产所受到的损坏进行修缮。

26. 由于建筑群的修复情况并非到处千篇一律，因此各成员国应在适当情况下进行社会科学调查，以便准确地确定有关建筑群所在的社区有何社会需要和文化需要。任何修复工程都应特别注意使人类能在已修复的环境中工作、发展并取得成就。

27. 各成员国应对各项自然遗产，如公园、野生物、难民区或娱乐区或其他类似保护区进行地质和生态研究，以正确评估其科学价值，确定观众使用带来的影响，并观察各种相互关系，避免对遗产造成严重损害，并为动植物的管理提供足够的背景资料。

28. 各成员国应在运输、通讯、视听技术、数据自动处理和其他先进技术以及文化、娱乐发展趋势方面做到齐头并进，以便为科学研究和适合于各地而又不破坏自然资源的公共娱乐提供尽可能好的设备和服务。

行政措施

29. 各成员国应尽快制订出其文化和自

然遗产的保护清单，其中包括那些虽不是至关重要但却与其环境不可分割并构成其特征的项目。

30. 通过对文化和自然遗产的这种勘查所获得的信息资料应以适当的形式予以收集，并定期更新。

31. 为了确保在各级规划中都能有效地确认文化和自然遗产，各成员国应准备涉及有关文化和自然财产的地图和尽可能详尽的资料。

32. 各成员国应考虑为不再用作原来用途的历史建筑群寻找合适的用途。

33. 应该为保护、保存、展示和修复具有历史和艺术价值的建筑群制定计划。它应包括边缘保护地带、规定土地使用条件并说明需要保护的建筑物及其保护条件。该计划应纳入有关地区的城镇和乡村整体规划的政策。

34. 修复计划应说明历史建筑物将作何用途以及修复地区与城市周围发展之间有何联系。在考虑指定一个修复区时，应同该地区的地方当局及居民代表进行磋商。

35. 任何可能导致改变保护区建筑物现状的工程须由城镇和乡村规划部门在听取负责文化和自然遗产保护的专门行政部门的意见并予以批准后方可进行。

36. 如果出于居住者生活的需要，并且只有在不会极大地改变古代寓所真实特性的条件下，才应允许对建筑群的内部进行改动以及安装现代化设施。

37. 各成员国应根据其自然遗产的清单，制订短期和长期计划以形成一套符合本国需要的保护系统。

38. 各成员国应就符合土地有效使用的国家保护政策提供咨询服务以指导民间组织及土地所有者。

39. 各成员国应为恢复因工业而遭废弃或人类活动而遭破坏的自然区域制订政策和计划。

法律措施

40. 文化和自然遗产的组成部分，应根据其本身的重要性，由与各国的权限和法律程序相一致的立法或法规单独地或集体地予以保护。

41. 通过制订新规定应对保护措施作必要的补充，以促进文化和自然遗产的保护，并有利于展示其组成部分。为此，保护措施的实施，应适用于拥有文化和自然遗产组成部分的个人或公共当局。

42. 未经专门行政部门批准，一律不准兴建新建筑物，也不准对位于保护区或附近的财产予以拆除、改造修改或砍伐其树木。

43. 允许工业发展或公共和私人工程的规划之立法应考虑现有的有关保护的立法。负责保护文化和自然遗产的有关当局可以采取步骤，通过以下方法加快必要的保护工程，即或者向遗产所有者提供财政援助，或者代理所有者并行使其权力使工程竣工。有关当局有可能获得所有者通常原本应付的那部分费用的补偿。

44. 在出于保护财产之需要的情况下，可根据国内立法的规定赋予公共当局征用受保护的建筑物或自然遗址的权力。

45. 各成员国应制订法规，控制招贴画、霓虹灯和其他各类广告、商业招牌、野营、电线杆、高塔、电线或电话线、电视天线、各种交通运输停车场、路标和街头设施等，总之与装备或占据文化和自然遗产某一组成部分有关的一切事宜。

46. 无论所有权是否变更，为保护文化和自然遗产的任何组成部分所采取的措施应继续有效。如果一个受保护的建筑物或自然遗址被出售，应告诉买者它在被保护之列。

47. 对蓄意破坏、损害或毁坏被保护的古迹、建筑物群或遗址、或具有考古、历史或艺术价值的遗产的人，应根据各国宪法、法律和权限予以惩罚或行政处罚。此外，对非法挖掘设备应予以没收。

48. 对其他任何破坏保护、保存和展示受保护的文化或自然遗产组成部分的行为负有责任者应给予惩罚和行政处罚。它应包括根据已有的科技标准将受影响的遗址修复至原状的规定。

财政措施

49. 中央和地方当局应根据构成文化和自然遗产组成部分的被保护财产的重要性，尽可能在预算中拨出一定比例的资金，以便维护、保护和展示其所拥有的被保护财产，并从财政上资助对公共或私人所有的其他被保护财产所进行的类似工程。

50. 因保护、保存和展示私人所有的文化和自然遗产所造成的开支应尽可能地由所有者或使用者负担。

51. 此类开支的减税或赠款或优惠贷款可以提供给被保护财产的私人所有者，条件是他们根据所同意的标准进行保护、保存、展示和修复其财产的工程。

52. 如有必要，应考虑向文化和自然遗产保护区所有者赔偿因保护计划而可能遭致的损失。

53. 在适当的情况下，给予私人所有者的财政优惠应取决于他们是否遵守为公共利益而规定的某些条件，如：允许人们进入公园、花园和遗址，浏览部分或全部自然遗址及古迹和建筑群，允许拍照等。

54. 在公共部门的预算中，应为保护受大规模公共或私人工程的危害的文化和自然遗产划拨专项资金。

55. 为了增加可能得到的财政资源，各成员国可以设立一个或多个“文化和自然遗产基金会”，它们如同合法设立的公共机构一样，有权接受私人馈赠、捐赠和遗赠，特别是来自工业和商业公司的捐款。

56. 对那些征集、修复或维护文化和自然遗产的特定组成部分的馈赠、捐赠或遗赠者应给予税务减让。

57. 为了有利于自然和文化遗产修复工程的进行，各成员国可以做出特别安排，特别是通过为更新和修复工程贷款的方式；各成员国也可以制定必要的法规，以避免由于不动产的投机而带来的物价上涨。

58. 为了避免因修缮给不得不搬出建筑物或建筑群的贫困居民带来的艰辛，可以考虑给予租金上的补偿，以使他们能够保留住宅。这种补偿应该是暂时性的，并应根据有关人员的收入而定，以使他们能够偿付由于进行工程而造成的不断增加的费用。

59. 各成员国可以为有利于文化和自然遗产各项工程的融资提供便利，即通过建立由公共机构和私人信贷部门支持的“信贷基金”，负责向所有者提供低息长期贷款。

Ⅵ 教育和文化行动

60. 大学、各级教育机构及永久性教育

机构应就艺术史、建筑、环境和城镇规划定期组织讲课、讲座、讨论会等。

61. 各成员国应开展教育运动以唤起公众对文化和自然遗产的广泛兴趣和尊重，还应继续努力以告知公众为保护文化和自然遗产现在正在做些什么，以及可做些什么，并谆谆教诲他们理解和尊重其所含价值。为此，应动用一切所需之信息媒介。

62. 在不忽视文化和自然遗产的巨大经济和社会价值的情况下，应采取措施促进和增强该遗产的明显的文化和教育价值以服务于保护、保存和展示该遗产的基本目的。

63. 为文化和自然遗产组成部分所做的一切努力，都应考虑其代表一种环境，一种与人类及其地位相适应的建筑或城镇设计形式而自身蕴藏的内在的文化价值和教育价值。

64. 应建立志愿者机构以鼓励国家和地方当局充分利用其保护权力并向他们提供帮助及必要时替他们筹措资金。这些机构应该同地方历史学会、友好促进会、地方发展委员会以及旅游机构等保持联系，还可以组织其成员参观和游览文化和自然遗产的不同项目。

65. 为了说明已列入计划、正在进行的文化和自然遗产组成部分的修复工程，可设立信息中心、博物馆或举办展览。

Ⅶ　国际合作

66. 各成员国应就文化和自然遗产的保护、保存和展示进行合作，在必要情况下，从政府间和非政府间的国际组织要求援助。这种多边或双边合作应认真予以协调，并采取以下形式的措施：

（1）交流信息及交换科技出版物；

（2）组织专题讨论会或工作小组；

（3）提供学习和旅游奖学金，提供科技行政人员与设备；

（4）通过让年轻研究人员和技术人员参加建筑项目、考古发掘和自然遗址的保护提供国外科技培训的便利；

（5）在一些成员国之间就保护、发掘、修复和修缮工程的大型项目进行协作，以推广所取得的经验。

以上乃联合国教育、科学及文化组织大会在巴黎举行的、于1972年11月21日宣布闭幕的第十七届会议正式通过的建议之作准文本。

我们已于1972年11月23日签字，以昭信守。

大会主席　　总干事

主要参考文献

1. 李学勤. 十三经注疏（标点本）. 北京：北京大学出版社. 1999
2. 张如松. 老子校读. 吉林：吉林人民出版社. 1981
3. 曹础基. 庄子浅注. 北京：中华书局. 2000
4. 王光谦. 荀子集解. 北京：中华书局. 1997
5. 刘柯、李克和. 管子译注. 黑龙江：黑龙江出版社. 2003
6. 江阴香. 诗经译注. 北京：北京市中国书店. 1983
7. 周振甫. 诗经译注. 北京：中华书局. 2002
8. 王军. 论语全译. 北京：人民教育出版社. 2003
9. 徐震堮. 世说新语校笺. 北京：中华书局. 1984
10. 马茂元. 楚辞选. 北京：人民文学出版社. 1998
11. 任晓红. 禅与中国园林. 北京：商务印书馆. 1995
12. 易新鼎点校. 柳宗元集. 北京：中国书店. 2000
13. 北大哲学系. 中国美学史资料选编. 北京：中华书局. 1980
14. 北大哲学系. 西方美学家论美和美感. 北京：商务印书馆. 1980
15. 黑格尔、朱光潜译.《美学》第一、三卷. 北京：商务印书馆. 1979
16. 王朝闻. 美学概论. 北京：人民出版社. 1981
17. 李泽厚. 美的历程. 北京：文物出版社. 1981
18. 李泽厚、刘纲纪. 中国美学史. 北京：中国社会科学出版社. 1984
19. 徐复观. 中国艺术精神. 沈阳：春风文艺出版社. 1979
20. 内森・卡伯特・黑尔（美）. 艺术与自然中的抽象. 上海：上海人民美术出版社. 1988
21. 金启华等. 古代山水诗一百首. 上海：上海古籍出版社. 1980
22. 喻守真. 编注. 唐诗三百首详析. 北京：中华书局. 1957
23. 贝远辰等. 历代游记选. 长沙：湖南人民出版社. 1980
24. 吴秋士选. 天下名山游记. 上海：上海书店. 1982
25. 王季深. 中国历代旅行家小传. 北京：知识出版社. 1983
26. 徐弘祖（明）. 徐霞客游记. 上海：上海古籍出版社. 1980
27. 沈子丞. 历代论画名著汇编. 北京：文物出版社. 1982
28. 俞剑华. 中国古代画论类编. 北京：人民美术出版社. 2000
29. 刘兰英等. 中国古代名言隽语大辞典. 北京：商务印书馆. 1997
30. 陈光磊等. 中国古代名句辞典. 上海：上海辞书出版社. 2002
31. 陈从周. 中国园林鉴赏辞典. 上海：华东师范大学出版社. 2001
32. 李文华等. 中国的自然保护区. 北京：商务印书馆. 1995
33. 刘伉等. 世界自然地理手册. 北京：知识出版社. 1981
34. 刘伉等. 世界地理之最. 上海：上海辞书出版社. 1988

35. 张志凯等．世界文化与自然遗产．北京：世界知识出版社．1992
36. 胡素敏等．中国名泉．北京：地质出版社．1992
37. 竺可祯等．中国自然地理．地貌．北京：科学出版社．1981
38. 国家地图集编委会．中国自然地图集．北京：中国地图出版社．1999
39. 金京模．地貌类型图说．北京：科学出版社．1984
40. 兰淇锋等．野外地质素描．北京：地质出版社．1979
41. 孟白等．中国古典风景园林图汇．北京：学苑出版社．2000
42. 周淑贞．大气光象．上海：上海科学技术出版社．1982
43. R·格林勒（美）．虹·晕·宝光．北京：气象出版社．1984
44. 刘敦桢．中国古代建筑史．北京：中国建筑工业出版社．1980
45. 汪菊渊．中国古代园林．北京：中国大百科全书建筑园林城市规划卷．1988
46. 周维权．中国名山风景区．北京：清华大学出版社．1996
47. 张钧成．中国古代林业史．北京林业大学林史教研室．1994
48. 贺业矩．中国古代城市规划史．北京：中国建筑工业出版社．1996
49. 葛路．中国古代绘画理论发展史．上海：上海人民出版社．1982
50. 郭沫若．郭沫若全集 9·考古篇．北京：科学出版社．1982
51. 胡兆量．中国区域发展导论．北京：北京大学出版社．1999
52. 毕沅．关中胜迹图记．上海：上海古籍出版社．1993
53. 梁诗正等．西湖志纂．上海：上海古籍出版社．1993
54. 尚廓．风景建筑设计．哈尔滨：黑龙江科学技术出版社．1999
55. 张国强、贾建中．风景规划——“风景名胜区规划规范”实施手册．北京：中国建筑工业出版社．2003
56. 张国强、贾建中．风景园林设计——中国风景园林规划设计作品集①、②、③．北京：中国建筑工业出版社．2003 ~ 2005

规划实例项目组人员名单

嵩山风景区总体规划

编制单位：河南省城乡规划设计研究院

项目负责人：刘 锐、高 巍

项目组成员：刘 锐、高 巍、夏宝林、尚学军、黑健宁、张须恒、孙华伟

衡山风景区总体规划

编制单位：中规院风景园林所

项目负责人：束晨阳、蔡立力

项目组成员：束晨阳、刘宁京、白 杨、李江峰、胡 鹏、藏学年、陈战是

天台山风景区总体规划

编制单位：中国风景园林规划设计研究中心

北京中景园旅游规划设计研究所

技术总负责：张国强

项目负责：夏成钢

专业负责：季诚迁

参加人员：赵苏利、杨丽亚、廖翊晟、郝 杰、邹 霞、刘莉娅

嵊泗列岛风景区总体规划

编制单位：中规院风景园林所

项目负责人：严 华、孟鸿雁

主要规划人员：严 华、孟鸿雁、曹 娟、才妍、吴家钦、谢 丽

中山陵园风景区详细规划

编制单位：东南大学城市规划设计研究院

项目负责人：吴明伟

主要设计人：杨红伟、邵润青、罗仁朝、张帆、鞠德东

中山陵园管理局参加人：朱生树、胡 虹

扎兰屯风景区总体规划

编制单位：城建研究院风景园林所

项目负责人：李 铭

项目组成员：李金路、曹金清、陈铁柱、李素英、崔 颖、袁建奎、谢晓英

杭州新湖滨景区设计

设计单位：杭州园林设计院

园林：毛翊天、章 红、魏彩萍、卜红鹰、华星星

建筑：葛 荣、俞炯奇、林阅春

结构：郑 文、周国林

电气：毛国范

水暖：邓 冶

西湖湖西综合保护工程

设计单位：杭州园林设计院

何 韦、周 为、李红艳、陈 斌、秦建中、卜红鹰、葛 荣、俞炯奇、顾力王、朱志斌、陈敏、杨永君、林阅春、郑 文、陶祖荣、高欣、邓 冶、卓 荣、吴 斩

西湖环湖南线景区整合工程

设计单位：杭州园林设计院

周 为、陈 斌、秦建中、卜红鹰、陈 敏、张自强、陶祖荣、葛 荣、卓 荣、吴红霞、郑文、高 欣、林阅春、吴 新、周国林

杭州玉泉景点整修扩建工程方案设计

设计单位：浙江省城乡规划院

项目主持：赵 鹏

结构工程师：许国祥

给排水：周 燕

电力：袁继良

泸沽湖风景区总体规划、泸沽湖城镇规划

编制单位：中规院风景园林所

主任工程师：唐进群

项目负责人：唐进群、刘冬梅

项目组成员：唐进群、刘冬梅、王 斌、刘宁京、王东宇、宣玉起、严 华、赵 沛、李建中

杭州西溪风景区规划

设计单位：中规院风景园林所

项目负责人：刘 泉、王忠杰

主要设计人员：刘 泉、王忠杰、陈小明等

杭州“西湖西进”可行性研究

设计单位：北京多义景观规划设计研究中心

项目负责人：王向荣、林 箐

主要设计：韩炳越、张红卫、赵廷宁、李湛东等

合作单位：杭州市园林设计院

崂山巨峰游览区游线规划设计

设计单位：中规院风景园林所

项目负责人：贾建中

技术负责人：张国强

专业负责人：王忠杰、王立军

主要设计人：贾建中、张国强、王忠杰、裴爱华、杨丽珍、王立军、吴 冬、于文洪、孙大章、穆占强

崂山参加人员：王玉华、王德武、王 杰、王允德、杨晶河

泰山风景区规划

1987 年规划单位：北京大学

项目组成员：谢凝高、何绿萍、陈青慧、沈国强、姜丰荣、张昭义、吴济霖、徐志伟、陈学枫

2000 年设计单位：北京清华城市规划设计研究院景观所、清华大学资源保护与风景旅游研究所

项目负责人：杨 锐

规划总指导：郑光中

项目组成员：王彬汕、庄优波、邓 卫、李守旭、张清华、张名歧、姜古鹏、袁 牧、党安荣

长春市净月潭风景林总体规划

设计单位：北林地景园林规划设计院

项目负责人：田 园
主要设计人员：周 曦、徐 波、钟继涛、李 铭

九寨沟风景区总体规划
设计单位：四川省城乡规划设计研究院
设计人员：樊 晟、覃继牧、陈 涛、黄东仆、卫蜀萍、岳 波、张 澎

峨嵋山风景区总体规划
设计单位：四川省城乡规划设计研究院
设计人员：熊世尧、罗 辉、李 虹、张 波、王永峰

千岛湖风景区总体规划
设计单位：中国风景园林规划设计研究中心
设计人员：刘正官、及汉才

重庆天坑地缝风景区游览线规划
设计单位：中国风景园林规划设计研究中心
项目负责人：端木山
主要设计人员：李京霞、赵新路
重庆市配合单位：奉节县旅游文物局
重庆市参加人员：王 伟、汪 洋、张建平、陈天国

三水云东海旅游经济区总体规划
设计单位：中国风景园林规划设计研究中心
张国强、黄庆喜、梁伊任、尚廓、叶金培、魏 民、杨一力
合作单位：珠海南英建筑有限公司：
付克勤、张 悍、赵 明
三水市人员：梁文启、何冠僚、李沛锋、罗 强、林颖坚、何兰芳、陶海汕、黄海明、黄德强

太阳岛风景区总体规划大纲
设计单位：中规院风景所
设计人员：贾建中、张国强、潘家莹、郭竹梅、苏肖更、李敏辉

武夷山风景区规划
设计单位：福建省城乡规划设计研究院
规划组成员：关 辉、黄乘骏、张 梅、詹国强、陈 彪、滕家春

赤水风景区总体规划
设计单位：贵州省城乡规划设计研究院
设计人员：王泰阶、罗 东、王 梅、余军、高素华、郑运红、戴礼惠等

黄果树风景区总体规划
设计单位：贵州省城乡规划设计研究院
设计人员：曾建江、刘俊娟、路雁冰、高素华、牛红梅、叶栋康

海坛风景区规划
设计单位：中规院风景所
设计人员：张国强、唐进群、束晨阳、王文彤、唐 蔚、张执衡
平潭县人员：王 佗、何 文、郑祥洪、薛理琪、薛 海

三亚风景旅游区域规划
设计单位：中规院风景所
设计人员：贾建中、宋石坤、束晨阳、孟鸿雁、蔡立力、张国强

寒山寺风景区详细规划
设计单位：中国城市规划研究院
设计人员：孙骅声、刘 漪、杨旭东、龚秋霞、覃 原

崂山风景区规划
设计单位：中规院风景园林所
规划组成员：张国强、宋石坤、贾建中、蔡立力、张金明、朱利军、潘亚元、贺迪平、龚长贵、官晓红、縻秋林、李 政

庐山风景区总体规划
设计单位：江西省城乡规划设计研究院
整理、绘图人：朱 琼、资 源

桂林山水风景区规划
桂林规划工作组园林组：张国强、张寅山、余焕嫦、王敬峰、马福琪、沈 玖

花坪风景——花坪自然保护区综合考察报告之十
花坪自然保护区综合科学考察队、风景组：张国强、刘血花